Mathematik für angewandte Wissenschaften

Christopher Dietmaier

Mathematik für angewandte Wissenschaften

 Springer Spektrum

Prof. Dr. Christopher Dietmaier
Ostbayerische Technische Hochschule Amberg-Weiden
Weiden, Deutschland

ISBN 978-3-8274-2420-4   ISBN 978-3-8274-2421-1 (eBook)
DOI 10.1007/978-3-8274-2421-1

Die Deutsche Nationalbibliothek verzeichnet diese Publikation in der Deutschen Nationalbibliografie; detaillierte bibliografische Daten sind im Internet über http://dnb.d-nb.de abrufbar.

Springer Spektrum

Planung und Lektorat: Dr. Andreas Rüdinger, Bettina Saglio
Redaktion: Dipl.-Phys. Bernhard Gerl
Einbandentwurf: deblik, Berlin

Gedruckt auf säurefreiem und chlorfrei gebleichtem Papier

Springer Spektrum ist eine Marke von Springer DE. Springer DE ist Teil der Fachverlagsgruppe Springer Science+Business Media.
www.springer-spektrum.de

Inhaltsverzeichnis

Vorwort

Was möchte dieses Buch bewirken? Es möchte,

- dass Sie mathematische Untersuchungen und Anwendungen verstehen
- dass Sie mit Mathematik „umgehen" können
- dass Sie Mathematikprüfungen bestehen
- dass Ihre Freude an Mathematik zunimmt

Dies ist kein Buch für ein Mathematikstudium, das auf mathematische Grundlagenforschung vorbereiten will. Es ist aber auch kein „Rechenbuch", in dem lediglich gezeigt wird, wie man etwas ausrechnet. Das Rechnen überlässt man in der Berufspraxis ohnehin meistens „Rechnern", d. h. Computern. Worauf kommt es also an? Entscheidend ist das Verständnis mathematischer Untersuchungen. Dazu werden in diesem Buch viele mathematische Problemstellungen untersucht, Zusammenhänge aufgezeigt und damit Lösungen entwickelt. Lösungen und Lösungsmethoden erscheinen als Ergebnis dieser Untersuchungen, und nicht einfach als Sätze, die hingeschrieben und anschließend bewiesen werden. Anhand vieler Beispiele wird dargestellt, wie mathematische Problemstellungen aus der mathematischen Abbildung von Sachverhalten aus verschiedenen (z. B. technischen) Bereichen hervorgehen. Auch das Verständnis dieser Modellierungen bzw. Anwendungen ist wichtig. Damit man Untersuchungen nicht nur versteht, sondern auch selbst durchführen und mit Mathematik umgehen kann, muss man üben. Deshalb gibt es in diesem Buch eine Vielzahl von Aufgaben mit Lösungen – teilweise handelt es sich um Prüfungsaufgaben – zum Üben. Nicht zuletzt, um damit Mathematikprüfungen zu bestehen. Wenn man Mathematik versteht und mit Mathematik umgehen kann, dann besteht man auch die Prüfungen. Außerdem wächst dadurch in der Regel die Freude an der Mathematik. Das jedenfalls wünsche ich Ihnen!

Dem Verlag, insbesondere Dr. Andreas Rüdinger und Bettina Saglio, danke ich für die hervorragende Zusammenarbeit. Allen, die aufgrund der Arbeit an diesem Buch manchmal auf mich verzichten mussten, danke ich herzlich für ihre Geduld, vor allem meiner Familie.

Weiden, März 2014
Christopher Dietmaier

1 Grundlagen

Übersicht

1.1 Aussagen

Die meisten Menschen verbinden mit Mathematik Zahlen, Rechnungen, aber auch Formeln und Aussagen. Viele kennen folgende Aussage: Ist $p^2 - 4q > 0$, dann hat die quadratische Gleichung $x^2 + px + q = 0$ die zwei Lösungen

$$x_{1;2} = \frac{1}{2}\left(-p \pm \sqrt{p^2 - 4q}\right)$$

Solche Aussagen, die dazu verwendet werden können, Problemstellungen zu lösen, werden in der Mathematik durch logisches Schließen hergeleitet bzw. bewiesen. Die Mathematik beruht auf logischem Schließen. Deshalb beschäftigen wir uns am Anfang dieses Buches mit Aussagenlogik. Was sind Aussagen? Was ist logisches Schließen?

Eine **Aussage** ist eine Behauptung, die entweder wahr oder falsch ist.

Jede Aussage besitzt also genau einen der zwei Wahrheitswerte „wahr" oder „falsch". Im Folgenden sind Großbuchstaben $A, B, C, \ldots$ Platzhalter für Aussagen, sog. Aussagenvariablen. Den Wahrheitswert einer Aussage stellen wir durch eine Zahl dar: Die Zahl 1 bedeudet „wahr", die Zahl 0 bedeutet „falsch". Die **Negation** $\overline{A}$ einer Aussage A ist das „Gegenteil" von A: Hat A den Wahrheitswert 1, dann hat $\overline{A}$ den Wahrheitswert 0 und umgekehrt. Zwei Aussagen A und B kann man zu einer neuen Aussage verknüpfen. Folgende Verknüpfungen sind besonders wichtig:

Konjunktion	$A \wedge B$	„Es gilt A und B"
Disjunktion	$A \vee B$	„Es gilt A oder B"
Implikation	$A \Rightarrow B$	„Wenn A gilt, gilt auch B"

In der folgenden Wahrheitstafel sind für alle Kombinationen der Wahrheitswerte von A und B die Wahrheitswerte der Aussagen $A \wedge B$, $A \vee B$ und $A \Rightarrow B$ aufgeführt.

A	B	$A \wedge B$	$A \vee B$	$A \Rightarrow B$
1	1	1	1	1
1	0	0	1	0
0	1	0	1	1
0	0	0	0	1

Diese Tabelle kann als Definition der drei Verknüpfungen betrachtet werden. Bei dem „oder" handelt es sich also nicht um das ausschließende „entweder oder". Ansonsten sind die Werte bei der Konjunktion und Diskunktion und auch die ersten beiden Werte bei der Implikation nicht erläuterungsbedürftig. Die letzten beiden Werte bei der Implikation sind nicht so einleuchtend, wie die ersten beiden. Warum ist die Aussage „Wenn A gilt, gilt auch B" wahr, wenn A falsch ist? Bevor wir das begünden, betrachten wir die folgende Wahrheitstafel:

A	B	$A \Rightarrow B$	$\overline{B}$	$\overline{A}$	$\overline{B} \Rightarrow \overline{A}$
1	1	1	0	0	1
1	0	0	1	0	0
0	1	1	0	1	1
0	0	1	1	1	1

Für alle Kombinationen der Wahrheitswerte von A und B haben die Aussagen $A \Rightarrow B$ und $\overline{B} \Rightarrow \overline{A}$ die gleichen Wahrheitswerte. Die zwei Aussagen $A \Rightarrow B$ und $\overline{B} \Rightarrow \overline{A}$ sind „gleichwertig": Die Aussage „Wenn A gilt, gilt auch B" ist gleichwertig zur Aussage „Wenn B nicht gilt, gilt auch A nicht". Wir drücken diese Gleichwertigkeit durch ein Gleichheitszeichen aus:

$$A \Rightarrow B = \overline{B} \Rightarrow \overline{A} \tag{1.1}$$

Es ist völlig einleuchtend und kann auch mit einer Wahrheitstafel gezeigt werden, dass die Aussage $A \Rightarrow B$ nicht gleichwertig zur Aussage $B \Rightarrow A$ ist. Würde man die letzten beiden Wahrheitswerte bei der Definition der Implikation in der Wahrheitstafel anders wählen, so hätte dies zur Folge, dass die Gleichwertigkeit (1.1) nicht mehr gelten würde oder dass die Aussage $A \Rightarrow B$ gleichwertig zur Aussage $B \Rightarrow A$ wäre. Die obige Definition der Implikation ist die einzige sinnvolle bzw. brauchbare. Eine weitere Verknüpfung zweier Aussagen A und B ist die **Äquivalenz** $A \Leftrightarrow B$. Man kann sie durch folgende Wahrheitstafel definieren:

A	B	$A \Leftrightarrow B$
1	1	1
1	0	0
0	1	0
0	0	1

Dann kann man zeigen, dass $A \Leftrightarrow B$ gleichwertig zu $(A \Rightarrow B) \wedge (B \Rightarrow A)$ ist. Oder man definiert $A \Leftrightarrow B$ durch $(A \Rightarrow B) \wedge (B \Rightarrow A)$. Dann erhält man die Wahrheitswerte in der Tabelle. Für gleichwertige Aussagen mit $A = B$ ist die Aussage $A \Leftrightarrow B$ immer wahr. Umgekehrt gilt $A = B$, wenn die Aussage $A \Leftrightarrow B$ immer wahr ist. Auf der Gleichwertigkeit der Aussagen $A \Rightarrow B$ und $\overline{B} \Rightarrow \overline{A}$ beruht der indirekte Beweis: Statt von einer (wahren) Aussage A auf eine Aussage B zu schließen, folgert man aus $\overline{B}$ die (falsche) Aussage $\overline{A}$. Salopp formuliert: Folgt aus einer Annahme $\overline{B}$ die Nichtgültigkeit einer wahren Aussage A, dann kann die Annahme nicht stimmen.

Beispiel 1.1: Indirekter Beweis

Wir wollen beweisen, dass für nichtnegative Zahlen a,b der geometrische Mittelwert kleinergleich dem arithmetischen Mittelwert ist, d. h., dass folgende Beziehung gilt:

$$\sqrt{ab} \leq \frac{1}{2}(a+b)$$

Der Beweis erfolgt indirekt: Statt zu zeigen, dass die zu beweisende Aussage aus einer wahren Aussage folgt, zeigen wir, dass aus dem Gegenteil der zu beweisenden Aussage die Nichtgültigkeit einer wahren Aussage folgt:

$$\sqrt{ab} > \frac{1}{2}(a+b) \;\; \Rightarrow \;\; ab > \frac{1}{4}(a+b)^2 \;\; \Rightarrow \;\; 4ab > a^2 + 2ab + b^2$$

$$\Rightarrow \;\; a^2 - 2ab + b^2 < 0 \;\; \Rightarrow \;\; (a-b)^2 < 0$$

Die Folgerung $\overline{B} \Rightarrow \overline{A}$, d. h., $\sqrt{ab} > \frac{1}{2}(a+b) \Rightarrow (a-b)^2 < 0$ ist richtig und hat den Wahrheitswert 1. Die Aussage $\overline{A} : (a-b)^2 < 0$ ist falsch. Für diese Kombination von Wahrheitswerten findet man in der Wahrheitstafel für $\overline{B}$ den Wahrheitswert 0. Also hat B den Wahrheitswert 1. Statt aus der (wahren) Aussage $A : (a-b)^2 \geq 0$ die Aussage $B : \sqrt{ab} \leq \frac{1}{2}(a+b)$ zu folgern, haben wir aus der Aussage $\overline{B} : \sqrt{ab} > \frac{1}{2}(a+b)$ die (falsche) Aussage $\overline{A} : (a-b)^2 < 0$ gefolgert. Damit ist die Gültigkeit der Aussage

B bewiesen. Natürlich kann man den Beweis auch in umgekehrter Richtung führen und von der Aussage $(a-b)^2 \geq 0$ auf die Aussage $\sqrt{ab} \leq \frac{1}{2}(a+b)$ schließen. Auf diese Beweisführung muss man aber erst einmal kommen. Dagegen führt die Negation von B fast automatisch auf die Negation einer wahren Aussage. ∎

Mithilfe von Wahrheitstafeln kann man z. B. Folgendes zeigen (das Gleichheitszeichen bedeutet wieder Gleichwertigkeit):

$$
\begin{aligned}
\text{Kommutativität} \qquad & A \wedge B = B \wedge A \\
& A \vee B = B \vee A
\end{aligned}
\tag{1.2}
$$

$$
\begin{aligned}
\text{Assoziativität} \qquad & A \wedge (B \wedge C) = (A \wedge B) \wedge C \\
& A \vee (B \vee C) = (A \vee B) \vee C
\end{aligned}
\tag{1.3}
$$

$$
\begin{aligned}
\text{Distributivität} \qquad & A \wedge (B \vee C) = (A \wedge B) \vee (A \wedge C) \\
& A \vee (B \wedge C) = (A \vee B) \wedge (A \vee C)
\end{aligned}
\tag{1.4}
$$

$$
\begin{aligned}
\text{De Morgan'sche Regeln} \qquad & \overline{A \wedge B} = \overline{A} \vee \overline{B} \\
& \overline{A \vee B} = \overline{A} \wedge \overline{B}
\end{aligned}
\tag{1.5}
$$

Aufgrund der Assoziativität kann man die Klammern bei Verknüpfungen mehrerer Aussagen mit $\wedge$ weglassen. Das Gleiche gilt für die Verknüpfungen mehrerer Aussagen mit $\vee$. Ω sei eine Aussage, die nicht falsch sein kann, d. h., die nur den Wahrheitswert 1 haben kann. $\emptyset$ sei eine Aussage, die nicht wahr sein kann, d. h., die nur den Wahrheitswert 0 haben kann. Dann gilt:

$$
A \wedge \Omega = A \qquad\qquad A \vee \emptyset = A
\tag{1.6}
$$

$$
A \wedge \overline{A} = \emptyset \qquad\qquad A \vee \overline{A} = \Omega
\tag{1.7}
$$

Wir betrachten ein Schaltelement und folgende Aussage X: Das Schaltelement ist leitend. Der Wahrheitswert x der Aussage X kann zwei Werte annehmen: Ist das Schaltelement leitend, so ist $x = 1$. Ist das Schaltelement nicht leitend, so ist $x = 0$. Der Wert von x beschreibt den Zustand des Schaltelements hinsichtlich Leitung.

Abb. 1.1: Zwei mögliche Zustände eines Schaltelements.

Wir betrachten zwei Schaltelemente und folgende Aussagen:

X : Das Schaltelement 1 leitet

Y : Das Schaltelement 2 leitet

Bei einer Serienschaltung der zwei Schaltelemente wird der Zustand der Serienschaltung durch den Wahrheitswert der Aussage $X \wedge Y$ beschrieben. Bei einer Parallelschaltung der zwei Schaltelemente wird der Zustand der Parallelschaltung durch den Wahrheitswert der Aussage $X \vee Y$ beschrieben.

Abb. 1.2: Serien- und Parallelschaltung zweier Schaltelemente.

Wir betrachten die in Abb. 1.3 links dargestellte Schaltung mit sechs Schaltelementen:

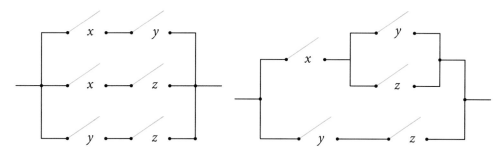

Abb. 1.3: Zwei gleichwertige Schaltungen.

Der Zustand dieser Schaltung wird durch den Wahrheitswert der folgenden Aussage dargestellt:

$$(X \wedge Y) \vee (X \wedge Z) \vee (Y \wedge Z)$$

Für diese Aussage gilt nach (1.3) und (1.4):

$$(X \wedge Y) \vee (X \wedge Z) \vee (Y \wedge Z) = [(X \wedge Y) \vee (X \wedge Z)] \vee (Y \wedge Z)$$
$$= [X \wedge (Y \vee Z)] \vee (Y \wedge Z)$$

Deshalb ist die Schaltung links in Abb. 1.3 immer im gleichen Zustand wie die Schaltung rechts in Abb. 1.3. Die Beziehungen der Aussagenlogik können dazu verwendet werden, Schaltungen zu vereinfachen. Sind x, y, $\bar{x}$, $x \wedge y$ und $x \vee y$ die Wahrheitswerte der Aussagen X, Y, $\overline{X}$, $X \wedge Y$ und $X \vee Y$, dann hat man für Elemente x,y eine Operation $\bar{x}$ sowie zwei Verknüpfungen $x \wedge y$ und $x \vee y$ eingeführt, für welche die folgenden Beziehungen gelten:

Kommutativität	$x \wedge y = y \wedge x$	(1.8)
	$x \vee y = y \vee x$	

Distributivität	$x \wedge (y \vee z) = (x \wedge y) \vee (x \wedge z)$	(1.9)
	$x \vee (y \wedge z) = (x \vee y) \wedge (x \vee z)$	

$$x \wedge 1 = x \qquad\qquad x \vee 0 = x \qquad\qquad (1.10)$$

$$x \wedge \bar{x} = 0 \qquad\qquad x \vee \bar{x} = 1 \qquad\qquad (1.11)$$

Diese Beziehungen sind die Beziehungen einer **Bool'schen Algebra**. Im Kontext von Schaltungen spricht man auch von einer **Schaltalgebra**. Aus diesen Beziehungen lassen sich viele andere Beziehungen ableiten. Zu jeder Beziehung bei einer Bool'sche Algebra gibt es eine entsprechende Beziehung in der Aussagenlogik. Die Beziehungen (1.8)–(1.11) entsprechen den Beziehungen (1.2), (1.4), (1.6), (1.7) in der Aussagenlogik. Der Zustand eines Schaltelementes hinsichtlich Leitung kann durch den Wert einer Variablen x dargestellt werden, die zwei Werte annehmen kann: 1 für leitend und 0 für nicht leitend. $\bar{x}$ sei der zu x entgegengesetzte Zustand. Ist $x \wedge y$ bzw. $x \vee y$ der Zustand einer Serien- bzw. Parallelschaltung, dann gelten die Beziehungen einer Bool'schen Algebra, die dazu benutzt werden kann, Schaltungen zu vereinfachen.

Ersetzt man in einer Aussage A eine Konstante durch eine Variable x, die verschiedene Werte annehmen kann, so entsteht eine **Aussagenform** $A(x)$. Die Gleichung

$$3^2 + 4^2 = 5^2$$

ist eine wahre Aussage. Die Gleichung

$$3^x + 4^x = 5^x$$

ist eine Aussagenform. Der Wahrheitswert dieser Gleichung hängt davon ab, welchen Wert x hat. Die Schreibweisen $\exists x \colon A(x)$ und $\forall x \colon A(x)$ haben folgende Bedeutungen:

$\exists x \colon A(x)$	Es existiert ein x, für welches $A(x)$ wahr ist.
$\forall x \colon A(x)$	$A(x)$ ist für alle x wahr.

Die Aussage

$$\exists x \colon 3^x + 4^x = 5^x$$

ist wahr, denn $3^x + 4^x = 5^x$ gilt für $x = 2$. Die Aussage

$$\forall x \colon 3^x + 4^x = 5^x$$

ist falsch, denn $3^x + 4^x = 5^x$ gilt nicht für alle x, sondern nur für $x = 2$.

1.2   Mengen

Auch die Mengenlehre gehört zu den Fundamenten der Mathematik. Es gibt einen engen Zusammenhang zwischen Mengenlehre und Aussagenlogik: Zu bestimmten Beziehungen in der Mengenlehre gibt es jeweils eine entsprechende Beziehung in der Aussagenlogik. Wir werden Mengen häufig nur dazu verwenden, bestimmte Sachverhalte kurz zu formulieren. Lässt sich z.B. eine Zahl q als Bruch $\frac{m}{n}$ darstellen, wobei m eine ganze und n eine natürliche Zahl ist, so können wir diesen Sachverhalt folgendermaßen kurz formulieren:

$$q \in \mathbb{Q}$$

Hier ist $\mathbb{Q}$ die Menge der rationalen Zahlen. Die Beziehungen der Mengenlehre spielen z. B. auch in der Wahrscheinlichkeitsrechnung eine wichtige Rolle. Doch was versteht man unter einer Menge?

Für eine **Menge** M gilt: Bestimmte Objekte gehören zu M, alle anderen nicht.

Die Objekte, die zu einer Menge M gehören, heißen **Elemente** der Menge. Gehört ein Objekt a zu einer Menge M und ist also ein Element von M, dann schreibt man:

$$a \in M$$

Falls a nicht zu M gehört schreibt man:

$$a \notin M$$

Falls es möglich ist, die Elemente $a_1, a_2, \ldots$ einer Menge M aufzuzählen, dann kann man eine Menge folgendermaßen darstellen:

$$M = \{a_1, a_2, \ldots\}$$

Gilt die Äquivalenz $x \in A \Leftrightarrow x \in B$, dann sind die Mengen A und B gleich, und man schreibt $A = B$.

$$A = B \text{ bedeutet:} \qquad \text{Es gilt} \quad x \in A \Leftrightarrow x \in B \tag{1.12}$$

Die Gültigkeit der Äquivalenz soll bedeuten, dass sie für alle x den Wahrheitswert 1 hat. Das bedeutet, dass für alle x nach der Wahrheitstafel $x \in A$ und $x \in B$ beide wahr oder $x \in A$ und $x \in B$ beide falsch sind. Häufig stellt man Mengen mithilfe einer Aussagenform $A(x)$ dar. Wenn die Äquivalenz

$$x \in M \quad \Leftrightarrow \quad A(x) \text{ gilt}$$

für alle x wahr ist, dann schreibt man:

$$M = \{x|A(x)\}$$

Für die Menge $M = \{1; 2\}$ gilt z. B.:

$$M = \{1; 2\} = \{x|x^2 - 3x + 2 = 0\}$$

Bei einer Aufzählung konkreter Zahlen trennen wir die Zahlen in diesem Buch nicht mit einem Komma, sondern mit einem Strichpunkt. Dadurch wird vermieden, dass man das Komma bei Dezimalzahlen mit einem Trennzeichen verwechselt. Die Mengen $\overline{A}$, $A \cap B$ und $A \cup B$ haben folgende Bedeutung:

Komplementäre Menge	$\overline{A} = \{x|x \notin A\}$	(1.13)
Schnittmenge	$A \cap B = \{x|x \in A \wedge x \in B\}$	(1.14)
Vereinigungsmenge	$A \cup B = \{x|x \in A \vee x \in B\}$	(1.15)

Damit sind eine Mengenoperation und zwei Verknüpfungen von Mengen eingeführt, die man auch mehrfach anwenden kann. Wir betrachten folgende Verknüpfung von drei Mengen A,B,C:

$$
\begin{aligned}
A \cup (B \cap C) &= \{x|x \in A \vee x \in (B \cap C)\} \\
&= \{x|x \in A \vee (x \in B \wedge x \in C)\} \\
&\overset{(1.4)}{=} \{x|(x \in A \vee x \in B) \wedge (x \in A \vee x \in C)\} \\
&= \{x|(x \in A \cup B) \wedge (x \in A \cup C)\} \\
&= (A \cup B) \cap (A \cup C)
\end{aligned}
$$

Auf die gleiche Art und Weise erhalten wir:

$$
\begin{aligned}
A \cap (B \cup C) &= \{x|x \in A \wedge x \in (B \cup C)\} \\
&= \{x|x \in A \wedge (x \in B \vee x \in C)\} \\
&\overset{(1.4)}{=} \{x|(x \in A \wedge x \in B) \vee (x \in A \wedge x \in C)\} \\
&= \{x|(x \in A \cap B) \vee (x \in A \cap C)\} \\
&= (A \cap B) \cup (A \cap C)
\end{aligned}
$$

Diese Beziehungen für Mengen folgen aus den Beziehungen (1.4) für Aussagen, die wir bei der Herleitung verwendet haben. Sie entsprechen den Beziehungen (1.4) in der Aussagenlogik: Ersetzt man in (1.4) Aussagen durch Mengen und die Verknüpfung $\wedge$ bzw. $\vee$ durch $\cap$ bzw. $\cup$, so erhält man die entsprechenden Beziehungen für Mengen. Das gilt auch für andere Beziehung der Aussagenlogik. Den Beziehungen (1.2)–(1.5) in der Aussagenlogik entsprechen folgende Beziehungen der Mengenlehre:

Kommutativität	$A \cap B = B \cap A$ $A \cup B = B \cup A$	(1.16)
Assoziativität	$A \cap (B \cap C) = (A \cap B) \cap C$ $A \cup (B \cup C) = (A \cup B) \cup C$	(1.17)
Distributivität	$A \cap (B \cup C) = (A \cap B) \cup (A \cap C)$ $A \cup (B \cap C) = (A \cup B) \cap (A \cup C)$	(1.18)
De Morgan'sche Regeln	$\overline{A \cap B} = \overline{A} \cup \overline{B}$ $\overline{A \cup B} = \overline{A} \cap \overline{B}$	(1.19)

Aufgrund der Assoziativität kann man die Klammern bei Verknüpfungen mehrerer Mengen mit $\cap$ weglassen. Das Gleiche gilt für die Verknüpfungen mehrerer Mengen mit $\cup$. Zur leeren Menge $\{\}$ gehören keine Elemente. Meistens betrachtet man nur Objekte, die Elemente einer Grundmenge Ω sind. Zu Ω gehören also alle Objekte, die man überhaupt betrachtet.

Leere Menge $\{\}$ $x \in \{\}$ ist für alle x falsch

Grundmenge Ω $x \in \Omega$ ist für alle x wahr

$x \in A \wedge x \in \Omega$ ist gleichwertig zu $x \in A$. Ferner ist $x \in A \vee x \in \{\}$ gleichwertig zu $x \in A$. Außerdem ist $x \in A \wedge x \in \overline{A}$ nie wahr und $x \in A \vee x \in \overline{A}$ immer wahr. Daraus folgen die Beziehungen

$$A \cap \Omega = A \qquad\qquad A \cup \{\} = A \qquad\qquad (1.20)$$
$$A \cap \overline{A} = \{\} \qquad\qquad A \cup \overline{A} = \Omega \qquad\qquad (1.21)$$

Diese entsprechen den Beziehungn (1.6) und (1.7) in der Aussagenlogik bzw. den Beziehungen (1.10) und (1.11) bei der Bool'schen Algebra. Gilt die Implikation $x \in A \Rightarrow x \in B$, dann nennt man A eine **Teilmenge** von B und schreibt $A \subset B$.

$A \subset B$ bedeutet: Es gilt $x \in A \Rightarrow x \in B$ (1.22)

Die Gültigkeit der Implikation soll bedeuten, dass sie für alle x den Wahrheitswert 1 hat. Ist $A \subset B$, dann ist es nach der Wahrheitstafel nicht möglich, dass $x \in A$ wahr und $x \in B$ falsch ist. Ist $A \subset B$, dann sind alle Elemente von A auch Elemente von B. Da die Impliaktion $x \in \{\} \Rightarrow x \in A$ immer wahr ist, ist die leere Menge eine Teilmenge jeder Menge. Eine weitere Mengenverknüpfung zweier Mengen ist die Bildung der Differenzmenge zweier Mengen:

Differenzmenge $A \backslash B = \{x | x \in A \wedge x \notin B\}$ (1.23)

Venn-Diagramme dienen der Veranschaulichung von Mengen und Mengenoperationen.
In der Abb. 1.4 sind einige Mengen mit Venn-Diagrammen veranschaulicht.

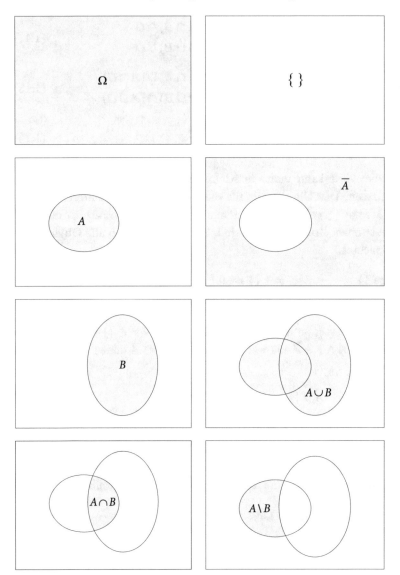

Abb. 1.4: Veranschaulichung von Mengen und Mengenoperationen.

Unter einer **Produktmenge** $A \times B$ versteht man folgende Menge:

$$A \times B = \{(a,b) | a \in A \wedge b \in B\} \tag{1.24}$$

Allgemeiner gilt:

$$M_1 \times \ldots \times M_n = \{(a_1, \ldots, a_n) | a_1 \in M_1 \wedge \ldots \wedge a_n \in M_n\} \tag{1.25}$$

Die Menge aller reellen Zahlenpaare bzw. Zahlentripel bezeichnen wir mit $\mathbb{R}^2$ bzw. $\mathbb{R}^3$. Für diese Mengen gilt:

$$\mathbb{R}^2 = \mathbb{R} \times \mathbb{R} = \{(x,y) | x,y \in \mathbb{R}\} \tag{1.26}$$
$$\mathbb{R}^3 = \mathbb{R} \times \mathbb{R} \times \mathbb{R} = \{(x,y,z) | x,y,z \in \mathbb{R}\} \tag{1.27}$$

Ein reelles Zahlenpaar (x,y) bzw. Zahlentripel (x,y,z) kann als Punkt im zwei- bzw. dreidimensionalen Raum mit den kartesischen Koordinaten x,y bzw. x,y,z interpretiert werden. Deshalb kann man die Menge $\mathbb{R}^2$ bzw. $\mathbb{R}^3$ als zwei- bzw. dreidimensionalen Raum interpretieren.

1.3 Abbildungen und Verknüpfungen

Ein grundlegender und wichtiger Begriff in der Mathematik ist der Begriff der Abbildung.

Definition 1.1: Abbildung

Eine **Abbildung** $A \to B$ einer Menge A auf die Menge B ist eine Zuordnung, die *jedem $a \in A$ genau ein $b \in B$* zuordnet.

Die Wörter *jedem* und *genau ein* sind wichtig und deshalb kursiv geschrieben. Wird einem $a \in A$ kein $b \in B$ zugeordnet, oder werden einem $a \in A$ mehrere verschiedene $b \in B$ zugeordnet, so handelt es sich bei dieser Zuordnung nicht um eine Abbildung. Die Menge B heißt **Bildmenge**. Sind A,B Teilmengen der reellen Zahlen, dann spricht man bei einer Abbildung von einer Funktion (s. Kapitel 2).

Beispiel 1.2: Beschleunigte Bewegung

Bewegt sich ein Körper von der Zeit $t = 0$ bis zur Zeit $t = \tau$ geradlinig mit konstanter Beschleunigung $a > 0$, dann gilt für jede Zeit $t \in [0,\tau]$: Die bis zur Zeit t zurückgelegte Strecke ist $s = \frac{1}{2}at^2$. Jeder Zeit $t \in [0,\tau]$ kann also eindeutig eine Strecke s zugeordnet werden. Mit $A = [0,\tau]$ und $B = [0,\frac{1}{2}a\tau^2]$ hat man eine Abbildung $A \to B$. ∎

Beispiel 1.3: Autos von Studenten

A sei eine Menge von Studenten. Die meisten Studenten beitzen kein eigenes Auto. Einge besitzen ein eigenes Auto, ein Student besitzt sogar zwei. B sei die Menge der Autos der Studenten. Ordnet man jedem Auto den Besitzer zu, so hat man eine Abbildung $B \to A$. Ordnet man den Studenten die Autos zu, die sie besitzen, so ist dies *keine* Abbildung $A \to B$, da nicht jedem Studenten ein Auto zugeordnet werden kann, und da einem Studenten zwei Autos zugeordnet werden. ∎

In den letzten beiden Abschnitten haben wir Aussagen- bzw. Mengenverknüpfungen betrachtet und z.B. aus zwei Aussagen bzw. Mengen A und B eine neue Aussage $A \wedge B$ bzw. Menge $A \cap B$ gebildet. Eine Verknüpfung ist folgendermaßen definiert:

Definition 1.2: Verknüpfung

Eine **Verknüpfung** ist eine Abbildung $A \times B \to C$, die jedem Element $(a,b) \in A \times B$ genau ein Element $c = a \circ b \in C$ zuordnet.

Bei einer Verknüpfung wird aus zwei Elementen a,b ein neues Element $c = a \circ b$ „gebildet". Verknüpfungen von Aussagen oder Mengen haben wir schon kennengelernt. Die bekanntesten Verknüpfungen sind die Addition und die Multplikation von Zahlen. Die folgende Tabelle zeigt einige Beispiele, die in späteren Abschnitten und Kapiteln, aber auch schon an Schulen im Mathematikunterricht betrachtet werden:

Verknüpfung	A	B	C	$a \circ b$
Addition von Zahlen a,b	$\mathbb{R}$	$\mathbb{R}$	$\mathbb{R}$	$a + b$
Multiplikation von Zahlen a,b	$\mathbb{R}$	$\mathbb{R}$	$\mathbb{R}$	$a \cdot b$
Addition von Vektoren $\vec{a},\vec{b}$	$\mathbb{R}^3$	$\mathbb{R}^3$	$\mathbb{R}^3$	$\vec{a} + \vec{b}$
Multiplikation von Zahl λ mit Vektor $\vec{a}$	$\mathbb{R}$	$\mathbb{R}^3$	$\mathbb{R}^3$	$\lambda \cdot \vec{a}$
Skalarprodukt von Vektoren $\vec{a},\vec{b}$	$\mathbb{R}^3$	$\mathbb{R}^3$	$\mathbb{R}$	$\vec{a} \cdot \vec{b}$
Kreuzprodukt von Vektoren $\vec{a},\vec{b}$	$\mathbb{R}^3$	$\mathbb{R}^3$	$\mathbb{R}^3$	$\vec{a} \times \vec{b}$

Eine Verknüpfung $M \times M \to M$ heißt

kommutativ, wenn	$a \circ b = b \circ a$	für alle $a,b \in M$
assoziativ, wenn	$a \circ (b \circ c) = (a \circ b) \circ c$	für alle $a,b,c \in M$

e heißt **neutrales Element**, wenn

$$e \circ a = a \circ e = a \qquad \text{für alle } a \in M$$

a^{-1} heißt das zu a **inverse Element**, wenn

$$a^{-1} \circ a = a \circ a^{-1} = e$$

Kommutative und assoziative Verknüpfungen haben wir schon bei Aussagen und Mengen kennengelernt. Die Addition und Multiplikation von Zahlen sind beide sowohl kommutativ als auch assoziativ. Eine Verknüpfung, die weder kommutativ noch assoziativ ist, ist das Kreuzprodukt von Vektoren. Bei dieser Verknüpfung gibt es auch kein neutrales Element und damit auch keine inversen Elemente.

1.4   Die reellen Zahlen und Teilmengen

Im Mathematikunterricht in der Schule geht man einen langen Weg von den natürlichen Zahlen $\mathbb{N}$ zu den reellen Zahlen $\mathbb{R}$. Auch wir fangen bei den natürlichen Zahlen an. In Übereinstimmung mit einem großen Teil der mathematischen Literatur zählen wir die Zahl 0 nicht zur Menge $\mathbb{N}$ der **natürlichen Zahlen** (auch wenn dies in einer DIN-Norm anders festgelegt wird):

$$\mathbb{N} = \{1,2,3,\ldots\} \tag{1.28}$$

Zur Menge $\mathbb{N}_0$ gehört auch noch die Zahl 0.

$$\mathbb{N}_0 = \{0,1,2,3,\ldots\} \tag{1.29}$$

Nimmt man die inversen Elemente $-1,-2,-3,\ldots$ für Addition dazu, so erhält man die **ganzen Zahlen**:

$$\mathbb{Z} = \{\ldots,-3,-2,-1,0,1,2,3,\ldots\} \tag{1.30}$$

Die Menge der **rationalen Zahlen** ist die Menge aller Zahlen, die sich als Quotient darstellen lassen mit einer ganzen Zahl im Zähler und einer natürlichen Zahl im Nenner:

$$\mathbb{Q} = \{x | x = \tfrac{m}{n}, m \in \mathbb{Z}, n \in \mathbb{N}\} \tag{1.31}$$

Im Bereich der natürlichen und ganzen Zahlen sind bestimmte Gleichungen nicht lösbar. Das hängt damit zusammen, dass es in $\mathbb{N}$ keine inversen Elemente bei der Addition und in $\mathbb{Z}$ keine inversen Elemente bei der Multiplikation gibt. In der folgenden Tabelle sind für verschiedene Zahlenmengen Beispiele für nicht lösbare Gleichungen angegeben.

Zahlenmenge M	nicht lösbar in M	nicht vorhanden in M
Natürliche Zahlen $\mathbb{N}$	$3 + x = 2$	inverse Elemente bei Addition inverse Elemente bei Multiplikation
Ganze Zahlen $\mathbb{Z}$	$3 \cdot x = 2$	inverse Elemente bei Multiplikation
Rationale Zahlen $\mathbb{Q}$	$x \cdot x = 2$	

Auch im Bereich der rationalen Zahlen sind bestimmte Gleichungen nicht lösbar. Die Lösung der Gleichung $x \cdot x = 2$ ist die Zahl $\sqrt{2}$, die keine rationale Zahl ist. Man kann Zahlen als Punkte auf einer Zahlengeraden darstellen. Zwar gibt es in jedem beliebig kleinen Intervall unendlich viele rationale Zahlen. Trotzdem füllen die rationalen Zahlen die Zahlengerade nicht lückenlos aus. Die Zahlengerade hat sogar in jedem Intervall unendlich viele „Lücken", wenn man die Punkte herausnimmt, die keine rationale Zahlen darstellen. Das *lückenlose Kontinuum* der Zahlengeraden stellt die Menge der **reellen Zahlen** dar. Dies ist eine wesentliche Eigenschaft der reellen Zahlen. Weitere wesentliche Eigenschaften betreffen die elementaren Verknüpfungen (Addition und Multiplikation) sowie die *größer-* bzw. *kleiner*-Beziehung zwischen zwei verschiedenen rellen Zahlen. Wir wollen diese wesentlichen Eigenschaften der reellen Zahlen nicht mathematisch präzisieren. Stattdessen listen wir im nächsten Abschnitt Rechenregeln auf, die aus diesen Eigenschaften folgen. Vorher betrachten wir noch spezielle Teilmengen, nämlich **Intervalle**:

$$[a,b] = \{x | a \leq x \leq b\} \qquad]a,b[= \{x | a < x < b\}$$
$$]a,b] = \{x | a < x \leq b\} \qquad [a,b[= \{x | a \leq x < b\}$$
$$[a,\infty[= \{x | x \geq a\} \qquad]a,\infty[= \{x | x > a\}$$
$$] - \infty,a] = \{x | x \leq a\} \qquad] - \infty,a[= \{x | x < a\}$$

Ein Intervall $]a,b[$, bei dem die Intervallgrenzen nicht dazugehören, heißt *offen*. Dagegen heißt ein Intervall $[a,b]$, das die Intervallgrenzen enthält, *abgeschlossen*. Für den **Betrag** $|a|$ einer Zahl a gilt:

$$|a| = \begin{cases} a & \text{für } a \geq 0 \\ -a & \text{für } a < 0 \end{cases} \qquad (1.32)$$

Ist a negativ, dann ist $-a$ positiv. Der Betrag einer Zahl kann also nie negativ sein. Stellt man zwei Zahlen a und b als Punkte auf der Zahlengeraden dar, dann ist $|a - b|$ der Abstand der zwei Punkte. Der Betrag $|a|$ ist der Abstand der Zahl a von der Zahl 0. In der Mathematik betrachtet man häufig ein offenes Intervall mit folgender Eigenschaft: Eine Zahl x_0 liegt in der Mitte des Intervalls. Die Intervallgrenzen, haben jeweils den Abstand ε von x_0. Wir nehmen an, dass eine Zahl x in diesem Intervall liegt.

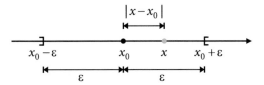

Dann gelten für die Zahl x die folgenden Beziehungen:

$$|x - x_0| < \varepsilon \qquad x_0 - \varepsilon < x < x_0 + \varepsilon \qquad x \in]x_0 - \varepsilon, x_0 + \varepsilon[$$

Diese drei Beziehungen sind äquivalent zueinander und drücken jeweils den gleichen Sachverhalt aus. $|x - x_0|$ ist der Abstand des Punktes x vom Punkt x_0. Das Intervall

$$]x_0 - \varepsilon, x_0 + \varepsilon[= \{x \mid |x - x_0| < \varepsilon\}$$

nennt man eine (offene) ε-**Umgebung** von x_0.

1.5   Rechnen mit reellen Zahlen

Elementare Rechenregeln

Addition und Multiplikation

Kommutativität	$a + b = b + a$
Assoziativität	$a + (b + c) = (a + b) + c$
Neutrales Element	$a + 0 = a$
Inverses Element	$a + (-a) = 0$

Kommutativität	$a \cdot b = b \cdot a$	
Assoziativität	$a \cdot (b \cdot c) = (a \cdot b) \cdot c$	
Neutrales Element	$a \cdot 1 = a$	
Inverses Element	$a \cdot a^{-1} = 1$	$a \neq 0$

$$(-1) \cdot a = -a$$
$$-(-a) = a$$
$$(-1) \cdot (a \cdot b) = -(a \cdot b) = (-a) \cdot b = a \cdot (-b)$$
$$(-a) \cdot (-b) = a \cdot b$$

$$a + (-b) = a - b$$
$$a - (-b) = a + b$$
$$-(a + b) = -a - b$$
$$-(a - b) = -a + b$$
$$a - (b + c) = a - b - c$$
$$a - (b - c) = a - b + c$$

Distributivität	$a \cdot (b + c) = a \cdot b + a \cdot c$
	$a \cdot (b - c) = a \cdot b - a \cdot c$
	$(a + b)(c + d) = a \cdot c + a \cdot d + b \cdot c + b \cdot d$
	$(a + b)(c - d) = a \cdot c - a \cdot d + b \cdot c - b \cdot d$
	$(a - b)(c + d) = a \cdot c + a \cdot d - b \cdot c - b \cdot d$
	$(a - b)(c - d) = a \cdot c - a \cdot d - b \cdot c + b \cdot d$

Aufgrund der Assoziativität kann man bei einer Summe mehrerer Zahlen und bei einem Produkt mehrerer Zahlen die Klammern weglassen. Bei einem Produkt lässt man häufig auch das Produktzeichen $\cdot$ weg.

Brüche

$$a\,b^{-1} = \frac{a}{b} \qquad\qquad b \neq 0$$

$$\frac{a}{b} = \frac{-a}{-b} \qquad\qquad b \neq 0$$

$$\frac{-a}{b} = \frac{a}{-b} = -\frac{a}{b} \qquad\qquad b \neq 0$$

$$\frac{a}{b} = \frac{ac}{bc} \qquad\qquad b,c \neq 0$$

$$\frac{a}{b} \cdot \frac{c}{d} = \frac{ac}{bd} \qquad\qquad b,d \neq 0$$

$$\frac{\dfrac{a}{b}}{\dfrac{c}{d}} = \frac{ad}{cb} \qquad\qquad b,c,d \neq 0$$

$$\frac{a}{c} + \frac{b}{c} = \frac{a+b}{c} \qquad\qquad c \neq 0$$

$$\frac{a}{c} - \frac{b}{c} = \frac{a-b}{c} \qquad\qquad c \neq 0$$

$$\frac{a}{b} + \frac{c}{d} = \frac{ad}{bd} + \frac{cb}{bd} = \frac{ad+cb}{bd} \qquad\qquad bd \neq 0$$

$$\frac{a}{b} - \frac{c}{d} = \frac{ad}{bd} - \frac{cb}{bd} = \frac{ad-cb}{bd} \qquad\qquad bd \neq 0$$

Potenzen $(m,n \in \mathbb{N})$

$$a^n = \underbrace{a \cdot a \cdot \ldots \cdot a}_{n \text{ mal}}$$

$$a^0 = 1 \qquad\qquad a \neq 0$$

$$a^{-n} = \frac{1}{a^n} \qquad\qquad a \neq 0$$

$$a^m a^n = a^{m+n}$$

$$a^m a^{-n} = a^{m-n} = \frac{a^m}{a^n} \qquad\qquad a \neq 0$$

$$a^n b^n = (ab)^n$$

$$\frac{a^n}{b^n} = \left(\frac{a}{b}\right)^n \qquad\qquad b \neq 0$$

$$(a^m)^n = a^{mn}$$

Ungleichungen

$$a < 0 \;\Leftrightarrow\; -a > 0$$

$$a < b \;\Leftrightarrow\; -a > -b$$

$$a < b \;\Leftrightarrow\; a + c < b + c$$

$$a < b \wedge b < c \;\Rightarrow\; a < c$$

$$a < b \wedge c < d \;\Rightarrow\; a + c < b + d$$

$$a < b \;\Leftrightarrow\; ac < bc \qquad\qquad \text{für } c > 0$$

$$a < b \;\Leftrightarrow\; ac > bc \qquad\qquad \text{für } c < 0$$

$$a < b \Leftrightarrow \frac{a}{c} < \frac{b}{c} \qquad \text{für } c > 0$$

$$a < b \Leftrightarrow \frac{a}{c} > \frac{b}{c} \qquad \text{für } c < 0$$

$$ab > 0 \Leftrightarrow a,b > 0 \vee a,b < 0$$

$$a < b \Leftrightarrow \frac{1}{a} > \frac{1}{b} \qquad \text{für } a,b > 0$$

$$a < b \Leftrightarrow \frac{1}{a} > \frac{1}{b} \qquad \text{für } a,b < 0$$

$$a < b \Leftrightarrow \frac{1}{a} < \frac{1}{b} \qquad \text{für } a < 0, b > 0$$

Beträge

$$|a| \geq 0$$

$$|a| = 0 \Leftrightarrow a = 0$$

$$|ab| = |a||b|$$

$$\left|\frac{a}{b}\right| = \frac{|a|}{|b|} \qquad b \neq 0$$

$$|a + b| \leq |a| + |b|$$

$$|x| = a \Leftrightarrow x = a \vee x = -a \qquad a \geq 0$$

$$|x| \leq a \Leftrightarrow -a \leq x \leq a \qquad a \geq 0$$

$$|x| < a \Leftrightarrow -a < x < a \qquad a > 0$$

$$|x| \geq a \Leftrightarrow x \geq a \vee x \leq -a \qquad a \geq 0$$

$$|x| > a \Leftrightarrow x > a \vee x < -a \qquad a \geq 0$$

Das Summen- und Produktzeichen

Will man die Summe der ersten 100 natürlichen Zahlen hinschreiben, so benötigt man etwas Platz. Deshalb schreibt man abkürzend:

$$1 + 2 + \ldots + 99 + 100$$

Für die Summe der ersten n natürlichen Zahlen kann man die Summanden gar nicht hinschreiben, wenn n nicht gegeben ist. Man schreibt deshalb:

$$1 + 2 + \ldots + (n - 1) + n$$

Diese Schreibweise für Summen ist unhandlich. Deshalb verwendet man das Summensymbol. Für die Summe der ersten 100 natürlichen Zahlen schreibt man:

$$1 + 2 + \ldots + 99 + 100 = \sum_{k=1}^{100} k$$

Für die Summe der ersten n natürlichen Zahlen schreibt man:

$$1 + 2 + \ldots + (n-1) + n = \sum_{k=1}^{n} k$$

Hat man n durchnummerierte Zahlen $a_1, a_2, \ldots, a_n$ so verwendet man folgende Schreibweise für die Summe und das Produkt dieser Zahlen:

$$\sum_{k=1}^{n} a_k = a_1 + a_2 + \ldots + a_n \tag{1.33}$$

$$\prod_{k=1}^{n} a_k = a_1 \cdot a_2 \cdot \ldots \cdot a_n \tag{1.34}$$

Damit gilt z. B.:

$$\frac{1}{2} + \frac{1}{4} + \frac{1}{8} + \frac{1}{16} = \frac{1}{2^1} + \frac{1}{2^2} + \frac{1}{2^3} + \frac{1}{2^4} = \sum_{k=1}^{4} \frac{1}{2^k} = \sum_{k=1}^{4} a_k \qquad \text{mit } a_k = \frac{1}{2^k}$$

Der erste Summand bzw. Faktor muss aber nicht immer a_1 sein. Die Summe bzw. das Produkt kann auch mit einem a_m beginnen. Die Summe

$$\sum_{k=m}^{n} a_k = a_m + a_{m+1} + \ldots + a_n \tag{1.35}$$

bzw. das Produkt

$$\prod_{k=m}^{n} a_k = a_m \cdot a_{m+1} \cdot \ldots \cdot a_n \tag{1.36}$$

wird folgendermaßen berechnet: Man setzt in a_k für k alle *ganzen* Zahlen von m bis n ein und summiert bzw. multipliziert die entstehenden Zahlen/Ausdrücke. Statt k kann man auch einen anderen Buchstaben verwenden, sofern dieser nicht schon anderweitig verwendet wird. Es gilt z. B:

$$\sum_{k=3}^{6} \frac{1}{k^2} = \sum_{j=3}^{6} \frac{1}{j^2} = \frac{1}{3^2} + \frac{1}{4^2} + \frac{1}{5^2} + \frac{1}{6^2}$$

Wir betrachten $m \cdot n$ Zahlen, die folgendermaßen nummeriert sind:

$$
\begin{array}{cccc}
a_{11} & a_{12} & \cdots & a_{1n} \\
a_{21} & a_{22} & \cdots & a_{2n} \\
\vdots & \vdots & & \vdots \\
a_{m1} & a_{m2} & \cdots & a_{mn}
\end{array}
$$

In der folgenden Darstellung sind auch die Zeilen- bzw. Spaltensummen dargestellt:

$$
\begin{array}{cccc}
a_{11} & a_{12} & \cdots & a_{1n} & \displaystyle\sum_{k=1}^{n} a_{1k} \\[2mm]
a_{21} & a_{22} & \cdots & a_{2n} & \displaystyle\sum_{k=1}^{n} a_{2k} \\[2mm]
\vdots & \vdots & & \vdots & \vdots \\[2mm]
a_{m1} & a_{m2} & \cdots & a_{mn} & \displaystyle\sum_{k=1}^{n} a_{mk} \\[3mm]
\displaystyle\sum_{i=1}^{m} a_{i1} & \displaystyle\sum_{i=1}^{m} a_{i2} & \cdots & \displaystyle\sum_{i=1}^{m} a_{in}
\end{array}
$$

Die Summe aller $m \cdot n$ Zahlen ist die Summe der Zeilensummen:

$$
\sum_{i=1}^{m} \left(\sum_{k=1}^{n} a_{ik} \right)
$$

Dies muss aber das Gleiche sein, wie die Summe der Spaltensummen:

$$
\sum_{k=1}^{n} \left(\sum_{i=1}^{m} a_{ik} \right)
$$

Da die Reihenfolge keine Rolle spielt, schreibt man die Summe folgendermaßen:

$$
\sum_{i=1}^{m} \sum_{k=1}^{n} a_{ik} = \sum_{k=1}^{n} \sum_{i=1}^{m} a_{ik}
$$

Entsprechendes gilt für die mehrfache Verwendung des Produktzeichens.

Fakultäten, Binomialkoeffizienten und binomischer Lehrsatz

Das Produkt der ersten n natürliche Zahlen wird mit $n!$ bezeichnet und „n Fakultät"
genannt.

Definition 1.3: Fakultäten

Für $n \in \mathbb{N}_0$ wird $n!$ folgendermaßen definiert:

$$
n! = \prod_{k=1}^{n} k = 1 \cdot 2 \cdot \ldots \cdot (n-1) \cdot n \tag{1.37}
$$

$$
0! = 1 \tag{1.38}
$$

Mit zunehmendem n wird $n!$ schnell sehr groß. Es gilt z. B.:

$$
10! = 1 \cdot 2 \cdot 3 \cdot 4 \cdot 5 \cdot 6 \cdot 7 \cdot 8 \cdot 9 \cdot 10 = 3\,628\,800
$$

Die Zahl (bitte Lupe benutzen)

70!=11978571669969898917960727837216890987364589381425464258575553628646280095827898453196800000000000000000000

ist z.B. schon so groß, dass sie ein Taschenrechner nicht mehr anzeigen kann. Aus

$$n! = \underbrace{1 \cdot 2 \cdot \ldots \cdot (n-1)}_{(n-1)!} \cdot n$$

folgen für $n \in \mathbb{N}$ die Formeln

$$n! = (n-1)!\, n \qquad \frac{n!}{(n-1)!} = n \qquad \frac{n!}{n} = (n-1)! \qquad (1.39)$$

Mit den Fakultäten kann man die Binomialkoeffizienten definieren:

Definition 1.4: Binomialkoeffizienten

Für $n,k \in \mathbb{N}_0$ und $k \leq n$ definiert man die Binomialkoeffizienten folgendermaßen:

$$\binom{n}{k} = \frac{n!}{k!(n-k)!} \qquad (1.40)$$

Aus den elementaren Rechenregeln für reelle Zahlen erhält man durch Ausmultiplizieren die Gleichungen

$$
\begin{aligned}
(a+b)^0 &= & & & & & 1 \\
(a+b)^1 &= & & & & 1 \cdot a &+& 1 \cdot b \\
(a+b)^2 &= & & & 1 \cdot a^2 &+& 2 \cdot ab &+& 1 \cdot b^2 \\
(a+b)^3 &= & & 1 \cdot a^3 &+& 3 \cdot a^2 b &+& 3 \cdot ab^2 &+& 1 \cdot b^3 \\
(a+b)^4 &= 1 \cdot a^4 &+& 4 \cdot a^3 b &+& 6 \cdot a^2 b^2 &+& 4 \cdot ab^3 &+& 1 \cdot b^4 \\
&\vdots & & & & \vdots
\end{aligned}
$$

Lässt man hier jeweils a,b und das Zeichen $+$ weg, so erhält man das **Pascal'sche Dreieck**:

$$
\begin{array}{ccccccccc}
 & & & & 1 & & & & \\
 & & & 1 & & 1 & & & \\
 & & 1 & & 2 & & 1 & & \\
 & 1 & & 3 & & 3 & & 1 & \\
1 & & 4 & & 6 & & 4 & & 1 \\
 & & & & \vdots & & & &
\end{array}
$$

Für alle Zahlen, die nicht am linken oder rechten „Rand" des Dreiecks stehen, gilt: Eine Zahl ist die Summe der beiden Zahlen darüber.

Die Zahlen im Pascal'schen Dreieck sind Binomialkoeffizienten:

$$\binom{0}{0}$$
$$\binom{1}{0} \qquad \binom{1}{1}$$
$$\binom{2}{0} \qquad \binom{2}{1} \qquad \binom{2}{2}$$
$$\binom{3}{0} \qquad \binom{3}{1} \qquad \binom{3}{2} \qquad \binom{3}{3}$$
$$\binom{4}{0} \qquad \binom{4}{1} \qquad \binom{4}{2} \qquad \binom{4}{3} \qquad \binom{4}{4}$$
$$\vdots$$

Einige Eigenschaften von Binomialkoeffizienten lassen sich am Pascal'schen Dreieck ablesen. Der erste und letzte Binomialkoeffizient in der Zeile mit den Binomialkoeffizienten $\binom{n}{k}$ ist 1:

$$\binom{n}{0} = \binom{n}{n} = 1 \tag{1.41}$$

Der zweite und vorletzte Binomialkoeffizient ist n:

$$\binom{n}{1} = \binom{n}{n-1} = n \tag{1.42}$$

Das Dreieck ist achsensymmetrisch. Die Formulierung dieser Symmetrie lautet:

$$\binom{n}{k} = \binom{n}{n-k} \tag{1.43}$$

Eine Zahl ist die Summe der beiden Zahlen darüber:

$$\binom{n+1}{k} = \binom{n}{k-1} + \binom{n}{k} \tag{1.44}$$

Die Gleichungen (1.41)–(1.44) lassen sich auch rechnerisch leicht beweisen, indem man die Binomialkoeffizienten in (1.41)–(1.44) jeweils gemäß (1.40) formuliert. Mit den Binomialkoeffizienten gilt also z. B.:

$$(a+b)^4 = a^4 + 4a^3b + 6a^2b^2 + 4ab^3 + b^4$$

$$= \binom{4}{0} a^4 b^0 + \binom{4}{1} a^3 b^1 + \binom{4}{2} a^2 b^2 + \binom{4}{3} a^1 b^3 + \binom{4}{4} a^0 b^4$$

Dies ist ein Spezialfall des Binomischen Lehrsatzes.

Binomischer Lehrsatz

$$(a+b)^n = \binom{n}{0} a^n b^0 + \binom{n}{1} a^{n-1} b^1 + \ldots + \binom{n}{n-1} a^1 b^{n-1} + \binom{n}{n} a^0 b^n$$

$$= \sum_{k=0}^{n} \binom{n}{k} a^{n-k} b^k \tag{1.45}$$

Beweis durch vollständige Induktion

Der binomische Lehrsatz (1.45) ist eine Gleichung mit einer Variablen n. Der Lehrsatz sagt, dass diese Gleichung für alle $n \in \mathbb{N}$ gilt. Derartige Ausagen hat man oft in der Mathematik. Ein weiteres Beispiel hierfür ist die Gleichung

$$\sum_{k=1}^{n} k = 1 + 2 + \ldots + n = \frac{1}{2}n(n+1) \tag{1.46}$$

Setzt man hier für n eine natürliche Zahl ein, so stellt man fest, dass die Gleichung stimmt. Doch stimmt sie auch für alle $n \in \mathbb{N}$? Wenn ja, wie kann man dies beweisen? Wir können ja nicht nacheinander alle natürlichen Zahlen einsetzen. Die Gleichung (1.46) ist eine Aussageform $A(n)$ mit einer Variablen n. Wir wollen zeigen, dass $A(n)$ für alle $n \in \mathbb{N}$ stimmt, d.h. die Aussage $\forall n \in \mathbb{N} : A(n)$ beweisen. Kann man zeigen, dass die Schlussfolgerung $A(n) \Rightarrow A(n+1)$ stimmt, dann muss man nur noch zeigen, dass $A(1)$ stimmt. Denn dann stimmen aufgrund von $A(n) \Rightarrow A(n+1)$ auch $A(2)$ und $A(3)$ usw. Um zu zeigen, dass $A(n)$ für alle $n \in \mathbb{N}$ stimmt, können wir also folgendermaßen vorgehen:

Beweis durch vollständige Induktion

Zu beweisen ist die Aussage $\forall n \in \mathbb{N} : A(n)$, d.h., dass $A(n)$ für alle $n \in \mathbb{N}$ stimmt.

Schritt 1:   Zeige, dass $A(1)$ gilt
Schritt 2:   Zeige, dass $A(n) \Rightarrow A(n+1)$ gilt

Beispiel 1.4: Beweis durch vollständige Induktion

Wir beweisen, dass die Gleichung (1.46) für alle $n \in \mathbb{N}$ stimmt. $A(n)$ lautet:

$$A(n) \qquad \sum_{k=1}^{n} k = \frac{1}{2}n(n+1)$$

Schritt 1: Für $n = 1$ erhalten wir auf beiden Seiten der Gleichung die Zahl 1.

$$\sum_{k=1}^{1} k = 1 \qquad \frac{1}{2}1(1+1) = 1 \qquad \sum_{k=1}^{1} k = \frac{1}{2}1(1+1)$$

Damit ist gezeigt, dass $A(1)$ gilt.

Schritt 2: Wir müssen zeigen:

$$\text{Aus} \qquad A(n) \qquad \sum_{k=1}^{n} k = \frac{1}{2}n(n+1)$$

$$\text{folgt} \qquad A(n+1) \qquad \sum_{k=1}^{n+1} k = \frac{1}{2}(n+1)(n+2)$$

Dazu addieren wir bei $A(n)$ auf beiden Seiten den Term $n + 1$:

$$A(n) \qquad \sum_{k=1}^{n} k = \frac{1}{2}n(n+1) \ \bigg| + (n+1)$$

$$\Rightarrow \underbrace{\sum_{k=1}^{n} k + (n+1)}_{\sum\limits_{k=1}^{n+1} k} = \frac{1}{2}n(n+1) + (n+1)$$

$$\Rightarrow \sum_{k=1}^{n+1} k = \underbrace{\frac{1}{2}n(n+1) + (n+1)}_{\frac{1}{2}(n+1)(n+2)}$$

$$\Rightarrow \sum_{k=1}^{n+1} k = \frac{1}{2}(n+1)(n+2) \qquad\qquad A(n+1)$$

Die letzte Gleichung ist $A(n+1)$. Damit ist gezeigt, dass $A(n) \Rightarrow A(n+1)$ gilt. Mit den beiden Schritten ist bewiesen, dass $A(n)$ für alle $n \in \mathbb{N}$ gilt. ∎

Durch vollständige Induktion kann man z.B. auch beweisen, dass die **Bernoulli-Ungleichung**

$$(1+x)^n \geq 1 + nx \qquad \text{für } x \geq -1 \tag{1.47}$$

und die wichtige Formel

$$\sum_{k=0}^{n-1} q^k = \frac{q^n - 1}{q - 1} \qquad \text{für } q \notin \{0;1\} \tag{1.48}$$

für alle $n \in \mathbb{N}$ gelten. Ein Beweis durch vollständige Induktion ist natürlich nicht immer die einzig mögliche Beweisführung. Die Formel (1.48) kann man auch folgendermaßen beweisen:

$$\left(\sum_{k=0}^{n-1} q^k \right)(q-1) = (1 + q + \ldots + q^{n-2} + q^{n-1})(q-1)$$

$$= (q + q^2 + \ldots + q^{n-1} + q^n) - (1 + q + \ldots + q^{n-2} + q^{n-1})$$

$$= q^n - 1$$

$$\Rightarrow \sum_{k=0}^{n-1} q^k = \frac{q^n - 1}{q - 1}$$

1.6   Aufgaben zu Kapitel 1

1.1 Beweisen Sie die folgende Beziehungen in der Aussagenlogik:

a) $\overline{A \wedge B} = \overline{A} \vee \overline{B}$ b) $A \Rightarrow B = B \vee \overline{A}$

1.2 Zeigen Sie, dass folgende Aussagen immer wahr sind:

a) $[(A \Rightarrow B) \wedge (A \Rightarrow \overline{B})] \Rightarrow \overline{A}$ b) $[A \wedge (\overline{B} \Rightarrow \overline{A})] \Rightarrow B$

1.3 Zeigen Sie: Würde man bei der Definition der Implikation in der Wahrheitstafel auf S. 4 die letzten beiden Werte anders wählen, dann wäre $A \Rightarrow B \neq \overline{B} \Rightarrow \overline{A}$ oder $A \Rightarrow B = B \Rightarrow A$.

1.4 Beweisen Sie die folgenden Beziehungen der Mengenlehre:

a) $\overline{A \cup B} = \overline{A} \cap \overline{B}$ b) $(A \cup B) \cap \overline{A} = B \cap \overline{A}$

1.5 Geben Sie die Menge $(A \cup B) \cap (\overline{A} \cap \overline{B})$ möglichst einfach an.

1.6 Vereinfachen Sie folgende Ausdrücke. Nehmen Sie an, dass die Nenner jeweils ungleich null sind.

a) $\dfrac{\dfrac{x}{y} - \dfrac{y}{x}}{\dfrac{1}{x} + \dfrac{1}{y}}$
b) $\dfrac{\dfrac{x+y}{x-y} - \dfrac{x-y}{x+y}}{\dfrac{x-y}{x+y} + \dfrac{x+y}{x-y}}$
c) $\dfrac{\dfrac{t^{q+1}}{t^{p-2}}}{\dfrac{t^{1+q-p}}{t^3}}$
d) $\dfrac{a^3 + 3a^2b + 3ab^2 + b^3}{a^3 + 2a^2b + ab^2}$

1.7 Beweisen Sie, dass die folgenden Beziehungen jeweils für alle $n \in \mathbb{N}$ gelten:

a) $(1+x)^n \geq 1 + nx$ für $x \geq -1$ b) $\displaystyle\sum_{k=0}^{n-1} q^k = \frac{1-q^n}{1-q}$ für $q \notin \{0; 1\}$

c) $\displaystyle\sum_{k=1}^{n} k^2 = \frac{1}{6}n(n+1)(2n+1)$ d) $\displaystyle\sum_{k=1}^{n} k^3 = \binom{n+1}{2}^2$

e) $\displaystyle\sum_{k=1}^{n} \frac{1}{k(k+1)} = \frac{n}{n+1}$ f) $\displaystyle\sum_{k=1}^{n} \frac{k}{2^k} = 2 - \frac{n+2}{2^n}$

g) $\displaystyle\sum_{k=1}^{n} kp^k = \frac{p(1-p^n) - np^{n+1}(1-p)}{(1-p)^2}$ für $p \neq 1$

1.8 Beweisen Sie die Formeln (1.41)–(1.44).

2 Funktionen einer Variablen

Übersicht

2.1   Grundbegriffe und Eigenschaften

Beispiel 2.1: Freier Fall

Lässt man einen Körper zur Zeit $t = 0$ fallen, so besteht folgender Zusammenhang zwischen der zurückgelegten Strecke s und der Zeit t.

$$s = \tfrac{1}{2}gt^2$$

Die zurückgelegte Strecke s hängt von der Zeit t ab. Jedem Zeitpunkt t lässt sich genau eine Strecke s zuordnen. Trägt man die Punkte $(t; s)$ in ein rechtwinkliges Koordinatensystem ein, so erhält man den in Abb. 2.1 dargestellten Graphen:

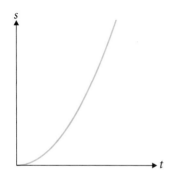

Abb. 2.1: Zurückgelegte Strecke s beim freien Fall in Abhängigkeit von der Zeit.

Die Abhängigkeit der Strecke s von t bzw. der Zusammenhang zwischen s und t lässt sich durch die obige Gleichung oder den gezeigten Graphen darstellen. ∎

Im Beispiel 2.1 gibt es eine Abhänigkeit bzw. einen Zusammenhang zweier Größen. Derartige Zusammenhänge und Abhängigkeiten werden mathematisch durch den Funktionbegriff erfasst:

Definition 2.1: Funktion

$D_f \subset \mathbb{R}$ sei eine Teilmenge der reellen Zahlen. Eine **Funktion** f ist eine Vorschrift, die *jedem* $x \in D_f$ *genau ein* $y \in \mathbb{R}$ zuordnet.

Die Wörter *jedem* und *genau ein* sind wichtig und deshalb kursiv gesetzt. Wird einem x kein y zugeordnet, oder werden einem x mehrere verschiedene y zugeordnet, so handelt es sich bei dieser Zuordnung nicht um eine Funktion.

Die Menge D_f heißt **Definitionsmenge** der Funktion. x bzw. y bezeichnet man als unabhängige bzw. als abhängige **Variable**. Die unabhängige Variable x heißt auch **Argument** der Funktion. Eine Gleichung der Form

$$y = f(x) \tag{2.1}$$

die angibt, wie der einem x-Wert zugeordnete y-Wert bestimmt wird, nennt man **Funktionsgleichung**. $f(x)$ ist der **Funktionsterm**. Der eimem x-Wert zugeordnete y-Wert heißt Funktionswert. Die Menge aller Funktionswerte ist die **Wertemenge** W_f.

$$W_f = \{y \,|\, \text{es gibt ein } x \in D_f \text{ mit } f(x) = y\} \tag{2.2}$$

Im Beispiel 2.1 ist t die unabhängige Variable bzw. das Argument und s die abhängige Variable. Die Gleichung $s = f(t) = \frac{1}{2}gt^2$ ist die Funktionsgleichung.

Graph einer Funktion

Bestimmt man für alle $x \in D_f$ die Funktionswerte y und trägt die Punkte (x,y) in ein rechtwinkliges Koordinatensystem ein, so erhält man den Graphen der Funktion. Der **Graph** ist die Darstellung der Menge

$$G = \{(x,y) \,|\, x \in D_f, y = f(x)\} \tag{2.3}$$

in einem rechtwinkligen Koordinatensystem, wobei die x-Achse für die unabhängige Variable nach rechts (Abszissenachse) und die y-Achse für die abhängige Variable nach oben (Ordinatenachse) zeigt. Die Abb. 2.2 zeigt den Graphen der Funktion f mit der Funktionsgleichung $y = f(x) = \frac{x}{1+x^4}$.

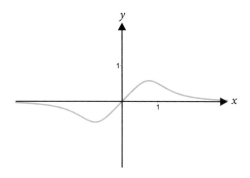

Abb. 2.2: Graph der Funktion $y = \frac{x}{1+x^4}$.

Wir betrachten eine Funktion f mit der Funktionsgleichung $y = f(x)$ und eine Funktion $\tilde{f}$ mit der Funktionsgleichung $y = \tilde{f}(x)$ für folgende Fälle:

1. $\tilde{f}(x) = f(x - a)$

   Für die Funktion $\tilde{f}$ gilt $\tilde{f}(x + a) = f(x)$. Die Funktion $\tilde{f}$ hat an der Stelle $x + a$ den gleichen Funktionswert wie die Funktion f an der Stelle x. Das bedeutet: Der Graph von $\tilde{f}$ entsteht aus dem Graphen von f durch Verschiebung um $|a|$ nach rechts (für $a > 0$) oder nach links (für $a < 0$).

2. $\tilde{f}(x) = f(x) + a$

   Der Graph der Funktion $\tilde{f}$ entsteht aus dem Graphen der Funktion f durch Verschiebung um $|a|$ nach oben (für $a > 0$) oder nach unten (für $a < 0$).

3. $\tilde{f}(x) = f(ax)$

   Für die Funktion $\tilde{f}$ gilt $\tilde{f}(x/a) = f(x)$. Die Funktion $\tilde{f}$ hat an der Stelle x/a den gleichen Funktionswert wie die Funktion f an der Stelle x. Das bedeutet: Je nach Wert von a entsteht der Graph von $\tilde{f}$ aus dem Graphen von f durch folgende Operation:

   ○ horizontale Stauchung für $a > 1$
   ○ horizontale Dehnung für $0 < a < 1$
   ○ Achsenspiegelung an der y-Achse für $a = -1$
   ○ horizontale Dehnung und Achsenspiegelung an der y-Achse für $-1 < a < 0$
   ○ horizontale Stauchung und Achsenspiegelung an der y-Achse für $a < -1$

4. $\tilde{f}(x) = af(x)$

   Der Funktionswert von $\tilde{f}$ an der Stelle x ist das a-Fache des Funktionswertes von f an der Stelle x. Das bedeutet: Je nach Wert von a entsteht der Graph von $\tilde{f}$ aus dem Graphen von f durch folgende Operation:

   ○ vertikale Dehnung für $a > 1$
   ○ vertikale Stauchung für $0 < a < 1$
   ○ Achsenspiegelung an der x-Achse für $a = -1$
   ○ vertikale Stauchung und Achsenspiegelung an der x-Achse für $-1 < a < 0$
   ○ vertikale Dehnung und Achsenspiegelung an der x-Achse für $a < -1$

Die Graphen in Abb. 2.3 zeigen die Funktion f mit $f(x) = \frac{x}{1+x^4}$ und Beispiele für die Funktion $\tilde{f}$.

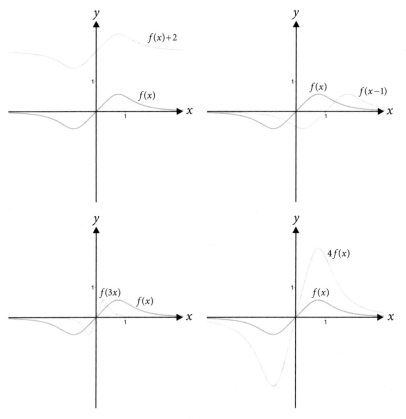

Abb. 2.3: Graph einer Funktion und Graphen, die durch Verschiebung, Dehnung oder Stauchung entstehen.

Verkettete Funktionen

Wir betrachten eine Funktion f mit der Funktionsgleichung $y = f(x)$ und eine zweite Funktion g mit der Funktionsgleichung $y = g(x)$. Unter der **verketteten Funktion** $f \circ g$ versteht man eine Funktion mit der Funktionsgleichung

$$y = f(g(x)) \tag{2.4}$$

Die Funktionsgleichung $y = f(g(x))$ der verketteten Funktion $f \circ g$ erhält man, indem man in der Funktionsgleichung $y = f(x)$ für die Funktion f die Variable x durch $g(x)$ ersetzt.

Beispiel 2.2: Verkettung von Funktionen

Für die Funktionen f, g und h mit den Funktionsgleichungen $f(x) = \frac{1}{x}$, $g(x) = 1 + x^4$ und $h(x) = \sqrt{x}$ erhält man z.B. für die verketteten Funktionen $f \circ g$, $g \circ f$, $h \circ (f \circ g)$ und $(h \circ f) \circ g$ die Funktionsgleichungen

$$(f \circ g)(x) = f(g(x)) = \frac{1}{1 + x^4}$$

$$(g \circ f)(x) = g(f(x)) = 1 + (\frac{1}{x})^4$$

$$(h \circ (f \circ g))(x) = h(f(g(x))) = \sqrt{\frac{1}{1 + x^4}}$$

$$((h \circ f) \circ g)(x) = h(f(g(x))) = \sqrt{\frac{1}{1 + x^4}}$$

$\blacksquare$

Wie man am Beispiel 2.2 sieht, ist die Verkettung von Funktionen nicht kommutativ, jedoch assoziativ.

Umkehrfunktion

Beispiel 2.3: Freier Fall

Im Beispiel 2.1 wird jedem Zeitpunkt, d.h. jedem positivem t genau eine Strecke s zugeordnet. Bei dieser Zuordnung handelt es sich um eine Funktion f. Der Zusammenhang zwischen den Größen t und s wird beschrieben durch den Funktionsgraphen (s. Abb. 2.1) und durch die Funktionsgleichung

$$s = \frac{1}{2}gt^2 = f(t)$$

Will man die zurückgelegte Strecke s zur Zeit t wissen, so kann man sie mithilfe der Funktionsgleichung berechnen. Umgekehrt lässt sich auch jeder Strecke s genau eine Zeit t zuordnen, die benötigt wird, um die Strecke s zurückzulegen. Ordnet man jeder Strecke s die zugehörige Zeit t zu, so stellt auch dies eine Funktion dar. Die unabhängige Variable ist nun s, die abhängige Variable ist t. Diese Funktion heißt Umkehrfunktion der Funktion f und wird mit f^{-1} bezeichnet. Löst man die Funktionsgleichung $s = f(t) = \frac{1}{2}gt^2$ nach t auf, so erhält man die Funktiongleichung der Umkehrfunktion:

$$t = \sqrt{\frac{2s}{g}} = f^{-1}(s)$$

Will man die Zeit t wissen, die man benötigt, um die Strecke s zurückzulegen, dann kann man sie mit dieser Funktionsgleichung berechnen. Den Graphen der Umkehrfunktion f^{-1} erhält man, indem man den Graphen von f so dreht und wendet, dass die s-Achse für die unabhängige Variable nach rechts und die t-Achse für die abhängige Variable nach oben gerichtet ist (s. Abb. 2.4). $\blacksquare$

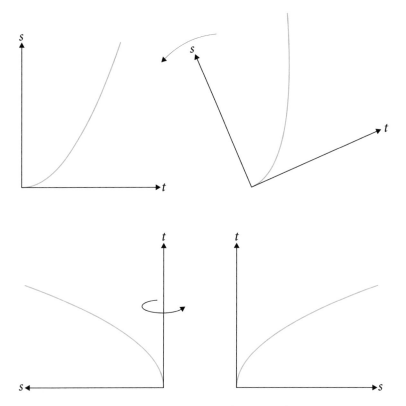

Abb. 2.4: Graph der Funktion in Bsp. 2.3 (links oben) und Graph der Umkehrfunktion (rechts unten).

Wenn bei einer Funktion f zwei oder mehreren verschiedenen x-Werten der gleiche y-Wert zugeordnet wird, so lässt sich diesem y-Wert nicht genau ein x-Wert zuordnen. Die Funktion ist nicht umkehrbar. Eine Funktion ist dann umkehrbar, wenn verschiedenen x-Werten x_1, x_2 mit $x_1 \neq x_2$ verschiedene y-Werte $f(x_1), f(x_2)$ mit $f(x_1) \neq f(x_2)$ zugeordnet werden.

Definition 2.2: Umkehrfunktion

Ist f eine Funktion mit der Eigenschaft $x_1 \neq x_2 \Rightarrow f(x_1) \neq f(x_2)$, dann ist f umkehrbar. Die **Umkehrfunktion** f^{-1} ordnet jedem $y \in W_f$ das zugehörige $x \in D_f$ mit $y = f(x)$ zu.

Die Definitionsmenge der Umkehrfunktion ist die Wertemenge der Funktion und umgekehrt. Die Funktionsgleichung der Umkehrfunktion lautet $x = f^{-1}(y)$. Bei dieser

Schreibweise ist darauf zu achten, dass $f^{-1}(y)$ nicht mit $\frac{1}{f(y)} = (f(y))^{-1}$ verwechselt wird. Aus der Definition der Umkehrfunktion folgen die Beziehungen:

$$y = f(x) = f(f^{-1}(y))$$
$$x = f^{-1}(y) = f^{-1}(f(x))$$

Die wichtigsten Aussagen über die Umkehrfunktion sind in der folgenden Übersicht zusammengefasst:

Zusammenfassung: Umkehrfunktion

Für die Definitions- und Wertemengen gilt:

$$D_{f^{-1}} = W_f \tag{2.5}$$
$$W_{f^{-1}} = D_f \tag{2.6}$$

Die Funktionsgleichung von f^{-1} erhält man durch Auflösen der Funktionsgleichung von f nach x:

$$y = f(x) \text{ nach } x \text{ auflösen} \Rightarrow x = f^{-1}(y) \tag{2.7}$$

Den Graphen der Umkehrfunktion erhält man, indem man den Graphen der Funktion so dreht und wendet, dass die y-Achse für die unabhängige Variable nach rechts und die x-Achse für die abhängige Variable nach oben gerichtet ist. Für die Funktion f und die Umkehrfunktion f^{-1} gelten folgende Gleichungen:

$$f(f^{-1}(y)) = y \tag{2.8}$$
$$f^{-1}(f(x)) = x \tag{2.9}$$

In der Mathematik ist es üblich, die unabhängige Variable bzw. das Argument einer Funktion mit x und die abhängige Variable mit y zu bezeichnen. Deshalb vertauscht man häufig sowohl in der Funktionsgleichung als auch im Graphen der Umkehrfunktion x mit y. Tut man dies und stellt die Graphen der Funktion und der Umkehrfunktion im gleichen Koordinatensystem dar, so sind die zwei Graphen achsensymmetrsich mit der Winkelhalbierenden als Symmetrieachse (s. Abb. 2.6). Wie das Beispiel 2.3 zeigt, kann eine Vertauschung der Variablenbezeichnungem in der Praxis problematisch sein, da hier oft für die jeweiligen Größen bestimmte Buchstaben üblich sind (z.B. t für die Zeit und s für die Strecke). Die Umkehrfunktion einer Funktion liefert nichts „Neues". Eine umkehrbare Funktion und deren Umkehrfunktion beschreiben beide völlig gleichwertig den Zusammenhang zweier Größen x und y. Dieser Zusammenhang kann durch einen Graphen oder eine Gleichung dargestellt werden. Lässt sich die Gleichung nach x bzw. y auflösen, so erhält man die Funktionsgleichung der Umkehrfunktion bzw. der Funktion. Auch der Graph der Umkehrfunktion ist kein „neuer" Graph. Dreht man den Graphen einer Funktion um $90°$ und betrachtet ihn „von hinten", so sieht man den Graphen der Umkehrfunktion. Die Gleichungen (2.8) bzw. (2.9) gilt i.a. nicht für alle x bzw. y, für welche der Ausdruck definiert ist, sondern nur für diejenigen x, für welche die Funktion f umkehrbar ist bzw. für die zugehörigen y. Für die Funktion $f(x) = x^2$ und die Umkehrfunktion $f^{-1}(x) = \sqrt{x}$ ist der Ausdruck $f^{-1}(f(x)) = \sqrt{x^2}$ für alle $x \in \mathbb{R}$ definiert. Die Gleichung $f^{-1}(f(x)) = \sqrt{x^2} = x$ gilt jedoch nur für $x \geq 0$.

Beispiel 2.4: Bestimmung einer Umkehrfunktion

Wir bestimmen die Umkehrfunktion der Funktion f mit der Funktionsgleichung $y = f(x) = x^3$.

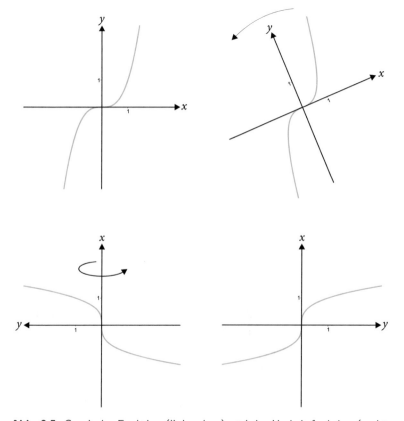

Abb. 2.5: Graph der Funktion (links oben) und der Umkehrfunktion (rechts unten).

Die Funktion mit $D_f = W_f = \mathbb{R}$ ist ohne Einschränkung der Definitionsmenge umkehrbar. Für $x \geq 0$ ist auch $y \geq 0$, und wir erhalten:

$$y = x^3 \Rightarrow x = \sqrt[3]{y}$$

Für $x < 0$ ist auch $y < 0$, und es folgt:

$$-y = -x^3 = (-x)^3 \Rightarrow -x = \sqrt[3]{-y} \Rightarrow x = -\sqrt[3]{-y}$$

Die Funktionsgleichung der Umkehrfunktion lautet:

$$x = \begin{cases} \sqrt[3]{y} & \text{für } y \geq 0 \\ -\sqrt[3]{-y} & \text{für } y < 0 \end{cases}$$

bzw. nach Vertauschen von x und y:

$$y = \begin{cases} \sqrt[3]{x} & \text{für } x \geq 0 \\ -\sqrt[3]{-x} & \text{für } x < 0 \end{cases}$$

∎

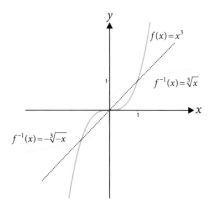

Abb. 2.6: Graphen der Funktion und der Umkehrfunktion.

Symmetrie

Definition 2.3: Symmetrie

Eine Funktion f heißt **gerade**, wenn für alle $x \in D_f$ gilt: $f(-x) = f(x)$.
Eine Funktion f heißt **ungerade**, wenn für alle $x \in D_f$ gilt: $f(-x) = -f(x)$

Der Graph einer geraden Funktion ist achsensymmetrisch zur y-Achse. Wie auf S. 32 erläutert, kann eine gerade Funktion ohne Einschränkung der Definitionsmenge nicht umkehrbar sein. Der Graph einer ungeraden Funktion ist punktsymmetrisch zum Ursprung des Koordinatensystems. Für eine umkehrbare ungerade Funktion f gilt:

$$f^{-1}(-x) = f^{-1}(-f(f^{-1}(x))) = f^{-1}(f(-f^{-1}(x))) = -f^{-1}(x)$$

Ist eine ungerade Funktion umkehrbar, so ist die Umkehrfunktion also ebenfalls ungerade (s. Abb. 2.6).

Monotonie

Definition 2.4: Monotonie

Eine Funktion f heißt im Intervall $I \subset D_f$

○ **monoton steigend,**   wenn $f(x_2) \geq f(x_1)$
○ **streng monoton steigend,**   wenn $f(x_2) > f(x_1)$
○ **monoton fallend,**   wenn $f(x_2) \leq f(x_1)$
○ **streng monoton fallend,**   wenn $f(x_2) < f(x_1)$

für alle $x_1, x_2 \in I$ mit $x_2 > x_1$

Ist eine Funktion f streng monoton steigend bzw. fallend in D_f, so ist sie umkehrbar. Die Umkehrfunktion f^{-1} ist dann ebenfalls streng monoton steigend bzw. fallend in $D_{f^{-1}}$ (s. Bsp. 2.4, Abb. 2.5, Abb. 2.6).

Periodizität

Beispiel 2.5: Pendel

Betrachtet man die Auslenkung $s = f(t)$ eines Pendels (s. Abb. 2.7, links) als Funktion der Zeit t, so stellt man fest, dass nach einer gewissen Zeit T, d.h. zur Zeit $t + T$, die Auslenkung wieder den gleichen Wert hat, wie zur Zeit t (s. Abb. 2.7, rechts). Es gilt also $f(t+T) = f(t)$. Die Schwingungsdauer T ist die Periode der Funktion $f(t)$. ∎

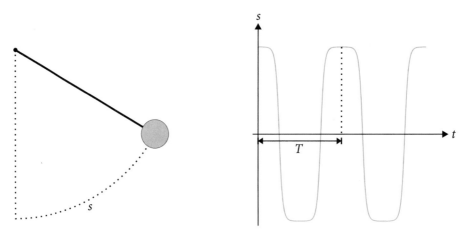

Abb. 2.7: Pendel (links) und Auslenkung eines Pendels als Funktion der Zeit (rechts).

Definition 2.5: Periodizität

Eine Funktion f heißt **periodisch** mit der **Periode** p, wenn für alle $x \in D_f$ gilt:

$$f(x + p) = f(x) \tag{2.10}$$

Ist eine Funktion periodisch mit der Periode p, so ist auch kp eine Periode ($k \in \mathbb{Z}$). Die kleinste positive Periode heißt **primitive Periode**. In Kapitel 2.3.8 werden die trigonometrischen Funktionen behandelt. Die Sinus- und Kosinusfunktion haben die primitive Periode 2π. Die Tangens- und Kotangensfunktion besitzen die primitive Periode π. Außer den trigonometrischen Funktionen gibt es keine elementaren Funktionen (s. Abschnitt 2.3), die periodisch sind. Die Funktion $f(t)$ in Beispiel 2.5 bzw. Abb. 2.7 lässt sich nicht durch elementare Funktionen darstellen.

2.2 Folgen und Grenzwerte

Wenn wir hier von Folgen sprechen, so sind immer reelle Zahlenfolgen gemeint. Dabei handelt es sich um Funktionen mit $D_f = \mathbb{N}$.

Definition 2.6: Reelle Zahlenfolge

Eine reelle **Zahlenfolge** (a_n) ist eine Funktion f mit $D_f = \mathbb{N}$, die jeder natürlichen Zahl $n \in \mathbb{N}$ eine Zahl $f(n) = a_n \in \mathbb{R}$ zuordnet. Die Funktionswerte a_n heißen **Folgenglieder**.

Beispiel 2.6: Die geometrische Folge

Bei einer geometrische Folge ist das k-te Folgenglied a_k das q-Fache ($q \neq 0$) des vorhergehenden Folgenglieds a_{k-1}. Das erste Folgenglied $a_1 = c$ ist eine Zahl $c \neq 0$. Die Folgenglieder $a_1, a_2, a_3, \ldots$ sind $c, cq, cq^2, \ldots$, und es gilt $a_n = cq^{n-1}$. Für $c = 1$ und $q = \frac{1}{2}$ hat man z.B. die Folgenglieder $1, \frac{1}{2}, \frac{1}{2^2}, \frac{1}{2^3}, \ldots$. ∎

Bei der geometrischen Folge mit $c = 1$ und $q = \frac{1}{2}$ in Beispiel 2.6 nähern sich die Folgenglieder für $n \to \infty$ immer mehr der Zahl 0. Sie ist ein Beispiel für eine konvergente Folge. Bei einer konvergenten Folge a_n gibt es (genau) eine Zahl a mit der Eigenschaft, dass der Betrag der Differenz zwischen Folgenglied a_n und a, d.h. der Abstand der entsprechenden Punkte auf der Zahlengeraden beliebig klein ist (d.h. kleiner als eine beliebig kleine Zahl ε), wenn nur n groß genug ist (d.h. größergleich einer Zahl n_0). Das bedeutet, dass die Folgenglieder a_n in einer beliebig kleinen ε-Umgebung von

a liegen, wenn n groß genug, d.h. größer als n_0 ist. Bei der Folge in Abb. 2.8 sind ab $n_0 = 8$ alle Folgenglieder a_n in der dargestellten ε-Umgebung.

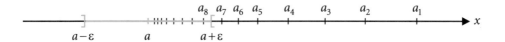

Abb. 2.8: Zur Definition des Grenzwertes eines Folge.

Definition 2.7: Konvergenz und Grenzwert einer Folge

Eine Zahl a heißt Grenzwert einer Folge (a_n), wenn es zu jedem $\varepsilon > 0$ eine Zahl $n_0 \in \mathbb{N}$ gibt mit der Eigenschaft:

$$|a_n - a| < \varepsilon \text{ für alle } n \geq n_0$$

Besitzt eine Folge einen Grenzwert, so heißt sie **konvergent**, andernfalls **divergent**.

Für den Grenzwert a einer Folge (a_n) verwendet man folgende Schreibweise:

$$a = \lim_{n \to \infty} a_n$$

Streben die Folgenglieder a_n für $n \to \infty$ gegen ∞ bzw. $-\infty$, so spricht man auch von einem uneigentlichen Grenzwert. Genauer: Gibt es zu jeder beliebig großen (bzw. beliebig kleinen) Zahl r eine Zahl $n_0 \in \mathbb{N}$ mit der Eigenschaft, dass für alle $n \geq n_0$ die Folgenglieder a_n größer (bzw. kleiner) als r sind, dann spricht man von einem uneigentlichen Grenzwert und schreibt $\lim_{n \to \infty} a_n = \infty$ (bzw. $\lim_{n \to \infty} a_n = -\infty$). Zeichnet man für eine konvergente Folge (a_n) mit $\lim_{n \to \infty} a_n = a$ den Graphen der Funktion $f(n) = a_n$, so gibt es zu jedem beleibig schmalen horizontalen Streifen um a herum ein n_0, sodass für alle $n \geq n_0$ die Punkte des Graphen in dem Streifen liegen (s. Abb. 2.9).

Beispiel 2.7: Konvergente Folge

Die Folge (a_n) mit $a_n = 1 + (-1)^n \frac{1}{n}$ besitzt den Grenzwert $\lim_{n \to \infty} a_n = 1$. Die Folge ist in Abb. 2.9 graphisch dargestellt. ∎

Beispiel 2.8: Divergente Folge

Die Folge (a_n) mit $a_n = (-1)^n + \frac{1}{n}$ besitzt keinen Grenzwert (auch keinen uneigentlichen). ∎

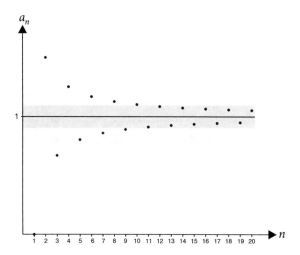

Abb. 2.9: Graphische Darstellung der Folge von Bsp. 2.7: Ab einem bestimmten n_0 sind alle Folgenglieder a_n in einem beliebig schmalen Streifen bzw. der entsprechenden Umgebung des Grenzwertes.

Beispiel 2.9: Stetige Verzinsung

Ein Guthaben mit dem Anfangswert G_0 werde nicht jährlich mit der Jahreszinsrate r, sondern jeweils nach Ablauf des n-ten Teils eines Jahres mit der Zinsrate $r' = \frac{r}{n}$ verzinst. Nach Ablauf eines Jahres hat das Guthaben den Wert $G_n = G_0(1 + r')^n = G_0(1 + \frac{r}{n})^n$. Lässt man die Anzahl n immer größer werden, so hat man eine Folge (G_n) mit $G_n = G_0(1 + \frac{r}{n})^n$. Will man Zinsen kontinuierlich zahlen, so muss man n gegen ∞ gehen lassen. Dies führt zu dem Grenzwert

$$\lim_{n \to \infty} G_0(1 + \frac{r}{n})^n$$

Dieser mathematisch interessante und äußerst wichtige Grenzwert wird in Kap. 2.3.4 näher betrachtet und untersucht. ∎

Für die Grenzwerte von Folgen gelten folgende Grenzwertsätze:

Grenzwertsätze für Folgen

Sind (a_n) und (b_n) konvergente Folgen mit $\lim\limits_{n \to \infty} a_n = a$ und $\lim\limits_{n \to \infty} b_n = b$, so gilt:

$$\lim_{n \to \infty} (ca_n) = c \lim_{n \to \infty} a_n = ca \tag{2.11}$$

$$\lim_{n \to \infty} (a_n \pm b_n) = \lim_{n \to \infty} a_n \pm \lim_{n \to \infty} b_n = a \pm b \tag{2.12}$$

$$\lim_{n \to \infty} (a_n b_n) = \lim_{n \to \infty} a_n \lim_{n \to \infty} b_n = ab \tag{2.13}$$

$$\lim_{n \to \infty} \frac{a_n}{b_n} = \frac{\lim\limits_{n \to \infty} a_n}{\lim\limits_{n \to \infty} b_n} = \frac{a}{b} \quad \text{für } b_n, b \neq 0 \tag{2.14}$$

Mithilfe von Folgen kann man formulieren, was man unter dem Grenzwert einer Funktion versteht:

Definition 2.8: Grenzwert einer Funktion für $x \to x_0$

Eine Zahl y_0 heißt Grenzwert der Funktion für $x \to x_0$, wenn für alle Folgen (x_n) mit $x_n \in D_f$ und $\lim_{n \to \infty} x_n = x_0$ gilt:

$$\lim_{n \to \infty} f(x_n) = y_0$$

Ist y_0 der Grenzwert einer Funktion für $x \to x_0$, dann gilt: Nähert man sich mit x-Werten an die Stelle x_0 an, dann streben die y-Werte gegen y_0, egal wie sich die x-Werten der Stelle x_0 annähern. Man schreibt dann:

$$y_0 = \lim_{x \to x_0} f(x)$$

Die Existenz des Grenzwertes $\lim_{x \to x_0} f(x)$ erfordert übrigens nicht $x_0 \in D_f$. Der Grenzwert einer Funktion f für $x \to x_0$ kann auch existieren, wenn $x_0 \notin D_f$.

Beispiel 2.10: Grenzwert einer Funktion

Die Funktion $f(x) = \frac{1}{1+\frac{1}{x^2}}$ ist bei $x_0 = 0$ nicht definiert, besitzt jedoch den Grenzwert $\lim_{x \to 0} f(x) = 0$. ∎

Beispiel 2.11: Nichtexistenz eines Grenzwertes

Wir prüfen die Existenz des Grenzwertes der folgenden Funktion für $x \to 0$:

$$f(x) = \begin{cases} x + \frac{x}{|x|} & \text{für } x \neq 0 \\ 0 & \text{für } x = 0 \end{cases}$$

Für Folgen (x_n) mit $\lim_{n \to \infty} x_n = 0$ und $x_n > 0$ erhalten wir:

$$\lim_{n \to \infty} f(x_n) = \lim_{n \to \infty} (x_n + 1) = 1$$

Für Folgen (x_n) mit $\lim_{n \to \infty} x_n = 0$ und $x_n < 0$ erhalten wir:

$$\lim_{n \to \infty} f(x_n) = \lim_{n \to \infty} (x_n - 1) = -1$$

Daraus folgt, dass der Grenzwert $\lim_{x \to 0} f(x)$ nicht existiert. ∎

Die Funktion im Beispiel 2.11 hat zwar keinen Grenzwert für $x \to 0$, jedoch einseitige Grenzwerte für $x \to 0$. Diese sind folgendermaßen definiert:

Definition 2.9: Links- und rechtsseitiger Grenzwert einer Funktion

y_0 heißt links- bzw. rechtsseitiger Grenzwert der Funktion für $x \to x_0$, wenn für alle Folgen (x_n) mit $x_n \in D_f$, $\lim_{n \to \infty} x_n = x_0$ und $x_n > x_0$ bzw. $x_n < x_0$ gilt:

$$\lim_{n \to \infty} f(x_n) = y_0$$

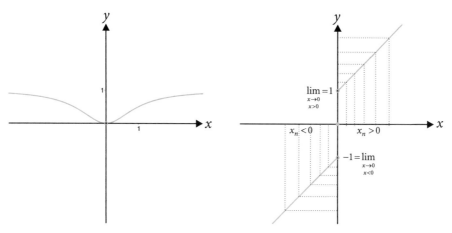

Abb. 2.10: Graphen der Funktionen in Bsp. 2.10 (links) und Bsp. 2.11 (rechts).

Für links- bzw. rechtsseitige Grenzwerte schreiben wir $\lim\limits_{\substack{x \to x_0 \\ x < x_0}} f(x)$ bzw. $\lim\limits_{\substack{x \to x_0 \\ x > x_0}} f(x)$. Existieren diese Grenzwerte und sind gleich, so existiert auch der Grenwzert $\lim\limits_{x \to x_0} f(x)$ und hat den gleichen Wert. Andernfalls existiert der Grenzwert $\lim\limits_{x \to x_0} f(x)$ nicht.

Beispiel 2.12: Links- und rechtsseitiger Grenzwert

Für die einseitigen Grenzwerte der Funktion

$$f(x) = \begin{cases} x + \frac{x}{|x|} & \text{für } x \neq 0 \\ 0 & \text{für } x = 0 \end{cases}$$

erhalten wir (s. Bsp. 2.11) $\lim\limits_{\substack{x \to 0 \\ x < 0}} f(x) = -1$ und $\lim\limits_{\substack{x \to 0 \\ x > 0}} f(x) = 1$. ∎

Schließlich wollen wir noch die Grenzprozesse $x \to \pm\infty$ betrachten.

Definition 2.10: Asymptoten und Grenzwert für $x \to \pm\infty$

Eine lineare Funktion g heißt Asymptote der Funktion f für $x \to \infty$ bzw. für $x \to -\infty$, wenn es zu jedem $\varepsilon > 0$ eine Zahl r gibt mit der Eigenschaft:

$$|f(x) - g(x)| < \varepsilon \qquad \text{für alle} \qquad x > r \text{ bzw. } x < r$$

Ist g eine konstante Funktion mit dem Funktionswert c, so heißt c der Grenzwert der Funktion f für $x \to \infty$ bzw. $x \to -\infty$.

Für diese Grenzwerte schreibt man:

$$\lim\limits_{x \to \infty} f(x) \qquad \text{bzw.} \qquad \lim\limits_{x \to -\infty} f(x)$$

Beispiel 2.13: Asymptote

Die Funktion

$$f(x) = \frac{x^2 + 4x + 5}{x + 2} = \frac{(x+2)^2 + 1}{x + 2} = x + 2 + \frac{1}{x + 2}$$

besitzt die Asymptote $g(x) = x + 2$ (s. Abb. 2.11, links).   ∎

Beispiel 2.14: Grenzwert

Für die Funktion

$$f(x) = \frac{4x^2 - 2x - 2}{2x^2 + 2x + 1} = \frac{4 - \frac{2}{x} - \frac{2}{x^2}}{2 + \frac{2}{x} + \frac{1}{x^2}}$$

gilt $\lim_{x \to \pm\infty} f(x) = \frac{4}{2} = 2$ (s. Abb. 2.11, rechts).   ∎

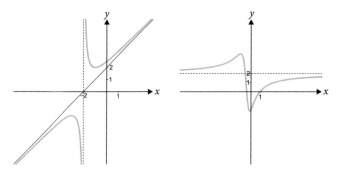

Abb. 2.11: Graphen der Funktionen in Bsp. 2.13 (links) und Bsp. 2.14 (rechts).

Die folgenden Grenzwertsätze gelten in entsprechender Weise auch für einseitige Grenz-werte und Grenzwerte für $x \to \pm\infty$.

Grenzwertsätze für Funktionen

Sind $f(x)$ und $g(x)$ Funktionen mit $\lim_{x \to x_0} f(x) = a$ und $\lim_{x \to x_0} g(x) = b$, so gilt:

$$\lim_{x \to x_0} (cf(x)) = c \lim_{x \to x_0} f(x) = c\,a \tag{2.15}$$

$$\lim_{x \to x_0} (f(x) \pm g(x)) = \lim_{x \to x_0} f(x) \pm \lim_{x \to x_0} g(x) = a \pm b \tag{2.16}$$

$$\lim_{x \to x_0} (f(x)g(x)) = \lim_{x \to x_0} f(x) \lim_{x \to x_0} g(x) = a\,b \tag{2.17}$$

$$\lim_{x \to x_0} \frac{f(x)}{g(x)} = \frac{\lim_{x \to x_0} f(x)}{\lim_{x \to x_0} g(x)} = \frac{a}{b} \quad \text{für } g(x), b \neq 0 \tag{2.18}$$

Streben Funktionswerte gegen ∞ oder $-\infty$, so spricht man wieder von uneigentlichen Grenzwerten.

2.3   Elementare Funktionen

2.3.1   Potenz- und Wurzelfunktionen

Wir betrachten zunächst die Potenzfunktion mit natürlichem Exponenten $n \in \mathbb{N}$:

$$y = f(x) = x^n = \underbrace{x \cdot x \cdot \ldots \cdot x}_{n \text{ mal}} \tag{2.19}$$

Für $n = 0$ gilt $x^0 = 1$. Die Abb. 2.12 zeigt links oben die Graphen für verschiedene Werte von n. Für ungerades n ist die Potenzfunktion ohne Einschränkung der Definitionsmenge umkehrbar. Für gerades n ist die Potenzfunktion nur mit eingeschränkter Definitionsmenge umkehrbar. Es gibt verschiedene Varianten, die Wurzelfunktion zu definieren. Manchmal wird die Wurzelfunktion definiert als Umkehrfunktion der Potenzfunktion. Für ungerades n ist die Wurzelfunktion dann für alle x (auch negative) definiert. Für gerades n schränkt man die Defintionsmenge der Potenzfunktion auf $\mathbb{R}_0^+$ ein und bildet die Umkehrfunktion. In diesem Fall ist die Wurzelfunktion nur für $x \geq 0$ definiert. Häufig definiert man die Wurzelfunktion grundsätzlich nur für $x \geq 0$ als nichtnegative Lösung der Gleichung $y^n = x$ mit $x \geq 0$. Wir wollen es hier auch so tun. Für die so definierte Wurzelfunktion schreibt man:

$$f(x) = \sqrt[n]{x} = x^{\frac{1}{n}} \tag{2.20}$$

Für positive rationale Exponenten $\frac{n}{m} \in \mathbb{Q}$ mit $n,m \in \mathbb{N}$ ist die Funktion $f(x) = x^{\frac{n}{m}}$ folgendermaßen definiert:

$$f(x) = x^{\frac{n}{m}} = \sqrt[m]{x^n} = \sqrt[m]{x}^n \tag{2.21}$$

Auch diese Funktion wird meistens für $x \geq 0$ definiert, obwohl es möglich wäre, sie für gerades n und ungerades m auch für negative x und damit für alle $x \in \mathbb{R}$ zu definieren. So könnte z.B. die Definitionsmenge der Funktion $f(x) = x^{\frac{2}{3}} = \sqrt[3]{x^2}$ ganz $\mathbb{R}$ sein. Wir definieren die Potenzfunktion mit nichtnegativem rationalen Exponenten (wie meistens üblich) für $x \geq 0$, d.h. mit $D_f = \mathbb{R}_0^+$. Für negative natürliche bzw. rationale Exponenten definiert man $x^{-n} = \frac{1}{x^n}$ bzw. $x^{-\frac{n}{m}} = \frac{1}{x^{\frac{n}{m}}}$. Es bleibt die Frage, wie die Funktion $f(x) = x^a$ für beliebige, d.h. auch irrationale Exponenten a definiert werden kann. Hier gibt es verschiedene Möglichkeiten. In Kap. 2.3.4 bzw. 2.3.5 wird die Exponentialfunktion (zur Basis e) e^x bzw. die (natürliche) Logarithmusfunktion $\ln x$ eingeführt. Mithilfe dieser Funktionen kann man für $x > 0$ und $a \in \mathbb{R}$ definieren:

$$f(x) = x^a = e^{a \ln x} \tag{2.22}$$

Für die so definierten Potenz- und Wurzelfunktionen sind die Definitions- und Wertemengen in der Tabelle 2.1 zusammengefasst. Die Abb. 2.12 zeigt für verschiedene Werte von a den Graphen der Funktion $f(x) = x^a$.

Tab. 2.1: Definition sowie Definitions- und Wertemengen von Potenzfunktionen

		$f(x)$	D_f	W_f
$a = 0$		$x^0 = 1$	$\mathbb{R}$	$\{1\}$
$a = n$	$n \in \mathbb{N}$	$x^n = x \cdot \ldots \cdot x$	$\mathbb{R}$	$\mathbb{R}_0^+$ für n gerade $\mathbb{R}$ für n ungerade
$a = -n$	$n \in \mathbb{N}$	$x^{-n} = \frac{1}{x^n}$	$\mathbb{R} \setminus \{0\}$	$\mathbb{R}^+$ für n gerade $\mathbb{R} \setminus \{0\}$ für n ungerade
$a = \frac{n}{m} \notin \mathbb{N}$	$n,m \in \mathbb{N}$	$x^{\frac{n}{m}} = \sqrt[m]{x^n}$	$\mathbb{R}_0^+$	$\mathbb{R}_0^+$
$a = -\frac{n}{m} \notin \mathbb{Z}$	$n,m \in \mathbb{N}$	$x^{-\frac{n}{m}} = \frac{1}{\sqrt[m]{x^n}}$	$\mathbb{R}^+$	$\mathbb{R}^+$
$a \notin \mathbb{Q}$		$x^a = \mathrm{e}^{a \ln x}$	$\mathbb{R}^+$	$\mathbb{R}^+$

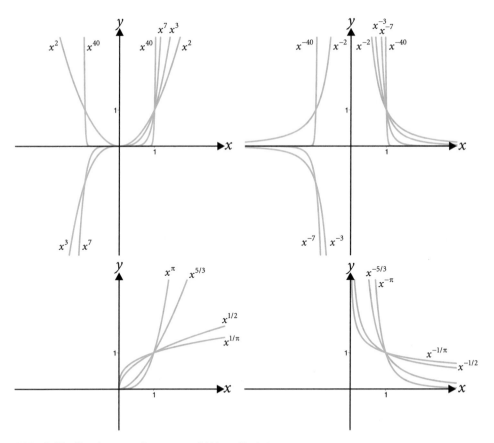

Abb. 2.12: Graphen von Potenz- und Wurzelfunktionen.

2.3.2 Polynomfunktionen

Definition 2.11: Polynomfunktion

Eine Funktion f mit

$$f(x) = a_n x^n + a_{n-1} x^{n-1} + \ldots + a_2 x^2 + a_1 x + a_0 \tag{2.23}$$

mit $n \in \mathbb{N}, a_i \in \mathbb{R}$ und $a_n \neq 0$ heißt **Polynomfunktion** vom Grad n.
Der Term auf der rechten Seite von (2.23) heißt **Polynom** vom Grad n.

Die Polynomfunktionen spielen eine wichtige Rolle in der Mathematik. In Kap. 7 werden wir sehen, dass sich viele Funktionen in einer Teilmenge der Definitionsmenge näherungsweise als Polynomfunktion darstellen lassen. In Abb. 2.13 sind die Graphen von Polynomfunktionen verschiedener Grade dargestellt.

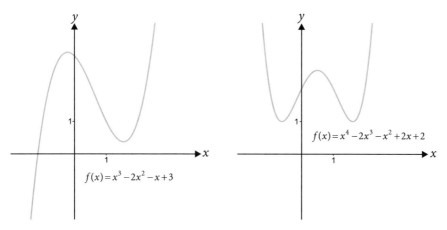

Abb. 2.13: Graphen von Polynomfunktionen.

Schreibt man eine Polynomfunktion in der Form

$$f(x) = x^n (a_n + a_{n-1} x^{-1} + \ldots + a_2 x^{-n+2} + a_1 x^{-n+1} + a_0 x^{-n})$$

so erkennt man, dass für ungerades n und $a_n > 0$ (bzw. $a_n < 0$) die Funktionswerte für $x \to +\infty$ gegen $+\infty$ (bzw. gegen $-\infty$) und für $x \to -\infty$ gegen $-\infty$ (bzw. gegen $+\infty$) streben. Das bedeutet, dass für ungerades n der Graph der Funktion die x-Achse mindestens einmal scheiden und die Funktion daher mindestens eine Nullstelle haben muss. Für gerades n kann es sein, dass die Funktion keine Nullstellen hat. Ist x_1 eine Nullstelle einer Polynomfunktion vom Grad n, so gilt:

$$f(x) = (x - x_1) g(x)$$

Hier ist $g(x)$ eine Polynomfunktion vom Grad $n - 1$. Die Funktion $g(x)$ lässt sich bestimmen durch **Polynomdivision**.

Beispiel 2.15: Polynomdivision

Die Polynomfunktion $f(x) = x^3 - 5x^2 + 7x - 3$ hat die Nullstelle $x_1 = 1$.

$$
\begin{array}{l}
(x^3 \quad -5x^2 \quad +7x-3):(x-1) = x^2 - 4x + 3 \\
\underline{-(x^3 \quad -x^2)} \\
\qquad\quad -4x^2 \quad +7x \\
\qquad\quad \underline{-(-4x^2+4x)} \\
\qquad\qquad\qquad 3x \quad -3 \\
\qquad\qquad\qquad \underline{-(3x-3)}
\end{array}
$$

Daraus folgt $f(x) = (x - x_1)g(x)$ mit $g(x) = x^2 - 4x + 3$.   ■

Alternativ zur Polynomdivision kann die Funktion $g(x)$ mit dem sog. **Horner-Schema** bestimmt werden. Aus Gründen der Übersichtlichkeit erläutern wir das Schema für ein Polynom vom Grad $n = 3$.

$$f(x) = a_3 x^3 + a_2 x^2 + a_1 x + a_0$$

Ist x_1 eine Nullstelle des Polynoms, so gilt:

$$
\begin{aligned}
f(x) &= (x - x_1)(b_2 x^2 + b_1 x + b_0) \\
&= \underbrace{b_2}_{a_3} x^3 + \underbrace{(b_1 - b_2 x_1)}_{a_2} x^2 + \underbrace{(b_0 - b_1 x_1)}_{a_1} x - \underbrace{x_1 b_0}_{a_0}
\end{aligned}
$$

Durch Koeffizientenvergleich erhält man folgende Beziehung zwischen den Koeffizienten a_3, a_2, a_1 der Funktion $f(x)$ und den Koeffizienten b_2, b_1, b_0 der Funktion $g(x)$:

$$
\begin{aligned}
a_3 &= b_2 \\
a_2 &= b_1 - b_2 x_1 \quad \Rightarrow \quad b_1 = a_2 + b_2 x_1 = a_2 + a_3 x_1 \\
a_1 &= b_0 - b_1 x_1 \quad \Rightarrow \quad b_0 = a_1 + b_1 x_1 = a_1 + (a_2 + a_3 x_1)x_1
\end{aligned}
$$

Die Zahlen b_2, b_1, b_0 lassen sich nach folgendem Schema (Horner-Schema) berechnen:

$$
\begin{array}{c|ccc}
 & a_3 & a_2 & a_1 \\
\hline
 & 0 \cdot x_1 & a_3 x_1 & (a_2 + a_3 x_1)x_1 \\
 & \nearrow \;\downarrow\; \nearrow & \downarrow \;\; \nearrow & \downarrow \\
0 & \underbrace{a_3}_{b_2} & \underbrace{a_2 + a_3 x_1}_{b_1} & \underbrace{a_1 + (a_2 + a_3 x_1)x_1}_{b_0}
\end{array}
$$

Bei diesem Schema bedeutet ein schräger Pfeil nach oben eine Multiplikation mit x_1 und ein Pfeil nach unten die Addition der darüber stehenden Zahl in der ersten Zeile.

Beispiel 2.16: Horner-Schema

Die Polynomfunktion $f(x) = x^3 - 5x^2 + 7x - 3$ hat die Nullstelle $x_1 = 1$.

	1		-5		7	
	$0 \cdot 1$		$1 \cdot 1$		$-4 \cdot 1$	
	$\downarrow$	$\nearrow$	$\downarrow$	$\nearrow$	$\downarrow$	
0	$1 + 0 \cdot 1 = \underbrace{1}_{b_2}$		$-5 + 1 \cdot 1 = \underbrace{-4}_{b_1}$		$7 - 4 \cdot 1 = \underbrace{3}_{b_0}$	

Daraus folgt $f(x) = (x - x_1)g(x)$ mit $g(x) = b_2 x^2 + b_1 x + b_0 = x^2 - 4x + 3$. ∎

Allgemein gelten für Polynomfunktionen folgende Aussagen:

Nullstellen und Faktorisierung von Polynomen

$f(x) = a_n x^n + \ldots + a_1 x + a_0$ vom Grad n besitzt höchstens n verschiedene Nullstellen. Für ungerades n existiert mindestens eine Nullstelle. Sind $x_1, \ldots, x_m$ die verschiedenen Nullstellen einer Polynomfunktion vom Grad n, so gilt:

$$f(x) = a_n (x - x_1)^{k_1} (x - x_2)^{k_2} \cdot \ldots \cdot (x - x_m)^{k_m} g(x) \tag{2.24}$$

$g(x)$ ist eine Polynomfunktion vom Grad $n - (k_1 + \ldots + k_m)$, die keine Nullstellen besitzt. Die Zahlen $k_1, \ldots, k_m$ heißen **Vielfachheiten** der Nullstellen $x_1, \ldots, x_m$. Die Polynomfunktion $g(x)$ lässt sich wiederum faktorisieren in ein Produkt quadratischer Funktionen:

$$
\begin{aligned}
g(x) &= q_1^{l_1}(x) \cdot q_2^{l_2}(x) \cdot \ldots \cdot q_r^{l_r}(x) \\
&= (x^2 + b_1 x + c_1)^{l_1} (x^2 + b_2 x + c_2)^{l_2} \cdot \ldots \cdot (x^2 + b_r x + c_r)^{l_r}
\end{aligned}
$$

Die quadratischen Funktionen $q_1(x) = x^2 + b_1 x + c_1, \ldots, q_r(x) = x^2 + b_r x + c_r$ besitzen keine Nullstellen. Für die Vielfachheiten gilt $k_1 + \ldots + k_m + 2(l_1 + \ldots + l_r) = n$. Die Faktorisierung der Polynomfunktion $f(x)$ lautet damit:

$$f(x) = a_n (x - x_1)^{k_1} \cdot \ldots \cdot (x - x_m)^{k_m} \cdot q_1^{l_1}(x) \cdot \ldots \cdot q_r^{l_r}(x) \tag{2.25}$$

Beispiel 2.17: Faktorisierung eines Polynoms

Die Polynomfunktion

$$f(x) = x^8 - 6x^7 + 11x^6 - 3x^5 - 6x^4 - 3x^3 + 2x^2 + 12x - 8$$

hat eine einfache Nullstelle bei $x_1 = -1$, eine zweifache Nullstelle bei $x_2 = 1$ und eine dreifache Nullstelle bei $x_3 = 2$. Sie lässt sich folgendermaßen faktorisieren:

$$f(x) = (x + 1)(x - 1)^2 (x - 2)^3 (x^2 + x + 1) = (x + 1)(x - 1)^2 (x - 2)^3 g(x)$$

Die Funktion $g(x) = x^2 + x + 1$ hat keine Nullstellen. ∎

Polynominterpolation

Häufig hat man folgende Problemstellung: Eine Größe y hängt von einer Größe x ab. Diese Abhängigkeit stellt eine Funktion dar, die jedoch nicht bekannt ist. Es werden nun n verschiedene Werte $x_1, \ldots, x_n$ der Größe x und die zugehörigen n Werte $y_1, \ldots, y_n$ der Größe y gemessen. Ein Beispiel hierfür ist die Messung der Koordinaten $(x_1, y_1), \ldots, (x_n, y_n)$ von n Punkten der Kontur einer ebenen Form. Aus den Messwerten möchte man nun eine Funktion bestimmen, die ein Modell für den Zusammenhang zwischen x und y ist.

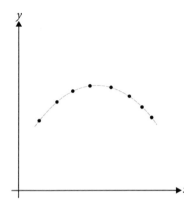

Abb. 2.14: Gesucht ist eine Funktion, deren Graph die n Punkte verbindet.

Das führt zur folgenden mathematischen Problemstellung: In einem zweidimensionalen kartesischen Koordinatensystem seien n Punkte mit den Koordinaten $(x_1, y_1), \ldots, (x_n, y_n)$ gegeben. Gesucht ist eine Funktion f, deren Graph die n Punkte verbindet, d. h., auf deren Graph alle n Punkte liegen. Für eine solche Funktion f gilt $f(x_k) = y_k$ mit $k = 1, \ldots, n$. Es ist klar, dass diese Aufgabe nicht eindeutig lösbar ist, und es viele Funktionen mit dieser Eigenschaft gibt. Bei der Polynom-Interpolation verwendet man für f eine Polynomfunktion vom Grad $n - 1$. Diese hat n Koeffizienten $a_{n-1}, \ldots, a_0$, welche durch die n Bedingungen bzw. Gleichungen $f(x_k) = y_k$ mit $k = 1, \ldots, n$ festgelegt werden können. Die n Gleichungen

$$f(x_1) = a_{n-1} x_1^{n-1} + a_{n-2} x_1^{n-2} + \ldots + a_1 x_1 + a_0 = y_1$$
$$f(x_2) = a_{n-1} x_2^{n-1} + a_{n-2} x_2^{n-2} + \ldots + a_1 x_2 + a_0 = y_2$$
$$\vdots$$
$$f(x_n) = a_{n-1} x_n^{n-1} + a_{n-2} x_n^{n-2} + \ldots + a_1 x_n + a_0 = y_n$$

stellen ein lineares (n, n)-Gleichungssystem mit n Gleichungen für die n Unbekannten $a_{n-1}, \ldots, a_0$ dar. Die allgemeine Behandlung linearer Gleichungssysteme erfolgt in Kap. 6. Wir wollen hier ein einfaches Beispiel betrachten:

Beispiel 2.18: Polynominterpolation

Gegeben sind die drei x-Werte $x_1 = 1, x_2 = 2, x_3 = 3$ und die zugehörigen y-Werte $y_1 = 2, y_2 = 3, y_3 = 6$ bzw. die drei Punkte $(1,2),(2,3),(3,6)$. Die Koeffizienten des Interpolationspolynoms $f(x) = a_2 x^2 + a_1 x + a_0$ werden duch das folgende lineare Gleichungssystem festgelegt:

$$
\begin{aligned}
f(1) &= a_2 + a_1 + a_0 &= 2 \\
f(2) &= 4a_2 + 2a_1 + a_0 &= 3 \\
f(3) &= 9a_2 + 3a_1 + a_0 &= 6
\end{aligned}
$$

Die Lösung lautet $a_2 = 1, a_1 = -2, a_0 = 3$. Daraus folgt $f(x) = x^2 - 2x + 3$. ∎

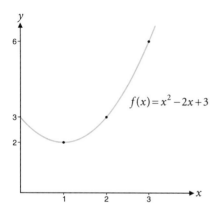

$f(x) = x^2 - 2x + 3$

Abb. 2.15: Interpolationspolynom mit drei Punkten.

2.3.3   Gebrochen rationale Funktionen

Definition 2.12: Gebrochen rationale Funktion

Eine Funktion f mit

$$
f(x) = \frac{a_m x^m + a_{m-1} x^{m-1} + \ldots + a_2 x^2 + a_1 x + a_0}{b_n x^n + b_{n-1} x^{n-1} + \ldots + b_2 x^2 + b_1 x + b_0} \tag{2.26}
$$

mit $a_n, b_m \neq 0$ heißt **gebrochen rationale Funktion**.

Die Funktion $f(x) = \frac{g(x)}{h(x)}$ ist der Quotient zweier Polynomfunktionen

$$
\begin{aligned}
g(x) &= a_m x^m + a_{m-1} x^{m-1} + \ldots + a_2 x^2 + a_1 x + a_0 \\
h(x) &= b_n x^n + b_{n-1} x^{n-1} + \ldots + b_2 x^2 + b_1 x + b_0
\end{aligned}
$$

Ist der Grad n des Nenners $h(x)$ größer als der Grad m des Zählers $g(x)$, d. h., $n > m$, dann spricht man von einer *echt* gebrochen rationalen Funktion. Die Definitionsmenge ist $D_f = \{x | h(x) \neq 0\}$. Ist x_0 eine Nullstelle, dann gilt $g(x_0) = 0$ und $h(x_0) \neq 0$. Eine Stelle x_0 heißt Polstelle, wenn $f(x)$ für $x \to x_0$ gegen $+\infty$ oder $-\infty$ strebt. Eine Stelle x_0 heißt k-fache Polstelle, wenn

$$f(x) = \frac{1}{(x - x_0)^k} \cdot \frac{p(x)}{q(x)}$$

mit $p(x_0) \neq 0$ und $q(x_0) \neq 0$. Um die Polstellen zu bestimmen, faktorisiert man den Zähler und den Nenner gemäß 2.24 und kürzt gemeinsame Faktoren des Zählers und Nenners. Die verbleibenden Nullstellen des Nenners sind die Polstellen. Die verbleibenden Nullstellen des Zählers, die in D_f liegen, sind die Nullstellen der Funktion. Die Asymptoten einer gebrochen rationalen Funktion erhält man durch Polynomdivision.

Beispiel 2.19: Untersuchung einer gebrochen rationalen Funktion

Wir untersuchen die Funktion

$$f(x) = \frac{x^3 - 5x^2 + 7x - 3}{x^2 - 3x + 2} = \frac{g(x)}{h(x)}$$

Die Faktorisierung von $g(x)$ und $h(x)$ ergibt:

$$g(x) = (x - 3)(x - 1)^2 \qquad h(x) = (x - 1)(x - 2)$$

Die Definitionsmenge ist $D_f = \mathbb{R} \setminus \{1, 2\}$. Für $x \in D_f$ gilt:

$$f(x) = \frac{(x - 3)(x - 1)^2}{(x - 1)(x - 2)} = \frac{(x - 3)(x - 1)}{x - 2}$$

Die Funktion hat eine Nullstelle bei $x = 3$ und eine einfache Polstelle bei $x = 2$. Für die Annäherung an die Definitionslücken erhält man $\lim\limits_{x \to 1} f(x) = \lim\limits_{x \to 1} \frac{(x-3)(x-1)}{x-2} = 0$ und

$$\lim_{\substack{x \to 2 \\ x < 2}} f(x) = \lim_{\varepsilon \to 0} f(2 - \varepsilon) = \lim_{\varepsilon \to 0} \frac{(-1 - \varepsilon)(1 - \varepsilon)}{-\varepsilon} = +\infty$$

$$\lim_{\substack{x \to 2 \\ x > 2}} f(x) = \lim_{\varepsilon \to 0} f(2 + \varepsilon) = \lim_{\varepsilon \to 0} \frac{(-1 + \varepsilon)(1 + \varepsilon)}{\varepsilon} = -\infty$$

Durch Polynomdivision kann man die Funktion in eine Polynomfunktion und eine echt gebrochen rationale Funktion zerlegen:

$$
\begin{array}{l}
(x^3 \quad -5x^2 \;+7x-3):(x^2 - 3x + 2) = x - 2 + R(x) \\
\underline{-(x^3 \quad -3x^2+2x)} \\
\qquad\quad -2x^2 \;+5x \;-3 \\
\qquad\underline{-(-2x^2 \;+6x-4)} \\
\qquad\qquad\qquad -x \;+1
\end{array}
$$

Für $x \to \pm\infty$ strebt $R(x) = \frac{-x+1}{x^2-3x+2}$ gegen null. Die Asymptote von $f(x)$ für $x \to \pm\infty$ ist die Funktion $u(x) = x - 2$.   ∎

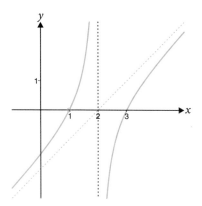

Abb. 2.16: Graph der gebrochen rationalen Funktion in Bsp. 2.19.

Partialbruchzerlegung

Wir betrachten eine echt gebrochen rationale Funktion

$$f(x) = \frac{g(x)}{h(x)} = \frac{a_m x^m + a_{m-1} x^{m-1} + \ldots + a_2 x^2 + a_1 x + a_0}{b_n x^n + b_{n-1} x^{n-1} + \ldots + b_2 x^2 + b_1 x + b_0}$$

und nehmen an, dass Zähler und Nenner nach der Faktorisierung gemäß (2.24) keine gemeinsamen Faktoren besitzen. Die Funktion $f(x)$ kann in eine Summe sog. Partialbrüche zerlegt werden. Dazu benötigt man die Produktdarstellung des Nenners $h(x)$ gemäß (2.25):

$$h(x) = b_n (x - x_1)^{k_1} \cdot \ldots \cdot (x - x_m)^{k_m} \cdot q_1^{l_1}(x) \cdot \ldots \cdot q_r^{l_r}(x)$$

Die Partialbruchzerlegung der Funktion $f(x)$ lautet:

$$
\begin{aligned}
f(x) \;=\; & \frac{A_{11}}{x - x_1} + \frac{A_{12}}{(x - x_1)^2} + \ldots + \frac{A_{1k_1}}{(x - x_1)^{k_1}} \\
+\; & \frac{A_{21}}{x - x_2} + \frac{A_{22}}{(x - x_2)^2} + \ldots + \frac{A_{2k_2}}{(x - x_2)^{k_2}} \\
+\; & \ldots \\
+\; & \frac{A_{m1}}{x - x_m} + \frac{A_{m2}}{(x - x_m)^2} + \ldots + \frac{A_{mk_m}}{(x - x_m)^{k_m}} \\
+\; & \frac{B_{11} x + C_{11}}{q_1(x)} + \frac{B_{12} x + C_{12}}{q_1^2(x)} + \ldots + \frac{B_{1l_1} x + C_{1l_1}}{q_1^{l_1}(x)} \\
+\; & \frac{B_{21} x + C_{21}}{q_2(x)} + \frac{B_{22} x + C_{22}}{q_2^2(x)} + \ldots + \frac{B_{2l_2} x + C_{2l_2}}{q_2^{l_2}(x)} \\
+\; & \ldots \\
+\; & \frac{B_{r1} x + C_{r1}}{q_r(x)} + \frac{B_{r2} x + C_{r2}}{q_r^2(x)} + \ldots + \frac{B_{rl_r} x + C_{rl_r}}{q_r^{l_r}(x)} \qquad (2.27)
\end{aligned}
$$

Diesen etwas unübersichtlichen Ausdruck und die Bestimmung der auftretenden Koeffizienten wollen wir an einem Beispiel erläutern:

Beispiel 2.20: Partialbruchzerlegung

Wir betrachten die Partialbruchzerlegung der echt gebrochen rationalen Funktion

$$
\begin{aligned}
f(x) &= \frac{x^2 + 2x + 1}{x^6 - 2x^5 + 3x^4 - 4x^3 + 3x^2 - 2x + 1} \\
&= \frac{x^2 + 2x + 1}{(x-1)^2(x^2+1)^2} = \frac{g(x)}{h(x)}
\end{aligned}
$$

mit dem Zählerpolynom $g(x)$ und dem Nennerpolynom $h(x)$:

$$
\begin{aligned}
g(x) &= x^2 + 2x + 1 \\
h(x) &= x^6 - 2x^5 + 3x^4 - 4x^3 + 3x^2 - 2x + 1 = (x-1)^2(x^2+1)^2
\end{aligned}
$$

Die Partialbruchzerlegung gemäß 2.27 lautet:

$$
\begin{aligned}
f(x) &= \frac{A_{11}}{x-1} + \frac{A_{12}}{(x-1)^2} \\
&+ \frac{B_{11}x + C_{11}}{x^2+1} + \frac{B_{12}x + C_{12}}{(x^2+1)^2}
\end{aligned}
$$

Zur Bestimmung der Koeffizienten werden alle Partialbrüche auf den gleichen Nenner gebracht und zusammengefasst:

$$
\begin{aligned}
f(x) &= \frac{A_{11}(x-1)(x^2+1)^2}{(x-1)^2(x^2+1)^2} + \frac{A_{12}(x^2+1)^2}{(x-1)^2(x^2+1)^2} \\
&+ \frac{(B_{11}x + C_{11})(x-1)^2(x^2+1)}{(x-1)^2(x^2+1)^2} + \frac{(B_{12}x + C_{12})(x-1)^2}{(x-1)^2(x^2+1)^2} \\
&= \frac{u(x)}{(x-1)^2(x^2+1)^2}
\end{aligned}
$$

Für die Funktion $u(x)$ erhält man:

$$
\begin{aligned}
u(x) &= A_{11}(x-1)(x^2+1)^2 + A_{12}(x^2+1)^2 \\
&+ (B_{11}x + C_{11})(x-1)^2(x^2+1) + (B_{12}x + C_{12})(x-1)^2 \\
&= (A_{11} + B_{11})x^5 + (-A_{11} + A_{12} - 2B_{11} + C_{11})x^4 \\
&+ (2A_{11} + 2B_{11} - 2C_{11} + B_{12})x^3 \\
&+ (-2A_{11} + 2A_{12} - 2B_{11} + 2C_{11} - 2B_{12} + C_{12})x^2 \\
&+ (A_{11} + B_{11} - 2C_{11} + B_{12} - 2C_{12})x \\
&+ (-A_{11} + A_{12} + C_{11} + C_{12})
\end{aligned}
$$

Die Funktion $u(x)$ muss gleich dem Zählerpolynom $g(x)$ sein. Aus dem Koeffizientenvergleich der Polynome $u(x)$ und $g(x)$ erhält man die Bedingungen:

$$
\begin{aligned}
A_{11} \quad\quad\quad + \; B_{11} \quad\quad\quad\quad\quad\quad\quad\quad\quad &= 0 \\
-\;A_{11} + \; A_{12} - 2B_{11} + \; C_{11} \quad\quad\quad\quad\quad &= 0 \\
2A_{11} \quad\quad\quad + 2B_{11} - 2C_{11} + \; B_{12} \quad\quad\quad &= 0 \\
-\;2A_{11} + 2A_{12} - 2B_{11} + 2C_{11} - 2B_{12} + \; C_{12} &= 1 \\
A_{11} \quad\quad\quad + \; B_{11} - 2C_{11} + \; B_{12} - 2C_{12} &= 2 \\
-\;A_{11} + \; A_{12} \quad\quad\quad + \; C_{11} \quad\quad\quad + \; C_{12} &= 1
\end{aligned}
$$

Dieses lineare Gleichungssystem mit den Unbekannten $A_{11},A_{12},B_{11},C_{11},B_{12},C_{12}$ hat die Lösung $A_{11} = -1, A_{12} = 1, B_{11} = 1, C_{11} = 0, B_{12} = 0, C_{12} = -1$ (lineare Gleichungssysteme werden in Kap. 6 behandelt). Damit lautet die Partialbruchzerlegung der Funktion $f(x)$:

$$
f(x) = -\frac{1}{x-1} + \frac{1}{(x-1)^2} + \frac{x}{x^2+1} - \frac{1}{(x^2+1)^2}
$$

∎

2.3.4 Die e-Funktion

Bei der Behandlung vieler Problemstellungen in der Mathematik, Naturwissenschaft und Technik sowie auch in anderen Gebieten spielt die e-Funktion aufgrund ihrer besonderen Eigenschaften eine äußerst wichtige Rolle. Es ist nicht unangebracht, sie als die wichtigste Funktion der Mathematik zu bezeichnen. Aufgund dieser Tatsache wollen wir die e-Funktion etwas genauer betrachten. Der Ausdruck e^x erscheint als Potenz mit einer Zahl e als Basis und einer Zahl x als Exponent. Bei gegebener Zahl e und für natürliche oder rationale Exponenten x ist die Bedeutung von e^x klar, z. B. $e^3 = e \cdot e \cdot e$ oder $e^{\frac{3}{2}} = \sqrt{e}^3$. Was bedeutet jedoch e^x für irrationale Exponenten, und welche Zahl ist e? Zur Hinführung auf die Definition der e-Funktion betrachten wir folgende Problemstellung:

Eine Größe y hänge von der Zeit t ab. Die Abhängigkeit werde beschrieben durch eine Funktionsgleichung $y = f(t)$. In vielen Fällen ist folgende Annahme plausibel: Die Änderung $\Delta y = f(t + \Delta t) - f(t)$ der Größe y innerhalb eines kleinen Zeitintervalls Δt ist näherungsweise sowohl proportional zum ursprünglichen Wert $f(t)$ als auch zum Zeitintervall Δt (λ ist ein Proportionalitätsfaktor):

$$
\Delta y = f(t + \Delta t) - f(t) \approx \lambda f(t) \Delta t
$$
$$
f(t + \Delta t) \approx f(t) + \lambda f(t) \Delta t = f(t)(1 + \lambda \Delta t)
$$

Bei vielen Größen kann man feststellen, dass diese Beziehungen umso besser gelten, je kleiner das Zeitintervall Δt ist. Stehen genügend Ressourcen zur Verfügung, so wird z.B. das Wachstum Δy einer Population innerhalb eines Zeitintervalls Δt (näherungsweise) proportional zum momentanen Bestand $f(t)$ zur Zeit t und zum Zeitintervall Δt sein. Die Verringerung Δy der Anzahl der Atomkerne eines radioaktiv zerfallenden Elements innerhalb eines Zeitintervalls Δt ist (näherungsweise) proportional zur momentanen Anzahl $f(t)$ zur Zeit t und zum Zeitintervall Δt. Wir betrachten nun eine Größe y, auf welche die Annahme zutrifft und ein Zeitintervall von $t = a$ bis $t' = a + b$. Wir zerlegen das Intervall in n Teilintervalle der Länge $\Delta t = \frac{b}{n}$. Die Intervallgrenzen seien $t_0, t_1, t_2, \ldots, t_{n-1}, t_n$ mit $t_0 = a$ und $t_n = t' = a + b$. Für die Intervallgrenzen gilt:

$$
\begin{aligned}
t_1 &= t_0 + \Delta t \\
t_2 &= t_1 + \Delta t \\
&\vdots \\
t_n &= t_{n-1} + \Delta t
\end{aligned}
$$

Für die Funktionswerte $f(t_1), f(t_2), \ldots, f(t_n)$ zu den Zeiten $t_1, t_2, \ldots, t_n$ gilt:

$$
\begin{aligned}
f(t_1) &= f(t_0 + \Delta t) \approx f(t_0)(1 + \lambda \Delta t) \\
f(t_2) &= f(t_1 + \Delta t) \approx f(t_1)(1 + \lambda \Delta t) \approx f(t_0)(1 + \lambda \Delta t)^2 \\
f(t_3) &= f(t_2 + \Delta t) \approx f(t_2)(1 + \lambda \Delta t) \approx f(t_1)(1 + \lambda \Delta t)^2 \approx f(t_0)(1 + \lambda \Delta t)^3 \\
&\vdots \\
f(t_n) &= f(t_{n-1} + \Delta t) \approx f(t_{n-1})(1 + \lambda \Delta t) \approx \ldots \approx f(t_0)(1 + \lambda \Delta t)^n
\end{aligned}
$$

Für den Funktionswert zur Zeit $t' = a + b$ gilt:

$$
f(a + b) = f(t') = f(t_n) \approx f(t_0)(1 + \lambda \Delta t)^n = f(a)\left(1 + \lambda \frac{b}{n}\right)^n
$$

Diese Beziehung gilt umso besser, je kleiner Δt bzw. je größer n ist und wird exakt für $\Delta t \to 0$ bzw. $n \to \infty$.

$$
f(a + b) = f(a) \lim_{n \to \infty}\left(1 + \lambda \frac{b}{n}\right)^n
$$

Es gibt verschiedene äquivalente Möglichkeiten, die e-Funktion zu definieren. Eine Möglichkeit ist die Definition durch einen derartigen Grenzwert:

Definition 2.13: e-Funktion, Exponentialfunktion zur Basis e

Die e-Funktion oder Exponentialfunktion zur Basis e ist folgendermaßen definiert:

$$f(x) = \mathrm{e}^x = \lim_{n \to \infty} \left(1 + \frac{x}{n}\right)^n \tag{2.28}$$

Wir wollen den Grenzwert in (2.28) näher untersuchen. Sind $x \leq 0$ und n groß genug, so gilt $0 < 1 + \frac{x}{n} \leq 1$ und damit auch $0 < (1 + \frac{x}{n})^n \leq 1$. Das heißt, dass für $x \leq 0$ der Grenzwert existiert und $0 \leq \mathrm{e}^x \leq 1$ ist. Ist n groß genug, dann gilt aufgrund der Bernoulli-Ungleichung (1.47):

$$1 - \frac{x^2}{n} \leq \left(1 - \frac{x^2}{n^2}\right)^n \leq 1$$

Wir lassen n gegen ∞ gehen und erhalten:

$$1 \leq \lim_{n \to \infty} \left(1 - \frac{x^2}{n^2}\right)^n \leq 1 \Rightarrow \lim_{n \to \infty} \left(1 - \frac{x^2}{n^2}\right)^n = 1$$

$$\lim_{n \to \infty} \left(1 - \frac{x^2}{n^2}\right)^n = \lim_{n \to \infty} \left(\left(1 - \frac{x}{n}\right)\left(1 + \frac{x}{n}\right)\right)^n = \lim_{n \to \infty} \left(1 - \frac{x}{n}\right)^n \left(1 + \frac{x}{n}\right)^n$$

$$= \lim_{n \to \infty} \left(1 - \frac{x}{n}\right)^n \lim_{n \to \infty} \left(1 + \frac{x}{n}\right)^n = 1$$

Daraus folgt, dass der Grenzwert auch für $x > 0$ und damit für alle x existiert, und die folgende Gleichung gilt:

$$\mathrm{e}^{-x}\mathrm{e}^x = 1 \Rightarrow \mathrm{e}^{-x} = \frac{1}{\mathrm{e}^x}$$

Für $x_1 \cdot x_2 > 0$ erhält man einerseits:

$$\mathrm{e}^{x_1}\mathrm{e}^{x_2} = \lim_{x \to \infty} \left(1 + \frac{x_1}{n}\right)^n \lim_{x \to \infty} \left(1 + \frac{x_2}{n}\right)^n = \lim_{x \to \infty} \left(\left(1 + \frac{x_1}{n}\right)\left(1 + \frac{x_2}{n}\right)\right)^n$$

$$= \lim_{x \to \infty} \left(1 + \frac{x_1 + x_2}{n} + \frac{x_1 x_2}{n^2}\right)^n \geq \lim_{x \to \infty} \left(1 + \frac{x_1 + x_2}{n}\right)^n = \mathrm{e}^{x_1 + x_2}$$

und andererseits:

$$\mathrm{e}^{x_1}\mathrm{e}^{x_2} = \frac{1}{\mathrm{e}^{-x_1}\mathrm{e}^{-x_2}} = \frac{1}{\lim\limits_{n \to \infty} \left(1 - \frac{x_1}{n}\right)^n \lim\limits_{n \to \infty} \left(1 - \frac{x_2}{n}\right)^n}$$

$$= \frac{1}{\lim\limits_{n \to \infty} \left(\left(1 - \frac{x_1}{n}\right)\left(1 - \frac{x_2}{n}\right)\right)^n} = \frac{1}{\lim\limits_{n \to \infty} \left(1 - \frac{x_1 + x_2}{n} + \frac{x_1 x_2}{n^2}\right)^n}$$

$$\leq \frac{1}{\lim\limits_{n \to \infty} \left(1 - \frac{x_1 + x_2}{n}\right)^n} = \frac{1}{\mathrm{e}^{-(x_1 + x_2)}} = \mathrm{e}^{x_1 + x_2}$$

Für $x_1 \cdot x_2 > 0$ gilt damit die Ungleichung $e^{x_1+x_2} \leq e^{x_1}e^{x_2} \leq e^{x_1+x_2}$. Aus ihr folgt:

$$e^{x_1}e^{x_2} = e^{x_1+x_2}$$

Diese Gleichung gilt allgemein, d.h. auch für $x_1 \cdot x_2 < 0$, was man auf die gleiche Art und Weise zeigen kann, wie für den Fall $x_1 \cdot x_2 > 0$. Diese Gleichung ist einer der Gründe für die besondere Bedeutung der Exponentialfunktion und rechtfertigt die Potenzschreibweise e^x. Aufgrund von (1.47) gilt $\lim\limits_{x \to \infty} \left(1 + \frac{x}{n}\right)^n \geq 1 + x$. Für $x > 0$ ist $e^x > 1$, und es gilt $\lim\limits_{x \to \infty} e^x = \infty$. Wegen $e^x = \frac{1}{e^{-x}}$ gelten für $x < 0$ die Beziehungen $0 < e^x < 1$ und $\lim\limits_{x \to -\infty} e^x = 0$. Für $h > 0$ und $x_2 = x_1 + h$ gilt für e^{x_2} die Ungleichung $e^{x_2} = e^{x_1+h} = e^{x_1}e^h > e^{x_1}$. Die Exponentialfunktion ist streng monoton steigend.

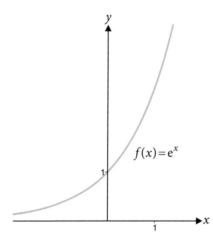

Abb. 2.17: Graph der e-Funktion.

Für natürliche Argumente $n \in \mathbb{N}$ stellt e^n eine gewöhnliche Potenz mit einer Zahl e als Basis und einem Exponenten n dar. Die Eulerzahl e ist folgendermaßen definiert:

Definition 2.14: Eulerzahl e

Die Eulerzahl e ist folgendermaßen definiert:

$$e = \lim_{n \to \infty} \left(1 + \frac{1}{n}\right)^n \tag{2.29}$$

Für eine natürliche Zahl, z.B. $x = 3$ erhält man für e^x

$$
\begin{aligned}
e^3 &= \lim_{n \to \infty} \left(1 + \frac{3}{n}\right)^n = \lim_{n \to \infty} \left(1 + \frac{3}{3n}\right)^{3n} = \lim_{n \to \infty} \left(1 + \frac{1}{n}\right)^{3n} \\
&= \lim_{n \to \infty} \left(\left(1 + \frac{1}{n}\right)^n\right)^3 = \left(\lim_{n \to \infty} \left(1 + \frac{1}{n}\right)^n\right)^3 = e \cdot e \cdot e
\end{aligned}
$$

Wichtige Eigenschaften der e-Funktion und die bisherigen Ergebnisse sind in der folgenden Zusammenfassung aufgeführt.

Zusammenfassung: e-Funktion

$$\mathrm{e}^x = \lim_{n \to \infty} \left(1 + \frac{x}{n}\right)^n \tag{2.30}$$

$$D_f = \mathbb{R} \tag{2.31}$$

$$W_f = \mathbb{R}^+ \tag{2.32}$$

$$\mathrm{e}^{x+y} = \mathrm{e}^x \mathrm{e}^y \tag{2.33}$$

$$\mathrm{e}^{-x} = \frac{1}{\mathrm{e}^x} \tag{2.34}$$

$$(\mathrm{e}^x)^y = \mathrm{e}^{xy} \tag{2.35}$$

$$\lim_{x \to \infty} \mathrm{e}^x = \infty \tag{2.36}$$

$$\lim_{x \to -\infty} \mathrm{e}^x = 0 \tag{2.37}$$

$$\mathrm{e}^x \text{ ist streng monoton steigend} \tag{2.38}$$

$$\mathrm{e}^0 = 1 \tag{2.39}$$

$$\mathrm{e}^1 = \mathrm{e} \approx 2{,}71828 \tag{2.40}$$

Die Exponentialfunktion spielt eine wichtige Rolle sowohl in der Mathematik, Naturwissenschaft und Technik als auch in anderen Gebieten wie z.B. der Wirtschaftswissenschaft. Beispiele hierfür sind Wachstums- und Abklingprozesse. Ein spezieller Wachstums- oder Abklingprozess ist der Exponentialprozess.

Exponentialprozess

Zu Beginn dieses Kapitels wurde folgender Sachverhalt dargestellt: Eine Größe y hängt von der Zeit t ab. Die Abhängigkeit wird beschrieben durch eine Funktionsgleichung $y = f(t)$. Die Änderung $\Delta y = f(t + \Delta t) - f(t)$ der Größe y innerhalb eines kleinen Zeitintervalls Δt ist näherungsweise sowohl proportional zum ursprünglichen Wert $f(t)$ als auch zum Zeitintervall Δt:

$$\Delta y = f(t + \Delta t) - f(t) \approx \lambda f(t) \Delta t \tag{2.41}$$

Diese Beziehungen gilt umso besser, je kleiner das Zeitintervall Δt ist. Wachstums- und Abklingprozesse mit dieser Eigenschaft heißen Exponentialprozesse. Bei diesen Prozessen gilt für die Funktion $f(t)$:

$$f(t_0 + t) = f(t_0) \lim_{n \to \infty} \left(1 + \frac{\lambda t}{n}\right)^n = f(t_0) \mathrm{e}^{\lambda t} \tag{2.42}$$

Bei den folgenden zwei Beispielen handelt es sich um Exponentialprozesse.

Beispiel 2.21: Radioaktiver Zerfall

Die Anzahl n der Atome eines radioaktiv zerfallenden Elements kann durch eine monoton abnehmende Funktion mit der Funktionsgleichung $n = f(t)$ beschrieben werden. Die Verringerung $\Delta n = f(t + \Delta t) - f(t)$ dieser Anzahl innerhalb eines kleinen Zeitintervalls Δt ist näherungsweise sowohl proportional zur momentanen Anzahl $f(t)$ zur Zeit t als auch zum Zeitintervall Δt:

$$\Delta n = f(t + \Delta t) - f(t) \approx -\lambda f(t) \Delta t$$

Der negative Proportionalitätsfaktor $-\lambda$ bringt zum Ausdruck, dass es sich um eine Verringerung, d.h. um einen Abklingprozess handelt. Für die Anzahl $f(t)$ der Atome gilt:

$$f(t) = f(0)e^{-\lambda t} = n_0 e^{-\lambda t}$$

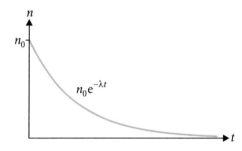

Abb. 2.18: Anzahl der Atome eines Elements bei radioaktivem Zerfall.

Beispiel 2.22: Stetige Verzinsung

Das Guthaben y auf einem Konto mit konstanter Zinsrate ist eine Funktion der Zeit t mit der Funktionsgleichung $y = f(t)$. Nach Ablauf einer Zinsperiode Δt werden die Zinsen z dem Guthaben y zugerechnet. Dadurch wächst das Guthaben sprunghaft um $\Delta y = z$ auf den Wert $y + \Delta y = y + z = y + ry = y(1 + r)$. Die Zinsrate $r = \frac{z}{y}$ ist das Verhältnis von Zinsen z zum Wert y vor der Zinszahlung (der Zinssatz in Prozent ist $r \cdot 100\,\%$). Wir zerlegen das Intervall von der Zeit t_0 bis zur Zeit $t_0 + t$ in n Zinsperioden (Teilintervalle) der Länge $\Delta t = \frac{t}{n}$. Die Intervallgrenzen seien $t_0, t_1, t_2, \ldots, t_{n-1}, t_n$ mit $t_n = t_0 + t$. Für die Intervallgrenzen gilt:

$$
\begin{aligned}
t_1 &= t_0 + \Delta t \\
t_2 &= t_1 + \Delta t \\
&\;\;\vdots \\
t_n &= t_{n-1} + \Delta t
\end{aligned}
$$

Für die Guthabenwerte $f(t_1), f(t_2), \ldots, f(t_n)$ zu den Zeiten $t_1, t_2, \ldots, t_n$ gilt:

$$
\begin{aligned}
f(t_1) &= f(t_0 + \Delta t) = f(t_0)(1 + r) \\
f(t_2) &= f(t_1 + \Delta t) = f(t_1)(1 + r) = f(t_0)(1 + r)^2 \\
&\vdots \\
f(t_n) &= f(t_{n-1} + \Delta t) = f(t_{n-1})(1 + r) = \ldots = f(t_0)(1 + r)^n
\end{aligned}
$$

Will man die Zinsen nicht nur zu bestimmten Zeiten, sondern „ständig", d.h. kontinuierlich zahlen, so muss man die Anzahl n der Intervalle bzw. Zahlungszeitpunkte gegen ∞ und damit die Länge $\Delta t = \frac{t}{n}$ der Intervalle gegen null gehen lassen. Bei endlicher Zinsrate r würde dabei jedoch das Guthaben $f(t_0 + t) = f(t_0)(1 + r)^n$ zur Zeit $t_0 + t$ gegen ∞ streben. Deshalb muss die Zinsrate ebenfalls gegen null gehen, genauer gesagt proportional zu $\Delta t = \frac{t}{n}$ sein:

$$
r = \lambda \Delta t = \lambda \frac{t}{n}
$$

Damit erhält man folgenden Grenzwert für das Guthaben zur Zeit $t_0 + t$:

$$
f(t_0 + t) = \lim_{n \to \infty} f(t_0) \left(1 + \lambda \frac{t}{n}\right)^n = f(0) \mathrm{e}^{\lambda t}
$$

∎

2.3.5 Die natürliche Logarithmusfunktion

Definition 2.15: Die natürliche Logarithmusfunktion

Die natürliche Logarithmusfunktion oder ln-Funktion mit

$$
f(x) = \ln(x)
$$

ist die Umkehrfunktion der e-Funktion.

Aus den Eigenschaften der e-Funktion folgen die Eigenschaften der ln-Funktion. Für positive x, y folgt z. B.:

$$
\ln(xy) = \ln(\mathrm{e}^{\ln x} \mathrm{e}^{\ln x}) = \ln(\mathrm{e}^{\ln x + \ln x}) = \ln x + \ln y
$$

$$
\ln\left(\frac{x}{y}\right) = \ln\left(\frac{\mathrm{e}^{\ln x}}{\mathrm{e}^{\ln x}}\right) = \ln(\mathrm{e}^{\ln x - \ln x}) = \ln x - \ln y
$$

$$
\ln(x^a) = \ln(\mathrm{e}^{a \ln x}) = a \ln x
$$

Die wichtigsten Eigenschaften der ln-Funktion sind in der folgenden Übersicht zusammengefasst:

Zusammenfassung: Die ln-Funktion

$$f(x) = \ln x$$

$$D_f = \mathbb{R}^+ \tag{2.43}$$

$$W_f = \mathbb{R} \tag{2.44}$$

$$\ln(\mathrm{e}^x) = x \tag{2.45}$$

$$\mathrm{e}^{\ln x} = x \tag{2.46}$$

$$\ln(xy) = \ln x + \ln y \tag{2.47}$$

$$\ln\left(\frac{x}{y}\right) = \ln x - \ln y \tag{2.48}$$

$$\ln\left(\frac{1}{x}\right) = -\ln x \tag{2.49}$$

$$\ln(x^a) = a \ln x \tag{2.50}$$

$$\lim_{x \to \infty} \ln x = \infty \tag{2.51}$$

$$\lim_{\substack{x \to 0 \\ x > 0}} \ln x = -\infty \tag{2.52}$$

$$\ln x \text{ ist streng monoton steigend} \tag{2.53}$$

$$\ln 1 = 0 \tag{2.54}$$

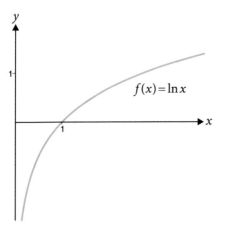

Abb. 2.19: Graph der ln-Funktion.

Die Logarithmusfunktion ist streng monoton wachsend und strebt gegen ∞ für $x \to \infty$. Sie wächst jedoch sehr langsam. Würde man den Graphen in Abb. 2.19 in x-Richtung um 10 km nach rechts erweitern, so bräuchte man in y-Richtung nicht mehr Platz als die Seite dieses Buches. Durch Logarithmusbildung bekommt man selbst sehr große Zahlen klein. Es ist z. B. $\ln 100\,000 = \ln 10^5 \approx 11{,}5$ oder $\ln 10\,000\,000 = \ln 10^7 \approx 16{,}1$.

Beispiel 2.23: Radioaktiver Zerfall

Beim radioaktiven Zerfall eines Elements ist die Anzahl der Atome des Elements gegeben durch folgende Funktion (s. Bsp. 2.21):

$$f(t) = f(0)\mathrm{e}^{-\lambda t}$$

Die Halbwertszeit τ ist die Zeit, bei der die Anzahl der Atome des Elements nur noch halb so groß ist wie zu Beginn, d.h. zur Zeit $t = 0$. Es gilt also:

$$f(\tau) = f(0)\mathrm{e}^{-\lambda \tau} = \frac{1}{2}f(0) \qquad \mathrm{e}^{-\lambda \tau} = \frac{1}{2}$$

Bildet man von beiden Seiten den Logarithmus, so erhält man:

$$-\lambda \tau = \ln \frac{1}{2} = -\ln 2 \Rightarrow \tau = \frac{\ln 2}{\lambda}$$

∎

Beispiel 2.24: Stetige Verzinsung

Bei einer stetigen Verzinsung ist der Wert des Guthabens zur Zeit t gegeben durch (s. Bsp. 2.22):

$$f(0)\mathrm{e}^{\lambda t}$$

$f(0)$ ist das Anfangsguthaben zur Zeit $t = 0$. Bei jährlicher Verzinsung mit Zinsrate r beträgt das Guthaben nach einem Jahr:

$$f(0)(1 + r)$$

Das Guthaben nach einem Jahr, d.h. zur Zeit $t = a$, sollte bei stetiger Verzinsung den gleichen Wert haben wie bei jährlicher Verzinsung:

$$f(0)\mathrm{e}^{\lambda a} = f(0)(1 + r)$$

Daraus folgt ($a = 1$ Jahr):

$$\mathrm{e}^{\lambda a} = 1 + r \Rightarrow \lambda a = \ln(1 + r) \Rightarrow \lambda = \ln(1 + r)/a$$

∎

2.3.6 Exponentialfunktion zur Basis a

Definition 2.16: Exponentialfunktion zur Basis a

Für $a > 0$ ist die Exponentialfunktion zur Basis a folgendermaßen definiert:

$$a^x = \mathrm{e}^{x \ln a} \tag{2.55}$$

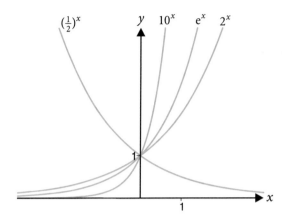

Abb. 2.20: Graphen von Exponential-funktionen zu verschiedenen Basen.

Die Eigenschaften der Exponentialfunktion zur Basis a resultieren aus den Eigenschaften der e-Funktion und der natürlichen Logarithmusfunktion, z.B.:

$$a^{x+y} = e^{(x+y)\ln a} = e^{x\ln a + y\ln a} = e^{x\ln a}e^{y\ln y} = a^x a^y$$

$$(a^x)^y = e^{y\ln e^{x\ln a}} = e^{yx\ln a} = a^{xy}$$

Für $a = e$ ist die Exponentialfunktion zur Basis a identsich mit der e-Funktion. Die wichtigsten Eigenschaften sind in der folgenden Übersicht zusammengefasst.

Zusammenfassung: Exponentialfunktion zur Basis a

$$f(x) = a^x = e^{x\ln a} \quad a > 0 \tag{2.56}$$

$$D_f = \mathbb{R} \tag{2.57}$$

$$W_f = \mathbb{R}^+ \quad \text{für } a \neq 1 \qquad W_f = \{1\} \quad \text{für } a = 1 \tag{2.58}$$

$$a^{x+y} = a^x a^y \tag{2.59}$$

$$a^{-x} = \frac{1}{a^x} \tag{2.60}$$

$$(a^x)^y = a^{xy} \tag{2.61}$$

$$(ab)^x = a^x b^x \tag{2.62}$$

$$\lim_{x \to \infty} a^x = \begin{cases} \infty & \text{für } a > 1 \\ 0 & \text{für } a < 1 \end{cases} \tag{2.63}$$

$$\lim_{x \to -\infty} a^x = \begin{cases} 0 & \text{für } a > 1 \\ \infty & \text{für } a < 1 \end{cases} \tag{2.64}$$

$$a^x \text{ ist} \begin{cases} \text{streng monoton wachsend} & \text{für } a > 1 \\ \text{streng monoton fallend} & \text{für } a < 1 \end{cases} \tag{2.65}$$

2.3.7 Logarithmusfuktion zur Basis a

Definition 2.17: Logarithmusfunktion zur Basis a

Die Logarithmusfunktion zur Basis a

$$f(x) = \log_a x \qquad a > 0, a \neq 1 \tag{2.66}$$

ist die Umkehrfunktion der Exponentialfunktion zur Basis a.

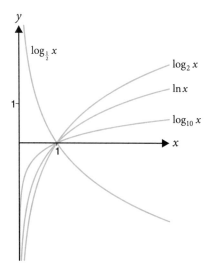

Abb. 2.21: Graphen von Logarithmusfunktionen zu verschiedenen Basen.

Die Logarithmusfunktion zur Basis e ist die natürliche Logarithmusfunktion:

$$\log_e(x) = \ln(x)$$

Für positive Zahlen a, b, x gilt:

$$x = a^{\log_a x} = (b^{\log_b a})^{\log_a x} = b^{\log_b a \cdot \log_a x}$$
$$\log_b x = \log_b(b^{\log_b a \cdot \log_a x}) = \log_b a \cdot \log_a x$$

Eine Logarithmusfunktion zu einer Basis a lässt sich also durch eine Logarithmusfunktion zu einer anderen Basis b darstellen:

$$\log_a x = \frac{\log_b x}{\log_b a}$$

Weitere Eigenschaften und Formeln erhält man wie bei der natürlichen Logarithmusfunktion. In der folgenden Übersicht sind die wichtigsten zusammengestellt:

Zusammenfassung: Logarithmusfunktion zur Basis a

$$f(x) = \log_a x \qquad a > 0, a \neq 1$$

$$D_f = \mathbb{R}^+ \tag{2.67}$$

$$W_f = \mathbb{R} \tag{2.68}$$

$$\log_a(a^x) = x \tag{2.69}$$

$$a^{\log_a x} = x \tag{2.70}$$

$$\log_a(xy) = \log_a x + \log_a y \tag{2.71}$$

$$\log_a\left(\frac{x}{y}\right) = \log_a x - \log_a y \tag{2.72}$$

$$\log_a\left(\frac{1}{x}\right) = -\log_a x \tag{2.73}$$

$$\log_a(x^b) = b \log_a x \tag{2.74}$$

$$\log_a x = \frac{\log_b x}{\log_b a} \tag{2.75}$$

$$\lim_{x \to \infty} \log_a x = \begin{cases} \infty & \text{für } a > 1 \\ -\infty & \text{für } a < 1 \end{cases} \tag{2.76}$$

$$\lim_{\substack{x \to 0 \\ x > 0}} \log_a x = \begin{cases} -\infty & \text{für } a > 1 \\ \infty & \text{für } a < 1 \end{cases} \tag{2.77}$$

$$\log_a x \text{ ist} \begin{cases} \text{streng monoton wachsend} & \text{für } a > 1 \\ \text{streng monoton fallend} & \text{für } a < 1 \end{cases} \tag{2.78}$$

$$\log_a 1 = 0 \tag{2.79}$$

Aufgrund der besonderen Bedeutung des Dezimal- und Dualzahlensystems haben die Logarithmusfunktionen zu den Basen 10 und 2 eigene Namen und Schreibweisen:

- Dekadischer Logarithmus $\qquad a = 10 \qquad f(x) = \log_{10} x = \lg x$
- Dualer Logarithmus $\qquad\quad a = 2 \qquad\;\; f(x) = \log_2 x = \operatorname{ld} x$

Logarithmisches Funktionspapier

Bei einem doppellogarithmischen Funktionspapier trägt man in einem kartesischen (u,v)-Koordinatensystem auf der u-Achse (Abszisse) Teilstriche für die Werte $x = 10, 10^2, 10^3, \ldots$ an den äquidistanten Stellen $u = 1, 2, 3, \ldots$ ein. Die Position eines beliebigen x-Wertes x_0 ist $u = \log_{10} x_0 = \lg x_0$. Auf der v-Achse (Ordinate) trägt man Teilstriche für die Werte $y = 10, 10^2, 10^3, \ldots$ an den äquidistanten Stellen $v = 1, 2, 3, \ldots$ ein. Die Position eines beliebigen y-Wertes y_0 ist $u = \log_{10} x_0 = \lg y_0$ (s. Abb. 2.22).

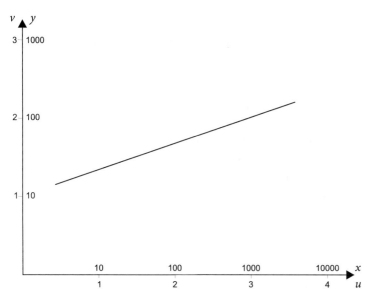

Abb. 2.22: Doppellogaritmisches Papier.

Wertepaare (x_i, y_i) werden entsprechend in das (u,v)-Koordinatensystem als Punkte mit den Koordinaten $(u_i, v_i) = (\lg x_i, \lg y_i)$ eingetragen. Besteht zwischen den Größen x und y ein Zusammenhang der Form $y = ax^b$, so gilt

$$y_i = ax_i^b \Rightarrow \lg y_i = \lg a + b \lg x_i$$
$$v_i = bu_i + c$$

mit $c = \lg a$. Das bedeutet, dass die in das (u,v)-Koordinatensystem eingetragenen Punkte mit den Koordinaten (u_i, v_i) auf einer Geraden mit der Steigung b liegen. Die Steigung b kann man mit zwei Wertepaaren $(x_1, y_1), (x_2, x_2)$ berechnen:

$$b = \frac{\Delta v}{\Delta u} = \frac{v_2 - v_1}{u_2 - u_1} = \frac{\lg y_2 - \lg y_1}{\lg x_2 - \lg x_1} = \frac{\lg \frac{y_2}{y_1}}{\lg \frac{x_2}{x_1}}$$

Bei einem einfachlogarithmischen Funktionspapier gilt für die Ordinate bzw. die v- und y-Skalen das Gleiche wie beim doppellogaritmischen Papier. Bei der Abszisse hat man nur eine normale x-Skala mit äquidistanten Stellen $x = 1,2,3,\dots$. Wertepaare (x_i, y_i) werden in das (x,v)-Koordinatensystem als Punkte mit den Koordinaten $(x_i, v_i) = (x_i, \lg y_i)$ eingetragen. Besteht zwischen den Größen x und y ein Zusammenhang der Form $y = ba^x$, so gilt:

$$y_i = ba^{x_i} \Rightarrow \lg y_i = \lg b + x_i \lg a$$
$$v_i = cx_i + d$$

mit $c = \lg a$ und $d = \lg b$. Das bedeutet, dass die in das (x,v)-Koordinatensystem eingetragenen Punkte mit den Koordinaten (x_i, v_i) auf einer Geraden mit der Steigung c liegen.

2.3.8   Trigonometrische Funktionen

Zur Definition der trigonometrischen Funktionen betrachtet man einen Einheitskreis (d.h. einen Kreis mit Radius $r = 1$) mit dem Mittelpunkt im Ursprung eines rechtwinkligen Koordinatensystems (s. Abb. 2.23).

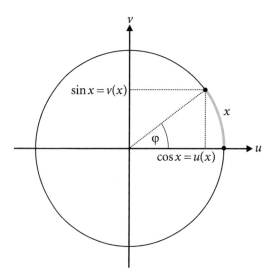

Abb. 2.23: Zur Definition der trigonometrischen Funktionen.

Der Punkt mit den Koordinaten $(u,v) = (1,0)$ wird nun entlang des Einheitskreises entweder gegen den Uhrzeigersinn oder im Uhrzeigersinn bewegt bis eine bestimmte, beliebig große Strecke s auf dem Einheitskreis zurückgelegt ist. Erfolgt die Bewegung gegen den Uhrzeigersinn, so setzt man $x = s$, andernfalls $x = -s$. Damit kann x eine beliebige positive oder negative reelle Zahl sein. Nach der Bewegung auf dem Einheitskreis hat der Punkt die von x abhängigen Koordinaten $(u(x), v(x))$. Bei der Kosinus- bzw. Sinusfunktion wird der Zahl x die Zahl $u(x)$ bzw. $v(x)$ zugeordnet. Die Sinus- und Kosinusfunktion sind also folgendermaßen definiert:

Definition 2.18: Sinus- und Kosinusfunktion

Kosinusfunktion: $f(x) = \cos(x) = u(x)$ $\qquad\qquad$ (2.80)

Sinusfunktion: $f(x) = \sin(x) = v(x)$ $\qquad\qquad$ (2.81)

Da der Kreisumfang 2π beträgt, sind die Kosinus- und Sinusfunktion periodisch mit der Periode 2π:

$$\cos(x + 2\pi) = \cos(x) \tag{2.82}$$
$$\sin(x + 2\pi) = \sin(x) \tag{2.83}$$

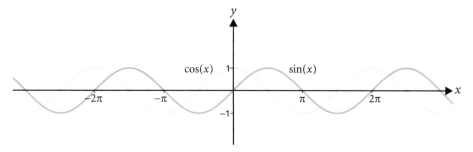

Abb. 2.24: Graphen der Sinus- und Kosinusfunktion.

Die Symmetrie und weitere Eigenschaften und Beziehungen für die Kosinus- und Sinusfunktion lassen sich anschaulich aus der Definition der Funktionen ableiten, z. B:

$$\cos(-x) = \cos(x) \tag{2.84}$$
$$\sin(-x) = -\sin(x) \tag{2.85}$$
$$\cos(x \pm \pi) = -\cos(x) \tag{2.86}$$
$$\sin(x \pm \pi) = -\sin(x) \tag{2.87}$$
$$\cos(x \pm \pi/2) = \mp\sin(x) \tag{2.88}$$
$$\sin(x \pm \pi/2) = \pm\cos(x) \tag{2.89}$$

Aus den letzten beiden Beziehungen und den Feststellungen auf S. 29 folgt: Verschiebt man den Graphen der Kosinusfunktion um $\frac{\pi}{2}$ nach rechts, so erhält man den Graphen der Sinusfunktion. Verschiebt man den Graphen der Sinusfunktion um $\frac{\pi}{2}$ nach links, so erhält man den Graphen der Kosinusfunktion

Es ist üblich, für $(\cos(x))^2$ bzw. $(\sin(x))^2$ die Schreibweise $\cos^2(x)$ bzw. $\sin^2(x)$ zu verwenden, was wir im Folgenden tun werden. Aus dem Satz von Pythagoras folgt die wichtige Formel

$$\cos^2(x) + \sin^2(x) = 1 \tag{2.90}$$

Aus (2.90) folgen auch spezielle Funktionswerte. Für $x = \frac{\pi}{4}$ gilt z.B. $\cos(\frac{\pi}{4}) = \sin(\frac{\pi}{4})$ und damit:

$$\cos^2(\tfrac{\pi}{4}) + \sin^2(\tfrac{\pi}{4}) = 2\cos^2(\tfrac{\pi}{4}) = 1$$
$$\Rightarrow \cos^2(\tfrac{\pi}{4}) = \tfrac{1}{2} \Rightarrow \cos(\tfrac{\pi}{4}) = \tfrac{1}{\sqrt{2}}$$

Wichtige Beziehungen für die Kosinus- und Sinusfunktion sind die sog. **Additions-theoreme**, die wir ohne Herleitung angeben (sie können am einfachsten mithilfe der komplexen Zahlen hergeleitet werden, s. Kap. 8).

$$\cos(x_1 \pm x_2) = \cos(x_1)\cos(x_2) \mp \sin(x_1)\sin(x_2) \qquad (2.91)$$

$$\sin(x_1 \pm x_2) = \sin(x_1)\cos(x_2) \pm \cos(x_1)\sin(x_2) \qquad (2.92)$$

Aus den Additionstheoremen lassen sich weitere wichtige Beziehungen gewinnen. Wir wollen dies an einem Beispiel zeigen. Für beliebige Zahlen x_1 und x_2 gilt $x_1 = a + b$ und $x_2 = a - b$ mit $a = \frac{1}{2}(x_1 + x_2)$ und $b = \frac{1}{2}(x_1 - x_2)$. Mit den Additionstheoremen folgt:

$$\cos(x_1) + \cos(x_2) = \cos(a+b) + \cos(a-b)$$

$$= \cos(a)\cos(b) - \sin(a)\sin(b) + \cos(a)\cos(b) + \sin(a)\sin(b)$$

$$= 2\cos(a)\cos(b) = 2\cos(\frac{x_1 + x_2}{2})\cos(\frac{x_1 - x_2}{2})$$

Damit hat man folgende Formel, die es erlaubt, eine Summe zweier Kosinus-Terme in ein Produkt umzuwandeln:

$$\cos(x_1) + \cos(x_2) = 2\cos(\frac{x_1 + x_2}{2})\cos(\frac{x_1 - x_2}{2}) \qquad (2.93)$$

Entsprechende Formeln gibt es auch für Differenzen und für die Sinusfunktion. Die **Tangens-** und **Kotangensfunktion** sind folgedermaßen definiert:

$$\tan(x) = \frac{\sin(x)}{\cos(x)} \qquad (2.94)$$

$$\cot(x) = \frac{\cos(x)}{\sin(x)} \qquad (2.95)$$

Aus den Beziehungen (2.86) und (2.87) folgt, dass die Tangens- und Kotangensfunktion periodisch mit der Periode π sind:

$$\tan(x + \pi) = \tan(x) \qquad (2.96)$$

$$\cot(x + \pi) = \cot(x) \qquad (2.97)$$

Für die trigonometrischen Funktionen gibt es eine Vielzahl von Formeln und Beziehungen, die hier weder alle aufgelistet noch bewiesen werden können. Einige wichtige Eigenschaften sind am Ende dieses Abschnitts aufgeführt.

Wir kommen noch einmal zurück auf die Definition der Kosinus- und Sinusfunktion. Der Punkt mit den Koordinaten (1,0) wird entlang des Einheitskreises entweder gegen den Uhrzeigersinn oder im Uhrzeigersinn bewegt, bis eine bestimmte, beliebig große Strecke s zurückgelegt ist. Erfolgt die Bewegung gegen den Uhrzeigersinn, so setzt man $x = s$, andernfalls $x = -s$. Nach der Bewegung auf dem Einheitskreis hat der Punkt

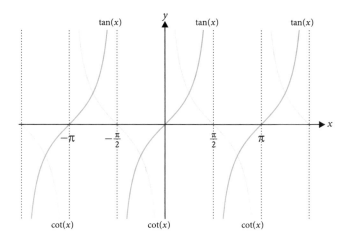

Abb. 2.25: Graphen der Tangens- und Kotangensfunktion.

die von x abhängigen Koordinaten $(u(x),v(x))$. Bei der Bewegung des Punktes vom Startpunkt $(1,0)$ zum Punkt $(u(x),v(x))$ wird ein **Winkel** überstrichen, der durch die Zahl x bestimmt ist. Wird der Winkel durch die reelle Zahl x angegeben, so nennt man x **Bogenmaß**. Es ist jedoch auch üblich, einen Winkel in **Grad** anzugeben. Dem Bogenmaß 2π entsprechen $360°$. Daraus ergibt sich folgender Zusammenhang zwischen dem Gradmaß φ und dem Bogenmaß x:

$$\varphi = \frac{x}{2\pi} 360° = \frac{x}{\pi} 180° \tag{2.98}$$

$$x = \frac{\varphi}{360°} 2\pi = \frac{\varphi}{180°} \pi \tag{2.99}$$

$$\frac{x}{\pi} = \frac{\varphi}{180°} \tag{2.100}$$

Da durch diese Beziehungen jeder Zahl x eindeutig ein φ zugeordnet werden kann, wird das Argument von trigonometrischen Funktionen häufig mit φ bezeichnet. Man schreibt dann $\cos(\varphi)$ und $\sin(\varphi)$ und formuliert Gleichung wie z.B. $\sin(45°) = \frac{1}{\sqrt{2}}$. Dies kann jedoch zu Problemen führen. Als Beispiel betrachten wird die Beziehung

$$\sin(x) \approx x$$

die für $|x| \ll 1$ gültig ist. Es gilt z.B. $\sin(0{,}01) \approx 0{,}01$. Formuliert man die Beziehung mit dem Gradmaß und setzt in $\sin(\varphi) \approx \varphi$ auf der rechten Seite für φ den Zahlenwert des Gradmaßes ein, so erhält man z.B. für $0{,}01°$ die Aussage $\sin(0{,}01°) \approx 0.01$, die falsch ist. Es gilt nämlich $\sin(0{,}01°) = 0{,}00017$. Solche Probleme stellen sich nicht ein, wenn man ein Grad einfach als Abkürzung für den 360sten Teil von 2π versteht:

$$1° = \frac{2\pi}{360} = \frac{\pi}{180} \tag{2.101}$$

Aus der Definition der trigonometrischen Funktion folgen die bekannten Beziehungen für rechtwinklige Dreiecke mit einem Winkel $\varphi < 90°$

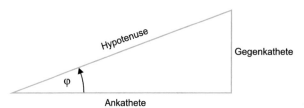

Abb. 2.26: Rechtwinkliges Dreieck.

$$\cos(\varphi) = \frac{\text{Ankathete}}{\text{Hypotenuse}} \tag{2.102}$$

$$\sin(\varphi) = \frac{\text{Gegenkathete}}{\text{Hypotenuse}} \tag{2.103}$$

$$\tan(\varphi) = \frac{\text{Gegenkathete}}{\text{Ankathete}} \tag{2.104}$$

$$\cot(\varphi) = \frac{\text{Ankathete}}{\text{Gegenkathete}} \tag{2.105}$$

In der folgenden Tabelle sind einige wichtige Eigenschaften der trigonometrischen Funktionen aufgelistet.

Tab. 2.2: Eigenschaften der trigonometrischen Funktionen ($k \in \mathbb{Z}$)

	$\cos(x)$	$\sin(x)$	$\tan(x)$	$\cot(x)$
Definitionsmenge	$\mathbb{R}$	$\mathbb{R}$	$\mathbb{R}\backslash\{x\|x = \frac{\pi}{2} + k\pi\}$	$\mathbb{R}\backslash\{x\|x = k\pi\}$
Wertemenge	$[-1;1]$	$[-1;1]$	$\mathbb{R}$	$\mathbb{R}$
Symmetrie	gerade	ungerade	ungerade	ungerade
Periode	2π	2π	π	π
Nullstellen	$\frac{\pi}{2} + k\pi$	$k\pi$	$k\pi$	$\frac{\pi}{2} + k\pi$
Pole	keine	keine	$\frac{\pi}{2} + k\pi$	$k\pi$
Maxima	$k2\pi$	$\frac{\pi}{2} + k2\pi$	keine	keine
Minima	$\pi + k2\pi$	$-\frac{\pi}{2} + k2\pi$	keine	keine
Funktionswert $f(\frac{\pi}{6})$	$\frac{1}{2}\sqrt{3}$	$\frac{1}{2}$	$\frac{1}{3}\sqrt{3}$	$\sqrt{3}$
Funktionswert $f(\frac{\pi}{4})$	$\frac{1}{2}\sqrt{2}$	$\frac{1}{2}\sqrt{2}$	1	1
Funktionswert $f(\frac{\pi}{3})$	$\frac{1}{2}$	$\frac{1}{2}\sqrt{3}$	$\sqrt{3}$	$\frac{1}{3}\sqrt{3}$

Anwendungen der trigonometrischen Funktionen

Die Kosinus- und Sinusfunktion wurden definiert als Koordinaten eines Punktes auf einem Kreis. Selbstverständlich spielen die Kosinus- und Sinusfunktion eine wichtige Rolle bei der mathematischen Beschreibung einer Kreisbahn.

Kreisbahn

Die Koordinaten x,y eines Punktes (x,y) auf einem Kreis mit Mittelpunkt im Ursprung und Radius R sind:

$$x = R\cos(\varphi)$$
$$y = R\sin(\varphi)$$

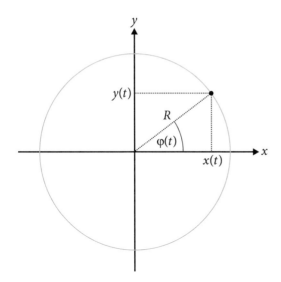

Abb. 2.27: Kreisbewegung eines Körpers.

Bewegt sich der Körper, so sind der Winkel $\varphi(t)$ und die Koordinaten $x(t),y(t)$ Funktionen der Zeit t. Bei konstanter Winkelgeschwindigkeit ω (überstrichener Winkel / benötigte Zeit) gilt (φ_0 ist der Anfangswinkel zur Zeit $t = 0$):

$$\varphi(t) = \omega t + \varphi_0$$

Daraus folgt für die Koordinaten

$$x(t) = R\cos(\omega t + \varphi_0) \tag{2.106}$$
$$y(t) = R\sin(\omega t + \varphi_0) \tag{2.107}$$

Harmonische Schwingungen

Wird die Abhängigkeit einer Größe von einer (Zeit-)Variablen durch folgende Funktion beschrieben (statt der Kosinus- kann man auch die Sinusfunktion nehmen), so spricht man von einer harmonischen Schwingung:

$$f(t) = A\cos(\omega t + \alpha) \tag{2.108}$$

Die Amplitude A und Kreisfrequenz ω sind positiv, die Anfangsphase α ist eine beliebige Zahl. Die Funktionen $x(t)$ und $y(t)$ bei der Kreisbahn stellen somit harmonische Schwingungen dar. Um den Graphen der Funktion $f(t)$ zu erläutern, gehen wir von der Funktion $\cos(t)$ aus. Die Multiplikation der Variablen t mit einer positiven Zahl ω führt zu $\cos(\omega t)$ und bewirkt eine horizontale Dehnung oder Stauchung des Graphen von $\cos(t)$. Die anschließende Addition einer Zahl t_0 zur Variablen t führt zu $\cos(\omega(t + t_0)) = \cos(\omega t + \alpha)$ (mit $\alpha = \omega t_0$) und bewirkt eine horizontale Verschiebung des Graphen von $\cos(\omega t)$ um $|t_0|$. Schließlich führt die Multiplikation mit A zu $A\cos(\omega t + \alpha)$ und bewirkt eine vertikale Dehnung oder Stauchung des Graphen von $\cos(\omega t + \alpha)$. Die Schwingungsdauer $T = \frac{2\pi}{\omega}$ ist die Periode der Funktion.

$$f(t + T) = A\cos(\omega(t + T) + \alpha) = A\cos(\omega t + \omega T + \alpha)$$
$$= A\cos(\omega t + 2\pi + \alpha) = A\cos(\omega t + \alpha) = f(t)$$

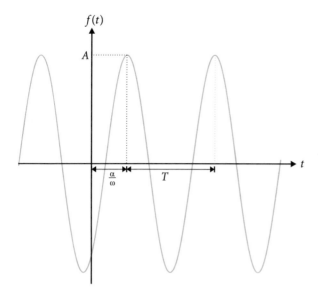

Abb. 2.28: Harmonische Schwingung.

Beispiele für Schwingungen sind Wechselspannungen, Wechselströme oder die Bewegung eines reibungsfreien Federpendels. Wir betrachten nun die Überlagerung zweier Schwingungen

$$f_1(t) = A\cos(\omega_1 t + \alpha_1)$$
$$f_2(t) = A\cos(\omega_2 t + \alpha_2)$$

mit gleicher Amplitude A und unterschiedlichen Kreisfrequenzen ω_1 und ω_2. Unter einer Überlagerung von zwei Schwingungen $f_1(t)$ und $f_2(t)$ versteht man die Summe $f_1(t) + f_2(t)$. Für diese Summe erhält man mit der Gleichung (2.93):

$$\begin{aligned}
f_1(t) + f_2(t) &= A\cos(\omega_1 t + \alpha_1) + A\cos(\omega_2 t + \alpha_2) \\
&= A[\cos(\omega_1 t + \alpha_1) + \cos(\omega_2 t + \alpha_2)] \\
&= 2A\cos\left(\frac{\omega_1 + \omega_2}{2}t + \frac{\alpha_1 + \alpha_2}{2}\right)\cos\left(\frac{\omega_1 - \omega_2}{2}t + \frac{\alpha_1 - \alpha_2}{2}\right)
\end{aligned}$$

Mit den Bezeichnungen $\bar{\omega} = \frac{\omega_1+\omega_2}{2}$, $\tilde{\omega} = \frac{\omega_1-\omega_2}{2}$, $\bar{\alpha} = \frac{\alpha_1+\alpha_2}{2}$, $\tilde{\alpha} = \frac{\alpha_1-\alpha_2}{2}$ und $\tilde{A}(t) = 2A\cos(\tilde{\omega}t + \tilde{\alpha})$ kann man schreiben:

$$f_1(t) + f_2(t) = \tilde{A}(t)\cos(\bar{\omega}t + \bar{\alpha})$$

Dies kann man interpretieren als Schwingung mit der Kreisfrequenz $\bar{\omega}$ und einer Amplitude $\tilde{A}(t)$, die nicht konstant ist, sondern sich mit der Zeit ändert, wobei die Art der Zeitabhängigkeit wieder eine Schwingung darstellt. Dies nennt man eine Schwebung. Die Abb. 2.29 zeigt ein Beispiel mit $\alpha_1 = \alpha_2 = 0$.

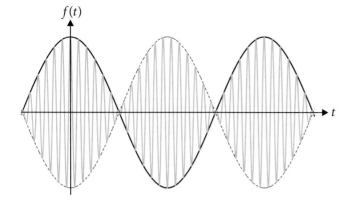

Abb. 2.29: Schwebung.

Eine Schwebung kann man beim Stimmen eines Musikinstrumentes wahrnehmen. Versucht man den Ton (Kreisfrequenz ω_1) eines Instrumentes dem Referenzton (Kreisfrequenz ω_2) eines zweiten Instrumentes anzugleichen, so kann man eine noch nicht vollständige Übereinstimmung daran erkennen, dass man einen Ton (mit Kreisfrequenz $\bar{\omega}$) hört, der lauter und leiser wird, dessen Amplitude mit der Kreisfrequenz $\tilde{\omega}$ schwingt.

Harmonische Wellen

Wir betrachten eine Größe, deren Abhängigkeit von einer (Orts-)Variablen x von der gleichen Art ist wie die Abhängigkeit von der (Zeit-)Variablen t bei einer Schwingung:

$$f(x) = A\cos(kx + \alpha)$$

Die Wellenlänge $\lambda = \frac{2\pi}{k}$ ist die Periode der Funktion:

$$
\begin{aligned}
f(x + \lambda) &= A\cos(k(x + \lambda) + \alpha) = A\cos(kx + k\lambda + \alpha) \\
&= A\cos(kx + 2\pi + \alpha) = A\cos(kx + \alpha) = f(x)
\end{aligned}
$$

Wir verschieben nun den Graphen um s nach rechts und erhalten die Funktion

$$f(x) = A\cos(k(x - s) + \alpha) = A\cos(kx - ks + \alpha)$$

Es wird nun angenommen, dass s nicht konstant ist sondern mit der Zeit zunimmt und proportional zur Zeit t ist:

$$s = vt$$

Damit erhält man eine Größe, die von zwei Variablen x und t abhängt:

$$f(x,t) = A\cos(kx - kvt + \alpha) = A\cos(kx - \omega t + \alpha)$$

v ist die Geschwindigkeit, mit der die Strecke s zunimmt und damit die Geschwindigkeit, mit der der Graph sich nach rechts bewegt.

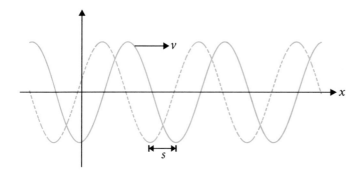

Abb. 2.30: Harmonische Welle.

Bei einer Größe, deren Abhängigkeit vom Ort x und der Zeit t durch folgende Funktion beschrieben wird, spricht man von einer harmonischen Welle.

$$f(x,t) = A\cos(kx - \omega t + \alpha) \tag{2.109}$$

Die Größen A,k,ω,α heißen Amplitude, Wellenzahl, Kreisfrequenz und Anfangsphase.

2.3.9 Arkusfunktionen

Die Umkehrfunktionen der trigonometrischen Funktionen heißen Arkusfunktionen. Die folgende Tabelle zeigt die trigonometrischen Funktionen und deren Umkehrfunktionen.

Tab. 2.3: Die trigonometrischen Funktionen und deren Umkehrfunktionen

$f(x)$	umkehrbar mit D_f	W_f	$f^{-1}(x)$	$D_{f^{-1}}$	$W_{f^{-1}}$
$\cos x$	$[0;\pi]$	$[-1;1]$	$\arccos x$	$[-1;1]$	$[0;\pi]$
$\sin x$	$[-\frac{\pi}{2};\frac{\pi}{2}]$	$[-1;1]$	$\arcsin x$	$[-1;1]$	$[-\frac{\pi}{2};\frac{\pi}{2}]$
$\tan x$	$]-\frac{\pi}{2};\frac{\pi}{2}[$	$\mathbb{R}$	$\arctan x$	$\mathbb{R}$	$]-\frac{\pi}{2};\frac{\pi}{2}[$
$\cot x$	$]0;\pi[$	$\mathbb{R}$	$\text{arccot}\, x$	$\mathbb{R}$	$]0;\pi[$

Die Abb. 2.31 zeigt die Graphen der Arkusfunktionen.

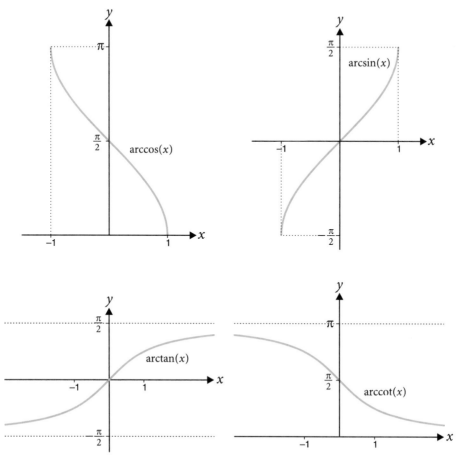

Abb. 2.31: Graphen der Arkusfunktionen.

Die Eigenschaften und Formeln der Arkusfunktionen folgen aus den Eigenschaften und Formeln der trigonometrischen Funktionen. Dies soll an dem folgenden wichtigen Beispiel demonstriert werden. Für $y = \arccos x \in [0; \frac{\pi}{2}]$ mit $x = \cos y \in [0; 1]$ gilt:

$$\sin y = \sqrt{1 - \cos^2 y}$$
$$\Rightarrow y = \arcsin \sqrt{1 - \cos^2 y}$$
$$\Rightarrow \arccos x = \arcsin \sqrt{1 - x^2}$$

Für $x < 0$ kann die letzte Beziehung nicht stimmen, da in diesem Fall $\arccos x > \frac{\pi}{2}$ ist, arcsin-Werte jedoch immer $\leq \frac{\pi}{2}$ sind. Für $y = \arccos x \in [\frac{\pi}{2}; \pi]$ mit $x = \cos y \in [-1; 0]$ gilt zwar ebenfalls

$$\sin y = \sqrt{1 - \cos^2 y}$$

für $y > \frac{\pi}{2}$ kann diese Gleichung jedoch nicht mit dem Arkussinus nach y aufgelöst werden, da y außerhalb des Umkehrbarkeitsbereichs der Sinusfunktion liegt. Die Gleichung $y = \arcsin \sqrt{1 - \cos^2 y}$ kann für $y > \frac{\pi}{2}$ nicht stimmen, da arcsin-Werte immer $\leq \frac{\pi}{2}$ sind. Es gilt aber:

$$\sin y = -\sin(y - \pi) = \sin(\pi - y) = \sqrt{1 - \cos^2 y}$$
$$\Rightarrow \pi - y = \arcsin \sqrt{1 - \cos^2 y} \Rightarrow y = -\arcsin \sqrt{1 - \cos^2 y} + \pi$$
$$\arccos x = -\arcsin \sqrt{1 - x^2} + \pi$$

Damit erhält man eine wichtige Formel, die in diesem Buch an mehreren Stellen benötigt wird:

$$\arccos x = \begin{cases} \arcsin \sqrt{1 - x^2} & \text{für } x \geq 0 \\ -\arcsin \sqrt{1 - x^2} + \pi & \text{für } x < 0 \end{cases} \qquad (2.110)$$

Ebenso lässt sich zeigen:

$$\arcsin x = \begin{cases} \arccos \sqrt{1 - x^2} & \text{für } x \geq 0 \\ -\arccos \sqrt{1 - x^2} & \text{für } x < 0 \end{cases} \qquad (2.111)$$

2.3.10 Hyperbelfunktionen

Bei der Behandlung bestimmter naturwissenschaftlicher und technischer Problemstellungen treten spezielle Funktionen auf, die sich aus den Exponentialfunktionen e^x und e^{-x} bilden lassen und in diesem Sinn nicht „elementar" sind. Eigenschaften und Formeln dieser Funktionen weisen eine starke Analogie zu den trigonometrischen Funktionen auf. Deshalb und aufgrund ihrer Bedeutung in der Mathematik und Anwendungen haben diese Funktionen eigene Namen und werden zu den elementaren Funktion gezählt.

Definition 2.19: Hyperbelfunktionen

Kosinus hyperbolicus: $\qquad f(x) = \cosh(x) = \dfrac{1}{2}(e^x + e^{-x})$ $\qquad$ (2.112)

Sinus hyperbolicus: $\qquad f(x) = \sinh(x) = \dfrac{1}{2}(e^x - e^{-x})$ $\qquad$ (2.113)

Tangens hyperbolicus: $\qquad f(x) = \tanh(x) = \dfrac{\sinh(x)}{\cosh(x)} = \dfrac{e^x - e^{-x}}{e^x + e^{-x}}$ $\qquad$ (2.114)

Kotangens hyperbolicus: $\qquad f(x) = \coth(x) = \dfrac{\cosh(x)}{\sinh(x)} = \dfrac{e^x + e^{-x}}{e^x - e^{-x}}$ $\qquad$ (2.115)

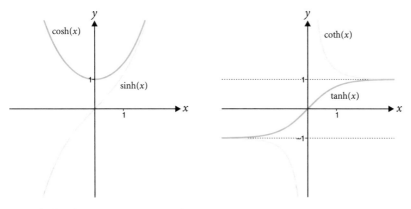

Abb. 2.32: Graphen der Hyperbelfunktionen.

Tab. 2.4: Eigenschaften der Hyperbelfunktionen

$f(x)$	D_f	W_f	Symmetrie
$\cosh(x)$	$\mathbb{R}$	$[1; \infty[$	gerade
$\sinh(x)$	$\mathbb{R}$	$\mathbb{R}$	ungerade
$\tanh(x)$	$\mathbb{R}$	$]-1;1[$	ungerade
$\coth(x)$	$\mathbb{R} \setminus \{0\}$	$\mathbb{R} \setminus [-1; 1]$	ungerade

Die Analogie zu den trigonometrischen Funktionen kommt darin zum Ausdruck, dass es zu Formeln für die trigonometrischen Funktionen ähnliche Formeln für die Hyperbelfunktionen gibt. Dies soll an einem Beispiel gezeigt werden:

$$
\begin{aligned}
\cosh^2(x) - \sinh^2(x) &= \frac{1}{4}(e^x + e^{-x})^2 - \frac{1}{4}(e^x - e^{-x})^2 \\
&= \frac{1}{4}(e^{2x} + 2 + e^{-2x}) - \frac{1}{4}(e^{2x} - 2 + e^{-2x}) = 1
\end{aligned}
$$

Die Formel

$$\cosh^2(x) - \sinh^2(x) = 1 \tag{2.116}$$

ist das Analogon zur Formel $\cos^2(x) + \sin^2(x) = 1$ bei den trigonometrischen Funktionen.

Beispiel 2.25: Fall mit Luftreibung

Die Geschwindigkeit v eines senkrecht fallenden Körpers unter dem Einfluss der Schwerkraft und der Luftreibung ist eine Funktion der Zeit t mit folgender Funktionsgleichung:

$$v = f(t) = u \tanh\left(\frac{t}{\tau}\right)$$

mit zwei Konstanten u und τ.   ∎

Beispiel 2.26: Kettenlinie

Die Form eines homogenen, frei hängenden, nur durch das Eigengewicht belasteten Seils ohne Biegesteifigkeit, dessen Enden auf gleicher Höhe befestigt sind, wird beschrieben durch die Funktion

$$f(x) = a \cosh\left(\frac{x - b}{a}\right) + c$$

mit Konstanten a, b und c. Die Abb. 2.33 zeigt die Form eines Hochspannungsseils, für das die genannten Bedingungen näherungsweise zutreffen.   ∎

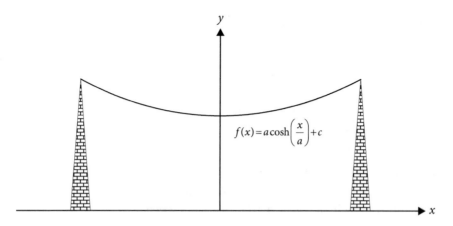

Abb. 2.33: Die Form eines Hochspannungsseils wird beschrieben durch eine cosh-Funktion.

Tab. 2.5: Die Hyperbelfunktionen und deren Umkehrfunktionen

$f(x)$	umkehrbar mit D_f	W_f	$f^{-1}(x)$	$D_{f^{-1}}$	$W_{f^{-1}}$
$\cosh x$	$\mathbb{R}_0^+$	$[1;\infty[$	$\operatorname{arcosh} x$	$[1;\infty[$	$\mathbb{R}_0^+$
$\sinh x$	$\mathbb{R}$	$\mathbb{R}$	$\operatorname{arsinh} x$	$\mathbb{R}$	$\mathbb{R}$
$\tanh x$	$\mathbb{R}$	$]-1;1[$	$\operatorname{artanh} x$	$]-1;1[$	$\mathbb{R}$
$\coth x$	$\mathbb{R}\setminus\{0\}$	$\mathbb{R}\setminus[-1;1]$	$\operatorname{arcoth} x$	$\mathbb{R}\setminus[-1;1]$	$\mathbb{R}\setminus\{0\}$

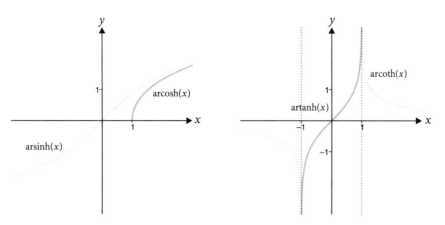

Abb. 2.34: Graphen der Areafunktionen.

2.3.11 Areafunktionen

Die Umkehrfunktionen der Hyperbelfunktionen heißen Areafunktionen. Die folgende Tabelle zeigt die Hyperbelfunktionen und deren Umkehrfunktionen.

Die Analogie zwischen den trigonometrischen und den Hyperbelfunktionen hat auch eine Analogie zwischen den Arkus- und Areafunktionen und entsprechende Formeln zur Folge. Da die Hyperbelfunktionen aus der Exponentialfunktion gebildet werden, lassen sich die Umkehrfunktionen der Hyperbelfunktionen (Areafunktionen) durch die Umkehrfunktion der Exponentialfunktion (Logarithmus) darstellen. Dies soll an einem Beispiel gezeigt werden. Für eine beliebige Zahl x gilt $x = \sinh(y)$ mit $y = \operatorname{arsinh}(x)$. Ferner gilt:

$$\cosh^2(y) - \sinh^2(y) = 1 \Rightarrow \cosh(y) = \sqrt{1 + \sinh^2(y)}$$

$$e^y = \frac{1}{2}(e^y - e^{-y}) + \frac{1}{2}(e^y + e^{-y}) = \sinh(y) + \cosh(y)$$

$$\Rightarrow y = \ln e^y = \ln(\sinh(y) + \cosh(y)) = \ln\left(\sinh(y) + \sqrt{1 + \sinh^2(y)}\right)$$

$$\Rightarrow \operatorname{arsinh}(x) = \ln\left(x + \sqrt{1 + x^2}\right) \tag{2.117}$$

2.4   Stetigkeit

Unter Stetigkeit stellt man sich ein Verhalten ohne abrupte, sprunghafte Änderungen
vor. Wird der Zusammenhang zweier Größen x und y durch eine Funktion f mit der
Funktionsgleichung $y = f(x)$ dargestellt, so sollten geringfügige Änderungen von x
auch zu geringfügigen und nicht sprunghaften Änderungen von y führen. Der Betrag
$|\Delta y|$ der Änderungen von y sollte beliebig klein sein (kleiner als eine beliebige positive
Zahl ε), wenn der Betrag $|\Delta x|$ der Änderungen von x klein genug ist (kleiner als eine
positive Zahl δ).

Definition 2.20: Stetigkeit

Eine Funktion f heißt an der Stelle x_0 stetig, wenn es zu jedem $\varepsilon > 0$ eine Zahl
$\delta > 0$ gibt, sodass $|\Delta y| = |f(x) - f(x_0)| < \varepsilon$ ist für alle x mit $|\Delta x| = |x - x_0| < \delta$.
Eine Funktion f heißt stetig in $I \subset D_f$, wenn sie an allen Stellen $x \in I$ stetig ist.

Ist eine Funktion f an einer Stelle x_0 stetig, dann muss die Funktion an der Stelle x_0
definiert sein, und $f(x_0)$ muss existieren. Aus der Definition der Stetigkeit an einer
Stelle x_0 folgt, dass der Funktionswert $f(x)$ dem Funktionswert $f(x_0)$ beliebig nahe
kommt, wenn nur x nahe genug bei x_0 ist. Nähert man sich mit x an die Stelle x_0 an,
dann nähern sich die Funktionswerte $f(x)$ dem Funktionswert $f(x_0)$ an. Das bedeutet,
dass $f(x_0)$ der Grenzwert der Funktion f für $x \to x_0$ ist.

Stetigkeit

Eine Funktion f ist an der Stelle x_0 stetig, wenn $\lim\limits_{x \to x_0} f(x) = f(x_0)$ ist.

Mithilfe einseitiger Grenzwerte kann man auch erklären, was man unter einseitiger
Stetigkeit versteht: Eine Funktion f heißt an der Stelle x_0 rechtsseitig bzw. linksseitig
stetig, wenn $\lim\limits_{\substack{x \to x_0 \\ x > x_0}} f(x) = f(x_0)$ bzw. $\lim\limits_{\substack{x \to x_0 \\ x < x_0}} f(x) = f(x_0)$.

Beispiel 2.27: Unstetigkeit an einer Sprungstelle

Wir prüfen die Stetigkeit der folgenden Funktion an der Stelle $x_0 = 0$:

$$f(x) = \begin{cases} x + \frac{x}{|x|} & \text{für } x \neq 0 \\ 0 & \text{für } x = 0 \end{cases}$$

Der Betrag $|\Delta y| = |f(x) - f(x_0)|$ wird nie kleiner als 1 (s. Abb 2.35) egal wie nahe x
bei $x_0 = 0$ liegt. Der Grenzwert $\lim\limits_{x \to 0} f(x)$ existiert an der Sprungstelle $x_0 = 0$ nicht (s.
Bsp. 2.11). Die Funktion ist an der Stelle $x_0 = 0$ nicht stetig.   ■

Sprungstellen sind Stellen, an denen eine Funktion nicht stetig ist. Ist eine Funktion
in $I =]a; b[$ stetig, dann hat sie in I weder Sprungstellen noch Definitionslücken.

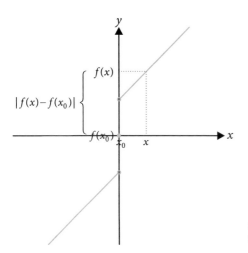

Abb. 2.35: Funktion von Bsp. 2.27 mit Unstetigkeitsstelle (Sprungstelle).

Für die in Kapitel 2.3 aufgeführten elementaren Funktionen gilt:

Stetigkeit elementarer Funktionen

Die in Kapitel 2.3 genannten Funktionen sind jeweils an allen Stellen $x \in D_f$ stetig oder (falls $x \in D_f$ ein Randpunkt von D_f ist) einseitig stetig.

Ferner gelten folgende Stetigkeitssätze:

Stetigkeitssätze

Sind $f(x)$ und $g(x)$ an der Stelle x_0 stetig, dann sind auch die folgenden Funktionen an der Stelle x_0 stetig:

$$cf(x), \quad f(x) \pm g(x), \quad f(x)g(x), \quad \frac{f(x)}{g(x)} \quad (\text{falls } g(x_0) \neq 0)$$

Ist $g(x)$ an der Stelle x_0 und $f(x)$ an der Stelle $g(x_0)$ stetig, dann ist auch die verkettete Funktion $f(g(x))$ an der Stelle x_0 stetig.

Wir wollen nun einige Funktionen an bestimmten Stellen auf Stetigkeit untersuchen:

Beispiel 2.28: Funktion mit Unstetigkeitsstelle

Wir untersuchen die Stetigkeit der folgenden Funktion (s. Abb. 2.36, links):

$$f(x) = \begin{cases} \sin \frac{1}{x} & \text{für } x \neq 0 \\ 0 & \text{für } x = 0 \end{cases}$$

Die Funktionen $\sin x$ und $\frac{1}{x}$ sind jeweils an allen Stellen $x \neq 0$ stetig. Aus den Stetigkeitssätzen folgt, dass auch die verkettete Funktion $\sin \frac{1}{x}$ an allen Stellen $x \neq 0$ stetig ist. Zur Untersuchung der Stetigkeit an der Stelle $x_0 = 0$ prüfen wir, ob

$\lim_{x \to 0} f(x) = f(0)$ ist. Dazu betrachten wir die Folge (x_n) mit $x_n = \frac{1}{n\pi}$. Für diese Folge gilt $\lim_{n \to \infty} x_n = 0$ und $\lim_{n \to \infty} f(x_n) = \lim_{n \to \infty} \sin(n\pi) = 0$. Nun betrachten wir die Folge (x_n) mit $x_n = \frac{1}{\frac{\pi}{2} + n2\pi}$. Für diese Folge gilt $\lim_{n \to \infty} x_n = 0$ und $\lim_{n \to \infty} f(x_n) = \lim_{n \to \infty} \sin(\frac{\pi}{2} + n2\pi) = 1$. Daraus folgt, dass der Grenzwert $\lim_{x \to 0} f(x)$ nicht existiert und die Funktion damit an der Stelle $x_0 = 0$ nicht stetig ist.   ∎

Beispiel 2.29: Stetige Funktion

Wir untersuchen die Stetigkeit der folgenden Funktion (s. Abb. 2.36, rechts):

$$f(x) = \begin{cases} x \sin \frac{1}{x} & \text{für } x \neq 0 \\ 0 & \text{für } x = 0 \end{cases}$$

Die Funktionen x, $\sin x$ und $\frac{1}{x}$ sind jeweils an allen Stellen $x \neq 0$ stetig. Aus den Stetigkeitssätzen folgt, dass auch die Funktion $x \sin \frac{1}{x}$ an allen Stellen $x \neq 0$ stetig ist. Für alle Folgen (x_n) mit $\lim_{n \to \infty} x_n = 0$ gilt (s. Definition 2.7): Zu jedem $\varepsilon > 0$ gibt es ein n_0, sodass $|x_n - 0| = |x_n| < \varepsilon$ für alle $n \geq n_0$. Wegen $|\sin \frac{1}{x_n}| \leq 1$ und $|x_n||\sin \frac{1}{x_n}| \leq |x_n|$ gilt dann auch: Zu jedem $\varepsilon > 0$ gibt es ein n_0, sodass $|x_n||\sin \frac{1}{x_n}| = |x_n \sin \frac{1}{x_n}| = |f(x_n) - f(0)| < \varepsilon$ für alle $n \geq n_0$. Dies bedeutet $\lim_{x \to 0} f(x) = f(0)$. Die Funktion ist also auch an der Stelle $x_0 = 0$ stetig.   ∎

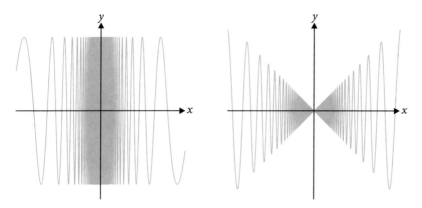

Abb. 2.36: Graphen der Funktion in Bsp. 2.28 (links) und Bsp. 2.29 (rechts).

Beispiel 2.30: Funktion mit Unstetigkeitsstelle

Wir untersuchen die Stetigkeit der folgenden Funktion:

$$f(x) = \begin{cases} \dfrac{1}{1 + e^{\frac{1}{x}}} & \text{für } x \neq 0 \\ 0 & \text{für } x = 0 \end{cases}$$

Abb. 2.37 zeigt links den Graphen der Funktion. Die Funktionen e^x und $\frac{1}{x}$ sind jeweils an allen Stellen $x \neq 0$ stetig. Aus den Stetigkeitssätzen folgt, dass auch die Funktion $f(x)$ an allen Stellen $x \neq 0$ stetig ist. Ferner gilt:

$$\lim_{\substack{x \to 0 \\ x > 0}} f(x) = \lim_{\substack{x \to 0 \\ x > 0}} \frac{1}{1 + e^{\frac{1}{x}}} = 0 \qquad \lim_{\substack{x \to 0 \\ x < 0}} f(x) = \lim_{\substack{x \to 0 \\ x < 0}} \frac{1}{1 + e^{\frac{1}{x}}} = 1$$

Das bedeutet, dass der Grenzwert $\lim_{x \to 0} f(x)$ nicht existiert und die Funktion an der Stelle $x_0 = 0$ nicht stetig ist. ∎

Beispiel 2.31: Verteilungsfunktion

Wirft man vier Münzen mit jeweils der gleichen Wahrscheinlichkeit für Zahl und Kopf, so ist die Wahrscheinlichkeit, dass x Mal Zahl nach oben zeigt, gegeben durch die Wahrscheinlichkeitsfunktion

$$f(x) = \begin{cases} \binom{4}{x} \left(\frac{1}{2} \right)^4 & \text{für } x \in \{x_0, \ldots, x_4\} \\ 0 & \text{sonst} \end{cases} \qquad \text{mit } x_0 = 0, x_1 = 1, \ldots, x_4 = 4$$

Die Wahrscheinlichkeit, dass höchstens x Mal Zahl nach oben zeigt, ist gegeben durch die Verteilungsfunktion

$$F(x) = \begin{cases} 0 & \text{für } x < x_0 \\ \sum_{i=0}^{k} f(x_i) & \text{für } x \in [x_k; x_{k+1}[\quad k = 0, \ldots, 3 \\ 1 & \text{für } x \geq x_4 \end{cases}$$

Abb. 2.37 zeigt rechts den Graphen der Funktion $F(x)$. Die Stellen x_k sind Sprungstellen und damit Unstetigkeitsstellen der Funktion $F(x)$. An allen anderen Stellen ist die Funktion $F(x)$ stetig. ∎

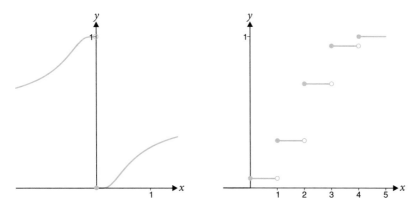

Abb. 2.37: Graph der Funktion in Bsp. 2.30 (links) und Bsp. 2.31 (rechts).

2.5   Aufgaben zu Kapitel 2

2.1 Geben Sie für die Funktionen f, g und h mit den Funktionsgleichungen

$$f(x) = \sqrt{x} \qquad g(x) = \ln(x) \qquad h(x) = \frac{1}{x}$$

die Funktionsterme und Definitionsmengen der folgenden Funktionen an:

a) $f \circ g$ b) $g \circ f$ c) $(f \circ g) \circ h$ d) $g \circ (f \circ h)$

2.2 Der Graph der Funktion $\tilde{f}$ entsteht aus dem Graphen der Funktion f durch die folgenden nacheinander ausgeführten Operationen: Verschiebung um 4 nach rechts, horizontale Dehnung um den Faktor 2, vertikale Dehnung um den Faktor 3, Verschiebung um 2 nach unten. Geben Sie für $f(x) = \sqrt{1 + x^2}$ den Funktionsterm $\tilde{f}(x)$ an.

2.3 Durch welche nacheinander ausgeführten Operationen ensteht aus dem Graphen der Funktion f der Graph der Funktion $\tilde{f}$?

a) $f(x) = x^2$ $\tilde{f}(x) = 4x^2 - 24x + 31$

b) $f(x) = x^2$ $\tilde{f}(x) = ax^2 + bx + c$

c) $f(x) = x^3$ $\tilde{f}(x) = x^3 + 3x^2 + 3x + 2$

d) $f(x)$ $\tilde{f}(x) = cf(ax + b) + d$

2.4 Führen Sie für die folgenden Funktionen eine Partialbruchzerlegung durch:

a) $f(x) = \dfrac{3x^3 + 3x + 2}{x^4 - 1}$ b) $f(x) = \dfrac{2x^2 + 2x + 2}{x^4 - 2x^3 + 2x^2 - 2x + 1}$

2.5 Zeigen Sie: Der Graph des dekadischen Logarithmus $\lg x$ ensteht aus dem Graphen des natürlichen Logarithmus $\ln x$ durch Dehnung. Ist die Dehnung vertikal oder horizontal? Um welchen Faktor wird der Graph gedehnt?

2.6 Zeigen Sie: Der Graph der Funktion mit dem Funktionsterm $f(x) = 10^x$ ensteht aus dem Graphen der e-Funktion durch Stauchung. Ist die Stauchung vertikal oder horizontal? Um welchen Faktor wird der Graph gestaucht?

2.7 Bestimmen Sie Umkehrfunktionen der folgenden Funktionen. Schränken Sie dazu (falls nötig) die Defintionsmengen so ein, dass die Funktionen umkehrbar sind.

a) $f(x) = x^2 - 6x + 8$ b) $f(x) = x^4 + 4x^3 + 6x^2 + 4x + 2$

c) $f(x) = \mathrm{e}^{-x^2}$ d) $f(x) = \mathrm{e}^{-\frac{1}{x^2}}$

2.8 Berechnen Sie folgende Grenzwerte:

a) $\displaystyle\lim_{n \to \infty} \left[n \ln\left(2 + \frac{1}{n} \right) - n \ln 2 \right]$ b) $\displaystyle\lim_{x \to 0} \frac{\ln(1 + x)}{x}$

2.9 Geben Sie eine Funktion an, die in $D_f =]-1,\infty[$ stetig ist, und für $x \neq 0$ den folgenden Funktionsterm hat:

$$f(x) = \frac{\ln(1+x)}{x}$$

2.10 Prüfen Sie, ob die folgenden Funktionen an der Stelle $x_0 = 0$ stetig sind:

a) $f(x) = \begin{cases} \arctan\left(\frac{1}{x}\right) & \text{für } x \neq 0 \\ \frac{\pi}{2} & \text{für } x = 0 \end{cases}$
   b) $f(x) = \begin{cases} \tanh\left(\frac{1}{x}\right) & \text{für } x \neq 0 \\ 1 & \text{für } x = 0 \end{cases}$

c) $f(x) = \begin{cases} (1+x)^{\frac{1}{x}} & \text{für } x \neq 0 \\ \mathrm{e} & \text{für } x = 0 \end{cases}$
   d) $f(x) = \begin{cases} (1+|x|)^{\frac{1}{x}} & \text{für } x \neq 0 \\ \mathrm{e} & \text{für } x = 0 \end{cases}$

e) $f(x) = \begin{cases} \cos\left(\frac{1}{x}\right) & \text{für } x \neq 0 \\ 1 & \text{für } x = 0 \end{cases}$
   f) $f(x) = \begin{cases} x\cos\left(\frac{1}{x}\right) & \text{für } x \neq 0 \\ 0 & \text{für } x = 0 \end{cases}$

2.11 Gibt es Lösungen der folgenden Gleichungen, wenn ja, wie viele?

a) $\mathrm{e}^x + x = 0$ b) $\ln x + x = 0$

2.12 Bestimmen Sie die Lösungen der folgenden Gleichungen:

a) $\cos(2x) = 2\sin^2(x)$ b) $\sin(2x) = 2\cos^2(x)$ c) $\arccos x = \arcsin x$

d) $2\,\mathrm{e}^x - 3\,\mathrm{e}^{-3x} = 0$ e) $4^{2x-3} - 5^{-4x+2} = 0$

f) $\dfrac{1}{1+\mathrm{e}^{-x}} = \tanh x$ g) $1 + \mathrm{e}^x = \dfrac{1}{1-\mathrm{e}^{-x}}$

2.13 Vereinfachen Sie den folgenden Term zu einem möglichst einfachen Term.

$$\tanh\left(\frac{1}{2}\ln(1+x^2)\right)$$

2.14 Betrachten Sie die Funktion f mit der Funktionsgleichung $y = \frac{1}{2}(\mathrm{e}^x - \mathrm{e}^{-x})$ (Sinus hyperbolicus). Bestimmen Sie den Funktionsterm $f^{-1}(x)$ der Umkehrfunktion f^{-1} indem Sie die Funktionsgleichung nach x auflösen und dann x und y vertauschen.

2.15 Die Höhe h von Bierschaum in einem Glas hängt von der Zeit t ab. Die Abhängigkeit wird beschrieben durch eine Funktionsgleichung $h = f(t)$. Die Änderung $\Delta h = f(t + \Delta t) - f(t)$ der Bierschaumhöhe innerhalb eines kurzen Zeitintervalls Δt ist näherungsweise proportional zum ursprünglichen Wert $f(t)$ und zu Δt.

$$f(t + \Delta t) - f(t) \approx \lambda f(t)\Delta t$$

Die Näherung ist umso besser, je kleiner Δt ist. Für eine bestimmte Weißbiersorte sei $\lambda = -0{,}0033\,\frac{1}{\mathrm{s}}$ (vgl. A. Leike, Eur. J. Phys. 23 (2002) 21–26). Wie lange dauert es, bis die Höhe des Bierschaums auf ein Viertel des ursprünglichen Wertes gesunken ist?

2.16 Für die Auslenkung y bei einer gedämpften Schwingung gilt:

$$y = f(t) = A\,\mathrm{e}^{-\delta t}\sin(\tfrac{2\pi}{T}t + \alpha)$$

mit Konstanten A,α,δ,T (T ist die Schwingungsdauer der gedämpften Schwingung). Berechnen Sie das Verhältnis $\frac{f(t)}{f(t+T)}$ für den Fall $T = 2{,}75\,\mathrm{s}$ und $\delta = 0{,}62\,\frac{1}{\mathrm{s}}$.

2.17 Beim freien Fall eines Körpers sind die Geschwindigkeit v und die zurückgelegte Strecke s Funktionen der Zeit t. Unter bestimmten Bedingungen gilt:

$$v(t) = u\tanh(\tfrac{t}{\tau}) \qquad s(t) = u\tau\ln(\cosh(\tfrac{t}{\tau}))$$

Hier sind u und τ Konstanten. Geben Sie die Geschwindigkeit v als Funktion der zurückgelegten Strecke s an.

2.18 Betrachten Sie die folgende barometrische Höhenformel für den Luftdruck p in Abhängigkeit der Höhe h:

$$p = p_0\left(1 - \frac{\kappa - 1}{\kappa}\frac{\rho_0}{p_0}gh\right)^{\frac{\kappa}{\kappa-1}}$$

p_0,ρ_0,g,κ sind positive Konstanten. Unter bestimmten Annahmen gilt $\kappa = 1$. Für $\kappa = 1$ ist die Formel jedoch nicht anwendbar. Gegen welchen Wert strebt p für $\kappa \to 1$?

3 Differenzialrechnung

Übersicht

3.1 Ableitung und Differenzierbarkeit

In Kap. 2 haben wir den sog. Exponentialprozess betrachtet: Eine Größe y hängt von der Zeit t ab. Die Abhängigkeit wird beschrieben durch eine Funktionsgleichung $y = f(t)$. Die Änderung $\Delta y = f(t + \Delta t) - f(t)$ der Größe y innerhalb eines kleinen Zeitintervalls Δt ist näherungsweise sowohl proportional zum ursprünglichen Wert $f(t)$ als auch zum Zeitintervall Δt:

$$\Delta y = f(t + \Delta t) - f(t) \approx \lambda f(t) \Delta t \quad \Rightarrow \frac{\Delta y}{\Delta t} = \frac{f(t + \Delta t) - f(t)}{\Delta t} \approx \lambda f(t)$$

Diese Beziehung gilt umso besser, je kleiner das Zeitintervall Δt ist, und wird exakt für $\Delta t \to 0$. Es gilt also:

$$\lim_{\Delta t \to 0} \frac{\Delta y}{\Delta t} = \lim_{\Delta t \to 0} \frac{f(t + \Delta t) - f(t)}{\Delta t} = \lambda f(t) \tag{3.1}$$

Der Exponentialprozess wird beschrieben durch eine Funktion und eine Gleichung, die nicht nur die Funktion selbst, sondern einen Ausdruck bzw. Grenzwert enthält, bei dem Änderungen bzw. das Verhältnis von Änderungen vorkommen. Dies ist auch bei der Beschreibung vieler anderer Sachverhalte so. Viele wichtige Gesetzmäßigkeiten werden mathematisch durch Gleichungen beschrieben, die nicht nur Funktionen, sondern auch das Änderungsverhalten von Funktionen beinhalten. Ein Beispiel ist das

Grundgesetzt der Mechanik von Newton: „Kraft = Masse mal Beschleunigung". Die Beschleunigung gibt das Änderungsverhalten der Geschwindigkeit an. Wie kann man das Änderungsverhalten einer Funktion mathematisch erfassen? Es waren Newton und Leibniz, die diese Frage mit der Gründung der Differenzialrechnung beantworteten und damit die Voraussetzung für die moderne Naturwissenschaft schufen.

Bei einer Funktion, deren Graph sehr steil bzw. sehr flach ist, führen Änderungen des Variablenwertes zu großen bzw. kleinen Änderung des Funktionswertes. Es ist naheliegend, die Steigung des Graphen zur mathematischen Erfassung des Änderungsverhaltens heranzuziehen. Ändert man bei einer Funktion f den Variablenwert um Δx von x_0 auf $x_0 + \Delta x$, so ändert sich der Funktionswert um Δy von $f(x_0)$ auf $f(x_0 + \Delta x) = f(x_0) + \Delta y$. Bei einer linearen Funktion mit einer Geraden als Graphen ist die Steigung definiert als Verhältnis (s. Abb 3.1, links)

$$\frac{\Delta y}{\Delta x} = \frac{f(x_0 + \Delta x) - f(x_0)}{\Delta x} \tag{3.2}$$

So wird übrigens auch die Steigung einer Straße angegeben, wobei hier dieser Wert noch mit $100\,\%$ multipliziert wird. Bei einer nichtlinearen Funktion bedeutet der Quotient (3.2) die Steigung einer Sekante, d.h. einer Geraden, die den Graphen schneidet (s. Abb. 3.1, rechts). Die Steigung des Graphen von f an der Stelle x_0 ist die Steigung der Tangente des Graphen an der Stelle x_0. Lässt man Δx gegen null gehen, so geht die Sekante in die Tangente über (s. Abb. 3.1, rechts). Die Steigung des Graphen an der Stelle x_0 ist somit gegeben durch folgenden Grenzwert:

$$\lim_{\Delta x \to 0} \frac{f(x_0 + \Delta x) - f(x_0)}{\Delta x}$$

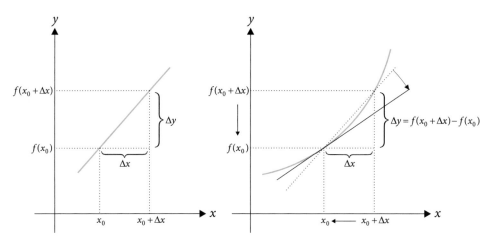

Abb. 3.1: Zur Definition der Ableitung einer Funktion.

Definition 3.1: Differenzierbarkeit und Ableitung

Eine Funktion f heißt **differenzierbar** an der Stelle x_0, wenn der Grenzwert

$$f'(x_0) = \lim_{\Delta x \to 0} \frac{f(x_0 + \Delta x) - f(x_0)}{\Delta x} \tag{3.3}$$

existiert. $f'(x_0)$ heißt **Ableitung** oder **Differenzialquotient** an der Stelle x_0.

Mit $a = x_0 + \Delta x$ bzw. $\Delta x = a - x_0$ kann man den Grenzwert (3.3) auch folgendermaßen formulieren:

$$f'(x_0) = \lim_{a \to x_0} \frac{f(a) - f(x_0)}{a - x_0} \tag{3.4}$$

Die Ableitung $f'(x_0)$ an der Stelle x_0 ist eine Zahl und gibt die Steigung des Graphen an der Stelle x_0 an. Ist eine Funktion f an allen Stellen $x \in M \subset \mathbb{R}$ differenzierbar, dann kann man eine neue Funktion definieren, die jedem $x \in M$ die Ableitung an der Stelle x zuordnet.

Definition 3.2: Ableitungsfunktion

Die Funktion f' mit der Funktionsgleichung

$$y = f'(x) = \lim_{\Delta x \to 0} \frac{f(x + \Delta x) - f(x)}{\Delta x} = \lim_{a \to x} \frac{f(a) - f(x)}{a - x} \tag{3.5}$$

heißt Ableitungsfunktion oder kurz Ableitung der Funktion f.

Die linke Seite der Gleichung (3.1), die einen Exponentialprozess beschreibt, stellt somit eine Ableitungsfunktion dar. Für die Ableitung sind auch folgende Schreibweisen üblich:

$$f'(x) = \frac{\mathrm{d}f}{\mathrm{d}x}(x) = \frac{\mathrm{d}}{\mathrm{d}x}f(x) = \frac{\mathrm{d}f(x)}{\mathrm{d}x} \tag{3.6}$$

Höhere oder mehrfache Ableitungen sind Ableitungen von Ableitungen. Für die zweifache oder zweite Ableitung f'' gilt:

$$f''(x) = \lim_{\Delta x \to 0} \frac{f'(x + \Delta x) - f'(x)}{\Delta x} \tag{3.7}$$

Entsprechendes gilt für die dritte Ableitung f''' oder höhere Ableitungen. Für die n-te Ableitung verwendet man die Schreibweisen:

$$f^{(n)}(x) = \frac{\mathrm{d}^n f}{\mathrm{d}x^n}(x) = \frac{\mathrm{d}^n}{\mathrm{d}x^n}f(x) = \frac{\mathrm{d}^n f(x)}{\mathrm{d}x^n} \tag{3.8}$$

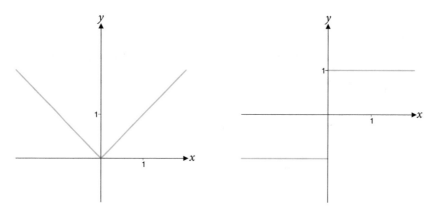

Abb. 3.2: Die Betragsfunktion (links) und deren Ableitung (rechts).

Beispiel 3.1: Bestimmung der Differenzierbarkeit von $f(x) = |x|$

Für $x > 0$ gilt $f(x) = x$, und man erhält:

$$f'(x) = \lim_{a \to x} \frac{f(a) - f(x)}{a - x} = \lim_{a \to x} \frac{a - x}{a - x} = 1$$

Für $x < 0$ gilt $f(x) = -x$, und man erhält:

$$f'(x) = \lim_{a \to x} \frac{f(a) - f(x)}{a - x} = \lim_{a \to x} \frac{-a + x}{a - x} = -1$$

An der Stelle $x_0 = 0$ gilt:

$$\lim_{\substack{a \to 0 \\ a > 0}} \frac{f(a) - f(0)}{a - 0} = \lim_{\substack{a \to 0 \\ a > 0}} \frac{a}{a} = 1$$

$$\lim_{\substack{a \to 0 \\ a < 0}} \frac{f(a) - f(0)}{a - 0} = \lim_{\substack{a \to 0 \\ a < 0}} \frac{-a}{a} = -1$$

Das bedeutet, dass der Grenzwert $f'(0) = \lim_{a \to 0} \frac{f(a) - f(0)}{a - 0}$ nicht existiert und die Funktion an der Stelle $x_0 = 0$ nicht differenzierbar ist (s. Abb. 3.2).   ∎

Der Graph der Funktion in Beispiel 3.1 hat an der Stelle $x_0 = 0$ einen „Knick". Bei einem „Knick" oder einer „Spitze" besitzt der Graph einer Funktion keine eindeutige Steigung und keine eindeutige Tangente. An „Spitzen-" oder „Knickstellen" ist eine Funktion nicht differenzierbar. Ist eine Funktion bei x_0 differenzierbar, so gilt:

$$\lim_{x \to x_0} (f(x) - f(x_0)) = \lim_{x \to x_0} \left(\frac{f(x) - f(x_0)}{x - x_0}(x - x_0) \right)$$

$$= \lim_{x \to x_0} \left(\frac{f(x) - f(x_0)}{x - x_0} \right) \lim_{x \to x_0} (x - x_0) = f'(x_0) \cdot 0 = 0$$

$$\Rightarrow \lim_{x \to x_0} f(x) = f(x_0)$$

Das bedeutet, dass die Funktion an der Stelle x_0 stetig ist.

Differenzierbarkeit und Stetigkeit

Ist eine Funktion an einer Stelle x_0 differenzierbar, so ist sie dort auch stetig.

Die Umkehrung dieser Aussage gilt i.a. nicht! Die Funktion in Beispiel 3.1 ist an der Stelle $x_0 = 0$ stetig, aber nicht differenzierbar.

Beispiel 3.2: Bestimmung der Ableitungsfunktion von $f(x) = x^n$

Mit dem Binomischen Lehrsatz (1.45) erhält man:

$$
\begin{aligned}
f'(x) &= \lim_{\Delta x \to 0} \frac{f(x + \Delta x) - f(x)}{\Delta x} = \lim_{\Delta x \to 0} \frac{1}{\Delta x} \left((x + \Delta x)^n - x^n \right) \\
&= \lim_{\Delta x \to 0} \frac{1}{\Delta x} \left(\binom{n}{0} x^n + \binom{n}{1} x^{n-1} \Delta x + \ldots + \binom{n}{n} (\Delta x)^n - x^n \right) \\
&= \lim_{\Delta x \to 0} \frac{1}{\Delta x} \left(\binom{n}{1} x^{n-1} \Delta x + \binom{n}{2} x^{n-2} (\Delta x)^2 + \ldots + \binom{n}{n} (\Delta x)^n \right) \\
&= \lim_{\Delta x \to 0} \left(\binom{n}{1} x^{n-1} + \binom{n}{2} x^{n-2} \Delta x + \ldots + \binom{n}{n} (\Delta x)^{n-1} \right) \\
&= \binom{n}{1} x^{n-1} = n x^{n-1} \qquad \blacksquare
\end{aligned}
$$

Beispiel 3.3: Bestimmung der Ableitungsfunktion von $f(x) = \ln x$

Mit der Definition 2.13 der e-Funktion erhält man:

$$
\begin{aligned}
f'(x) &= \lim_{\Delta x \to 0} \frac{f(x + \Delta x) - f(x)}{\Delta x} = \lim_{\Delta x \to 0} \frac{1}{\Delta x} \left(\ln(x + \Delta x) - \ln(x) \right) \\
&= \lim_{\Delta x \to 0} \frac{1}{\Delta x} \ln \left(\frac{x + \Delta x}{x} \right) = \lim_{\Delta x \to 0} \frac{1}{\Delta x} \ln \left(1 + \frac{\Delta x}{x} \right) \\
&= \lim_{\Delta x \to 0} \frac{1}{\Delta x} \ln \left(1 + \frac{\frac{1}{x}}{\frac{1}{\Delta x}} \right) \overset{\text{Subst. } n = \frac{1}{\Delta x}}{=} \lim_{n \to \infty} n \ln \left(1 + \frac{\frac{1}{x}}{n} \right) \\
&= \lim_{n \to \infty} \ln \left(1 + \frac{\frac{1}{x}}{n} \right)^n = \ln(e^{\frac{1}{x}}) = \frac{1}{x} \qquad \blacksquare
\end{aligned}
$$

Beispiel 3.4: Bestimmung der Ableitungsfunktion von $f(x) = e^x$

Mit der Substitution $e^{\Delta x} = y$ bzw. $\Delta x = \ln y$ erhält man:

$$
\begin{aligned}
f'(x) &= \lim_{\Delta x \to 0} \frac{f(x + \Delta x) - f(x)}{\Delta x} = \lim_{\Delta x \to 0} \frac{e^{x + \Delta x} - e^x}{\Delta x} = \lim_{\Delta x \to 0} \frac{e^x e^{\Delta x} - e^x}{\Delta x} \\
&= e^x \lim_{\Delta x \to 0} \frac{e^{\Delta x} - 1}{\Delta x} \overset{\text{Subst.}}{=} e^x \lim_{y \to 1} \frac{y - 1}{\ln y - \ln 1} = e^x \lim_{y \to 1} \left(\frac{\ln y - \ln 1}{y - 1} \right)^{-1} \\
&= e^x (\ln'(1))^{-1} = e^x \qquad \blacksquare
\end{aligned}
$$

Nachdem wir die Ableitung von drei elementaren Funktionen bestimmt haben, wollen wir ohne Herleitung die Ableitung aller elementaren Funktionen auflisten:

Tab. 3.1: Ableitung elementarer Funktionen

$f(x)$	$f'(x)$	$f(x)$	$f'(x)$	$f(x)$	$f'(x)$
x^a	ax^{a-1}	$\tan x$	$\frac{1}{\cos^2 x}$	$\cosh x$	$\sinh x$
e^x	e^x	$\cot x$	$-\frac{1}{\sin^2 x}$	$\tanh x$	$\frac{1}{\cosh^2 x}$
a^x	$a^x \ln a$	$\arcsin x$	$\frac{1}{\sqrt{1-x^2}}$	$\coth x$	$-\frac{1}{\sinh^2 x}$
$\ln x$	$\frac{1}{x}$	$\arccos x$	$-\frac{1}{\sqrt{1-x^2}}$	$\text{arsinh}\, x$	$\frac{1}{\sqrt{x^2+1}}$
$\log_a x$	$\frac{1}{x \ln a}$	$\arctan x$	$\frac{1}{1+x^2}$	$\text{arcosh}\, x$	$\frac{1}{\sqrt{x^2-1}}$
$\sin x$	$\cos x$	$\text{arccot}\, x$	$-\frac{1}{1+x^2}$	$\text{artanh}\, x$	$\frac{1}{1-x^2}$
$\cos x$	$-\sin x$	$\sinh x$	$\cosh x$	$\text{arcoth}\, x$	$\frac{1}{1-x^2}$

Linearisierung von Funktionen

Ist eine Funktion an einer Stelle x_0 differenzierbar, so besitzt der Graph bei x_0 eine Tangente. Die Tangente ist der Graph einer linearen Funktion g mit der Funktionsgleichung $g(x) = b + cx$ mit Konstanten b und c. Für die Ableitung von g gilt:

$$g'(x) = \lim_{\Delta x \to 0} \frac{g(x + \Delta x) - g(x)}{\Delta x} = \lim_{\Delta x \to 0} \frac{b + c(x + \Delta x) - b - cx}{\Delta x} = c$$

Die Tangente g hat an der Stelle x_0 die gleiche Steigung und den gleichen Funktionswert wie die Funktion f.

$$g'(x_0) = f'(x_0) \Rightarrow c = f'(x_0) \Rightarrow g(x) = b + f'(x_0)x$$
$$g(x_0) = f(x_0) \Rightarrow b + cx_0 = f(x_0) \Rightarrow b = f(x_0) - cx_0 = f(x_0) - f'(x_0)x_0$$
$$\Rightarrow g(x) = f(x_0) - f'(x_0)x_0 + f'(x_0)x = f(x_0) + f'(x_0)(x - x_0)$$

Wir erhalten also die Aussage:

Tangente einer Funktion

Ist f an einer Stelle x_0 differenzierbar, dann besitzt der Graph an der Stelle x_0 eine Tangente mit der Funktionsgleichung

$$g(x) = f(x_0) + f'(x_0)(x - x_0) \tag{3.9}$$

Für $x \to x_0$ strebt die Differenz $f(x) - g(x)$ gegen null:

$$\lim_{x \to x_0} (f(x) - g(x)) = \lim_{x \to x_0} (f(x) - f(x_0) - f'(x_0)(x - x_0)) = 0$$

Dies ist anschaulich einleuchtend. Doch nicht nur die Differenz $f(x) - g(x)$, sondern auch $\frac{f(x)-g(x)}{x-x_0}$ strebt für $x \to x_0$ gegen null:

$$\lim_{x \to x_0} \frac{f(x) - g(x)}{x - x_0} = \lim_{x \to x_0} \frac{f(x) - f(x_0) - f'(x_0)(x - x_0)}{x - x_0}$$

$$= \lim_{x \to x_0} \frac{f(x) - f(x_0)}{x - x_0} - f'(x_0) = f'(x_0) - f'(x_0) = 0$$

Das bedeutet, dass $f(x) - g(x)$ sehr „schnell", jedenfalls „schneller" als $x - x_0$ gegen null strebt. Mit $r = f(x) - g(x)$ erhält man folgende Aussage:

Darstellung durch lineare Funktion

Ist f an einer Stelle x_0 differenzierbar, dann gilt:

$$f(x) = f(x_0) + f'(x_0)(x - x_0) + r \qquad \text{mit} \quad \lim_{x \to x_0} \frac{r}{x - x_0} = 0 \qquad (3.10)$$

Eine an der Stelle x_0 differenzierbare Funktion lässt sich darstellen als Summe einer linearen Funktion $g(x)$ (Tangente) und eines Restes r, der für $x \to x_0$ schnell gegen null strebt. Damit erhält man folgende wichtige Näherungsformel:

Lineare Näherung für Funktionen

Ist f an einer Stelle x_0 differenzierbar und x „nahe bei" x_0, dann gilt:

$$f(x) \approx g(x) = f(x_0) + f'(x_0)(x - x_0) \qquad (3.11)$$

Für $x = x_0 + \Delta x$ lautet (3.10):

$$f(x_0 + \Delta x) = f(x_0) + f'(x_0)\Delta x + r \qquad \text{mit} \quad \lim_{\Delta x \to 0} \frac{r}{\Delta x} = 0$$

Entsprechend gilt an allen Stellen x, an denen f differenzierbar ist:

Funktionswerte in der Nähe einer Stelle x

$$f(x + \Delta x) = f(x) + f'(x)\Delta x + r \qquad \text{mit} \quad \lim_{\Delta x \to 0} \frac{r}{\Delta x} = 0 \qquad (3.12)$$

$$f(x + \Delta x) \approx f(x) + f'(x)\Delta x \qquad \text{für kleine } \Delta x \qquad (3.13)$$

Die Näherungsformel (3.11) spielt eine enorm wichtige Rolle bei Anwendungen. Viele Problemstellungen führen zu Gleichungen, die nichtlineare Funktionen enthalten und aus diesem Grunde nicht exakt lösbar sind. Häufig ersetzt man die nichtlinearen Funktionen mithilfe der Formel (3.11) näherungsweise durch lineare Funktionen und erhält damit Gleichungen, die exakt lösbar sind. Ist eine Funktion an einer Stelle x_0 differenzierbar, so hat sie an dieser Stelle keinen „Knick" und ist in diesem Sinne „glatt". Betrachtet man den Graphen der Funktion in einer sehr kleinen Umgebung von x_0 mit einer starken Lupe, so wird die Funktion in dieser Umgebung ähnlich aussehen wie die lineare Funktion $g(x)$ in (3.11), und zwar umso mehr, je kleiner die Umgebung und je stärker die Lupe ist (s. Abb. 3.3).

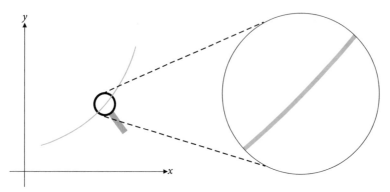

Abb. 3.3: Eine glatte Funktion sieht lokal näherungsweise wie eine lineare Funktion aus.

Beispiel 3.5: Linearisierung der Sinus-Funktion

Wir linearisieren die Funktion $f(x) = \sin x$ für x nahe bei $x_0 = 0$. Mit der Formel (3.11) und $(\sin x)' = \cos x$ erhalten wir:

$$\sin x \approx \sin(x_0) + \cos(x_0)(x - x_0) = \sin(0) + \cos(0)(x - 0) = x$$

$$\sin x \approx x \quad \text{für } x \text{ nahe bei } 0 \tag{3.14}$$

Im nächsten Beispiel wird diese Näherungsformel angewandt.   ∎

Beispiel 3.6: Linearisierung der Pendelgleichung

Die Auslenkung $\varphi(t)$ eines Pendels aus der Gleichgewichtslage (Winkel in Bogenmaß, s. Abb 3.4) ist eine Funktion der Zeit t, für welche folgende Gleichung gilt:

$$\ddot{\varphi}(t) + \omega_0^2 \sin \varphi(t) = 0$$

Dabei ist ω_0^2 eine Konstante und $\ddot{\varphi}(t)$ die zweite Ableitung der Funktion $\varphi(t)$ (eine Ableitung nach der Zeit t wird durch einen Punkt dargestellt). Will man mathematisch beschreiben, wie das Pendel sich bewegt, so muss man eine Funktion $\varphi(t)$ finden, welche die Gleichung (3.13) löst. Es ist jedoch nicht möglich, eine Lösung $\varphi(t)$ anzugeben, die sich in geschlossener Form durch elementare Funktionen darstellen lässt. Dies liegt daran, dass die Gleichung (3.13) die nichtlineare Sinus-Funktion enthält. Für sehr kleine Auslenkungen ist $\varphi(t)$ nahe bei $\varphi_0 = 0$, und es gilt $\sin \varphi(t) \approx \varphi(t)$. Damit erhält man näherungsweise folgende Gleichung:

$$\ddot{\varphi}(t) + \omega_0^2 \varphi(t) = 0$$

Die Lösung dieser Gleichung ist bekannt und lautet $\varphi(t) = A \cos(\omega_0 t + \alpha)$ mit zwei beliebigen Konstanten A und α.   ∎

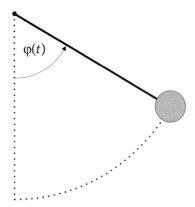

Abb. 3.4: Ein Pendel mit der Auslenkung $\varphi(t)$ aus der Gleichgewichtslage.

3.2   Ableitungsregeln

Differenzierbarkeitssätze

Sind $f(x)$ und $g(x)$ an der Stelle x_0 differenzierbar, dann sind auch die folgenden Funktionen an der Stelle x_0 differenzierbar:

$$af(x) + bg(x), \quad f(x)g(x), \quad \frac{f(x)}{g(x)} \ \ (\text{falls } g(x_0) \neq 0)$$

Ist $g(x)$ an der Stelle x_0 und $f(x)$ an der Stelle $g(x_0)$ differenzierbar, dann ist auch die verkettete Funktion $f(g(x))$ an der Stelle x_0 differenzierbar.

Ableitung einer Linearkombination zweier Funktionen

Für die Ableitung einer Linearkombination $h(x) = af(x) + bg(x)$ erhält man:

$$
\begin{aligned}
h'(x) &= \lim_{s \to x} \frac{h(s) - h(x)}{s - x} = \lim_{s \to x} \frac{af(s) + bg(s) - (af(x) + bg(x))}{s - x} \\
&= \lim_{s \to x} \left(a\frac{f(s) - f(x)}{s - x} + b\frac{g(s) - g(x)}{s - x} \right) \\
&= a \lim_{s \to x} \frac{f(s) - f(x)}{s - x} + b \lim_{s \to x} \frac{g(s) - g(x)}{s - x} = af'(x) + bg'(x)
\end{aligned}
$$

Regel für Linearkombinationen: $\qquad (af(x) + bg(x))' = af'(x) + bg'(x)$ $\qquad$ (3.15)

Beispiel 3.7: Ableitung der Funktion $h(x) = 2x^2 + 4\sin x$

$$h'(x) = (2x^2 + 4\sin x)' = 2(x^2)' + 4(\sin x)' = 4x + 4\cos x = 4(x + \cos x) \qquad \blacksquare$$

Ableitung eines Produktes zweier Funktionen

Für die Ableitung eines Produktes $h(x) = f(x)g(x)$ erhält man:

$$
\begin{aligned}
h'(x) &= \lim_{s \to x} \frac{h(s) - h(x)}{s - x} = \lim_{s \to x} \frac{f(s)g(s) - f(x)g(x)}{s - x} \\
&= \lim_{s \to x} \frac{[f(s) - f(x)]g(x) + f(s)[g(s) - g(x)]}{s - x} \\
&= \lim_{s \to x} \frac{f(s) - f(x)}{s - x}g(x) + \lim_{s \to x} f(s)\frac{g(s) - g(x)}{s - x} = f'(x)g(x) + f(x)g'(x)
\end{aligned}
$$

Produktregel: $\qquad\qquad (f(x)g(x))' = f'(x)g(x) + f(x)g'(x)$ $\qquad\qquad$ (3.16)

Beispiel 3.8: Ableitung der Funktion $h(x) = x^2 \ln x$

$$h'(x) = (x^2 \ln x)' = (x^2)' \ln x + x^2(\ln x)' = 2x \ln x + x^2\frac{1}{x} = 2x \ln x + x \qquad \blacksquare$$

Ableitung einer verketteten Funktion

Aus (3.12) folgt:

$$f(x + \Delta x) = f(x) + f'(x)\Delta x + u\Delta x \quad \text{mit} \quad \lim_{\Delta x \to 0} u = 0$$

$$\Rightarrow f(g(x + \Delta x)) = f(g(x) + \overbrace{g'(x)\Delta x + u\Delta x}^{\Delta g}) = f(g(x) + \Delta g)$$

$$= f(g(x)) + f'(g(x))\Delta g + v\Delta g \quad \text{mit} \quad \lim_{\Delta x \to 0} v = 0$$

$$= f(g(x)) + f'(g(x))g'(x)\Delta x + f'(x)u\Delta x + v\Delta g$$

$$\frac{f(g(x + \Delta x)) - f(g(x))}{\Delta x} = f'(g(x))g'(x) + f'(x)u + v\frac{\Delta g}{\Delta x}$$

$$= f'(g(x))g'(x) + f'(x)u + vg'(x) + vu$$

$$\lim_{\Delta x \to 0} \frac{f(g(x + \Delta x)) - f(g(x))}{\Delta x} = f'(g(x))g'(x)$$

Kettenregel: $\qquad\qquad (f(g(x)))' = f'(g(x))g'(x)$ $\qquad\qquad$ (3.17)

Die Ableitung einer verketteten Funktion bereitet nicht selten Probleme. Deshalb soll die Vorgehensweise hier erläutert werden: Erkennt man bei einer Funktionsgleichung $h(x) = f(g(x))$ eine Funktion f, deren Argument nicht x sondern der Funktionsterm $g(x)$ einer anderen Funktion g ist, so hat man eine verkettete Funktion mit einer „äußeren" Funktion f und einer „inneren" Funktion g. Nun nimmt man die „äußere" Funktion mit dem Argument x und leitet die Funktion $f(x)$ „ganz normal" ab. In dem entstehenden Ausdruck $f'(x)$ ersetzt man nun x durch $g(x)$. Dadurch erhält man den Ausdruck $f'(g(x))$. Diesen multipliziert man mit der Ableitung $g'(x)$.

Beispiel 3.9: Ableitung der Funktion $h(x) = \sin(x^2)$

Das Argument der Sinus-Funktion ist nicht x sondern x^2. Die Funktion ist eine verkettete Funktion mit der Sinus-Funktion als „äußerer" Funktion und der Quadratfunktion als „innerer" Funktion:

$$h(x) = \overbrace{\sin}^{f}(\underbrace{x^2}_{g(x)})$$

Die „äußere" Funktion mit dem Argument x wird abgeleitet:

$$f(x) = \sin(x) \qquad f'(x) = \cos(x)$$

In $f'(x)$ wird x durch $g(x)$ ersetzt:

$$f'(x) = \cos(x) \qquad g(x) = x^2 \qquad \Rightarrow f'(g(x)) = \cos(x^2)$$

Der entstehende Ausdruck $f'(g(x))$ wird mit $g'(x)$ multipliziert:

$$f'(g(x)) = \cos(x^2) \qquad g'(x) = 2x \qquad \Rightarrow f'(g(x))g'(x) = \cos(x^2) \cdot 2x$$

Als Ergebnis erhält man $h'(x) = 2x\cos(x^2)$. ∎

Ableitung eines Quotienten zweier Funktionen

Den Quotienten $h(x) = \frac{f(x)}{g(x)}$ zweier Funktionen kann man als Produkt der Funktion $f(x)$ und der verketteten Funktion $g(x)^{-1}$ darstellen. Unter Verwendung der bisherigen Ergebnisse erhält man:

$$
\begin{aligned}
h'(x) &= \left(\frac{f(x)}{g(x)}\right)' = \left(f(x)g(x)^{-1}\right)' = f'(x)g(x)^{-1} + f(x)(-g(x)^{-2})g'(x) \\
&= \frac{f'(x)g(x) - f(x)g'(x)}{g(x)^2}
\end{aligned}
$$

Quotientenregel: $\qquad \left(\dfrac{f(x)}{g(x)}\right)' = \dfrac{f'(x)g(x) - f(x)g'(x)}{g(x)^2}$ $\qquad\qquad$ (3.18)

Beispiel 3.10: Ableitung der Funktion $h(x) = \tan x$

$$h'(x) = \left(\frac{\sin x}{\cos x}\right)' = \frac{(\sin x)' \cos x - \sin x (\cos x)'}{\cos^2 x} = \frac{\cos^2 x + \sin^2 x}{\cos^2 x} = \frac{1}{\cos^2 x} \qquad \blacksquare$$

Ableitung der Umkehrfunktion einer Funktion

Für eine Funktion f und deren Umkehrfunktion f^{-1} gilt $f(f^{-1}(x)) = x$. Leitet man beide Seiten ab, so erhält man unter Verwendung der bisherigen Ergebnisse:

$$f(f^{-1}(x)) = x \Rightarrow (f(f^{-1}(x)))' = f'(f^{-1}(x)) f^{-1'}(x) = 1$$
$$\Rightarrow f^{-1'}(x) = \frac{1}{f'(f^{-1}(x))}$$

Regel für Umkehrfunktionen: $\qquad\qquad f^{-1'}(x) = \dfrac{1}{f'(f^{-1}(x))}$ $\qquad\qquad$ (3.19)

Beispiel 3.11: Ableitung der Umkehrfunktion der Sinus-Funktion

Mit $f(x) = \sin x$, $f'(x) = \cos x$, $f^{-1}(x) = \arcsin x$ und (2.109) erhält man:

$$f^{-1'}(x) = \frac{1}{f'(f^{-1}(x))} = \frac{1}{\cos(\arcsin x)} = \frac{1}{\cos(\pm \arccos \sqrt{1-x^2})} = \frac{1}{\sqrt{1-x^2}} \qquad \blacksquare$$

Bevor wir die Differenzierbarkeitssätze und die Ableitungsregel auf ein weiteres Beispiel anwenden, wollen wir noch festhalten, dass fast alle in Kap. 2.3 dargestellten elementaren Funktionen an allen Stellen der Definitionsmenge differenzierbar sind. Eine Ausnahme bilden die Potenzfunktionen $x^{\frac{n}{m}}$ mit rationalen, positiven Exponenten $\frac{n}{m} < 1$ sowie die Funktionen $\arcsin x$, $\arccos x$ und $\operatorname{arcosh} x$. Sie sind jeweils an den Rändern der Definitionsmenge nicht differenzierbar. Am Rand einer Definitionsmenge ist der Differentialquotient (3.3) bzw. (3.4) ohnehin nur als einseitiger Grenzwert möglich, doch auch dieser existiert für die genannten Funktionen nicht.

Beispiel 3.12: Ableitungsfunktion mit Unstetigkeitsstelle

Wir untersuchen die Differenzierbarkeit und berechnen die Ableitungsfunktion der folgenden Funktion:

$$f(x) = \begin{cases} x^2 \cos \frac{1}{x} & \text{für } x \neq 0 \\ 0 & \text{für } x = 0 \end{cases}$$

Die Funktionen x^2, $\cos x$ und $\frac{1}{x}$ sind an allen Stellen $x \neq 0$ differenzierbar. Aufgrund der Differenzierbarkeitssätze auf S. 95 ist dann auch die Funktion $x^2 \cos \frac{1}{x}$ an allen Stellen $x \neq 0$ differenzierbar. Es bleibt noch die Differenzierbarkeit an der Stelle $x_0 = 0$ zu untersuchen:

$$f'(0) = \lim_{x \to 0} \frac{f(x) - f(0)}{x - 0} = \lim_{x \to 0} \frac{f(x)}{x} = \lim_{x \to 0} x \cos \frac{1}{x} = 0$$

Wegen $-1 \leq \cos x \leq 1$ strebt $x \cos \frac{1}{x}$ für $x \to 0$ gegen null, und es gilt $f'(0) = 0$. Die Funktion ist also an allen Stellen $x \in \mathbb{R}$ differenzierbar. Für $x \neq 0$ erhalten wir mit den Ableitungsregeln die erste Ableitung:

$$f'(x) = 2x \cos \frac{1}{x} + x^2 \left(-\sin \frac{1}{x} \right) \left(-\frac{1}{x^2} \right) = 2x \cos \frac{1}{x} + \sin \frac{1}{x}$$

Für die Ableitungsfunktion gilt damit:

$$f'(x) = \begin{cases} 2x \cos \frac{1}{x} + \sin \frac{1}{x} & \text{für } x \neq 0 \\ 0 & \text{für } x = 0 \end{cases}$$

Für $x \to 0$ strebt $2x \cos \frac{1}{x}$ gegen null. Der Grenzwert $\lim\limits_{x \to 0} \sin \frac{1}{x}$ existiert jedoch nicht (s. Bsp. 2.28). Das bedeutet, dass $\lim\limits_{x \to 0} f'(x)$ nicht existiert und die Ableitungsfunktion $f'(x)$ an der Stelle $x_0 = 0$ nicht stetig ist. Was häufig funktioniert, geht hier nicht: Den Wert $f'(x_0)$ erhält man nicht als Grenzwert $\lim\limits_{x \to x_0} f'(x)$. Die Abb. 3.2 zeigt den Graphen der Funktion (blau). Die Ableitung $f'(x) = 2x \cos \frac{1}{x} + \sin \frac{1}{x}$ ist die Steigung der Tangente (schwarz, gestrichelt) an der Stelle x. Bei Annäherung an $x_0 = 0$ oszilliert die Steigung bzw. „wackelt" die Tangente, wobei die Oszillation bzw. das „Wackeln" nicht schwächer wird. Der Quotient $\frac{f(x)-f(0)}{x-0}$ ist die Steigung der Sekante (schwarz, nicht gestrichelt). Bei Annäherung an $x_0 = 0$ oszilliert die Steigung bzw. „wackelt" die Sekante, wobei die Oszillation bzw. das „Wackeln" immer schwächer wird und gegen null geht. ∎

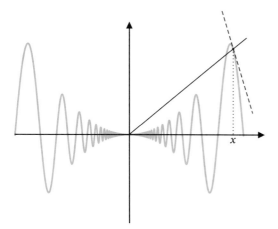

Abb. 3.5: Graph der Funktion von Bsp. 3.12 mit Tangente (gestrichelt) und Sekante (nicht gestrichelt).

3.3   Berechnung von Grenzwerten

Beispiel 3.13: Beugung am Spalt

Bei der Beugung am Spalt gilt unter bestimmten Bedingungen für die Lichtintensität I auf einem Beobachtungsschirm hinter dem Spalt:

$$I = I_0 \left(\frac{\sin x}{x} \right)^2 \qquad \text{mit } x = \pi \frac{\lambda}{b} \sin \theta$$

b ist die Spaltbreite, λ die Wellenlänge und θ der Winkel zur optischen Achse. Auf der optischen Achse ist $\theta = 0$ und damit auch $x = 0$. Für $x = 0$ ist der Ausdruck $\frac{\sin x}{x}$ nicht definiert. Welchen Wert hat dann die Lichtintensität auf der optischen Achse? Man erhält diesen Wert durch den Grenzprozess $x \to 0$. Dies führt zu dem Grenzwert

$$\lim_{x \to 0} \frac{\sin x}{x}$$

∎

Der Grenzwert in Beispiel 3.13 ist ein unbestimmter Ausdruck vom Typ „$\frac{0}{0}$", d. h., Zähler und Nenner streben bei dem betrachteten Grenzprozess jeweils gegen null. Bei einem unbestimmten Ausdruck vom Typ „$\frac{\pm\infty}{\pm\infty}$" strebt der Zähler gegen ∞ oder $-\infty$ und der Nenner gegen ∞ oder $-\infty$. Für derartige Grenzwerte gilt die folgende (ohne größtmögliche math. Präzision dargestellte) Grenzwertregel:

Grenzwertregel von L'Hospital

Für Grenzwerte vom Typ „$\frac{0}{0}$" oder „$\frac{\pm\infty}{\pm\infty}$" gilt:

$$\lim_{x \to x_0} \frac{f(x)}{g(x)} = \lim_{x \to x_0} \frac{f'(x)}{g'(x)} \qquad\qquad (3.20)$$

falls die Grenzwerte als „normale" oder uneigentliche Grenzwerte existieren.

Diese Grenzwertregel gilt in entsprechender Weise auch für einseitige Grenzwerte oder Grenwzerte für $x \to \pm\infty$. Bei den folgenden Beispielen bedeutet $\overset{\text{L'H.}}{=}$ die Anwendung der Grenzwertregel von L'Hospital.

Beispiel 3.14: Berechnung des Grenzwertes $\lim\limits_{x \to 0} \frac{\sin x}{x}$

$$\lim_{x \to 0} \frac{\sin x}{x} \overset{\text{L'H.}}{=} \lim_{x \to 0} \frac{\cos x}{1} = 1$$

∎

Manchmal ist es nötig, die Grenzwertregel von L'Hospital wiederholt anzuwenden.

Beispiel 3.15: Wiederholte Anwendung der Grenzwertregel

$$\lim_{x \to 2} \frac{1 - \cos(\pi x)}{x^2 - 4x + 4} \overset{\text{L'H.}}{=} \lim_{x \to 2} \frac{\pi \sin(\pi x)}{2x - 4} \overset{\text{L'H.}}{=} \lim_{x \to 2} \frac{\pi^2 \cos(\pi x)}{2} = \frac{\pi^2}{2}$$

∎

Auch Grenzwerte mit unbestimmten Ausdrücken vom Typ „$0 \cdot \infty$", „$\infty - \infty$", „0^0", „∞^0" oder „1^∞" lassen sich mit der Grenzwertregel von L'Hospital auswerten. Dazu muss man die Grenzwerte jeweils zu Grenzwerten mit unbestimmten Ausdrücken vom Typ „$\frac{0}{0}$" oder „$\frac{\pm\infty}{\pm\infty}$" umformen. Die folgende Tabelle zeigt, wie dies für Grenzwerte von Funktionen $h(x)$ geht.

Tab. 3.2: Anwendbare Fälle für die Grenzwertregel von L'Hospital

Typ	$h(x)$	Anwendbare Fälle	Umformung
„$0 \cdot \infty$"	$f(x)g(x)$	$f(x) \to 0$, $g(x) \to \infty$	$\dfrac{f(x)}{\frac{1}{g(x)}} = \dfrac{g(x)}{\frac{1}{f(x)}}$
„$\infty - \infty$"	$f(x) - g(x)$	$f(x) \to \infty$, $g(x) \to \infty$	$\dfrac{\frac{1}{g(x)} - \frac{1}{f(x)}}{\frac{1}{f(x)g(x)}}$
„0^0"	$f(x)^{g(x)}$	$f(x) \to 0$, $g(x) \to 0$	$\mathrm{e}^{g(x)\ln f(x)}$
„∞^0"	$f(x)^{g(x)}$	$f(x) \to \infty$, $g(x) \to 0$	$\mathrm{e}^{g(x)\ln f(x)}$
„1^∞"	$f(x)^{g(x)}$	$f(x) \to 1$, $g(x) \to \infty$	$\mathrm{e}^{g(x)\ln f(x)}$

Beispiel 3.16: Grenzwert vom Typ „$0 \cdot \infty$"

$$\lim_{\substack{x \to 0 \\ x>0}} (x \ln x) = \lim_{\substack{x \to 0 \\ x>0}} \frac{\ln x}{x^{-1}} \overset{\text{L'H.}}{=} \lim_{\substack{x \to 0 \\ x>0}} \frac{x^{-1}}{-x^{-2}} = \lim_{\substack{x \to 0 \\ x>0}} (-x) = 0 \qquad \blacksquare$$

Beispiel 3.17: Grenzwert vom Typ „0^0"

$$\lim_{\substack{x \to 0 \\ x>0}} (x^x) = \lim_{\substack{x \to 0 \\ x>0}} \mathrm{e}^{x \ln x} = \mathrm{e}^0 = 1 \qquad \blacksquare$$

Ein unbestimmter Ausdruck vom Typ „$\frac{0}{0}$" ist auch der Differenzialqoutient einer Funktion f an der Stelle x_0. Wendet man auf diesen Grenzwert die Grenzwertregel von L'Hospital an, so erhält man:

$$f'(x_0) = \lim_{x \to x_0} \frac{f(x) - f(x_0)}{x - x_0} \overset{\text{L'H.}}{=} \lim_{x \to x_0} \frac{f'(x)}{1} = \lim_{x \to x_0} f'(x)$$

Damit dies stimmt, muss natürlich vorausgesetzt werden, dass die Funktion an der Stelle x_0 differenzerbar ist und der Grenzwert auf der rechten Seite von (3.20) existiert. Ist Letzteres nicht der Fall, dann ist die Grenzwertegel von L'Hospital nicht anwendbar. Bei dem folgenden Beispiel ist dies der Fall:

Beispiel 3.18: Versagen der Grenzwertregel

Wir wenden die Grenzwertegel von L'Hospital auf den Differenzialquotienten der folgenden Funktion an der Stelle $x_0 = 0$ an:

$$f(x) = \begin{cases} x^2 \cos \frac{1}{x} & \text{für } x \neq 0 \\ 0 & \text{für } x = 0 \end{cases}$$

$$f'(0) = \lim_{x \to 0} \frac{f(x) - f(0)}{x - 0} \overset{\text{L'H.}}{=} \lim_{x \to 0} \frac{f'(x)}{1} = \lim_{x \to 0} f'(x)$$

$$= \lim_{x \to 0} \left(2x \cos \frac{1}{x} + \sin \frac{1}{x} \right)$$

Der Grenzwert nach Anwendung der Grenwertregel existiert jedoch nicht (s. Bsp. 3.12). Die Ableitung $f'(0)$ bzw. der Differenzialquotient an der Stelle $x_0 = 0$ existiert aber und hat den Wert null (s. Bsp. 3.12).   ∎

Die Regel von L'Hospital kann auch dazu verwendet werden, Asymptoten zu bestimmen. Ist $g(x) = ax + b$ eine Asymptote von $f(x)$ für $x \to \infty$, dann gilt:

$$\lim_{x \to \infty} (f(x) - g(x)) = \lim_{x \to \infty} (f(x) - ax - b) = 0$$

$$\Rightarrow \lim_{x \to \infty} \frac{f(x) - ax - b}{x} = \lim_{x \to \infty} \left(\frac{f(x)}{x} - a - \frac{b}{x} \right) = \lim_{x \to \infty} \frac{f(x)}{x} - a = 0$$

$$\Rightarrow a = \lim_{x \to \infty} \frac{f(x)}{x} \overset{\text{L'H.}}{=} \lim_{x \to \infty} f'(x) \tag{3.21}$$

$$b = \lim_{x \to \infty} (f(x) - ax) \tag{3.22}$$

Die Steigung $f'(x)$ der Funktion nähert sich für $x \to \infty$ immer mehr der Steigung a der Asymptoten. Der Grenzwert $a = \lim\limits_{x \to \infty} \frac{f(x)}{x}$ ist vom Typ „$\frac{\pm\infty}{\infty}$", der Grenzwert $b = \lim\limits_{x \to \infty} (f(x) - ax)$ vom Typ „$\infty - \infty$".

Beispiel 3.19: Bestimmung einer Asymptoten

Wir bestimmen die Asymptote $g(x) = ax + b$ der Funktion $f(x) = \sqrt{x^2 + x}$ für $x \to \infty$.

$$a = \lim_{x \to \infty} \frac{f(x)}{x} = \lim_{x \to \infty} \frac{\sqrt{x^2 + x}}{x} = \lim_{x \to \infty} \frac{x\sqrt{1 + \frac{1}{x}}}{x} = \lim_{x \to \infty} \sqrt{1 + \frac{1}{x}} = 1$$

$$b = \lim_{x \to \infty} (f(x) - ax) = \lim_{x \to \infty} (\sqrt{x^2 + x} - x) = \lim_{x \to \infty} \left(x\sqrt{1 + \frac{1}{x}} - x \right)$$

$$= \lim_{x \to \infty} \frac{\sqrt{1 + \frac{1}{x}} - 1}{\frac{1}{x}} \overset{\text{L'H.}}{=} \lim_{x \to \infty} \frac{\frac{1}{2\sqrt{1 + \frac{1}{x}}} \left(-\frac{1}{x^2} \right)}{-\frac{1}{x^2}} = \lim_{x \to \infty} \frac{1}{2\sqrt{1 + \frac{1}{x}}} = \frac{1}{2}$$

Die Asymptote lautet $g(x) = x + \frac{1}{2}$.   ∎

3.4   Monotonie, lokale Extrema und Krümmung

Bei Anwendungen in der Naturwissenchaft und Technik, aber auch in anderen Gebieten wie z.B. den Wirtschaftswissenschaften, sucht man häufig das Maximum oder Minimum einer Funktion $y = f(x)$. Zunächst wollen wir klären, was man unter Extrema, d.h. Maxima oder Minima einer Funktion versteht. Man unterscheidet zwischen globalen (oder absoluten) Extrema, Extrema in einem Intervall und lokalen (oder relativen) Extrema.

Definition 3.3: Globale Extrema und Extrema in einem Intervall

Eine Funktion f hat an der Stelle $x_0 \in D_f$ bzw. $x_0 \in I \subset D_f$ ein

- globales Maximum,   wenn $f(x) \leq f(x_0)$ für alle $x \in D_f$
- globales Minimum,   wenn $f(x) \geq f(x_0)$ für alle $x \in D_f$
- Maximum im Intervall I,   wenn $f(x) \leq f(x_0)$ für alle $x \in I$
- Minimum im Intervall I,   wenn $f(x) \geq f(x_0)$ für alle $x \in I$

Eine Funktion f hat an der Stelle x_0 ein lokales Maximum, wenn es in einer gewissen Umgebung von x_0 keinen größeren Funktionswert als $f(x_0)$ gibt. Eine Funktion f hat an der Stelle x_0 ein isoliertes lokales Maximum, wenn es in einer gewissen Umgebung von x_0 keinen größeren Funktionswert als $f(x_0)$ gibt und an allen anderen Stellen der Umgebung die Funktionswerte kleiner als $f(x_0)$ sind. Entsprechendes gilt für Minima. Etwas präziser (s. Abb. 3.6, links):

Definition 3.4: Lokale Extrema

Eine Funktion f hat an der Stelle $x_0 \in D_f$ ein

- a)   lokales Maximum
- b)   isoliertes lokales Maximum
- c)   lokales Minimum
- d)   isoliertes lokales Minimum

wenn es ein $\varepsilon > 0$ gibt, sodass für alle Δx mit $0 < \Delta x < \varepsilon$ gilt:

- a) $f(x_0 + \Delta x) \leq f(x_0)$
- b) $f(x_0 + \Delta x) < f(x_0)$
- c) $f(x_0 + \Delta x) \geq f(x_0)$
- d) $f(x_0 + \Delta x) > f(x_0)$

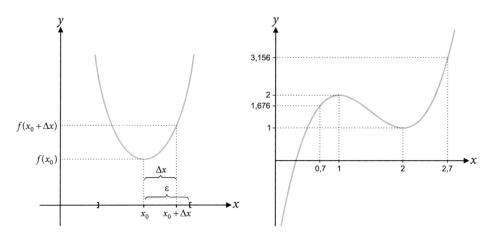

Abb. 3.6: Zur Definition 3.4 (links) und Bsp. 3.20.

Für Extrema in einem Intervall gilt folgende Aussage:

Extrema in einem Intervall

Extrema in einem Intervall $I = [a; b]$ sind entweder lokale Extrema innerhalb des Intervalls oder befinden sich an den Intervallgrenzen.

Beispiel 3.20: Extema der Funktion $f(x) = 2x^3 - 9x^2 + 12x - 3$

Es gibt in $D_f = \mathbb{R}$ weder einen größten noch einen kleinsten Funktionswert. Die Funktion hat keine globalen Extrema. Sie hat jedoch an der Stelle $x = 1$ ein isoliertes lokales Maximum und an der Stelle $x = 2$ ein isoliertes lokales Minimum. Im Intervall $I = [0{,}7; 2{,}7]$ hat sie das Maximum bei $x = 2{,}7$ und das Minimum bei $x = 2$. ■

Für die Bestimmung lokaler Extrema ist die Differenzialrechnung ein wichtiges Werkzeug. Wir wollen hier die wichtigsten Zusammenhänge darstellen. Auf die meist leichten, aber trockenen strengen mathematischen Herleitungen, die teilweise Gegenstand der Schulmathematik sind, wollen wir hier verzichten. Ein wichtiger Zusammenhang besteht zwischen der Ableitungsfunktion und der Monotonie einer Funktion:

Ableitungsfunktion und Monotonie

Für eine im Intervall $I =]a; b[$ differenzierbare Funktion f gilt:

a) $f'(x) \geq 0$ für alle $x \in I$ $\Leftrightarrow$ $f(x)$ ist monoton steigend in I

b) $f'(x) > 0$ für alle $x \in I$ $\Rightarrow$ $f(x)$ ist streng monoton steigend in I

c) $f'(x) \leq 0$ für alle $x \in I$ $\Leftrightarrow$ $f(x)$ ist monoton fallend in I

d) $f'(x) < 0$ für alle $x \in I$ $\Rightarrow$ $f(x)$ ist streng monoton fallend in I

Die Folgerungen bzw. Pfeile bei b) und d) gelten nicht in umgekehrter Richtung. Die Funktion $f(x) = x^3$ ist z.B. streng monoton steigen im Intervall $]-1;1[$. Daraus folgt jedoch nicht, dass $f'(x) > 0$ ist in $]-1;1[$. Die Ableitung $f'(x) = 3x^2$ an der Stelle $x = 0$ ist null. Wechselt die Ableitung f' einer in $]a;b[$ differenzierbaren Funktion in $]a;b[$ nicht das Vorzeichen, dann ist entweder $f'(x) > 0$ oder $f'(x) < 0$ in $]a;b[$. Die Funktion ist dann in $]a;b[$ entweder streng monoton steigend oder fallend, hat also in $]a;b[$ kein isoliertes lokales Extremum. Ist $f'(x) > 0$ in $]a;x_0[$ und $f'(x) < 0$ in $]x_0;b[$, so ist f in $]a;x_0[$ streng monoton steigend und in $]x_0;b[$ streng monoton fallend. Ist f an der Stelle x_0 stetig (macht also an der Stelle x_0 keinen Sprung), so hat die Funktion f der Stelle x_0 ein isoliertes lokales Maximum. Entsprechendes gilt für ein Minimum.

Vorzeichenwechsel der Ableitung und isolierte lokale Extrema

Ist f an der Stelle $x_0 \in]a;b[$ stetig, dann gilt:

$$\left. \begin{array}{l} f'(x) > 0 \text{ in }]a;x_0[\\ f'(x) < 0 \text{ in }]x_0;b[\end{array} \right\} \Rightarrow \quad \text{isoliertes lokales Maximum bei } x_0 \qquad (3.23)$$

$$\left. \begin{array}{l} f'(x) < 0 \text{ in }]a;x_0[\\ f'(x) > 0 \text{ in }]x_0;b[\end{array} \right\} \Rightarrow \quad \text{isoliertes lokales Minmum bei } x_0 \qquad (3.24)$$

Unter den genannten Voraussetzungen bedeutet ein Vorzeichenwechsel der ersten Ableitung f' ein isoliertes Extremum. Ein Vorzeichenwechsel wie in (3.23) oder (3.24) ist an einer Nullstelle oder an einer Definitionslücke von f' möglich. Deshalb kann man bei der Suche bzw. Bestimmung von Extrema folgendermaßen vorgehen:

Bestimmung isolierter lokaler Extrema

1. Bestimmung *aller* Nullstellen *und* Definitionslücken der ersten Ableitung
2. Bestimmung des Vorzeichens der ersten Ableitung zwischen diesen Stellen
3. Bestimmung der Extrema nach (3.23), (3.24)

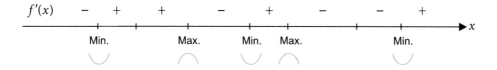

Abb. 3.7: Bestimmung von Extrema aus Vorzeichenwechsel der ersten Ableitung.

Es ist wichtig, alle Nullstellen und Definitionslücken von f' zu berücksichtigen. Andernfalls kann man falsche Ergebnisse erhalten. Ist die erste Ableitung $f'(x)$ bei x_0 null und hat dort eine positive Steigung (d.h. $f''(x_0) > 0$), dann wechselt $f'(x)$ an der Stelle x_0 das Vorzeichen wie in (3.24) (s. Abb. 3.8, links), und die Funktion $f(x)$ hat bei x_0 ein isoliertes Minimum. Entsprechendes gilt für ein Maximum.

Erste und zweite Ableitung einer Funktion und Extrema

Ist $f'(x_0) = 0$ und $f''(x_0) \neq 0$, dann hat f an der Stelle x_0 ein isoliertes Extremum. Die Art des Extremums folgt aus dem Vorzeichen von $f''(x_0)$:

$$f''(x_0) > 0 \quad \Rightarrow \quad \text{isoliertes lokales Minimum an der Stelle } x_0 \qquad (3.25)$$

$$f''(x_0) < 0 \quad \Rightarrow \quad \text{isoliertes lokales Maximum an der Stelle } x_0 \qquad (3.26)$$

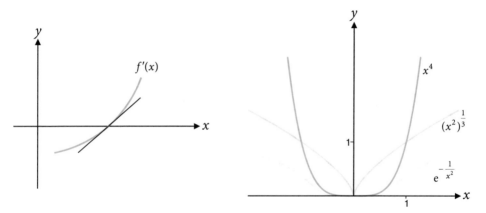

Abb. 3.8: Vorzeichenwechsel von $f'(x)$ (links), Graphen von Bsp. 3.21 bis 3.23 (rechts).

Beispiel 3.21: Extrema der Funktion $f(x) = x^4$

Die Funktion ist an allen Stellen $x \in D_f$ differenzierbar. Es gilt $f'(x) = 4x^3$ und $f''(x) = 12x^2$. Die Ableitung $f'(x)$ hat keine Definitionslücken, aber eine Nullstelle bei $x = 0$. Die zweite Ableitung ist an dieser Stelle null. Die Kriterien (3.25) und (3.26) sind nicht anwendbar. Ein Vorzeichentest für die erste Ableitung links und rechts von der Stelle $x = 0$ ergibt $f'(-1) = -4$ und $f'(1) = 4$. Daraus folgt, dass die Funktion an der Stelle $x = 0$ ein isoliertes lokales Minimum besitzt (s. Abb. 3.8, rechts).   ∎

Beispiel 3.22: Extrema der Funktion $f(x) = (x^2)^{\frac{1}{3}}$

Die Funktionen x^2 und $x^{\frac{1}{3}}$ sind für $x \neq 0$ differenzierbar. Aus den Differenzierbarkeitssätzen folgt, dass auch die Funktion $(x^2)^{\frac{1}{3}} = \sqrt[3]{x^2}$ für $x \neq 0$ differenzierbar ist. Die Funktion $f(x) = (x^2)^{\frac{1}{3}} = \sqrt[3]{x^2}$ ist gerade, und es gilt $f(x) = f(-x)$.

Für $x \geq 0$ gilt $f(x) = x^{\frac{2}{3}}$ und

$$f'(x) = \frac{2}{3} x^{-\frac{1}{3}} = \frac{2}{3x^{\frac{1}{3}}} = \frac{2}{3\sqrt[3]{x}}$$

Für $x < 0$ gilt $f(x) = f(-x) = (-x)^{\frac{2}{3}}$ und

$$f'(x) = \frac{2}{3}(-x)^{-\frac{1}{3}}(-1) = -\frac{2}{3(-x)^{\frac{1}{3}}} = -\frac{2}{3\sqrt[3]{-x}}$$

Für den Differenzialquotienten an der Stelle $x = 0$ erhält man:

$$\lim_{x \to 0} \frac{f(x) - f(0)}{x - 0} = \lim_{x \to 0} \frac{(\pm x)^{\frac{2}{3}}}{x} \overset{\text{L'H.}}{=} \lim_{x \to 0} \pm \frac{2}{3\sqrt[3]{\pm x}}$$

Die Funktion ist an der Stelle $x = 0$ nicht differenzierbar. An allen anderen Stellen ist die Funktion differenzierbar, die Ableitung besitzt jedoch keine Nullstellen. Für ein lokales Extremum kommt daher nur die Definitionslücke $x = 0$ der ersten Ableitung infrage. Bei einem Vorzeichentest für die erste Ableitung links und rechts von dieser Stelle erhält man $f'(-1) = -\frac{2}{3}$ und $f'(1) = \frac{2}{3}$. Daraus folgt, dass die Funktion an der Stelle $x = 0$ ein isoliertes lokales Minimum besitzt (s. Abb. 3.8, rechts). ∎

Beispiel 3.23: Bestimmung der Extrema einer Funktion

Wir bestimmen die Extrema der Funktion

$$f(x) = \begin{cases} e^{-\frac{1}{x^2}} & \text{für } x \neq 0 \\ 0 & \text{für } x = 0 \end{cases}$$

Für $x \neq 0$ ist die Funktion differenzierbar, und es gilt:

$$f'(x) = \frac{2}{x^3} e^{-\frac{1}{x^2}} \neq 0$$

An der Stelle $x = 0$ erhält man:

$$\begin{aligned}
f'(0) &= \lim_{x \to 0} \frac{f(x) - f(0)}{x - 0} = \lim_{x \to 0} \frac{e^{-\frac{1}{x^2}}}{x} \\
&= \lim_{x \to 0} \frac{\frac{1}{x}}{e^{\frac{1}{x^2}}} \overset{\text{L'H.}}{=} \lim_{x \to 0} \frac{-\frac{1}{x^2}}{e^{\frac{1}{x^2}} \left(-\frac{2}{x^3}\right)} = \lim_{x \to 0} \frac{x}{2e^{\frac{1}{x^2}}} = 0
\end{aligned}$$

Die Ableitung $f'(x)$ hat keine Definitionslücken, aber eine Nullstelle bei $x = 0$. Ein Vorzeichentest für die erste Ableitung links und rechts von der Stelle $x = 0$ ergibt $f'(-1) < 0$ und $f'(1) > 0$. Daraus folgt, dass die Funktion an der Stelle $x = 0$ ein isoliertes lokales Minimum besitzt (s. Abb. 3.8, rechts). ∎

Nimmt die Steigung des Graphen einer Funktion mit zunehmendem x ab bzw. zu, so spricht man von strenger Rechts- bzw. Linkskrümmung (s. Abb. 3.9).

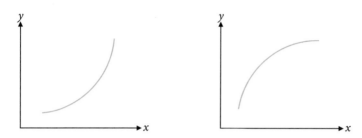

Abb. 3.9: Linkskrümmung (links) und Rechtskrümmung (rechts).

Links- und Rechtskrümmung

$f''(x) \leq 0$ für $x \in]a; b[\;\; \Rightarrow \;\;$ f rechtsgekrümmt (oder konkav) in $]a; b[$

$f''(x) < 0$ für $x \in]a; b[\;\; \Rightarrow \;\;$ f streng rechtsgekrümmt (oder streng konkav) in $]a; b[$

$f''(x) \geq 0$ für $x \in]a; b[\;\; \Rightarrow \;\;$ f linksgekrümmt (oder konvex) in $]a; b[$

$f''(x) > 0$ für $x \in]a; b[\;\; \Rightarrow \;\;$ f streng linksgekrümmt (oder streng konvex) in $]a; b[$

Bei einem **Wendepunkt** hat man einen Übergang von Linkskrümmung zu Rechtskrümmung oder umgekehrt, d. h. einen Vorzeichenwechsel der zweiten Ableitung.

Beispiel 3.24: Wendepunkte der Funktion $f(x) = \sin x$

Die zweite Ableitung $f''(x) = -\sin x$ hat Nullstellen bei $x = k\pi$ mit $k \in \mathbb{Z}$ und wechselt dort jeweils das Vorzeichen. Die Funktion $f(x) = \sin x$ hat an den Stellen $x = k\pi$ Wendepunkte. ∎

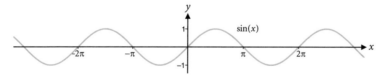

Abb. 3.10: Die Sinus-Funktion hat Wendepunkte an den Stellen $\ldots, -2\pi, -\pi, 0, \pi, 2\pi, \ldots$

Ein Übergang von Linkskrümmung zu Rechtskrümmung oder umgekehrt, d.h. ein Vorzeichenwechsel der zweiten Ableitung, ist auch an einer Unstetigkeitsstelle oder an einem lokalen Extremum möglich. In diesem Fall spricht man nicht von einem Wendepunkt. Die zweite Ableitung der Funktion $f(x) = \sqrt{x^2 + x^3}$ wechselt an der Stelle $x = 0$ das Vorzeichen. Die Funktion hat aber bei $x = 0$ ein isoliertes lokales Minimum. Bei der Umkehrfunktion von $f(x) = x^3$ hat man bei $x = 0$ einen Übergang von Links- zu Rechtskrümmung. Die zweite Ableitung der Umkehrfunktion wechselt bei $x = 0$ das Vorzeichen, ist aber bei $x = 0$ nicht definiert. Die Umkehrfunktion ist an der Stelle $x = 0$ stetig und hat dort kein lokales Extremun. Man kann von einem Wendepunkt der Umkehrfunktion bei $x = 0$ sprechen.

Die zweite Ableitung $f''(x)$ gibt an, ob ein Graph an der Stelle x links- oder rechts-gekrümmt ist, aber nicht, wie stark er an der Stelle x gekrümmt ist. Wir wollen einen Ausdruck für die „Stärke" der Krümmung finden. Dazu betrachten wir die „Rich-tungsänderung" eines Graphen in einem Intervall der Breite Δx und geben diese durch die Winkeländerung $\Delta\alpha = \alpha(x + \Delta x) - \alpha(x)$ an (s. Abb. 3.11).

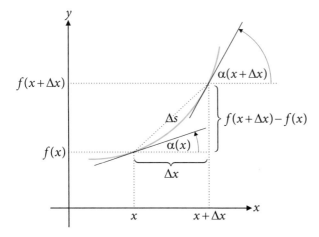

Abb. 3.11: Zur Definition der Krümmung.

Die Krümmung hängt jedoch nicht nur von der Richtungsänderung $\Delta\alpha$ ab, sondern auch von der Länge Δs des Graphenabschnittes, in dem die Richtungsänderung erfolgt. Eine bestimmte Richtungsänderung bedeutet bei einem kürzeren Graphenabschnitt eine stärkere Krümmung als bei einem längeren Graphenabschnitt. Zur Definition der Krümmung bilden wir deshalb den Quotienten $\frac{\Delta\alpha}{\Delta s}$. Diese Größe bezieht sich jedoch auf einen Bereich der Breite Δx und nicht auf eine Stelle. Man erhält eine Größe, die sich auf die Stelle x bezieht, wenn man die Breite Δx und damit Δs gegen null gehen lässt. Damit gelangen wir zur folgenden Definition der Krümmung κ:

$$\kappa = \lim_{\Delta s \to 0} \frac{\Delta\alpha}{\Delta s} \tag{3.27}$$

Mit $\Delta s \approx \sqrt{(\Delta x)^2 + (\Delta y)^2}$ erhält man:

$$
\begin{aligned}
\kappa &= \lim_{\Delta s \to 0} \frac{\Delta\alpha}{\Delta s} = \lim_{\Delta x \to 0} \frac{\Delta\alpha}{\sqrt{(\Delta x)^2 + (\Delta y)^2}} = \lim_{\Delta x \to 0} \frac{\Delta\alpha}{\Delta x \sqrt{1 + \left(\frac{\Delta y}{\Delta x}\right)^2}} \\
&= \lim_{\Delta x \to 0} \frac{\Delta\alpha}{\Delta x} \cdot \lim_{\Delta x \to 0} \frac{1}{\sqrt{1 + \left(\frac{\Delta y}{\Delta x}\right)^2}} \\
&= \lim_{\Delta x \to 0} \frac{\alpha(x + \Delta x) - \alpha(x)}{\Delta x} \cdot \lim_{\Delta x \to 0} \frac{1}{\sqrt{1 + \left(\frac{f(x+\Delta x) - f(x)}{\Delta x}\right)^2}} \\
&= \alpha'(x) \frac{1}{\sqrt{1 + (f'(x))^2}}
\end{aligned}
$$

Dabei ist $\alpha'(x)$ die Ableitung des von x abhängigen Winkels $\alpha(x)$. Die Steigung $f'(x)$ einer Funktion an der Stelle x ist die Steigung der Tangente an der Stelle x. Die Steigung der Tangente ist $\tan\alpha(x)$ mit dem Winkel $\alpha(x)$ zur Abszisse. Daraus folgt:

$$f'(x) = \tan\alpha(x) \Rightarrow \alpha(x) = \arctan f'(x) \Rightarrow \alpha'(x) = \frac{1}{1+(f'(x))^2} f''(x)$$

Damit erhält man folgendes Ergebnis für die Krümmung einer Funktion:

Krümmung $\kappa(x)$ einer Funktion

$$\kappa(x) = \frac{f''(x)}{\sqrt{1+(f'(x))^2}^3} = \frac{f''(x)}{(1+(f'(x))^2)^{\frac{3}{2}}} \tag{3.28}$$

Beispiel 3.25: Krümmung eines Kreises

Wir berechnen die Krümmung der folgenden Funktion

$$f(x) = \sqrt{r^2 - x^2} \tag{3.29}$$

Der Graph der Funktion ist die obere Hälfte eines Kreises mit Radius r und Mittelpunkt im Ursprung des Koordinatensystems. Wir erhalten:

$$f'(x) = -\frac{x}{\sqrt{r^2-x^2}} \Rightarrow 1 + \left(f'(x)\right)^2 = \frac{r^2}{r^2-x^2} \Rightarrow \left(1+\left(f'(x)\right)^2\right)^{\frac{3}{2}} = \frac{r^3}{(r^2-x^2)^{\frac{3}{2}}}$$

$$f''(x) = -\frac{r^2}{(r^2-x^2)^{\frac{3}{2}}} \quad \Rightarrow \quad \kappa(x) = \frac{f''(x)}{\left(1+(f'(x))^2\right)^{\frac{3}{2}}} = -\frac{1}{r}$$

Dieses Ergebnis war zu erwarten: Eine konstante negative Krümmung, deren Betrag umso größer ist, je kleiner der Radius ist. ∎

3.5   Spezielle Anwendungen

3.5.1   Bestimmung von Extrema

In der Naturwissenchaft und Technik, aber auch in anderen Gebieten hat man häufig Problemstellungen, die zur Suche nach einem Maximum oder Minimum einer Funktion $y = f(x)$ führen. Hier zwei Beispiele:

Beispiel 3.26: Minimale Oberfläche eines Behälters

Ein zylinderförmiger, oben offener Behälter (s. Abb. 3.12, links) mit Radius r und Höhe h soll das Volumen V haben. Wie müssen r und h gewählt werden, damit die Oberfläche A und damit der Materialverbrauch für den Behälter minimal sind? Es gilt $A = \pi r^2 + 2\pi rh$ und $V = \pi r^2 h$. Daraus folgt $h = \frac{V}{\pi r^2}$. Setzt man dies in die Formel für A ein, so erhält man A als Funktion des Radius r:

$$A = \pi r^2 + 2\pi r \frac{V}{\pi r^2} = \pi r^2 + \frac{2V}{r} = f(r)$$

Gesucht ist das Minimum der Funktion $f(r)$ in $D_f = \mathbb{R}^+$. Die Funktion f ist in D_f differenzierbar, und es gilt:

$$f'(r) = 2\pi r - \frac{2V}{r^2} \qquad f''(r) = 2\pi + \frac{4V}{r^3}$$

Für die Nullstellen von $f'(r)$ gilt:

$$2\pi r - \frac{2V}{r^2} = 0 \Rightarrow r = \sqrt[3]{\frac{V}{\pi}} = r_0 \qquad f''(r_0) = 2\pi + \frac{4V}{r_0^3} = 6\pi > 0$$

Die Funktion $f(r)$ hat an der Stelle $r_0 = \sqrt[3]{\frac{V}{\pi}}$ ein Minimum. Für die gesuchte Höhe erhält man:

$$h = \frac{V}{\pi r_0^2} = \frac{V}{\pi \sqrt[3]{\frac{V}{\pi}}^2} = \sqrt[3]{\frac{V}{\pi}}$$

Die Oberfläche ist minimal für $r = h = \sqrt[3]{\frac{V}{\pi}}$. $\blacksquare$

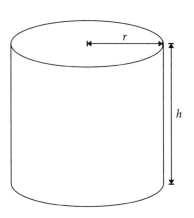
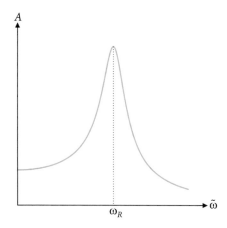

Abb. 3.12: links: zu Bsp. 3.26, rechts: zu Bsp. 3.27.

Beispiel 3.27: Resonanzfrequenz bei erzwungener Schwingung

Bei einer bestimmter Art von erzwungener Schwingung mit einer Anregungsfrequenz $\tilde{\omega}$ gilt für die Auslenkung y nach einer Einschwingphase:

$$y = A\cos(\tilde{\omega}t + \alpha)$$

Die Amplitude A (Maximalauslenkung) hängt von der Anregungsfrequenz $\tilde{\omega}$ ab:

$$A = \frac{a}{\sqrt{\left(\omega_0^2 - \tilde{\omega}^2\right)^2 + 4\delta^2\tilde{\omega}^2}}$$

mit positiven Konstanten a, ω_0 und δ. Für welche Anregungsfrequenz $\tilde{\omega}$ hat man die größte Amplitude? A ist maximal, wenn der Radikand $\left(\omega_0^2 - \tilde{\omega}^2\right)^2 + 4\delta^2\tilde{\omega}^2$ im Nenner minimal ist. Wir suchen also das Minimum der Funktion

$$f(\tilde{\omega}) = \left(\omega_0^2 - \tilde{\omega}^2\right)^2 + 4\delta^2\tilde{\omega}^2$$

und erhalten:

$$f'(\tilde{\omega}) = 4\tilde{\omega}\left(2\delta^2 - \omega_0^2 + \tilde{\omega}^2\right) \qquad f''(\tilde{\omega}) = 8\delta^2 - 4\omega_0^2 + 12\tilde{\omega}^2$$

Eine positive Nullstelle von $f'(\tilde{\omega})$ erhält man aus

$$2\delta^2 - \omega_0^2 + \tilde{\omega}^2 = 0 \Rightarrow \tilde{\omega} = \sqrt{\omega_0^2 - 2\delta^2} = \omega_R$$

Eine positive Nullstelle von $f'(\tilde{\omega})$ gibt es also nur für $2\delta^2 < \omega_0^2$. Das bedeutet, dass die „Dämpfung" nicht zu stark sein darf. In diesem Fall gilt:

$$f''(\omega_R) = 8\left(\omega_0^2 - 2\delta^2\right) > 0$$

Die Funktion $f(\tilde{\omega})$ hat an der Stelle $\tilde{\omega} = \omega_R$ ein Minimum, die Amplitude A ist für $\tilde{\omega} = \omega_R$ maximal (s. Abb. 3.12, rechts). Die Frequenz ω_R heißt Resonanzfrequenz. Ist die Dämpfungskonstante δ sehr klein und die Anregungsfrequenz $\tilde{\omega}$ nahe bei ω_R, dann kann A sehr groß sein, u. U. so groß, dass das schwingende System zerstört wird (sog. „Resonanzkatastrophe"). ∎

3.5.2 Numerische Lösung von Gleichungen

Bei der Berechnung der Halbwertszeit in Beispiel 2.23 musste man (mit einer gegebenen Konstanten λ) die Gleichung $e^{-\lambda\tau} = \frac{1}{2}$ nach τ auflösen. Dabei erhielten wir $\tau = \frac{\ln 2}{\lambda}$. Betrachtet man τ als Unbekannte der Gleichung $e^{-\lambda\tau} = \frac{1}{2}$, so stellt die Halbwertszeit $\frac{\ln 2}{\lambda}$ eine exakte, analytische Lösung der Gleichung dar. Bei vielen Gleichungen kann man jedoch keine exakten, analytischen Lösungen in geschlossener Form angeben.

Beispiel 3.28: Fall mit Luftreibung

Unter bestimmten Bedingungen ist die Reibungskraft bei der Bewegung in einem Medium proportional zur Geschwindigkeit. In diesem Fall gilt für die zurückgelegte Strecke s eines frei fallenden Teilchens als Funktion der Zeit t:

$$s = f(t) = u(t + \tau\, e^{-\frac{t}{\tau}} - \tau)$$

mit Konstanten u und τ. Will man die Zeit wissen, die das Teilchen benötigt, um eine Strecke l zurückzulegen, so muss man die Gleichung

$$u(t + \tau\, e^{-\frac{t}{\tau}} - \tau) = l$$

nach t auflösen. Dies ist nicht möglich. ∎

Im Gegensatz zu einer exakten, analytischen Lösung einer Gleichung ist eine numerische Lösung eine Zahl, die in der Regel nur näherungsweise eine Lösung der Gleichung ist. Wir wollen hier ein wichtiges Verfahren zur numerischen Lösung von Gleichungen, das **Tangentenverfahren von Newton** besprechen. Jede Gleichung mit einer Unbekannten x kann durch eine geeignete Subtraktion auf die Form $f(x) = 0$ gebracht werden. Die Lösung einer Gleichung bedeutet damit das Finden von Nullstellen einer Funktion $f(x)$. Als erste Näherung für die Lösung $\tilde{x}$ der Gleichung nehmen wir die Nullstelle x_1 der Tangente des Graphen von $f(x)$ an einer geeigneten Stelle x_0, die nicht weit von der Lösung entfernt sein sollte (s. Abb. 3.13).

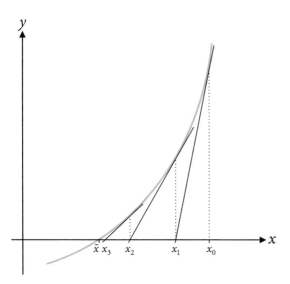

Abb. 3.13: Tangentenverfahren von Newton.

Die Tangente an der Stelle x_0 ist der Graph der Funktion

$$g(x) = f(x_0) + f'(x_0)(x - x_0)$$

Als Nullstelle von $g(x)$ erhält man:

$$x_1 = x_0 - \frac{f(x_0)}{f'(x_0)}$$

Als nächste Näherung für die Lösung $\tilde{x}$ nehmen wir die Nullstelle x_2 der Tangente des Graphen von $f(x)$ an der Stelle x_1 und erhalten:

$$x_2 = x_1 - \frac{f(x_1)}{f'(x_1)}$$

Dieses Verfahren setzen wir fort und erhalten damit eine Folge (x_n) von Näherungen mit

$$x_{n+1} = x_n - \frac{f(x_n)}{f'(x_n)}$$

In der Abb. 3.13 nähern sich die Folgenglieder x_n immer mehr der exakten Lösung $\tilde{x}$. Eine solche Konvergenz ist jedoch nicht immer gegeben. Damit das Verfahren konvergiert, müssen bestimmte Bedingungen erfüllt sein. Wir können uns hier nicht in die numerische Mathematik vertiefen, sondern nur einige grobe Regeln angeben: Der Startwert x_0 sollte sich möglichst nahe an der Lösung $\tilde{x}$ befinden. Um die Lage der Nullstelle $\tilde{x}$ von $f(x)$ ungefähr zu finden, kann man den Graphen der Funktion $f(x)$ zeichnen. Der Graph der Funktion $f(x)$ sollte an der Stelle x_0 nicht sehr flach sein, da sonst auch die Tangente an dieser Stelle flach ist, und die Nullstelle x_1 der Tangente sich weit entfernt von x_0 befindet.

Numerische Lösung von Gleichungen mit einer Unbekannten

Gesucht ist die Lösung einer Gleichung $f_1(x) = f_2(x)$. Durch Subtraktion bringt man die Gleichung auf die Form $f(x) = 0$ mit $f(x) = f_1(x) - f_2(x)$. Um die Lage einer Lösung $\tilde{x}$ zu finden, zeichnet man die Graphen von $f_1(x)$ und $f_2(x)$ bzw. von $f(x)$ und ermittelt ungefähr einen Schnittpunkt der Graphen von $f_1(x)$ und $f_2(x)$ bzw. eine Nullstelle von $f(x)$. In der Nähe dieser Stelle wählt man den Startwert x_0 mit der Eigenschaft, dass $f'(x_0)$ nicht sehr klein ist. Nun berechnet man die Folgenglieder x_n mit der Rekursionsformel

$$x_{n+1} = h(x_n) \qquad \text{mit } h(x) = x - \frac{f(x)}{f'(x)} \tag{3.30}$$

Will man die Lösung mit einer bestimmten Genauigkeit, so bricht man das Verfahren ab, wenn sich bei den Folgengliedern die entsprechenden Nachkommastellen nicht mehr ändern.

Beispiel 3.29: Numerische Lösung einer Gleichung: Fall mit Luftreibung

Wir greifen das Beispiel 3.28 auf und suchen eine Lösung der Gleichung

$$u(t + \tau e^{-\frac{t}{\tau}} - \tau) = l$$

Durch Umformung erhalten wir die Gleichung

$$e^{-\frac{t}{\tau}} = -\frac{t}{\tau} + 1 + \frac{l}{u\tau}$$

Mit den Bezeichnungen $x = \frac{t}{\tau}$ und $a = 1 + \frac{l}{u\tau}$ lautet die Gleichung:

$$e^{-x} = -x + a$$

Wir betrachten die Gleichung für $u = 0{,}2\frac{\text{m}}{\text{s}}$, $\tau = 0{,}5\,\text{s}$ und $l = 0{,}1\,\text{m}$. In diesem Fall ist $a = 2$. Gesucht ist also die Lösung der Gleichung

$$e^{-x} = -x + 2$$

bzw. die Nullstelle der Funktion

$$f(x) = x + e^{-x} - 2$$

Zeichnet man die Graphen der Funktionen $f_1(x) = e^{-x}$ und $f_2(x) = -x + 2$, so erkennt man, dass es zwischen den Stellen $x = 1$ und $x = 2$ einen Schnittpunkt gibt (s. Abb. 3.14).

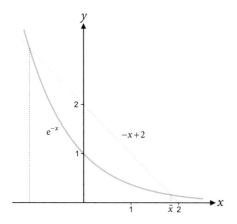

Abb. 3.14: Tangentenverfahren von Newton.

Wir wählen als Startpunkt den Wert $x_0 = 1{,}5$. Die Funktion $h(x)$ lautet:

$$h(x) = x - \frac{f(x)}{f'(x)} = x - \frac{x + e^{-x} - 2}{1 - e^{-x}}$$

Damit erhalten wir die Folgenglieder

$$x_1 = h(x_0) = 1{,}856391542$$
$$x_2 = h(x_1) = 1{,}841426557$$
$$x_3 = h(x_2) = 1{,}841405660$$
$$x_4 = h(x_3) = 1{,}841405660 = \tilde{x}$$

Mit $t = \tau x$ erhalten wir für die gesuchte Zeit $\tilde{t} = \tau\tilde{x} \approx 0{,}9207\,\text{s}$. ∎

3.5.3   Interpolation mit kubischen Splinefunktionen

In Kap. 2.3.2 haben wir schon die folgende mathematische Problemstellung kennengelernt: In einem zweidimensionalen kartesischen Koordinatensystem seien n Punkte
mit den Koordinaten $(x_1,y_1),\ldots,(x_n,y_n)$ gegeben. Gesucht ist eine Funktion f, deren Graph die n Punkte verbindet, d. h., auf deren Graph alle n Punkte liegen. Ein
Beispiel hierfür ist die Messung der Koordinaten $(x_1,y_1),\ldots,(x_n,y_n)$ von n Punkten
der Kontur einer ebenen Form. Aus den Messwerten möchte man nun eine Funktion
bestimmen, die ein Modell für den Zusammenhang zwischen x und y ist. In Kap. 2.3.2
hatten wir für die gesuchte Funktion eine Polynomfunktion vom Grad $n-1$ gewählt.
Polynomfunktionen mit höherem Grad können jedoch sehr „wellig" sein und viele lokale Extrema haben, weshalb dieser Ansatz oft ungeeignet ist. Aus diesem Grund macht
man häufig folgenden Ansatz:

$$
f(x) = \begin{cases}
f_1(x) & \text{für } x \in [x_1,x_2] = I_1 \\
f_2(x) & \text{für } x \in [x_2,x_3] = I_2 \\
\ \vdots \\
f_{n-1}(x) & \text{für } x \in [x_{n-1},x_n] = I_{n-1}
\end{cases}
$$

mit Polynomfunktionen $f_k(x)$ vom Grad 3 $(k = 1,\ldots,n-1)$:

$$
f_k(x) = a_k + b_k(x - x_k) + c_k(x - x_k)^2 + d_k(x - x_k)^3
$$

In jedem der $n-1$ Teilintervalle $I_1,\ldots,I_{n-1}$ zwischen den Stellen $x_1,\ldots,x_n$ ist die
Funktion jeweils durch eine Polynomfunktion vom Grad 3 gegeben. Die $n-1$ Funk-
tionen $f_1(x),\ldots,f_{n-1}(x)$ haben jeweils vier Koeffizienten. Insgesamt hat man damit
$4(n-1) = 4n-4$ Koeffizienten, die aus $4n-4$ Bedingungen bestimmt werden müssen.
n Bedingungen hat man für die Funktionswerte an den Stellen $x_1,\ldots,x_n$:

$$
\begin{aligned}
f_1(x_1) &= y_1 \\
f_2(x_2) &= y_2 \\
&\ \vdots \\
f_{n-1}(x_{n-1}) &= y_{n-1} \\
f_{n-1}(x_n) &= y_n
\end{aligned}
$$

Weitere $n-2$ Bedingungen erhält man aus der Forderung der Stetigkeit an den Intervallgrenzen:

$$
\begin{aligned}
f_1(x_2) &= f_2(x_2) \\
f_2(x_3) &= f_3(x_3) \\
&\ \vdots \\
f_{n-2}(x_{n-1}) &= f_{n-1}(x_{n-1})
\end{aligned}
$$

Die Forderung, dass die Funktion an den Intervallgrenzen differenzierbar ist und keine Knicke oder Spitzen hat, liefert weitere $n-2$ Bedingungen:

$$
\begin{aligned}
f_1'(x_2) &= f_2'(x_2) \\
f_2'(x_3) &= f_3'(x_3) \\
&\vdots \\
f_{n-2}'(x_{n-1}) &= f_{n-1}'(x_{n-1})
\end{aligned}
$$

Schließlich soll sich auch die Krümmung der Funktion an den Intervallgrenzen nicht sprunghaft ändern, was zu weiteren $n-2$ Bedingungen führt:

$$
\begin{aligned}
f_1''(x_2) &= f_2''(x_2) \\
f_2''(x_3) &= f_3''(x_3) \\
&\vdots \\
f_{n-2}''(x_{n-1}) &= f_{n-1}''(x_{n-1})
\end{aligned}
$$

Insgesamt hat man damit $n+3(n-2) = 4n-6$ Bedingungen. Um die $4n-4$ Koeffizienten festlegen zu können, fehlen noch zwei Bedingungen. Deshalb stellt man noch zwei Bedingungen, z. B. an die Ableitung der Funktion an den äußeren Rändern: $f'(x_1) = \lambda$ und $f'(x_n) = \mu$.

Beispiel 3.30: Interpolation mit kubischen Splinefunktionen

Gegeben sind die drei x-Werte $x_1 = 1, x_2 = 2, x_3 = 3$ und die zugehörigen y-Werte $y_1 = 2, y_2 = 3, y_3 = 6$ bzw. die drei Punkte $(1;2), (2;3)(3;6)$. Wir suchen eine Interpolationsfunktion mit den zwei Zusatzbedingungen $f'(1) = 0$ und $f'(3) = 0$. Der Ansatz hierfür lautet:

$$
f(x) = \begin{cases}
f_1(x) = a_1 + b_1(x-1) + c_1(x-1)^2 + d_1(x-1)^3 & \text{für } x \in [1;2] \\
f_2(x) = a_2 + b_2(x-2) + c_2(x-2)^2 + d_2(x-2)^3 & \text{für } x \in [2;3]
\end{cases}
$$

Für die erste und zweite Ableitung gilt:

$$
f'(x) = \begin{cases}
f_1'(x) = b_1 + 2c_1(x-1) + 3d_1(x-1)^2 & \text{für } x \in [1;2] \\
f_2'(x) = b_2 + 2c_2(x-2) + 3d_2(x-2)^2 & \text{für } x \in [2;3]
\end{cases}
$$

$$
f''(x) = \begin{cases}
f_1''(x) = 2c_1 + 6d_1(x-1) & \text{für } x \in [1;2] \\
f_2''(x) = 2c_2 + 6d_2(x-2) & \text{für } x \in [2;3]
\end{cases}
$$

Die ersten drei Koeffizienten erhält man unmittelbar aus den drei Gleichungen

$$
\begin{aligned}
f_1(1) &= a_1 = 2 \\
f_2(2) &= a_2 = 3 \\
f_1'(1) &= b_1 = 0
\end{aligned}
$$

Die restlichen Koeffizienten werden durch die folgenden Gleichungen festgelegt:

$$f_2(3) = 6 \qquad \Rightarrow \; 3 + b_2 + c_2 + d_2 = 6$$
$$f_1(2) = f_2(2) \;\; \Rightarrow \; 2 + c_1 + d_1 = 3$$
$$f_1'(2) = f_2'(2) \;\; \Rightarrow \; 2c_1 + 3d_1 = b_2$$
$$f_1''(2) = f_2''(2) \; \Rightarrow \; 2c_1 + 6d_1 = 2c_2$$
$$f_2'(3) = 0 \qquad \Rightarrow \; b_2 + 2c_2 + 3d_2 = 0$$

Damit hat man das folgende lineare Gleichungssystem:

$$
\begin{aligned}
b_2 + c_2 + d_2 &= 3 \\
c_1 + d_1 &= 1 \\
2c_1 + 3d_1 - b_2 &= 0 \\
c_1 + 3d_1 - c_2 &= 0 \\
b_2 + 2c_2 + 3d_2 &= 0
\end{aligned}
$$

mit der Lösung $c_1 = 0$, $d_1 = 1$, $b_2 = 3$, $c_2 = 3$ und $d_2 = -3$. Die Interpolationsfunktion lautet damit:

$$
\begin{aligned}
f(x) &= \begin{cases} 2 + (x-1)^3 & \text{für } x \in [1;2] \\ 3 + 3(x-2) + 3(x-2)^2 - 3(x-2)^3 & \text{für } x \in [2;3] \end{cases} \\[2mm]
&= \begin{cases} x^3 - 3x^2 + 3x + 1 & \text{für } x \in [1;2] \\ -3x^3 + 21x^2 - 45x + 33 & \text{für } x \in [2;3] \end{cases}
\end{aligned}
$$

Die Abb. 3.15 zeigt den Graphen der Funktion $f(x)$. ∎

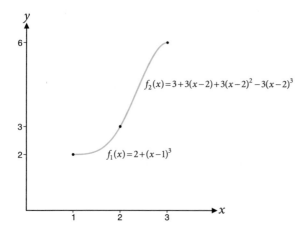

Abb. 3.15: Interpolationsfunktion mit kubischen Splines.

3.5.4   Elastizität und Fehlerfortpflanzung

Ändert man den Variablenwert um Δx von x_0 auf $x_0 + \Delta x$, so ändert sich der Funktionswert um Δy von $y_0 = f(x_0)$ auf $f(x_0 + \Delta x) = f(x_0) + \Delta y$. Der Quotient

$$\frac{\Delta y}{\Delta x} = \frac{f(x_0 + \Delta x) - f(x_0)}{\Delta x}$$

gibt das Verhältnis der Änderung des Funktionswertes zur Änderung des Variablenwertes an. Für $x \rightarrow x_0$ wird daraus die Ableitung an der Stelle x_0. Anstelle des Verhältnisses der absoluten Änderungen könnte man sich auch für das Verhältnis der relativen Änderungen oder prozentualen Änderungen interessieren. Eine relative bzw. prozentuale Änderung ist das Verhältnis von Änderung zum Wert vor der Änderung bzw. dieses Verhältnis mal $100\,\%$. Die relativen bzw. prozentualen Änderungen von Funktionswert und Variablenwert sind:

$$\frac{\Delta y}{y_0} = \frac{f(x_0 + \Delta x) - f(x_0)}{f(x_0)} \qquad \text{bzw.} \qquad \frac{\Delta y}{y_0} 100\,\% = \frac{f(x_0 + \Delta x) - f(x_0)}{f(x_0)} 100\,\%$$

$$\frac{\Delta x}{x_0} \qquad \text{bzw.} \qquad \frac{\Delta x}{x_0} 100\,\%$$

Das Verhältnis der relativen oder prozentualen Änderung ist:

$$\frac{\dfrac{\Delta y}{y_0} 100\,\%}{\dfrac{\Delta x}{x_0} 100\,\%} = \frac{\dfrac{\Delta y}{y_0}}{\dfrac{\Delta x}{x_0}} = \frac{x_0}{y_0} \cdot \frac{\Delta y}{\Delta x} = \frac{x_0}{f(x_0)} \cdot \frac{f(x_0 + \Delta x) - f(x_0)}{\Delta x}$$

Für $\Delta x \rightarrow 0$ wird daraus:

$$\lim_{\Delta x \to 0} \frac{x_0}{f(x_0)} \cdot \frac{f(x_0 + \Delta x) - f(x_0)}{\Delta x} = \frac{x_0}{f(x_0)} f'(x_0)$$

Dieser Grenzwert heißt Elastizität der Funktion f an der Stelle x_0 und wird mit $\varepsilon_f(x_0)$ bezeichnet. Ist die Elastizität an allen Stellen $x \in M \subset \mathbb{R}$ definiert, so kann man eine Funktion ε_f mit der Funktionsgleichung $\varepsilon_f(x) = \frac{x}{f(x)} f'(x)$ definieren.

Definition 3.5: Elastizität und Elastizitätsfunktion einer Funktion f

Elastizität an der Stelle x_0: $\varepsilon_f(x_0) = \dfrac{x_0}{f(x_0)} f'(x_0)$ (3.31)

Elastizität(sfunktion): $\varepsilon_f(x) = \dfrac{x}{f(x)} f'(x)$ (3.32)

Für die Potenzfunktion $f(x) = cx^a$ erhält man:

$$f(x) = cx^a \Rightarrow \varepsilon_f(x) = x \frac{f'(x)}{f(x)} = x \frac{cax^{a-1}}{cx^a} = a$$

Für die Exponentialfunktion $f(x) = ce^{ax}$ erhält man:

$$f(x) = ce^{ax} \Rightarrow \varepsilon_f(x) = x\frac{f'(x)}{f(x)} = x\frac{cae^{ax}}{ce^{ax}} = ax$$

Ist Δx klein und $x_0 + \Delta x$ nahe bei x_0, so gilt näherungsweise:

$$\varepsilon_f(x_0) = \lim_{\Delta x \to 0} \frac{x_0}{f(x_0)} \cdot \frac{f(x_0 + \Delta x) - f(x_0)}{\Delta x} \approx \frac{x_0}{f(x_0)} \cdot \frac{f(x_0 + \Delta x) - f(x_0)}{\Delta x}$$

Für die Elastizität $\varepsilon_f(x_0)$ gilt also:

$$\varepsilon_f(x_0) \approx \frac{\dfrac{\Delta y}{y_0}}{\dfrac{\Delta x}{x_0}} = \frac{\dfrac{\Delta y}{y_0}100\,\%}{\dfrac{\Delta x}{x_0}100\,\%} \tag{3.33}$$

Beträgt die prozentuale Änderung $\frac{\Delta x}{x_0}100\,\%$ des Variablenwertes $1\,\%$, so gilt:

$$\varepsilon_f(x_0) \approx \frac{\dfrac{\Delta y}{y_0}100\,\%}{\dfrac{\Delta x}{x_0}100\,\%} = \frac{\dfrac{\Delta y}{y_0}100\,\%}{1\,\%} = \frac{\Delta y}{y_0}100 \Rightarrow \frac{\Delta y}{y_0}100\,\% \approx \varepsilon_f(x_0)\,\%$$

Der Wert $\varepsilon_f(x_0)$ gibt also näherungsweise an, um wie viel Prozent sich der Funktionswert ändert, wenn sich der Variablenwert um $1\,\%$ ändert. An solchen Angaben sind vor allem Anwender in wirtschaftswissenschaftlichen Bereichen interessiert.

Beispiel 3.31: Elastizität einer Nachfragefunktion

Die Nachfragefunktion mit der Funktionsgleichung $x = f(p)$ gibt die Nachfrage x als Funktion des Preises p an. Genauer: Beträgt der Preis für eine Mengeneinheit eines Produktes p Geldeinheiten, dann werden x Mengeneinheiten nachgefragt. Je höher der Preis desto geringer die Nachfrage. Die Nachfragefunktion ist in der Regel eine streng monoton fallende Funktion. Die Elastizität der Nachfragefunktion ist

$$\varepsilon_f(p) = \frac{p}{f(p)}f'(p)$$

Wir betrachten für $p \in [0;1]$ die Nachfragefunktion

$$f(p) = \frac{1-p}{1+p}$$

und fragen, bei welchem Preis eine Preisreduzierung von $3\,\%$ zu einer Nachfrageerhöhung um $4\,\%$ führt. Für die prozentualen Änderungen von Preis und Nachfrage hat man $\frac{\Delta p}{p}100\,\% = -3\,\%$ und $\frac{\Delta x}{x}100\,\% = 4\,\%$. Für die Ableitung $f(p)$ erhalten wir:

$$f'(p) = -\frac{2}{(1+p)^2}$$

Damit gilt für die Elastizität einerseits:

$$\varepsilon_f(p) = p\frac{f'(p)}{f(p)} = p\frac{-\dfrac{2}{(1+p)^2}}{\dfrac{1-p}{1+p}} = -\frac{2p}{1-p^2}$$

und andererseits:

$$\varepsilon_f(p) \approx \frac{\dfrac{\Delta x}{x}100\,\%}{\dfrac{\Delta p}{p}100\,\%} = \frac{4\,\%}{-3\,\%} = -\frac{4}{3}$$

Daraus folgt näherungsweise

$$-\frac{2p}{1-p^2} = -\frac{4}{3} \Rightarrow \frac{p}{1-p^2} = \frac{2}{3} \Rightarrow 3p = 2(1-p^2) \Rightarrow 2p^2 + 3p - 2 = 0$$

Die positive Lösung der quadratischen Gleichung ist $p = 0{,}5$. Bei einem Preis von 0,5 Geldeinheiten pro Mengeneinheit führt eine Preisreduzierung von $3\,\%$ näherungsweise zu einer Nachfrageerhöhung um $4\,\%$. ∎

Fehlerfortpflanzung

Wir wollen hier noch auf eine andere Anwendung der Elastizität, die sog. Fehlerfortpflanzung eingehen. Wir betrachten zwei physikalische Größen x und y, zwischen denen eine Beziehung besteht, die durch eine Funktionsgleichung $y = f(x)$ dargestellt werden kann. Eine direkte Messung von y liefert einen Messwert y_m. Häufig „misst" man jedoch die Größe y indirekt, indem man die Größe x misst und den Messwert x_m in die Funktionsgleichung einsetzt. Der experimentell bestimmte Wert („Messwert") von y ist dann $y_m = f(x_m)$. Jede Messung ist mit einem Fehler behaftet, der die Differenz zwischen dem (unbekannten) wahren Wert und dem gemessenen Wert ist. Die sog. absoluten Fehler von x bzw. y sind $\Delta x = x_w - x_m$ bzw. $\Delta y = y_w - y_m$. Dabei sind x_w bzw. y_w die wahren Werte der Größen x bzw. y. Die sog. relativen Fehler von x bzw. y sind die Verhältnisse $\frac{\Delta x}{x_m}$ bzw. $\frac{\Delta y}{y_m}$ der absoluten Fehler zu den Messwerten. Bei der direkten Messung der Größe x ist der Fehler Δx in der Regel bekannt bzw. wird abgeschätzt. Es stellt sich die Frage, wie groß der Fehler Δy der indirekten „Messung" von y ist. Ist x nahe bei x_0 so gilt nach (3.11):

$$f(x) \approx f(x_0) + f'(x_0)(x - x_0)$$

Ist der Betrag des Fehlers $\Delta x = x_w - x_m$ klein und der wahre Wert x_w nahe beim gemessenen Wert x_m so folgt damit:

$$f(x_w) \approx f(x_m) + f'(x_m)(x_w - x_m)$$

$$\Rightarrow f(x_w) - f(x_m) \approx f'(x_m)(x_w - x_m)$$

$$\Rightarrow \underbrace{\frac{f(x_w) - f(x_m)}{f(x_m)}}_{\frac{\Delta y}{y_m}} \approx \frac{f'(x_m)}{f(x_m)}(x_w - x_m) = \underbrace{x_m \frac{f'(x_m)}{f(x_m)}}_{\varepsilon_f(x_m)} \underbrace{\frac{x_w - x_m}{x_m}}_{\frac{\Delta x}{x_m}}$$

Damit hat man folgende Formel zur Abschätzung des relativen Fehlers von y:

$$\frac{\Delta y}{y_m} \approx \varepsilon_f(x_m) \frac{\Delta x}{x_m} \tag{3.34}$$

Für eine Potenzfunktion $f(x) = cx^a$ gilt:

$$\frac{\Delta y}{y_m} \approx a\,\frac{\Delta x}{x_m}$$

Beispiel 3.32: Fehlerfortpflanzung

Das Volumen V einer Kugel hängt vom Radius r ab. Man hat eine Funktion mit der Funktionsgleichung

$$V = f(r) = \frac{4}{3}\pi r^3$$

Das Volumen einer Kugel soll bestimmt werden durch Messung des Radius r und Einsetzen des Messwertes r_m in die Funktionsgleichung. Die Messung von r sei mit einer Genauigkeit von 2 % möglich. Das bedeutet, dass der relative Fehler $\frac{\Delta r}{r_m} = 0{,}02$ ist. Für die Elastizität der Funktion $f(r)$ erhält man:

$$\varepsilon_f(r) = r\,\frac{f'(r)}{f(r)} = r\,\frac{4\pi r^2}{\frac{4}{3}\pi r^3} = 3$$

Für den relativen Fehler von V gilt:

$$\frac{\Delta V}{V_m} \approx \varepsilon_f(r_m)\frac{\Delta r}{r_m} = 3\frac{\Delta r}{r_m} = 0{,}06$$

Die Bestimmung des Volumens erfolgt mit einer Genauigkeit von 6 %. ∎

3.6 Aufgaben zu Kapitel 3

3.1 Bestimmen Sie die Ableitung der Funktion $f(x) = \sqrt{x}$ durch Berechnung des Grenzwertes

$$\lim_{\Delta x \to 0} \frac{\sqrt{x + \Delta x} - \sqrt{x}}{\Delta x}$$

3.2 Betrachten Sie eine Funktion g mit folgenden Eigenschaften: Der Graph von g ist eine Gerade. Die Funktion g hat an der Stelle $x_0 = 0$ den gleichen Funktionswert wie die Funktion f mit $f(x) = |x|$. Zeigen Sie:

a) $\lim_{x \to 0}[f(x) - g(x)] = 0$

b) Der Grenzwert $\lim_{x \to 0} \dfrac{f(x) - g(x)}{x - x_0}$ existiert nicht

3.3 Betrachten Sie die Funktionen f mit $f(x) = \sin x$ und g mit $g(x) = |x|$. Prüfen Sie, ob es Stellen gibt, an denen die folgenden Funktionen nicht differenzierbar sind:

a) $f \circ g$ b) $g \circ f$

3.4 Prüfen Sie, ob es Stellen gibt, an denen die folgenden Funktionen nicht differenzierbar sind:

a) $f(x) = \arccos(x^2 - 1)$ b) $f(x) = \arcsin(1 - x^2)$ c) $f(x) = \sqrt[3]{x^2 - 2x + 1}$

3.5 Berechnen Sie die Ableitungen der folgenden Funktionen:

a) $f(x) = \sqrt{1 + x^2}$ b) $f(x) = x - \sin x \cos x$

c) $f(x) = x \cos(x^2)$ d) $f(x) = \dfrac{1}{2} \ln \dfrac{x^2}{1 + x^2}$

e) $f(x) = 10^{\sqrt{x}}$ f) $f(x) = x^x$

g) $f(x) = \dfrac{\ln(x^2 + e^x)}{\sqrt{x^2 + e^x}}$ h) $f(x) = \arctan \dfrac{e^x}{1 + x^2}$

3.6 An welchen Stellen haben die folgenden Funktionen lokale Extrema?

a) $f(x) = \sqrt[3]{(x + 1)^2} - \sqrt[3]{(x - 1)^2}$ b) $f(x) = \sqrt{x^2 + x^3}$

3.7 Prüfen Sie, ob die folgende Funktion an der Stelle $x_0 = 0$ differenzierbar ist und berechnen Sie ggf. $f'(0)$.

$$f(x) = \begin{cases} x^2 \cos \dfrac{1}{x} & \text{für } x \neq 0 \\ 0 & \text{für } x = 0 \end{cases}$$

3.8 Prüfen Sie, ob die folgenden Funktionen an der Stelle $x_0 = 0$ stetig und differenzierbar sind. Prüfen Sie, ob die Funktionen lokale Extrema und Wendepunkte besitzen.

a) $f(x) = \begin{cases} x^2 \ln(x^2) & \text{für } x \neq 0 \\ 0 & \text{für } x = 0 \end{cases}$
   b) $f(x) = \begin{cases} |x| \ln |x| & \text{für } x \neq 0 \\ 0 & \text{für } x = 0 \end{cases}$

c) $f(x) = \begin{cases} \dfrac{1}{x^3}\, e^{-\frac{1}{x}} & \text{für } x \neq 0 \\ 0 & \text{für } x = 0 \end{cases}$
   d) $f(x) = \begin{cases} \dfrac{1}{x^2}\, e^{-\frac{1}{x^2}} & \text{für } x \neq 0 \\ 0 & \text{für } x = 0 \end{cases}$

e) $f(x) = \begin{cases} \dfrac{x}{\ln(x^2)} & \text{für } x \neq 0 \\ 0 & \text{für } x = 0 \end{cases}$
   f) $f(x) = \begin{cases} \dfrac{x^2}{\ln(x^2)} & \text{für } x \neq 0 \\ 0 & \text{für } x = 0 \end{cases}$

3.9 Wie müssen der Radius r und die Höhe h eines oben offenen zylinderförmigen Behälters gewählt werden, damit bei gegebener Oberfläche A das Volumen maximal ist?

3.10 Aus einem rechteckigen Blech mit den Seitenlängen a und b wird an den vier Ecken jeweils ein Quadrat mit der Seitenlänge x herausgeschnitten. Dann wird das Blech zu einem oben offenen quaderförmigen Behälter geformt. Für welches x ist das Volumen des Behälters maximal?

3.11 Bestimmen Sie die Asymptote der folgenden Funktion für $x \to \infty$:

$$f(x) = \sqrt[3]{x^3 + 3x^2}$$

3.12 Bestimmen Sie die Tangente der Funktion $f(x)$ an der Stelle x_0 bzw. die lineare Näherung von $f(x)$ für x nahe bei x_0.

a) $f(x) = e^x$ $x_0 = 0$ b) $f(x) = \ln x$ $x_0 = 1$

c) $f(x) = \sin x$ $x_0 = 2\pi$ d) $f(x) = 2\sqrt{x^2 + 3}$ $x_0 = 1$

3.13 Berechnen Sie folgende Grenzwerte:

a) $\displaystyle \lim_{x \to 1} \frac{x + \cos(\pi x)}{x^2 + x - 2}$
b) $\displaystyle \lim_{x \to \infty} \frac{\frac{\pi}{2} - \arctan x}{\ln\left(1 + \frac{1}{x}\right)}$
c) $\displaystyle \lim_{\substack{x \to 0 \\ x > 0}} \left(\frac{1}{x}\right)^x$

d) $\displaystyle \lim_{x \to 0} \frac{4^x - 2^x}{x}$
e) $\displaystyle \lim_{x \to 1} \left(\frac{x}{x - 1} - \frac{1}{\ln x}\right)$
f) $\displaystyle \lim_{x \to e} (\ln x)^{\frac{1}{x - e}}$

g) $\displaystyle \lim_{x \to 0} \left(\frac{1}{x} - \frac{1}{e^x - 1}\right)$
h) $\displaystyle \lim_{\substack{x \to 1 \\ x > 1}} (\ln x)^{\frac{1}{\ln(x - 1)}}$

i) $\displaystyle \lim_{\substack{x \to 0 \\ x > 0}} \frac{\arcsin(1 - x^2) - \frac{\pi}{2}}{x}$
j) $\displaystyle \lim_{\substack{x \to 0 \\ x < 0}} \frac{\arccos(x^2 - 1) - \pi}{x}$

k) $\displaystyle \lim_{x \to \infty} (x \tanh x - \ln \cosh x)$
l) $\displaystyle \lim_{n \to \infty} n p^n \quad (0 < p < 1)$

3.14 Berechnen Sie Näherungslösungen folgender Gleichungen:

a) $e^x = -x$ b) $\ln x = -x$ c) $e^{-x} = x^3$ d) $\ln x = -x^2$

3.15 An welchen Stellen sind die folgenden Funktionen am stärksten gekrümmt?

a) $f(x) = \cosh x$ b) $f(x) = \operatorname{arcosh} x$ c) $f(x) = x^2$

d) $f(x) = e^x$ e) $f(x) = \ln x$ f) $f(x) = \dfrac{1}{x}$

3.16 Auf ein Konto ohne Anfangsguthaben wird 5 Mal in jährlichem Abstand 1000 € eingezahlt. Ist die Zinsrate konstant r, so beträgt das Guthaben unmittelbar nach der letzten Zahlung:

$$1000 \, \text{€} \, (1 + q + q^2 + q^3 + q^4 + q^5) = 1000 \, \text{€} \, \frac{q^6 - 1}{q - 1} \qquad \text{mit } q = 1 + r$$

Wie hoch muss die Zinsrate sein, damit das Guthaben nach der letzten Einzahlung 7000 € beträgt?

3.17 Auf einem Bierglas mit kreisförmigem Querschnitt befindet sich ein kreisförmiger „Bierdeckel". Der Inneradius des Bierglases und der Radius des Bierdeckels sind gleich und haben den Wert $r = 5$ cm. Der Deckel liegt waagrecht auf dem Bierglas und deckt 67 % der (inneren) Querschnittsfläche des Bierglases zu. Welchen Abstand hat der Mittelpunkt des Bierglases vom Mittelpunkt des Deckels? Hinweis: Überlappen sich zwei Kreise mit Radius r, so gilt für den Abstand d der Mittelpunkte und den Flächeninhalt A der Überlappungsfläche: $d = 2r \cos \frac{\alpha}{2}$, $A = r^2(\alpha - \sin \alpha)$.

3.18 Ohne Luftreibung kann die Bahn eines Körpers bei einem schrägen Wurf durch den Graphen einer Funktion mit folgender Funktionsgleichung beschrieben werden:

$$y = f(x) = \frac{v_{y0}}{v_{x0}} x - \frac{g}{2v_{x0}^2} x^2$$

Hier ist v_{x0} bzw. v_{y0} die x- bzw. y-Komponente der Anfangsgeschwindigkeit und g die Fallbeschleunigung.

a) Berechnen Sie die Wurfhöhe, d.h. den maximalen Wert von y.

Die Wurfweite w ist der Abstand der zwei Nullstellen von $f(x)$. Für w gilt:

$$w = \frac{2v_0^2}{g} \sin \alpha \cos \alpha$$

Hier ist α der Winkel zwischen der Wurfrichtung und der Horizontalen und v_0 der Betrag der Anfangsgeschwindigkeit.

b) Für welchen Winkel α ist die Wurfweite maximal?

Für die zwischen den Nullstellen *entlang der Bahn* zurückgelegte Strecke s gilt:

$$s = \frac{v_0^2}{g} \left(\sin \alpha + \cos^2 \alpha \cdot \operatorname{arsinh}(\tan \alpha) \right)$$

c) Gegen welchen Wert strebt s für $\alpha \to \frac{\pi}{2}$?

d) Für welchen Winkel α ist s maximal?

3.19 Ist die Luftreibungskraft proporional zur Geschwindigkeit, dann kann die Bahn eines Körpers bei einem schrägen Wurf durch den Graphen einer Funktion mit folgender Funktionsgleichung beschrieben werden:

$$y = f(x) = \left(v_{y0} + g\frac{m}{k}\right)\frac{x}{v_{x0}} + g\left(\frac{m}{k}\right)^2 \ln\left(1 - \frac{k}{m}\frac{x}{v_{x0}}\right)$$

Hier ist v_{x0} bzw. v_{y0} die x- bzw. y-Komponente der Anfangsgeschwindigkeit. g ist die Fallbeschleunigung, m die Masse und k ein Reibungskoeffizient.

a) Berechnen Sie die Wurfhöhe, d.h. den maximalen Wert von y.

b) Gegen welchen Wert strebt die Wurfhöhe für $k \to 0$?

c) Gegen welchen Ausdruck strebt y für $k \to 0$?

3.20 Die Maxwell'sche Geschwindigkeitsverteilung wird beschrieben durch eine Funktion mit der Funktionsgleichung

$$f(v) = \frac{4}{\sqrt{\pi}}\left(\frac{m}{2kT}\right)^{\frac{3}{2}} v^2 \, e^{-\frac{m}{2kT}v^2}$$

m,k sind Konstanten, T ist die absolute Temperatur.

a) Für welches v ist $f(v)$ maximal?

b) Gegen welchen Wert strebt $f(v)$ für $T \to 0$ für den Fall $0 < v < \infty$?

3.21 Der Schwingungsanteil c zur molaren isochoren Wärmekapazität eines zweiatomigen idealen Gases ist

$$c = R\left(\frac{T_0}{T}\right)^2 \frac{e^{\frac{T_0}{T}}}{\left(e^{\frac{T_0}{T}} - 1\right)^2}$$

Hier sind R,T_0 Konstanten und T die absolute Temperatur.

a) Gegen welchen Wert strebt c für $T \to 0$?

b) Gegen welchen Wert strebt c für $T \to \infty$?

3.22 Betrachten Sie die folgende barometrische Höhenformel für den Luftdruck p in Abhängigkeit der Höhe h:

$$p = p_0 \left(1 - \frac{\kappa - 1}{\kappa}\frac{\rho_0}{p_0}gh\right)^{\frac{\kappa}{\kappa - 1}}$$

p_0,ρ_0,g,κ sind positive Konstanten. Unter bestimmten Annahmen gilt $\kappa = 1$. Für $\kappa = 1$ ist die Formel jedoch nicht anwendbar. Gegen welchen Wert strebt p für $\kappa \to 1$? Verwenden Sie die Grenzwertregeln von L'Hospital.

4 Integralrechnung

4.1 Das bestimmte Integral

Beispiel 4.1: Arbeit als Flächeninhalt

Wird entlang eines geradlinigen Weges der Länge $\Delta x = b - a$ vom Ort $x = a$ zum
Ort $x = b$ auf einen Körper eine konstante Kraft F in Richtung des Weges ausgeübt,
so wird dabei die Arbeit $W = F\Delta x$ verrichtet („Arbeit = Kraft mal Weg"). Ist die
Kraft nicht konstant, sondern abhängig vom Ort x, d.h. eine Funktion der Variablen
x, so stellt sich die Frage, welche Arbeit verrichtet wird, bzw. wie die Arbeit berechnet
werden kann. Kann man die Arbeit wieder berechnen als Produkt einer Kraft mit
dem Weg Δx? Wenn ja, mit welcher Kraft? Vielleicht mit dem Mittelwert der Kraft
zwischen $x = a$ und $x = b$? Doch was ist dieser Mittelwert, wie lässt er sich berechnen?
Wir lassen diese Frage stehen und gehen folgendermaßen vor: Die Arbeit $W = F\Delta x$
kann als Flächeninhalt der Fläche zwischen dem Graphen der konstanten Funktion
$F(x) = F$ und der x-Achse zwischen den x-Werten a und b betrachtet werden (s. Abb.
4.1, links). Für eine ortsabhängige Kraft $F(x)$ definieren wir nun: Die Arbeit ist der
Flächeninhalt der Fläche zwischen dem Graphen der Funktion $F(x)$ und der x-Achse
zwischen den x-Werten a und b (s. Abb. 4.1, rechts). ∎

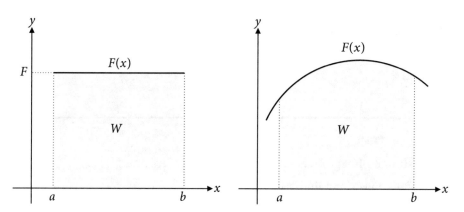

Abb. 4.1: Arbeit als Flächeninhalt (s. Bsp. 4.1).

Das Beispiel 4.1 führt zu den folgenden mathematischen Fragestellungen: Wie kann man auf sinnvolle Art den „Mittelwert" der Funktionswerte einer Funktion $f(x)$ im Intervall $[a,b]$ definieren? Wie kann man den Flächeninhalt A der Fläche zwischen dem Graphen einer Funktion $f(x)$ und der x-Achse zwischen zwei x-Werten a und b berechnen? Wir betrachten zunächst die letzte Fragestellung. Um den Flächeninhalt A zu berechnen, zerlegen wir das Intevall $[a,b]$ in n Teilintervalle $[x_0,x_1],[x_1,x_2],\ldots,[x_{n-1},x_n]$ zwischen den Stellen $x_0,x_1,\ldots,x_n$ mit $x_0 = a$ und $x_n = b$ (s. Abb. 4.2).

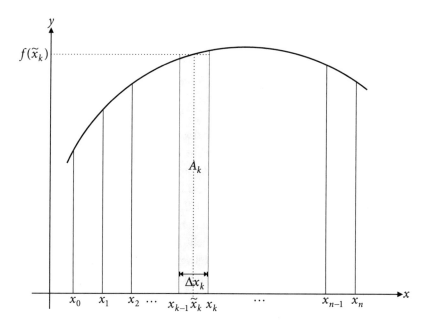

Abb. 4.2: Zur Berechnung einer Fläche zwischen Funktionsgraph und x-Achse.

Sind die Intervalllängen klein und n groß, so ist der Flächeninhalt A_k der Fläche zwischen dem Funktionsgraphen und der x-Achse im k-ten Intervall näherungsweise der Flächeninhalt $\tilde{A}_k$ eines Rechtecks der Breite $\Delta x_k = x_x - x_{k-1}$ und der Höhe $f(\tilde{x}_k)$ mit einem $\tilde{x}_k$ zwischen x_x und x_{k-1} (s. Abb. 4.2).

$$A_k \approx \tilde{A}_k = f(\tilde{x}_k)\Delta x_k \qquad \text{mit } x_{k-1} \leq \tilde{x}_k \leq x_k$$

Für den gesamten Flächeninhalt A der Fäche zwischen dem Graphen und der x-Achse und den zwei x-Werten a und b gilt dann:

$$A = \sum_{k=1}^{n} A_k \approx \sum_{k=1}^{n} \tilde{A}_k = \sum_{k=1}^{n} f(\tilde{x}_k)\Delta x_k$$

Mit zunehmendem n und abnehmendem Δx_k geht die Summe der Rechtecksflächen immer mehr in die Fläche A über (s. Abb. 4.3).

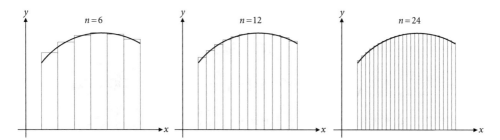

Abb. 4.3: Grenzwertbildung einer Summe von Rechtecksflächen.

Die Fläche A ist also durch den folgenden Grenzwert gegeben:

$$A = \lim_{\substack{n \to \infty \\ \Delta x_k \to 0}} \sum_{k=1}^{n} f(\tilde{x}_k)\Delta x_k$$

Wir definieren das bestimmte Integral durch einen solchen Grenzwert:

Definition 4.1: Das bestimmte Integral

Wir betrachten immer „feiner" werdende Zerlegungen eines Intervalls $[a,b]$ in n Teilintervalle $I_1, \ldots, I_n$, deren Längen $\Delta x_1, \ldots, \Delta x_n$ für $n \to \infty$ gegen null gehen, und beliebige Stellen $\tilde{x}_k \in I_k$. Ist für alle solche Zerlegungen der folgende Grenzwert gleich, so definieren wir das **bestimmte Integral** über das Intervall $[a,b]$ durch:

$$\int_{a}^{b} f(x)\mathrm{d}x = \lim_{n \to \infty} \sum_{k=1}^{n} f(\tilde{x}_k)\Delta x_k \qquad (4.1)$$

Die Längen $\Delta x_1, \ldots, \Delta x_n$ der Teilintervalle müssen für $n \to \infty$ gegen null gehen. Ansonsten muss der Grenzwert in (4.1) unabhänig davon sein, wie die Zerlegungen erfolgen und welche Stellen $\tilde{x}_k$ gewählt werden. Die Funktion $f(x)$ in dem Integral (4.1) heißt **Integrand**. Die Zahl a bzw. b heißt obere bzw. untere **Integrationsgrenze**, die Variable x heißt **Integrationsvariable**.

Beispiel 4.2: Berechnung des Integrals $\int\limits_a^b x^2 \mathrm{d}x$

Wir wählen eine Zerlegung mit folgenden Intervallgrenzen x_k und Zahlen $\tilde{x}_k$:

$$x_k = a + k\Delta x, \quad \tilde{x}_k = x_k = a + \Delta x, \quad \Delta x = \frac{b-a}{n}, \quad \Delta x_k = \Delta x$$

$$\sum_{k=1}^n f(\tilde{x}_k)\Delta x_k = \sum_{k=1}^n (a + k\Delta x)^2 \Delta x = \sum_{k=1}^n \left(a^2 + 2ak\Delta x + k^2(\Delta x)^2\right)\Delta x$$

$$= \sum_{k=1}^n (a^2 \Delta x) + 2a(\Delta x)^2 \sum_{k=1}^n k + (\Delta x)^3 \sum_{k=1}^n k^2$$

$$= na^2 \Delta x + 2a(\Delta x)^2 \frac{1}{2}n(n+1) + (\Delta x)^3 \frac{1}{6}n(n+1)(2n+1)$$

$$= na^2 \frac{b-a}{n} + 2a\left(\frac{b-a}{n}\right)^2 \frac{1}{2}n(n+1) + \left(\frac{b-a}{n}\right)^3 \frac{1}{6}n(n+1)(2n+1)$$

$$= a^2(b-a) + a(b-a)^2\left(1 + \frac{1}{n}\right) + (b-a)^3\left(\frac{1}{3} + \frac{1}{2n} + \frac{1}{6n^2}\right)$$

$$\lim_{n\to\infty} \sum_{k=1}^n f(\tilde{x}_k)\Delta x_k = a^2(b-a) + a(b-a)^2 + \frac{1}{3}(b-a)^3 = \frac{1}{3}b^3 - \frac{1}{3}a^3$$

Diese Ergebnis erhält man auch für jede andere Wahl von erlaubten Zerlegungen und Stellen $\tilde{x}_k$. Daraus folgt $\int_a^b x^2 \mathrm{d}x = \frac{1}{3}b^3 - \frac{1}{3}a^3$. ∎

Ersetzt man bei der oberen Integrationsgrenze die Zahl b durch eine Variable x, so hängt der Wert des Integrals vom Wert der Variablen x ab. Diese Abhängigkeit stellt eine Funktion dar.

Definition 4.2: Integralfunktion

Ist die Funktion $f(x)$ für alle $x \in M \subset D_f$ über das Intervall $[a,x]$ integrierbar, so nennt man die Funktion F_a mit der Funktionsgleichung

$$F_a(x) = \int\limits_a^x f(t)\mathrm{d}t \tag{4.2}$$

eine **Integralfunktion** von $f(x)$.

In (4.2) ist x die Variable der Funktion F_a. Für die Integrationsvariable ist jedes Symbol außer den Symbolen für die Integrationsgrenzen erlaubt. Folgende Ausdrücke bedeuten also das Gleiche:

$$\int\limits_a^x f(t)\mathrm{d}t \qquad \int\limits_a^x f(y)\mathrm{d}y \qquad \int\limits_a^x f(u)\mathrm{d}u$$

Der Funktionswert der Funktion $\int_a^x f(t)\mathrm{d}t$ an der Stelle $x = 1$ ist $\int_a^1 f(t)\mathrm{d}t$. Nicht sinnvoll ist z.B. der Ausdruck $\int_a^x f(x)\mathrm{d}x$, da man z.B. für $x = 1$ den Ausdruck $\int_a^1 f(1)\mathrm{d}1$ hätte, der nicht definiert ist.

Beispiel 4.3: Integralfunktion der Funktion $f(x) = x^2$

Aus der Rechnung und dem Ergebnis von Beispiel 4.2 folgt (mit $b = 0$ und x statt a):

$$\int\limits_0^x t^2\mathrm{d}t = \frac{1}{3}x^3 \qquad\qquad\blacksquare$$

Wir kommen zurück auf die Frage nach dem Mittelwert der Funktionswerte $f(x)$ im Intervall $[a,b]$. Der (arithmetische) Mittelwert von n Zahlen $y_1,\ldots,y_n$ ist:

$$\bar{y} = \frac{1}{n}(y_1 + \ldots + y_n) = \frac{1}{n}\sum_{k=1}^n y_k$$

Im Intervall $[a,b]$ gibt es unendlich viele x-Werte und damit auch unendlich viele Funktionswerte. Um einen Mittelwert zu definieren, zerlegen wir das Intervall $[a,b]$ zunächst in n Teilintervalle I_k mit gleicher Breite $\Delta x_k = \Delta x = \frac{b-a}{n}$. Nun nehmen wir aus jedem Intervall eine Stelle $\tilde{x}_k \in I_k$. Damit haben wir n Stellen $\tilde{x}_k$ in dem Intervall $[a,b]$ und n zugehörige Funktionswerte $y_k = f(\tilde{x}_k)$ mit dem Mittwelwert

$$\bar{y} = \frac{1}{n}\sum_{k=1}^n y_k = \frac{1}{n}\sum_{k=1}^n f(\tilde{x}_k) = \frac{1}{n\Delta x}\sum_{k=1}^n f(\tilde{x}_k)\Delta x = \frac{1}{b-a}\sum_{k=1}^n f(\tilde{x}_k)\Delta x$$

Für $n \to \infty$ erhalten wir unendlich viele Stellen und zugehörige Funktionswerte im Intervall $[a,b]$. Wir können das Ergebnis für $n \to \infty$ als Mittwelwert aller Funktionswerte im Intervall $[a,b]$ interpretieren.

$$\bar{y} = \frac{1}{b-a}\lim_{n\to\infty}\sum_{k=1}^n f(\tilde{x}_k)\Delta x$$

Der Grenzwert ist aber nach (4.1) gerade das Integral $\int_a^b f(x)\mathrm{d}x$. Wir definieren also:

Definition 4.3: Mittelwert einer Funktion

Der **Mittelwert** $\bar{y}$ einer Funktion f im Intervall $[a,b]$ ist definiert durch:

$$\bar{y} = \frac{1}{b-a} \int\limits_a^b f(x)\mathrm{d}x \tag{4.3}$$

Beispiel 4.4: Arbeit als Integral und als Produkt

Wir kommen zurück auf die Fragestellung von Beispiel 4.1. Entlang eines geradlinigen Weges der Länge $\Delta x = b - a$ vom Ort $x = a$ zum Ort $x = b$ wird auf einen Körper eine ortsabhängige Kraft $F(x)$ in Richtung des Weges ausgeübt. Für die dabei verrichtete Arbeit W gilt:

$$W = \int\limits_a^b F(x)\mathrm{d}x = \underbrace{\frac{1}{\Delta x} \int\limits_a^b F(x)\mathrm{d}x}_{\bar{F}} \cdot \Delta x = \bar{F}\Delta x \tag{4.4}$$

Die Arbeit ist gegeben durch ein Integral, lässt sich aber auch durch ein Produkt $\bar{F}\Delta x$ („Kraft mal Weg") darstellen mit einer mittleren Kraft $\bar{F} = \frac{1}{\Delta x} \int_a^b F(x)\mathrm{d}x$. ∎

Wir betrachten eine im Intervall $[a,b]$ stetige Funktion f mit dem Minimum m und dem Maximum M im Intervall $[a,b]$. Aufgrund der Stetigkeit werden im Intervall $[a,b]$ alle Funktionswerte zwischen m und M angenommen (s. Abb. 4.4).

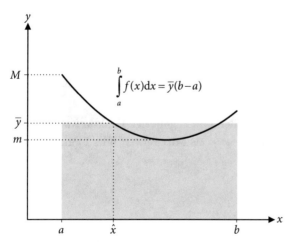

Abb. 4.4: Zum Mittelwertsatz.

Der Mittelwert $\bar{y} = \frac{1}{b-a} \int_a^b f(x)\mathrm{d}x$ liegt zwischen m und M. Also gibt es auch für den y-Wert $\bar{y}$ einen x-Wert $\hat{x}$ im Intervall $[a,b]$ mit $\bar{y} = f(\hat{x})$ (s. Abb. 4.4). Diese Aussage heißt Mittelwertsatz der Integralrechnung.

Mittelwertsatz der Integralrechnung

Ist f im Intervall $[a,b]$ stetig, so gibt es ein $\hat{x} \in [a,b]$ mit

$$f(\hat{x}) = \frac{1}{b-a} \int\limits_a^b f(x)\mathrm{d}x \tag{4.5}$$

4.2   Stammfunktionen und unbestimmtes Integral

In der Integralrechnung gibt es zwei Problemstellungen, die auf den ersten Blick scheinbar nichts miteinander zu tun haben. Die erste Problemstellung wurde in Kapitel 4.1 behandelt. Die zweite Probemstellung ist die „Umkehrung" der Ableitung, d.h. die Bestimmung einer sog. Stammfunktion $F(x)$ mit der Eigenschaft $F'(x) = f(x)$.

$$f(x) = F'(x) \xleftarrow[\text{Umkehrung}]{\text{Ableitung}} F(x)$$

Definition 4.4: Stammfunktion

Eine Funktion $F(x)$ mit der Eigenschaft

$$F'(x) = f(x)$$

heißt **Stammfunktion** der Funktion $f(x)$.

Ist $F(x)$ eine Stammfunktion von $f(x)$ und $c \in \mathbb{R}$, dann ist auch $F(x)+c$ eine Stammfunktion von $f(x)$, denn es gilt $(F(x) + c)' = F'(x) = f(x)$. Zu einer Funktion $f(x)$ gibt es also unendlich viele verschiedene Stammfunktionen, die sich jeweils nur durch eine additive Konstante unterscheiden. In Kapitel 4.3 werden wir sehen, dass eine Integralfunktion der Funktion $f(x)$ eine Stammfunktion von $f(x)$ ist. Deshalb verwendet man für eine Stammfunktion von $f(x)$ auch die Schreibweise

$$\int f(x)\mathrm{d}x$$

und bezeichnet diesen Ausdruck als **unbestimmtes Integral** der Funktion $f(x)$. Sind $\int f(x)\mathrm{d}x$ und $F(x)$ Stammfunktionen von $f(x)$, so unterscheiden sie sich nur durch eine Konstante:

$$\int f(x)\mathrm{d}x = F(x) + c \tag{4.6}$$

Setzt man in (4.6) für c alle rellen Zahlen ein, so erhält man alle Stammfunktionen von $f(x)$. Deshalb versteht man unter dem Ausdruck (4.6) auch häufig die Gesamtheit aller Stammfunktionen. In der Tabelle 3.1 in Kapitel 3.1 steht jeweils links eine Funktion und rechts daneben die Ableitung dieser Funktion. Das bedeutet, dass jeweils die linke Funktion die Stammfunktion der rechten Funktion ist. Damit wissen wir für etliche Funktionen jeweils die Stammfunktion:

Tab. 4.1: Elementare Funktionen als Stammfunktionen.

$f(x)$	$F(x)$		$f(x)$	$F(x)$
x^a $(a \neq -1)$	$\dfrac{1}{a+1}x^{a+1}$		$\cos x$	$\sin x$
$\dfrac{1}{x}$	$\ln|x|$		$\sin x$	$-\cos x$
a^x	$\dfrac{1}{\ln a}a^x$		$\dfrac{1}{\cos^2 x}$	$\tan x$
$\dfrac{1}{1+x^2}$	$\arctan x$		$\dfrac{1}{\sin^2 x}$	$-\cot x$
$\dfrac{1}{1-x^2}$	$\operatorname{artanh} x$ für $|x|<1$ $\operatorname{arcoth} x$ für $|x|>1$		$\cosh x$	$\sinh x$
$\dfrac{1}{\sqrt{x^2+1}}$	$\operatorname{arsinh} x$		$\sinh x$	$\cosh x$
$\dfrac{1}{\sqrt{x^2-1}}$	$\operatorname{arcosh} x$ für $x>1$ $-\operatorname{arcosh}|x|$ für $x<-1$		$\dfrac{1}{\cosh^2 x}$	$\tanh x$
$\dfrac{1}{\sqrt{1-x^2}}$	$\arcsin x$		$\dfrac{1}{\sinh^2 x}$	$-\coth x$

Wozu benötigt man Stammfunktionen? Z. B bei der Problemstellung des folgenden Beispiels:

Beispiel 4.5: Ort und Geschwindigkeit als Stammfunktionen

Bewegt sich ein Körper geradlinig, so ist der Ort $x(t)$ eine Funktion der Zeit t. Die Geschwindigkeit $v(t) = \dot{x}(t)$ ist die Ableitung des Ortes nach der Zeit. Die Beschleunigung $a(t) = \dot{v}(t) = \ddot{x}(t)$ ist die Ableitung der Geschwindigkeit und die zweite Ableitung des Ortes nach der Zeit. Ein frei fallender Körper mit der Masse m erfährt (bei Vernachlässigung von Luftreibung) die konstante (Gewichts-)Kraft $F = mg$ mit der sog. Fallbeschleunigung $g = 9{,}81\,\frac{\mathrm{m}}{\mathrm{s}^2}$. Nach dem Gesetzt von Newton („Kraft = Masse mal

Beschleunigung") gilt $ma(t) = F = mg$ und damit $a(t) = g$ (konstante Beschleunigung). Die Geschwindigkeit ist eine Stammfunktion der Beschleunigung: $v(t) = gt + c_1$. Der Ort ist eine Stammfunktion der Geschwindigkeit: $x(t) = \frac{1}{2}gt^2 + c_1 t + c_2$. Für die Konstanten c_1 und c_2 gilt $c_1 = v(0) = v_0$ und $c_2 = x(0) = x_0$. Es gilt also $v(t) = gt + v_0$ und $x(t) = \frac{1}{2}gt^2 + v_0 t + x_0$ mit der Anfangsgeschwindigkeit v_0 und dem Anfangsort x_0. Bei gegebener Beschleunigung erhält man die Geschwindigkeit und den Ort durch die Bildung von Stammfunktionen. ∎

Stammfunktionen spielen auch eine wichtige Rolle bei der Lösung von Differenzialgleichungen (s. Kap. 12). Hier und auch im Beispiel 4.5 interessiert man sich für die Stammfunktionen selbst. Es gibt jedoch eine wichtige Problem- bzw. Aufgabenstellung, bei der Stammfunktionen nur „Mittel zum Zweck" sind, nämlich die Berechnung von bestimmten Integralen.

4.3 Der Hauptsatz der Differenzial- und Integralrechnung

Die Kapitel 4.1 und 4.2 behandeln zwei verschiedene Aufgabenstellungen, die scheinbar nichts miteinander zu tun haben: Die Berechnung von bestimmten Integralen (Grenzwerte von Summen, z.B. Flächeninhalte oder Mittelwerte) und die Bestimmung von Stammfunktionen als Umkehrung der Ableitung. Es mag auf den ersten Blick erstaunlich sein, dass diese zwei Problemstellungen eng miteinander zusammenhängen. Diese Tatsache ist darüber hinaus sehr hilfreich. In der Naturwissenschaft, Technik und anderen Gebieten hat man es sehr häufig mit Problemstellungen wie in Kapitel 4.1, d.h. mit bestimmten Integralen zu tun. Wollte man diese auch so berechnen wie in Kapitel 4.1 (Grenzwerte von Summen), so wäre dies sehr schwierig und aufwändig bzw. nicht praktikabel. Der Hauptsatz der Differenzial- und Integralrechnung, der eine Verbindung zwischen den beiden Problemstellungen herstellt, erlaubt es, bestimmte Integrale mithilfe von Stammfunktionen zu berechnen. Wir betrachten eine im Intervall I stetige Funktion und die Integralfunktion

$$F_a(x) = \int_a^x f(t)\mathrm{d}t \qquad \text{mit } a, x \in I$$

Nun bilden wir die Ableitung der Funktion $F_a(x)$ an einer beliebigen Stelle $x_0 \in I$:

$$F_a'(x_0) = \lim_{\Delta x \to 0} \frac{1}{\Delta x} \left[F_a(x_0 + \Delta x) - F_a(x_0) \right]$$

$$= \lim_{\Delta x \to 0} \frac{1}{\Delta x} \left(\int_a^{x_0 + \Delta x} f(x)\mathrm{d}x - \int_a^{x_0} f(x)\mathrm{d}x \right)$$

Für die Differenz der beiden Integrale bzw. Flächen gilt (s. Abb. 4.5):

$$\int\limits_{a}^{x_0+\Delta x} f(x)\mathrm{d}x - \int\limits_{a}^{x_0} f(x)\mathrm{d}x = \int\limits_{x_0}^{x_0+\Delta x} f(x)\mathrm{d}x$$

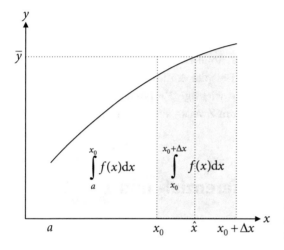

Abb. 4.5: Zur Herleitung des Hauptsatzes der Differenzial- und Integralrechnung.

Daraus folgt:

$$F'_a(x_0) = \lim_{\Delta x \to 0} \frac{1}{\Delta x} \int\limits_{x_0}^{x_0+\Delta x} f(x)\mathrm{d}x$$

Nach dem Mittelwertsatz (4.5) der Integralrechnung gilt für den Mittelwert $\bar{y}$ im Intervall $[x_0, x_{0+\Delta x}]$ (s. Abb. 4.5):

$$\bar{y} = \frac{1}{\Delta x} \int\limits_{x_0}^{x_0+\Delta x} f(x)\mathrm{d}x = f(\hat{x}) \qquad \text{mit } \hat{x} \in [x_0, x_0+\Delta x]$$

Für $\Delta x \to 0$ strebt $\hat{x}$ gegen x_0. Damit erhält man:

$$F'_a(x_0) = \lim_{\Delta x \to 0} f(\hat{x}) = f(x_0)$$

Da x_0 eine beliebige Stelle im Intevall I ist, gilt die folgende Feststellung:

Hauptsatz der Differenzial- und Integralrechnung, Teil 1

Ist die Funktion f stetig in I und $a \in I$, dann gilt für $x \in I$:

$$F'_a(x) = f(x) \qquad \text{mit } F_a(x) = \int\limits_{a}^{x} f(t)\mathrm{d}t \qquad\qquad (4.7)$$

Die Funktion $F_a(x) = \int_a^x f(t)\mathrm{d}t$ ist also eine Stammfunktion von $f(x)$ und unterscheidet sich von einer beliebigen anderen Stammfunktion $F(x)$ nur durch eine Konstante.

$$F_a(x) = \int_a^x f(t)\mathrm{d}t = F(x) + c$$

Daraus folgt:

$$F_a(a) = \int_a^a f(t)\mathrm{d}t = F(a) + c = 0 \Rightarrow c = -F(a)$$

$$F_a(b) = \int_a^b f(t)\mathrm{d}t = F(b) + c = F(b) - F(a)$$

Ein bestimmtes Integral $\int_a^b f(x)\mathrm{d}x$ lässt sich also mithilfe der Stammfunktion von $f(x)$ berechnen.

Hauptsatz der Differenzial- und Integralrechnung, Teil 2

Ist $f(x)$ in I stetig mit der Stammfunktion $F(x)$, dann gilt für $a,b \in I$:

$$\int_a^b f(x)\mathrm{d}x = F(b) - F(a) \tag{4.8}$$

Für die Differenz $F(b) - F(a)$ verwendet man häufig folgende Schreibweise:

$$F(b) - F(a) = [F(x)]_a^b \tag{4.9}$$

Beispiel 4.6: Berechnung des Integrals $\int_a^b x^2 \mathrm{d}x$

Eine Stammfunktion von $f(x) = x^2$ ist $F(x) = \frac{1}{3}x^3$ (s. Tabelle 4.2). Damit folgt:

$$\int_a^b x^2 \mathrm{d}x = \left[\frac{1}{3}x^3\right]_a^b = \frac{1}{3}b^3 - \frac{1}{3}a^3$$

∎

Der Vergleich der Beispiele 4.2 und 4.6 zeigt: Ist die Stammfunktion von $f(x)$ bekannt, so ist die Berechnung des bestimmten Integrals eine triviale Aufgabe (im Gegensatz zur Berechnung des Grenzwertes einer Summe in Kap. 4.1). Die Aufgabenstellung bei der Integration (sowohl beim unbestimmten als auch beim bestimmten Integral) besteht deshalb darin, eine Stammfunktion zu einer gegebenen Funktion $f(x)$ zu finden. In Kapitel 4.5 werden wir einige Methoden zur Bestimmung von Stammfunktionen vorstellen. Vorher wollen wir aber noch wichtige Eigenschaften des Integrals aufführen.

4.4 Eigenschaften des Integrals

Sind obere und untere Integrationsgrenzen gleich, so ist das Integral null. Dies ist anschaulich einleuchtend, wenn man das Integral $\int_a^b f(x)\mathrm{d}x$ als Flächeninhalt der Fläche zwischen Funktionsgraph und x-Achse zwischen den Stelle a und b versteht.

$$\int_a^a f(x)\mathrm{d}x = 0 \tag{4.10}$$

Wählt man in (4.1) eine Zerlegung in Teilintervalle gleicher Breite $\Delta x_k = \frac{b-a}{n}$ (wie im Bsp. 4.2) und vertauscht a und b, so ändern Δx_k und damit auch das Integral das Vorzeichen. Eine Vertauschung der Integrationsgrenzen führt zu einem Vorzeichenwechsel des Integrals.

$$\int_a^b f(x)\mathrm{d}x = -\int_b^a f(x)\mathrm{d}x \tag{4.11}$$

Die folgende, ebenfalls anschaulich einleuchtende Eigenschaft heißt Monotonie:

$$f(x) \geq g(x) \text{ für } x \in [a,b] \Rightarrow \int_a^b f(x)\mathrm{d}x \geq \int_a^b g(x)\mathrm{d}x \tag{4.12}$$

Aus der Monotonie folgt:

$$f(x) \geq 0 \text{ für } x \in [a,b] \Rightarrow \int_a^b f(x)\mathrm{d}x \geq 0 \tag{4.13}$$

$$f(x) \leq 0 \text{ für } x \in [a,b] \Rightarrow \int_a^b f(x)\mathrm{d}x \leq 0 \tag{4.14}$$

Ist $F_1(x)$ eine Stammfunktion von $f_1(x)$ und $F_2(x)$ eine Stammfunktion von $f_2(x)$, dann ist $c_1 F_1(x)+c_2 F_2(x)$ eine Stammfunktion von $c_1 f_1(x)+c_2 f_2(x)$. Diese Eigenschaft heißt Linearität des Integrals.

$$\int c_1 f_1(x) + c_2 f_2(x)\mathrm{d}x = c_1 F_1(x) + c_2 F_2(x) + c \tag{4.15}$$

$$\int_a^b c_1 f_1(x) + c_2 f_2(x)\mathrm{d}x = c_1 \int_a^b f_1(x)\mathrm{d}x + c_2 \int_a^b f_2(x)\mathrm{d}x \tag{4.16}$$

Eine weitere wichtige Eigenschaft ist die Intervalladditivität, die man sich wieder gut durch Flächeninhalte veranschaulichen kann (s. Abb. 4.6):

$$\int\limits_a^b f(x)\mathrm{d}x + \int\limits_b^c f(x)\mathrm{d}x = \int\limits_a^c f(x)\mathrm{d}x \tag{4.17}$$

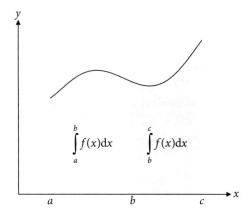

Abb. 4.6: Zur Intervalladditivität.

Beispiel 4.7: Berechnung des Integrals $\int\limits_{-1}^1 5|x| - 6x^2\mathrm{d}x$

$$
\begin{aligned}
\int\limits_{-1}^1 5|x| - 6x^2\mathrm{d}x &= 5\int\limits_{-1}^1 |x|\mathrm{d}x - 6\int\limits_{-1}^1 x^2\mathrm{d}x \\
&= 5\left(\int\limits_{-1}^0 |x|\mathrm{d}x + \int\limits_0^1 |x|\mathrm{d}x\right) - 6\int\limits_{-1}^1 x^2\mathrm{d}x \\
&= 5\int\limits_{-1}^0 -x\,\mathrm{d}x + 5\int\limits_0^1 x\,\mathrm{d}x - 6\int\limits_{-1}^1 x^2\mathrm{d}x \\
&= 5\left[-\frac{1}{2}x^2\right]_{-1}^0 + 5\left[\frac{1}{2}x^2\right]_0^1 - 6\left[\frac{1}{3}x^3\right]_{-1}^1 = 1
\end{aligned}
$$

■

Beispiel 4.8: Berechnung des Integrals $\int\limits_\pi^{2\pi} \sin x\,\mathrm{d}x$

Im Intervall $[\pi,2\pi]$ ist $\sin x \le 0$. Für das Integral erhält man:

$$\int\limits_\pi^{2\pi} \sin x\,\mathrm{d}x = [-\cos x]_\pi^{2\pi} = -\cos(2\pi) + \cos\pi = -1 - 1 = -2 < 0$$

■

4.5 Integrationsmethoden

Die Aufgabenstellung bei der Integration besteht in der Bestimmung der Stammfunktion einer Funktion. Leider ist dies nicht so einfach wie die umgekehrte Aufgabenstellung, die Ableitung einer Funktion. Jede Funktion, die durch Rechenoperationen und/oder Verkettung aus einer endlichen Anzahl elementarer Funktionen gebildet werden kann, kann systematisch mithilfe der Ableitungsregeln abgeleitet werden. Das Resultat ist eine Funktion, die ebenfalls aus einer endlichen Anzahl elementarer Funktionen gebildet ist. Bei der Umkehrung, der Integration, gilt dies nicht. Es gibt keine allgemeine Integrationssystematik. Und es gibt (sogar einfache) Funktionen, deren Stammfunktionen nicht aus einer endlichen Anzahl elementarer Funktionen gebildet werden können. Man nennt diese Funktionen *nicht elementar integrierbar*. Die folgenden Methoden zur Bestimmung von Stammfunktionen sind also nicht bei allen Funktionen anwendbar bzw. zielführend. Da es in diesem Kapitel hauptsächlich um die Technik des Integrierens gehen soll, werden wir auf höchste mathematische Präzision (detaillierte Darstellung von Voraussetzungen) verzichten.

4.5.1 Logarithmische Integration

Bildet man die Ableitung von $\ln|f(x)|$, so erhält man:

$$(\ln|f(x)|)' = \frac{f'(x)}{f(x)}$$

Daraus folgt:

$$\int \frac{f'(x)}{f(x)}\mathrm{d}x = \ln|f(x)| + c \qquad (4.18)$$

Beispiel 4.9: Bestimmung von $\int \frac{2x}{1+x^2}\mathrm{d}x$

$$\int \frac{2x}{1+x^2}\mathrm{d}x = \int \frac{(1+x^2)'}{1+x^2}\mathrm{d}x = \ln(1+x^2) + c \qquad \blacksquare$$

Beispiel 4.10: Bestimmung von $\int \tan x\,\mathrm{d}x$ und $\int \cot x\,\mathrm{d}x$

$$\int \tan x\,\mathrm{d}x = \int \frac{\sin x}{\cos x}\mathrm{d}x = -\int \frac{(\cos x)'}{\cos x}\mathrm{d}x = -\ln|\cos x| + c$$

$$\int \cot x\,\mathrm{d}x = \int \frac{\cos x}{\sin x}\mathrm{d}x = \int \frac{(\sin x)'}{\sin x}\mathrm{d}x = \ln|\sin x| + c \qquad \blacksquare$$

4.5.2 Partielle Integration

Aus der Produktregel (3.16) für Ableitungen folgt:

$$[f(x)g(x)]' = f'(x)g(x) + f(x)g'(x)$$

$$\Rightarrow f(x)g(x) = \int f'(x)g(x) + f(x)g'(x)\mathrm{d}x = \int f'(x)g(x)\mathrm{d}x + \int f(x)g'(x)\mathrm{d}x$$

Damit erhält man die folgenden Formeln:

Partielle Integration

$$\int f'(x)g(x)\mathrm{d}x = f(x)g(x) - \int f(x)g'(x)\mathrm{d}x \qquad (4.19)$$

$$\int_a^b f'(x)g(x)\mathrm{d}x = [f(x)g(x)]_a^b - \int_a^b f(x)g'(x)\mathrm{d}x \qquad (4.20)$$

Partielle Integration gemäß (4.19) und(4.20) kann man immer dann versuchen, wenn der Integrand ein Produkt zweier Funktionen ist und die Stammfunktion einer der beiden Funktionen bekannt ist.

Beispiel 4.11: Bestimmung von $\int x^2 \ln x \mathrm{d}x$

$$\int x^2 \ln x \,\mathrm{d}x = \int f'(x)g(x)\mathrm{d}x$$

$$\text{mit } f'(x) = x^2, \ g(x) = \ln x, \ f(x) = \frac{1}{3}x^3, \ g'(x) = \frac{1}{x}$$

$$\int x^2 \ln x \,\mathrm{d}x = \int f'(x)g(x)\mathrm{d}x = f(x)g(x) - \int f(x)g'(x)\mathrm{d}x$$

$$= \frac{1}{3}x^3 \ln x - \int \frac{1}{3}x^3 \frac{1}{x}\mathrm{d}x = \frac{1}{3}x^3 \ln x - \frac{1}{3}\int x^2 \mathrm{d}x$$

$$= \frac{1}{3}x^3 \ln x - \frac{1}{9}x^3 + c \qquad\blacksquare$$

Beispiel 4.12: Bestimmung von $\int \mathrm{e}^x x \mathrm{d}x$

$$\int \mathrm{e}^x x \,\mathrm{d}x = \int f'(x)g(x)\mathrm{d}x$$

$$\text{mit} f'(x) = \mathrm{e}^x, \ g(x) = x, \ f(x) = \mathrm{e}^x, \ g'(x) = 1$$

$$\int \mathrm{e}^x x \,\mathrm{d}x = f(x)g(x) - \int f(x)g'(x)\mathrm{d}x = \mathrm{e}^x x - \int \mathrm{e}^x \cdot 1 \mathrm{d}x = \mathrm{e}^x x - \mathrm{e}^x \qquad\blacksquare$$

4.5.3 Integration durch Substitution

Gegeben sei eine Funktion f. Gesucht ist eine Stammfunktion F von f. Eine weitere Funktion g habe die Umkehrfunktion h. Es gilt also $F'(x) = f(x)$ und $g(h(x)) = x$.

Wir bilden die verkettete Funktion $F(g(z))$, indem wir in $F(x)$ die Variable x durch $g(z)$ ersetzen. Die verkettete Funktion $F(g(z))$ leiten wir mit der Kettenregel (3.17) nach der Variablen z ab:

$$\frac{\mathrm{d}}{\mathrm{d}z}F(g(z)) = \big(F(g(z))\big)' = F'(g(z))g'(z) = f(g(z))g'(z)$$

Die Funktion $\tilde{F}(z) = F(g(z))$ ist also Stammfunktion von $f(g(z))g'(z)$:

$$\int f(g(z))g'(z)\mathrm{d}z = \tilde{F}(z) = F(g(z))$$

Hat man $\tilde{F}(z)$ bestimmt und ersetzt z durch $h(x)$, so erhält man $F(x)$:

$$\tilde{F}(h(x)) = F(g(h(x))) = F(x) = \int f(x)\mathrm{d}x$$

Es gelten also die folgenden Beziehungen:

Integration durch Substitution (unbestimmtes Integral)

$$\int f(x)\mathrm{d}x = \tilde{F}(h(x)) \qquad \text{mit } \tilde{F}(z) = \int f(g(z))g'(z)\mathrm{d}z \qquad (4.21)$$

$$\int f(g(z))g'(z)\mathrm{d}z = F(g(z)) \qquad \text{mit } F(x) = \int f(x)\mathrm{d}x \qquad (4.22)$$

h ist die Umkehrfunktion von g.

Die Formel (4.22) kann man anwenden, wenn ein Integral bereits in der Form $\int f(g(z))g'(z)\mathrm{d}z$ vorliegt. Zur Erläuterung der Anwendung von (4.21) betrachten wir das Integral

$$\int \frac{x}{\sqrt{1-x^2}}\,\mathrm{d}x = \int f(x)\mathrm{d}x \qquad \text{mit } f(x) = \frac{x}{\sqrt{1-x^2}}$$

und gehen schrittweise vor:

Schritt 1: Man wählt eine geeignete Funktion $g(z)$ und bildet damit die verkettete Funktion $f(g(z))$ und die Funktion $\tilde{f}(z) = f(g(z))g'(z)$. Die Funktion $g(z)$ wird so gewählt, dass die Funktion $\tilde{f}(z) = f(g(z))g'(z)$ „einfacher", d.h. einfacher zu integrieren ist als die ursprüngliche Funktion $f(x)$. Bei unserem Beispiel wählen wir die Funktion $g(z) = \sin z$.

$$g(z) = \sin z$$
$$g'(z) = \cos z$$
$$\tilde{f}(z) = f(g(z))g'(z) = \frac{g(z)}{\sqrt{1-g(z)^2}}g'(z) = \frac{\sin z}{\sqrt{1-\sin^2 z}}\cos z = \frac{\sin z}{\cos z}\cos z$$
$$\qquad = \sin z$$

Schritt 2: Die Funktion $\tilde{f}(z)$ wird integriert. In unserem Beispiel integrieren wir die Funktion $\tilde{f}(z) = \sin z$.

$$\tilde{F}(z) = \int \tilde{f}(z)\mathrm{d}z = \int \sin z \, \mathrm{d}z = -\cos z$$

Schritt 3: Man bildet die Umkehrfunktion h von g und ersetzt im Ergebnis des 2. Schrittes die Variable z durch $h(x)$. Das Ergebnis dieses dritten Schrittes ist die gesuchte Stammfunktion $F(x)$. Bei unserem Beispiel erhält man:

$$g(z) = \sin z$$
$$h(x) = g^{-1}(x) = \arcsin x$$
$$\tilde{F}(z) = -\cos z$$
$$F(x) = \tilde{F}(h(x)) = -\cos(h(x)) = -\cos(\arcsin x) = -\cos\left(\pm \arccos\sqrt{1-x^2}\right)$$
$$= -\cos\left(\arccos\sqrt{1-x^2}\right) = -\sqrt{1-x^2}$$

Die gesuchte Stammfunktion ist $F(x) = -\sqrt{1-x^2}$.

Wir fassen diese Vorgehensweise zusammen:

Integration durch Substitution, Vorgehensweise 1

Schritte zur Bestimmung der Stammfunktion $F(x)$ einer Funktion $f(x)$:

Schritt 1: Suche eine Funktion $g(z)$, sodass die Stammfunktion von $f(g(z))g'(z)$ leichter zu bestimmen ist als die von $f(x)$.

Schritt 2: Bestimme die Stammfunktion $\tilde{F}(z)$ von $f(g(z))g'(z)$.

Schritt 3: Bilde die Umkehrfunktion h von g. Setze in $\tilde{F}(z)$ für z die Funktion $h(x)$ ein. Es gilt $F(x) = \tilde{F}(h(x))$.

Wie kommt man auf eine geeignete Funktion $g(z)$? Wie bei dem gerade betrachteten Beispiel ist es oft nicht auf den ersten Blick erkennbar, welche Funktion $g(z)$ geeignet ist. Auch wenn in Formelsammlungen für bestimmte Integrale Vorschläge für $g(z)$ gemacht werden, geht man häufig anders vor. Zur Erläuterung dieser Vorgehensweise betrachten wir das Integral

$$\int x^3 \, \mathrm{e}^{x^2} \, \mathrm{d}x = \int f(x)\mathrm{d}x \qquad \text{mit } f(x) = x^3 \, \mathrm{e}^{x^2}$$

und gehen wieder schrittweise vor.

Schritt 1a: Man ersetzt im Integranden einen Ausdruck $h(x)$ durch z, um den Integranden zu vereinfachen. Bei unserem Beispiel ersetzen wir im Integral $\int x^3 \, \mathrm{e}^{x^2} \, \mathrm{d}x$ den Ausdruck $h(x) = x^2$ durch z. Dies ist ein naheliegender Schritt zur Vereinfachung.

$$\int x^3 \, \mathrm{e}^{x^2}\mathrm{d}x \rightarrow \int x^3 \, \mathrm{e}^{z}\mathrm{d}x$$

Dadurch kommt die Variable z in den Integranden, in dem aber auch noch die Variable x vorkommen kann. Das Integral enthält auch noch den Ausdruck $\mathrm{d}x$.

Schritt 1b: Durch Ableiten der Substitutionsgleichung $z = h(x)$ nach x erhält man $\frac{\mathrm{d}z}{\mathrm{d}x} = h'(x)$. In dieser Gleichung behandelt man $\mathrm{d}z$ und $\mathrm{d}x$ wie Zahlen und $\frac{\mathrm{d}z}{\mathrm{d}x}$ wie einen Bruch. Man löst die Gleichung nach $\mathrm{d}x$ auf und erhält $\mathrm{d}x = \frac{1}{h'(x)}\mathrm{d}z$. Nun ersetzt man im Integral $\mathrm{d}x$ durch $\frac{1}{h'(x)}\mathrm{d}z$. Bei unserem Beispiel erhalten wir:

$$z = h(x) = x^2 \Rightarrow \frac{\mathrm{d}z}{\mathrm{d}x} = h'(x) = 2x \Rightarrow \mathrm{d}x = \frac{1}{h'(x)}\mathrm{d}z = \frac{1}{2x}\mathrm{d}z$$

$$\int x^3\,\mathrm{e}^z\mathrm{d}x \rightarrow \int x^3\,\mathrm{e}^z\frac{1}{2x}\mathrm{d}z = \frac{1}{2}\int x^2\,\mathrm{e}^z\mathrm{d}z$$

Schritt 1c: Um die Variable x zu eliminieren, löst man die Gleichung $h(x) = z$ nach x auf. Dies führt zur Gleichung $x = g(z)$ mit der Umkehrfunktion g von h. Nun ersetzt man die Variable x durch $g(z)$. Dadurch erhält man ein Integral $\int \tilde{f}(z)\mathrm{d}z$ mit der Integrationsvariablen z. Bei unserem Beispiel erhalten wir:

$$h(x) = x^2 = z \Rightarrow x = \sqrt{z} = g(z)$$

$$\frac{1}{2}\int x^2\,\mathrm{e}^z\mathrm{d}z \rightarrow \frac{1}{2}\int g(z)^2\,\mathrm{e}^z\mathrm{d}z = \frac{1}{2}\int \sqrt{z}^2\,\mathrm{e}^z\mathrm{d}z = \frac{1}{2}\int z\,\mathrm{e}^z\mathrm{d}z = \int \tilde{f}(z)\mathrm{d}z$$

Schritt 2: Die Funktion $\tilde{f}(z)$ wird integriert. Bei unserem Beispiel erhalten wir aus dem Ergebnis von Beispiel 4.12:

$$\frac{1}{2}\int z\,\mathrm{e}^z\mathrm{d}z = \frac{1}{2}\left(\mathrm{e}^z z - \mathrm{e}^z\right) = \frac{1}{2}\mathrm{e}^z(z-1) = \tilde{F}(z)$$

Schritt 3: Die Variable z wird durch $h(x)$ ersetzt. Das Ergebnis dieses dritten Schrittes ist die gesuchte Stammfunktion $F(x)$. Bei unserem Beispiel erhalten wir:

$$\begin{aligned}
\tilde{F}(z) &= \frac{1}{2}\mathrm{e}^z(z-1) \\
h(x) &= x^2 \\
F(x) &= \tilde{F}(h(x)) = \frac{1}{2}\mathrm{e}^{h(x)}(h(x)-1) = \frac{1}{2}\mathrm{e}^{x^2}\left(x^2-1\right)
\end{aligned}$$

Bei der ersten Vorgehensweise wählt man die Funktion $g(z)$ und bildet deren Umkehrfunktion $h(x)$. Bei der zweiten Vorgehensweise wählt man die Funktion $h(x)$ und bildet deren Umkehrfunktion $g(z)$. Kommt im Integranden eine verkettete Funktion vor, so ist es naheliegend, die innere Funktion $h(x)$ durch z zu substituieren. In diesem Fall hat man die nahe liegende Substitution $z = h(x)$, die man versuchen kann, ohne einen besonderen Einfall für eine Substitution haben zu müssen. Wir fassen die zweite Vorgehensweise zusammen:

Integration durch Substitution, Vorgehensweise 2

Schritte zur Bestimmung der Stammfunktion $F(x)$ einer Funktion $f(x)$:

Schritt 1a: Ersetze im Integranden einen Ausdruck $h(x)$ durch z, sodass sich der Integrand dadurch vereinfacht.

Schritt 1b: Ersetze das Differenzial $\mathrm{d}x$ durch $\frac{1}{h'(x)}\mathrm{d}z$.

Schritt 1c: Durch Auflösen der Gleichung $h(x) = z$ nach x erhält man die Gleichung $x = g(z)$. Ersetze im Integral x durch $g(z)$.

Schritt 2: Berechne das entstehende Integral.

Schritt 3: Ersetze z durch $h(x)$.

Das folgende Beispiel zeigt, dass der Schritt 1c und die Bestimmung von $g(z)$ manchmal nicht nötig sind.

Beispiel 4.13: Bestimmung des Integrals $\int \frac{\cos(\ln x)}{x}\mathrm{d}x$

Schritt 1a: Wir ersetzen im Integranden den Ausdruck $h(x) = \ln x$ durch z:

$$z = h(x) = \ln x$$

$$\int \frac{\cos(\ln x)}{x}\mathrm{d}x \rightarrow \int \frac{\cos z}{x}\mathrm{d}x$$

Schritt 1b: Wir formen $\mathrm{d}x$ zu $\mathrm{d}z$ um:

$$z = h(x) = \ln x \Rightarrow \frac{\mathrm{d}z}{\mathrm{d}x} = h'(x) = \frac{1}{x} \Rightarrow \mathrm{d}x = \frac{1}{h'(x)}\mathrm{d}z = x\mathrm{d}z$$

$$\int \frac{\cos z}{x}\mathrm{d}x \rightarrow \int \frac{\cos z}{x}x\,\mathrm{d}z = \int \cos z\,\mathrm{d}z$$

Schritt 2: Wir integrieren:

$$\int \cos z\,\mathrm{d}z = \sin z = \tilde{F}(z)$$

Schritt 3: Wir ersetzen z durch $h(x)$:

$$\tilde{F}(h(x)) = \tilde{F}(\ln x) = \sin(\ln x) = F(x)$$

Die gesuchte Stammfunktion von $f(x) = \frac{\cos(\ln x)}{x}$ ist $F(x) = \sin(\ln x)$ ∎

Man kann auch eine Formel für die Berechnung bestimmer Integrale durch Substitution herleiten: Mit $F(x) = \tilde{F}(h(x))$ gilt:

$$\int_a^b f(x)\mathrm{d}x = [F(x)]_a^b = [\tilde{F}(h(x))]_a^b = \tilde{F}(h(b)) - \tilde{F}(h(a))$$

$$= \int_{h(a)}^{h(b)} \tilde{f}(z)\mathrm{d}z = \int_{h(a)}^{h(b)} f(g(z))g'(z)\mathrm{d}z$$

Integration durch Substitution (bestimmtes Integral)

$$\int_a^b f(x)\mathrm{d}x = \int_{h(a)}^{h(b)} f(g(z))g'(z)\mathrm{d}z \qquad h \text{ ist Umkehrfunktion von } g \qquad (4.23)$$

Beispiel 4.14: Berechnung des Integrals $\int_0^{\frac{1}{2}\sqrt{2}} \frac{x}{\sqrt{1-x^2}}\mathrm{d}x$

Wir wählen die Substitution $g(z) = \sin z$ mit $g'(z) = \cos z$ und $h(x) = \arcsin x$:

$$\int_0^{\frac{1}{2}\sqrt{2}} \frac{x}{\sqrt{1-x^2}}\mathrm{d}x = \int_{h(0)}^{h(\frac{1}{2}\sqrt{2})} \frac{g(z)}{\sqrt{1-g(z)^2}}g'(z)\mathrm{d}z$$

$$= \int_{\arcsin(0)}^{\arcsin(\frac{1}{2}\sqrt{2})} \frac{\sin z}{\sqrt{1-\sin^2(z)}} \cos z\,\mathrm{d}z = \int_0^{\frac{\pi}{4}} \frac{\sin z}{\cos z} \cos z\,\mathrm{d}z$$

$$= \int_0^{\frac{\pi}{4}} \sin z\,\mathrm{d}z = \Big[-\cos z\Big]_0^{\frac{\pi}{4}} = -\cos(\tfrac{\pi}{4}) + \cos 0 = -\tfrac{1}{2}\sqrt{2} + 1$$

Die Substitution $h(x) = ax + b = z$ führt zu den folgenden nützlichen Formeln: ■

$$\int f(ax+b)\mathrm{d}x = \frac{1}{a}F(ax+b) \qquad F(x) \text{ ist Stammfunktion von } f(x) \qquad (4.24)$$

$$\int_{x_1}^{x_2} f(ax+b)\mathrm{d}x = \frac{1}{a} \int_{ax_1+b}^{ax_2+b} f(x)\mathrm{d}x \qquad\qquad (4.25)$$

Beispiel 4.15: Auswertung des Integrals $\int \frac{1}{2x+1}\mathrm{d}x$

$$\int \frac{1}{2x+1}\mathrm{d}x = \frac{1}{2}\ln|2x+1|$$

■

4.5.4   Integration durch Partialbruchzerlegung

Die Integration gebrochen rationaler Funktionen mit den bisher dargestellten Methoden kann ein schwieriges Problem sein. Wir erläutern einen Weg zur Lösung des Problems am Beispiel der folgenden Funktion:

$$f(x) = \frac{x^7 - x^6 + x^5 - x^4 - x^3 + 2x^2 + x + 2}{x^6 - 2x^5 + 3x^4 - 4x^3 + 3x^2 - 2x + 1}$$

Die Stammfunktion von $f(x)$, die man in gängigen Formelsammlungen nicht findet, lässt sich mit den besprochenen Methoden nicht einfach bestimmen. Wir zerlegen zunächst die Funktion durch Polynomdivision (s. Abschnitt 2.3.2) in eine Polynomfunktion und eine echt gebrochen rationale Funktion:

$$f(x) = x + 1 + \frac{x^2 + 2x + 1}{x^6 - 2x^5 + 3x^4 - 4x^3 + 3x^2 - 2x + 1}$$

Die Integration der Polynomfunktion (bei unserem Beispiel die Funktion $x+1$) ist kein Problem. Für die echt gebrochen rationale Funktion kann man eine Partialbruchzerlegung durchführen (s. Abschnitt 2.3.3, Bsp. 2.20):

$$\frac{x^2 + 2x + 1}{x^6 - 2x^5 + 3x^4 - 4x^3 + 3x^2 - 2x + 1} = -\frac{1}{x - 1} + \frac{1}{(x - 1)^2}$$
$$+ \frac{x}{x^2 + 1} - \frac{1}{(x^2 + 1)^2}$$

Die Stammfunktionen der Partialbrüche findet man in gängigen Formelsammlungen (sie lassen sich auch mit geeigneten Subsitutionen selbst bestimmen). Als Ergebnis erhält man:

$$\int \frac{x^7 - x^6 + x^5 - x^4 - x^3 + 2x^2 + x + 2}{x^6 - 2x^5 + 3x^4 - 4x^3 + 3x^2 - 2x + 1} \mathrm{d}x$$
$$= \int \left(x + 1 - \frac{1}{x - 1} + \frac{1}{(x - 1)^2} + \frac{x}{x^2 + 1} - \frac{1}{(x^2 + 1)^2} \right) \mathrm{d}x$$
$$= \int (x + 1)\mathrm{d}x - \int \frac{1}{x - 1}\mathrm{d}x + \int \frac{1}{(x - 1)^2}\mathrm{d}x + \int \frac{x}{x^2 + 1}\mathrm{d}x - \int \frac{1}{(x^2 + 1)^2}\mathrm{d}x$$
$$= \frac{1}{2}x^2 + x - \ln|x - 1| - \frac{1}{x - 1} + \frac{1}{2}\ln\left(x^2 + 1\right) - \frac{1}{2}\left(\frac{x}{x^2 + 1} + \arctan x\right)$$

4.6 Uneigentliche Integrale

Beispiel 4.16: Berechnung einer Wahrscheinlichkeit

Die Wahrscheinlichkeit, dass die Lebensdauer eines Bauteils zwischen t_1 und t_2 liegt, ist gegeben durch das Integral $\int_{t_1}^{t_2} f(t)\mathrm{d}t$ mit der Wahrscheinlichkeitsdichte $f(t)$. In der Zuverlässigkeitstheorie wird gezeigt, dass unter bestimmten Annahmen $f(t)$ die Wahrscheinlichkeitsdichte einer Weibullverteilung ist. Für eine spezielle Weibullverteilung gilt $f(t) = \frac{1}{2}\frac{1}{\sqrt{t}}\mathrm{e}^{-\sqrt{t}}$. Für den Fall, dass diese zutrifft, ist die Wahrscheinlichkeit, dass die Lebensdauer kleiner als t_0 bzw. größer als t_0 ist, gegeben durch:

$$\int_0^{t_0} \frac{1}{2}\frac{1}{\sqrt{t}}\mathrm{e}^{-\sqrt{t}}\mathrm{d}t \qquad \text{bzw.} \qquad \int_{t_0}^{\infty} \frac{1}{2}\frac{1}{\sqrt{t}}\mathrm{e}^{-\sqrt{t}}\mathrm{d}t \qquad \blacksquare$$

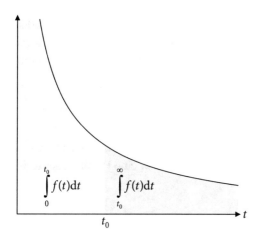

Abb. 4.7: Integrale als Flächeninhalte unendlich ausgedehnter Flächen.

Im Beispiel 4.16 treten Integrale auf, bei denen eine Integrationsgrenze im Unendlichen liegt oder eine Definitionslücke des Integranden ist und die durch unendlich ausgedehnte Flächen veranschaulicht werden können (s. Abb. 4.7). Wir definieren:

Definition 4.5: Uneigentliche Integrale

Falls die folgenden Grenzwerte existieren, so sind damit die folgenden uneigentlichen Integrale definiert ($x_0 \notin D_f$):

$$\int_a^\infty f(x)\mathrm{d}x = \lim_{\lambda \to \infty} \int_a^\lambda f(x)\mathrm{d}x \tag{4.26}$$

$$\int_{-\infty}^b f(x)\mathrm{d}x = \lim_{\mu \to \infty} \int_{-\mu}^b f(x)\mathrm{d}x \tag{4.27}$$

$$\int_{-\infty}^\infty f(x)\mathrm{d}x = \lim_{\lambda \to \infty} \lim_{\mu \to \infty} \int_{-\mu}^\lambda f(x)\mathrm{d}x \tag{4.28}$$

$$\int_{x_0}^b f(x)\mathrm{d}x = \lim_{\epsilon \to 0} \int_{x_0+\epsilon}^b f(x)\mathrm{d}x \tag{4.29}$$

$$\int_a^{x_0} f(x)\mathrm{d}x = \lim_{\epsilon \to 0} \int_a^{x_0-\epsilon} f(x)\mathrm{d}x \tag{4.30}$$

$$\int_a^b f(x)\mathrm{d}x = \lim_{\delta \to 0} \int_a^{x_0-\delta} f(x)\mathrm{d}x + \lim_{\epsilon \to 0} \int_{x_0+\epsilon}^b f(x)\mathrm{d}x \quad x_0 \in]a,b[\tag{4.31}$$

In entsprechender Weise definiert man weitere uneigentliche Integrale. Ist $x_0 \notin D_f$, so definiert man z.B. das Integral $\int_{x_0}^{\infty} f(x)\mathrm{d}x$ durch

$$\int_{x_0}^{\infty} f(x)\mathrm{d}x = \lim_{\epsilon \to 0} \lim_{\lambda \to \infty} \int_{x_0+\epsilon}^{\lambda} f(x)\mathrm{d}x$$

Beispiel 4.17: Berechnung von $\int_0^1 \frac{1}{2}\frac{1}{\sqrt{t}}\mathrm{e}^{-\sqrt{t}}\mathrm{d}t$ **und** $\int_1^{\infty} \frac{1}{2}\frac{1}{\sqrt{t}}\mathrm{e}^{-\sqrt{t}}\mathrm{d}t$

Wir greifen das Beispiel 4.16 auf und berechnen zunächst eine Stammfunktion. Mit der Substitution $h(t) = -\sqrt{t} = z$ und $h'(t) = -\frac{1}{2\sqrt{t}}$ erhalten wir:

$$\int \frac{1}{2}\frac{1}{\sqrt{t}}\mathrm{e}^{-\sqrt{t}}\mathrm{d}t = \int \frac{1}{2}\frac{1}{\sqrt{t}}\mathrm{e}^{z}\frac{1}{h'(t)}\mathrm{d}z = \int \frac{1}{2}\frac{1}{\sqrt{t}}\mathrm{e}^{z}(-2\sqrt{t})\mathrm{d}z = \int -\mathrm{e}^{z}\mathrm{d}z$$
$$= -\mathrm{e}^{z} = -\mathrm{e}^{h(t)} = -\mathrm{e}^{-\sqrt{t}} = F(t)$$

Nun berechnen wir damit die uneigentlichen Integrale:

$$\int_0^1 \frac{1}{2}\frac{1}{\sqrt{t}}\mathrm{e}^{-\sqrt{t}}\mathrm{d}t = \lim_{\epsilon \to 0} \int_{\epsilon}^1 \frac{1}{2}\frac{1}{\sqrt{t}}\mathrm{e}^{-\sqrt{t}}\mathrm{d}t = \lim_{\epsilon \to 0} \left[F(t)\right]_{\epsilon}^1 = \lim_{\epsilon \to 0} \left[-\mathrm{e}^{-\sqrt{t}}\right]_{\epsilon}^1$$
$$= \lim_{\epsilon \to 0} \left(-\mathrm{e}^{-1} + \mathrm{e}^{-\sqrt{\epsilon}}\right) = 1 - \frac{1}{\mathrm{e}}$$
$$\int_1^{\infty} \frac{1}{2}\frac{1}{\sqrt{t}}\mathrm{e}^{-\sqrt{t}}\mathrm{d}t = \lim_{\lambda \to \infty} \int_1^{\lambda} \frac{1}{2}\frac{1}{\sqrt{t}}\mathrm{e}^{-\sqrt{t}}\mathrm{d}t = \lim_{\lambda \to \infty} \left[F(t)\right]_1^{\lambda} = \lim_{\lambda \to \infty} \left[-\mathrm{e}^{-\sqrt{t}}\right]_1^{\lambda}$$
$$= \lim_{\lambda \to \infty} \left(-\mathrm{e}^{-\sqrt{\lambda}} + \mathrm{e}^{-1}\right) = \frac{1}{\mathrm{e}} \qquad \blacksquare$$

Bei den Integralen (4.28) und (4.31) müssen jeweils zwei unabhängige Grenzwerte existieren. Man kann diese Ausdrücke jedoch so modifizieren, dass sie jeweils nur noch einen Grenzwert aufweisen. Man spricht dann jeweils vom (Cauchy-)**Hauptwert** des Integrals und kennzeichnet diesen z.B. durch ein vorangestelltes CH (für Cauchy-Hauptwert) oder P (für Principal Value):

$$\mathrm{P}\int_{-\infty}^{\infty} f(x)\mathrm{d}x = \lim_{\lambda \to \infty} \int_{-\lambda}^{\lambda} f(x)\mathrm{d}x \qquad (4.32)$$

$$\mathrm{P}\int_a^b f(x)\mathrm{d}x = \lim_{\epsilon \to 0} \left(\int_a^{x_0-\epsilon} f(x)\mathrm{d}x + \int_{x_0+\epsilon}^b f(x)\mathrm{d}x\right) \qquad x_0 \notin D_f,\ x_0 \in]a,b[\qquad (4.33)$$

Beispiel 4.18: Hauptwert des Integrals $\int\limits_{-\infty}^{\infty} \frac{1}{\pi} \frac{x}{1+x^2} \mathrm{d}x$

Der sog. Erwartungswert einer Zufallsvariablen mit der Wahrscheinlichkeitsdichte $f(x)$ ist gegeben durch:

$$\int\limits_{-\infty}^{\infty} x f(x) \mathrm{d}x$$

Für eine Cauchy-Verteilung mit $f(x) = \frac{1}{\pi} \frac{1}{1+x^2}$ erhält man für den Erwartungswert:

$$\int\limits_{-\infty}^{\infty} x f(x) \mathrm{d}x = \int\limits_{-\infty}^{\infty} \frac{1}{\pi} \frac{x}{1+x^2} \mathrm{d}x = \lim_{\lambda\to\infty} \lim_{\mu\to\infty} \int\limits_{-\mu}^{\lambda} \frac{1}{\pi} \frac{x}{1+x^2} \mathrm{d}x$$

$$= \lim_{\lambda\to\infty} \lim_{\mu\to\infty} \left[\frac{1}{2\pi} \ln(1+x^2)\right]_{-\mu}^{\lambda}$$

$$= \lim_{\lambda\to\infty} \frac{1}{2\pi} \ln(1+\lambda^2) - \lim_{\mu\to\infty} \frac{1}{2\pi} \ln(1+\mu^2)$$

Die Grenzwerte existieren nicht. Die Cauchy-Verteilung mit $f(x) = \frac{1}{\pi} \frac{1}{1+x^2}$ besitzt keinen Erwartungswert. Der Hauptwert des uneigentlichen Integrals existiert jedoch:

$$\mathrm{P}\int\limits_{-\infty}^{\infty} x f(x) \mathrm{d}x = \mathrm{P}\int\limits_{-\infty}^{\infty} \frac{1}{\pi} \frac{x}{1+x^2} \mathrm{d}x = \lim_{\lambda\to\infty} \int\limits_{-\lambda}^{\lambda} \frac{1}{\pi} \frac{x}{1+x^2} \mathrm{d}x$$

$$= \lim_{\lambda\to\infty} \left[\frac{1}{2\pi} \ln(1+x^2)\right]_{-\lambda}^{\lambda}$$

$$= \lim_{\lambda\to\infty} \left(\frac{1}{2\pi} \ln(1+\lambda^2) - \frac{1}{2\pi} \ln(1+\lambda^2)\right) = 0 \qquad \blacksquare$$

Die Gammafunktion

Die Gammafunktion $\Gamma(x)$, die z.B. in der Statsitik eine wichtige Rolle spielt, ist durch ein uneigentliches Integral definiert:

Definition 4.6: Gammafunktion

$$\Gamma(x) = \int\limits_{0}^{\infty} t^{x-1} \mathrm{e}^{-t} \mathrm{d}t \qquad \text{für } x > 0 \qquad\qquad (4.34)$$

Die Abb. 4.8 zeigt den Graphen der Gammafunktion.

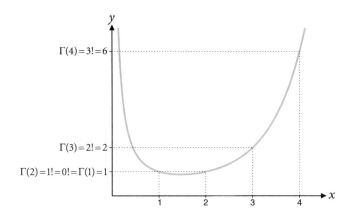

Abb. 4.8: Graph der Gammafunktion.

Für $\Gamma(x+1)$ erhalten wir durch partielle Integration mithilfe von (4.20):

$$
\begin{aligned}
\Gamma(x+1) &= \int_0^\infty t^x e^{-t} dt = \lim_{\lambda\to\infty} \int_0^\lambda t^x e^{-t} dt = -\lim_{\lambda\to\infty} \int_0^\lambda t^x (e^{-t})' dt \\
&= -\lim_{\lambda\to\infty} \left([t^x e^{-t}]_0^\lambda - \int_0^\lambda (t^x)' e^{-t} dt \right) \\
&= -\lim_{\lambda\to\infty} \left(\lambda^x e^{-\lambda} - \int_0^\lambda x t^{x-1} e^{-t} dt \right) \\
&= -\underbrace{\lim_{\lambda\to\infty} \lambda^x e^{-\lambda}}_{=0} + \lim_{\lambda\to\infty} x \int_0^\lambda t^{x-1} e^{-t} dt = x\Gamma(x)
\end{aligned}
$$

Für die Gammafunktion gilt also die Beziehung:

$$\Gamma(x+1) = x\Gamma(x) \tag{4.35}$$

Für den Funktionswert $\Gamma(1)$ erhalten wir:

$$\Gamma(1) = \lim_{\lambda\to\infty} \int_0^\lambda e^{-t} dt = \lim_{\lambda\to\infty} \left[-e^{-t} \right]_0^\lambda = 1$$

Aus (4.35) folgt für natürliche $n \in \mathbb{N}$:

$$
\begin{aligned}
\Gamma(n+1) &= n\Gamma(n) = n(n-1)\Gamma(n-1) = n(n-1)(n-2)\Gamma(n-2) = \dots \\
&= n(n-1)(n-2) \cdot \dots \cdot 2 \cdot 1 \cdot \Gamma(1) \\
\Gamma(n+1) &= n! \tag{4.36}
\end{aligned}
$$

4.7   Numerische Integration

Es gibt viele Funktionen, deren Stammfunktionen sich nicht in geschlossener Form durch elementare Funktionen darstellen lassen. Um bestimmte Integrale solcher Funktionen zu berechnen, ist man auf Näherungsverfahren angewiesen. Solche Näherungsverfahren sind Gegenstand der numerischen Mathematik. Es würde den Rahmen dieses Buches sprengen, tiefer in die numerische Mathematik einzudringen. Stattdessen skizzieren wir hier lediglich die Idee, die einem numerischen Verfahren zugrunde liegt. Dazu zerlegen wir das Intervall $[a,b]$ in n Teilintervalle der Breite $h = \frac{b-a}{n}$ zwischen den Stellen $x_1, x_2, \ldots, x_{n+1}$ mit $x_1 = a$ und $x_{n+1} = b$ (s. Abb. 4.9). Das Integral $\int_a^b f(x)\mathrm{d}x$ ist die Summe der Intergrale über die Teilintervalle. Für $f(x) \geq 0$ kann man diese Integrale als Flächeninhalte der Flächen zwischen dem Graphen und der x-Achse zwischen der linken und rechten Intervallgrenze betrachten. Diese sind näherungsweise Flächeninhalte von Trapezen (s. Abb. 4.9). Der Flächeninhalt beim i-ten Intervall ist näherungsweise der Flächeninhalt $\frac{1}{2}[f(x_i) + f(x_{i+1})]h$ eines Trapezes mit den Seitenlänge $f(x_i)$ und $f(x_{i+1})$ und der Breite h (s. Abb. 4.9).

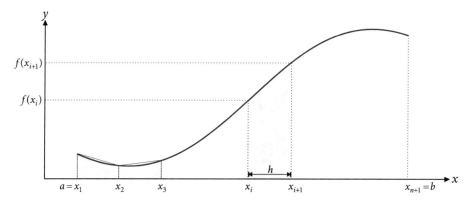

Abb. 4.9: Summe von Trapezflächen als Näherung für ein bestimmtes Integral.

Damit erhält man folgende Näherung für das Integral $\int_a^b f(x)\mathrm{d}x$:

$$\tfrac{1}{2}[f(x_1) + f(x_2)]h + \tfrac{1}{2}[f(x_2) + f(x_3)]h + \ldots + \tfrac{1}{2}[f(x_n) + f(x_{n+1})]h$$
$$= \tfrac{1}{2}[f(x_1) + f(x_2) + f(x_2) + f(x_3) + \ldots + f(x_n) + f(x_{n+1})]h$$

In der Summe kommen alle Summanden, außer dem ersten und dem letzten, zweimal vor. Man gelangt zu folgender Näherungsformel:

$$\int_a^b f(x)\mathrm{d}x \approx \tfrac{1}{2}[f(x_1) + f(x_{n+1})]h + h \sum_{i=2}^{n} f(x_i) = \tfrac{1}{2}[f(a) + f(b)]h + h \sum_{i=1}^{n-1} f(a+ih)$$

Wählt man n groß genug bzw. $h = \frac{b-a}{n}$ klein genug, erhält man eine brauchbare Genauigkeit der Näherung.

4.8 Anwendungsbeispiele

Berechnung von Flächeninhalten

Am Anfang von Kapitel 4 haben wir die Frage gestellt, wie der Inhalt der Fläche zwischen dem Graphen einer Funktion $f(x)$ und der x-Achse zwischen zwei Stellen a und b berechnet werden kann. Ist $f(x) \geq 0$ im Intervall $[a,b]$, dann ist der Flächeninhalt A gegeben durch $\int_a^b f(x)\mathrm{d}x$. Im allgemeinen Fall gilt:

$$A = \int_a^b |f(x)|\mathrm{d}x \tag{4.37}$$

Der Inhalt der Fläche zwischen dem Graphen zweier Funktionen $f(x)$ und $g(x)$ zwischen zwei Stellen a und b ist gegeben durch

$$A = \int_a^b |f(x) - g(x)|\mathrm{d}x \tag{4.38}$$

Beispiel 4.19: Fläche zwischen den Graphen zweier Funktionen

Wir berechnen den Inhalt der Fläche zwischen den Graphen der zwei Funktionen $f(x) = \cos x$ und $g(x) = \sin x$ zwischen den Stellen $-\frac{3}{4}\pi$ und $\frac{5}{4}\pi$ (s. Abb. 4.10):

$$A = \int_{-\frac{3}{4}\pi}^{\frac{5}{4}\pi} |\cos x - \sin x|\mathrm{d}x = \int_{-\frac{3}{4}\pi}^{\frac{\pi}{4}} (\cos x - \sin x)\mathrm{d}x + \int_{\frac{\pi}{4}}^{\frac{5}{4}\pi} (\sin x - \cos x)\mathrm{d}x$$

$$= \Big[\sin x + \cos x\Big]_{-\frac{3}{4}\pi}^{\frac{\pi}{4}} + \Big[-\cos x - \sin x\Big]_{\frac{\pi}{4}}^{\frac{5}{4}\pi} = 4\sqrt{2} \qquad \blacksquare$$

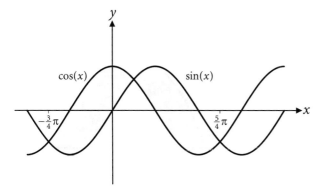

Abb. 4.10: Zu Bsp. 4.19: Fläche zwischen zwei Funktionsgraphen.

Für die Fläche zwischen dem Graphen einer umkehrbaren Funktion und der y-Achse zwischen zwei Stellen y_1 und y_2 (mit $y_2 > y_1$) gilt:

$$A = \int\limits_{y_1}^{y_2} |f^{-1}(y)|\mathrm{d}y$$

Aus der Substitutionsformel (4.23) folgt:

$$A = \int\limits_{y_1}^{y_2} |f^{-1}(y)|\mathrm{d}y = \int\limits_{f^{-1}(y_1)}^{f^{-1}(y_2)} |f^{-1}(f(x))||f'(x)\mathrm{d}x = \int\limits_{x_1}^{x_2} |x||f'(x)\mathrm{d}x \qquad (4.39)$$

$$\text{mit } x_1 = f^{-1}(y_1) \text{ und } x_2 = f^{-1}(y_2)$$

Beispiel 4.20: Fläche zwischen Graph und y-Achse

Wir berechnen die Fläche zwischen dem Graphen der Funktion $y = f(x) = \mathrm{e}^x$ und der y-Achse zwischen den Stellen $y_1 = \mathrm{e}$ und $y_2 = \mathrm{e}^2$ (s. Abb. 4.11) auf zwei Arten.

$$A = \int\limits_{y_1}^{y_2} |f^{-1}(y)|\mathrm{d}y = \int\limits_{\mathrm{e}}^{\mathrm{e}^2} \ln y\, \mathrm{d}y = \left[y \ln y - y \right]_{\mathrm{e}}^{\mathrm{e}^2} = \mathrm{e}^2$$

$$A = \int\limits_{x_1}^{x_2} |x||f'(x)\mathrm{d}x = \int\limits_{\ln \mathrm{e}}^{\ln \mathrm{e}^2} x\mathrm{e}^x\mathrm{d}x = \int\limits_{1}^{2} x\mathrm{e}^x\mathrm{d}x = \left[x\mathrm{e}^x - \mathrm{e}^x \right]_{1}^{2} = \mathrm{e}^2 \qquad \blacksquare$$

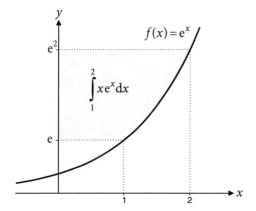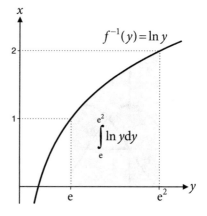

Abb. 4.11: Fläche zwischen Graph und y-Achse.

Bogenlänge einer Kurve

Die Kurve sei der Teil des Graphen einer Funktion $f(x)$ zwischen den Stellen $x = a$ und $x = b$. Zur Berechnung der Länge zerlegen wir das Intervall $[a; b]$ in n Teilintervalle mit den Längen $\Delta x_1, \ldots, \Delta x_n$ und die Kurve in n entsprechende Teilkurven mit den Längen $\Delta s_1, \ldots, \Delta s_n$ (s. Abb. 4.12). Für die Länge Δs_i der i-ten Teilkurve gilt näherungsweise (s. Abb. 4.12):

$$(\Delta s_i)^2 \approx (\Delta x_i)^2 + (\Delta y_i)^2 \qquad \text{mit} \quad \Delta y_i = f(x_i + \Delta x_i) - f(x_i)$$

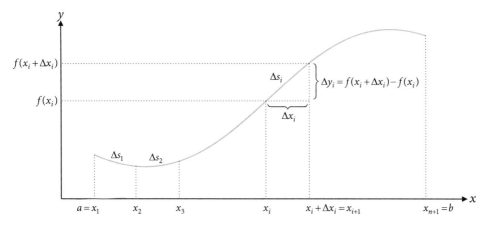

Abb. 4.12: Zur Berechnung einer Bogenlänge.

Die Näherung ist umso besser, je kleiner Δx_i ist. Für die Länge Δs_i gilt:

$$\Delta s_i \approx \sqrt{(\Delta x_i)^2 + (\Delta y_i)^2} = \sqrt{1 + \left(\frac{\Delta y_i}{\Delta x_i}\right)^2}\,\Delta x_i$$

$$= \sqrt{1 + \left(\frac{f(x_i + \Delta x_i) - f(x_i)}{\Delta x_i}\right)^2}\,\Delta x_i \approx \sqrt{1 + (f'(x_i))^2}\,\Delta x_i$$

Für die Gesamtlänge s der Kurve gilt näherungsweise:

$$s = \sum_{i=1}^{n} \Delta s_i \approx \sum_{i=1}^{n} \sqrt{1 + (f'(x_i))^2}\,\Delta x_i$$

Für $n \to \infty$ und $\Delta x_i \to 0$ wird aus der Summe ein Integral über dem Intervall $[a; b]$ und aus der Näherung eine exakte Beziehung. Für die Bogenlänge s gilt damit:

$$s = \int_a^b \sqrt{1 + (f'(x))^2}\,\mathrm{d}x \qquad\qquad (4.40)$$

Beispiel 4.21: Bogenlänge einer Kurve

Wir berechnen die Länge s eines Halbkreises mit Radius R. Der Halbkreis kann dargestellt werden als Graph der Funktion $f(x) = \sqrt{R^2 - x^2}$ mit $D_f = [-R; R]$.

$$s = \int_{-R}^{R} \sqrt{1 + (f'(x))^2}\, dx = \int_{-R}^{R} \sqrt{1 + \left(-\frac{x}{\sqrt{R^2 - x^2}}\right)^2}\, dx$$

$$= \int_{-R}^{R} \sqrt{1 + \frac{x^2}{R^2 - x^2}}\, dx = \int_{-R}^{R} \sqrt{\frac{R^2}{R^2 - x^2}}\, dx = \int_{-R}^{R} \frac{R}{\sqrt{R^2 - x^2}}\, dx$$

$$= \left[R \arcsin\left(\frac{x}{R}\right)\right]_{-R}^{R} = 2R \arcsin(1) = R\pi \qquad \blacksquare$$

Eigenschaften von Rotationskörpern

Wir betrachten einen Rotationskörper mit der x-Achse als Rotationsache (s. Abb. 4.13, links). Die Schnittfläche des Rotationskörpers mit der x-y-Ebene wird begrenzt vom Graphen einer Funktion $f(x)$ und dem Graphen von $-f(x)$ (s. Abb. 4.13, rechts).

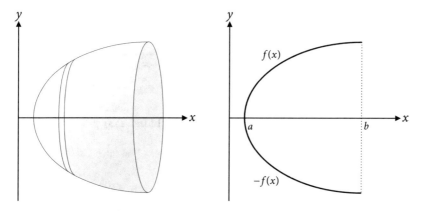

Abb. 4.13: Rotationskörper und Schnittfläche mit der x-y-Ebene.

Wir wollen nun das Volumen, die Mantelfläche, den Schwerpunkt und das Trägheitsmoment des Rotationskörpers berechnen. Dazu zerlegen wird den Körper in n dünne Scheiben (s. Abb. 4.13, links), die wir näherungsweise durch dünne Kreiskegelstümpfe ersetzen (s. Abb. 4.14, links). Diese Näherung wird umso besser, je dünner die Scheiben bzw. Kegelstümpfe sind. Wir betrachten nun den i-ten Kegelstumpf mit der Breite $d = \Delta x_i$ zwischen den Stellen x_i und $x_i + \Delta x_i$. Der linke bzw. rechte Radius des Kreiskegelstumpfes ist $r_1 = f(x_i)$ bzw. $r_2 = f(x_i + \Delta x_i)$ (s. Abb. 4.14, rechts).

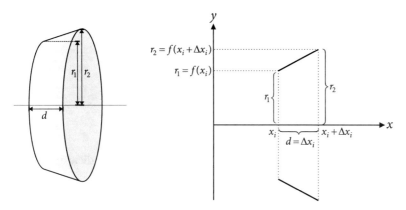

Abb. 4.14: Kreiskegelstumpf als Näherung für eine Teilscheibe des Rotationskörpers.

Für das Volumen ΔV_i des i-ten Kreiskegelstumpfes gilt:

$$
\begin{aligned}
\Delta V_i &= \frac{1}{3}\pi(r_1^2 + r_1 r_2 + r_2^2)d \\
&= \frac{1}{3}\pi\left[(f(x_i))^2 + f(x_i)f(x_i + \Delta x_i) + (f(x_i + \Delta x_i))^2\right]\Delta x_i
\end{aligned}
$$

Für kleine Δx_i gilt näherungsweise:

$$
\Delta V_i \approx \frac{1}{3}\pi 3(f(x_i))^2\Delta x_i = \pi(f(x_i))^2\Delta x_i
$$

ΔV_i ist also näherungsweise das Volumen eines Kreiszylinders mit Radius $f(x_i)$ und Breite Δx_i. Für das Volumen V des Rotationskörpers erhält man:

$$
V = \lim_{\substack{n\to\infty \\ \Delta x_i\to 0}} \sum_{i=1}^{n} \Delta V_i = \lim_{\substack{n\to\infty \\ \Delta x_i\to 0}} \sum_{i=1}^{n} \pi(f(x_i))^2\Delta x_i = \pi\int_a^b (f(x))^2\mathrm{d}x
$$

Für die Mantelfläche ΔA_i des i-ten Kreiskegelstumpfes gilt:

$$
\begin{aligned}
\Delta A_i &= \pi(r_1 + r_2)\sqrt{d^2 + (r_2 - r_1)^2} \\
&= \pi(f(x_i) + f(x_i + \Delta x_i))\sqrt{\Delta x_i + (f(x_i + \Delta x_i) - f(x_i))^2} \\
&= \pi(f(x_i) + f(x_i + \Delta x_i))\sqrt{1 + \left(\frac{f(x_i + \Delta x_i) - f(x_i)}{\Delta x_i}\right)^2}\,\Delta x_i
\end{aligned}
$$

Für kleine Δx_i gilt näherungsweise:

$$
\Delta A_i \approx 2\pi f(x_i)\sqrt{1 + (f'(x_i))^2}\,\Delta x_i
$$

Für die Mantelfläche A des Rotationskörpers erhält man:

$$
\begin{aligned}
A &= \lim_{\substack{n\to\infty\\ \Delta x_i\to 0}} \sum_{i=1}^{n} \Delta A_i = \lim_{\substack{n\to\infty\\ \Delta x_i\to 0}} \sum_{i=1}^{n} 2\pi f(x_i)\sqrt{1+(f'(x_i))^2}\,\Delta x_i \\
&= 2\pi \int_a^b f(x)\sqrt{1+(f'(x))^2}\,\mathrm{d}x
\end{aligned}
$$

Für die Masse Δm_i des i-ten Kreiskegelstumpfes gilt (ρ ist die Massendichte):

$$\Delta m_i = \rho \Delta V_i \approx \rho\pi(f(x_i))^2 \Delta x_i$$

Die x-Komponente x_s des Schwerpunktes ist gegeben durch:

$$
\begin{aligned}
x_s &= \lim_{\substack{n\to\infty\\ \Delta x_i\to 0}} \frac{\displaystyle\sum_{i=1}^{n} x_i \Delta m_i}{\displaystyle\sum_{i=1}^{n} \Delta m_i} = \frac{\displaystyle\lim_{\substack{n\to\infty\\ \Delta x_i\to 0}}\sum_{i=1}^{n} x_i \Delta V_i}{\displaystyle\lim_{\substack{n\to\infty\\ \Delta x_i\to 0}}\sum_{i=1}^{n} \Delta V_i} = \frac{\displaystyle\lim_{\substack{n\to\infty\\ \Delta x_i\to 0}}\sum_{i=1}^{n} x_i(f(x_i))^2\Delta x_i}{\displaystyle\lim_{\substack{n\to\infty\\ \Delta x_i\to 0}}\sum_{i=1}^{n} (f(x_i))^2\Delta x_i} \\
&= \frac{\displaystyle\int_a^b x(f(x))^2\mathrm{d}x}{\displaystyle\int_a^b (f(x))^2\mathrm{d}x}
\end{aligned}
$$

Das Massenträgheitsmoment ΔJ_i des i-ten Kreiskegelstumpfes bei Rotation um die x-Achse ist näherungsweise das Massenträgheitsmoment eines Kreiszylinders mit Radius r_1 und Breite d. Es gilt (ρ ist die Massendichte, Δm_i die Masse des Kreiszylinders):

$$\Delta J_i = \frac{1}{2}\Delta m_i r_i^2 = \frac{1}{2}\rho\,\Delta V_i\, r_i^2 = \frac{1}{2}\rho\pi r_i^2 d\, r_i^2 = \rho\frac{\pi}{2}r_i^4 d = \rho\frac{\pi}{2}(f(x_i))^4 \Delta x_i$$

Für das Massenträgheitsmoment J des Rotationskörpers bei Rotation um die x-Achse erhält man:

$$J = \lim_{\substack{n\to\infty\\ \Delta x_i\to 0}} \sum_{i=1}^{n} \Delta J_i = \rho\frac{\pi}{2}\lim_{\substack{n\to\infty\\ \Delta x_i\to 0}} \sum_{i=1}^{n} (f(x_i))^4\Delta x_i = \rho\frac{\pi}{2}\int_a^b (f(x))^4 \mathrm{d}x$$

Würde man die dünnen Kreiskegelstümpfe wie bei der Berechnung des Massenträgheitsmomentes durch dünne Kreiszylinder annähern, so würde man mit dieser etwas gröberen Näherung für das Volumen und den Schwerpunkt die gleichen Ergebnisse erhalten. Für die Mantelfläche würde man aber zu einer falschen Formel gelangen.

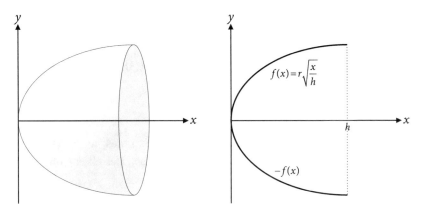

Abb. 4.15: Rotationsparaboloid.

Beispiel 4.22: Rotationsparaboloid

Wir berechnen das Volumen V, die Mantelfläche A, die x-Komponente x_s des Schwerpunktes und das Trägheitsmoment J (bei Rotation um die x-Achse) für ein Rotationsparaboloid, das durch die Funktion $f(x) = r\sqrt{\frac{x}{h}}$ beschrieben wird (s. Abb. 4.15).

$$V = \pi \int_0^h (f(x))^2 \mathrm{d}x = \pi \frac{r^2}{h} \int_0^h x \mathrm{d}x = \frac{\pi}{2} r^2 h$$

$$A = 2\pi \int_0^h f(x)\sqrt{1 + (f'(x))^2}\ \mathrm{d}x = 2\pi r \int_0^h \sqrt{\frac{x}{h}} \sqrt{1 + \left(\frac{r}{2\sqrt{hx}}\right)^2}\ \mathrm{d}x$$

$$= 2\pi r \int_0^h \sqrt{\frac{x}{h} + \frac{r^2}{4h^2}}\ \mathrm{d}x = 2\pi r \left[\frac{2}{3} h \sqrt{\frac{x}{h} + \frac{r^2}{4h^2}}^{\,3}\right]_0^h$$

$$= \frac{4}{3}\pi rh \left(\sqrt{1 + \frac{r^2}{4h^2}}^{\,3} - \sqrt{\frac{r^2}{4h^2}}^{\,3}\right) = \frac{\pi}{6} \frac{r}{h^2} \left(\sqrt{r^2 + 4h^2}^{\,3} - r^3\right)$$

$$x_s = \frac{\int_0^h x(f(x))^2 \mathrm{d}x}{\int_0^h (f(x))^2 \mathrm{d}x} = \frac{\frac{r^2}{h}\int_0^h x^2 \mathrm{d}x}{\frac{1}{2} r^2 h} = \frac{\frac{r^2}{h}\frac{1}{3} h^3}{\frac{1}{2} r^2 h} = \frac{2}{3} h$$

$$J = \rho \frac{\pi}{2} \int_0^h (f(x))^4 \mathrm{d}x = \rho \frac{\pi}{2} \frac{r^4}{h^2} \int_0^h x^2 \mathrm{d}x = \rho \frac{\pi}{2} \frac{r^4}{h^2} \frac{1}{3} h^3 = \frac{1}{3} \rho V r^2 = \frac{1}{3} m r^2$$

mit der Masse $m = \rho V$ des Rotationskörpers   ∎

Mittelwert in der Elektrotechnik

Legt man an einen ohmschen Widerstand mit Widerstandwert R eine kosinusförmige Wechselspannung an, dann sind Spannung $U(t)$ und Strom $I(t)$ Funktionen der Zeit t, und es gilt:

$$U(t) = U_0 \cos(\omega t + \alpha) \qquad I(t) = I_0 \cos(\omega t + \alpha)$$

U_0 bzw. I_0 ist der Maximalwert der Spannung bzw. des Stromes, $\omega = \frac{2\pi}{T}$ ist die Kreisfrequenz, T die Periodendauer und α die Anfangsphase. Bei einem ohmschen Widestand gilt das Ohm'sche Gesetz:

$$U(t) = R\,I(t) \qquad U_0 = R\,I_0$$

Die zeitabhängige Leistung $P(t)$ ist gegeben durch:

$$P(t) = U(t)\,I(t) = R\,I(t)^2$$

Der Mittelwert der Leistung über eine Periode ist nach (4.3):

$$\bar{P} = \frac{1}{T}\int_0^T P(t)\mathrm{d}t = \frac{1}{T}\int_0^T U(t)I(t)\mathrm{d}t = R\,\frac{1}{T}\int_0^T I(t)^2\mathrm{d}t = R\,I_{\text{eff}}^2$$

Die effektive Stromstärke I_{eff} und die effektive Spannung U_{eff} sind definiert durch:

$$I_{\text{eff}} = \sqrt{\frac{1}{T}\int_0^T I(t)^2\mathrm{d}t} \qquad U_{\text{eff}} = \sqrt{\frac{1}{T}\int_0^T U(t)^2\mathrm{d}t}$$

Die effektive Stromstärke I_{eff} bzw. die effektive Spannung U_{eff} ist die Wurzel aus dem Mittelwert von $I(t)^2$ bzw. $U(t)^2$ über eine Periode. Für den Strom $I(t) = I_0 \cos(\omega t + \alpha)$ erhält man mit $\omega T = 2\pi$:

$$
\begin{aligned}
I_{\text{eff}}^2 &= \frac{1}{T}\int_0^T I(t)^2\mathrm{d}t = I_0^2\,\frac{1}{T}\int_0^T \cos^2(\omega t + \alpha)\mathrm{d}t \\
&= I_0^2\,\frac{1}{T}\left[\frac{1}{2\omega}\cos(\omega t + \alpha)\sin(\omega t + \alpha) + \frac{t}{2}\right]_0^T = I_0^2\,\frac{1}{T}\frac{T}{2} = \frac{1}{2}I_0^2 \\
I_{\text{eff}} &= \frac{1}{\sqrt{2}}I_0
\end{aligned}
$$

Ebenso erhält man für die Spannung $U(t) = U_0 \cos(\omega t + \alpha)$:

$$U_{\text{eff}} = \frac{1}{\sqrt{2}}U_0$$

Wegen $\bar{P} = R I_{\text{eff}}^2$ ist bei der an dem ohmschen Widerstand angelegten Wechselspannung die mittlere Leistung über eine Periode genauso groß wie die Leistung bei einer angelegten Gleichspannung mit $U = U_{\text{eff}}$ mit einem Gleichstrom $I = I_{\text{eff}}$.

Beispiele aus der Physik

Bei einer geradlinigen Bewegung sind der Ort $x(t)$, die Geschwindigkeit $v(t)$ und die Beschleunigung $a(t)$ Funktionen der Zeit t. Die Geschwindigkeit ist die Ableitung des Ortes, die Beschleunigung ist die Ableitung der Geschwindigkeit nach der Zeit (die Ableitung wird durch einen Punkt gekennzeichnet).

$$v(t) = \dot{x}(t)$$
$$a(t) = \dot{v}(t)$$

Wir integrieren diese Gleichungen über das Intervall $[t_0,t]$.

$$\int_{t_0}^{t} v(\tau)\mathrm{d}\tau = \int_{t_0}^{t} \dot{x}(\tau)\mathrm{d}\tau = \left[x(\tau)\right]_{t_0}^{t} = x(t) - x(t_0)$$

$$\int_{t_0}^{t} a(\tau)\mathrm{d}\tau = \int_{t_0}^{t} \dot{v}(\tau)\mathrm{d}\tau = \left[v(\tau)\right]_{t_0}^{t} = v(t) - v(t_0)$$

Damit erhalten wir folgende Beziehungen der Kinematik:

$$x(t) = x(t_0) + \int_{t_0}^{t} v(\tau)\mathrm{d}\tau$$

$$v(t) = v(t_0) + \int_{t_0}^{t} a(\tau)\mathrm{d}\tau$$

Wird auf einen Körper entlang eines geradlinigen Weges vom Ort x_1 zum Ort x_2 eine (ortsabhängige) Kraft $F(x)$ in Richtung des Weges ausgeübt, so ist die verrichtete Arbeit gegeben durch:

$$W = \int_{x_1}^{x_2} F(x)\mathrm{d}x$$

Bei der Verrichtung von Arbeit mit einer (zeitabhängigen) Leistung $P(t)$ gilt für die im Zeitintervall $[t_1,t_2]$ verrichtete Arbeit:

$$W = \int_{t_1}^{t_2} P(t)\mathrm{d}t$$

Wahrscheinlichkeitsrechnung

Die Wahrscheinlichkeit, dass der Wert einer stetigen Zufallsvariablen zwischen x_1 und x_2 liegt, ist gegeben durch das Integral

$$\int_{x_1}^{x_2} f(x)\mathrm{d}x$$

Die Funktion $f(x)$ heißt Wahrscheinlichkeitsdichte der Zufallsgröße. Viele stetige Zufallsvariablen sind (zumindest näherungsweise) normalverteilt. Für für eine normalverteilte Zufallsvariable gilt:

$$f(x) = \frac{1}{\sigma\sqrt{2\pi}}\, \mathrm{e}^{-\frac{1}{2}\left(\frac{x-\mu}{\sigma}\right)^2}$$

Die Parameter μ und σ haben für eine bestimmte normalverteilte Zufallsvariable bestimmte, konkrete Werte. Die Wahrscheinlichkeit, dass der Wert einer normalverteilten Zufallsvariablen zwischen x_1 und x_2 liegt, ist gegeben durch das Integral

$$\int_{x_1}^{x_2} \frac{1}{\sigma\sqrt{2\pi}}\, \mathrm{e}^{-\frac{1}{2}\left(\frac{x-\mu}{\sigma}\right)^2}\,\mathrm{d}x$$

Mit $\varphi(u) = \frac{1}{\sqrt{2\pi}}\,\mathrm{e}^{-\frac{1}{2}u^2}$ und $g(x) = \frac{x-\mu}{\sigma}$ kann man dieses Integral auch folgendermaßen schreiben:

$$\int_{x_1}^{x_2} \varphi(g(x))g'(x)\mathrm{d}x$$

Aus der Substitutionsformel (4.23) folgt:

$$\int_{x_1}^{x_2} \varphi(g(x))g'(x)\mathrm{d}x = \int_{g(x_1)}^{g(x_2)} \varphi(u)\mathrm{d}u = \int_{\frac{x_1-\mu}{\sigma}}^{\frac{x_2-\mu}{\sigma}} \frac{1}{\sqrt{2\pi}}\, \mathrm{e}^{-\frac{1}{2}u^2}\,\mathrm{d}u$$

Die Wahrscheinlichkeit, dass der Wert einer normalverteilten Zufallsvariablen zwischen x_1 und x_2 liegt, ist gegeben durch:

$$\int_{u_1}^{u_2} \varphi(u)\mathrm{d}u \qquad \text{mit } \varphi(u) = \frac{1}{\sqrt{2\pi}}\,\mathrm{e}^{-\frac{1}{2}u^2} \qquad \text{und } u_1 = \frac{x_1-\mu}{\sigma},\ u_2 = \frac{x_2-\mu}{\sigma}$$

4.9 Aufgaben zu Kapitel 4

Falls es in der Aufgabenstellung nicht anders angegeben ist, sollen bei der Bestimmung von Stammfunktionen und Berechnung von Integralen keine Integraltafeln von Formelsammlungen, sondern nur die Tabelle 4.2 verwendet werden. Geben Sie als Ergebnis eine Stammfunktion an, wenn Sie ein unbestimmtes Integral berechnen sollen (sie müssen nicht eine Konstante C dazu addieren).

4.1 Berechnen Sie das Integral

$$\int_a^b e^x \, dx$$

gemäß (4.1), d.h. auf die gleiche Weise wie in Beispiel 4.2

4.2 Geben Sie ohne Rechnung den Wert der folgenden bestimmten Integrale an:

a) $\displaystyle\int_{-\sqrt{2}}^{\sqrt{2}} \sin(x^3)\,dx$ b) $\displaystyle\int_{-\pi}^{\pi} \tanh(x + \sin x)\,dx$

4.3 Berechnen Sie ohne partielle Integration und ohne Substitution die folgenden unbestimmten Integrale:

a) $\displaystyle\int \cos\left(\tfrac{1}{2}x + \pi\right) dx$ b) $\displaystyle\int \frac{4x}{2 + x^2}\,dx$ c) $\displaystyle\int \frac{3\cos x}{2 + \sin x}\,dx$

d) $\displaystyle\int \frac{4}{4 + x^2}\,dx$ e) $\displaystyle\int \frac{4x}{3 + 2x}\,dx$

4.4 Berechnen Sie die folgenden unbestimmten Integrale durch partielle Integration:

a) $\displaystyle\int \sqrt{x}\ln x \, dx$ b) $\displaystyle\int x^3 e^x \, dx$ c) $\displaystyle\int \frac{\ln x}{x}\,dx$

d) $\displaystyle\int \sin^2 x \, dx$ e) $\displaystyle\int x(\ln x)^2 dx$ f) $\displaystyle\int e^x \sin x \, dx$

g) $\displaystyle\int x^2 [\ln(x^2)]^2 dx$

4.5 Berechnen Sie die folgenden unbestimmten Integrale durch Substitution. Wählen Sie selbst eine geeignete Substitution, wenn keine angegeben ist.

a) $\displaystyle\int x\,e^{x^2}\,dx$ b) $\displaystyle\int \frac{\ln x}{x(1 + \ln x)}\,dx$ c) $\displaystyle\int \frac{e^x}{\sqrt{1 + e^x}}\,dx$

d) $\displaystyle\int \frac{1}{x^3}\,e^{-\frac{1}{x}}\,dx$ e) $\displaystyle\int \frac{1}{\sqrt{x^2 + 4}}\,dx$ $x = 2\sinh u$

4.6 Berechnen Sie die folgenden unbestimmten Integrale:

a) $\displaystyle\int x^5 e^{x^2}\,dx$ b) $\displaystyle\int \ln(1 - x)dx$ c) $\displaystyle\int \ln(1 + x)dx$

d) $\displaystyle\int \ln(1 - x^2)dx$ e) $\displaystyle\int \cos(\ln x)dx$ f) $\displaystyle\int \cosh(\ln x)dx$

4.7 Berechnen Sie die folgenden unbestimmten Integrale:

$$\text{a) } f(x) = \frac{3x^3 + 3x + 2}{x^4 - 1} \qquad \text{b) } f(x) = \frac{2x^2 + 2x + 2}{x^4 - 2x^3 + 2x^2 - 2x + 1}$$

4.8 Berechnen Sie die folgenden unbestimmten Integrale jeweils auf zwei Arten: durch partielle Integration und durch Substitution:

$$\text{a) } \int \sinh x \cdot \ln(\cosh x)\mathrm{d}x \qquad \text{b) } \int (2x + \mathrm{e}^x)\ln(x^2 + \mathrm{e}^x)\mathrm{d}x \qquad \text{c) } \int \frac{(\ln x)^2}{x}\mathrm{d}x$$

4.9 Berechnen Sie die folgenden bestimmten Integrale:

$$\text{a) } \int_0^2 \frac{2x}{1 + \frac{1}{4}x^2}\mathrm{d}x \qquad \text{b) } \int_0^{\frac{1}{4}\pi^2} \cos\sqrt{x}\,\mathrm{d}x \qquad \text{c) } \int_0^{2\pi} \cos^2 x\mathrm{d}x$$

4.10 Berechnen Sie die folgenden uneigentlichen Integrale:

$$\text{a) } \int_0^\infty x^2\,\mathrm{e}^{-x}\,\mathrm{d}x \qquad \text{b) } \int_0^\infty x^3\,\mathrm{e}^{-x^2}\,\mathrm{d}x \qquad \text{c) } \int_0^\infty \mathrm{e}^{-\sqrt{x}}\,\mathrm{d}x \qquad \text{d) } \int_0^\infty \frac{x}{\cosh^2 x}\mathrm{d}x$$

$$\text{e) } \int_0^\infty \frac{1}{x^2}\,\mathrm{e}^{-\frac{1}{x}}\,\mathrm{d}x \qquad \text{f) } \int_0^1 x^2\ln x\,\mathrm{d}x \qquad \text{g) } \int_{-1}^1 \ln(1 - x^2)\mathrm{d}x$$

4.11 Berechnen Sie den Flächeninhalt der Fläche, die von den Graphen der Funktion $f(x) = x^3$ und der Umkehrfunktion $f^{-1}(x)$ eingeschlossen wird.

4.12 Die Funktion $f(x) = x\,\mathrm{e}^{-x^2}$ hat ein Maximum bei x_0 mit dem Funktionswert $f(x_0) = y_0$. Mit der eingeschränkten Definitionsmenge $D_f = [-x_0, x_0]$ ist die Funktion umkehrbar. Berechnen Sie folgende Integrale:

$$\text{a) } \int_0^{x_0} f(x)\mathrm{d}x \qquad \text{b) } \int_0^{y_0} f^{-1}(x)\mathrm{d}x$$

4.13 Berechnen Sie die Bogenlänge der Graphen der folgenden Funktionen zwischen den Stellen x_1 und x_2. Es dürfen Integraltabellen von Formelsammlungen verwendet werden.

$$\begin{aligned}
&\text{a) } f(x) = \cosh x && x_1 = -\ln 2 && x_2 = \ln 2 \\
&\text{b) } f(x) = x^2 && x_1 = 0 && x_2 = 1 \\
&\text{c) } f(x) = \sqrt{x} && x_1 = 0 && x_2 = 1 \\
&\text{d) } f(x) = \ln x && x_1 = 1 && x_2 = 2
\end{aligned}$$

4.14 Für den Erwartungswert μ und die Varianz σ^2 einer Zufallsvariablen mit der Wahrscheinlichkeitsdichte $f(x)$ gilt:

$$\mu = \int_{-\infty}^\infty xf(x)\mathrm{d}x \qquad \sigma^2 = \int_{-\infty}^\infty (x - \mu)^2 f(x)\mathrm{d}x$$

Berechnen Sie den Erwartungswert μ und die Standardabweichung $\sigma = \sqrt{\sigma^2}$ für eine exponentialverteilte Zufallsvariable mit der Wahrscheinlichkeitsdichte

$$f(x) = \begin{cases} \lambda\,e^{-\lambda x} & \text{für } x \geq 0 \\ 0 & \text{für } x < 0 \end{cases} \qquad \lambda > 0$$

4.15 Beim freien Fall eines Körpers wird im Zeitintervall $[0,t]$ die Strecke

$$s(t) = \int\limits_0^t v(z)\,\mathrm{d}z$$

zurückgelegt. Hier ist $v(t)$ die zeitabhängige Geschwindigkeit. Die Funktion $v(t)$ hängt davon ab, unter welchen Bedingungen der Fall erfolgt. Folgende Fälle sind möglich:

$$\text{a) } v(t) = gt \qquad \text{b) } v(t) = u\left(1 - e^{-\frac{t}{\tau}}\right) \qquad \text{c) } v(t) = u\tanh\frac{t}{\tau}$$

mit Konstanten g, u und τ. Berechnen Sie für diese drei Fälle jeweils $s(t)$.

4.16 Über einer leitenden, unendlich ausgedehnten Ebene befindet sich eine negative Ladung $-q$ am Ort $(x,y,z) = (0,0,h)$. Der Abstand von der Ebene sei h. Auf der Ebene $(z = 0)$ stellt sich eine Ladungsverteilung ein, die durch folgende Flächenladungsdichte beschrieben werden kann:

$$\sigma(r) = \frac{qh}{2\pi}\frac{1}{\sqrt{(r^2 + h^2)^3}}$$

r ist der Abstand eines Punktes auf der Ebene vom Ursprung. Der Flächeninhalt eines dünnen Kreisringes mit Radius r, Breite Δr und Mittelpunkt im Ursprung ist

$$\Delta A \approx 2\pi r \Delta r$$

Die Ladung auf einem dünnen Kreisring mit Radius r, Breite Δr und Mittelpunkt im Ursprung ist

$$\Delta q \approx \sigma(r)\Delta A = qh\frac{r}{\sqrt{(r^2 + h^2)^3}}\Delta r$$

Diese Näherungen sind umso besser je kleiner Δr ist. Betrachten Sie einen Kreis mit Radius R und Mittelpunkt im Ursprung. Berechnen Sie die Ladung auf dem Kreis folgendermaßen: Zerlegen Sie den Kreis in n dünne Kreisringe mit den Radien r_i, den Breiten Δr_i und den Ladungen Δq_i. Summieren Sie die Ladungen Δq_i. Berechnen Sie den Grenzwert dieser Summe für $n \to \infty$ bzw. $\Delta r_i \to 0$.

5 Vektorrechnung

Übersicht

5.1 Vektoren und Vektorraum

Wir wollen uns bei der Einführung in die Vektorrechnung von einem Beispiel aus der Physik (Kräfte) motivieren und leiten lassen. Eine Kraft ist gekennzeichnet durch zwei Eigenschaften: Die „Stärke" der Kraft und die Richtung, in welche die Kraft wirkt. Man kann eine Kraft durch einen Pfeil darstellen (s. Abb. 5.1, links). Die Länge des Pfeils gibt die Stärke an und die Richtung des Pfeils zeigt, in welche Richtung die Kraft wirkt. Als Symbol wird ein Buchstabe mit einem Pfeil darüber verwendet.

Abb. 5.1: Darstellung von Kräften durch Pfeile.

Kräfte, die jeweils die gleiche Stärke und die gleiche Richtung haben, werden nicht voneinander unterschieden. Zwei Kräfte sind gleich, wenn sie den gleichen Betrag und die gleiche Richtung haben. Alle Pfeile rechts in Abb. 5.1 stellen die gleiche Kraft $\vec{F}$ dar.

Unter dem Dreifachen $3\vec{F}$ einer Kraft $\vec{F}$ versteht man eine Kraft, die dreimal so stark wie $\vec{F}$ ist und die gleiche Richtung wie $\vec{F}$ hat. Die Länge des Pfeils, der $3\vec{F}$ darstellt, ist also dreimal so lang wie die Länge des Pfeils, der $\vec{F}$ darstellt. Die Länge des Pfeils, der die λ-fache Kraft $\lambda\vec{F}$ darstellt (mit $\lambda > 0$), ist λ-mal so lang wie der Pfeil, der $\vec{F}$ darstellt (s. Abb. 5.2).

Abb. 5.2: Das Vielfache einer Kraft.

Wirken zwei Kräfte $\vec{F}_1$ und $\vec{F}_2$ an einem Punkt, so haben diese Kräfte die gleiche Wirkung, wie eine Gesamtkraft $\vec{F} = \vec{F}_1 + \vec{F}_2$, die man als Summe der beiden Kräfte bezeichnet, und für die Folgendes gilt: Setzt man durch Parallelverschiebung den Anfang von $\vec{F}_2$ an die Spitze von $\vec{F}_1$, so stellt der Pfeil vom Anfang von $\vec{F}_1$ zur Spitze von $\vec{F}_2$ die Summe $\vec{F}_1 + \vec{F}_2$ dar (s. Abb. 5.3, links). Dieser Pfeil bildet eine Diagonale des Parallelogramms, das von $\vec{F}_1$ und $\vec{F}_2$ aufgespannt wird (s. Abb. 5.3, rechts).

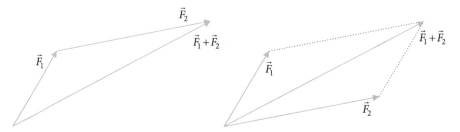

Abb. 5.3: Die Summer zweier Kräfte.

Zu jeder Kraft $\vec{F}$ gibt es eine gleich starke, entgegengesetzt gerichtete Kraft $-\vec{F}$, die die Wirkung von $\vec{F}$ aufhebt. Bildet man (wie oben beschrieben) die Summe $\vec{F} + (-\vec{F})$ dieser Kräfte, so stellt die Summe keinen Pfeil dar, sondern einen Punkt („Pfeil" mit der „Länge" null und ohne Richtung). Diese Summe stellen wir durch das Symbol $\vec{0}$ dar („Kraft" mit der Stärke null).

Wir wollen nun die beschriebenen Sachverhalte für Kräfte mathematisch erfassen bzw. abbilden und präzisieren. Eine Größe, die durch Pfeile gleicher Länge und Richtung dargestellt werden kann, nennen wir einen **Vektor**. Als Symbol für einen Vektor verwenden wir einen Buchstaben mit einem Pfeil darüber. Alle Pfeile mit gleicher Länge und gleicher Richtung stellen den gleichen Vektor dar. Es gibt also unendlich viele Pfeile, die den gleichen Vektor repräsentieren. Wir wollen einen Vektor jedoch mathematisch durch ein einziges Objekt darstellen. Dazu verwenden wir ein kartesisches Koordinatensystem. Hat man es mit Vektoren zu tun, die alle in der gleichen Ebene liegen, kann man ein zweidimensionales (x,y)-Koordinatensystem verwenden. Wir betrachten nun einen Pfeil, der einen Vektor $\vec{a}$ darstellt, und bestimmen die Differenzen

$$a_x = x_2 - x_1$$
$$a_y = y_2 - y_1$$

der Koordinaten von Pfeilspitze und Pfeilanfang (s. Abb. 5.4, links).

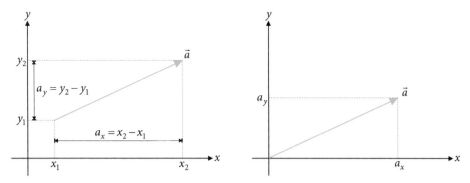

Abb. 5.4: Komponenten a_x, a_y eines Vektors $\vec{a}$.

Auf diese Weise kommen wir für jeden Pfeil, der den Vektor $\vec{a}$ darstellt, zum gleichen Zahlenpaar (a_x, a_y). Wir erhalten dieses Zahlenpaar auch folgendermaßen: Setzt man durch Parallelverschiebung den Pfeilanfang in den Ursprung, so sind a_x, a_y die Koordinaten der Pfeilspitze (s. Abb. 5.4, rechts). Wir stellen den Vektor $\vec{a}$ durch dieses Zahlenpaar dar. Hierfür gibt es die zwei folgenden Möglichkeiten:

Definition 5.1: Vektor in der Ebene

Spaltenvektor: $\vec{a} = \begin{pmatrix} a_x \\ a_y \end{pmatrix}$ Zeilenvektor: $\vec{a} = (a_x, a_y)$ $\qquad a_x, a_y \in \mathbb{R}$ (5.1)

Hat man es mit Vektoren zu tun, die nicht alle in einer Ebene liegen, verwendet man ein dreidimensionales (x,y,z)-Koordinatensystem. Wir bilden wieder die Differenzen

$$a_x = x_2 - x_1$$
$$a_y = y_2 - y_1$$
$$a_z = z_2 - z_1$$

der Koordinaten von Pfeilspitze und Pfeilanfang (s. Abb. 5.5, links). Auf diese Weise kommen wir für jeden Pfeil, der den Vektor $\vec{a}$ darstellt, zum gleichen Zahlentripel (a_x, a_y, a_z). Dieses erhalten wir auch folgendermaßen: Setzt man durch Parallelverschiebung den Pfeilanfang in den Ursprung, so sind a_x, a_y, a_z die Koordinaten der Pfeilspitze (s. Abb. 5.5, rechts).

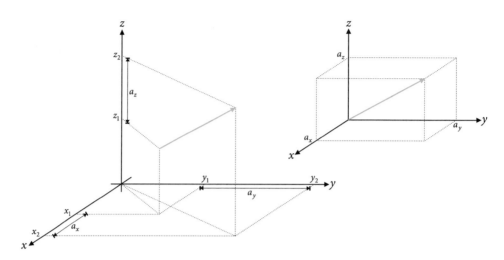

Abb. 5.5: Komponenten a_x, a_y, a_z eines Vektors $\vec{a}$.

Wir stellen den Vektor $\vec{a}$ durch dieses Zahlentripel dar. Hierfür gibt es wieder zwei Möglichkeiten:

Definition 5.2: Vektor im dreidimensionalen Raum

$$\text{Spaltenvektor: } \vec{a} = \begin{pmatrix} a_x \\ a_y \\ a_z \end{pmatrix} \quad \text{Zeilenvektor: } \vec{a} = (a_x, a_y, a_z) \quad a_x, a_y, a_z \in \mathbb{R} \quad (5.2)$$

Damit hat man Vektoren als Zahlenpaare oder Zahlentripel, d.h. als Elemente des $\mathbb{R}^2$ oder $\mathbb{R}^3$. Es ist naheliegend, diesen Vektorbegriff zu verallgemeinern und auch Elemente des $\mathbb{R}^n$, d.h. n-Tupel, als Vektoren zu betrachten:

Definition 5.3: Vektor als Element des $\mathbb{R}^n$

$$\text{Spaltenvektor: } \vec{a} = \begin{pmatrix} a_1 \\ \vdots \\ a_n \end{pmatrix} \quad \text{Zeilenvektor: } \vec{a} = (a_1, \ldots, a_n) \quad a_1, \ldots, a_n \in \mathbb{R} \quad (5.3)$$

Die Zahlen $a_1, \ldots, a_n$ (bzw. a_x, a_y, a_z oder a_x, a_y) heißen **Komponenten** des Vektors. Sofern man Vektoren nicht als spezielle Matrizen betrachtet und nicht mit Matrizen rechnet (s. Kap. 6), spielt es keine Rolle, ob man einen Vektor als Spalten- oder Zeilenvektor darstellt. Während in der reinen Mathematik häufig die Zeilendarstellung verwendet wird, ist in der angewandten Mathematik eher die Spaltendarstellung üblich. Für $n > 3$ kann man Vektoren nicht mehr als Pfeile veranschaulichen. Wir definieren nun die Addition zweier Vektoren folgendermaßen:

Definition 5.4: Addition zweier Vektoren $\vec{a}, \vec{b}$

$\vec{a}, \vec{b} \in \mathbb{R}^2 \qquad \vec{a} + \vec{b} = \begin{pmatrix} a_x \\ a_y \end{pmatrix} + \begin{pmatrix} b_x \\ b_y \end{pmatrix} = \begin{pmatrix} a_x + b_x \\ a_y + b_y \end{pmatrix}$ (5.4)

$\vec{a}, \vec{b} \in \mathbb{R}^3 \qquad \vec{a} + \vec{b} = \begin{pmatrix} a_x \\ a_y \\ a_z \end{pmatrix} + \begin{pmatrix} b_x \\ b_y \\ b_z \end{pmatrix} = \begin{pmatrix} a_x + b_x \\ a_y + b_y \\ a_z + b_z \end{pmatrix}$ (5.5)

$\vec{a}, \vec{b} \in \mathbb{R}^n \qquad \vec{a} + \vec{b} = \begin{pmatrix} a_1 \\ \vdots \\ a_n \end{pmatrix} + \begin{pmatrix} b_1 \\ \vdots \\ b_n \end{pmatrix} = \begin{pmatrix} a_1 + b_1 \\ \vdots \\ a_n + b_n \end{pmatrix}$ (5.6)

Die Vektoraddition ist nur für Vektoren vom gleichen Typ (d.h. mit gleichem n) definiert. Ein Vektor $\vec{b} \in \mathbb{R}^3$ kann z.B. nicht zu einem Vektor $\vec{a} \in \mathbb{R}^2$ addiert werden. Im $\mathbb{R}^2$ und $\mathbb{R}^3$ kann die Vektoraddition graphisch (mit Pfeilen) veranschaulicht werden: Setzt man durch Parallelverschiebung den Anfang von $\vec{b}$ an die Spitze von $\vec{a}$, so stellt der Pfeil vom Anfang von $\vec{a}$ zur Spitze von $\vec{b}$ die Summe $\vec{a} + \vec{b}$ dar (s. Abb. 5.6). Dieser Pfeil bildet eine Diagonale des Parallelogramms, das von $\vec{a}$ und $\vec{b}$ aufgespannt wird (s. Abb. 5.6).

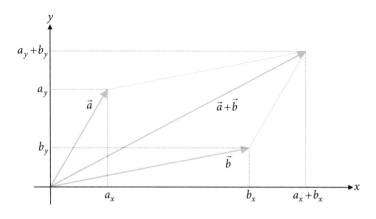

Abb. 5.6: Addition von Vektoren.

Die Vektoraddition ist kommutativ und assoziativ:

$\vec{a} + \vec{b} = \vec{b} + \vec{a}$ (5.7)

$(\vec{a} + \vec{b}) + \vec{c} = \vec{a} + (\vec{b} + \vec{c})$ (5.8)

Das neutrale Element bei der Vektoraddition ist der **Nullvektor** $\vec{0}$, dessen Komponenten alle null sind.

$$\text{im } \mathbb{R}^2\colon \ \vec{0} = \begin{pmatrix} 0 \\ 0 \end{pmatrix} \qquad \text{im } \mathbb{R}^3\colon \ \vec{0} = \begin{pmatrix} 0 \\ 0 \\ 0 \end{pmatrix} \qquad \text{im } \mathbb{R}^n\colon \ \vec{0} = \begin{pmatrix} 0 \\ \vdots \\ 0 \end{pmatrix} \tag{5.9}$$

Für den Nullvektor gilt:

$$\vec{a} + \vec{0} = \vec{0} + \vec{a} = \vec{a} \tag{5.10}$$

Das bei der Vektoraddition zu einem Vektor $\vec{a}$ inverse Element $-\vec{a}$ ist ein Vektor, dessen Komponenten jeweils entgegengesetzte Vorzeichen haben:

$$\text{im } \mathbb{R}^2\colon \quad \vec{a} = \begin{pmatrix} a_x \\ a_y \end{pmatrix} \qquad -\vec{a} = \begin{pmatrix} -a_x \\ -a_y \end{pmatrix} \tag{5.11}$$

$$\text{im } \mathbb{R}^3\colon \quad \vec{a} = \begin{pmatrix} a_x \\ a_y \\ a_z \end{pmatrix} \qquad -\vec{a} = \begin{pmatrix} -a_x \\ -a_y \\ -a_z \end{pmatrix} \tag{5.12}$$

$$\text{im } \mathbb{R}^n\colon \quad \vec{a} = \begin{pmatrix} a_1 \\ \vdots \\ a_n \end{pmatrix} \qquad -\vec{a} = \begin{pmatrix} -a_1 \\ \vdots \\ -a_n \end{pmatrix} \tag{5.13}$$

Für die Vektoren $\vec{a}$ und $-\vec{a}$ gilt:

$$\vec{a} + (-\vec{a}) = (-\vec{a}) + \vec{a} = \vec{0} \tag{5.14}$$

Der Vektor $-\vec{a}$ ist parallel zum Vektor $\vec{a}$, aber entgegengesetzt gerichtet (s. Abb. 5.7).

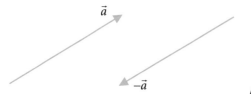

Abb. 5.7: Vektoren $\vec{a}$ und $-\vec{a}$.

Unter der Differenz $\vec{a} - \vec{b}$ zweier Vektoren versteht man $\vec{a} + (-\vec{b})$. Damit gilt für die Subtraktion von Vektoren:

$$\vec{a},\vec{b} \in \mathbb{R}^2 \qquad \vec{a} - \vec{b} = \begin{pmatrix} a_x \\ a_y \end{pmatrix} - \begin{pmatrix} b_x \\ b_y \end{pmatrix} = \begin{pmatrix} a_x - b_x \\ a_y - b_y \end{pmatrix} \tag{5.15}$$

$$\vec{a},\vec{b} \in \mathbb{R}^3 \qquad \vec{a} - \vec{b} = \begin{pmatrix} a_x \\ a_y \\ a_z \end{pmatrix} - \begin{pmatrix} b_x \\ b_y \\ b_z \end{pmatrix} = \begin{pmatrix} a_x - b_x \\ a_y - b_y \\ a_z - b_z \end{pmatrix} \tag{5.16}$$

$$\vec{a},\vec{b} \in \mathbb{R}^n \qquad \vec{a} - \vec{b} = \begin{pmatrix} a_1 \\ \vdots \\ a_n \end{pmatrix} - \begin{pmatrix} b_1 \\ \vdots \\ b_n \end{pmatrix} = \begin{pmatrix} a_1 - b_1 \\ \vdots \\ a_n - b_n \end{pmatrix} \tag{5.17}$$

Im $\mathbb{R}^2$ und $\mathbb{R}^3$ kann auch die Subtraktion graphisch (mit Pfeilen) ausgeführt werden: Setzt man durch Parallelverschiebung den Anfang von $-\vec{b}$ an die Spitze von $\vec{a}$, so stellt der Pfeil vom Anfang von $\vec{a}$ zur Spitze von $-\vec{b}$ die Differenz $\vec{a}-\vec{b}$ dar (s. Abb. 5.8). Auch dieser Pfeil bildet eine Diagonale des Parallelogramms, das von $\vec{a}$ und $\vec{b}$ aufgespannt wird (s. Abb. 5.8).

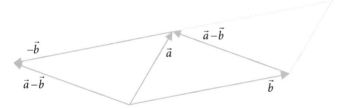

Abb. 5.8: Subtraktion von Vektoren.

Wir definieren nun die Multiplikation eines Vektors mit einer reellen Zahl:

Definition 5.5: Multiplikation eines Vektors mit einer Zahl $\lambda \in \mathbb{R}$

$$\vec{a} \in \mathbb{R}^2 \qquad \lambda\vec{a} = \lambda \begin{pmatrix} a_x \\ a_y \end{pmatrix} = \begin{pmatrix} \lambda a_x \\ \lambda a_y \end{pmatrix} \tag{5.18}$$

$$\vec{a} \in \mathbb{R}^3 \qquad \lambda\vec{a} = \lambda \begin{pmatrix} a_x \\ a_y \\ a_z \end{pmatrix} = \begin{pmatrix} \lambda a_x \\ \lambda a_y \\ \lambda a_z \end{pmatrix} \tag{5.19}$$

$$\vec{a} \in \mathbb{R}^n \qquad \lambda\vec{a} = \lambda \begin{pmatrix} a_1 \\ \vdots \\ a_n \end{pmatrix} = \begin{pmatrix} \lambda a_1 \\ \vdots \\ \lambda a_n \end{pmatrix} \tag{5.20}$$

Im $\mathbb{R}^2$ und $\mathbb{R}^3$ kann auch die Multiplikation mit einer Zahl graphisch (mit Pfeilen) ausgeführt werden: Der Pfeil $\lambda\vec{a}$ ist parallel zum Pfeil $\vec{a}$. Ist $\lambda > 0$, so hat $\lambda\vec{a}$ die gleiche Richtung und die λ-fache Länge wie $\vec{a}$. Ist $\lambda < 0$, so hat $\lambda\vec{a}$ die entgegengesetzte Richtung und die $|\lambda|$-fache Länge wie $\vec{a}$ (s. Abb. 5.9).

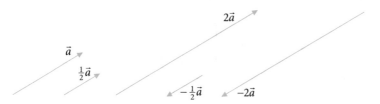

Abb. 5.9: Multiplikation eines Vektors mit einer Zahl.

Der Betrag eines Vektors ist folgendermaßen definiert:

Definition 5.6: Betrag $|\vec{a}|$ eines Vektors $\vec{a}$

$\vec{a} \in \mathbb{R}^2 \qquad |\vec{a}| = \sqrt{a_x^2 + a_y^2}$ \hfill (5.21)

$\vec{a} \in \mathbb{R}^3 \qquad |\vec{a}| = \sqrt{a_x^2 + a_y^2 + a_z^2}$ \hfill (5.22)

$\vec{a} \in \mathbb{R}^n \qquad |\vec{a}| = \sqrt{a_1^2 + \ldots + a_n^2}$ \hfill (5.23)

Im $\mathbb{R}^2$ und $\mathbb{R}^3$ ist der Betrag die Länge des Vektors (s. Abb. 5.10).

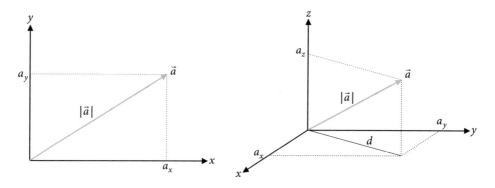

Abb. 5.10: Betrag eines Vektors.

Nach dem Satz von Pythagoras gilt im $\mathbb{R}^2$ die Gleichung $|\vec{a}|^2 = a_x^2 + a_y^2$ (s. Abb. 5.10, links) und im $\mathbb{R}^3$ die Gleichung $|\vec{a}|^2 = d^2 + a_z^2$ mit $d^2 = a_x^2 + a_y^2$ (s. Abb. 5.10, rechts). Daraus folgen die Gleichungen (5.21) und (5.22). Für den Betrag $|\vec{a}|$ schreibt man auch oft einfach nur a. Mit den so eingeführten Vektoren und Rechenoperationen haben wir die am Anfang des Kapitels dargestellten Sachverhalte für Kräfte mathematisch erfasst bzw. abgebildet und präzisiert. Für sie gelten folgende Rechenregeln, die man jeweils leicht durch Berechnen beider Seiten nachweisen kann ($\lambda,\mu \in \mathbb{R}$):

$$\mu(\lambda\vec{a}) = (\mu\lambda)\vec{a} \tag{5.24}$$

$$(\mu + \lambda)\vec{a} = \mu\vec{a} + \lambda\vec{a} \tag{5.25}$$

$$\lambda(\vec{a} + \vec{b}) = \lambda\vec{a} + \lambda\vec{b} \tag{5.26}$$

Die eingeführten Vektoren und Rechenoperationen bilden einen Vektorraum. Darunter versteht man Folgendes:

Definition 5.7: Vektorraum über $\mathbb{R}$

Für alle Elemente $\boldsymbol{a},\boldsymbol{b} \in V$ einer Menge V sei eine Summe $\boldsymbol{a} + \boldsymbol{b} \in V$ definiert. Ferner sei für alle Zahlen $\lambda \in \mathbb{R}$ und Elemente $\boldsymbol{a} \in V$ ein Produkt $\lambda \cdot \boldsymbol{a} \in V$ definiert. Die Menge V mit diesen zwei Verknüpfungen heißt **Vektorraum** über $\mathbb{R}$, wenn Folgendes gilt:

$$\boldsymbol{a} + \boldsymbol{b} = \boldsymbol{b} + \boldsymbol{a} \qquad \text{für alle } \boldsymbol{a},\boldsymbol{b} \in V \tag{5.27}$$

$$(\boldsymbol{a} + \boldsymbol{b}) + \boldsymbol{c} = \boldsymbol{a} + (\boldsymbol{b} + \boldsymbol{c}) \qquad \text{für alle } \boldsymbol{a},\boldsymbol{b},\boldsymbol{c} \in V \tag{5.28}$$

Es gibt ein neutrales Element $\boldsymbol{0}$ mit

$$\boldsymbol{a} + \boldsymbol{0} = \boldsymbol{0} + \boldsymbol{a} = \boldsymbol{a} \qquad \text{für alle } \boldsymbol{a} \in V \tag{5.29}$$

Es gibt zu jedem $\boldsymbol{a} \in V$ ein $-\boldsymbol{a} \in V$ mit

$$\boldsymbol{a} + (-\boldsymbol{a}) = (-\boldsymbol{a}) + \boldsymbol{a} = \boldsymbol{0} \qquad \text{für alle } \boldsymbol{a} \in V \tag{5.30}$$

$$1 \cdot \boldsymbol{a} = \boldsymbol{a} \qquad \text{für alle } \boldsymbol{a} \in V \tag{5.31}$$

$$\lambda(\mu \cdot \boldsymbol{a}) = (\lambda\mu) \cdot \boldsymbol{a} \qquad \text{für alle } \lambda,\mu \in \mathbb{R}, \boldsymbol{a} \in V \tag{5.32}$$

$$(\lambda + \mu) \cdot \boldsymbol{a} = \lambda \cdot \boldsymbol{a} + \mu \cdot \boldsymbol{a} \qquad \text{für alle } \lambda,\mu \in \mathbb{R}, \boldsymbol{a} \in V \tag{5.33}$$

$$\lambda \cdot (\boldsymbol{a} + \boldsymbol{b}) = \lambda \cdot \boldsymbol{a} + \lambda \cdot \boldsymbol{b} \qquad \text{für alle } \lambda \in \mathbb{R}, \boldsymbol{a},\boldsymbol{b} \in V \tag{5.34}$$

Die Elemente eines Vektorraums heißen Vektoren.

Aus den in der Definition 5.7 aufgeführten Eigenschaften folgt, dass bei der Addition von Vektoren und der Multiplikation von Vektoren mit Zahlen die gleichen Rechenregeln gelten, wie beim Rechnen mit Zahlen. Es gibt Vektoren, die keine n-Tupel sind und sich nicht durch Pfeile veranschaulichen lassen. Deshalb haben wir bei der Definition 5.7 Vektoren durch fett geschriebene Buchstaben ohne Pfeil dargestellt. Eine Menge von Matrizen (s. Kap. 6) oder eine Menge von Funktionen können mit bestimmten Verknüpfungen Vektoräume sein. Bei der Definition des Vektorraums kommt der Betrag eines Vektors nicht vor. Die allgemeine Defintion eines Vektors als Element eines Vektorraums benötigt nicht den Begriff des Betrags eines Vektors.

5.2   Skalarprodukt, Betrag und Winkel

Wir lassen uns bei der Einführung des Skalarproduktes wieder motivieren und leiten von einem Beispiel mit einer Kraft als Vektor: Entlang eines geradlinigen Weges, d.h. entlang eines Vektors $\vec{r}$, wird eine konstante Kraft $\vec{F}$ ausgeübt, die nicht parallel zum Weg, d.h. nicht parallel zu $\vec{r}$ ist (s. Abb. 5.11).

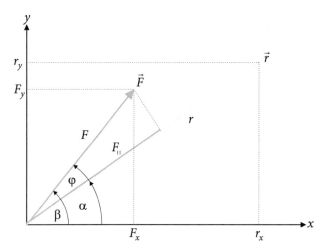

Abb. 5.11: Mechanische Arbeit als Beispiel für ein Skalarprodukt.

Der Winkel zwischen $\vec{r}$ bzw. $\vec{F}$ und der x-Achse sei α bzw. β. Der Betrag von $\vec{r}$ bzw. $\vec{F}$ wird mit r bzw. F bezeichnet. Der Winkel $\varphi = \beta - \alpha$ ist der Winkel zwischen Kraft und Weg, d.h. zwischen den Vektoren

$$\vec{F} = \begin{pmatrix} F_x \\ F_y \end{pmatrix} \quad \text{und} \quad \vec{r} = \begin{pmatrix} r_x \\ r_y \end{pmatrix}$$

Zur Arbeit W trägt nur die in Abb. 5.11 gezeigte, zum Weg parallele Komponente $F_{\parallel} = F \cos \varphi$ bei. Für die Arbeit gilt (Kraft $F_{\parallel}$ mal Weg r):

$$W = F_{\parallel} r = F \cos \varphi \, r = F r \cos(\beta - \alpha)$$

Mit dem Additionstheorem (2.89) erhält man:

$$\begin{aligned}
W &= F r \cos(\beta - \alpha) = F r (\cos \beta \cos \alpha + \sin \beta \sin \alpha) \\
&= \underbrace{F \cos \beta}_{F_x} \underbrace{r \cos \alpha}_{r_x} + \underbrace{F \sin \beta}_{F_y} \underbrace{r \sin \alpha}_{r_y} = F_x r_x + F_y r_y
\end{aligned}$$

Den Ausdruck $F_x r_x + F_y r_y$ nennt man Skalarprodukt der Vektoren $\vec{F}$ und $\vec{r}$ und schreibt hierfür $\vec{F} \cdot \vec{r}$. Es gilt also:

$$W = \vec{F} \cdot \vec{r} = \begin{pmatrix} F_x \\ F_y \end{pmatrix} \cdot \begin{pmatrix} r_x \\ r_y \end{pmatrix} = F_x r_x + F_y r_y$$

Definition 5.8: Skalarprodukt zweier Vektoren $\vec{a},\vec{b}$

$$\vec{a},\vec{b} \in \mathbb{R}^2 \qquad \vec{a} \cdot \vec{b} = \begin{pmatrix} a_x \\ a_y \end{pmatrix} \cdot \begin{pmatrix} b_x \\ b_y \end{pmatrix} = a_x b_x + a_y b_y \tag{5.35}$$

$$\vec{a},\vec{b} \in \mathbb{R}^3 \qquad \vec{a} \cdot \vec{b} = \begin{pmatrix} a_x \\ a_y \\ a_z \end{pmatrix} \cdot \begin{pmatrix} b_x \\ b_y \\ b_z \end{pmatrix} = a_x b_x + a_y b_y + a_z b_z \tag{5.36}$$

$$\vec{a},\vec{b} \in \mathbb{R}^n \qquad \vec{a} \cdot \vec{b} = \begin{pmatrix} a_1 \\ \vdots \\ a_n \end{pmatrix} \cdot \begin{pmatrix} b_1 \\ \vdots \\ b_n \end{pmatrix} = a_1 b_1 + \ldots + a_n b_n \tag{5.37}$$

Das Skalarprodukt ist eine Verknüpfung („Multiplikation") zweier Vektoren. Das Ergebnis ist kein Vektor, sondern eine Zahl. Im Gegensatz zur Multiplikation von Zahlen wird beim Skalarprodukt der Punkt nie weggelassen! Es gelten für alle Vektoren $\vec{a},\vec{b},\vec{c} \in \mathbb{R}^n$ und Zahlen $\lambda \in \mathbb{R}$ die folgenden Rechenregeln, die man durch Ausrechnen beider Seiten leicht nachweisen kann:

$$\vec{a} \cdot \vec{b} = \vec{b} \cdot \vec{a} \tag{5.38}$$

$$\vec{a} \cdot \vec{a} \geq 0 \tag{5.39}$$

$$\vec{a} \cdot \vec{a} = 0 \Leftrightarrow \vec{a} = \vec{0} \tag{5.40}$$

$$\lambda(\vec{a} \cdot \vec{b}) = (\lambda\vec{a}) \cdot \vec{b} = \vec{a} \cdot (\lambda\vec{b}) \tag{5.41}$$

$$\vec{a} \cdot (\vec{b} + \vec{c}) = \vec{a} \cdot \vec{b} + \vec{a} \cdot \vec{c} \tag{5.42}$$

Für den Betrag eines Vektors gilt:

$$|\vec{a}| = \sqrt{\vec{a} \cdot \vec{a}} \tag{5.43}$$

Man kann den Betrag eines Vektors durch (5.43) definieren, auch wenn der Vektor kein Element des $\mathbb{R}^n$ ist und nicht durch einen Pfeil veranschaulicht werden kann. Voraussetzung ist, dass ein Skalarprodukt definiert ist. Für alle Vektoren $\vec{a},\vec{b} \in \mathbb{R}^n$ und Zahlen $\lambda \in \mathbb{R}$ gelten die folgenden Beziehungen:

$$|\vec{a}| \geq 0 \tag{5.44}$$

$$|\vec{a}| = 0 \Leftrightarrow \vec{a} = \vec{0} \tag{5.45}$$

$$|\lambda\vec{a}| = |\lambda||\vec{a}| \tag{5.46}$$

$$|\vec{a} \cdot \vec{b}| \leq |\vec{a}||\vec{b}| \qquad \text{Cauchy-Schwarz-Ungleichung} \tag{5.47}$$

$$|\vec{a} + \vec{b}| \leq |\vec{a}| + |\vec{b}| \qquad \text{Dreiecksungleichung} \tag{5.48}$$

Dividiert man einen Vektor $\vec{a}$ durch seinen Betrag $|\vec{a}|$, so erhält man einen Vektor $\vec{e}_a$ mit der gleichen Richtung wie $\vec{a}$ und dem Betrag $|\vec{e}_a| = 1$.

$$\vec{e}_a = \frac{\vec{a}}{|\vec{a}|} = \frac{1}{|\vec{a}|}\vec{a} \qquad |\vec{e}_a| = \left|\frac{1}{|\vec{a}|}\vec{a}\right| = \left|\frac{1}{|\vec{a}|}\right||\vec{a}| = \frac{1}{|\vec{a}|}|\vec{a}| = 1$$

Einheitsvektor in Richtung eines Vektors $\vec{a}$

$$\vec{e}_a = \frac{\vec{a}}{|\vec{a}|} \qquad |\vec{e}_a| = 1 \tag{5.49}$$

Am Beispiel der durch eine Kraft $\vec{F}$ verrichteten Arbeit W haben wir gezeigt, dass $|\vec{F}||\vec{r}|\cos\varphi = \vec{F}\cdot\vec{r}$ gilt. Die gleichen Überlegungen können wir für beliebige Vektoren $\vec{a},\vec{b} \in \mathbb{R}^2$ anstellen und erhalten:

$$\vec{a}\cdot\vec{b} = |\vec{a}||\vec{b}|\cos\varphi$$

Dabei ist φ der Winkel zwischen den beiden Vektoren. Es lässt sich zeigen, dass diese Gleichung auch für Vektoren $\vec{a},\vec{b} \in \mathbb{R}^3$ gilt. Daraus folgt für $\vec{a},\vec{b} \in \mathbb{R}^2$ oder $\vec{a},\vec{b} \in \mathbb{R}^3$ die Cauchy-Schwarz-Ungleichung (5.47):

$$|\vec{a}\cdot\vec{b}| = |\vec{a}||\vec{b}||\cos\varphi| \leq |\vec{a}||\vec{b}|$$

Wir wollen die Cauchy-Schwarz-Ungleichung für alle Vektoren $\vec{a},\vec{b} \in \mathbb{R}^n$ beweisen: Für $\vec{a},\vec{b} \in \mathbb{R}^n$ und Zahlen $\lambda,\mu \in \mathbb{R}$ gilt:

$$|\lambda\vec{a} + \mu\vec{b}|^2 = (\lambda\vec{a} + \mu\vec{b})\cdot(\lambda\vec{a} + \mu\vec{b}) = \lambda^2\vec{a}\cdot\vec{a} + 2\lambda\mu\vec{a}\cdot\vec{b} + \mu^2\vec{b}\cdot\vec{b}$$

Setzt man $\lambda = \vec{b}\cdot\vec{b}$ und $\mu = -\vec{a}\cdot\vec{b}$, so erhält man

$$|\lambda\vec{a} + \mu\vec{b}|^2 = \lambda(\vec{b}\cdot\vec{b})(\vec{a}\cdot\vec{a}) - 2\lambda(\vec{a}\cdot\vec{b})(\vec{a}\cdot\vec{b}) + (\vec{a}\cdot\vec{b})^2\lambda$$

$$= \lambda(\vec{b}\cdot\vec{b})(\vec{a}\cdot\vec{a}) - \lambda(\vec{a}\cdot\vec{b})^2 = \lambda\left((\vec{a}\cdot\vec{a})(\vec{b}\cdot\vec{b}) - (\vec{a}\cdot\vec{b})^2\right) \geq 0$$

Für $\vec{b} \neq \vec{0}$ ist $\lambda > 0$, und es folgt:

$$(\vec{a}\cdot\vec{a})(\vec{b}\cdot\vec{b}) - (\vec{a}\cdot\vec{b})^2 \geq 0 \Rightarrow |\vec{a}|^2|\vec{b}|^2 \geq (\vec{a}\cdot\vec{b})^2 \Rightarrow |\vec{a}||\vec{b}| \geq |\vec{a}\cdot\vec{b}|$$

Aus der Cauchy-Schwarz-Ungleichung folgt die Dreiecksungleichung (5.48):

$$|\vec{a} + \vec{b}|^2 = (\vec{a} + \vec{b})\cdot(\vec{a} + \vec{b}) = \vec{a}\cdot\vec{a} + 2\vec{a}\cdot\vec{b} + \vec{b}\cdot\vec{b} = |\vec{a}|^2 + 2\vec{a}\cdot\vec{b} + |\vec{b}|^2$$

$$\leq |\vec{a}|^2 + 2|\vec{a}\cdot\vec{b}| + |\vec{b}|^2 \leq |\vec{a}|^2 + 2|\vec{a}||\vec{b}| + |\vec{b}|^2 = (|\vec{a}| + |\vec{b}|)^2$$

$$\Rightarrow |\vec{a} + \vec{b}| \leq |\vec{a}| + |\vec{b}|$$

Im $\mathbb{R}^2$ und $\mathbb{R}^3$ ist die Dreiecksungleichung anschaulich unmittelbar einleuchtend (s. Abb. 5.12):

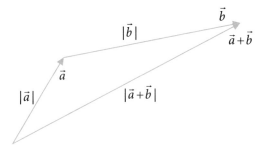

Abb. 5.12: Veranschaulichung der Dreiecksungleichung $|\vec{a} + \vec{b}| \leq |\vec{a}| + |\vec{b}|$.

Aus der Cauchy-Schwarz-Ungleichung folgt:

$$|\vec{a} \cdot \vec{b}| \leq |\vec{a}||\vec{b}| \Rightarrow \frac{|\vec{a} \cdot \vec{b}|}{|\vec{a}||\vec{b}|} = \left|\frac{\vec{a} \cdot \vec{b}}{|\vec{a}||\vec{b}|}\right| \leq 1 \Rightarrow -1 \leq \frac{\vec{a} \cdot \vec{b}}{|\vec{a}||\vec{b}|} \leq 1$$

Der Wert des Quotienten $\frac{\vec{a} \cdot \vec{b}}{|\vec{a}||\vec{b}|}$ befindet sich also immer in der Definitionsmenge $[-1; 1]$ der arccos-Funktion. Der Wert $\arccos \frac{\vec{a} \cdot \vec{b}}{|\vec{a}||\vec{b}|}$ liegt im Intervall $[0,\pi]$. Formal kann man deshalb auch für Vektoren $\vec{a}, \vec{b} \in \mathbb{R}^n$ mit $n > 3$ einen Winkel zwischen diesen Vektoren einführen, der immer zwischen 0 und π bzw. 0° und 180° liegt. Es gilt:

Winkel zwischen Vektoren

Für den Winkel φ zwischen zwei Vektoren $\vec{a}$ und $\vec{b}$ gilt:

$$\vec{a} \cdot \vec{b} = |\vec{a}||\vec{b}| \cos\varphi \qquad \cos\varphi = \frac{\vec{a} \cdot \vec{b}}{|\vec{a}||\vec{b}|} \qquad \varphi = \arccos \frac{\vec{a} \cdot \vec{b}}{|\vec{a}||\vec{b}|} \qquad (5.50)$$

Stehen zwei Vektoren $\vec{a}, \vec{b} \neq \vec{0}$ senkrecht aufeinander, dann ist $\varphi = \frac{\pi}{2}$ und $\cos\varphi = 0$. Daraus folgt, dass $\vec{a} \cdot \vec{b} = 0$ ist. Wir nennen zwei Vektoren $\vec{a}, \vec{b}$ mit $\vec{a} \cdot \vec{b} = 0$ orthogonal und stellen dies durch die Schreibweise $\vec{a} \perp \vec{b}$ dar.

Orthogonale Vektoren

$$\vec{a} \perp \vec{b} \Leftrightarrow \vec{a} \cdot \vec{b} = 0 \qquad (5.51)$$

Der Winkel α zwischen einem Vektor $\vec{a} \in \mathbb{R}^3$ und der x-Achse (s. Abb. 5.13) ist der Winkel zwischen $\vec{a}$ und einem Vektor in Richtung der x-Achse:

$$\cos\alpha = \frac{\vec{a} \cdot \vec{e}_x}{|\vec{a}||\vec{e}_x|} \quad \text{mit} \quad \vec{a} = \begin{pmatrix} a_x \\ a_y \\ a_z \end{pmatrix} \quad \text{und} \quad \vec{e}_x = \begin{pmatrix} 1 \\ 0 \\ 0 \end{pmatrix} \quad \Rightarrow \quad \cos\alpha = \frac{a_x}{|\vec{a}|}$$

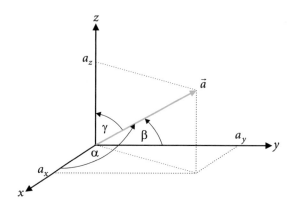

Abb. 5.13: Richtungswinkel zwischen einem Vektor und den Koordinatenachsen.

Für die Winkel β bzw. γ zwischen dem Vektor $\vec{a}$ und der y- bzw. z-Achse erhält man:

$$\cos\beta = \frac{a_y}{|\vec{a}|} \qquad \cos\gamma = \frac{a_z}{|\vec{a}|}$$

Daraus folgt für die sog. Richtungswinkel α, β, γ:

$$\cos^2\alpha + \cos^2\beta + \cos^2\gamma = \frac{a_x^2}{|\vec{a}|^2} + \frac{a_y^2}{|\vec{a}|^2} + \frac{a_z^2}{|\vec{a}|^2} = \frac{a_x^2 + a_y^2 + a_z^2}{|\vec{a}|^2} = \frac{|\vec{a}|^2}{|\vec{a}|^2} = 1$$

Richtungswinkel

Für die Richtungswinkel α, β, γ eines Vektors $\vec{a} \in \mathbb{R}^3$ gilt:

$$\cos\alpha = \frac{a_x}{|\vec{a}|} \qquad \cos\beta = \frac{a_y}{|\vec{a}|} \qquad \cos\gamma = \frac{a_z}{|\vec{a}|} \qquad (5.52)$$

$$\cos^2\alpha + \cos^2\beta + \cos^2\gamma = 1 \qquad (5.53)$$

Betrachtet man zwei Vektoren $\vec{a}, \vec{b} \in \mathbb{R}^2$ oder $\vec{a}, \vec{b} \in \mathbb{R}^3$, die weder parallel noch orthogonal zueinander sind, so kann man den Vektor $\vec{b}$ zerlegen in einen zu $\vec{a}$ parallelen Vektor $\vec{b}_{\|\vec{a}}$ und einen auf $\vec{a}$ senkrecht stehenden Vektor $\vec{b}_{\perp\vec{a}}$ (s. Abb. 5.14)

$$\vec{b} = \vec{b}_{\|\vec{a}} + \vec{b}_{\perp\vec{a}}$$

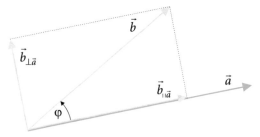

Abb. 5.14: Orthogonale Zerlegung eines Vektors.

Für den in Abb. 5.14 gezeigten Winkel φ zwischen den Vektoren $\vec{a}$ und $\vec{b}$ gilt:

$$\cos\varphi = \frac{|\vec{b}_{\|\vec{a}}|}{|\vec{b}|} \quad \text{und} \quad \cos\varphi = \frac{\vec{a}\cdot\vec{b}}{|\vec{a}||\vec{b}|}$$

Daraus folgt:

$$\frac{|\vec{b}_{\|\vec{a}}|}{|\vec{b}|} = \frac{\vec{a}\cdot\vec{b}}{|\vec{a}||\vec{b}|} \Rightarrow |\vec{b}_{\|\vec{a}}| = \frac{\vec{a}\cdot\vec{b}}{|\vec{a}|} \Rightarrow \vec{b}_{\|\vec{a}} = \frac{\vec{a}\cdot\vec{b}}{|\vec{a}|}\frac{\vec{a}}{|\vec{a}|} = \frac{\vec{a}\cdot\vec{b}}{|\vec{a}|^2}\vec{a}$$

Orthogonale Zerlegung

Zerlegung eines Vektors $\vec{b}$ in einen zu $\vec{a}$ parallelen Vektor $\vec{b}_{\|\vec{a}}$ und einen dazu senkrechten Vektor $\vec{b}_{\perp\vec{a}}$:

$$\vec{b} = \vec{b}_{\|\vec{a}} + \vec{b}_{\perp\vec{a}} \qquad \vec{b}_{\|\vec{a}} = \frac{\vec{a}\cdot\vec{b}}{|\vec{a}|^2}\vec{a} \qquad \vec{b}_{\perp\vec{a}} = \vec{b} - \vec{b}_{\|\vec{a}} = \vec{b} - \frac{\vec{a}\cdot\vec{b}}{|\vec{a}|^2}\vec{a} \qquad (5.54)$$

Beispiel 5.1: Arbeit

Wird entlang eines geradlinigen Weges bzw. entlang eines Vektors $\vec{r}$ eine konstante Kraft $\vec{F}$ ausgeübt, so trägt nur der zu $\vec{r}$ parallele Anteil $\vec{F}_{\|\vec{r}}$ zur Arbeit bei. Mit (5.54) erhält man $W = |\vec{F}_{\|\vec{r}}||\vec{r}| = \vec{F}\cdot\vec{r}$ (Arbeit ist Kraft $|\vec{F}_{\|\vec{r}}|$ mal Weg $|\vec{r}|$). ∎

Wir wollen nun ein Beispiel mit konkreten Zahlen betrachten.

Beispiel 5.2: Rechnungen mit Vektoren im $\mathbb{R}^3$

Gegeben seien die folgenden Vektoren:

$$\vec{a} = \begin{pmatrix} 1 \\ 1 \\ \sqrt{2} \end{pmatrix} \qquad \vec{b} = \begin{pmatrix} \sqrt{2} \\ \sqrt{2} \\ 0 \end{pmatrix}$$

Für die Beträge der Vektoren erhalten wir:

$$|\vec{a}| = \sqrt{1^2 + 1^2 + \sqrt{2}^2} = 2 \qquad |\vec{b}| = \sqrt{\sqrt{2}^2 + \sqrt{2}^2 + 0^2} = 2$$

Damit können wir die Richtungswinkel α, β, γ von $\vec{a}$ berechnen:

$$\alpha = \arccos\left(\frac{a_x}{|\vec{a}|}\right) = \arccos\left(\frac{1}{2}\right) = \frac{\pi}{3}$$

$$\beta = \arccos\left(\frac{a_y}{|\vec{a}|}\right) = \arccos\left(\frac{1}{2}\right) = \frac{\pi}{3}$$

$$\gamma = \arccos\left(\frac{a_z}{|\vec{a}|}\right) = \arccos\left(\frac{\sqrt{2}}{2}\right) = \frac{\pi}{4}$$

Für die Richtungswinkel $\tilde{\alpha}, \tilde{\beta}, \tilde{\gamma}$ von $\vec{b}$ erhalten wir:

$$\tilde{\alpha} = \arccos\left(\frac{b_x}{|\vec{b}|}\right) = \arccos\left(\frac{\sqrt{2}}{2}\right) = \frac{\pi}{4}$$

$$\tilde{\beta} = \arccos\left(\frac{b_y}{|\vec{b}|}\right) = \arccos\left(\frac{\sqrt{2}}{2}\right) = \frac{\pi}{4}$$

$$\tilde{\gamma} = \arccos\left(\frac{b_z}{|\vec{b}|}\right) = \arccos\left(\frac{0}{2}\right) = \frac{\pi}{2}$$

Für den Winkel φ zwischen $\vec{a}$ und $\vec{b}$ gilt:

$$\varphi = \arccos\left(\frac{\vec{a} \cdot \vec{b}}{|\vec{a}||\vec{b}|}\right) = \arccos\left(\frac{1 \cdot \sqrt{2} + 1 \cdot \sqrt{2} + \sqrt{2} \cdot 0}{2 \cdot 2}\right) = \arccos\left(\frac{\sqrt{2}}{2}\right) = \frac{\pi}{4}$$

Schließlich berechnen wir noch die zu $\vec{a}$ parallele Komponente $\vec{b}_{\parallel\vec{a}}$ von $\vec{b}$ und die dazu senkrechte Komponente $\vec{b}_{\perp\vec{a}}$:

$$\vec{b}_{\parallel\vec{a}} = \frac{\vec{a} \cdot \vec{b}}{|\vec{a}|^2}\,\vec{a} = \frac{1 \cdot \sqrt{2} + 1 \cdot \sqrt{2} + \sqrt{2} \cdot 0}{2^2}\begin{pmatrix} 1 \\ 1 \\ \sqrt{2} \end{pmatrix} = \begin{pmatrix} \frac{\sqrt{2}}{2} \\ \frac{\sqrt{2}}{2} \\ 1 \end{pmatrix}$$

$$\vec{b}_{\perp\vec{a}} = \vec{b} - \vec{b}_{\parallel\vec{a}} = \vec{b} - \frac{\vec{a} \cdot \vec{b}}{|\vec{a}|^2}\,\vec{a} = \begin{pmatrix} \sqrt{2} \\ \sqrt{2} \\ 0 \end{pmatrix} - \begin{pmatrix} \frac{\sqrt{2}}{2} \\ \frac{\sqrt{2}}{2} \\ 1 \end{pmatrix} = \begin{pmatrix} \frac{\sqrt{2}}{2} \\ \frac{\sqrt{2}}{2} \\ -1 \end{pmatrix} \qquad \blacksquare$$

5.3   Das Vektorprodukt und Mehrfachprodukte

Physikalische und technische Prozesse spielen sich im dreidimensionalen Raum ab. Deshalb hat man es in der Naturwissenschaft und Technik meistens mit Vektoren als Elemente des $\mathbb{R}^3$ zu tun. Die Kraft $\vec{F}$, die Geschwindigkeit $\vec{v}$, der Drehimpuls $\vec{L}$, das Drehmoment $\vec{M}$, die Winkelgeschwindigkeit $\vec{\omega}$, das elektrische Feld $\vec{E}$ und das magnetische Feld $\vec{B}$ sind Beispiele hierfür. Häufig hat man zwei Vektoren und (sucht) einen dritten Vektor, der auf den beiden senkrecht steht. Bewegt sich z.B. eine Ladung q mit der Geschwindigkeit $\vec{v}$ in einem Magnetfeld $\vec{B}$, so ist die sog. Lorentz-Kraft $\vec{F}$, welche auf die Ladung wirkt, senkrecht zur Geschwindigkeit $\vec{v}$ und zum Magnetdeld $\vec{B}$ (s. Abb. 5.15, links). Bei der Rotation einer Masse um eine Drehachse gibt es einen Winkelgeschwindigkeitsvektor $\vec{\omega}$ in Richtung der Drehachse, dessen Betrag die Winkelgeschwindigkeit ω ist. Geht die Drehachse durch den Ursprung, so steht die Geschwindigkeit $\vec{v}$ senkrecht auf dem Ortsvektor $\vec{r}$ der Masse und auf dem Winkelgeschwindigkeitsvektor $\vec{\omega}$ (s. Abb. 5.15, rechts).

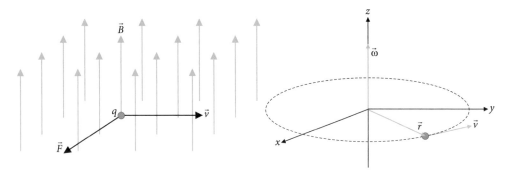

Abb. 5.15: Lorentz-Kraft (links) und Rotationsbewegung (rechts).

Wir wollen wieder derartige Sachverhalte mathematisch erfassen bzw. abbilden und suchen zu zwei gegebenen Vektoren $\vec{a}, \vec{b} \in \mathbb{R}^3$ mit $\vec{a}, \vec{b} \neq \vec{0}$, die nicht parallel sind, einen Vektor $\vec{c}$, der auf den beiden Vektoren $\vec{a}$ und $\vec{b}$ senkrecht steht. Es gilt also:

$$\vec{a} \cdot \vec{c} = 0$$
$$\vec{b} \cdot \vec{c} = 0$$

Damit hat man zwei Gleichungen mit drei Unbekannten c_x, c_x, c_z:

$$
\begin{array}{llll}
a_x c_x & + \ a_y c_y & + \ a_z c_z & = \ 0 \qquad\qquad \text{(I)} \\
b_x c_x & + \ b_y c_y & + \ b_z c_z & = \ 0 \qquad\qquad \text{(II)}
\end{array}
$$

Zwei Gleichungen reichen nicht, um drei Unbekannte eindeutig festzulegen. Es ist auch einleuchtend, dass man keine eindeutige Lösung dieses Gleichungssystems bekommt, da es unendlich viele Vektoren gibt, die auf den Vektoren $\vec{a}$ und $\vec{b}$ bzw. auf der von $\vec{a}$ und $\vec{b}$ aufgespannten Ebene senkrecht stehen. Setzt man für eine der drei Unbekannten einen beliebigen Wert ein, so erhält man ein Gleichungssystem mit zwei Gleichungen und zwei Unbekannten, welches eindeutig lösbar ist. Wir sezten für die Unbekannte c_y einen bestimmten Wert ein. Um das Gleichungssystem zu lösen, multiplizieren wir aber zunächst die Gleichung (I) mit b_z und die Gleichung (II) mit $-a_z$ (wir nehmen an, dass die Zahlen, mit denen wir Gleichungen multiplizieren oder durch die wir Gleichungen dividieren, ungleich null sind). Dies führt zu den Gleichungen

$$
\begin{array}{llll}
a_x b_z c_x & + \ a_y b_z c_y & + \ a_z b_z c_z & = \ 0 \qquad\qquad \text{(III)} \\
-a_z b_x c_x & - \ a_z b_y c_y & - \ a_z b_z c_z & = \ 0 \qquad\qquad \text{(IV)}
\end{array}
$$

Nun addieren wir die Gleichung (IV) zur Gleichung (III) und erhalten:

$$a_x b_z c_x + a_y b_z c_y + a_z b_z c_z - a_z b_x c_x - a_z b_y c_y - a_z b_z c_z = 0$$
$$\Rightarrow (a_x b_z - a_z b_x) c_x + (a_y b_z - a_z b_y) c_y = 0 \Rightarrow c_x = \frac{a_y b_z - a_z b_y}{a_z b_x - a_x b_z} c_y$$

Um für c_x einen einfachen Ausdruck (ohne Bruch) zu bekommen, setzen wir (eine Unbekannte dürfen wir ja festsetzen):

$$c_y = a_z b_x - a_x b_z$$

Daraus folgt:

$$c_x = a_y b_z - a_z b_y$$

Setzen wir diese Ergebnisse für c_x und c_y in die Gleichung (I) ein und lösen diese Gleichung nach c_z auf, so erhalten wir:

$$c_z = a_x b_y - a_y b_x$$

Damit haben wir den Vektor:

$$\vec{c} = \begin{pmatrix} c_x \\ c_y \\ c_z \end{pmatrix} = \begin{pmatrix} a_y b_z - a_z b_y \\ a_z b_x - a_x b_z \\ a_x b_y - a_y b_x \end{pmatrix}$$

Man kann leicht nachprüfen, dass dieser Vektor orthogonal zu $\vec{a}$ und $\vec{b}$ ist:

$$\vec{a} \cdot \vec{c} = a_x(a_y b_z - a_z b_y) + a_y(a_z b_x - a_x b_z) + a_z(a_x b_y - a_y b_x) = 0$$
$$\vec{b} \cdot \vec{c} = b_x(a_y b_z - a_z b_y) + b_y(a_z b_x - a_x b_z) + b_z(a_x b_y - a_y b_x) = 0$$

Definition 5.9: Vektorprodukt

Das Vektorprodukt $\vec{a} \times \vec{b}$ zweier Vektoren $\vec{a}, \vec{b} \in \mathbb{R}^3$ ist folgendermaßen definiert:

$$\vec{a} \times \vec{b} = \begin{pmatrix} a_x \\ a_y \\ a_z \end{pmatrix} \times \begin{pmatrix} b_x \\ b_y \\ b_z \end{pmatrix} = \begin{pmatrix} a_y b_z - a_z b_y \\ a_z b_x - a_x b_z \\ a_x b_y - a_y b_x \end{pmatrix} \qquad (5.55)$$

Um sich diese Definition bzw. die Berechnung des Vektorprodukts besser merken zu können, kann man folgendes Schema anwenden:

$$\begin{pmatrix} a_x \\ a_y \\ a_z \end{pmatrix} \times \begin{pmatrix} b_x \\ b_y \\ b_z \end{pmatrix} = \begin{pmatrix} a_y b_z - a_z b_y \\ a_z b_x - a_x b_z \\ a_x b_y - a_y b_x \end{pmatrix}$$

Man schreibt unter den Vektoren $\vec{a}$ und $\vec{b}$ jeweils die ersten beiden Komponenten der Vektoren nochmal hin. Anschließend zeichnet man die gezeigten Pfeile. Die Zahlen bzw. Komponenten an den Enden der Pfeile werden jeweils miteinander multipliziert. Dann wird jeweils vom Produkt des Abwärtspfeils das Produkt des Aufwärtspfeils abgezogen. Diese Differenzen sind die Komponenten des Vektorprodukts. Das Vektorprodukt wird oft auch **Kreuzprodukt** genannt. Beim Vektor- oder Kreuzprodukt verknüpft bzw. multipliziert man zwei Vektoren. Das Ergebnis ist keine Zahl (wie beim Skalarprodukt), sondern ein Vektor. Es ist naheliegend zu fragen, ob es bei dieser Verknüpfung bzw. Multiplikation ein neutrales Element und inverse Elemente gibt. Diese Frage kann leicht beantwortet werden: Gäbe es ein neutrales Element $\vec{e}$, dann müsste für alle Vektoren $\vec{a} \in \mathbb{R}^3$ die Gleichung $\vec{a} \times \vec{e} = \vec{e} \times \vec{a} = \vec{a}$ gelten. Da die Vektorprodukte $\vec{a} \times \vec{e}$ und $\vec{e} \times \vec{a}$ aber senkrecht auf $\vec{a}$ stehen, kann diese Gleichung nicht für alle $\vec{a} \in \mathbb{R}^3$ stimmen. Im $\mathbb{R}^3$ hat man keine bedeutende oder anwendungsrelevante Multiplikation von Vektoren mit der Eigenschaft, dass das Produkt zweier Vektoren wieder ein Vektor ist und darüber hinaus ein neutrales Element existiert. Im $\mathbb{R}^2$ hingegen gibt es eine Multiplikation mit diesen Eigenschaften. Bei dieser Multiplikation gibt es auch inverse Elemente. Man spricht dann aber nicht mehr von Vektoren, sondern von komplexen Zahlen und verwendet spezielle Schhreibweisen (s. Kap. 8). Wir bleiben im $\mathbb{R}^3$ und betrachten die Eigenschaften des Vektorprodukts. Das Vektorprodukt $\vec{a} \times \vec{b}$ steht senkecht auf $\vec{a}$ und auf $\vec{b}$ und damit senkrecht auf der Ebene, die von $\vec{a}$ und $\vec{b}$ aufgespannt wird. Für die Richtung des Vektorprodukts $\vec{a} \times \vec{b}$ kommen zwei entgegengesetzte Richtungen in Frage. Man kann leicht nachprüfen, dass für die Vektoren

$$\vec{e}_x = \begin{pmatrix} 1 \\ 0 \\ 0 \end{pmatrix} \qquad \vec{e}_y = \begin{pmatrix} 0 \\ 1 \\ 0 \end{pmatrix} \qquad \vec{e}_z = \begin{pmatrix} 0 \\ 0 \\ 1 \end{pmatrix}$$

folgende Beziehungen gelten:

$$\vec{e}_x \times \vec{e}_y = \vec{e}_z \qquad \vec{e}_y \times \vec{e}_z = \vec{e}_x \qquad \vec{e}_z \times \vec{e}_x = \vec{e}_y \tag{5.56}$$

Der Vektor $\vec{e}_x \times \vec{e}_y$ steht senkrecht auf der Ebene, die von den Vektoren $\vec{e}_x, \vec{e}_y$ aufgespannt wird (x,y-Ebene) und zeigt in Richtung der z-Achse (s. Abb. 5.16, links). Ist das zugrunde gelegte Koordinatensystem ein **Rechtssystem**, so kann die Richtung des Vektors $\vec{e}_x$ bzw. $\vec{e}_y$ bzw. $\vec{e}_x \times \vec{e}_y$ durch die Richtung des Daumens bzw. Zeigefingers bzw. Mittefingers der rechten Hand dargestellt werden. In diesem Fall folgt auch die Richtung von $\vec{a} \times \vec{b}$ aus der **Rechte-Hand-Regel**: Zeigt der Daumen der rechten Hand in Richtung von $\vec{a}$ und der ausgestreckte Zeigefinger in Richtung von $\vec{b}$, dann zeigt der senkrecht zur Handfläche ausgestreckte Mittelfinger in Richtung des Vektors $\vec{a} \times \vec{b}$ (s. Abb. 5.16, rechts).

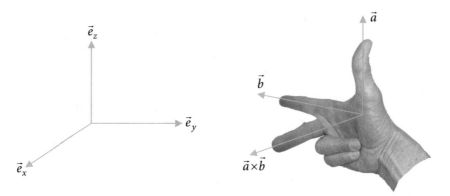

Abb. 5.16: Rechtssystem (links) und Rechte-Hand-Regel (rechts).

Es lässt sich leicht (durch Ausrechnen) nachprüfen, dass für alle $\vec{a},\vec{b},\vec{c} \in \mathbb{R}^3$ und $\lambda \in \mathbb{R}$ folgende Beziehungen gelten:

$$(\vec{a} \times \vec{b}) \cdot \vec{a} = 0 \qquad\qquad (\vec{a} \times \vec{b}) \perp \vec{a} \qquad\qquad\qquad (5.57)$$

$$(\vec{a} \times \vec{b}) \cdot \vec{b} = 0 \qquad\qquad (\vec{a} \times \vec{b}) \perp \vec{b} \qquad\qquad\qquad (5.58)$$

$$\vec{a} \times \vec{b} = -(\vec{b} \times \vec{a}) \qquad\qquad\qquad\qquad\qquad\qquad (5.59)$$

$$\lambda(\vec{a} \times \vec{b}) = (\lambda \vec{a}) \times \vec{b} = \vec{a} \times (\lambda \vec{b}) \qquad\qquad\qquad (5.60)$$

$$(\vec{a} + \vec{b}) \times \vec{c} = \vec{a} \times \vec{c} + \vec{b} \times \vec{c} \qquad\qquad\qquad\qquad (5.61)$$

$$|\vec{a} \times \vec{b}|^2 = |\vec{a}|^2 |\vec{b}|^2 - (\vec{a} \cdot \vec{b})^2 \qquad\qquad\qquad\qquad (5.62)$$

Aus (5.59) folgt, dass das Vektorprodukt *nicht* kommutativ ist. Für zwei nicht parallele Vektoren $\vec{a},\vec{b} \neq \vec{0}$ gilt $\vec{a} \times \vec{b} \neq \vec{b} \times \vec{a}$. Das Vektorprodukt ist auch *nicht* assoziativ, d. h., die Gleichung $(\vec{a} \times \vec{b}) \times \vec{c} = \vec{a} \times (\vec{b} \times \vec{c})$ gilt *nicht* für alle Vektoren $\vec{a},\vec{b},\vec{c}$. Wir können z. B. die Gültigkeit der Beziehung (5.62) prüfen:

$$(a_y b_z - a_z b_y)^2 + (a_z b_x - a_x b_z)^2 + (a_x b_y - a_y b_x)^2$$
$$= (a_x^2 + a_y^2 + a_z^2)(b_x^2 + b_y^2 + b_z^2) - (a_x b_x + a_y b_y + a_z b_z)^2$$

Nach dem Ausmultiplizieren stellt man fest, dass auf beiden Seiten der Gleichung jeweils das Gleiche steht, womit (5.62) bewiesen ist. Aus (5.62) folgt:

$$|\vec{a} \times \vec{b}|^2 = |\vec{a}|^2 |\vec{b}|^2 - (|\vec{a}||\vec{b}| \cos \varphi)^2 = |\vec{a}|^2 |\vec{b}|^2 - |\vec{a}|^2 |\vec{b}|^2 \cos^2 \varphi$$
$$= |\vec{a}|^2 |\vec{b}|^2 (1 - \cos^2 \varphi) = |\vec{a}|^2 |\vec{b}|^2 \sin^2 \varphi$$

$\varphi \in [0;\pi]$ ist der Winkel zwischen $\vec{a}$ und $\vec{b}$. Es folgt:

$$|\vec{a} \times \vec{b}| = |\vec{a}||\vec{b}| \sin \varphi \qquad\qquad\qquad\qquad\qquad (5.63)$$

Der Winkel zwischen zwei parallelen Vektoren $\vec{a},\vec{b}$ ist 0 bzw. $0°$ oder π bzw. $180°$. Für zwei parallele Vektoren (wir schreiben hierfür $\vec{a} \parallel \vec{b}$) gilt deshalb $|\vec{a} \times \vec{b}| = 0$ und damit

$$\vec{a} \parallel \vec{b} \Rightarrow \vec{a} \times \vec{b} = \vec{0} \tag{5.64}$$

Mit zwei Vektoren, $\vec{a},\vec{b} \neq \vec{0}$, die einen Winkel $\varphi \in {]}0,\pi{[}$ einschließen und damit nicht parallel sind (wir schreiben hierfür $\vec{a} \nparallel \vec{b}$), kann man ein Parallelogramm aufspannen (s. Abb. 5.17, links).

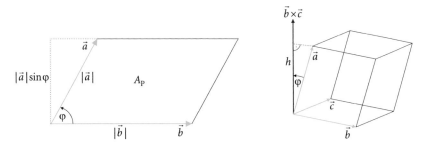

Abb. 5.17: Parallelogramm (links) und Spat (rechts).

Der Flächeninhalt A_{P} des links in Abb. 5.17 gezeigten Parallelogramms ist das Produkt von Breite $b = |\vec{b}|$ und Höhe $h = |\vec{a}| \sin \varphi$ (φ ist der Winkel zwischen den Vektoren):

$$A_{\mathrm{P}} = bh = |\vec{a}||\vec{b}| \sin \varphi = |\vec{a} \times \vec{b}| \tag{5.65}$$

Für den Flächeninhalt A_{D} eines von den Vektoren $\vec{a},\vec{b}$ aufgespannten Dreiecks gilt damit:

$$A_{\mathrm{D}} = \tfrac{1}{2}|\vec{a} \times \vec{b}| \tag{5.66}$$

Mit drei Vektoren, $\vec{a},\vec{b},\vec{c} \neq \vec{0}$, die nicht in einer Ebene liegen, kann man einen sog. Spat aufspannen (s. Abb. 5.17, rechts). Das Volumen $V = hA$ ist das Produkt von Flächeninhalt A der Grundfläche und Höhe h des Spats. Für die Höhe h und den Flächeninhalt A gilt (s. Abb. 5.17, rechts):

$$h = |\vec{a}| \cos \varphi \qquad A = |\vec{b} \times \vec{c}|$$

mit dem Winkel φ zwischen den Vektoren $\vec{a}$ und $\vec{b} \times \vec{c}$. Für das Volumen des rechts in Abb. 5.17 gezeigten Spats gilt damit:

$$V = hA = |\vec{a}||\vec{b} \times \vec{c}| \cos \varphi = \vec{a} \cdot (\vec{b} \times \vec{c})$$

Das Produkt $\vec{a} \cdot (\vec{b} \times \vec{c})$ heißt Spatprodukt der Vektoren $\vec{a},\vec{b},\vec{c}$ und wird auch mit $[\vec{a},\vec{b},\vec{c}]$ bezeichnet.

Definition 5.10: Spatprodukt dreier Vektoren

Das Spatprodukt $[\vec{a},\vec{b},\vec{c}]$ der Vektoren $\vec{a},\vec{b},\vec{c} \in \mathbb{R}^3$ ist folgendermaßen definiert:

$$[\vec{a},\vec{b},\vec{c}] = \vec{a} \cdot (\vec{b} \times \vec{c}) \tag{5.67}$$

Die Reihenfolge der drei Vektoren spielt eine Rolle, die Vektoren dürfen nicht beliebig vertauscht werden. Die folgenden „zyklischen" Vertauschungen ändern den Wert des Spatprodukts jedoch nicht:

$$[\vec{a},\vec{b},\vec{c}] = [\vec{c},\vec{a},\vec{b}] = [\vec{b},\vec{c},\vec{a}] \tag{5.68}$$

Das Spatprodukt kann auch negativ sein. Für das Volumen V_{Spat} eines von den Vektoren $\vec{a},\vec{b},\vec{c}$ aufgespannten Spats gilt:

$$V_{\text{Spat}} = |\vec{a} \cdot (\vec{b} \times \vec{c})| \tag{5.69}$$

Das Spatprodukt ist ein Beispiel für ein Mehrfachprodukt mit mehr als zwei Vektoren. Das Vektorprodukt und Mehrfachprodukte spielen nicht nur bei geometrischen Fragestellungen (s. Kap. 5.5), sondern auch bei Anwendungen in Naturwissenschaft und Technik eine Rolle. Für Mehrfachprodukte gibt es nützliche Formeln, die bei Anwendungen verwendet werden können, z. B.:

$$\vec{a} \times (\vec{b} \times \vec{c}) = (\vec{a} \cdot \vec{c})\,\vec{b} - (\vec{a} \cdot \vec{b})\,\vec{c} \tag{5.70}$$
$$(\vec{a} \times \vec{b}) \cdot (\vec{c} \times \vec{d}) = (\vec{a} \cdot \vec{c})(\vec{b} \cdot \vec{d}) - (\vec{a} \cdot \vec{d})(\vec{b} \cdot \vec{c}) \tag{5.71}$$

Beispiel 5.3: Berechnung eines Vektorprodukts

Wir suchen einen Vektor $\vec{c}$, der auf den folgenden Vektoren $\vec{a}$ und $\vec{b}$ senkrecht steht.

$$\vec{a} = \begin{pmatrix} 1 \\ 1 \\ \sqrt{2} \end{pmatrix} \qquad \vec{b} = \begin{pmatrix} \sqrt{2} \\ \sqrt{2} \\ 0 \end{pmatrix}$$

Ein Vektor mit dieser Eigenschaft ist das Vektorprodukt $\vec{a} \times \vec{b}$.

$$\vec{c} = \vec{a} \times \vec{b} = \begin{pmatrix} 1 \\ 1 \\ \sqrt{2} \end{pmatrix} \times \begin{pmatrix} \sqrt{2} \\ \sqrt{2} \\ 0 \end{pmatrix} = \begin{pmatrix} 1 \cdot 0 - \sqrt{2}\sqrt{2} \\ \sqrt{2}\sqrt{2} - 1 \cdot 0 \\ 1 \cdot \sqrt{2} - 1 \cdot \sqrt{2} \end{pmatrix} = \begin{pmatrix} -2 \\ 2 \\ 0 \end{pmatrix}$$

Wir wollen noch den Flächeninhalt A des Dreicks bestimmen, das von den Vektoren $\vec{a}$ und $\vec{b}$ aufgespannt wird:

$$A = \tfrac{1}{2}|\vec{a} \times \vec{b}| = \tfrac{1}{2}\sqrt{(-2)^2 + 2^2 + 0^2} = \tfrac{1}{2}\sqrt{8} = \tfrac{1}{2}2\sqrt{2} = \sqrt{2} \qquad \blacksquare$$

Das Vektorprodukt $\vec{a} \times \vec{b}$ hat nicht nur die Eigenschaft, auf $\vec{a}$ und $\vec{b}$ senkrecht zu stehen (es gibt unendlich viele Vektoren mit dieser Eigenschaft), sondern es gilt zusätzlich: Die Richtung des Vektorprodukts $\vec{a} \times \vec{b}$ folgt aus der Rechte-Hand-Regel und der Betrag des Vektorprodukts ist $|\vec{a} \times \vec{b}| = |\vec{a}||\vec{b}|\sin\varphi$. Gerade mit diesen Eigenchaften kann das Vektorprodukt viele Sachverhalte in Naturwissenschaft und Technik abbilden und darstellen.

Beispiel 5.4: Lorentz-Kraft

Bewegt sich eine Ladung q mit der Geschwindigkeit $\vec{v}$ in einem Magnetfeld $\vec{B}$, so kann man Folgendes feststellen: Es wirkt eine Kraft $\vec{F}$, die sog. Lorentz-Kraft, welche senkrecht zur Geschwindigkeit $\vec{v}$ und zum Magnetfeld $\vec{B}$ ist. Für eine positive Ladung $q > 0$ gilt die Rechte-Hand-Regel: Zeigt $\vec{v}$ in Richtung des Daumens und $\vec{B}$ in Richtung des Zeigefingers der rechten Hand, so zeigt die Kraft $\vec{F}$ in Richtung des Mittelfingers der rechten Hand. Für den Betrag der Kraft gilt $|\vec{F}| = |q||\vec{v}||\vec{B}|\sin\varphi$ mit dem Winkel φ zwischen $\vec{v}$ und $\vec{B}$. Die Lorentz-Kraft lässt sich darstellen als Vektorprodukt:

$$\vec{F} = q(\vec{v} \times \vec{B}) \qquad\qquad (5.72)$$

Da die Lorentz-Kraft senkrecht zur Geschwindigkeit $\vec{v}$ ist, kann sie nur die Richtung, aber nicht den Betrag der Geschwindigkeit ändern. Ist das Magnetfeld $\vec{B}$ homogen (d.h. nicht ortsabhängig) und $\vec{v} \nparallel \vec{B}$, so bewegt sich die Ladung (falls nicht zusätzlich noch andere Kräfte wirken) auf einer Kreisbahn oder Schraubenlinie (s. Abb. 5.18, links). $\qquad\blacksquare$

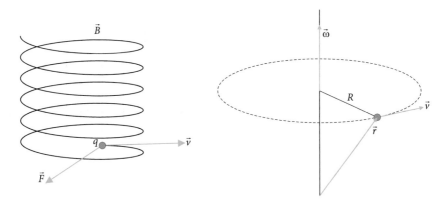

Abb. 5.18: Lorentz-Kraft (links) und Rotationsbewegung (rechts).

Beispiel 5.5: Rotationsbewegung

In der technischen Mechanik spielen Rotationsbewegungen eine große Rolle (in vielen Maschinen bzw. technischen Geräten hat man rotierende Massen). Wir betrachten die Rotation (Kreisbewegung mit Radius R) eines kleinen Körpers mit der Masse m um eine Drehachse, die durch den Ursprung des Koordinatensystems geht (s. Abb. 5.18, rechts). Der Ort der Masse kann durch den Ortsvektor $\vec{r}$ angegeben werden, der vom Ursprung des Koordinatensystems zum Ort der Masse zeigt. Der Winkelgeschwindigkeitsvektor $\vec{\omega}$ hat folgende Eigenschaften: Der Betrag $|\vec{\omega}| = \omega$ gibt an, wie schnell die Rotation erfolgt. Der Vektor $\vec{\omega}$ ist parallel zur Drehachse und steht senkrecht auf der Ebene, in der sich die Masse bewegt. Für die Richtung von $\vec{\omega}$ kommen also zwei Möglichkeiten infrage. Erfolgt die Rotation wie rechts in Abb. 5.18 gezeigt (gegen Uhrzeigersinn), so hat $\vec{\omega}$ die gezeigte Richtung (nach oben). Würde die Rotation in umgekehrter Richtung (im Uhrzeigersinn) erfolgen, so hätte $\vec{\omega}$ die entgegengesetzte Richtung. Die Geschwindigkeit $\vec{v}$ des Körpers ist senkrecht zum Ortsvektor $\vec{r}$ und zum Winkelgeschwindigkeitsvektor $\vec{\omega}$. Es lässt sich zeigen, dass folgende Beziehung gilt:

$$\vec{v} = \vec{\omega} \times \vec{r}$$

Der Drehimpuls $\vec{L}$ einer Masse mit der Geschwindigkeit $\vec{v}$ am Ort mit dem Ortsvektor $\vec{r}$ ist folgendermaßen definiert:

$$\vec{L} = m(\vec{r} \times \vec{v})$$

Ist $\vec{v} \parallel \vec{r}$, so bewegt sich die Masse in Richtung des Ortsvektors $\vec{r}$ (s. Abb. 5.19, links), und es kommt zu keiner „Drehung", d.h. Richtungsänderung des Ortsvektors. Für den Fall $\vec{v} \parallel \vec{r}$ ist $\vec{L} = m(\vec{r} \times \vec{v}) = \vec{0}$.

Abb. 5.19: Nur für $\vec{v} \nparallel \vec{r}$ bzw. $\vec{L} = m(\vec{r} \times \vec{v}) \neq \vec{0}$ „dreht" sich der Ortsvektor $\vec{r}$.

Ist $\vec{v} \nparallel \vec{r}$, so ändert der Ortsvektors $\vec{r}$ die Richtung (s. Abb. 5.19, rechts), und es kommt zu einer „Drehung" (Richtungsänderung des Ortsvektors). In diesem Fall ist der Drehimpuls $\vec{L} = m(\vec{r} \times \vec{v}) \neq \vec{0}$. Eine „Drehung" hat man also, wenn $\vec{L} \neq \vec{0}$ ist. Für die rechts in Abb. 5.18 gezeigte Rotationsbewegung gilt:

$$\vec{L} = m(\vec{r} \times \vec{v}) = m(\vec{r} \times (\vec{\omega} \times \vec{r}))$$

Aus der Beziehung (5.70) folgt:

$$\vec{L} = m[(\vec{r} \cdot \vec{r})\vec{\omega} - (\vec{r} \cdot \vec{\omega})\vec{r}]$$

Für die kinetische Energie $E_{\text{kin}} = \frac{1}{2}mv^2$ erhält man mit der Formel (5.71):

$$E_{\text{kin}} = \frac{1}{2}mv^2 = \frac{1}{2}m\vec{v}\cdot\vec{v} = \frac{1}{2}m(\vec{\omega}\times\vec{r})\cdot(\vec{\omega}\times\vec{r})$$

$$= \frac{1}{2}m[(\vec{r}\cdot\vec{r})(\vec{\omega}\cdot\vec{\omega}) - (\vec{r}\cdot\vec{\omega})(\vec{r}\cdot\vec{\omega})] = \frac{1}{2}\underbrace{m[(\vec{r}\cdot\vec{r})\vec{\omega} - (\vec{r}\cdot\vec{\omega})\vec{r}]}_{\vec{L}}\cdot\vec{\omega}$$

$$= \frac{1}{2}\vec{L}\cdot\vec{\omega}$$

Diese Zusammenhänge spielen eine wichtige Rolle bei der Behandlung rotierender Körper in der technischen Mechanik.   ∎

5.4 Lineare Unabhängigkeit und Basis eines Vektorraums

Unter einer **Linearkombination** von n Vektoren $\vec{b}_1,\ldots,\vec{b}_n$ versteht man die Summe

$$c_1\vec{b}_1 + c_2\vec{b}_2 + \ldots + c_n\vec{b}_n \qquad \text{mit } c_1,c_2,\ldots,c_n \in \mathbb{R}$$

Die n Vektoren $\vec{b}_1,\ldots,\vec{b}_n$ heißen **linear unabhängig**, wenn gilt:

$$c_1\vec{b}_1 + c_2\vec{b}_2 + \ldots + c_n\vec{b}_n = \vec{0} \Rightarrow c_1 = c_2 = \ldots = c_n = 0$$

Lässt sich ein Vektor $\vec{b}_1 \neq \vec{0}$ als Linearkombination weiterer Vektoren $\vec{b}_2,\ldots,\vec{b}_n$ darstellen, dann ist

$$\vec{b}_1 = k_2\vec{b}_2 + \ldots + k_n\vec{b}_n$$

mit Zahlen $k_2,\ldots,k_n$, die nicht alle null sind. Das bedeutet, dass die Vektoren $\vec{b}_1,\vec{b}_2,\ldots,\vec{b}_n$ nicht linear unabhängig sind. Sind n Vektoren $\vec{b}_1,\vec{b}_2,\ldots,\vec{b}_n \neq \vec{0}$ linear unabhängig, dann lässt sich keiner dieser Vektoren als Linearkombination der übrigen darstellen. Sind zwei Vektoren $\vec{a},\vec{b} \in \mathbb{R}^3$ parallel, dann gibt es eine Zahl $\lambda \neq 0$ mit $\vec{b} = \lambda\vec{a}$ (s. Abb 5.20).

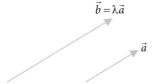

$\vec{b} = \lambda\vec{a}$

$\vec{a}$

Abb. 5.20: Zwei parallele Vektoren sind nicht linear unabhänig.

Das bedeutet, dass die Vektoren $\vec{a},\vec{b}$ nicht linear unabhängig sind. Zwei linear unabhängige Vektoren $\vec{a},\vec{b} \in \mathbb{R}^3$ sind nicht parallel zueinander.

Liegen drei Vektoren $\vec{a},\vec{b},\vec{c} \in \mathbb{R}^3$ mit $\vec{a},\vec{b},\vec{c} \neq \vec{0}$ in einer Ebene, dann lässt sich einer der Vektoren als Linearkombination der übrigen darstellen, d. h., es ist $\vec{a} = \lambda\vec{b} + \mu\vec{c}$ mit Zahlen λ,μ, die nicht beide null sind (s. Abb. 5.21). Das bedeutet, dass die Vektoren $\vec{a},\vec{b},\vec{c}$ nicht linear unabhängig sind. Drei linear unabhängige Vektoren $\vec{a},\vec{b},\vec{c} \in \mathbb{R}^3$ liegen nicht in einer Ebene.

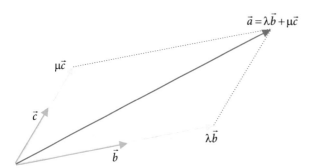

Abb. 5.21: Drei Vektoren in einer Ebene sind nicht linear unabhänig.

Ein beliebiger Vektor $\vec{a} \in \mathbb{R}^n$ lässt sich folgendermaßen zerlegen:

$$\vec{a} = \begin{pmatrix} a_1 \\ a_2 \\ \vdots \\ a_n \end{pmatrix} = a_1 \begin{pmatrix} 1 \\ 0 \\ \vdots \\ 0 \end{pmatrix} + a_2 \begin{pmatrix} 0 \\ 1 \\ \vdots \\ 0 \end{pmatrix} + \ldots + a_n \begin{pmatrix} 0 \\ 0 \\ \vdots \\ 1 \end{pmatrix} = a_1\vec{e}_1 + a_2\vec{e}_2 + \ldots + a_n\vec{e}_n$$

mit den Vektoren

$$\vec{e}_1 = \begin{pmatrix} 1 \\ 0 \\ \vdots \\ 0 \end{pmatrix}, \ \vec{e}_2 = \begin{pmatrix} 0 \\ 1 \\ \vdots \\ 0 \end{pmatrix}, \ \ldots \ \vec{e}_n = \begin{pmatrix} 0 \\ 0 \\ \vdots \\ 1 \end{pmatrix}$$

Jeder Vektor $\vec{a} \in \mathbb{R}^n$ lässt sich also als Linearkombination der Vektoren $\vec{e}_1,\vec{e}_2,\ldots,\vec{e}_n$ darstellen. Für die Vektoren $\vec{e}_1,\vec{e}_2,\ldots,\vec{e}_n$ gilt ferner:

$$c_1\vec{e}_1 + c_2\vec{e}_2 + \ldots + c_n\vec{e}_n = \begin{pmatrix} c_1 \\ c_2 \\ \vdots \\ c_n \end{pmatrix} = \begin{pmatrix} 0 \\ 0 \\ \vdots \\ 0 \end{pmatrix} = \vec{0} \Rightarrow c_1 = c_2 = \ldots = c_n = 0$$

Die Vektoren $\vec{e}_1,\ldots,\vec{e}_n$ sind also linear unabhängig. Sie bilden eine Basis und sind Basisvektoren des Vektorraums $\mathbb{R}^n$. Unter einer Basis versteht man Folgendes:

Definition 5.11: Basisvektoren, Basis eines Vektorraums

n Vektoren $\vec{b}_1,\ldots,\vec{b}_n$ heißen **Basisvektoren** und bilden eine **Basis** eines Vektorraums V, wenn sie linear unabhängig sind und sich jeder Vektor $\vec{a} \in V$ als eine
Linearkombination dieser Vektoren darstellen lässt.

Ein Vektorraum kann verschiedene Basen haben. Die Vektoren

$$\vec{e}_1 = \begin{pmatrix} 1 \\ 0 \\ 0 \end{pmatrix}, \ \vec{e}_2 = \begin{pmatrix} 0 \\ 1 \\ 0 \end{pmatrix}, \ \vec{e}_3 = \begin{pmatrix} 0 \\ 0 \\ 1 \end{pmatrix}$$

bilden ebenso eine Basis des $\mathbb{R}^3$ wie die Vektoren

$$\vec{b}_1 = \begin{pmatrix} 1 \\ 1 \\ 0 \end{pmatrix}, \ \vec{b}_2 = \begin{pmatrix} 1 \\ 0 \\ 1 \end{pmatrix}, \ \vec{b}_3 = \begin{pmatrix} 0 \\ 1 \\ 1 \end{pmatrix}$$

Verschiedene Basen haben immer die gleiche Anzahl von Basisvektoren (für den Fall,
dass man endlich viele Basisvektoren hat). Die Anzahl der Basisvektoren heißt **Di-
mension** des Vektorraums. Drei Vektoren $\vec{b}_1, \vec{b}_2, \vec{b}_3 \in \mathbb{R}^3$ mit $\vec{b}_1, \vec{b}_2, \vec{b}_3 \neq \vec{0}$ bilden eine
Basis des $\mathbb{R}^3$, wenn sie nicht in einer Ebene liegen, d.h. linear unabhängig sind. Dann
lässt sich jeder Vektor $\vec{a} \in \mathbb{R}^3$ als Linearkombination der Vektoren $\vec{b}_1, \vec{b}_2, \vec{b}_3$ darstellen
(s. Abb. 5.22).

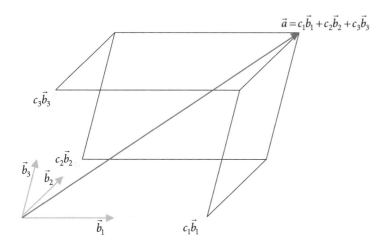

Abb. 5.22: Der Vek-
tor $\vec{a}$ als Linearkombination dreier Vekto-
ren $\vec{b}_1, \vec{b}_2, \vec{b}_3$.

Dies ist genau dann der Fall, wenn die drei Vektoren $\vec{b}_1, \vec{b}_2, \vec{b}_3$ einen Spat mit dem
Volumen $V \neq 0$ aufspannen. In diesem Fall gilt also:

$$[\vec{b}_1, \vec{b}_2, \vec{b}_3] = \vec{b}_1 \cdot (\vec{b}_2 \times \vec{b}_3) \neq 0$$

Wir betrachten gegebene Vektoren $\vec{b}_1, \ldots, \vec{b}_n, \vec{a} \in \mathbb{R}^n$ mit $\vec{b}_1, \ldots, \vec{b}_n \neq \vec{0}$:

$$\vec{b}_1 = \begin{pmatrix} b_{11} \\ b_{21} \\ \vdots \\ b_{n1} \end{pmatrix}, \ \vec{b}_2 = \begin{pmatrix} b_{12} \\ b_{22} \\ \vdots \\ b_{n2} \end{pmatrix}, \ \ldots \ \vec{b}_n = \begin{pmatrix} b_{1n} \\ b_{2n} \\ \vdots \\ b_{nn} \end{pmatrix} \qquad \vec{a} = \begin{pmatrix} a_1 \\ a_2 \\ \vdots \\ a_n \end{pmatrix}$$

und die Gleichung

$$c_1\vec{b}_1 + c_2\vec{b}_2 + \ldots + c_n\vec{b}_n = \vec{a}$$

Nach der Berechnung der linken Seite erhält man die Gleichung

$$\begin{pmatrix} b_{11}c_1 + b_{12}c_2 + \ldots + b_{1n}c_n \\ b_{21}c_1 + b_{22}c_2 + \ldots + b_{2n}c_n \\ \vdots \\ b_{n1}c_1 + b_{n2}c_2 + \ldots + b_{nn}c_n \end{pmatrix} = \begin{pmatrix} a_1 \\ a_2 \\ \vdots \\ a_n \end{pmatrix}$$

Man hat also die n Gleichungen

$$\begin{array}{ccccccccc} b_{11}c_1 & + & b_{12}c_2 & + & \ldots & + & b_{1n}c_n & = & a_1 \\ b_{21}c_1 & + & b_{22}c_2 & + & \ldots & + & b_{2n}c_n & = & a_2 \\ & & & & \vdots & & & & \\ b_{n1}c_1 & + & b_{n2}c_2 & + & \ldots & + & b_{nn}c_n & = & a_n \end{array}$$

Sucht man für die gegebenen Vektoren $\vec{b}_1, \ldots, \vec{b}_n, \vec{a}$ Zahlen $c_1, c_2, \ldots, c_n$, sodass die Gleichung $c_1\vec{b}_1 + c_2\vec{b}_2 + \ldots + c_n\vec{b}_n = \vec{a}$ gilt, so führt diese Frage also zu n Gleichungen mit n Unbekannten $c_1, c_2, \ldots, c_n$. Diese n Gleichungen stellen ein lineares Gleichungssystem dar. Wir werden uns in Kapitel 6 mit solchen linearen Gleichungssystemen beschäftigen. Sind die Vektoren $\vec{b}_1, \ldots, \vec{b}_n$ linear unabhängig, dann folgt für $\vec{a} = \vec{0}$ aus den Gleichungen die Lösung $c_1 = c_2 = \ldots = c_n = 0$. In Kapitel 6 werden wir feststellen, dass in diesem Fall die Gleichung bzw. das Gleichungssystem auch für jedes beliebige $\vec{a} \neq \vec{0}$ eindeutig lösbar ist und damit jeder beliebige Vektor $\vec{a} \in \mathbb{R}^n$ eindeutig als eine Linearkombination der Vektoren $\vec{b}_1, \ldots, \vec{b}_n$ dargestellt werden kann. Im Vektorraum $\mathbb{R}^n$ sind folgende Aussagen äquivalent:

- Die Vektoren $\vec{b}_1, \ldots, \vec{b}_n$ sind linear unabhängig
- Jeder Vektor $\vec{a}$ lässt sich als Linearkombination von $\vec{b}_1, \ldots, \vec{b}_n$ darstellen.
- Die Vektoren $\vec{b}_1, \ldots, \vec{b}_n$ sind Basisvektoren

Bevor wir uns im nächsten Kapitel mit Gleichungssystemen beschäftigen, wollen wir noch einige Anwendungen der Vektorrechnung in der Geometrie betrachten.

5.5 Anwendung in der Geometrie

5.5.1 Punkte im Raum

Der Pfeil vom Ursprung des Koordinatensystems zu einem Punkt mit den kartesischen Koordinaten x_0, y_0, z_0 (s. Abb. 5.23) stellt einen Vektor $\vec{r}_0$ dar.

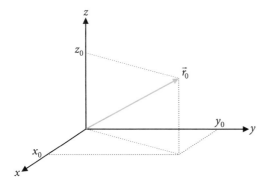

Abb. 5.23: Der Ortsvektor eines Punktes.

Dieser Vektor heißt **Ortsvektor** des Punktes und ist gegeben durch:

$$\vec{r}_0 = \begin{pmatrix} x_0 \\ y_0 \\ z_0 \end{pmatrix} \tag{5.73}$$

5.5.2 Geraden im Raum

Die Abb. 5.24 zeigt: Der Orstvektor $\vec{r}$ jedes Punktes auf einer Geraden ist die Summe des Ortsvektors $\vec{r}_0$ eines bestimmten Punktes auf der Geraden und des Vielfachen eines *Richtungsvektors* $\vec{a}$, der pararllel zur Geraden ist.

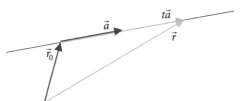

Abb. 5.24: Der Ortsvektor eines Punktes auf einer Geraden als Summe von Vektoren.

Für den Orstvektor $\vec{r}$ jedes Punktes auf einer Geraden gilt also:

$$\vec{r} = \vec{r}_0 + t\vec{a} \qquad t \in \mathbb{R} \tag{5.74}$$

5.5.3   Ebenen im Raum

Wir betrachten die Abb. 5.25: Der Orstvektor $\vec{r}$ jedes Punktes einer Ebene ist die Summe des Ortsvektors $\vec{r}_0$ eines bestimmten Punktes der Ebene und des gezeigten Vektors $\vec{r} - \vec{r}_0$. Dieser ist die Summe eines Vielfachen eines Vektors $\vec{a}$ und des Vielfachen eines Vektors $\vec{b}$ (die Vektoren $\vec{a}, \vec{b}$ sind parallel zur Ebene, aber nicht parallel zueinander).

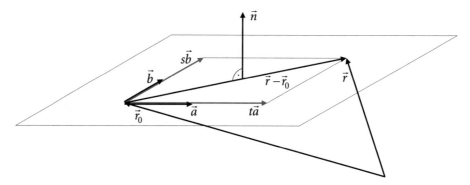

Abb. 5.25: Der Ortsvektor eines Punktes einer Ebene als Summe von Vektoren.

Für den Ortsvektor $\vec{r}$ jedes Punktes einer Ebene gilt also:

$$\vec{r} = \vec{r}_0 + t\vec{a} + s\vec{b} \qquad t, s \in \mathbb{R} \tag{5.75}$$

Ein **Normalenvektor** einer Ebene ist ein Vektor, der auf der Ebene senkrecht steht. Ein Normalenvektor $\vec{n}$ steht auch senkrecht auf dem Vektor $\vec{r} - \vec{r}_0$ (s. Abb. 5.25). Für den Orstvektor $\vec{r}$ jedes Punktes einer Ebene gilt also:

$$\vec{n} \cdot (\vec{r} - \vec{r}_0) = 0 \tag{5.76}$$

Das Vektorprodukt $\vec{a} \times \vec{b}$ steht senkrecht auf $\vec{a}$ und $\vec{b}$ und damit auf der Ebene. Es ist also ein Normalenverktor.

5.5.4   Abstände

Abstand zweier Punkte

Der Abstand d zweier Punkte mit den Ortsvektoren $\vec{r}_1$ und $\vec{r}_2$ ist die Länge des Differenzvektors $\vec{r}_2 - \vec{r}_1$ (s. Abb. 5.26).

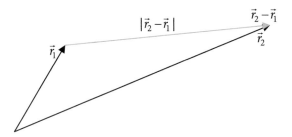

Abb. 5.26: Abstand zweier Punkte.

Mit den Vektoren

$$\vec{r}_1 = \begin{pmatrix} x_1 \\ y_1 \\ z_1 \end{pmatrix} \qquad \vec{r}_2 = \begin{pmatrix} x_2 \\ y_2 \\ z_2 \end{pmatrix} \qquad \vec{r}_2 - \vec{r}_2 = \begin{pmatrix} x_2 - x_1 \\ y_2 - y_1 \\ z_2 - z_1 \end{pmatrix}$$

erhält man für den Abstand:

$$d = |\vec{r}_2 - \vec{r}_1| = \sqrt{(x_2 - x_1)^2 + (y_2 - y_1)^2 + (z_2 - z_1)^2} \tag{5.77}$$

Abstand eines Punktes von einer Geraden

Für den Abstand d eines Punktes mit dem Ortsvektor $\vec{r}_1$ von der Geraden mit der Geradengleichung $\vec{r} = \vec{r}_0 + t\vec{a}$ gilt (s. Abb. 5.27):

$$|\vec{a} \times (\vec{r}_1 - \vec{r}_0)| = |\vec{a}||\vec{r}_1 - \vec{r}_0| \sin \varphi$$

$$\sin \varphi = \frac{d}{|\vec{r}_1 - \vec{r}_0|}$$

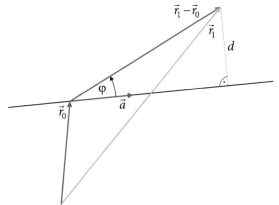

Abb. 5.27: Abstand eines Punktes von einer Geraden.

Daraus folgt für den Abstand d:

$$d = \frac{|\vec{a} \times (\vec{r}_1 - \vec{r}_0)|}{|\vec{a}|} \tag{5.78}$$

Abstand eines Punktes von einer Ebene

Wir betrachten eine Ebene mit der Ebenengleichung $\vec{n} \cdot (\vec{r} - \vec{r}_0) = 0$ und einen Punkt mit dem Ortsvektor r_1, der nicht in der Ebene liegt (s. Abb. 5.28).

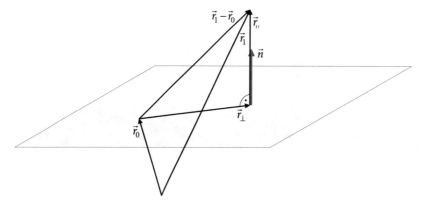

Abb. 5.28: Abstand eines Punktes von einer Ebene.

Wir zerlegen den Vektor $\vec{r}_1 - \vec{r}_0$ gemäß (5.54) in einen zum Normalenvektor $\vec{n}$ parallelen Vektor $\vec{r}_\parallel$ und in einen zu $\vec{n}$ senkrechten Vektor $\vec{r}_\perp$ (s. Abb. 5.28). Für den zu $\vec{n}$ parallelen Vektor $\vec{r}_\parallel$ gilt nach (5.54):

$$\vec{r}_\parallel = \frac{\vec{n} \cdot (\vec{r}_1 - \vec{r}_0)}{|\vec{n}|^2} \vec{n}$$

Der Abstand d des Punktes von der Ebene ist der Betrag des Vektors $\vec{r}_\parallel$:

$$d = |\vec{r}_\parallel| = \left| \frac{\vec{n} \cdot (\vec{r}_1 - \vec{r}_0)}{|\vec{n}|^2} \vec{n} \right| = \frac{|\vec{n} \cdot (\vec{r}_1 - \vec{r}_0)|}{|\vec{n}|^2} |\vec{n}| = \frac{|\vec{n} \cdot (\vec{r}_1 - \vec{r}_0)|}{|\vec{n}|}$$

Es gilt also:

$$d = \frac{|\vec{n} \cdot (\vec{r}_1 - \vec{r}_0)|}{|\vec{n}|} \tag{5.79}$$

Ist die Ebene nicht durch die Gleichung $\vec{n} \cdot (\vec{r} - \vec{r}_0) = 0$, sondern durch die Gleichung $\vec{r} = \vec{r}_0 + t\vec{a} + s\vec{b}$ gegeben, dann gilt die Formel (5.79) mit $\vec{n} = \vec{a} \times \vec{b}$.

$$d = \frac{|(\vec{a} \times \vec{b}) \cdot (\vec{r}_1 - \vec{r}_0)|}{|\vec{a} \times \vec{b}|} \tag{5.80}$$

Abstand zweier Geraden

Wir betrachten eine Gerade g_1 mit der Geradengleichung $\vec{r} = \vec{r}_1 + t\vec{a}_1$ und eine zweite Gerade g_2 mit der Geradengleichung $\vec{r} = \vec{r}_2 + t\vec{a}_2$. Wir nehmen an, dass sich die Geraden nicht scheiden. Ist $\vec{a}_1 \parallel \vec{a}_2$, dann sind die Geraden parallel. Zwei Geraden, die sich nicht schneiden und nicht parallel sind, nennt man windschief. Wir nehmen zunächst an, dass die Geraden **windschief** sind. Wir betrachten zwei parallele Ebenen E_1 und E_2. Die Ebene E_1 enthält die Gerade g_1, die Ebene E_2 enthält die Gerade g_2 (s. Abb. 5.29).

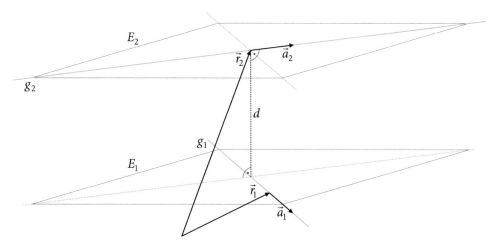

Abb. 5.29: Abstand zweier windschiefer Geraden.

Der Abstand d der zwei Geraden ist der Abstand der zwei Ebenen. Dieser Abstand ist der Abstand des Punktes $\vec{r}_2$ auf der Ebene E_2 von der Ebene E_1. Nach (5.79) gilt für diesen Abstand:

$$d = \frac{|\vec{n} \cdot (\vec{r}_2 - \vec{r}_1)|}{|\vec{n}|}$$

Der Normalenvektor $\vec{n}$ steht senkrecht auf den beiden Ebenen und damit senkrecht auf $\vec{a}_1$ und $\vec{a}_2$. Für $\vec{n}$ können wir das Vektorprodukt $\vec{a}_1 \times \vec{a}_2$ nehmen. Damit erhalten wir für den Abstand d zweier windschiefer Geraden die Formel:

Windschiefe Geraden: $$d = \frac{|(\vec{a}_1 \times \vec{a}_2) \cdot (\vec{r}_2 - \vec{r}_1)|}{|\vec{a}_1 \times \vec{a}_2|} \qquad (5.81)$$

Sind die beiden Geraden parallel, dann ist $\vec{a}_1 \times \vec{a}_2 = \vec{0}$, und die Formel (5.81) ist nicht anwendbar. Der Abstand zweier paralleler Geraden ist der Abstand des Punktes $\vec{r}_2$ auf der Geraden g_2 von der Geraden g_1. Aus (5.78) und $\vec{a}_2 = \lambda \vec{a}_1$ folgt für diesen Abstand:

Parallele Geraden: $$d = \frac{|\vec{a}_1 \times (\vec{r}_2 - \vec{r}_1)|}{|\vec{a}_1|} = \frac{|\vec{a}_2 \times (\vec{r}_2 - \vec{r}_1)|}{|\vec{a}_2|} \qquad (5.82)$$

5.5.5 Winkel

Schnittwinkel zweier Geraden

Der Schnittwinkel φ zweier sich schneidender Gerdaen ist der Winkel zwischen den Richtungsvektoren $\vec{a}_1$ und $\vec{a}_2$ der beiden Geraden.

$$\varphi = \arccos \frac{\vec{a}_1 \cdot \vec{a}_2}{|\vec{a}_1||\vec{a}_2|} \tag{5.83}$$

Schnittwinkel einer Geraden mit einer Ebene

Wir betrachten eine Ebene mit dem Normalenvektor $\vec{n}$ und eine Gerade mit dem Richtungsvektor $\vec{a} \nparallel \vec{n}$. Für den Winkel α zwischen der Geraden bzw. $\vec{a}$ und dem Normalenvektor $\vec{n}$ gilt:

$$\cos \alpha = \frac{\vec{n} \cdot \vec{a}}{|\vec{n}||\vec{a}|}$$

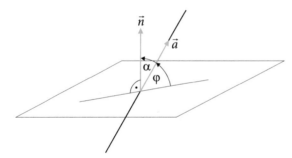

Abb. 5.30: Schnittwinkel einer Geraden mit einer Ebene.

Als Schnittwinkel φ zwischen der Geraden und der Ebene betrachten wir den Winkel zwischen Gerade und Ebene, der kleiner als $\frac{\pi}{2}$ ist. Sind die Vektoren $\vec{a}$ und $\vec{n}$ so gerichtet wie in Abb. 5.30 oder beide entgegengesetzt gerichtet, dann gilt:

$$\alpha = \frac{\pi}{2} - \varphi < \frac{\pi}{2} \qquad \vec{n} \cdot \vec{a} > 0$$

Ist entweder $\vec{a}$ oder $\vec{n}$ entgegengesetzt gerichtet wie in Abb. 5.30, dann gilt:

$$\alpha = \frac{\pi}{2} + \varphi > \frac{\pi}{2} \qquad \vec{n} \cdot \vec{a} < 0$$

Mit der Beziehung $\cos(\frac{\pi}{2} \mp \varphi) = \pm \sin \varphi$ folgt für den Winkel φ:

$$\cos \alpha = \cos \left(\frac{\pi}{2} \mp \varphi \right) = \pm \sin \varphi = \frac{\vec{n} \cdot \vec{a}}{|\vec{n}||\vec{a}|} \Rightarrow \sin \varphi = \pm \frac{\vec{n} \cdot \vec{a}}{|\vec{n}||\vec{a}|} = \frac{|\vec{n} \cdot \vec{a}|}{|\vec{n}||\vec{a}|}$$

Damit erhalten wir die folgende Formel für den Schnittwinkel:

$$\varphi = \arcsin \frac{|\vec{n} \cdot \vec{a}|}{|\vec{n}||\vec{a}|} \tag{5.84}$$

Schnittwinkel zweier Ebenen

Der Schnittwinkel zweier Ebenen ist der Winkel zwischen den Normalenvektoren $\vec{n}_1$ und $\vec{n}_2$ der Ebenen (s. Abb. 5.31).

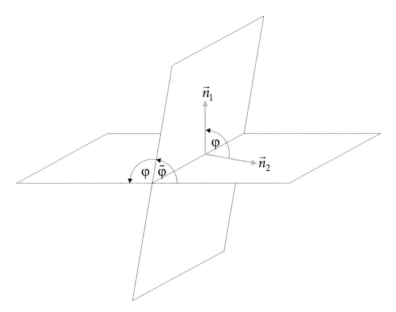

Abb. 5.31: Schnittwinkel zweier Ebenen.

Für den Schnittwinkel zweier Ebenen gilt also die Formel:

$$\varphi = \arccos \frac{\vec{n}_1 \cdot \vec{n}_2}{|\vec{n}_1||\vec{n}_2|} \tag{5.85}$$

Mit den in Abb. 5.31 dargestellten Normalenvektoren erhält man den in Abb. 5.31 gezeigten Winkel φ. Ist einer der beiden Normalenvektoren entgegengesetzt gerichtet, wie in Abb. 5.31, dann erhält man den in Abb. 5.31 gezeigten Winkel $\tilde{\varphi}$. Nimmt man z.B. statt dem Normalvektor $\vec{n}_1$ den Normalenvektor $-\vec{n}_1$, so erhält man:

$$\arccos \left(\frac{-\vec{n}_1 \cdot \vec{n}_2}{|-\vec{n}_1||\vec{n}_2|} \right) = \arccos \left(-\frac{\vec{n}_1 \cdot \vec{n}_2}{|\vec{n}_1||\vec{n}_2|} \right) = \pi - \arccos \frac{\vec{n}_1 \cdot \vec{n}_2}{|\vec{n}_1||\vec{n}_2|} = \pi - \varphi = \tilde{\varphi}$$

5.6 Aufgaben zu Kapitel 5

5.1 Gegeben sind die zwei Vektoren

$$\vec{a} = \begin{pmatrix} 2 \\ 1 \\ 3 \end{pmatrix} \qquad \vec{b} = \begin{pmatrix} 0 \\ -1 \\ -1 \end{pmatrix}$$

Berechnen Sie den Winkel φ zwischen den Vektoren $\vec{c} = 2(\vec{a} + \vec{b})$ und $\vec{d} = 2(\vec{a} - \vec{b})$.

5.2 Gegeben sind die zwei Vektoren

$$\vec{a} = \begin{pmatrix} 1 \\ -4 \\ 1 \end{pmatrix} \qquad \vec{b} = \begin{pmatrix} 3 \\ -8 \\ 1 \end{pmatrix}$$

Bestimmen Sie einen Vektor $\vec{c}$ mit den Eigenschaften $\vec{c} \perp \vec{a}$, $\vec{c} \perp \vec{b}$ und $|\vec{c}| = 1$.

5.3 Welche der folgenden Beziehungen gelten allgemein?

a) $(\vec{a} - \vec{b}) \times (\vec{a} + \vec{b}) = 2\vec{a} \times \vec{b}$ b) $(\vec{a} + \vec{b}) \cdot (\vec{a} + \vec{b}) = |\vec{a}|^2 + 2|\vec{a}||\vec{b}| + |\vec{b}|^2$

c) $\vec{a}(\vec{a} \cdot \vec{b}) = (\vec{a} \cdot \vec{a})\vec{b}$ d) $\vec{a}(\vec{a} \cdot \vec{b}) - (\vec{a} \cdot \vec{a})\vec{b} = \vec{a} \times (\vec{a} \times \vec{b})$

5.4 Gegeben sind zwei Vektoren $\vec{a}$ und $\vec{b}$ mit folgenden Eigenschaften: $|\vec{a}| = 2$, $|\vec{b}| = 1$, $(\vec{a} + \vec{b}) \perp (2\vec{a} - 5\vec{b})$. Berechnen Sie den Winkel φ zwischen den beiden Vektoren $\vec{a}$ und $\vec{b}$.

5.5 Was kann man aus den folgenden Gleichungen folgern?

a) $|\vec{a} + \vec{b}| = |\vec{a}| + |\vec{b}|$ b) $|\vec{a} \times \vec{b}| = \vec{a} \cdot \vec{b}$ c) $|\vec{a} + \vec{b}| = |\vec{a} - \vec{b}|$

5.6 Vereinfachen Sie den Ausdruck $|\vec{a} \times \vec{b}|^2 + (\vec{a} \cdot \vec{b})^2$

5.7 Die Vektoren $\vec{a}$, $\vec{b}$ und $\vec{c}$ seien linear unabhängig. Sind die drei Vektoren $\vec{a} + \vec{b} + \vec{c}$, $\vec{b} - \vec{a}$ und $\vec{c} - \vec{b}$ linear unabhängig?

5.8 Der Vektor $\vec{a}$ mit $|\vec{a}| = 4$ schließt mit der x-Achse den Winkel $\alpha = 60°$, mit der z-Achse den Winkel $\gamma = 135°$ und mit der y-Achse einen stumpfen Winkel ein. Bestimmen Sie den Vektor $\vec{a}$ an.

5.9 Gegeben sind die zwei Vektoren

$$\vec{a} = \begin{pmatrix} 3 \\ -6 \\ 3 \end{pmatrix} \qquad \vec{b} = \begin{pmatrix} 4 \\ 4 \\ -2 \end{pmatrix}$$

Zerlegen Sie den Vektor $\vec{b}$ in einen zu $\vec{a}$ parallelen und einen zu $\vec{a}$ senkrechten Vektor.

5.10 Ein Dreieck werde aufgespannt durch die Vektoren

$$\vec{a} = \begin{pmatrix} -2 \\ 8 \\ -2 \end{pmatrix} \qquad \vec{b} = \begin{pmatrix} 2 \\ 0 \\ -2 \end{pmatrix}$$

Berechnen Sie den Flächeninhalt A des Dreiecks.

5.11 Ein Spat werde aufgespannt durch die Vektoren

$$\vec{a} = \begin{pmatrix} -1 \\ 1 \\ -1 \end{pmatrix} \qquad \vec{b} = \begin{pmatrix} 3 \\ 4 \\ 7 \end{pmatrix} \qquad \vec{c} = \begin{pmatrix} 1 \\ 2 \\ -8 \end{pmatrix}$$

Berechnen Sie das Volumen V des Spats.

5.12 Gegeben sind die Vektoren

$$\vec{r}_1 = \begin{pmatrix} 2 \\ 4 \\ 8 \end{pmatrix} \qquad \vec{r}_0 = \begin{pmatrix} 1 \\ 1 \\ 1 \end{pmatrix} \qquad \vec{a} = \begin{pmatrix} -1 \\ 1 \\ 0 \end{pmatrix} \qquad \vec{b} = \begin{pmatrix} -1 \\ -1 \\ 4 \end{pmatrix}$$

Berechnen Sie den Abstand d des Punktes mit dem Ortsvektor $\vec{r}_1$ von der Ebene mit der Gleichung $\vec{r} = \vec{r}_0 + t\vec{a} + s\vec{b}$.

5.13 Gegeben sind die Vektoren

$$\vec{r}_1 = \begin{pmatrix} 3 \\ 0 \\ 3 \end{pmatrix} \qquad \vec{a}_1 = \begin{pmatrix} 2 \\ -6 \\ 1 \end{pmatrix} \qquad \vec{r}_2 = \begin{pmatrix} 1 \\ 2 \\ 1 \end{pmatrix} \qquad \vec{a}_2 = \begin{pmatrix} 3 \\ -8 \\ 1 \end{pmatrix}$$

und zwei Geraden mit den Gleichungen $\vec{r} = \vec{r}_1 + t\vec{a}_1$ und $\vec{r} = \vec{r}_2 + s\vec{a}_2$. Berechnen Sie den Abstand d der beiden Geraden.

5.14 Gegeben sind die Vektoren

$$\vec{r}_0 = \begin{pmatrix} 1 \\ 1 \\ 1 \end{pmatrix} \qquad \vec{n} = \begin{pmatrix} 4 \\ 4 \\ 2 \end{pmatrix} \qquad \vec{r}_1 = \begin{pmatrix} 1 \\ 6 \\ 6 \end{pmatrix} \qquad \vec{a} = \begin{pmatrix} 1 \\ -2 \\ 2 \end{pmatrix}$$

Zeigen Sie, dass die Gerade mit der Gleichung $\vec{r} = \vec{r}_1 + t\vec{a}$ parallel ist zur Ebene mit der Gleichung $\vec{n} \cdot (\vec{r} - \vec{r}_0) = 0$. Berechne den Abstand d der Geraden von der Ebene.

5.15 Eine quadratische Fläche soll überdacht werden. Das Dach soll die Form einer vierseitigen geraden Pyramide mit quadratischer Grundfläche haben. φ sei der Winkel zwischen den Dachflächen und der Grundfläche.

a) Wie groß ist der Winkel α zwischen zwei benachbarten (nicht gegenüberliegenden) Dachflächen für $\varphi = 45°$?

b) Bestimmen Sie für $0 < \varphi < 90°$ den Winkel α in Abhängigkeit von φ.

5.16 Eine Ladung q bewegt sich in einem homogenen, konstanten Magnetfeld $\vec{B}$ auf einem Kreis mit Radius R mit der Winkelgeschwindigkeit ω. Für den Ortsvektor $\vec{r}$, den Winkelgeschwindigkeitsvektor $\vec{\omega}$ und das Magnetfeld $\vec{B}$ gelte:

$$\vec{r} = \begin{pmatrix} R\cos(\omega t) \\ R\sin(\omega t) \\ 0 \end{pmatrix} \qquad \vec{\omega} = \begin{pmatrix} 0 \\ 0 \\ \omega \end{pmatrix} \qquad \vec{B} = \begin{pmatrix} 0 \\ 0 \\ B \end{pmatrix}$$

t ist die Zeit. R, B und ω sind Konstanten.

a) Berechnen Sie den Geschwindigkeitsvektor $\vec{v} = \vec{\omega} \times \vec{r}$.

b) Berechnen Sie den Beschleunigungsvektor $\vec{a}$, für den hier $\vec{a} = \vec{\omega} \times \vec{v}$ gilt.

c) Berechnen Sie die Lorentz-Kraft $\vec{F} = q\,\vec{v} \times \vec{B}$, die auf die Ladung wirkt.

d) Für die Lorentz-Kraft $\vec{F}$ gilt $\vec{F} = k\vec{a}$. Bestimmen Sie den Faktor k?

e) Welche Beziehung muss für die Größen R, B, ω und q gelten, damit das Gesetz $\vec{F} = m\vec{a}$ von Newton erfüllt wird?

6 Matrizen, Determinanten und lineare Gleichungssysteme

Im Abschnitt 5.4 haben wir festgestellt, dass bestimmte Fragestellungen in der Vektorrechnung zu linearen Gleichungssystemen führen (s. S. 194). Die Kapitel 5 und 6 hängen mathematisch eng zusammen und gehören zu einem Gebiet der Mathematik, das man lineare Algebra nennt. Ist man weniger an theoretischen Zusammenhängen und mehr an Anwendungen interessiert, dann ist es sinnvoll, die Vektorrechnung in einem eigenen Kapitel zu behandeln. Ein Schwerpunkt der Vektorrechnung in Kapitel 5 war die mathematische Abbildung bestimmter technisch-naturwissenschaftlicher Sachverhalte durch Vektoren und das Rechnen mit solchen Vektoren. Darüber hinaus wurden geometrische Fragestellungen betrachtet. Ein Schwerpunkt dieses Kapitels sind lineare Gleichungssysteme, die bei der Behandlung und Untersuchung vieler Problemstellungen sowohl in Naturwissenschaft und Technik als auch in anderen Bereichen auftreten.

Beispiel 6.1: Gleichstromkreis mit ohmschen Widerständen

Wir betrachten die in Abb. 6.1 dargestellte Schaltung mit drei Widerständen R_1, R_2, R_3 und einer angelegten Gleichspannung U. Durch die Widerstände R_1, R_2, R_3 fließen die Ströme I_1, I_2, I_3 (s. Abb. 6.1).

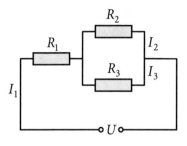

Abb. 6.1: Die Ströme I_1, I_2, I_3 müssen ein lineares Gleichungssystem erfüllen.

Nach den Kirchhoff'schen Gesetzen („Maschen- und Knotenregel") gelten folgende Gleichungen:

$$
\begin{aligned}
I_1 \;-\; I_2 \;-\; I_3 &= 0 \\
R_1 I_1 \;+\; R_2 I_2 \qquad\quad\ &= U \\
R_2 I_2 \;-\; R_3 I_3 &= 0
\end{aligned}
$$

Sind die Widerstände R_1, R_2, R_3 und die angelegte Spannung U bekannt bzw. gegeben, so hat man drei Gleichungen mit drei Unbekannten I_1, I_2, I_3. Diese Gleichungen stellen ein lineares Gleichungssystem dar, d. h., die linken Seiten der Gleichungen sind jeweils Linearkombinationen der Unbekannten, die rechten Seiten sind jeweils Konstanten. Die Fragestellung lautet: Was ist die Lösung dieses Gleichungssystems, d. h., für welche Werte der Ströme I_1, I_2, I_3 sind alle Gleichungen erfüllt? Die Faktoren, mit denen die Unbekannten I_1, I_2, I_3 jeweils auf der linken Seite multipliziert werden, fasst man zu einer Matrix **A** zusammen, die **Koeffizientenmatrix** des Gleichungssystems heißt und wesentliche Informationen über das Gleichungssystem enthält:

$$
\mathbf{A} = \begin{pmatrix} 1 & -1 & -1 \\ R_1 & R_2 & 0 \\ 0 & R_2 & -R_3 \end{pmatrix}
$$

$\blacksquare$

6.1 Matrizen

Hat man (wie im Beispiel 6.1) ein lineares Gleichungssystem mit n Gleichungen und n Unbekannten, so kann man mithilfe der Koeffizientenmatrix des Gleichungssystems klären, ob das Gleichungssystem eindeutig lösbar ist. Matrizen spielen eine wichtige Rolle bei der Untersuchung der Lösbarkeit und der Lösung linearer Gleichungssysteme. Wir wollen uns deshalb zunächst mit Matrizen beschäftigen. Unter einer Matrix versteht man ein rechteckiges Zahlenschema:

Definition 6.1: Matrix

Ein rechteckiges Zahlenschema

$$\mathbf{A} = \begin{pmatrix} a_{11} & a_{12} & \cdots & a_{1n} \\ a_{21} & a_{22} & \cdots & a_{2n} \\ \vdots & \vdots & & \vdots \\ a_{m1} & a_{m2} & \cdots & a_{mn} \end{pmatrix} \tag{6.1}$$

mit m Zeilen und n Spalten und rellen Zahlen a_{ik} ($i = 1,\ldots,m$ und $k = 1,\ldots,n$) heißt (m,n)-**Matrix**. Die Zahlen a_{ik} heißen **Matrixelemente** der Matrix $\mathbf{A}$.

Für eine Matrix $\mathbf{A}$ mit den Matrixelementen a_{ik} schreibt man auch

$$\mathbf{A} = (a_{ik})$$

Zwei Matrizen $\mathbf{A} = (a_{ik})$ und $\mathbf{B} = (b_{ik})$ sind gleich, wenn sie die gleichen Matrixelemente haben, d. h., wenn $a_{ik} = b_{ik}$ für alle $i = 1,\ldots,m$ und $k = 1,\ldots,n$. Bevor wir Rechenoperationen für Matrizen erklären, wollen wir zunächst einige spezielle Matrizen bzw. entsprechende Begriffe erläutern:

Nullmatrix

Die Nullmatrix $\mathbf{0}$ ist eine Matrix, deren Matrixelemente alle null sind:

$$\mathbf{0} = \begin{pmatrix} 0 & \cdots & 0 \\ \vdots & & \vdots \\ 0 & \cdots & 0 \end{pmatrix}$$

Transponierte Matrix

Die transponierte Matrix $\mathbf{A}^{\mathsf{T}}$ einer (m,n)-Matrix $\mathbf{A}$ ist eine (n,m)-Matrix, deren Zeilen die Spalten von $\mathbf{A}$ und deren Spalten die Zeilen von $\mathbf{A}$ sind:

$$\mathbf{A} = \begin{pmatrix} a_{11} & \cdots & a_{1n} \\ \vdots & & \vdots \\ a_{m1} & \cdots & a_{mn} \end{pmatrix} \qquad \mathbf{A}^{\mathsf{T}} = \begin{pmatrix} a_{11} & \cdots & a_{m1} \\ \vdots & & \vdots \\ a_{1n} & \cdots & a_{mn} \end{pmatrix} \tag{6.2}$$

Es gilt $(\mathbf{A}^{\mathsf{T}})^{\mathsf{T}} = \mathbf{A}$. Die Transponierte von $\mathbf{A}^{\mathsf{T}}$ ist wieder $\mathbf{A}$.

Beispiel 6.2: Transponierte Matrix

$$\mathbf{A} = \begin{pmatrix} 3 & 2 & 1 \\ 4 & 0 & 5 \end{pmatrix} \qquad \mathbf{A}^{\mathsf{T}} = \begin{pmatrix} 3 & 4 \\ 2 & 0 \\ 1 & 5 \end{pmatrix}$$

∎

Zeilen- und Spaltenmatrizen

Eine $(1,n)$-Matrix $\boldsymbol{a} = (a_{11}, \ldots, a_{1n})$ mit nur einer Zeile heißt Zeilenmatrix.

Eine $(m,1)$-Matrix $\boldsymbol{a} = \begin{pmatrix} a_{11} \\ \vdots \\ a_{m1} \end{pmatrix}$ mit nur einer Spalte heißt Spaltenmatrix.

Die Transponierte einer Zeilen- bzw. Spaltenmatrix ist eine Spalten- bzw. Zeilenmatrix.

Beispiel 6.3: Zeilen- und Spaltenmatrix

$$\boldsymbol{a} = (2,4,6) \qquad \boldsymbol{a}^{\mathsf{T}} = \begin{pmatrix} 2 \\ 4 \\ 6 \end{pmatrix} \qquad \boldsymbol{b} = \begin{pmatrix} 3 \\ 2 \\ 1 \end{pmatrix} \qquad \boldsymbol{b}^{\mathsf{T}} = (3,2,1)$$

■

Eine Zeilen- oder Spaltenmatrix kann man als Vektor betrachten. Bei der Vektorrechnung in Kapitel 5 spielte es keine Rolle, ob man einen Vektor als Zeilen- oder Spaltenvektor schreibt. Bei Rechenoperationen mit Matrizen gibt es Unterschiede zwischen Rechnungen mit Zeilen- und Spaltenmatrizen. Betrachtet man Vektoren als spezielle Matrizen, so muss man bei Rechnungen zwischen Zeilen- und Spaltenvektor unterscheiden. In diesem Kapitel werden wir für Zeilen- und Spaltenmatrizen (bzw. Vektoren) kleine, fettgedruckte Buchstaben verwenden.

Quadratische Matrizen

Ist die Anzahl der Zeilen gleich der Anzahl der Spalten, dann nennt man eine Matrix quadratisch. Eine quadratische Matrix ist eine (n,n)-Matrix:

$$\mathbf{A} = \begin{pmatrix} a_{11} & \cdots & a_{1n} \\ \vdots & \ddots & \vdots \\ a_{n1} & \cdots & a_{nn} \end{pmatrix}$$

Wir betrachten nun einige spezielle quadratische Matrizen:

Dreiecksmatrizen

Eine (n,n)-Matrix $\mathbf{A} = \begin{pmatrix} a_{11} & a_{12} & \cdots & a_{1n} \\ 0 & a_{22} & \cdots & a_{2n} \\ \vdots & \vdots & \ddots & \vdots \\ 0 & 0 & \cdots & a_{nn} \end{pmatrix}$ mit $a_{ik} = 0$ für $i > k$

heißt obere Dreiecksmatrix.

Eine (n,n)-Matrix $\mathbf{A} = \begin{pmatrix} a_{11} & 0 & \cdots & 0 \\ a_{21} & a_{22} & \cdots & 0 \\ \vdots & \vdots & \ddots & \vdots \\ a_{n1} & a_{n2} & \cdots & a_{nn} \end{pmatrix}$ mit $a_{ik} = 0$ für $i < k$

heißt untere Dreiecksmatrix.

Symmetrische Matrizen

Eine (n,n)-Matrix $\mathbf{A} = \begin{pmatrix} a_{11} & a_{12} & \cdots & a_{1n} \\ a_{12} & a_{22} & \cdots & a_{2n} \\ \vdots & \vdots & \ddots & \vdots \\ a_{1n} & a_{2n} & \cdots & a_{nn} \end{pmatrix}$ mit $a_{ik} = a_{ki}$

heißt symmetrisch.

Beispiel 6.4: Symmetrische Matrix

$$\mathbf{A} = \begin{pmatrix} 3 & 4 & 0 \\ 4 & 1 & 5 \\ 0 & 5 & 2 \end{pmatrix}$$

∎

Diagonalmatrizen

Eine (n,n)-Matrix $\mathbf{A} = \begin{pmatrix} a_{11} & 0 & \cdots & 0 \\ 0 & a_{22} & \cdots & 0 \\ \vdots & \vdots & \ddots & \vdots \\ 0 & 0 & \cdots & a_{nn} \end{pmatrix}$ mit $a_{ik} = 0$ für $i \neq k$

heißt Diagonalmatrix.

Einheitsmatrizen

Eine (n,n)-(Diagnonal-)Matrix $\mathbf{A} = \begin{pmatrix} 1 & 0 & \cdots & 0 \\ 0 & 1 & \cdots & 0 \\ \vdots & \vdots & \ddots & \vdots \\ 0 & 0 & \cdots & 1 \end{pmatrix}$ mit $a_{ik} = \begin{cases} 1 & \text{für } i = k \\ 0 & \text{für } i \neq k \end{cases}$

heißt Einheitsmatrix.

Matrizen spielen nicht nur eine Rolle bei der Lösung linearer Gleichungssysteme. Sie werden z.B. auch gebildet bei der Zusammenfassung bestimmter Zahlen in Form eines rechteckigen Zahlenschemas.

Beispiel 6.5: Mengenmatrizen

Ein Produkt wird an drei Produktionsstandorten P_1, P_2, P_3 hergestellt. Dazu wird ein bestimmter Rohstoff benötigt. Dieser wird von zwei Lieferanten L_1, L_2 geliefert. Die Liefermengen können in einer Matrix zusammengefasst werden:

$$
\begin{array}{cccc}
 & P_1 & P_2 & P_3 \\
L_1 & \begin{pmatrix} a_{11} & a_{12} & a_{13} \\ a_{21} & a_{22} & a_{23} \end{pmatrix} \\
L_2
\end{array}
$$

Das Matrixelement a_{ik} gibt an, wie viele Mengeneinheiten des Rohstoffs in einem bestimmten Zeitraum vom i-ten Lieferanten an den k-ten Produktionsstandort geliefert werden. Die folgenden Mengenmatrizen $\mathbf{A}$ und $\mathbf{B}$ bzw. $\mathbf{C}$ geben die Mengen im ersten und zweiten Halbjahr eines Jahres bzw. im Gesamtjahr an:

$$
\mathbf{A} = \begin{pmatrix} a_{11} & a_{12} & a_{13} \\ a_{21} & a_{22} & a_{23} \end{pmatrix} \qquad
\mathbf{B} = \begin{pmatrix} b_{11} & b_{12} & b_{13} \\ b_{21} & b_{22} & b_{23} \end{pmatrix} \qquad
\mathbf{C} = \begin{pmatrix} c_{11} & c_{12} & c_{13} \\ c_{21} & c_{22} & c_{23} \end{pmatrix}
$$

Für die Matrix $\mathbf{C}$ gilt:

$$
\mathbf{C} = \begin{pmatrix} a_{11} + b_{11} & a_{12} + b_{12} & a_{13} + b_{13} \\ a_{21} + b_{21} & a_{22} + b_{22} & a_{23} + b_{23} \end{pmatrix}
$$

Die Beziehung $\mathbf{C} = \mathbf{A} + \mathbf{B}$ ist intuitiv einleuchtend. Sind die Mengen bzw. die Matrizen der beiden Habljahre gleich, so gilt:

$$
\mathbf{C} = \begin{pmatrix} 2a_{11} & 2a_{12} & 2a_{13} \\ 2a_{21} & 2a_{22} & 2a_{23} \end{pmatrix}
$$

In diesem Fall ist die Gleichung $\mathbf{C} = 2\mathbf{A}$ intuitiv einleuchtend. ■

Wir definieren die Addition von Matrizen in intuitiv naheliegender Weise (s. Bsp. 6.5):

Definition 6.2: Addition von Matrizen

Die Summe $\mathbf{A} + \mathbf{B}$ einer (m,n)-Matrix $\mathbf{A}$ mit den Matrixelementen a_{ik} und einer (m,n)-Matrix $\mathbf{B}$ mit den Matrixelementen b_{ik} ist eine (m,n)-Matrix mit den Matrixelemeneten $a_{ik} + b_{ik}$.

$$
\underbrace{\begin{pmatrix} a_{11} & \cdots & a_{1n} \\ \vdots & & \vdots \\ a_{m1} & \cdots & a_{mn} \end{pmatrix}}_{\mathbf{A}} + \underbrace{\begin{pmatrix} b_{11} & \cdots & b_{1n} \\ \vdots & & \vdots \\ b_{m1} & \cdots & b_{mn} \end{pmatrix}}_{\mathbf{B}} = \underbrace{\begin{pmatrix} a_{11} + b_{11} & \cdots & a_{1n} + b_{1n} \\ \vdots & & \vdots \\ a_{m1} + b_{m1} & \cdots & a_{mn} + b_{mn} \end{pmatrix}}_{\mathbf{A}+\mathbf{B}} \tag{6.3}
$$

Das neutrale Element bei der Addition von Matrizen ist die Nullmatrix $\mathbf{0}$:

$$\mathbf{A} + \mathbf{0} = \mathbf{0} + \mathbf{A} = \mathbf{A}$$

Bei der Addition gibt es zu jeder Matrix $\mathbf{A}$ ein inverses Element $-\mathbf{A}$ mit der Eigenschaft

$$\mathbf{A} + (-\mathbf{A}) = (-\mathbf{A}) + \mathbf{A} = \mathbf{0}$$

Sind a_{ik} die Matrixelemente von $\mathbf{A}$, dann sind $-a_{ik}$ die Matrixelemente von $-\mathbf{A}$. Für die Summe $\mathbf{A} + (-\mathbf{B})$ schreibt man $\mathbf{A} - \mathbf{B}$. Für die Subtraktion bzw. Differenz zweier Matrizen gilt damit:

$$\underbrace{\begin{pmatrix} a_{11} & \cdots & a_{1n} \\ \vdots & & \vdots \\ a_{m1} & \cdots & a_{mn} \end{pmatrix}}_{\mathbf{A}} - \underbrace{\begin{pmatrix} b_{11} & \cdots & b_{1n} \\ \vdots & & \vdots \\ b_{m1} & \cdots & b_{mn} \end{pmatrix}}_{\mathbf{B}} = \underbrace{\begin{pmatrix} a_{11} - b_{11} & \cdots & a_{1n} - b_{1n} \\ \vdots & & \vdots \\ a_{m1} - b_{m1} & \cdots & a_{mn} - b_{mn} \end{pmatrix}}_{\mathbf{A} - \mathbf{B}} \tag{6.4}$$

Beispiel 6.6: Addition und Subtraktion von Matrizen

$$\begin{pmatrix} 3 & 1 \\ 0 & 2 \\ 1 & 4 \end{pmatrix} + \begin{pmatrix} 1 & 0 \\ 5 & 2 \\ 3 & 4 \end{pmatrix} = \begin{pmatrix} 3+1 & 1+0 \\ 0+5 & 2+2 \\ 1+3 & 4+4 \end{pmatrix} = \begin{pmatrix} 4 & 1 \\ 5 & 4 \\ 4 & 8 \end{pmatrix}$$

$$\begin{pmatrix} 4 & 3 & 6 \\ 7 & 5 & 1 \end{pmatrix} - \begin{pmatrix} 1 & 2 & 4 \\ 3 & 5 & 2 \end{pmatrix} = \begin{pmatrix} 4-1 & 3-2 & 6-4 \\ 7-3 & 5-5 & 1-2 \end{pmatrix} = \begin{pmatrix} 3 & 1 & 2 \\ 4 & 0 & -1 \end{pmatrix} \qquad \blacksquare$$

Auch die Multiplikation einer Matrix mit einer Zahl definieren wir in intuitiv naheliegender Weise (s. Bsp. 6.5):

Definition 6.3: Multiplikation einer Matrix mit einer Zahl

Das Produkt $\lambda\mathbf{A}$ einer Zahl λ und einer (m,n)-Matrix $\mathbf{A}$ mit den Matrixelementen a_{ik} ist eine (m,n)-Matrix mit den Matrixelementen λa_{ik}.

$$\lambda \underbrace{\begin{pmatrix} a_{11} & \cdots & a_{1n} \\ \vdots & & \vdots \\ a_{m1} & \cdots & a_{mn} \end{pmatrix}}_{\mathbf{A}} = \underbrace{\begin{pmatrix} \lambda a_{11} & \cdots & \lambda a_{1n} \\ \vdots & & \vdots \\ \lambda a_{m1} & \cdots & \lambda a_{mn} \end{pmatrix}}_{\lambda\mathbf{A}} \tag{6.5}$$

Beispiel 6.7: Multiplikation einer Matrix mit einer Zahl

$$4 \cdot \begin{pmatrix} 2 & 4 & 2 \\ 3 & 2 & 1 \end{pmatrix} = \begin{pmatrix} 4 \cdot 2 & 4 \cdot 4 & 4 \cdot 2 \\ 4 \cdot 3 & 4 \cdot 2 & 4 \cdot 1 \end{pmatrix} = \begin{pmatrix} 8 & 16 & 8 \\ 12 & 8 & 4 \end{pmatrix} \qquad \blacksquare$$

Für (m,n)-Matrizen $\mathbf{A},\mathbf{B},\mathbf{C}$ mit jeweils m Zeilen und n Spalten und Zahlen $\lambda,\mu \in \mathbb{R}$ gelten folgende Gleichungen:

$$\mathbf{A} + \mathbf{B} = \mathbf{B} + \mathbf{A}$$

$$\mathbf{A} + (\mathbf{B} + \mathbf{C}) = (\mathbf{A} + \mathbf{B}) + \mathbf{C}$$

$$\mathbf{A} + \mathbf{0} = \mathbf{A}$$

$$\mathbf{A} + (-\mathbf{A}) = \mathbf{0}$$

$$\lambda(\mu\mathbf{A}) = (\lambda\mu)\mathbf{A}$$

$$(\lambda + \mu)\mathbf{A} = \lambda\mathbf{A} + \mu\mathbf{A}$$

$$\lambda(\mathbf{A} + \mathbf{B}) = \lambda\mathbf{A} + \lambda\mathbf{B}$$

Die Menge aller (m,n)-Matrizen, d. h. die Menge aller Matrizen mit jeweils m Zeilen und n Spalten, bildet mit den zwei bisher eingeführten Rechenoperationen (Addition und Multiplikation mit einer Zahl) einen Vektorraum (s. Kap. 5, Def. 5.7).

Wir wollen nun eine weitere Rechenoperation einführen, nämlich die Multiplikation zweier Matrizen. Würden wir die Definition einfach hinschreiben, so könnte man fragen, warum man die Multiplikation gerade auf diese Weise definiert, bzw. wie man auf diese Definition kommt. Deshalb wollen wir wieder anhand eines Anwendungsbeispiels zur Definition hinführen.

Beispiel 6.8: Mengenmatrizen

Wir nehmen zunächst an, dass aus einem Rohstoff R ein Zwischenprodukt Z und aus diesem ein Endprodukt E hergestellt wird. Die zur Produktion benötigten Mengen werden durch die Zahlen a,b,c angegeben (Mengeneinheiten werden durch ME abgekürzt): Man benötigt

a ME von R für eine ME von Z

b ME von Z für eine ME von E

c ME von R für eine ME von E

Für b ME von Z benötigt man $b \cdot a$ ME von R. Daraus folgt:

$$c = a \cdot b$$

Wir nehmen nun an, dass aus vier Rohstoffen R_1,R_2,R_3,R_4 drei Zwischenprodukte Z_1,Z_2,Z_3 und aus diesen zwei Endprodukte E_1,E_2 gefertigt werden. Die zur Herstellung benötigten Mengen werden in Mengenmatrizen zusammengefasst:

$$
\mathbf{A} = \begin{pmatrix} a_{11} & a_{12} & a_{13} \\ a_{21} & a_{22} & a_{23} \\ a_{31} & a_{32} & a_{33} \\ a_{41} & a_{42} & a_{43} \end{pmatrix}
\begin{matrix} R_1 \\ R_2 \\ R_3 \\ R_4 \end{matrix}
\qquad
\mathbf{B} = \begin{pmatrix} b_{11} & b_{12} \\ b_{21} & b_{22} \\ b_{31} & b_{32} \end{pmatrix}
\begin{matrix} Z_1 \\ Z_2 \\ Z_3 \end{matrix}
\qquad
\mathbf{C} = \begin{pmatrix} c_{11} & c_{12} \\ c_{21} & c_{22} \\ c_{31} & c_{32} \\ c_{41} & c_{42} \end{pmatrix}
\begin{matrix} R_1 \\ R_2 \\ R_3 \\ R_4 \end{matrix}
$$

(Spaltenüberschriften: $\mathbf{A}$: $Z_1\ Z_2\ Z_3$; $\mathbf{B}$: $E_1\ E_2$; $\mathbf{C}$: $E_1\ E_2$)

Die Matrixelemente haben folgende Bedeutung: Man benötigt

a_{ij} ME von R_i für 1 ME von Z_j

b_{jk} ME von Z_j für 1 ME von E_k

c_{ik} ME von R_i für 1 ME von E_k

Daraus folgen z.B. die folgenden Aussagen: man braucht

b_{11} ME von Z_1 für 1 ME von E_1

b_{21} ME von Z_2 für 1 ME von E_1

b_{31} ME von Z_3 für 1 ME von E_1

Ferner benötigt man

a_{11} ME von R_1 für 1 ME von Z_1

a_{12} ME von R_1 für 1 ME von Z_2

a_{13} ME von R_1 für 1 ME von Z_1

Daraus folgt: Man braucht

$a_{11}b_{11}$ ME von R_1 für b_{11} ME von Z_1

$a_{12}b_{21}$ ME von R_1 für b_{21} ME von Z_2

$a_{13}b_{31}$ ME von R_1 für b_{31} ME von Z_3

Man benötigt also

$a_{11}b_{11} + a_{12}b_{21} + a_{13}b_{31}$ ME von R_1 für 1 ME von E_1

d.h. es gilt:

$c_{11} = a_{11}b_{11} + a_{12}b_{21} + a_{13}b_{31}$

Dies lässt sich darstellen als Skalarprodukt zweier Vektoren:

$$c_{11} = a_{11}b_{11} + a_{12}b_{21} + a_{13}b_{31} = (a_{11}, a_{12}, a_{13}) \cdot \begin{pmatrix} b_{11} \\ b_{21} \\ b_{31} \end{pmatrix}$$

Das Matrixelement c_{11} ist das Skalarprodukt der 1. Zeile von $\mathbf{A}$ mit der 1. Spalte von $\mathbf{B}$. Entsprechendes gilt für die anderen Matrixelemente der Matrix $\mathbf{C}$. Das Matrixelement c_{ik} ist das Skalarprodukt der i-ten Zeile von $\mathbf{A}$ mit der k-ten Spalte von $\mathbf{B}$:

$$c_{ik} = a_{i1}b_{1k} + a_{i2}b_{2k} + a_{i3}b_{3k} = (a_{i1}, a_{i2}, a_{i3}) \cdot \begin{pmatrix} b_{1k} \\ b_{2k} \\ b_{3k} \end{pmatrix}$$

In Verallgemeinerung der Gleichung $c = a \cdot b$ (s. oben) schreiben wir $\mathbf{C} = \mathbf{A} \cdot \mathbf{B}$. ∎

Das Beispiel 6.8 legt folgende Definition der Multiplikation zweier Matrizen nahe:

Definition 6.4: Multiplikation von Matrizen

Das Produkt $\mathbf{AB}$ einer (m,n)-Matrix $\mathbf{A}$ mit den Matrixelementen a_{ik} und einer (n,p)-Matrix $\mathbf{B}$ mit den Matrixelementen b_{ik} ist eine (m,p)-Matrix $\mathbf{C}$ mit den Matrixelementen

$$c_{ik} = a_{i1}b_{1k} + a_{i2}b_{2k} + \ldots + a_{in}b_{nk} = \sum_{j=1}^{n} a_{ij}b_{jk} \tag{6.6}$$

$$= (a_{i1}, a_{i2}, \ldots, a_{in}) \cdot \begin{pmatrix} b_{1k} \\ b_{2k} \\ \vdots \\ b_{nk} \end{pmatrix}$$

Das Matrixelement c_{ik} ist das Skalarprodukt der i-ten Zeile von $\mathbf{A}$ mit der k-ten Spalte von $\mathbf{B}$.

Das Produkt $\mathbf{AB}$ zweier Matrizen $\mathbf{A}$ und $\mathbf{B}$ ist nur dann definiert, wenn die Anzahl der Spalten von $\mathbf{A}$ gleich der Anzahl der Zeilen von $\mathbf{B}$ ist. Für die Berechnung des Produkts $\mathbf{AB}$ ist es vorteilhaft, die Matrizen $\mathbf{A},\mathbf{B}$ nicht nebeneinander, sondern in der folgenden Weise übereinander hinzuschreiben (sog. „Falk-Schema"):

$$
\begin{array}{c}
\overbrace{\begin{pmatrix} b_{11} & \cdots & b_{1k} & \cdots & b_{1p} \\ \vdots & & \vdots & & \vdots \\ b_{n1} & \cdots & b_{nk} & \cdots & b_{np} \end{pmatrix}}^{\mathbf{B}} \\
\underbrace{\begin{pmatrix} a_{11} & \cdots & a_{1n} \\ \vdots & & \vdots \\ a_{i1} & \cdots & a_{in} \\ \vdots & & \vdots \\ a_{m1} & \cdots & a_{mn} \end{pmatrix}}_{\mathbf{A}}
\underbrace{\begin{pmatrix} c_{11} & \cdots & & \cdots & c_{1p} \\ \vdots & & \downarrow & & \vdots \\ & \rightarrow & c_{ik} & & \\ \vdots & & & & \vdots \\ c_{m1} & \cdots & & \cdots & c_{mp} \end{pmatrix}}_{\mathbf{AB}}
\end{array}
\tag{6.7}
$$

Will man ein Matrixelement der Produktmatrix $\mathbf{AB}$ berechnen, so multipliziert man den Vektor links neben dem zu berechnenden Element skalar mit dem Vektor über dem zu berechnenden Element. In den folgenden Beispielen berechnen wir einige Matrixprodukte.

Beispiel 6.9: Multiplikation von Matrizen

Wir berechnen das Produkt $\mathbf{AB}$ der folgenden zwei Matrizen:

$$\mathbf{A} = \begin{pmatrix} 2 & -1 \\ 3 & 1 \\ 0 & 2 \\ 1 & -3 \end{pmatrix} \qquad \mathbf{B} = \begin{pmatrix} 2 & 0 & -1 \\ -2 & 3 & 1 \end{pmatrix}$$

$$\overbrace{\begin{array}{c} \begin{pmatrix} 2 & 0 & -1 \\ -2 & 3 & 1 \end{pmatrix} \\ \underbrace{\begin{pmatrix} 2 & -1 \\ 3 & 1 \\ 0 & 2 \\ 1 & -3 \end{pmatrix}}_{\mathbf{A}} \underbrace{\begin{pmatrix} 2\cdot 2 + (-1)\cdot(-2) & 2\cdot 0 + (-1)\cdot 3 & 2\cdot(-1) + (-1)\cdot 1 \\ 3\cdot 2 + 1\cdot(-2) & 3\cdot 0 + 1\cdot 3 & 3\cdot(-1) + 1\cdot 1 \\ 0\cdot 2 + 2\cdot(-2) & 0\cdot 0 + 2\cdot 3 & 0\cdot(-1) + 2\cdot 1 \\ 1\cdot 2 + (-3)\cdot(-2) & 1\cdot 0 + (-3)\cdot 3 & 1\cdot(-1) + (-3)\cdot 1 \end{pmatrix}}_{\mathbf{AB}} \end{array}}^{\mathbf{B}}$$

$$\mathbf{AB} = \begin{pmatrix} 6 & -3 & -3 \\ 4 & 3 & -2 \\ -4 & 6 & 2 \\ 8 & -9 & -4 \end{pmatrix}$$

Die Anzahl der Spalten von $\mathbf{A}$ ist gleich der Anzahl der Zeilen von $\mathbf{B}$. Die Anzahl der Spalten von $\mathbf{B}$ ist jedoch nicht gleich der der Anzahl der Zeilen von $\mathbf{A}$. Das Produkt $\mathbf{BA}$ ist nicht definiert. ∎

Beispiel 6.10: Nichtkommutativität der Matrixmultiplikation

$$\mathbf{A} = \begin{pmatrix} 2 & -2 & 5 \\ 3 & -1 & 3 \\ -5 & -1 & 1 \end{pmatrix} \qquad \mathbf{B} = \begin{pmatrix} 2 & -3 & -1 \\ 2 & -3 & -1 \\ -4 & 6 & 2 \end{pmatrix}$$

$$\mathbf{AB} = \begin{pmatrix} -20 & 30 & 10 \\ -8 & 12 & 4 \\ -16 & 24 & 8 \end{pmatrix} \qquad \mathbf{BA} = \begin{pmatrix} 0 & 0 & 0 \\ 0 & 0 & 0 \\ 0 & 0 & 0 \end{pmatrix} \neq \mathbf{AB}$$

∎

Beispiel 6.11: Multiplikation von Zeilen-/Spaltenmatrizen bzw. Vektoren

$$a = \begin{pmatrix} 2 \\ 1 \\ 2 \end{pmatrix}, \quad b = \begin{pmatrix} 1 \\ 2 \\ 3 \end{pmatrix}, \quad ab^\top = \begin{pmatrix} 2 & 4 & 6 \\ 1 & 2 & 3 \\ 2 & 4 & 6 \end{pmatrix}, \quad a^\top b = (10)$$

∎

Die Beispiele 6.9 und 6.10 zeigen, dass bei Matrixmultiplikation die Kommutativität (d.h. die Gleichung $\mathbf{AB} = \mathbf{BA}$) *nicht* allgemein gilt. Die Matrixmultiplikation ist jedoch assoziativ. Es gelten folgende Gleichungen (sofern die Matrixprodukte existieren):

$$\mathbf{A}(\mathbf{BC}) = (\mathbf{AB})\mathbf{C} \tag{6.8}$$

$$\mathbf{A}(\mathbf{B} + \mathbf{C}) = \mathbf{AB} + \mathbf{AC} \tag{6.9}$$

$$(\mathbf{A} + \mathbf{B})\mathbf{C} = \mathbf{AC} + \mathbf{BC} \tag{6.10}$$

$$(\mathbf{AB})^{\mathsf{T}} = \mathbf{B}^{\mathsf{T}}\mathbf{A}^{\mathsf{T}} \tag{6.11}$$

$$\mathbf{AE} = \mathbf{A} \tag{6.12}$$

$$\mathbf{EA} = \mathbf{A} \tag{6.13}$$

$$\mathbf{EA} = \mathbf{AE} = \mathbf{A} \qquad \text{für } (n,n)\text{-Matrizen } \mathbf{A}, \mathbf{E} \tag{6.14}$$

Die (n,n)-Einheitsmatrix $\mathbf{E}$ ist das neutrale Element bei der Multipikation von (n,n)-Matrizen. Aufgund der Assoziativität (6.8) kann man die Klammern bei der Multiplikation mehrerer Matrizen weglassen. Sind bei einem solchen Produkt alle Faktoren gleich, so verwendet man die Potenzschreibweise:

$$\underbrace{\mathbf{A} \cdot \ldots \cdot \mathbf{A}}_{l \text{ mal}} = \mathbf{A}^{l}$$

Viele Rechenregeln, die bei der Multiplikation reller Zahlen gelten, gelten bei der Multiplikation von Matrizen nicht:

	Zahlen	Matrizen
a)	$ab = ba$	$\mathbf{AB} \neq \mathbf{BA}$
b)	$a^2 = 0 \Rightarrow a = 0$	$\mathbf{A}^2 = \mathbf{0} \not\Rightarrow \mathbf{A} = \mathbf{0}$
c)	$a^2 = 1 \Rightarrow a = 1$ oder $a = -1$	$\mathbf{A}^2 = \mathbf{E} \not\Rightarrow \mathbf{A} = \mathbf{E}$ oder $\mathbf{A} = -\mathbf{E}$
d)	$a^2 = a \Rightarrow a = 1$ oder $a = 0$	$\mathbf{A}^2 = \mathbf{A} \not\Rightarrow \mathbf{A} = \mathbf{E}$ oder $\mathbf{A} = \mathbf{0}$
e)	$ab = 0 \Rightarrow a = 0$ oder $b = 0$	$\mathbf{AB} = \mathbf{0} \not\Rightarrow \mathbf{A} = \mathbf{0}$ oder $\mathbf{B} = \mathbf{0}$
f)	$ab = ac$ und $a \neq 0 \Rightarrow b = c$	$\mathbf{AB} = \mathbf{AC}$ und $\mathbf{A} \neq \mathbf{0} \not\Rightarrow \mathbf{B} = \mathbf{C}$

Die folgenden zwei Beispiele zeigen dies für die Fälle b) und d):

Beispiel 6.12: Quadrat einer Matrix

$$\mathbf{A} = \begin{pmatrix} 1 & -2 & 1 \\ 0 & 0 & 0 \\ -1 & 2 & -1 \end{pmatrix} \neq \mathbf{0}$$

$$\mathbf{A}^2 = \begin{pmatrix} 1 & -2 & 1 \\ 0 & 0 & 0 \\ -1 & 2 & -1 \end{pmatrix} \begin{pmatrix} 1 & -2 & 1 \\ 0 & 0 & 0 \\ -1 & 2 & -1 \end{pmatrix} = \begin{pmatrix} 0 & 0 & 0 \\ 0 & 0 & 0 \\ 0 & 0 & 0 \end{pmatrix} = \mathbf{0} \qquad \blacksquare$$

Beispiel 6.13: Quadrat einer Matrix

$$\mathbf{A} = \begin{pmatrix} 2 & -3 & -1 \\ 2 & -3 & -1 \\ -4 & 6 & 2 \end{pmatrix} \qquad \mathbf{A} \neq \mathbf{E} \qquad \mathbf{A} \neq \mathbf{0}$$

$$\mathbf{A}^2 = \begin{pmatrix} 2 & -3 & -1 \\ 2 & -3 & -1 \\ -4 & 6 & 2 \end{pmatrix} \begin{pmatrix} 2 & -3 & -1 \\ 2 & -3 & -1 \\ -4 & 6 & 2 \end{pmatrix} = \begin{pmatrix} 2 & -3 & -1 \\ 2 & -3 & -1 \\ -4 & 6 & 2 \end{pmatrix} = \mathbf{A} \qquad \blacksquare$$

Da für die Multipliation von (n,n)-Matrizen ein neutrales Element existiert, kann man die Frage nach einem inversen Element stellen.

Definition 6.5: Inverse Matrix

Gibt es zu einer quadratischen Matrix $\mathbf{A}$ eine Matrix $\mathbf{A}^{-1}$ mit

$$\mathbf{A}^{-1}\mathbf{A} = \mathbf{A}\mathbf{A}^{-1} = \mathbf{E} \tag{6.15}$$

so heißen $\mathbf{A}$ invertierbar und $\mathbf{A}^{-1}$ die zu $\mathbf{A}$ inverse Matrix.

Beispiel 6.14: Inverse Matrix

$$\mathbf{A} = \begin{pmatrix} 3 & 2 \\ 7 & 5 \end{pmatrix} \qquad \mathbf{A}^{-1} = \begin{pmatrix} 5 & -2 \\ -7 & 3 \end{pmatrix} \qquad \mathbf{A}^{-1}\mathbf{A} = \mathbf{A}\mathbf{A}^{-1} = \begin{pmatrix} 1 & 0 \\ 0 & 1 \end{pmatrix} = \mathbf{E} \qquad \blacksquare$$

Für invertierbare Matrizen gelten folgende Rechenregeln:

$$(\mathbf{A}^{-1})^{-1} = \mathbf{A} \tag{6.16}$$
$$(\mathbf{A}^{\mathsf{T}})^{-1} = (\mathbf{A}^{-1})^{\mathsf{T}} \tag{6.17}$$
$$(\mathbf{A}^{l})^{-1} = (\mathbf{A}^{-1})^{l} \qquad \text{für Zahlen } l \in \mathbb{N} \tag{6.18}$$
$$(\mathbf{A}\mathbf{B})^{-1} = \mathbf{B}^{-1}\mathbf{A}^{-1} \tag{6.19}$$
$$(\lambda\mathbf{A})^{-1} = \lambda^{-1}\mathbf{A}^{-1} \qquad \text{für Zahlen } \lambda \neq 0 \tag{6.20}$$

Die folgende Rechnung beweist z.B. die Gültigkeit von (6.19):

$$(\mathbf{A}\mathbf{B})(\mathbf{B}^{-1}\mathbf{A}^{-1}) = ((\mathbf{A}\mathbf{B})\mathbf{B}^{-1})\mathbf{A}^{-1} = (\mathbf{A}(\mathbf{B}\mathbf{B}^{-1}))\mathbf{A}^{-1}$$
$$= (\mathbf{A}\mathbf{E})\mathbf{A}^{-1} = \mathbf{A}\mathbf{A}^{-1} = \mathbf{E}$$

Mit invertierbaren Matrizen kann man Matrixgleichungen umformen bzw. nach einer Matrix „auflösen". Ist z.B. die Matrix $\mathbf{A}$ invertierbar, dann folgt aus $\mathbf{A}\mathbf{B} = \mathbf{C}$

$$\mathbf{A}^{-1}(\mathbf{A}\mathbf{B}) = \mathbf{A}^{-1}\mathbf{C} \Rightarrow (\mathbf{A}^{-1}\mathbf{A})\mathbf{B} = \mathbf{A}^{-1}\mathbf{C} \Rightarrow \mathbf{E}\mathbf{B} = \mathbf{A}^{-1}\mathbf{C} \Rightarrow \mathbf{B} = \mathbf{A}^{-1}\mathbf{C}$$

Die Fragen, ob eine Matrix invertierbar ist, und wie man eine inverse Matrix berechnet, klären wir in den nächsten Abschnitten.

6.2   Determinanten

Ein Schwerpunkt des Kapitels 6 sind lineare Gleichungssysteme. Ein lineares (n,n)-Gleichungssystem enthält n Unbekannte $x_1, \ldots, x_n$ und besteht aus den n Gleichungen

$$
\begin{aligned}
a_{11}x_1 + a_{12}x_2 + \ldots + a_{1n}x_n &= b_1 \\
a_{21}x_1 + a_{22}x_2 + \ldots + a_{2n}x_n &= b_2 \\
&\vdots \\
a_{n1}x_1 + a_{n2}x_2 + \ldots + a_{nn}x_n &= b_n
\end{aligned}
$$

mit reelen Zahlen $a_{11}, \ldots, a_{nn}$ und $b_1, \ldots, b_n$. Fasst man die n Gleichungen auf der linken Seite und die Zahlen auf der rechten Seite jeweils zu (Spalten-)Matrizen (bzw. Vektoren) zusammen, so hat man die Matrixgleichung

$$
\begin{pmatrix}
a_{11}x_1 + a_{12}x_2 + \ldots + a_{1n}x_n \\
a_{21}x_1 + a_{22}x_2 + \ldots + a_{2n}x_n \\
\vdots \\
a_{n1}x_1 + a_{n2}x_2 + \ldots + a_{nn}x_n
\end{pmatrix}
=
\begin{pmatrix}
b_1 \\
b_2 \\
\vdots \\
b_n
\end{pmatrix}
$$

Die (Spalten-)Matrix auf der linken Seite lässt sich als Produkt zweier Matrizen darstellen:

$$
\begin{pmatrix}
a_{11} & a_{12} & \cdots & a_{1n} \\
a_{21} & a_{22} & \cdots & a_{2n} \\
\vdots & \vdots & & \vdots \\
a_{n1} & a_{n2} & \cdots & a_{nn}
\end{pmatrix}
\begin{pmatrix}
x_1 \\
x_2 \\
\vdots \\
x_n
\end{pmatrix}
=
\begin{pmatrix}
b_1 \\
b_2 \\
\vdots \\
b_n
\end{pmatrix}
$$

Mit den Matrizen

$$
\mathbf{A} =
\begin{pmatrix}
a_{11} & a_{12} & \cdots & a_{1n} \\
a_{21} & a_{22} & \cdots & a_{2n} \\
\vdots & \vdots & & \vdots \\
a_{n1} & a_{n2} & \cdots & a_{nn}
\end{pmatrix},
\quad
\boldsymbol{x} =
\begin{pmatrix}
x_1 \\
x_2 \\
\vdots \\
x_n
\end{pmatrix},
\quad
\boldsymbol{b} =
\begin{pmatrix}
b_1 \\
b_2 \\
\vdots \\
b_n
\end{pmatrix}
$$

kann man das Gleichungssystem also in der folgenden kompakten Form schreiben:

$$
\mathbf{A}\boldsymbol{x} = \boldsymbol{b}
$$

Die Matrix $\mathbf{A}$ heißt Koeffizientenmatrix des Gleichungssystems. Ist sie invertierbar, so ist das Gleichungssystem eindeutig lösbar, und es folgt für die Lösung:

$$
\mathbf{A}\boldsymbol{x} = \boldsymbol{b} \Rightarrow \mathbf{A}^{-1}\mathbf{A}\boldsymbol{x} = \mathbf{A}\boldsymbol{b} \Rightarrow \boldsymbol{x} = \mathbf{A}^{-1}\boldsymbol{b}
$$

Wir wollen in diesem Abschnitt Kriterien für die Lösbarkeit eines linearen (n,n)-Gleichungssystems und die Invetierbarkeit einer (n,n)-Matrix. Wir beginnen mit dem trivialen Fall $n = 1$ finden. Die Gleichung

$$a_{11}x_1 = b_1$$

ist genau dann eindeutig lösbar, wenn $a_{11} \neq 0$ ist. Die Koeffizientenmatrix dieses linearen $(1,1)$-„Gleichungssystems" ist die $(1,1)$-Matrix $\mathbf{A} = (a_{11})$. Wir nennen a_{11} die Determinante der Koeffizientenmatrix und schreiben hierfür $\det \mathbf{A}$. Das „Gleichungssystem" ist genau dann eindeutig lösbar, wenn $\det \mathbf{A} \neq 0$. Wir gehen zum Fall $n = 2$ und betrachten das Gleichungssystem

$$
\begin{aligned}
a_{11}x_1 &+ a_{12}x_2 &= b_1 \\
a_{21}x_1 &+ a_{22}x_2 &= b_2
\end{aligned}
$$

mit der Koeffizientenmatrix

$$\mathbf{A} = \begin{pmatrix} a_{11} & a_{12} \\ a_{21} & a_{22} \end{pmatrix}$$

Mit den Vektoren

$$\vec{a}_1 = \begin{pmatrix} a_{11} \\ a_{21} \\ 0 \end{pmatrix}, \quad \vec{a}_2 = \begin{pmatrix} a_{12} \\ a_{22} \\ 0 \end{pmatrix}, \quad \vec{b} = \begin{pmatrix} b_1 \\ b_2 \\ 0 \end{pmatrix}$$

lässt sich das Gleichungssystem als Vektorgleichung formulieren:

$$x_1 \vec{a}_1 + x_2 \vec{a}_2 = \vec{b}$$

Sind die Vektoren $\vec{a}_1, \vec{a}_2$ nicht parallel, dann lässt sich der Vektor $\vec{b}$ eindeutig als Linearkombination der Vektoren $\vec{a}_1, \vec{a}_2$ darstellen (s. Abb. 6.2).

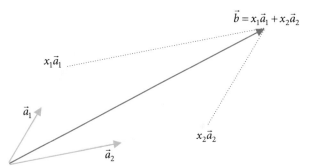

Abb. 6.2: Vektor $\vec{b}$ als Linearkombination der Vektoren $\vec{a}_1$ und $\vec{a}_2$.

In diesem Fall ist das Gleichungssystem eindeutig lösbar. Die Vektoren $\vec{a}_1, \vec{a}_2$ sind nicht parallel, wenn das Vektorprodukt

$$\vec{a}_1 \times \vec{a}_2 = \begin{pmatrix} a_{11} \\ a_{21} \\ 0 \end{pmatrix} \times \begin{pmatrix} a_{12} \\ a_{22} \\ 0 \end{pmatrix} = \begin{pmatrix} 0 \\ 0 \\ a_{11}a_{22} - a_{21}a_{12} \end{pmatrix}$$

ungleich $\vec{0}$ ist. Dies ist genau dann der Fall, wenn die z-Komponente ungleich null ist. Wir nennen die z-Komponente des Vektorprodukts die Determinante der Koeffizientenmatrix $\mathbf{A}$ des Gleichungssystems und definieren:

Definition 6.6: Determinante einer $(2,2)$-Matrix

$$\det \mathbf{A} = \det \begin{pmatrix} a_{11} & a_{12} \\ a_{21} & a_{22} \end{pmatrix} = \begin{vmatrix} a_{11} & a_{12} \\ a_{21} & a_{22} \end{vmatrix} = a_{11}a_{22} - a_{21}a_{12} \qquad (6.21)$$

Beispiel 6.15: Determinante einer $(2,2)$-Matrix

$$\mathbf{A} = \begin{pmatrix} 2 & 1 \\ 3 & 4 \end{pmatrix} \qquad \det \mathbf{A} = \begin{vmatrix} 2 & 1 \\ 3 & 4 \end{vmatrix} = 2 \cdot 4 - 3 \cdot 1 = 5 \qquad \blacksquare$$

Ein $(2,2)$-Gleichungssystem ist genau dann eindeutig lösbar, wenn $\det \mathbf{A} \neq 0$. Wir betrachten nun noch den Fall $n = 3$ mit dem Gleichungssystem

$$
\begin{aligned}
a_{11}x_1 &+ a_{12}x_2 &+ a_{13}x_3 &= b_1 \\
a_{21}x_1 &+ a_{22}x_2 &+ a_{23}x_3 &= b_2 \\
a_{31}x_1 &+ a_{32}x_2 &+ a_{33}x_3 &= b_3
\end{aligned}
$$

und der Koeffizientenmatrix

$$\mathbf{A} = \begin{pmatrix} a_{11} & a_{12} & a_{13} \\ a_{21} & a_{22} & a_{23} \\ a_{31} & a_{32} & a_{33} \end{pmatrix}$$

Mit den Vektoren

$$\vec{a}_1 = \begin{pmatrix} a_{11} \\ a_{21} \\ a_{31} \end{pmatrix}, \quad \vec{a}_2 = \begin{pmatrix} a_{12} \\ a_{22} \\ a_{32} \end{pmatrix}, \quad \vec{a}_3 = \begin{pmatrix} a_{13} \\ a_{23} \\ a_{33} \end{pmatrix}, \quad \vec{b} = \begin{pmatrix} b_1 \\ b_2 \\ b_3 \end{pmatrix}$$

lässt sich das Gleichungssystem wieder als Vektorgleichung formulieren:

$$x_1 \vec{a}_1 + x_2 \vec{a}_2 + x_3 \vec{a}_3 = \vec{b}$$

Spannen die Vektoren $\vec{a}_1, \vec{a}_2, \vec{a}_3$ einen Spat auf, dann lässt sich der Vektor $\vec{b}$ eindeutig als Linearkombination der Vektoren $\vec{a}_1, \vec{a}_2, \vec{a}_3$ darstellen (s. Abb. 6.3).

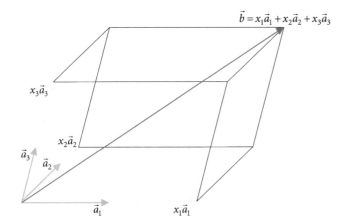

Abb. 6.3: Vektor $\vec{b}$ als Linearkombination der Vektoren $\vec{a}_1$, $\vec{a}_2$ und $\vec{a}_3$.

In diesem Fall ist das Gleichungssystem eindeutig lösbar. Nach (5.69) spannen drei Vektoren $\vec{a}_1, \vec{a}_2, \vec{a}_3$ einen Spat auf, wenn das Spatprodukt $\vec{a}_1 \cdot (\vec{a}_2 \times \vec{a}_3)$ ungleich null ist. Wir nennen das Spatprodukt $\vec{a}_1 \cdot (\vec{a}_2 \times \vec{a}_3)$ die Determinante der Koeffizientenmatrix **A** und erhalten hierfür:

$$\det \mathbf{A} = a_{11}(a_{22}a_{33} - a_{32}a_{23}) + a_{21}(a_{32}a_{13} - a_{12}a_{33}) + a_{31}(a_{12}a_{23} - a_{22}a_{13})$$

$$= a_{11}(a_{22}a_{33} - a_{32}a_{23}) - a_{21}(a_{12}a_{33} - a_{32}a_{13}) + a_{31}(a_{12}a_{23} - a_{22}a_{13})$$

$$= a_{11}\begin{vmatrix} a_{22} & a_{23} \\ a_{32} & a_{33} \end{vmatrix} - a_{21}\begin{vmatrix} a_{12} & a_{13} \\ a_{32} & a_{33} \end{vmatrix} + a_{31}\begin{vmatrix} a_{12} & a_{13} \\ a_{22} & a_{23} \end{vmatrix}$$

Man kann also die Berechnung der Determinante einer (3,3)-Matrix auf die Berechnung der Determinanten von (2,2)-Matrizen zurückführen: Jedes Element der ersten Spalte wird mit 1 oder -1 und mit einer Determinante multipliziert, die man erhält, wenn man die Zeile und die Spalte, in der das jeweilige Element steht, streicht. Anschließend werden die Produkte addiert.

$$\det \mathbf{A} = a_{11}\begin{vmatrix} a_{11} & a_{12} & a_{13} \\ a_{21} & a_{22} & a_{23} \\ a_{31} & a_{32} & a_{33} \end{vmatrix} - a_{21}\begin{vmatrix} a_{11} & a_{12} & a_{13} \\ a_{21} & a_{22} & a_{23} \\ a_{31} & a_{32} & a_{33} \end{vmatrix} + a_{31}\begin{vmatrix} a_{11} & a_{12} & a_{13} \\ a_{21} & a_{22} & a_{23} \\ a_{31} & a_{32} & a_{33} \end{vmatrix}$$

Die Multiplikation mit 1 oder -1 ergibt sich aus dem folgenden Vorzeichenschema:

$$\begin{pmatrix} \overset{+}{a_{11}} & \overset{-}{a_{12}} & \overset{+}{a_{13}} \\ \overset{-}{a_{21}} & \overset{+}{a_{22}} & \overset{-}{a_{23}} \\ \overset{+}{a_{31}} & \overset{-}{a_{32}} & \overset{+}{a_{33}} \end{pmatrix}$$

Das gleiche Ergebnis erhält man, wenn man das Verfahren mit einer anderen Spalte (z.B. der dritten) oder einer anderen Zeile (z.B. der zweiten durchführt):

$$\det \mathbf{A} = a_{13} \begin{vmatrix} a_{11} & a_{12} & a_{13} \\ a_{21} & a_{22} & a_{23} \\ a_{31} & a_{32} & a_{33} \end{vmatrix} - a_{23} \begin{vmatrix} a_{11} & a_{12} & a_{13} \\ a_{21} & a_{22} & a_{23} \\ a_{31} & a_{32} & a_{33} \end{vmatrix} + a_{33} \begin{vmatrix} a_{11} & a_{12} & a_{13} \\ a_{21} & a_{22} & a_{23} \\ a_{31} & a_{32} & a_{33} \end{vmatrix}$$

$$\det \mathbf{A} = -a_{21} \begin{vmatrix} a_{11} & a_{12} & a_{13} \\ a_{21} & a_{22} & a_{23} \\ a_{31} & a_{32} & a_{33} \end{vmatrix} + a_{22} \begin{vmatrix} a_{11} & a_{12} & a_{13} \\ a_{21} & a_{22} & a_{23} \\ a_{31} & a_{32} & a_{33} \end{vmatrix} - a_{23} \begin{vmatrix} a_{11} & a_{12} & a_{13} \\ a_{21} & a_{22} & a_{23} \\ a_{31} & a_{32} & a_{33} \end{vmatrix}$$

Wir definieren die Determinante einer (n,n)-Matrix durch die Verallgemeinerung dieser Ergebnisse:

Definition 6.7: Determinante einer (n,n)-Matrix

Die Determinante einer (n,n)-Matrix $\mathbf{A}$ mit den Matrixelementen a_{ik} wird durch folgende Formeln definiert:

Entwicklung nach der i-ten Zeile: $\quad \det \mathbf{A} = \sum_{k=1}^{n} (-1)^{i+k} a_{ik} \det \mathbf{U}_{ik} \qquad (6.22)$

Entwicklung nach der k-ten Spalte: $\quad \det \mathbf{A} = \sum_{i=1}^{n} (-1)^{i+k} a_{ik} \det \mathbf{U}_{ik} \qquad (6.23)$

Die „Untermatrix" $\mathbf{U}_{ik}$ entsteht aus der Matrix $\mathbf{A}$ durch Streichen der i-ten Zeile und k-ten Spalte.

Man kann zeigen, dass der Wert der Determinante nicht davon abhängt, nach welcher Zeile oder Spalte man entwickelt (aufgrund dieser Tatsache können wir die Determinante auf diese Weise definieren). Das Vorzeichen des Faktors $(-1)^{i+k}$ befindet sich in der i-ten Zeile und k-ten Spalte des folgenden Vorzeichenschemas:

$$\begin{pmatrix} + & - & + & - & \cdots \\ - & + & - & + & \cdots \\ + & - & + & - & \cdots \\ - & + & - & + & \cdots \\ \vdots & \vdots & \vdots & \vdots & \ddots \end{pmatrix} \qquad (6.24)$$

Die Berechnung der Determinante einer Matrix führt zur Berechnung von Determinanten kleiner Matrizen. Diese werden auf die gleiche Weise berechnet. Auf diese Weise kommt man schließlich zur Berechnung der Determinanten von (2,2)-Matrizen. Determimnanten von (3,3)-Matrizen können auch nach der Regel von Sarrus berechnet werden. Diese gilt nur für (3,3)-Matrizen!

Regel von Sarrus für $(3,3)$-Matrizen

$$\begin{array}{ccc|cc} a_{11} & a_{12} & a_{13} & a_{11} & a_{12} \\ a_{21} & a_{22} & a_{23} & a_{21} & a_{22} \\ a_{31} & a_{32} & a_{33} & a_{31} & a_{32} \end{array} \quad = \quad \begin{array}{c} a_{11}a_{22}a_{33} + a_{12}a_{23}a_{31} + a_{13}a_{21}a_{32} \\ -a_{31}a_{22}a_{13} - a_{32}a_{23}a_{11} - a_{33}a_{21}a_{12} \end{array} \qquad (6.25)$$

Beispiel 6.16: Determinante einer $(3,3)$-Matrix

$$\begin{array}{ccc|cc} 2 & 1 & 2 & 2 & 1 \\ 4 & 0 & 2 & 4 & 0 \\ -1 & 2 & 1 & -1 & 2 \end{array} \overset{\substack{\text{Regel. v.} \\ \text{SARRUS}}}{=} \begin{array}{c} 2\cdot 0\cdot 1 + 1\cdot 2\cdot(-1) + 2\cdot 4\cdot 2 \\ -(-1)\cdot 0\cdot 2 - 2\cdot 2\cdot 2 - 1\cdot 4\cdot 1 \end{array} = 2$$

$$\begin{vmatrix} 2 & 1 & 2 \\ 4 & 0 & 2 \\ -1 & 2 & 1 \end{vmatrix} \overset{\substack{\text{Entw. n.} \\ \text{1. Zeile}}}{=} 2\cdot\begin{vmatrix} 0 & 2 \\ 2 & 1 \end{vmatrix} - 1\cdot\begin{vmatrix} 4 & 2 \\ -1 & 1 \end{vmatrix} + 2\cdot\begin{vmatrix} 4 & 0 \\ -1 & 2 \end{vmatrix}$$

$$= 2\cdot(0-4) - 1\cdot(4+2) + 2\cdot(8-0) = 2$$

$$\begin{vmatrix} 2 & 1 & 2 \\ 4 & 0 & 2 \\ -1 & 2 & 1 \end{vmatrix} \overset{\substack{\text{Entw. n.} \\ \text{2. Spalte}}}{=} -1\cdot\begin{vmatrix} 4 & 2 \\ -1 & 1 \end{vmatrix} + 0\cdot\begin{vmatrix} 2 & 2 \\ -1 & 1 \end{vmatrix} - 2\cdot\begin{vmatrix} 2 & 2 \\ 4 & 2 \end{vmatrix}$$

$$= -1\cdot(4+2) - 2\cdot(4-8) = 2 \qquad \blacksquare$$

Je öfter die Null in der Zeile oder Spalte steht, nach der man entwickelt, desto geringer ist der Rechenaufwand. Man kann die Berechnung von Determinanten vereinfachen, wenn man die folgenden wichtigen Eigenschaften berücksichtigt:

Verhalten der Determinante bei speziellen Matrixumformungen

Wir betrachten die folgenden drei Änderungen einer Matrix:

a) Ein Vielfaches einer Zeile bzw. Spalte wird zu einer anderen Zeile bzw. Spalte addiert.

b) Entweder zwei Zeilen oder zwei Spalten werden miteinander vertauscht.

c) Entweder eine Zeile oder eine Spalte wird mit einer Zahl $\lambda \neq 0$ multipliziert.

Entsteht die Matrix $\mathbf{A}'$ aus einer Matrix $\mathbf{A}$ durch

Umformung a), dann gilt:	$\det \mathbf{A}' = \det \mathbf{A}$	(6.26)
Umformung b), dann gilt:	$\det \mathbf{A}' = -\det \mathbf{A}$	(6.27)
Umformung c), dann gilt:	$\det \mathbf{A}' = \lambda \det \mathbf{A}$	(6.28)

Man kann mit den Matrixumformungen a), b), c) aus einer Matrix $\mathbf{A}$ eine Matrix $\mathbf{A}^*$ erzeugen, die viele Nullen enthält: Mithilfe von Umformungen vom Typ a) macht man zunächst alle Matrixelemente unter dem Element a_{11} zu Null. Zur zweiten Zeile addiert man das $-a_{21}/a_{11}$-Fache der ersten Zeile, zur dritten Zeile addiert man das $-a_{31}/a_{11}$-Fache der ersten Zeile, usw.:

$$
\begin{pmatrix}
a_{11} & a_{12} & a_{13} & \cdots & a_{1n} \\
a_{21} & a_{22} & a_{23} & \cdots & a_{2n} \\
a_{31} & a_{32} & a_{33} & \cdots & a_{3n} \\
\vdots & \vdots & \vdots & & \vdots \\
a_{n1} & a_{n2} & a_{n3} & \cdots & a_{nn}
\end{pmatrix}
\begin{matrix}
\\
-(a_{21}/a_{11}) \cdot Z_1 \\
-(a_{31}/a_{11}) \cdot Z_1 \\
\vdots \\
-(a_{n1}/a_{11}) \cdot Z_1
\end{matrix}
\rightarrow
\begin{pmatrix}
a_{11} & a_{12} & a_{13} & \cdots & a_{1n} \\
0 & a'_{22} & a'_{23} & \cdots & a'_{2n} \\
0 & a'_{32} & a'_{33} & \cdots & a'_{3n} \\
\vdots & \vdots & \vdots & & \vdots \\
0 & a'_{n2} & a'_{n3} & \cdots & a'_{nn}
\end{pmatrix}
$$

Ist das Matrixelement a_{11} null, so vertauscht man vorher zwei Zeilen oder zwei Spalten, sodass das erste Matrixelement (links oben in der Matrix) ungleich null ist. Nun macht man auf die gleiche Art und Weise alle Matrixelemente unter dem Matrixelement a'_{22} zu Null:

$$
\begin{pmatrix}
a_{11} & a_{12} & a_{13} & \cdots & a_{1n} \\
0 & a'_{22} & a'_{23} & \cdots & a'_{2n} \\
0 & a'_{32} & a'_{33} & \cdots & a'_{3n} \\
\vdots & \vdots & \vdots & & \vdots \\
0 & a'_{n2} & a'_{n3} & \cdots & a'_{nn}
\end{pmatrix}
\begin{matrix}
\\
\\
-(a'_{32}/a'_{22}) \cdot Z_2 \\
\vdots \\
-(a'_{n2}/a'_{22}) \cdot Z_2
\end{matrix}
\rightarrow
\begin{pmatrix}
a_{11} & a_{12} & a_{13} & \cdots & a_{1n} \\
0 & a'_{22} & a'_{23} & \cdots & a'_{2n} \\
0 & 0 & a''_{33} & \cdots & a''_{3n} \\
\vdots & \vdots & \vdots & & \vdots \\
0 & 0 & a''_{n3} & \cdots & a''_{nn}
\end{pmatrix}
$$

Das Verfahren wird so lange fortgeführt, bis man eine Matrix $\mathbf{A}^*$ mit folgender Eigenschaft erhält: Alle Matrixelemente unterhalb der Diagonalelemente sind null. $\mathbf{A}^*$ ist also eine obere Dreiecksmatrix:

$$
\mathbf{A}^* =
\begin{pmatrix}
a^*_{11} & a^*_{12} & a^*_{13} & \cdots & a^*_{1n} \\
0 & a^*_{22} & a^*_{23} & \cdots & a^*_{2n} \\
0 & 0 & a^*_{33} & \cdots & a^*_{3n} \\
\vdots & \vdots & \vdots & & \vdots \\
0 & 0 & 0 & \cdots & a^*_{nn}
\end{pmatrix}
$$

Da diese Matrix durch die Umformungen a), b) aus der Matrix $\mathbf{A}$ entstanden ist, gilt:

$\det \mathbf{A}^* = (-1)^l \det \mathbf{A}$

l = Anzahl der Zeilen- und Spaltenvertauschungen

Die Determinante dieser oberen Dreiecksmatrix entwickelt man nach der ersten Spalte. Die dabei auftretenden Determinanten entwickelt man jeweils wieder nach der ersten Spalte usw. Bei dieser Vorgehensweise erkennt man:

$\det \mathbf{A}^* = a^*_{11} \cdot a^*_{22} \cdot \ldots \cdot a^*_{nn}$

Beispiel 6.17: Determinante einer $(3,3)$**-Matrix**

$$
\begin{vmatrix} 1 & 2 & 1 \\ 1 & 4 & 2 \\ 2 & -2 & 1 \end{vmatrix} \begin{matrix} \\ -Z_1 \\ -2Z_1 \end{matrix} = \begin{vmatrix} 1 & 2 & 1 \\ 0 & 2 & 1 \\ 0 & -6 & -1 \end{vmatrix} \begin{matrix} \\ \\ +3Z_2 \end{matrix} = \begin{vmatrix} 1 & 2 & 1 \\ 0 & 2 & 1 \\ 0 & 0 & 2 \end{vmatrix} = 1 \cdot 2 \cdot 2 = 4
$$
■

Die Determinante einer Dreiecksmatrix ist das Produkt der Diagonalelemente.

Determinante einer Dreiecksmatrix A

$$
\det \mathbf{A} = a_{11} \cdot a_{22} \cdot \ldots \cdot a_{nn} \tag{6.29}
$$

Für die Transponierte $\mathbf{A}^\top$ einer quadratischen Matrix $\mathbf{A}$ gilt:

$$
\det(\mathbf{A}^\top) = \det \mathbf{A} \tag{6.30}
$$

Ferner gilt die folgende

Produktformel für die Determinante eines Matrixproduktes

$$
\det(\mathbf{A}\mathbf{B}) = \det \mathbf{A} \det \mathbf{B} \tag{6.31}
$$

Für eine invertierbare Matrix $\mathbf{A}$ folgt aus 6.31:

$$
\det(\mathbf{A}\mathbf{A}^{-1}) = \det \mathbf{A} \det(\mathbf{A}^{-1}) = \det \mathbf{E} = 1 \tag{6.32}
$$

Damit gilt für die

Determinante einer inversen Matrix

$$
\det(\mathbf{A}^{-1}) = \frac{1}{\det \mathbf{A}} \tag{6.33}
$$

Aus $\det \mathbf{A} \det(\mathbf{A}^{-1}) = 1$ folgt: Ist eine Matrix $\mathbf{A}$ invertierbar, dann ist $\det \mathbf{A} \neq 0$. Es lässt sich zeigen, dass diese Aussage auch in umgekehrter Richtung gilt: Ist $\det \mathbf{A} \neq 0$, dann ist $\mathbf{A}$ invertierbar.

Determinante und Invertierbarkeit

$$
\mathbf{A} \text{ invertierbar} \iff \det \mathbf{A} \neq 0 \tag{6.34}
$$

Wir haben diesen Abschnitt mit der Frage nach der eindeutigen Lösbarkeit eines linearen (n,n)-Gleichungssystems begonnen. Diese Frage können wir nun beantworten. Ein lineares (n,n)-Gleichungssystem ist genau dann eindeutig lösbar, wenn die Determinante der Koeffizientenmatrix ungleich null ist. Dies ist genau dann der Fall, wenn die Koeffizientenmatrix invertierbar ist.

6.3   Lineare Gleichungssysteme

Wir beschäftigen uns in diesem Abschnitt mit der Lösung linearer Gleichungssysteme.

Definition 6.8: Lineares Gleichungssystem

Ein lineares (m,n)-Gleichungssystem enthält n Unbekannte $x_1, \ldots, x_n$ und besteht aus den m Gleichungen

$$
\begin{aligned}
a_{11}x_1 + a_{12}x_2 + \ldots + a_{1n}x_n &= b_1 \\
a_{21}x_1 + a_{22}x_2 + \ldots + a_{2n}x_n &= b_2 \\
&\vdots \\
a_{m1}x_1 + a_{m2}x_2 + \ldots + a_{mn}x_n &= b_m
\end{aligned}
$$

mit reellen Zahlen $a_{11}, \ldots, a_{mn}$ und $b_1, \ldots, b_m$. Sind die Zahlen $b_1, \ldots, b_m$ alle null, dann heißt das Gleichungssystem **homogen**.

Die Anzahl m der Gleichungen muss nicht gleich der Anzahl n der Unbekannten sein. Fasst man die m Gleichungen auf der linken Seite und die m Zahlen auf der rechten Seite jeweils zu (Spalten-)Matrizen zusammen, so lässt sich die linke Seite als Matrixprodukt darstellen. Das Gleichungssystem lässt sich damit folgendermaßen darstellen:

$$
\begin{pmatrix}
a_{11} & a_{12} & \cdots & a_{1n} \\
a_{21} & a_{22} & \cdots & a_{2n} \\
\vdots & \vdots & & \vdots \\
a_{m1} & a_{m2} & \cdots & a_{mn}
\end{pmatrix}
\begin{pmatrix}
x_1 \\ x_2 \\ \vdots \\ x_n
\end{pmatrix}
=
\begin{pmatrix}
b_1 \\ b_2 \\ \vdots \\ b_m
\end{pmatrix}
$$

Mit den Matrizen

$$
\mathbf{A} =
\begin{pmatrix}
a_{11} & a_{12} & \cdots & a_{1n} \\
a_{21} & a_{22} & \cdots & a_{2n} \\
\vdots & \vdots & & \vdots \\
a_{m1} & a_{m2} & \cdots & a_{mn}
\end{pmatrix},
\quad
\boldsymbol{x} =
\begin{pmatrix}
x_1 \\ x_2 \\ \vdots \\ x_n
\end{pmatrix},
\quad
\boldsymbol{b} =
\begin{pmatrix}
b_1 \\ b_2 \\ \vdots \\ b_m
\end{pmatrix}
$$

kann man das Gleichungssystem also in der folgenden kompakten Form schreiben:

$$
\mathbf{A}\boldsymbol{x} = \boldsymbol{b}
$$

Die Matrix $\mathbf{A}$ heißt **Koeffizientenmatrix** des Gleichungssystems. Durch die Koeffizientenmatrix $\mathbf{A}$ und die Spaltenmatrix $\boldsymbol{b}$ ist ein lineares Gleichungssystem eindeutig gegeben. Man kann diese zwei Matrizen zur **erweiterten Koeefizientenmatrix** $(\mathbf{A}|b)$ zusammenfassen. Diese enthält alle Informationen über das Gleichungssystem:

$$(\mathbf{A}|b) = \begin{pmatrix} a_{11} & a_{12} & \cdots & a_{1n} & b_1 \\ a_{21} & a_{22} & \cdots & a_{2n} & b_2 \\ \vdots & \vdots & & \vdots & \vdots \\ a_{m1} & a_{m2} & \cdots & a_{mn} & b_m \end{pmatrix}$$

Zur Lösung eines linearen Gleichungssystems kann man das Gleichungssystem umformen. Durch die folgenden Umformungen geht ein lineares Gleichungssystem in ein äquivalentes Gleichungssystem über, welches das gleiche Lösungsverhalten und, falls es lösbar ist, die gleiche Lösung besitzt wie das ursprüngliche:

Äquivalenzumformungen eines linearen Gleichungssystems

a) Addition eines Vielfachen einer Gleichung zu einer anderen Gleichung

b) Vertauschen von zwei Gleichungen miteinander

c) Multiplikation einer Gleichung mit einer Zahl $\lambda \neq 0$

Diesen Umformungen entsprechen die folgenden Umformungen der erweiterten Koeffizientenmatrix:

Elementare Zeilenumformungen der erweiterten Koeffizientenmatrix

a) Addition eines Vielfachen einer Zeile zu einer anderen Zeile

b) Vertauschen von zwei Zeilen miteinander

c) Multiplikation einer Zeile mit einer Zahl $\lambda \neq 0$

Mithilfe dieser Zeilenumformungen kann man die erweiterte Koeffizientenmatrix $(\mathbf{A}|b)$ so umformen, dass alle Matrixelemente unterhalb der Diagonalelemente null werden. Die Schritte sind die gleichen wie auf S. 224. Die Vorgehensweise heißt Gauß-Algorithmus.

$$\begin{pmatrix} a_{11} & a_{12} & \cdots & a_{1n} & b_1 \\ a_{21} & a_{22} & \cdots & a_{1n} & b_2 \\ a_{31} & a_{32} & \cdots & a_{1n} & b_3 \\ \vdots & \vdots & & \vdots & \vdots \\ a_{m1} & a_{m2} & \cdots & a_{mn} & b_m \end{pmatrix} \begin{matrix} \\ -(a_{21}/a_{11}) \cdot Z_1 \\ -(a_{31}/a_{11}) \cdot Z_1 \\ \vdots \\ -(a_{m1}/a_{11}) \cdot Z_1 \end{matrix} \rightarrow \begin{pmatrix} a_{11} & a_{12} & \cdots & a_{1n} & b_1 \\ 0 & a'_{22} & \cdots & a'_{1n} & b'_2 \\ 0 & a'_{32} & \cdots & a'_{1n} & b'_3 \\ \vdots & \vdots & & \vdots & \vdots \\ 0 & a'_{m2} & \cdots & a'_{mn} & b'_m \end{pmatrix}$$

Ist das Matrixelement a_{11} null, so vertauscht man vorher zwei Zeilen oder zwei Spalten, sodass das erste Matrixelement (links oben in der Matrix) ungleich null ist. Nun macht man auf die gleiche Art und Weise alle Matrixelemente unter dem Matrixelement a'_{22} zu Null:

$$\left(\begin{array}{cccc|c} a_{11} & a_{12} & \cdots & a_{1n} & b_1 \\ 0 & a'_{22} & \cdots & a'_{2n} & b'_2 \\ 0 & a'_{32} & \cdots & a'_{3n} & b'_3 \\ \vdots & \vdots & & \vdots & \vdots \\ 0 & a'_{m2} & \cdots & a'_{mn} & b'_m \end{array}\right) \begin{array}{l} \\ \\ -(a'_{32}/a'_{22}) \cdot Z_2 \\ \vdots \\ -(a'_{m2}/a'_{22}) \cdot Z_2 \end{array} \rightarrow \left(\begin{array}{cccc|c} a_{11} & a_{12} & \cdots & a_{1n} & b_1 \\ 0 & a'_{22} & \cdots & a'_{2n} & b'_2 \\ 0 & 0 & \cdots & a''_{3n} & b''_3 \\ \vdots & \vdots & & \vdots & \vdots \\ 0 & 0 & \cdots & a''_{mn} & b''_m \end{array}\right)$$

Das Verfahren wird so lange fortgeführt, bis man eine Matrix $(\mathbf{A}^*|\boldsymbol{b}^*)$ mit folgender Eigenschaft erhält: Alle Matrixelemente unterhalb der Diagonalelemente von $\mathbf{A}^*$ sind null. Das lineare Gleichungssystem $\mathbf{A}^*\boldsymbol{x} = \boldsymbol{b}^*$ ist äquivalent zum Gleichungssystem $\mathbf{A}\boldsymbol{x} = \boldsymbol{b}$ und besitzt das gleiche Lösungsverhalten bzw. die gleiche Lösung.

Beispiel 6.18: Lineares $(3,3)$-Gleichungssystem

Das Gleichungssystem $\mathbf{A}\boldsymbol{x} = \boldsymbol{b}$ lautet

$$\begin{array}{rcrcrcr} x_1 & + & 2x_2 & + & x_3 & = & 6 \\ -x_1 & - & x_2 & + & x_3 & = & -2 \\ 2x_1 & + & x_2 & - & 2x_3 & = & 2 \end{array}$$

Mit dem Gauß-Algorithmus erhält man:

$$\left(\begin{array}{ccc|c} 1 & 2 & 1 & 6 \\ -1 & -1 & 1 & -2 \\ 2 & 1 & -2 & 2 \end{array}\right) \begin{array}{l} \\ +Z_1 \\ -2Z_1 \end{array} \rightarrow \left(\begin{array}{ccc|c} 1 & 2 & 1 & 6 \\ 0 & 1 & 2 & 4 \\ 0 & -3 & -4 & -10 \end{array}\right) \begin{array}{l} \\ \\ +3Z_2 \end{array} \rightarrow \left(\begin{array}{ccc|c} 1 & 2 & 1 & 6 \\ 0 & 1 & 2 & 4 \\ 0 & 0 & 2 & 2 \end{array}\right)$$

Das Gleichungssystem $\mathbf{A}^*\boldsymbol{x} = \boldsymbol{b}^*$ lautet:

$$\begin{array}{rcrcrcr} x_1 & + & 2x_2 & + & x_3 & = & 6 \\ & & x_2 & + & 2x_3 & = & 4 \\ & & & & 2x_3 & = & 2 \end{array}$$

Dieses Gleichungssystem kann „von unten nach oben" gelöst werden: Aus der dritten Gleichung folgt $x_3 = 1$. Setzt man dies in die zweite Gleichung ein, dann folgt aus der zweiten Gleichung $x_2 = 2$. Setzt man dies und $x_3 = 1$ in die erste Gleichung ein, dann erhält man $x_1 = 1$. Die Lösung lautet $x_1 = 1, x_2 = 2, x_3 = 1$. ■

Die Anzahl der Gleichungen muss nicht gleich der Anzahl der Unbekannten sein. Wir betrachten nun ein Beispiel mit einem (4,5)-Gleichungssystem, bei dem die Anzahl der Unbekannten größer ist als die Anzahl der Gleichungen.

Beispiel 6.19: Lineares $(4,5)$**-Gleichungssystem**

Das Gleichungssystem $\mathbf{A}\boldsymbol{x} = \boldsymbol{b}$ lautet:

$$
\begin{aligned}
x_1 + 2x_2 + 3x_3 + 2x_4 + x_5 &= 1 \\
x_1 + 4x_2 + 5x_3 + 3x_4 + 2x_5 &= 2 \\
x_1 + 6x_2 + 7x_3 + x_4 + 6x_5 &= 6 \\
2x_1 + 4x_2 + 6x_3 + x_4 + 5x_5 &= 5
\end{aligned}
$$

Mit dem Gauß-Algorithmus erhält man:

$$
\left(\begin{array}{ccccc|c}
1 & 2 & 3 & 2 & 1 & 1 \\
1 & 4 & 5 & 3 & 2 & 2 \\
1 & 6 & 7 & 1 & 6 & 6 \\
2 & 4 & 6 & 1 & 5 & 5
\end{array}\right)
\begin{array}{l}
\\ -Z_1 \\ -Z_1 \\ -2Z_1
\end{array}
\rightarrow
\left(\begin{array}{ccccc|c}
1 & 2 & 3 & 2 & 1 & 1 \\
0 & 2 & 2 & 1 & 1 & 1 \\
0 & 4 & 4 & -1 & 5 & 5 \\
0 & 0 & 0 & -3 & 3 & 3
\end{array}\right)
\begin{array}{l}
\\ \\ -2Z_2 \\
\end{array}
$$

$$
\left(\begin{array}{ccccc|c}
1 & 2 & 3 & 2 & 1 & 1 \\
0 & 2 & 2 & 1 & 1 & 1 \\
0 & 0 & 0 & -3 & 3 & 3 \\
0 & 0 & 0 & -3 & 3 & 3
\end{array}\right)
\begin{array}{l}
\\ \\ \\ -Z_3
\end{array}
\rightarrow
\left(\begin{array}{ccccc|c}
1 & 2 & 3 & 2 & 1 & 1 \\
0 & 2 & 2 & 1 & 1 & 1 \\
0 & 0 & 0 & -3 & 3 & 3 \\
0 & 0 & 0 & 0 & 0 & 0
\end{array}\right)
$$

Das Gleichungssystem $\mathbf{A}^*\boldsymbol{x} = \boldsymbol{b}^*$ lautet (die vierte, triviale Gleichung $0 = 0$ wurde weggelassen):

$$
\begin{aligned}
x_1 + 2x_2 + 3x_3 + 2x_4 + x_5 &= 1 \\
2x_2 + 2x_3 + x_4 + x_5 &= 1 \\
- 3x_4 + 3x_5 &= 3
\end{aligned}
$$

Wir bringen die Unbekannten x_3 und x_5 auf die rechte Seite.

$$
\begin{aligned}
x_1 + 2x_2 + 2x_4 &= 1 - 3x_3 - x_5 \\
2x_2 + x_4 &= 1 - 2x_3 - x_5 \\
- 3x_4 &= 3 \qquad\quad - 3x_5
\end{aligned}
$$

Man erkennt: Setzt man jeweils für x_3 und x_5 eine beliebige Zahl ein, dann erhält man ein Gleichungssystem mit drei Gleichungen und drei Unbekannten x_1, x_2, x_4, das eindeutig („von unten nach oben") lösbar ist. Da das Gleichungssystem für alle Werte von x_3 und x_5 lösbar ist, gibt es unendlich viele Lösungen. Man nennt x_3 und x_5 frei wählbare Parameter und verwendet eigene Symbole, z.B. t_1 und t_2.

$$
\begin{aligned}
x_1 + 2x_2 + 2x_4 &= 1 - 3t_1 - t_2 \\
2x_2 + x_4 &= 1 - 2t_1 - t_2 \\
- 3x_4 &= 3 \qquad\quad - 3t_2
\end{aligned}
$$

Wir lösen dieses Gleichungssystem „von unten nach oben": Aus der dritten Gleichung folgt $x_4 = -1 + t_2$. Setzt man dies in die zweite Gleichung ein, dann folgt aus der zweiten Gleichung $x_2 = 1 - t_1 - t_2$. Setzt man dies und $x_4 = -1 + t_2$ in die erste Gleichung ein, dann erhält man $x_1 = 1 - t_1 - t_2$. Die Lösung des Gleichungssystems lautet: $x_1 = 1 - t_1 - t_2, x_2 = 1 - t_1 - t_2, x_3 = t_1, x_4 = -1 + t_2, x_5 = t_2$. Dabei sind t_1 und t_2 beliebig wählbar.   ∎

Das Ergebnis von Beispiel 6.19 entspricht den Erwartungen: Vier Gleichungen reichen nicht aus, um fünf Unbekannte festzulegen. Wir betrachten ein weiteres (4,5)-Gleichungssystem:

Beispiel 6.20: Lineares (4,5)-**Gleichungssystem**

Das Gleichungssystem $\mathbf{A}x = b$ lautet:

$$
\begin{array}{rcrcrcrcrcr}
x_1 & + & 2x_2 & + & 3x_3 & + & 2x_4 & + & x_5 & = & 2 \\
x_1 & + & 3x_2 & + & 5x_3 & + & 4x_4 & + & 2x_5 & = & 3 \\
x_1 & + & 4x_2 & + & 7x_3 & + & 3x_4 & + & 2x_5 & = & 0 \\
2x_1 & + & 4x_2 & + & 6x_3 & + & x_4 & + & x_5 & = & 1
\end{array}
$$

Mit dem Gauß-Algorithmus erhält man:

$$
\left(\begin{array}{ccccc|c}
1 & 2 & 3 & 2 & 1 & 2 \\
1 & 3 & 5 & 4 & 2 & 3 \\
1 & 4 & 7 & 3 & 2 & 0 \\
2 & 4 & 6 & 1 & 1 & 1
\end{array}\right)\begin{array}{l} \\ -Z_1 \\ -Z_1 \\ -2Z_1 \end{array}
\rightarrow
\left(\begin{array}{ccccc|c}
1 & 2 & 3 & 2 & 1 & 2 \\
0 & 1 & 2 & 2 & 1 & 1 \\
0 & 2 & 4 & 1 & 1 & -2 \\
0 & 0 & 0 & -3 & -1 & -3
\end{array}\right)\begin{array}{l} \\ \\ -2Z_2 \\ \end{array}
$$

$$
\left(\begin{array}{ccccc|c}
1 & 2 & 3 & 2 & 1 & 2 \\
0 & 1 & 2 & 2 & 1 & 1 \\
0 & 0 & 0 & -3 & -1 & -4 \\
0 & 0 & 0 & -3 & -1 & -3
\end{array}\right)\begin{array}{l} \\ \\ \\ -Z_3 \end{array}
\rightarrow
\left(\begin{array}{ccccc|c}
1 & 2 & 3 & 2 & 1 & 2 \\
0 & 1 & 2 & 2 & 1 & 1 \\
0 & 0 & 0 & -3 & -1 & -4 \\
0 & 0 & 0 & 0 & 0 & 1
\end{array}\right)
$$

Das Gleichungssystem $\mathbf{A}^* x = b^*$ lautet:

$$
\begin{array}{rcrcrcrcrcr}
x_1 & + & 2x_2 & + & 3x_3 & + & 2x_4 & + & x_5 & = & 2 \\
& & x_2 & + & 2x_3 & + & 2x_4 & + & x_5 & = & 1 \\
& & & & & - & 3x_4 & - & x_5 & = & -4 \\
& & & & & & & & 0 & = & 1
\end{array}
$$

Die letzte Gleichung ist nie erfüllt. Das bedeutet, dass das Gleichungssystem nicht lösbar ist.   ∎

Wir wollen nun noch zwei Beispiele betrachten, bei denen die Anzahl der Gleichungen größer ist als die Anzahl der Unbekannten:

Beispiel 6.21: Lineares $(4,5)$-Gleichungssystem

Das Gleichungssystem $\mathbf{A}x = b$ lautet:

$$
\begin{aligned}
x_1 + 2x_2 + 3x_3 + 2x_4 &= 1 \\
x_1 + 3x_2 + 5x_3 + 4x_4 &= 3 \\
x_1 + 4x_2 + 7x_3 + 3x_4 &= 6 \\
2x_1 + 4x_2 + 6x_3 + x_4 &= 4 \\
x_1 - x_2 - 3x_3 - 7x_4 &= -1
\end{aligned}
$$

Mit dem Gauß-Algorithmus erhält man:

$$
\left(\begin{array}{cccc|c}
1 & 2 & 3 & 2 & 1 \\
1 & 3 & 5 & 4 & 3 \\
1 & 4 & 7 & 3 & 6 \\
2 & 4 & 6 & 1 & 4 \\
1 & -1 & -3 & -7 & -1
\end{array}\right)
\begin{array}{l}
\\ -Z_1 \\ -Z_1 \\ -2Z_1 \\ -Z_1
\end{array}
\rightarrow
\left(\begin{array}{cccc|c}
1 & 2 & 3 & 2 & 1 \\
0 & 1 & 2 & 2 & 2 \\
0 & 2 & 4 & 1 & 5 \\
0 & 0 & 0 & -3 & 2 \\
0 & -3 & -6 & -9 & -2
\end{array}\right)
\begin{array}{l}
\\ \\ -2Z_2 \\ \\ +3Z_2
\end{array}
$$

$$
\left(\begin{array}{cccc|c}
1 & 2 & 3 & 2 & 1 \\
0 & 1 & 2 & 2 & 2 \\
0 & 0 & 0 & -3 & 1 \\
0 & 0 & 0 & -3 & 2 \\
0 & 0 & 0 & -3 & 4
\end{array}\right)
\begin{array}{l}
\\ \\ \\ -Z_3 \\ -Z_3
\end{array}
\rightarrow
\left(\begin{array}{cccc|c}
1 & 2 & 3 & 2 & 1 \\
0 & 1 & 2 & 2 & 2 \\
0 & 0 & 0 & -3 & 1 \\
0 & 0 & 0 & 0 & 1 \\
0 & 0 & 0 & 0 & 3
\end{array}\right)
$$

Das Gleichungssystem $\mathbf{A}^*x = b^*$ lautet:

$$
\begin{aligned}
x_1 + 2x_2 + 3x_3 + 2x_4 &= 1 \\
x_2 + 2x_3 + 2x_4 &= 2 \\
- 3x_4 &= 1 \\
0 &= 1 \\
0 &= 3
\end{aligned}
$$

Die letzten beiden Gleichungen sind nie erfüllt. Das bedeutet, dass das Gleichungssystem nicht lösbar ist. ∎

Hat man mehr Gleichungen als Unbekannte, so könnte man erwarten, dass es zu viele Gleichungen sind, und es deshalb keine Lösung gibt. Das folgende Beispiel zeigt, dass dies nicht der Fall sein muss, und es sogar unendlich viele Lösungen geben kann.

Beispiel 6.22: Lineares $(4,5)$**-Gleichungssystem**

Das Gleichungssystem $\mathbf{A}x = b$ lautet:

$$
\begin{aligned}
x_1 + 2x_2 + 3x_3 + 2x_4 &= 1 \\
x_1 + 3x_2 + 5x_3 + 4x_4 &= 2 \\
x_1 + 4x_2 + 7x_3 + 5x_4 &= 2 \\
2x_1 + 4x_2 + 6x_3 + 3x_4 &= 1 \\
x_1 - x_2 - 3x_3 - 5x_4 &= -3
\end{aligned}
$$

Mit dem Gauß-Algorithmus erhält man

$$
\begin{pmatrix}
1 & 2 & 3 & 2 & | & 1 \\
1 & 3 & 5 & 4 & | & 2 \\
1 & 4 & 7 & 5 & | & 2 \\
2 & 4 & 6 & 3 & | & 1 \\
1 & -1 & -3 & -5 & | & -3
\end{pmatrix}
\begin{matrix} \\ -Z_1 \\ -Z_1 \\ -2Z_1 \\ -Z_1 \end{matrix}
\rightarrow
\begin{pmatrix}
1 & 2 & 3 & 2 & | & 1 \\
0 & 1 & 2 & 2 & | & 1 \\
0 & 2 & 4 & 3 & | & 1 \\
0 & 0 & 0 & -1 & | & -1 \\
0 & -3 & -6 & -7 & | & -4
\end{pmatrix}
\begin{matrix} \\ \\ -2Z_2 \\ \\ +3Z_2 \end{matrix}
$$

$$
\begin{pmatrix}
1 & 2 & 3 & 2 & | & 1 \\
0 & 1 & 2 & 2 & | & 1 \\
0 & 0 & 0 & -1 & | & -1 \\
0 & 0 & 0 & -1 & | & -1 \\
0 & 0 & 0 & -1 & | & -1
\end{pmatrix}
\begin{matrix} \\ \\ \\ -Z_3 \\ -Z_3 \end{matrix}
\rightarrow
\begin{pmatrix}
1 & 2 & 3 & 2 & | & 1 \\
0 & 1 & 2 & 2 & | & 1 \\
0 & 0 & 0 & -1 & | & -1 \\
0 & 0 & 0 & 0 & | & 0 \\
0 & 0 & 0 & 0 & | & 0
\end{pmatrix}
$$

Das Gleichungssystem $\mathbf{A}^*x = b^*$ lautet (die letzten beiden Gleichungen lauten $0 = 0$ und wurden weggelassen):

$$
\begin{aligned}
x_1 + 2x_2 + 3x_3 + 2x_4 &= 1 \\
x_2 + 2x_3 + 2x_4 &= 1 \\
- x_4 &= -1
\end{aligned}
$$

Wir bringen die Unbekannte x_3 auf die rechte Seite:

$$
\begin{aligned}
x_1 + 2x_2 + 2x_4 &= 1 - 3x_3 \\
x_2 + 2x_4 &= 1 - 2x_3 \\
- x_4 &= -1
\end{aligned}
$$

Man erkennt: Setzt man für x_3 eine beliebige Zahl ein, dann erhält man ein Gleichungssystem mit drei Gleichungen und drei Unbekannten x_1, x_2, x_4, das eindeutig („von unten nach oben") lösbar ist. Da das Gleichungssystem für alle Werte von x_3 lösbar ist, gibt es unendlich viele Lösungen. Man nennt x_3 einen frei wählbaren Parameter und verwendet ein eigenes Symbol, z.B. t:

$$
\begin{aligned}
x_1 \;+\; 2x_2 \;+\; 2x_4 &= 1 \;-\; 3t \\
x_2 \;+\; 2x_4 &= 1 \;-\; 2t \\
-\; x_4 &= -1
\end{aligned}
$$

Wir lösen dieses Gleichungssystem „von unten nach oben": Aus der dritten Gleichung folgt $x_4 = 1$. Setzt man dies in die zweite Gleichung ein, dann folgt aus der zweiten Gleichung $x_2 = -1 - 2t$. Setzt man dies und $x_4 = 1$ in die erste Gleichung ein, dann erhält man $x_1 = 1 + t$. Die Lösung lautet: $x_1 = 1 + t, x_2 = -1 - 2t, x_3 = t, x_4 = 1$. Dabei ist t beliebig wählbar. ∎

Man kann die beschriebenen Zeilenumformungen bei einer Matrix so lange durchführen, bis alle Matrixelemente unterhalb der Diagonalen null sind. Wie die Beispiele 6.19 bis 6.22 zeigen, können dabei noch weitere Matrixelemente null werden. Das Ergebnis ist eine Matrix in **Zeilenstufenform**. Diese hat folgende Struktur:

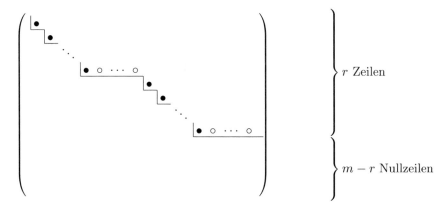

Alle Elemente unterhalb der „Treppe" sind null. Das erste Element links auf einer Stufe (jeweils symbolisiert durch •) ist ungleich null. Ist eine Stufe breiter als ein Matrixelement, so gibt es mindestens ein weiteres Element auf dieser Stufe (solche Elemente sind jeweils durch ○ symbolisiert). Die ersten r Zeilen sind keine Nullzeilen. Die restlichen $m - r$ Zeilen sind Nullzeilen (es kann auch $r = m$ sein; dann gibt es keine Nullzeilen). Die Zahl r heißt **Rang** der Matrix $\mathbf{A}$ und wird mit Rg $\mathbf{A}$ bezeichnet. Wir wollen nun die in den Beispielen gewonnenen Erkenntnisse zusammenfassen und das Verfahren zur Lösung linearer Gleichungssysteme allgemein beschreiben:

Schritt 1: Umformung der erweiterten Koeffizientenmatrix

Die erweiterte Koeffizientenmatrix $(\mathbf{A}|\boldsymbol{b})$ wird mit dem Gauß-Algorithmus zu einer Matrix $(\mathbf{A}^*|\boldsymbol{b}^*)$ umgeformt, die folgende Eigenschaft hat: $\mathbf{A}^*$ besitzt Zeilenstufenform.

Die Matrix $(\mathbf{A}^*|\boldsymbol{b}^*)$ hat folgende Struktur:

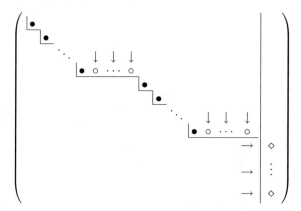

$\mathbf{A}^*$ hat Zeilenstufenform: Alle Elemente unterhalb der „Treppe" sind null. Das erste Element links auf einer Stufe (jeweils symbolisiert durch •) ist ungleich null. Die ersten r Zeilen von $\mathbf{A}^*$ sind keine Nullzeilen. Die restlichen $m - r$ Zeilen sind Nullzeilen (es kann auch $r = m$ sein; dann hat $\mathbf{A}^*$ keine Nullzeilen).

Schritt 2: Prüfung der Lösbarkeit

- Sind die durch ⋄ symbolisierten Elemente (gekennzeichnet durch →) alle null, dann ist das Gleichungssystem lösbar. In diesem Fall gilt $\mathrm{Rg}(\mathbf{A}|\boldsymbol{b}) = \mathrm{Rg}\,\mathbf{A}$.
- Ist eines der durch ⋄ symbolisierten Elemente ungleich null, dann gibt es keine Lösung. In diesem Fall gilt $\mathrm{Rg}(\mathbf{A}|\boldsymbol{b}) \neq \mathrm{Rg}\,\mathbf{A}$.

Falls das Gleichungssystem lösbar ist, folgen die nächsten Schritte:

Schritt 3: Prüfung der Eindeutigkeit der Lösung

- Befindet sich auf jeder „Stufe" nur ein Element, dann ist das Gleichungssystem eindeutig lösbar. In diesem Fall ist $\mathrm{Rg}\,\mathbf{A} = n$.
- Gibt es eine oder mehrere „Stufen", auf denen sich mindestens ein weiteres Element befindet (symbolisiert durch ○), dann gibt es unendlich viele Lösungen. In diesem Fall ist $\mathrm{Rg}\,\mathbf{A} < n$. Die Unbekannten an den entsprechenden Positionen (gekennzeichnet durch ↓) werden als frei wählbare Parameter behandelt. Insgesamt gibt es in diesem Fall $n - r$ frei wählbare Parameter.

Schritt 4: Lösung des Gleichungssystems „von unten nach oben"

Beginnend mit der letzten Gleichung wird das Gleichungssystem gelöst. Lösungen von Gleichungen werden jeweils in die darüberliegende Gleichung eingesetzt.

Hat man ein eindeutig lösbares (n,n)-Gleichungssystem, so kann man die umgeformte Matrix $(\mathbf{A}^*|\boldsymbol{b}^*)$ weiter umformen. Ebenso wie die Matrixelemente unterhalb der Diagonalen kann man auf die gleiche Art und Weise alle Matrixelemente oberhalb der Diagonalen zu null machen. Durch anschließende Division der Zeilen durch geeignete Zahlen werden die Diagonalelemente jeweils 1. Das Ergebnis ist eine Matrix der Form $(\mathbf{E}|\tilde{\boldsymbol{b}})$. Das entsprechende Gleichungssystem lautet $\mathbf{E}\boldsymbol{x} = \tilde{\boldsymbol{b}}$. Wegen $\mathbf{E}\boldsymbol{x} = \boldsymbol{x}$ erhält man als Lösung $\boldsymbol{x} = \tilde{\boldsymbol{b}}$.

Beispiel 6.23: Lineares $(3,3)$-Gleichungssystem

Das Gleichungssystem $\mathbf{A}\boldsymbol{x} = \boldsymbol{b}$ lautet:

$$
\begin{array}{rcrcrcr}
x_1 & + & 2x_2 & + & x_3 & = & 6 \\
-x_1 & - & x_2 & + & x_3 & = & -2 \\
2x_1 & + & x_2 & - & 2x_3 & = & 2
\end{array}
$$

Mit dem Gauß-Algorithmus erhält man:

$$
\begin{pmatrix}
1 & 2 & 1 & | & 6 \\
-1 & -1 & 1 & | & -2 \\
2 & 1 & -2 & | & 2
\end{pmatrix}
\begin{matrix} \\ +Z_1 \\ -2Z_1 \end{matrix}
\rightarrow
\begin{pmatrix}
1 & 2 & 1 & | & 6 \\
0 & 1 & 2 & | & 4 \\
0 & -3 & -4 & | & -10
\end{pmatrix}
\begin{matrix} \\ \\ +3Z_2 \end{matrix}
$$

$$
\rightarrow
\begin{pmatrix}
1 & 2 & 1 & | & 6 \\
0 & 1 & 2 & | & 4 \\
0 & 0 & 2 & | & 2
\end{pmatrix}
\begin{matrix} -\frac{1}{2}Z_3 \\ -Z_3 \\ \\ \end{matrix}
\rightarrow
\begin{pmatrix}
1 & 2 & 0 & | & 5 \\
0 & 1 & 0 & | & 2 \\
0 & 0 & 2 & | & 2
\end{pmatrix}
\begin{matrix} -2Z_2 \\ \\ \cdot\frac{1}{2} \end{matrix}
\rightarrow
\begin{pmatrix}
1 & 0 & 0 & | & 1 \\
0 & 1 & 0 & | & 2 \\
0 & 0 & 1 & | & 1
\end{pmatrix}
$$

Das Gleichungssystem $\mathbf{E}\boldsymbol{x} = \tilde{\boldsymbol{b}}$ lautet:

$$
\begin{array}{rcl}
x_1 & = & 1 \\
x_2 & = & 2 \\
x_3 & = & 1
\end{array}
$$

Damit steht die Lösung auch schon da.   ∎

Lösung eines linearen (n,n)-Gleichungssystems

Die erweiterte Koeffizientenmatrix $(\mathbf{A}|\boldsymbol{b})$ wird mit elementaren Zeilenumformungen zu der Form $(\mathbf{E}|\tilde{\boldsymbol{b}})$ umgeformt.

$$
(\mathbf{A}|\boldsymbol{b}) \xrightarrow[\text{Zeilenumformungen}]{\text{elementare}} (\mathbf{E}|\tilde{\boldsymbol{b}}) \tag{6.35}
$$

Für die Lösung $\boldsymbol{x}$ des Gleichungssystems gilt dann:

$$
\boldsymbol{x} = \tilde{\boldsymbol{b}} \tag{6.36}
$$

Für (n,n)-Gleichungssysteme mit einer quadratischen Koeffizientenmatrix $\mathbf{A}$ gibt es ein einfaches Kriterium für eindeutige Lösbarkeit:

Lösbarkeit eines linearen (n,n)-Gleichungssystems

$\det \mathbf{A} \neq 0 \Leftrightarrow$ Das Gleichungssystem ist eindeutig lösbar   (6.37)

$\det \mathbf{A} = 0 \Leftrightarrow$ Das Gleichungssystem ist nicht eindeutig lösbar   (6.38)

(entweder keine Lösung oder unendlich viele Lösungen)

Ein homogenes Gleichungssystem $\mathbf{A}\boldsymbol{x} = \mathbf{0}$ hat immer die Lösung $\boldsymbol{x} = \mathbf{0}$. Ist $\det \mathbf{A} \neq 0$, dann ist dies aufgrund von 6.37 die einzige Lösung. Ist $\det \mathbf{A} = 0$, dann muss es aufgrund von 6.38 noch unendlich viele weitere Lösungen geben.

Lösbarkeit eines homogenen (n,n)-Gleichungssystems

$\det \mathbf{A} \neq 0 \Leftrightarrow$ Es existiert nur die (triviale) Lösung $\boldsymbol{x} = \mathbf{0}$ (6.39)

$\det \mathbf{A} = 0 \Leftrightarrow$ Es gibt unendlich viele Lösungen (auch Lösungen $\boldsymbol{x} \neq \mathbf{0}$)   (6.40)

Beispiel 6.24: Gekoppelte Schwingungen

Wir betrachten das in Abb. 6.4 gezeigte schwingungsfähige System mit drei Körpern der Masse m und vier Federn mit der Federkonstanten D.

Abb. 6.4: Schwingungsfähiges System mit drei gekoppelten Massen.

Die Auslenkungen der drei Körper aus ihren (kräftefreien) Gleichgewichtslagen seien s_1, s_2, s_3. Bei der Untersuchung von Schwingungsformen nimmt man zunächst an, dass die drei Körper jeweils mit der gleichen (Kreis-)Frequenz ω um ihre Gleichgewichtslage schwingen:

$$s_1 = a_1 \cos(\omega t) \qquad s_2 = a_2 \cos(\omega t) \qquad s_3 = a_3 \cos(\omega t)$$

Aus dem Grundgesetz der Dynamik (zweites Gesetz von Newton) kann man die folgenden Gleichungen für die Amplituden a_1, a_2, a_3 dieser Schwingungen ableiten:

$$- m\omega^2 a_1 + 2Da_1 - Da_2 = 0$$
$$- m\omega^2 a_2 + 2Da_2 - Da_1 - Da_3 = 0$$
$$- m\omega^2 a_3 + 2Da_3 - Da_2 = 0$$

Dies ist ein homogenes, lineares (3,3)-Gleichungssystem.

$$\begin{pmatrix} 2D - m\omega^2 & -D & 0 \\ -D & 2D - m\omega^2 & -D \\ 0 & -D & 2D - m\omega^2 \end{pmatrix} \begin{pmatrix} a_1 \\ a_2 \\ a_3 \end{pmatrix} = \begin{pmatrix} 0 \\ 0 \\ 0 \end{pmatrix}$$

Die Koeffizientenmatrix $\mathbf{A}$ und die Matrix $\boldsymbol{x}$ der Unbekannten lauten:

$$\mathbf{A} = \begin{pmatrix} 2D - m\omega^2 & -D & 0 \\ -D & 2D - m\omega^2 & -D \\ 0 & -D & 2D - m\omega^2 \end{pmatrix} \qquad \boldsymbol{x} = \begin{pmatrix} a_1 \\ a_2 \\ a_3 \end{pmatrix}$$

Ist die Determinante der Koeffizientenmatrix ungleich null, so gibt es nur die Lösung $\boldsymbol{x} = \mathbf{0}$. Das würde bedeuten, dass die Amplituden alle null sind und die Massen nicht schwingen. Diese triviale Lösung ist bedeutungslos. Nichttriviale Lösungen $\boldsymbol{x} \neq \mathbf{0}$ gibt es nur, wenn die Determinante der Koeffizientenmatrix null ist.

$$\det \mathbf{A} = \begin{vmatrix} 2D - m\omega^2 & -D & 0 \\ -D & 2D - m\omega^2 & -D \\ 0 & -D & 2D - m\omega^2 \end{vmatrix}$$

$$= (2D - m\omega^2)[(2D - m\omega^2)^2 - 2D^2] = 0$$

Diese Gleichung hat drei Lösungen für ω:

$$\omega_1 = \sqrt{2\frac{D}{m}} \qquad \omega_2 = \sqrt{(2 - \sqrt{2})\frac{D}{m}} \qquad \omega_3 = \sqrt{(2 + \sqrt{2})\frac{D}{m}}$$

Wir berechnen nun für jede dieser drei Frequenzen die Amplituden der entsprechenden Schwingungen durch Lösung des linearen Gleichungssystems.

1. Fall: $\omega = \omega_1 = \sqrt{2\frac{D}{m}}$

In diesem Fall gilt $2D - m\omega^2 = 0$. Damit hat man folgende erweiterte Koeffizientenmatrix, die wir auf Zeilenstufenform bringen:

$$\begin{pmatrix} 0 & -D & 0 & | & 0 \\ -D & 0 & -D & | & 0 \\ 0 & -D & 0 & | & 0 \end{pmatrix} \begin{matrix} \cdot(-\frac{1}{D}) \\ \cdot(-\frac{1}{D}) \\ \cdot(-\frac{1}{D}) \end{matrix} \rightarrow \begin{pmatrix} 0 & 1 & 0 & | & 0 \\ 1 & 0 & 1 & | & 0 \\ 0 & 1 & 0 & | & 0 \end{pmatrix} \rightarrow \begin{pmatrix} 1 & 0 & 1 & | & 0 \\ 0 & 1 & 0 & | & 0 \\ 0 & 1 & 0 & | & 0 \end{pmatrix} \begin{matrix} \\ \\ -Z_2 \end{matrix}$$

$$\rightarrow \begin{pmatrix} 1 & 0 & 1 & | & 0 \\ 0 & 1 & 0 & | & 0 \\ 0 & 0 & 0 & | & 0 \end{pmatrix} \Rightarrow \begin{matrix} a_1 & & + a_3 & = 0 \\ & a_2 & & = 0 \end{matrix} \Rightarrow \boldsymbol{x} = \begin{pmatrix} a_1 \\ a_2 \\ a_3 \end{pmatrix} = \begin{pmatrix} -a \\ 0 \\ a \end{pmatrix}$$

a_3 ist frei wählbarer Parameter und wird mit a bezeichnet. Aus der ersten Gleichung folgt dann $a_1 = -a$. Die Lösung $a_1 = -a, a_2 = 0, a_3 = a$ bedeutet, dass die mittlere Masse ruht und die beiden äußeren mit der Frequenz ω_1 gegeneinander schwingen.

2. Fall: $\omega = \omega_2 = \sqrt{(2 - \sqrt{2})\frac{D}{m}}$.

In diesem Fall gilt $2D - m\omega^2 = \sqrt{2}D$. Damit hat man folgende erweiterte Koeffizientenmatrix, die wir auf Zeilenstufenform bringen:

$$
\begin{pmatrix}
\sqrt{2}D & -D & 0 & \big| & 0 \\
-D & \sqrt{2}D & -D & \big| & 0 \\
0 & -D & \sqrt{2}D & \big| & 0
\end{pmatrix}
\begin{matrix} \cdot\frac{1}{D} \\ \cdot\frac{\sqrt{2}}{D} \\ \cdot\frac{1}{D} \end{matrix}
\rightarrow
\begin{pmatrix}
\sqrt{2} & -1 & 0 & \big| & 0 \\
-\sqrt{2} & 2 & -\sqrt{2} & \big| & 0 \\
0 & -1 & \sqrt{2} & \big| & 0
\end{pmatrix}
\begin{matrix} \\ +Z_1 \\ \\ \end{matrix}
$$

$$
\rightarrow
\begin{pmatrix}
\sqrt{2} & -1 & 0 & \big| & 0 \\
0 & 1 & -\sqrt{2} & \big| & 0 \\
0 & -1 & \sqrt{2} & \big| & 0
\end{pmatrix}
\begin{matrix} \\ \\ +Z_2 \end{matrix}
\rightarrow
\begin{pmatrix}
\sqrt{2} & -1 & 0 & \big| & 0 \\
0 & 1 & -\sqrt{2} & \big| & 0 \\
0 & 0 & 0 & \big| & 0
\end{pmatrix}
$$

$$
\Rightarrow \quad
\begin{aligned}
\sqrt{2}a_1 - a_2 &= 0 \\
a_2 - \sqrt{2}a_3 &= 0
\end{aligned}
\quad \Rightarrow \quad
\boldsymbol{x} = \begin{pmatrix} a_1 \\ a_2 \\ a_3 \end{pmatrix} = \begin{pmatrix} a \\ \sqrt{2}a \\ a \end{pmatrix}
$$

a_3 ist frei wählbarer Parameter und wird mit a bezeichnet. Aus den zwei Gleichungen folgt dann $a_2 = \sqrt{2}a$ und $a_1 = a$. Die Amplituden und die Schwingungsrichtung der beiden äußeren Massen sind gleich. Die mittlere Masse schwingt in die gleiche Richtung mit größerer Amplitude als die beiden äußeren.

3. Fall: $\omega = \omega_3 = \sqrt{(2 + \sqrt{2})\frac{D}{m}}$.

In diesem Fall gilt $2D - m\omega^2 = -\sqrt{2}D$. Damit hat man folgende erweiterte Koeffizientenmatrix, die wir auf Zeilenstufenform bringen:

$$
\begin{pmatrix}
-\sqrt{2}D & -D & 0 & \big| & 0 \\
-D & -\sqrt{2}D & -D & \big| & 0 \\
0 & -D & -\sqrt{2}D & \big| & 0
\end{pmatrix}
\begin{matrix} \cdot(-\frac{1}{D}) \\ \cdot(-\frac{\sqrt{2}}{D}) \\ \cdot(-\frac{1}{D}) \end{matrix}
\rightarrow
\begin{pmatrix}
\sqrt{2} & 1 & 0 & \big| & 0 \\
\sqrt{2} & 2 & \sqrt{2} & \big| & 0 \\
0 & 1 & \sqrt{2} & \big| & 0
\end{pmatrix}
\begin{matrix} \\ -Z_1 \\ \\ \end{matrix}
$$

$$
\rightarrow
\begin{pmatrix}
\sqrt{2} & 1 & 0 & \big| & 0 \\
0 & 1 & \sqrt{2} & \big| & 0 \\
0 & 1 & \sqrt{2} & \big| & 0
\end{pmatrix}
\begin{matrix} \\ \\ -Z_2 \end{matrix}
\rightarrow
\begin{pmatrix}
\sqrt{2} & 1 & 0 & \big| & 0 \\
0 & 1 & \sqrt{2} & \big| & 0 \\
0 & 0 & 0 & \big| & 0
\end{pmatrix}
$$

$$
\Rightarrow \quad
\begin{aligned}
\sqrt{2}a_1 + a_2 &= 0 \\
a_2 + \sqrt{2}a_3 &= 0
\end{aligned}
\quad \Rightarrow \quad
\boldsymbol{x} = \begin{pmatrix} a_1 \\ a_2 \\ a_3 \end{pmatrix} = \begin{pmatrix} a \\ -\sqrt{2}a \\ a \end{pmatrix}
$$

a_3 ist frei wählbarer Parameter und wird mit a bezeichnet. Aus den zwei Gleichungen folgt dann $a_2 = -\sqrt{2}a$ und $a_1 = a$. Die Amplituden und die Schwingungsrichtung der beiden äußeren Massen sind gleich. Die mittlere Masse schwingt in die entgegengesetzte Richtung mit größerem Amplitudenbetrag als die beiden äußeren. ∎

Wir betrachten ein lineares (2,2)-Gleichungssystem und nehmen an, dass dieses eindeutig lösbar ist:

$$a_{11}x_1 + a_{12}x_2 = b_1$$
$$a_{21}x_1 + a_{22}x_2 = b_2$$

Da die Determinante $a_{11}a_{22} - a_{21}a_{12}$ der Koeffizientenmatrix ungleich null ist, muss mindestens einer der beiden Koeffizienten a_{11}, a_{21} ungleich null sein. Wir nehmen an, dass $a_{11} \neq 0$ ist und lösen das Gleichungssystem mit dem Gauß-Algorithmus:

$$\begin{pmatrix} a_{11} & a_{12} & b_1 \\ a_{21} & a_{22} & b_2 \end{pmatrix}_{-\frac{a_{21}}{a_{11}}Z_1} \rightarrow \begin{pmatrix} a_{11} & a_{12} & b_1 \\ 0 & a_{22} - \frac{a_{21}}{a_{11}}a_{12} & b_2 - \frac{a_{21}}{a_{11}}b_1 \end{pmatrix}$$

$$\Rightarrow \quad \begin{array}{rcl} a_{11}x_1 + a_{12}x_2 &=& b_1 \\ (a_{22} - \frac{a_{21}}{a_{11}}a_{12})x_2 &=& b_2 - \frac{a_{21}}{a_{11}}b_1 \end{array}$$

Durch Lösen des Gleichungssystems „von unten nach oben" erhält man:

$$x_1 = \frac{b_1 a_{22} - b_2 a_{12}}{a_{11}a_{22} - a_{21}a_{12}} = \frac{\begin{vmatrix} b_1 & a_{12} \\ b_2 & a_{22} \end{vmatrix}}{\begin{vmatrix} a_{11} & a_{12} \\ a_{21} & a_{22} \end{vmatrix}} \qquad x_2 = \frac{a_{11}b_2 - a_{21}b_1}{a_{11}a_{22} - a_{21}a_{12}} = \frac{\begin{vmatrix} a_{11} & b_1 \\ a_{21} & b_2 \end{vmatrix}}{\begin{vmatrix} a_{11} & a_{12} \\ a_{21} & a_{22} \end{vmatrix}}$$

Dieses Ergebnis bei einem (2,2)-Gleichungssystem lässt sich auf (n,n)-Gleichungssysteme verallgemeinern:

Regel von Cramer zur Lösung eines (n,n)-Gleichungssystems

Das lineare (n,n)-Gleichungssystem $\mathbf{A}x = b$ sei eindeutig lösbar ($\det \mathbf{A} \neq 0$). Für die k-te Komponente x_k des Lösungsvektors x gilt:

$$x_k = \frac{\det \mathbf{A}_k}{\det \mathbf{A}} \tag{6.41}$$

Die Matrix $\mathbf{A}_k$ entsteht aus der Koeffizientenmatrix $\mathbf{A}$, wenn man die k-te Spalte von $\mathbf{A}$ durch b ersetzt.

$$\mathbf{A}_k = \begin{pmatrix} a_{11} & \cdots & a_{1,k-1} & b_1 & a_{1,k+1} & \cdots & a_{1n} \\ a_{21} & \cdots & a_{2,k-1} & b_2 & a_{2,k+1} & \cdots & a_{2n} \\ \vdots & & \vdots & \vdots & \vdots & & \vdots \\ a_{n1} & \cdots & a_{n,k-1} & b_n & a_{n,k+1} & \cdots & a_{nn} \end{pmatrix} \tag{6.42}$$

Beispiel 6.25: Lösung eines $(3,3)$-Gleichungssystems mit der Regel von Cramer

$$
\begin{aligned}
x_1 + 2x_2 + x_3 &= 6 \\
-x_1 - x_2 + x_3 &= -2 \\
2x_1 + x_2 - 2x_3 &= 2
\end{aligned}
\qquad
\mathbf{A} = \begin{pmatrix} 1 & 2 & 1 \\ -1 & -1 & 1 \\ 2 & 1 & -2 \end{pmatrix}
$$

$$
\det \mathbf{A} = \begin{vmatrix} 1 & 2 & 1 \\ -1 & -1 & 1 \\ 2 & 1 & -2 \end{vmatrix} = 2
\qquad
\det \mathbf{A}_1 = \begin{vmatrix} 6 & 2 & 1 \\ -2 & -1 & 1 \\ 2 & 1 & -2 \end{vmatrix} = 2
$$

$$
\det \mathbf{A}_2 = \begin{vmatrix} 1 & 6 & 1 \\ -1 & -2 & 1 \\ 2 & 2 & -2 \end{vmatrix} = 4
\qquad
\det \mathbf{A}_3 = \begin{vmatrix} 1 & 2 & 6 \\ -1 & -1 & -2 \\ 2 & 1 & 2 \end{vmatrix} = 2
$$

$$
x_1 = \frac{\det \mathbf{A}_1}{\det \mathbf{A}} = 1 \qquad
x_2 = \frac{\det \mathbf{A}_2}{\det \mathbf{A}} = 2 \qquad
x_3 = \frac{\det \mathbf{A}_3}{\det \mathbf{A}} = 1 \qquad \blacksquare
$$

Um ein (n,n)-Gleichungssystem mit der Regel von Cramer zu lösen, muss man $n + 1$ Determinanten von (n,n)-Matrizen berechnen. Aufgrund des hohen Aufwandes ist die Anwendung der Regel von Cramer für $n > 3$ i. Allg. nicht zu empfehlen. Das nächste Beispiel zeigt, wie man mithilfe der Regel von Cramer die Lösbarkeit eines Gleichungssystems mit Parametern untersuchen und die parameterabhängige Lösung berechnen kann.

Beispiel 6.26: $(3,3)$-Gleichungssystem mit einem Parameter

Wir untersuchen das folgende Gleichungssystem mit einem Parameter a:

$$
\begin{aligned}
(a+2)x_1 + x_2 + 3ax_3 &= a \\
3ax_1 + x_2 + 2ax_3 &= 0 \\
2ax_1 + (a-1)x_3 &= a+1
\end{aligned}
$$

$$
\det \mathbf{A} = \begin{vmatrix} a+2 & 1 & 3a \\ 3a & 1 & 2a \\ 2a & 0 & a-1 \end{vmatrix} = -2(2a^2 - 2a + 1) \neq 0 \quad \text{für alle } a \in \mathbb{R}
$$

Das Gleichungssystem ist also für alle $a \in \mathbb{R}$ eindeutig lösbar.

$$
\det \mathbf{A}_1 = \begin{vmatrix} a & 1 & 3a \\ 0 & 1 & 2a \\ a+1 & 0 & a-1 \end{vmatrix} = -2a
$$

$$
\det \mathbf{A}_2 = \begin{vmatrix} a+2 & a & 3a \\ 3a & 0 & 2a \\ 2a & a+1 & a-1 \end{vmatrix} = 2a(4a^2 + 3a - 2)
$$

$$\det \mathbf{A}_3 = \begin{vmatrix} a+2 & 1 & a \\ 3a & 1 & 0 \\ 2a & 0 & a+1 \end{vmatrix} = -2(2a^2 - 1)$$

$$x_1 = \frac{\det \mathbf{A}_1}{\det \mathbf{A}} = \frac{a}{2a^2 - 2a + 1}$$

$$x_2 = \frac{\det \mathbf{A}_2}{\det \mathbf{A}} = -\frac{a(4a^2 + 3a - 2)}{2a^2 - 2a + 1}$$

$$x_3 = \frac{\det \mathbf{A}_3}{\det \mathbf{A}} = \frac{2a^2 - 1}{2a^2 - 2a + 1}$$

Für $a = 1$ erhält man z.B. $x_1 = 1$, $x_2 = -5$ und $x_3 = 1$. ■

Kondition eines linearen Gleichungssystems

Am Ende dieses Abschnittes über lineare Gleichungssysteme wollen wir noch auf eine Problematik hinweisen. Dazu betrachten wir das folgende Gleichungssystem:

$$\begin{aligned} 1{,}001 \cdot x_1 + 1 \cdot x_2 &= 2{,}001 \\ 1 \cdot x_1 + 0{,}999 \cdot x_2 &= 1{,}999 \end{aligned} \qquad (6.43)$$

Die Lösung dieses Gleichungssystems lautet $x_1 = 1$ und $x_2 = 1$. Wir ändern nun die Koeffizienten des Gleichungssystems geringfügig:

$$\begin{aligned} 1 \cdot x_1 + 1{,}001 \cdot x_2 &= 2 \\ 0{,}999 \cdot x_1 + 1 \cdot x_2 &= 2 \end{aligned} \qquad (6.44)$$

Dieses Gleichungssystem besitzt die Lösung $x_1 = -2000$ und $x_2 = 2000$. Dieses Ergebnis ist verblüffend und beunruhigend. Es kann sein, dass die Koeffizienten eines Gleichungssystems Messwerte sind. Bei Messungen hat man immer Messfehler. Nimmt man an, dass die Koeffizienten des Gleichungssystems (6.43) die exakten Werte sind, die Koeffizienten des Gleichungssystems (6.44) jedoch gemessene, ungenaue Werte, so beträgt der größte relative Messfehler bei den Koeffizienten 0,1 %. Der relative Fehler der Lösungen x_1, x_2 beträgt jedoch 200 000 %. Das Gleichungssystem (6.43) ist sehr „empfindlich" gegenüber kleinen Änderungen der Koeffizienten des Gleichungssystems. Man nennt ein solches Gleichungssystem schlecht konditioniert. Ein Kriterium zur Beurteilung der „Empfindlichkeit" eines Gleichungssystems ist die sog. **Konditionszahl** der Koeffizientenmatrix. Um die Konditionszahl zu definieren, müssen wir zunächst die **Norm** eines Vektors $\boldsymbol{x}$ mit den Komponenten $x_1, \ldots, x_n$ und einer (n,n)-Matrix $\mathbf{A}$ mit den Matrixelementen a_{ik} erklären. Sowohl bei Vektoren als auch bei Matrizen gibt es verschiedene Normen. Wir wollen jeweils zwei nennen:

Definition 6.9: Vektor- und Matrixnormen

Maximumnorm eines Vektors: $\|\boldsymbol{x}\| = \max\{|x_i|,\ i = 1,\dots,n\}$ (6.45)

Euklid-Norm eines Vektors: $\|\boldsymbol{x}\| = |\boldsymbol{x}| = \sqrt{\sum\limits_{i=1}^{n} x_i^2}$ (6.46)

Gesamtnorm einer Matrix: $\|\mathbf{A}\| = n \max\{|a_{ik}|,\ i,k = 1,\dots,n\}$ (6.47)

Frobenius-Norm einer Matrix: $\|\mathbf{A}\| = \sqrt{\sum\limits_{i,k=1}^{n} a_{ik}^2}$ (6.48)

Beispiel 6.27: Norm einer $(2,2)$-Matrix

Wir berechnen die Norm der Koeffizientenmatrix $\mathbf{A}$ des Gleichungssystems (6.43):

$$\mathbf{A} = \begin{pmatrix} 1.001 & 1 \\ 1 & 0.999 \end{pmatrix}$$

Für die Gesamtnorm der Matrix erhalten wir:

$$\|\mathbf{A}\| = n \max |a_{ik}| = 2 \cdot 1{,}001 = 2{,}002$$

Für die Frobenius-Norm der Matrix erhalten wir:

$$\|\mathbf{A}\| = \sqrt{1{,}001^2 + 1{,}000^2 + 1{,}000^2 + 0{,}999^2} = \sqrt{4{,}000002} \qquad \blacksquare$$

Mithilfe der Matrixnorm kann man die Konditionszahl definieren:

Definition 6.10: Konditionszahl

Für eine (n,n)-Matrix mit $\det \mathbf{A} \neq 0$ heißt

$$\kappa(\mathbf{A}) = \|\mathbf{A}\| \cdot \|\mathbf{A}^{-1}\| \qquad (6.49)$$

Konditionszahl bezüglich der verwendeten Matrixnorm.

Der Wert der Konditionszahl hängt davon ab, welche Matrixnorm verwendet wird.

Beispiel 6.28: Konditionszahl einer $(2,2)$-Matrix

Wir berechnen die Konditionszahl der Koeffizientenmatrix $\mathbf{A}$ des Gleichungssystems (6.43) und geben dazu die inverse Matrix $\mathbf{A}^{-1}$ an. (Man kann sich davon überzeugen, dass $\mathbf{A}^{-1}\mathbf{A} = \mathbf{A}\mathbf{A}^{-1} = \mathbf{E}$ ist. Im nächsten Abschnitt werden wir klären, wie man eine inverse Matrix berechnet.)

$$\mathbf{A} = \begin{pmatrix} 1{,}001 & 1 \\ 1 & 0{,}999 \end{pmatrix} \qquad \mathbf{A}^{-1} = \begin{pmatrix} -999000 & 1000000 \\ 1000000 & -1001000 \end{pmatrix}$$

Wir berechnen die Konditionszahl und verwenden dazu zunächst die Gesamtnorm:

$$\|\mathbf{A}\| = 2 \cdot 1{,}001 = 2{,}002 \qquad \|\mathbf{A}^{-1}\| = 2 \cdot 1001000 = 2002000$$

$$\kappa(\mathbf{A}) = \|\mathbf{A}\| \cdot \|\mathbf{A}^{-1}\| = 2{,}002 \cdot 2002000 = 4008004$$

Mit der Frobenius-Norm erhält man für die Konditionszahl:

$$\|\mathbf{A}\| = \sqrt{1{,}001^2 + 1{,}000^2 + 1{,}000^2 + 0{,}999^2} = \sqrt{4{,}000002}$$

$$\|\mathbf{A}^{-1}\| = \sqrt{(-999000)^2 + 1000000^2 + 1000000^2 + (-1001000)^2}$$

$$= \sqrt{4000002000000} = 1000000\sqrt{4{,}000002}$$

$$\kappa(\mathbf{A}) = \|\mathbf{A}\| \cdot \|\mathbf{A}^{-1}\| = \sqrt{4{,}000002} \cdot 1000000\sqrt{4{,}000002}$$

$$= 4{,}000002 \cdot 1000000 = 4000002 \qquad \blacksquare$$

Je größer die Konditionszahl, desto schlechter ist das Gleichungssystem konditioniert, d. h., desto empfindlicher ist das Gleichungssystem gegenüber kleinen Änderungen der Koeffizienten. Wir betrachten ein (n,n)-Gleichungssystem mit der erweiterten Koeffizientenmatrix $(\mathbf{A}|\boldsymbol{b})$, das eindeutig gelöst wird von dem Lösungsvektor $\boldsymbol{x}$. Ändert man die Koeffizienten des Gleichungssystems, so erhält man eine geänderte erweiterte Koeffizientenmatrix $(\mathbf{A}'|\boldsymbol{b}')$. Wir nehmen an, dass das geänderte Gleichungssystem eindeutig gelöst wird von einem Lösungsvektor $\boldsymbol{x}'$. Die Änderungen, d.h. die Unterschiede zwischen $\mathbf{A}'$ und $\mathbf{A}$ bzw. $\boldsymbol{b}'$ und $\boldsymbol{b}$ bzw. $\boldsymbol{x}'$ und $\boldsymbol{x}$ sind gegeben durch:

$$\Delta\mathbf{A} = \mathbf{A}' - \mathbf{A}$$

$$\Delta\boldsymbol{b} = \boldsymbol{b}' - \boldsymbol{b}$$

$$\Delta\boldsymbol{x} = \boldsymbol{x}' - \boldsymbol{x}$$

Unterscheiden sich die Lösungsvektoren $\boldsymbol{x}'$ und $\boldsymbol{x}$ stark (bzw. schwach), so ist $\|\Delta\boldsymbol{x}\|$ groß (bzw. klein). Die „Stärke" der Änderungen kann gemessen bzw. angegeben werden durch die Werte $\|\Delta\mathbf{A}\|, \|\Delta\boldsymbol{b}\|, \|\Delta\boldsymbol{x}\|$. Nimmt man an, dass $\mathbf{A}, \boldsymbol{b}, \boldsymbol{x}$ „fehlerfrei" und $\mathbf{A}', \boldsymbol{b}', \boldsymbol{x}'$ fehlerbehaftet sind, so kann man $\|\Delta\mathbf{A}\|, \|\Delta\boldsymbol{b}\|, \|\Delta\boldsymbol{x}\|$ als Fehler und $\frac{\|\Delta\mathbf{A}\|}{\|\mathbf{A}\|}, \frac{\|\Delta\boldsymbol{b}\|}{\|\boldsymbol{b}\|}, \frac{\|\Delta\boldsymbol{x}\|}{\|\boldsymbol{x}\|}$ als relative Fehler betrachten. Bei gegebenen relativen Fehlern $\frac{\|\Delta\mathbf{A}\|}{\|\mathbf{A}\|}, \frac{\|\Delta\boldsymbol{b}\|}{\|\boldsymbol{b}\|}$ kann man mit der folgenden Formel den relativen Fehler $\frac{\|\Delta\boldsymbol{x}\|}{\|\boldsymbol{x}\|}$ abschätzen:

Fehlerabschätzung

Für den relativen Fehler der Lösung eines fehlerbehafteten Gleichungssystems gilt:

$$\frac{\|\Delta\boldsymbol{x}\|}{\|\boldsymbol{x}\|} \leq \frac{\kappa(\mathbf{A})}{1 - \kappa(\mathbf{A})\frac{\|\Delta\mathbf{A}\|}{\|\mathbf{A}\|}} \left(\frac{\|\Delta\mathbf{A}\|}{\|\mathbf{A}\|} + \frac{\|\Delta\boldsymbol{b}\|}{\|\boldsymbol{b}\|} \right) \tag{6.50}$$

Die Formel (6.50) gilt für sog. verträgliche oder kompatible Matrix- und Vektornormen. Die Gesamtnorm ist verträglich mit der Maximumnorm und der Euklid-Norm. Die Frobenius-Norm ist verträglich mit der Euklid-Norm.

Ist nur die rechte Seite eines Gleichungssystems fehlerbehaftet (d.h. $\|\Delta \mathbf{A}\| = 0$), so reduziert sich die Formel (6.50) zu

$$\frac{\|\Delta \boldsymbol{x}\|}{\|\boldsymbol{x}\|} \leq \kappa(\mathbf{A}) \frac{\|\Delta \boldsymbol{b}\|}{\|\boldsymbol{b}\|} \qquad (6.51)$$

Hier erkennt man sofort die negative Auswirkung eines großen Wertes der Konditionszahl.

Beispiel 6.29: Fehlerabschätzung

Wir betrachten das Gleichungssystem (6.43) als fehlerfreies Gleichungssystem:

$$
\begin{aligned}
1{,}001 \cdot x_1 \;+\; & 1 \cdot x_2 \;=\; 2{,}001 \\
1 \cdot x_1 \;+\; & 0{,}999 \cdot x_2 \;=\; 1{,}999
\end{aligned}
$$

Die Koeffizientenmatrix, die rechte Seite und die Lösung des Gleichungssystems sind gegeben durch:

$$\mathbf{A} = \begin{pmatrix} 1{,}001 & 1 \\ 1 & 0{,}999 \end{pmatrix} \qquad b = \begin{pmatrix} 2{,}001 \\ 1{,}999 \end{pmatrix} \qquad x = \begin{pmatrix} 1 \\ 1 \end{pmatrix}$$

Ist die rechte Seite fehlerbehaftet, so hat man statt $\boldsymbol{b}$ einen Vektor $\boldsymbol{b}'$. Wir fragen: Für welchen relativen Fehler der rechten Seite ist der relative Fehler des Lösungsvektors höchstens 0,01 (d.h. 1 %)? Aus der Formel (6.51) erhält man:

$$\frac{\|\Delta \boldsymbol{x}\|}{\|\boldsymbol{x}\|} \leq \kappa(\mathbf{A}) \frac{\|\Delta \boldsymbol{b}\|}{\|\boldsymbol{b}\|} = 0{,}01 \Rightarrow \frac{\|\Delta \boldsymbol{b}\|}{\|\boldsymbol{b}\|} = \frac{0{,}01}{\kappa(\mathbf{A})}$$

Wir wählen die Euklid-Norm (Betrag) von Vektoren und verwenden zur Berechnung von $\kappa(\mathbf{A})$ die damit verträgliche Frobenius-Norm von Matrizen. Für die Konditionszahl erhalten wir (s. Bsp. 6.28) $\kappa(\mathbf{A}) = 4\,000\,002$. Damit hat man:

$$\frac{\|\Delta \boldsymbol{b}\|}{\|\boldsymbol{b}\|} = \frac{0{,}01}{\kappa(\mathbf{A})} = \frac{0{,}01}{4\,000\,002} = 2{,}5 \cdot 10^{-9}$$

Beträgt der relative Fehler der rechten Seite 0,000 000 25 %, dann beträgt der relative Fehler des Lösungsvektors höchstens 1 %. Die Euklid-Norm ist identisch mit dem Betrag (d.h. mit der Länge) von Vektoren. Ist die Länge des „Fehlervektors" $\Delta \boldsymbol{b}$ der rechten Seite 0,000 000 25 % der Länge von $\boldsymbol{b}$, dann beträgt die Länge des „Fehlervektors" $\Delta \boldsymbol{x}$ der Lösung 1 % der Länge von $\boldsymbol{x}$. Der Fehler der rechten Seite muss extrem klein sein, damit der relative Fehler der Lösung höchstens 1 % beträgt. Bei einem relativen Fehler der rechten Seite von 0,000 5 (d.h. 0,05 %) gilt für den relativen Fehler der Lösung:

$$\frac{\|\Delta \boldsymbol{x}\|}{\|\boldsymbol{x}\|} \leq \kappa(\mathbf{A}) \frac{\|\Delta \boldsymbol{b}\|}{\|\boldsymbol{b}\|} = 4\,000\,002 \cdot 0{,}000\,5 = 2\,000 \qquad \text{d.h. } 200\,000 \,\% \qquad \blacksquare$$

6.4   Inversion von Matrizen

Zur Bestimmung der Kondition eines linearen (n,n)-Gleichungssystems bzw. der Konditionszahl einer (n,n)-Matrix $\mathbf{A}$ benötigt man die inverse Matrix $\mathbf{A}^{-1}$. Inverse Matrizen benötigt man aber z.B. auch, um Matrixgleichungen zu lösen. Wir wollen in diesem Abschnitt klären, wie man die zu einer quadratischen Matrix $\mathbf{A}$ inverse Matrix $\mathbf{A}^{-1}$ berechnet. Zur Wiederholung noch einmal die Aussage (6.34):

$\mathbf{A}$ invertierbar $\Leftrightarrow \det \mathbf{A} \neq 0$

Wir betrachten die (n,n)-Matrizen $\mathbf{A},\mathbf{B},\mathbf{E}$:

$$\mathbf{A} = \begin{pmatrix} a_{11} & \cdots & a_{1n} \\ \vdots & \ddots & \vdots \\ a_{n1} & \cdots & a_{nn} \end{pmatrix} \qquad \mathbf{B} = \begin{pmatrix} b_{11} & \cdots & b_{1n} \\ \vdots & \ddots & \vdots \\ b_{n1} & \cdots & b_{nn} \end{pmatrix} \qquad \mathbf{E} = \begin{pmatrix} 1 & \cdots & 0 \\ \vdots & \ddots & \vdots \\ 0 & \cdots & 1 \end{pmatrix}$$
$$\qquad\qquad\qquad\qquad\qquad\qquad \boldsymbol{b}_1 \;\cdots\; \boldsymbol{b}_n \qquad\qquad\quad \boldsymbol{e}_1 \;\cdots\; \boldsymbol{e}_n$$

Die Spalten der Matrix $\mathbf{B}$ bzw. der Einheitsmatrix $\mathbf{E}$ bezeichnen wir mit $\boldsymbol{b}_1,\ldots,\boldsymbol{b}_n$ bzw. mit $\boldsymbol{e}_1,\ldots,\boldsymbol{e}_n$. Nimmt man an, dass $\mathbf{B}$ die zu $\mathbf{A}$ inverse Matrix ist, dann gilt $\mathbf{AB} = \mathbf{E}$:

$$\mathbf{AB} = \begin{pmatrix} \underbrace{a_{11}b_{11} + \ldots + a_{1n}b_{n1}}_{} & \cdots & \underbrace{a_{11}b_{1n} + \ldots + a_{1n}b_{nn}}_{} \\ \vdots & \ddots & \vdots \\ \underbrace{a_{n1}b_{11} + \ldots + a_{nn}b_{n1}}_{\mathbf{A}\boldsymbol{b}_1} & \cdots & \underbrace{a_{n1}b_{1n} + \ldots + a_{nn}b_{nn}}_{\mathbf{A}\boldsymbol{b}_n} \end{pmatrix} = \begin{pmatrix} 1 & \cdots & 0 \\ \vdots & \ddots & \vdots \\ 0 & \cdots & 1 \end{pmatrix}$$
$$\qquad\qquad\qquad\quad \mathbf{A}\boldsymbol{b}_1 \qquad\quad \cdots \qquad\qquad \mathbf{A}\boldsymbol{b}_n \qquad\qquad \boldsymbol{e}_1 \;\cdots\; \boldsymbol{e}_n$$

Damit hat man n lineare Gleichungssysteme:

$$\mathbf{A}\boldsymbol{b}_1 = \boldsymbol{e}_1,\ldots,\mathbf{A}\boldsymbol{b}_n = \boldsymbol{e}_n$$

Die gesuchten Lösungen $\boldsymbol{b}_1,\ldots,\boldsymbol{b}_n$ kann man gemäß (6.35) und (6.36) lösen:

$$(\mathbf{A}|\boldsymbol{e}_1) \rightarrow (\mathbf{E}|\tilde{\boldsymbol{e}}_1),\ldots,(\mathbf{A}|\boldsymbol{e}_n) \rightarrow (\mathbf{E}|\tilde{\boldsymbol{e}}_n)$$

Die Spalten $\tilde{\boldsymbol{e}}_1,\ldots,\tilde{\boldsymbol{e}}_n$ sind die gesuchten Lösungen der Gleichungssysteme, d.h. die gesuchten Spalten der Matrix $\mathbf{B} = \mathbf{A}^{-1}$. Jede erweiterte Koeffizientenmatrix wird mithilfe der elementaren Zeilenumformungen so umgeformt, dass links aus der Matrix $\mathbf{A}$ die Einheitsmatrix $\mathbf{E}$ entsteht. Die Umformungen kann man simultan für alle Gleichungssysteme durchführen:

$$(\mathbf{A}|\boldsymbol{e}_1,\ldots,\boldsymbol{e}_n) \rightarrow (\mathbf{E}|\tilde{\boldsymbol{e}}_1,\ldots,\tilde{\boldsymbol{e}}_n) = (\mathbf{E}|\mathbf{B}) = (\mathbf{E}|\mathbf{A}^{-1})$$

Die Inversion einer Matrix kann also folgendermaßen durchgeführt werden:

Inversion einer Matrix

Die invertierbare Matrix $\mathbf{A}$ wird rechts mit der Einheitsmatrix $\mathbf{E}$ erweitert und dann mithilfe elementarer Zeilenumformungen so umgeformt, dass links die Einheitsmatrix $\mathbf{E}$ entsteht. Rechts steht dann die inverse Matrix $\mathbf{A}^{-1}$.

$$(\mathbf{A}|\mathbf{E}) \xrightarrow[\text{Zeilenumformungen}]{\text{elementare}} (\mathbf{E}|\mathbf{A}^{-1}) \tag{6.52}$$

Beispiel 6.30: Inversion einer $(3,3)$-Matrix

$$\mathbf{A} = \begin{pmatrix} 1 & 1 & 1 \\ 1 & 2 & 1 \\ 1 & 1 & 2 \end{pmatrix} \quad (\mathbf{A}|\mathbf{E}) = \left(\begin{array}{ccc|ccc} 1 & 1 & 1 & 1 & 0 & 0 \\ 1 & 2 & 1 & 0 & 1 & 0 \\ 1 & 1 & 2 & 0 & 0 & 1 \end{array}\right) \begin{array}{l} \\ -Z_1 \\ -Z_1 \end{array}$$

$$\rightarrow \left(\begin{array}{ccc|ccc} 1 & 1 & 1 & 1 & 0 & 0 \\ 0 & 1 & 0 & -1 & 1 & 0 \\ 0 & 0 & 1 & -1 & 0 & 1 \end{array}\right) \begin{array}{l} -Z_3 \\ \\ \end{array} \rightarrow \left(\begin{array}{ccc|ccc} 1 & 1 & 0 & 2 & 0 & -1 \\ 0 & 1 & 0 & -1 & 1 & 0 \\ 0 & 0 & 1 & -1 & 0 & 1 \end{array}\right) \begin{array}{l} -Z_2 \\ \\ \end{array}$$

$$\rightarrow \left(\begin{array}{ccc|ccc} 1 & 0 & 0 & 3 & -1 & -1 \\ 0 & 1 & 0 & -1 & 1 & 0 \\ 0 & 0 & 1 & -1 & 0 & 1 \end{array}\right) = (\mathbf{E}|\mathbf{A}^{-1}) \Rightarrow \mathbf{A}^{-1} = \begin{pmatrix} 3 & -1 & -1 \\ -1 & 1 & 0 \\ -1 & 0 & 1 \end{pmatrix} \quad \blacksquare$$

Wir berechnen nun die inverse Matrix der Koeffizientenmatrix des schlecht konditionierten Gleichungssystems (6.43), die wir im Beispiel 6.28 angegeben haben

Beispiel 6.31: Inversion einer $(2,2)$-Matrix

$$\mathbf{A} = \begin{pmatrix} 1{,}001 & 1 \\ 1 & 0{,}999 \end{pmatrix} \quad (\mathbf{A}|\mathbf{E}) = \left(\begin{array}{cc|cc} 1{,}001 & 1 & 1 & 0 \\ 1 & 0{,}999 & 0 & 1 \end{array}\right)$$

$$\rightarrow \left(\begin{array}{cc|cc} 1 & 0{,}999 & 0 & 1 \\ 1{,}001 & 1 & 1 & 0 \end{array}\right) -1{,}001 \cdot Z_1$$

$$\rightarrow \left(\begin{array}{cc|cc} 1 & 0{,}999 & 0 & 1 \\ 0 & 0{,}000001 & 1 & -1{,}001 \end{array}\right) \cdot 1000000$$

$$\rightarrow \left(\begin{array}{cc|cc} 1 & 0{,}999 & 0 & 1 \\ 0 & 1 & 1000000 & -1001000 \end{array}\right) -0{,}999 \cdot Z_2$$

$$\rightarrow \left(\begin{array}{cc|cc} 1 & 0 & -999000 & 1000000 \\ 0 & 1 & 1000000 & -1001000 \end{array}\right) = (\mathbf{E}|\mathbf{A}^{-1})$$

$$\Rightarrow \mathbf{A}^{-1} = \begin{pmatrix} -999000 & 1000000 \\ 1000000 & -1001000 \end{pmatrix} \quad \blacksquare$$

Ist ein lineares (n,n)-Gleichungssystem $\mathbf{A}\boldsymbol{x} = \boldsymbol{b}$ eindeutig lösbar, so lautet die Lösung $\boldsymbol{x} = \mathbf{A}^{-1}\boldsymbol{b}$. Sind α_{ik} die Matrixelemente von $\mathbf{A}^{-1}$, dann gilt für den Lösungsvektor $\boldsymbol{x}$ bzw. für das Matrixprodukt $\mathbf{A}^{-1}\boldsymbol{b}$:

$$\boldsymbol{x} = \begin{pmatrix} x_1 \\ \vdots \\ x_k \\ \vdots \\ x_n \end{pmatrix} = \mathbf{A}^{-1}\boldsymbol{b} = \begin{pmatrix} \alpha_{11}b_1 + \ldots + \alpha_{1n}b_n \\ \vdots \\ \alpha_{k1}b_1 + \ldots + \alpha_{kn}b_n \\ \vdots \\ \alpha_{n1}b_1 + \ldots + \alpha_{nn}b_n \end{pmatrix}$$

Für die k-te Komponente x_k des Lösungsvektors gilt:

$$x_k = \alpha_{k1}b_1 + \ldots + \alpha_{kn}b_n = \sum_{i=1}^{n} \alpha_{ki}b_i$$

Nach der Regel von CRAMER (6.41) gilt für x_k andererseits:

$$x_k = \frac{\det \mathbf{A}_k}{\det \mathbf{A}}$$

Die Matrix $\mathbf{A}_k$ entsteht aus der Koeffizientenmatrix $\mathbf{A}$, wenn man die k-te Spalte von $\mathbf{A}$ durch $\boldsymbol{b}$ ersetzt. Wir entwickeln $\det \mathbf{A}_k$ nach der k-ten Spalte gemäß (6.23). Dabei sind die Matrixelemente der k-ten Spalte gegeben durch die Zahlen b_i.

$$\det \mathbf{A}_k = \sum_{i=1}^{n} (-1)^{i+k} b_i \det \mathbf{U}_{ik}$$

Die Matrix $\mathbf{U}_{ik}$ entsteht aus $\mathbf{A}_k$ (und damit auch aus $\mathbf{A}$) durch Streichen der i-ten Zeile und k-ten Spalte. Damit gilt für die k-te Komponente x_k des Lösungsvektors:

$$x_k = \sum_{i=1}^{n} \alpha_{ki}b_i = \frac{1}{\det \mathbf{A}} \sum_{i=1}^{n} (-1)^{i+k} b_i \det \mathbf{U}_{ik} = \sum_{i=1}^{n} \underbrace{\left(\frac{1}{\det \mathbf{A}}(-1)^{i+k} \det \mathbf{U}_{ik} \right)}_{\alpha_{ki}} b_i$$

Dies gilt für beliebige Vektoren $\boldsymbol{b}$ bzw. Zahlen b_i. Daraus folgt:

$$\alpha_{ki} = \frac{1}{\det \mathbf{A}}(-1)^{i+k} \det \mathbf{U}_{ik} = \frac{1}{\det \mathbf{A}} b_{ik} \qquad \text{mit} \quad b_{ik} = (-1)^{i+k} \det \mathbf{U}_{ik}$$

Für die Matrixelemente α_{ik} der inversen Matrix $\mathbf{A}^{-1}$ gilt damit:

$$\alpha_{ik} = \frac{1}{\det \mathbf{A}} b_{ki}$$

Das bedeutet:

$$\mathbf{A}^{-1} = \frac{1}{\det \mathbf{A}} \mathbf{B}^{\mathsf{T}}$$

Dabei ist $\mathbf{B}$ eine Matrix mit den Matrixelementen b_{ik}:

$$\mathbf{B} = (b_{ik}) \qquad \text{mit} \quad b_{ik} = (-1)^{i+k} \det \mathbf{U}_{ik}$$

Inversion einer Matrix

Ist eine (n,n)-Matrix $\mathbf{A}$ invertierbar, dann gilt für die inverse Matrix $\mathbf{A}^{-1}$:

$$\mathbf{A}^{-1} = \frac{1}{\det \mathbf{A}} \mathbf{B}^\mathsf{T} \tag{6.53}$$

$\mathbf{B}$ ist eine (n,n)-Matrix mit den Matrixelementen

$$b_{ik} = (-1)^{i+k} \det \mathbf{U}_{ik} \tag{6.54}$$

$\mathbf{U}_{ik}$ entsteht aus $\mathbf{A}$ durch Streichen der i-ten Zeile und k-ten Spalte.

Beispiel 6.32: Inversion einer $(3,3)$-Matrix

$$\mathbf{A} = \begin{pmatrix} 1 & -2 & -2 \\ -1 & 2 & 3 \\ 2 & -3 & -1 \end{pmatrix} \qquad \det \mathbf{A} = \begin{vmatrix} 1 & -2 & -2 \\ -1 & 2 & 3 \\ 2 & -3 & -1 \end{vmatrix} = -1$$

$$b_{11} = \det \mathbf{U}_{11} = \begin{vmatrix} 2 & 3 \\ -3 & -1 \end{vmatrix} = 7 \qquad b_{12} = -\det \mathbf{U}_{12} = -\begin{vmatrix} -1 & 3 \\ 2 & -1 \end{vmatrix} = 5$$

$$b_{13} = \det \mathbf{U}_{13} = \begin{vmatrix} -1 & 2 \\ 2 & -3 \end{vmatrix} = -1 \qquad b_{21} = -\det \mathbf{U}_{21} = -\begin{vmatrix} -2 & -2 \\ -3 & -1 \end{vmatrix} = 4$$

$$b_{22} = \det \mathbf{U}_{22} = \begin{vmatrix} 1 & -2 \\ 2 & -1 \end{vmatrix} = 3 \qquad b_{23} = -\det \mathbf{U}_{23} = -\begin{vmatrix} 1 & -2 \\ 2 & -3 \end{vmatrix} = -1$$

$$b_{31} = \det \mathbf{U}_{31} = \begin{vmatrix} -2 & -2 \\ 2 & 3 \end{vmatrix} = -2 \qquad b_{32} = -\det \mathbf{U}_{32} = -\begin{vmatrix} 1 & -2 \\ -1 & 3 \end{vmatrix} = -1$$

$$b_{33} = \det \mathbf{U}_{33} = \begin{vmatrix} 1 & -2 \\ -1 & 2 \end{vmatrix} = 0$$

$$\mathbf{B} = \begin{pmatrix} 7 & 5 & -1 \\ 4 & 3 & -1 \\ -2 & -1 & 0 \end{pmatrix} \qquad \mathbf{B}^\mathsf{T} = \begin{pmatrix} 7 & 4 & -2 \\ 5 & 3 & -1 \\ -1 & -1 & 0 \end{pmatrix}$$

$$\mathbf{A}^{-1} = \frac{1}{\det \mathbf{A}} \mathbf{B}^\mathsf{T} = \begin{pmatrix} -7 & -4 & 2 \\ -5 & -3 & 1 \\ 1 & 1 & 0 \end{pmatrix} \qquad \blacksquare$$

Für die Inversion einer (n,n)-Matrix mit dieser Methode muss man n^2 Determinanten von $(n-1,n-1)$-Matrizen berechnen. Aufgrund des hohen Rechenaufwands ist diese Methode für $n > 3$ nicht zu empfehlen.

6.5 Eigenwerte und Eigenvektoren von Matrizen

Beispiel 6.33: Gekoppelte Schwingungen

Wir betrachten noch einmal das in Abb. 6.5 gezeigte schwingungsfähige System mit drei Körpern der Masse m und vier Federn mit der Federkonstante D (s. Bsp. 6.24).

Abb. 6.5: Schwingungsfähiges System mit drei gekoppelten Massen.

Schwingen die drei Körper jeweils mit der gleichen (Kreis-)Frequenz ω um ihre Gleichgewichtslage, dann gilt für die Auslenkungen s_1, s_2, s_3 aus den Gleichgewichtslagen:

$$s_1 = a_1 \cos(\omega t) \qquad s_2 = a_2 \cos(\omega t) \qquad s_3 = a_3 \cos(\omega t)$$

Für die Amplituden a_1, a_2, a_3 gelten folgende Gleichungen (s. Bsp. 6.24):

$$
\begin{aligned}
2\omega_0^2 a_1 \; - & \; \omega_0^2 a_2 & & = \omega^2 a_1 \\
-\omega_0^2 a_1 \; + & \; 2\omega_0^2 a_2 \; - & \; \omega_0^2 a_3 & = \omega^2 a_2 \\
& \; -\omega_0^2 a_2 \; + & \; 2\omega_0^2 a_3 & = \omega^2 a_2
\end{aligned}
$$

mit $\omega_0^2 = \frac{D}{m}$. Dieses Gleichungssystem kann man auch folgendermaßen schreiben:

$$
\mathbf{A}\boldsymbol{x} = \omega^2 \boldsymbol{x} \qquad \text{mit} \quad \mathbf{A} = \begin{pmatrix} 2\,\omega_0^2 & -\omega_0^2 & 0 \\ -\omega_0^2 & 2\,\omega_0^2 & -\omega_0^2 \\ 0 & -\omega_0^2 & 2\,\omega_0^2 \end{pmatrix} \qquad \text{und} \quad \boldsymbol{x} = \begin{pmatrix} a_1 \\ a_2 \\ a_3 \end{pmatrix}
$$

Eine Lösung des Gleichungssystems ist natürlich $\boldsymbol{x} = \boldsymbol{0}$. Abgesehen von dieser trivialen Lösung stellt sich die Frage: Gibt es Vektoren $\boldsymbol{x} \neq \boldsymbol{0}$ und Zahlen ω^2 mit der Eigenschaft, dass die Multiplikation des Vektors $\boldsymbol{x}$ mit der Matrix $\mathbf{A}$ das Gleiche bewirkt wie die Multiplikation des Vektors $\boldsymbol{x}$ mit der Zahl ω^2? Dies ist die Fragestellung eines sog. Eigenwertproblems. ∎

Definition 6.11: Eigenvektoren, Eigenwerte, Eigenwertproblem

Ein Vektor $\boldsymbol{x} \neq \boldsymbol{0}$ heißt **Eigenvektor** der (n,n)-Matrix $\mathbf{A}$ zum **Eigenwert** λ, wenn folgende Gleichung erfüllt ist:

$$\mathbf{A}\boldsymbol{x} = \lambda\boldsymbol{x} \tag{6.55}$$

Die Suche nach Eigenvektoren und Eigenwerten einer quadratischen Matrix $\mathbf{A}$ heißt **Eigenwertproblem**.

Das Gleichungssystem (6.55) lässt sich folgendermaßen umformen:

$$\mathbf{A}\boldsymbol{x} = \lambda\boldsymbol{x} \quad \Leftrightarrow \quad \mathbf{A}\boldsymbol{x} = \lambda\mathbf{E}\boldsymbol{x} \quad \Leftrightarrow \quad \mathbf{A}\boldsymbol{x} - \lambda\mathbf{E}\boldsymbol{x} = \mathbf{0} \quad \Leftrightarrow \quad (\mathbf{A} - \lambda\mathbf{E})\boldsymbol{x} = \mathbf{0}$$

Rechts steht ein homogenes Gleichungssystem $(\mathbf{A} - \lambda\mathbf{E})\boldsymbol{x} = \mathbf{0}$ mit der Koeffizientenmatrix $\mathbf{A} - \lambda\mathbf{E}$. Nichttriviale Lösungen gibt es nach (6.39) und (6.40) nur, wenn die Determinante der Koeffizientenmatrix null ist.

$$\det(\mathbf{A} - \lambda\mathbf{E}) = \begin{vmatrix} a_{11} - \lambda & a_{12} & \cdots & a_{1n} \\ a_{21} & a_{22} - \lambda & \cdots & a_{2n} \\ \vdots & \vdots & \ddots & \vdots \\ a_{n1} & a_{n2} & \cdots & a_{nn} - \lambda \end{vmatrix} = 0$$

Dies ist eine algebraische Gleichung vom Grad n mit einer Variablen λ. Sie heißt charakteristische Gleichung. Die Lösungen dieser Gleichung sind die Eigenwerte.

Lösung eines Eigenwertproblems

Berechnung der Eigenwerte λ_i durch Lösung der **charakteristischen Gleichung**

$$\det(\mathbf{A} - \lambda\mathbf{E}) = 0 \tag{6.56}$$

Für jeden Eigenwert λ_i Lösen des homogenen Gleichungssystems

$$(\mathbf{A} - \lambda_i\mathbf{E})\boldsymbol{x} = \mathbf{0} \tag{6.57}$$

Beispiel 6.34: Eigenwerte und Eigenvektoren einer $(3,3)$-Matrix

Wir berechnen die Eigenwerte und Eigenvektoren der folgenden Matrix $\mathbf{A}$.

$$\mathbf{A} = \begin{pmatrix} 4 & 0 & 1 \\ -2 & 1 & 0 \\ -2 & 0 & 1 \end{pmatrix} \qquad \mathbf{A} - \lambda\mathbf{E} = \begin{pmatrix} 4 - \lambda & 0 & 1 \\ -2 & 1 - \lambda & 0 \\ -2 & 0 & 1 - \lambda \end{pmatrix}$$

$$\det(\mathbf{A} - \lambda\mathbf{E}) = \begin{vmatrix} 4 - \lambda & 0 & 1 \\ -2 & 1 - \lambda & 0 \\ -2 & 0 & 1 - \lambda \end{vmatrix} = (1 - \lambda)\begin{vmatrix} 4 - \lambda & 1 \\ -2 & 1 - \lambda \end{vmatrix}$$

$$= (1 - \lambda)[(4 - \lambda)(1 - \lambda) + 2] = (1 - \lambda)(\lambda^2 - 5\lambda + 6) = 0$$

Als Lösung dieser Gleichung erhält man die drei Eigenwerte

$$\lambda_1 = 1 \qquad \lambda_2 = 2 \qquad \lambda_3 = 3$$

Für jeden dieser Eigenwerte lösen wir das lineare Gleichungssystem.

Für $\lambda = \lambda_1 = 1$ erhalten wir:

$$\begin{pmatrix} 4-\lambda_1 & 0 & 1 & \bigg| & 0 \\ -2 & 1-\lambda_1 & 0 & \bigg| & 0 \\ -2 & 0 & 1-\lambda_1 & \bigg| & 0 \end{pmatrix} = \begin{pmatrix} 3 & 0 & 1 & \bigg| & 0 \\ -2 & 0 & 0 & \bigg| & 0 \\ -2 & 0 & 0 & \bigg| & 0 \end{pmatrix}{\scriptstyle -Z_2} \rightarrow \begin{pmatrix} 3 & 0 & 1 & \bigg| & 0 \\ -2 & 0 & 0 & \bigg| & 0 \\ 0 & 0 & 0 & \bigg| & 0 \end{pmatrix}{\scriptstyle \cdot 2 \atop \scriptstyle \cdot 3}$$

$$\rightarrow \begin{pmatrix} 6 & 0 & 2 & \bigg| & 0 \\ -6 & 0 & 0 & \bigg| & 0 \\ 0 & 0 & 0 & \bigg| & 0 \end{pmatrix}{\scriptstyle +Z_1} \rightarrow \begin{pmatrix} 6 & 0 & 2 & \bigg| & 0 \\ 0 & 0 & 2 & \bigg| & 0 \\ 0 & 0 & 0 & \bigg| & 0 \end{pmatrix} \Rightarrow \begin{array}{rcl} 6x_1 \quad + \ 2x_3 &=& 0 \\ 2x_3 &=& 0 \end{array}$$

x_2 ist frei wählbarer Parameter. Die Lösung lautet $x_1 = 0, x_2 = t, x_3 = 0$.

Für $\lambda = \lambda_2 = 2$ erhalten wir:

$$\begin{pmatrix} 4-\lambda_2 & 0 & 1 & \bigg| & 0 \\ -2 & 1-\lambda_2 & 0 & \bigg| & 0 \\ -2 & 0 & 1-\lambda_2 & \bigg| & 0 \end{pmatrix} = \begin{pmatrix} 2 & 0 & 1 & \bigg| & 0 \\ -2 & -1 & 0 & \bigg| & 0 \\ -2 & 0 & -1 & \bigg| & 0 \end{pmatrix}{\scriptstyle +Z_1 \atop \scriptstyle +Z_1} \rightarrow \begin{pmatrix} 2 & 0 & 1 & \bigg| & 0 \\ 0 & -1 & 1 & \bigg| & 0 \\ 0 & 0 & 0 & \bigg| & 0 \end{pmatrix}$$

$$\Rightarrow \begin{array}{rcl} 2x_1 \quad + \ x_3 &=& 0 \\ -x_2 + x_3 &=& 0 \end{array}$$

x_3 ist frei wählbarer Parameter. Die Lösung lautet $x_1 = -\frac{1}{2}t, x_2 = t, x_3 = t$.

Für $\lambda = \lambda_3 = 3$ erhalten wir:

$$\begin{pmatrix} 4-\lambda_3 & 0 & 1 & \bigg| & 0 \\ -2 & 1-\lambda_3 & 0 & \bigg| & 0 \\ -2 & 0 & 1-\lambda_3 & \bigg| & 0 \end{pmatrix} = \begin{pmatrix} 1 & 0 & 1 & \bigg| & 0 \\ -2 & -2 & 0 & \bigg| & 0 \\ -2 & 0 & -2 & \bigg| & 0 \end{pmatrix}{\scriptstyle +2Z_1 \atop \scriptstyle +2Z_1} \rightarrow \begin{pmatrix} 1 & 0 & 1 & \bigg| & 0 \\ 0 & -2 & 2 & \bigg| & 0 \\ 0 & 0 & 0 & \bigg| & 0 \end{pmatrix}$$

$$\Rightarrow \begin{array}{rcl} x_1 \quad + \ x_3 &=& 0 \\ -2x_2 + 2x_3 &=& 0 \end{array}$$

x_3 ist frei wählbarer Parameter. Die Lösung lautet $x_1 = -t, x_2 = t, x_3 = t$.

Eigenvektor zum Eigenwert $\lambda_1 = 1$: $\qquad \boldsymbol{x} = \begin{pmatrix} 0 \\ t \\ 0 \end{pmatrix} = t \begin{pmatrix} 0 \\ 1 \\ 0 \end{pmatrix}$

Eigenvektor zum Eigenwert $\lambda_2 = 2$: $\qquad \boldsymbol{x} = \begin{pmatrix} -\frac{1}{2}t \\ t \\ t \end{pmatrix} = t \begin{pmatrix} -\frac{1}{2} \\ 1 \\ 1 \end{pmatrix}$

Eigenvektor zum Eigenwert $\lambda_3 = 3$: $\qquad \boldsymbol{x} = \begin{pmatrix} -t \\ t \\ t \end{pmatrix} = t \begin{pmatrix} -1 \\ 1 \\ 1 \end{pmatrix}$ $\qquad\blacksquare$

Wir wollen hier nicht tiefer in die Theorie der Eigenwertprobleme eindringen, da dies den Rahmen dieses Buches sprengen würde. Ziel des Abschnittes war eine Einführung in die Thematik und die Darstellung einer Anwendung. Abschließend wollen wir das Eigenwertproblem dieser Anwendung (Bsp. 6.33 und Bsp. 6.24) lösen.

Beispiel 6.35: Gekopplte Schwingung

Wir betrachten das Eigenwertproblem (s. Bsp. 6.33)

$$\mathbf{A}\boldsymbol{x} = \lambda\boldsymbol{x} \qquad \text{mit} \quad \mathbf{A} = \begin{pmatrix} 2\,\omega_0^2 & -\omega_0^2 & 0 \\ -\omega_0^2 & 2\,\omega_0^2 & -\omega_0^2 \\ 0 & -\omega_0^2 & 2\,\omega_0^2 \end{pmatrix}, \quad \boldsymbol{x} = \begin{pmatrix} a_1 \\ a_2 \\ a_3 \end{pmatrix}, \quad \lambda = \omega^2$$

$\omega_0 = \sqrt{\frac{D}{M}}$ ist die Frequenz eines einzelnen Federpendels mit der Masse m und der Federkonstanten D. Wegen $\lambda = \omega^2$ sind nur positive Eigenwerte zu erwarten bzw. physikalisch von Bedeutung. Wir berechnen die Eigenwerte durch Lösung der charakteristischen Gleichung:

$$\begin{vmatrix} 2\,\omega_0^2 - \lambda & -\omega_0^2 & 0 \\ -\omega_0^2 & 2\,\omega_0^2 - \lambda & -\omega_0^2 \\ 0 & -\omega_0^2 & 2\,\omega_0^2 - \lambda \end{vmatrix} = (2\,\omega_0^2 - \lambda)[(2\,\omega_0^2 - \lambda)^2 - 2\omega_0^4] = 0$$

Diese Gleichung hat die drei positiven Lösungen (Eigenwerte von $\mathbf{A}$)

$$\lambda_1 = 2\omega_0^2 \qquad \lambda_2 = (2 - \sqrt{2})\omega_0^2 \qquad \lambda_3 = (2 + \sqrt{2})\omega_0^2$$

Daraus folgen die drei Schwingungsfrequenzen

$$\omega_1 = \sqrt{\lambda_1} = \sqrt{2\frac{D}{m}} \quad \omega_2 = \sqrt{\lambda_2} = \sqrt{(2 - \sqrt{2})\frac{D}{m}} \quad \omega_3 = \sqrt{\lambda_3} = \sqrt{(2 + \sqrt{2})\frac{D}{m}}$$

die wir ja schon in Beispiel 6.24 bestimmt haben, ohne zu wissen, dass wir ein Eigenwertproblem lösen. Auch die Eigenvektoren haben wir in Beispiel 6.24 berechnet (a ist jeweils ein frei wählbarer Parameter):

Eigenvektor zum Eigenwert λ_1
bzw. zur (Eigen-)Frequenz ω_1:
$$\boldsymbol{x} = \begin{pmatrix} -a \\ 0 \\ a \end{pmatrix} = a \begin{pmatrix} -1 \\ 0 \\ 1 \end{pmatrix}$$

Eigenvektor zum Eigenwert λ_2
bzw. zur (Eigen-)Frequenz ω_2:
$$\boldsymbol{x} = \begin{pmatrix} a \\ \sqrt{2}a \\ a \end{pmatrix} = a \begin{pmatrix} 1 \\ \sqrt{2} \\ 1 \end{pmatrix}$$

Eigenvektor zum Eigenwert λ_3
bzw. zur (Eigen-)Frequenz ω_3:
$$\boldsymbol{x} = \begin{pmatrix} a \\ -\sqrt{2}a \\ a \end{pmatrix} = a \begin{pmatrix} 1 \\ -\sqrt{2} \\ 1 \end{pmatrix}$$

∎

6.6   Aufgaben zu Kapitel 6

6.1 Gegeben sind die Matrizen

$$\mathbf{A} = \begin{pmatrix} 1 & 2 & 3 \\ 3 & 2 & 1 \end{pmatrix} \quad \mathbf{B} = \begin{pmatrix} -2 & 1 & 4 \\ 2 & 0 & 1 \end{pmatrix} \quad \mathbf{C} = \begin{pmatrix} 1 & -1 & 2 \\ 2 & 2 & 2 \end{pmatrix}$$

Berechnen Sie die folgenden Matrizen:

a) $\mathbf{A} - 2\mathbf{B} + 3\mathbf{C}$ 　　　 b) $5\mathbf{A} + 2(\mathbf{B} - 4\mathbf{C})$

6.2 Gegeben sind die Matrizen

$$\mathbf{A} = \begin{pmatrix} 3 & 4 & 2 \\ 1 & 5 & 3 \\ 0 & 1 & 0 \end{pmatrix} \quad \mathbf{B} = \begin{pmatrix} 1 & 5 & 3 \\ -2 & 1 & 0 \\ -4 & 0 & 3 \end{pmatrix} \quad \mathbf{C} = \begin{pmatrix} 1 & 2 & 3 & 7 \\ 0 & 2 & 0 & 1 \end{pmatrix} \quad \mathbf{D} = \begin{pmatrix} 4 & 1 \\ 1 & 1 \\ 0 & -2 \\ 1 & 3 \end{pmatrix}$$

Berechnen Sie folgende Matrizen:

a) $\mathbf{A}^2$ 　 b) $\mathbf{B}^2$ 　 c) $\mathbf{AB}$ 　 d) $\mathbf{BA}$ 　 e) $\mathbf{CD}$ 　 f) $\mathbf{DC}$

6.3 Woran kann man erkennen (ohne die Determinanten zu berechnen), dass die folgenden Determinanten null sind?

a) $\begin{vmatrix} 1 & 0 & -2 \\ 8 & 0 & 3 \\ 0 & 0 & 4 \end{vmatrix}$ 　 b) $\begin{vmatrix} 1 & 2 & -2 \\ -4 & 2 & 8 \\ 3 & 2 & -6 \end{vmatrix}$ 　 c) $\begin{vmatrix} 1 & 5 & -3 & 6 \\ 0 & 2 & 3 & 8 \\ 1 & 5 & -3 & 6 \\ 0 & 1 & 1 & 1 \end{vmatrix}$ 　 d) $\begin{vmatrix} 1 & 2 & 1 & 2 & 1 \\ 5 & 4 & 3 & 2 & 1 \\ 2 & 2 & 2 & 2 & 2 \\ 1 & 2 & 3 & 4 & 5 \\ 3 & 2 & 1 & 2 & 3 \end{vmatrix}$

6.4 Berechnen Sie die folgenden Determinanten:

a) $\begin{vmatrix} -2 & 8 & 2 \\ 1 & 0 & 7 \\ 4 & 3 & 1 \end{vmatrix}$ 　 b) $\begin{vmatrix} 3 & 4 & -10 \\ -7 & 4 & 1 \\ 0 & 2 & 8 \end{vmatrix}$ 　 c) $\begin{vmatrix} 2 & 5 & 1 & 4 \\ -5 & 3 & 0 & 0 \\ 1 & 7 & 0 & -3 \\ 9 & 3 & 4 & 5 \end{vmatrix}$ 　 d) $\begin{vmatrix} 1 & 0 & -1 & 2 \\ 2 & 3 & 2 & -2 \\ 2 & 4 & 2 & 1 \\ 3 & 1 & 5 & -3 \end{vmatrix}$

6.5 Invertieren Sie die folgenden Matrizen:

a) $\begin{pmatrix} 1 & 2 & 2 \\ 3 & 1 & 0 \\ 1 & 1 & 1 \end{pmatrix}$ 　 b) $\begin{pmatrix} 1 & 1 & 1 \\ 1 & 0 & -1 \\ 1 & 2 & 2 \end{pmatrix}$ 　 c) $\begin{pmatrix} 2 & -2 & 1 \\ 0 & 1 & 0 \\ -1 & 2 & 0 \end{pmatrix}$ 　 d) $\begin{pmatrix} 1 & 3 & 3 & 2 \\ 1 & 2 & 3 & 1 \\ 1 & 1 & 1 & 1 \\ 2 & 4 & 3 & 3 \end{pmatrix}$

6.6 Gegeben ist folgende Matrix:

$$\mathbf{A} = \begin{pmatrix} 2 & -2 & 1 \\ 0 & 1 & 0 \\ -1 & 2 & 0 \end{pmatrix}$$

Zeigen Sie, dass die Gleichung $\mathbf{A}^2 - 2\mathbf{A} + \mathbf{E} = \mathbf{0}$ gilt. Zeigen Sie, dass daraus $\mathbf{A}^{-1} = 2\mathbf{E} - \mathbf{A}$ folgt. Berechnen Sie damit $\mathbf{A}^{-1}$.

6.7 Gegeben ist folgende Matrix:

$$\mathbf{A} = \begin{pmatrix} 1 & 2 & 1 \\ 1 & 0 & 1 \\ 2 & 0 & 2 \end{pmatrix}$$

Berechnen Sie zwei Lösungen der Matrixgleichung $\mathbf{X}^2 - 2\mathbf{X} + \mathbf{E} - \mathbf{A}^2 = \mathbf{0}$.

6.8 Zeigen Sie, dass für alle $n \in \mathbb{N}$ gilt:

$$\begin{pmatrix} 1 & 2 \\ 0 & 2 \end{pmatrix}^n = \begin{pmatrix} 1 & 2^{n+1} - 2 \\ 0 & 2^n \end{pmatrix}$$

6.9 Untersuchen Sie die Lösbarkeit der folgenden linearen Gleichungssysteme und bestimmen Sie (falls sie lösbar sind) die Lösungen.

a)
$$\begin{aligned} x + 2y - 3z &= -1 \\ 3x - y + 2z &= 7 \\ 5x + 3y - 4z &= 2 \end{aligned}$$

b)
$$\begin{aligned} 2x + y - 2z &= 10 \\ 3x + 2y + 2z &= 1 \\ 5x + 4y + 3z &= 4 \end{aligned}$$

c)
$$\begin{aligned} x + 2y - 3z &= 6 \\ 2x - y + 4z &= 2 \\ 4x + 3y - 2z &= 14 \end{aligned}$$

d)
$$\begin{aligned} 3x_1 - x_2 - 2x_3 + x_4 &= 1 \\ 2x_1 + x_2 + x_3 + 3x_4 &= 6 \\ -x_1 + 3x_2 + 2x_3 + 4x_4 &= 1 \\ -2x_1 - 2x_2 + 3x_3 - 2x_4 &= 7 \end{aligned}$$

e)
$$\begin{aligned} x_1 + x_2 + x_3 + 2x_4 &= 4 \\ x_1 + x_2 + 2x_3 - x_4 &= -3 \\ 2x_1 + 2x_2 + 3x_3 + x_4 &= 1 \\ 3x_1 + 3x_2 + 4x_3 + 3x_4 &= 5 \\ 5x_1 + 5x_2 + 7x_3 + 4x_4 &= 6 \end{aligned}$$

6.10 Gegeben ist das folgende lineare Gleichungssystem:

$$\begin{pmatrix} \lambda & 1 & 1 \\ 1 & \lambda & 1 \\ 1 & 1 & \lambda \end{pmatrix} \begin{pmatrix} x_1 \\ x_2 \\ x_3 \end{pmatrix} = \begin{pmatrix} 1 \\ 1 \\ 1 \end{pmatrix}$$

mit einem Parameter λ. Untersuchen Sie die Lösbarkeit und die Lösung des Gleichungssystems in Abhängigkeit vom Parameter λ.

6.11 Gegeben ist das folgende lineare Gleichungssystem:

$$\begin{pmatrix} 2 & \mu & 1 \\ 3 & 4 & -1 \\ 1 & -\mu & 2 \end{pmatrix} \begin{pmatrix} x_1 \\ x_2 \\ x_3 \end{pmatrix} = \begin{pmatrix} 2 \\ 3 \\ 1 \end{pmatrix}$$

mit einem Parameter μ.

a) Untersuchen Sie die Lösbarkeit und die Lösung des Gleichungssystems in Abhängigkeit vom Parameter μ. Zeigen Sie, dass für $\mu \neq 1$ die Lösung des Gleichungssystems nicht von μ abhängt.

b) Bestimmen Sie für $\mu = 1$ einen Lösungsvektor mit folgenden Eigenschaften: Der Betrag des Lösungsvektor ist $\sqrt{2}$. Die Komponenten des Lösungsvektors sind ganze Zahlen.

c) Bestimmen Sie für $\mu = 1$ einen weiteren Lösungsvektor mit folgender Eigenschaft: Der Winkel zwischen diesem Lösungsvektor und dem Lösungsvektor von Teilaufgabe b) beträgt $45°$.

d) Invertieren Sie für $\mu \neq 1$ die Koeffizientenmatrix des Gleichungssystems.

e) Bestimmen Sie für $\mu = 0$ die Eigenwerte und Eigenvektoren der Koeffizientenmatrix.

6.12 Bestimmen Sie Eigenwerte und Eigenvektoren folgender Matrizen:

a) $\begin{pmatrix} 3 & -2 \\ 2 & -2 \end{pmatrix}$ b) $\begin{pmatrix} 1 & -1 & -1 \\ 1 & 3 & 1 \\ -3 & 1 & -1 \end{pmatrix}$ c) $\begin{pmatrix} 3 & 1 & -1 \\ 1 & 3 & -1 \\ 3 & 3 & -1 \end{pmatrix}$

7 Reihenentwicklung von Funktionen

Übersicht

Hauptziel dieses Kapitels ist die Darstellung von Funktionen als unendliche Reihen. Dies ist nicht nur ein Thema von mathematischem Interesse. Reihendarstellungen von Funktionen werden in vielen Gebieten angewandt und spielen eine wichtige Rolle in Naturwissenschaft, Technik und anderen Bereichen.

7.1   Unendliche Reihen

In Kapitel 4 haben wir bei der Einführung des bestimmten Integrals einen Flächeninhalt angenähert durch eine Summe von Rechtecksflächen (S. 129, Abb. 4.3). Die Anzahl der Rechtecke, d. h., die Anzahl der Summanden, wurde immer größer. Gleichzeitig wurden die Rechtecke immer schmäler, d.h. die Summanden näherten sich immer mehr dem Wert 0 an. Wie verhält sich der Wert einer Summe, wenn die Anzahl der Summanden immer größer wird, die Summanden aber alle endlich bleiben? Kann in diesem Fall auch der Wert der Summe endlich bleiben? Ja, wie die folgende Überlegung zeigt: Wir betrachten eine Strecke der Länge l und gehen vom linken Rand der Strecke bis zur Mitte (s. Abb. 7.1). Dabei legen wir die Strecke $l_1 = \frac{l}{2}$ zurück. Nun gehen wir weiter bis zur Mitte der verbleibenden Reststrecke. Die zurückgelegte Strecke beträgt nun $l_2 = \frac{l}{2} + \frac{l}{4}$. Wir gehen wieder weiter bis zur Mitte der verbleibenden Reststrecke. Die zurückgelegte Strecke beträgt nun $l_3 = \frac{l}{2} + \frac{l}{4} + \frac{l}{8}$.

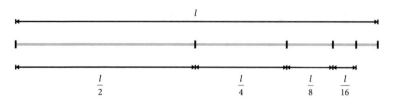

Abb. 7.1: Veranschaulichung einer unendlichen Reihe.

Geht man n mal auf diese Weise voran, so hat man die folgende Strecke zurückgelegt:

$$l_n = \frac{l}{2} + \frac{l}{4} + \frac{l}{8} + \ldots + \frac{l}{2^n} = \frac{l}{2}\left(1 + \frac{1}{2} + \frac{1}{4} + \ldots + \frac{1}{2^{n-1}}\right)$$

$$= \frac{l}{2}\left[1 + \frac{1}{2} + \left(\frac{1}{2}\right)^2 + \ldots + \left(\frac{1}{2}\right)^{n-1}\right] = \frac{l}{2} \cdot s_n \quad \text{mit}$$

$$s_n = 1 + \frac{1}{2} + \left(\frac{1}{2}\right)^2 + \ldots + \left(\frac{1}{2}\right)^{n-1} = \sum_{k=0}^{n-1}\left(\frac{1}{2}\right)^k = \sum_{k=1}^{n}\left(\frac{1}{2}\right)^{k-1}$$

Ohne Rechnung ist klar: Wird n immer größer, so nähert sich l_n immer mehr dem Wert von l und s_n immer mehr dem Wert 2 an. Für $n \to \infty$ erhält man jeweils einen endlichen Wert. Bei dieser Überlegung hat man es mit einer unendlichen Reihe zu tun. Das Wesentliche bei einer unendlichen Reihe ist, dass bei einer Summe $s_n = a_1 + \ldots + a_n$ die Anzahl n der Summanden beliebig groß werden kann. Aus diesem Grund kann s_n als Folgenglied einer Folge (s_n) mit $n \in \mathbb{N}$ betrachtet werden.

Definition 7.1: Unendliche Reihe

Summiert man die ersten n Folgenglieder $a_1, a_2, \ldots, a_n$ einer Folge (a_k), so erhält man die **Partialsumme**

$$s_n = \sum_{k=1}^{n} a_k = a_1 + a_2 + \ldots + a_n$$

Wenn für n alle natürlichen Zahlen erlaubt sind, dann kann s_n als Folgenglied einer Folge (s_n) betrachtet werden. Da bei dieser Folge n beliebig groß werden und man den Grenzprozess $n \to \infty$ betrachten kann, spricht man von einer **unendlichen Reihe** und schreibt hierfür:

$$\sum_{k=1}^{\infty} a_k = a_1 + a_2 + a_3 + \ldots$$

Diese Schreibweise ist zwar allgemein üblich, aber problematisch, da eine unendliche Reihe eben *nicht* als Summe mit unendlichen vielen Summanden definiert ist. Selbstverständlich ist statt $k = 1$ auch ein anderer Anfangswert möglich. Wie wir gesehen haben, kann es sein, dass die Summe s_n für $n \to \infty$ einen Grenzwert hat.

Definition 7.2: Konvergenz und Divergenz

Eine unendliche Reihe $\sum\limits_{k=1}^{\infty} a_k$ heißt **konvergent**, wenn

$$\lim_{n \to \infty} s_n = \lim_{n \to \infty} \sum_{k=1}^{n} a_k = s \qquad \text{mit } s \in \mathbb{R}$$

Für den **Grenzwert** s der unendlichen Reihe schreibt man $s = \sum\limits_{k=1}^{\infty} a_k$.
Eine unendliche Reihe heißt **divergent**, wenn sie nicht konvergent ist.

Hat man statt eines Grenzwertes $s \in \mathbb{R}$ einen uneigentlichen Grenzwert ∞ oder $-\infty$, dann ist die Reihe divergent. Die Umkehrung dieser Aussage gilt nicht. Aus der Divergenz folgt nicht unbedingt ein uneigentlicher Grenzwert ∞ oder $-\infty$. Für die unendliche Reihe $\sum_{k=1}^{\infty}(-1)^{k+1} = 1 - 1 + 1 - 1 + \ldots$ gilt $s_1 = 1$, $s_2 = 0$, $s_3 = 1$, $s_4 = 0$ usw. Die Folgenglieder s_n der Folge (s_n) springen zwischen 0 und 1 hin und her und nähern sich keinem Wert an. Der Grenzwert existiert nicht, auch nicht im uneigentlichen Sinn, da die Werte von s_n weder gegen ∞ noch gegen $-\infty$ streben, sondern zwischen 0 und 1 liegen. Haben die Folgenglieder $a_1, a_2, a_3, \ldots$ unterschiedliche Vorzeichen, so kann es sein, dass $\sum_{k=1}^{\infty} a_k$ konvergent aber $\sum_{k=1}^{\infty} |a_k|$ divergent ist. Sind beide Reihen konvergent, so spricht man von absoluter Konvergenz. Wir werden z.B. sehen, dass die Reihe $1 - \frac{1}{2} + \frac{1}{3} - \frac{1}{4} + \ldots$ konvergent ist, die Reihe $1 + \frac{1}{2} + \frac{1}{3} + \frac{1}{4} + \ldots$ jedoch nicht. Das bedeutet, dass die Reihe $1 - \frac{1}{2} + \frac{1}{3} - \frac{1}{4} + \ldots$ nicht absolut konvergent ist.

Definition 7.3: Absolute Konvergenz

Eine Reihe $\sum\limits_{k=1}^{\infty} a_k$ heißt **absolut konvergent**, wenn $\sum\limits_{k=1}^{\infty} |a_k|$ konvergent ist.

Bevor wir uns Kriterien zur Prüfung von Konvergenz zuwenden, betrachten wir noch eine spezielle unendliche Reihe. Eine Folge (a_k) mit $a_k = q^{k-1}$ und $q \neq 0$ heißt geometrische Folge. Die entsprechende unendliche Reihe heißt **geometrische Reihe**.

Definition 7.4: Geometrische Reihe

$$\sum_{k=1}^{\infty} q^{k-1} = 1 + q + q^2 + q^3 + \ldots \qquad q \neq 0 \qquad\qquad (7.1)$$

Wir multiplizieren die Partialsumme s_n einer geometrischen Reihe mit q und bilden die Differenz $s_n - qs_n$.

$$
\begin{array}{rl}
s_n =\!\!\!& 1 + q + q^2 + \ldots + q^{n-1} \\
qs_n =\!\!\!& \quad\ \ q + q^2 + \ldots + q^{n-1} + q^n \\
\hline
s_n - qs_n =\!\!\!& 1 \qquad\qquad\qquad\qquad\ - q^n
\end{array}
$$

Daraus folgt für $q \neq 1$:

$$
s_n - qs_n = 1 - q^n \Rightarrow s_n(1-q) = 1 - q^n \Rightarrow s_n = \frac{1-q^n}{1-q}
$$

Summenformel für die Partialsumme einer geometrischen Reihe

$$
s_n = \sum_{k=1}^{n} q^{k-1} = 1 + q + q^2 + \ldots + q^{n-1} = \frac{1-q^n}{1-q} \qquad\qquad q \neq 1 \qquad (7.2)
$$

Für $|q| < 1$ ist $\lim\limits_{n\to\infty} q^n = 0$, und es gilt:

$$
\lim_{n\to\infty} s_n = \lim_{n\to\infty} \sum_{k=1}^{n} q^{k-1} = \lim_{n\to\infty} \frac{1-q^n}{1-q} = \frac{1}{1-q}
$$

Für $|q| < 1$ ist die geometrische Reihe konvergent und besitzt folgenden Grenzwert:

Grenzwert einer geometrischen Reihe

$$
\sum_{k=1}^{\infty} q^{k-1} = 1 + q + q^2 + q^3 + \ldots = \frac{1}{1-q} \qquad\qquad \text{für } |q| < 1 \qquad (7.3)
$$

Die auf S. 258 betrachtete Summe $s_n = 1 + \frac{1}{2} + (\frac{1}{2})^2 + \ldots + (\frac{1}{2})^{n-1}$ ist die Partialsumme einer geometrischen Reihe mit $q = \frac{1}{2}$. Für diese folgt aus (7.3):

$$
1 + \frac{1}{2} + \left(\frac{1}{2}\right)^2 + \left(\frac{1}{2}\right)^3 + \ldots = \frac{1}{1 - \frac{1}{2}} = 2
$$

Dies stimmt überein mit den Überlegungen, die wir zu Beginn dieses Kapitels auf S. 258 angestellt haben. Wir wollen nun Kriterien bereitstellen, mit deren Hilfe man prüfen kann, ob eine unendliche Reihe konvergiert oder nicht.

Konvergenzkriterien

Ein erstes Kriterium ist die folgende Aussage:

Notwendige Bedingung für Konvergenz

$$
\sum_{k=1}^{\infty} a_k \quad \text{konvergent} \quad \Rightarrow \quad \lim_{k\to\infty} a_k = 0 \qquad\qquad (7.4)
$$

Die Umkehrung dieser Aussage gilt nicht allgemein. Ist der Grenzwert auf der rechten Seite von (7.4) null, dann garantiert dies noch nicht die Konvergenz der Reihe. Um ein weiteres Kriterium zu erhalten, betrachten wir eine unendliche Reihe

$$a_1 - a_2 + a_3 - a_4 + a_5 - a_6 + \ldots$$

mit $a_1 > a_2 > a_3 > \ldots \geq 0$ und $\lim\limits_{k \to \infty} a_k = 0$. Mit den Partialsummen s_n bilden wir die Intervalle $[s_2; s_1], [s_4; s_3], [s_6; s_5], \ldots$ (s. Abb. 7.2, links).

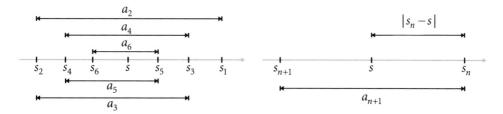

Abb. 7.2: Erläuterung des Leibniz-Kriteriums.

Das Intervall $[s_2; s_1]$ enthält das Intervall $[s_4; s_3]$. Dieses enthält wiederum das Intervall $[s_6; s_5]$ usw. Die Zahlen $a_2, a_4, a_6, \ldots$ sind die Breiten dieser Intervalle. Diese streben gegen null. Die Intervallgrenzen nähern sich immer mehr einander und damit einer Zahl an, die in allen Intervallen enthalten ist, dem Grenzwert s der Reihe. Für die Differenz $|s_n - s|$ zwischen Partialsumme s_n und Grenzwert s gilt $|s_n - s| \leq a_{n+1}$ (s. Abb. 7.2, rechts). Es gilt:

Kriterium von Leibniz

Ist $a_1 > a_2 > a_3 > \ldots \geq 0$ und $\lim\limits_{k \to \infty} a_k = 0$, dann konvergiert die Reihe

$$\sum_{k=1}^{\infty} (-1)^{k+1} a_k = a_1 - a_2 + a_3 - a_4 + \ldots$$

und es gilt $\quad |s_n - s| \leq a_{n+1}$ $\qquad$ (7.5)

Konvergiert die Reihe $\sum_{k=1}^{\infty} a_k = a_1 - a_2 + a_3 - a_4 + \ldots$, so ist auch die Reihe $-\sum_{k=1}^{\infty} a_k = -a_1 + a_2 - a_3 + a_4 - \ldots$ konvergent. Die Beziehung (7.5) erlaubt eine Fehlerabschätzung: Nimmt man den Wert der Summe s_n als Näherungswert für den Grenzwert s, so ist der Betrag des Fehlers bei dieser Näherung nicht größer als a_{n+1}.

Beispiel 7.1: Anwendung des Leibniz-Kriteriums

Wir betrachten die sog. alternierende harmonische Reihe mit $a_k = \frac{1}{k}$:

$$\sum_{k=1}^{\infty} (-1)^{k+1} a_k = \sum_{k=1}^{\infty} (-1)^{k+1} \frac{1}{k} = 1 - \frac{1}{2} + \frac{1}{3} - \frac{1}{4} + \ldots \qquad (7.6)$$

Es gilt $a_1 = 1 > a_2 = \frac{1}{2} > a_3 = \frac{1}{3} > \ldots \geq 0$ und $\lim_{k \to \infty} a_k = \lim_{k \to \infty} \frac{1}{k} = 0$. Die Reihe konvergiert nach dem Leibniz-Kriterium. Wir stellen uns folgende Frage: Wie groß muss die Anzahl n der Summanden mindestens sein, damit der Fehler nicht größer 0,001 ist, wenn man s_n als Näherung für den Grenzwert s nimmt? Der Fehler $|s_n - s|$ ist nach (7.5) nicht größer als 0,001, wenn $a_{n+1} = \frac{1}{n+1} = 0{,}001$ ist. Es folgt:

$$a_{n+1} = \frac{1}{n+1} = 0{,}001 \Rightarrow n + 1 = \frac{1}{0{,}001} \Rightarrow n = 999$$

Für $n \geq 999$ ist der Fehler nicht größer als 0,001. ∎

Wir betrachten nun eine Folge (a_k) mit der Eigenschaft, dass für alle $k \geq m$ gilt:

$$b_k = \left| \frac{a_{k+1}}{a_k} \right| \leq q < 1$$

Dies ist z.B. dann der Fall, wenn

$$\lim_{k \to \infty} b_k = \lim_{k \to \infty} \left| \frac{a_{k+1}}{a_k} \right| = b < 1$$

In diesem Fall gibt es nämlich nach Definition 2.7 zu jeder noch so kleinen Zahl $\varepsilon > 0$ eine Zahl m mit der Eigenschaft $|b_k - b| < \varepsilon$ für alle $k \geq m$. Die Beziehung $|b_k - b| < \varepsilon$ ist äquivalent zu $b - \varepsilon < b_k < b + \varepsilon$. Damit gilt auch $b_k < b + \varepsilon$ für alle $k \geq m$. Ist ε klein genug, dann ist auch $q = b + \varepsilon < 1$, und es gilt $b_k < q < 1$ für alle $k \geq m$. Es folgt:

$$\left| \frac{a_{k+1}}{a_k} \right| = \frac{|a_{k+1}|}{|a_k|} \leq q \Rightarrow |a_{k+1}| \leq q|a_k| \qquad \text{für alle } k \geq m$$

$$|a_{m+1}| \leq q|a_m|$$
$$|a_{m+2}| \leq q|a_{m+1}| \leq q^2|a_m|$$
$$|a_{m+3}| \leq q|a_{m+2}| \leq q^2|a_{m+1}| \leq q^3|a_m|$$
usw.

Daraus folgt mit (7.3):

$$\sum_{k=1}^{\infty} |a_k| = |a_1| + |a_2| + \ldots + |a_{m-1}| + |a_m| + |a_{m+1}| + |a_{m+2}| + |a_{m+3}| + \ldots$$

$$\leq |a_1| + |a_2| + \ldots + |a_{m-1}| + |a_m| + q|a_m| + q^2|a_m| + q^3|a_m| + \ldots$$

$$= |a_1| + |a_2| + \ldots + |a_{m-1}| + |a_m|(1 + q + q^2 + q^3 + \ldots)$$

$$= |a_1| + |a_2| + \ldots + |a_{m-1}| + |a_m| \frac{1}{1-q}$$

Das bedeutet, dass die Reihe $\sum_{k=1}^{\infty} |a_k|$ konvergiert und damit die Reihe $\sum_{k=1}^{\infty} a_k$ absolut konvergiert. Das Ergebnis dieser Überlegungen ist das Quotientenkriterium:

Quotientenkriterium

■ $\left|\dfrac{a_{k+1}}{a_k}\right| \leq q < 1$ für alle $k \geq m$ $\Rightarrow$ $\displaystyle\sum_{k=1}^{\infty} a_k$ konvergiert absolut   (7.7)

$\displaystyle\lim_{k\to\infty}\left|\dfrac{a_{k+1}}{a_k}\right| < 1$ $\Rightarrow$ $\displaystyle\sum_{k=1}^{\infty} a_k$ konvergiert absolut   (7.8)

■ $\displaystyle\lim_{k\to\infty}\left|\dfrac{a_{k+1}}{a_k}\right| > 1$ $\Rightarrow$ $\displaystyle\sum_{k=1}^{\infty} a_k$ divergiert   (7.9)

Für den Fall $\displaystyle\lim_{k\to\infty}\left|\dfrac{a_{k+1}}{a_k}\right| = 1$ macht das Quotientenkriterium keine Aussage.

Beispiel 7.2: Anwendung des Quotientenkriteriums

a) Wir untersuchen zunächst die folgende Reihe:

$$\sum_{k=1}^{\infty} a_k = \sum_{k=1}^{\infty} \frac{1}{2^k} = \frac{1}{2} + \frac{1}{4} + \frac{1}{8} + \dots \qquad \text{mit } a_k = \frac{1}{2^k}$$

$$\lim_{k\to\infty}\left|\frac{a_{k+1}}{a_k}\right| = \lim_{k\to\infty} \frac{\frac{1}{2^{k+1}}}{\frac{1}{2^k}} = \lim_{k\to\infty} \frac{2^k}{2^{k+1}} = \lim_{k\to\infty} \frac{2^k}{2^k 2} = \frac{1}{2} < 1$$

Die Reihe konvergiert nach dem Quotientenkriterium.

b) Nun untersuchen wir die Reihe

$$\sum_{k=1}^{\infty} a_k = \sum_{k=1}^{\infty} \frac{1}{k^2} = 1 + \frac{1}{4} + \frac{1}{9} + \dots \qquad \text{mit } a_k = \frac{1}{k^2}$$

$$\lim_{k\to\infty}\left|\frac{a_{k+1}}{a_k}\right| = \lim_{k\to\infty} \frac{\frac{1}{(k+1)^2}}{\frac{1}{k^2}} = \lim_{k\to\infty} \left(\frac{k}{k+1}\right)^2 = \lim_{k\to\infty} \left(1 - \frac{1}{k+1}\right)^2 = 1$$

Aus dem Quotientenkriterium erhalten wir keine Aussage.

c) Schließlich betrachten wir noch die sog. harmonische Reihe

$$\sum_{k=1}^{\infty} a_k = \sum_{k=1}^{\infty} \frac{1}{k} = 1 + \frac{1}{2} + \frac{1}{3} + \dots \qquad \text{mit } a_k = \frac{1}{k}$$

$$\lim_{k\to\infty}\left|\frac{a_{k+1}}{a_k}\right| = \lim_{k\to\infty} \frac{\frac{1}{k+1}}{\frac{1}{k}} = \lim_{k\to\infty} \frac{k}{k+1} = \lim_{k\to\infty} \left(1 - \frac{1}{k+1}\right) = 1$$

Auch hier macht das Quotientenkriterium keine Aussage.   ■

Um ein weiteres Kriterium zu erhalten, betrachten eine Folge (a_k) mit der Eigenschaft, dass für alle $k \geq m$ gilt:

$$b_k = \sqrt[k]{|a_k|} \leq q < 1$$

Dies ist z.B. dann der Fall, wenn

$$\lim_{k\to\infty} b_k = \lim_{k\to\infty} \sqrt[k]{|a_k|} = b < 1$$

In diesem Fall gibt es nämlich nach Definition 2.7 zu jedem $\varepsilon > 0$ eine Zahl m mit der Eigenschaft $|b_k - b| < \varepsilon$ für alle $k \geq m$. Die Beziehung $|b_k - b| < \varepsilon$ ist äquivalent zu $b - \varepsilon < b_k < b + \varepsilon$. Damit gilt auch $b_k < b + \varepsilon$ für alle $k \geq m$. Ist ε klein genug, dann ist auch $q = b + \varepsilon < 1$, und es gilt $b_k < q < 1$ für alle $k \geq m$. Es folgt:

$$\sqrt[k]{|a_k|} \leq q \Rightarrow |a_k| \leq q^k \qquad \text{für alle } k \geq m$$

$$\sum_{k=1}^{\infty} |a_k| = |a_1| + |a_2| + \ldots + |a_{m-1}| + |a_m| + |a_{m+1}| + |a_{m+2}| + |a_{m+3}| + \ldots$$

$$\leq |a_1| + |a_2| + \ldots + |a_{m-1}| + q^m + q^{m+1} + q^{m+2} + q^{m+3} + \ldots$$

$$= |a_1| + |a_2| + \ldots + |a_{m-1}| + q^m (1 + q + q^2 + q^3 + \ldots)$$

$$= |a_1| + |a_2| + \ldots + |a_{m-1}| + q^m \frac{1}{1 - q}$$

Das bedeutet, dass die Reihe $\sum_{k=1}^{\infty} |a_k|$ konvegiert und damit die Reihe $\sum_{k=1}^{\infty} a_k$ absolut konvergiert. Das Ergebnis dieser Überlegungen ist das

Wurzelkriterium

- $\sqrt[k]{|a_k|} \leq q < 1$ für alle $k \geq m$ $\Rightarrow$ $\sum_{k=1}^{\infty} a_k$ konvergiert absolut $\qquad$ (7.10)

$$\lim_{k \to \infty} \sqrt[k]{|a_k|} < 1 \quad \Rightarrow \quad \sum_{k=1}^{\infty} a_k \quad \text{konvergiert absolut} \qquad (7.11)$$

- $\lim_{k \to \infty} \sqrt[k]{|a_k|} > 1 \quad \Rightarrow \quad \sum_{k=1}^{\infty} a_k \quad \text{divergiert} \qquad (7.12)$

Für den Fall $\lim_{k \to \infty} \sqrt[k]{|a_k|} = 1$ macht das Wurzelkriterium keine Aussage.

Beispiel 7.3: Anwendung des Wurzelkriteriums

a) Wir untersuchen zunächst die folgende Reihe:

$$\sum_{k=1}^{\infty} a_k = \sum_{k=1}^{\infty} \frac{1}{2^k} = \frac{1}{2} + \frac{1}{4} + \frac{1}{8} + \ldots \qquad \text{mit } a_k = \frac{1}{2^k}$$

$$\lim_{k \to \infty} \sqrt[k]{|a_k|} = \lim_{k \to \infty} \sqrt[k]{\frac{1}{2^k}} = \lim_{k \to \infty} \frac{1}{\sqrt[k]{2^k}} = \frac{1}{2} < 1$$

Die Reihe konvergiert nach dem Wurzelkriterium.

b) Nun untersuchen wir die Reihe

$$\sum_{k=1}^{\infty} a_k = \sum_{k=1}^{\infty} \frac{1}{k^2} = 1 + \frac{1}{4} + \frac{1}{9} + \ldots \qquad \text{mit } a_k = \frac{1}{k^2}$$

$$\lim_{k \to \infty} \sqrt[k]{|a_k|} = \lim_{k \to \infty} \sqrt[k]{\frac{1}{k^2}} = \lim_{k \to \infty} k^{-\frac{2}{k}} = \lim_{k \to \infty} e^{-\frac{2}{k} \ln k} = e^0 = 1$$

Aus dem Wurzelkriterium erhalten wir keine Aussage.

c) Schließlich betrachten wir noch die harmonische Reihe

$$\sum_{k=1}^{\infty} a_k = \sum_{k=1}^{\infty} \frac{1}{k} = 1 + \frac{1}{2} + \frac{1}{3} + \dots \qquad \text{mit } a_k = \frac{1}{k}$$

$$\lim_{k \to \infty} \sqrt[k]{|a_k|} = \lim_{k \to \infty} \sqrt[k]{\frac{1}{k}} = \lim_{k \to \infty} k^{-\frac{1}{k}} = \lim_{k \to \infty} \mathrm{e}^{-\frac{1}{k} \ln k} = \mathrm{e}^0 = 1$$

Auch hier macht das Wurzelkriterium keine Aussage.

Bei b) und c) haben wir die Beziehung $a^b = \mathrm{e}^{b \ln a}$ verwendet und berücksichtigt, dass $\lim_{k \to \infty} \frac{\ln k}{k} = 0$ ist, was man mit den Grenzwertregeln (3.20) von L'Hospital leicht zeigen kann (s. Kap. 3.3). ∎

Nachdem die bisher dargestellten Kriterien keine Aussage über die Reihen $1 + \frac{1}{2} + \frac{1}{3} + \dots$ und $1 + \frac{1}{4} + \frac{1}{9} + \dots$ machen konnten, wollen wir ein weiteres Kriterium herleiten: Dazu betrachten wir eine Folge (a_k), deren Folgenglieder a_k Funktionswerte einer monoton fallenden, positiven Funktion $f(x)$ an den Stellen $x = k$ sind:

$$a_1 = f(1), \quad a_2 = f(2), \quad a_3 = f(3), \dots \qquad a_k = f(k)$$

Die Funktion f sei für alle $x \in [1, \infty[$ definiert. Die in der Abb. 7.3 dargestellten Rechtecke mit den Flächeninhalten $A_1, A_2, A_3, \dots$ haben die Höhen $f(1), f(2), f(3), \dots$ und jeweils die Breite 1. Deshalb gilt $A_k = f(k) \cdot 1 = a_k$.

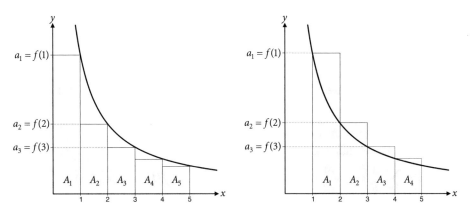

Abb. 7.3: Der Vergleich von Flächeninhalten führt zu einer Aussage über Konvergenz/Divergenz.

Die Summe der Rechtecksflächen $A_2 + A_3 + A_4 + \dots$ ist nicht größer als der Flächeninhalt $\int_1^\infty f(x)\mathrm{d}x$ zwischen Graph und x-Achse (s. Abb. 7.3, links). Aus der Ungleichung $A_2 + A_3 + A_4 + \dots \le \int_1^\infty f(x)\mathrm{d}x$ folgt:

$$\sum_{k=1}^{\infty} a_k = a_1 + a_2 + a_3 + a_4 + \dots = a_1 + A_2 + A_3 + A_4 + \dots \le a_1 + \int\limits_1^\infty f(x)\mathrm{d}x$$

Hat das uneigentliche Integral $\int_1^\infty f(x)\mathrm{d}x$ einen endlichen Wert, dann konvergiert die Reihe $\sum_{k=1}^\infty a_k$. Die Summe der Rechtecksflächen $A_1 + A_2 + A_3 + \ldots$ ist nicht kleiner als der Flächeninhalt $\int_1^\infty f(x)\mathrm{d}x$ zwischen Graph und x-Achse (s. Abb. 7.3, rechts). Aus der Ungleichung $A_1 + A_2 + A_3 + \ldots \geq \int_1^\infty f(x)\mathrm{d}x$ folgt:

$$\sum_{k=1}^\infty a_k = a_1 + a_2 + a_3 + \ldots = A_1 + A_2 + A_3 + \ldots \geq \int_1^\infty f(x)\mathrm{d}x$$

Ist das uneigentliche Integral $\int_1^\infty f(x)\mathrm{d}x$ unendlich, dann divergiert die Reihe $\sum_{k=1}^\infty a_k$. Das Ergebnis dieser Überlegungen ist das

Integralkriterium

Ist f eine monoton fallende Funktion mit $[1,\infty[\subset D_f$ und $W_f \subset \mathbb{R}^+$, dann gilt:

$$\sum_{k=1}^\infty f(k) \quad \text{konvergent} \quad \Leftrightarrow \quad \int_1^\infty f(x)\mathrm{d}x \quad \text{konvergent} \tag{7.13}$$

Beispiel 7.4: Anwendung des Integralkriteriums

Wir betrachten die Fälle b) und c) von Beispiel 7.2 und 7.3, für die wir bisher keine Aussagen erhalten haben.

b) Wir untersuchen die Reihe

$$\sum_{k=1}^\infty a_k = \sum_{k=1}^\infty \frac{1}{k^2} = 1 + \frac{1}{4} + \frac{1}{9} + \ldots \qquad a_k = \frac{1}{k^2} = f(k) \quad \text{mit} \ f(x) = \frac{1}{x^2}$$

$$\int_1^\infty f(x)\mathrm{d}x = \int_1^\infty \frac{1}{x^2}\mathrm{d}x = \lim_{\lambda \to \infty} \int_1^\lambda \frac{1}{x^2}\mathrm{d}x = \lim_{\lambda \to \infty} \left[-\frac{1}{x}\right]_1^\lambda = \lim_{\lambda \to \infty} \left(-\frac{1}{\lambda} + 1\right) = 1$$

Die Reihe konvergiert nach dem Integralkriterium.

c) Wir untersuchen die harmonische Reihe

$$\sum_{k=1}^\infty a_k = \sum_{k=1}^\infty \frac{1}{k} = 1 + \frac{1}{2} + \frac{1}{3} + \ldots \qquad a_k = \frac{1}{k} = f(k) \quad \text{mit} \ f(x) = \frac{1}{x}$$

$$\int_1^\infty f(x)\mathrm{d}x = \int_1^\infty \frac{1}{x}\mathrm{d}x = \lim_{\lambda \to \infty} \int_1^\lambda \frac{1}{x}\mathrm{d}x = \lim_{\lambda \to \infty} \left[\ln x\right]_1^\lambda = \lim_{\lambda \to \infty} \ln \lambda = \infty$$

Die Reihe divergiert nach dem Integralkriterium. ∎

Nach diesen allgemeinen Überlegungen und Fragestellungen zu unendlichen Reihen wollen wir nun einen Schritt weitergehen in Richtung auf das Hauptziel dieses Kapitels: Die Darstellung von Funktionen als unendliche Reihen. Dieser Schritt führt zu den sog. Potenzreihen.

7.2 Potenzreihen

Im nächsten Abschnitt werden wir feststellen, dass sich Funktionen (unter bestimmten Voraussetzungen) als unendliche Reihen darstellen lassen. Wir werden sehen, dass diese unendlichen Reihen eine spezielle Struktur haben. Sie heißen Potenzreihen. Wir wollen hier allgemeine Eigenschaften von Potenzreihen finden.

Definition 7.5: Potenzreihen

Eine unendliche Reihe der Form

$$\sum_{k=0}^{\infty} a_k(x-x_0)^k = a_0 + a_1(x-x_0) + a_2(x-x_0)^2 + a_3(x-x_0)^3 + \ldots \quad (7.14)$$

mit einer reellen Zahl x_0, reellen Zahlen $a_0, a_1, a_2, \ldots$ und einer reellen Variablen x heißt **Potenzreihe**. Die Zahlen $a_0, a_1, a_2, \ldots$ heißen **Koeffizienten** der Potenzreihe. Die Zahl x_0 heißt **Entwicklungspunkt** der Potenzreihe.

Ersetzt man z.B. in einer geometrischen Reihe $1 + q + q^2 + q^3 + \ldots$ die Zahl q durch eine Variable x, so erhält man die Potenzreihe

$$1 + x + x^2 + x^3 + \ldots = \sum_{k=0}^{\infty} x^k = \sum_{k=0}^{\infty} a_k(x-x_0)^k$$

mit $x_0 = 0$ und $a_1 = a_2 = a_3 = \ldots = 1$. Aus (7.3) folgt, dass diese Reihe für $|x| < 1$ konvergiert. Allgemein stellt sich bei einer Potenzreihe mit gegebenen Koeffizienten $a_0, a_1, a_2, \ldots$ und gegebenem Entwicklungspunkt x_0 die Frage, für welche Variablenwerte die Reihe konvergiert. Zur Klärung dieser Frage verwenden wir das Quotientenkriterium (7.8) und betrachten den Grenzwert des Betrages des Quotienten zweier aufeinanderfolgender Summanden. Um Missverständnisse zu vermeiden: In (7.8) werden die Summanden mit a_k bezeichnet. Hier bei den Potenzreihen sind die Summanden gegeben durch $a_k(x-x_0)^k$ mit den Koeffizienten a_k. Der Grenzwert des Betrages des Quotienten zweier aufeinanderfolgender Summanden ist

$$\lim_{k\to\infty} \left| \frac{a_{k+1}(x-x_0)^{k+1}}{a_k(x-x_0)^k} \right| = \lim_{k\to\infty} \left| \frac{a_{k+1}}{a_k} \right| |x-x_0|$$

Wir nehmen an, dass der Grenzwert $\lim_{k\to\infty} \left| \frac{a_{k+1}}{a_k} \right|$ existiert und einen endlichen Wert hat. Dann gilt:

$$\lim_{k\to\infty} \left| \frac{a_{k+1}}{a_k} \right| |x-x_0| < 1 \Leftrightarrow |x-x_0| < \frac{1}{\lim\limits_{k\to\infty} \left| \frac{a_{k+1}}{a_k} \right|} = \lim_{k\to\infty} \left| \frac{a_k}{a_{k+1}} \right|$$

$$\lim_{k\to\infty} \left| \frac{a_{k+1}}{a_k} \right| |x-x_0| > 1 \Leftrightarrow |x-x_0| > \frac{1}{\lim\limits_{k\to\infty} \left| \frac{a_{k+1}}{a_k} \right|} = \lim_{k\to\infty} \left| \frac{a_k}{a_{k+1}} \right|$$

Bezeichnet man den Grenzwert $\lim\limits_{k\to\infty} \left| \frac{a_k}{a_{k+1}} \right|$ mit r, dann folgt also aus (7.8) und (7.9):

$$|x - x_0| < r \quad \Rightarrow \quad \text{Konvergenz}$$
$$|x - x_0| > r \quad \Rightarrow \quad \text{Divergenz}$$

Die Beziehung $|x - x_0| < r$ bedeutet, dass der „Abstand" der Zahl x von der Zahl x_0 (auf der Zahlengeraden) kleiner als r ist (s. Abb. 7.4).

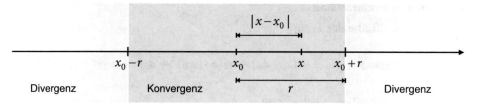

Abb. 7.4: Konvergenzradius einer Potenzreihe.

Folgende Aussagen sind äquivalent (s. Abb. 7.4):

$$|x - x_0| < r \qquad x \in \,]x_0 - r\,;\,x_0 + r[\qquad x_0 - r < x < x_0 + r$$

Die Zahl r heißt Konvergenzradius. Was bedeutet es, wenn man für den Konvergenzradius keinen endlichen Wert, sondern 0 oder ∞ erhält? Für den Fall, dass der Konvergenzradius 0 bzw. ∞ ist, konvergiert die Reihe nur für $x = x_0$ bzw. für alle x. Für die Überlegungen zur Konvergenz einer Potenzreihe kann man auch das Wurzelkriterium (7.11) heranziehen (wir empfehlen dem Leser, dies zu tun). In diesem Fall bekommt man die Formel (7.16) für den Konvergenzradius. Wir fassen die Ergebnisse zusammen:

Konvergenz von Potenzreihen

Für jede Potenzreihe $\sum\limits_{k=0}^{\infty} a_k (x - x_0)^k$ trifft genau eine der folgenden Aussagen zu:

a) Die Reihe konvergiert nur für $x = x_0$.

b) Die Reihe konvergiert für alle x.

c) Es gibt eine Zahl $r > 0$ mit der Eigenschaft:
   Konvergenz für $|x - x_0| < r$, Divergenz für $|x - x_0| > r$.

Für den Fall $|x - x_0| = r$ kann man keine allgemeine Aussage machen. Die Zahl r heißt **Konvergenzradius**. Für den Fall, dass die folgenden Grenzwerte exisstieren, gilt für den Konvergenzradius:

$$r = \lim\limits_{k\to\infty} \left| \frac{a_k}{a_{k+1}} \right| \qquad\qquad\qquad (7.15)$$

$$r = \frac{1}{\lim\limits_{k\to\infty} \sqrt[k]{|a_k|}} \qquad\qquad\qquad (7.16)$$

Diese Aussagen gelten auch für Reihen der Form $\sum\limits_{k=m}^{\infty} a_k(x - x_0)^k$ mit $m \in \mathbb{N}$. Bei einem endlichen Konvergenzradius r konvergiert die Potenzreihe sicher in dem offenen Intervall $]x_0 - r; x_0 + r[$. Das **Konvergenzintervall** einer Potenzreihe ist die Menge aller x, für welche die Potenzreihe konvergiert. Dazu können auch die Ränder $x_0 - r$ oder $x_0 + r$ oder beide gehören.

Beispiel 7.5: Konvergenzintervall einer Potenzreihe

Wir bestimmen den Konvergenzradius und das Konvergenzintervall der Potenzreihe

$$\sum_{k=0}^{\infty} \frac{1}{k+1}(x-2)^k = 1 + \frac{1}{2}(x-2) + \frac{1}{3}(x-2)^2 + \frac{1}{4}(x-2)^3 + \ldots$$

mit $x_0 = 2$ und $a_k = \frac{1}{k+1}$. Für den Konvergenzradius r erhalten wir

$$r = \lim_{k\to\infty} \left| \frac{a_k}{a_{k+1}} \right| = \lim_{k\to\infty} \frac{\frac{1}{k+1}}{\frac{1}{k+2}} = \lim_{k\to\infty} \frac{k+2}{k+1} = 1$$

Die Reihe konvergiert sicher für $x \in {]}x_0 - r \,;\, x_0 + r{[}$, d.h. für $x \in {]}1\,;\,3{[}$. Wir untersuchen das Verhalten an der Intervallgrenzen. Für $x = 1$ erhalten wir die Reihe

$$1 + \frac{1}{2}(1-2) + \frac{1}{3}(1-2)^2 + \frac{1}{4}(1-2)^3 + \ldots = 1 - \frac{1}{2} + \frac{1}{3} - \frac{1}{4} + \ldots$$

Diese Reihe konvergiert nach dem Leibniz-Kriterium. Für $x = 3$ erhalten wir

$$1 + \frac{1}{2}(3-2) + \frac{1}{3}(3-2)^2 + \frac{1}{4}(3-2)^3 + \ldots = 1 + \frac{1}{2} + \frac{1}{3} + \frac{1}{4} + \ldots$$

Diese Reihe divergiert nach dem Integralkriterium (s. Bsp. 7.4c). Das Konvergenzintervall der Potenzreihe ist also das Intervall $[\,1\,;\,3\,[$. ∎

7.3 Taylorreihen

Ersetzt man in einer geometrischen Reihe $1 + q + q^2 + q^3 + \ldots$ die Zahl q durch eine Variable x, so erhält man die Potenzreihe $1 + x + x^2 + x^3 + \ldots$. Nach (7.3) gilt:

$$1 + x + x^2 + x^3 + \ldots = \frac{1}{1-x} \qquad \text{für } |x| < 1$$

Für $|x| < 1$ lässt sich also die Funktion $\frac{1}{1-x}$ durch die Potenzreihe $1 + x + x^2 + x^3 + \ldots$ darstellen. Damit haben wir die erste Reihendarstellung einer Funktion gefunden. Es stellen sich folgende Fragen: Lassen sich auch andere Funktionen als unendliche Reihen darstellen? Wenn ja: wie und unter welchen Bedingungen? Diesen Fragen wollen wir nun nachgehen.

Manchmal kann man in der Mathematik den Eindruck gewinnen, dass es nach dem Motto geht: „Warum einfach, wenn es auch kompliziert geht". Bei der folgenden Rechnung könnte dies der Fall sein. Nach einigen Zeilen entsteht dann aber ein schönes und vor allem sehr wichtiges Ergebnis: Die Taylorentwicklung einer Funktion. Man könnte natürlich gleich dieses Ergebnis darstellen. Da die Herleitung eine schöne Anwendung der Integralrechnung ist, wollen wir sie nicht unterschlagen. Bei der folgenden Rechnung nehmen wir an, dass die auftretenden Ableitungen und Integrale existieren. Wir schreiben eine Funktion $f(x)$ in folgender Form (warum einfach, wenn es auch...):

$$f(x) = f(x_0) + h(x) \qquad \text{mit} \quad h(x) = f(x) - f(x_0) = \int_{x_0}^{x} f'(t)\mathrm{d}t$$

Mithilfe wiederholter partieller Integration (s. Kap. 4, Abschnitt 4.5.2) formen wir den Ausdruck $h(x)$ immer weiter um (wie gesagt, warum einfach...).

$$
\begin{aligned}
h(x) \quad &= \quad \int_{x_0}^{x} f'(t)\mathrm{d}t = -\int_{x_0}^{x} f'(t)(x-t)'\mathrm{d}t \\[2ex]
\overset{\text{partielle}}{\underset{\text{Integration}}{=}} \quad &\quad -\left(\left[f'(t)(x-t) \right]_{x_0}^{x} - \int_{x_0}^{x} f''(t)(x-t)\mathrm{d}t \right) \\[2ex]
&= \quad f'(x_0)(x-x_0) + \int_{x_0}^{x} f''(t)(x-t)\mathrm{d}t \\[2ex]
&= \quad f'(x_0)(x-x_0) - \frac{1}{2}\int_{x_0}^{x} f''(t)\left((x-t)^2\right)'\mathrm{d}t \\[2ex]
\overset{\text{partielle}}{\underset{\text{Integration}}{=}} \quad &f'(x_0)(x-x_0) - \frac{1}{2}\left(\left[f''(t)(x-t)^2 \right]_{x_0}^{x} - \int_{x_0}^{x} f'''(t)(x-t)^2\mathrm{d}t \right)
\end{aligned}
$$

Nach n partiellen Integrationen erhält man folgendes Ergebnis:

$$
\begin{aligned}
f(x) = {}& f(x_0) + f'(x_0)(x-x_0) + \frac{1}{2}f''(x_0)(x-x_0)^2 + \frac{1}{2\cdot 3}f'''(x_0)(x-x_0)^3 \\
&+ \frac{1}{2\cdot 3\cdot 4}f''''(x_0)(x-x_0)^4 + \ldots + \frac{1}{n!}f^{(n)}(x_0)(x-x_0)^n \\
&+ \frac{1}{n!}\int_{x_0}^{x} f^{(n+1)}(t)(x-t)^n\mathrm{d}t
\end{aligned}
$$

Hier bedeutet $f^{(n)}(x)$ die n-te Ableitung der Funktion $f(x)$. Die Funktion $f(x)$ wird auch mit $f^{(0)}(x)$ bezeichnet. Das Ergebnis dieser Rechnungen ist der folgende Satz von Taylor:

Satz von Taylor

Ist die Funktion f in $I \subset D_f$ beliebig oft differenzierbar, dann gilt für $x, x_0 \in I$:

$$f(x) = f(x_0) + f'(x_0)(x - x_0) + \frac{1}{2!}f''(x_0)(x - x_0)^2 + \frac{1}{3!}f'''(x_0)(x - x_0)^3$$

$$+ \frac{1}{4!}f''''(x_0)(x - x_0)^4 + \ldots + \frac{1}{n!}f^{(n)}(x_0)(x - x_0)^n + R_{n+1}(x, x_0)$$

$$= \sum_{k=0}^{n} \frac{1}{k!}f^{(k)}(x_0)(x - x_0)^k + R_{n+1}(x, x_0) \tag{7.17}$$

Das sog. **Restglied** $R_{n+1}(x, x_0)$ ist gegeben durch:

$$R_{n+1}(x, x_0) = \frac{1}{n!} \int_{x_0}^{x} f^{(n+1)}(t)(x - t)^n \mathrm{d}t \tag{7.18}$$

Ist $\lim_{n \to \infty} R_{n+1}(x, x_0) = 0$, dann gilt:

$$f(x) = \sum_{k=0}^{\infty} \frac{1}{k!}f^{(k)}(x_0)(x - x_0)^k \tag{7.19}$$

$$= f(x_0) + f'(x_0)(x - x_0) + \frac{1}{2!}f''(x_0)(x - x_0)^2 + \ldots$$

Für das Restglied (7.18) gibt es noch eine andere Formel:

$$R_{n+1}(x, x_0) = \frac{1}{(n+1)!} f^{(n+1)}(\theta)(x - x_0)^{n+1} \tag{7.20}$$

Hier ist θ eine Zahl zwischen x_0 und x, d.h. $\theta \in [x_0; x]$ oder $\theta \in [x; x_0]$. I.d.R. ist θ unbekannt, man weiß nur, dass θ zwischen x_0 und x liegt. Bevor wir diesen Satz anwenden und Beispiele dazu rechnen, definieren wir noch einige Begriffe:

Definition 7.6: Taylorpolynom

Das folgende Polynom heißt **Taylorpolynom** der Funktion f vom Grad n mit **Entwicklungspunkt** x_0:

$$T_n(x, x_0) = f(x_0) + f'(x_0)(x - x_0) + \frac{1}{2!}f''(x_0)(x - x_0)^2$$

$$+ \frac{1}{3!}f'''(x_0)(x - x_0)^3 + \ldots + \frac{1}{n!}f^{(n)}(x_0)(x - x_0)^n \tag{7.21}$$

Definition 7.7: Taylorreihe

Die folgende Reihe heißt **Taylorreihe** von f mit **Entwicklungspunkt** x_0:

$$\sum_{k=0}^{\infty} \frac{1}{k!} f^{(k)}(x_0)(x-x_0)^k \tag{7.22}$$

$$= f(x_0) + f'(x_0)(x-x_0) + \frac{1}{2!} f''(x_0)(x-x_0)^2 + \frac{1}{3!} f'''(x_0)(x-x_0)^3 + \ldots$$

Die Anwendung des Satzes von Taylor bzw. die Berechnung der Taylorreihe einer Funktion nennt man auch **Taylorentwicklung** der Funktion. Wozu ist der Satz von Taylor bzw. die Taylorentwicklung gut? Nach dem Satz von Taylor gilt:

$$f(x) = T_n(x,x_0) + R_{n+1}(x,x_0)$$

Wir betrachten das Restglied $R_{n+1}(x,x_0)$ in der Form (7.20). Ist n groß und x nahe bei x_0, dann sind $\frac{1}{(n+1)!}$ und der Betrag von $(x-x_0)^{n+1}$ klein. Man erwartet, dass dann das Restglied klein ist und vernachlässigt werden kann. In diesem Fall kann man die Funktion näherungsweise durch eine Polynomfunktion darstellen. Durch eine derartige Näherung werden viele mathematische Probleme bzw. Gleichungen einfacher lösbar. Das ist der eigentliche Nutzen des Satzes von Taylor, der deshalb in der Mathematik, Naturwissenschaft, Technik und anderen Gebieten eine große Rolle spielt. Als erstes Beispiel betrachten wir die e-Funktion:

Beispiel 7.6: Taylorentwicklung der e-Funktion

Wir bestimmen die Taylorreihe der Funktion $f(x) = e^x$ mit Entwicklungspunkt $x_0 = 0$. Für die Ableitungen gilt:

$$f'(x) = f''(x) = f'''(x) = \ldots = e^x \qquad\qquad f^{(k)}(x) = e^x$$
$$f'(x_0) = f''(x_0) = f'''(x_0) = \ldots = e^{x_0} = e^0 = 1 \qquad f^{(k)}(x_0) = 1$$

Die Taylorreihe (7.22) mit Entwicklungspunkt $x_0 = 0$ lautet:

$$\sum_{k=0}^{\infty} \frac{1}{k!} x^k = 1 + x + \frac{1}{2!} x^2 + \frac{1}{3!} x^3 + \frac{1}{4!} x^4 + \ldots$$

Für den Konvergenzradius dieser Reihe erhält man nach (7.15):

$$r = \lim_{k\to\infty} \left| \frac{\frac{1}{k!}}{\frac{1}{(k+1)!}} \right| = \lim_{k\to\infty} \frac{(k+1)!}{k!} = \lim_{k\to\infty} (k+1) = \infty$$

Die Reihe konvergiert also für alle x. Für das Restglied (7.20) gilt:

$$|R_{n+1}(x,x_0)| = \left| \frac{1}{(n+1)!} f^{(n+1)}(\theta)(x-x_0)^{n+1} \right| = \frac{1}{(n+1)!} e^{\theta} |x|^{n+1}$$

Ist m die kleinste natürliche Zahl, die größer als $|x|$ ist, und ist $n > m$, dann gilt:

$$\frac{|x|^{n+1}}{(n+1)!} = \underbrace{\frac{|x|}{1} \cdot \frac{|x|}{2} \cdot \ldots \cdot \frac{|x|}{m-1}}_{a} \cdot \underbrace{\frac{|x|}{m} \cdot \ldots \cdot \frac{|x|}{n}}_{\leq 1} \cdot \frac{|x|}{n+1} \leq a \frac{|x|}{n+1}$$

Daraus folgt, dass das Restglied für $n \to \infty$ verschwindet:

$$\Rightarrow \lim_{n \to \infty} \frac{|x|^{n+1}}{(n+1)!} = 0 \Rightarrow \lim_{n \to \infty} \frac{1}{(n+1)!} e^{\theta} |x|^{n+1} = \lim_{n \to \infty} |R_{n+1}(x,x_0)| = 0$$

Dass das Restglied für $n \to \infty$ verschwindet, folgt auch aus (7.4). Wir empfehlen dem Leser, sich davon zu überzeugen. Das bedeutet, dass die Taylorreihe für alle x gegen die Funktion $f(x) = e^x$ konvergiert.

$$e^x = 1 + x + \frac{1}{2!}x^2 + \frac{1}{3!}x^3 + \frac{1}{4!}x^4 + \ldots$$

Das Taylorpolynom (7.21) vom Grad n lautet:

$$T_n(x,x_0) = \sum_{k=0}^{n} \frac{1}{k!}x^k = 1 + x + \frac{1}{2!}x^2 + \frac{1}{3!}x^3 + \ldots + \frac{1}{n!}x^n$$

Ersetzt man die Funktion $f(x) = e^x$ näherungsweise durch das Taylorpolynom vom Grad n, so ist $|R_{n+1}(x,x_0)|$ der Betrag des absoluten Fehlers, den man bei dieser Näherung macht. Wir wollen diesen Fehler abschätzen. Für $x < 0$ liegt θ zwischen x und 0, und es gilt:

$$|R_{n+1}(x,x_0)| = \frac{1}{(n+1)!} e^{\theta} |x|^{n+1} \leq \frac{1}{(n+1)!} e^0 |x|^{n+1} = \frac{|x|^{n+1}}{(n+1)!}$$

Das folgt übrigens auch aus (7.5). Wir empfehlen dem Leser, sich davon zu überzeugen. Für $x = -1$ und $n = 5$ gilt z. B.:

$$|R_{n+1}(x,x_0)| \leq \frac{|-1|^{n+1}}{(n+1)!} = \frac{1}{6!} \approx 0{,}0014$$

Berechnet man e^{-1} näherungsweise durch $1 - 1 + \frac{1}{2!} - \frac{1}{3!} + \frac{1}{4!} - \frac{1}{5!}$, so kann man davon ausgehen, dass der Betrag des absoluten Fehlers nicht größer als $0{,}0014$ ist. Für $x > 0$ liegt θ zwischen 0 und x, und es gilt:

$$|R_{n+1}(x,x_0)| = \frac{1}{(n+1)!} e^{\theta} |x|^{n+1} \leq \frac{1}{(n+1)!} e^x |x|^{n+1}$$

Dividiert man den Fehler durch den Funktionswert, so erhält man den relativen Fehler. Der Betrag des relativen Fehlers ist gegeben durch

$$\left| \frac{R_{n+1}(x,x_0)}{f(x)} \right| = \frac{|R_{n+1}(x,x_0)|}{e^x} \leq \frac{\frac{1}{(n+1)!} e^x |x|^{n+1}}{e^x} = \frac{|x|^{n+1}}{(n+1)!}$$

Für $x = 1$ und $n = 5$ gilt z. B.:

$$\left| \frac{R_{n+1}(x,x_0)}{f(x)} \right| \leq \frac{1}{6!} \approx 0{,}0014$$

Berechnet man e^1 näherungsweise durch $1 + 1 + \frac{1}{2!} + \frac{1}{3!} + \frac{1}{4!} + \frac{1}{5!}$, so kann man davon ausgehen, dass der Betrag des relativen Fehlers nicht größer als $0{,}14\,\%$ ist. ■

Auf die gleiche Art und Weise wie bei der e-Funktion kann man eine Taylorentwicklung für die Sinus- und Kosinusfunktion durchführen und erhält entsprechende Ergebnisse:

Reihenentwicklung Sinus-, Kosinusfunktion und e-Funktion

$$e^x = \sum_{k=0}^{\infty} \frac{1}{k!} x^k = 1 + x + \frac{1}{2!}x^2 + \frac{1}{3!}x^3 + \frac{1}{4!}x^4 + \ldots \qquad \text{für } x \in \mathbb{R} \quad (7.23)$$

$$\cos x = \sum_{k=0}^{\infty} (-1)^k \frac{1}{(2k)!} x^{2k} = 1 - \frac{1}{2!}x^2 + \frac{1}{4!}x^4 - \frac{1}{6!}x^6 + \ldots \qquad \text{für } x \in \mathbb{R} \quad (7.24)$$

$$\sin x = \sum_{k=0}^{\infty} (-1)^k \frac{1}{(2k+1)!} x^{2k+1} = x - \frac{1}{3!}x^3 + \frac{1}{5!}x^5 - \frac{1}{7!}x^7 + \ldots \qquad \text{für } x \in \mathbb{R} \quad (7.25)$$

Man erkennt eine gewisse „Verwandtschaft" dieser Funktionen: Die Kosinusfunktion entsteht aus der e-Funktion durch Streichen der Summanden mit ungeradem Exponenten und Vorzeichenwechsel. Entsprechendes gilt für die Sinusfunktion. Die „Verwandtschaft" dieser Funktionen wird auch im nächsten Kapitel durch die Gleichung (8.20) deutlich werden. Das Taylorpolynom der Kosinusfunktion vom Grad n mit geradem n und Entwicklungspunkt $x_0 = 0$ lautet:

$$1 - \frac{1}{2!}x^2 + \frac{1}{4!}x^4 - \frac{1}{6!}x^6 + \ldots \pm \frac{1}{n!}x^n$$

Die Abbildung 7.5 zeigt die Kosinusfunktion und Taylorpolynome mit den Graden $n = 2$, $n = 10$ und $n = 18$.

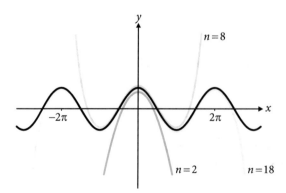

Abb. 7.5: Kosinusfunktion (schwarz) und Taylorpolynome (blau).

Wir wollen eine weitere Taylorentwicklung durchführen:

Beispiel 7.7: Taylorentwicklung der Funktion $f(x) = \ln(1 + x)$

Die Taylorentwicklung erfolgt mit dem Entwicklungspunkt $x_0 = 0$. Es gilt:

$$f(x) = \ln(1 + x) \qquad\qquad f(x_0) = f(0) = 0$$

$$f'(x) = \frac{1}{1 + x} \qquad\qquad f'(x_0) = f'(0) = 1$$

$$f''(x) = -\frac{1}{(1 + x)^2} \qquad\qquad f''(x_0) = f''(0) = -1$$

$$f'''(x) = 2 \cdot \frac{1}{(1 + x)^3} \qquad\qquad f'''(x_0) = f'''(0) = 2$$

$$f''''(x) = -2 \cdot 3 \cdot \frac{1}{(1 + x)^4} \qquad\qquad f''''(x_0) = f''''(0) = -2 \cdot 3$$

$$f^{(5)}(x) = 2 \cdot 3 \cdot 4 \cdot \frac{1}{(1 + x)^5} \qquad\qquad f^{(5)}(x_0) = f^{(5)}(0) = 2 \cdot 3 \cdot 4$$

$$\vdots \qquad\qquad\qquad\qquad\qquad \vdots$$

$$f^{(k)}(x) = (-1)^{k+1}(k-1)!\frac{1}{(1 + x)^k} \qquad f^{(k)}(x_0) = f^{(k)}(0) = (-1)^{k+1}(k-1)!$$

Für die Koeffizienten $a_k = \frac{1}{k!}f^{(k)}(x_0)$ der Taylorreihe gilt

$$a_0 = \frac{1}{0!}f^{(0)}(x_0) = f(0) = 0$$

$$a_k = \frac{1}{k!}f^{(k)}(x_0) = \frac{1}{k!}f^{(k)}(0) = \frac{1}{k!}(-1)^{k+1}(k-1)! = (-1)^{k+1}\frac{1}{k} \quad \text{für } k \geq 1$$

Die Taylorreihe ist gegeben durch:

$$\sum_{k=0}^{\infty} \frac{1}{k!}f^{(k)}(x_0)(x - x_0)^k = \sum_{k=1}^{\infty}(-1)^{k+1}\frac{1}{k}x^k = x - \frac{1}{2}x^2 + \frac{1}{3}x^3 - \frac{1}{4}x^4 + \dots$$

Für den Konvergenzradius dieser Reihe erhalten wir:

$$r = \lim_{k\to\infty}\left|\frac{(-1)^{k+1}\frac{1}{k}}{(-1)^{k+2}\frac{1}{k+1}}\right| = \lim_{k\to\infty}\frac{k+1}{k} = 1$$

Die Reihe konvergiert damit sicher für $x \in\,]-1\,;1[$. Für $x = -1$ erhalten wir die Reihe

$$-1 - \frac{1}{2} - \frac{1}{3} - \frac{1}{4} - \dots$$

Diese Reihe divergiert bekanntlich (s. Bsp. 7.4c). Die Funktion $f(x) = \ln(1 + x)$ ist an der Stelle $x = -1$ nicht definiert. Für $x = 1$ erhalten wir die Reihe

$$1 - \frac{1}{2} + \frac{1}{3} - \frac{1}{4} + \dots$$

Diese Reihe konvergiert nach dem Leibniz-Kriterium. Das Konvergenzintervall der Taylorreihe ist das Intervall $]-1\,;1]$. Für das Restglied gilt nach (7.20):

$$R_{n+1}(x,x_0) = \frac{1}{(n+1)!} f^{(n+1)}(\theta)(x-x_0)^{n+1}$$

$$= \frac{1}{(n+1)!}(-1)^{n+2}\,n!\,\frac{1}{(1+\theta)^{n+1}}\,x^{n+1} = (-1)^n\,\frac{1}{n+1}\left(\frac{x}{1+\theta}\right)^{n+1}$$

Für $0 \leq x \leq 1$ ist auch $0 \leq \frac{x}{1+\theta} \leq 1$ und $\lim\limits_{n\to\infty} R_{n+1}(x,x_0) = 0$. Durch eine Untersuchung des Restglieds in der Form (7.18) lässt sich zeigen, dass dies auch für den Fall $-1 < x < 0$ gilt. Die Taylorreihe konvergiert für $-1 < x \leq 1$ gegen die Funktion $f(x) = \ln(1+x)$.

$$\ln(1+x) = x - \frac{1}{2}x^2 + \frac{1}{3}x^3 - \frac{1}{4}x^4 + \dots \qquad \text{für } -1 < x \leq 1 \qquad \blacksquare$$

Die Taylorreihe einer Funktion konvergiert nur für diejenigen x gegen die Funktion, für die $\lim\limits_{n\to\infty} R_{n+1}(x,x_0) = 0$ ist. Die Untersuchung, für welche x dies der Fall ist, kann schwierig sein. Glücklicherweise muss man dies in der Praxis selten tun, da in Formelsammlungen die Taylorreihen vieler Funktionen mit ihren Gültigkeitsbereichen angegeben sind.

Anwendungsbeispiele

Taylorreihen sind Alleskönner oder „Allzweckwaffen" für die verschiedensten mathematischen Problemstellungen. Wir können hier nur einige einfache Beispiele darstellen: Die Berechnung von nichtrationalen Zahlen, Grenzwerten, Integralen und Näherungslösungen von Gleichungen.

Wie kann man Funktionswerte nichtrationaler Funktionen (i. Allg. nichtrationale Zahlen) berechnen? Indem man näherungsweise die Funktionswerte von Taylorpolynomen berechnet.

Beispiel 7.8: Funktionswerte nichtrationaler Funktionen und nichtrationale Zahlen

a) $\quad e^x = 1 + x + \frac{1}{2!}x^2 + \frac{1}{3!}x^3 + \frac{1}{4!}x^4 + \frac{1}{5!}x^5 + \frac{1}{6!}x^6 + \dots \qquad$ für $x \in \mathbb{R}$

$$e = 1 + 1 + \frac{1}{2!} + \frac{1}{3!} + \frac{1}{4!} + \frac{1}{5!} + \frac{1}{6!} + \dots$$

$$\approx 1 + 1 + \frac{1}{2!} + \frac{1}{3!} + \frac{1}{4!} + \frac{1}{5!} + \frac{1}{6!} \approx 2{,}718$$

b) $\quad \sqrt{1+x} = 1 + \frac{1}{2}x - \frac{1}{2\cdot 4}x^2 + \frac{1\cdot 3}{2\cdot 4\cdot 6}x^3 - \dots \qquad$ für $|x| \leq 1$

$$\sqrt{10} = \sqrt{9+1} = \sqrt{9\left(1+\tfrac{1}{9}\right)} = 3\sqrt{1+\tfrac{1}{9}}$$

$$= 3\left(1 + \frac{1}{2}\frac{1}{9} - \frac{1}{2\cdot 4}\left(\frac{1}{9}\right)^2 + \frac{1\cdot 3}{2\cdot 4\cdot 6}\left(\frac{1}{9}\right)^3 - \dots\right)$$

$$\approx 3\left(1 + \frac{1}{2}\frac{1}{9} - \frac{1}{2\cdot 4}\left(\frac{1}{9}\right)^2 + \frac{1\cdot 3}{2\cdot 4\cdot 6}\left(\frac{1}{9}\right)^3\right) \approx 3{,}162$$

c) $\arcsin x = x + \dfrac{1}{2 \cdot 3} x^3 + \dfrac{1 \cdot 3}{2 \cdot 4 \cdot 5} x^5 + \dfrac{1 \cdot 3 \cdot 5}{2 \cdot 4 \cdot 6 \cdot 7} x^7 + \ldots \qquad \text{für } |x| < 1$

$\pi = 6 \arcsin\left(\tfrac{1}{2}\right)$

$$= 6\left(\frac{1}{2} + \frac{1}{2 \cdot 3}\left(\frac{1}{2}\right)^3 + \frac{1 \cdot 3}{2 \cdot 4 \cdot 5}\left(\frac{1}{2}\right)^5 + \frac{1 \cdot 3 \cdot 5}{2 \cdot 4 \cdot 6 \cdot 7}\left(\frac{1}{2}\right)^7 + \ldots\right)$$

$$\approx 6\left(\frac{1}{2} + \frac{1}{2 \cdot 3}\left(\frac{1}{2}\right)^3 + \frac{1 \cdot 3}{2 \cdot 4 \cdot 5}\left(\frac{1}{2}\right)^5 + \frac{1 \cdot 3 \cdot 5}{2 \cdot 4 \cdot 6 \cdot 7}\left(\frac{1}{2}\right)^7\right) \approx 3{,}141 \qquad \blacksquare$$

Beispiel 7.9: Berechnung eines Grenzwertes

$$\lim_{x \to 0} \frac{\mathrm{e}^{-\frac{1}{x^2}}}{(\mathrm{e}^{x^2} - 1)^2} = \lim_{x \to 0} \frac{1}{(\mathrm{e}^{x^2} - 1)^2 \, \mathrm{e}^{\frac{1}{x^2}}}$$

$$= \lim_{x \to 0} \frac{1}{\left(1 + x^2 + \frac{1}{2!}x^4 + \ldots - 1\right)^2 \left(1 + \frac{1}{x^2} + \frac{1}{2!}\frac{1}{x^4} + \frac{1}{3!}\frac{1}{x^6} + \ldots\right)}$$

$$= \lim_{x \to 0} \frac{1}{\left(x^2 + \frac{1}{2!}x^4 + \ldots\right)^2 \left(1 + \frac{1}{x^2} + \frac{1}{2!}\frac{1}{x^4} + \frac{1}{3!}\frac{1}{x^6} + \ldots\right)}$$

$$= \lim_{x \to 0} \frac{1}{\left(x^2\left(1 + \frac{1}{2!}x^2 + \ldots\right)\right)^2 \left(1 + \frac{1}{x^2} + \frac{1}{2!}\frac{1}{x^4} + \frac{1}{3!}\frac{1}{x^6} + \ldots\right)}$$

$$= \lim_{x \to 0} \frac{1}{\left(1 + \frac{1}{2!}x^2 + \ldots\right)^2 x^4 \left(1 + \frac{1}{x^2} + \frac{1}{2!}\frac{1}{x^4} + \frac{1}{3!}\frac{1}{x^6} + \ldots\right)}$$

$$= \lim_{x \to 0} \frac{1}{\left(1 + \frac{1}{2!}x^2 + \ldots\right)^2 \left(x^4 + x^2 + \frac{1}{2!} + \frac{1}{3!}\frac{1}{x^2} + \ldots\right)} = 0$$

Man kann diesen Grenzwert auch mit den Grenzwertregeln von L'Hospital behandeln, wird dabei aber feststellen, dass dies nicht einfacher ist. $\qquad\qquad$ $\blacksquare$

Beispiel 7.10: Berechnung eines Integrals bzw. einer Wahrscheinlichkeit

Bei der Produktion von Teilen mit einem quantitativen Merkmal streuen die Merkmalswerte. Häufig kann die Streuung durch eine Normalverteilung mit dem Erwartungswert μ und der Standardabweichung σ beschrieben werden. Die Wahrscheinlichkeit, dass der Merkmalswert eines Teils zwischen zwei Zahlen x_1 und x_2 liegt, ist in diesem Fall gegeben durch:

$$\frac{1}{\sqrt{2\pi}} \int_{u_1}^{u_2} \mathrm{e}^{-\frac{1}{2}x^2}\, \mathrm{d}x \qquad \text{mit } u_1 = \frac{x_1 - \mu}{\sigma} \text{ und } u_2 = \frac{x_2 - \mu}{\sigma}$$

Die Stammfunktion des Integranden lässt sich nicht durch elementare Funktionen darstellen und ist deshalb in Formelsammlungen nicht zu finden. Um das Integral zu berechnen, kann man den Integranden näherungsweise durch ein Taylorpolynom ersetzen und dann dieses Polynom integrieren bzw. die Stammfunktion dieses Polynoms bilden:

$$\mathrm{e}^{-\frac{1}{2}x^2} = f(x) = 1 - \frac{1}{2}x^2 + \frac{1}{2!2^2}x^4 - \frac{1}{3!2^3}x^6 + \frac{1}{4!2^4}x^8 - \frac{1}{5!2^5}x^{10} + \cdots$$

$$\approx 1 - \frac{1}{2}x^2 + \frac{1}{2!2^2}x^4 - \frac{1}{3!2^3}x^6 + \frac{1}{4!2^4}x^8 - \frac{1}{5!2^5}x^{10}$$

$$F(x) \approx x - \frac{1}{2\cdot3}x^3 + \frac{1}{2!2^25}x^5 - \frac{1}{3!2^37}x^7 + \frac{1}{4!2^49}x^9 - \frac{1}{5!2^511}x^{11}$$

Wir berechnen die Wahrscheinlichkeit für den Fall $\mu = 3$, $\sigma = 2$, $x_1 = 1$ und $x_2 = 5$. In diesem Fall ist $u_1 = -1$ und $u_2 = 1$, und wir erhalten:

$$\frac{1}{\sqrt{2\pi}}\int_{u_1}^{u_2} \mathrm{e}^{-\frac{1}{2}x^2}\,\mathrm{d}x = \frac{1}{\sqrt{2\pi}}\int_{-1}^{1} \mathrm{e}^{-\frac{1}{2}x^2}\,\mathrm{d}x = \frac{2}{\sqrt{2\pi}}\int_{0}^{1} \mathrm{e}^{-\frac{1}{2}x^2}\,\mathrm{d}x$$

$$\approx \frac{2}{\sqrt{2\pi}}\left[x - \frac{1}{2\cdot3}x^3 + \frac{1}{2!2^25}x^5 - \frac{1}{3!2^37}x^7 + \frac{1}{4!2^49}x^9 - \frac{1}{5!2^511}x^{11}\right]_0^1$$

$$\approx \frac{2}{\sqrt{2\pi}}\left(1 - \frac{1}{2\cdot3} + \frac{1}{2!2^25} - \frac{1}{3!2^37} + \frac{1}{4!2^49} - \frac{1}{5!2^511}\right) \approx 0{,}6827 \qquad\blacksquare$$

Beispiel 7.11: Berechnung einer Näherungslösung einer Gleichung

Unter bestimmten Bedingungen ist die Reibungskraft bei der Bewegung in einem Medium proportional zur Geschwindigkeit. In diesem Fall gilt für die zurückgelegte Strecke s eines frei fallenden Teilchens als Funktion der Zeit t:

$$s = u(t + \tau\,\mathrm{e}^{-\frac{t}{\tau}} - \tau)$$

mit zwei Konstanten u und τ. Will man die Zeit wissen, die das Teilchen benötigt, um eine Strecke l zurückzulegen, so muss man die Gleichung

$$u(t + \tau\,\mathrm{e}^{-\frac{t}{\tau}} - \tau) = l$$

nach t auflösen. Eine Umformung ergibt:

$$\mathrm{e}^{-\frac{t}{\tau}} = -\frac{t}{\tau} + 1 + \frac{l}{u\tau}$$

Die Auflösung dieser Gleichung nach t durch weitere Gleichungsumformungen ist nicht möglich. Mit den Bezeichnungen $x = \frac{t}{\tau}$ und $a = 1 + \frac{l}{u\tau}$ können wir schreiben:

$$\mathrm{e}^{-x} = -x + a$$

Wir betrachten diese Gleichung für den Fall $u = 0{,}2\,\frac{\mathrm{m}}{\mathrm{s}}$, $\tau = 0{,}5\,\mathrm{s}$ und $l = 0{,}1\,\mathrm{m}$. In diesem Fall ist $a = 2$, und wir haben die Gleichung:

$$\mathrm{e}^{-x} = -x + 2$$

Zeichnet man die Graphen der Funktionen $f_1(x) = \mathrm{e}^{-x}$ und $f_2(x) = -x + 2$, so erkennt man, dass es in der Nähe von $x = 2$ einen Schnittpunkt gibt (s. Abb. 7.6).

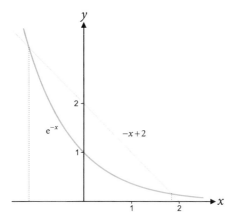

Abb. 7.6: Graphische Bestimmung der Lösung einer Gleichung.

Wir berechnen eine Näherungslösung, indem wir die Funktion $f(x) = e^{-x}$ näherungsweise durch ein Taylorpolynom vom Grad 2 mit Entwicklungspunkt $x_0 = 2$ ersetzen:

$$f(x) = f(2) + f'(2)(x-2) + \frac{1}{2!}f''(2)(x-2)^2 + \frac{1}{3!}f'''(2)(x-2)^3 + \ldots$$

$$\approx f(2) + f'(2)(x-2) + \frac{1}{2}f''(2)(x-2)^2$$

$$= e^{-2} - e^{-2}(x-2) + \frac{1}{2}e^{-2}(x-2)^2$$

Damit erhalten wir die quadratische Gleichung

$$e^{-2} - e^{-2}(x-2) + \frac{1}{2}e^{-2}(x-2)^2 = -x + 2$$

mit der positiven Lösung

$$x = 3 - e^2 + \sqrt{(e^2-1)^2 - 2} \approx 1{,}8415$$

Vergleicht man diese Näherungslösung mit dem Ergebnis von Beispiel 3.29, dann erkennt man, dass die ersten drei Nachkommastellen richtig sind. Für die gesuchte Zeit erhalten wir damit $t = \tau x \approx 0{,}9208\,\text{s}$. ∎

Hat die Taylorreihe einer Funktion einen endlichen Konvergenzradius, so ist die Darstellung der Funktion als Taylorreihe nur in einem bestimmten Intervall (Umgebung des Entwicklungspunktes) möglich. Auch bei unendlichem Konvergenzradius ist das Taylorpolynom einer Funktion in der Regel nur in einem bestimmten Intervall eine gute Näherung für die Funktion. Außerhalb dieses Intervalls ist der Unterschied zwischen Funktion und Taylorpolynom groß, und von einer Näherung kann keine Rede mehr sein. Abb. 7.5 zeigt dies deutlich. Die Darstellung einer Funktion als Taylorreihe ist außerdem nur möglich, wenn die Funktion in einem bestimmten Intervall beliebig oft differenzierbar ist. Mann kann sich deshalb folgende Fragen stellen:

1. Gibt es Reihendarstellungen bzw. Näherungen für Funktionen, die nicht nur in einem Intervall, sondern in der ganzen Definitionsmenge gültig bzw. brauchbar sind?
2. Gibt es Reihendarstellungen von Funktionen, die an bestimmten Stellen nicht differenzierbar oder sogar nicht einmal stetig sind?

Funktionen, die an bestimmten Stellen nicht differenzierbar sind, werden z.B. in der Elektrotechnik zur Beschreibung von Wechselspannungen und Wechselströmen verwendet. Ein Beispiel hierfür ist eine gleichgerichtete Wechselspannung (s. Abb. 7.7). Bei diesen Funktionen handelt es sich um periodische Funktionen. Mit der Reihendarstellung solcher Funktion beschäftigt sich der nächste Abschnitt.

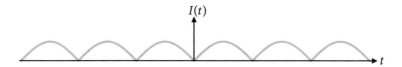

Abb. 7.7: Wechselspannung bei Zweiweg-Gleichrichter.

7.4   Fourierreihen

Wir beschäftigen uns in diesem Abschnitt mit der Reihendarstellung periodischer Funktionen und betrachten dazu sog. trigonometrische Reihen

---

Definition 7.8: Trigonometrische Reihe

Eine Reihe der Form

$$\frac{a_0}{2} + \sum_{n=1}^{\infty} a_n \cos(nx) + \sum_{n=1}^{\infty} b_n \sin(nx) \tag{7.26}$$

mit Koeffizienten $a_0, a_1, \dots$ und $b_1, b_2, \dots$ heißt **trigonometrische Reihe**.

Sind die Reihen $\sum_{n=1}^{\infty} a_n$ und $\sum_{n=1}^{\infty} b_n$ absolut konvergent, dann konvergiert wegen $|\cos(nx)| \leq 1$ und $|\sin(nx)| \leq 1$ auch die trigonometrische Reihe für alle x und stellt damit eine Funktion $f(x)$ dar. Da alle Summanden periodisch mit der Periode 2π sind, besitzt auch die Funktion $f(x)$ diese Periodizität. Wir nehmen an, dass sich eine Funktion $f(x)$ durch eine trigonometrische Reihe darstellen lässt und wollen die Koeffizienten a_n, b_n bestimmen. Dazu multiplizieren wir die Gleichung

$$f(x) = \frac{a_0}{2} + \sum_{n=1}^{\infty} a_n \cos(nx) + \sum_{n=1}^{\infty} b_n \sin(nx)$$

mit $\cos(mx)$ und integrieren dann über eine Periode:

$$f(x)\cos(mx) = \frac{a_0}{2}\cos(mx) + \sum_{n=1}^{\infty} a_n \cos(nx)\cos(mx) + \sum_{n=1}^{\infty} b_n \sin(nx)\cos(mx)$$

$$\int_{-\pi}^{\pi} f(x)\cos(mx)\mathrm{d}x = \frac{a_0}{2}\int_{-\pi}^{\pi}\cos(mx)\mathrm{d}x$$

$$+ \sum_{n=1}^{\infty} a_n \int_{-\pi}^{\pi}\cos(nx)\cos(mx)\mathrm{d}x$$

$$+ \sum_{n=1}^{\infty} b_n \int_{-\pi}^{\pi}\sin(nx)\cos(mx)\mathrm{d}x$$

Mithilfe von Stammfunktionen aus Formelsammlungen erhalten wir:

$$\int_{-\pi}^{\pi}\cos(mx)\mathrm{d}x = 0 \quad \text{für } m \neq 0 \qquad \int_{-\pi}^{\pi}\sin(nx)\cos(mx)\mathrm{d}x = 0$$

$$\int_{-\pi}^{\pi}\cos(nx)\cos(mx)\mathrm{d}x = \begin{cases} 0 & \text{für } m \neq n \\ \pi & \text{für } m = n \end{cases}$$

Daraus folgt für die Koeffizienten a_n:

$$a_n = \frac{1}{\pi}\int_{-\pi}^{\pi} f(x)\cos(nx)\mathrm{d}x \qquad n = 0,1,2,\ldots$$

Multipliziert man die obige Gleichung nicht mit $\cos(mx)$, sondern mit $\sin(mx)$, so erhält man auf die gleiche Art und Weise:

$$b_n = \frac{1}{\pi}\int_{-\pi}^{\pi} f(x)\sin(nx)\mathrm{d}x \qquad n = 1,2,\ldots$$

Wir haben gezeigt, wie sich die Koeffizienten berechnen lassen, wenn sich eine Funktion als trigonometrische Reihe darstellen lässt. Umgekehrt lässt sich aber auch zeigen (was schwieriger ist), dass sich eine periodische Funktion unter bestimmten Voraussetzungen als trigonometrische Reihe mit diesen Koeffizienten darstellen lässt. Um die Voraussetzungen kompakt formulieren zu können, führen wir einen Begriff ein:

Definition 7.9: Stückweise stetige Funktion

Eine Funktion $f(x)$ mit $[a;b] \subset D_f$ heißt im Intervall $[a;b]$ **stückweise stetig**, wenn sie in $[a;b]$ nur endlich viele Unstetigkeitsstellen (z.B. Sprungstellen) hat, und alle einseitigen Grenzwerte an diesen Stellen (als eigentliche Grenzwerte) existieren (d.h. endlich sind).

Damit können wir eine wichtige Aussage über die Reihenentwicklung periodischer Funktionen formulieren:

Fourierentwicklung einer Funktion mit der Periode 2π

$f(x)$ sei eine periodische Funktion mit der Periode 2π. Sind $f(x)$ und $f'(x)$ stückweise stetig im Intervall $[-\pi; \pi]$, dann gilt an allen Stetigkeitsstellen

$$f(x) = \frac{a_0}{2} + \sum_{n=1}^{\infty} a_n \cos(nx) + \sum_{n=1}^{\infty} b_n \sin(nx) \qquad (7.27)$$

und an allen Unstetigkeitsstellen

$$\frac{a_0}{2} + \sum_{n=1}^{\infty} a_n \cos(nx) + \sum_{n=1}^{\infty} b_n \sin(nx) = \frac{1}{2}\left(\lim_{\substack{s \to x \\ s < x}} f(s) + \lim_{\substack{s \to x \\ s > x}} f(s)\right) \qquad (7.28)$$

mit den **Fourierkoeffizienten**

$$a_n = \frac{1}{\pi} \int_{-\pi}^{\pi} f(x) \cos(nx) \mathrm{d}x \qquad n = 0,1,2,\ldots \qquad (7.29)$$

$$b_n = \frac{1}{\pi} \int_{-\pi}^{\pi} f(x) \sin(nx) \mathrm{d}x \qquad n = 1,2,\ldots \qquad (7.30)$$

Die Reihe (7.27) heißt **Fourierreihe** der Funktion $f(x)$.

Statt der Integration über das Intervall $[-\pi; \pi]$ kann man bei der Berechnung der Fourierkoeffizienten (7.29) und (7.30) auch über ein anderes Intervall der Breite 2π integrieren, z.B. über das Intervall $[0; 2\pi]$. Ist $f(x)$ ungerade, dann ist auch $f(x)\cos(nx)$ ungerade. Ist $f(x)$ gerade, dann ist $f(x)\sin(nx)$ ungerade. Daraus folgt

$$f(x) \text{ ungerade} \quad \Rightarrow \quad a_n = 0 \quad b_n = \frac{2}{\pi} \int_{0}^{\pi} f(x) \sin(nx) \mathrm{d}x \qquad (7.31)$$

$$f(x) \text{ gerade} \quad \Rightarrow \quad b_n = 0 \quad a_n = \frac{2}{\pi} \int_{0}^{\pi} f(x) \cos(nx) \mathrm{d}x \qquad (7.32)$$

Zwischen der Taylorentwicklung und der Fourierentwicklung einer Funktion gibt es einige wesentliche Unterschiede. Unter den jeweiligen Voraussetzungen für die Taylor- und Fourierentwicklung gilt:

1. Eine Taylorreihe konvergiert in einem Konvergenzintervall $I \subset D_f \subset \mathbb{R}$, das i. Allg. nicht mit D_f bzw. $\mathbb{R}$ übereinstimmt. Die Fourierreihe einer periodischen Funktion mit der Perdiode 2π konvergiert in ganz $D_f = \mathbb{R}$.

2. Eine Taylorreihe ist i. Allg. nicht periodisch. Die Fourierreihe (7.27) ist periodisch mit der Periode 2π.

3. Bricht man die Taylorreihe nach einem bestimmten Summanden ab, so erhält man eine (nichtperiodische) Polynomfunktion, die i. Allg. nur nahe am Entwicklungspunkt eine gute Näherung für die Funktion ist. Bricht man die Fourierreihe (7.27) bei einem bestimmten n ab, so erhält man eine Funktion mit der Periode 2π, die auch an Stellen, die weit voneinander entfernt sind, eine gute Näherung sein kann.

Die Summe, die man erhält, wenn man die Fourierreihe (7.27) bei einem bestimmten n abbricht, stellt eine Näherung für die Funktion $f(x)$ dar. An einer Stetigkeitsstelle ist diese Näherung umso besser, je größer n ist. In der Nähe von Unstetigkeitsstellen gibt es allerdings sog. „Überschwinger" (deutliche Abweichungen von der Funktion), die mit zunehmendem n nicht geringer werden. Mit zunehmendem n kommen die Überschwinger aber den Unstetigkeitsstellen immer näher (s. Abb. 7.8). Diese Erscheinung heißt Gibbs-Phänomen.

Beispiel 7.12: Fourierentwicklung einer „Sägezahnfunktion"

Wir bestimmen die Fourierreihe der folgenden „Sägezahnfunktion":

$$f(x) = \begin{cases} x & \text{für } x \in]-\pi; \pi[\\ 0 & \text{für } x = \pm\pi \end{cases} \qquad \text{und } f(x + 2\pi) = f(x)$$

Der Funktionsgraph ist in Abb. 7.8 blau dargestellt. Die Funktion ist ungerade. Daraus folgt $a_n = 0$. Für die Koeffizienten b_n erhält man:

$$b_n = \frac{2}{\pi} \int_0^\pi f(x)\sin(nx)\mathrm{d}x = \frac{2}{\pi}\left[\frac{\sin(nx)}{n^2} - \frac{x\cos(nx)}{n}\right]_0^\pi = \frac{2}{\pi}\left(-\frac{\pi\cos(n\pi)}{n}\right)$$

$$= -\frac{2}{n}\cos(n\pi) = -\frac{2}{n}(-1)^n = \frac{2}{n}(-1)^{n+1}$$

Daraus folgt für die Fourierreihe:

$$f(x) = \frac{a_0}{2} + \sum_{n=1}^\infty a_n\cos(nx) + \sum_{n=1}^\infty b_n\sin(nx)$$

$$= \sum_{n=1}^\infty b_n\sin(nx) = \sum_{n=1}^\infty \frac{2}{n}(-1)^{n+1}\sin(nx)$$

$$= 2\left(\sin x - \frac{\sin(2x)}{2} + \frac{\sin(3x)}{3} - \frac{\sin(4x)}{4} + \dots\right)$$

Die Abb. 7.8 zeigt die Funktion (blau) und die Summe der ersten 15 Summanden der Fourierreihe (schwarz). Deutlich zu sehen sind die Überschwinger in der Nähe der Unstetigkeitsstellen. ∎

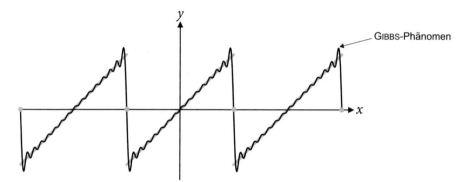

Abb. 7.8: Funktion (blau) und die Summe der ersten 15 Summanden der Fourierreihe (schwarz).

Die Fourierentwicklung lässt sich auf Funktionen mit beliebiger Periode p verallgemeinern: Ist $f(x)$ periodisch mit der Periode p, dann ist $g(x) = f(\frac{p}{2\pi}x)$ periodisch mit der Periode 2π und lässt sich gemäß (7.27) bis (7.30) als Fourierreihe darstellen:

$$g(x) = \frac{a_0}{2} + \sum_{n=1}^{\infty} a_n \cos(nx) + \sum_{n=1}^{\infty} b_n \sin(nx)$$

Für die Fourierkoeffizienten

$$a_n = \frac{1}{\pi} \int_{-\pi}^{\pi} g(x) \cos(nx) \mathrm{d}x = \frac{1}{\pi} \int_{0}^{2\pi} g(x) \cos(nx) \mathrm{d}x = \frac{1}{\pi} \int_{0}^{2\pi} f(\tfrac{p}{2\pi}x) \cos(nx) \mathrm{d}x$$

$$b_n = \frac{1}{\pi} \int_{-\pi}^{\pi} g(x) \sin(nx) \mathrm{d}x = \frac{1}{\pi} \int_{0}^{2\pi} g(x) \sin(nx) \mathrm{d}x = \frac{1}{\pi} \int_{0}^{2\pi} f(\tfrac{p}{2\pi}x) \sin(nx) \mathrm{d}x$$

erhalten wir mit der Substitution $u = \frac{p}{2\pi}x$ bzw. $x = \frac{2\pi}{p}u$

$$a_n = \frac{2}{p} \int_{0}^{p} f(u) \cos(n\tfrac{2\pi}{p}u) \mathrm{d}u = \frac{2}{p} \int_{0}^{p} f(x) \cos(n\tfrac{2\pi}{p}x) \mathrm{d}x$$

$$b_n = \frac{2}{p} \int_{0}^{p} f(u) \sin(n\tfrac{2\pi}{p}u) \mathrm{d}u = \frac{2}{p} \int_{0}^{p} f(x) \sin(n\tfrac{2\pi}{p}x) \mathrm{d}x$$

Für die Funktion $f(x) = g(\frac{2\pi}{p}x)$ gilt:

$$f(x) = \frac{a_0}{2} + \sum_{n=1}^{\infty} a_n \cos(n\tfrac{2\pi}{p}x) + \sum_{n=1}^{\infty} b_n \sin(n\tfrac{2\pi}{p}x) \tag{7.33}$$

Damit gelangt man zu der folgenden Aussage:

Fourierentwicklung einer Funktion mit der Periode p

$f(x)$ sei eine periodische Funktion mit der Periode p. Sind $f(x)$ und $f'(x)$ stückweise stetig im Intervall $[0; p]$, dann gilt an allen Stetigkeitsstellen

$$f(x) = \frac{a_0}{2} + \sum_{n=1}^{\infty} a_n \cos(n\frac{2\pi}{p}x) + \sum_{n=1}^{\infty} b_n \sin(n\frac{2\pi}{p}x) \tag{7.34}$$

und an allen Unstetigkeitsstellen

$$\frac{a_0}{2} + \sum_{n=1}^{\infty} a_n \cos(n\frac{2\pi}{p}x) + \sum_{n=1}^{\infty} b_n \sin(n\frac{2\pi}{p}x) = \frac{1}{2}\left(\lim_{\substack{s \to x \\ s < x}} f(s) + \lim_{\substack{s \to x \\ s > x}} f(s)\right) \tag{7.35}$$

mit den Fourierkoeffizienten

$$a_n = \frac{2}{p}\int_0^p f(x)\cos(n\frac{2\pi}{p}x)\mathrm{d}x \qquad n = 0,1,2,\ldots \tag{7.36}$$

$$b_n = \frac{2}{p}\int_0^p f(x)\sin(n\frac{2\pi}{p}x)\mathrm{d}x \qquad n = 1,2,\ldots \tag{7.37}$$

Statt der Integration über das Intervall $[0; p]$ kann man bei der Berechnung der Fourierkoeffizienten auch über ein anderes Intervall der Breite p integrieren, z.B. über das Intervall $[-\frac{p}{2}; \frac{p}{2}]$. Ferner folgt aus der Symmetrie von Funktionen:

$$f(x) \text{ ungerade} \quad \Rightarrow \quad a_n = 0 \tag{7.38}$$

$$f(x) \text{ gerade} \quad \Rightarrow \quad b_n = 0 \tag{7.39}$$

Beispiel 7.13: Wechselstrom bei einem Einweg-Gleichrichter

Wir betrachten einen Wechselstrom $I(t) = I_0 f(t)$ mit $f(t + T) = f(t)$ und

$$f(t) = \begin{cases} \cos(\frac{2\pi}{T}t) & \text{für } |t| \leq \frac{T}{4} \\ 0 & \text{für } \frac{T}{4} \leq |t| \leq \frac{T}{2} \end{cases}$$

T ist die Periode der Funktion.

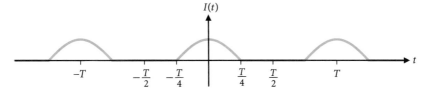

Abb. 7.9: Wechselstrom bei einem Einweg-Gleichrichter.

Die Funktion $f(t)$ soll durch ihre Fourierreihe dargestellt werden. Da sie gerade ist, sind die Koeffizienten b_n null. Für die Berechnung der Koeffizienten a_n kann man über das Intervall $[-\frac{T}{2}; \frac{T}{2}]$ integrieren. Da $f(t) = 0$ für $\frac{T}{4} \leq |t| \leq \frac{T}{2}$ und aufgrund der Symmetrie gilt:

$$a_n = \frac{2}{T} \int_{-\frac{T}{2}}^{\frac{T}{2}} f(t) \cos(n\tfrac{2\pi}{T}t)\mathrm{d}t = \frac{4}{T} \int_{0}^{\frac{T}{2}} f(t) \cos(n\tfrac{2\pi}{T}t)\mathrm{d}t = \frac{4}{T} \int_{0}^{\frac{T}{4}} f(t) \cos(n\tfrac{2\pi}{T}t)\mathrm{d}t$$

Für $n = 0$ und $n = 1$ erhält man:

$$a_0 = \frac{4}{T} \int_{0}^{\frac{T}{4}} f(t)\mathrm{d}t = \frac{4}{T} \int_{0}^{\frac{T}{4}} \cos(\tfrac{2\pi}{T}t)\mathrm{d}t = \frac{4}{T} \left[\frac{T}{2\pi} \sin(\tfrac{2\pi}{T}t) \right]_0^{\frac{T}{4}} = \frac{2}{\pi}$$

$$a_1 = \frac{4}{T} \int_{0}^{\frac{T}{4}} f(t) \cos(\tfrac{2\pi}{T}t)\mathrm{d}t = \frac{4}{T} \int_{0}^{\frac{T}{4}} \cos^2(\tfrac{2\pi}{T}t)\mathrm{d}t = \frac{4}{T} \left[\frac{t}{2} + \frac{T}{8\pi} \sin(\tfrac{4\pi}{T}t) \right]_0^{\frac{T}{4}} = \frac{1}{2}$$

Für $n > 1$ ergibt die Integration:

$$a_n = \frac{4}{T} \int_{0}^{\frac{T}{4}} f(t) \cos(n\tfrac{2\pi}{T}t)\mathrm{d}t = \frac{4}{T} \int_{0}^{\frac{T}{4}} \cos(\tfrac{2\pi}{T}t) \cos(n\tfrac{2\pi}{T}t)\mathrm{d}t$$

$$= \frac{4}{T} \left[\frac{T}{4\pi(n-1)} \sin\left((n-1)\tfrac{2\pi}{T}t\right) + \frac{T}{4\pi(n+1)} \sin\left((n+1)\tfrac{2\pi}{T}t\right) \right]_0^{\frac{T}{4}}$$

$$= \frac{1}{\pi} \left(\frac{1}{(n-1)} \sin\left((n-1)\tfrac{\pi}{2}\right) + \frac{1}{(n+1)} \sin\left((n+1)\tfrac{\pi}{2}\right) \right)$$

Für ungerade n ist dies null, für gerade $n > 1$ erhält man:

$$a_n = \frac{1}{\pi} \left(\frac{1}{(n-1)}(-1)^{\frac{n}{2}+1} + \frac{1}{(n+1)}(-1)^{\frac{n}{2}} \right)$$

$$= (-1)^{\frac{n}{2}+1} \frac{1}{\pi} \left(\frac{1}{(n-1)} - \frac{1}{(n+1)} \right) = (-1)^{\frac{n}{2}+1} \frac{2}{\pi} \frac{1}{(n-1)(n+1)}$$

Mit der Abkürzung $\omega = \frac{2\pi}{T}$ lautet die Fourierreihe der Funktion $f(t)$:

$$f(t) = \frac{1}{\pi} + \frac{1}{2} \cos(\omega t) + \frac{2}{\pi} \left(\frac{\cos(2\omega t)}{1 \cdot 3} - \frac{\cos(4\omega t)}{3 \cdot 5} + \frac{\cos(6\omega t)}{5 \cdot 7} - \dots \right) \qquad \blacksquare$$

Die Fourierentwicklung kann man nicht nur bei periodischen Funktionen durchführen. Ist eine Funktion in einem Intervall I der Breite p definiert, so kann man sie auf den Bereich außerhalb dieses Intervalls so fortsetzen, dass man eine periodische Funktion $f(x)$ mit $f(x + p) = f(x)$ erhält, die für $x \in I$ mit der ursprünglichen Funktion übereinstimmt. Erfüllt $f(x)$ die Voraussetzungen für Fourierentwicklung, so gilt die Fourierreihe auch im Intervall I für die ursprüngliche Funktion.

Anwendung der Fourierentwicklung

In vielen Bereichen der Technik hat man es mit periodischen Signalen bzw. Funktionen zu tun. Häufig (z.B. bei akkustischen Signalen) ist die Variable die Zeit. Bei der Analyse, Verarbeitung und Erzeugung solcher Signale spielt die Fourierentwicklung eine große Rolle. Periodische Signale bzw. Funktionen können als Fourierreihen dargestellt werden. Ist die Variable die Zeit t und T die Periode, so lautet die Fourierreihe:

$$f(t) = \frac{a_0}{2} + \sum_{n=1}^{\infty} a_n \cos(n\omega t) + \sum_{n=1}^{\infty} b_n \sin(n\omega t) \qquad \text{mit} \ \ \omega = \frac{2\pi}{T} \qquad (7.40)$$

$$= \frac{a_0}{2} + \sum_{n=1}^{\infty} [a_n \cos(n\omega t) + b_n \sin(n\omega t)]$$

Sind A_n, φ_n die Polarkoordinaten eines Punktes mit den kartesischen Koordinaten a_n, b_n, dann gilt (s. Abschnitt 9.1.2, S. 320):

$$a_n = A_n \cos \varphi_n \qquad\qquad b_n = A_n \sin \varphi_n \qquad\qquad\qquad (7.41)$$

$$A_n = \sqrt{a_n^2 + b_n^2} \qquad\qquad \tan \varphi_n = \frac{b_n}{a_n} \qquad\qquad\qquad (7.42)$$

Mit dem Additionstheorem (2.91) folgt:

$$f(t) = \frac{a_0}{2} + \sum_{n=1}^{\infty} [A_n \cos \varphi_n \cos(n\omega t) + A_n \sin \varphi_n \sin(n\omega t)]$$

$$= \frac{a_0}{2} + \sum_{n=1}^{\infty} A_n [\cos(n\omega t) \cos \varphi_n + \sin(n\omega t) \sin \varphi_n]$$

$$= \frac{a_0}{2} + \sum_{n=1}^{\infty} A_n \cos(n\omega t - \varphi_n)$$

$$= \frac{a_0}{2} + \sum_{n=1}^{\infty} A_n \cos(\omega_n t - \varphi_n) \qquad\qquad \text{mit} \ \ \omega_n = n\frac{2\pi}{T} \qquad (7.43)$$

Dies ist eine Summe harmonischer Schwingungen mit den Amplituden A_n und den (Kreis-)Frequenzen ω_n. Neben der sog. Grundschwingung (Beitrag mit $n = 1$) gibt es sog. Oberschwingungen (Summanden mit $n > 1$). Die Amplituden A_n und Phasen φ_n charakterisieren das Signal. Spielt man z.B. mit einem Instrument gleichmäßig einen bestimmten Ton, so ist der Luftdruck an einem bestimmten Ort eine periodische Funktion der Zeit. Diese besteht aus einer Grundschwingung (Grundton) und Oberschwingungen (Obertönen). Die Amplituden A_n und Phasen φ_n charakterisieren den Klang. Durch Addition von Grundton und Obertönen kann man Klänge auch technisch synthetisieren. Allgemein erlaubt die Kenntnis der Koeffizienten a_n und b_n bzw. A_n und φ_n wichtige Rückschlüsse auf das Signal. Dies wird bei vielen technischen Anwendungen (z.B. akkustischen Prüfverfahren) genutzt.

7.5   Aufgaben zu Kapitel 7

7.1 Berechnen Sie den Wert folgender Reihen:

a) $\displaystyle\sum_{k=1}^{\infty} \left(\frac{1}{2}\right)^{\frac{k}{2}}$ b) $\displaystyle\sum_{k=1}^{\infty} \frac{5^{2-k}}{2^k 3^{2k}}$

7.2 Prüfen Sie, ob die folgenden Reihen konvergieren:

a) $\displaystyle\sum_{k=1}^{\infty} \frac{1}{k^3}$ b) $\displaystyle\sum_{k=1}^{\infty} \frac{1}{3^k}$ c) $\displaystyle\sum_{k=1}^{\infty} \frac{k^2}{k!}$ d) $\displaystyle\sum_{k=1}^{\infty} \left(1 + \frac{1}{k}\right)^{k^2}$

e) $\displaystyle\sum_{k=1}^{\infty} \frac{k}{2^k}$ f) $\displaystyle\sum_{k=1}^{\infty} \frac{k^k}{k!}$ g) $\displaystyle\sum_{k=1}^{\infty} \frac{2^k}{k!}$ h) $\displaystyle\sum_{k=1}^{\infty} \frac{\ln k}{k^2}$

7.3 Berechnen Sie für die folgenden Reihen den Konvergenzradius:

a) $\displaystyle\sum_{k=0}^{\infty} 4^k (x-1)^k$ b) $\displaystyle\sum_{k=0}^{\infty} k^4 (x-1)^k$ c) $\displaystyle\sum_{k=0}^{\infty} \frac{3^k}{k!} (x-2)^k$

d) $\displaystyle\sum_{k=0}^{\infty} \frac{k!}{k^k} (x+1)^k$ e) $\displaystyle\sum_{k=0}^{\infty} \frac{k^2}{2^k} (x+2)^k$ f) $\displaystyle\sum_{k=1}^{\infty} \left(1 - \frac{1}{2k}\right)^{k^2} (x-\pi)^k$

7.4 Bestimmen Sie für die folgenden Funktionen jeweils das Taylorpolynom vom Grad 4 mit Entwicklungspunkt x_0:

a) $f(x) = \dfrac{1}{x} - \ln x$ $\qquad x_0 = 1$

b) $f(x) = \ln \cosh(x)$ $\qquad x_0 = 0$

c) $f(x) = e^{\sin x}$ $\qquad x_0 = \pi$

7.5 Bestimmen Sie für die folgenden Funktionen die Taylorreihe mit Entwicklungspunkt x_0 und das Konvergenzintervall der Taylorreihe:

a) $f(x) = \dfrac{1}{x^2} - \dfrac{2}{x}$ $\qquad x_0 = 1$

b) $f(x) = \ln(4 - x)$ $\qquad x_0 = 3$

c) $f(x) = \dfrac{1}{3 - 2x}$ $\qquad x_0 = 1$

7.6 Berechnen Sie die folgenden Grenzwerte mithilfe von Taylorreihen (ohne Verwendung der Regeln von L'Hospital):

a) $\displaystyle\lim_{x \to 0} \frac{\sin x}{x}$ b) $\displaystyle\lim_{x \to 0} \frac{x - \ln(1+x)}{\sin(x^2)}$ c) $\displaystyle\lim_{x \to 0} \frac{x^2 \, e^x}{(e^x - 1)^2}$

7.7 Bestimmen Sie Näherungslösungen der folgenden Gleichungen, indem Sie jeweils eine Funktion näherungsweise durch ein Taylorpolynom vom Grad 2 mit Entwicklungspunkt x_0 ersetzen.

a) $e^x = -x^2 + \dfrac{3}{2}$ $\qquad\qquad$ $x_0 = 0$

b) $\ln(x - 1) = -\dfrac{1}{2}x^2 + 3$ $\qquad$ $x_0 = 2$

7.8 Bestimmen Sie die Taylorreihe einer quadratischen Funktion $f(x) = a_0 + a_1 x + a_2 x^2$ mit beliebigem Entwicklungspunkt x_0. Was fällt auf?

7.9 Gegeben ist die Funktion

$$f(x) = \begin{cases} x^3 \ln(x^2) & \text{für } x \neq 0 \\ 0 & \text{für } x = 0 \end{cases}$$

a) Berechnen Sie das Taylorpolynom vom Grad 2 mit Entwicklungspunkt $x_0 = 0$.

b) Existiert die Taylorreihe der Funktion mit Entwicklungspunkt $x_0 = 0$?

7.10 Gegeben ist die Funktion

$$f(x) = \begin{cases} e^{-\frac{1}{x^2}} & \text{für } x \neq 0 \\ 0 & \text{für } x = 0 \end{cases}$$

Man kann zeigen, dass für die k-te Ableitung gilt: $f^{(k)}(0) = 0$ für alle $k \in \mathbb{N}$.

a) Wie lautet die Taylorreihe der Funktion mit Entwicklungspunkt $x_0 = 0$?

b) Stimmt diese Taylorreihe mit der Funktion überein?

7.11 Berechnen Sie näherungsweise das Integral

$$\int_0^{\frac{1}{2}} \frac{\arctan x}{x} \, dx$$

auf folgende Weise: Verwenden Sie die Taylorreihe der Funktion $\arctan x$ mit Entwicklungspunkt $x_0 = 0$ (darf der Formelsammlung entnommen werden), um den Integranden als unendliche Reihe darzustellen. Ersetzen Sie den Integranden (unendliche Reihe) näherungsweise durch ein Polynom vom Grad 6 durch Weglassen aller Summanden höherer Ordnung. Integrieren Sie dieses Polynom. Vergleichen Sie das Ergebnis mit dem (auf sechs Nachkommastellen) genauen Wert 0,487222.

7.12 Ist die Luftreibungskraft proportional zur Geschwindigkeit, dann kann die Bahn eines Körpers bei einem schrägen Wurf durch den Graphen einer Funktion mit folgender Funktionsgleichung beschrieben werden:

$$y = f(x) = \left(v_{y0} + g\frac{m}{k}\right)\frac{x}{v_{x0}} + g\left(\frac{m}{k}\right)^2 \ln\left(1 - \frac{k}{m}\frac{x}{v_{x0}}\right)$$

Hier ist v_{x0} bzw. v_{y0} die x- bzw. y-Komponente der Anfangsgeschwindigkeit. g ist die Fallbeschleunigung, m die Masse und k ein Reibungskoeffizient. Gegen welchen Ausdruck strebt y für $k \to 0$? Verwenden Sie für die Berechnung eine Darstellung des Logarithmus als unendliche Reihe.

7.13 Bei einem gedämpftem Federpendel mit der Auslenkung $x(t) = A \, \mathrm{e}^{-\delta t} \sin(\omega t)$ ist die von der schwingenden Masse in der k-ten Periode zurückgelegte Strecke gegeben durch

$$s_k = s_1 \, \mathrm{e}^{-\delta \frac{2\pi}{\omega}(k-1)}$$

A, δ und ω sind Konstanten und s_1 ist die in der ersten Periode zurückgelegte Strecke. Welche Strecke wird von der schwingenden Masse insgesamt zurückgelegt, wenn man das Pendel unendlich lange pendeln lässt? Ist diese Strecke endlich?

7.14 Für die folgenden Funktionen gelte $f(x + 2\pi) = f(x)$ und

a) $f(x) = \begin{cases} -1 & \text{für } x \in]-\pi,0[\\ 1 & \text{für } x \in]0,\pi[\\ 0 & \text{für } x \in \{-\pi,0,\pi\} \end{cases}$
   b) $f(x) = \begin{cases} 0 & \text{für } x \in [-\pi,0[\\ \frac{\pi}{2} & \text{für } x = 0 \\ -x + \pi & \text{für } x \in]0,\pi] \end{cases}$

c) $f(x) = |x|$ d) $f(x) = |\sin x|$ e) $f(x) = x^2$

Bestimmen Sie die Fourierreihen der Funktionen.

8 Komplexe Zahlen

Übersicht

8.1   Einführung, Grundbegriffe und Rechenoperationen

Die komplexen Zahlen wurden (im 16. Jh.) bei der Untersuchung algebraischer Gleichungen bzw. bei dem Versuch, diese zu lösen, „erfunden". Vereinfacht dargestellt erfolgte diese „Erfindung" in etwa folgendermaßen: Für die quadratische Gleichung

$$x^2 - 2x + 5 = 0$$

liefert die Lösungsformel:

$$x_{1;2} = \tfrac{1}{2}\left(2 \pm \sqrt{-16}\right)$$

Da $\sqrt{-16}$ nicht existiert gibt keine Lösungen. Trotzdem schreiben wir

$$x_{1;2} = \tfrac{1}{2}\left(2 \pm \sqrt{16 \cdot (-1)}\right) = \tfrac{1}{2}\left(2 \pm 4\sqrt{-1}\right) = 1 \pm 2\sqrt{-1}$$

$\sqrt{-1}$ existiert ebensowenig wie $\sqrt{-16}$. Genauer gesagt: Es existiert keine reelle Zahl, deren Quadrat -1 oder -16 ist. Also „erfinden" wir eine Zahl i mit der Eigenschaft:

$$\mathrm{i}^2 = -1$$

Die Lösung der obigen quadratischen Gleichung lautet damit:

$$x_{1;2} = 1 \pm 2\,\mathrm{i}$$

Man kann leicht nachprüfen, dass $x_{1;2}$ Lösungen sind. Mit den üblichen Rechenregeln und der Zusatzregel $\mathrm{i}^2 = -1$ erhält man z.B. für $x_1 = 1 + 2\,\mathrm{i}$:

$$x_1^2 - 2x_1 + 5 = (1 + 2\,\mathrm{i})^2 - 2(1 + 2\,\mathrm{i}) + 5 = 1 + 2 \cdot 2\,\mathrm{i} + (2\,\mathrm{i})^2 - 2 - 4\,\mathrm{i} + 5$$
$$= 1 + 4\,\mathrm{i} + 4 \cdot \mathrm{i}^2 - 2 - 4\,\mathrm{i} + 5 = 1 + 4\,\mathrm{i} - 4 - 2 - 4\,\mathrm{i} + 5 = 0$$

Ausdrücke der Form $a + \mathrm{i}\,b$ mit zwei reellen Zahlen a,b und der Regel $\mathrm{i}^2 = -1$ bezeichnete man als „komplexe Zahlen" und rechnete mit diesen ähnlich wie bei der obigen Rechnung. Häufig werden auch heute noch die komplexen Zahlen in dieser Weise „definiert", um dann mit ihnen zu rechnen. Manche Studenten fragen sich, warum man in der Mathematik etwas definiert, von dem man vorher gezeigt hat, dass es das nicht geben kann, und bleiben häufig „lebenslänglich" ohne Antwort auf diese Frage. Das soll bei den Lesern dieses Buches nicht der Fall sein. Deshalb gehen wir bei der Einführung der komplexen Zahlen etwas anders vor. Vorher wollen wir jedoch eine andere Frage beantworten: Warum beschäftigt man sich überhaupt mit komplexen Zahlen? Antwort: Weil die komplexen Zahlen die Lösung vieler Problemstellungen in der Mathematik und ihren Anwendungen erheblich vereinfachen.

Nun zur Einführung komplexer Zahlen: Es gibt auf der Zahlengeraden keinen Punkt mit der Eigenschaft, dass das Quadrat der entsprechenden Zahl negativ ist. Wir lösen uns deshalb von der Vorstellung einer Zahl als Punkt auf einer Geraden und gehen über zu Zahlen als Punkte in der Ebene (s. Abb. 8.1).

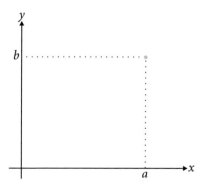

Abb. 8.1: Zahlen als Punkte in der Ebene.

Ein Punkt in der Ebene kann dargestellt werden durch seine kartesischen Koordinaten (a,b) (s. Abb. 8.1). Die neuen „Zahlen" sind also Zahlenpaare (a,b) mit zwei reellen Zahlen a,b. Wir betrachten die x-Achse als unsere gewohnte reelle Zahlengeraden. Punkte auf dieser Geraden, d. h. Zahlenpaare $(a,0)$, nennen wir reelle Zahlen. Punkte auf der y-Achse, d. h. Zahlenpaare $(0,b)$, nennen wir **imaginäre Zahlen**. Beliebige Punkte bzw. Zahlenpaare (a,b) nennen wir **komplexe Zahlen**. Komplexe Zahlen sind also reelle Zahlenpaare und existieren damit ebenso wie eine einzelne reelle Zahl. Wir wollen nun für die Zahlen(paare) eine Addition und Multiplikation mit folgenden Eigenschaften einführen: Für Zahlenpaare $(a,0)$ sollen diese Addition und Multiplikation mit der gewohnten Addition und Multiplikation reeller Zahlen übereinstimmen. Es soll möglich sein, dass das Quadrat einer komplexen Zahl eine negative reelle Zahl ergibt. Dies ist der Fall für die folgenden Definitionen der Addition und Multiplikation:

$$z_1 + z_2 = (a_1,b_1) + (a_2,b_2) = (a_1 + a_2, b_1 + b_2) \tag{8.1}$$

$$z_1 \cdot z_2 = (a_1,b_1) \cdot (a_2,b_2) = (a_1 a_2 - b_1 b_2, a_1 b_2 + a_2 b_1) \tag{8.2}$$

Man kann zeigen, dass für diese Addition und Multiplikation die gleichen Rechenregeln gelten wie bei der gewohnten Addition und Multiplikation reeller Zahlen, z.B. gilt das Kommutativgesetz $z_1 z_2 = z_2 z_1$ und das Distributivgesetz $z_1(z_2 + z_3) = z_1 z_2 + z_1 z_3$. Für reelle Zahlen a_1, a_2, d. h. Zahlenpaare $z_1 = (a_1,0), z_2 = (a_2,0)$, hat man die normale Addition und Multiplikation reeller Zahlen:

$$z_1 + z_2 = (a_1,0) + (a_2,0) = (a_1 + a_2, 0)$$

$$z_1 \cdot z_2 = (a_1,0) \cdot (a_2,0) = (a_1 a_2, 0)$$

Für das Quadrat der imaginären Zahl $(0,1)$ erhält man:

$$(0,1) \cdot (0,1) = (-1,0)$$

Das Zahlenpaar $(-1,0)$ stellt die reelle Zahl -1 dar. Bezeichnet man die imaginäre Zahl $(0,1)$ mit i, so kann man schreiben:

$$i^2 = -1$$

Mit der Addition (8.1) und der Multiplikation (8.2) lässt sich jede komplexe Zahl $z = (a,b)$ folgendermaßen darstellen:

$$z = (a,b) = (a,0) + (0,1) \cdot (b,0)$$

Bezeichnet man die Zahlenpaare $(a,0)$ bzw. $(b,0)$ (stellen jeweils reelle Zahlen dar) einfach mit a bzw. b, dann kann man schreiben:

$$z = a + i\,b \tag{8.3}$$

Wie gesagt: Für die Addition und die Multiplikation komplexer Zahlen gelten die gleichen Rechenregeln wie bei reellen Zahlen (z.B. Kommutativ- und Distributivgesetz). Damit erhält man z. B.:

$$\begin{aligned}
z_1 z_2 &= (a_1 + i\,b_1)(a_2 + i\,b_2) = a_1 a_2 + a_1\,i\,b_2 + i\,b_1 a_2 + i\,b_1\,i\,b_2 \\
&= a_1 a_2 + i(a_1 b_2 + b_1 a_2) + i^2\,b_1 b_2 = a_1 a_2 + i(a_1 b_2 + a_2 b_1) - b_1 b_2 \\
&= (a_1 a_2 - b_1 b_2) + i(a_1 b_2 + a_2 b_1)
\end{aligned} \tag{8.4}$$

Das Ergebnis (8.4) stimmt mit (8.2) überein. Das bedeutet: Schreibt man komplexe Zahlen nicht als Paar (a,b), sondern in der Form $a + i\,b$, so erhält man bei Anwendung der üblichen Rechenregeln für die Addition und Multiplikation und der zusätzlichen Regel $i^2 = -1$ automatisch die richtigen Ergebnisse, ohne dass man sich die Definition (8.2) der Multiplikation merken muss. Das ist ein großer Vorteil der Darstellung (8.3). Nachdem wir die Bedeutung einer komplexen Zahl $a + i\,b$ und der Zahl i geklärt haben, können wir für die Menge der komplexen Zahlen festhalten:

Menge $\mathbb{C}$ der komplexen Zahlen

$$\mathbb{C} = \{z \mid z = a + i\,b, \quad a,b \in \mathbb{R}, \quad i^2 = -1\} \tag{8.5}$$

Eine komplexe Zahl $z = a + i\,b$ kann man als Punkt in der Ebene mit den kartesischen Koordnaten a,b darstellen. Man kann sie aber auch durch einen Pfeil vom Ursprung zu diesem Punkt veranschaulichen. Im Folgenden werden wir komplexe Zahlen durch Pfeile darstellen. Die Ebene heißt **komplexe Zahlenebene**. a bzw. b heißt **Realteil** bzw. **Imaginärteil** der komplexen Zahl $a + i\,b$. Die Form $a + i\,b$ nennt man **kartesische Form** einer komplexen Zahl.

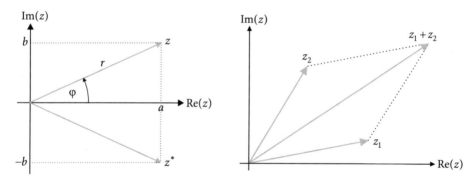

Abb. 8.2: Veranschaulichung komplexer Zahlen durch Pfeile.

In der folgenden Tabelle sind einige Grundbegriffe zusammengefasst:

Tab. 8.1: Grundbegriffe bei komplexen Zahlen

Begriff	Symbol	Bedeutung
Komplexe Zahl z	z	$z = a + i\,b$
Realteil von z	$\mathrm{Re}(z)$	$\mathrm{Re}(z) = a$
Imaginärteil von z	$\mathrm{Im}(z)$	$\mathrm{Im}(z) = b$
Betrag von z	$|z|,\ r$	$|z| = r = \sqrt{a^2 + b^2}$
Argument von z	$\arg(z),\ \varphi$	$\varphi = $ Winkel zwischen Realteilachse und Pfeil
Konjugiert komplexe Zahl	z^*	$z^* = a - i\,b$

Der Abstand des Punktes vom Ursprung bzw. die Länge r des Pfeils heißt **Betrag** der komplexen Zahl. Der Winkel φ zwischen Realteilachse und Pfeil heißt **Argument** der komplexen Zahl. Ändert man bei einer komplexen Zahl $z = a + i\,b$ das Vorzeichen des Imaginärteils b, so erhält man die komplexe Zahl $z^* = a - i\,b$. Die Zahl z^* heißt die zu z **konjugiert komplexe Zahl** und wird manchmal auch mit $\bar{z}$ bezeichnet.

Für die Addition komplexer Zahlen gilt:

Addition:
$$z_1 + z_2 = (a_1 + i\,b_1) + (a_2 + i\,b_2)$$
$$= (a_1 + a_2) + i(b_1 + b_2) \tag{8.6}$$

Aus (8.6) folgt, dass für die Pfeile bei der Addition das Gleiche gilt, wie bei der Addition von Vektoren im $\mathbb{R}^2$ (s. Abb. 8.2, rechts). Die Zahl $0 + i \cdot 0 = 0$ ist das neutrale Element bei der Addition. Für alle $z \in \mathbb{C}$ gilt $z + 0 = 0 + z = z$. Bei der Addition gibt es auch zu jeder Zahl $z \in \mathbb{C}$ ein inverses Element $-z$ mit der Eigenschaft $z + (-z) = -z + z = 0$. Das inverse Element zu einer Zahl $z = a + i\,b$ ist die Zahl $-z = -a - i\,b$. Damit kann man die Subtraktion $z_1 - z_2 = z_1 + (-z_2)$ definieren. Für die Subtraktion gilt:

Subtraktion:
$$z_1 - z_2 = (a_1 + i\,b_1) - (a_2 + i\,b_2)$$
$$= (a_1 - a_2) + i(b_1 - b_2) \tag{8.7}$$

Man kann sich leicht davon überzeugen, dass für eine Summe bzw. Linearkombination n komplexer Zahlen folgende Formeln gelten ($c_1, \ldots, c_n \in \mathbb{R}$):

$$\mathrm{Re}(z_1 + z_2 + \ldots + z_n) = \mathrm{Re}(z_1) + \mathrm{Re}(z_2) + \ldots + \mathrm{Re}(z_n) \tag{8.8}$$

$$\mathrm{Re}(c_1 z_1 + c_2 z_2 + \ldots + c_n z_n) = c_1 \, \mathrm{Re}(z_1) + c_2 \, \mathrm{Re}(z_2) + \ldots + c_n \, \mathrm{Re}(z_n) \tag{8.9}$$

Die Formeln (8.8) und (8.9) spielen eine wichtige Rolle bei Anwendungen.

Für die Multiplikation zweier komplexer Zahlen gilt:

Multiplikation:
$$z_1 \cdot z_2 = (a_1 + i\,b_1) \cdot (a_2 + i\,b_2)$$
$$= (a_1 a_2 - b_1 b_2) + i(a_1 b_2 + a_2 b_1) \tag{8.10}$$

Die Zahl $1 + i \cdot 0 = 1$ ist das neutrale Element bei der Multiplikation. Für alle $z \in \mathbb{C}$ gilt $z \cdot 1 = 1 \cdot z = z$. Es stellt sich die Frage, ob es bei der Multiplikation zu einer komplexen Zahl z ein inverses Element z^{-1} gibt mit $z \cdot z^{-1} = z^{-1} \cdot z = 1$. Wir nehmen an, $z^{-1} = x + i\,y$ sei das inverse Element zu $z = a + i\,b$. Dann folgt:

$$z \cdot z^{-1} = (a + i\,b) \cdot (x + i\,y) = 1 \Rightarrow ax + a\,i\,y + i\,bx + i^2\,by = 1$$

$$\Rightarrow ax - by + i(bx + ay) = 1 \quad \Rightarrow \quad \begin{array}{rcl} ax & - & by = 1 \\ bx & + & ay = 0 \end{array}$$

Die beiden letzten Gleichung sind ein lineares Gleichungssystem. Für $a = b = 0$ gibt es keine Lösung. Für alle anderen Fälle lautet die Lösung:

$$x = \frac{a}{a^2 + b^2} \qquad y = -\frac{b}{a^2 + b^2}$$

Bei der Multiplikation gibt es also für alle $z \neq 0 + \mathrm{i}\cdot 0$ ein inverses Element:

$$z = a + \mathrm{i}\,b \qquad z^{-1} = \frac{a}{a^2 + b^2} - \mathrm{i}\,\frac{b}{a^2 + b^2} = \frac{z^*}{|z|^2} \tag{8.11}$$

Damit kann man für $z_2 \neq 0$ die Division $\frac{z_1}{z_2} = z_1 \cdot z_2^{-1}$ einführen. Für die Divsion gilt:

Division: $\qquad\qquad \frac{z_1}{z_2} = \frac{a_1 + \mathrm{i}\,b_1}{a_2 + \mathrm{i}\,b_2} = \frac{a_1 a_2 + b_1 b_2}{a_2^2 + b_2^2} + \mathrm{i}\,\frac{a_2 b_1 - a_1 b_2}{a_2^2 + b_2^2} \qquad$ (8.12)

Für das Produkt $z \cdot z^*$ einer komplexen Zahl $z = a + \mathrm{i}\,b$ und der konjugiert komplexen Zahl $z^* = a - \mathrm{i}\,b$ gilt:

$$z \cdot z^* = (a + \mathrm{i}\,b) \cdot (a - \mathrm{i}\,b) = a^2 + b^2 = |z|^2 \tag{8.13}$$

Man muss sich die Formel (8.12) für die Division nicht merken, sondern kann den Quotienten zweier komplexer Zahlen folgendermaßen berechnen:

Division: $\qquad\qquad\qquad \frac{z_1}{z_2} = \frac{z_1 z_2^*}{z_2 z_2^*} = \frac{z_1 z_2^*}{|z_2|^2} \qquad\qquad\qquad$ (8.14)

Durch Erweitern des Quotienten mit z_2^* wird der Nenner reell. Im Zähler steht dann ein Produkt zweier komplexer Zahlen.

Beispiel 8.1: Rechnen mit komplexen Zahlen

Wir rechnen mit den zwei komplexen Zahlen $z_1 = 1 + 3\,\mathrm{i}$ und $z_2 = 2 - 4\,\mathrm{i}$:

a) $\quad z_1^* = 1 - 3\,\mathrm{i} \qquad\quad z_2^* = 2 + 4\,\mathrm{i}$

b) $\quad |z_1| = \sqrt{1^2 + 3^2} = \sqrt{10} \qquad |z_2| = \sqrt{2^2 + (-4)^2} = \sqrt{20} = 2\sqrt{5}$

c) $\quad z_1 + z_2 = (1 + 3\,\mathrm{i}) + (2 - 4\,\mathrm{i}) = 3 - \mathrm{i}$

d) $\quad z_1 - z_2 = (1 + 3\,\mathrm{i}) - (2 - 4\,\mathrm{i}) = -1 + 7\,\mathrm{i}$

e) $\quad z_1 z_1^* = (1 + 3\,\mathrm{i})(1 - 3\,\mathrm{i}) = 1 - 3\,\mathrm{i} + 3\,\mathrm{i} - 9\,\mathrm{i}^2 = 1 + 9 = 10 = |z_1|^2$

f) $\quad z_2 z_2^* = (2 - 4\,\mathrm{i})(2 + 4\,\mathrm{i}) = 4 + 8\,\mathrm{i} - 8\,\mathrm{i} - 16\,\mathrm{i}^2 = 4 + 16 = 20 = |z_2|^2$

g) $\quad z_1 z_2 = (1 + 3\,\mathrm{i})(2 - 4\,\mathrm{i}) = 2 - 4\,\mathrm{i} + 6\,\mathrm{i} - 12\,\mathrm{i}^2 = 14 + 2\,\mathrm{i}$

h) $\quad \dfrac{z_1}{z_2} = \dfrac{z_1 z_2^*}{|z_2|^2} = \dfrac{(1 + 3\,\mathrm{i})(2 + 4\,\mathrm{i})}{20} = \dfrac{2 + 4\,\mathrm{i} + 6\,\mathrm{i} + 12\,\mathrm{i}^2}{20} = -\dfrac{1}{2} + \dfrac{1}{2}\,\mathrm{i}$

i) $\quad \dfrac{z_2}{z_1} = \dfrac{z_2 z_1^*}{|z_1|^2} = \dfrac{(2 - 4\,\mathrm{i})(1 - 3\,\mathrm{i})}{10} = \dfrac{2 - 6\,\mathrm{i} - 4\,\mathrm{i} + 12\,\mathrm{i}^2}{10} = -1 - \mathrm{i}$ ∎

8.2 Exponentialform komplexer Zahlen

Eine komplexe Zahl $z = a + \mathrm{i}\, b$ kann dargestellt werden durch einen Pfeil der Länge r.

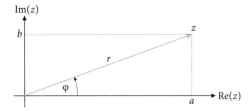

Abb. 8.3: Betrag r und Argument (Winkel) φ einer komplexen Zahl.

Der Winkel zwischen Realteilachse und Pfeil ist φ. Es gilt (s. Abb. 8.3):

$$a = r \cos\varphi \qquad \text{mit} \quad r = \sqrt{a^2 + b^2} \quad \text{und} \quad \tan\varphi = \frac{b}{a} \tag{8.15}$$
$$b = r \sin\varphi$$

Addiert (bzw. subtrahiert) man zu (bzw. von) φ ein Vielfaches von 2π, d.h. ein Vielfaches von $360°$, so erhält man den gleichen Pfeil und die gleiche komplexe Zahl z. Der Winkel φ ist bei einer komplexen Zahl nicht eindeutig. Aus dem Abschnitt 2.3.9 wissen wir, dass die Tangensfunktion mit der Funktionsgleichung $y = \tan x$ für $x \in\,]-\frac{\pi}{2}; \frac{\pi}{2}[$ umkehrbar ist und die Gleichung $y = \tan x$ in diesem Fall nach x aufgelöst werden kann. Dabei erhält man $x = \arctan y$. Auch die Gleichung $\frac{b}{a} = \tan\varphi$ lässt sich nur für $\varphi \in\,]-\frac{\pi}{2}; \frac{\pi}{2}[$ auf diese Weise umkehren. In diesem Fall gilt $\varphi = \arctan\frac{b}{a}$. Befindet sich z im zweiten oder dritten Quadranten, dann ist $\varphi \in\,]\frac{\pi}{2}; \frac{3}{2}\pi[$. Die Gleichung $\varphi = \arctan\frac{b}{a}$ kann in diesem Fall nicht stimmen, da die Wertemenge der Arkustangensfunktion $]-\frac{\pi}{2}; \frac{\pi}{2}[$ ist.

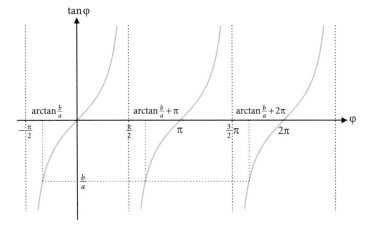

Abb. 8.4: Zur Formel für den Winkel φ.

Für den Winkel $\varphi \in\,]\frac{\pi}{2}; \frac{3}{2}\pi[$ einer komplexen Zahl im zweiten oder dritten Quadranten gilt $\varphi = \arctan\frac{b}{a} + \pi$ (s. Abb. 8.4). Für den Winkel $\varphi \in\,]\frac{3}{2}\pi; 2\pi[$ einer komplexen Zahl im vierten Quadranten gilt $\varphi = \arctan\frac{b}{a} + 2\pi$ (s. Abb. 8.4).

Berechnung von a,b aus r,φ und umgekehrt

$$r,\varphi \to a,b \qquad a = r\cos\varphi \tag{8.16}$$

$$b = r\sin\varphi \tag{8.17}$$

$$a,b \to r,\varphi \qquad r = \sqrt{a^2 + b^2} \tag{8.18}$$

$$\varphi = \begin{cases} \arctan\dfrac{b}{a} & \text{für } a > 0 & -\dfrac{\pi}{2} < \varphi < \dfrac{\pi}{2} \\[2mm] \arctan\dfrac{b}{a} + \pi & \text{für } a < 0 & \dfrac{\pi}{2} < \varphi < \dfrac{3}{2}\pi \\[2mm] \arctan\dfrac{b}{a} + 2\pi & \text{für } a > 0, b < 0 & \dfrac{3}{2}\pi < \varphi < 2\pi \\[2mm] \dfrac{\pi}{2} & \text{für } a = 0, b > 0 \\[2mm] \dfrac{3}{2}\pi & \text{für } a = 0, b < 0 \end{cases} \tag{8.19}$$

In Abschnitt 7.3 haben wir gesehen, dass sich die Sinus-, Kosinus- und e-Funktion folgendermaßen als unendliche Reihen darstellen lassen:

$$\mathrm{e}^x = 1 + x + \frac{1}{2!}x^2 + \frac{1}{3!}x^3 + \frac{1}{4!}x^4 + \frac{1}{5!}x^5 + \frac{1}{6!}x^6 + \frac{1}{7!}x^7 + \dots$$

$$\cos x = 1 - \frac{1}{2!}x^2 + \frac{1}{4!}x^4 - \frac{1}{6!}x^6 + \dots$$

$$\sin x = x - \frac{1}{3!}x^3 + \frac{1}{5!}x^5 - \frac{1}{7!}x^7 + \dots$$

Wir betrachten die e-Funktion mit dem imaginären Argument $x = \mathrm{i}\,\varphi$:

$$\mathrm{e}^{\mathrm{i}\varphi} = 1 + \mathrm{i}\,\varphi + \frac{1}{2!}(\mathrm{i}\,\varphi)^2 + \frac{1}{3!}(\mathrm{i}\,\varphi)^3 + \frac{1}{4!}(\mathrm{i}\,\varphi)^4 + \frac{1}{5!}(\mathrm{i}\,\varphi)^5 + \frac{1}{6!}(\mathrm{i}\,\varphi)^6 + \frac{1}{7!}(\mathrm{i}\,\varphi)^7 + \dots$$

$$= 1 + \mathrm{i}\,\varphi - \frac{1}{2!}\varphi^2 - \mathrm{i}\,\frac{1}{3!}\varphi^3 + \frac{1}{4!}\varphi^4 + \mathrm{i}\,\frac{1}{5!}\varphi^5 - \frac{1}{6!}\varphi^6 - \mathrm{i}\,\frac{1}{7!}\varphi^7 + \dots$$

$$= \underbrace{\left(1 - \frac{1}{2!}\varphi^2 + \frac{1}{4!}\varphi^4 - \frac{1}{6!}\varphi^6 + \dots\right)}_{\cos\varphi} + \mathrm{i}\underbrace{\left(\varphi - \frac{1}{3!}\varphi^3 + \frac{1}{5!}\varphi^5 - \mathrm{i}\,\frac{1}{7!}\varphi^7 + \dots\right)}_{\sin\varphi}$$

$$= \cos\varphi + \mathrm{i}\sin\varphi$$

Wir erhalten die folgende Formel, die nicht selten als die wichtigste und bedeutenste Formel der Mathematik und Physik bezeichnet wird:

Euler-Formel $\qquad\qquad \mathrm{e}^{\mathrm{i}\varphi} = \cos\varphi + \mathrm{i}\sin\varphi \tag{8.20}$

Die e-Funktion und die trigonometrischen Funktionen (sin- und cos-Funktion) gehören zu den wichtigsten Funktionen der Mathematik, Naturwissenschaft und Technik. Auf den ersten Blick scheinen die nichtperiodische e-Funktion und die periodischen trigonometrischen Funktionen nichts miteinander zu tun zu haben. Die Euler-Formel stellt jedoch fest: Sie sind mathematisch eng verwandt. Tatsächlich spielt die Euler-Formel eine extrem wichtige Rolle in der Mathematik und Naturwissenschaft. Die Tatsache, dass komplexe Zahlen die Lösung von Problemstellungen in der angewandten Mathematik sehr vereinfachen, beruht hauptsächlich auf der Euler-Formel und der aus ihr folgenden Exponentialform komplexer Zahlen. Aus (8.15) und der Euler-Formel (8.20) folgt:

$$z = a + \mathrm{i}\,b = r\cos\varphi + \mathrm{i}\,r\sin\varphi = r(\cos\varphi + \mathrm{i}\sin\varphi) = r\,\mathrm{e}^{\mathrm{i}\,\varphi}$$

Man kann eine komplexe Zahl also folgendermaßen darstellen:

Exponentialform einer komplexen Zahl: $z = r\,\mathrm{e}^{\mathrm{i}\,\varphi}$ (8.21)

Dabei ist $r = |z| = \sqrt{a^2 + b^2}$ der Betrag und $\varphi = \arg(z)$ das Argument (Winkel zwischen Pfeil und Realteilachse) der komplexen Zahl $z = a + \mathrm{i}\,b$. Die Rechenregeln und Eigenschaften der e-Funktion gelten auch für imaginäre Argumente:

$$\mathrm{e}^{\mathrm{i}(\varphi_1 + \varphi_2)} = \mathrm{e}^{\mathrm{i}\,\varphi_1} \cdot \mathrm{e}^{\mathrm{i}\,\varphi_2} \tag{8.22}$$

$$\mathrm{e}^{\mathrm{i}(\varphi_1 - \varphi_2)} = \frac{\mathrm{e}^{\mathrm{i}\,\varphi_1}}{\mathrm{e}^{\mathrm{i}\,\varphi_2}} \tag{8.23}$$

$$\mathrm{e}^{-\mathrm{i}\,\varphi} = \frac{1}{\mathrm{e}^{\mathrm{i}\,\varphi}} \tag{8.24}$$

$$\mathrm{e}^{n\,\mathrm{i}\,\varphi} = (\mathrm{e}^{\mathrm{i}\,\varphi})^n \tag{8.25}$$

Aufgrund dieser Eigenschaften sind Multiplikation, Division, Potenzieren und Wurzelziehen mit der Exponentialform besonders einfach durchzuführen.

Multiplikation: $z_1 z_2 = r_1\,\mathrm{e}^{\mathrm{i}\,\varphi_1}\,r_2\,\mathrm{e}^{\mathrm{i}\,\varphi_2} = r_1 r_2\,\mathrm{e}^{\mathrm{i}(\varphi_1 + \varphi_2)}$ (8.26)

Bei der Multiplikation zweier komplexer Zahlen werden die Beträge multipliziert und die Winkel addiert (s. Abb. 8.5, links). Aus (8.26) folgt:

$$|z_1 z_2| = |z_1||z_2| \tag{8.27}$$

Der Betrag eines Produkts zweier komplexer Zahlen ist das Produkt der einzelnen Beträge. Wir betrachten nun die Divsion:

Division: $\dfrac{z_1}{z_2} = \dfrac{r_1\,\mathrm{e}^{\mathrm{i}\,\varphi_1}}{r_2\,\mathrm{e}^{\mathrm{i}\,\varphi_2}} = \dfrac{r_1}{r_2}\,\mathrm{e}^{\mathrm{i}(\varphi_1 - \varphi_2)}$ (8.28)

Bei der Division zweier komplexer Zahlen werden die Beträge dividiert und die Winkel subtrahiert (s. Abb. 8.5, rechts). Aus (8.28) folgt:

$$\left|\frac{z_1}{z_1}\right| = \frac{|z_1|}{|z_2|} \tag{8.29}$$

Der Betrag eines Quotienten zweier komplexer Zahlen ist der Quotient der einzelnen Beträge. Wir betrachten das Potenzieren:

Potenzieren: $\quad z^n = (r\,e^{i\,\varphi})^n = r^n(e^{i\,\varphi})^n = r^n\,e^{i\,n\varphi}$ \hfill (8.30)

Beim Potenzieren mit Exponent n wird der Betrag potenziert und der Winkel mit n multipliziert. Aus (8.30) folgt:

$$|z^n| = |z|^n \tag{8.31}$$

Der Betrag einer Potenz einer komplexen Zahl ist die Potenz des Betrages. Wir kommen nun zum Wurzelziehen: Die n-te Wurzel aus einer komplexen Zahl z ist eine Zahl w mit der Eigenschaft $w^n = z$. Die Zahl $w = z^{\frac{1}{n}} = (r\,e^{i\,\varphi})^{\frac{1}{n}} = \sqrt[n]{r}\,e^{i\,\frac{\varphi}{n}}$ ist eine n-te Wurzel, denn es gilt $w^n = z$. Die Zahl w ist jedoch nicht die einzige Zahl mit dieser Eigenschaft. Addiert man zum Winkel φ einer komplexen Zahl $z = r\,e^{i\,\varphi}$ ein Vielfaches von 2π bzw. $360°$, so ändert sich die komplexe Zahl nicht. Deshalb gilt $z = r\,e^{i(\varphi+k2\pi)}$ mit $k \in \mathbb{Z}$. Die Zahlen

$$w_k = (r\,e^{i(\varphi+k2\pi)})^{\frac{1}{n}} = \sqrt[n]{r}\,e^{i(\frac{\varphi}{n}+k\frac{2\pi}{n})} \qquad k = 0,1,2,\dots$$

sind alle n-te Wurzeln, denn es gilt $w_k^n = z$. Für $k = 0,1,\dots,n-1$ sind die Wurzeln w_k alle verschieden. Für $k = n$ erhält man die gleiche Wurzel wie für $k = 0$.

$$w_n = \sqrt[n]{r}\,e^{i(\frac{\varphi}{n}+n\frac{2\pi}{n})} = \sqrt[n]{r}\,e^{i(\frac{\varphi}{n}+2\pi)} = \sqrt[n]{r}\,e^{i\,\frac{\varphi}{n}} = w_0$$

Es gibt also insgesamt n verschiedene n-te Wurzeln aus einer komplexen Zahl.

Wurzeln aus einer komplexen Zahl

Die n verschiedenen n-ten Wurzeln aus $z = r\,e^{i\,\varphi}$ sind gegeben durch:

$$w_k = \sqrt[n]{r}\,e^{i(\frac{\varphi}{n}+k\frac{2\pi}{n})} \tag{8.32}$$
$$= \sqrt[n]{r}\left[\cos\left(\frac{\varphi}{n}+k\frac{2\pi}{n}\right) + i\sin\left(\frac{\varphi}{n}+k\frac{2\pi}{n}\right)\right] \tag{8.33}$$

mit $k = 0,1,\dots,n-1$

Alle n-ten Wurzeln w_k aus einer komplexen Zahl $r\,e^{i\,\varphi}$ haben den gleichen Betrag $\sqrt[n]{r}$. Stellt man die komplexen Zahlen w_k als Pfeile dar, so liegen die Spitzen der Pfeile auf einem Kreis mit Radius $\sqrt[n]{r}$. Die Pfeile teilen eine „Torte" mit Radius $\sqrt[n]{r}$ in n gleich große Tortenstücke (s. S. 302, Abb. 8.6, links).

Beispiel 8.2: Multiplikation, Division und Potenzieren in Exponentialform

Wir berechnen das Produkt $z_1 z_2$, den Quotienten $\frac{z_1}{z_2}$ und die Potenz z_2^3 mit

$$z_1 = -\sqrt{6} + \sqrt{2}\,\mathrm{i} \qquad z_2 = 1 + \mathrm{i}$$

Zunächst stellen wir die komplexen Zahlen in der Exponentialform dar. Mit den Formeln (8.18) und (8.19) erhalten wir:

$$r_1 = |z_1| = \sqrt{8} \qquad \varphi_1 = \arctan\left(\frac{\sqrt{2}}{-\sqrt{6}}\right) + \pi = \frac{5}{6}\pi \qquad z_1 = \sqrt{8}\,\mathrm{e}^{\mathrm{i}\frac{5}{6}\pi}$$

$$r_2 = |z_2| = \sqrt{2} \qquad \varphi_2 = \arctan\left(\frac{1}{1}\right) = \frac{\pi}{4} \qquad z_2 = \sqrt{2}\,\mathrm{e}^{\mathrm{i}\frac{\pi}{4}}$$

Nun berechnen wir $z_1 z_2$, $\frac{z_1}{z_2}$ und z_2^3 gemäß (8.26), (8.28) und (8.30):

$$z_1 z_2 = \sqrt{8}\,\mathrm{e}^{\mathrm{i}\frac{5}{6}\pi}\,\sqrt{2}\,\mathrm{e}^{\mathrm{i}\frac{\pi}{4}} = \sqrt{8}\sqrt{2}\,\mathrm{e}^{\mathrm{i}\left(\frac{5}{6}\pi + \frac{\pi}{4}\right)} = 4\,\mathrm{e}^{\mathrm{i}\frac{13}{12}\pi}$$

$$\frac{z_1}{z_2} = \frac{\sqrt{8}\,\mathrm{e}^{\mathrm{i}\frac{5}{6}\pi}}{\sqrt{2}\,\mathrm{e}^{\mathrm{i}\frac{\pi}{4}}} = \frac{\sqrt{8}}{\sqrt{2}}\,\mathrm{e}^{\mathrm{i}\left(\frac{5}{6}\pi - \frac{\pi}{4}\right)} = 2\,\mathrm{e}^{\mathrm{i}\frac{7}{12}\pi}$$

$$z_2^3 = \left(\sqrt{2}\,\mathrm{e}^{\mathrm{i}\frac{\pi}{4}}\right)^3 = (\sqrt{2})^3\,\mathrm{e}^{\mathrm{i}3\frac{\pi}{4}} = 2\sqrt{2}\,\mathrm{e}^{\mathrm{i}\frac{3}{4}\pi} \qquad\blacksquare$$

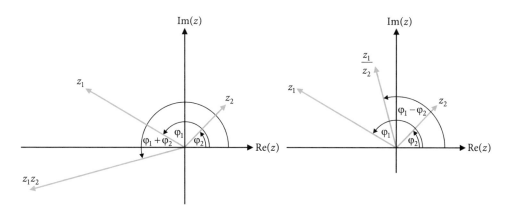

Abb. 8.5: Veranschaulichung von Rechenoperationen mit den Zahlen von Beispiel 8.2: Multiplikation (links) und Division (rechts).

Beispiel 8.3: Wurzeln aus einer komplexen Zahl

Wir berechnen die vierten Wurzeln aus der komplexen Zahl $z = -2 + 2\sqrt{3}\,\mathrm{i}$. Dazu stellen wir zunächst z in der Exponentialform dar:

$$r = |z| = 4 \qquad \varphi = \arctan\left(\frac{2\sqrt{3}}{-2}\right) + \pi = \frac{2}{3}\pi \qquad z = 4\,\mathrm{e}^{\mathrm{i}\frac{2}{3}\pi}$$

Für die vierten Wurzeln gilt nach (8.32):

$$w_k = \sqrt[4]{r}\,\mathrm{e}^{\mathrm{i}\left(\frac{\varphi}{4} + k\frac{2\pi}{4}\right)} = \sqrt{2}\,\mathrm{e}^{\mathrm{i}\left(\frac{\pi}{6} + k\frac{\pi}{2}\right)} \qquad k = 0,1,2,3$$

Damit erhalten wir:

$$w_0 = \sqrt{2}\,\mathrm{e}^{\mathrm{i}\,\frac{\pi}{6}} \qquad\qquad w_1 = \sqrt{2}\,\mathrm{e}^{\mathrm{i}(\frac{\pi}{6}+\frac{\pi}{2})} = \sqrt{2}\,\mathrm{e}^{\mathrm{i}\,\frac{2}{3}\pi}$$

$$w_2 = \sqrt{2}\,\mathrm{e}^{\mathrm{i}(\frac{\pi}{6}+2\frac{\pi}{2})} = \sqrt{2}\,\mathrm{e}^{\mathrm{i}\,\frac{7}{6}\pi} \qquad\qquad w_3 = \sqrt{2}\,\mathrm{e}^{\mathrm{i}(\frac{\pi}{6}+3\frac{\pi}{2})} = \sqrt{2}\,\mathrm{e}^{\mathrm{i}\,\frac{5}{3}\pi}$$

Wir bringen diese komplexen Zahlen in die kartesische Form $a + \mathrm{i}\,b$ und geben dabei die Winkel im Gradmaß an ($1° = \frac{2\pi}{360}$):

$$w_0 = \sqrt{2}\,\mathrm{e}^{\mathrm{i}\,\frac{\pi}{6}} = \sqrt{2}\,\mathrm{e}^{\mathrm{i}\cdot 30°} = \sqrt{2}\,[\cos(30°) + \mathrm{i}\sin(30°)] = \sqrt{\tfrac{3}{2}} + \sqrt{\tfrac{1}{2}}\,\mathrm{i}$$

$$w_1 = \sqrt{2}\,\mathrm{e}^{\mathrm{i}\,\frac{2}{3}\pi} = \sqrt{2}\,\mathrm{e}^{\mathrm{i}\cdot 120°} = \sqrt{2}\,[\cos(120°) + \mathrm{i}\sin(120°)] = -\sqrt{\tfrac{1}{2}} + \sqrt{\tfrac{3}{2}}\,\mathrm{i}$$

$$w_2 = \sqrt{2}\,\mathrm{e}^{\mathrm{i}\,\frac{7}{6}\pi} = \sqrt{2}\,\mathrm{e}^{\mathrm{i}\cdot 210°} = \sqrt{2}\,[\cos(210°) + \mathrm{i}\sin(210°)] = -\sqrt{\tfrac{3}{2}} - \sqrt{\tfrac{1}{2}}\,\mathrm{i}$$

$$w_3 = \sqrt{2}\,\mathrm{e}^{\mathrm{i}\,\frac{5}{3}\pi} = \sqrt{2}\,\mathrm{e}^{\mathrm{i}\cdot 300°} = \sqrt{2}\,[\cos(300°) + \mathrm{i}\sin(300°)] = \sqrt{\tfrac{1}{2}} - \sqrt{\tfrac{3}{2}}\,\mathrm{i}$$

Die vier Wurzeln sind in Abb. 8.6 links als Pfeile dargestellt.   ∎

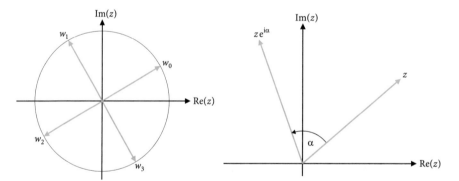

Abb. 8.6: Links: Veranschaulichung der Wurzeln von Beispiel 8.3. Rechts: Multplikation einer komplexen Zahl mit $\mathrm{e}^{\mathrm{i}\,\alpha}$.

Multipliziert man eine komplexe Zahl $z = r\,\mathrm{e}^{\mathrm{i}\,\varphi}$ mit $\mathrm{e}^{\mathrm{i}\,\alpha}$, so erhält man:

$$z\,\mathrm{e}^{\mathrm{i}\,\alpha} = r\,\mathrm{e}^{\mathrm{i}\,\varphi}\,\mathrm{e}^{\mathrm{i}\,\alpha} = r\,\mathrm{e}^{\mathrm{i}(\varphi+\alpha)} = r\cos(\varphi + \alpha) + \mathrm{i}\,r\sin(\varphi + \alpha)$$

Die Mutiplikation einer Zahl z mit $\mathrm{e}^{\mathrm{i}\,\alpha}$ bewirkt, dass der Pfeil, welcher z darstellt, um den Winkel α gedreht wird (s. Abb. 8.6, rechts). Nimmt man an, dass der Realteil von $z\,\mathrm{e}^{\mathrm{i}\,\alpha}$ für alle Winkel α null ist, so folgt daraus dass r und damit z null ist, da $\cos(\varphi + \alpha)$ nicht für alle α null ist. Daraus folgt:

$$\mathrm{Re}(z\,\mathrm{e}^{\mathrm{i}\,\alpha}) = 0 \quad \text{für alle } \alpha \quad \Rightarrow z = 0 \tag{8.34}$$

Diese Aussage werden wir bei einer wichtigen Anwendungen der komplexen Zahlen verwenden bzw. benötigen (s. Abschnitt 8.5).

8.3 Lösung algebraischer Gleichungen

Definition 8.1: Algebraische Gleichungen

Eine Gleichung mit einer Unbekannten x der Form

$$a_n x^n + a_{n-1} x^{n-1} + \ldots + a_1 x + a_0 = 0 \qquad (8.35)$$

mit $a_0, \ldots, a_n \in \mathbb{C}$ und $a_n \neq 0$ heißt **algebraische Gleichung** vom Grad n.

Die Zahlen $a_0, \ldots, a_n$ können natürlich auch reell sein (reelle Zahlen sind ja spezielle komplexe Zahlen, deren Imaginärteil null ist). Nicht jede algebraische Gleichung hat reelle Lösungen. Eine komplexe Lösung gibt es jedoch immer.

Fundamentalsatz der Algebra

Eine algebraische Gleichung vom Grad n besitzt mindestens eine und höchstens n verschiedene komplexe Lösungen. Gibt es m Lösungen $x_1, \ldots, x_m$ mit $1 \leq m \leq n$, dann gilt:

$$a_n x^n + a_{n-1} x^{n-1} + \ldots + a_1 x + a_0 = a_n (x - x_1)^{k_1} \cdot \ldots \cdot (x - x_m)^{k_m} \qquad (8.36)$$

Für die Vielfachheiten $k_1, \ldots, k_m$ der Lösungen $x_1, \ldots, x_m$ gilt $k_1 + \ldots + k_m = n$.

Sind die Zahlen $a_0, \ldots, a_n$ reell und n ungerade, so gibt es mindestens eine reelle Lösung. Für reelle $a_0, \ldots, a_n$ gibt es ferner zu jeder komplexen Lösung eine dazu konjugiert komplexe Lösung. Allgemeine Lösungsformeln gibt es für $n \leq 4$. Für $n > 4$ ist man i. Allg. auf numerische Lösungsverfahren angewiesen. Mit zunehmendem n werden die Lösungsformeln immer komplizierter. Wir beschränken uns deshalb auf die Fälle $n = 2$ und $n = 3$ und verzichten auf den Fall $n = 4$. Für $n = 2$ hat man die **quadratische Gleichung**

$$a_2 x^2 + a_1 x + a_0 = 0 \qquad (8.37)$$

mit der Lösungsformel

$$x_{1;2} = \frac{1}{2a_2} \left(-a_1 \pm \sqrt{a_1^2 - 4a_2 a_0} \right) \qquad (8.38)$$

Die Größe $D = a_1^2 - 4a_2 a_0$ heißt **Diskriminante**. Für reelle a_2, a_1, a_0 gilt:

$$D > 0 \quad \Rightarrow \quad \text{zwei verschiedene reelle Lösungen}$$
$$D = 0 \quad \Rightarrow \quad \text{eine (zweifache) reelle Lösung}$$
$$D < 0 \quad \Rightarrow \quad \text{zwei konjugiert komplexe Lösungen}$$

Für $D < 0$ erhält man aus (8.38):

$$x_{1;2} = \frac{1}{2a_2}\left(-a_1 \pm \sqrt{a_1^2 - 4a_2a_0}\right) = \frac{1}{2a_2}\left(-a_1 \pm \sqrt{(-1)(4a_2a_0 - a_1^2)}\right)$$

$$= \frac{1}{2a_2}\left(-a_1 \pm \mathrm{i}\sqrt{4a_2a_0 - a_1^2}\right) \tag{8.39}$$

Für $n = 3$ hat man die **kubische Gleichung**

$$a_3x^3 + a_2x^2 + a_1x + a_0 = 0 \tag{8.40}$$

Dividiert man die Gleichung (8.40) durch a_3, so erhält man die kubische Gleichung in der Form

$$x^3 + ax^2 + bx + c = 0 \tag{8.41}$$

Mit den Bezeichnungen

$$p = \frac{3b - a^2}{9} \qquad q = \frac{a^3}{27} - \frac{ab}{6} + \frac{c}{2} \qquad D = p^3 + q^2$$

$$u = \sqrt[3]{-q + \sqrt{D}} \qquad v = \sqrt[3]{-q - \sqrt{D}}$$

lauten die Lösungen der kubischen Gleichungen:

$$x_1 = u + v - \frac{a}{3} \tag{8.42}$$

$$x_2 = -\frac{u + v}{2} - \frac{a}{3} + \frac{u - v}{2}\sqrt{3}\,\mathrm{i} \tag{8.43}$$

$$x_2 = -\frac{u + v}{2} - \frac{a}{3} - \frac{u - v}{2}\sqrt{3}\,\mathrm{i} \tag{8.44}$$

Bei der Berechnung von u und v muss man jeweils von den drei verschiedenen Wurzeln diejenige wählen, für die $uv = -p$ ist. Sind die Zahlen a_3, a_2, a_1, a_0 bzw. a, b, c alle reell, dann gilt:

$$D > 0 \qquad \Rightarrow \quad \text{eine reelle und zwei konjugiert komplexe Lösungen}$$

$$D = 0, q \neq 0 \quad \Rightarrow \quad \text{zwei verschiedene reelle Lösungen (davon eine zweifache)}$$

$$D = 0, q = 0 \quad \Rightarrow \quad \text{eine (dreifache) reelle Lösung}$$

$$D < 0 \qquad \Rightarrow \quad \text{drei verschiedene reelle Lösungen}$$

Beispiel 8.4: Lösung einer kubischen Gleichung

Wir lösen die kubische Gleichung

$$x^3 + x^2 + 2x - 4 = 0$$

Es ist $a = 1$, $b = 2$ und $c = -4$. Damit erhalten wir:

$$p = \frac{5}{9} \quad q := -\frac{62}{27} \quad D = \frac{49}{9} \quad u = \sqrt[3]{\frac{125}{27}} = \frac{5}{3} \quad v = \sqrt[3]{-\frac{1}{27}} = -\frac{1}{3}$$

$$x_1 = 1 \quad x_2 = -1 + \sqrt{3}\,\mathrm{i} \quad x_3 = -1 - \sqrt{3}\,\mathrm{i}$$

∎

8.4 Komplexe Funktionen einer reellen Variablen

Real- und Imaginärteil einer komplexen Zahl können Funktionen einer reellen Variablen t sein:

$$z(t) = a(t) + \mathrm{i}\, b(t) \tag{8.45}$$

Man spricht in diesem Fall von einer **komplexen Funktion** einer reellen Variablen. Ändert man den Variablenwert, so ändert sich die komplexe Zahl bzw. der Pfeil, der die komplexe Zahl darstellt. Im Allgemeinen ändern sich dabei sowohl der Betrag der komplexen Zahl als auch der Winkel zur Realteilachse. Auch der Betrag und der Winkel sind Funktionen der Variblen t:

$$z(t) = r(t)\cos(\varphi(t)) + \mathrm{i}\, r(t)\sin(\varphi(t)) = r(t)\, \mathrm{e}^{\mathrm{i}\,\varphi(t)} \tag{8.46}$$

Durchläuft t ein Intervall, so durchläuft die Pfeilspitze von $z(t)$ eine Kurve in der komplexen Zahlenebene. Man spricht von einer **Ortskurve**. Sind die Funktionen $a(t)$ und $b(t)$ differenzierbar, dann kann man sie nach der Variablen t ableiten (Ableitungen nach t stellen wir hier durch einen Punkt dar). Unter der Ableitung $\dot{z}(t)$ der komplexen Zahl $z(t) = a(t) + \mathrm{i}\, b(t)$ versteht man die komplexe Zahl

$$\dot{z}(t) = \dot{a}(t) + \mathrm{i}\, \dot{b}(t) \tag{8.47}$$

Bei Anwendungen hat t oft die Bedeutung der Zeit. Häufig bleibt hier der Betrag r konstant, und der Winkel $\varphi(t) = \omega t + \alpha$ nimmt linear mit der Zeit zu:

$$z(t) = r\cos(\omega t + \alpha) + \mathrm{i}\, r\sin(\omega t + \alpha) = r\, \mathrm{e}^{\mathrm{i}(\omega t + \alpha)} \tag{8.48}$$

Der Pfeil rotiert in diesem Fall mit konstanter Länge und konstanter Winkelgeschwindigkeit ω um den Ursprung der Zahlenebene (s. Abb. 8.7).

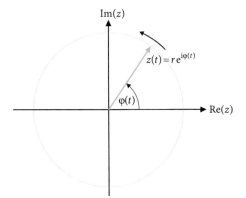

Abb. 8.7: Die Spitze des rotierenden Pfeils durchläuft eine Kurve (Kreis mit Radius r).

Wir bilden die erste und zweite Ableitung von der komplexen Funktion (8.48):

$$z(t) = r\cos(\omega t + \alpha) + \mathrm{i}\, r\sin(\omega t + \alpha) = r\,\mathrm{e}^{\mathrm{i}(\omega t + \alpha)}$$
$$\dot{z}(t) = -r\omega\sin(\omega t + \alpha) + \mathrm{i}\, r\omega\cos(\omega t + \alpha)$$
$$\quad = \mathrm{i}\,\omega r[\cos(\omega t + \alpha) + \mathrm{i}\sin(\omega t + \alpha)] = \mathrm{i}\,\omega r\,\mathrm{e}^{\mathrm{i}(\omega t + \alpha)}$$
$$\ddot{z}(t) = -r\omega^2\cos(\omega t + \alpha) - \mathrm{i}\, r\omega^2\sin(\omega t + \alpha)$$
$$\quad = -\omega^2 r[\cos(\omega t + \alpha) + \mathrm{i}\sin(\omega t + \alpha)] = -\omega^2 r\,\mathrm{e}^{\mathrm{i}(\omega t + \alpha)}$$

Es gilt also:

$$z(t) = r\,\mathrm{e}^{\mathrm{i}(\omega t + \alpha)} \qquad \dot{z}(t) = \mathrm{i}\,\omega r\,\mathrm{e}^{\mathrm{i}(\omega t + \alpha)} \qquad \ddot{z}(t) = -\omega^2 r\,\mathrm{e}^{\mathrm{i}(\omega t + \alpha)} \tag{8.49}$$

Beispiel 8.5: Lösung einer Schwingungsgleichung mit komplexer Funktion

Eine erzwungene Schwingung mit einer harmonischen Anregung mit der Frequenz $\tilde{\omega}$ wird beschrieben durch die Gleichung

$$\ddot{x}(t) + 2\delta\dot{x}(t) + \omega_0^2 x(t) = a\cos(\tilde{\omega}t) \tag{8.50}$$

Die Zahlen $\delta, \omega_0^2, a, \tilde{\omega}$ sind gegebene Konstanten. Gesucht ist eine (reelle) Funktion $x(t)$, welche die Gleichung (8.50) erfüllt. Die Abbildung 8.8 zeigt ein Beispiel aus der Mechanik (Federpendel) und eines aus der Elektrotechnik (Schwingkreis).

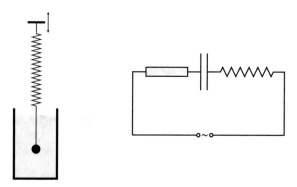

Abb. 8.8: Erzwungene Schwingung: Federpendel (links) und elektrischer Schwingkreis (rechts).

Für die Konstanten $\delta, \omega_0^2, a, \tilde{\omega}$ gelten folgende Formeln:

Federpendel

$$\delta = \frac{k}{2m}$$

$$\omega_0^2 = \frac{D}{m}$$

$$a = \frac{Dd}{m}$$

Schwingkreis

$$\delta = \frac{R}{2L}$$

$$\omega_0^2 = \frac{1}{LC}$$

$$a = \frac{U_0\tilde{\omega}}{L}$$

Die aufgeführten Größen haben folgende Bedeutung:

Federpendel		**Schwingkreis**	
$x(t)$	Auslenkung der Masse aus der Ruhelage	$x(t)$	Strom $I(t)$ durch den Schwingkreis
m	Masse des Körpers	L	Induktivität der Spule
k	Reibungskoeffizient	R	Widerstandswert
D	Federkonstante	C	Kapazität des Kondensators
d	Amplitude der Schwingung des oberen Endes der Feder	U_0	Amplitude der angelegten Wechselspannung

Anstelle der Gleichung (8.50) betrachten wir die folgende Gleichung für eine komplexe Funktion $z(t)$:

$$\ddot{z}(t) + 2\delta \dot{z}(t) + \omega_0^2 z(t) = a\, e^{i\tilde{\omega}t} \tag{8.51}$$

Der Real- bzw. Imaginärteil von $z(t)$ sei $x(t)$ bzw. $y(t)$. Es gilt:

$$z(t) = x(t) + i\, y(t) \qquad \mathrm{Re}[z(t)] = x(t)$$
$$\dot{z}(t) = \dot{x}(t) + i\, \dot{y}(t) \qquad \mathrm{Re}[\dot{z}(t)] = \dot{x}(t)$$
$$\ddot{z}(t) = \ddot{x}(t) + i\, \ddot{y}(t) \qquad \mathrm{Re}[\ddot{z}(t)] = \ddot{x}(t)$$

Damit und mit (8.9) folgt aus (8.51):

$$\mathrm{Re}[\ddot{z}(t) + 2\delta \dot{z}(t) + \omega_0^2 z(t)] = \mathrm{Re}(a\, e^{i\tilde{\omega}t})$$
$$\Rightarrow \ \mathrm{Re}[\ddot{z}(t)] + 2\delta\, \mathrm{Re}[\dot{z}(t)] + \omega_0^2\, \mathrm{Re}[z(t)] = \mathrm{Re}(ae^{i\tilde{\omega}t})$$
$$\Rightarrow \ \ddot{x}(t) + 2\delta \dot{x}(t) + \omega_0^2 x(t) = a\cos(\tilde{\omega}t)$$

Das bedeutet: Ist $z(t)$ eine Lösung von (8.51), dann ist der Realteil $x(t)$ von $z(t)$ eine Lösung von (8.50). Um eine Lösung von (8.51) zu finden, nimmt man an, dass sich $z(t)$ ähnlich verhält wie die rechte Seite von (8.51). Damit hat man folgenden Lösungsansatz:

$$z(t) = A\, e^{i(\tilde{\omega}t - \alpha)} \tag{8.52}$$

Für die Ableitungen $\dot{z}(t)$ und $\ddot{z}(t)$ erhält man mit (8.49)

$$\dot{z}(t) = i\tilde{\omega}A\, e^{i(\tilde{\omega}t - \alpha)} \qquad \ddot{z}(t) = -\tilde{\omega}^2 A\, e^{i(\tilde{\omega}t - \alpha)}$$

Setzen wir dies in (8.51) ein, so erhalten wir:

$$-\tilde{\omega}^2 A\, e^{i(\tilde{\omega}t - \alpha)} + 2\delta\, i\, \tilde{\omega}A\, e^{i(\tilde{\omega}t - \alpha)} + \omega_0^2 A\, e^{i(\tilde{\omega}t - \alpha)} = a\, e^{i\tilde{\omega}t}$$

Wir multiplizieren die Gleichung mit $\frac{1}{A}\,\mathrm{e}^{-\,\mathrm{i}(\tilde{\omega}t-\alpha)}$:

$$-\tilde{\omega}^2 A\,\mathrm{e}^{\mathrm{i}(\tilde{\omega}t-\alpha)} +2\delta\,\mathrm{i}\,\tilde{\omega}A\,\mathrm{e}^{\mathrm{i}(\tilde{\omega}t-\alpha)} +\omega_0^2 A\,\mathrm{e}^{\mathrm{i}(\tilde{\omega}t-\alpha)} = a\,\mathrm{e}^{\mathrm{i}\,\tilde{\omega}t} \quad\Big|\; \cdot\frac{1}{A}\,\mathrm{e}^{-\,\mathrm{i}(\tilde{\omega}t-\alpha)}$$

Dies führt zur Gleichung

$$-\tilde{\omega}^2 + 2\delta\,\mathrm{i}\,\tilde{\omega} + \omega_0^2 = a\,\mathrm{e}^{\mathrm{i}\,\tilde{\omega}t}\,\frac{1}{A}\,\mathrm{e}^{-\,\mathrm{i}(\tilde{\omega}t-\alpha)} = \frac{a}{A}\,\mathrm{e}^{\mathrm{i}\,\alpha}$$

Damit die Gleichung

$$(\omega_0^2 - \tilde{\omega}^2) + \mathrm{i}\,2\delta\tilde{\omega} = \frac{a}{A}\,\mathrm{e}^{\mathrm{i}\,\alpha}$$

stimmt, muss der Betrag bzw. der Winkel der komplexen Zahl auf der rechten Seite gleich dem Betrag bzw. dem Winkel der komplexen Zahl auf der linken Seite sein:

$$\frac{a}{A} = \sqrt{(\omega_0^2 - \tilde{\omega}^2)^2 + (2\delta\tilde{\omega})^2}$$

$$\tan\alpha = \frac{\mathrm{Im}[(\omega_0^2 - \tilde{\omega}^2) + \mathrm{i}\,2\delta\tilde{\omega}]}{\mathrm{Re}[(\omega_0^2 - \tilde{\omega}^2) + \mathrm{i}\,2\delta\tilde{\omega}]} = \frac{2\delta\tilde{\omega}}{\omega_0^2 - \tilde{\omega}^2}$$

Sind diese Gleichungen erfüllt, dann ist die Funktion $z(t)$ in (8.52) eine Lösung der Gleichung (8.51). Der Realteil von $z(t)$ ist dann eine Lösung von (8.50). Damit haben wir folgende Lösung von (8.50) gefunden:

$$x(t) = \mathrm{Re}[A\,\mathrm{e}^{\mathrm{i}(\tilde{\omega}t-\alpha)}] = A\cos(\tilde{\omega}t - \alpha)$$

$$\text{mit}\quad A = \frac{a}{\sqrt{(\omega_0^2 - \tilde{\omega}^2)^2 + (2\delta\tilde{\omega})^2}} \tag{8.53}$$

$$\text{und}\quad \tan\alpha = \frac{2\delta\tilde{\omega}}{\omega_0^2 - \tilde{\omega}^2} \tag{8.54}$$

Für den elektrischen Schwingkreis folgt daraus (A ist die Amplitude I_0 des Stroms):

$$I_0 = \frac{\frac{U_0\tilde{\omega}}{L}}{\sqrt{\left(\frac{1}{LC} - \tilde{\omega}^2\right)^2 + \left(2\frac{R}{2L}\tilde{\omega}\right)^2}} = \frac{U_0}{\sqrt{\left(\frac{1}{\tilde{\omega}C} - \tilde{\omega}L\right)^2 + R^2}}$$

$$\tan\alpha = \frac{2\frac{R}{2L}\tilde{\omega}}{\frac{1}{LC} - \tilde{\omega}^2} = \frac{R}{\frac{1}{\tilde{\omega}C} - \tilde{\omega}L}$$

Die Gleichung (8.50) gilt für eine angelegte Sinus-Wechselspannung:

$$U(t) = U_0\sin(\tilde{\omega}t) = U_0\cos(\tilde{\omega}t - \tfrac{\pi}{2}) = U_0\cos(\tilde{\omega}t + \varphi_1) \qquad \text{mit}\quad \varphi_1 = -\tfrac{\pi}{2}$$

Für den Strom durch den Schwingkreis gilt:

$$I(t) = I_0\cos(\tilde{\omega}t - \alpha) = I_0\cos(\tilde{\omega}t + \varphi_2) \qquad \text{mit}\quad \varphi_2 = -\alpha$$

Für die Phasendifferenz $\varphi = \varphi_1 - \varphi_2$ zwischen Spannung und Strom folgt daraus:

$$\tan\varphi = \tan(\varphi_1 - \varphi_2) = \tan(\alpha - \tfrac{\pi}{2}) = -\cot\alpha = -\frac{1}{\tan\alpha} = \frac{\tilde{\omega}L - \frac{1}{\tilde{\omega}C}}{R} \qquad \blacksquare$$

8.5   Anwendung in der Elektrotechnik

Im Beispiel 8.5 haben wir u.a. einen elektrischen Schwingkreis mit einem Widerstand, einem Kondensator und einer Spule betrachtet. Die vorgestellte Rechnung mit einer komplexen Funktion ist einfacher und führt schneller zu den dargestellten Ergebnissen, als eine rein reelle Rechnung (s. Beispiel 12.99). Bei einer beliebigen Wechselstromschaltung mit Widerständen, Kondensatoren und Spulen ist eine entsprechende Rechnung trotzdem kompliziert und unübersichtlich. Wir wollen hier eine Methode vorstellen, die es erlaubt, auf einfache Weise beliebige Wechselstromschaltungen mit Widerständen, Kondensatoren und Spulen zu untersuchen. Auch diese Methode beruht auf der Verwendung komplexer Funktionen. Aufgrund der Bedeutung der Methode in der Elektrotechnik wird ihr ein eigener Abschnitt gewidmet. Bei den folgenden Überlegungen nehmen wir an, dass an einem Bauteil bzw. an einer Schaltung eine Wechselspannung $U(t)$ mit der Kreisfrequenz ω anliegt. Durch das Beuteil bzw. die Schaltung fließt ein Wechselstrom $I(t)$ mit der gleichen Kreisfrequenz. Wechselspannung und Wechselstrom stellen harmonische Schwingungen dar (s. S. 72) und können jeweils als Realteil einer komplexen Funktion dargestellt werden:

$$U(t) = U_0 \cos(\omega t + \alpha) = \mathrm{Re}[U_0\, e^{i(\omega t + \alpha)}]$$
$$I(t) = I_0 \cos(\omega t + \beta) = \mathrm{Re}[I_0\, e^{i(\omega t + \beta)}]$$

U_0 bzw. I_0 sind die Amplituden (Maximalwerte), α bzw. β sind die Anfangsphasen der Spannung bzw. des Stroms. Wir betrachten nun jeweils einzeln einen ohmschen Widerstand, einen Kondensator und eine Spule:

Ohmscher Widerstand

Beim ohmschen Widerstand ist $\beta = \alpha$ und $U_0 = RI_0$.

$$U(t) = U_0 \cos(\omega t + \alpha)$$
$$I(t) = I_0 \cos(\omega t + \alpha)$$

Spannung und Strom sind nicht phasenverschoben:

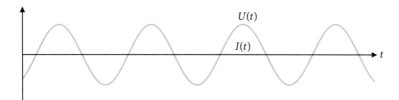

Abb. 8.9: Spannung und Strom beim ohmschen Widerstand.

Der Quotient von Spannung $U(t)$ und Strom $I(t)$ ist konstant, es gilt:

$$\frac{U(t)}{I(t)} = \frac{U_0}{I_0} = R$$

Wir stellen Spannung und Strom jeweils als Realteil einer komplexen Funktion dar:

$$\begin{aligned}
U(t) &= U_0 \cos(\omega t + \alpha) = \mathrm{Re}[U_0\, e^{i(\omega t + \alpha)}] = \mathrm{Re}[U_0\, e^{i\,\alpha}\, e^{i\,\omega t}] \\
&= \mathrm{Re}[\underline{U}(t)] \qquad\quad = \mathrm{Re}[\hat{U}\, e^{i\,\omega t}] \\
I(t) &= I_0 \cos(\omega t + \alpha) = \mathrm{Re}[I_0\, e^{i(\omega t + \alpha)}] = \mathrm{Re}[I_0\, e^{i\,\alpha}\, e^{i\,\omega t}] \\
&= \mathrm{Re}[\underline{I}(t)] \qquad\quad\; = \mathrm{Re}[\hat{I}\, e^{i\,\omega t}]
\end{aligned}$$

$$\begin{aligned}
\underline{U}(t) &= U_0\, e^{i(\omega t + \alpha)} = \hat{U}\, e^{i\,\omega t} & \hat{U} &= U_0\, e^{i\,\alpha} \\
\underline{I}(t) &= I_0\, e^{i(\omega t + \alpha)} = \hat{I}\, e^{i\,\omega t} & \hat{I} &= I_0\, e^{i\,\alpha}
\end{aligned}$$

Für den Quotienten der komplexen Größen $\underline{U}(t)$ und $\underline{I}(t)$ gilt:

$$\frac{\underline{U}(t)}{\underline{I}(t)} = \frac{\hat{U}}{\hat{I}} = \frac{U_0}{I_0} = R \tag{8.55}$$

Stellt man $\underline{U}(t)$ und $\underline{I}(t)$ durch Pfeile dar, so rotieren diese Pfeile mit der Winkelgeschwindigkeit ω (s. S. 312, Abb. 8.12, links).

Kondensator

Beim Kondensator gelten die Beziehungen $\beta = \alpha + \frac{\pi}{2}$ und $U_0 = \frac{I_0}{\omega C}$.

$$\begin{aligned}
U(t) &= U_0 \cos(\omega t + \alpha) \\
I(t) &= I_0 \cos(\omega t + \alpha + \tfrac{\pi}{2}) = -I_0 \sin(\omega t + \alpha)
\end{aligned}$$

Spannung und Strom sind um $\frac{\pi}{2}$ phasenverschoben:

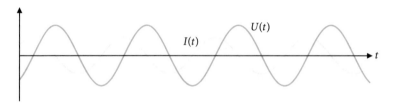

Abb. 8.10: Spannung und Strom beim Kondensator.

Der Quotient von Spannung $U(t)$ und Strom $I(t)$ ist nicht konstant, es gilt:

$$\frac{U(t)}{I(t)} = -\frac{U_0 \cos(\omega t + \alpha)}{I_0 \sin(\omega t + \alpha)} \qquad \frac{U_0}{I_0} = \frac{1}{\omega C}$$

Wir stellen Spannung und Strom jeweils als Realteil einer komplexen Funktion dar:

$$
\begin{aligned}
U(t) = U_0 \cos(\omega t + \alpha) \quad &= \mathrm{Re}[U_0\, e^{i(\omega t + \alpha)}] \quad &= \mathrm{Re}[U_0\, e^{i\,\alpha}\, e^{i\,\omega t}] \\
&= \mathrm{Re}[\underline{U}(t)] \quad &= \mathrm{Re}[\hat{U}\, e^{i\,\omega t}] \\
I(t) = I_0 \cos(\omega t + \alpha + \tfrac{\pi}{2}) &= \mathrm{Re}[I_0\, e^{i(\omega t + \alpha + \frac{\pi}{2})}] \quad &= \mathrm{Re}[i\, I_0\, e^{i\,\alpha}\, e^{i\,\omega t}] \\
&= \mathrm{Re}[\underline{I}(t)] \quad &= \mathrm{Re}[\hat{I}\, e^{i\,\omega t}]
\end{aligned}
$$

$$
\begin{aligned}
\underline{U}(t) = U_0\, e^{i(\omega t + \alpha)} &= \hat{U}\, e^{i\,\omega t} \qquad &\hat{U} = U_0\, e^{i\,\alpha} \\
\underline{I}(t) = I_0\, e^{i(\omega t + \alpha + \frac{\pi}{2})} &= \hat{I}\, e^{i\,\omega t} \qquad &\hat{I} = i\, I_0\, e^{i\,\alpha}
\end{aligned}
$$

Für die komplexen Größen $\underline{U}(t)$ und $\underline{I}(t)$ gilt:

$$
\frac{\underline{U}(t)}{\underline{I}(t)} = \frac{\hat{U}}{\hat{I}} = \frac{U_0}{i\, I_0} = \frac{1}{i\,\omega C} \tag{8.56}
$$

Der Quotient der komplexen Größen $\underline{U}(t)$ und $\underline{I}(t)$ ist konstant. Stellt man $\underline{U}(t)$ und $\underline{I}(t)$ durch Pfeile dar, so rotieren diese mit der Winkelgeschwindigkeit ω. Der Winkel von $\underline{I}(t)$ ist zu jeder Zeit um $\frac{\pi}{2}$ größer, als der Winkel von $\underline{U}(t)$ (s. S. 312, Abb. 8.12, Mitte).

Spule

Bei der Spule gelten die Beziehungen $\beta = \alpha - \frac{\pi}{2}$ und $U_0 = \omega L I_0$.

$$
\begin{aligned}
U(t) &= U_0 \cos(\omega t + \alpha) \\
I(t) &= I_0 \cos(\omega t + \alpha - \tfrac{\pi}{2}) = I_0 \sin(\omega t + \alpha)
\end{aligned}
$$

Spannung und Strom sind um $\frac{\pi}{2}$ phasenverschoben:

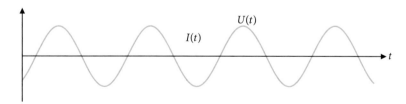

$U(t)$

$I(t)$

t

Abb. 8.11: Spannung und Strom bei der Spule

Der Quotient von Spannung $U(t)$ und Strom $I(t)$ ist nicht konstant, es gilt:

$$
\frac{U(t)}{I(t)} = \frac{U_0 \cos(\omega t + \alpha)}{I_0 \sin(\omega t + \alpha)} \qquad \frac{U_0}{I_0} = \omega L
$$

Wir stellen Spannung und Strom jeweils als Realteil einer komplexen Funktion dar:

$$U(t) = U_0 \cos(\omega t + \alpha) \qquad = \mathrm{Re}[U_0\,\mathrm{e}^{\mathrm{i}(\omega t + \alpha)}] \qquad = \mathrm{Re}[U_0\,\mathrm{e}^{\mathrm{i}\,\alpha}\,\mathrm{e}^{\mathrm{i}\,\omega t}]$$
$$\qquad\qquad = \mathrm{Re}[\underline{U}(t)] \qquad\qquad = \mathrm{Re}[\hat{U}\,\mathrm{e}^{\mathrm{i}\,\omega t}]$$
$$I(t) \; = I_0 \cos(\omega t + \alpha - \tfrac{\pi}{2}) = \mathrm{Re}[I_0\,\mathrm{e}^{\mathrm{i}(\omega t + \alpha - \frac{\pi}{2})}] = \mathrm{Re}[-\mathrm{i}\,I_0\,\mathrm{e}^{\mathrm{i}\,\alpha}\,\mathrm{e}^{\mathrm{i}\,\omega t}]$$
$$\qquad\qquad = \mathrm{Re}[\underline{I}(t)] \qquad\qquad = \mathrm{Re}[\hat{I}\,\mathrm{e}^{\mathrm{i}\,\omega t}]$$

$$\underline{U}(t) = U_0\,\mathrm{e}^{\mathrm{i}(\omega t + \alpha)} \quad = \hat{U}\,\mathrm{e}^{\mathrm{i}\,\omega t} \qquad\qquad \hat{U} = U_0\,\mathrm{e}^{\mathrm{i}\,\alpha}$$
$$\underline{I}(t) \; = I_0\,\mathrm{e}^{\mathrm{i}(\omega t + \alpha - \frac{\pi}{2})} = \hat{I}\,\mathrm{e}^{\mathrm{i}\,\omega t} \qquad\qquad \hat{I} = -\mathrm{i}\,I_0\,\mathrm{e}^{\mathrm{i}\,\alpha}$$

Für die komplexen Größen $\underline{U}(t)$ und $\underline{I}(t)$ gilt:

$$\frac{\underline{U}(t)}{\underline{I}(t)} = \frac{\hat{U}}{\hat{I}} = \frac{U_0}{-\mathrm{i}\,I_0} = \frac{\mathrm{i}\,U_0}{I_0} = \mathrm{i}\,\omega L \tag{8.57}$$

Der Quotient der komplexen Größen $\underline{U}(t)$ und $\underline{I}(t)$ ist konstant. Stellt man $\underline{U}(t)$ und $\underline{I}(t)$ durch Pfeile dar, so rotieren diese mit der Winkelgeschwindigkeit ω. Der Winkel von $\underline{I}(t)$ ist zu jeder Zeit um $\frac{\pi}{2}$ kleiner, als der Winkel von $\underline{U}(t)$ (s. Abb. 8.12, rechts).

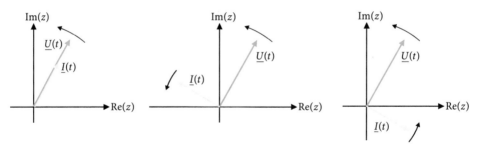

Abb. 8.12: Komplexe Spannung $\underline{U}(t)$ und komplexer Strom $\underline{I}(t)$ beim ohmschen Widerstand (links), Kondensator (Mitte) und bei der Spule (rechts).

Bei allen drei Bauteilen (Widerstand, Kondensator, Spule) ist jeweils der Quotient

$$\underline{Z} = \frac{\underline{U}(t)}{\underline{I}(t)} = \frac{\hat{U}}{\hat{I}} \tag{8.58}$$

konstant. Dieser Quotient heißt **komplexer Widerstand**.

Tab. 8.2: Komplexe Widerstände von Bauelementen.

	ohmscher Widerstand	Kondensator	Spule
Symbol	⊏▭⊐	⊣⊢	⌇⌇⌇⌇
komplexer Widerstand	$\underline{Z} = R$	$\underline{Z} = \dfrac{1}{\mathrm{i}\,\omega C}$	$\underline{Z} = \mathrm{i}\,\omega L$

Wir betrachten nun eine Serienschaltung zweier Bauelemente mit den komplexen Widerständen $\underline{Z}_1$ und $\underline{Z}_2$ (s. Abb. 8.13). Das erste Bauteil kann ein Widerstand, ein Kondensator oder eine Spule sein. Das Gleiche gilt für das zweite Bauteil. $U(t)$ ist die an die Schaltung angelegte Wechselspannung. $U_1(t)$ bzw. $U_2(t)$ ist die Spannung am ersten bzw. zweiten Bauelement. Durch die beiden Bauelemente fließt der Wechselstrom $I(t)$.

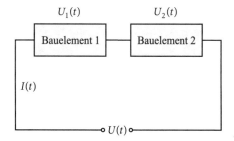

Abb. 8.13: Serienschaltung zweier Bauelemente

Die Spannungen und der Strom werden jeweils als Realteil einer komplexen Funktion dargestellt:

$$U(t) \;= U_0 \cos(\omega t + \alpha) \;= \mathrm{Re}[U_0\,\mathrm{e}^{\mathrm{i}(\omega t+\alpha)}] \;= \mathrm{Re}[\underline{U}(t)] \;= \mathrm{Re}[\hat{U}\,\mathrm{e}^{\mathrm{i}\,\omega t}]$$
$$U_1(t) = U_{01} \cos(\omega t + \alpha_1) = \mathrm{Re}[U_{01}\,\mathrm{e}^{\mathrm{i}(\omega t+\alpha_1)}] = \mathrm{Re}[\underline{U}_1(t)] = \mathrm{Re}[\hat{U}_1\,\mathrm{e}^{\mathrm{i}\,\omega t}]$$
$$U_2(t) = U_{02} \cos(\omega t + \alpha_2) = \mathrm{Re}[U_{02}\,\mathrm{e}^{\mathrm{i}(\omega t+\alpha_2)}] = \mathrm{Re}[\underline{U}_2(t)] = \mathrm{Re}[\hat{U}_2\,\mathrm{e}^{\mathrm{i}\,\omega t}]$$
$$I(t) \;= I_0 \cos(\omega t + \beta) \;= \mathrm{Re}[I_0\,\mathrm{e}^{\mathrm{i}(\omega t+\beta)}] \;= \mathrm{Re}[\underline{I}(t)] \;= \mathrm{Re}[\hat{I}\,\mathrm{e}^{\mathrm{i}\,\omega t}]$$

Für die Spannungen $U_1(t), U_2(t), U(t)$ gilt die sog. „Maschenregel":

$$U_1(t) + U_2(t) = U(t)$$

Daraus folgt mit (8.8), (8.9):

$$\mathrm{Re}[\hat{U}_1\,\mathrm{e}^{\mathrm{i}\,\omega t}] + \mathrm{Re}[\hat{U}_2\,\mathrm{e}^{\mathrm{i}\,\omega t}] = \mathrm{Re}[\hat{U}\,\mathrm{e}^{\mathrm{i}\,\omega t}]$$
$$\Rightarrow \mathrm{Re}[\hat{U}_1\,\mathrm{e}^{\mathrm{i}\,\omega t}] + \mathrm{Re}[\hat{U}_2\,\mathrm{e}^{\mathrm{i}\,\omega t}] - \mathrm{Re}[\hat{U}\,\mathrm{e}^{\mathrm{i}\,\omega t}] = 0$$
$$\Rightarrow \mathrm{Re}[\hat{U}_1\,\mathrm{e}^{\mathrm{i}\,\omega t} + \hat{U}_2\,\mathrm{e}^{\mathrm{i}\,\omega t} - \hat{U}\,\mathrm{e}^{\mathrm{i}\,\omega t}] = 0$$
$$\Rightarrow \mathrm{Re}[(\hat{U}_1 + \hat{U}_2 - \hat{U})\,\mathrm{e}^{\mathrm{i}\,\omega t}] = 0$$

Aufgrund von (8.34) folgt aus der letzten Gleichung:

$$\hat{U}_1 + \hat{U}_2 - \hat{U} = 0$$
$$\hat{U}_1 + \hat{U}_2 = \hat{U}$$

Die „Maschenregel" gilt also auch für die komplexen Spannungen $\hat{U}_1, \hat{U}_2, \hat{U}$. Nach (8.58) gilt für die zwei Spannungen $\hat{U}_1$ und $\hat{U}_2$:

$$\hat{U}_1 = \underline{Z}_1 \hat{I} \qquad\qquad \hat{U}_2 = \underline{Z}_2 \hat{I}$$

Daraus folgt:

$$\hat{U} = \hat{U}_1 + \hat{U}_2 = \underline{Z}_1 \hat{I} + \underline{Z}_2 \hat{I} = (\underline{Z}_1 + \underline{Z}_2)\hat{I}$$

Mit $\underline{Z} = \underline{Z}_1 + \underline{Z}_2$ gilt also:

$$\hat{U} = \underline{Z}\hat{I} \qquad\qquad \underline{U}(t) = \underline{Z}\,\underline{I}(t)$$

Der komplexe Gesamtwiderstand einer Serienschaltung zweier Bauteile ist die Summe der zwei komplexen Widerstände der beiden Bauteile:

$$\underline{Z} = \underline{Z}_1 + \underline{Z}_2 \tag{8.59}$$

Wir betrachten nun eine Parallelschaltung zweier Bauelemente mit den komplexen Widerständen $\underline{Z}_1$ und $\underline{Z}_2$ (s. Abb. 8.14). Das erste Bauteil kann ein Widerstand, ein Kondensator oder eine Spulen sein. Das Gleiche gilt für das zweite Bauteil. $U(t)$ ist die an die Schaltung angelegte Wechselspannung. $I_1(t)$ bzw. $I_2(t)$ ist der Strom durch das erste bzw. zweite Bauelement. Der Gesamtstrom durch den Stromkreis ist $I(t)$.

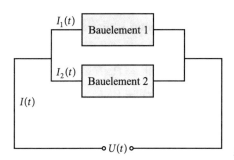

Abb. 8.14: Parallelschaltung zweier Bauelemente.

Die Spannung und die Ströme werden jeweils als Realteil einer komplexen Funktion dargestellt:

$$U(t) = U_0 \cos(\omega t + \alpha) \;\; = \operatorname{Re}[U_0\,e^{i(\omega t+\alpha)}] \;\; = \operatorname{Re}[\underline{U}(t)] \;\; = \operatorname{Re}[\hat{U}\,e^{i\omega t}]$$

$$I(t) \;\; = I_0 \cos(\omega t + \beta) \;\; = \operatorname{Re}[I_0\,e^{i(\omega t+\beta)}] \;\; = \operatorname{Re}[\underline{I}(t)] \;\; = \operatorname{Re}[\hat{I}\,e^{i\omega t}]$$

$$I_1(t) = I_{01} \cos(\omega t + \beta_1) = \operatorname{Re}[I_{01}\,e^{i(\omega t+\beta_1)}] = \operatorname{Re}[\underline{I}_1(t)] = \operatorname{Re}[\hat{I}_1\,e^{i\omega t}]$$

$$I_2(t) = I_{02} \cos(\omega t + \beta_2) = \operatorname{Re}[I_{02}\,e^{i(\omega t+\beta_2)}] = \operatorname{Re}[\underline{I}_2(t)] = \operatorname{Re}[\hat{I}_2\,e^{i\omega t}]$$

Für die Ströme $I_1(t), I_2(t), I(t)$ gilt die sog. „Knotenregel":

$$I_1(t) + I_2(t) = I(t)$$

Daraus folgt mit (8.8), (8.9):

$$\operatorname{Re}[\hat{I}_1\,e^{i\omega t}] + \operatorname{Re}[\hat{I}_2\,e^{i\omega t}] = \operatorname{Re}[\hat{I}\,e^{i\omega t}]$$

$$\Rightarrow \operatorname{Re}[\hat{I}_1\,e^{i\omega t}] + \operatorname{Re}[\hat{I}_2\,e^{i\omega t}] - \operatorname{Re}[\hat{I}\,e^{i\omega t}] = 0$$

$$\Rightarrow \operatorname{Re}[\hat{I}_1\,e^{i\omega t} + \hat{I}_2\,e^{i\omega t} - \hat{I}\,e^{i\omega t}] = 0$$

$$\Rightarrow \operatorname{Re}[(\hat{I}_1 + \hat{I}_2 - \hat{I})\,e^{i\omega t}] = 0$$

Aufgrund von (8.34) folgt aus der letzten Gleichung:

$$\hat{I}_1 + \hat{I}_2 - \hat{I} = 0$$
$$\hat{I}_1 + \hat{I}_2 = \hat{I}$$

Die „Knotenregel" gilt also auch für die komplexen Ströme $\hat{I}_1, \hat{I}_2, \hat{I}$. Nach (8.58) gilt für die zwei Ströme $\hat{I}_1$ und $\hat{I}_2$:

$$\hat{I}_1 = \frac{1}{\underline{Z}_1} \hat{U} \qquad \hat{I}_2 = \frac{1}{\underline{Z}_2} \hat{U}$$

Daraus folgt:

$$\hat{I} = \hat{I}_1 + \hat{I}_2 = \frac{1}{\underline{Z}_1} \hat{U} + \frac{1}{\underline{Z}_2} \hat{U} = \left(\frac{1}{\underline{Z}_1} + \frac{1}{\underline{Z}_2} \right) \hat{U}$$

Mit $\frac{1}{\underline{Z}} = \frac{1}{\underline{Z}_1} + \frac{1}{\underline{Z}_2}$ gilt also:

$$\hat{I} = \frac{1}{\underline{Z}} \hat{U} \qquad \underline{I}(t) = \frac{1}{\underline{Z}} \underline{U}(t)$$

Der Kehrwert des komplexen Gesamtwiderstands einer Parallelschaltung zweier Bauteile ist die Summe der Kehrwerte der zwei komplexen Widerstände der beiden Bauteile:

$$\frac{1}{\underline{Z}} = \frac{1}{\underline{Z}_1} + \frac{1}{\underline{Z}_2} \tag{8.60}$$

Wir betrachten eine Schaltung mit ohmschen Widerständen, Kondensatoren und Spulen, die eine Kombination von Serien- und Parallelschaltungen ist. Die an die Schaltung angelegte Wechselspannung $U(t)$ und der durch die Schaltung fließende (Gesamt-)Wechselstrom $I(t)$ werden wieder jeweils als Realteil einer komplexen Funktion dargestellt:

$$U(t) = U_0 \cos(\omega t + \alpha) = \mathrm{Re}[U_0 \, e^{i(\omega t + \alpha)}] = \mathrm{Re}[\underline{U}(t)] = \mathrm{Re}[\hat{U} \, e^{i\,\omega t}]$$
$$I(t) = I_0 \cos(\omega t + \beta) = \mathrm{Re}[I_0 \, e^{i(\omega t + \beta)}] = \mathrm{Re}[\underline{I}(t)] = \mathrm{Re}[\hat{I} \, e^{i\,\omega t}]$$

Aufgrund der Regeln (8.59) und (8.60) für Serien- und Parallelschaltung kann man den komplexen Gesamtwiderstand $\underline{Z}$ der Schaltung auf die gleiche Art berechnen, wie bei Stromkreisen mit ohmschen Widerständen. Mit dem komplexen Gesamtwiderstand $\underline{Z}$ gilt:

$$\underline{U}(t) = \underline{Z} \, \underline{I}(t) \qquad \hat{U} = \underline{Z} \, \hat{I} \tag{8.61}$$

Aufgrund von (8.27) gilt:

$$|\underline{U}(t)| = |\underline{Z} \, \underline{I}(t)| = |\underline{Z}| \, |\underline{I}(t)| \qquad |\hat{U}| = |\underline{Z} \, \hat{I}| = |\underline{Z}| \, |\hat{I}|$$

Der Betrag der komplexen Spannungen $\underline{U}(t)$ und $\hat{U}$ ist die Amplitude U_0. Der Betrag dem komplexen Ströme $\underline{I}(t)$ und $\hat{I}$ ist die Amplitude I_0. Daraus folgt:

$$U_0 = |\underline{Z}| I_0 \qquad\qquad I_0 = \frac{U_0}{|\underline{Z}|} \tag{8.62}$$

Zur Berechnung der Phasendifferenz $\varphi = \alpha - \beta$ zwischen Spannung und Strom gehen wir von der Beziehung 8.61 aus:

$$\hat{U} = \underline{Z}\,\hat{I} \Rightarrow U_0\,\mathrm{e}^{\mathrm{i}\,\alpha} = \underline{Z}\,I_0\,\mathrm{e}^{\mathrm{i}\,\beta} \Rightarrow \underline{Z} = \frac{U_0}{I_0}\,\mathrm{e}^{\mathrm{i}(\alpha-\beta)} = \frac{U_0}{I_0}\,\mathrm{e}^{\mathrm{i}\,\varphi}$$

Die Phasendifferenz φ ist also das Argument, d.h. der Winkel der komplexen Zahl $\underline{Z}$.

$$\tan\varphi = \frac{\mathrm{Im}(\underline{Z})}{\mathrm{Re}(\underline{Z})} \tag{8.63}$$

Als Beispiel betrachten wir eine Serienschaltung mit einem ohmschen Widerstand, einem Kondensator und einer Spule.

Beispiel 8.6: Serienschwinkreis mit Widerstand, Kondensator und Spule

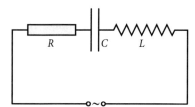

Abb. 8.15: Serienschwingkreis.

Der komplexe Gesamtwiderstand der Schaltung ist

$$\underline{Z} = R + \mathrm{i}\,\omega L + \frac{1}{\mathrm{i}\,\omega C} = R + \mathrm{i}\left(\omega L - \frac{1}{\omega C}\right)$$

Für den Betrag von $\underline{Z}$ erhält man:

$$|\underline{Z}| = \sqrt{R^2 + \left(\omega L - \frac{1}{\omega C}\right)^2}$$

Daraus folgt für die Amplitude des Stromes:

$$I_0 = \frac{U_0}{\sqrt{R^2 + \left(\omega L - \frac{1}{\omega C}\right)^2}}$$

Für die Phasendifferenz φ gilt:

$$\tan\varphi = \frac{\omega L - \frac{1}{\omega C}}{R}$$

Dieses Ergebnis stimmt mit dem Ergebnis von Beispiel 8.5 überein.   ∎

8.6　Aufgaben zu Kapitel 8

8.1 Gegeben sind folgende komplexe Zahlen:

$$z_1 = 1 - 3\,\mathrm{i} \qquad z_2 = 2 + 2\,\mathrm{i} \qquad z_3 = -3 + \mathrm{i}$$

Berechnen Sie folgende komplexe Zahlen:

a) $3z_1 - 4z_2 - 3z_3$　　　　b) $z_1 z_2 z_3$　　　　c) $z_1(z_2^2 - z_3)$

d) $(z_1 + z_3^*)z_2$　　　　e) $\dfrac{z_1}{z_2}$　　　　f) $\dfrac{z_2}{z_3 z_1}$

g) $\dfrac{z_1 - z_3^*}{z^2}$　　　　h) $\dfrac{z_1}{z_2 - z_1^*}$　　　　i) $\dfrac{z_2 + 2z_1^2}{z_3^2 - 2z_1}$

8.2 Gegeben sind folgende komplexe Zahlen:

$$z_1 = 1 + \sqrt{3}\,\mathrm{i} \qquad z_2 = -1 + \mathrm{i}$$

a) Stellen Sie die Zahlen z_1 und z_2 in Exponentialform dar.
b) Berechnen Sie damit $z_1^4 z_2^4$.

8.3 Bestimmen Sie für die folgenden Gleichungen jeweils die Lösungsmenge (Menge der komplexen Zahlen, welche die Gleichung erfüllen):

a) $|z| = \mathrm{i}\,z^*$　　　b) $z^* \operatorname{Re} \dfrac{1}{z^*} = \dfrac{1}{z}$　　　c) $\dfrac{|z|}{|z^* + \mathrm{i}|} = 1$

8.4 Gegeben sind folgende komplexe Zahlen:

$$z_1 = \frac{4 + 8\,\mathrm{i}}{2 - \mathrm{i}} - 2(1 - \mathrm{i})^2 \qquad z_2 = \frac{8 - 24\sqrt{3} - (24 + 8\sqrt{3})\,\mathrm{i}}{-1 + 3\,\mathrm{i}}$$

a) Berechnen Sie die dritten Wurzeln aus z_1.
b) Berechnen Sie die vierten Wurzeln aus z_2.

Die Wurzeln sollen in kartesischer Form angegeben werden.

8.5 Gegeben sind die zwei komplexe Zahlen

$$z_1 = 1 + \sqrt{3}\,\mathrm{i} \qquad z_2 = \sqrt{2} + \sqrt{2}\,\mathrm{i}$$

und der Quotient

$$\frac{z_1}{z_2} = \frac{1 + \sqrt{3}\,\mathrm{i}}{\sqrt{2} + \sqrt{2}\,\mathrm{i}}$$

a) Berechnen Sie den Quotienten mit den Zahlen z_1 und z_2 in kartesischer Darstellung.
b) Berechnen Sie den Quotienten mit den Zahlen z_1 und z_2 in Exponentialdarstellung.
c) Zeigen Sie dass folgende Gleichungen gelten:

$$\cos 15° = \frac{\sqrt{2}}{4}(\sqrt{3}+1) \qquad \sin 15° = \frac{\sqrt{2}}{4}(\sqrt{3}-1)$$

8.6 Bestimmen Sie alle Lösungen der folgenden algebraischen Gleichungen:

     a) $z^3 - 3z^2 - z + 3 = 0$

     b) $z^4 - 4z^3 + 6z^2 - 4z = 0$

     c) $z^7 - z^5 + 2z^3 + 4z = 0$

8.7 An der folgenden Schaltung liegt eine Wechselspannung $U(t) = U_0 \cos(\omega t)$ an.

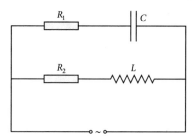

Gegeben sind folgende Werte:

$$R_1 = 50\,\Omega \qquad R_2 = 25\,\Omega \qquad C = 200\,\mu\text{F} \qquad L = 250\,\text{mH}$$

$$\omega = 400\,\text{Hz} \qquad U_0 = 300\,\text{V}$$

a) Berechnen Sie den komplexen Gesamtwiderstand $\underline{Z}$ dieser Schaltung.

b) Berechnen Sie den Maximalwert I_0 des Stromes, der durch die Schaltung fließt.

c) Berechnen Sie die Phasendifferenz φ zwischen Spannung und Strom.

9 Koordinatensysteme und Kurven

Übersicht

Naturwissenschaftliche und technische Vorgänge spielen sich im dreidimensionalen Raum ab. Ein Körper befindet sich z.B. an einem bestimmten Ort, der sich mit der Zeit ändern kann. Um den Ort im Raum anzugeben, benötigt man ein Koordinatensystem. Ändert sich der Ort im Raum, so spricht man von einer Bahn oder Kurve, die durchlaufen wird. Koordinatensysteme und Kurven spielen eine wichtige Rolle bei der mathematischen Beschreibung naturwissenschaftlicher und technischer Vorgänge.

9.1   Der zweidimensionale Raum $\mathbb{R}^2$

9.1.1   Kartesische Koordinaten

Jeder Punkt kann mit einem kartesischen Kooridnatensystem durch seine kartesischen Koordinaten x und y bzw. den sog. Ortsvektor $\vec{r}$ angegeben werden (s. Abb. 9.1).

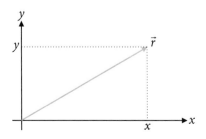

Abb. 9.1: Kartesische Koordinaten eines Punktes.

Der Ortsvektor $\vec{r}$ und der Betrag $|\vec{r}|$ des Ortsvektors sind gegeben durch:

$$\vec{r} = \begin{pmatrix} x \\ y \end{pmatrix} \qquad\qquad |\vec{r}| = r = \sqrt{x^2 + y^2}$$

$\vec{r}$ wird dargestellt durch einen Pfeil vom Koordinatenursprung zum Punkt.

9.1.2 Polarkoordinaten

Die **Polarkoordinaten** r,φ eines Punktes haben folgende Bedeutung: r ist der Betrag des Ortsvektors (d.h. der Abstand des Punktes vom Ursprung) und φ der Winkel zwischen der x-Achse und dem Ortsvektor (s. Abb. 9.2).

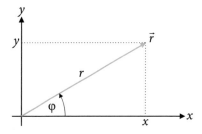

Abb. 9.2: Polarkoordinaten eines Punktes.

Für die Polar- bzw. kartesischen Koordinaten gilt (s. Abb. 9.2):

$$\begin{aligned} x &= r\cos\varphi \\ y &= r\sin\varphi \end{aligned} \qquad \text{mit} \quad r = \sqrt{x^2+y^2} \quad \text{und} \quad \tan\varphi = \frac{y}{x} \qquad (9.1)$$

Die Polarkoordinaten r,φ haben die gleiche Bedeutung wie bei den komplexen Zahlen (s. Kap. 8.2, Seite 297 f). Es gelten folgende Umrechnungsformeln:

Berechnung von x,y aus r,φ und umgekehrt

$$r,\varphi \to x,y \qquad x = r\cos\varphi \qquad\qquad\qquad\qquad (9.2)$$

$$y = r\sin\varphi \qquad\qquad\qquad\qquad (9.3)$$

$$x,y \to r,\varphi \qquad r = \sqrt{x^2+y^2} \qquad\qquad\qquad\qquad (9.4)$$

$$\varphi = \begin{cases} \arctan\frac{y}{x} & \text{für } x>0 & -\frac{\pi}{2}<\varphi<\frac{\pi}{2} \\[4pt] \arctan\frac{y}{x}+\pi & \text{für } x<0 & \frac{\pi}{2}<\varphi<\frac{3}{2}\pi \\[4pt] \arctan\frac{y}{x}+2\pi & \text{für } x>0, y<0 & \frac{3}{2}\pi<\varphi<2\pi \\[4pt] \frac{\pi}{2} & \text{für } x=0, y>0 \\[4pt] \frac{3}{2}\pi & \text{für } x=0, y<0 \end{cases} \qquad (9.5)$$

9.1.3 Koordinaten- und geometrische Transformationen

In der Naturwissenschaft und Technik (z.B. Computergraphik) spielen sog. Transformationen eine Rolle, von denen wir hier die folgenden drei betrachten:

1. Translation (Parallelverschiebung)
2. Skalierung (Dehnung oder Stauchung)
3. Drehung

Diese drei Transformationen sind in den Abb. 9.3 bis 9.5 veranschaulicht. Ändert man ein geometrisches Objekt (z.B. durch Parallelverschiebung) bei festem Koordinatensystem, so spricht man von einer geometrischen Transformation. Lässt man hingegen das Objekt fest und ändert das Koordinatensystem, so spricht man von einer Koordinatentransformation. In den Abb. 9.3 bis 9.5 sind links geometrische und rechts Koordinatentransformationen zu sehen. Wir wollen klären, wie sich die Ortsvektoren bei diesen Transformationen ändern.

Translation

In der Abb. 9.3 ist links die Translation eines geometrischen Objektes dargestellt. Jeder Punkt wird entlang eines Translationsvektors $\vec{a}$ verschoben.

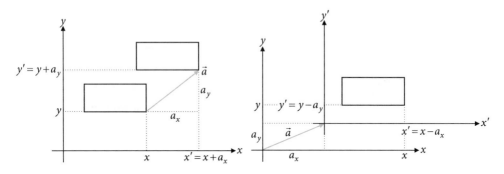

Abb. 9.3: Translation eines Objektes (links) bzw. des Koordinatensystems (rechts).

Die in Abb. 9.3 links gezeigte Translation wird erzeugt, indem man zum Ortsvektor jedes Punktes den Translationsvektor $\vec{a}$ addiert:

$$\vec{r} \to \vec{r}' = \vec{r} + \vec{a} \tag{9.6}$$

$$\begin{pmatrix} x \\ y \end{pmatrix} \to \begin{pmatrix} x' \\ y' \end{pmatrix} = \begin{pmatrix} x \\ y \end{pmatrix} + \begin{pmatrix} a_x \\ a_y \end{pmatrix} = \begin{pmatrix} x + a_x \\ y + a_y \end{pmatrix} \tag{9.7}$$

Wir halten nun das Objekt fest und verschieben das Koordinatensystem entlang eines Translationsvektors $\vec{a}$ (s. 9.3, rechts). Hat ein Punkt im ursprünglichen Koordinatensystem den Ortsvektor $\vec{r}$ und im verschobenen Koordnatensystem den Ortsvektor $\vec{r}\,'$, dann gilt:

$$\vec{r}\,' = \vec{r} - \vec{a} \tag{9.8}$$

$$\begin{pmatrix} x' \\ y' \end{pmatrix} = \begin{pmatrix} x \\ y \end{pmatrix} - \begin{pmatrix} a_x \\ a_y \end{pmatrix} = \begin{pmatrix} x - a_x \\ y - a_y \end{pmatrix} \tag{9.9}$$

Es ist anschaulich einleuchtend, dass die Translation des Koordinatensystems mit dem Translationsvektor $-\vec{a}$ zu den gleichen Koordinaten führt wie die Translation des Objektes mit dem Translationsvektor $\vec{a}$.

Skalierung

In der Abb. 9.4 ist links die Skalierungstransformation eines geometrischen Objektes dargestellt.

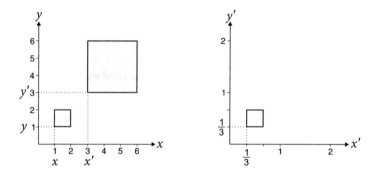

Abb. 9.4: Skalierung eines Objektes (links) bzw. des Koordinatensystems (rechts).

Die in Abb. 9.4 links gezeigte Skalierung wird erzeugt, indem man den Ortsvektor jedes Punktes mit einer Zahl $\lambda > 0$ multipliziert:

$$\vec{r} \to \vec{r}\,' = \lambda\vec{r} \tag{9.10}$$

$$\begin{pmatrix} x \\ y \end{pmatrix} \to \begin{pmatrix} x' \\ y' \end{pmatrix} = \lambda \begin{pmatrix} x \\ y \end{pmatrix} = \begin{pmatrix} \lambda x \\ \lambda y \end{pmatrix} \tag{9.11}$$

Bei der Skalierung ändern sich die Abstände von Punkten jeweils um den Faktor λ. Wir halten nun das Objekt fest und muliplizieren (skalieren) die Längeneinheit des Koordinatensystems mit dem Faktor λ (s. 9.4, rechts). Hat ein Punkt im ursprünglichen Koordinatensystem den Ortsvektor $\vec{r}$ und im skalierten Koordnatensystem den Ortsvektor $\vec{r}\,'$, dann gilt:

$$\vec{r}\,' = \tfrac{1}{\lambda}\vec{r} \tag{9.12}$$

$$\begin{pmatrix} x' \\ y' \end{pmatrix} = \frac{1}{\lambda} \begin{pmatrix} x \\ y \end{pmatrix} = \begin{pmatrix} \frac{1}{\lambda}x \\ \frac{1}{\lambda}y \end{pmatrix} \tag{9.13}$$

Drehung

In der Abb. 9.5 ist links die Drehung eines geometrischen Objektes um den Ursprung dargestellt.

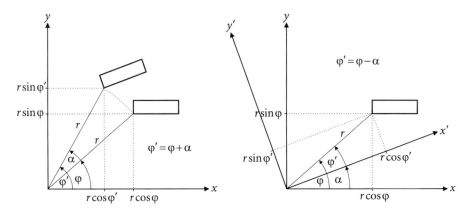

Abb. 9.5: Drehung eines Objektes (links) bzw. des Koordinatensystems (rechts).

Die in Abb. 9.5 links gezeigte Drehung wird erzeugt, indem man den Ortsvektor jedes Punktes um den Winkel α dreht. Sind x,y bzw. r,φ die kartesischen bzw. Polarkoordinaten eines Ortsvektors und x',y' bzw. r',φ' die kartesischen bzw. Polarkoordinaten des gedrehten Vektors, dann ist $r' = r$ und $\varphi' = \varphi + \alpha$ und es gilt:

$$x' = r' \cos \varphi' = r \cos(\varphi + \alpha)$$
$$y' = r' \sin \varphi' = r \sin(\varphi + \alpha)$$

Aus den Additionstheoremen folgt:

$$x' = r(\cos \varphi \cos \alpha - \sin \varphi \sin \alpha) = r \cos \varphi \cos \alpha - r \sin \varphi \sin \alpha = x \cos \alpha - y \sin \alpha$$
$$y' = r(\sin \varphi \cos \alpha + \cos \varphi \sin \alpha) = r \sin \varphi \cos \alpha + r \cos \varphi \sin \alpha = y \cos \alpha + x \sin \alpha$$

Daraus folgt für den gedrehten Ortsvektor $\vec{r}\,'$:

$$\begin{pmatrix} x' \\ y' \end{pmatrix} = \begin{pmatrix} x \cos \alpha - y \sin \alpha \\ x \sin \alpha + y \cos \alpha \end{pmatrix} = \begin{pmatrix} \cos \alpha & -\sin \alpha \\ \sin \alpha & \cos \alpha \end{pmatrix} \begin{pmatrix} x \\ y \end{pmatrix} \tag{9.14}$$

$$\vec{r}\,' = \mathbf{D}\vec{r} \quad \text{mit } \mathbf{D} = \begin{pmatrix} \cos \alpha & -\sin \alpha \\ \sin \alpha & \cos \alpha \end{pmatrix} \tag{9.15}$$

Die Drehung des Objektes wird erzeugt durch Multiplikation der Ortsvektoren aller Punkte des Objektes mit der Drehmatrix $\mathbf{D}$.

Wir halten nun das Objekt fest und drehen das Koordinatensystem um den Ursprung um den Winkel α (s. 9.5, rechts). Statt $\varphi' = \varphi + \alpha$ hat man nun $\varphi' = \varphi - \alpha$. Es ist anschaulich einleuchtend, dass die Drehung des Koordinatensystems um den Winkel α zu den gleichen Koordinaten führt wie die Drehung des Objektes um den Winkel $-\alpha$. Hat ein Punkt im ursprünglichen Koordinatensystem den Ortsvektor $\vec{r}$ und im gedrehten Koordnatensystem den Ortsvektor $\vec{r}\,'$, dann gilt also:

$$\begin{pmatrix} x' \\ y' \end{pmatrix} = \begin{pmatrix} \cos(-\alpha) & -\sin(-\alpha) \\ \sin(-\alpha) & \cos(-\alpha) \end{pmatrix} \begin{pmatrix} x \\ y \end{pmatrix} = \begin{pmatrix} \cos\alpha & \sin\alpha \\ -\sin\alpha & \cos\alpha \end{pmatrix} \begin{pmatrix} x \\ y \end{pmatrix} \tag{9.16}$$

$$\vec{r}\,' = \mathbf{D}\vec{r} \quad \text{mit } \mathbf{D} = \begin{pmatrix} \cos\alpha & \sin\alpha \\ -\sin\alpha & \cos\alpha \end{pmatrix} \tag{9.17}$$

9.2 Der dreidimensionale Raum $\mathbb{R}^3$

9.2.1 Kartesische Koordinaten

Jeder Punkt kann mit einem kartesischen Koordinatensystem durch seine kartesischen Koordinaten x,y,z bzw. den sog. Ortsvektor $\vec{r}$ angegeben werden (s. Abb. 9.6).

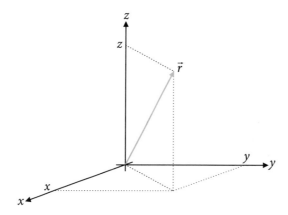

Abb. 9.6: Kartesische Koordinaten eines Punktes.

Der Ortsvektor $\vec{r}$ und der Betrag $|\vec{r}|$ des Ortsvektors sind gegeben durch:

$$\vec{r} = \begin{pmatrix} x \\ y \\ z \end{pmatrix} \qquad |\vec{r}| = r = \sqrt{x^2 + y^2 + z^2}$$

$\vec{r}$ wird dargestellt durch einen Pfeil vom Koordinatenursprung zum Punkt.

9.2.2 Zylinderkoordinaten

Die **Zylinderkoordinaten** r,φ,z eines Punktes haben folgende Bedeutung: r ist der Abstand des Punktes von der z-Achse. φ ist der Winkel zwischen der x-Achse und der Projektion des Ortsvektors in die x-y-Ebene (s. Abb. 9.7). z hat die gleiche Bedeutung wie bei den kartesischen Koordinaten.

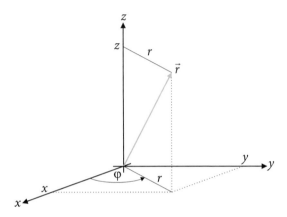

Abb. 9.7: Zylinderkoordinaten eines Punktes.

Damit hat man den gleichen Zusammenhang zwischen x,y und r,φ wie bei den Polarkoordinaten:

$$
\begin{aligned}
x &= r\cos\varphi \\
y &= r\sin\varphi
\end{aligned}
\qquad \text{mit} \quad r = \sqrt{x^2 + y^2} \quad \text{und} \quad \tan\varphi = \frac{y}{x}
\qquad (9.18)
$$

Es gelten die Umrechnungsformeln (9.2) bis (9.5). Bei Problemstellungen mit Rotationssymmetrie bzw. rotationssymetrischen Objekten (Rotation um die z-Achse) ist es oft vorteilhaft, Zylinderkoordinaten zu verwenden (s. Abschnitt 11.2.2).

9.2.3 Sphärische Polarkoordinaten

Die **sphärischen Polarkoordinaten** oder **Kugelkoordinaten** r,φ,ϑ eines Punktes haben folgende Bedeutung (s. Abb. 9.8): r ist der Abstand des Punktes vom Ursprung, d.h. der Betrag des Ortsvektors. φ ist der Winkel zwischen der x-Achse und der Projektion des Ortsvektors in die x-y-Ebene. ϑ ist der Winkel zwischen der z-Achse und dem Ortsvektor. Die Länge der Projektion des Ortsvektors in die x-y-Ebene wird mit r' bezeichnet. Es gelten folgende Beziehungen (s. Abb. 9.8):

$$
x = r'\cos\varphi \qquad y = r'\sin\varphi \qquad z = r\cos\vartheta \qquad r' = r\sin\vartheta \qquad \tan\varphi = \frac{y}{x}
$$

Damit erhält man folgende Umrechnungsformeln für die Umrechnung von kartsischen in sphärische Polarkoordinaten und umgekehrt:

Berechnung von x,y,z aus r,φ,ϑ und umgekehrt

$$x = r \sin \vartheta \cos \varphi \qquad\qquad y = r \sin \vartheta \sin \varphi \qquad\qquad z = r \cos \vartheta \qquad (9.19)$$

$$r = \sqrt{x^2 + y^2 + z^2} \qquad \cos \vartheta = \frac{z}{\sqrt{x^2 + y^2 + z^2}} \qquad \tan \varphi = \frac{y}{x} \qquad (9.20)$$

Bei der Auflösung von $\tan \varphi = \frac{y}{x}$ nach φ muss man wieder die gleiche Fallunterscheidung machen wie bei den Polarkoordinaten. Für den Winkel φ gilt (9.5).

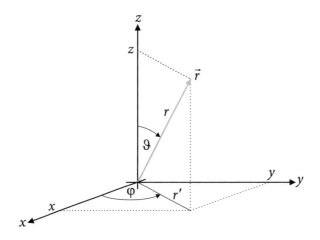

Abb. 9.8: Sphärische Polarkoordinaten eines Punktes.

Bei Problemstellungen mit Rotationssymmetrie bzw. rotationssymetrischen Objekten (Rotation um den Ursprung) ist es oft vorteilhaft, sphärische Polarkoordinaten zu verwenden (s. Abschnitt 11.2.3).

9.2.4 Geometrische und Koordinatentransformationen

Wir betrachten auch im $\mathbb{R}^3$ die folgenden drei Transformationen:

1. Translation (Parallelverschiebung)
2. Skalierung (Dehnung oder Stauchung)
3. Drehung

In den Abb. 9.9 bis 9.11 sind links geometrische und rechts Koordinatentransformationen zu sehen. Wir wollen klären, wie sich die Ortsvektoren bei diesen Transformationen ändern.

Translation

In der Abb. 9.9 ist links die Translation eines geometrischen Objektes dargestellt. Jeder Punkt wird entlang eines Translationsvektors $\vec{a}$ verschoben.

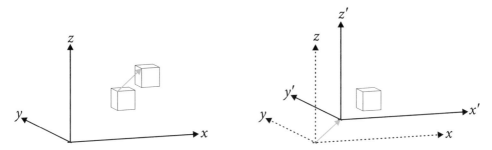

Abb. 9.9: Translation eines Objektes (links) bzw. des Koordinatensystems (rechts)

Die in Abb. 9.9 links gezeigte Translation wird erzeugt, indem man zum Ortsvektor jedes Punktes den Translationsvektor $\vec{a}$ addiert:

$$\vec{r} \rightarrow \vec{r}\,' = \vec{r} + \vec{a} \tag{9.21}$$

$$\begin{pmatrix} x \\ y \\ z \end{pmatrix} \rightarrow \begin{pmatrix} x' \\ y' \\ z' \end{pmatrix} = \begin{pmatrix} x \\ y \\ z \end{pmatrix} + \begin{pmatrix} a_x \\ a_y \\ a_z \end{pmatrix} = \begin{pmatrix} x + a_x \\ y + a_y \\ z + a_z \end{pmatrix} \tag{9.22}$$

Wir halten nun das Objekt fest und verschieben das Koordinatensystem entlang eines Translationsvektors $\vec{a}$ (s. 9.9, rechts). Hat ein Punkt im ursprünglichen Koordinatensystem den Ortsvektor $\vec{r}$ und im verschobenen Koordnatensystem den Ortsvektor $\vec{r}\,'$, dann gilt:

$$\vec{r}\,' = \vec{r} - \vec{a} \tag{9.23}$$

$$\begin{pmatrix} x' \\ y' \\ z' \end{pmatrix} = \begin{pmatrix} x \\ y \\ z \end{pmatrix} - \begin{pmatrix} a_x \\ a_y \\ a_z \end{pmatrix} = \begin{pmatrix} x - a_x \\ y - a_y \\ z - a_z \end{pmatrix} \tag{9.24}$$

Es ist anschaulich einleuchtend, dass die Translation des Koordinatensystems mit dem Translationsvektor $-\vec{a}$ zu den gleichen Koordinaten führt wie die Translation des Objektes mit dem Translationsvektor $\vec{a}$.

Skalierung

In der Abb. 9.10 ist links die Skalierungstransformation eines geometrischen Objektes dargestellt. Bei einer Skalierung ändern sich die Abstände von Punkten jeweils um einen Faktor λ. Eine solche Skalierung wird erzeugt, indem man den Ortsvektor jedes Punktes mit der Zahl $\lambda > 0$ multipliziert:

$$\vec{r} \rightarrow \vec{r}\,' = \lambda \vec{r} \tag{9.25}$$

$$
\begin{pmatrix} x \\ y \\ z \end{pmatrix} \rightarrow \begin{pmatrix} x' \\ y' \\ z' \end{pmatrix} = \lambda \begin{pmatrix} x \\ y \\ z \end{pmatrix} = \begin{pmatrix} \lambda x \\ \lambda y \\ \lambda z \end{pmatrix} \tag{9.26}
$$

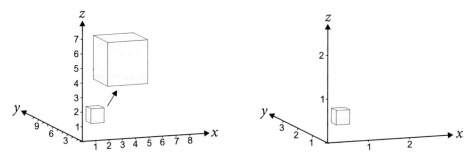

Abb. 9.10: Skalierung eines Objektes (links) bzw. des Koordinatensystems (rechts).

Wir halten nun das Objekt fest und multiplizieren (skalieren) die Längeneinheit des Koordinatensystems mit dem Faktor λ (s. Abb. 9.10, rechts). Hat ein Punkt im ursprünglichen Koordinatensystem den Ortsvektor $\vec{r}$ und im skalierten Koordinatensystem den Ortsvektor $\vec{r}\,'$, dann gilt:

$$
\vec{r}\,' = \tfrac{1}{\lambda}\vec{r} \tag{9.27}
$$

$$
\begin{pmatrix} x' \\ y' \\ z' \end{pmatrix} = \frac{1}{\lambda} \begin{pmatrix} x \\ y \\ z \end{pmatrix} = \begin{pmatrix} \frac{1}{\lambda}x \\ \frac{1}{\lambda}y \\ \frac{1}{\lambda}z \end{pmatrix} \tag{9.28}
$$

Drehung

In der Abb. 9.11 ist links die Drehung eines geometrischen Objektes um die z-Achse dargestellt. Bei dieser Drehung bleibt die z-Koordinate jedes Punktes gleich. Die x- und y-Koordinaten ändern sich wie bei der Drehung eines zweidimensionalen Objektes um den Ursprung. Sind x,y,z bzw. x',y',z' die Koordinaten eines Punktes des ursprünglichen bzw. des gedrehten Objektes und α der Drehwinkel, so folgt aus (9.14):

$$
\begin{pmatrix} x' \\ y' \\ z' \end{pmatrix} = \begin{pmatrix} x\cos\alpha - y\sin\alpha \\ x\sin\alpha + y\cos\alpha \\ z \end{pmatrix} = \begin{pmatrix} \cos\alpha & -\sin\alpha & 0 \\ \sin\alpha & \cos\alpha & 0 \\ 0 & 0 & 1 \end{pmatrix} \begin{pmatrix} x \\ y \\ z \end{pmatrix}
$$

$$
\vec{r}\,' = \mathbf{D}\,\vec{r} \quad \text{mit } \mathbf{D} = \begin{pmatrix} \cos\alpha & -\sin\alpha & 0 \\ \sin\alpha & \cos\alpha & 0 \\ 0 & 0 & 1 \end{pmatrix}
$$

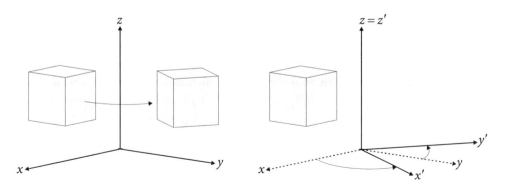

Abb. 9.11: Drehung eines Objektes (links) bzw. des Koordinatensystems (rechts).

Die Drehung des Objektes wird erzeugt durch Multiplikation der Ortsvektoren aller Punkte des Objektes mit der Drehmatrix $\mathbf{D}$. Wir halten nun das Objekt fest und drehen das Koordinatensystem um die z-Achse (s. Abb. 9.11, rechts). Es ist anschaulich einleuchtend, dass die Drehung des Koordinatensystems um den Winkel α zu den gleichen Koordinaten führt wie die Drehung des Objektes um den Winkel $-\alpha$. Hat ein Punkt im ursprünglichen Koordinatensystem den Ortsvektor $\vec{r}$ und im gedrehten Koordinatensystem den Ortsvektor $\vec{r}\,'$, dann gilt also:

$$\begin{pmatrix} x' \\ y' \\ z' \end{pmatrix} = \begin{pmatrix} x\cos\alpha + y\sin\alpha \\ -x\sin\alpha + y\cos\alpha \\ z \end{pmatrix} = \begin{pmatrix} \cos\alpha & \sin\alpha & 0 \\ -\sin\alpha & \cos\alpha & 0 \\ 0 & 0 & 1 \end{pmatrix} \begin{pmatrix} x \\ y \\ z \end{pmatrix}$$

$$\vec{r}\,' = \mathbf{D}\,\vec{r} \quad \text{mit } \mathbf{D} = \begin{pmatrix} \cos\alpha & \sin\alpha & 0 \\ -\sin\alpha & \cos\alpha & 0 \\ 0 & 0 & 1 \end{pmatrix}$$

Bei einer Drehung des Objektes um die x-Achse bleibt die x-Koordinate eines Punktes unverändert. Die y- bzw. z-Koordinate ändert sich wie die x- bzw. y-Koordinate bei der Drehung um die z-Achse. Bei einer Drehung des Objektes um die y-Achse bleibt die y-Koordinate eines Punktes unverändert. Die z- bzw. x-Koordinate ändert sich wie die x- bzw. y-Koordinate bei der Drehung um die z-Achse. Bei der Drehung um die y-Achse gilt z. B.:

$$z' = z\cos\alpha - x\sin\alpha$$
$$x' = z\sin\alpha + x\cos\alpha$$

Eine Koordinatentransformation mit dem Winkel α bewirkt die gleiche Änderung wie die geometrische Transformation mit dem Winkel $-\alpha$.

Die Drehmatrix für die Koordinatentransformation erhält man, indem man in der Drehmatrix für die geometrische Transformation den Winkel α durch $-\alpha$ ersetzt. Wir fassen die Ergebnisse zusammen:

Drehachse	Geometr. Transformation	Koordinatentransformation	
x-Achse	$\mathbf{D} = \begin{pmatrix} 1 & 0 & 0 \\ 0 & \cos\alpha & -\sin\alpha \\ 0 & \sin\alpha & \cos\alpha \end{pmatrix}$	$\mathbf{D} = \begin{pmatrix} 1 & 0 & 0 \\ 0 & \cos\alpha & \sin\alpha \\ 0 & -\sin\alpha & \cos\alpha \end{pmatrix}$	(9.29)
y-Achse	$\mathbf{D} = \begin{pmatrix} \cos\alpha & 0 & \sin\alpha \\ 0 & 1 & 0 \\ -\sin\alpha & 0 & \cos\alpha \end{pmatrix}$	$\mathbf{D} = \begin{pmatrix} \cos\alpha & 0 & -\sin\alpha \\ 0 & 1 & 0 \\ \sin\alpha & 0 & \cos\alpha \end{pmatrix}$	(9.30)
z-Achse	$\mathbf{D} = \begin{pmatrix} \cos\alpha & -\sin\alpha & 0 \\ \sin\alpha & \cos\alpha & 0 \\ 0 & 0 & 1 \end{pmatrix}$	$\mathbf{D} = \begin{pmatrix} \cos\alpha & \sin\alpha & 0 \\ -\sin\alpha & \cos\alpha & 0 \\ 0 & 0 & 1 \end{pmatrix}$	(9.31)

In den Formeln (9.29) bis (9.31) bedeutet ein positiver bzw. negativer Wert von α eine Drehung gegen bzw. im Uhrzeigersinn bei Blickrichtung entgegengesetzt zur Drehachse.

9.3 Kurven

Der Graph einer Funktion ist ein Objekt, das eine Länge haben kann, jedoch keinen Flächeninhalt und kein Volumen. Derartige Objekte spielen eine wichtige Rolle bei der mathematischen Abbildung naturwissenschaftlicher und technischer Sachverhalte. Ein Beispiel hierfür ist die Bahn eines kleinen Teilchens.

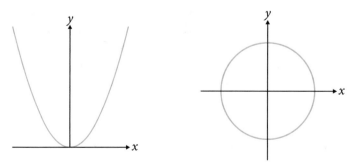

Abb. 9.12: Parabel und Kreisbahn als Beispiele für Kurven im $\mathbb{R}^2$.

Der mathematische Begriff für etwas, was die Bahn eines (punktförmigen) Teilchens mathematisch beschreiben kann, ist die **Kurve**. Liegt die Bahn in einer Ebene, so kann sie vielleicht durch eine Funktion f bzw. deren Graph beschrieben werden (s. Abb. 9.12, links). In diesem Fall erfüllen alle Punkte (x,y) auf dem Graphen bzw. der Kurve die Funktionsgleichung $y = f(x)$. Dass es nicht immer möglich ist, eine Bahn durch eine Funktion f bzw. Funktionsgleichung $y = f(x)$ zu beschreiben, zeigt der einfache Fall einer Kreisbahn (mit Radius $R = 1$) (s. Abb. 9.12, rechts). Eine Kreisbahn kann nicht der Graph einer Funktion sein, da zu jedem $x \in\,]-1;1[$ zwei y gehören. Bei einer Funktion f gehört aber zu jedem $x \in D_f$ genau ein y. Alle Punkte (x,y) auf der Kreisbahn haben den gleichen Abstand vom Ursprung. Für alle Punkte gilt deshalb die Gleichung $\sqrt{x^2 + y^2} = 1$ bzw. $x^2 + y^2 = 1$. Die Kreisbahn lässt sich also beschreiben durch die Gleichung der Form $F(x,y) = 0$ mit $F(x,y) = x^2 + y^2 - 1$. Viele Kurven lassen sich beschreiben durch eine Gleichung der Form $F(x,y) = 0$ mit einem Term $F(x,y)$, der die Variablen x und y enthält. Eine Funktionsgleichung $y = f(x)$ kann man immer auf diese Form bringen mit $F(x,y) = y - f(x)$. Man spricht dann von einer **impliziten Funktionsgleichung**. Umgekehrt lässt sich nicht jede Gleichung der Form $F(x,y) = 0$ zu einer **expliziten Funktionsgleichung** der Form $y = f(x)$ auflösen. Die Auflösung von $x^2 + y^2 - 1 = 0$ nach y ergibt $y = \pm\sqrt{1 - x^2}$. Die Gleichung $y = \sqrt{1 - x^2}$ beschreibt den oberen, die Gleichung $y = -\sqrt{1 - x^2}$ den unteren Halbkreis. Es gibt noch eine andere Möglichkeit, eine Kurve zu beschreiben bzw. darzustellen. Um diese Darstellung zu erläutern, betrachten wir die Bahn eines Teilchens in einer Ebene: x und y seien die Koordinaten des Ortes eines Teilchens. Bewegt sich das Teilchen, so sind x und y Funktionen der Zeit t. Die Bahn kann dargestellt werden durch diese Funkionen bzw. Funktionssterme $x(t)$ und $y(t)$. Bewegt sich das Teilchen im Raum, so sind alle drei Koordinaten x,y,z Funktionen der Zeit t, und man hat drei Funktionen mit den Funktionstermen $x(t),y(t),z(t)$. In der Mathematik hat t nicht immer die Bedeutung der Zeit, sondern ist einfach eine Variable. Darüber hinaus verallgemeinert man den Kurvenbegriff auch auf Kurven im $\mathbb{R}^n$, bei denen die n Koordinaten des n-dimensionalen Raumes Funktionen einer Variablen t sind.

Definition 9.1: Kurve

$I \subset \mathbb{R}$ sei ein reelles Intervall. Die Funktionen $x_1(t),\dots,x_n(t)$ seien stetig für $t \in I$. Eine **Kurve** im $\mathbb{R}^n$ ist eine Abbildung, die jedem $t \in I$ einen Vektor $\vec{x}(t) \in \mathbb{R}^n$ zuordnet mit:

$$\vec{x}(t) = \begin{pmatrix} x_1(t) \\ \vdots \\ x_n(t) \end{pmatrix} \tag{9.32}$$

Bei Kurven im $\mathbb{R}^2$ bzw. $\mathbb{R}^3$ schreiben wir $x(t),y(t)$ bzw. $x(t),y(t),z(t)$ anstelle von $x_1(t),x_2(t)$ bzw. $x_1(t),x_2(t),x_3(t)$. Statt $\vec{x}(t)$ schreiben wir $\vec{r}(t)$.

$$\text{Kurve im } \mathbb{R}^2: \quad \vec{r}(t) = \begin{pmatrix} x(t) \\ y(t) \end{pmatrix} \qquad \text{Kurve im } \mathbb{R}^3: \quad \vec{r}(t) = \begin{pmatrix} x(t) \\ y(t) \\ z(t) \end{pmatrix} \qquad (9.33)$$

Nach der Definition 9.1 ist eine Kurve im $\mathbb{R}^2$ bzw. $\mathbb{R}^3$ also eine Abbildung $t \to \vec{r}(t)$. Häufig (und im normalen Sprachgebrauch) versteht man jedoch unter einer Kurve die Menge der Punkte mit den Ortsvektoren $\vec{r}(t)$. Man spricht dann auch von einer **Parameterdarstellung** $\vec{r}(t)$ einer Kurve. Was man mit dem Begriff Kurve meint, geht in der Regel aus dem Zusammenhang hervor. Eine Kurve (als Menge von Punkten) kann verschiedene Parameterdarstellungen haben.

Für die Koordinaten eines Punktes auf dem Kreis (mit Radius $R = 1$) gelten $x = \cos t$ und $y = \sin t$. Dabei ist t der Winkel zwischen dem Ortsvektor und der x-Achse. Die Kurve lässt sich beschreiben durch die Funktionen $x(t) = \cos t$ und $y(t) = \sin t$. Durchläuft t das Intervall $I = [0; 2\pi[$, so durchläuft der Punkt mit den Koordinaten $x(t)$ und $y(t)$ den Kreis. Wird eine Kurve beschrieben von der Funktionsgleichung $y = f(x)$, so kann man sie immer auch in der Form (9.33) angeben. Dazu setzt man $x(t) = t$ und $y(t) = f(x(t)) = f(t)$. Für die Kurve mit der Funktionsgleichung $y = x^2$ erhält man $x(t) = t$ und $y(t) = t^2$. Um eine Funktionsgleichung $y = f(x)$ aus den Funktionen $x(t), y(t)$ herzuleiten, kann man versuchen, die Gleichung $x = x(t)$ nach t aufzulösen (was nicht immer möglich ist), und das Eregbnis in $y = y(t)$ für t einzusetzen. Wir versuchen dies für den oberen Halbkreis ($t \in [0, \pi]$). Die Auflösung von $x = \cos t$ nach t ergibt $t = \arccos x$. Setzt man dies für t in $y = \sin t$ ein, so erhält man mit (2.108):

$$y = \sin(\arccos x) = \sin\left(\arcsin\left(\sqrt{1 - x^2}\right)\right) = \sqrt{1 - x^2} = f(x)$$

Daraus kann man die Parameterdarstellung $x(t) = t$ und $y(t) = \sqrt{1 - t^2}$ mit $t \in [-1; 1]$ ableiten. Es kann also verschiedene Parameterdarstellungen der gleichen Kurve geben. Im Hinblick auf die Anwendung in der Kinematik betrachten wir in den folgenden Abschnitten Kurven im $\mathbb{R}^3$:

$$\vec{r}(t) = \begin{pmatrix} x(t) \\ y(t) \\ z(t) \end{pmatrix} \qquad (9.34)$$

Beispiel 9.1: Schraubenlinie

Die in Abb. 9.13 gezeigte Schraubenlinie mit Radius R, Ganghöhe h und vier Windungen wird dargestellt durch die Kurve bzw. Parameterdarstellung

$$\vec{r}(t) = \begin{pmatrix} x(t) \\ y(t) \\ z(t) \end{pmatrix} = \begin{pmatrix} R\cos t \\ R\sin t \\ \frac{h}{2\pi} t \end{pmatrix} \qquad (9.35)$$

∎

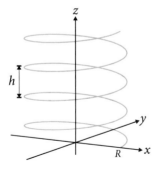

Abb. 9.13: Schraubenlinie.

Um Kurven zu untersuchen, benötigt man Ableitungen von Kurven. Um zu erklären, was man darunter versteht, betrachten wir einen Vektor $\vec{a}(t) \in \mathbb{R}^3$, dessen Komponenten Funktionen einer Variablen t sind.

$$\vec{a}(t) = \begin{pmatrix} a_x(t) \\ a_y(t) \\ a_z(t) \end{pmatrix}$$

Sind die Funktionen $a_x(t), a_y(t), a_z(t)$ differenzierbar, so kann man die Ableitungen bilden. Es ist üblich, die Ableitung nach einer Variablen t nicht durch einen Strich, sondern einen Punkt zu kennzeichnen: $\frac{\mathrm{d}}{\mathrm{d}t} f(t) = \dot{f}(t)$. Die Ableitung $\dot{\vec{a}}(t)$ des Vektors $\vec{a}(t)$ nach t ist folgendermaßen definiert:

$$\dot{\vec{a}}(t) = \begin{pmatrix} \dot{a}_x(t) \\ \dot{a}_y(t) \\ \dot{a}_z(t) \end{pmatrix} \tag{9.36}$$

Für die Ableitung von Vektoren gelten ähnliche Ableitungsregeln wie für Funktionen:

Ableitungsregeln

$$\frac{\mathrm{d}}{\mathrm{d}t}\left(\lambda\vec{a}(t) + \mu\vec{b}(t)\right) = \lambda\dot{\vec{a}}(t) + \mu\dot{\vec{b}}(t) \tag{9.37}$$

$$\frac{\mathrm{d}}{\mathrm{d}t}\left(\vec{a}(t)\cdot\vec{b}(t)\right) = \dot{\vec{a}}(t)\cdot\vec{b}(t) + \vec{a}(t)\cdot\dot{\vec{b}}(t) \tag{9.38}$$

$$\frac{\mathrm{d}}{\mathrm{d}t}\left(\vec{a}(t)\times\vec{b}(t)\right) = \dot{\vec{a}}(t)\times\vec{b}(t) + \vec{a}(t)\times\dot{\vec{b}}(t) \, () \tag{9.39}$$

$$\frac{\mathrm{d}}{\mathrm{d}t}\left(f(t)\vec{a}(t)\right) = \dot{f}(t)\vec{a}(t) + f(t)\dot{\vec{a}}(t) \tag{9.40}$$

$$\frac{\mathrm{d}}{\mathrm{d}t}\left(\frac{\vec{a}(t)}{f(t)}\right) = \frac{f(t)\dot{\vec{a}}(t) - \dot{f}(t)\vec{a}(t)}{f(t)^2} \tag{9.41}$$

Da es verschiedene Produkte gibt (Skalarprodukt, Vektorprodukt, Multiplikation mit einer Funktion) gibt es auch verschiedene Produktregeln.

9.3.1   Tangenten- und Normalenvektoren

Für die Ableitung einer Kurve $\vec{r}(t) \in \mathbb{R}^3$ gilt:

$$
\dot{\vec{r}}(t) = \begin{pmatrix} \dot{x}(t) \\ \dot{y}(t) \\ \dot{z}(t) \end{pmatrix} = \lim_{\Delta t \to 0} \begin{pmatrix} \frac{x(t+\Delta t)-x(t)}{\Delta t} \\ \frac{y(t+\Delta t)-y(t)}{\Delta t} \\ \frac{z(t+\Delta t)-z(t)}{\Delta t} \end{pmatrix} = \lim_{\Delta t \to 0} \frac{1}{\Delta t} \begin{pmatrix} x(t+\Delta t)-x(t) \\ y(t+\Delta t)-y(t) \\ z(t+\Delta t)-z(t) \end{pmatrix}
$$

$$
= \lim_{\Delta t \to 0} \frac{1}{\Delta t} \left[\underbrace{\begin{pmatrix} x(t+\Delta t) \\ y(t+\Delta t) \\ z(t+\Delta t) \end{pmatrix}}_{\vec{r}(t+\Delta t)} - \underbrace{\begin{pmatrix} x(t) \\ y(t) \\ z(t) \end{pmatrix}}_{\vec{r}(t)} \right] = \lim_{\Delta t \to 0} \frac{\vec{r}(t+\Delta t)-\vec{r}(t)}{\Delta t}
$$

$$
= \lim_{\Delta t \to 0} \frac{\Delta \vec{r}}{\Delta t} \qquad \text{mit } \Delta \vec{r} = \vec{r}(t+\Delta t) - \vec{r}(t)
$$

Der Differenzvektor $\Delta \vec{r}$ wird für $\Delta t \to 0$ parallel zur Tangente der Kurve an der Stelle $\vec{r}(t)$ (s. Abb. 9.14).

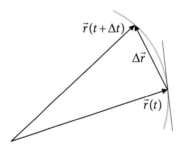

Abb. 9.14: Der Differenzvektor $\Delta \vec{r}$ wird parallel zur Tangente für $\Delta t \to 0$.

Der Vektor $\dot{\vec{r}}(t)$ ist daher parallel zur Tangente der Kurve an der Stelle $\vec{r}(t)$. Man spricht von einem **Tangentenvektor**. Dividiert man diesen Vektor durch seinen Betrag, so bekommt man einen Einheitsvektor tangential zur Bahn, den sog. **Tangenteneinheitsvektor** $\vec{T}(t)$:

$$
\vec{T}(t) = \frac{\dot{\vec{r}}(t)}{|\dot{\vec{r}}(t)|}
$$

Wegen $\vec{T}(t) \cdot \vec{T}(t) = |\vec{T}(t)|^2 = 1$ ist $\frac{\mathrm{d}}{\mathrm{d}t}\left(\vec{T}(t) \cdot \vec{T}(t)\right) = 0$. Daraus folgt mit (9.38):

$$
\frac{\mathrm{d}}{\mathrm{d}t}\left(\vec{T}(t) \cdot \vec{T}(t)\right) = \dot{\vec{T}}(t) \cdot \vec{T}(t) + \vec{T}(t) \cdot \dot{\vec{T}}(t) = 2\,\dot{\vec{T}}(t) \cdot \vec{T}(t) = 0
$$

Das bedeutet, dass $\dot{\vec{T}}(t)$ senkrecht auf $\vec{T}(t)$ und damit senkrecht auf der Kurve steht. Man spricht von einem **Normalenvektor**. Dividiert man diesen Vektor durch seinen

Betrag, so bekommt man einen Einheitsvektor, der senkrecht auf der Kurve steht, den sog. **Hauptnormalenvektor** $\vec{N}(t)$:

$$\vec{N}(t) = \frac{\dot{\vec{T}}(t)}{|\dot{\vec{T}}(t)|}$$

Bildet man das Vektorprodukt der Vektoren $\vec{T}(t)$ und $\vec{N}(t)$, so erhält man einen Vektor, der senkrecht auf $\vec{T}(t)$ und $\vec{N}(t)$ steht, den sog. **Binormalenvektor** $\vec{B}(t)$:

$$\vec{B}(t) = \vec{T}(t) \times \vec{N}(t)$$

In der Kinematik verwendet man manchmal bei der Beschreibung einer Bewegung entlang einer Kurve ein Koordinatensystem, dessen Koordinatenachsen in Richtung der Vektoren $\vec{T}(t), \vec{N}(t)$ und $\vec{B}(t)$ zeigen. Dieses sich mitbewegende Koordinatensystem wird **begelietendes Dreibein** genannt.

Tangenten- und Normalenvektoren, begleitendes Dreibein

Tangenteneinheitsvektor:	$\vec{T}(t) = \dfrac{\dot{\vec{r}}(t)}{|\dot{\vec{r}}(t)|}$	(9.42)
Hauptnormalenvektor:	$\vec{N}(t) = \dfrac{\dot{\vec{T}}(t)}{|\dot{\vec{T}}(t)|}$	(9.43)
Binormalenvektor:	$\vec{B}(t) = \vec{T}(t) \times \vec{N}(t)$	(9.44)

Liegt die Kurve in einer Ebene, so liegt auch der Vektor $\Delta\vec{r} = \vec{r}(t + \Delta t) - \vec{r}(t)$ in dieser Ebene. Daraus folgt, dass auch $\dot{\vec{r}}(t) = \lim\limits_{\Delta t \to 0} \frac{\Delta\vec{r}}{\Delta t}$ und $\vec{T}(t) = \frac{\dot{\vec{r}}(t)}{|\dot{\vec{r}}(t)|}$ in dieser Ebene liegen. Da $\vec{T}(t)$ in der Ebene liegt, liegt auch der Vektor $\Delta\vec{T} = \vec{T}(t + \Delta t) - \vec{T}(t)$ in der Ebene. Daraus folgt, dass auch $\dot{\vec{T}}(t) = \lim\limits_{\Delta t \to 0} \frac{\Delta\vec{T}}{\Delta t}$ und $\vec{N}(t) = \frac{\dot{\vec{T}}(t)}{|\dot{\vec{T}}(t)|}$ in der Ebene liegen. Der Vektor $\vec{B}(t)$ steht senkrecht auf der Ebene. Da sowohl die Richtung als auch der Betrag von $\vec{B}(t)$ konstant sind, ist $\vec{B}(t)$ bei einer ebenen Bewegung konstant.

Beispiel 9.2: Kreisbahn

Wir betrachten eine Kreisbahn in der x,y-Ebene mit Radius R und Mittelpunkt im Ursprung (s. Abb. 9.15, links):

$$\vec{r}(t) = \begin{pmatrix} R\cos t \\ R\sin t \\ 0 \end{pmatrix} \quad \dot{\vec{r}}(t) = \begin{pmatrix} -R\sin t \\ R\cos t \\ 0 \end{pmatrix} \quad |\dot{\vec{r}}(t)| = R \quad \vec{T}(t) = \frac{\dot{\vec{r}}(t)}{|\dot{\vec{r}}(t)|} = \begin{pmatrix} -\sin t \\ \cos t \\ 0 \end{pmatrix}$$

Für die Normalenvektoren erhalten wir damit:

$$\dot{\vec{T}}(t) = \begin{pmatrix} -\cos t \\ -\sin t \\ 0 \end{pmatrix} \qquad |\dot{\vec{T}}(t)| = 1 \qquad \vec{N}(t) = \frac{\dot{\vec{T}}(t)}{|\dot{\vec{T}}(t)|} = \begin{pmatrix} -\cos t \\ -\sin t \\ 0 \end{pmatrix}$$

$$\vec{B}(t) = \vec{T}(t) \times \vec{N}(t) = \begin{pmatrix} -\sin t \\ \cos t \\ 0 \end{pmatrix} \times \begin{pmatrix} -\cos t \\ -\sin t \\ 0 \end{pmatrix} = \begin{pmatrix} 0 \\ 0 \\ 1 \end{pmatrix}$$

Der Hauptnormalenvektor $\vec{N}(t)$ zeigt zum Kreismittelpunkt, der Binormalenvektor $\vec{B}(t)$ steht senkrecht auf der Ebene, in der der Kreis liegt. ∎

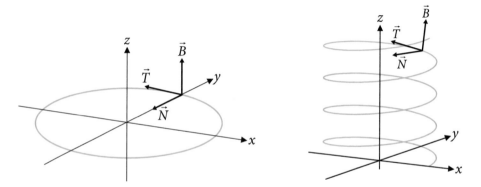

Abb. 9.15: Begleitendes Dreibein bei Kreisbahn (links) und Schraubenlinie (rechts).

Beispiel 9.3: Schraubenlinie

Wir betrachten eine Schraubenlinie mit Radius R, Ganghöhe h und vier Windungen (s. Abb. 9.15, rechts):

$$\vec{r}(t) = \begin{pmatrix} R\cos t \\ R\sin t \\ \frac{h}{2\pi}t \end{pmatrix} \qquad \dot{\vec{r}}(t) = \begin{pmatrix} -R\sin t \\ R\cos t \\ \frac{h}{2\pi} \end{pmatrix}$$

$$|\dot{\vec{r}}(t)| = \sqrt{R^2 + \left(\frac{h}{2\pi}\right)^2} = R\sqrt{1 + \left(\frac{h}{2\pi R}\right)^2} = \frac{1}{2\pi}\sqrt{(2\pi R)^2 + h^2}$$

$$\vec{T}(t) = \frac{\dot{\vec{r}}(t)}{|\dot{\vec{r}}(t)|} = \frac{2\pi}{\sqrt{(2\pi R)^2 + h^2}} \begin{pmatrix} -R\sin t \\ R\cos t \\ \frac{h}{2\pi} \end{pmatrix} = \frac{2\pi R}{\sqrt{(2\pi R)^2 + h^2}} \begin{pmatrix} -\sin t \\ \cos t \\ \frac{h}{2\pi R} \end{pmatrix}$$

$$\dot{\vec{T}}(t) = \frac{2\pi R}{\sqrt{(2\pi R)^2 + h^2}} \begin{pmatrix} -\cos t \\ -\sin t \\ 0 \end{pmatrix} \qquad |\dot{\vec{T}}(t)| = \frac{2\pi R}{\sqrt{(2\pi R)^2 + h^2}}$$

$$\vec{N}(t) = \frac{\dot{\vec{T}}(t)}{|\dot{\vec{T}}(t)|} = \begin{pmatrix} -\cos t \\ -\sin t \\ 0 \end{pmatrix}$$

$$\vec{B}(t) = \vec{T}(t) \times \vec{N}(t) = \frac{2\pi R}{\sqrt{(2\pi R)^2 + h^2}} \begin{pmatrix} -\sin t \\ \cos t \\ \frac{h}{2\pi R} \end{pmatrix} \times \begin{pmatrix} -\cos t \\ -\sin t \\ 0 \end{pmatrix}$$

$$= \frac{h}{\sqrt{(2\pi R)^2 + h^2}} \begin{pmatrix} \sin t \\ -\cos t \\ \frac{2\pi R}{h} \end{pmatrix}$$

Die Vektoren $\vec{T}(t), \vec{N}(t)$ und $\vec{B}(t)$ sind in Abb. 9.15 rechts dargestellt. ∎

9.3.2 Bogenlänge

Wie betrachten eine differenzierbare Kurve $\vec{r}(t)$ vom Punkt $\vec{r}_a = \vec{r}(a)$ zum Punkt $\vec{r}_b = \vec{r}(b)$ mit $a < b$. Um die Länge s der Kurve zu berechnen, zerlegt man die Kurve in n kleine Abschnitte zwischen den Punkten $\vec{r}_1, \vec{r}_2, \ldots, \vec{r}_{n+1}$ mit $r_1 = \vec{r}_a$ und $\vec{r}_{n+1} = \vec{r}_b$ (s. Abb. 9.16).

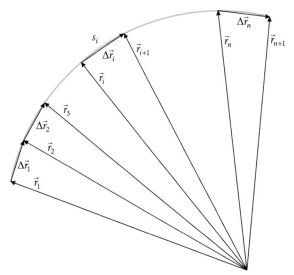

Abb. 9.16: Zur Berechnung der Länge einer Kurve.

Die Länge s_i des i-ten Abschnittes ist näherungsweise gleich dem Betrag des Vektors $\Delta\vec{r}_i = \vec{r}_{i+1} - \vec{r}_i$. Mit $\vec{r}_i = \vec{r}(t_i)$ und $t_{i+1} = t_i + \Delta t_i$ gilt:

$$s_i \approx |\Delta\vec{r}_i| = |\vec{r}_{i+1} - \vec{r}_i| = |\vec{r}(t_i + \Delta t_i) - \vec{r}(t_i)| = \left| \frac{\vec{r}(t_i + \Delta t_i) - \vec{r}(t_i)}{\Delta t_i} \right| \Delta t_i$$

$$\approx |\dot{\vec{r}}(t_i)|\Delta t_i$$

$$s = \sum_{i=1}^{n} s_i \approx \sum_{i=1}^{n} |\dot{\vec{r}}(t_i)|\Delta t_i$$

Mit zunehmendem n und immer kleiner werdenden Abschnitten wird die Näherung immer besser. Für $n \to \infty$ und $\Delta t_i \to 0$ geht die Näherung in eine exakte Beziehung und die Summe nach (4.10) in ein Integral über (s. Definition 4.1):

$$s = \lim_{\substack{n\to\infty \\ \Delta t_i \to 0}} \sum_{i=1}^{n} |\dot{\vec{r}}(t_i)|\Delta t_i = \int_a^b |\dot{\vec{r}}(t)|\mathrm{d}t$$

Die Länge s heißt **Bogenlänge** der Kurve vom Punkt $\vec{r}_a$ zum Punkt $\vec{r}_b$.

Bogenlänge einer Kurve

Für die Länge s der Kurve $\vec{r}(t)$ vom Punkt $\vec{r}(a)$ zum Punkt $\vec{r}(b)$ gilt:

$$s = \int_a^b |\dot{\vec{r}}(t)|\mathrm{d}t \tag{9.45}$$

Ist die obere Integrationsgrenze eine Variable t, so ist auch die Bogenlänge eine Funktion dieser Variablen:

$$s(t) = \int_a^t |\dot{\vec{r}}(\tau)|\mathrm{d}\tau \tag{9.46}$$

Für diese Funktion gilt:

$$\dot{s}(t) = \frac{\mathrm{d}}{\mathrm{d}t} \int_a^t |\dot{\vec{r}}(\tau)|\mathrm{d}\tau = |\dot{\vec{r}}(t)| \tag{9.47}$$

In der Kinematik hat $|\dot{\vec{r}}(t)|$ die Bedeutung des Betrages $v(t)$ der Geschwindigkeit $\vec{v}(t)$. Die von einem bewegten Körper mit der Geschwindigkeit $\vec{v}(t)$ in der Zeit von t_1 bis t_2 zurückgelegte Strecke ist bekanntlich $s = \int_{t_1}^{t_2} v(t)\mathrm{d}t$. Für eine konstante Geschwindigkeit mit dem Betrag v vereinfacht sich dies zu $s = v \cdot \Delta t$ mit $\Delta t = t_2 - t_1$.

Beispiel 9.4: Schraubenlinie

Wir berechnen die Bogenlänge der in Abb. 9.15 rechts gezeigten Schraubenlinie mit Radius R, Ganghöhe h und vier Windungen (s. Bsp. 9.3):

$$\vec{r}(t) = \begin{pmatrix} R\cos t \\ R\sin t \\ \frac{h}{2\pi}t \end{pmatrix} \qquad t \in [0; 8\pi] \qquad |\dot{\vec{r}}(t)| = \tfrac{1}{2\pi}\sqrt{(2\pi R)^2 + h^2}$$

$$s = \int\limits_{0}^{8\pi} |\dot{\vec{r}}(t)|\mathrm{d}t = \int\limits_{0}^{8\pi} \tfrac{1}{2\pi}\sqrt{(2\pi R)^2 + h^2}\,\mathrm{d}t = 4\sqrt{(2\pi R)^2 + h^2}$$

Die Länge einer Windung beträgt $\sqrt{(2\pi R)^2 + h^2}$. ∎

9.3.3 Krümmung

Wir haben in Abschnitt 3.4 auf Seite 109 eine Formel für die Krümmung eines Graphen hergeleitet. Dazu haben wir die Richtungsänderung $\Delta\alpha = \alpha' - \alpha$ des Graphen in einem Abschnitt der Länge Δs ins Verhältnis gesetzt zur Länge Δs des Abschnittes (s. Abb. 9.17, links).

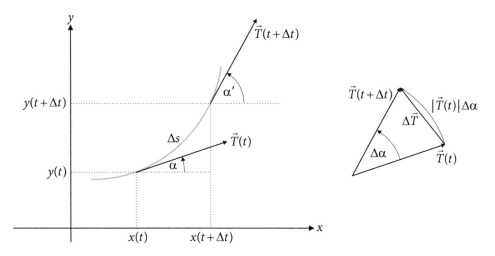

Abb. 9.17: Zur Definition der Krümmung einer Kurve.

Wir betrachten eine Parameterdarstellung des Graphen und die Tangenteneinheitsvektoren am Anfang und am Ende des Kurvenabschnittes der Länge Δs. Wegen $|\vec{T}(t)| = 1$ gilt für kleine $\Delta\alpha$ näherungsweise (s. Abb. 9.17, rechts):

$$|\Delta\vec{T}| \approx |\vec{T}(t)|\Delta\alpha = \Delta\alpha$$

Die Näherung gilt umso besser, je kleiner $\Delta\alpha, \Delta s$ und Δt sind. Die Krümmung wurde in Abschnitt 3.4 auf Seite 109 definiert durch (3.27)

$$\kappa = \lim_{\Delta s \to 0} \frac{\Delta\alpha}{\Delta s}$$

Für das Verhältnis $\frac{\Delta\alpha}{\Delta s}$ gilt:

$$\frac{\Delta\alpha}{\Delta s} \approx \frac{|\Delta\vec{T}|}{\Delta s} = \frac{|\vec{T}(t+\Delta t) - \vec{T}(t)|}{s(t+\Delta t) - s(t)} = \frac{\left|\frac{\vec{T}(t+\Delta t) - \vec{T}(t)}{\Delta t}\right|}{\frac{s(t+\Delta t) - s(t)}{\Delta t}}$$

Damit erhalten wir:

$$\lim_{\Delta s \to 0} \frac{\Delta\alpha}{\Delta s} = \lim_{\Delta t \to 0} \frac{\left|\frac{\vec{T}(t+\Delta t) - \vec{T}(t)}{\Delta t}\right|}{\frac{s(t+\Delta t) - s(t)}{\Delta t}} = \frac{|\dot{\vec{T}}(t)|}{\dot{s}(t)} = \frac{|\dot{\vec{T}}(t)|}{|\dot{\vec{r}}(t)|}$$

Krümmung $\kappa(t)$ einer Kurve

$$\kappa(t) = \frac{|\dot{\vec{T}}(t)|}{|\dot{\vec{r}}(t)|} \tag{9.48}$$

Beispiel 9.5: Krümmung eines Kreises

Wir berechnen die Krümmung eines Kreises in der x,y-Ebene mit Radius R und Mittelpunkt im Ursprung (s. Bsp. 9.2 und Abb. 9.15 links):

$$\vec{r}(t) = \begin{pmatrix} R\cos t \\ R\sin t \\ 0 \end{pmatrix} \quad \dot{\vec{r}}(t) = \begin{pmatrix} -R\sin t \\ R\cos t \\ 0 \end{pmatrix} \quad \vec{T}(t) = \begin{pmatrix} -\sin t \\ \cos t \\ 0 \end{pmatrix} \quad \dot{\vec{T}}(t) = \begin{pmatrix} -\cos t \\ -\sin t \\ 0 \end{pmatrix}$$

$$|\dot{\vec{r}}(t)| = R \qquad |\dot{\vec{T}}(t)| = 1 \qquad \kappa(t) = \frac{|\dot{\vec{T}}(t)|}{|\dot{\vec{r}}(t)|} = \frac{1}{R}$$

Erwartungsgemäß ist die Krümmung konstant und damit an allen Stellen gleich. Je kleiner der Radius, desto größer die Krümmung und umgekehrt. ∎

Im Beispiel 9.5 ist der Kehrwert der Krümmung der Radius des Kreises. Deshalb bezeichnet man diesen Kehrwert auch bei anderen Kurven als **Krümmungsradius**. Man kann einem Punkt einer gekrümmten Kurve einen Kreis „anschmiegen", der an dieser Stelle die gleiche Krümmung und die gleichen Tangenten- und Normaleneinheitsvektoren hat. Der Radius dieses Kreises ist der Krümmungsradius der Kurve an dieser Stelle. Die Ebene, in der dieser Kreis liegt heißt **Schmiegeebene**. Aus (9.42) und (9.47) folgt:

$$\vec{T}(t) = \frac{\dot{\vec{r}}(t)}{|\dot{\vec{r}}(t)|} = \frac{\dot{\vec{r}}(t)}{\dot{s}(t)} \Rightarrow \dot{\vec{r}}(t) = \dot{s}(t)\vec{T}(t)$$

Mit (9.43), (9.48) und der Produktregel (9.40) erhält man daraus:

$$\ddot{\vec{r}}(t) = \ddot{s}(t)\vec{T}(t) + \dot{s}(t)\dot{\vec{T}}(t) = \ddot{s}(t)\vec{T}(t) + \underbrace{\dot{s}(t)|\dot{\vec{r}}(t)|}_{\dot{s}(t)^2} \underbrace{\frac{|\dot{\vec{T}}(t)|}{|\dot{\vec{r}}(t)|}}_{\kappa(t)} \underbrace{\frac{\dot{\vec{T}}(t)}{|\dot{\vec{T}}(t)|}}_{\vec{N}(t)}$$

$$\ddot{\vec{r}}(t) = \ddot{s}(t)\vec{T}(t) + \dot{s}(t)^2\kappa(t)\vec{N}(t) \tag{9.49}$$

Die Beziehung (9.49) spielt eine wichtige Rolle in der Kinematik. Dort ist $\vec{r}(t)$ der Ortsvektor, $\dot{\vec{r}}(t) = \vec{v}(t)$ der Geschwindigkeitsvektor, $\ddot{\vec{r}}(t) = \vec{a}(t)$ der Beschleunigungsvektor und $\dot{s}(t) = v(t)$ der Betrag der Geschwindigkeit eines bewegten Teilchens.

$$\vec{a}(t) = \dot{v}(t)\vec{T}(t) + v(t)^2\kappa(t)\vec{N}(t)$$

Die Beschleunigung $\vec{a}(t)$ lässt sich zerlegen in einen Tangentialvektor $\vec{a}_T(t) = \dot{v}(t)\vec{T}(t)$ und einen Normalenvektor $\vec{a}_N(t) = v(t)^2\kappa(t)\vec{N}(t)$. Im mitbewegten Koordinatensystem mit Koordinatenachsen in Richtung von $\vec{T}(t),\vec{N}(t),\vec{B}(t)$ (begleitendes Dreibein) hat der Beschleunigungsvektor die Komponenten $\dot{v}(t),v(t)^2\kappa(t),0$. Aus (9.49) folgt:

$$\begin{aligned}
\dot{\vec{r}}(t) \times \ddot{\vec{r}}(t) &= \dot{s}(t)\vec{T}(t) \times \left[\ddot{s}(t)\vec{T}(t) + \dot{s}(t)^2\kappa(t)\vec{N}(t)\right] \\
&= \dot{s}(t)\ddot{s}(t)\underbrace{\vec{T}(t) \times \vec{T}(t)}_{=\vec{0}} + \dot{s}(t)^3\kappa(t)\underbrace{\vec{T}(t) \times \vec{N}(t)}_{=\vec{B}(t)} \\
&= \dot{s}(t)^3\kappa(t)\vec{B}(t) = |\dot{\vec{r}}(t)|^3\kappa(t)\vec{B}(t)
\end{aligned}$$

$$|\dot{\vec{r}}(t) \times \ddot{\vec{r}}(t)| = |\dot{\vec{r}}(t)|^3\kappa(t)|\vec{B}(t)| = |\dot{\vec{r}}(t)|^3\kappa(t)$$

Damit erhält man folgende Formel für die Krümmung:

$$\kappa(t) = \frac{|\dot{\vec{r}}(t) \times \ddot{\vec{r}}(t)|}{|\dot{\vec{r}}(t)|^3} \tag{9.50}$$

Beispiel 9.6: Schraubenlinie

Wir berechnen die Krümmung einer Schraubenlinie mit Radius R, Ganghöhe h und vier Windungen (s. Bsp. 9.3 und Abb. 9.15, rechts):

$$\vec{r}(t) = \begin{pmatrix} R\cos t \\ R\sin t \\ \frac{h}{2\pi}t \end{pmatrix} \qquad \dot{\vec{r}}(t) = \begin{pmatrix} -R\sin t \\ R\cos t \\ \frac{h}{2\pi} \end{pmatrix} \qquad \ddot{\vec{r}}(t) = \begin{pmatrix} -R\cos t \\ -R\sin t \\ 0 \end{pmatrix}$$

$$|\dot{\vec{r}}(t)| = \frac{1}{2\pi}\sqrt{(2\pi R)^2 + h^2} \qquad \vec{T}(t) = \frac{\dot{\vec{r}}(t)}{|\dot{\vec{r}}(t)|} = \frac{2\pi R}{\sqrt{(2\pi R)^2 + h^2}} \begin{pmatrix} -\sin t \\ \cos t \\ \frac{h}{2\pi R} \end{pmatrix}$$

$$\dot{\vec{T}}(t) = \frac{2\pi R}{\sqrt{(2\pi R)^2 + h^2}} \begin{pmatrix} -\cos t \\ -\sin t \\ 0 \end{pmatrix} \qquad |\dot{\vec{T}}(t)| = \frac{2\pi R}{\sqrt{(2\pi R)^2 + h^2}}$$

$$\kappa(t) = \frac{|\dot{\vec{T}}(t)|}{|\dot{\vec{r}}(t)|} = \frac{\frac{2\pi R}{\sqrt{(2\pi R)^2 + h^2}}}{\frac{1}{2\pi}\sqrt{(2\pi R)^2 + h^2}} = \frac{1}{R\left[1 + \left(\frac{h}{2\pi R}\right)^2\right]}$$

$$\dot{\vec{r}}(t) \times \ddot{\vec{r}}(t) = \begin{pmatrix} -R\sin t \\ R\cos t \\ \frac{h}{2\pi} \end{pmatrix} \times \begin{pmatrix} -R\cos t \\ -R\sin t \\ 0 \end{pmatrix} = \begin{pmatrix} \frac{hR}{2\pi}\sin t \\ -\frac{hR}{2\pi}\cos t \\ R^2 \end{pmatrix}$$

$$|\dot{\vec{r}}(t) \times \ddot{\vec{r}}(t)| = \sqrt{\left(\frac{hR}{2\pi}\right)^2 + R^4} = \frac{R}{2\pi}\sqrt{(2\pi R)^2 + h^2}$$

$$\kappa(t) = \frac{|\dot{\vec{r}}(t) \times \ddot{\vec{r}}(t)|}{|\dot{\vec{r}}(t)|^3} = \frac{\frac{R}{2\pi}\sqrt{(2\pi R)^2 + h^2}}{\frac{1}{(2\pi)^3}\sqrt{(2\pi R)^2 + h^2}^3} = \frac{1}{R\left[1 + \left(\frac{h}{2\pi R}\right)^2\right]}$$

$$\frac{1}{\kappa(t)} = R\left[1 + \left(\frac{h}{2\pi R}\right)^2\right]$$

Erwartungsgemäß ist der Krümmungsradius konstant und größer als bei einem Kreis mit Radius R. ∎

9.4 Aufgaben zu Kapitel 9

9.1 Gegeben sind die Ortsvektoren $\vec{r}_1, \vec{r}_2, \vec{r}_3, \vec{r}_4$ der Eckpunkte eines Rechtecks und ein Vektor $\vec{a}$:

$$\vec{r}_1 = \begin{pmatrix} 4 \\ 4 \end{pmatrix} \quad \vec{r}_2 = \begin{pmatrix} -4\sqrt{3} \\ 4 \end{pmatrix} \quad \vec{r}_3 = \begin{pmatrix} -4\sqrt{3} \\ -4\sqrt{3} \end{pmatrix} \quad \vec{r}_4 = \begin{pmatrix} 4 \\ -4\sqrt{3} \end{pmatrix} \quad \vec{a} = \begin{pmatrix} -4 \\ -4 \end{pmatrix}$$

a) Bestimmen Sie für jeden Eckpunkt jeweils die Polarkoordinaten.

Es werden nacheinander folgende Koordinatentransformationen durchgeführt: Translation mit dem Translationsvektor $\vec{a}$, Drehung um den Ursprung um den Winkel $\alpha = 30°$, Skalierung mit dem Faktor $\lambda = 2$.

b) Berechnen Sie die Ortsvektoren der Eckpunkte des Rechtecks nach diesen Koordinatentransformationen.

9.2 Die Eckpunkte eines Quaders haben folgende Ortsvektoren:

$$\vec{r}_1 = \begin{pmatrix} \sqrt{6} \\ \sqrt{6} \\ 6 \end{pmatrix} \quad \vec{r}_2 = \begin{pmatrix} -\sqrt{6} \\ \sqrt{6} \\ 6 \end{pmatrix} \quad \vec{r}_3 = \begin{pmatrix} -\sqrt{6} \\ -\sqrt{6} \\ 6 \end{pmatrix} \quad \vec{r}_4 = \begin{pmatrix} \sqrt{6} \\ -\sqrt{6} \\ 6 \end{pmatrix}$$

$$\vec{r}_5 = \begin{pmatrix} \sqrt{6} \\ \sqrt{6} \\ -6 \end{pmatrix} \quad \vec{r}_6 = \begin{pmatrix} -\sqrt{6} \\ \sqrt{6} \\ -6 \end{pmatrix} \quad \vec{r}_7 = \begin{pmatrix} -\sqrt{6} \\ -\sqrt{6} \\ -6 \end{pmatrix} \quad \vec{r}_8 = \begin{pmatrix} \sqrt{6} \\ -\sqrt{6} \\ -6 \end{pmatrix}$$

a) Bestimmen Sie für jeden Eckpunkt jeweils die Zylinderkoordinaten.

b) Bestimmen Sie für jeden Eckpunkt jeweils die sphärischen Polarkoordinaten.

Die Eckpunkte mit den Orstvektoren $\vec{r}_3$ und $\vec{r}_7$ liegen auf einer Geraden, die parallel zur z-Achse ist. Der Quader soll um diese Gerade um den Winkel $\alpha = 60°$ gedreht werden. Blickt man entgegen der z-Achse auf die x-y-Ebene, so soll die Drehung gegen den Uhrzeigersinn erfolgen.

c) Durch welche Transformationen kann diese Drehung bewirkt werden?

d) Berechnen Sie die Ortsvektoren der Eckpunkte des gedrehten Quaders.

9.3 Eine Kurve im $\mathbb{R}^2$, die sog. „Zissoide", ist gegeben durch:

$$x(t) = \frac{t^2}{1+t^2} \qquad y(t) = \frac{t^3}{1+t^2} \qquad t \in \mathbb{R}$$

a) Bestimmen Sie eine Funktion $f(x)$, deren Graph für $t \geq 0$ mit der Kurve übereinstimmt.

b) Bestimmen Sie eine Funktion $f(x)$, deren Graph für $t \leq 0$ mit der Kurve übereinstimmt.

c) Stellen Sie die Kurve durch eine Gleichung der Form $F(x,y) = 0$ dar.

d) Stellen Sie die Kurve durch eine Gleichung für Polarkoordinaten der Form $r = f(\varphi)$ dar.

9.4 Ein Auto fährt geradlinig mit konstanter Geschwindigkeit v. Im Profil eines Reifens steckt ein Stein. Der Radius des Reifens sei R. Zur Zeit $t = 0$ berührt der Stein die Straße. Die Komponenten des Ortsvektors bzw. Koordinaten des Steins sind Funktionen der Variablen t:

$$\vec{r}(t) = \begin{pmatrix} x(t) \\ y(t) \end{pmatrix} = \begin{pmatrix} R\left(\omega t - \sin(\omega t)\right) \\ R\left(1 - \cos(\omega t)\right) \end{pmatrix} \qquad \text{mit } \omega = \frac{v}{R}$$

a) Stellen Sie für $0 \le \omega t \le \pi$ die Kurve durch eine Gleichung der Form $F(x,y) = 0$ dar.

b) Berechnen Sie die Länge der Kurve vom Punkt $\vec{r}(0)$ bis zum Punkt $\vec{r}(\frac{2\pi}{\omega})$.

9.5 Gegeben ist eine Kurve im $\mathbb{R}^3$ mit

$$x(t) = \frac{1}{2}t^2 \qquad y(t) = \ln t \qquad z(t) = \sqrt{2}\,t \qquad t \in [1,\infty[$$

Berechnen Sie die Länge der Kurve vom Punkt $\vec{r}(1)$ bis zum Punkt $\vec{r}(4)$.

9.6 Gegeben ist eine Kurve im $\mathbb{R}^3$ mit

$$x(t) = 3t \qquad y(t) = 4t \qquad z(t) = 5\cosh t \qquad t \in \mathbb{R}$$

a) Berechnen Sie die Länge der Kurve vom Punkt $\vec{r}(0)$ bis zum Punkt $\vec{r}(\ln 2)$.

b) Berechnen Sie die Krümmung $\kappa(t)$.

9.7 Gegeben ist eine Kurve im $\mathbb{R}^3$ mit

$$x(t) = \cos t \qquad y(t) = \sin t \qquad z(t) = \frac{1}{2}t^2 \qquad t \in \mathbb{R}$$

a) Berechnen Sie die Länge der Kurve vom Punkt $\vec{r}(0)$ bis zum Punkt $\vec{r}(1)$.

b) Berechnen Sie die Krümmung $\kappa(t)$.

10 Funktionen mehrerer Variablen

Übersicht

10.1   Einführung und Grundbegriffe

Bei einer Funktion von einer Variablen hat man einen Zusammenhang zweier Größen y und x. Der Wert der Größe y hängt davon ab, welchen Wert die Größe x hat. Häufig hat man aber auch einen Zusammenhang dreier Größen: Der Wert einer Größe z hängt davon ab, welche Werte die Größen x und y haben. Auch eine Abhängigkeit von mehr als zwei Größen ist möglich: Der Wert einer Größe y kann davon abhängen, welche Werte die Größen $x_1, x_2, \ldots, x_n$ haben.

Beispiel 10.1: Oberfläche eines quaderförmigen Behälters

Die äußere Oberfläche A eines quaderförmigen, oben offenen Behälters hängt von den drei Seitenlängen x,y,z ab (z ist die Höhe). Die Abhängigkeit wird beschrieben durch die Gleichung $A = xy + 2xz + 2yz$.   ■

Beispiel 10.2: Produktionskosten

Die Kosten K bei der Produktion von n Gütern mit den Produktionsmengen $x_1, \ldots, x_n$ hängen von den Produktionsmengen $x_1, \ldots, x_n$ ab. Unter bestimmten Annahmen bzw. Bedingungen kann diese Abhängigkeit durch folgende Gleichung beschrieben werden: $K = a_1 x_1 + \ldots + a_n x_n$ mit gegebenen Konstanten $a_1, \ldots, a_n$.   ■

Beispiel 10.3: Harmonische Welle

Die Auslenkung y bei einer harmonischen Welle hängt vom Ort x und der Zeit t ab. Die Abhängigkeit wird beschrieben durch die Gleichung (2.109): $y = A\cos(kx - \omega t + \alpha)$ mit gegebenen Konstanten A, k, ω, α (s. Kap. 2.3.8, S. 74). ∎

Durch die folgende Definition wollen wir präzisieren, um welche Art von Zusammenhängen und Abhängigkeiten es im Folgenden geht:

Definition 10.1: Funktion von n Variablen

$D_f \subset \mathbb{R}^n$ sei eine Teilmenge des $\mathbb{R}^n$. Eine Funktion f von n Variablen ist eine Vorschrift, die *jedem* $(x_1, \ldots, x_n) \in D_f$ *genau ein* $y \in \mathbb{R}$ zuordnet.

Dies ist eine Verallgemeinerung der Definition 2.1. Das n-Tupel $(x_1, \ldots, x_n)$ besteht aus den n Variablen $x_1, \ldots, x_n$. Die Menge D_f heißt **Definitionsmenge** der Funktion f. Eine Gleichung der Form

$$y = f(x_1, \ldots, x_n)$$

die angibt, wie der einem n-Tupel $(x_1, \ldots, x_n)$ zugeordnete y-Wert bestimmt wird, nennt man **Funktionsgleichung**. Der einem n-Tupel $(x_1, \ldots, x_n)$ zugeordnete y-Wert heißt **Funktionswert**. Die Menge aller Funktionswerte ist die **Wertemenge** W_f. Bei den Gleichungen in den Beispielen 10.1 bis 10.3 handelt es sich um Funktionsgleichungen. Zunächst wollen wir noch einige Konventionen und Schreibweisen angeben: Ein n-Tupel $(x_1, \ldots, x_n)$ ist ein Element des $\mathbb{R}^n$ und kann auch als Punkt des n-dimensionalen Raumes betrachtet werden. Der n-dimensionale Raum $\mathbb{R}^n$ ist ein Vektorraum, die Elemente des $\mathbb{R}^n$ kann man als Vektoren betrachten. Wir stellen Vektoren bzw. n-Tupel durch fette Symbole dar und verwenden folgende Schreibweise:

$$(x_1, \ldots, x_n) = \boldsymbol{x}$$

Für Elemente des $\mathbb{R}^2$ bzw. $\mathbb{R}^3$ schreiben wir statt (x_1, x_2) bzw. (x_1, x_2, x_3) meistens (x, y) bzw. (x, y, z). Da (insbesondere in der Naturwissenschaft und Technik) ein Punkt im zwei- bzw dreidimensionalen Raum häufig mit $\boldsymbol{r}$ bezeichnet wird, verwenden auch wir die Schreibweise

$$(x, y) = \boldsymbol{r} \quad \text{bzw.} \quad (x, y, z) = \boldsymbol{r}$$

Bei Funktionen von zwei Variablen x, y bzw. drei Variablen x, y, z bezeichnen wir den Funktionswert nicht mit y, sondern meistens mit z bzw. u. Funktionsgleichungen für zwei, drei oder n Variablen lauten dann

$$z = f(x, y) = f(\boldsymbol{r})$$
$$u = f(x, y, z) = f(\boldsymbol{r})$$
$$y = f(x_1, \ldots, x_n) = f(\boldsymbol{x})$$

Der Graph einer Funktion von einer Variablen x mit der Funktionsgleichung $y = f(x)$ ist die Darstellung der Menge

$$G = \{(x,y) \mid x \in D_f, y = f(x)\}$$

in einem zweidimensionalen kartesischen Koordinatensystem mit einer horizontalen x-Achse und einer vertikalen y-Achse. Dies lässt sich auf eine Funktion von zwei Variablen x,y verallgemeinern: Der **Graph** einer Funktion von zwei Variablen x,y mit der Funktionsgleichung $z = f(x,y)$ ist die Darstellung der Menge

$$G = \{(x,y,z) \mid (x,y) \in D_f, z = f(x,y)\}$$

in einem dreidimensionalen kartesischen Koordinatensystem mit horizontalen x- und y-Achsen und einer vertikalen z-Achse. Die Menge G stellt eine Menge von Punkten im dreidimensionalen Raum bzw. Koordinatensystem dar und bildet (für „vernünftige" Funktionen) eine Fläche (s. Abb. 10.1).

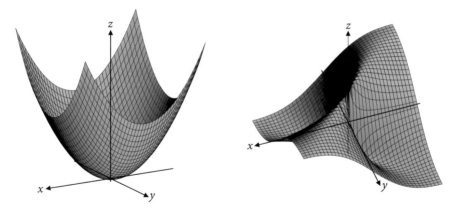

Abb. 10.1: Graphen der Funktionen $f(x,y) = x^2 + y^2$ (links) und $f(x,y) = \frac{xy}{x^2+y^2}$ (rechts).

Eine entsprechende Verallgemeinerung auf Funktion von drei oder mehr Variablen erfordert ein vier- oder höherdimensionales Koordinatensystem und ist deshalb nicht mehr anschaulich darstellbar. Vieles, was wir bei Funktionen von einer Variablen betrachtet haben, lässt sich auf Funktionen mehrerer Variablen verallgemeinern. Ohne große mathematische Strenge wollen wir die Stetigkeit einer Funktion von mehreren Variablen erläutern: **Stetigkeit** einer Funktion f an der Stelle $\boldsymbol{x}_0$ bedeutet, dass sich die Funktionswerte $f(\boldsymbol{x})$ beliebig nahe dem Funktionswert $f(\boldsymbol{x}_0)$ annähern, wenn man sich mit $\boldsymbol{x} \neq \boldsymbol{x}_0$ nahe genug der Stelle $\boldsymbol{x}_0$ annähert.

Beispiel 10.4: Funktion mit Unstetigkeitsstelle

Wir betrachten die Funktion

$$f(x,y) = \begin{cases} \dfrac{xy}{x^2 + y^2} & \text{für } (x,y) \neq (0,0) \\ 0 & \text{für } (x,y) = (0,0) \end{cases}$$

Der Graph der Funktion ist in Abb. 10.1 rechts dargestellt. Nähert man sich in der x-y-Ebene entlang der „Diagonalen" mit $y = x$ der Stelle $(x_0,y_0) = (0,0)$ an, so bleiben die Funktionswerte $f(x,y) = \frac{1}{2}$ und nähern sich nicht dem Wert $f(x_0,y_0) = f(0,0) = 0$ an. Bei Annäherung entlang der „Diagonalen" mit $y = -x$ bleiben die Funktionswerte $f(x,y) = -\frac{1}{2}$ und nähern sich auch nicht dem Wert $f(x_0,y_0) = f(0,0) = 0$ an. Die Funktion ist an der Stelle $(x_0,y_0) = (0,0)$ nicht stetig. Der Graph zeigt, dass es eine abrupte, sprunghafte Änderung des Funktionswertes geben kann, wenn man sich von der Stelle $(x_0,y_0) = (0,0)$ entfernt.   ■

10.2   Partielle Ableitung

Wie bei Funktionen von einer Variablen ist die Differenzialrechnung auch bei Funktionen von mehreren Variablen ein wichtiges Werkzeug bei vielen Untersuchungen, z.B. bei der Bestimmung von Maxima und Minima. Doch was versteht man unter der Ableitung bei Funktionen von mehreren Variablen, wie leitet man diese Funktionen ab? Betrachtet man eine Funktion von zwei Variablen mit der Funktionsgleichung $z = f(x,y)$ für einen festen y-Wert y_0, so erhält man eine Funktion von einer Variablen x mit der Funktionsgleichung $z = f(x,y_0)$. Der Graph dieser Funktion $f(x,y_0)$ ist die Schnittkurve des Graphen von $f(x,y)$ mit der Ebene $y = y_0$ (s. Abb. 10.2, oben). Ebenso erhält man für einen festen x-Wert x_0 eine Funktion von einer Variablen y mit der Funktionsgleichung $z = f(x_0,y)$. Der Graph dieser Funktion $f(x_0,y)$ ist die Schnittkurve des Graphen von $f(x,y)$ mit der Ebene $x = x_0$ (s. Abb. 10.2, unten). Die Ableitung von $f(x,y_0)$ an der Stelle x_0 heißt partielle Ableitung von $f(x,y)$ nach der Variablen x an der Stelle (x_0,y_0). Die Ableitung von $f(x_0,y)$ an der Stelle y_0 heißt partielle Ableitung von $f(x,y)$ nach der Variablen y an der Stelle (x_0,y_0).

Definition 10.2: Partielle Ableitungen an einer Stelle (x_0,y_0)

Die partiellen Ableitungen einer Funktion von zwei Variablen an einer Stelle (x_0,y_0) sind durch folgende Grenzwerte definiert:

$$f_x(x_0,y_0) \;=\; \lim_{\Delta x \to 0} \frac{f(x_0 + \Delta x,y_0) - f(x_0,y_0)}{\Delta x} \tag{10.1}$$

$$f_y(x_0,y_0) \;=\; \lim_{\Delta y \to 0} \frac{f(x_0,y_0 + \Delta y) - f(x_0,y_0)}{\Delta y} \tag{10.2}$$

Existiert der Grenzwert $f_x(x_0,y_0)$ bzw. $f_y(x_0,y_0)$, so heißt die Funktion $f(x,y)$ an der Stelle (x_0,y_0) partiell nach x bzw. y differenzierbar. $f_x(x_0,y_0)$ bzw. $f_y(x_0,y_0)$ heißt partielle Ableitung von $f(x,y)$ nach x bzw. y an der Stelle (x_0,y_0).

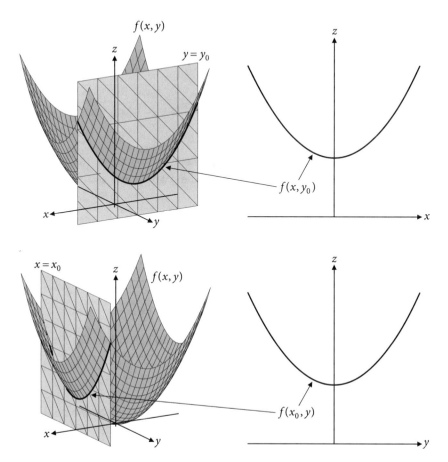

Abb. 10.2: Zur Definition der partiellen Ableitungen $f_x(x,y)$ und $f_y(x,y)$.

Ist eine Funktion an allen Stellen $(x,y) \in M \subset \mathbb{R}^2$ partiell nach x bzw. y differenzierbar, so kann man die folgenden partiellen Ableitungsfunktionen definieren, die auch einfach nur partielle Ableitungen genant werden:

Definition 10.3: Partielle Ableitungen

Die partiellen Ableitungen einer Funktion von zwei Variablen sind definiert durch die folgenden Grenzwerte:

Partielle Ableitung nach x:
$$f_x(x,y) = \lim_{\Delta x \to 0} \frac{f(x + \Delta x, y) - f(x,y)}{\Delta x} \qquad (10.3)$$

Partielle Ableitung nach y:
$$f_y(x,y) = \lim_{\Delta y \to 0} \frac{f(x, y + \Delta y) - f(x,y)}{\Delta y} \qquad (10.4)$$

Die Verallgemeinerung auf Funktionen von n Variablen lautet:

Definition 10.4: Partielle Ableitung

Die partielle Ableitung einer Funktion von n Variablen nach der Variablen x_k ist definiert durch den folgenden Grenzwert:

$$f_{x_k}(x_1,\ldots,x_n) = \lim_{\Delta x \to 0} \frac{f(x_1,\ldots,x_k + \Delta x,\ldots,x_n)}{\Delta x} \tag{10.5}$$

Der Grenzwert in (10.5) hat die gleiche Struktur wie der Grenzwert (3.5) bei der Ableitung einer Funktion von einer Variablen. Statt der Variablen x hat man jedoch die Variable x_k. Das bedeutet:

Berechnung der partiellen Ableitung

Bei der Berechnung der partiellen Ableitung einer Funktion nach einer Variablen kann man die bekannten Ableitungsregeln verwenden, wobei alle anderen Variablen wie Konstanten behandelt werden.

Beispiel 10.5: Partielle Ableitungen der Funktion $f(x,y) = x^y$

Bei der partiellen Ableitung nach x wird y wie eine Konstante behandelt. Die Funktion wird abgeleitet wie eine Potenzfunktion (s. Tab. 3.1):

$$f_x(x,y) = y x^{y-1}$$

Bei der partiellen Ableitung nach y wird x wie eine Konstante behandelt. Die Funktion wird abgeleitet wie eine Exponentialfunktion zur Basis x (s. Tab. 3.1):

$$f_y(x,y) = x^y \ln x$$

Diese Ergebnisse gelten für alle $(x,y) \in D_f = \{(x,y)|x > 0\}$. ∎

Für die partiellen Ableitungen sind auch folgende Schreibweisen üblich:

$$f_x(x,y) = \frac{\partial f}{\partial x}(x,y) = \frac{\partial}{\partial x}f(x,y) = \frac{\partial f(x,y)}{\partial x}$$
$$f_y(x,y) = \frac{\partial f}{\partial y}(x,y) = \frac{\partial}{\partial y}f(x,y) = \frac{\partial f(x,y)}{\partial y}$$

Höhere oder mehrfache Ableitungen sind Ableitungen von Ableitungen. Für die partielle Ableitung von $f_x(x,y)$ nach y gilt:

$$f_{xy}(x,y) = \lim_{\Delta y \to 0} \frac{f_x(x,y + \Delta y) - f_x(x,y)}{\Delta y}$$

Für diese zweifache Ableitung verwendet man die Schreibweisen

$$f_{xy}(x,y) = \frac{\partial^2 f}{\partial y \partial x}(x,y) = \frac{\partial^2}{\partial y \partial x}f(x,y) = \frac{\partial^2 f(x,y)}{\partial y \partial x}$$

Entsprechende Schreibweisen verwendet man für andere höhere Ableitungen. Alle ersten partiellen Ableitungen einer Funktion werden zu einem Vektor zusammengefasst, den man Gradient nennt.

Definition 10.5: Gradient einer Funktion f von n Variablen

$$\mathbf{grad}\, f(\boldsymbol{x}) = (f_{x_1}(\boldsymbol{x}), \ldots, f_{x_n}(\boldsymbol{x})) \tag{10.6}$$

Alle zweifachen partiellen Ableitungen einer Funktion werden zu einer Matrix zusammengefasst, die man Hessematrix nennt.

Definition 10.6: Hessematrix einer Funktion f von n Variablen

$$\mathbf{H}_f(\boldsymbol{x}) = \begin{pmatrix} f_{x_1 x_1}(\boldsymbol{x}) & f_{x_1 x_2}(\boldsymbol{x}) & \cdots & f_{x_1 x_n}(\boldsymbol{x}) \\ f_{x_2 x_1}(\boldsymbol{x}) & f_{x_2 x_2}(\boldsymbol{x}) & \cdots & f_{x_2 x_n}(\boldsymbol{x}) \\ \vdots & \vdots & \ddots & \vdots \\ f_{x_n x_1}(\boldsymbol{x}) & f_{x_n x_2}(\boldsymbol{x}) & \cdots & f_{x_n x_n}(\boldsymbol{x}) \end{pmatrix} \tag{10.7}$$

Beispiel 10.6: Gradient und Hessematrix der Funktion $f(x,y) = x^y$

Für den Gradienten gilt (s. Bsp. 10.5):

$$\mathbf{grad}\, f(x,y) = (f_x(x,y), f_y(x,y)) = \left(y x^{y-1}, x^y \ln x\right)$$

Für die zweifachen partiellen Ableitungen erhält man nach den Ableitungsregeln:

$$f_{xx}(x,y) = \left(y x^{y-1}\right)_x = (y-1) y x^{y-2}$$
$$f_{xy}(x,y) = \left(y x^{y-1}\right)_y = x^{y-1} + y x^{y-1} \ln x$$
$$f_{yx}(x,y) = (x^y \ln x)_x = y x^{y-1} \ln x + x^y \frac{1}{x} = y x^{y-1} \ln x + x^{y-1}$$
$$f_{yy}(x,y) = (x^y \ln x)_y = x^y \ln x \ln x = x^y (\ln x)^2$$

Die Hessematrix lautet damit:

$$\mathbf{H}_f(x,y) = \begin{pmatrix} f_{xx}(x,y) & f_{xy}(x,y) \\ f_{yx}(x,y) & f_{yy}(x,y) \end{pmatrix}$$

$$= \begin{pmatrix} (y-1) y x^{y-2} & x^{y-1} + y x^{y-1} \ln x \\ y x^{y-1} \ln x + x^{y-1} & x^y (\ln x)^2 \end{pmatrix}$$

Diese Ergebnisse gelten für alle $(x,y) \in D_f = \{(x,y) | x > 0\}$. ∎

Die partiellen Ableitungen $f_{xy}(x,y)$ und $f_{yx}(x,y)$ in Beispiel 10.6 sind gleich. Dies ist kein Zufall, denn es gilt der folgende Satz:

Satz von Schwarz

Sind alle k-fachen partiellen Ableitungen nach k Variablen stetig an der Stelle $\boldsymbol{x}$, dann spielt die Reihenfolge der k-fachen partiellen Ableitung an der Stelle $\boldsymbol{x}$ keine Rolle.

Die partiellen Ableitungen $f_{xx}, f_{xy}, f_{yx}, f_{yy}$ in Beispiel 10.6 sind stetig in D_f, die Reihenfolge der Ableitungen spielt keine Rolle.

10.3 Differenzierbarkeit, Folgerungen und Näherungen

Bei einer Funktion von einer Variablen bedeutet Differenzierbarkeit an einer Stelle x_0 anschaulich, dass der Graph der Funktion an der Stelle x_0 keinen Knick bzw. keine Spitze hat und dort eine Tangente besitzt. Wir wollen nun den Begriff Differenzierbarkeit entsprechend auf Funktionen von zwei Variablen übertragen: Differenzierbarkeit an einer Stelle (x_0, y_0) bedeutet, dass die Funktion an der Stelle (x_0, y_0) keine Spitze hat und dort eine Tangentialebene besitzt. Die Abb. 10.3 zeigt links den Graphen einer Funktion mit einer Spitze, wir kommem darauf zurück.

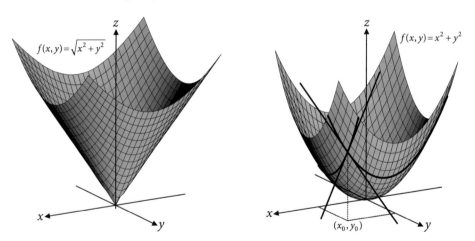

Abb. 10.3: links: Graph der Funktion von Bsp. 10.7 mit einer Spitze an der Stelle $(0,0)$ rechts: Tangentialvektoren, welche eine Tangentialebene aufspannen.

Wir wollen nun die Funktionsgleichung für die Tangentialebene einer Funktion $f(x,y)$ an einer Stelle (x_0, y_0) bestimmen. Die Tangentialebene an einer Stelle (x_0, y_0) wird aufgespannt durch zwei Tangenten an der Stelle (x_0,y_0) bzw. durch zwei Tangenti-alvektoren $\vec{a},\vec{b} \in \mathbb{R}^3$. Als Tangenten wählen wir die Tangenten an die Schnittkurven $f(x,y_0)$ und $f(x_0,y)$ (s. Abb. 10.3 rechts). Für die Tangentialvektoren $\vec{a}$ und $\vec{b}$ gilt (s. Abb. 10.4):

$$\vec{a} = \begin{pmatrix} a_x \\ 0 \\ a_z \end{pmatrix} \quad \text{mit } \frac{a_z}{a_x} = f_x(x_0,y_0) \tag{10.8}$$

$$\vec{b} = \begin{pmatrix} 0 \\ b_y \\ b_z \end{pmatrix} \quad \text{mit } \frac{b_z}{b_y} = f_y(x_0,y_0) \tag{10.9}$$

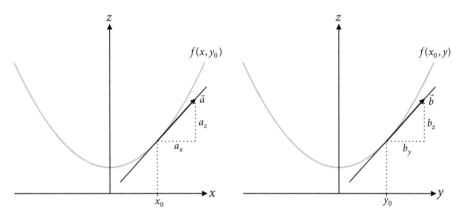

Abb. 10.4: Aufspannende Tangenten und Tangentialvektoren.

Für die Ortsvektoren $\vec{p}$ der Punkte auf der Tangentialebene gilt (s. Abschnitt 5.5.3):

$$\vec{p} = \vec{p}_0 + t\vec{a} + s\vec{b} \quad \text{mit } \vec{p}_0 = \begin{pmatrix} x_0 \\ y_0 \\ z_0 \end{pmatrix} \quad \text{und } z_0 = f(x_0,y_0) \tag{10.10}$$

Schreibt man diese Vektorgleichung komponentenweise hin, so folgt:

$$\left.\begin{aligned} x &= x_0 + ta_x \\ y &= y_0 + sb_y \\ z &= z_0 + ta_z + sb_z \end{aligned}\right\} \Rightarrow z = z_0 + \frac{a_z}{a_x}(x - x_0) + \frac{b_z}{b_y}(y - y_0)$$

Mit (10.8), (10.9) und (10.10) folgt daraus die Funktionsgleichung für die **Tangentialebene**:

$$z = g(x,y) = f(x_0,y_0) + f_x(x_0,y_0)(x - x_0) + f_y(x_0,y_0)(y - y_0) \tag{10.11}$$

Mit $r = (x,y)$ und $r_0 = (x_0,y_0)$ kann man diese Gleichung auch in folgender Form schreiben:

$$g(r) = f(r_0) + \mathbf{grad}\, f(r_0) \cdot (r - r_0) \qquad (10.12)$$

Der Punkt · bedeutet, dass es sich um ein Skalarprodukt zweier Vektoren handelt. Damit die Tangentialebene (10.11) an der Stelle (x_0,y_0) existiert, müssen die partiellen Ableitungen an dieser Stelle existieren. Wir betrachten nun die in Abb. 10.3 links dargestellte Funktion.

Beispiel 10.7: Differenzierbarkeit der Funktion $f(x,y) = \sqrt{x^2 + y^2}$

Wir prüfen, ob die partielle Ableitung nach x an der Stelle $(x_0,y_0) = (0,0)$ existiert.

$$\lim_{\substack{\Delta x \to 0 \\ \Delta x > 0}} \frac{f(0 + \Delta x, 0) - f(0,0)}{\Delta x} = \lim_{\substack{\Delta x \to 0 \\ \Delta x > 0}} \frac{\sqrt{(\Delta x)^2}}{\Delta x} = \lim_{\substack{\Delta x \to 0 \\ \Delta x > 0}} \frac{|\Delta x|}{\Delta x} = \lim_{\substack{\Delta x \to 0 \\ \Delta x > 0}} \frac{\Delta x}{\Delta x} = 1$$

$$\lim_{\substack{\Delta x \to 0 \\ \Delta x < 0}} \frac{f(0 + \Delta x, 0) - f(0,0)}{\Delta x} = \lim_{\substack{\Delta x \to 0 \\ \Delta x < 0}} \frac{\sqrt{(\Delta x)^2}}{\Delta x} = \lim_{\substack{\Delta x \to 0 \\ \Delta x < 0}} \frac{|\Delta x|}{\Delta x} = \lim_{\substack{\Delta x \to 0 \\ \Delta x < 0}} \frac{-\Delta x}{\Delta x} = -1$$

Das bedutet, dass der Grenzwert

$$f_x(0,0) = \lim_{\Delta x \to 0} \frac{f(0 + \Delta x, 0) - f(0,0)}{\Delta x}$$

nicht existiert und die Funktion an der Stelle $(x_0,y_0) = (0,0)$ nicht partiell nach x differenzierbar ist. Das Gleiche gilt für die partielle Ableitung nach y and der Stelle $(x_0,y_0) = (0,0)$. Die Tangentialebene (10.11) an der Stelle $(x_0,y_0) = (0,0)$ existiert nicht. Die Abb. 10.3 zeigt links den Graphen der Funktion. Der Graph hat an der Stelle $(x_0,y_0) = (0,0)$ eine Spitze, besitzt dort keine eindeutige Tangentialebene und ist deshalb an dieser Stelle nicht differenzierbar. ∎

Existiert bei einer Funktion $f(r)$ an einer Stelle r_0 eine Tangentialebene, so nennt man f an der Stelle r_0 **differenzierbar**. Wie bei Funktionen von einer Variablen gilt: Für $r \to r_0$ geht die Differenz $f(r) - g(r)$ zwischen Funktion $f(r)$ und Tangentialebene $g(r)$ an der Stelle r_0 sehr „schnell" gegen null, schneller als $|r - r_0|$. Ist r nahe bei r_0, dann ist $f(r) \approx g(r)$.

Lineare Näherung einer Funktion von zwei Variablen

Ist f an der Stelle (x_0,y_0) differenzierbar und (x,y) „nahe bei" (x_0,y_0), dann gilt:

$$f(x,y) \approx f(x_0,y_0) + f_x(x_0,y_0)(x - x_0) + f_y(x_0,y_0)(y - y_0) \qquad (10.13)$$

Sind $dx = x - x_0$ und $dy = y - y_0$ klein, dann ist (x,y) „nahe bei" (x_0,y_0) und es gilt für die Differenz $f(x,y) - f(x_0,y_0)$:

$$f(x,y) - f(x_0,y_0) \approx f_x(x_0,y_0)dx + f_y(x_0,y_0)dy \qquad (10.14)$$

Die rechte Seite von (10.14) gibt näherungsweise die Änderung des Funktionswertes an, wenn man von der Stelle (x_0,y_0) zu einer Stelle $(x,y) = (x_0 + \mathrm{d}x, y_0 + \mathrm{d}y)$ nahe bei (x_0,y_0) übergeht. Der Ausdruck

$$\mathrm{d}f = f_x(x,y)\mathrm{d}x + f_y(x,y)\mathrm{d}y \tag{10.15}$$

heißt **totales Differenzial** der Funktion f. Das totale Differenzial gibt näherungsweise die Änderung des Funktionswertes an, wenn man von der Stelle (x,y) zu einer nahe gelegenen Stelle $(x + \mathrm{d}x, y + \mathrm{d}y)$ übergeht. Wir verallgemeinern nun die bisherigen Überlegungen auf Funktionen von n Variablen:

Definition 10.7: Differenzierbarkeit einer Funktion von mehreren Variablen

Eine Funktion $f(\boldsymbol{x})$ ist an einer Stelle $\boldsymbol{x}_0$ differenzierbar, wenn es an dieser Stelle eine lineare Näherung $g(\boldsymbol{x})$ gibt und die Differenz $f(\boldsymbol{x}) - g(\boldsymbol{x})$ für $\boldsymbol{x} \to \boldsymbol{x}_0$ gegen null geht, und zwar schneller als $|\boldsymbol{x} - \boldsymbol{x}_0|$, d.h. wenn $\lim\limits_{\boldsymbol{x} \to \boldsymbol{x}_0} \frac{f(\boldsymbol{x}) - g(\boldsymbol{x})}{|\boldsymbol{x} - \boldsymbol{x}_0|} = 0$ ist.

Für Anwendungen ist die folgende Aussage wichtig:

Lineare Näherung einer Funktion von n Variablen

Ist f an der Stelle $\boldsymbol{x}_0$ differenzierbar und $\boldsymbol{x}$ „nahe bei" $\boldsymbol{x}_0$, dann gilt:

$$f(\boldsymbol{x}) \approx f(\boldsymbol{x}_0) + \mathbf{grad}\, f(\boldsymbol{x}_0) \cdot (\boldsymbol{x} - \boldsymbol{x}_0) \tag{10.16}$$

Das totale Differenzial ist folgendermaßen definiert:

Definition 10.8: Totales Differenzial einer Funktion von n Variablen

Der Ausdruck

$$\mathrm{d}f = f_{x_1}(\boldsymbol{x})\mathrm{d}x_1 + \ldots + f_{x_n}(\boldsymbol{x})\mathrm{d}x_n \tag{10.17}$$

heißt totales Differenzial der Funktion f.

Das totale Differenzial (10.17) gibt näherungsweise die Änderung des Funktionswertes an, wenn man von der Stelle $\boldsymbol{x}$ zu einer nahe gelegenen Stelle $\boldsymbol{x} + \mathbf{d}\boldsymbol{x}$ übergeht mit $\mathbf{d}\boldsymbol{x} = (\mathrm{d}x_1, \ldots, \mathrm{d}x_n)$.

Beispiel 10.8: Totales Differenzial der Funktion $f(x,y) = x^y$

$$\mathrm{d}f = f_x(x,y)\mathrm{d}x + f_y(x,y)\mathrm{d}y = yx^{y-1}\mathrm{d}x + x^y \ln x \,\mathrm{d}y \qquad \blacksquare$$

Beispiel 10.9: Druckänderung eines idealen Gases

Der Druck eines idealen Gases hängt vom Volumen V und der Temperatur T ab und kann durch folgende Funktion beschrieben werden:

$$p = f(V,T) = \frac{nRT}{V}$$

Dabei ist n die (konstante) Stoffmenge und R die ideale Gaskonstante. Das totale Differenzial $\mathrm{d}f$ dieser Funktion lautet:

$$\mathrm{d}f = f_V(V,T)\mathrm{d}V + f_T(V,T)\mathrm{d}T = -\frac{nRT}{V^2}\mathrm{d}V + \frac{nR}{V}\mathrm{d}T$$

Ändert sich das Volumen geringfügig um $\mathrm{d}V$ und die Temperatur geringfügig um $\mathrm{d}T$, so ist die Druckänderung $\mathrm{d}p$ näherungsweise gegeben durch:

$$\mathrm{d}f = -\frac{nRT}{V^2}\mathrm{d}V + \frac{nR}{V}\mathrm{d}T \qquad\qquad \blacksquare$$

Anwendung: Fehlerfortpflanzung

Wir wollen hier auf eine wichtige Anwendung, die sog. Fehlerfortpflanzung eingehen. Wir betrachten eine physikalische Größe y, die von n anderen Größen $x_1,\ldots,x_n$ abhängt und eine Funktion von n Variablen $x_1,\ldots,x_n$ mit der Funktionsgleichung $y = f(x_1,\ldots,x_n) = f(\boldsymbol{x})$ darstellt. Eine direkte Messung von y liefert einen Messwert $\hat{y}$. Häufig „misst" man jedoch die Größe y indirekt, indem man die Größen $x_1,\ldots,x_n$ misst und die Messwerte $\hat{x}_1,\ldots,\hat{x}_n$ in die Funktionsgleichung einsetzt. Der experimentell bestimmte Wert („Messwert") von y ist dann $\hat{y} = f(\hat{x}_1,\ldots,\hat{x}_n) = f(\hat{\boldsymbol{x}})$. Jede Messung ist mit einem Fehler behaftet, der die Differenz zwischen dem (unbekannten) wahren Wert und dem gemessenen Wert ist. Die sog. absoluten Fehler der Größen $x_1,\ldots,x_n$ bzw. y sind $\Delta x_1 = \tilde{x}_1 - \hat{x}_1,\ldots,\Delta x_n = \tilde{x}_n - \hat{x}_n$ bzw. $\Delta y = \tilde{y} - \hat{y}$. Dabei sind $\tilde{x}_1,\ldots,\tilde{x}_n$ bzw. $\tilde{y}$ die wahren Werte der Größen $x_1,\ldots,x_n$ bzw. y. Die sog. relativen Fehler der Größen $x_1,\ldots,x_n$ bzw. y sind die Verhältnisse $\frac{\Delta x_1}{\hat{x}_1},\ldots,\frac{\Delta x_n}{\hat{x}_n}$ bzw. $\frac{\Delta y}{\hat{y}}$ der absoluten Fehler zu den Messwerten. Bei der direkten Messung der Größen $x_1,\ldots,x_n$ sind die Fehler $\Delta x_1,\ldots,\Delta x_n$ i.d.R. bekannt bzw. werden abgeschätzt. Es stellt sich die Frage, wie groß der Fehler Δy der indirekten „Messung" von y ist. Ist $\boldsymbol{x}$ nahe bei $\boldsymbol{x}_0$, so gilt nach (10.16):

$$f(\boldsymbol{x}) \approx f(\boldsymbol{x}_0) + \mathbf{grad}\, f(\boldsymbol{x}_0) \cdot (\boldsymbol{x} - \boldsymbol{x}_0)$$

Ist $\tilde{\boldsymbol{x}} = (\tilde{x}_1,\ldots,\tilde{x}_n)$ nahe bei $\hat{\boldsymbol{x}} = (\hat{x}_1,\ldots,\hat{x}_n)$, so gilt:

$$f(\tilde{\boldsymbol{x}}) \approx f(\hat{\boldsymbol{x}}) + \mathbf{grad}\, f(\hat{\boldsymbol{x}}) \cdot (\tilde{\boldsymbol{x}} - \hat{\boldsymbol{x}})$$

Für die Vektoren $\mathbf{grad}\, f(\hat{\boldsymbol{x}})$ und $\tilde{\boldsymbol{x}} - \hat{\boldsymbol{x}}$ gilt:

$$\mathbf{grad}\, f(\hat{\boldsymbol{x}}) = (f_{x_1}(\hat{\boldsymbol{x}}),\ldots,f_{x_n}(\hat{\boldsymbol{x}}))$$

$$\tilde{\boldsymbol{x}} - \hat{\boldsymbol{x}} = (\tilde{x}_1 - \hat{x}_1,\ldots,\tilde{x}_n - \hat{x}_n) = (\Delta x_1,\ldots,\Delta x_n)$$

Damit erhält man:

$$f(\tilde{\boldsymbol{x}}) \approx f(\hat{\boldsymbol{x}}) + f_{x_1}(\hat{\boldsymbol{x}})\Delta x_1 + \ldots + f_{x_n}(\hat{\boldsymbol{x}})\Delta x_n$$

Für den Fehler Δy der Größe y folgt daraus:

$$\Delta y = \tilde{y} - \hat{y} = f(\tilde{\boldsymbol{x}}) - f(\hat{\boldsymbol{x}}) \approx f_{x_1}(\hat{\boldsymbol{x}})\Delta x_1 + \ldots + f_{x_n}(\hat{\boldsymbol{x}})\Delta x_n$$
$$|\Delta y| \approx |f_{x_1}(\hat{\boldsymbol{x}})\Delta x_1 + \ldots + f_{x_n}(\hat{\boldsymbol{x}})\Delta x_n|$$

Da die einzelnen Summanden $f_{x_1}(\hat{\boldsymbol{x}})\Delta x_1, \ldots, f_{x_n}(\hat{\boldsymbol{x}})\Delta x_n$ unterschiedliche Vorzeichen haben können, gilt:

$$|f_{x_1}(\hat{\boldsymbol{x}})\Delta x_1 + \ldots + f_{x_n}(\hat{\boldsymbol{x}})\Delta x_n| \leq |f_{x_1}(\hat{\boldsymbol{x}})\Delta x_1| + \ldots + |f_{x_n}(\hat{\boldsymbol{x}})\Delta x_n|$$

Zur Abschätzung des maximal möglichen Wertes von $|\Delta y|$ verwendet man deshalb die folgende Abschätzungsformel, das sog. lineare Fehlerfortpflanzungsgesetz:

$$|\Delta y| \approx |f_{x_1}(\hat{\boldsymbol{x}})\Delta x_1| + \ldots + |f_{x_n}(\hat{\boldsymbol{x}})\Delta x_n| \tag{10.18}$$

Beispiel 10.10: Bestimmung der Dichte

Ein homogener, massiver Zylinder mit Radius r, Höhe h, Volumen V und Masse m besteht aus einem Material mit der Dichte ρ. Für die Dichte gilt:

$$\rho = \frac{m}{V} = \frac{m}{\pi r^2 h} = f(r,h,m)$$

Die Dichte ρ des Materials soll bestimmt werden durch die Messung der Größen r,h,m und Einsetzen der Messwerte $\hat{r},\hat{h},\hat{m}$ in die Funktionsgleichung $\rho = f(r,h,m)$. Die Messung von r bzw. h bzw. m sei mit einer Genauigkeit von $2\,\%$ bzw. $2\,\%$ bzw. $1\,\%$ möglich. Das bedeutet $|\frac{\Delta r}{\hat{r}}| = 0{,}02$ bzw. $|\frac{\Delta h}{\hat{h}}| = 0{,}02$ bzw. $|\frac{\Delta m}{\hat{m}}| = 0{,}01$. Für den Fehler von ρ erhält man:

$$
\begin{aligned}
|\Delta \rho| &\approx |f_r(\hat{r},\hat{h},\hat{m})\Delta r| + |f_h(\hat{r},\hat{h},\hat{m})\Delta h| + |f_m(\hat{r},\hat{h},\hat{m})\Delta m| \\
&= \left| -\frac{2\hat{m}}{\pi\hat{r}^3\hat{h}}\Delta r \right| + \left| -\frac{\hat{m}}{\pi\hat{r}^2\hat{h}^2}\Delta h \right| + \left| \frac{1}{\pi\hat{r}^2\hat{h}}\Delta m \right| \\
&= 2\frac{\hat{m}}{\pi\hat{r}^2\hat{h}}\left| \frac{\Delta r}{\hat{r}} \right| + \frac{\hat{m}}{\pi\hat{r}^2\hat{h}}\left| \frac{\Delta h}{\hat{h}} \right| + \frac{\hat{m}}{\pi\hat{r}^2\hat{h}}\left| \frac{\Delta m}{\hat{m}} \right| \\
&= 2\hat{\rho}\left| \frac{\Delta r}{\hat{r}} \right| + \hat{\rho}\left| \frac{\Delta h}{\hat{h}} \right| + \hat{\rho}\left| \frac{\Delta m}{\hat{m}} \right|
\end{aligned}
$$

Für den relativen Fehler von ρ erhält man:

$$\left| \frac{\Delta \rho}{\hat{\rho}} \right| \approx 2\left| \frac{\Delta r}{\hat{r}} \right| + \left| \frac{\Delta h}{\hat{h}} \right| + \left| \frac{\Delta m}{\hat{m}} \right| = 2 \cdot 0{,}02 + 0{,}02 + 0{,}01 = 0{,}07$$

Die Bestimmung der Dichte erfolgt mit einer Genauigkeit von $7\,\%$. ∎

Ableitung nach einem Parameter und Richtungsbaleitung

Wir wollen die bisherigen Ergebnisse auf folgende Fragestellung anwenden. Gegeben sind eine Funktion von zwei Variablen mit der Funktionsgleichung $z = f(x,y)$ und die Parameterdarstellung einer Kurve im $\mathbb{R}^2$ mit den Funktionen $x(t), y(t)$. Die Funktionswerte von f an Stellen $(x(t), y(t))$ auf der Kurve sind gegeben durch $z = f(x(t), y(t)) = h(t)$. Wir interessieren uns dafür, wie sich die Funktionswerte ändern, wenn man die Kurve durchläuft (s. Abb. 10.5).

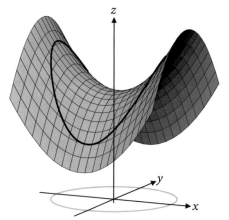

Abb. 10.5: Funktionswerte entlang einer Kurve

Das Änderungsverhalten von $h(t)$ wird durch die Ableitung $\dot{h}(t)$ beschrieben (die Ableitung nach t wird durch einen Punkt gekennzeichnet). Für die Ableitung $\dot{h}(t_0)$ an der Stelle t_0 gilt:

$$\dot{h}(t_0) = \lim_{t \to t_0} \frac{h(t) - h(t_0)}{t - t_0} = \lim_{t \to t_0} \frac{f(x(t),y(t)) - f(x(t_0),y(t_0))}{t - t_0}$$

Aus (10.13) folgt: Ist t nahe bei t_0, dann ist $(x(t), y(t))$ nahe bei $(x(t_0), y(t_0)) = (x_0, y_0)$ und es gilt:

$$f(x(t),y(t)) - f(x_0,y_0) \approx f_x(x_0,y_0)(x(t) - x_0) + f_y(x_0,y_0)(y(t) - y_0)$$

Diese Beziehung gilt umso besser, je näher t bei t_0 bzw. $(x(t), y(t))$ bei (x_0, y_0) ist und wird exakt für $t \to t_0$ bzw. $(x(t), y(t)) \to (x_0, y_0)$. Für die Ableitung $\dot{h}(t_0)$ folgt damit:

$$
\begin{aligned}
\dot{h}(t_0) &= \lim_{t \to t_0} \frac{f_x(x_0,y_0)(x(t) - x_0) + f_y(x_0,y_0)(y(t) - y_0)}{t - t_0} \\
&= f_x(x_0,y_0) \lim_{t \to t_0} \frac{x(t) - x(t_0)}{t - t_0} + f_y(x_0,y_0) \lim_{t \to t_0} \frac{y(t) - y(t_0)}{t - t_0} \\
&= f_x(x_0,y_0)\dot{x}(t_0) + f_y(x_0,y_0)\dot{y}(t_0)
\end{aligned}
$$

Für die Ableitung $\dot{h}(t)$ der Funktion $h(t) = f(x(t),y(t))$ gilt:

$$\dot{h}(t) = \frac{\mathrm{d}}{\mathrm{d}t} f(x(t),y(t)) = f_x(x(t),y(t))\dot{x}(t) + f_y(x(t),y(t))\dot{y}(t) \qquad (10.19)$$

Beispiel 10.11: Ableitung nach einem Parameter

Wir betrachten die Funktion $f(x,y) = x^2 - y^2$ an Stellen $(x(t),y(t))$ auf einem Kreis mit der Parameterdarstellung $x(t) = \cos t$ und $y(t) = \sin t$ (s. Abb. 10.5). Für die Funktionswerte z als Funktion von t gilt $z = f(x(t),y(t)) = h(t)$. Mit den partiellen Ableitungen $f_x(x,y) = 2x$ und $f_y(x,y) = -2y$ sowie den Ableitungen $\dot{x}(t) = -\sin t$ und $\dot{y}(t) = \cos t$ erhält man:

$$\begin{aligned}
\dot{h}(t) = \frac{\mathrm{d}}{\mathrm{d}t} f(x(t),y(t)) &= f_x(x(t),y(t))\dot{x}(t) + f_y(x(t),y(t))\dot{y}(t) \\
&= -2x(t)\sin t - 2y(t)\cos t \\
&= -2\cos t \sin t - 2\sin t \cos t = -4\sin t \cos t \qquad \blacksquare
\end{aligned}$$

Wir wollen nun diese Problemstellung und Überlegungen auf Funktionen von n Variablen verallgemeinern. Ersetzt man bei einer Funktion von n Variablen die Variablen $x_1,\dots,x_n$ durch Funktionen $x_1(t),\dots,x_n(t)$ einer Variablen t, so erhält man eine Funktion h einer Variablen t mit der Funktiongleichung $y = h(t) = f(x_1(t),\dots,x_n(t))$, die man als verkettete Funktion betrachten bzw. bezeichnen kann. Für die Ableitung $\dot{h}(t)$ gilt als Verallgemeinerung von (10.19):

$$\begin{aligned}
\dot{h}(t) &= \frac{\mathrm{d}}{\mathrm{d}t} f(x_1(t),\dots,x_n(t)) \\
&= f_{x_1}(x_1(t),\dots,x_n(t))\dot{x}_1(t) + \dots + f_{x_n}(x_1(t),\dots,x_n(t))\dot{x}_n(t) \\
&= \mathbf{grad}\, f(x_1(t),\dots,x_n(t)) \cdot (\dot{x}_1(t),\dots,\dot{x}_n(t)) \qquad (10.20)
\end{aligned}$$

Die Beziehung (10.20) kann als Verallgemeinerung der Kettenregel

$$\frac{\mathrm{d}}{\mathrm{d}t} f(x(t)) = \dot{f}(x(t))\dot{x}(t)$$

betrachtet werden und wird deshalb ebenfalls als Kettenregel bezeichnet. Statt $\dot{f}(x(t))$ bzw. $\dot{x}(t)$ hat man die Vektoren $\mathbf{grad}\, f(x_1(t),\dots,x_n(t))$ bzw. $(\dot{x}_1(t),\dots,\dot{x}_n(t))$. Statt eines normalen Produktes hat man ein Skalarprodukt.

$\mathbf{r}(t) = (x(t),y(t))$ sei eine Kurve im $\mathbb{R}^2$. Ist $\mathbf{r}(t)$ eine Gerade mit der Geradengleichung $\mathbf{r}(t) = \mathbf{r}_0 + t\mathbf{a}$ und einem Richtungsvektor $\mathbf{a}$, dann gilt $\dot{\mathbf{r}}(t) = \mathbf{a}$. Nach (10.19) gilt für die Funktion $h(t) = f(\mathbf{r}(t)) = f(\mathbf{r}_0 + t\mathbf{a})$:

$$\dot{h}(t) = \frac{\mathrm{d}}{\mathrm{d}t} f(\mathbf{r}(t)) = \mathbf{grad}\, f(\mathbf{r}(t)) \cdot \dot{\mathbf{r}}(t) = \mathbf{grad}\, f(\mathbf{r}(t)) \cdot \mathbf{a}$$

Die Ableitung $\dot{h}(t)$ beschreibt, wie sich $h(t) = f(r(t)) = f(r_0 + ta)$ ändert, wenn man t ändert, d. h., wenn man sich von der Stelle $r_0 + ta$ entfernt und entlang der Geraden bewegt. Die Ableitung $\dot{h}(0)$ beschreibt demnach die Änderung, wenn man sich von der Stelle r_0 entfernt und in Richtung von a bewegt. Es gilt:

$$\dot{h}(0) = \mathbf{grad}\, f(r(0)) \cdot a = \mathbf{grad}\, f(r_0) \cdot a$$

Entsprechendes gilt für Funktionen mehrerer Variablen: Die **Richtungsableitung**

$$\frac{\partial}{\partial a} f(x) = \mathbf{grad}\, f(x) \cdot e_a \qquad \text{mit} \quad e_a = \frac{a}{|a|} \tag{10.21}$$

einer Funktion $f(x)$ in Richtung eines Vektors e_a bzw. a ist ist ein Maß für die Änderung des Funktionswertes, wenn man sich von irgendeiner Stelle $x \in D_f \subset \mathbb{R}^n$ in Richtung eines Vektors $a \in \mathbb{R}^n$ bewegt. Das Skalarprodukt zweier Vektoren ist maximal, wenn die beiden Vektoren gleichgerichtet sind. Die Zunahme des Funktionswertes ist demnach maximal, wenn e_a bzw. a in Richtung des Gradienten zeigt. In Richtung des Gradienten hat man die stärkste Zunahme des Funktionswertes.

Taylorentwicklung und quadratische Näherung

Mit der Formel (10.13) bzw. (10.16) kann man (unter bestimmten Voraussetzungen) eine Funktion von zwei bzw. n Variablen näherungsweise als lineare Funktion darstellen. Bei Funktionen von einer Variablen besteht die lineare Näherung aus den ersten beiden Summanden der Taylorreihe. Die ersten drei Summanden der Taylorreihe bilden eine quadratische Näherung. Entsprechendes gilt für Näherungen höherer Ordnung. Es stellt sich die Frage, ob es auch für Funktionen mehrerer Variablen quadratische oder Näherungen höherer Ordnung gibt, die aus einer Taylorreihe folgen. Dazu betrachten wir eine Funktion $f(x,y)$ von zwei Variablen und führen eine Taylorentwicklung bez. der Variablen x mit Entwicklungspunkt x_0 durch (wir nehmen an, dass die Voraussetzungen dafür erfüllt sind):

$$f(x,y) = f(x_0,y) + f_x(x_0,y)(x - x_0) + \tfrac{1}{2} f_{xx}(x_0,y)(x - x_0)^2 + \ldots$$

Nun führen wir mit jedem Summanden eine Taylorentwicklung bez. der Variablen y mit Entwicklungspunkt y_0 durch (wieder nehmen wir an, dass die Voraussetzungen erfüllt sind):

$$
\begin{aligned}
f(x,y) &= f(x_0,y_0) + f_y(x_0,y_0)(y - y_0) + \tfrac{1}{2} f_{yy}(x_0,y_0)(y - y_0)^2 + \ldots \\
&+ f_x(x_0,y_0)(x - x_0) + f_{xy}(x_0,y_0)(x - x_0)(y - y_0) + \ldots \\
&+ \tfrac{1}{2} f_{xx}(x_0,y_0)(x - x_0)^2 + \ldots \\
&+ \ldots
\end{aligned}
$$

Alle weiteren, durch ... gekennzeichneten Summanden besitzen drei oder mehr Faktoren vom Typ $(x - x_0)$ oder $(y - y_0)$. Ist (x,y) nahe bei (x_0,y_0), d.h. x nahe bei x_0 und y nahe bei y_0, so sind diese weiteren Summanden sehr klein. Vernachlässigt man sie deshalb, so erhält man eine Näherungsformel für eine quadratische Näherung einer Funktion von zwei Variablen.

$$f(x,y) \approx f(x_0,y_0) + f_x(x_0,y_0)(x - x_0) + f_y(x_0,y_0)(y - y_0)$$
$$+ \tfrac{1}{2}f_{xx}(x_0,y_0)(x - x_0)^2 + f_{xy}(x_0,y_0)(x - x_0)(y - y_0) + \tfrac{1}{2}f_{yy}(x_y,y_0)(y - y_0)^2$$

Die rechte Seite dieser Beziehung lässt sich auch durch *Matrix*produkte darstellen. (Vektoren werden als Matrizen betrachtet. Ein Skalarprodukt zweier Vektoren ist nun ein Produkt zweier Matrizen, weshalb der Punkt fehlt.) Ist $f_{xy}(x_0,y_0) = f_{yx}(x_0,y_0)$ dann gilt:

$$
\begin{aligned}
f(x,y) \quad \approx \quad & f(x_0,y_0) + (f_x(x_0,y_0),f_y(x_0,y_0)) \begin{pmatrix} x - x_0 \\ y - y_0 \end{pmatrix} \\[2mm]
+ \quad & \frac{1}{2}(x - x_0, y - y_0) \begin{pmatrix} f_{xx}(x_0,y_0) & f_{xy}(x_0,y_0) \\ f_{yx}(x_0,y_0) & f_{yy}(x_0,y_0) \end{pmatrix} \begin{pmatrix} x - x_0 \\ y - y_0 \end{pmatrix}
\end{aligned}
$$

Mit den Zeilen- und Spalten*matrizen*

$$\boldsymbol{r} = (x,y) \qquad\qquad \boldsymbol{r}_0 = (x_0,y_0)$$

$$\boldsymbol{r} - \boldsymbol{r}_0 = (x - x_0, y - y_0) \qquad (\boldsymbol{r} - \boldsymbol{r}_0)^{\mathsf{T}} = \begin{pmatrix} x - x_0 \\ y - y_0 \end{pmatrix}$$

und der Hessematrix $\mathbf{H}_f(\boldsymbol{r}_0)$ lässt sich die Beziehung auch folgendermaßen formulieren:

$$f(\boldsymbol{r}) \approx f(\boldsymbol{r}_0) + \mathbf{grad}\, f(\boldsymbol{r}_0)(\boldsymbol{r} - \boldsymbol{r}_0)^{\mathsf{T}} + \frac{1}{2}(\boldsymbol{r} - \boldsymbol{r}_0)\mathbf{H}_f(\boldsymbol{r}_0)(\boldsymbol{r} - \boldsymbol{r}_0)^{\mathsf{T}}$$

Mit $\boldsymbol{r} - \boldsymbol{r}_0 = \Delta\boldsymbol{r}$ bzw. $\boldsymbol{r} = \boldsymbol{r}_0 + \Delta\boldsymbol{r}$ gilt:

$$f(\boldsymbol{r}_0 + \Delta\boldsymbol{r}) \approx f(\boldsymbol{r}_0) + \mathbf{grad}\, f(\boldsymbol{r}_0)(\Delta\boldsymbol{r})^{\mathsf{T}} + \frac{1}{2}(\Delta\boldsymbol{r})\mathbf{H}_f(\boldsymbol{r}_0)(\Delta\boldsymbol{r})^{\mathsf{T}}$$

Wir wollen das Ergebnis mit einem Hinweis auf die Voraussetzungen, die erfüllt sein müssen, noch einmal zusammenfassen:

Quadratische Näherung für eine Funktion von zwei Variablen

Sind alle zweifachen partiellen Ableitungen von f stetig an der Stelle $\boldsymbol{r}_0$, und ist $\boldsymbol{r}$ nahe genug bei $\boldsymbol{r}_0$ bzw. $|\Delta\boldsymbol{r}|$ klein genug, dann gilt:

$$f(\boldsymbol{r}) \approx f(\boldsymbol{r}_0) + \mathbf{grad}\, f(\boldsymbol{r}_0)(\boldsymbol{r} - \boldsymbol{r}_0)^{\mathsf{T}} + \frac{1}{2}(\boldsymbol{r} - \boldsymbol{r}_0)\mathbf{H}_f(\boldsymbol{r}_0)(\boldsymbol{r} - \boldsymbol{r}_0)^{\mathsf{T}} \qquad (10.22)$$

$$f(\boldsymbol{r}_0 + \Delta\boldsymbol{r}) \approx f(\boldsymbol{r}_0) + \mathbf{grad}\, f(\boldsymbol{r}_0)(\Delta\boldsymbol{r})^{\mathsf{T}} + \frac{1}{2}(\Delta\boldsymbol{r})\mathbf{H}_f(\boldsymbol{r}_0)(\Delta\boldsymbol{r})^{\mathsf{T}} \qquad (10.23)$$

Entsprechend gilt für Funktionen von mehreren Variablen:

Quadratische Näherung für eine Funktion von n Variablen

Sind alle zweifachen partiellen Ableitungen von f stetig in einer Umgebung U von $\boldsymbol{x}_0$, und ist $\boldsymbol{x} \in U$ nahe genug bei $\boldsymbol{x}_0$ bzw. $|\Delta \boldsymbol{x}| = |\boldsymbol{x} - \boldsymbol{x}_0|$ klein genug, dann gilt:

$$f(\boldsymbol{x}) \approx f(\boldsymbol{x}_0) + \mathbf{grad}\, f(\boldsymbol{x}_0)(\boldsymbol{x} - \boldsymbol{x}_0)^\top + \frac{1}{2}(\boldsymbol{x} - \boldsymbol{x}_0)\mathbf{H}_f(\boldsymbol{x}_0)(\boldsymbol{x} - \boldsymbol{x}_0)^\top \quad (10.24)$$

$$f(\boldsymbol{x}_0 + \Delta \boldsymbol{x}) \approx f(\boldsymbol{x}_0) + \mathbf{grad}\, f(\boldsymbol{x}_0)(\Delta \boldsymbol{x})^\top + \frac{1}{2}(\Delta \boldsymbol{x})\mathbf{H}_f(\boldsymbol{x}_0)(\Delta \boldsymbol{x})^\top \quad (10.25)$$

Beispiel 10.12: Quadratische Näherung für die Funktion $f(x,y) = \sin x \sin y$

Wir wollen für $\boldsymbol{r} = (x,y)$ nahe bei $\boldsymbol{r}_0 = (x_0,y_0) = (\frac{3}{2}\pi, \frac{3}{2}\pi)$ die Funktion näherungsweise durch eine quadratische Funktion darstellen.

$$f(\boldsymbol{r}) = f(x,y) = \sin x \sin y$$

$$f(\boldsymbol{r}_0) = f(x_0,y_0) = \sin \tfrac{3}{2}\pi \sin \tfrac{3}{2}\pi = 1$$

$$\mathbf{grad}\, f(\boldsymbol{r}) = \mathbf{grad}\, f(x,y) = (f_x(x,y), f_y(x,y)) = (\cos x \sin y, \sin x \cos y)$$

$$\mathbf{grad}\, f(\boldsymbol{r}_0) = \mathbf{grad}\, f(x_0,y_0) = (\cos \tfrac{3}{2}\pi \sin \tfrac{3}{2}\pi, \sin \tfrac{3}{2}\pi \cos \tfrac{3}{2}\pi) = (0,0)$$

$$\mathbf{H}_f(\boldsymbol{r}) = \mathbf{H}_f(x,y) = \begin{pmatrix} f_{xx}(x,y) & f_{xy}(x,y) \\ f_{yx}(x,y) & f_{yy}(x,y) \end{pmatrix} = \begin{pmatrix} -\sin x \sin y & \cos x \cos y \\ \cos x \cos y & -\sin x \sin y \end{pmatrix}$$

$$\mathbf{H}_f(\boldsymbol{r}_0) = \mathbf{H}_f(x_0,y_0) = \begin{pmatrix} -\sin \tfrac{3}{2}\pi \sin \tfrac{3}{2}\pi & \cos \tfrac{3}{2}\pi \cos \tfrac{3}{2}\pi \\ \cos \tfrac{3}{2}\pi \cos \tfrac{3}{2}\pi & -\sin \tfrac{3}{2}\pi \sin \tfrac{3}{2}\pi \end{pmatrix} = \begin{pmatrix} -1 & 0 \\ 0 & -1 \end{pmatrix}$$

$$\boldsymbol{r} - \boldsymbol{r}_0 = (x,y) - (x_0,y_0) = (x - \tfrac{3}{2}\pi, y - \tfrac{3}{2}\pi) \quad (\boldsymbol{r} - \boldsymbol{r}_0)^\top = \begin{pmatrix} x - \tfrac{3}{2}\pi \\ y - \tfrac{3}{2}\pi \end{pmatrix}$$

$$\mathbf{grad}\, f(\boldsymbol{r}_0)(\boldsymbol{r} - \boldsymbol{r}_0)^\top = (0,0) \begin{pmatrix} x - \tfrac{3}{2}\pi \\ y - \tfrac{3}{2}\pi \end{pmatrix} = 0$$

$$(\boldsymbol{r} - \boldsymbol{r}_0)\mathbf{H}_f(\boldsymbol{r}_0)(\boldsymbol{r} - \boldsymbol{r}_0)^\top = (x - \tfrac{3}{2}\pi, y - \tfrac{3}{2}\pi) \begin{pmatrix} -1 & 0 \\ 0 & -1 \end{pmatrix} \begin{pmatrix} x - \tfrac{3}{2}\pi \\ y - \tfrac{3}{2}\pi \end{pmatrix}$$

$$= -(x - \tfrac{3}{2}\pi)^2 - (y - \tfrac{3}{2}\pi)^2$$

In der Nähe von $\boldsymbol{r}_0 = (x_0,y_0) = (\frac{3}{2}\pi, \frac{3}{2}\pi)$ gilt damit:

$$f(\boldsymbol{r}) = f(x,y) = \sin x \sin y \approx 1 - \tfrac{1}{2}(x - \tfrac{3}{2}\pi)^2 - \tfrac{1}{2}(y - \tfrac{3}{2}\pi)^2 = q(x,y)$$

Die Graphen der Funktion $f(x,y)$ und der quadratischen Näherung $q(x,y)$ sind in Abb. 10.6 zu sehen. ∎

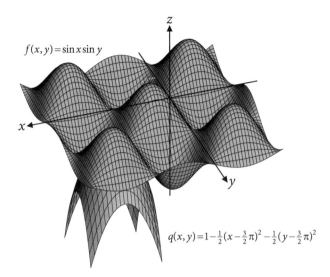

$f(x,y) = \sin x \sin y$

$q(x,y) = 1 - \frac{1}{2}(x - \frac{3}{2}\pi)^2 - \frac{1}{2}(y - \frac{3}{2}\pi)^2$

Abb. 10.6: Funktion und quadratische Näherung von Bsp. 10.12.

Die rechten Seiten der Beziehungen (10.22) und (10.24) sind jeweils die ersten drei Summanden einer Taylorreihe. Wir wollen die Taylorreihe hier nicht allgemein angeben. Höhere als quadratische Näherungen werden selten benötigt. Die quadratische Näherung bzw. die Formeln (10.23) und (10.25) spielen jedoch eine wichtige Rolle bei den Überlegungen im folgenden Kapitel 10.4.

10.4 Extrema ohne Nebenbedingungen

Beispiel 10.13: Behälter mit minimaler Oberfläche

Die äußere Oberfläche A eines quaderförmigen, oben offenen Behälters hängt von den drei Seitenlängen x,y,z ab (z ist die Höhe). Die Abhängigkeit wird beschrieben durch die Gleichung $A = xy + 2xz + 2yz$. Wir betrachten folgende Problemstellung: Das Volumen des Behälters soll einen gegebenen Wert V haben. Wie müssen die Seitenlängen x,y,z gewählt werden, damit die Oberfläche A und damit der Materialverbrauch minimal sind? Aus der Bedingung $xyz = V$ für das Volumen folgt $z = \frac{V}{xy}$. Setzt man $\frac{V}{xy}$ für z in $xy + 2xz + 2yz$ ein, so erhält man die Oberfläche A als Funktion von zwei Variablen x und y:

$$A = xy + 2x\frac{V}{xy} + 2y\frac{V}{xy} = xy + \frac{2V}{y} + \frac{2V}{x} = f(x,y)$$

Gesucht ist das Minimum von $f(x,y)$ in $D_f = \{(x,y)|x,y > 0\}$, d.h. die Antwort auf die Frage: Für welches $(x,y) \in D_f$ hat $f(x,y)$ den kleinsten Wert? Hat man dieses (x,y) bestimmt, so kann man mit $z = \frac{V}{xy}$ auch das zugehörige z bestimmen. ∎

Das Beispiel 10.13 zeigt die praktische Relevanz der in diesem Kapitel betrachteten mathematischen Problemstellung. Wie bei Funktionen von einer Variablen spielt auch bei Funktionen von mehreren Variablen die Differenzialrechnung eine wichtige Rolle bei der Suche nach Extrema. Bevor wir an die Lösung der Problemstellung gehen, wollen wir präzisieren, was man unter Extrema, d.h. Maxima oder Minima von Funktionen mehrerer Variablen versteht. Wir können die Defintionen 3.3 und 3.4 direkt auf Funktionen von mehreren Variablen verallgemeinern:

Definition 10.9: Globale Extrema und Extrema in einer Menge

Eine Funktion $f(x_1, \ldots, x_n) = f(\boldsymbol{x})$ hat an der Stelle $\boldsymbol{x}_0$ ein

- globales Maximum,   wenn $f(\boldsymbol{x}) \leq f(\boldsymbol{x}_0)$ für alle $\boldsymbol{x} \in D_f$
- globales Minimum,   wenn $f(\boldsymbol{x}) \geq f(\boldsymbol{x}_0)$ für alle $\boldsymbol{x} \in D_f$
- Maximum in $M \subset D_f$,   wenn $f(\boldsymbol{x}) \leq f(\boldsymbol{x}_0)$ für alle $\boldsymbol{x} \in M$
- Minimum in $M \subset D_f$,   wenn $f(\boldsymbol{x}) \geq f(\boldsymbol{x}_0)$ für alle $\boldsymbol{x} \in M$

Definition 10.10: Lokale Extrema

Eine Funktion $f(x_1, \ldots, x_n) = f(\boldsymbol{x})$ hat an der Stelle $\boldsymbol{x}_0$ ein

a) lokales Maximum

b) isoliertes lokales Maximum

c) lokales Minimum

d) isoliertes lokales Minimum

wenn es ein $\varepsilon > 0$ gibt, sodass für alle $\Delta\boldsymbol{x}$ mit $0 < |\Delta\boldsymbol{x}| < \varepsilon$ gilt

a) $f(\boldsymbol{x}_0 + \Delta\boldsymbol{x}) \leq f(\boldsymbol{x}_0)$

b) $f(\boldsymbol{x}_0 + \Delta\boldsymbol{x}) < f(\boldsymbol{x}_0)$

c) $f(\boldsymbol{x}_0 + \Delta\boldsymbol{x}) \geq f(\boldsymbol{x}_0)$

d) $f(\boldsymbol{x}_0 + \Delta\boldsymbol{x}) > f(\boldsymbol{x}_0)$

Wir wollen uns in diesem Kapitel hauptsächlich mit isolierten lokalen Extrema bschäftigen und die Differenzialrechnung bzw. die bisherigen Erkenntnisse dazu nutzen, solche Extrema zu finden. Aus Gründen der Anschaulichkeit und Einfachheit betrachten wir zunächst Funktionen von zwei Variablen. Für Funktionen von zwei Variablen lautet die Defintion isolierter lokaler Extrema:

Eine Funktion $f(x,y) = f(\boldsymbol{r})$ hat an der Stelle $\boldsymbol{r}_0 = (x_0,y_0)$ ein

    a)   isoliertes lokales Maximum

    b)   isoliertes lokales Minimum

wenn es ein $\varepsilon > 0$ gibt, sodass für alle $\Delta \boldsymbol{r}$ mit $0 < |\Delta \boldsymbol{r}| < \varepsilon$ gilt:

    a) $f(\boldsymbol{r}_0 + \Delta \boldsymbol{r}) < f(\boldsymbol{r}_0)$

    b) $f(\boldsymbol{r}_0 + \Delta \boldsymbol{r}) > f(\boldsymbol{r}_0)$

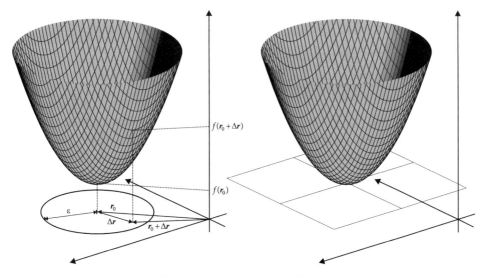

Abb. 10.7: Isoliertes lokales Minimum mit waagrechter Tangentialebene (rechts).

Eine Funktion $f(x,y) = f(\boldsymbol{r})$ hat an der Stelle $(x_0,y_0) = \boldsymbol{r}_0$ ein isoliertes lokales Minimum, wenn es in einer gewissen Umgebung von $\boldsymbol{r}_0$ keinen kleineren Funktionswert als $f(\boldsymbol{r}_0)$ gibt, und an allen anderen Stellen der Umgebung die Funktionswerte größer als $f(\boldsymbol{r}_0)$ sind (s. Abb. 10.7, links). Auch in der Teilmenge der Umgebung mit $y = y_0$ gibt es natürlich keine kleineren Funktionswerte als an der Stelle (x_0,y_0). Das bedeutet, dass die Funktion $f(x,y_0)$ an der Stelle x_0 ein isoliertes Minimum besitzt und (Differenzierbarkeit vorausgesetzt) die Ableitung von $f(x,y_0)$ nach x an der Stelle x_0 null sein muss. Es ist also $f_x(x_0,y_0) = 0$. Entsprechendes gilt für die Teilmenge mit $x = x_0$, weshalb auch $f_y(x_0,y_0) = 0$ ist. Die Funktionsgleichung (10.11) der Tangentialebene an der Stelle (x_0,y_0) lautet

$$z = g(x,y) = f(x_0,y_0) + f_x(x_0,y_0)(x - x_0) + f_y(x_0,y_0)(y - y_0)$$

Wegen $f_x(x_0,y_0) = 0$ und $f_y(x_0,y_0) = 0$ sind die Funktionswerte der Tangentialebene konstant, was bedeutet, dass die Tangentialebene waagrecht ist (s. Abb. 10.7, rechts). Stellen, an denen die beiden partiellen Ableitungen null sind, bzw. Stellen mit waagrechter Tangentialebene sind Kandidaten für Extremwertstellen.

Die Gleichungen $f_x(x_0,y_0) = 0$ und $f_y(x_0,y_0) = 0$ sind jedoch kein hinreichendes Kriterium für ein Extremum an der Stelle (x_0,y_0). Ein hinreichendes Kriterium gewinnt man aus (10.23):

$$\begin{aligned} f(\boldsymbol{r}_0 + \Delta\boldsymbol{r}) &= f(\boldsymbol{r}_0) + \mathbf{grad}\, f(\boldsymbol{r}_0)(\Delta\boldsymbol{r})^{\mathsf{T}} + \frac{1}{2}(\Delta\boldsymbol{r})\mathbf{H}_f(\boldsymbol{r}_0)(\Delta\boldsymbol{r})^{\mathsf{T}} + \ldots \\ &\approx f(\boldsymbol{r}_0) + \mathbf{grad}\, f(\boldsymbol{r}_0)(\Delta\boldsymbol{r})^{\mathsf{T}} + \frac{1}{2}(\Delta\boldsymbol{r})\mathbf{H}_f(\boldsymbol{r}_0)(\Delta\boldsymbol{r})^{\mathsf{T}} \end{aligned}$$

An einer Stelle $\boldsymbol{r}_0 = (x_0,y_0)$ mit $f_x(x_0,y_0) = 0$ und $f_y(x_0,y_0) = 0$ ist $\mathbf{grad}\, f(\boldsymbol{r}_0) = \boldsymbol{0}$, und es gilt:

$$\begin{aligned} f(\boldsymbol{r}_0 + \Delta\boldsymbol{r}) &= f(\boldsymbol{r}_0) + \frac{1}{2}(\Delta\boldsymbol{r})\mathbf{H}_f(\boldsymbol{r}_0)(\Delta\boldsymbol{r})^{\mathsf{T}} + \ldots \\ &\approx f(\boldsymbol{r}_0) + \frac{1}{2}(\Delta\boldsymbol{r})\mathbf{H}_f(\boldsymbol{r}_0)(\Delta\boldsymbol{r})^{\mathsf{T}} \end{aligned}$$

Ist $|\Delta\boldsymbol{r}|$ klein genug, dann sind die durch ... angedeuteten Summanden vernachlässigbar. Ob die Funktionswerte $f(\boldsymbol{r}_0 + \Delta\boldsymbol{r})$ an den Stellen $\boldsymbol{r}_0 + \Delta\boldsymbol{r}$ größer sind als der Funktionswert $f(\boldsymbol{r}_0)$ an der Stelle $\boldsymbol{r}_0$, hängt davon ab, ob $(\Delta\boldsymbol{r})\mathbf{H}_f(\boldsymbol{r}_0)(\Delta\boldsymbol{r})^{\mathsf{T}}$ größer null ist oder nicht. Wir betrachten deshalb nun das Matrixprodukt $\boldsymbol{b}\mathbf{A}\boldsymbol{b}^{\mathsf{T}}$ mit der symmetrischen (2,2)-Matrix $\mathbf{A} = \mathbf{H}_f(\boldsymbol{r}_0)$ und der Zeilenmatrix $\boldsymbol{b} = \Delta\boldsymbol{r}$:

$$\boldsymbol{b}\mathbf{A}\boldsymbol{b}^{\mathsf{T}} = (b_1,b_2)\begin{pmatrix} a_{11} & a_{12} \\ a_{12} & a_{22} \end{pmatrix}\begin{pmatrix} b_1 \\ b_2 \end{pmatrix} = b_1^2 a_{11} + 2b_1 b_2 a_{12} + b_2^2 a_{22}$$

Wir nehmen nun an, dass die Determinante $\det \mathbf{A} > 0$ ist. Daraus folgt:

$$a_{11}a_{22} - a_{12}^2 > 0 \Rightarrow a_{11}a_{22} > a_{12}^2 \Rightarrow a_{11}, a_{22} > 0 \text{ oder } a_{11}, a_{22} < 0$$

Wir nehmen an, dass $a_{11} > 0$ zutrifft. Dann ist $\sqrt{a_{11}}\sqrt{a_{22}} > |a_{12}|$ und es folgt:

$$\begin{aligned} \boldsymbol{b}\mathbf{A}\boldsymbol{b}^{\mathsf{T}} &= b_1^2 a_{11} + 2b_1 b_2 a_{12} + b_2^2 a_{22} \\ &\geq b_1^2 a_{11} - |2b_1 b_2 a_{12}| + b_2^2 a_{22} = b_1^2 a_{11} - 2|b_1||b_2||a_{12}| + b_2^2 a_{22} \\ &> b_1^2 a_{11} - 2|b_1||b_2|\sqrt{a_{11}}\sqrt{a_{22}} + b_2^2 a_{22} = (|b_1|\sqrt{a_{11}} - |b_2|\sqrt{a_{22}})^2 \geq 0 \end{aligned}$$

Für den Fall, dass $\det \mathbf{A} = \det \mathbf{H}(x_0,y_0) > 0$ und $a_{11} = f_{xx}(x_0,y_0) > 0$ zutrifft, gilt $\boldsymbol{b}\mathbf{A}\boldsymbol{b}^{\mathsf{T}} = (\Delta\boldsymbol{r})\mathbf{H}_f(\boldsymbol{r}_0)(\Delta\boldsymbol{r})^{\mathsf{T}} > 0$. Für den Fall, dass $\det \mathbf{A} = \det \mathbf{H}(x_0,y_0) > 0$ und $a_{11} = f_{xx}(x_0,y_0) < 0$ zutrifft, erhält man $\boldsymbol{b}\mathbf{A}\boldsymbol{b}^{\mathsf{T}} = (\Delta\boldsymbol{r})\mathbf{H}_f(\boldsymbol{r}_0)(\Delta\boldsymbol{r})^{\mathsf{T}} < 0$. Auf ähnliche Weise erhält man eine Aussage für den Fall $\det \mathbf{A} = \det \mathbf{H}(x_0,y_0) < 0$. Damit kann man folgende Kriterien für isolierte lokale Extrema formulieren:

Kriterien für Extrema einer Funktion von zwei Variablen

Sind alle zweifachen partiellen Ableitungen von $f(\boldsymbol{r}) = f(x,y)$ stetig in einer Umgebung von $\boldsymbol{r}_0 = (x_0,y_0)$, dann gelten folgende Aussagen:

$$f(\boldsymbol{r}) \text{ hat an der Stelle } \boldsymbol{r}_0 \text{ ein lokales Extremum} \Rightarrow \mathbf{grad}\, f(\boldsymbol{r}_0) = \mathbf{0} \qquad (10.26)$$

$$\left.\begin{array}{c} \mathbf{grad}\, f(\boldsymbol{r}_0) = \mathbf{0} \\ \text{und} \\ \det \mathbf{H}_f(\boldsymbol{r}_0) > 0 \end{array}\right\} \Rightarrow \left\{\begin{array}{l} \text{isoliertes lokales Extremum an der Stelle } \boldsymbol{r}_0 \\ f_{xx}(\boldsymbol{r}_0) > 0 \Rightarrow \text{es ist ein Minimum} \\ f_{xx}(\boldsymbol{r}_0) < 0 \Rightarrow \text{es ist ein Maximum} \end{array}\right. \qquad (10.27)$$

$$\left.\begin{array}{c} \mathbf{grad}\, f(\boldsymbol{r}_0) = \mathbf{0} \\ \text{und} \\ \det \mathbf{H}_f(\boldsymbol{r}_0) < 0 \end{array}\right\} \Rightarrow \text{kein lokales Extremum an der Stelle } \boldsymbol{r}_0 \qquad (10.28)$$

Ist $\det \mathbf{H}_f(\boldsymbol{r}_0) > 0$, dann sind die Vorzeichen von $f_{xx}(\boldsymbol{r}_0)$ und $f_{yy}(\boldsymbol{r}_0)$ gleich. Es spielt deshalb keine Rolle, ob man das Vorzeichen von $f_{xx}(\boldsymbol{r}_0)$ oder $f_{yy}(\boldsymbol{r}_0)$ prüft. Besitzt eine Funktion an einer Stelle $\boldsymbol{r}_0$ mit $\mathbf{grad}\, f(\boldsymbol{r}_0) = \mathbf{0}$ kein lokales Extremum, so spricht man von einem **Sattelpunkt** an der Stelle $\boldsymbol{r}_0$ (s. Abb. 10.8). Ist $\mathbf{grad}\, f(\boldsymbol{r}_0) = \mathbf{0}$ und $\det \mathbf{H}_f(\boldsymbol{r}_0) = 0$, so gibt es keine allgemeine Aussage über die Existenz eines Extremums an der Stelle $\boldsymbol{r}_0$ (s. Bsp. 10.15 bis 10.17).

Beispiel 10.14: Extrema und Sattelpunkte von $f(x,y) = 2x^3 - 3x^2 - 2y^3 + 3y^2$

Die Funktionswerte können beliebig groß und klein werden. Es existieren keine globalen Extrema. Wir untersuchen die Funktion auf lokale Extrema:

$$\mathbf{grad}\, f(x,y) = (f_x(x,y), f_y(x,y)) = (6x^2 - 6x, -6y^2 + 6y)$$

$$f_x(x,y) = 6x^2 - 6x = 6x(x-1) = 0 \text{ für } x = 0 \text{ oder } x = 1$$

$$f_y(x,y) = -6y^2 + 6y = -6y(y-1) = 0 \text{ für } y = 0 \text{ oder } y = 1$$

$$\Rightarrow \mathbf{grad}\, f(x,y) = (0,0) \text{ an den vier Stellen } (0,0),(1,0),(0,1),(1,1)$$

$$\mathbf{H}_f(x,y) = \begin{pmatrix} f_{xx}(x,y) & f_{xy}(x,y) \\ f_{yx}(x,y) & f_{yy}(x,y) \end{pmatrix} = \begin{pmatrix} 12x - 6 & 0 \\ 0 & -12y + 6 \end{pmatrix}$$

$$\det \mathbf{H}_f(0,0) = \begin{vmatrix} -6 & 0 \\ 0 & 6 \end{vmatrix} = -36 < 0 \Rightarrow \text{Sattelpunkt an der Stelle } (0,0)$$

$$\left.\begin{array}{l} \det \mathbf{H}_f(0,1) = \begin{vmatrix} -6 & 0 \\ 0 & -6 \end{vmatrix} = 36 > 0 \\ f_{xx}(0,1) = -6 < 0 \end{array}\right\} \Rightarrow \text{isol. lok. Max. an der Stelle } (0,1)$$

$$\left.\begin{array}{l} \det \mathbf{H}_f(1,0) = \begin{vmatrix} 6 & 0 \\ 0 & 6 \end{vmatrix} = 36 > 0 \\[2em] f_{xx}(0,1) = 6 > 0 \end{array}\right\} \Rightarrow \text{ isol. lok. Min. an der Stelle } (1,0)$$

$$\det \mathbf{H}_f(1,1) = \begin{vmatrix} 6 & 0 \\ 0 & -6 \end{vmatrix} = -36 < 0 \Rightarrow \text{ Sattelpunkt an der Stelle } (0,0)$$

Die Funktion besitzt zwei Extrema und zwei Sattelpunkte (s. Abb. 10.8, links). ∎

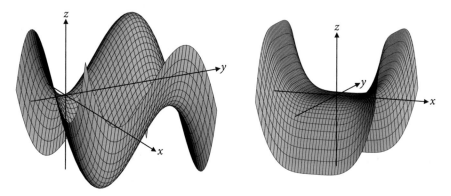

Abb. 10.8: Graphen der Funktionen von Bsp. 10.14 (links) und Bsp. 10.15 (rechts).

Beispiel 10.15: Sattelpunkt der Funktion $f(x,y) = x^4 - y^4$

$$\mathbf{grad}\, f(x,y) = (4x^3, -4y^3) = (0,0) \text{ an der Stelle } (x,y) = (0,0) = (x_0,y_0)$$

$$\mathbf{H}_f(x,y) = \begin{pmatrix} 12x^2 & 0 \\ 0 & -12y^2 \end{pmatrix} \qquad \det \mathbf{H}_f(0,0) = \begin{vmatrix} 0 & 0 \\ 0 & 0 \end{vmatrix} = 0$$

Da die Kriterien (10.27) und (10.28) nicht anwendbar sind, müssen andere Überlegungen angestellt werden: Es ist $f(x_0,y_0) = f(0,0) = 0$. Für $y = 0$ gilt $f(x,0) = x^4$. Es gibt also in jeder Umgebung von $(x_0,y_0) = (0,0)$ größere Funktionswerte als $f(x_0,y_0) = 0$. Für $x = 0$ gilt $f(0,y) = -y^4$. Es gibt also in jeder Umgebung von $(x_0,y_0) = (0,0)$ auch kleinere Funktionswerte als $f(x_0,y_0) = 0$. Die Funktion hat an der Stelle kein lokales Extremum, sondern einen Sattelpunkt (s. Abb. 10.8, rechts). ∎

Beispiel 10.16: Lokales Extremum der Funktion $f(x,y) = x^4 + y^4$

$$\mathbf{grad}\, f(x,y) = (4x^3, 4y^3) = (0,0) \text{ an der Stelle } (x,y) = (0,0) = (x_0,y_0)$$

$$\mathbf{H}_f(x,y) = \begin{pmatrix} 12x^2 & 0 \\ 0 & 12y^2 \end{pmatrix} \qquad \det \mathbf{H}_f(0,0) = \begin{vmatrix} 0 & 0 \\ 0 & 0 \end{vmatrix} = 0$$

Die Kriterien (10.27) und (10.28) sind nicht anwendbar. Es ist $f(x_0,y_0) = f(0,0) = 0$. Für alle anderen (x,y) ist $f(x,y) > 0$. Die Funktion hat an der Stelle $(x_0,y_0) = (0,0)$ ein isoliertes lokales Minimum, das auch ein globales ist (s. Abb. 10.9, links). ∎

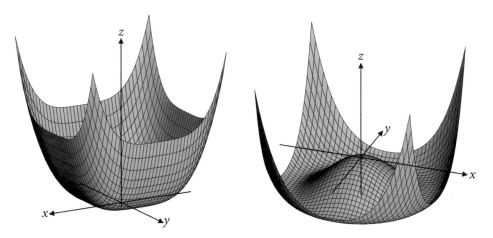

Abb. 10.9: Graphen der Funktionen von Bsp. 10.16 (links) und Bsp. 10.17 (rechts).

Beispiel 10.17: Lokale Extrema der Funktion $f(x,y) = (x^2 + y^2)^2 - 2(x^2 + y^2)$

grad $f(x,y) = (4x(x^2 + y^2 - 1), 4y(x^2 + y^2 - 1)) = (0,0)$

an der Stelle $(x_0,y_0) = (0,0)$

und an Stellen (x,y) mit $x^2 + y^2 = 1$ (Kreis mit Radius $r = 1$)

$$\mathbf{H}_f(x,y) = \begin{pmatrix} 4(x^2 + y^2 - 1) + 8x^2 & 8xy \\ 8xy & 4(x^2 + y^2 - 1) + 8y^2 \end{pmatrix}$$

$$\det \mathbf{H}_f(0,0) = \begin{vmatrix} -4 & 0 \\ 0 & -4 \end{vmatrix} = 16 > 0$$

$f_{xx}(0,0) = -4 < 0$

$\left. \phantom{\begin{matrix} a \\ b \\ c \end{matrix}} \right\} \Rightarrow$ isol. lok. Max. an der Stelle $(0,0)$

$$\det \mathbf{H}_f(x,y) = \begin{vmatrix} 8x^2 & 8xy \\ 8xy & 8y^2 \end{vmatrix} = 0 \text{ an Stellen } (x,y) \text{ mit } x^2 + y^2 = 1$$

An den Stellen (x,y) mit $x^2 + y^2 = 1$ sind die Kriterien (10.27) und (10.28) nicht anwendbar. Es gilt $f(x,y) = (x^2 + y^2)^2 - 2(x^2 + y^2) = r^4 - 2r^2 = \tilde{f}(r)$ mit dem Abstand $r = \sqrt{x^2 + y^2}$ vom Ursprung $(0,0)$. Die Funktionswerte hängen nur vom Abstand r ab. An den Stellen (x,y) mit $x^2 + y^2 = 1$ gilt $r = 1$. Die Funktion $\tilde{f}(r)$ hat bei $r = 1$ ein isoliertes lokales Minimum. Entfernt man sich vom Kreis mit Radius $r = 1$, so werden die Funktionswerte größer. Auf dem Kreis mit Radius $r = 1$ sind die

Funktionswerte gleich. Jede Umgebung einer Stelle mit $r = 1$ besitzt weitere Stellen mit $r = 1$ und gleichen Funktionswerten. Das bedeutet, dass die Funktion an jeder Stelle auf dem Kreis mit Radius $r = 1$, d. h. an allen Stellen (x,y) mit $x^2 + y^2 = 1$, lokale Minima besitzt, die nicht isoliert sind (s. Abb. 10.9, rechts). ∎

Beispiel 10.18: Behälter mit minimaler Oberfläche

Wir kommen zurück auf das Beispiel 10.13 und suchen das Minimum der Funktion

$$f(x,y) = xy + \frac{2V}{y} + \frac{2V}{x}$$

in $D_f = \{(x,y)|x,y > 0\}$ mit gegebenem $V > 0$.

$$\textbf{grad } f(x,y) = (y - \frac{2V}{x^2}, x - \frac{2V}{y^2}) \qquad\qquad \mathbf{H}_f(x,y) = \begin{pmatrix} \frac{4V}{x^3} & 1 \\ 1 & \frac{4V}{y^3} \end{pmatrix}$$

Die Gleichungen $y - \frac{2V}{x^2} = 0$ und $x - \frac{2V}{y^2} = 0$ sind nur erfüllt für $x = x_0 = \sqrt[3]{2V}$ und $y = y_0 = \sqrt[3]{2V}$.

$$\textbf{grad } f(x,y) = (0,0) \text{ an der Stelle } (x,y) = (\sqrt[3]{2V}, \sqrt[3]{2V}) = (x_0,y_0)$$

$$\mathbf{H}_f(x_0,y_0) = \begin{pmatrix} \frac{4V}{x_0^3} & 1 \\ 1 & \frac{4V}{y_0^3} \end{pmatrix} = \begin{pmatrix} 2 & 1 \\ 1 & 2 \end{pmatrix}$$

$$\left. \begin{array}{l} \det \mathbf{H}_f(x_0,y_0) = \begin{vmatrix} 2 & 1 \\ 1 & 2 \end{vmatrix} = 3 > 0 \\[2mm] f_{xx}(x_0,y_0) = 2 > 0 \end{array} \right\} \Rightarrow \text{ isol. lok. Min. an der Stelle } (x_0,y_0)$$

Die Oberfläche ist minimal für $x = x_0 = \sqrt[3]{2V}$ und $y = y_0 = \sqrt[3]{2V}$. ∎

Wir wollen nun die Kriterien (10.27) und (10.28) auf Funktionen von n Variablen verallgemeinern. Dies führt zur Frage, für welche Fälle das Matrixprodukt $\boldsymbol{b}\mathbf{A}\boldsymbol{b}^{\mathsf{T}}$ mit der symmetrischen (n,n)-Matrix $\mathbf{A} = \mathbf{H}_f(\boldsymbol{x}_0)$ und der Zeilenmatrix $\boldsymbol{b} = \Delta\boldsymbol{x}$ größer oder kleiner null ist. Die Antwort ist für $n \geq 3$ nicht mehr so einfach zu finden wie auf Seite 366 für $n = 2$. Wir wollen deshalb für $n \geq 3$ die Kriterien nicht herleiten, sondern einfach angeben. Dazu benötigen wir folgende Begriffe und Aussagen:

Definition 10.11: Definitheit symmetrischer Matrizen

$\boldsymbol{b},\boldsymbol{c}$ seien $(1,n)$-Zeilenmatrizen. Eine symmetrische (n,n)-Matrix $\mathbf{A}$ heißt

- positiv definit,   wenn $\boldsymbol{b}\mathbf{A}\boldsymbol{b}^{\mathsf{T}} > 0$ für alle $\boldsymbol{b} \neq \mathbf{0}$
- negativ definit,   wenn $\boldsymbol{b}\mathbf{A}\boldsymbol{b}^{\mathsf{T}} < 0$ für alle $\boldsymbol{b} \neq \mathbf{0}$
- indefinit,   wenn es Vektoren $\boldsymbol{b},\boldsymbol{c}$ gibt mit $\boldsymbol{b}\mathbf{A}\boldsymbol{b}^{\mathsf{T}} > 0$ und $\boldsymbol{c}\mathbf{A}\boldsymbol{c}^{\mathsf{T}} < 0$

Für die Prüfung der Definitheit gelten folgende Aussage:

Prüfung der Definitheit einer symetrischen Matrix

$\mathbf{A}$ sei eine symmetrische (n,n)-Matrix, $\mathbf{U}_k$ seien folgende Untermatrizen:

$$\mathbf{A} = \begin{pmatrix} a_{11} & \cdots & a_{1n} \\ \vdots & \ddots & \vdots \\ a_{n1} & \cdots & a_{nn} \end{pmatrix} \qquad \mathbf{U}_k = \begin{pmatrix} a_{11} & \cdots & a_{1k} \\ \vdots & \ddots & \vdots \\ a_{k1} & \cdots & a_{kk} \end{pmatrix} \qquad 1 \le k \le n$$

Die Matrix $\mathbf{A}$ ist

- positiv definit, wenn $\det \mathbf{U}_k > 0$ ist für alle k mit $1 \le k \le n$
- negativ definit, wenn $-\mathbf{A}$ positiv definit ist
- indefinit, wenn $\mathbf{A}$ weder positiv noch negativ definit und $\det \mathbf{A} \ne 0$ ist

Wir wollen diese etwas abstrakten Aussagen mit zwei Beispielen erläutern.

Beispiel 10.19: Positiv definite Matrix

$$\mathbf{A} = \begin{pmatrix} 6 & 0 & 0 \\ 0 & 2 & 0 \\ 0 & 0 & 2 \end{pmatrix} \qquad \det(6) = 6 > 0 \qquad \det \begin{pmatrix} 6 & 0 \\ 0 & 2 \end{pmatrix} = 12 > 0$$

$$\det \begin{pmatrix} 6 & 0 & 0 \\ 0 & 2 & 0 \\ 0 & 0 & 2 \end{pmatrix} = 24 > 0 \qquad \Rightarrow \det \mathbf{A} \text{ ist positiv definit}$$

∎

Beispiel 10.20: Indefinite Matrix

$$\mathbf{A} = \begin{pmatrix} -6 & 0 & 0 \\ 0 & 2 & 0 \\ 0 & 0 & 2 \end{pmatrix} \qquad \det(-6) = -6 < 0 \qquad \Rightarrow \mathbf{A} \text{ nicht positiv definit}$$

$$-\mathbf{A} = \begin{pmatrix} 6 & 0 & 0 \\ 0 & -2 & 0 \\ 0 & 0 & -2 \end{pmatrix} \qquad \det \begin{pmatrix} 6 & 0 \\ 0 & -2 \end{pmatrix} = -12 < 0$$

$\Rightarrow -\mathbf{A}$ nicht positiv definit $\Rightarrow \mathbf{A}$ nicht negativ definit

$\Rightarrow \mathbf{A}$ ist indefinit (da auch $\det \mathbf{A} \ne 0$)

∎

Mithilfe des Begriffs Definitheit und der obigen Aussagen können wir nun Kriterien für lokale Extrema einer Funktion von n Variablen formulieren:

Kriterien für Extrema einer Funktion von n Variablen

Sind alle zweifachen partiellen Ableitungen von $f(\boldsymbol{x}) = f(x_1,\dots,x_n)$ stetig in einer Umgebung von $\boldsymbol{x}_0$, dann gelten die folgenden Aussagen:

$$f(\boldsymbol{x}) \text{ hat an der Stelle } \boldsymbol{x}_0 \text{ ein lokales Extremum} \Rightarrow \mathbf{grad}\, f(\boldsymbol{x}_0) = \mathbf{0} \qquad (10.29)$$

Trifft $\mathbf{grad}\, f(\boldsymbol{x}_0) = \mathbf{0}$ zu, dann gilt:

- $\mathbf{H}_f(\boldsymbol{x}_0)$ positiv definit $\Rightarrow$ isol. lok. Minimum an der Stelle $\boldsymbol{x}_0$ (10.30)
- $\mathbf{H}_f(\boldsymbol{x}_0)$ negativ definit $\Rightarrow$ isol. lok. Maximum an der Stelle $\boldsymbol{x}_0$ (10.31)
- $\mathbf{H}_f(\boldsymbol{x}_0)$ indefinit $\Rightarrow$ kein Extremum an der Stelle $\boldsymbol{x}_0$ (10.32)

Ist $\mathbf{grad}\, f(\boldsymbol{x}_0) = \mathbf{0}$ und $\det \mathbf{H}_f(\boldsymbol{x}_0) = 0$, so gibt es keine allgemeine Aussage über die Existenz eines Extremums an der Stelle $\boldsymbol{x}_0$. Die Funktion kann an der Stelle $\boldsymbol{x}_0$ ein isoliertes oder nicht isoliertes lokales Extremum oder gar kein Extremum haben. Zur Klärung der Situation müssen andere Überlegungen (ähnlich wie bei den Beispielen 10.15 bis 10.17) angestellt werden.

Beispiel 10.21: Extrema der Funktion $f(x,y,z) = 2x^3 - 3x^2 + y^4 + y^2 + z^4 + z^2$

Die Funktionswerte können beliebig groß und beliebig klein werden. Es gibt keine globalen Extrema. Wir untersuchen die Funktion auf lokale Extrema:

$$\mathbf{grad}\, f(x,y,z) = (6x^2 - 6x, 4y^3 + 2y, 4z^3 + 2z)$$

$$f_x(x,y,z) = 6x^2 - 6x = 6x(x-1) = 0 \text{ für } x = 0 \text{ oder } x = 1$$

$$f_y(x,y,z) = 4y^3 + 2y = 2y(2y^2 + 1) = 0 \text{ für } y = 0$$

$$f_z(x,y,z) = 4z^3 + 2z = 2z(2z^2 + 1) = 0 \text{ für } z = 0$$

$$\Rightarrow \mathbf{grad}\, f(x,y,z) = (0,0,0) \text{ an den zwei Stellen } (0,0,0) \text{ und } (1,0,0)$$

$$\mathbf{H}_f(x,y,z) = \begin{pmatrix} 12x - 6 & 0 & 0 \\ 0 & 12y^2 + 2 & 0 \\ 0 & 0 & 12z^2 + 2 \end{pmatrix}$$

$$\mathbf{H}_f(0,0,0) = \begin{pmatrix} -6 & 0 & 0 \\ 0 & 2 & 0 \\ 0 & 0 & 2 \end{pmatrix} \qquad \mathbf{H}_f(1,0,0) = \begin{pmatrix} 6 & 0 & 0 \\ 0 & 2 & 0 \\ 0 & 0 & 2 \end{pmatrix}$$

In den Beispielen 10.19 und 10.20 wurde gezeigt, dass $\mathbf{H}_f(0,0,0)$ indefinit und $\mathbf{H}_f(1,0,0)$ positiv definit ist. Daraus folgt, dass die Funktion an der Stelle $(0,0,0)$ kein Extremum und an der Stelle $(1,0,0)$ ein isoliertes lokales Minimum besitzt.   ∎

Anwendung: Lineare Regression, Ausgleichsgerade

Wir betrachten folgende Problemstellung: Eine Feder werde durch eine Kraft F gedehnt. Die Länge l der Feder hängt von der Kraft F ab. Diese Abhängigkeit stellt eine lineare Funktion g dar mit der Funktionsgleichung $l = g(F) = aF + b$ und zwei Konstanten a,b (a ist der Kehrwert der sog. Federkonstanten, und b die Länge der kräftefreien Feder). Der Graph der Funktion ist eine Gerade mit der Steigung a. Wir messen nun für n verschiedene Werte F_i der Kraft ($i = 1,\ldots,n$) die Längen l_i der durch die Kräfte F_i gedehnten Feder. Wenn es keine Ungenauigkeiten gibt, dann sollte $l_i = g(F_i) = aF_i + b$ gelten. Stellt man die Zahlenpaare (F_i,l_i) als Punkte in einem kartesischen (F,l)-Koordinatensystem dar, so sollten in diesem Fall alle Punkte auf einer Geraden, nämlich dem Graphen der Funktion $g(F) = aF + b$, liegen. Das ist in der Realität nicht der Fall. Um aus den Messwerten F_i und l_i Werte für die Konstanten a und b zu bestimmen, geht man folgendermaßen vor: Man legt durch die Punkte mit den Koordinaten (F_i,l_i) eine Gerade, die an die Punkte „möglichst gut angepasst" ist (s. Abb. 10.10, links). Die Steigung dieser Geraden bzw. der Schnittpunkt der Gerade mit der l-Achse stellen die experimentell bestimmten Werte für a bzw. b dar. Wir haben es also mit folgender mathematischen Problemstellung zu tun: In einem kartesischen (x,y)-Koordinatensystem sind n Punkte mit den Koordinaten (x_i,y_i) eingetragen ($i = 1,\ldots,n$). Durch diese Punkte soll eine Gerade gelegt werden. Diese Gerade ist der Graph einer linearen Funktion g mit der Funktionsgleichung $y = g(x) = ax + b$. Die Konstanten a und b sollen so gewählt werden, dass die Gerade den Punkten „möglichst gut angepasst" ist.

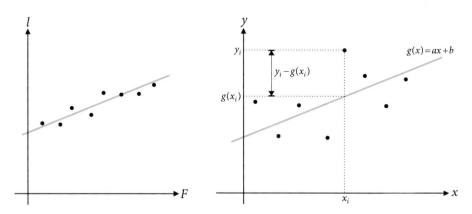

Abb. 10.10: Ausgleichsgeraden. Rechts: Zur Bestimmung einer Ausgleichsgeraden.

Doch was heißt „möglichst gut angepasst"? Es gibt verschiedene Möglichkeiten, diesen Begriff mathematisch zu definieren. Meistens wird folgende gewählt: Die Konstanten a und b sind so zu wählen, dass die Summe der Quadrate der vertikalen Abstände

$y_i - g(x_i)$ der Punkte (x_i, y_i) von der Geraden (s. Abb. 10.10, rechts) so klein wie möglich ist. Gesucht ist also das Minimum der folgenden Größe:

$$\sum_{i=1}^{n} (y_i - g(x_i))^2 = \sum_{i=1}^{n} (y_i - ax_i - b)^2 = f(a,b)$$

Die Zahlen x_i und y_i sind gegeben. Variabel sind a und b. Die Summe kann als Funktion von zwei Variablen a und b betrachtet werden. Wir suchen das Minimum dieser Funktion und bestimmen dazu die Nullstellen der partiellen Ableitungen $f_a(a,b)$ und $f_b(a,b)$.

$$
\begin{aligned}
f_a(a,b) &= \frac{\partial}{\partial a} f(a,b) = \frac{\partial}{\partial a} \sum_{i=1}^{n} (y_i - ax_i - b)^2 = \sum_{i=1}^{n} \frac{\partial}{\partial a} (y_i - ax_i - b)^2 \\
&= \sum_{i=1}^{n} 2(y_i - ax_i - b)(-x_i) = 2 \sum_{i=1}^{n} \left(-y_i x_i + ax_i^2 + bx_i \right) = 0 \\
&\Rightarrow \sum_{i=1}^{n} \left(-y_i x_i + ax_i^2 + bx_i \right) = \sum_{i=1}^{n} -y_i x_i + \sum_{i=1}^{n} ax_i^2 + \sum_{i=1}^{n} bx_i = 0 \\
&\Rightarrow \left(\sum_{i=1}^{n} x_i^2 \right) a + \left(\sum_{i=1}^{n} x_i \right) b = \sum_{i=1}^{n} x_i y_i & (10.33) \\
f_b(a,b) &= \frac{\partial}{\partial b} f(a,b) = \frac{\partial}{\partial b} \sum_{i=1}^{n} (y_i - ax_i - b)^2 = \sum_{i=1}^{n} \frac{\partial}{\partial b} (y_i - ax_i - b)^2 \\
&= \sum_{i=1}^{n} 2(y_i - ax_i - b)(-1) = 2 \sum_{i=1}^{n} \left(-y_i + ax_i + b \right) = 0 \\
&\Rightarrow \sum_{i=1}^{n} \left(-y_i + ax_i + b \right) = \sum_{i=1}^{n} -y_i + \sum_{i=1}^{n} ax_i + \sum_{i=1}^{n} b = 0 \\
&\Rightarrow \left(\sum_{i=1}^{n} x_i \right) a + nb = \sum_{i=1}^{n} y_i & (10.34)
\end{aligned}
$$

Die Gleichungen (10.33) und (10.34) stellen ein lineares Gleichungssystem mit zwei Unbekannten a und b dar. Als Matrixgleichung formuliert lautet es

$$
\begin{pmatrix} \sum_{i=1}^{n} x_i^2 & \sum_{i=1}^{n} x_i \\ \sum_{i=1}^{n} x_i & n \end{pmatrix} \begin{pmatrix} a \\ b \end{pmatrix} = \begin{pmatrix} \sum_{i=1}^{n} x_i y_i \\ \sum_{i=1}^{n} y_i \end{pmatrix}
$$

Wir benutzen die Cramer'sche Regel (6.41), um die Lösung dieses Gleichungssystems hinzuschreiben:

$$a = \frac{\begin{vmatrix} \sum_{i=1}^{n} x_i y_i & \sum_{i=1}^{n} x_i \\ \sum_{i=1}^{n} y_i & n \end{vmatrix}}{\begin{vmatrix} \sum_{i=1}^{n} x_i^2 & \sum_{i=1}^{n} x_i \\ \sum_{i=1}^{n} x_i & n \end{vmatrix}} = \frac{n \sum_{i=1}^{n} x_i y_i - \left(\sum_{i=1}^{n} x_i \right) \left(\sum_{i=1}^{n} y_i \right)}{n \sum_{i=1}^{n} x_i^2 - \left(\sum_{i=1}^{n} x_i \right)^2} \tag{10.35}$$

$$b = \frac{\begin{vmatrix} \sum_{i=1}^{n} x_i^2 & \sum_{i=1}^{n} x_i y_i \\ \sum_{i=1}^{n} x_i & \sum_{i=1}^{n} y_i \end{vmatrix}}{\begin{vmatrix} \sum_{i=1}^{n} x_i^2 & \sum_{i=1}^{n} x_i \\ \sum_{i=1}^{n} x_i & n \end{vmatrix}} = \frac{\left(\sum_{i=1}^{n} x_i^2 \right) \left(\sum_{i=1}^{n} y_i \right) - \left(\sum_{i=1}^{n} x_i \right) \left(\sum_{i=1}^{n} x_i y_i \right)}{n \sum_{i=1}^{n} x_i^2 - \left(\sum_{i=1}^{n} x_i \right)^2} \tag{10.36}$$

Der Nenner ist nur null, wenn alle Werte x_i gleich sind. Dies erkennt man an folgender Rechnung ($\bar{x} = \frac{1}{n} \sum_{i=1}^{n} x_i$ ist der arithmetische Mittelwert):

$$
\begin{aligned}
n \sum_{i=1}^{n} (x_i - \bar{x})^2 &= n \sum_{i=1}^{n} (x_i^2 - 2\bar{x}x_i + \bar{x}^2) = n \left(\sum_{i=1}^{n} x_i^2 - 2\bar{x} \sum_{i=1}^{n} x_i + \sum_{i=1}^{n} \bar{x}^2 \right) \\
&= n \left(\sum_{i=1}^{n} x_i^2 - 2\bar{x}n\bar{x} + n\bar{x}^2 \right) = n \sum_{i=1}^{n} x_i^2 - n^2 \bar{x}^2 \\
&= n \sum_{i=1}^{n} x_i^2 - \left(\sum_{i=1}^{n} x_i \right)^2
\end{aligned}
$$

Dies ist gerade der Nenner (Determinante der Koeffizientenmatrix), der also nur null ist, wenn alle x-Werte x_i gleich $\bar{x}$ sind.

10.5 Extrema unter Nebenbedingungen

Wir kommen zurück auf die Problemstellung von Beispiel 10.14: Die äußere Oberfläche A eines quaderförmigen, oben offenen Behälters hängt von den drei Seitenlängen x,y,z ab (z ist die Höhe). Diese Abhängigkeit stellt eine Funktion von drei Variablen dar mit der Funktionsgleichung $A = f(x,y,z) = xy + 2xz + 2yz$. Das Volumen des Behälters soll einen gegebenen Wert V haben. Wie müssen die Seitenlängen x,y,z gewählt werden, damit die Oberfläche A und damit der Materialverbrauch minimal sind? Gesucht ist also nicht einfach das Minimum der Funktion $f(x,y,z)$, sondern das Minimum unter der Nebenbedingungen $xyz = V$. Das heißt: Gesucht ist nicht das Minimum von $f(x,y,z)$ in $D_f = \{(x,y,z)|x,y,z > 0\}$, sondern in $\tilde{D}_f = \{(x,y,z)|x,y,z > 0 \text{ und } xyz = V\}$. Eine Nebenbedingung ist eine Bedingung für die Variablen, welche die ursprüngliche Defintionsmenge D_f auf eine Menge $\tilde{D}_f$ einschränkt. Wir betrachten in diesem Kapitel nur Nebenbedingungen, welche die Form einer Gleichung haben. Eine Gleichung lässt sich immer so umformen, dass auf der rechten Seite null steht. Die Bedingung $xyz = V$ ist äquivalent zur Bedingung $xyz - V = 0$. Die linke Seite $g(x,y,z) = xyz - V$ ist eine Funktion der drei Variablen. In Beispiel 10.19 haben wir die Aufgabe gelöst, indem wir die Nebenbedingung $g(x,y,z) = 0$ nach einer Variablen aufgelöst und den entstehenden Ausdruck für diese Variable in die Funktion $f(x,y,z)$ eingesetzt haben. Dadurch gelangten wir zu einer Funktion von zwei Variablen und zur Suche nach einem Minimum ohne Nebenbedingungen. Dies kann man bei einer derartigen Problemstellung grundsätzlich versuchen. Es kann jedoch sein, dass sich die Nebenbedingung nicht nach einer Variablen auflösen lässt. Deshalb wollen wir in diesem Kapitel noch eine andere Methode vorstellen und betrachten dazu die folgende Aufgabenstellung: Gesucht sind Extrema einer Funktion $f(x,y)$ unter der Nebenbedingungen $g(x,y) = 0$. Die Gleichung $g(x,y) = 0$ kann als implizite Darstellung einer Kurve im $\mathbb{R}^2$ bzw. in der (x,y)-Ebene betrachtet werden. Die Nebenbedingung in Abb. 10.11 stellt z.B. eine Gerade in der (x,y)-Ebene dar. Man erkennt, dass die Funktion auf dieser eingeschränkten Defintionsmenge $\tilde{D}_f$ ein Minimum besitzt.

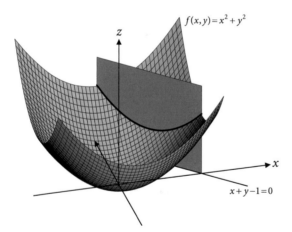

Abb. 10.11: Funktion $f(x,y) = x^2 + y^2$ mit der Nebenbedingung $g(x,y) = x + y - 1 = 0$.

Gibt es eine Parameterdarstellung der Kurve mit Funktionen $x(t)$ und $y(t)$, so kann man $x(t)$ bzw. $y(t)$ für x bzw. y in die Funktion $f(x,y)$ einsetzen. Man erhält eine Funktion $\tilde{f}(t) = f(x(t),y(t))$ von einer Variablen t, die man auf Extrema überprüfen kann. Um ein Extremum entlang der Kurve zu finden, sucht man die Nullstellen der

Ableitung $\dot{\tilde{f}}(t)$ bzw. die Lösung der Gleichung $\dot{\tilde{f}}(t) = 0$. Wegen $g(x,y) = 0$ gelten auch $\tilde{g}(t) = g(x(t),y(t)) = 0$ und $\dot{\tilde{g}}(t) = 0$. Dies führt nach (10.19) zu den Gleichungen

$$\dot{\tilde{g}}(t) = g_x(x(t),y(t))\dot{x}(t) + g_y(x(t),y(t))\dot{y}(t) = 0$$
$$\dot{\tilde{f}}(t) = f_x(x(t),y(t))\dot{x}(t) + f_y(x(t),y(t))\dot{y}(t) = 0$$

Ist t_0 bzw. $(x(t_0),y(t_0)) = (x_0,y_0)$ ein Punkt, an dem diese Gleichungen erfüllt sind, dann gilt:

$$g_x(x_0,y_0)\dot{x}(t_0) + g_y(x_0,y_0)\dot{y}(t_0) = 0$$
$$f_x(x_0,y_0)\dot{x}(t_0) + f_y(x_0,y_0)\dot{y}(t_0) = 0$$

Dies ist ein homogenes lineares Gleichungssystem:

$$\begin{pmatrix} g_x(x_0,y_0) & g_y(x_0,y_0) \\ f_x(x_0,y_0) & f_y(x_0,y_0) \end{pmatrix} \begin{pmatrix} \dot{x}(t_0) \\ \dot{y}(t_0) \end{pmatrix} = \begin{pmatrix} 0 \\ 0 \end{pmatrix}$$

Nichttriviale Lösungen gibt es nur, wenn die Determinante der Koeffizientenmatrix null ist. In diesem Fall gilt:

$$\begin{vmatrix} g_x(x_0,y_0) & g_y(x_0,y_0) \\ f_x(x_0,y_0) & f_y(x_0,y_0) \end{vmatrix} = 0$$
$$\Rightarrow g_x(x_0,y_0)f_y(x_0,y_0) = f_x(x_0,y_0)g_y(x_0,y_0) \tag{10.37}$$

Sind $g_x(x_0,y_0), g_y(x_0,y_0) \neq 0$, so folgt aus (10.37)

$$\frac{f_x(x_0,y_0)}{g_x(x_0,y_0)} = \frac{f_y(x_0,y_0)}{g_y(x_0,y_0)} \tag{10.38}$$

Bezeichnet man den Quotienten in (10.38) mit $-\lambda_0$, so folgt aus (10.37) bzw. (10.38):

$$f_x(x_0,y_0) = -\lambda_0 g_x(x_0,y_0)$$
$$f_y(x_0,y_0) = -\lambda_0 g_y(x_0,y_0)$$

Die drei Gleichungen

$$f_x(x_0,y_0) + \lambda_0 g_x(x_0,y_0) = 0$$
$$f_y(x_0,y_0) + \lambda_0 g_y(x_0,y_0) = 0$$
$$g(x_0,y_0) = 0$$

die bei einem Extremum (unter den gemachten Annahmen) gelten müssen, lassen sich zusammenfassen zu

$$\mathbf{grad}\, F(x_0,y_0,\lambda_0) = (F_x(x_0,y_0,\lambda_0), F_y(x_0,y_0,\lambda_0), F_\lambda(x_0,y_0,\lambda_0)) = (0,0,0)$$

mit der Funktion

$$F(x,y,\lambda) = f(x,y) + \lambda g(x,y)$$

Die Extremwertstelle (x_0,y_0) erhält man also aus einer Lösung (x_0,y_0,λ_0) des Gleichungssystems

$$\textbf{grad}\, F(x,y,\lambda) = \mathbf{0}$$

Die Berechnung einer Extremwertstelle durch Lösung dieses Gleichungssystems heißt Langrange-Methode, die Funktion $F(x,y,\lambda)$ bzw. der Faktor λ heißt Lagrange-Funktion bzw. Lagrange-Multiplikator. Wir haben bei der dargestellten Entwicklung der Methode einige Voraussetzungen gemacht (z.B. Parameterdarstellung der Kurve). Die Methode ist jedoch auch anwendbar, wenn weniger Annahmen gemacht werden. Zusätzlich zu Differenzierbarkeitsbedingungen muss bei einer strengen Herleitung $\textbf{grad}\, g(x_0,y_0) \neq \mathbf{0}$ gefordert werden. Unter diesen Bedingungen gilt:

Lagrange-Methode für Funktionen von zwei Variablen

Eine Extremwertstelle (x_0,y_0) der Funktion $f(x,y)$ unter der Nebenbedingung $g(x,y) = 0$ erhält man aus der Lösung (x_0,y_0,λ_0) des Gleichungssystems

$$\textbf{grad}\, F(x,y,\lambda) = \mathbf{0} \tag{10.39}$$

mit der Lagrange-Funktion

$$F(x,y,\lambda) = f(x,y) + \lambda g(x,y) \tag{10.40}$$

Die letzte Gleichung des Gleichungssystems (10.39) ist die Nebenbedingung. Dass x_0 und y_0 (und λ_0) das Gleichungssystem (10.39) lösen, ist eine notwendige, aber keine hinreichende Bedingung für ein Extremum. Eine Lösung des Gleichungssystems muss keine Extremwertstelle sein. Ein hinreichendes Kriterium kann man mit der Größe

$$D(x,y,\lambda) = \begin{vmatrix} F_{xx}(x,y,\lambda) & F_{xy}(x,y,\lambda) & g_x(x,y) \\ F_{xy}(x,y,\lambda) & F_{yy}(x,y,\lambda) & g_y(x,y) \\ g_x(x,y) & g_y(x,y) & 0 \end{vmatrix} = \det \mathbf{H}_F(x,y,\lambda) \tag{10.41}$$

formulieren. Unter bestimmten Bedingungen (zur Differenzierbarkeit) gilt:

$$D(x_0,y_0,\lambda_0) > 0 \Rightarrow \text{Maximum bei } (x_0,y_0) \tag{10.42}$$

$$D(x_0,y_0,\lambda_0) < 0 \Rightarrow \text{Minimum bei } (x_0,y_0) \tag{10.43}$$

In der Praxis verzichtet man häufig auf eine strenge Prüfung mithilfe der Kriterien (10.42) und (10.43). Stattdessen vergleicht man den Funktionswert an der Stelle (x_0,y_0) mit Funktionswerten an anderen Stellen auf der Kurve $g(x,y) = 0$ und schließt daraus auf die Art des Extremums. Manchmal sind Existenz und Art des Extremums auch offensichtlich (s. Abb. 10.11).

Beispiel 10.22: Extrema unter Nebenbedingungen

Wir suchen Extrema der Funktion $f(x,y) = x^2 + y^2$ unter der Nebenbedingung $g(x,y) = x + y - 1 = 0$. Wegen **grad** $g(x,y) = (1,1) \neq (0,0)$ können Extremwertstellen mit der Lagrange-Methode gefunden werden.

$$F(x,y,\lambda) = x^2 + y^2 + \lambda(x + y - 1)$$
$$F_x(x,y,\lambda) = 2x + \lambda = 0$$
$$F_y(x,y,\lambda) = 2y + \lambda = 0$$
$$F_\lambda(x,y,\lambda) = x + y - 1 = 0$$

Die letzten drei Gleichungen sind ein lineares Gleichungssystem mit den Unbekannten x,y,λ. Die Lösung lautet $x = y = \frac{1}{2}$ und $\lambda = -1$. Das Extremum befindet sich an der Stelle $(x_0,y_0) = (\frac{1}{2},\frac{1}{2})$. Der Graph von $f(x,y)$ und die Kurve $g(x,y) = 0$ sind in Abb. 10.11 (S. 376)zu sehen. Man erkennt sofort, dass es genau ein Minimum auf der Kurve gibt. Wir vergleichen den Funktionswert $f(\frac{1}{2},\frac{1}{2}) = \frac{1}{2}$ mit den Funktionswerten an zwei anderen Stellen auf der Kurve: $f(1,0) = f(0,1) = 1 > f(\frac{1}{2},\frac{1}{2}) = \frac{1}{2}$. Dies bestätigt, dass es sich um ein Minimum handelt. Trotzdem wenden wir noch die Kriterien (10.42) und (10.43) an:

$$D(x,y,\lambda) = \begin{vmatrix} 2 & 0 & 1 \\ 0 & 2 & 1 \\ 1 & 1 & 0 \end{vmatrix} = D(\tfrac{1}{2},\tfrac{1}{2}, -1) = -4 < 0$$

$\Rightarrow$ Es handelt sich um ein Minimum an der Stelle $(x_0,y_0) = (\frac{1}{2},\frac{1}{2})$. ∎

Wir verallgemeinern die Methode auf Funktionen von mehreren Variablen. Bei drei Variablen x,y,z hat eine Nebenbedingung die Form $g(x,y,z) = 0$. Die Punkte $(x,y,z) \in \mathbb{R}^3$, welche diese Gleichung erfüllen, stellen eine Fläche im $\mathbb{R}^3$ dar. Kann man die Gleichung nach z auflösen, so erhält man eine Gleichung der Form $z = h(x,y)$, die man als Funktionsgleichung einer Funktion von zwei Variablen x,y betrachten kann. Die Fläche ist der Funktionsgraph der Funktion $h(x,y)$. Sollen zwei Nebenbedingungen $g_1(x,y,z) = 0$ und $g_2(x,y,z) = 0$ erfüllt sein, so ist die Menge der Punkte, die beide Nebenbedingungen erfüllen, die Schnittmenge zweier Flächen, die i.d.R. eine Kurve im $\mathbb{R}^3$ bildet. Bei drei Nebenbedingungen hätte man die Schnittmenge dreier Flächen, die, wenn sie nicht leer ist, i.d.R. aus einzelnen Punkten besteht. Die Anzahl der Nebenbedingungen muss also kleiner sein als die Anzahl der Variablen. Bei Funktionen von mehreren Variablen lautet die Problemstellung: Gesucht sind Extrema einer Funktion $f(x_1,\ldots,x_n)$ von n Variablen unter den m Nebenbedingungen $g_1(x_1,\ldots,x_n),\ldots,g_m(x_1,\ldots,x_n)$ mit $m < n$. Damit eine Extremwertstelle mit der Lagrange-Methode bestimmt werden kann, muss der Rang der folgenden sog. Jacobi-Matrix $\mathbf{J}_g(x_1,\ldots,x_n)$ an dieser Stelle gleich m sein.

$$\mathbf{J}_g(x_1,\ldots,x_n) = \begin{pmatrix} g_{1_{x_1}}(x_1,\ldots,x_n) & \cdots & g_{1_{x_n}}(x_1,\ldots,x_n) \\ \vdots & & \vdots \\ g_{m_{x_1}}(x_1,\ldots,x_n) & \cdots & g_{m_{x_n}}(x_1,\ldots,x_n) \end{pmatrix} \tag{10.44}$$

Zusätzlich gibt es natürlich noch Bedingungen zur Differenzierbarkeit. Unter diesen Voraussetzungen gilt:

Lagrange-Methode für Funktionen mehrerer Variablen

Eine Extremwertstelle einer Funktion $f(x_1,\ldots,x_n)$ von n Variablen unter m Nebenbedingungen $g_1(x_1,\ldots,x_n) = 0,\ldots,g_m(x_1,\ldots,x_n) = 0$ erhält man aus einer Lösung des Gleichungssystems

$$\mathbf{grad}\, F(x_1,\ldots,x_n,\lambda_1,\ldots,\lambda_m) = \mathbf{0} \tag{10.45}$$

mit der Lagrange-Funktion

$$F(x_1,\ldots,x_n,\lambda_1,\ldots,\lambda_m)$$
$$= f(x_1,\ldots,x_n) + \lambda_1 g_1(x_1,\ldots,x_n) + \ldots + \lambda_m g_m(x_1,\ldots,x_n) \tag{10.46}$$

Die letzten m Gleichungen des Gleichungssystems (10.45) sind die Nebenbedingungen. Die Lösung des Gleichungssystems (10.45) ist auch hier eine notwendige, aber nicht hinreichende Bedingung für eine Extremwertstelle. Die Verwendung hinreichender Kriterien ist kompliziert und aufwendig, weshalb wir sie hier nicht aufführen.

Beispiel 10.23: Extrema unter Nebenbedingungen

Wir suchen Extrema der Funktion $f(x,y,z) = x^2+y^2+z^2$ unter den Nebenbedingungen $g_1(x,y,z) = x + y - 1 = 0$ und $g_2(x,y,z) = x + z + 4 = 0$. Die Jacobi-Matrix

$$\mathbf{J}_g(x,y,z) = \begin{pmatrix} g_{1_x}(x,y,z) & g_{1_y}(x,y,z) & g_{1_z}(x,y,z) \\ g_{2_x}(x,y,z) & g_{2_y}(x,y,z) & g_{2_z}(x,y,z) \end{pmatrix} = \begin{pmatrix} 1 & 1 & 0 \\ 1 & 0 & 1 \end{pmatrix}$$

hat für alle (x,y,z) den Rang 2. Wir wenden die Lagrange-Methode an und erhalten:

$$F(x,y,z,\lambda_1,\lambda_2) = x^2 + y^2 + z^2 + \lambda_1(x + y - 1) + \lambda_2(x + z + 4)$$
$$F_x(x,y,z,\lambda_1,\lambda_2) = 2x + \lambda_1 + \lambda_2 = 0$$
$$F_y(x,y,z,\lambda_1,\lambda_2) = 2y + \lambda_1 = 0$$
$$F_z(x,y,z,\lambda_1,\lambda_2) = 2z + \lambda_2 = 0$$
$$F_{\lambda_1}(x,y,z,\lambda_1,\lambda_2) = x + y - 1 = 0$$
$$F_{\lambda_2}(x,y,z,\lambda_1,\lambda_2) = x + z + 4 = 0$$

Die letzten fünf Gleichungen sind ein lineares Gleichungssystem mit den Unbekannten $x,y,z,\lambda_1,\lambda_2$. Die Lösung lautet $x = -1$, $y = 2$, $z = -3$, $\lambda_1 = -4$ und $\lambda_2 = 6$. Das Extremum befindet sich an der Stelle $(x_0,y_0,z_0) = (-1,2,-3)$. Wir vergleichen den Funktionswert $f(x_0,y_0,z_0) = f(-1,2,-3) = 14$ mit dem Funktionswert an einer anderen Stelle, die die Nebenbedingungen erfüllt: $f(0,1,-4) = 17 > f(-1,2,-3) = 14$. Das bedeutet, dass das Extremum an der Stelle $(x_0,y_0,z_0) = (-1,2,-3)$ ein Minimum ist. ∎

Beispiel 10.24: Behälter mit minimaler Oberfläche

Das Volumen xyz eines quaderförmigen, oben offenen Behälters soll einen gegebenen Wert V haben. Die Seitenlängen x,y,z (z ist die Höhe) sollen so gewählt werden, dass die Oberfläche $A = xy + 2xz + 2yz$ minimal ist. Gesucht ist das Minimum der Funktion $f(x,y,z) = xy+2xz+2yz$ unter der Nebenbedingung $g(x,y,z) = xyz - V = 0$. Die Jacobi-Matrix (10.44) ist der Gradient **grad** $g(x,y,z)$. An allen Stellen, welche die Nebenbedingung $xyz = V$ erfüllen, ist **grad** $g(x,y,z) = (yz,xz,xy) \neq (0,0,0)$, was bedeutet, dass an diesen Stellen der Rang der Jacobi-Matrix gleich 1 ist. Vorhandene Extrema können mit der Langrange-Methode bestimmt werden:

$$F(x,y,z,\lambda) = xy + 2xz + 2yz + \lambda(xyz - V)$$
$$F_x(x,y,z,\lambda) = y + 2z + \lambda yz = 0 \Rightarrow xy + 2xz + \lambda xyz = 0 \qquad \text{(I)}$$
$$F_y(x,y,z,\lambda) = x + 2z + \lambda xz = 0 \Rightarrow xy + 2yz + \lambda xyz = 0 \qquad \text{(II)}$$
$$F_z(x,y,z,\lambda) = 2x + 2y + \lambda xy = 0 \Rightarrow 2xz + 2yz + \lambda xyz = 0 \qquad \text{(III)}$$
$$F_\lambda(x,y,z,\lambda) = xyz - V = 0 \Rightarrow xyz = V \qquad \text{(IV)}$$

$$\text{(I),(II)} \quad \Rightarrow \quad 2xz = 2yz \Rightarrow y = x$$
$$\text{(I),(III)} \quad \Rightarrow \quad xy = 2yz \Rightarrow z = \tfrac{1}{2}x$$
$$\text{(IV)} \quad \Rightarrow \quad xyz = \tfrac{1}{2}x^3 = V \Rightarrow x = \sqrt[3]{2V} = y \Rightarrow z = \tfrac{1}{2}\sqrt[3]{2V}$$

Wir vergleichen den Funktionswert an der Stelle $(x,y,z) = (\sqrt[3]{2V},\sqrt[3]{2V},\tfrac{1}{2}\sqrt[3]{2V})$ mit dem Funktionswert an einer anderen Stelle, die die Nebenbedingung erfüllt:

$$f(\sqrt[3]{2V},\sqrt[3]{2V},\tfrac{1}{2}\sqrt[3]{2V}) = 3\sqrt[3]{4}(\sqrt[3]{V})^2 < f(\sqrt[3]{V},\sqrt[3]{V},\sqrt[3]{V}) = 5(\sqrt[3]{V})^2$$

Dies bestätigt, dass es sich an der Stelle $(x,y,z) = (\sqrt[3]{2V},\sqrt[3]{2V},\tfrac{1}{2}\sqrt[3]{2V})$ um ein Minimum handelt. ∎

10.6   Aufgaben zu Kapitel 10

10.1 Mit welchen Funktionen hat man es in den folgenden Fällen zu tun (wie viele Funktionen von wie vielen Variablen)?

a) Temperatur zu einer bestimmten (festen) Zeit in Abhängigkeit vom Ort im Raum

b) Temperatur an einem bestimmten (festen) Ort im Raum in Abhängigkeit von der Zeit

c) Temperatur in Abhängigkeit vom Ort im Raum und der Zeit

d) Der Luftdruck in der Umgebung einer Schallquelle in Abhängigkeit vom Ort im Raum und der Zeit

e) Der Betrag der Feldstärke eines elektrischen Feldes, das von einer ruhenden Ladungsverteilung verursacht wird, in Abhängigkeit vom Ort im Raum

f) Das magnetische Feld, das von einem konstanten Strom verursacht wird, in Abhängigkeit vom Ort im Raum

g) Das elektrische Feld in der Umgebung eines Mobilfunksenders in Abhängigkeit vom Ort im Raum und der Zeit

10.2 Bestimmen Sie die Definitionsmengen der folgenden Funktionen:

$$\text{a) } f(x) = \frac{1}{x^2 - 2xy + y^2 - 1} \qquad \text{b) } f(x) = \ln(xy)$$

$$\text{c) } f(x) = \ln \frac{x^2 + y^2 - 1}{4 - x^2 - y^2} \qquad \text{d) } f(x) = x^y + y^x$$

10.3 Ist die Funktion

$$f(x,y) = \begin{cases} \dfrac{x^2 y^2}{x^4 + y^4} & \text{für } (x,y) \neq (0,0) \\ 0 & \text{für } (x,y) = (0,0) \end{cases}$$

an der Stelle $(0,0)$ stetig? Die Funktion hat folgenden Graphen:

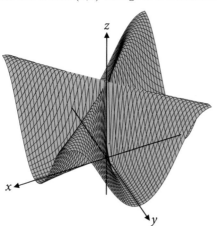

10.4 Bestimmen Sie für folgende Funktionen den Gradienten und die Hesse-Matrix:

a) $f(x,y) = x^2 y^3$ b) $f(x,y) = \dfrac{x}{y^2}$ c) $f(x,y) = \sin x \cos y$

d) $f(x,y) = \ln(xy)$ e) $f(x,y,z) = \dfrac{z^3 y}{x^2}$ f) $f(x,y,z) = x \ln y + \ln(xz)$

10.5 Gegeben ist folgende Funktion:

$$f(x,y) = \begin{cases} xy \dfrac{x^2 - y^2}{x^2 + y^2} & \text{für } (x,y) \neq (0,0) \\ 0 & \text{für } (x,y) = (0,0) \end{cases}$$

Berechnen Sie $f_{xy}(0,0)$ und $f_{yx}(0,0)$ und zeigen Sie, dass $f_{xy}(0,0) \neq f_{yx}(0,0)$.

10.6 Bestimmen Sie für folgende Funktionen die Tangentialebene an der Stelle (x_0,y_0):

a) $f(x,y) = x^2 y^3$ $(x_0,y_0) = (1,1)$

b) $f(x,y) = \dfrac{x}{y^2}$ $(x_0,y_0) = (\frac{1}{2}, \frac{1}{2})$

c) $f(x,y) = \sin x \cos y$ $(x_0,y_0) = (\frac{\pi}{4}, \frac{\pi}{4})$

d) $f(x,y) = \ln(xy)$ $(x_0,y_0) = (1,1)$

10.7 Bestimmen Sie für folgende Funktionen die lineare Näherung nahe bei (x_0,y_0,z_0):

a) $f(x,y,z) = \dfrac{z^3 y}{x^2}$ $(x_0,y_0,z_0) = (1, \frac{1}{4}, -2)$

b) $f(x,y,z) = x \ln y + \ln(xz)$ $(x_0,y_0,z_0) = (1,1,1)$

10.8 Für das Trägheitsmoment J einer homogenen Kugel mit der Masse m und dem Radius r gilt:

$$J = \frac{2}{5} m r^2$$

Zu Bestimmung des Trägheitsmomentes werden die Masse und der Radius gemessen. Der relative Fehler beträgt bei der Masse 2 % und beim Radius 5 %.
Wie groß ist der relative Fehler des mit den Messwerten berechneten Trägheitsmomentes?

10.9 Bestimmen Sie für folgende Funktionen die quadratische Näherung nahe bei (x_0,y_0) bzw. (x_0,y_0,z_0):

a) $f(x,y) = x^2 y^3$ $(x_0,y_0) = (1,1)$

b) $f(x,y) = \dfrac{x}{y^2}$ $(x_0,y_0) = (\frac{1}{2}, \frac{1}{2})$

c) $f(x,y) = \sin x \cos y$ $(x_0,y_0) = (\frac{\pi}{4}, \frac{\pi}{4})$

d) $f(x,y) = \ln(xy)$ $(x_0,y_0) = (1,1)$

e) $f(x,y,z) = \dfrac{z^3 y}{x^2}$ $(x_0,y_0,z_0) = (1, \frac{1}{4}, -2)$

f) $f(x,y,z) = x \ln y + \ln(xz)$ $(x_0,y_0,z_0) = (1,1,1)$

10.10 Der Punkt mit den Koordinaten x_0, y_0, z_0 und $z_0 = f(x_0, y_0)$ ist ein Punkt des Graphen der Funktion $f(x,y)$. Bestimmen Sie einen Vektor $\vec{n} \in \mathbb{R}^3$, der an diesem Punkt des Graphen senkrecht auf dem Graphen steht.

10.11 Gegeben sind folgende Funktionen:

a) $f(x,y) = x^4 - 2x^2 - 2y^3 + 3y^2$

b) $f(x,y) = \ln(xy) - \frac{1}{2}x^2 - \frac{1}{2}y^2$

c) $f(x,y) = (x^2 + y^2)\,e^{-(x^2+y^2)}$

d) $f(x,y,z) = x^2 + 3y^2 + 3z^2 + 3xy + 3xz + 2yz + x + y - 3z$

e) $f(x,y,z) = 2x^2 - 2xy + y^2 + 2z^3 - 3z^2 - 2x$

f) $f(x,y,z) = (x^2 + y^2 + z^2)^2 - 2(x^2 + y^2 + z^2)$

An welchen Stellen haben die Funktionen lokale Extrema? Bestimmen Sie die Art der Extrema.

10.12 Ein langes rechteckiges Blech mit der Breite b soll so verformt werden, dass eine Rinne mit einem trapezförmigen Querschnitt entsteht:

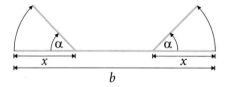

Wie müssen α und x gewählt werden, damit die Querschnittsfläche und damit das Volumen der Rinne maximal ist?

10.13 Gegeben sind folgende Funktionen und Nebenbedingungen:

a) $f(x,y) = xy$ $\qquad\qquad\qquad\qquad$ $x^2 + y^2 = 1$

b) $f(x,y) = (x^2 + y^2)^2 - 2(x^2 + y^2)$ $\qquad$ $x + y = 1$

c) $f(x,y,z) = e^{-(x^2+y^2+z^2)}$ $\qquad\qquad$ $x + y + z = 3$

d) $f(x,y,z) = e^{3x+4y+5z}$ $\qquad\qquad\qquad$ $x^2 + y^2 + z^2 = 2$

e) $f(x,y,z) = x^2 + y^2 + z^2$ $\qquad\qquad$ $x + 2y + 3z = 3$

$\qquad\qquad\qquad\qquad\qquad\qquad\qquad\qquad$ $2x - y + z = 6$

Bestimmen die Stellen, an denen die Funktionen Extrema unter den angegebenen Nebenbedingungen haben. Bestimmen Sie die Art der Extrema.

10.14 Gegeben sind die Funktion

$$f(x,y,z) = (x-1)^2 + (y-2)^2 + (z-3)^2$$

und die Gleichung

$$g(x,y,z) = x + y + z + 3 = 0$$

a) Bestimmen Sie die Stellen der Extrema der Funktion $f(x,y,z)$ unter der Nebenbedingung $g(x,y,z) = 0$ auf zwei Arten (mit und ohne Lagrange-Methode).

Die Gleichung $g(x,y,z) = x + y + z + 3 = 0$ lässt sich auch folgendermaßen schreiben:

$$\vec{n} \cdot (\vec{r} - \vec{r}_0) = 0 \qquad \text{mit den Vektoren} \ \ \vec{n} = \begin{pmatrix} 1 \\ 1 \\ 1 \end{pmatrix} \ \ \vec{r} = \begin{pmatrix} x \\ y \\ z \end{pmatrix} \ \ \vec{r}_0 = \begin{pmatrix} -1 \\ -1 \\ -1 \end{pmatrix}$$

Berechnen Sie den Abstand d des Punktes mit dem Ortsvektor

$$\vec{r}_1 = \begin{pmatrix} 1 \\ 2 \\ 3 \end{pmatrix}$$

von der Ebene mit der Gleichung $\vec{n} \cdot (\vec{r} - \vec{r}_0) = 0$

b) mithilfe der Vektorrechnung,

c) basierend auf Teilaufgabe a).

10.15 Die Oberfläche eines oben offenen, zylinderförmigen Behälters mit Radius r und Höhe h soll den Wert 12π haben. Für welche Werte von r und h ist das Volumen des Zylinders maximal?

10.16 Ein quaderförmiger, oben offener Behälter mit quadratischer Grundfläche soll das Volumen $V = 4$ haben. Die Seitenlänge der quadratischen Grundfläche sei x. Die Höhe des Quaders sei y. Für welche Werte von x und y ist Oberfläche des Behälters minimal?

10.17 Die folgende Funktion mit den Ortsvariablen x,y,z und der Zeitvariablen t beschreibt eine ebene Welle im Raum:

$$f(x,y,z,t) = A\cos(k_1 x + k_2 y + k_3 z - \omega t)$$

Die Amplitude A, die (Kreis-)Frequenz ω und die Komponenten k_1, k_2, k_3 des Wellenvektors $\vec{k}$ sind Konstanten. Zeigen Sie, dass $f(x,y,z,t)$ die Wellengleichung erfüllt:

$$f_{tt}(x,y,z,t) = c^2[f_{xx}(x,y,z,t) + f_{yy}(x,y,z,t) + f_{zz}(x,y,z,t)] \quad \text{mit } c = \frac{\omega}{|\vec{k}|}$$

10.18 Ein unendlich langer Draht entlang der z-Achse sei gleichmäßig elektrisch geladen. Diese Ladungsverteilung verursacht außerhalb des Drahtes das folgende elektrische Potential:

$$\Phi = -\frac{\lambda}{2\pi\varepsilon_0} \ln\frac{r}{r_0} \qquad \text{mit } r = \sqrt{x^2 + y^2} \ \text{ und Konstanten } \lambda, \varepsilon_0, r_0$$

Für das elektrische Feld $\vec{E}$ und die Ladungsdichte ρ gelten folgende Gleichungen:

$$\vec{E} = -\mathbf{grad}\,\Phi = -(\Phi_x, \Phi_y, \Phi_z) \qquad \rho = -\varepsilon_0(\Phi_{xx} + \Phi_{yy} + \Phi_{zz})$$

a) Berechnen Sie das elektrische $\vec{E}$ außerhalb des Drahtes.

b) Berechnen Sie die Ladungsdichte ρ außerhalb des Drahtes.

11 Bereichs- und Kurvenintegrale

Übersicht

Zu Beginn des Kapitels 4 haben wir die Frage gestellt, wie man die Fläche zwischen dem Graphen einer Funktion $f(x)$ und der x-Achse in einem Intervall $[a; b] \in D_f$ berechnen kann. Wir verallgemeinern diese Fragestellung auf Funktionen mehrerer Variablen und betrachten zunächst Funktionen von zwei Variablen.

11.1   Bereichsintegrale im $\mathbb{R}^2$

Wir betrachten eine Funktion $f(x,y)$ von zwei Variablen und einen Bereich $B \subset D_f$ in der x-y-Ebene und fragen: Wie kann man das Volumen zwischen dem Graphen und der x-y-Ebene im Bereich B berechnen? Zur Beantwortung dieser Frage gehen wir vor wie zu Beginn von Kapitel 4: Wir zerlegen den Bereich B in n kleine Teilbereiche ΔB_i mit den Flächeninhalten ΔA_i. Die in Abb. 11.1 dargestellte schmale „Säule" über dem i-ten Teilbereich hat das Volumen ΔV_i. Das gesamte Volumen V zwischen dem Bereich B und dem Graphen ist die Summe der Volumina der Säulen über den Teilbereichen:

$$V = \sum_{i=1}^{n} \Delta V_i$$

Das Volumen ΔV_i der i-ten Säule ist näherungsweise das Volumen $\Delta \tilde{V}_i$ einer Säule mit ebener Deckfläche und der Höhe $h_i = f(x_i, y_i)$ (s. Abb. 11.1):

$$\Delta V_i \approx \Delta \tilde{V}_i = h_i \Delta A_i = f(x_i, y_i) \Delta A_i$$

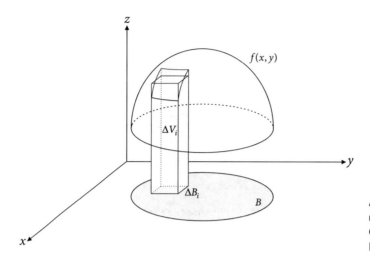

Dabei ist (x_i,y_i) irgendeine Stelle im i-ten Teilbereich. Damit gilt

$$V \approx \sum_{i=1}^{n} f(x_i,y_i)\Delta A_i$$

Für eine immer „feinere" Zerlegung des Bereiches B in immer mehr und immer kleinere Teilbereiche ΔB_i mit immer kleineren „Durchmessern" d_i (der Durchmesser eines Bereiches ist der Durchmesser des kleinsten Kreises, der den Bereich enthält) wird die Näherung immer besser. Im Grenzprozess $n \to \infty$, $\Delta A_i \to 0$, $d_i \to 0$ erhält man das Volumen exakt:

$$V = \lim_{\substack{n \to \infty \\ d_i \to 0}} \sum_{i=1}^{n} f(x_i,y_i)\Delta A_i$$

Dies führt zur folgenden Definition (vgl. Definition 4.1 in Kapitel 4):

Definition 11.1: Bereichsintegral im $\mathbb{R}^2$

Gegeben sei eine Funktion f von zwei Variablen und ein Bereich $B \subset D_f \subset \mathbb{R}^2$. Wir betrachten Folgen von Zerlegungen des Bereiches B in n Teilflächen ΔB_i, deren Inhalte ΔA_i und Durchmesser d_i für $n \to \infty$ gegen 0 gehen, und beliebige Stellen $(x_i,y_i) \in \Delta B_i$. Ist für alle solche Zerlegungen der folgende Grenzwert gleich, so wird das Bereichsintegral der Funktion f über B definiert durch

$$\iint\limits_{B} f(x,y)\mathrm{d}A = \lim_{\substack{n \to \infty \\ d_i \to 0}} \sum_{i=1}^{n} f(x_i,y_i)\Delta A_i \tag{11.1}$$

Beispiel 11.1: Berechnung der elektrischen Ladung auf einer Fläche

Die Ladungsverteilung einer geladenen ebenen Fläche (Bereich B) wird beschrieben durch die Flächenladungsdichte $\sigma(x,y)$. Diese hat folgende Bedeutung:

$$\sigma(x,y) = \lim_{d \to 0} \frac{\Delta q}{\Delta A}$$

Dabei ist Δq die Ladung einer kleinen Teilfläche ΔB an der Stelle $(x,y) \in \Delta B$ mit Flächeninhalt ΔA und Durchmesser d. Lässt man die Teilfläche bzw. d nicht gegen null gehen, so gilt:

$$\sigma(x,y) \approx \frac{\Delta q}{\Delta A} \qquad \Delta q \approx \sigma(x,y)\Delta A$$

Diese Näherung ist umso besser, je kleiner die Teilfläche ist. Um die Ladung auf der Fläche B zu berechnen, zerlegt man B in n kleine Teilflächen ΔB_i an den Stellen $(x_i,y_i) \in \Delta B_i$ mit den Flächeninhalten ΔA_i, den Durchmessern d_i und den Ladungen $\Delta q_i \approx \sigma(x_i,y_i)\Delta A_i$. Für die Gesamtladung q auf der Fläche gilt dann:

$$q = \sum_{i=1}^{n} \Delta q_i \approx \sum_{i=1}^{n} \sigma(x_i,y_i)\Delta A_i$$

$$q = \lim_{\substack{n \to \infty \\ d_i \to 0}} \sum_{i=1}^{n} \sigma(x_i,y_i)\Delta A_i = \iint_B \sigma(x,y)\mathrm{d}A \qquad \blacksquare$$

Integriert man die Funktion $f(x,y) = 1$ über einen Bereich B, so erhält man den Flächeninhalt A des Bereiches.

Flächeninhalt eines Bereiches

$$A = \iint_B \mathrm{d}A \tag{11.2}$$

In Verallgemeinerung der Formeln (4.16) und (4.17) gilt ferner:

Integral einer Linearkombination zweier Funktionen

$$\iint_B [af(x,y) + bg(x,y)]\mathrm{d}A = a \iint_B f(x,y)\mathrm{d}A + b \iint_B g(x,y)\mathrm{d}A \tag{11.3}$$

Integral über mehrere Bereiche

Sind $B_1,\ldots,B_n$ Bereiche mit der Eigenschaft, dass die Fächeninhalte der Schnittmengen $B_i \cap B_k$ für $i \neq k$ null sind, dann gilt für den Bereich $B = B_1 \cup \ldots \cup B_n$:

$$\iint_B f(x,y)\mathrm{d}A = \iint_{B_1} f(x,y)\mathrm{d}A + \ldots + \iint_{B_n} f(x,y)\mathrm{d}A \tag{11.4}$$

Mithilfe von Bereichsintegralen kann man nicht nur den Flächeninhalt von Bereichen berechnen, sondern z.B. auch die Koordinaten des geometrischen Schwerpunktes:

Koordinaten x_S,y_S des geometrischen Schwerpunktes eines Bereiches B

$$x_S = \frac{1}{A} \iint_B x \, dA \qquad y_S = \frac{1}{A} \iint_B y \, dA \qquad \text{mit } A = \iint_B dA \qquad (11.5)$$

Das Anwendungsbeispiel 11.1 und die Formel (11.5) zeigen, wozu man Bereichsintegrale brauchen kann. Wir wissen aber noch nicht, wie man ein Bereichsintegral berechnet. Das soll nun geklärt werden. Später werden wir das Anwendungsbeispiel 11.1 erneut aufgreifen.

11.1.1 Integration in kartesischen Koordinaten

Wir betrachten einen Bereich B, der sich durch die folgenden zwei Ungleichungen darstellen lässt (s. Abb. 11.2, links):

$$x_1 \leq x \leq x_2 \qquad (11.6)$$
$$y_1(x) \leq y \leq y_2(x) \qquad (11.7)$$

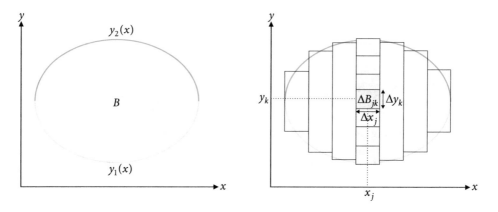

Abb. 11.2: Normalbereich (links) und Zerlegung in Teilbereiche (rechts).

Für einen bestimmten x-Wert liegt der y-Wert zwischen einem Minimalwert $y_1(x)$ und einem Maximalwert $y_2(x)$. Diese hängen von x ab. Damit hat man zwei Funktionen $y_1(x)$ und $y_2(x)$, die den Bereich B einschließen (s. Abb. 11.2, links). Der Bereich B ist die Menge alle Punkte, welche die Ungleichungen (11.6) und (11.7) erfüllen. Einen derartigen Bereich nennt man **Normalbereich**.

$$B = \{(x,y)|x_1 \leq x \leq x_2 \ \wedge \ y_1(x) \leq y \leq y_2(x)\}$$

Wir zerlegen den Bereich B in streifenförmige Teilbereiche und ersetzen die „Streifen" näherungsweise durch rechteckige Balken. Der j-te Balken an der Stelle x_j hat die Breite Δx_j. Jeden Balken zerlegen wir in Rechtecke. Das k-te Rechteck ΔB_{jk} im j-ten Balken an der Stelle (x_j,y_k) hat die Breite Δx_j, die Höhe Δy_k und den Flächeninhalt $\Delta A_{jk} = \Delta x_j \Delta y_k$ (s. Abb. 11.2, rechts). Auf diese Weise haben wir näherungsweise den Bereich B in Teilbereiche ΔB_{jk} mit den Flächeninhalten ΔA_{jk} zerlegt. Wir multiplizieren die Flächeninhalte ΔA_{jk} mit den Funktionswerten $f(x_j,y_k)$ an diesen Stellen und summieren diese Produkte. Gemäß (11.1) wird aus dieser Summe ein Bereichsintegral, wenn wir die Anzahl der Teilbereiche gegen unendlich und die Höhen und Breiten gegen null gehen lassen. Wir summieren zunächst „vertikal", d.h. innerhalb von Balken, und summieren dann „horizontal" die entstandenen „Balkensummen":

Summe des j-ten Balkens:
$$s_j = \sum_k f(x_j,y_k)\Delta A_{jk} = \sum_k f(x_j,y_k)\Delta x_j \Delta y_k$$

Summe der Balkensummen:
$$s = \sum_j s_j = \sum_j \left(\sum_k f(x_j,y_k)\Delta x_j \Delta y_k \right)$$

$$\int_{x_1}^{x_2} \left(\int_{y_1(x)}^{y_2(x)} f(x,y)\mathrm{d}y \right) \mathrm{d}x$$
$$\uparrow$$
$$\underbrace{}$$
$$= \sum_j \left(\underbrace{\sum_k f(x_j,y_k)\Delta y_k} \right) \Delta x_j$$
$$\downarrow$$
$$\int_{y_1(x)}^{y_2(x)} f(x_j,y)\mathrm{d}y$$

Gehen die Breiten Δx_j und Höhen Δy_k gegen null und die Anzahl der Teilbereiche gegen unendlich, so werden nach (4.1) in Definition 4.1 aus den Summen Integrale: Das Bereichsintegral besteht damit aus zwei Integralen:

$$\iint_B f(x,y)\mathrm{d}A = \overbrace{\int_{x_1}^{x_2} \left(\underbrace{\int_{y_1(x)}^{y_2(x)} f(x,y)\mathrm{d}y}_{\text{inneres Integral}} \right) \mathrm{d}x}^{\text{äußeres Integral}}$$

Die Integrationsvariable des inneren Integrals ist y. Bei der inneren Integration wird x wie eine Konstante behandelt. Die Integrationsgrenzen sind Funktionen der Variablen x. Das Ergebnis der inneren Integration ist eine Funktion mit einer Variablen x. Bei der äußeren Integration wird diese Funktion integriert mit konstanten Integrationsgrenzen.

Der in Abb. 11.3 links gezeigte Bereich wird von zwei Funktionen $y_1(x)$ und $y_2(x)$ eingeschlossen. Dagegen sieht man in Abb. 11.3 rechts einen Bereich, der von zwei Funktionen $x_1(y)$ und $x_2(y)$ begrenzt wird.

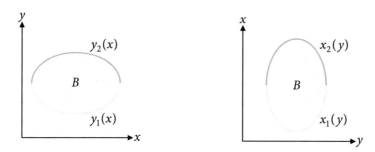

Abb. 11.3: Normalbereiche.

Für einen solchen Bereich erhält man auf die gleiche Art und Weise (11.11). Es gilt:

Bereichsintegrale im $\mathbb{R}^2$ über Normalbereiche

Normalbereiche sind Bereiche der Form (11.8) oder (11.10).

$$\text{Für} \quad B = \{(x,y)|x_1 \leq x \leq x_2 \wedge y_1(x) \leq y \leq y_2(x)\} \tag{11.8}$$

$$\text{gilt} \quad \iint_B f(x,y)\mathrm{d}A = \int_{x_1}^{x_2} \left(\int_{y_1(x)}^{y_2(x)} f(x,y)\,\mathrm{d}y \right) \mathrm{d}x \tag{11.9}$$

$$\text{Für} \quad B = \{(x,y)|y_1 \leq y \leq y_2 \wedge x_1(y) \leq x \leq x_2(y)\} \tag{11.10}$$

$$\text{gilt} \quad \iint_B f(x,y)\mathrm{d}A = \int_{y_1}^{y_2} \left(\int_{x_1(y)}^{x_2(y)} f(x,y)\,\mathrm{d}x \right) \mathrm{d}y \tag{11.11}$$

Bei konstanten Integrationsgrenzen spielt die Reihenfolge der Integration keine Rolle:

Bereichsintegrale im $\mathbb{R}^2$ mit konstanten Integrationsgrenzen

Für einen rechteckigen Bereich $B = \{(x,y)|x_1 \leq x \leq x_2 \wedge y_1 \leq y \leq y_2\}$ gilt:

$$\iint_B f(x,y)\mathrm{d}A = \int_{x_1}^{x_2} \left(\int_{y_1}^{y_2} f(x,y)\,\mathrm{d}y \right) \mathrm{d}x = \int_{y_1}^{y_2} \left(\int_{x_1}^{x_2} f(x,y)\,\mathrm{d}x \right) \mathrm{d}y \tag{11.12}$$

$$\iint_B f(x)g(y)\mathrm{d}A = \left(\int_{x_1}^{x_2} f(x)\,\mathrm{d}x \right) \left(\int_{y_1}^{y_2} g(y)\,\mathrm{d}y \right) \tag{11.13}$$

Beispiel 11.2: Flächeninhalt und geometrischer Schwerpunkt eines Halbkreises

Der betrachtete Halbkreis ist die Menge aller Punkte (x,y), welche die folgenden Ungleichungen erfüllen (s. Abb. 11.4, links):

$$-R \leq x \leq R$$
$$0 \leq y \leq \sqrt{R^2 - x^2}$$

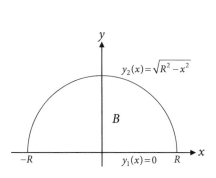
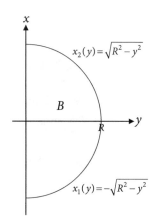

Abb. 11.4: Halbkreis als Normalbereich.

Zunächst wird der Flächeninhalt A berechnet:

$$A = \iint_B dA = \int_{-R}^{R} \left(\int_0^{\sqrt{R^2 - x^2}} dy \right) dx = \int_{-R}^{R} \sqrt{R^2 - x^2}\, dx$$

$$= \left[\frac{x}{2}\sqrt{R^2 - x^2} + \frac{R^2}{2} \arcsin\left(\frac{x}{R}\right) \right]_{-R}^{R} = \frac{\pi}{2} R^2$$

Für die y-Koordinate y_S des geometrischen Schwerpunktes erhält man:

$$y_S = \frac{1}{A} \iint_B y\, dA = \frac{1}{A} \int_{-R}^{R} \left(\int_0^{\sqrt{R^2 - x^2}} y\, dy \right) dx = \frac{1}{A} \int_{-R}^{R} \left(\left[\frac{1}{2} y^2 \right]_0^{\sqrt{R^2 - x^2}} \right) dx$$

$$= \frac{1}{2A} \int_{-R}^{R} \left(R^2 - x^2 \right) dx = \frac{1}{2A} \cdot \frac{4}{3} R^3 = \frac{1}{\pi R^2} \cdot \frac{4}{3} R^3 = \frac{4}{3\pi} R$$

Wir berechnen noch einmal y_S, aber diesmal gemäß (11.10) und (11.11). Der betrachtete Halbkreis ist die Menge aller Punkte (x,y), welche die folgenden Ungleichungen erfüllen (s. Abb. 11.4, rechts):

$$-\sqrt{R^2 - y^2} \leq x \leq \sqrt{R^2 - y^2}$$
$$0 \leq y \leq R$$

$$y_S = \frac{1}{A} \iint\limits_B y \, dA = \frac{1}{A} \int\limits_0^R \left(\int\limits_{-\sqrt{R^2-y^2}}^{\sqrt{R^2-y^2}} y \, dx \right) dy = \frac{1}{A} \int\limits_0^R \left(\left[yx \right]_{-\sqrt{R^2-y^2}}^{\sqrt{R^2-y^2}} \right) dy$$

$$= \frac{2}{A} \int\limits_0^R y \sqrt{R^2-y^2} \, dy = \frac{2}{A} \left[-\frac{1}{3} \sqrt{(R^2-y^2)^3} \right]_0^R = \frac{2}{A} \cdot \frac{1}{3} R^3 = \frac{4}{3\pi} R$$

Auf die gleiche Art und Weise erhält man $x_S = 0$. Dies folgt auch aus der Symmetrie: Der geometrische Schwerpunkt muss auf der y-Achse liegen. ∎

Ist ein Bereich B kein Normalbereich, so zerlegt man B so in Normalbereiche $B_1, \ldots, B_n$ mit $B = B_1 \cup \ldots \cup B_n$, dass die Schnittmengen $B_i \cap B_k$ für $i \neq k$ keinen Flächeninhalt haben (die Schnittmengen sind entweder leer oder können z.B. Kurven sein), und berechnet das Integral über B gemäß (11.4).

11.1.2 Integration in Polarkoordinaten

Wir zerlegen einen Bereich B in Sektoren zwischen Linien mit konstanten Winkeln φ_k und diese Sektoren in Teilbereiche ΔB_{jk} zwischen Linien mit konstantem Abstand r_j vom Ursprung (s. Abb. 11.5).

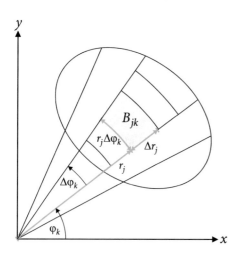

Abb. 11.5: Zur Berechnung eines Bereichsintegrals mit Polarkoordinaten.

Für den Flächeninhalt ΔA_{jk} des Teilbereiches ΔB_{jk} gilt:

$$\Delta A_{jk} \approx r_j \Delta \varphi_k \Delta r_j = r_j \Delta r_j \Delta \varphi_k$$

Mit $x = r \cos \varphi$ und $y = r \sin \varphi$ erhält man aus $f(x,y)$ eine Funktion $\tilde{f}(r,\varphi)$ der Variablen r und φ:

$$f(x,y) = f(r \cos \varphi, r \sin \varphi) = \tilde{f}(r,\varphi)$$

Nun multipliziert man den Funktionswert $\tilde{f}(r_j,\varphi_k)$ an der Stelle $r = r_j, \varphi = \varphi_k$ des Teilbereiches ΔB_{jk} mit dem Flächeninhalt $\Delta A_{jk} \approx r_j \Delta r_j \Delta \varphi_k$ des Teilbereiches. Tut man dies mit allen Teilbereichen des Sektors und bildet die Summe, so erhält man

$$s_k = \sum_j \tilde{f}(r_j,\varphi_k) r_j \Delta r_j \Delta \varphi_k$$

Wir tun dies mit allen Sektoren und bilden dann die Summe der entstehenden Sektorensummen:

$$s = \sum_k s_k = \sum_k \left(\sum_j \tilde{f}(r_j,\varphi_k) r_j \Delta r_j \Delta \varphi_k \right) = \sum_k \left(\sum_j \tilde{f}(r_j,\varphi_k) r_j \Delta r_j \right) \Delta \varphi_k$$

Lässt man die Anzahl der Teilbereiche gegen unendlich und die Durchmesser gegen null gehen, so wird daraus das Bereichsintegral über B. Aus der Doppelsumme rechts wird wieder ein Doppelintegral mit einem inneren und einem äußeren Integral:

$$\iint\limits_B f(x,y)\mathrm{d}A = \int\limits_{\varphi_1}^{\varphi_2} \left(\int\limits_{r_1(\varphi)}^{r_2(\varphi)} \tilde{f}(r,\varphi)\, r\, \mathrm{d}r \right) \mathrm{d}\varphi$$

Bei einem bestimmten Winkel φ gibt es einen minimalen und maximalen Abstand vom Urpsrung (s. Abb. 11.6, links). Diese Abstände $r_1(\varphi)$ und $r_2(\varphi)$ hängen von φ ab und sind damit Funktionen der Variablen φ. Sie sind die Integrationsgrenzen des inneren Integrals. Die Integrationsgrenzen des äußeren Integrals sind der minimale und maximale Winkel φ_1 und φ_2 (s. Abb. 11.6, links).

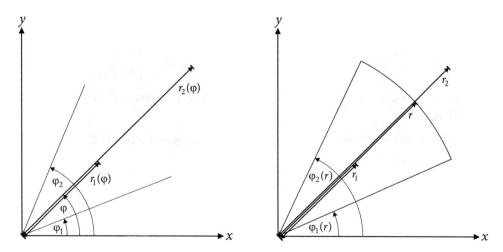

Abb. 11.6: Zur Berechnung eines Bereichsintegrals in Polarkoordinaten.

Die umgekehrte Summationsreihenfolge

$$\sum_j \left(\sum_k \tilde{f}(r_j, \varphi_k) r_j \Delta r_j \Delta \varphi_k \right) = \sum_j \left(\sum_k \tilde{f}(r_j, \varphi_k) \Delta \varphi_k \right) r_j \Delta r_j$$

führt zu dem Ergebnis

$$\iint\limits_B f(x,y)\mathrm{d}A = \int\limits_{r_1}^{r_2} \left(\int\limits_{\varphi_1(r)}^{\varphi_2(r)} \tilde{f}(r,\varphi)\,\mathrm{d}\varphi \right) r\,\mathrm{d}r$$

Bei einem bestimmten Abstand r vom Ursprung gibt es einen minimalen und einen maximalen Winkel (s. Abb. 11.6, rechts). Diese Winkel $\varphi_1(r)$ und $\varphi_2(r)$ hängen vom Abstand r ab und sind damit Funktionen der Variablen r. Sie sind die Integrationsgrenzen des inneren Integrals. Die Integrationsgrenzen des äußeren Integrals sind der minimale und maximale Abstand r_1 und r_2 (s. Abb. 11.6, rechts).

Bereichsintegrale im $\mathbb{R}^2$ in Polarkoordinaten

Für $\varphi_1 \leq \varphi \leq \varphi_2 \wedge r_1(\varphi) \leq r \leq r_2(\varphi)$ (11.14)

gilt $\iint\limits_B f(x,y)\mathrm{d}A = \int\limits_{\varphi_1}^{\varphi_2} \left(\int\limits_{r_1(\varphi)}^{r_2(\varphi)} \tilde{f}(r,\varphi)\,r\,\mathrm{d}r \right)\mathrm{d}\varphi$ (11.15)

Für $r_1 \leq r \leq r_2 \wedge \varphi_1(r) \leq \varphi \leq r_2(\varphi)$ (11.16)

gilt $\iint\limits_B f(x,y)\mathrm{d}A = \int\limits_{r_1}^{r_2} \left(\int\limits_{\varphi_1(r)}^{\varphi_2(r)} \tilde{f}(r,\varphi)\,\mathrm{d}\varphi \right) r\,\mathrm{d}r$ (11.17)

mit $\tilde{f}(r,\varphi) = f(r\cos\varphi, r\sin\varphi)$.

Sind alle Integrationsgrenzen Konstanten, so spielt die Reihenfolge der Integration keine Rolle.

Beispiel 11.3: Flächeninhalt und geometrischer Schwerpunkt einse Halbkreises

Für den in Beispiel 11.2 dargestellten Halbkreis gilt:

$$0 \leq \varphi \leq \pi \wedge 0 \leq r \leq R$$

Die Integrationsgrenzen sind Konstanten. Die Reihenfolge der Integration spielt also keine Rolle. Wir wählen folgende Reihenfolge:

$$A = \iint\limits_B \mathrm{d}A = \int\limits_0^\pi \left(\int\limits_0^R r\,\mathrm{d}r \right)\mathrm{d}\varphi = \int\limits_0^\pi \tfrac{1}{2}R^2\,\mathrm{d}\varphi = \frac{\pi}{2}R^2$$

$$y_S = \frac{1}{A} \iint\limits_B y \, \mathrm{d}A = \frac{1}{A} \int\limits_0^\pi \left(\int\limits_0^R r \sin\varphi \, r \, \mathrm{d}r \right) \mathrm{d}\varphi = \frac{1}{A} \int\limits_0^\pi \left(\sin\varphi \int\limits_0^R r^2 \, \mathrm{d}r \right) \mathrm{d}\varphi$$

$$= \frac{1}{A} \int\limits_0^\pi \sin\varphi \, \tfrac{1}{3} R^3 \, \mathrm{d}\varphi = \frac{1}{A} \cdot \frac{1}{3} R^3 \int\limits_0^\pi \sin\varphi \, \mathrm{d}\varphi = \frac{1}{A} \cdot \frac{1}{3} R^3 \cdot 2 = \frac{4}{3\pi} R \qquad \blacksquare$$

Der Vergleich der Rechnungen in Beispiel 11.2 und Beispiel 11.3 zeigt, dass bei bestimmten Bereichen die Verwendung von Polarkoordinaten die Berechnung eines Bereichsintegrals stark vereinfachen kann. Dies gilt vor allem für Kreise, Kreissektoren, Kreisringe und Kreisringsektoren mit dem Koordinatenursprung als Kreismittelpunkt.

Beispiel 11.4: Berechnung der Ladung auf einer Fläche

Befindet sich eine Punktladung q im Abstand h über einer leitenden (unendlich ausgedehnten) Ebene (x-y-Ebene), so stellt sich auf der Ebene eine Ladungsverteilung ein, die durch folgende Flächenladungsdichte beschrieben wird:

$$\sigma(x,y) = -\frac{hq}{2\pi} \frac{1}{\sqrt{(x^2 + y^2 + h^2)^3}}$$

Für die Ladung q_B auf einem Bereich B der x-y-Ebene gilt (s. Bsp. 11.1):

$$q_B = \iint\limits_B \sigma(x,y) \mathrm{d}A$$

Wir berechnen die Ladung q_B für einen kreisförmigen Bereich mit Radius R und Mittelpunkt im Ursprung. Dabei verwenden wir Polarkoordinaten:

$$0 \le \varphi < 2\pi \;\wedge\; 0 \le r \le R$$

$$\tilde{\sigma}(r,\varphi) = \sigma(r\cos\varphi, r\sin\varphi) = -\frac{hq}{2\pi} \frac{1}{\sqrt{(r^2 + h^2)^3}}$$

Die Integrationsgrenzen sind Konstanten. Die Reihenfolge der Integration spielt keine Rolle. Wir wählen folgende Reihenfolge:

$$q_B = \int\limits_0^R \left(\int\limits_0^{2\pi} \tilde{\sigma}(r,\varphi) \, \mathrm{d}\varphi \right) r \, \mathrm{d}r = \int\limits_0^R \left(\int\limits_0^{2\pi} -\frac{hq}{2\pi} \frac{1}{\sqrt{(r^2 + h^2)^3}} \, \mathrm{d}\varphi \right) r \, \mathrm{d}r$$

$$= \int\limits_0^R \left(-\frac{hq}{2\pi} \frac{1}{\sqrt{(r^2 + h^2)^3}} \int\limits_0^{2\pi} \mathrm{d}\varphi \right) r \, \mathrm{d}r = \int\limits_0^R \left(-\frac{hq}{2\pi} \frac{1}{\sqrt{(r^2 + h^2)^3}} \, 2\pi \right) r \, \mathrm{d}r$$

$$= -hq \int\limits_0^R \frac{r}{\sqrt{(r^2 + h^2)^3}} \, \mathrm{d}r = -hq \left[-\frac{1}{\sqrt{r^2 + h^2}} \right]_0^R = -q \left(1 - \frac{h}{\sqrt{R^2 + h^2}} \right)$$

Für $R \to \infty$ erhält man die Gesamtladung $q_{\mathrm{ges}} = -q$ auf der gesamten Ebene. $\qquad \blacksquare$

Beispiel 11.5: Flächeninhalt einer Kreisfläche

Wir berechnen den Flächeninhalt der in Abb. 11.7 dargestellten Kreisfläche.

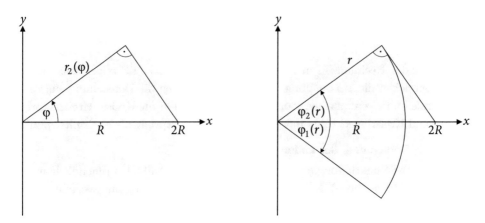

Abb. 11.7: Ermittlung der Integrationsgrenzen in Polarkoordinaten.

Wir bestimmen die Integrationsgrenzen folgendermaßen (s. Abb. 11.7, links): Für einen bestimmten Winkel φ geht der Abstand r von null bis zu einem maximalen Abstand $r_2(\varphi)$, der vom Winkel φ abhängt. Der Winkel φ geht von $\varphi_1 = -\frac{\pi}{2}$ bis $\varphi_2 = \frac{\pi}{2}$. Für den Winkel φ gilt:

$$\cos\varphi = \frac{r_2(\varphi)}{2R} \Rightarrow r_2(\varphi) = 2R\cos\varphi$$

Es gilt also:

$$-\frac{\pi}{2} \leq \varphi \leq \frac{\pi}{2} \wedge 0 \leq r \leq 2R\cos\varphi$$

Damit erhält man für den Flächeninhalt:

$$A = \int\limits_{-\frac{\pi}{2}}^{\frac{\pi}{2}} \left(\int\limits_{0}^{2R\cos\varphi} r\,\mathrm{d}r \right) \mathrm{d}\varphi = \int\limits_{-\frac{\pi}{2}}^{\frac{\pi}{2}} \left(\left[\tfrac{1}{2}r^2\right]_0^{2R\cos\varphi} \right) \mathrm{d}\varphi = 2R^2 \int\limits_{-\frac{\pi}{2}}^{\frac{\pi}{2}} \cos^2\varphi\,\mathrm{d}\varphi$$

$$= 2R^2 \left[\frac{\varphi}{2} + \frac{1}{4}\sin(2\varphi) \right]_{-\frac{\pi}{2}}^{\frac{\pi}{2}} = 2R^2\,\frac{\pi}{2} = \pi R^2$$

Man kann die Grenzen auch anders angeben (s. Abb. 11.7, rechts): Für einen bestimmten Abstand r geht der Winkel φ von einem kleinsten Winkel $\varphi_1(r)$ bis zu einem maximalen Winkel $\varphi_2(r)$, die beide vom Abstand r abhängen. Der Abstand r geht von $r_1 = 0$ bis $r_2 = 2R$.

Für die Winkel $\varphi_1(r)$ und $\varphi_2(r)$ gilt:

$$\cos\left(\varphi_2(r)\right) = \frac{r}{2R} \Rightarrow \varphi_2(r) = \arccos\left(\frac{r}{2R}\right)$$

$$\varphi_1(r) = -\varphi_2(r) = -\arccos\left(\frac{r}{2R}\right)$$

Es gilt also:

$$0 \leq r \leq 2R \ \wedge \ -\arccos\left(\frac{r}{2R}\right) \leq \varphi \leq \arccos\left(\frac{r}{2R}\right)$$

Damit erhält man für den Flächeninhalt:

$$A = \int_0^{2R}\left(\int_{-\arccos\left(\frac{r}{2R}\right)}^{\arccos\left(\frac{r}{2R}\right)} d\varphi\right) r\,dr = \int_0^{2R} 2\arccos\left(\frac{r}{2R}\right) r\,dr = 2\int_0^{2R} r\arccos\left(\frac{r}{2R}\right) dr$$

$$= 2\left[\left(\frac{r^2}{2} - R^2\right)\arccos\left(\frac{r}{2R}\right) - \frac{r}{4}\sqrt{(2R)^2 - r^2}\right]_0^{2R} = 2\cdot R^2\frac{\pi}{2} = \pi R^2 \qquad \blacksquare$$

11.2 Bereichsintegrale im $\mathbb{R}^3$

Die Verallgemeinerung der Überlegungen von Abschnitt 11.1 auf Funktionen von drei Variablen und Bereiche im $\mathbb{R}^3$ führt zu folgender Definition:

Definition 11.2: Bereichsintegral im $\mathbb{R}^3$

Gegeben sei eine Funktion f von drei Variablen und ein Bereich $B \subset D_f \subset \mathbb{R}^3$. Wir betrachten Folgen von Zerlegungen des Bereiches B in n Teilbereiche ΔB_i, deren Volumina ΔV_i und Durchmesser d_i für $n \to \infty$ gegen 0 gehen, und beliebige Stellen $(x_i, y_i, z_i) \in \Delta B_i$. Ist für alle solche Zerlegungen der folgende Grenzwert gleich, so wird das Bereichsintegral der Funktion f über B definiert durch

$$\iiint_B f(x,y,z)dV = \lim_{\substack{n\to\infty \\ d_i\to 0}} \sum_{i=1}^n f(x_i,y_i,z_i)\Delta V_i \qquad (11.18)$$

Der Durchmesser eines Bereiches ist der Durchmesser der kleinsten Kugel, die den Bereich enthält.

Beispiel 11.6: Masse eines Körpers

Bei einem ausgedehnten Körper, der einen Bereich $B \subset \mathbb{R}^3$ im Raum einnimmt, wird eine kontinuierliche Massenverteilung beschrieben durch die Massendichte $\rho(x,y,z)$. Diese hat folgende Bedeutung:

$$\rho(x,y,z) = \lim_{d\to 0}\frac{\Delta m}{\Delta V}$$

Dabei ist Δm die Masse eines kleinen Teilkörpers bzw. Teilbereiches ΔB and der Stelle $(x,y,z) \in \Delta B$ mit Volumen ΔV und Durchmesser d. Für einen solchen kleinen, aber endlichen Teilbereich gilt die Näherung

$$\rho(x,y,z) \approx \frac{\Delta m}{\Delta V} \qquad \Delta m \approx \rho(x,y,z)\Delta V$$

Diese Näherung ist umso besser, je kleiner der Teilbereich ist. Um die Gesamtmasse m des Körpers zu berechnen, zerlegt man B in n kleine Teilbereiche ΔB_i an den Stellen $(x_i,y_i,z_i) \in \Delta B_i$ mit den Volumina ΔV_i, den Durchmessern d_i und den Massen $\Delta m_i \approx \rho(x_i,y_i,z_i)\Delta V_i$. Für die Gesamtmasse m gilt dann:

$$m = \sum_{i=1}^{n} \Delta m_i \approx \sum_{i=1}^{n} \rho(x_i,y_i,z_i)\Delta V_i$$

$$m = \lim_{\substack{n\to\infty \\ d_i\to 0}} \sum_{i=1}^{n} \rho(x_i,y_i,z_i)\Delta V_i = \iiint\limits_{B} \rho(x,y,z)\mathrm{d}V \qquad \blacksquare$$

Integriert man die konstante Funktion $f(x,y,z) = 1$ über einen Bereich B, so erhält man das Volumen V des Bereiches.

Volumen eines Bereiches

$$V = \iiint\limits_{B} \mathrm{d}V \tag{11.19}$$

Die Eigenschaften (11.3) und (11.4) gelten auch für Bereichsintegrale im $\mathbb{R}^3$:

Integral einer Linearkombination zweier Funktionen

$$\iiint\limits_{B} [af(x,y,z) + bg(x,y,z)]\mathrm{d}V$$

$$= a \iiint\limits_{B} f(x,y,z)\mathrm{d}V + b \iiint\limits_{B} g(x,y,z)\mathrm{d}V \tag{11.20}$$

Integral über mehrere Bereiche

Sind $B_1,\ldots,B_n$ Bereiche mit der Eigenschaft, dass die Volumina der Schnittmengen $B_i \cap B_k$ für $i \neq k$ null sind, dann gilt für den Bereich $B = B_1 \cup \ldots \cup B_n$:

$$\iiint\limits_{B} f(x,y,z)\mathrm{d}V = \iiint\limits_{B_1} f(x,y,z)\mathrm{d}V + \ldots + \iiint\limits_{B_n} f(x,y,z)\mathrm{d}V \tag{11.21}$$

Wichtige Anwendungen von Bereichsintegralen im $\mathbb{R}^3$ sind im Folgenden aufgeführt:

Koordinaten x_S, y_S, z_S des geometrischen Schwerpunktes eines Bereiches B

$$x_S = \frac{1}{V} \iiint_B x\,dV \qquad y_S = \frac{1}{V} \iiint_B y\,dV \qquad z_S = \frac{1}{V} \iiint_B z\,dV \qquad (11.22)$$

$$V = \iiint_B dV$$

Masse m und Schwerpunktskoordinaten x_S, y_S, z_S eines Körpers

Ein Körper, der im $\mathbb{R}^3$ den Bereich B einnimmt, habe die Massendichte $\rho(x,y,z)$.

$$m = \iiint_B \rho(x,y,z)\,dV \qquad (11.23)$$

$$x_S = \frac{1}{m} \iiint_B x\rho(x,y,z)\,dV \qquad (11.24)$$

$$y_S = \frac{1}{m} \iiint_B y\rho(x,y,z)\,dV \qquad (11.25)$$

$$z_S = \frac{1}{m} \iiint_B z\rho(x,y,z)\,dV \qquad (11.26)$$

Ist die Massendichte ρ konstant, so gilt $\rho = \frac{m}{V}$ und $m = \rho V$. In diesem Fall ist der Schwerpunkt des Körpers der geometrische Schwerpunkt des Bereiches B. Eine weitere wichtige Anwendung der Bereichsintegrale in der Mechanik sind die Trägheitsmomente eines Körpers.

Trägheitsmomente eines Körpers

Ein Körper, der im $\mathbb{R}^3$ den Bereich B einnimmt, habe die Massendichte $\rho(x,y,z)$. Die Trägheitsmomente J_x, J_y und J_z bei Rotation des Körpers um die x-, y- und z-Achse sind folgendermaßen definiert:

$$J_x = \iiint_B (y^2 + z^2)\rho(x,y,z)\,dV \qquad (11.27)$$

$$J_y = \iiint_B (x^2 + z^2)\rho(x,y,z)\,dV \qquad (11.28)$$

$$J_z = \iiint_B (x^2 + y^2)\rho(x,y,z)\,dV \qquad (11.29)$$

11.2.1 Integration in kartesischen Koordinaten

Die Überlegungen und Vorgehensweise in Abschnitt 11.1.1 lassen sich auf Bereichsintegrale im $\mathbb{R}^3$ verallgemeinern. Ein Beispiel für einen Integrationsbereich $B \subset \mathbb{R}^3$ ist in Abb. 11.8 zu sehen.

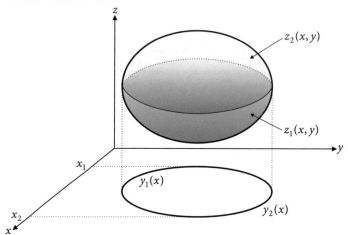

Abb. 11.8: Normalbereich im $\mathbb{R}^3$.

Für alle Punkte (x,y,z) im Bereich B gilt: Die x-Werte liegen zwischen x_1 und x_2. Die y-Werte liegen zwischen $y_1(x)$ und $y_2(x)$. Die Grenzen $y_1(x)$ und $y_2(x)$ für die y-Werte hängen von x ab. Die Projektion des Bereiches in die x-y-Ebene ist eine Fläche, die von den Graphen zweier Funktionen $y_1(x)$ und $y_2(x)$ eingeschlossen wird. Die z-Werte liegen zwischen $z_1(x,y)$ und $z_2(x,y)$. Die Grenzen $z_1(x,y)$ und $z_2(x,y)$ für die z-Werte hängen von x und y ab. Der Bereich B wird von den Graphen zweier Funktionen $z_1(x,y)$ und $z_2(x,y)$ eingeschlossen. Es gilt:

$$B = \{(x,y,z)|x_1 \leq x \leq x_2 \wedge y_1(x) \leq y \leq y_2(x) \wedge z_1(x,y) \leq z \leq z_2(x,y)\}$$

Ein Bereich, der sich auf diese Weise angeben lässt, heißt **Normalbereich**. Stellt man die gleichen Überlegungen an wie in Abschnitt 11.1.1 und geht auf die gleiche Art und Weise vor, so gelangt man zu folgendem Ergebnis:

Bereichsintegral im $\mathbb{R}^3$ in kartesischen Koordinaten

Für $B = \{(x,y,z)|x_1 \leq x \leq x_2 \wedge y_1(x) \leq y \leq y_2(x) \wedge z_1(x,y) \leq z \leq z_2(x,y)\}$ gilt:

$$\iiint\limits_{B} f(x,y,z)\mathrm{d}V = \int\limits_{x_1}^{x_2} \left(\int\limits_{y_1(x)}^{y_2(x)} \left(\int\limits_{z_1(x,y)}^{z_2(x,y)} f(x,y,z)\mathrm{d}z \right) \mathrm{d}y \right) \mathrm{d}x \qquad (11.30)$$

Es sind auch andere Darstellungen eines Normalbereiches möglich, z. B.

$$B = \{(x,y,z)|z_1 \leq z \leq z_2 \wedge y_1(z) \leq y \leq y_2(z) \wedge x_1(y,z) \leq x \leq x_2(y,z)\}$$

Für diesen Bereich gilt:

$$\iiint\limits_B f(x,y,z)\mathrm{d}V = \int\limits_{z_1}^{z_2}\left(\int\limits_{y_1(z)}^{y_2(z)}\left(\int\limits_{x_1(y,z)}^{x_2(y,z)} f(x,y,z)\mathrm{d}x\right)\mathrm{d}y\right)\mathrm{d}z$$

Die Integrationsgrenzen bei der ersten Integration bzw. beim inneren Integral sind i. Allg. Funktionen der zwei anderen Variablen. Die Integrationsgrenzen bei der letzten Integration bzw. beim äußeren Integral sind Konstanten. Die Integrationsgrenzen bei der zweiten Integration bzw. beim mittleren Integral sind i. Allg. Funktionen einer Variablen (Integrationsvariable der letzten Integration). Sind alle Integrationsgrenzen Konstanten, so spielt die Reihenfolge keine Rolle.

Beispiel 11.7: Volumen einer Halbkugel

Wir betrachten die obere Hälfte einer Kugel mit Radius R und Mittelpunkt im Ursprung.

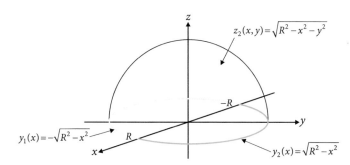

Abb. 11.9: Halbkugel als Beispiel für Normalbereich.

Für alle Punkte (x,y,z) in diesem Bereich gilt: Die x-Werte liegen zwischen $-R$ und R. Die y-Werte liegen zwischen $y_1(x)$ und $y_2(x)$ (s. Abb. 11.9). Der Graph der Funktion $y_1(x)$ bzw. $y_2(x)$ ist die untere bzw. obere Hälfte eines Kreises in der x-y-Ebene mit Radius R. Es gilt deshalb:

$$y_1(x) = -\sqrt{R^2 - x^2} \qquad y_2(x) = \sqrt{R^2 - x^2}$$

Der Bereich wird umschlossen von zwei Flächen: Die obere Hälfte einer Kugeloberfläche mit Radius R und eine Kreisfläche in der x-y-Ebene mit Radius R. Auf der Kugeloberfläche gilt $x^2 + y^2 + z^2 = R^2$, auf der oberen Hälfte gilt $z = \sqrt{R^2 - x^2 - y^2}$. Die z-Werte liegen also zwischen 0 und $z_2(x,y) = \sqrt{R^2 - x^2 - y^2}$. Der Bereich B ist die Menge alle Punkte (x,y,z), welche die folgenden drei Ungleichungen erfüllen:

$$-R \le x \le R$$
$$-\sqrt{R^2 - x^2} \le y \le \sqrt{R^2 - x^2}$$
$$0 \le z \le \sqrt{R^2 - x^2 - y^2}$$

Damit erhält man für das Volumen:

$$
\begin{aligned}
V &= \int\limits_{-R}^{R} \left(\int\limits_{-\sqrt{R^2-x^2}}^{\sqrt{R^2-x^2}} \left(\int\limits_{0}^{\sqrt{R^2-x^2-y^2}} dz \right) dy \right) dx \\
&= \int\limits_{-R}^{R} \left(\int\limits_{-\sqrt{R^2-x^2}}^{\sqrt{R^2-x^2}} \sqrt{R^2 - x^2 - y^2} \, dy \right) dx \\
&= \int\limits_{-R}^{R} \left[\frac{y}{2} \sqrt{R^2 - x^2 - y^2} + \frac{1}{2}\left(R^2 - x^2\right) \arcsin\left(\frac{y}{\sqrt{R^2 - x^2}} \right) \right]_{-\sqrt{R^2-x^2}}^{\sqrt{R^2-x^2}} dx \\
&= \int\limits_{-R}^{R} \left(R^2 - x^2\right) \frac{\pi}{2} \, dx = \frac{2}{3}\pi R^3
\end{aligned}
$$

∎

11.2.2 Integration in Zylinderkoordinaten

Der Integration in Zylinderkoordinaten entspricht eine Zerlegung des Bereiches B in Teilbereiche der Form, wie sie in Abb. 11.10 zu sehen ist.

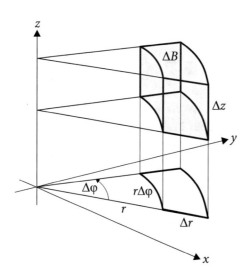

Abb. 11.10: Teilbereich bei Integration in Zylinderkoordinaten.

Ein solcher Teilbereich ΔB besitzt das Volumen $\Delta V \approx r \, \Delta r \, \Delta\varphi \, \Delta z$. Lässt man die Anzahl der Teilbereiche gegen unendlich und die Durchmesser gegen null gehen, so erhält man folgendes Ergebnis:

Bereichsintegral im $\mathbb{R}^3$ in Zylinderkoordinaten

$$\iiint\limits_B f(x,y,z)\mathrm{d}V = \iiint\limits_B \tilde{f}(r,\varphi,z)\,r\,\mathrm{d}r\,\mathrm{d}\varphi\,\mathrm{d}z \tag{11.31}$$

mit $\tilde{f}(r,\varphi,z) = f(r\cos\varphi, r\sin\varphi, z)$

Der Integrationsbereich ist durch Ungleichungen für die Koordinaten r,φ,z anzugeben. Auch hier gilt: Die Reihenfolge der Integration hängt von diesen Ungleichungen ab. Die Integrationsgrenzen bei der ersten Integration bzw. beim inneren Integral sind i. Allg. Funktionen der zwei anderen Variablen. Die Integrationsgrenzen bei der letzten Integration bzw. beim äußeren Integral sind Konstanten. Die Integrationsgrenzen bei der zweiten Integration bzw. beim mittleren Integral sind i. Allg. Funktionen einer Variablen (Integrationsvariable der letzten Integration). Sind alle Integrationsgrenzen Konstanten, so spielt die Reihenfolge keine Rolle.

Beispiel 11.8: Massenträgheitsmoment eines Zylinders

Wir betrachten einen Zylinder mit Radius R und Höhe h. Die Massendichte ρ sei konstant. Für das Volumen V und die Masse m gilt $V = \pi R^2 h$ und $m = \rho V$. Die Zylinderachse sei die z-Achse, der Mittelpunkt befinde sich im Ursprung des Koordinatensystems. Der Bereich, den der Zylinder im Raum einnimmt, kann durch folgende Ungleichungen angegeben werden:

$$0 \le r \le R \quad \wedge \quad 0 \le \varphi < 2\pi \quad \wedge \quad -\frac{h}{2} \le z \le \frac{h}{2}$$

Wir berechnen das Trägheitsmoment J_z bei Rotation des Zylinders um die z-Achse:

$$J_z = \iiint\limits_B (x^2 + y^2)\rho(x,y,z)\,\mathrm{d}V = \rho \iiint\limits_B (x^2 + y^2)\mathrm{d}V = \rho \int\limits_{-\frac{h}{2}}^{\frac{h}{2}} \int\limits_{0}^{2\pi} \int\limits_{0}^{R} r^2\,r\,\mathrm{d}r\,\mathrm{d}\varphi\,\mathrm{d}z$$

Die Integrationsgrenzen sind alle Konstanten, die Reihenfolge der Integration ist deshalb beliebig. Wir wählen folgende Reihenfolge:

$$J_z = \rho \int\limits_{-\frac{h}{2}}^{\frac{h}{2}} \left(\int\limits_{0}^{2\pi} \left(\int\limits_{0}^{R} r^3\,\mathrm{d}r \right)\mathrm{d}\varphi \right)\mathrm{d}z = \rho \int\limits_{-\frac{h}{2}}^{\frac{h}{2}} \left(\int\limits_{0}^{2\pi} \tfrac{1}{4}R^4\,\mathrm{d}\varphi \right)\mathrm{d}z = \rho \int\limits_{-\frac{h}{2}}^{\frac{h}{2}} \tfrac{1}{4}R^4\,2\pi\,\mathrm{d}z$$

$$= \rho\tfrac{1}{4}R^4\,2\pi\,h = \tfrac{1}{2}\,\rho\,\pi R^2 h\,R^2 = \tfrac{1}{2}\,\rho V\,R^2 = \tfrac{1}{2}\,m\,R^2 \qquad \blacksquare$$

Bei Rotationssymmetrie mit der z-Achse als Rotationsachse kann die Verwendung von Zylinderkoordinaten die Berechnung von Bereichsintegralen deutlich vereinfachen.

11.2.3   Integration in sphärischen Polarkoordinaten

Der Integration in sphärischen Polarkoordinaten entspricht eine Zerlegung des Bereiches B in Teilbereiche der Form, wie sie in Abb. 11.11 zu sehen ist.

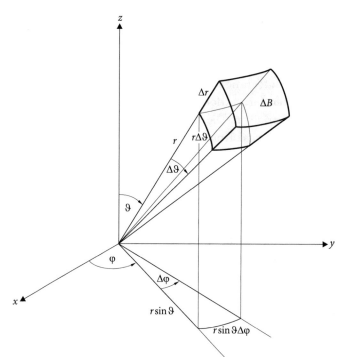

Abb. 11.11: Teilbereich bei Integration in sphärischen Polarkoordinaten.

Ein solcher Teilbereich ΔB besitzt das Volumen $\Delta V \approx r^2 \sin \vartheta \, \Delta r \, \Delta \varphi \, \Delta \vartheta$. Lässt man die Anzahl der Teilbereiche gegen unendlich und die Durchmesser gegen null gehen, so erhält man folgendes Ergebnis:

Bereichsintegral im $\mathbb{R}^3$ in sphärischen Polarkoordinaten

$$\iiint\limits_B f(x,y,z)\mathrm{d}V = \iiint\limits_B \tilde{f}(r,\varphi,\vartheta) \, r^2 \sin \vartheta \, \mathrm{d}r \, \mathrm{d}\varphi \, \mathrm{d}\vartheta \qquad (11.32)$$

$$\text{mit} \ \ \tilde{f}(r,\varphi,\vartheta) = f(r \sin \vartheta \cos \varphi, r \sin \vartheta \sin \varphi, r \cos \vartheta)$$

Der Integrationsbereich ist durch Ungleichungen für die Koordinaten r, φ, ϑ anzugeben. Wieder gilt: Die Reihenfolge der Integration hängt von diesen Ungleichungen ab. Die Integrationsgrenzen bei der ersten Integration bzw. beim inneren Integral sind i. Allg. Funktionen der zwei anderen Variablen. Die Integrationsgrenzen bei der letzten Integration bzw. beim äußeren Integral sind Konstanten. Die Integrationsgrenzen bei der zweiten Integration bzw. beim mittleren Integral sind i. Allg. Funktionen einer

Variablen (Integrationsvariable der letzten Integration). Sind alle Integrationsgrenzen Konstanten, so spielt die Reihenfolge keine Rolle.

Beispiel 11.9: Volumen und geometrischer Schwerpunkt einer Halbkugel

Wir betrachten die obere Hälfte einer Kugel mit Radius R und Mittelpunkt im Ursprung (s. Bsp. 11.7 und Abb. 11.9). Der Bereich, den die Kugel im Raum einnimmt, kann durch folgende Ungleichungen angegeben werden:

$$0 \leq r \leq R \quad \wedge \quad 0 \leq \varphi < 2\pi \quad \wedge \quad 0 \leq \vartheta \leq \tfrac{\pi}{2}$$

Wir berechnen zunächst das Volumen:

$$V = \iiint\limits_B \mathrm{d}V = \int\limits_0^{\frac{\pi}{2}} \int\limits_0^{2\pi} \int\limits_0^R r^2 \sin\vartheta \,\mathrm{d}r\,\mathrm{d}\varphi\,\mathrm{d}\vartheta$$

Die Integrationsgrenzen sind alle Konstanten, die Reihenfolge der Integration ist deshalb beliebig. Wir wählen folgende Reihenfolge:

$$V = \int\limits_0^{\frac{\pi}{2}} \left(\int\limits_0^{2\pi} \left(\int\limits_0^R r^2 \sin\vartheta \,\mathrm{d}r \right) \mathrm{d}\varphi \right) \mathrm{d}\vartheta = \int\limits_0^{\frac{\pi}{2}} \left(\int\limits_0^{2\pi} \tfrac{1}{3} R^3 \sin\vartheta \,\mathrm{d}\varphi \right) \mathrm{d}\vartheta$$

$$= \int\limits_0^{\frac{\pi}{2}} 2\pi \tfrac{1}{3} R^3 \sin\vartheta \,\mathrm{d}\vartheta = \tfrac{2}{3}\pi R^3 \int\limits_0^{\frac{\pi}{2}} \sin\vartheta \,\mathrm{d}\vartheta = \tfrac{2}{3}\pi R^3$$

Diese Rechnung ist wesentlich einfacher als die mit kartesischen Koordinaten in Beispiel 11.7. Wir berechnen noch die z-Koordinate des geometrischen Schwerpunktes:

$$z_S = \frac{1}{V} \iiint\limits_B z\,\mathrm{d}V = \frac{1}{V} \int\limits_0^{\frac{\pi}{2}} \int\limits_0^{2\pi} \int\limits_0^R r\cos\vartheta\, r^2 \sin\vartheta \,\mathrm{d}r\,\mathrm{d}\varphi\,\mathrm{d}\vartheta$$

$$= \frac{1}{V} \int\limits_0^{\frac{\pi}{2}} \left(\int\limits_0^{2\pi} \left(\int\limits_0^R r^3 \cos\vartheta \sin\vartheta \,\mathrm{d}r \right) \mathrm{d}\varphi \right) \mathrm{d}\vartheta$$

$$= \frac{1}{V} \int\limits_0^{\frac{\pi}{2}} \left(\int\limits_0^{2\pi} \tfrac{1}{4} R^4 \cos\vartheta \sin\vartheta \,\mathrm{d}\varphi \right) \mathrm{d}\vartheta = \frac{1}{V}\frac{1}{4} R^4 \cdot 2\pi \int\limits_0^{\frac{\pi}{2}} \cos\vartheta \sin\vartheta \,\mathrm{d}\vartheta$$

$$= \frac{1}{V}\frac{\pi}{2} R^4 \left[\tfrac{1}{2} \sin^2 \vartheta \right]_0^{\frac{\pi}{2}} = \frac{1}{V}\frac{\pi}{4} R^4 = \frac{3}{8} R \qquad \blacksquare$$

Ist B eine Kugel mit Mittelpunkt im Ursprung oder ein bestimmter Teil davon (z.B. Kugelsektor), so kann die Verwendung von sphärischen Polarkoordinaten die Berechnung von Bereichsintegralen deutlich vereinfachen. Dies gilt vor allem für sog. radialsymmetrische Funktionen, deren Funktionswerte nur vom Abstand r abhängen.

11.3   Kurvenintegrale

Wir lassen uns bei der Einführung von Kurvenintegralen motivieren und leiten von
einem Beispiel aus der Anwendung. In Abschnitt 5.2 haben wir festgestellt: Wird
entlang eines geradlinigen Weges, d.h. entlang eines Vektors $\vec{r}$ eine konstante Kraft $\vec{F}$
ausgeübt (s. Abb. 11.12, links), so ist die geleistete Arbeit $W = \vec{F} \cdot \vec{r}$ (s. S. 176).

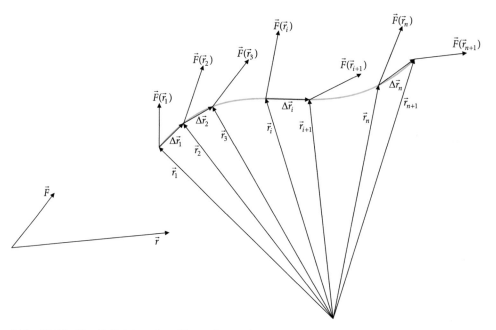

Abb. 11.12: Zur Definition eines Kurvenintegrals.

Es stellt sich die Frage: Wie kann man die Arbeit berechnen, wenn die Kraft nicht
konstant und der Weg nicht geradlinig ist? Wir betrachten eine Kurve mit der Parameterdarstellung $\vec{r}(t)$ vom Punkt $\vec{r}_a = \vec{r}(a)$ zum Punkt $\vec{r}_b = \vec{r}(b)$. Entlang der Kurve
wird eine Kraft $\vec{F}(\vec{r})$ ausgeübt, die vom Ort bzw. Ortsvektor $\vec{r}$ abhängt. Wir zerlegen
die Kurve in n kleine Abschnitte zwischen den Stellen $\vec{r}_1, \dots, \vec{r}_{n+1}$ mit $\vec{r}_1 = \vec{r}_a$ und
$\vec{r}_{n+1} = \vec{r}_b$ (s. Abb. 11.12, rechts). Nun ersetzt man die Abschnitte jeweils durch geradlinige Wege. Dabei wird der i-te Abschnitt ersetzt durch einen geradlinigen Weg
entlang des Vektors $\Delta\vec{r}_i = \vec{r}_{i+1} - \vec{r}_i = \vec{r}(t_i + \Delta t_i) - \vec{r}(t_i)$ vom Anfang $\vec{r}_i = \vec{r}(t_i)$ bis
zum Ende $\vec{r}_{i+1} = \vec{r}(t_i + \Delta t_i)$ des i-ten Abschnittes. Sind die Abschnitte klein, so kann
man annehmen, dass sich die Kraft innerhalb eines Abschnittes kaum ändert. Im i-ten
Abschnitt hat die Kraft näherungsweise den konstanten Wert $\vec{F}(\vec{r}_i) = \vec{F}(\vec{r}(t_i))$. Damit
gilt für die Arbeit W_i im i-ten Abschnitt und für die gesamte Arbeit W entlang der
Kurve:

$$W_i \approx \vec{F}(\vec{r}_i) \cdot \Delta\vec{r}_i = \vec{F}(\vec{r}(t_i)) \cdot \left(\vec{r}(t_i + \Delta t_i) - \vec{r}(t_i)\right)$$

$$= \vec{F}(\vec{r}(t_i)) \cdot \frac{\vec{r}(t_i + \Delta t_i) - \vec{r}(t_i)}{\Delta t_i} \Delta t_i \approx \vec{F}(\vec{r}(t_i)) \cdot \dot{\vec{r}}(t_i) \Delta t_i$$

$$W = \sum_{i=1}^{n} W_i \approx \sum_{i=1}^{n} \vec{F}(\vec{r}(t_i)) \cdot \dot{\vec{r}}(t_i) \Delta t_i$$

Für $n \to \infty$ und $\Delta t_i \to 0$ geht die Summe gemäß (4.1) in ein Integral und die Näherung in eine exakte Beziehung über:

$$W = \lim_{\substack{n \to \infty \\ \Delta t_i \to 0}} \sum_{i=1}^{n} \vec{F}(\vec{r}(t_i)) \cdot \dot{\vec{r}}(t_i) \Delta t_i = \int_{a}^{b} \vec{F}(\vec{r}(t)) \cdot \dot{\vec{r}}(t) \, dt$$

Ein Kurvenintegral wird auf diese Art und Weise definiert:

Definition 11.3: Kurvenintegral

Die Komponenten des Vektors

$$\vec{v}(\vec{r}) = \begin{pmatrix} v_1(x,y,z) \\ v_2(x,y,z) \\ v_3(x,y,z) \end{pmatrix}$$

seien Funktionen von drei Variablen x,y,z. Man spricht in diesem Fall von einem **Vektorfeld** $\vec{v}(\vec{r})$. C sei eine Kurve mit der Parameterdarstellung

$$\vec{r}(t) = \begin{pmatrix} x(t) \\ y(t) \\ z(t) \end{pmatrix}$$

vom Punkt mit $\vec{r}(a)$ zum Punkt mit $\vec{r}(b)$. Das Integral

$$\int_{C} \vec{v}(\vec{r}) \cdot d\vec{r} = \int_{a}^{b} \vec{v}(\vec{r}(t)) \cdot \dot{\vec{r}}(t) \, dt \tag{11.33}$$

heißt **Kurvenintegral** des Vektorfeldes $\vec{v}(\vec{r})$ entlang der Kurve C. Dabei gilt:

$$\dot{\vec{r}}(t) = \begin{pmatrix} \dot{x}(t) \\ \dot{y}(t) \\ \dot{z}(t) \end{pmatrix} \qquad \vec{v}(\vec{r}(t)) = \begin{pmatrix} v_1(x(t),y(t),z(t)) \\ v_2(x(t),y(t),z(t)) \\ v_3(x(t),y(t),z(t)) \end{pmatrix}$$

Beispiel 11.10: Kurvenintegral

Wir berechnen das Kurvenintegral des Vektorfeldes

$$\vec{v}(\vec{r}) = \begin{pmatrix} v_1(x,y,z) \\ v_2(x,y,z) \\ v_3(x,y,z) \end{pmatrix} = \begin{pmatrix} x+y+z \\ -2xy^2 \\ y+3z \end{pmatrix}$$

entlang der parabelförmigen Kurve (s. Abb. 11.13, links)

$$\vec{r}(t) = \begin{pmatrix} x(t) \\ y(t) \\ z(t) \end{pmatrix} = \begin{pmatrix} t \\ t \\ t^2 \end{pmatrix} \qquad t \in [0;1]$$

vom Punkt mit dem Ortsvektor $\vec{r}(0)$ zum Punkt mit dem Ortsvektor $\vec{r}(1)$. Es gilt:

$$\vec{v}(\vec{r}(t)) = \begin{pmatrix} v_1(x(t),y(t),z(t)) \\ v_2(x(t),y(t),z(t)) \\ v_3(x(t),y(t),z(t)) \end{pmatrix} = \begin{pmatrix} x(t)+y(t)+z(t) \\ -2x(t)y(t)^2 \\ y(t)+3z(t) \end{pmatrix} = \begin{pmatrix} 2t+t^2 \\ -2t^3 \\ t+3t^2 \end{pmatrix}$$

$$\dot{\vec{r}}(t) = \begin{pmatrix} \dot{x}(t) \\ \dot{y}(t) \\ \dot{z}(t) \end{pmatrix} = \begin{pmatrix} 1 \\ 1 \\ 2t \end{pmatrix} \qquad \vec{v}(\vec{r}(t)) \cdot \dot{\vec{r}}(t) = \begin{pmatrix} 2t+t^2 \\ -2t^3 \\ t+3t^2 \end{pmatrix} \cdot \begin{pmatrix} 1 \\ 1 \\ 2t \end{pmatrix} = 2t+3t^2+4t^3$$

Damit erhält man für das Kurvenintegral:

$$\int_C \vec{v}(\vec{r}) \cdot \mathrm{d}\vec{r} = \int_0^1 \vec{v}(\vec{r}(t)) \cdot \dot{\vec{r}}(t)\,\mathrm{d}t = \int_0^1 \left(2t+3t^2+4t^3\right)\mathrm{d}t = 3 \qquad \blacksquare$$

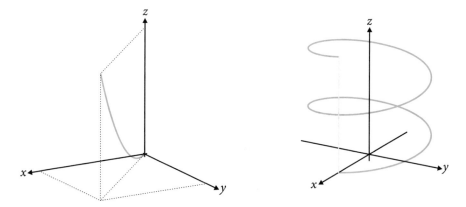

Abb. 11.13: Kurven beim Beispiel 11.10 (links) und 11.11 (rechts).

Beispiel 11.11: Kurvenintegral

Wir berechnen das Kurvenintegral des Vektorfeldes

$$\vec{v}(\vec{r}) = \begin{pmatrix} v_1(x,y,z) \\ v_2(x,y,z) \\ v_3(x,y,z) \end{pmatrix} = \begin{pmatrix} \frac{x}{\sqrt{x^2+y^2+z^2}^3} \\ \frac{y}{\sqrt{x^2+y^2+z^2}^3} \\ \frac{z}{\sqrt{x^2+y^2+z^2}^3} \end{pmatrix} = \frac{\vec{r}}{|\vec{r}|^3} \quad \text{mit } \vec{r} = \begin{pmatrix} x \\ y \\ z \end{pmatrix}$$

entlang einer geradlinigen Kurve

$$\vec{r}(t) = \begin{pmatrix} x(t) \\ y(t) \\ z(t) \end{pmatrix} = \begin{pmatrix} 1 \\ 0 \\ t \end{pmatrix} \qquad t \in [0;2]$$

vom Punkt (1,0,0) mit dem Ortsvektor $\vec{r}(0)$ zum Punkt (1,0,2) mit dem Ortsvektor $\vec{r}(2)$ (s. Abb. 11.13, rechts, helle Kurve). Es gilt:

$$\vec{v}(\vec{r}(t)) = \begin{pmatrix} v_1(x(t),y(t),z(t)) \\ v_2(x(t),y(t),z(t)) \\ v_3(x(t),y(t),z(t)) \end{pmatrix} = \begin{pmatrix} \frac{x(t)}{\sqrt{x(t)^2+y(t)^2+z(t)^2}^3} \\ \frac{y(t)}{\sqrt{x(t)^2+y(t)^2+z(t)^2}^3} \\ \frac{z(t)}{\sqrt{x(t)^2+y(t)^2+z(t)^2}^3} \end{pmatrix} = \begin{pmatrix} \frac{1}{\sqrt{1+t^2}^3} \\ 0 \\ \frac{t}{\sqrt{1+t^2}^3} \end{pmatrix}$$

$$\dot{\vec{r}}(t) = \begin{pmatrix} \dot{x}(t) \\ \dot{y}(t) \\ \dot{z}(t) \end{pmatrix} = \begin{pmatrix} 0 \\ 0 \\ 1 \end{pmatrix} \quad \vec{v}(\vec{r}(t)) \cdot \dot{\vec{r}}(t) = \begin{pmatrix} \frac{1}{\sqrt{1+t^2}^3} \\ 0 \\ \frac{t}{\sqrt{1+t^2}^3} \end{pmatrix} \cdot \begin{pmatrix} 0 \\ 0 \\ 1 \end{pmatrix} = \frac{t}{\sqrt{1+t^2}^3}$$

Damit erhält man für das Kurvenintegral:

$$\int_C \vec{v}(\vec{r}) \cdot \mathrm{d}\vec{r} = \int_0^2 \vec{v}(\vec{r}(t)) \cdot \dot{\vec{r}}(t)\, \mathrm{d}t = \int_0^2 \frac{t}{\sqrt{1+t^2}^3}\, \mathrm{d}t = \left[-\frac{1}{\sqrt{1+t^2}} \right]_0^2 = 1 - \frac{1}{\sqrt{5}}$$

Wir berechnen nun das Kurvenintegral noch einmal, jedoch entlang einer anderen Kurve. Wir wählen eine Schraubenlinie mit Radius $R = 1$, Ganghöhe $h = 1$ und zwei Windungen (s. Bsp. 9.1 und Abb. 9.13 in Abschnitt 9.3).

$$\vec{r}(t) = \begin{pmatrix} x(t) \\ y(t) \\ z(t) \end{pmatrix} = \begin{pmatrix} \cos t \\ \sin t \\ \frac{t}{2\pi} \end{pmatrix} \qquad t \in [0;4\pi] \qquad \dot{\vec{r}}(t) = \begin{pmatrix} \dot{x}(t) \\ \dot{y}(t) \\ \dot{z}(t) \end{pmatrix} = \begin{pmatrix} -\sin t \\ \cos t \\ \frac{1}{2\pi} \end{pmatrix}$$

Die Kurve führt vom Punkt $(1,0,0)$ mit dem Ortsvektor $\vec{r}(0)$ zum Punkt $(1,0,2)$ mit dem Ortsvektor $\vec{r}(2\pi)$ (s. Abb. 11.13, rechts, dunkle Kurve). Man hat also den gleichen Anfangs- und Endpunkt wie bei der geradlinigen Kurve. Es gilt:

$$\vec{v}(\vec{r}(t)) = \begin{pmatrix} v_1(x(t),y(t),z(t)) \\ v_2(x(t),y(t),z(t)) \\ v_3(x(t),y(t),z(t)) \end{pmatrix} = \begin{pmatrix} \dfrac{x(t)}{\sqrt{x(t)^2+y(t)^2+z(t)^2}^3} \\ \dfrac{y(t)}{\sqrt{x(t)^2+y(t)^2+z(t)^2}^3} \\ \dfrac{z(t)}{\sqrt{x(t)^2+y(t)^2+z(t)^2}^3} \end{pmatrix}$$

$$= \begin{pmatrix} \dfrac{\cos t}{\sqrt{\cos^2 t+\sin^2 t+\left(\frac{t}{2\pi}\right)^2}^3} \\ \dfrac{\sin t}{\sqrt{\cos^2 t+\sin^2 t+\left(\frac{t}{2\pi}\right)^2}^3} \\ \dfrac{\frac{t}{2\pi}}{\sqrt{\cos^2 t+\sin^2 t+\left(\frac{t}{2\pi}\right)^2}^3} \end{pmatrix} = \begin{pmatrix} \dfrac{\cos t}{\sqrt{1+\left(\frac{t}{2\pi}\right)^2}^3} \\ \dfrac{\sin t}{\sqrt{1+\left(\frac{t}{2\pi}\right)^2}^3} \\ \dfrac{\frac{t}{2\pi}}{\sqrt{1+\left(\frac{t}{2\pi}\right)^2}^3} \end{pmatrix} = \dfrac{1}{\sqrt{1+\left(\frac{t}{2\pi}\right)^2}^3} \begin{pmatrix} \cos t \\ \sin t \\ \frac{t}{2\pi} \end{pmatrix}$$

$$\vec{v}(\vec{r}(t)) \cdot \dot{\vec{r}}(t) = \dfrac{1}{\sqrt{1+\left(\frac{t}{2\pi}\right)^2}^3} \begin{pmatrix} \cos t \\ \sin t \\ \frac{t}{2\pi} \end{pmatrix} \cdot \begin{pmatrix} -\sin t \\ \cos t \\ \frac{1}{2\pi} \end{pmatrix} = \dfrac{1}{\sqrt{1+\left(\frac{t}{2\pi}\right)^2}^3} \dfrac{t}{(2\pi)^2}$$

$$= 2\pi \dfrac{t}{\sqrt{(2\pi)^2+t^2}^3}$$

$$\int\limits_C \vec{v}(\vec{r}) \cdot \mathrm{d}\vec{r} = \int\limits_0^{4\pi} \vec{v}(\vec{r}(t)) \cdot \dot{\vec{r}}(t)\,\mathrm{d}t = 2\pi \int\limits_0^{4\pi} \dfrac{t}{\sqrt{(2\pi)^2+t^2}^3}\,\mathrm{d}t$$

$$= 2\pi \left[-\dfrac{1}{\sqrt{(2\pi)^2+t^2}} \right]_0^{4\pi} = 1 - \dfrac{1}{\sqrt{5}}$$

Die beiden Kurvenintegrale haben den gleichen Wert, was kein Zufall ist, wie wir gleich sehen werden.   ∎

Wir betrachten ein sog. Gebiet $B \subset \mathbb{R}^3$. Ein Gebiet ist **zusammenhängend**, d. h., es gilt: Jedes Paar von Punkten in B lässt sich durch eine Kurve verbinden, die ganz in B liegt. Ferner betrachten wir ein Vektorfeld $\vec{v}(\vec{r})$, das sich für alle $\vec{r} \in B$ als Gradient einer Funktion $f(\vec{r})$ darstellen lässt: $\vec{v}(\vec{r}) = \operatorname{grad} f(\vec{r})$. C sei eine Kurve in B mit der Parameterdarstellung $\vec{r}(t)$ vom Punkt mit dem Ortsvektor $\vec{r}_1 = \vec{r}(t_1)$ zum Punkt mit dem Ortsvektor $\vec{r}_2 = \vec{r}(t_2)$.

$$\int\limits_C \vec{v}(\vec{r}) \cdot \mathrm{d}\vec{r} = \int\limits_{t_1}^{t_2} \vec{v}(\vec{r}(t)) \cdot \dot{\vec{r}}(t)\,\mathrm{d}t = \int\limits_{t_2}^{t_2} \operatorname{grad} f(\vec{r}(t)) \cdot \dot{\vec{r}}(t)\,\mathrm{d}t$$

Nach (10.20) gilt:

$$\operatorname{grad} f(\vec{r}(t)) \cdot \dot{\vec{r}}(t) = \dfrac{\mathrm{d}}{\mathrm{d}t} f(\vec{r}(t))$$

Daraus folgt:

$$\int\limits_C \vec{v}(\vec{r}) \cdot \mathrm{d}\vec{r} = \int\limits_{t_1}^{t_2} \frac{\mathrm{d}}{\mathrm{d}t} f(\vec{r}(t)) \, \mathrm{d}t = [f(\vec{r}(t))]_{t_1}^{t_2} = f(\vec{r}(t_2)) - f(\vec{r}(t_1))$$

$$= f(\vec{r}_2) - f(\vec{r}_1)$$

Das bedeutet, dass für den betrachteten Fall das Kurvenintegral nur vom Anfangs- und Endpunkt, aber nicht von der Kurve dazwischen abhängt. Für das Vektorfeld in Beispiel 11.11 gilt:

$$\vec{v}(\vec{r}) = \frac{\vec{r}}{|\vec{r}|^3} = \mathrm{grad}\left(-\frac{1}{|\vec{r}|}\right) = \mathrm{grad}\, f(\vec{r}) \qquad \text{mit} \ \ f(\vec{r}) = -\frac{1}{|\vec{r}|}$$

Daraus folgt:

$$\int\limits_C \vec{v}(\vec{r}) \cdot \mathrm{d}\vec{r} = f(\vec{r}_2) - f(\vec{r}_1) = -\frac{1}{|\vec{r}_2|} + \frac{1}{|\vec{r}_1|}$$

Das Kurvenintegral hängt nur vom Anfangs- und Endpunkt, aber nicht von der Kurve dazwischen ab. Es ist also kein Zufall, dass die beiden Kurvenintegrale im Beispiel 11.11 den gleichen Wert haben. Vektorfelder mit der Eigenschaft, dass ein Kurvenintegral nur vom Anfangs- und Endpunkt, aber nicht von der Kurve dazwischen abhängt, heißen **konservativ**. Beispiele für konservative Kraftfelder sind das elektrische Feld $\vec{E}(\vec{r})$ einer Punktladung Q im Ursprung oder die Gravitationskraft $\vec{F}(\vec{r})$, welche eine Punktmasse M im Urpsrung auf eine andere Punktamssse m am Ort (x,y,z) ausübt:

$$\text{Gravitationskraft:} \qquad \vec{F}(\vec{r}) = -GMm \, \frac{\vec{r}}{|\vec{r}|^3} = -GMm \begin{pmatrix} \frac{x}{\sqrt{x^2+y^2+z^2}^3} \\ \frac{y}{\sqrt{x^2+y^2+z^2}^3} \\ \frac{z}{\sqrt{x^2+y^2+z^2}^3} \end{pmatrix}$$

$$\text{elektrisches Feld:} \qquad \vec{E}(\vec{r}) = \frac{Q}{4\pi\varepsilon_0} \, \frac{\vec{r}}{|\vec{r}|^3} = \frac{Q}{4\pi\varepsilon_0} \begin{pmatrix} \frac{x}{\sqrt{x^2+y^2+z^2}^3} \\ \frac{y}{\sqrt{x^2+y^2+z^2}^3} \\ \frac{z}{\sqrt{x^2+y^2+z^2}^3} \end{pmatrix}$$

Die potentielle Energie $E_{\mathrm{pot}}(\vec{r}_0)$ an einer Stelle $\vec{r}_0$ im Gravitationskraftfeld $\vec{F}(\vec{r})$ ist durch ein Kurvenintegral gegeben. Integriert wird entlang einer beliebigen Kurve von einem festen Bezugspunkt $\vec{r}_B$ zum Punkt $\vec{r}_0$. Auch die Spannung (Potentialdifferenz) U zwischen zwei Punkten $\vec{r}_2$ und $\vec{r}_1$ im elektrischen Feld $\vec{E}(\vec{r})$ lässt sich durch ein

Kurvenintegral darstellen. Integriert wird entlang einer beliebigen Kurve vom Punkt $\vec{r}_1$ zum Punkt $\vec{r}_2$:

potentielle Energie:
$$E_{\text{pot}}(\vec{r}_0) = -\int_{\vec{r}_B}^{\vec{r}_0} \vec{F}(\vec{r}) \cdot d\vec{r}$$

Spannung:
$$U = -\int_{\vec{r}_1}^{\vec{r}_2} \vec{E}(\vec{r}) \cdot d\vec{r}$$

11.4 Aufgaben zu Kapitel 11

11.1 B sei die obere ($y \geq 0$) Hälfte einer Kreisfläche mit Radius R und Mittelpunkt im Ursprung. Berechnen Sie das Integral

$$\iint_B 2x^2 y \, \mathrm{d}A$$

in kartesischen und Polarkoordinaten.

11.2 B werde begrenzt von der Geraden $x = -2$, der Geraden $x = 2$, einem Kreis mit Radius 2 und Mittelpunkt im Ursprung und einem Kreis mit Radius 3 und Mittelpunkt im Ursprung. Für alle Elemente von B sei außerdem $y \geq 0$. Berechnen Sie das folgende Integral:

$$\iint_B x^2 y \, \mathrm{e}^{-(x^2+y^2)} \, \mathrm{d}A$$

11.3 B sei der vierte Teil einer Kreisfläche mit Radius R und Mittelpunkt im Ursprung. Eine Hälfte von B liegt im ersten Quadranten, die andere Hälfte im zweiten Quadranten. Berechnen Sie die y-Komponente

$$y_S = \frac{1}{A} \iint_B y \, \mathrm{d}A$$

des geometrischen Schwerpunktes von B. Berechnen Sie das Integral in kartesischen und Polarkoordinaten.

11.4 B sei eine Kreisfläche mit Radius R und Mittelpunkt an der Stelle $(x,y) = (0,R)$. Berechnen Sie das Integral

$$\iint_B x^2 + y^2 \, \mathrm{d}A$$

in kartesischen und Polarkoordinaten.

11.5 B sei ein dreieckiger Bereich mit den Ecken an den Stellen $(0,0)$, $(0,1)$ und $(1,1)$. Berechnen Sie das Integral

$$\iint_B xy^2 \, \mathrm{d}A$$

in kartesischen und Polarkoordinaten.

11.6 Berechnen Sie das Trägheitsmoment einer Kugel mit konstanter Dichte ρ, Masse m Radius R, und Mittelpunkt im Ursprung bei Rotation um die z-Achse.

11.7 Ein Körper mit konstanter Dichte habe die Form eines geraden Kreiskegels mit der Höhe h. Die Symmetrieachse sei die z-Achse. Die Grundfläche befindet sich in der x-y-Ebene. Sie hat den Radius R und den Mittelpunkt im Ursprung.

a) Berechnen Sie das Volumen des Kreiskegels.

b) Berechnen Sie die z-Komponente des Schwerpunktes des Kreiskegels.

c) Berechnen Sie das Trägheitsmoment des Kreiskegels bei Rotation um die z-Achse.

11.8 Gegeben sind das folgende Vektorfeld $\vec{v}$ und zwei Punkte mit den folgenden Ortsvektoren $\vec{r}_1$ und $\vec{r}_2$:

$$\vec{v} = \begin{pmatrix} yz \\ xz \\ xy \end{pmatrix} \qquad \vec{r}_1 = \begin{pmatrix} 0 \\ 0 \\ 0 \end{pmatrix} \qquad \vec{r}_2 = \begin{pmatrix} \frac{1}{\sqrt{2}} \\ \frac{1}{\sqrt{2}} \\ 1 \end{pmatrix}$$

Berechnen Sie das Kurvenintegral des Vektorfeldes von $\vec{r}_1$ zu $\vec{r}_2$ für eine

a) geradlinige Kurve $\vec{r}(t) = \begin{pmatrix} \frac{1}{\sqrt{2}} t \\ \frac{1}{\sqrt{2}} t \\ t \end{pmatrix}$ mit $t \in [0,1]$

b) parabelförmige Kurve $\vec{r}(t) = \begin{pmatrix} \frac{1}{\sqrt{2}} t \\ \frac{1}{\sqrt{2}} t \\ t^2 \end{pmatrix}$ mit $t \in [0,1]$

c) viertelkreisförmige Kurve $\vec{r}(t) = \begin{pmatrix} \frac{1}{\sqrt{2}} \sin t \\ \frac{1}{\sqrt{2}} \sin t \\ 1 - \cos t \end{pmatrix}$ mit $t \in [0, \frac{\pi}{2}]$

11.9 Gegeben sind das folgende Vektorfeld $\vec{v}$ und zwei Punkte mit den folgenden Ortsvektoren $\vec{r}_1$ und $\vec{r}_2$:

$$\vec{v} = \begin{pmatrix} \frac{x}{x^2+x^2} \\ \frac{y}{x^2+x^2} \\ 0 \end{pmatrix} \qquad \vec{r}_1 = \begin{pmatrix} 1 \\ 0 \\ 0 \end{pmatrix} \qquad \vec{r}_2 = \begin{pmatrix} 0 \\ 1 \\ 0 \end{pmatrix}$$

Berechnen Sie das Kurvenintegral des Vektorfeldes entlang

a) einer geradlinigen Kurve von $\vec{r}_1$ zu $\vec{r}_2$

b) eines Viertelkreises mit Radius 1 von $\vec{r}_1$ zu $\vec{r}_2$

11.10 Gegeben sind das folgende Vektorfeld $\vec{v}$ und zwei Punkte mit den folgenden Ortsvektoren $\vec{r}_1$ und $\vec{r}_2$:

$$\vec{v} = \begin{pmatrix} -\frac{y}{x^2+x^2} \\ \frac{x}{x^2+x^2} \\ 0 \end{pmatrix} \qquad \vec{r}_1 = \begin{pmatrix} 1 \\ -1 \\ 0 \end{pmatrix} \qquad \vec{r}_2 = \begin{pmatrix} 1 \\ 1 \\ 0 \end{pmatrix}$$

Berechnen Sie das Kurvenintegral des Vektorfeldes entlang

a) einer geradlinigen Kurve von $\vec{r}_1$ zu $\vec{r}_2$

b) eines Viertelkreises mit Radius $\sqrt{2}$ von $\vec{r}_1$ zu $\vec{r}_2$ (gegen Uhrzeigersinn)

c) eines Dreiviertelkreises mit Radius $\sqrt{2}$ von $\vec{r}_1$ zu $\vec{r}_2$ (im Uhrzeigersinn)

11.11 Ist das Vektorfeld in Aufgabe 11.8 konservativ in $\mathbb{R}^3$?

11.12 Das Vektorfeld $\vec{v}(\vec{r})$ in Aufgabe 11.9 hat die Definitionsmenge

$$D = \mathbb{R}^3 \setminus \{(x,y,z)|x = y = 0\}$$

Für alle $(x,y,z) \in D$ gilt

$$\vec{v}(\vec{r}) = \operatorname{grad} f(x,y,z) \qquad \text{mit } f(x,y,z) = \frac{1}{2}\ln(x^2 + y^2)$$

Ist das Vektorfeld konservativ in D?

11.13 Das Vektorfeld $\vec{v}(\vec{r})$ in Aufgabe 11.10 hat die Definitionsmenge

$$D = \mathbb{R}^3 \setminus \{(x,y,z)|x = y = 0\}$$

Ist $(x,y,z) \in D$ und $x \neq 0$, dann gilt

$$\vec{v}(\vec{r}) = \operatorname{grad} f(x,y,z) \qquad \text{mit } f(x,y,z) = \arctan \frac{y}{x}$$

Ist das Vektorfeld konservativ in D?

12 Gewöhnliche Differenzialgleichungen

12.1 Einführung

In Kap. 2.3.4 haben wir den sog. Exponentialprozess betrachtet (S. 57 f): Eine Größe y hängt von der Zeit t ab. Die Abhängigkeit wird beschrieben durch eine Funktionsgleichung $y = f(t)$. Häufig ist folgende Annahme plausibel bzw. wird Folgendes experimentell festgestellt: Die Änderung $\Delta y = f(t + \Delta t) - f(t)$ der Größe y innerhalb eines kleinen Zeitintervalls Δt ist näherungsweise sowohl proportional zum ursprünglichen Wert $f(t)$ als auch zum Zeitintervall Δt.

$$\Delta y = f(t + \Delta t) - f(t) \approx \lambda f(t)\Delta t \quad \Rightarrow \quad \frac{\Delta y}{\Delta t} = \frac{f(t + \Delta t) - f(t)}{\Delta t} \approx \lambda f(t)$$

Da man feststellt, dass diese Näherung umso besser ist, je kleiner das Zeitintervall Δt ist, lassen wir Δt gegen null gehen und erhalten:

$$\lim_{\Delta t \to 0} \frac{f(t + \Delta t) - f(t)}{\Delta t} = \lambda f(t)$$

Der Grenzwert auf der linken Seite ist die Ableitung $\dot{f}(t)$ der Funktion $f(t)$ (die Ableitung nach der Zeitvariablen t wird durch einen Punkt dargestellt). Es gilt also die folgende Gleichung:

$$\dot{f}(t) = \lambda f(t)$$

Der Exponentialprozess bzw. die Funktion $f(t)$ genügt einer Gleichung, die nicht nur die Funktion selbst, sondern auch die Ableitung der Funktion enthält. Solche Gleichungen heißen **Differenzialgleichungen**. In vielen Bereichen führt die Untersuchung und mathematische Darstellung von Sachverhalten zu Differenzialgleichungen. Sie spielen nicht nur in Naturwissenschaft und Technik, sondern z.B. auch in der Wirtschaftswissenschaft eine wichtige Rolle. Ein bekanntes Beispiel ist das Grundgesetzt der Mechanik von Newton: Wirkt auf einen Körper mit der Masse m die Kraft F, so wird er beschleunigt, und es gilt $F = ma(t) = m\dot{v}(t)$ („Kraft = Masse mal Beschleunigung"). Die Beschleunigung $a(t) = \dot{v}(t)$ ist die Ableitung der Geschwindigkeit $v(t)$. Beim freien Fall eines Körpers kommt zur konstanten Schwerkraft F_g noch eine dazu entgegengesetzte Reibungskraft F_R hinzu. Unter bestimmten Voraussetzungen ist diese proportional zum Quadrat der Geschwindigkeit. In diesem Fall gilt $F_R = -kv(t)^2$. Die Gesamtkraft $F = F_g - kv(t)^2$ ist die Summe von Schwerkraft und Reibungskraft. Damit gilt für einen frei fallenden Körper die Gleichung

$$m\dot{v}(t) = F_g - kv(t)^2$$

Auch diese Gleichung enthält eine Funktion $v(t)$ und die Ableitung $\dot{v}(t)$ der Funktion.

Definition 12.1: Gewöhnliche Differenzialgleichung

Eine **gewöhnliche Differenzialgleichung** ist eine Bestimmungsgleichung für eine unbekannte Funktion $y(x)$ von *einer* Variablen, in der eine Ableitung oder mehrere Ableitungen verschiedener Ordnungen dieser Funktion vorkommen. Kommt in der Gleichung die n-te (aber keine höhere) Ableitung vor, so spricht man von einer gewöhnlichen Differenzialgleichung n-ter Ordnung.

Im Folgenden werden wir die Variable in der Regel mit x und die Funktion mit $y(x)$ bezeichnen (bei Anwendungsbeispielen wird die Zeitvariable jedoch meistens mit t bezeichnet).

Beispiel 12.1: Schwingungsgleichung

Wir betrachten die Differenzialgleichung für die Auslenkung $y(t)$ eines reibungsfreien Federpendels aus der Gleichgewichtslage:

$$\ddot{y}(t) + \omega^2 y(t) = 0 \qquad \text{mit } \omega = \sqrt{\frac{D}{m}}$$

m ist die Masse und D die Federkonstante des Federpendels. $\ddot{y}(t)$ ist die zweite Ableitung von $y(t)$ nach der Variablen t. Man kann leicht nachprüfen, dass die Funktion

$$y(t) = c_1 \cos(\omega t) + c_2 \sin(\omega t)$$

für alle möglichen Werte von c_1 und c_2 eine Lösung ist. Es gibt also nicht nur eine, sondern unendlich viele Lösungen, d.h. eine Lösungsschar. Wir suchen nun eine spezielle Lösung mit der Eigenschaft, dass die Anfangsauslenkung $y(0)$ zur Zeit $t = 0$ den Wert y_0 und die Anfangsgeschwindigkeit $\dot{y}(0)$ zur Zeit $t = 0$ den Wert v_0 hat.

$$y(t) = c_1 \cos(\omega t) + c_2 \sin(\omega t) \Rightarrow y(0) = c_1 = y_0$$

$$\dot{y}(t) = -c_1 \omega \sin(\omega t) + c_2 \omega \cos(\omega t) \Rightarrow \dot{y}(0) = c_2 \omega = v_0 \Rightarrow c_2 = \frac{v_0}{\omega}$$

Aus den Anfangsbedingungen $y(0) = y_0$ und $\dot{y}(0) = v_0$ folgt also $c_1 = y_0$ und $c_2 = \frac{v_0}{\omega}$. Die gesuchte Lösung, welche die Anfangsbedingungen erfüllt, lautet:

$$y(t) = y_0 \cos(\omega t) + \frac{v_0}{\omega} \sin(\omega t) \qquad \blacksquare$$

Definition 12.2: Allgemeine und partikuläre Lösung

Die Schar der Lösungen einer gewöhnlichen Differenzialgleichung nennt man **allgemeine Lösung**. Eine spezielle Lösung aus der Lösungsschar heißt **partikuläre Lösung**.

Darstellung der Lösungsschar durch Parameter

Lässt sich die allgemeine Lösung einer Differenzialgleichung n-ter Ordnung darstellen, so enthält diese Darstellung n Parameter $c_1, \ldots, c_n$.

Um n Parameter auf konkrete Werte festzulegen und damit zu einer speziellen, d.h. partikulären Lösung zu kommen, benötigt man n Bedingungen. Besonders häufig hat man bei Anwendungen sog. Anfangsbedingungen (s. Bsp. 12.1).

Definition 12.3: Anfangsbedingungen, Anfangswertproblem

Anfangsbedingungen für eine Differenzialgleichung n-ter Ordnung lauten

$$\begin{aligned} y(x_0) &= \gamma_0 \\ y'(x_0) &= \gamma_1 \\ &\vdots \\ y^{(n-1)}(x_0) &= \gamma_{n-1} \end{aligned} \qquad (12.1)$$

mit gegebenen Werten für $x_0, \gamma_1, \ldots, \gamma_{n-1}$. Die Suche nach einer partikulären Lösung, welche die Anfangsbedingungen erfüllt, heißt **Anfangswertproblem**.

Es sind aber auch andere Bedingungen möglich, z.B.

$$y(x_1) = y_1, \ldots, y(x_n) = y_n$$

12.2   Differenzialgleichungen 1. Ordnung

Definition 12.4: Differenzialgleichung 1. Ordnung

Implizite Differenzialgleichung 1. Ordnung : $F(x,y(x),y'(x)) = 0$ (12.2)

Explizite Differenzialgleichung 1. Ordnung : $y'(x) = f(x,y(x))$ (12.3)

Der Term $F(x,y(x),y'(x))$ auf der linken Seite der impliziten Differenzialgleichung enthält die erste Ableitung $y'(x)$, aber keine höheren Ableitungen. Darüber hinaus können noch zusätzlich die Funktion $y(x)$ und die Variable x vorkommen. Lässt sich die Gleichung 12.2 nach $y'(x)$ auflösen, so erhält man die Gleichung 12.3. In dem Term $f(x,y(x))$ können die Funktion $y(x)$ und zusätzlich die Variable x vorkommen.

Wir betrachten einen Punkt im x-y-Koordinatensystem mit den Koordinaten (x_0,y_0). Eine Lösung $y(x)$ der Differenzialgleichung (12.3), deren Graph durch diesen Punkt geht, erfüllt die Gleichung $y'(x_0) = f(x_0,y(x_0))$ mit $y(x_0) = y_0$. Man kann also die Steigung $y'(x_0) = f(x_0,y_0)$ dieser Lösung an dieser Stelle berechnen und einen kleinen Abschnitt der Tangente dieser Lösung an dieser Stelle, das sog. **Richtungselement**, zeichnen. Trägt man an vielen Stellen des Koordinatensystems das jeweilige Richtungselement ein, so erhält man das sog. **Richtungsfeld**. Die Richtungselemente des Richtungsfeldes sind tangential zu Lösungen der Differenzialgleichung. Deshalb vermittelt das Richtungsfeld einen Eindruck von der Lösungschar der Differenzialgleichung. Die Abb. 12.1 zeigt das Richtungsfeld der Differenzialgleichung $y'(x) = 1 - y(x)^2$.

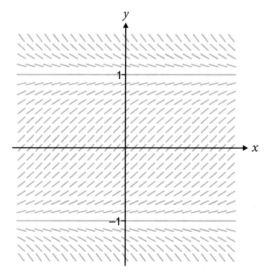

Abb. 12.1: Richtungsfeld der Differenzialgleichung $y'(x) = 1 - y(x)^2$.

12.2.1 Separable Differenzialgleichungen

Viele Differenzialgleichungen der angewandten Mathematik haben folgende Struktur:

Definition 12.5: Separable Differenzialgleichung

$$y'(x) = f(x)g(y(x)) \qquad\qquad (12.4)$$

$f(x)$ bzw. $g(y)$ ist der Funktionsterm einer Funktion f bzw. g. Für separable Differenzialgleichungen gibt es ein Lösungsverfahren: Dazu betrachten wir die Gleichung

$$G(y(x)) = F(x) + c \qquad\qquad (12.5)$$

Hier sind F und G Funktionen mit $F'(x) = f(x)$ und $G'(y) = \frac{1}{g(y)}$. Eine Funktion $y(x)$ mit $g(y(x)) \neq 0$, welche die Gleichung (12.5) erfüllt, ist auch eine Lösung der Differenzialgleichung:

$$G(y(x)) = F(x) + c \Rightarrow G'(y(x))y'(x) = F'(x) \Rightarrow \frac{1}{g(y(x))}y'(x) = f(x)$$
$$\Rightarrow y'(x) = f(x)g(y(x))$$

Gelingt es, die Funktionen F und G zu finden und die Gleichung (12.5) nach $y(x)$ aufzulösen, so hat man eine Lösung der Differenzialgleichung. Aus der Differenzialgleichung (12.4) folgt, dass eine Lösung genau dann konstant ist, wenn $g(y(x)) = 0$ ist. Eine konstante Lösung erhält man – falls es eine gibt – als Lösung der Gleichung $g(y) = 0$. Die Gleichung (12.5) bzw. die Lösung kann man nach folgendem Schema gewinnen:

$$\frac{\mathrm{d}y}{\mathrm{d}x} = f(x)g(y) \quad\Big|\ \cdot \frac{\mathrm{d}x}{g(y)} \qquad \text{„Trennung der Variablen"}$$

$$\Rightarrow \quad \frac{1}{g(y)}\mathrm{d}y = f(x)\mathrm{d}x \qquad\qquad \text{Integration}$$

$$\Rightarrow \int \frac{1}{g(y)}\mathrm{d}y = \int f(x)\mathrm{d}x \qquad\qquad \text{Bestimmung der Stammfunktionen}$$

$$\Rightarrow \quad G(y) = F(x) + c \qquad\qquad \text{Auflösen nach } y$$

Bei diesem Schema sind nach dem ersten Schritt die „Variablen" x und y getrennt, d. h., die linke Seite enthält nur noch die Variable y, die rechte Seite nur noch die Variable x. Deshalb nennt man dieses Lösungsverfahren **Trennung der Variablen**.

Lösen einer separablen Differenzialgleichung, „Trennung der Variablen"

Nichtkonstante Lösungen der Differenzialgleichung

$$y'(x) = f(x)g(y(x))$$

erhält man durch Auflösen der folgenden Gleichung nach $y(x)$:

$$G(y(x)) = F(x) + c \tag{12.6}$$

Hier sind F und G Funktionen mit $F'(x) = f(x)$ und $G'(y) = \frac{1}{g(y)}$. Falls es konstante Lösungen gibt, erhält man diese durch Auflösen der folgenden Gleichung nach y:

$$g(y) = 0 \tag{12.7}$$

Die Gleichung (12.6) kann man nach folgendem Schema erhalten

$$\frac{\mathrm{d}y}{\mathrm{d}x} = f(x)g(y) \quad \Big| \cdot \frac{\mathrm{d}x}{g(y)} \qquad \text{„Trennung der Variablen"}$$

$$\Rightarrow \quad \frac{1}{g(y)}\mathrm{d}y = f(x)\mathrm{d}x \qquad \text{Integration}$$

$$\Rightarrow \int \frac{1}{g(y)}\mathrm{d}y = \int f(x)\mathrm{d}x \qquad \text{Bestimmung der Stammfunktionen}$$

$$\Rightarrow \quad G(y) = F(x) + c \qquad \text{Auflösen nach } y$$

Beispiel 12.2: $y'(x) = -2xy(x)^2$

$$y'(x) = f(x)g(y(x)) \qquad f(x) = -2x \qquad g(y) = y^2$$

$$F(x) = -x^2 \qquad \frac{1}{g(y)} = \frac{1}{y^2} \qquad G(y) = -\frac{1}{y}$$

$$G(y(x)) = F(x) + c \qquad -\frac{1}{y(x)} = -x^2 + c \qquad \Rightarrow y(x) = \frac{1}{x^2 - c}$$

Wir lösen die Differenzialgleichung noch einmal und trennen dabei die Variablen:

$$\frac{\mathrm{d}y}{\mathrm{d}x} = -2xy^2 \Rightarrow \frac{1}{y^2}\mathrm{d}y = -2x\mathrm{d}x \Rightarrow \int \frac{1}{y^2}\mathrm{d}y = -\int 2x\mathrm{d}x \Rightarrow -\frac{1}{y} = -x^2 + c$$

$$\Rightarrow y = \frac{1}{x^2 - c}$$

Aus der Gleichung $g(y) = y^2 = 0$ folgt $y = 0$. Zusätzlich zur berechneten Lösung $y(x) = \frac{1}{x^2-c}$ gibt es also noch die konstante Lösung $y = 0$. In Abb. 12.2 sind links die Lösungen für drei verschiedene Werte von c dargestellt. ∎

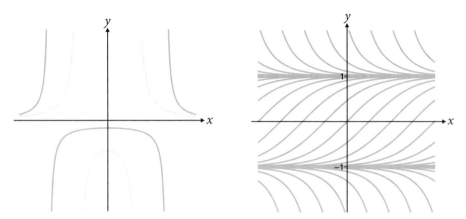

Abb. 12.2: Lösungen von $y'(x) = -2xy(x)^2$ (links) und $y'(x) = 1 - y(x)^2$ (rechts).

Beispiel 12.3: $y'(x) = 1 - y(x)^2$

$$\frac{\mathrm{d}y}{\mathrm{d}x} = 1 - y^2 \Rightarrow \frac{1}{1 - y^2}\mathrm{d}y = \mathrm{d}x \Rightarrow \int \frac{1}{1 - y^2}\mathrm{d}y = \int \mathrm{d}x$$

Für $|y| < 1$ ist $\int \frac{1}{1-y^2}\,\mathrm{d}y = \operatorname{artanh} y$, und man erhält

$$\operatorname{artanh} y = x + c \Rightarrow y = \tanh(x + c)$$

Für $|y| > 1$ ist $\int \frac{1}{1-y^2}\,\mathrm{d}y = \operatorname{arcoth} y$, und man erhält

$$\operatorname{arcoth} y = x + c \Rightarrow y = \coth(x + c)$$

Die Funktionen $y(x) = \tanh(x + c)$ und $y(x) = \coth(x + c)$ sind Lösungen der Differenzialgleichung. Aus der Gleichung $g(y) = 1 - y^2 = 0$ folgt $y = \pm 1$. Es gibt also noch zusätzlich die konstanten Lösungen $y = \pm 1$. Man vergleiche die Lösungen für verschiedene Werte von c rechts in Abb. 12.2 mit dem Richtungsfeld in Abb. 12.1.

∎

Beispiel 12.4: Beschleunigung eines Fahrzeugs

Wir betrachten das folgende einfache Modell für ein Fahrzeug: Auf einen Körper mit der Masse m wirke eine Antriebskraft F_A, eine konstante Rollreibungskraft $-F_R$ und eine Luftwiderstandskraft $F_L = -kv^2$, die proportional zum Quadrat der Geschwindigkeit v ist (k ist eine Konstante). Die Leistung $p = F_A v$ sei konstant (bei $v = 0$ hätte man eine unendlich große Kraft F_A, was natürlich nicht realistisch ist). Die Beschleunigung a ist die Ableitung $\dot{v} = \frac{\mathrm{d}v}{\mathrm{d}t}$ der Geschwindigkeit v nach der Zeit t. Mit der Gesamtkraft $F = F_A - F_R - kv^2$ und dem Gesetz $F = ma$ von Newton folgt:

$$m\frac{\mathrm{d}v}{\mathrm{d}t} = F_A - F_R - kv^2$$

Die Multiplikation dieser Gleichung mit v ergibt:

$$mv\frac{\mathrm{d}v}{\mathrm{d}t} = p - F_R v - k v^3$$

Die Variablen dieser Differenzialgleichung lassen sich trennen:

$$mv\frac{\mathrm{d}v}{\mathrm{d}t} = p - F_R v - k v^3 \Rightarrow m\frac{v}{p - F_R v - k v^3}\mathrm{d}v = \mathrm{d}t$$

$$\Rightarrow \int \frac{mv}{p - F_R v - k v^3}\mathrm{d}v = \int \mathrm{d}t$$

Als Stammfunktion auf der linken Seite wählen wir die Integralfunktion

$$\Phi(v) = \int\limits_0^v \frac{mu}{p - F_R u - k u^3}\mathrm{d}u$$

mit der Eigenschaft $\Phi(0) = 0$. Damit erhalten wir die Gleichung:

$$\Phi(v) = t + c$$

Zur Zeit $t = 0$ soll $v = 0$ sein. Daraus folgt $\Phi(0) = c$. Wegen $\Phi(0) = 0$ gilt $c = 0$. Daraus folgt:

$$\Phi(v) = t \tag{12.8}$$

Die Stammfunktion $\Phi(v)$ auf der linken Seite lässt sich zwar bestimmen, sie ist jedoch sehr kompliziert. Aus diesem Grund lässt sich die Gleichung 12.8 nicht nach v auflösen.

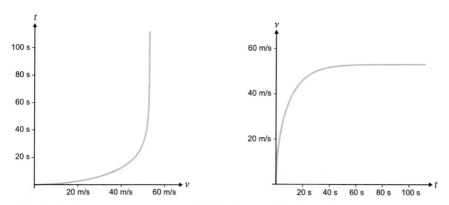

Abb. 12.3: Graph der Funktionen $\Phi(v)$ (links) und $v(t)$ (rechts).

Die Gleichung (12.8) ist die Funktionsgleichung der Umkehrfunktion der gesuchten Lösung der Differenzialgleichung. Für bestimmte Werte von m,k,F_R,p ist diese Funktion in Abb. 12.3 links zu sehen. Rechts in Abb. 12.3 sieht man die Umkehrfunktion davon, d. h., die gesuchte Lösung der Differenzialgleichung. ∎

Das Beispiel 12.4 zeigt die Schwierigkeiten, die bei der Lösung einer separablen Differenzialgleichung auftreten können: Die Bestimmung der Stammfunktionen kann schwierig oder unmöglich sein. Auch wenn sie möglich ist, kann man eine Gleichung erhalten, die sich nicht nach der gesuchten Funktion auflösen lässt.

12.2.2 Lineare Differenzialgleichungen

Definition 12.6: Lineare Differenzialgleichungen 1. Ordnung

Inhomogene Differenzialgleichung :		$y'(x) + a(x)y(x) = b(x)$			(12.9)

Homogene Differenzialgleichung :		$y'(x) + a(x)y(x) = 0$			(12.10)

$a(x)$ und $b(x)$ sind Funktionen.

Homogene Differenzialgleichungen

Die homogene Differenzialgleichung (12.10) ist separabel. Die Lösung erfolgt durch Trennung der Variablen:

$$\frac{\mathrm{d}y}{\mathrm{d}x} + a(x)y = 0 \Rightarrow \frac{\mathrm{d}y}{\mathrm{d}x} = -a(x)y \Rightarrow \frac{1}{y}\mathrm{d}y = -a(x)\mathrm{d}x \Rightarrow \int \frac{1}{y}\mathrm{d}y = -\int a(x)\mathrm{d}x$$

Ist $A(x)$ eine Stammfunktion von $a(x)$, dann folgt:

$$\ln|y| = -A(x) + c \Rightarrow |y| = \mathrm{e}^{-A(x)+c} = \mathrm{e}^c\,\mathrm{e}^{-A(x)} \Rightarrow y = \pm\mathrm{e}^c\,\mathrm{e}^{-A(x)} = k\,\mathrm{e}^{-A(x)}$$

mit einer Konstanten $k = \pm\mathrm{e}^c \neq 0$. Zusätzlich gibt es die konstante Lösung $y = 0$. Lässt man für k auch den Wert $k = 0$ zu, so kann man alle Lösungen folgendermaßen angeben:

Lösung der homogenen Gleichung (12.10)

$$y(x) = k\,\mathrm{e}^{-A(x)} \qquad k \in \mathbb{R} \qquad\qquad (12.11)$$

$A(x)$ ist eine Stammfunktion von $a(x)$.

Beispiel 12.5: Homogene lineare Differenzialgleichung

$$y'(x) = \frac{y(x)}{1+x^2}$$

$$a(x) = -\frac{1}{1+x^2} \qquad A(x) = -\arctan x \qquad y(x) = k\,\mathrm{e}^{\arctan x} \qquad k \in \mathbb{R} \qquad\blacksquare$$

Beispiel 12.6: Entladung eines Kondensators

Wir betrachten die in Abb. 12.4 links gezeigte Reihenschaltung mit einem ohmschen Widerstand R und einem Kondensator mit Kapazität C. Der Kondensator sei aufgeladen. Bis zur Zeit $t = 0$, d.h. für $t \leq 0$, sei die Kondensatorspannung U_0. Der Schalter wird zur Zeit $t = 0$ geschlossen. Für die Kondensatorspannung $U(t)$ gilt für $t \geq 0$ folgende Differenzialgleichung:

$$\dot{U}(t) + \frac{1}{RC}U(t) = 0$$

Die allgemeine Lösung dieser Differenzialgleichung lautet nach (12.11)

$$U(t) = k\,\mathrm{e}^{-\frac{1}{RC}t}$$

Aus der Anfangsbedingung $U(0) = U_0$ folgt $k = U_0$. Die partikuläre Lösung

$$U(t) = U_0\,\mathrm{e}^{-\frac{1}{RC}t}$$

ist in Abb. 12.4 rechts dargestellt.   ■

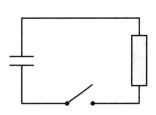 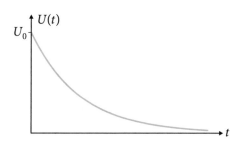

Abb. 12.4: Schaltung (links) und Kondensatorspannung (rechts) bei Bsp. 12.6.

Inhomogene Differenzialgleichungen

Die Trennung der Variablen ist bei inhomogenen Differenzialgleichungen nicht immer möglich. Wir benötigen ein anderes Lösungsverfahren. Dazu betrachten wir die Lösung

$$y(x) = k\,\mathrm{e}^{-A(x)}$$

der homogenen Gleichung und ersetzen die Konstante k durch eine Funktion $k(x)$. Diese Vorgehensweise nennt man **Variation der Konstanten**.

$$y(x) = k(x)\,\mathrm{e}^{-A(x)}$$
$$y'(x) = k'(x)\,\mathrm{e}^{-A(x)} - k(x)A'(x)\,\mathrm{e}^{-A(x)} = k'(x)\,\mathrm{e}^{-A(x)} - k(x)a(x)\,\mathrm{e}^{-A(x)}$$

Setzt man dies in die Differenzialgleichung (12.9) ein, so erhält man:

$$\underbrace{k'(x)\,e^{-A(x)} - k(x)a(x)\,e^{-A(x)}}_{y'(x)} + a(x)\,\underbrace{k(x)\,e^{-A(x)}}_{y(x)} = b(x)$$

$$\Rightarrow k'(x)\,e^{-A(x)} = b(x) \Rightarrow k'(x) = b(x)\,e^{A(x)}$$

$$\Rightarrow k(x) = \int b(x)\,e^{A(x)}\,dx = F(x) + c$$

Hier ist $F(x)$ eine Stammfunktion von $b(x)\,e^{A(x)}$. Damit lautet die Lösung:

$$y(x) = k(x)\,e^{-A(x)} = (F(x) + c)\,e^{-A(x)}$$

Lösung der inhomogenen Gleichung (12.9)

$$y(x) = (F(x) + c)\,e^{-A(x)} \qquad\qquad c \in \mathbb{R} \qquad\qquad (12.12)$$

$A(x)$ ist eine Stammfunktion von $a(x)$.
$F(x)$ ist eine Stammfunktion von $b(x)\,e^{A(x)}$.

Beispiel 12.7: Inhomogene lineare Differenzialgleichung

$$y'(x) + \frac{2x}{1+x^2}y(x) = 15x^2$$

$$a(x) = \frac{2x}{1+x^2} \qquad A(x) = \ln(1+x^2) \qquad b(x) = 15x^2$$

$$e^{A(x)} = e^{\ln(1+x^2)} = 1+x^2 \qquad e^{-A(x)} = \frac{1}{e^{A(x)}} = \frac{1}{1+x^2}$$

$$b(x)\,e^{A(x)} = 15x^2(1+x^2) = 15x^2 + 15x^4 \qquad F(x) = 5x^3 + 3x^5$$

$$y(x) = \left(5x^3 + 3x^5 + c\right)\frac{1}{1+x^2} \qquad\qquad \blacksquare$$

Beispiel 12.8: Aufladung eines Kondensators

Wir betrachten die in Abb. 12.5 links gezeigte Reihenschaltung mit einem ohmschen Widerstand R und einem Kondensator mit Kapazität C. Der Kondensator sei entladen. Bis zur Zeit $t - 0$, d.h. für $t \leq 0$, sei die Kondensatorspannung null. Zur Zeit $t = 0$ wird eine konstante Spannung U_0 angelegt. Für die Kondensatorspannung $U(t)$ gilt für $t \geq 0$ folgende Differenzialgleichung:

$$\dot{U}(t) + \tfrac{1}{RC}U(t) = \tfrac{1}{RC}U_0$$

Wir lösen die Differenzialgleichung gemäß (12.12):

$$a(t) = \frac{1}{RC} \qquad A(t) = \frac{1}{RC}\, t \qquad b(t) = \frac{1}{RC}\, U_0$$

$$b(t)\, \mathrm{e}^{A(t)} = \frac{1}{RC}\, U_0\, \mathrm{e}^{\frac{1}{RC} t} \qquad F(t) = U_0\, \mathrm{e}^{\frac{1}{RC} t}$$

$$U(t) = (F(t) + c)\, \mathrm{e}^{-A(t)} = \left(U_0\, \mathrm{e}^{\frac{1}{RC} t} + c \right) \mathrm{e}^{-\frac{1}{RC} t} = U_0 + c\, \mathrm{e}^{-\frac{1}{RC} t}$$

Aus der Anfangsbedingung $U(0) = 0$ folgt $c = -U_0$. Die partikuläre Lösung

$$U(t) = U_0 - U_0\, \mathrm{e}^{-\frac{1}{RC} t} = U_0 \left(1 - \mathrm{e}^{-\frac{1}{RC} t} \right)$$

ist in Abb. 12.5 rechts dargestellt.   ■

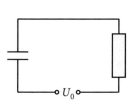 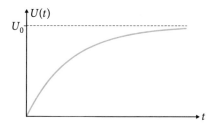

Abb. 12.5: Schaltung (links) und Kondensatorspannung (rechts) bei Bsp. 12.8.

Bei der allgemeinen Lösung (12.12) der inhomogenen Differenzialgleichung

$$y(x) = (F(x) + c)\, \mathrm{e}^{-A(x)} = c\, \mathrm{e}^{-A(x)} + F(x)\, \mathrm{e}^{-A(x)} = y_h(x) + y_p(x)$$

ist $y_h(x) = c\, \mathrm{e}^{-A(x)}$ die allgemeine Lösung der homogenen und $y_p(x) = F(x)\, \mathrm{e}^{-A(x)}$ eine spezielle (für $c = 0$), d.h. partikuläre Lösung der inhomogenen Differenzialgleichung. Hat man die allgemeine Lösung $y_h(x)$ der homogenen und irgendeine partikuläre Lösung $y_p(x)$ der inhomogenen Differenzialgleichung, dann gilt für die Summe $y(x) = y_h(x) + y_p(x)$:

$$\begin{aligned}
y'(x) + a(x)y(x) &= (y_h(x) + y_p(x))' + a(x)(y_h(x) + y_p(x)) \\
&= y_h'(x) + y_p'(x) + a(x)y_h(x) + a(x)y_p(x) \\
&= \underbrace{y_h'(x) + a(x)y_h(x)}_{=0} + \underbrace{y_p'(x) + a(x)y_p(x)}_{=b(x)} = b(x)
\end{aligned}$$

Die allgemeine Lösung $y(x)$ der inhomogenen Differenzialgleichung ist die Summe der allgemeinen Lösung $y_h(x)$ der homogenen und einer partikulären Lösung $y_p(x)$ der inhomogenen Differenzialgleichung:

$$y(x) = y_h(x) + y_p(x) \tag{12.13}$$

Für eine konstante Funktion $a(x) = a$ mit konstantem Funktionswert a spricht man von einer Differenzialgleichung mit konstantem Koeffizienten. In diesem Fall kann man für bestimmte Funktionen $b(x)$ auf der rechten Seite der Differenzialgleichung für die partikuläre Lösung $y_p(x)$ den gleichen Funktionstyp wählen. Bei diesem **Ansatz vom Typ der rechten Seite** ist es dann nicht nötig, zur Bestimmung von $y_p(x)$ Stammfunktionen zu bestimmen (was evtl. schwierig sein kann). In der folgenden Tabelle sind für einige einfache bzw. wichtige Funktionen $b(x)$ die zugehörigen Ansätze für $y_p(x)$ aufgelistet.

Tab. 12.1: Ansätze vom Typ der rechten Seite

Rechte Seite $b(x)$	Ansatz für $y_p(x)$
Polynom vom Grad n	$B_0 + B_1 x + \ldots + B_n x^n$ für $a \neq 0$
$A\, e^{\mu x}$	$B\, e^{\mu x}$ für $\mu \neq -a$ $B x\, e^{\mu x}$ für $\mu = -a$
$A_1 \cos(\omega x) + A_2 \sin(\omega x)$	$B_1 \cos(\omega x) + B_2 \sin(\omega x)$
$e^{\mu x}\left[A_1 \cos(\omega x) + A_2 \sin(\omega x)\right]$	$e^{\mu x}\left[B_1 \cos(\omega x) + B_2 \sin(\omega x)\right]$

Für Anwendungen besonders wichtig ist der dritte Fall (s. Bsp. 12.12). Auch wenn auf der rechten Seite $b(x)$ nur der Kosinus oder der Sinus vorkommt (d.h. A_1 oder A_2 null ist), muss der Ansatz für $y_p(x)$ gemäß Tabelle 12.1 erfolgen (d.h. mit der Kosinus- und der Sinusfunktion). Diese Ansätze kann man auch kombinieren: Hat man z.B. eine partikuläre Lösung $y_1(x)$ bzw. $y_2(x)$ für die rechte Seite $b_1(x)$ bzw. $b_1(x)$, dann gilt für die Summe $y_p(x) = y_1(x) + y_2(x)$:

$$
\begin{aligned}
y_p'(x) + a(x)y_p(x) &= (y_1(x) + y_2(x))' + a(x)(y_1(x) + y_2(x)) \\
&= y_1'(x) + y_2'(x) + a(x)y_1(x) + a(x)y_2(x) \\
&= \underbrace{y_1'(x) + a(x)y_1(x)}_{=b_1(x)} + \underbrace{y_2'(x) + a(x)y_2(x)}_{=b_2(x)} = b_1(x) + b_2(x)
\end{aligned}
$$

Die Summe $y_p(x) = y_1(x) + y_2(x)$ ist also eine partikuläre Lösung für die rechte Seite $b(x) = b_1(x) + b_2(x)$.

Beispiel 12.9: $y'(x) + 2y(x) = 4x^2$

Es handelt sich um den ersten Fall von Tabelle 12.1. Die rechte Seite $b(x) = 4x^2$ ist ein Polynom vom Grad 2. Für die partikuläre Lösung $y_p(x)$ muss man deshalb ein Polynom vom Grad 2 wählen:

$$
y_p(x) = B_0 + B_1 x + B_2 x^2 \qquad y_p'(x) = B_1 + 2B_2 x
$$

$$
y_p'(x) + 2y_p(x) = B_1 + 2B_2 x + 2(B_0 + B_1 x + B_2 x^2)
$$

$$
= \underbrace{2B_2}_{=4}\, x^2 + \underbrace{(2B_1 + 2B_2)}_{=0}\, x + \underbrace{(2B_0 + B_1)}_{=0} = 4x^2
$$

Daraus folgt ein lineares Gleichungssystem:

$$\Rightarrow \quad \begin{array}{rcl} 2B_0 + B_1 & = & 0 \\ 2B_1 + 2B_2 & = & 0 \\ 2B_2 & = & 4 \end{array} \quad \Rightarrow \quad \begin{array}{rcl} B_0 & = & 1 \\ B_1 & = & -2 \\ B_2 & = & 2 \end{array}$$

Damit lautet die partikuläre Lösung:

$$y_p(x) = 2x^2 - 2x + 1$$

Mit (12.11) und (12.13) erhält man für die allgemeine Lösung:

$$y(x) = y_h(x) + y_p(x) = k\,e^{-2x} + 2x^2 - 2x + 1 \qquad \blacksquare$$

Beispiel 12.10: $y'(x) + 2y(x) = 10\sin(4x)$

Es handelt sich um den dritten Fall von Tabelle 12.1.

$$y_p(x) = B_1\cos(4x) + B_2\sin(4x) \qquad y_p'(x) = -4B_1\sin(4x) + 4B_2\cos(4x)$$

$$y_p'(x) + 2y_p(x) = -4B_1\sin(4x) + 4B_2\cos(4x) + 2\left(B_1\cos(4x) + B_2\sin(4x)\right)$$

$$= \underbrace{(2B_1 + 4B_2)}_{=0}\cos(4x) + \underbrace{(-4B_1 + 2B_2)}_{=10}\sin(4x) = 10\sin(4x)$$

Daraus folgt ein lineares Gleichungssystem:

$$\Rightarrow \quad \begin{array}{rcl} 2B_1 + 4B_2 & = & 0 \\ -4B_1 + 2B_2 & = & 10 \end{array} \quad \Rightarrow \quad \begin{array}{rcl} B_1 & = & -2 \\ B_2 & = & 1 \end{array}$$

Damit lautet die partikuläre Lösung:

$$y_p(x) = -2\cos(4x) + \sin(4x)$$

Mit (12.11) und (12.13) erhält für die allgemeine Lösung:

$$y(x) = y_h(x) + y_p(x) = k\,e^{-2x} - 2\cos(4x) + \sin(4x) \qquad \blacksquare$$

Beispiel 12.11: Rechte Seite ist Summe zweier Funktionen

Wir betrachten die folgende Differenzialgleichung:

$$y'(x) + 2y(x) = 4x^2 + 10\sin(4x)$$

Die rechte Seite $b(x) = 4x^2 + 10\sin(4x)$ ist die Summe der zwei Funktionen $b_1(x) = 4x^2$ und $b_2(x) = 10\sin(4x)$. Eine partikuläre Lösung für die rechte Seite $b_1(x) = 4x^2$ ist die Funktion $y_1(x) = 2x^2 - 2x + 1$ (s. Bsp. 12.9). Eine partikuläre Lösung für die rechte Seite $b_2(x) = 10\sin(x)$ ist die Funktion $y_2(x) = -2\cos(4x) + \sin(4x)$ (s. Bsp. 12.10). Eine partikuläre Lösung für die rechte Seite $b(x) = b_1(x) + b_2(x) = 4x^2 + 10\sin(4x)$ ist die Funktion

$$y_p(x) = y_1(x) + y_2(x) = 2x^2 - 2x + 1 - 2\cos(4x) + \sin(4x) \qquad \blacksquare$$

Beispiel 12.12: Wechselspannung an RC-Serienschaltung

An eine Reihenschaltung eines ohmschen Widerstandes R und eines Kondensators mit Kapazität C (s. Abb. 12.2.2, links) werde zur Zeit $t = 0$ eine Wechselspannung $U_0 \sin(\omega t)$ angelegt. Für die Kondensatorspannung $U(t)$ gilt für $t \geq 0$:

$$\dot{U}(t) + \frac{1}{RC} U(t) = \frac{U_0}{RC} \sin(\omega t)$$

Ist der Kondensator zu Beginn (zur Zeit $t = 0$) entladen, so gilt die Anfangsbedingung $U(0) = 0$. Für die partikuläre Lösung erhalten wir gemäß Tabelle 12.1:

$$\begin{aligned}
U_p(t) &= B_1 \cos(\omega t) + B_2 \sin(\omega t) \\
\dot{U}_p(t) &= -\omega B_1 \sin(\omega t) + \omega B_2 \cos(\omega t) \\
\dot{U}_p(t) + \tfrac{1}{RC} U_p(t) &= -\omega B_1 \sin(\omega t) + \omega B_2 \cos(\omega t) + \tfrac{1}{RC}\big(B_1 \cos(\omega t) + B_2 \sin(\omega t)\big) \\
&= \underbrace{\left(\tfrac{1}{RC} B_1 + \omega B_2\right)}_{=0} \cos(\omega t) + \underbrace{\left(-\omega B_1 + \tfrac{1}{RC} B_2\right)}_{=\frac{U_0}{RC}} \sin(\omega t) \\
&= \tfrac{U_0}{RC} \sin(\omega t)
\end{aligned}$$

Daraus folgt das lineare Gleichungssystem

$$\begin{aligned}
\tfrac{1}{RC} B_1 + \omega B_2 &= 0 \\
-\omega B_1 + \tfrac{1}{RC} B_2 &= \tfrac{U_0}{RC}
\end{aligned}$$

mit der Lösung

$$B_1 = -\frac{\omega RC U_0}{1 + (\omega RC)^2} \qquad B_2 = \frac{U_0}{1 + (\omega RC)^2}$$

Die partikuläre Lösung der Differenzialgleichung nach Tabelle 12.1 lautet damit:

$$\begin{aligned}
U_p(t) &= -\frac{\omega RC U_0}{1 + (\omega RC)^2} \cos(\omega t) + \frac{U_0}{1 + (\omega RC)^2} \sin(\omega t) \\
&= \frac{U_0}{1 + (\omega RC)^2} \big[\sin(\omega t) - \omega RC \cos(\omega t) \big]
\end{aligned}$$

Die allgemeine Lösung $U_h(t)$ der homogenen Differenzialgleichung ist nach (12.11)

$$U_h(t) = k \, e^{-\frac{1}{RC} t}$$

Für die allgemeine Lösung $U(t)$ der inhomogenen Differenzialgleichung gilt nach (12.13):

$$U(t) = k \, e^{-\frac{1}{RC} t} + \frac{U_0}{1 + (\omega RC)^2} \big[\sin(\omega t) - \omega RC \cos(\omega t) \big]$$

Aus der Anfangsbedingung $U(0) = 0$ folgt $k = \frac{\omega RC}{1 + (\omega RC)^2} U_0$. Die gesuchte Lösung der Differenzialgleichung lautet damit:

$$U(t) = \frac{U_0}{1 + (\omega RC)^2} \left[\omega RC \, e^{-\frac{1}{RC} t} + \sin(\omega t) - \omega RC \cos(\omega t) \right] \qquad \blacksquare$$

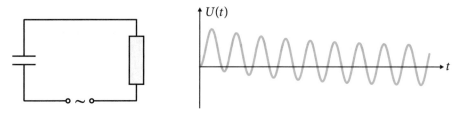

Abb. 12.6: Schaltung (links) und Kondensatorspannung (rechts) von Beispiel 12.12.

12.3 Lineare Differenzialgleichungen 2. Ordnung

In vielen Gebieten der Naturwissenschaft und der Technik treten Schwingungen auf. Die mathematische Behandlung von Schwingungen ist ein wichtiges Thema der angewandten Mathematik. Zwei einfache Beispiele sind das Federpendel und der elektrische Schwingkreis in Abb. 12.7.

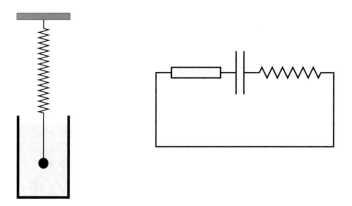

Abb. 12.7: Gedämpfte Schwingung: Federpendel (links) und elektrischer Schwingkreis (rechts).

Bei dem Federpendel links in Abb. 12.7 gilt für die zeitabhänige Auslenkung $y(t)$ aus der Gleichgewichtslage die Gleichung

$$\ddot{y}(t) + \frac{k}{m}\dot{y}(t) + \frac{D}{m}y(t) = 0$$

Dabei ist m die schwingende Masse, D die Federkonstante der Feder und k ein Reibungskoeffizient. Bei dem elektrischen Schwingkreis rechts in Abb. 12.7 gilt für den zeitabhängigen Strom $I(t)$ die Gleichung

$$\ddot{I}(t) + \frac{R}{L}\dot{I}(t) + \frac{1}{LC}I(t) = 0$$

Hier ist R der Wert des ohmschen Widerstandes, L die Induktivität der Spule und C die Kapazität des Kondensators. Diese Gleichungen sind lineare Differenzialgleichungen zweiter Ordnung mit konstanten Koeffizienten.

Definition 12.7: Lineare Differenzialgleichung 2. Ordnung

$$y''(x) + a(x)y'(x) + b(x)y(x) = g(x) \qquad (12.14)$$

$a(x), b(x), g(x)$ sind Funktionen.

Ist $g(x) = 0$, so heißt die Differenzialgleichung **homogen**. Für konstante Funktionen $a(x) = a$ und $b(x) = b$ spricht man von einer Differenzialgleichung mit konstanten Koeffizienten. Aufgrund der Bedeutung für die Anwendung beschränken wir uns auf solchen Differenzialgleichungen.

12.3.1 Homogene Differenzialgleichungen mit konstanten Koeffizienten

---

Homogene lineare Differenzialgleichung 2. Ordnung mit konstanten Koeffizienten

$$y''(x) + ay'(x) + by(x) = 0 \qquad a, b \in \mathbb{R} \qquad (12.15)$$

Zur Lösung dieser Differenzialgleichung machen wir folgenden Ansatz:

$$y(x) = e^{\lambda x} \qquad (12.16)$$

Da die Ableitung dieser Funktion bis auf den Faktor λ wieder die gleiche Funktion ist, erhalten wir mit diesem Ansatz nämlich eine einfache Gleichung, die keine Differenzialgleichung mehr ist:

$$y''(x) + ay'(x) + by(x) = \lambda^2 e^{\lambda x} + a\lambda e^{\lambda x} + b e^{\lambda x} = \left(\lambda^2 + a\lambda + b\right) e^{\lambda x} = 0$$

Wegen $e^{\lambda x} \neq 0$ folgt daraus die sog. **charakteristische Gleichung**:

$$\lambda^2 + a\lambda + b = 0 \qquad (12.17)$$

Ist λ eine reelle Lösung der charakteristischen Gleichung, dann ist $y(x) = e^{\lambda x}$ eine Lösung der Differenzialgleichung. Die charakteristische Gleichung ist eine quadratische Gleichung und kann zwei verschiedene Lösungen haben. In diesem Fall hat man zwei verschiedene Lösungen der Differenzialgleichung. Sind $y_1(x)$ und $y_2(x)$ zwei verschiedene Lösungen der Differenzialgleichung, dann ist auch die Linearkombination $y(x) = c_1 y_1(x) + c_2 y_2(x)$ eine Lösung der Differenzialgleichung:

$$y''(x) + ay'(x) + b(y(x)) =$$
$$= [c_1 y_1(x) + c_2 y_2(x)]'' + a [c_1 y_1(x) + c_2 y_2(x)]' + b [c_1 y_1(x) + c_2 y_2(x)]$$
$$= c_1 \underbrace{[y_1''(x) + ay_1'(x) + by_1(x)]}_{=0} + c_2 \underbrace{[y_2''(x) + ay_2'(x) + by_2(x)]}_{=0} = 0$$

Bei der Bestimmung der allgemeinen Lösung der Differenzialgleichung unterscheiden wir drei Fälle:

1. Fall: $a^2 - 4b > 0$, zwei verschiedene reelle Lösungen der charakteristischen Gleichung

Die charakteristische Gleichung hat die Lösungen

$$\lambda_{1;2} = \frac{1}{2} \left(-a \pm \sqrt{a^2 - 4b} \right)$$

Damit hat man zwei Lösungen $y_1(x) = e^{\lambda_1 x}$ und $y_2(x) = e^{\lambda_2 x}$ der Differenzialgleichung. Auch die Linearkombination $y(x) = c_1 e^{\lambda_1 x} + c_2 e^{\lambda_2 x}$ mit den zwei Parametern c_1 und c_2 ist eine Lösung. Wir prüfen, ob wir mit dieser Lösung alle Anfangsbedingungen $y(x_0) = \gamma_0$ und $y'(x_0) = \gamma_1$ mit beliebigen x_0, γ_0, γ_1 erfüllen können:

$$c_1 y_1(x_0) + c_2 y_2(x_0) = \gamma_0$$
$$c_1 y_1'(x_0) + c_2 y_2'(x_0) = \gamma_1$$

Für gegebene x_0, γ_0, γ_1 ist dies ein lineares Gleichungssystem mit den Unbekannten c_1, c_2. Für die Determinante der Koeffizientenmatrix erhalten wir:

$$\begin{vmatrix} y_1(x_0) & y_2(x_0) \\ y_1'(x_0) & y_2'(x_0) \end{vmatrix} = \begin{vmatrix} e^{\lambda_1 x_0} & e^{\lambda_2 x_0} \\ \lambda_1 e^{\lambda_1 x_0} & \lambda_2 e^{\lambda_2 x_0} \end{vmatrix} = e^{(\lambda_1 + \lambda_2) x_0} (\lambda_2 - \lambda_1) \neq 0$$

Die Determinante der Koeffizientenmatrix ist ungleich null für alle x_0. Das lineare Gleichungssystem ist für alle x_0, γ_0, γ_1 eindeutig lösbar. Die Linearkombination

$$y(x) = c_1 e^{\lambda_1 x} + c_2 e^{\lambda_2 x} \qquad \text{mit} \quad \lambda_{1;2} = \frac{1}{2} \left(-a \pm \sqrt{a^2 - 4b} \right) \qquad (12.18)$$

liefert für jedes Anfangswertproblem eine eindeutige Lösung. Sie ist die allgemeine Lösung der Differenzialgleichung. Die Determinante

$$W(x) = \begin{vmatrix} y_1(x) & y_2(x) \\ y_1'(x) & y_2'(x) \end{vmatrix}$$

heißt **Wronski-Determinante**. Für sie gilt:

$$W(x) = \begin{vmatrix} e^{\lambda_1 x} & e^{\lambda_2 x} \\ \lambda_1 e^{\lambda_1 x} & \lambda_2 e^{\lambda_2 x} \end{vmatrix} = e^{(\lambda_1 + \lambda_2) x} (\lambda_2 - \lambda_1) \neq 0 \qquad \text{für alle } x \in \mathbb{R}$$

2. Fall: $a^2 - 4b = 0$, eine (zweifache) reelle Lösung der charakteristischen Gleichung

Mit der Lösung $\lambda = -\frac{a}{2}$ der charakteristischen Gleichung hat man als Lösung der Differenzialgleichung die Funktion $y(x) = e^{\lambda x}$. Auch die Funktion $y(x) = c\,e^{\lambda x}$ ist eine Lösung. Damit lassen sich jedoch nicht alle Anfangswertprobleme lösen. Wir benötigen eine Lösung mit zwei Parametern. Um diese zu erhalten, führen wir wieder eine **Variation der Konstanten** durch: Wir ersetzen in $y(x) = c\,e^{\lambda x}$ die Konstante c durch eine Funktion $c(x)$:

$$
\begin{aligned}
y(x) &= c(x)\,e^{\lambda x} \\
y'(x) &= c'(x)\,e^{\lambda x} + c(x)\lambda\,e^{\lambda x} \\
y''(x) &= c''(x)\,e^{\lambda x} + 2c'(x)\lambda\,e^{\lambda x} + \lambda^2 c(x)\,e^{\lambda x}
\end{aligned}
$$

Setzt man dies in die Differenzialgleichung ein, so erhält man mit $\lambda = -\frac{a}{2}$:

$$
\begin{aligned}
y''(x) + ay'(x) + by(x) &= c''(x)\,e^{\lambda x} + 2c'(x)\lambda\,e^{\lambda x} + \lambda^2 c(x)\,e^{\lambda x} \\
&\quad + a\big[c'(x)\,e^{\lambda x} + c(x)\lambda\,e^{\lambda x}\big] + bc(x)\,e^{\lambda x} \\
&= c''(x)\,e^{\lambda x} + \underbrace{\left(\lambda^2 + a\lambda + b\right)}_{=0} c(x)\,e^{\lambda x} = c''(x)\,e^{\lambda x} = 0
\end{aligned}
$$

Daraus folgt:

$$
\begin{aligned}
&c''(x) = 0 \Rightarrow c'(x) = c_2 \Rightarrow c(x) = c_2 x + c_1 \\
&y(x) = c(x)\,e^{\lambda x} = (c_2 x + c_1)\,e^{\lambda x} = c_1 y_1(x) + c_2 y_2(x)
\end{aligned}
$$

mit zwei Konstanten c_1, c_2 und Funktionen

$$
y_1(x) = e^{\lambda x} \qquad y_2(x) = x\,e^{\lambda x}
$$

Für die Wronski-Determinante dieser Funktionen gilt:

$$
\begin{vmatrix} y_1(x) & y_2(x) \\ y_1'(x) & y_2'(x) \end{vmatrix} = \begin{vmatrix} e^{\lambda x} & x\,e^{\lambda x} \\ \lambda\,e^{\lambda x} & (1+\lambda x)\lambda\,e^{\lambda x} \end{vmatrix} = e^{2\lambda x} = e^{-ax} \neq 0 \qquad \text{für alle } x \in \mathbb{R}
$$

Wie beim ersten Fall bedeutet dies, dass die Linearkombination $c_1 y_1(x) + c_2 y_2(x)$ für jedes Anfangswertproblem eine eindeutige Lösung liefert.

3. Fall: $a^2 - 4b < 0$, zwei komplexe Lösungen der charakteristischen Gleichung

Die charakteristische Gleichung hat die komplexen Lösungen

$$
\lambda_{1;2} = \frac{1}{2}\left(-a \pm \sqrt{a^2 - 4b}\right) = \frac{1}{2}\left(-a \pm \mathrm{i}\,\sqrt{4b - a^2}\right)
$$

$$
= \beta \pm \mathrm{i}\,\omega \qquad \text{mit } \beta = -\frac{a}{2} \text{ und } \omega = \sqrt{b - \frac{a^2}{4}}
$$

Die Funktionen $e^{\lambda_1 x}$ und $e^{\lambda_2 x}$ sind komplex:

$$
\begin{aligned}
e^{\lambda_1 x} &= e^{(\beta + i\omega)x} = e^{\beta x}\,e^{i\omega x} = e^{\beta x}[\cos(\omega x) + i\sin(\omega x)] \\
&= e^{\beta x}\cos(\omega x) + i\,e^{\beta x}\sin(\omega x) \\
e^{\lambda_2 x} &= e^{(\beta - i\omega)x} = e^{\beta x}\,e^{-i\omega x} = e^{\beta x}[\cos(-\omega x) + i\sin(-\omega x)] \\
&= e^{\beta x}\cos(\omega x) - i\,e^{\beta x}\sin(\omega x)
\end{aligned}
\tag{12.19}
$$

Bedeutet das, dass es keine reellen Lösungen der Differenzialgleichung gibt? Um dies zu klären, betrachten wir die Differenzialgeichung für eine komplexe Funktion $z(x)$:

$$
z''(x) + az'(x) + bz(x) = 0
\tag{12.20}
$$

Realteil $u(x)$ und Imaginärteuil $v(x)$ der komplexen Funktion $z(x) = u(x) + i\,v(x)$ sind reelle Funktionen einer Variablen x (s. Kap. 8.4). Erfüllt $z(x)$ die Differenzialgleichung, dann gilt:

$$
\begin{aligned}
z''(x) + az'(x) + bz(x) &= [u(x) + i\,v(x)]'' + a[u(x) + i\,v(x)]' + b[u(x) + i\,v(x)] \\
&= [u''(x) + au'(x) + bu(x)] + i[v''(x) + av'(x) + bv(x)] \\
&= 0
\end{aligned}
$$

$$
\Rightarrow
\begin{cases}
u''(x) + au'(x) + bu(x) = 0 \\
v''(x) + av'(x) + bv(x) = 0
\end{cases}
$$

Gilt die Differenzialgleichung für eine komplexe Funktion, dann gilt sie also auch für den Real- und den Imaganinärteil. Die Funktion $e^{\lambda_1 x}$ ist eine Lösung der Differenzialgleichung (12.20). Daraus folgt, dass auch der Real- und der Imaginärteil Lösungen der Differenzialgleichung sind. Nach (12.19) hat man damit die zwei reellen Lösungen

$$
y_1(x) = e^{\beta x}\cos(\omega x) \qquad\qquad y_2(x) = e^{\beta x}\sin(\omega x)
$$

Für die Wronski-Determinante dieser Funktionen gilt:

$$
W(x) = \begin{vmatrix} y_1(x) & y_2(x) \\ y_1'(x) & y_2'(x) \end{vmatrix}
$$

$$
= \begin{vmatrix} e^{\beta x}\cos(\omega x) & e^{\beta x}\sin(\omega x) \\ e^{\beta x}[\beta\cos(\omega x) - \omega\sin(\omega x)] & e^{\beta x}[\omega\cos(\omega x) + \beta\sin(\omega x)] \end{vmatrix}
$$

$$
= \omega\,e^{2\beta x} = \omega\,e^{-ax} \neq 0 \qquad \text{für alle } x \in \mathbb{R}
$$

Dies bedeutet wieder, dass die Linearkombination $c_1 y_1(x) + c_2 y_2(x)$ für jedes Anfangswertproblem eine eindeutige Lösung liefert. Wir fassen die Ergebnisse zusammen:

Lösung der homogenen Differenzialgleichung mit konstanten Koeffizienten

Die Differenzialgleichung

$$y''(x) + ay'(x) + by(x) = 0 \tag{12.21}$$

hat die allgemeine Lösung

$$y(x) = c_1 y_1(x) + c_2 y_2(x) \tag{12.22}$$

Die **Fundamentallösungen** $y_1(x)$ und $y_2(x)$ sind Lösungen der Differenzialgleichung mit der Definitionsmenge $\mathbb{R}$ und der Eigenschaft

$$\begin{vmatrix} y_1(x) & y_2(x) \\ y_1'(x) & y_2'(x) \end{vmatrix} \neq 0 \qquad \text{für alle } x \in \mathbb{R} \tag{12.23}$$

Mit (12.22) lässt sich jedes Anfangswertproblem eindeutig lösen. Die **charakteristische Gleichung**

$$\lambda^2 + a\lambda + b = 0 \tag{12.24}$$

mit der Diskriminante $D = a^2 - 4b$ hat Lösungen $\lambda_{1;2}$. Für die Fundamentallösungen $y_1(x)$ und $y_2(x)$ gilt:

Fälle	$\lambda_{1;2}$	$y_1(x)$	$y_2(x)$	
$D > 0$	$\lambda_{1;2} = \frac{1}{2}(-a \pm \sqrt{D})$	$e^{\lambda_1 x}$	$e^{\lambda_2 x}$	(12.25)
$D = 0$	$\lambda_1 = \lambda_2 = -\frac{a}{2} = \lambda$	$e^{\lambda x}$	$x\,e^{\lambda x}$	(12.26)
$D < 0$	$\lambda_{1;2} = \beta \pm i\,\omega$ $\quad$ $\beta = -\frac{a}{2} \quad \omega = \sqrt{b - \frac{a^2}{4}}$	$e^{\beta x}\cos(\omega x)$	$e^{\beta x}\sin(\omega x)$	(12.27)

Bei den folgenden zwei Beispielen berechnen wir jeweils die allgemeine Lösung.

Beispiel 12.13: $y''(x) + 5y'(x) + 6y(x) = 0$

$$a = 5 \qquad b = 6 \qquad D = 1 > 0 \qquad \lambda_1 = -3 \qquad \lambda_2 = -2$$

$$y(x) = c_1\,e^{-3x} + c_2\,e^{-2x} \qquad\qquad\qquad \blacksquare$$

Beispiel 12.14: $y''(x) + 4y'(x) + 4y(x) = 0$

$$a = 4 \qquad b = 4 \qquad D = 0 \qquad \lambda = -2$$

$$y(x) = c_1\,e^{-2x} + c_2 x\,e^{-2x} = (c_1 + c_2 x)\,e^{-2x} \qquad\qquad \blacksquare$$

Beispiel 12.15: $y''(x) + 4y'(x) + 13y(x) = 0$

Wir bestimmen die partikuläre Lösung der Differenzialgleichung, welche die Anfangsbedingungen $y(0) = 1$ und $y'(0) = 10$ erfüllt.

$$a = 4 \qquad b = 13 \qquad D = -36 < 0 \qquad \beta = -2 \qquad \omega = 3$$

$$y(x) = c_1 e^{-2x} \cos(3x)x + c_2 e^{-2x} \sin(3x) = e^{-2x}[c_1 \cos(3x) + c_2 \sin(3x)]$$

$$y(0) = c_1 = 1 \Rightarrow y(x) = e^{-2x}[\cos(3x) + c_2 \sin(3x)]$$

$$\Rightarrow y'(x) = -2 e^{-2x}[\cos(3x) + c_2 \sin(3x)] + e^{-2x}[-3\sin(3x) + 3c_2 \cos(3x)]$$

$$y'(0) = -2 + 3c_2 = 10 \Rightarrow c_2 = 4$$

Die partikuläre Lösung lautet:

$$\Rightarrow y(x) = e^{-2x}[\cos(3x) + 4\sin(3x)] \qquad \blacksquare$$

Beispiel 12.16: Gedämpfte Schwingung

Zwei einfache Beispiele sind das Federpendel und der elektrische Schwingkreis.

 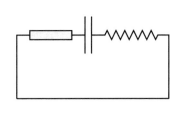

Abb. 12.8: Gedämpfte Schwingung: Federpendel (links) und elektrischer Schwingkreis (rechts).

Bei beiden Systemen hat man eine Differenzialgleichung der Form

$$\ddot{y}(t) + 2\delta\,\dot{y}(t) + \omega_0^2\,y(t) = 0 \tag{12.28}$$

Für die Konstanten δ, ω_0^2 gelten folgende Formeln:

Federpendel   **Schwingkreis**

$$\delta = \frac{k}{2m} \qquad\qquad \delta = \frac{R}{2L}$$

$$\omega_0^2 = \frac{D}{m} \qquad\qquad \omega_0^2 = \frac{1}{LC}$$

Die aufgeführten Größen haben folgende Bedeutung:

Federpendel		**Schwingkreis**	
$y(t)$	Auslenkung der Masse aus der Gleichgewichtslage	$y(t)$	Strom $I(t)$ durch den Schwingkreis
m	Masse des Körpers	L	Induktivität der Spule
k	Reibungskoeffizient	R	Widerstandswert
D	Federkonstante	C	Kapazität des Kondensators

Die charakteristische Gleichung

$$\lambda^2 + 2\delta\lambda + \omega_0^2 = 0$$

hat die Lösungen $\lambda_{1;2} = -\delta \pm \sqrt{\delta^2 - \omega_0^2}$. Ist der Reibungskoeffizient k bzw. der Widerstandswert R klein genug (schwache „Dämpfung"), dann ist $\delta^2 - \omega_0^2 < 0$ und die Lösungen $\lambda_{1;2}$ sind komplex:

$$\lambda_{1;2} = -\delta \pm \mathrm{i}\sqrt{\omega_0^2 - \delta^2} = -\delta \pm \mathrm{i}\,\omega \qquad \text{mit } \omega = \sqrt{\omega_0^2 - \delta^2}$$

In diesem Fall lautet die Lösung:

$$y(t) = c_1\,\mathrm{e}^{-\delta t}\cos(\omega t) + c_2\,\mathrm{e}^{-\delta t}\sin(\omega t) = \mathrm{e}^{-\delta t}[c_1\cos(\omega t) + c_2\sin(\omega t)] \qquad (12.29)$$

Zu beliebigen Werten von c_1, c_2 gibt es Konstanten A und φ mit der Eigenschaft

$$c_1 = A\cos\varphi \qquad c_2 = A\sin\varphi$$

A, φ sind die Polarkoordinaten eines Punktes mit den kartesischen Koordinaten c_1, c_2. Mit den Additionstheoremen folgt:

$$\begin{aligned} y(t) &= \mathrm{e}^{-\delta t}[A\cos\varphi\cos(\omega t) + A\sin\varphi\sin(\omega t)] \\ &= A\,\mathrm{e}^{-\delta t}[\cos(\omega t)\cos\varphi + \sin(\omega t)\sin\varphi] = A\,\mathrm{e}^{-\delta t}\cos(\omega t - \varphi) \qquad (12.30) \end{aligned}$$

Für bestimmte Werte von A, φ ist die Lösung in Abb. 12.9 dargestellt. ■

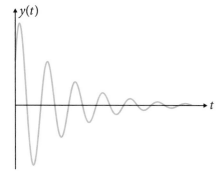

Abb. 12.9: Gedämpfte Schwingung.

12.3.2   Inhomogene Differenzialgleichungen mit konstanten Koeffizienten

---

Inhomogene lineare Differenzialgleichung 2. Ordnung mit konstanten Koeffizienten

$$y''(x) + ay'(x) + by(x) = g(x) \qquad\qquad a,b \in \mathbb{R} \qquad\qquad (12.31)$$

Ist $y_p(x)$ eine spezielle und $y(x)$ eine beliebige andere Lösung der inhomogenen Differenzialgleichung, dann ist $y_h(x) = y(x) - y_p(x)$ eine Lösung der homogenen Differenzialgleichung:

$$
\begin{aligned}
y_h''(x) + ay_h'(x) + by_h(x) &= [y(x) - y_p(x)]'' + a[y(x) - y_p(x)]' + b[y(x) - y_p(x)] \\
&= \underbrace{[y''(x) + ay'(x) + by(x)]}_{=g(x)} - \underbrace{[y_p''(x) + ay_p'(x) + by_p(x)]}_{=g(x)} \\
&= 0
\end{aligned}
$$

Jede Lösung $y(x)$ der inhomogenen Differenzialgleichung lässt sich also darstellen als Summe $y(x) = y_h(x) + y_p(x)$ einer Lösung $y_h(x)$ der homogenen Differenzialgleichung und einer speziellen Lösung $y_p(x)$ der inhomogenen Differenzialgleichung. Für jede Lösung $y_h(x)$ der homogenen Differenzialgleichung ist aber auch $y(x) = y_h(x) + y_p(x)$ eine Lösung der inhomogenen Differenzialgleichung:

$$
\begin{aligned}
y''(x) + ay'(x) + by(x) &= [y_h(x) + y_p(x)]'' + a[y_h(x) + y_p(x)]' + b[y_h(x) + y_p(x)] \\
&= \underbrace{[y_h''(x) + ay_h'(x) + by_h(x)]}_{=0} + \underbrace{[y_p''(x) + ay_p'(x) + by_p(x)]}_{=g(x)} \\
&= g(x)
\end{aligned}
$$

Das bedeutet: Die allgemeine Lösung $y(x)$ der inhomogenen Differenzialgleichung ist die Summe der allgemeinen Lösung $y_h(x)$ der homogenen Differenzialgleichung und einer partikulären Lösung $y_p(x)$ der inhomogenen Differenzialgleichung.

Allgemeine Lösung der Differenzialgleichung (12.31)

Für die allgemeine Lösung der Differenzialgleichung (12.31) gilt:

$$y(x) = y_h(x) + y_p(x) \qquad\qquad (12.32)$$

$y_h(x)$ ist die allgemeine Lösung der homogenen und $y_p(x)$ eine partikuläre Lösung der inhomogenen Differenzialgleichung.

Da geklärt ist, wie man $y_h(x)$ bestimmt, geht es jetzt nur noch darum, ein partikuläre Lösung $y_p(x)$ zu finden.

Eine Möglichkeit dazu ist wieder eine **Variation der Konstanten**: Man ersetzt in der Lösung $c_1 y_1(x) + c_2 y_2(x)$ der homogenen Differenzialgleichung die Konstanten c_1 und c_2 durch Funktionen $c_1(x)$und $c_2(x)$:

$$y(x) = c_1(x)y_1(x) + c_2(x)y_2(x)$$

Setzt man diese Funktion und deren erste und zweite Ableitung in die Differenzialgleichung (12.31) ein, so erhält man (nach einer geeigneten Zusammenfassung von Termen) die Gleichung

$$c_1(x) \overbrace{[y_1''(x) + ay_1'(x) + by_1(x)]}^{=0} + c_2(x) \overbrace{[y_2''(x) + ay_2'(x) + by_2(x)]}^{=0}$$
$$+ a[c_1'(x)y_1(x) + c_2'(x)y_2(x)] + [c_1'(x)y_1(x) + c_2'(x)y_2(x)]'$$
$$+ [c_1'(x)y_1'(x) + c_2'(x)y_2'(x)] = g(x)$$

Diese Gleichung ist erfüllt für

$$c_1'(x)y_1(x) + c_2'(x)y_2(x) = 0$$
$$c_1'(x)y_1'(x) + c_2'(x)y_2'(x) = g(x)$$

Die Determinante der Koeffizientenmatrix dieses Gleichungssystems für die Unbekannten $c_1'(x)$ und $c_2'(x)$ ist die Wronski-Determinante

$$W(x) = \begin{vmatrix} y_1(x) & y_2(x) \\ y_1'(x) & y_2'(x) \end{vmatrix}$$

Wegen $W(x) \neq 0$ ist das Gleichungssystem eindeutig lösbar. Die Lösung lautet:

$$c_1'(x) = -\frac{y_2(x)g(x)}{W(x)} \qquad c_2'(x) = \frac{y_1(x)g(x)}{W(x)}$$

Daraus folgt für die

Partikuläre Lösung der Differenzialgleichung (12.31)

Für eine partikuläre Lösung der Differenzialgleichung (12.31) gilt:

$$y_p(x) = c_1(x)y_1(x) + c_2(x)y_2(x) \tag{12.33}$$
$$c_1(x) = \int -\frac{y_2(x)g(x)}{W(x)}\mathrm{d}x \tag{12.34}$$
$$c_2(x) = \int \frac{y_1(x)g(x)}{W(x)}\mathrm{d}x \tag{12.35}$$

$y_1(x)$ und $y_2(x)$ sind Fundamentallösungen der homogenen Differenzialgleichung mit der Wronski-Determinante $W(x)$.

Beispiel 12.17: $y''(x) + 5y'(x) + 6y(x) = 4\,\mathrm{e}^{-4x}$

$$y_1(x) = \mathrm{e}^{-3x} \qquad y_2(x) = \mathrm{e}^{-2x} \qquad \text{(s. Bsp. 12.13)}$$

$$W(x) = \begin{vmatrix} \mathrm{e}^{-3x} & \mathrm{e}^{-2x} \\ -3\,\mathrm{e}^{-3x} & -2\,\mathrm{e}^{-2x} \end{vmatrix} = \mathrm{e}^{-5x}$$

$$-\frac{y_2(x)g(x)}{W(x)} = -\frac{\mathrm{e}^{-2x}\,4\,\mathrm{e}^{-4x}}{\mathrm{e}^{-5x}} = -4\,\mathrm{e}^{-x} = c_1'(x) \Rightarrow c_1(x) = \quad 4\,\mathrm{e}^{-x}$$

$$\frac{y_1(x)g(x)}{W(x)} = \frac{\mathrm{e}^{-3x}\,4\,\mathrm{e}^{-4x}}{\mathrm{e}^{-5x}} = \quad 4\,\mathrm{e}^{-2x} = c_2'(x) \Rightarrow c_2(x) = -2\,\mathrm{e}^{-2x}$$

$$y_p(x) = c_1(x)y_1(x) + c_2(x)y_2(x) = 4\,\mathrm{e}^{-x}\,\mathrm{e}^{-3x} -2\,\mathrm{e}^{-2x}\,\mathrm{e}^{-2x} = 2\,\mathrm{e}^{-4x} \qquad \blacksquare$$

Auch ein **Ansatz vom Typ der rechten Seite** ist möglich. In der folgenden Tabelle sind für einige Funktionen $g(x)$ die zugehörigen Ansätze für $y_p(x)$ aufgelistet.

Tab. 12.2: Ansätze vom Typ der rechten Seite

Rechte Seite $g(x)$	Ansatz für $y_p(x)$
Polynom vom Grad n	$B_0 + B_1 x + \ldots + B_n x^n$ wenn 0 keine Lösung der charakteristischen Gleichung ist $x^k(B_0 + B_1 x + \ldots + B_n x^n)$ wenn 0 eine k-fache Lösung der charakteristischen Gleichung ist
$A\,\mathrm{e}^{\mu x}$	$B\,\mathrm{e}^{\mu x}$ wenn μ keine Lösung der charakteristischen Gleichung ist $Bx^k\,\mathrm{e}^{\mu x}$ wenn μ eine k-fache Lösung der charakteristischen Gleichung ist
$A_1 \cos(\sigma x) + A_2 \sin(\sigma x)$	$B_1 \cos(\sigma x) + B_2 \sin(\sigma x)$ wenn $\mathrm{i}\,\sigma$ keine Lösung der charakteristischen Gleichung ist $x[B_1 \cos(\sigma x) + B_2 \sin(\sigma x)]$ wenn $\mathrm{i}\,\sigma$ eine Lösung der charakteristischen Gleichung ist
$\mathrm{e}^{\mu x}[A_1 \cos(\sigma x) + A_2 \sin(\sigma x)]$	$\mathrm{e}^{\mu x}[B_1 \cos(\sigma x) + B_2 \sin(\sigma x)]$ wenn $\mu + \mathrm{i}\,\sigma$ keine Lösung der charakteristischen Gleichung ist $x\,\mathrm{e}^{\mu x}[B_1 \cos(\sigma x) + B_2 \sin(\sigma x)]$ wenn $\mu + \mathrm{i}\,\sigma$ eine Lösung der charakteristischen Gleichung ist

Beispiel 12.18: $y''(x) + 5y'(x) + 6y(x) = 4\,\mathrm{e}^{-4x}$

Es handelt sich um den zweiten Fall von Tabelle 12.2. Die charakteristische Gleichung hat die Lösungen $\lambda_1 = -3$ und $\lambda_2 = -2$ (s. Bsp. 12.13). Wegen $\mu = -4 \neq \lambda_{1;2}$ gilt

$$y_p(x) = B\,\mathrm{e}^{-4x} \qquad y_p'(x) = -4B\,\mathrm{e}^{-4x} \qquad y_p''(x) = 16B\,\mathrm{e}^{-4x}$$

$$y_p''(x) + 5y_p'(x) + 6y_p(x) = 16B\,\mathrm{e}^{-4x} + 5(-4B\,\mathrm{e}^{-4x}) + 6B\,\mathrm{e}^{-4x} = 2B\,\mathrm{e}^{-4x}$$
$$= 4\,\mathrm{e}^{-4x}$$

$$\Rightarrow B = 2 \Rightarrow y_p(x) = 2\,\mathrm{e}^{-4x}$$

Der Vergleich mit Beispiel 12.17 zeigt, dass diese Methode einfacher sein kann als die Variation der Konstanten. ∎

Ein besonders wichtiges Anwendungsbeispiel ist die mathematische Behandlung erzwungener Schwingungen.

Beispiel 12.19: Erzwungene Schwingung

Wir betrachten eine erzwungene Schwingung mit der Anregungsfrequenz $\tilde{\omega}$, die beschrieben wird durch die Gleichung

$$\ddot{y}(t) + 2\delta\dot{y}(t) + \omega_0^2 y(t) = a\cos(\tilde{\omega}t) \tag{12.36}$$

mit Konstanten $\delta, \omega_0^2, a, \tilde{\omega}$. Dies ist eine lineare inhomogene Differenzialgleichung 2. Ordnung mit konstanten Koeffizienten. Die Abbildung 12.10 zeigt links ein Beispiel aus der Mechanik (Federpendel) und rechts eines aus der Elektrotechnik (Schwingkreis).

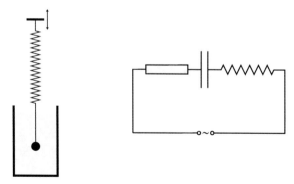

Abb. 12.10: Erzwungene Schwingung: Federpendel (links) und elektrischer Schwingkreis (rechts).

Man hat folgende Unterschiede zu Beispiel 12.16: Das obere Ende der Feder ist nicht fest, sondern wird mit der Frequenz $\tilde{\omega}$ auf- und abbewegt. An der Serienschaltung mit Widerstand, Kondensator und Spule liegt die Wechselspannung $U_0\sin(\tilde{\omega}t)$ an. Für die Konstanten $\delta, \omega_0^2, a, \tilde{\omega}$ gelten folgende Formeln:

Federpendel   **Schwingkreis**

$$\delta = \frac{k}{2m} \qquad\qquad \delta = \frac{R}{2L}$$

$$\omega_0^2 = \frac{D}{m} \qquad\qquad \omega_0^2 = \frac{1}{LC}$$

$$a = \frac{Dd}{m} \qquad\qquad a = \frac{U_0\tilde{\omega}}{L}$$

Die aufgeführten Größen haben folgende Bedeutung:

	Federpendel		**Schwingkreis**
$x(t)$	Auslenkung der Masse aus der Gleichgewichtslage	$x(t)$	Strom $I(t)$ durch den Schwingkreis
m	Masse des Körpers	L	Induktivität der Spule
k	Reibungskoeffizient	R	Widerstandswert
D	Federkonstante	C	Kapazität des Kondensators
d	Amplitude der Schwingung des oberen Endes der Feder	U_0	Amplitude der angelegten Wechselspannung

Ist der Reibungskoeffizient k bzw. der Widerstandswert R klein genug, dann sind die Lösungen $\lambda_{1;2}$ der charakteristischen Gleichung komplex (s. Bsp. 12.16):

$$\lambda_{1;2} = -\delta \pm \mathrm{i}\,\omega \qquad \text{mit } \omega = \sqrt{\omega_0^2 - \delta^2}$$

In diesem Fall lautet die Lösung der homogenen Differenzialgleichung (s. Bsp. 12.16):

$$y_h(t) = \mathrm{e}^{-\delta t}[c_1 \cos(\omega t) + c_2 \sin(\omega t)]$$

Die rechte Seite der Differenzialgleichung lautet $g(t) = a\cos(\tilde{\omega}t)$. Für die partikuläre Lösung der inhomogenen Differenzialgleichung gemäß Tabelle 12.2 und deren Ableitungen gilt:

$$y_p(t) = B_1 \cos(\tilde{\omega}t) + B_2 \sin(\tilde{\omega}t)$$
$$\dot{y}_p(t) = -\tilde{\omega}B_1 \sin(\tilde{\omega}t) + \tilde{\omega}B_2 \cos(\tilde{\omega}t)$$
$$\ddot{y}_p(t) = -\tilde{\omega}^2 B_1 \cos(\tilde{\omega}t) - \tilde{\omega}^2 B_2 \sin(\tilde{\omega}t)$$

Setzt man dies in die Differenzialgleichung ein, so erhält man:

$$\ddot{y}_p(t) + 2\delta\dot{y}_p(t) + \omega_0^2 y_p(t) = -\tilde{\omega}^2 B_1 \cos(\tilde{\omega}t) - \tilde{\omega}^2 B_2 \sin(\tilde{\omega}t)$$
$$+ 2\delta[-\tilde{\omega}B_1 \sin(\tilde{\omega}t) + \tilde{\omega}B_2 \cos(\tilde{\omega}t)]$$
$$+ \omega_0^2[B_1 \cos(\tilde{\omega}t) + B_2 \sin(\tilde{\omega}t)]$$
$$= a\cos(\tilde{\omega}t)$$

Das Zusammenfassen der Terme mit dem Kosinus und Sinus führt zur Gleichung

$$\underbrace{[(\omega_0^2 - \tilde{\omega}^2)B_1 + 2\delta\tilde{\omega}B_2]}_{=a}\cos(\tilde{\omega}t) + \underbrace{[-2\delta\tilde{\omega}B_1 + (\omega_0^2 - \tilde{\omega}^2)B_2]}_{=0}\sin(\tilde{\omega}t) = a\cos(\tilde{\omega}t)$$

Daraus folgt das lineare Gleichungssystem

$$\begin{aligned}(\omega_0^2 - \tilde{\omega}^2)B_1 + 2\delta\tilde{\omega}B_2 &= a \\ -2\delta\tilde{\omega}B_1 + (\omega_0^2 - \tilde{\omega}^2)B_2 &= 0\end{aligned}$$

mit der Lösung

$$B_1 = \frac{a(\omega_0^2 - \tilde{\omega}^2)}{(\omega_0^2 - \tilde{\omega}^2)^2 + 4\delta^2\tilde{\omega}^2} \qquad B_2 = \frac{a2\delta\tilde{\omega}}{(\omega_0^2 - \tilde{\omega}^2)^2 + 4\delta^2\tilde{\omega}^2}$$

Zu beliebigen Werten von B_1, B_2 gibt es Konstanten A und φ mit der Eigenschaft

$$B_1 = A\cos\varphi \qquad B_2 = A\sin\varphi$$

A, φ sind die Polarkoordinaten eines Punktes mit den kartesischen Koordinaten B_1, B_2. Für die Konstanten A, φ gilt:

$$\begin{aligned}A = \sqrt{B_1^2 + B_2^2} &= \sqrt{\left(\frac{a(\omega_0^2 - \tilde{\omega}^2)}{(\omega_0^2 - \tilde{\omega}^2)^2 + 4\delta^2\tilde{\omega}^2}\right)^2 + \left(\frac{a2\delta\tilde{\omega}}{(\omega_0^2 - \tilde{\omega}^2)^2 + 4\delta^2\tilde{\omega}^2}\right)^2} \\ &= \frac{a}{\sqrt{(\omega_0^2 - \tilde{\omega}^2)^2 + 4\delta^2\tilde{\omega}^2}}\end{aligned}$$

$$\tan\varphi = \frac{B2}{B1} = \frac{2\delta\tilde{\omega}}{\omega_0^2 - \tilde{\omega}^2}$$

Mit den Additionstheoremen erhält man für die partikuläre Lösung

$$\begin{aligned}y_p(t) = A\cos\varphi\cos(\tilde{\omega}t) + A\sin\varphi\sin(\tilde{\omega}t) &= A[\cos(\tilde{\omega}t)\cos\varphi + \sin(\tilde{\omega}t)\sin\varphi] \\ &= A\cos(\tilde{\omega}t - \varphi)\end{aligned}$$

Für $0 \le \tilde{\omega} < \omega_0$ ist $B_1 > 0$ und $0 \le \varphi < \frac{\pi}{2}$. Für $\tilde{\omega} = \omega_0$ ist $B_1 = 0$ und $\varphi = \frac{\pi}{2}$. Für $\tilde{\omega} > \omega_0$ ist $B_1 < 0$ und $\varphi > \frac{\pi}{2}$. Zusammenfassend kann man feststellen:

$$y_p(t) = A\cos(\tilde{\omega}t - \varphi)$$

$$A = \frac{a}{\sqrt{(\omega_0^2 - \tilde{\omega}^2)^2 + 4\delta^2\tilde{\omega}^2}}$$

$$\varphi = \begin{cases} \arctan\left(\frac{2\delta\tilde{\omega}}{\omega_0^2 - \tilde{\omega}^2}\right) & \text{für } \tilde{\omega} < \omega_0 \\ \frac{\pi}{2} & \text{für } \tilde{\omega} = \omega_0 \\ \arctan\left(\frac{2\delta\tilde{\omega}}{\omega_0^2 - \tilde{\omega}^2}\right) + \pi & \text{für } \tilde{\omega} > \omega_0 \end{cases}$$

Eine Menge Rechnerei! Der Vergleich mit Beispiel 8.5 zeigt, dass es mit komplexen Zahlen einfacher geht. $\blacksquare$

12.4   Lineare Differenzialgleichungen n-ter Ordnung

Definition 12.8: Lineare Differenzialgleichung n-ter Ordnung

$$y^{(n)}(x) + a_{n-1}(x)y^{(n-1)}(x) + \ldots + a_1(x)y'(x) + a_0(x)y(x) = g(x) \quad (12.37)$$

$a_{n-1}(x), \ldots, a_0(x), g(x)$ sind Funktionen.

Ist $g(x) = 0$, so heißt die Differenzialgleichung wieder **homogen**. Für konstante Funktionen $a_{n-1}(x) = a_{n-1}, \ldots, a_0(x) = a_0$ spricht man von einer Differenzialgleichung mit konstanten Koeffizienten. Wir beschränken uns auch hier auf Differenzialgleichungen mit konstanten Koeffizienten. Da wir für $n = 2$ den Lösungsweg ausführlich beschrieben haben, beschränken wir uns im Folgenden auf die Darstellung der Ergebnisse der Verallgemeinerung auf den Fall $n > 2$.

12.4.1   Homogene Differenzialgleichungen mit konstanten Koeffizienten

---

Homogene lineare Differenzialgleichung n-ter Ordnung mit konstanten Koeffizienten

$$y^{(n)}(x) + a_{n-1}y^{(n-1)}(x) + \ldots + a_1 y'(x) + a_0 y(x) = 0 \quad (12.38)$$

$a_{n-1}, \ldots, a_0$ sind Konstanten.

Der Lösungsansatz

$$y(x) = e^{\lambda x} \quad (12.39)$$

führt zur **charakteristischen Gleichung**

$$\lambda^n + a_{n-1}\lambda^{n-1} + \ldots + a_1\lambda + a_0 = 0 \quad (12.40)$$

mit dem charakteristischen Polynom

$$\lambda^n + a_{n-1}\lambda^{n-1} + \ldots + a_1\lambda + a_0 \quad (12.41)$$

Die charakteristische Gleichung bzw. das charakteristische Polynom kann einfache oder mehrfache reelle oder komplexe Lösungen bzw. Nullstellen haben. Für die Lösung der Differenzialgleichung gilt:

Lösung der homogenen Differenzialgleichung mit konstanten Koeffizienten

Die Differenzialgleichung (12.38) hat die allgemeine Lösung

$$y(x) = c_1 y_1(x) + c_2 y_2(x) + \ldots + c_n y_n(x) \tag{12.42}$$

Die **Fundamentallösungen** $y_1(x), \ldots, y_n(x)$ sind Lösungen der Differenzialgleichung mit der Definitionsmenge $\mathbb{R}$. Mit (12.42) lassen sich alle Anfangsbedingungen eindeutig lösen. Für die Wronski-Determinante $W(x)$ gilt:

$$W(x) = \begin{vmatrix} y_1(x) & \cdots & y_n(x) \\ \vdots & \vdots & \vdots \\ y_1^{(n-1)}(x) & \cdots & y_n^{(n-1)}(x) \end{vmatrix} \neq 0 \quad \text{für alle } x \in \mathbb{R} \tag{12.43}$$

Zu einer k-fachen reellen Nullstelle λ des charakteristischen Polynoms (12.41) gibt es die Fundamentallösungen

$$\mathrm{e}^{\lambda x}, x\,\mathrm{e}^{\lambda x}, \ldots, x^{k-1}\,\mathrm{e}^{\lambda x} \tag{12.44}$$

Zu m-fachen komplexen Nullstellen $\beta \pm \mathrm{i}\,\omega$ des charakteristischen Polynoms (12.41) gibt es die Fundamentallösungen

$$\mathrm{e}^{\beta x}\cos(\omega x), x\,\mathrm{e}^{\beta x}\cos(\omega x), \ldots, x^{m-1}\,\mathrm{e}^{\beta x}\cos(\omega x) \tag{12.45}$$
$$\mathrm{e}^{\beta x}\sin(\omega x), x\,\mathrm{e}^{\beta x}\sin(\omega x), \ldots, x^{m-1}\,\mathrm{e}^{\beta x}\sin(\omega x) \tag{12.46}$$

Beispiel 12.20: $y^{(4)}(x) + 6y'''(x) + 22y''(x) + 30y'(x) + 13y(x) = 0$

Das charakteristische Polynom

$$\lambda^4 + 6\lambda^3 + 22\lambda^2 + 30\lambda + 13$$

hat die Nullstellen

$$\lambda_1 = -1 \qquad \lambda_2 = -1 \qquad \lambda_3 = -2 - 3\,\mathrm{i} \qquad \lambda_4 = -2 + 3\,\mathrm{i}$$

Zur zweifachen reellen Nullstelle $\lambda_{1;2} = \lambda = -1$ gibt es die Fundamentallösungen

$$y_1(x) = \mathrm{e}^{\lambda x} = \mathrm{e}^{-x} \qquad y_2(x) = x\,\mathrm{e}^{\lambda x} = x\,\mathrm{e}^{-x}$$

Zu den einfachen komplexen Nullstellen $\lambda_{3;4} = \beta \pm \mathrm{i}\,\omega = -2 \pm 3\,\mathrm{i}$ gibt es die Fundamentallösungen

$$y_3(x) = \mathrm{e}^{\beta x}\cos(\omega x) = \mathrm{e}^{-2x}\cos(3x) \qquad y_4(x) = \mathrm{e}^{\beta x}\sin(\omega x) = \mathrm{e}^{-2x}\sin(3x)$$

Die allgemeine Lösung der Differenzialgleichung lautet:

$$y(x) = c_1 y_1(x) + c_2 y_2(x) + c_3 y_3(x) + c_4 y_4(x)$$

$$= c_1 \, \mathrm{e}^{-x} + c_2 x \, \mathrm{e}^{-x} + c_3 \, \mathrm{e}^{-2x} \cos(3x) + c_4 \, \mathrm{e}^{-2x} \sin(3x) \qquad \blacksquare$$

Beispiel 12.21: $y^{(4)}(x) + 8y''(x) + 16y(x) = 0$

Das charakteristische Polynom

$$\lambda^4 + 8\lambda^2 + 16$$

hat die Nullstellen

$$\lambda_1 = -2\,\mathrm{i} \qquad \lambda_2 = 2\,\mathrm{i} \qquad \lambda_3 = -2\,\mathrm{i} \qquad \lambda_4 = 2\,\mathrm{i}$$

Zu den zweifachen komplexen Nullstellen $\lambda_{1;2} = \lambda_{3;4} = \beta \pm \mathrm{i}\,\omega = 0 \pm 2\,\mathrm{i}$ gibt es die Fundamentallösungen

$$y_1(x) = \mathrm{e}^{\beta x} \cos(\omega x) = \cos(2x) \qquad y_2(x) = x\,\mathrm{e}^{\beta x} \cos(\omega x) = x \cos(2x)$$

$$y_3(x) = \mathrm{e}^{\beta x} \sin(\omega x) = \sin(2x) \qquad y_4(x) = x\,\mathrm{e}^{\beta x} \sin(\omega x) = x \sin(2x)$$

Die allgemeine Lösung der Differenzialgleichung lautet:

$$y(x) = c_1 y_1(x) + c_2 y_2(x) + c_3 y_3(x) + c_4 y_4(x)$$

$$= c_1 \cos(2x) + c_2 x \cos(2x) + c_3 \sin(2x) + c_4 x \sin(2x) \qquad \blacksquare$$

12.4.2   Inhomogene Differenzialgleichungen mit konstanten Koeffizienten

---

Inhomogene lineare Differenzialgleichung n-ter Ordnung mit konstanten Koeffizienten

$$y^{(n)}(x) + a_{n-1}y^{(n-1)}(x) + \ldots + a_1 y'(x) + a_0 y(x) = g(x) \qquad (12.47)$$

$a_{n-1}, \ldots, a_0$ sind Konstanten, $g(x)$ ist eine Funktion.

Für die allgemeine Lösung $y(x)$ der Differenzialgleichung (12.31) gilt:

$$y(x) = y_h(x) + y_p(x) \qquad (12.48)$$

$y_h(x)$ ist die allgemeine Lösung der homogenen und $y_p(x)$ eine partikuläre Lösung der inhomogenen Differenzialgleichung. Zur Bestimmung einer partikulären Lösung $y_p(x)$ ist wieder ein **Ansatz vom Typ der rechten Seite** möglich:

Tab. 12.3: Ansätze vom Typ der rechten Seite

Rechte Seite $g(x)$	Ansatz für $y_p(x)$
Polynom vom Grad n	$B_0 + B_1 x + \ldots + B_n x^n$ wenn 0 keine Lösung der charakteristischen Gleichung ist
	$x^k(B_0 + B_1 x + \ldots + B_n x^n)$ wenn 0 eine k-fache Lösung der charakteristischen Gleichung ist
$A\,\mathrm{e}^{\mu x}$	$B\,\mathrm{e}^{\mu x}$ wenn μ keine Lösung der charakteristischen Gleichung ist
	$B x^k\,\mathrm{e}^{\mu x}$ wenn μ eine k-fache Lösung der charakteristischen Gleichung ist
$A_1\cos(\sigma x) + A_2\sin(\sigma x)$	$B_1\cos(\sigma x) + B_2\sin(\sigma x)$ wenn $\mathrm{i}\,\sigma$ keine Lösung der charakteristischen Gleichung ist
	$x^k[B_1\cos(\sigma x) + B_2\sin(\sigma x)]$ wenn $\mathrm{i}\,\sigma$ eine k-fache Lösung der charakteristischen Gleichung ist
$\mathrm{e}^{\mu x}[A_1\cos(\sigma x) + A_2\sin(\sigma x)]$	$\mathrm{e}^{\mu x}[B_1\cos(\sigma x) + B_2\sin(\sigma x)]$ wenn $\mu + \mathrm{i}\,\sigma$ keine Lösung der charakteristischen Gleichung ist
	$x^k\,\mathrm{e}^{\mu x}[B_1\cos(\sigma x) + B_2\sin(\sigma x)]$ wenn $\mu + \mathrm{i}\,\sigma$ eine k-fache Lösung der charakteristischen Gleichung ist

Beispiel 12.22: $y^{(4)}(x) + 6y'''(x) + 22y''(x) + 30y'(x) + 13y(x) = 3\,\mathrm{e}^{-2x}$

Das charakteristische Polynom hat die Nullstellen (s. Bsp. 12.20)

$$\lambda_1 = -1 \qquad \lambda_2 = -1 \qquad \lambda_3 = -2 - 3\,\mathrm{i} \qquad \lambda_4 = -2 + 3\,\mathrm{i}$$

$\mu = -2$ ist keine Nullstelle des charakteristische Polynoms. Nach Tabelle 12.3 lautet der Ansatz für die partikuläre Lösung

$$y_p = B\,\mathrm{e}^{-2x}$$

Daraus folgt:

$$y_p^{(4)}(x) + 6y_p'''(x) + 22y_p''(x) + 30y_p'(x) + 13y_p(x) = 3\,\mathrm{e}^{-2x}$$

$$\Rightarrow 16B\,\mathrm{e}^{-2x} + 6\cdot(-8B\,\mathrm{e}^{-2x}) + 22\cdot 4B\,\mathrm{e}^{-2x} + 30\cdot(-2B\,\mathrm{e}^{-2x}) + 13B\,\mathrm{e}^{-2x}$$

$$= 9B\,\mathrm{e}^{-2x} = 3\,\mathrm{e}^{-2x} \Rightarrow B = \tfrac{1}{3} \Rightarrow y_p(x) = \tfrac{1}{3}\,\mathrm{e}^{-2x} \qquad \blacksquare$$

Statt einer umständlichen Variation der Konstanten geben wir noch eine Formel für eine partikuläre Lösung an, die wir aber erst in Abschnitt 13.2 begünden werden:

Partikuläre Lösung $y_p(x)$ der inhomogenen Differenzialgleichung

$$y_p(x) = \int\limits_0^x f(t)g(x-t)\mathrm{d}t = \int\limits_0^x f(x-t)g(t)\mathrm{d}t \qquad (12.49)$$

Hier ist $f(x)$ die partikuläre Lösung der *homogenen* Differenzialgleichung, welche folgende Anfangsbedingungen erfüllt:

$$f(0) = f'(0) = \ldots = f^{(n-2)}(0) = 0 \qquad f^{(n-1)}(0) = 1$$

Beispiel 12.23: $y'''(x) + 2y''(x) - 5y'(x) - 6y(x) = \mathrm{e}^{-2x}$

Die charakteristische Gleichung hat die Lösungen $x_1 = -3$, $x_2 = -1$ und $x_3 = 2$. Für die allgemeine Lösung $y_h(x)$ der homogenen Differenzialgleichung gilt damit:

$$\begin{aligned}
y_h(x) &= c_1\,\mathrm{e}^{-3x} + c_2\,\mathrm{e}^{-x} + c_3\,\mathrm{e}^{2x}\\
y_h'(x) &= -3c_1\,\mathrm{e}^{-3x} - c_2\,\mathrm{e}^{-x} + 2c_3\,\mathrm{e}^{2x}\\
y_h''(x) &= 9c_1\,\mathrm{e}^{-3x} + c_2\,\mathrm{e}^{-x} + 4c_3\,\mathrm{e}^{2x}
\end{aligned}$$

Aus den Anfangsbedingungen $y_h(0) = 0$, $y_h'(0) = 0$ und $y_h''(0) = 1$ folgt:

$$\begin{aligned}
c_1 + c_2 + c_3 &= 0 & & c_1 = \tfrac{1}{10}\\
-3c_1 - c_2 + 2c_3 &= 0 & \Rightarrow \qquad & c_2 = -\tfrac{1}{6}\\
9c_1 + c_2 + 4c_3 &= 1 & & c_3 = \tfrac{1}{15}
\end{aligned}$$

Die Lösung der homogenen Differenzialgleichung zu diesen Anfangsbedingungen lautet:

$$f(t) = \tfrac{1}{10}\,\mathrm{e}^{-3x} - \tfrac{1}{6}\,\mathrm{e}^{-x} + \tfrac{1}{15}\,\mathrm{e}^{2x}$$

Für die partikuläre Lösung der inhomogenen Differenzialgleichung erhält man mit der Funktion $g(x) = \mathrm{e}^{-2x}$:

$$\begin{aligned}
y_p(x) &= \int\limits_0^x f(t)g(x-t)\mathrm{d}t = \int\limits_0^x \left(\tfrac{1}{10}\,\mathrm{e}^{-3t} - \tfrac{1}{6}\,\mathrm{e}^{-t} + \tfrac{1}{15}\,\mathrm{e}^{2t}\right)\mathrm{e}^{-2(x-t)}\,\mathrm{d}t\\
&= -\tfrac{1}{10}\,\mathrm{e}^{-3x} - \tfrac{1}{6}\,\mathrm{e}^{-x} + \tfrac{1}{60}\,\mathrm{e}^{2x} + \tfrac{1}{4}\,\mathrm{e}^{-2x}
\end{aligned}$$

Für die allgemeine Lösung der inhomogenen Differenzialgleichung gilt:

$$\begin{aligned}
y(x) &= c_1\,\mathrm{e}^{-3x} + c_2\,\mathrm{e}^{-x} + c_3\,\mathrm{e}^{2x} - \tfrac{1}{10}\,\mathrm{e}^{-3x} - \tfrac{1}{6}\,\mathrm{e}^{-x} + \tfrac{1}{60}\,\mathrm{e}^{2x} + \tfrac{1}{4}\,\mathrm{e}^{-2x}\\
&= \tilde{c}_1\,\mathrm{e}^{-3x} + \tilde{c}_2\,\mathrm{e}^{-x} + \tilde{c}_3\,\mathrm{e}^{2x} + \tfrac{1}{4}\,\mathrm{e}^{-2x}
\end{aligned}$$

mit $\tilde{c}_1 = c_1 - \tfrac{1}{10}$, $\tilde{c}_2 = c_2 - \tfrac{1}{6}$ und $\tilde{c}_3 = c_3 + \tfrac{1}{60}$. ∎

12.5 Systeme linearer Differenzialgleichungen

Beispiel 12.24: Stromkreis mit Widerständen und Spulen

Wir betrachten die in Abb. 12.11 gezeigte Schaltung (sog. Kettenleiter).

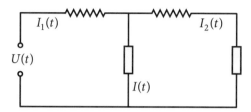

Abb. 12.11: Kettenleiter mit zwei Widerständen und zwei Spulen.

Die beiden Spulen haben die Induktivität L. Die ohmschen Widerstände haben jeweils den Wert R. An der Schaltung liegt eine Spannung $U(t)$ an. Für die Ströme $I_1(t)$ und $I_2(t)$ durch die beiden Spulen gelten folgende Gleichungen:

$$L\dot{I}_1(t) + RI(t) - U(t) = 0$$
$$L\dot{I}_2(t) + RI_2(t) - RI(t) = 0 \qquad \text{mit } I(t) = I_1(t) - I_2(t)$$

Durch Umformungen erhalten wir:

$$\dot{I}_1(t) = -\frac{R}{L}I_1(t) + \frac{R}{L}I_2(t) + \frac{U(t)}{L}$$
$$\dot{I}_2(t) = \frac{R}{L}I_1(t) - 2\frac{R}{L}I_2(t)$$

Man hat also zwei Differenzialgleichungen für zwei Funktionen $I_1(t)$ und $I_2(t)$. In beiden Differenzialgleichungen kommen jeweils beide Funktionen vor. Man spricht von einem Differenzialgleichungssystem. Die zwei Gleichungen können wir auch folgendermaßen schreiben:

$$\begin{pmatrix} \dot{I}_1(t) \\ \dot{I}_2(t) \end{pmatrix} = \begin{pmatrix} -\frac{R}{L} & \frac{R}{L} \\ \frac{R}{L} & -2\frac{R}{L} \end{pmatrix} \begin{pmatrix} I_1(t) \\ I_2(t) \end{pmatrix} + \begin{pmatrix} \frac{U(t)}{L} \\ 0 \end{pmatrix}$$

Mit der Matrix bzw. den Vektoren

$$\boldsymbol{y}(t) = \begin{pmatrix} I_1(t) \\ I_2(t) \end{pmatrix} \qquad \mathbf{A} = \begin{pmatrix} -\frac{R}{L} & \frac{R}{L} \\ \frac{R}{L} & -2\frac{R}{L} \end{pmatrix} \qquad \boldsymbol{g}(t) = \begin{pmatrix} \frac{U(t)}{L} \\ 0 \end{pmatrix}$$

lautet das Differenzialgleichungssystem

$$\dot{\boldsymbol{y}}(t) = \mathbf{A}\boldsymbol{y}(t) + \boldsymbol{g}(t)$$

Ein Differenzialgleichungssystem dieser Struktur heißt linear. ∎

Definition 12.9: System linearer Differenzialgleichungen erster Ordnung

$$
\begin{aligned}
y_1'(x) &= a_{11}y_1(x) + \ldots + a_{1n}y_n(x) + g_1(x) \\
y_2'(x) &= a_{21}y_1(x) + \ldots + a_{2n}y_n(x) + g_1(x) \\
&\vdots \\
y_n'(x) &= a_{n1}y_1(x) + \ldots + a_{nn}y_n(x) + g_n(x)
\end{aligned}
\tag{12.50}
$$

Matrixschreibweise: $\quad \boldsymbol{y}'(x) = \mathbf{A}\boldsymbol{y}(x) + \boldsymbol{g}(x)$ $\hspace{3cm}$ (12.51)

$$
\boldsymbol{y}(x) = \begin{pmatrix} y_1(x) \\ \vdots \\ y_n(x) \end{pmatrix} \quad
\mathbf{A} = \begin{pmatrix} a_{11} & \cdots & a_{1n} \\ \vdots & \ddots & \vdots \\ a_{n1} & \cdots & a_{1n} \end{pmatrix} \quad
\boldsymbol{g}(x) = \begin{pmatrix} g_1(x) \\ \vdots \\ g_n(x) \end{pmatrix}
\tag{12.52}
$$

Ist $\boldsymbol{g}(x) = \boldsymbol{0}$, so heißt das System **homogen**, andernfalls **inhomogen**. Wir werden uns in diesem Buch auf Systeme linearer Differenzialgleichungen erster Ordnung beschränken. Diese Einschränkung ist nicht so gravierend, wie man meinen könnte. Was nicht auf den ersten Blick klar ist: Ein System linearer Differenzialgleichungen höherer Ordnung lässt sich als System linearer Differenzialgleichungen erster Ordnung formulieren. Als Beispiel betrachten wir das folgende System:

$$
\begin{aligned}
y_1''(x) &= a_{11}y_1'(x) + a_{12}y_2'(x) + b_{11}y_1(x) + b_{12}y_2(x) \\
y_2''(x) &= a_{21}y_1'(x) + a_{22}y_2'(x) + b_{21}y_1(x) + b_{22}y_2(x)
\end{aligned}
$$

Matrixschreibweise: $\quad \boldsymbol{y}''(x) = \mathbf{A}\boldsymbol{y}'(x) + \mathbf{B}\boldsymbol{y}(x)$

$$
\boldsymbol{y}(x) = \begin{pmatrix} y_1(x) \\ y_2(x) \end{pmatrix} \quad
\mathbf{A} = \begin{pmatrix} a_{11} & a_{12} \\ a_{21} & a_{22} \end{pmatrix} \quad
\mathbf{B} = \begin{pmatrix} b_{11} & b_{12} \\ b_{21} & b_{22} \end{pmatrix}
$$

Wir schreiben das System folgendermaßen:

$$
\begin{pmatrix} y_1(x) \\ y_2(x) \\ y_1'(x) \\ y_2'(x) \end{pmatrix}' =
\begin{pmatrix} y_1'(x) \\ y_2'(x) \\ y_1''(x) \\ y_2''(x) \end{pmatrix} =
\begin{pmatrix} y_1'(x) \\ y_2'(x) \\ a_{11}y_1'(x) + a_{12}y_2'(x) + b_{11}y_1(x) + b_{12}y_2(x) \\ a_{21}y_1'(x) + a_{22}y_2'(x) + b_{21}y_1(x) + b_{22}y_2(x) \end{pmatrix}
$$

$$
= \begin{pmatrix} 0 & 0 & 1 & 0 \\ 0 & 0 & 0 & 1 \\ b_{11} & b_{12} & a_{11} & a_{12} \\ b_{21} & b_{22} & a_{21} & a_{22} \end{pmatrix}
\begin{pmatrix} y_1(x) \\ y_2(x) \\ y_1'(x) \\ y_2'(x) \end{pmatrix}
$$

Es gilt also das Differenzialgleichungssystem

$$\boldsymbol{w}'(x) = \mathbf{C}\boldsymbol{w}(x)$$

mit dem Vektor und der Matrix

$$\boldsymbol{w}(x) = \begin{pmatrix} \boldsymbol{y}(x) \\ \boldsymbol{y}'(x) \end{pmatrix} = \begin{pmatrix} y_1(x) \\ y_2(x) \\ y_1'(x) \\ y_2'(x) \end{pmatrix} \qquad \mathbf{C} = \begin{pmatrix} \mathbf{0} & \mathbf{E} \\ \mathbf{B} & \mathbf{A} \end{pmatrix} = \begin{pmatrix} 0 & 0 & 1 & 0 \\ 0 & 0 & 0 & 1 \\ b_{11} & b_{12} & a_{11} & a_{12} \\ b_{21} & b_{22} & a_{21} & a_{22} \end{pmatrix}$$

Auch eine lineare Differenzialgleichung n-ter Ordnung mit konstanten Koeffizienten

$$y^{(n)}(x) + a_{n-1}y^{(n-1)}(x) + \ldots + a_1 y'(x) + a_0 y(x) = g(x)$$

lässt sich als System der Form (12.51) schreiben. Aus der Differenzialgleichung folgt:

$$\begin{pmatrix} y(x) \\ y'(x) \\ \vdots \\ y^{(n-2)}(x) \\ y^{(n-1)}(x) \end{pmatrix}' = \begin{pmatrix} y'(x) \\ y''(x) \\ \vdots \\ y^{(n-1)}(x) \\ -a_0 y(x) - a_1 y'(x) - \ldots - a_{n-1}y^{(n-1)}(x) + g(x) \end{pmatrix}$$

$$= \begin{pmatrix} 0 & 1 & 0 & \cdots & 0 \\ 0 & 0 & 1 & \cdots & 0 \\ \vdots & \vdots & \vdots & \ddots & \vdots \\ 0 & 0 & 0 & \cdots & 1 \\ -a_0 & -a_1 & -a_2 & \cdots & -a_{n-1} \end{pmatrix} \begin{pmatrix} y(x) \\ y'(x) \\ \vdots \\ y^{(n-2)}(x) \\ y^{(n-1)}(x) \end{pmatrix} + \begin{pmatrix} 0 \\ 0 \\ \vdots \\ 0 \\ g(x) \end{pmatrix}$$

Es gilt also das Differenzialgleichungssystem

$$\boldsymbol{w}'(x) = \mathbf{A}\boldsymbol{w}(x) + \boldsymbol{g}(x)$$

mit den Vektoren

$$\boldsymbol{w}(x) = \begin{pmatrix} y(x) \\ y'(x) \\ \vdots \\ y^{(n-2)}(x) \\ y^{(n-1)}(x) \end{pmatrix} \qquad \boldsymbol{g}(x) = \begin{pmatrix} 0 \\ 0 \\ \vdots \\ 0 \\ g(x) \end{pmatrix}$$

und der Matrix

$$\mathbf{A} = \begin{pmatrix} 0 & 1 & 0 & \cdots & 0 \\ 0 & 0 & 1 & \cdots & 0 \\ \vdots & \vdots & \vdots & \ddots & \vdots \\ 0 & 0 & 0 & \cdots & 1 \\ -a_0 & -a_1 & -a_2 & \cdots & -a_{n-1} \end{pmatrix}$$

12.5.1 Homogene Systeme

Homogenes System linearer Differenzialgleichungen 1. Ordnung

$$\boldsymbol{y}'(x) = \mathbf{A}\boldsymbol{y}(x) \tag{12.53}$$

$$\boldsymbol{y}(x) = \begin{pmatrix} y_1(x) \\ \vdots \\ y_n(x) \end{pmatrix} \qquad \mathbf{A} = \begin{pmatrix} a_{11} & \cdots & a_{1n} \\ \vdots & \ddots & \vdots \\ a_{n1} & \cdots & a_{1n} \end{pmatrix} \tag{12.54}$$

Hat man n verschiedene Lösungen

$$\boldsymbol{y}_1(x) = \begin{pmatrix} y_{11}(x) \\ \vdots \\ y_{1n}(x) \end{pmatrix}, \boldsymbol{y}_2(x) = \begin{pmatrix} y_{21}(x) \\ \vdots \\ y_{2n}(x) \end{pmatrix}, \ldots, \boldsymbol{y}_n(x) = \begin{pmatrix} y_{n1}(x) \\ \vdots \\ y_{nn}(x) \end{pmatrix}$$

des Systems (12.53), dann ist auch die Linearkombination

$$\boldsymbol{y}(x) = c_1 \boldsymbol{y}_1(x) + \ldots + c_n \boldsymbol{y}_n(x) \tag{12.55}$$

eine Lösung:

$$\boldsymbol{y}'(x) = c_1 \boldsymbol{y}_1'(x) + \ldots + c_n \boldsymbol{y}_n'(x) = c_1 \mathbf{A} \boldsymbol{y}_1(x) + \ldots + c_n \mathbf{A} \boldsymbol{y}_n(x)$$
$$= \mathbf{A}(c_1 \boldsymbol{y}_1(x) + \ldots + c_n \boldsymbol{y}_n(x)) = \mathbf{A}\boldsymbol{y}(x)$$

Die Anfangsbedingung $\boldsymbol{y}(x_0) = \boldsymbol{\gamma}$ führt zu einem linearen Gleichungssystem:

$$c_1 y_{11}(x_0) + \ldots + c_n y_{n1}(x_0) = \gamma_1$$
$$\vdots$$
$$c_1 y_{1n}(x_0) + \ldots + c_n y_{nn}(x_0) = \gamma_n$$

Die Koeffizientenmatrix

$$\begin{pmatrix} y_{11}(x_0) & \cdots & y_{n1}(x_0) \\ \vdots & \ddots & \vdots \\ y_{1n}(x_0) & \cdots & y_{nn}(x_0) \end{pmatrix} = (\boldsymbol{y}_1(x_0), \ldots, \boldsymbol{y}_n(x_0))$$

besteht aus den Spalten $\boldsymbol{y}_1(x_0), \ldots, \boldsymbol{y}_n(x_0)$. Ist die Wronski-Determinante

$$W(x) = \begin{vmatrix} y_{11}(x) & \cdots & y_{n1}(x) \\ \vdots & \ddots & \vdots \\ y_{1n}(x) & \cdots & y_{nn}(x) \end{vmatrix} = \det(\boldsymbol{y}_1(x), \ldots, \boldsymbol{y}_n(x)) \tag{12.56}$$

für alle x ungleich null, dann ist das Gleichungssystem für alle x_0 eindeutig lösbar. Das bedeutet, dass in diesem Fall mit der Linearkombination alle Anfangswertprobleme eindeutig gelöst werden können. In diesem Fall spricht man wieder von Fundamentallösungen $\boldsymbol{y}_1(x), \ldots, \boldsymbol{y}_n(x)$. Die Linearkombination (12.55) der Fundamentallösungen ist die allgemeine Lösung von (12.53). Wie bei linearen Differenzialgleichungen mit konstanten Koeffizienten ist auch hier für die Lösung ein Exponentialansatz naheliegend:

$$\boldsymbol{y}(x) = \boldsymbol{u}\,\mathrm{e}^{\lambda x} \tag{12.57}$$

$\boldsymbol{u}$ ist ein konstanter Vektor. Geht man mit diesem Ansatz in die Differenzialgleichung, so erhält man:

$$\boldsymbol{y}'(x) = \mathbf{A}\boldsymbol{y}(x) \Rightarrow \boldsymbol{u}\lambda\,\mathrm{e}^{\lambda x} = \mathbf{A}\boldsymbol{u}\,\mathrm{e}^{\lambda x} \Rightarrow \boldsymbol{u}\lambda = \mathbf{A}\boldsymbol{u}$$

Die Suche nach Zahlen λ und Vektoren $\boldsymbol{u}$, welche die Gleichung

$$\mathbf{A}\boldsymbol{u} = \lambda\boldsymbol{u} \tag{12.58}$$

erfüllen, ist ein Eigenwertproblem (s. Abschnitt 6.5). Ist $\boldsymbol{u}$ ein Eigenvektor zum Eigenwert λ, dann ist (12.57) eine Lösung des Systems (12.53). Die Eigenwerte einer Matrix $\mathbf{A}$ sind Lösungen der **charakteristischen Gleichung**

$$\det(\mathbf{A} - \lambda\mathbf{E}) = \begin{vmatrix} a_{11} - \lambda & a_{12} & \cdots & a_{1n} \\ a_{21} & a_{22} - \lambda & \cdots & a_{2n} \\ \vdots & \vdots & \ddots & \vdots \\ a_{n1} & a_{n2} & \cdots & a_{nn} - \lambda \end{vmatrix} = 0 \tag{12.59}$$

Dies ist eine algebraische Gleichung n-ten Grades mit einem Polynom vom Grad n. Dieses kann einfache oder mehrfache reelle oder komplexe Nullstellen haben. Wir erläutern die verschiedenen Fälle anhand von Beispielen. Damit der Rechenaufwand überschaubar bleibt, beschränken wir uns auf Systeme mit zwei Differenzialgleichungen für zwei Funktionen.

Beispiel 12.25: Einfache reelle Eigenwerte

$$y_1'(x) = 3y_1(x) - 2y_2(x)$$
$$y_2'(x) = 2y_1(x) - 2y_2(x)$$

Matrixschreibweise: $y'(x) = A y(x)$

$$y(x) = \begin{pmatrix} y_1(x) \\ y_2(x) \end{pmatrix} \quad A = \begin{pmatrix} 3 & -2 \\ 2 & -2 \end{pmatrix}$$

Die charakteristische Gleichung

$$\begin{vmatrix} 3-\lambda & -2 \\ 2 & -2-\lambda \end{vmatrix} = \lambda^2 - \lambda - 2 = 0$$

hat die zwei einfachen reellen Lösungen $\lambda_1 = -1$ und $\lambda_2 = 2$. Dazu gibt es die folgenden Eigenvektoren:

Eigenvektor zum Eigenwert $\lambda_1 = -1$: $u_1 = \begin{pmatrix} 1 \\ 2 \end{pmatrix}$

Eigenvektor zum Eigenwert $\lambda_2 = 2$: $u_2 = \begin{pmatrix} 2 \\ 1 \end{pmatrix}$

Damit hat man die zwei Lösungen

$$y_1(x) = u_1 \, e^{\lambda_1 x} = \begin{pmatrix} 1 \\ 2 \end{pmatrix} e^{-x} = \begin{pmatrix} e^{-x} \\ 2\,e^{-x} \end{pmatrix}$$

$$y_2(x) = u_2 \, e^{\lambda_2 x} = \begin{pmatrix} 2 \\ 1 \end{pmatrix} e^{2x} = \begin{pmatrix} 2\,e^{2x} \\ e^{2x} \end{pmatrix}$$

Für die Wronski-Determinante gilt:

$$W(x) = \det(y_1(x), y_2(x)) = \begin{vmatrix} e^{-x} & 2\,e^{2x} \\ 2\,e^{-x} & e^{2x} \end{vmatrix} = -3\,e^{x} \neq 0 \quad \text{für alle } x$$

Die Lösungen $y_1(x), y_2(x)$ sind Fundamentallösungen. Die allgemeine Lösung des Differenzialgleichungssystems lautet:

$$y(x) = c_1 y_1(x) + c_2 y_2(x) = c_1 \begin{pmatrix} e^{-x} \\ 2\,e^{-x} \end{pmatrix} + c_2 \begin{pmatrix} 2\,e^{2x} \\ e^{2x} \end{pmatrix} = \begin{pmatrix} c_1\,e^{-x} + 2c_2\,e^{2x} \\ 2c_1\,e^{-x} + c_2\,e^{2x} \end{pmatrix} \quad \blacksquare$$

Beispiel 12.26: Mehrfache reelle Eigenwerte

$$y_1'(x) = y_1(x) - y_2(x)$$
$$y_2'(x) = y_1(x) + 3y_2(x)$$

Matrixschreibweise: $\quad \mathbf{y}'(x) = \mathbf{A}\,\mathbf{y}(x)$

$$\mathbf{y}(x) = \begin{pmatrix} y_1(x) \\ y_2(x) \end{pmatrix} \quad \mathbf{A} = \begin{pmatrix} 1 & -1 \\ 1 & 3 \end{pmatrix}$$

Die charakteristische Gleichung

$$\begin{vmatrix} 1 - \lambda & -1 \\ 1 & 3 - \lambda \end{vmatrix} = \lambda^2 - 4\lambda + 4 = 0$$

hat die zweifache reelle Lösung $\lambda = 2$. Dazu gibt es den Eigenvektor

$$\mathbf{u} = \begin{pmatrix} 1 \\ -1 \end{pmatrix}$$

Damit hat man zunächst nur eine Lösung:

$$\mathbf{y}(x) = \mathbf{u}\,\mathrm{e}^{\lambda x} = \begin{pmatrix} 1 \\ -1 \end{pmatrix} \mathrm{e}^{2x} = \begin{pmatrix} \mathrm{e}^{2x} \\ -\mathrm{e}^{2x} \end{pmatrix}$$

Bei den homogenen Differenzialgleichungen zweiter Ordnung mit konstanten Koeffizienten hatten wir in Abschnitt 12.3.1 den Fall betrachtet, dass die charakteristische Gleichung eine zweifache Lösung besitzt. Bei diesem Fall hatten wir in der Lösung $c\,\mathrm{e}^{\lambda x}$ die Konstante c durch eine Funktion $c(x)$ ersetzt und dann festgestellt, dass $c(x)$ ein Polynom vom Grad 1 ist. Entsprechendes können wir hier tun: Wir ersetzen den konstanten Vektor $\mathbf{u}$ durch einen Vektor $\mathbf{u}(x)$, dessen Komponenten jeweils Polynome vom Grad 1, d.h. lineare Funktionen sind. Damit erhalten wir:

$$\mathbf{y}(x) = \mathbf{u}(x)\,\mathrm{e}^{\lambda x} = \begin{pmatrix} a_1 x + b_1 \\ a_2 x + b_2 \end{pmatrix} \mathrm{e}^{2x} = \begin{pmatrix} (a_1 x + b_1)\,\mathrm{e}^{2x} \\ (a_2 x + b_2)\,\mathrm{e}^{2x} \end{pmatrix}$$

Damit gilt für $\mathbf{y}'(x)$ und $\mathbf{A}\,\mathbf{y}(x)$:

$$\mathbf{y}'(x) = \begin{pmatrix} (2a_1 x + a_1 + 2b_1)\,\mathrm{e}^{2x} \\ (2a_2 x + a_2 + 2b_2)\,\mathrm{e}^{2x} \end{pmatrix} = \begin{pmatrix} 2a_1 x + a_1 + 2b_1 \\ 2a_2 x + a_2 + 2b_2 \end{pmatrix} \mathrm{e}^{2x}$$

$$\mathbf{A}\,\mathbf{y}(x) = \begin{pmatrix} 1 & -1 \\ 1 & 3 \end{pmatrix} \begin{pmatrix} a_1 x + b_1 \\ a_2 x + b_2 \end{pmatrix} \mathrm{e}^{2x} = \begin{pmatrix} a_1 x + b_1 - (a_2 x + b_2) \\ a_1 x + b_1 + 3(a_2 x + b_2) \end{pmatrix} \mathrm{e}^{2x}$$

$$= \begin{pmatrix} a_1 x - a_2 x + b_1 - b_2 \\ a_1 x + 3a_2 x + b_1 + 3b_2 \end{pmatrix} \mathrm{e}^{2x}$$

Damit $\boldsymbol{y}'(x) = \mathbf{A}\boldsymbol{y}(x)$ ist, müssen die folgenden zwei Gleichungen gelten:

$$2a_1 x + a_1 + 2b_1 = a_1 x - a_2 x + b_1 - b_2$$
$$2a_2 x + a_2 + 2b_2 = a_1 x + 3a_2 x + b_1 + 3b_2$$

Diese lassen sich umformen zu:

$$(a_1 + a_2)x + a_1 + b_1 + b_2 = 0$$
$$(a_1 + a_2)x + b_1 - a_2 + b_2 = 0$$

Diese Gleichungen müssen für alle x gelten. Daraus folgt:

$$
\begin{aligned}
a_1 \quad &+ \; a_2 \qquad\qquad\;\; = 0 \\
a_1 + b_1 \quad &+ \; b_2 = 0 \\
b_1 \; &- \; a_2 + b_2 = 0
\end{aligned}
$$

Die Lösung dieses linearen Gleichungssystems lautet:

$$a_1 = -t_1 \qquad b_1 = t_1 - t_2 \qquad a_2 = t_1 \qquad b_2 = t_2$$

Dabei sind t_1 und t_2 beliebige Zahlen (frei wählbare Parameter). Für die Lösung $\boldsymbol{y}(x)$ des Differenzialgleichungssystems erhalten wir:

$$
\begin{aligned}
\boldsymbol{y}(x) &= \begin{pmatrix} a_1 x + b_1 \\ a_2 x + b_2 \end{pmatrix} \mathrm{e}^{2x} = \begin{pmatrix} -t_1 x + t_1 - t_2 \\ t_1 x + t_2 \end{pmatrix} \mathrm{e}^{2x} \\[2mm]
&= t_1 \begin{pmatrix} 1 - x \\ x \end{pmatrix} \mathrm{e}^{2x} + t_2 \begin{pmatrix} -1 \\ 1 \end{pmatrix} \mathrm{e}^{2x} = t_1 \begin{pmatrix} (1-x)\,\mathrm{e}^{2x} \\ x\,\mathrm{e}^{2x} \end{pmatrix} + t_2 \begin{pmatrix} -\mathrm{e}^{2x} \\ \mathrm{e}^{2x} \end{pmatrix} \\[2mm]
&= t_1 \boldsymbol{y}_1(x) + t_2 \boldsymbol{y}_2(x)
\end{aligned}
$$

Wir prüfen, ob die Funktionen

$$\boldsymbol{y}_1(x) = \begin{pmatrix} (1-x)\,\mathrm{e}^{2x} \\ x\,\mathrm{e}^{2x} \end{pmatrix} \qquad \boldsymbol{y}_2(x) = \begin{pmatrix} -\mathrm{e}^{2x} \\ \mathrm{e}^{2x} \end{pmatrix}$$

Fundamentallösungen sind. Für die Wronski-Determinante erhalten wir:

$$W(x) = \begin{vmatrix} (1-x)\,\mathrm{e}^{2x} & -\mathrm{e}^{2x} \\ x\,\mathrm{e}^{2x} & \mathrm{e}^{2x} \end{vmatrix} = (1-x)\,\mathrm{e}^{4x} + x\,\mathrm{e}^{4x} = \mathrm{e}^{4x} \neq 0 \quad \text{für alle } x$$

Das bedeutet, dass $\boldsymbol{y}_1(x)$ und $\boldsymbol{y}_2(x)$ Fundamentallösungen sind. Die allgemeine Lösung des Diferenzialgleichungssystems lautet damit:

$$\boldsymbol{y}(x) = c_1 \boldsymbol{y}_1(x) + c_2 \boldsymbol{y}_2(x) = c_1 \begin{pmatrix} (1-x)\,\mathrm{e}^{2x} \\ x\,\mathrm{e}^{2x} \end{pmatrix} + c_2 \begin{pmatrix} -\mathrm{e}^{2x} \\ \mathrm{e}^{2x} \end{pmatrix} \qquad \blacksquare$$

Beispiel 12.27: Komplexe Eigenwerte

$$y_1'(x) = y_1(x) - 2y_2(x)$$
$$y_2'(x) = 4y_1(x) - 3y_2(x)$$

Matrixschreibweise: $\boldsymbol{y}'(x) = \mathbf{A}\,\boldsymbol{y}(x)$

$$\boldsymbol{y}(x) = \begin{pmatrix} y_1(x) \\ y_2(x) \end{pmatrix} \quad \mathbf{A} = \begin{pmatrix} 1 & -2 \\ 4 & -3 \end{pmatrix}$$

Die charakteristische Gleichung

$$\begin{vmatrix} 1-\lambda & -2 \\ 4 & -3-\lambda \end{vmatrix} = \lambda^2 + 2\lambda + 5 = 0$$

hat die einfachen komplexen Lösungen $\lambda_{1;2} = -1 \pm 2\,\mathrm{i} = \beta \pm \mathrm{i}\,\omega$ mit $\beta = -1$ und $\omega = 2$. Hat bei einer homogenen linearen Differenzialgleichung die charakteristische Gleichung die k-fachen komplexen Lösungen $\beta \pm \mathrm{i}\,\omega$, so ist die Linearkombination der Fundamentallösungen (12.45) und (12.46) eine Lösung der Differenzialgleichung. Diese Linearkombination lässt sich darstellen in der Form

$$p(x)\,\mathrm{e}^{\beta x}\cos(\omega x) + q(x)\,\mathrm{e}^{\beta x}\sin(\omega x)$$

Hier sind $p(x)$ und $q(x)$ jeweils Polynome vom Grad $k-1$. Bei einer einfachen Nullstelle ist $k = 1$. Die Polynome sind in diesem Fall Konstanten:

$$a\,\mathrm{e}^{\beta x}\cos(\omega x) + b\,\mathrm{e}^{\beta x}\sin(\omega x)$$

Wir machen deshalb hier für jede Komponente des Lösungsvektors $\boldsymbol{y}(x)$ einen solchen Ansatz:

$$y_1(x) = a_1\,\mathrm{e}^{-x}\cos(2x) + b_1\,\mathrm{e}^{-x}\sin(2x) = \mathrm{e}^{-x}[a_1\cos(2x) + b_1\sin(2x)]$$
$$y_2(x) = a_2\,\mathrm{e}^{-x}\cos(2x) + b_2\,\mathrm{e}^{-x}\sin(2x) = \mathrm{e}^{-x}[a_2\cos(2x) + b_2\sin(2x)]$$

Für die Ableitungen gilt:

$$y_1'(x) = \mathrm{e}^{-x}[(-a_1 + 2b_1)\cos(2x) - (2a_1 + b_1)\sin(2x)]$$
$$y_2'(x) = \mathrm{e}^{-x}[(-a_2 + 2b_2)\cos(2x) - (2a_2 + b_2)\sin(2x)]$$

Für die rechten Seiten der beiden Differenzialgleichungen erhält man:

$$y_1(x) - 2y_2(x) = \mathrm{e}^{-x}[(a_1 - 2a_2)\cos(2x) + (b_1 - 2b_2)\sin(2x)]$$
$$4y_1(x) - 3y_2(x) = \mathrm{e}^{-x}[(4a_1 - 3a_2)\cos(2x) + (4b_1 - 3b_2)\sin(2x)]$$

Aus der ersten Differenzialgleichung $y_1'(x) = y_1(x) - 2y_2(x)$ folgt:

$$e^{-x}[(-a_1 + 2b_1)\cos(2x) - (2a_1 + b_1)\sin(2x)]$$
$$= e^{-x}[(a_1 - 2a_2)\cos(2x) + (b_1 - 2b_2)\sin(2x)]$$

Aus der zweiten Differenzialgleichung $y_2'(x) = 4y_1(x) - 3y_2(x)$ folgt:

$$e^{-x}[(-a_2 + 2b_2)\cos(2x) - (2a_2 + b_2)\sin(2x)]$$
$$= e^{-x}[(4a_1 - 3a_2)\cos(2x) + (4b_1 - 3b_2)\sin(2x)]$$

Wir dividieren diese Gleichungen durch e^{-x}, bringen jeweils alles auf eine Seite und sortieren nach cos- und sin-Termen:

$$(2a_1 - 2b_1 - 2a_2)\cos(2x) + (2a_1 + 2b_1 - 2b_2)\sin(2x) = 0$$
$$(4a_1 - 2a_2 - 2b_2)\cos(2x) + (4b_1 + 2a_2 - 2b_2)\sin(2x) = 0$$

Diese Gleichungen müssen für alle x gelten. Daraus folgt:

$$
\begin{array}{rcrcrcrcl}
a_1 & - & b_1 & - & a_2 & & & = & 0 \\
a_1 & + & b_1 & & & - & b_2 & = & 0 \\
2a_1 & & & - & a_2 & - & b_2 & = & 0 \\
& & 2b_1 & + & a_2 & - & b_2 & = & 0
\end{array}
$$

Die Lösung dieses linearen Gleichungssystems lautet:

$$a_1 = \tfrac{1}{2}t_1 + \tfrac{1}{2}t_2 \qquad b_1 = -\tfrac{1}{2}t_1 + \tfrac{1}{2}t_2 \qquad a_2 = t_1 \qquad b_2 = t_2$$

Hier sind t_1 und t_2 beliebige Zahlen (frei wählbare Parameter). Damit erhalten wir:

$$
\begin{aligned}
y_1(x) &= a_1\,e^{-x}\cos(2x) + b_1\,e^{-x}\sin(2x) \\
&= (\tfrac{1}{2}t_1 + \tfrac{1}{2}t_2)\,e^{-x}\cos(2x) + (-\tfrac{1}{2}t_1 + \tfrac{1}{2}t_2)\,e^{-x}\sin(2x) \\
&= \tfrac{1}{2}t_1\big(\cos(2x) - \sin(2x)\big)\,e^{-x} + \tfrac{1}{2}t_2\big(\cos(2x) + \sin(2x)\big)\,e^{-x}
\end{aligned}
$$

$$
\begin{aligned}
y_2(x) &= a_2\,e^{-x}\cos(2x) + b_2\,e^{-x}\sin(2x) \\
&= t_1\cos(2x)\,e^{-x} + t_2\sin(2x)\,e^{-x}
\end{aligned}
$$

$$
\begin{aligned}
\boldsymbol{y}(x) &= \begin{pmatrix} y_1(x) \\ y_2(x) \end{pmatrix} = \begin{pmatrix} \tfrac{1}{2}t_1\big(\cos(2x) - \sin(2x)\big)\,e^{-x} + \tfrac{1}{2}t_2\big(\cos(2x) + \sin(2x)\big)\,e^{-x} \\ t_1\cos(2x)\,e^{-x} + t_2\sin(2x)\,e^{-x} \end{pmatrix} \\
&= t_1 \begin{pmatrix} \tfrac{1}{2}\big(\cos(2x) - \sin(2x)\big)\,e^{-x} \\ \cos(2x)\,e^{-x} \end{pmatrix} + t_2 \begin{pmatrix} \tfrac{1}{2}\big(\cos(2x) + \sin(2x)\big)\,e^{-x} \\ \sin(2x)\,e^{-x} \end{pmatrix} \\
&= t_1\boldsymbol{y}_1(x) + t_2\boldsymbol{y}_2(x)
\end{aligned}
$$

Wir prüfen, ob die Funktionen

$$\boldsymbol{y}_1(x) = \begin{pmatrix} \frac{1}{2}\big(\cos(2x) - \sin(2x)\big)\,\mathrm{e}^{-x} \\ \cos(2x)\,\mathrm{e}^{-x} \end{pmatrix} \qquad \boldsymbol{y}_2(x) = \begin{pmatrix} \frac{1}{2}\big(\cos(2x) + \sin(2x)\big)\,\mathrm{e}^{-x} \\ \sin(2x)\,\mathrm{e}^{-x} \end{pmatrix}$$

Fundamentallösungen sind. Für die Wronski-Determinante erhalten wir:

$$\begin{aligned} W(x) &= \begin{vmatrix} \frac{1}{2}\big(\cos(2x) - \sin(2x)\big)\,\mathrm{e}^{-x} & \frac{1}{2}\big(\cos(2x) + \sin(2x)\big)\,\mathrm{e}^{-x} \\ \cos(2x)\,\mathrm{e}^{-x} & \sin(2x)\,\mathrm{e}^{-x} \end{vmatrix} \\ &= \tfrac{1}{2}\big(\cos(2x) - \sin(2x)\big)\sin(2x)\,\mathrm{e}^{-2x} - \tfrac{1}{2}\big(\cos(2x) + \sin(2x)\big)\cos(2x)\,\mathrm{e}^{-2x} \\ &= \tfrac{1}{2}\,\mathrm{e}^{-2x}\big(-\sin^2(2x) - \cos^2(2x)\big) = -\tfrac{1}{2}\,\mathrm{e}^{-2x} \neq 0 \quad \text{für alle } x \end{aligned}$$

Das bedeutet, dass $\boldsymbol{y}_1(x)$ und $\boldsymbol{y}_2(x)$ Fundamentallösungen sind. Die allgemeine Lösung des Diferenzialgleichungssystems lautet damit:

$$\begin{aligned} \boldsymbol{y}(x) &= c_1\,\boldsymbol{y}_1(x) + c_2\,\boldsymbol{y}_2(x) \\ &= c_1 \begin{pmatrix} \frac{1}{2}\big(\cos(2x) - \sin(2x)\big)\,\mathrm{e}^{-x} \\ \cos(2x)\,\mathrm{e}^{-x} \end{pmatrix} + c_2 \begin{pmatrix} \frac{1}{2}\big(\cos(2x) + \sin(2x)\big)\,\mathrm{e}^{-x} \\ \sin(2x)\,\mathrm{e}^{-x} \end{pmatrix} \quad \blacksquare \end{aligned}$$

Nachdem wir mit drei Beipielen die Lösung von Differenzialgleichungssystemen erläutert haben, können wir das allgemeine Lösungsverfahren formulieren:

Lösungsverfahren für das Differenzialgleichungssystem $\quad \boldsymbol{y}'(x) = \mathbf{A}\boldsymbol{y}(x)$

Ist λ ein einfacher reeller Eigenwert von $\mathbf{A}$ mit dem Eigenvektor $\boldsymbol{u}$, so gibt es zu diesem Eigenwert die Fundamentallösung

$$\boldsymbol{y}(x) = \boldsymbol{u}\,\mathrm{e}^{\lambda x} \tag{12.60}$$

Ist λ ein k-facher reeller Eigenwert von $\mathbf{A}$, so gibt es zu diesem Eigenwert die Lösung

$$\boldsymbol{y}(x) = \boldsymbol{u}(x)\,\mathrm{e}^{\lambda x} \tag{12.61}$$

Sind $\lambda_{1;2} = \beta \pm \mathrm{i}\,\omega$ jeweils k-fache komplexe Eigenwerte von $\mathbf{A}$, so gibt es zu diesen Eigenwerten die Lösung

$$\boldsymbol{y}(x) = \boldsymbol{p}(x)\,\mathrm{e}^{\beta x}\cos(\omega x) + \boldsymbol{q}(x)\,\mathrm{e}^{\beta x}\sin(\omega x) \tag{12.62}$$

Die Komponenten der Vektoren $\boldsymbol{u}(x)$, $\boldsymbol{p}(x)$ und $\boldsymbol{q}(x)$ sind Polynome vom Grad $k-1$. Durch Einsetzen der Lösung in das Differenzialgleichungssystem erhält man Bedingungen für die Koeffizienten. Mit diesen Bedingungen kann man die Lösung als Linearkombination von Fundamentallösungen darstellen.

Für die Lösungen des Differenzialgleichungssystems gilt ferner:

Lösungen des Differenzialgleichungssystems $y'(x) = \mathbf{A}y(x)$

Ist $\mathbf{A}$ eine (n,n)-Matrix, so erhält man mit dem oben dargestellten Lösungsverfahren insgesamt n **Fundamentallösungen**

$$y_1(x), \ldots, y_n(x) \tag{12.63}$$

die auf ganz $\mathbb{R}$ definiert sind. Für die Wronski-Detreminante $W(x)$ gilt:

$$W(x) = \det(y_1(x), \ldots, y_n(x)) \neq 0 \quad \text{für alle } x \tag{12.64}$$

Die allgemeine Lösung des Differenzialgleichungssystems lautet:

$$y(x) = c_1 y_1(x) + \ldots + c_n y_n(x) \tag{12.65}$$

Damit lässt sich jedes Anfangswertproblem mit der Anfangsbedingung $y(x_0) = \gamma$ eindeutig lösen. Die Menge aller Lösungen bildet einen Vektorraum. Die Fundamentallösungen bilden eine Basis dieses Vektorraums.

Ein wichtiges Anwendungsbeispiel für Differenzialgleichungssysteme sind gekoppelte Schwingungen. Hier hat man es jedoch mit linearen Differenzialgleichungen zweiter Ordnung zu tun. Wie schon erwähnt, lassen sich diese als ein System von Differenzialgleichungen erster Ordnung formulieren (s. S. 454 f). Wir bringen ein Beispiel aus der Mechanik:

Beispiel 12.28: Gekoppelte Federpendel

Wir betrachten das in Abb. 12.12 dargestellte Federpendel mit zwei Körpern gleicher Masse m und drei Federn.

Abb. 12.12: Gekoppelte Pendel.

Die beiden äußeren Federn haben jeweils die Federkonstante D_a, die mittlere Feder hat die Federkonstante D_m. Sind die Reibungskräfte vernachlässigbar klein, so gelten folgende Differenzialgleichungen:

$$\begin{aligned} m\ddot{x}_1(t) &= -D_a x_1(t) - D_m\big(x_1(t) - x_2(t)\big) \\ m\ddot{x}_2(t) &= -D_a x_2(t) - D_m\big(x_2(t) - x_1(t)\big) \end{aligned}$$

Hier ist $x_1(t)$ bzw. $x_2(t)$ die Auslenkung der linken bzw. rechten Masse aus der Gleichgewichtslage.

Wir nehmen einfachheitshalber an, dass $D_a = D_m = D$ ist (drei gleiche Federn). Dann gelten die Gleichungen:

$$\begin{aligned}
m\ddot{x}_1(t) &= -2Dx_1(t) + Dx_2(t) \\
m\ddot{x}_2(t) &= Dx_1(t) - 2Dx_2(t)
\end{aligned}$$

Dividiert man diese Gleichungen durch die Masse m, so erhält man mit $\omega_0^2 = \frac{D}{m}$:

$$\begin{aligned}
\ddot{x}_1(t) &= -2\omega_0^2 x_1(t) + \omega_0^2 x_2(t) \\
\ddot{x}_2(t) &= \omega_0^2 x_1(t) - 2\omega_0^2 x_2(t)
\end{aligned}$$

Dieses Differenzialgleichungssystem ist äquivalent zu dem System

$$\dot{\boldsymbol{y}}(t) = \mathbf{A}\boldsymbol{y}(t)$$

mit dem Vektor und der Matrix

$$\boldsymbol{y}(t) = \begin{pmatrix} y_1(t) \\ y_2(t) \\ y_3(t) \\ y_4(t) \end{pmatrix} = \begin{pmatrix} x_1(t) \\ x_2(t) \\ \dot{x}_1(t) \\ \dot{x}_2(t) \end{pmatrix} \qquad \mathbf{A} = \begin{pmatrix} 0 & 0 & 1 & 0 \\ 0 & 0 & 0 & 1 \\ -2\omega_0^2 & \omega_0^2 & 0 & 0 \\ \omega_0^2 & -2\omega_0^2 & 0 & 0 \end{pmatrix}$$

Für die charakteristische Gleichung erhalten wir:

$$\det(\mathbf{A} - \lambda\mathbf{E}) = \begin{vmatrix} -\lambda & 0 & 1 & 0 \\ 0 & -\lambda & 0 & 1 \\ -2\omega_0^2 & \omega_0^2 & -\lambda & 0 \\ \omega_0^2 & -2\omega_0^2 & 0 & -\lambda \end{vmatrix} = \lambda^4 + 4\omega_0^2\lambda^2 + 3\omega_0^4 = 0$$

Mit der Substitution $u = \lambda^2$ erhalten wir die quadratische Gleichung

$$u^2 + 4\omega_0^2 u + 3\omega_0^4 = 0$$

mit den Lösungen $u_1 = -3\omega_0^2$ und $u_2 = -\omega_0^2$. Daraus folgen vier einfache komplexe Lösungen der charakteristischen Gleichung:

$$\lambda_{1;2} = \pm\,\mathrm{i}\,\sqrt{3}\,\omega_0 \qquad \lambda_{3;4} = \pm\,\mathrm{i}\,\omega_0$$

Wir berechnen zunächst die Lösung des Differenzialgleichungssystems gemäß (12.62) für $\lambda_{1;2} = \pm\,\mathrm{i}\,\sqrt{3}\,\omega_0 = \beta \pm \mathrm{i}\,\omega$ mit $\beta = 0$ und $\omega = \sqrt{3}\,\omega_0$. Da es sich um einfache komplexe Lösungen handelt, sind die Komponenten der Vektoren $\boldsymbol{p}(t)$ und $\boldsymbol{q}(t)$ Polynome vom Grad null, d.h. Konstanten. Für jede Komponente von $\boldsymbol{y}(t)$ machen wir also einen Ansatz der Form

$$a\,\mathrm{e}^{\beta t}\cos(\omega t) + b\,\mathrm{e}^{\beta t}\sin(\omega t) = a\cos(\omega t) + b\sin(\omega t) \qquad \text{mit } \omega = \sqrt{3}\,\omega_0$$

Damit haben wir die vier Gleichungen

$$y_1(t) = a_1 \cos(\omega t) + b_1 \sin(\omega t)$$
$$y_2(t) = a_2 \cos(\omega t) + b_2 \sin(\omega t)$$
$$y_3(t) = a_3 \cos(\omega t) + b_3 \sin(\omega t)$$
$$y_4(t) = a_4 \cos(\omega t) + b_4 \sin(\omega t)$$

Für die Ableitungen gilt:

$$\dot{y}_1(t) = -\omega a_1 \sin(\omega t) + \omega b_1 \cos(\omega t)$$
$$\dot{y}_2(t) = -\omega a_2 \sin(\omega t) + \omega b_2 \cos(\omega t)$$
$$\dot{y}_3(t) = -\omega a_3 \sin(\omega t) + \omega b_3 \cos(\omega t)$$
$$\dot{y}_4(t) = -\omega a_4 \sin(\omega t) + \omega b_4 \cos(\omega t)$$

Setzt man dies alles in das Differenzialgleichungssystem ein, so erhält man die vier Gleichungen

$$-\omega a_1 \sin(\omega t) + \omega b_1 \cos(\omega t) = a_3 \cos(\omega x) + b_3 \sin(\omega t)$$
$$-\omega a_2 \sin(\omega t) + \omega b_2 \cos(\omega t) = a_4 \cos(\omega x) + b_4 \sin(\omega t)$$
$$-\omega a_3 \sin(\omega t) + \omega b_3 \cos(\omega t) = -2\omega_0^2[a_1 \cos(\omega t) + b_1 \sin(\omega t)]$$
$$+ \omega_0^2[a_2 \cos(\omega t) + b_2 \sin(\omega t)]$$
$$-\omega a_4 \sin(\omega t) + \omega b_4 \cos(\omega t) = \omega_0^2[a_1 \cos(\omega t) + b_1 \sin(\omega t)]$$
$$- 2\omega_0^2[a_2 \cos(\omega t) + b_2 \sin(\omega t)]$$

Wir bringen bei jeder Gleichung alles auf eine Seite und sortieren nach cos- und sin-Termen:

$$(\omega b_1 - a_3) \cos(\omega t) - (\omega a_1 + b_3) \sin(\omega t) = 0 \qquad \text{(I)}$$
$$(\omega b_2 - a_4) \cos(\omega t) - (\omega a_2 + b_4) \sin(\omega t) = 0 \qquad \text{(II)}$$
$$(2\omega_0^2 a_1 - \omega_0^2 a_2 + \omega b_3) \cos(\omega t) + (2\omega_0^2 b_1 - \omega_0^2 b_2 - \omega a_3) \sin(\omega t) = 0 \qquad \text{(III)}$$
$$(\omega_0^2 a_1 - 2\omega_0^2 a_2 - \omega b_4) \cos(\omega t) + (\omega_0^2 b_1 - 2\omega_0^2 b_2 + \omega a_4) \sin(\omega t) = 0 \qquad \text{(IV)}$$

Diese Gleichungen müssen für alle t gelten. Aus den Gleichungen (I),(II) folgt:

$$\omega b_1 - a_3 = 0 \quad \Rightarrow \quad a_3 = \omega b_1 \qquad \text{(a)}$$
$$\omega a_1 + b_3 = 0 \quad \Rightarrow \quad b_3 = -\omega a_1 \qquad \text{(b)}$$
$$\omega b_2 - a_4 = 0 \quad \Rightarrow \quad a_4 = \omega b_2 \qquad \text{(c)}$$
$$\omega a_2 + b_4 = 0 \quad \Rightarrow \quad b_4 = -\omega a_2 \qquad \text{(d)}$$

Aus den Gleichungen (III),(IV) folgt damit:

$$2\omega_0^2 a_1 - \omega_0^2 a_2 + \omega b_3 = 2\omega_0^2 a_1 - \omega_0^2 a_2 - \omega^2 a_1 = 2\omega_0^2 a_1 - \omega_0^2 a_2 - 3\omega_0^2 a_1$$
$$= -\omega_0^2 a_1 - \omega_0^2 a_2 = -\omega_0^2(a_1 + a_2) = 0$$
$$2\omega_0^2 b_1 - \omega_0^2 b_2 - \omega a_3 = 2\omega_0^2 b_1 - \omega_0^2 b_2 - \omega^2 b_1 = 2\omega_0^2 b_1 - \omega_0^2 b_2 - 3\omega_0^2 b_1$$
$$= -\omega_0^2 b_1 - \omega_0^2 b_2 = -\omega_0^2(b_1 + b_2) = 0$$
$$\omega_0^2 a_1 - 2\omega_0^2 a_2 - \omega b_4 = \omega_0^2 a_1 - 2\omega_0^2 a_2 + \omega^2 a_2 = \omega_0^2 a_1 - 2\omega_0^2 a_2 + 3\omega_0^2 a_2$$
$$= \omega_0^2 a_1 + \omega_0^2 a_2 = \omega_0^2(a_1 + a_2) = 0$$
$$\omega_0^2 b_1 - 2\omega_0^2 b_2 + \omega a_4 = \omega_0^2 b_1 - 2\omega_0^2 b_2 + \omega^2 b_2 = \omega_0^2 b_1 - 2\omega_0^2 b_2 + 3\omega_0^2 b_2$$
$$= \omega_0^2 b_1 + \omega_0^2 b_2 = \omega_0^2(b_1 + b_2) = 0$$

Damit diese Gleichungen erfüllt sind, müssen folgende Beziehungen gelten:

$$a_1 + a_2 = 0 \quad \Rightarrow \quad a_2 = -a_1 \qquad \text{(e)}$$
$$b_1 + b_2 = 0 \quad \Rightarrow \quad b_2 = -b_1 \qquad \text{(f)}$$

a_1 und b_1 sind beliebig, d.h. frei wählbare Parameter. Mit den Bezeichnungen $a_1 = r$ und $b_1 = s$ und den Beziehungen (a)–(f) erhalten wir dann:

$$a_1 = r \qquad\qquad b_1 = s \qquad\qquad a_2 = -r \qquad\qquad b_2 = -s$$
$$a_3 = \omega s \qquad\qquad b_3 = -\omega r \qquad\qquad a_4 = -\omega s \qquad\qquad b_4 = \omega r$$

Für die Lösung gilt damit:

$$\boldsymbol{y}(t) = \begin{pmatrix} y_1(t) \\ y_2(t) \\ y_3(t) \\ y_4(t) \end{pmatrix} = \begin{pmatrix} x_1(t) \\ x_2(t) \\ \dot{x}_1(t) \\ \dot{x}_2(t) \end{pmatrix} = \begin{pmatrix} a_1\cos(\omega t) + b_1\sin(\omega t) \\ a_2\cos(\omega t) + b_2\sin(\omega t) \\ a_3\cos(\omega t) + b_3\sin(\omega t) \\ a_4\cos(\omega t) + b_4\sin(\omega t) \end{pmatrix}$$

$$= \begin{pmatrix} r\cos(\omega t) + s\sin(\omega t) \\ -r\cos(\omega t) - s\sin(\omega t) \\ -\omega r\sin(\omega t) + \omega s\cos(\omega t) \\ \omega r\sin(\omega t) - \omega s\cos(\omega t) \end{pmatrix} = r\begin{pmatrix} \cos(\omega t) \\ -\cos(\omega t) \\ -\omega\sin(\omega t) \\ \omega\sin(\omega t) \end{pmatrix} + s\begin{pmatrix} \sin(\omega t) \\ -\sin(\omega t) \\ \omega\cos(\omega t) \\ -\omega\cos(\omega t) \end{pmatrix}$$

Bei dieser Lösung gilt $x_2(t) = -x_1(t)$. Mit $r = A\cos\varphi$ und $s = A\sin\varphi$ kann man $x_1(t)$ und $x_2(t)$ umformen zu

$$x_1(t) = A\cos(\omega t - \varphi) \qquad x_2(t) = -A\cos(\omega t - \varphi)$$

Beide Körper schwingen mit der Frequenz $\omega = \sqrt{3}\,\omega_0$ und einer Amplitude A in entgegengesetzte Richtung. Diese Schwingungsform ist die sog. zweite Fundamentalschwingung.

Für die komplexen Lösungen $\lambda_{3;4} = \pm\,\mathrm{i}\,\omega_0$ der charakteristischen Gleichung erhalten wir auf die gleiche Art und Weise die Lösung

$$
\boldsymbol{y}(t) = \begin{pmatrix} y_1(t) \\ y_2(t) \\ y_3(t) \\ y_4(t) \end{pmatrix} = \begin{pmatrix} x_1(t) \\ x_2(t) \\ \dot{x}_1(t) \\ \dot{x}_2(t) \end{pmatrix} = \begin{pmatrix} r\cos(\omega_0 t) + s\sin(\omega_0 t) \\ r\cos(\omega_0 t) + s\sin(\omega_0 t) \\ -\omega_0 r\sin(\omega_0 t) + \omega_0 s\cos(\omega_0 t) \\ -\omega_0 r\sin(\omega_0 t) + \omega_0 s\cos(\omega_0 t) \end{pmatrix}
$$

$$
= r \begin{pmatrix} \cos(\omega_0 t) \\ \cos(\omega_0 t) \\ -\omega_0\sin(\omega_0 t) \\ -\omega_0\sin(\omega_0 t) \end{pmatrix} + s \begin{pmatrix} \sin(\omega_0 t) \\ \sin(\omega_0 t) \\ \omega_0\cos(\omega_0 t) \\ \omega_0\cos(\omega_0 t) \end{pmatrix}
$$

Hier sind r und s wieder beliebig, d.h. frei wählbare Parameter. Bei dieser Lösung gilt $x_2(t) = x_1(t)$. Mit $r = A\cos\varphi$ und $s = A\sin\varphi$ kann man $x_1(t)$ und $x_2(t)$ wieder umformen zu

$$
x_1(t) = A\cos(\omega t - \varphi) \qquad x_2(t) = A\cos(\omega t - \varphi)
$$

Beide Körper schwingen mit der Frequenz ω_0 und einer Amplitude A in die gleiche Richtung. Diese Schwingungsform ist die sog. erste Fundamentalschwingung. Die Lösungen

$$
\boldsymbol{y}_1(t) = \begin{pmatrix} \cos(\omega_0 t) \\ \cos(\omega_0 t) \\ -\omega_0\sin(\omega_0 t) \\ -\omega_0\sin(\omega_0 t) \end{pmatrix} \qquad \boldsymbol{y}_2(t) = \begin{pmatrix} \sin(\omega_0 t) \\ \sin(\omega_0 t) \\ \omega_0\cos(\omega_0 t) \\ \omega_0\cos(\omega_0 t) \end{pmatrix}
$$

$$
\boldsymbol{y}_3(t) = \begin{pmatrix} \cos(\omega t) \\ -\cos(\omega t) \\ -\omega\sin(\omega t) \\ \omega\sin(\omega t) \end{pmatrix} \qquad \boldsymbol{y}_4(t) = \begin{pmatrix} \sin(\omega t) \\ -\sin(\omega t) \\ \omega\cos(\omega t) \\ -\omega\cos(\omega t) \end{pmatrix}
$$

sind die Fundamentallösungen des Differenzialgleichungssystems. Für die Wronski-Determinante erhält man:

$$
W(x) = \begin{vmatrix} \cos(\omega_0 t) & \sin(\omega_0 t) & \cos(\omega t) & \sin(\omega t) \\ \cos(\omega_0 t) & \sin(\omega_0 t) & -\cos(\omega t) & -\sin(\omega t) \\ -\omega_0\sin(\omega_0 t) & \omega_0\cos(\omega_0 t) & -\omega\sin(\omega t) & \omega\cos(\omega t) \\ -\omega_0\sin(\omega_0 t) & \omega_0\cos(\omega_0 t) & \omega\sin(\omega t) & -\omega\cos(\omega t) \end{vmatrix} = -4\omega\omega_0 \neq 0
$$

Die allgemeine Lösung des Differenzialgleichungssystems lautet:

$$\boldsymbol{y}(t) = c_1 \boldsymbol{y}_1(t) + c_2 \boldsymbol{y}_2(t) + c_3 \boldsymbol{y}_3(t) + c_4 \boldsymbol{y}_4(t)$$

$$\begin{pmatrix} x_1(t) \\ x_2(t) \\ \dot{x}_1(t) \\ \dot{x}_2(t) \end{pmatrix} = \begin{pmatrix} c_1 \cos(\omega_0 t) + c_2 \sin(\omega_0 t) + c_3 \cos(\omega t) + c_4 \sin(\omega t) \\ c_1 \cos(\omega_0 t) + c_2 \sin(\omega_0 t) - c_3 \cos(\omega t) - c_4 \sin(\omega t) \\ -c_1 \omega_0 \sin(\omega_0 t) + c_2 \omega_0 \cos(\omega_0 t) - c_3 \omega \sin(\omega t) + c_4 \omega \cos(\omega t) \\ -c_1 \omega_0 \sin(\omega_0 t) + c_2 \omega_0 \cos(\omega_0 t) + c_3 \omega \sin(\omega t) - c_4 \omega \cos(\omega t) \end{pmatrix}$$

Wir betrachten folgende Anfangsbedingung:

$$\begin{pmatrix} x_1(0) \\ x_2(0) \\ \dot{x}_1(0) \\ \dot{x}_2(0) \end{pmatrix} = \begin{pmatrix} 0 \\ x_0 \\ 0 \\ 0 \end{pmatrix}$$

Zu Beginn (bei $t = 0$) gilt also: Das rechte Pendel ist um x_0 aus der Gleichgewichtslage ausgelenkt, das linke Pendel befindet sich in der Gleichgewichtslage. Die Geschwindigkeiten der Pendel sind jeweils null. Diese Anfangsbedingung führt zu dem Gleichungssystem

$$\begin{aligned} c_1 & & + c_3 & & &= 0 \\ c_1 & & - c_3 & & &= x_0 \\ & \omega_0 c_2 & & + \omega c_4 &= 0 \\ & \omega_0 c_2 & & - \omega c_4 &= 0 \end{aligned}$$

mit der Lösung

$$c_1 = \tfrac{1}{2} x_0 \qquad c_2 = 0 \qquad c_3 = -\tfrac{1}{2} x_0 \qquad c_4 = 0$$

Für die Auslenkungen $x_1(t)$ und $x_2(t)$ gilt damit:

$$x_1(t) = \tfrac{1}{2} x_0 \cos(\omega_0 t) - \tfrac{1}{2} x_0 \cos(\omega t)$$
$$x_2(t) = \tfrac{1}{2} x_0 \cos(\omega_0 t) + \tfrac{1}{2} x_0 \cos(\omega t)$$

Mit der Formel (2.94) für die Summe und einer entsprechenden Formel für die Differenz zweier Kosinusfunktionen kann man dies folgendermaßen umformen:

$$x_1(t) = x_0 \sin\left(\tfrac{\omega + \omega_0}{2} t\right) \sin\left(\tfrac{\omega - \omega_0}{2} t\right) = x_0 \sin(\omega_+ t) \sin(\omega_- t)$$
$$x_2(t) = x_0 \cos\left(\tfrac{\omega + \omega_0}{2} t\right) \cos\left(\tfrac{\omega - \omega_0}{2} t\right) = x_0 \cos(\omega_+ t) \cos(\omega_- t)$$

mit $\omega_+ = \tfrac{1}{2}(\omega + \omega_0)$ und $\omega_- = \tfrac{1}{2}(\omega - \omega_0)$. Die Abb. 12.13 zeigt die Auslenkungen $x_1(t)$ und $x_2(t)$. Bei solchen Schwingungsformen spricht man von Schwebungen.

∎

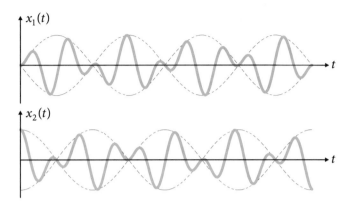

Abb. 12.13: Schwebungen bei gekoppelten Pendeln.

12.5.2 Inhomogene Systeme

Inhomogenes System linearer Differenzialgleichungen 1. Ordnung

$$\boldsymbol{y}'(x) = \mathbf{A}\boldsymbol{y}(x) + \boldsymbol{g}(x) \tag{12.66}$$

$$\boldsymbol{y}(x) = \begin{pmatrix} y_1(x) \\ \vdots \\ y_n(x) \end{pmatrix} \quad \mathbf{A} = \begin{pmatrix} a_{11} & \dots & a_{1n} \\ \vdots & \ddots & \vdots \\ a_{n1} & \dots & a_{1n} \end{pmatrix} \quad \boldsymbol{g}(x) = \begin{pmatrix} g_1(x) \\ \vdots \\ g_n(x) \end{pmatrix} \tag{12.67}$$

Die Aussagen (12.13), (12.32) und (12.48) für lineare inhomogene Differenzialgleichungen gelten in entsprechender Weise auch für Differenzialgleichungssysteme: Die allgemeine Lösung $\boldsymbol{y}(x)$ des inhomogenen Systems ist die Summe der allgemeinen Lösung $\boldsymbol{y}_h(x)$ des homogenen Systems und einer partikulären Lösung $\boldsymbol{y}_p(x)$ des inhomogenen Systems:

$$\boldsymbol{y}(x) = \boldsymbol{y}_h(x) + \boldsymbol{y}_p(x) \tag{12.68}$$

Zur Bestimmung einer partikulären Lösung $\boldsymbol{y}_p(x)$ des inhomogenen Systems gibt es wieder verschiedene Methoden. Neben dem Ansatz vom Typ der rechten Seite kann man eine partikuläre Lösung auch durch Variation der Konstanten finden. Wir wollen dies zeigen und führen noch einmal (zum letzten Mal) eine **Variation der Konstanten** durch: Wir ersetzen die Konstanten $c_1, \ldots, c_n$ in der allgemeinen Lösung

$$\boldsymbol{y}(x) = c_1 \boldsymbol{y}_1(x) + \ldots + c_n \boldsymbol{y}_n(x)$$

des homogenen Systems durch Funktionen $c_1(x),\ldots,c_n(x)$. Der Ansatz für eine partikuläre Lösung $\boldsymbol{y}_p(x)$ des inhomogenen Systems lautet:

$$\boldsymbol{y}_p(x) = c_1(x)\boldsymbol{y}_1(x) + \ldots + c_n(x)\boldsymbol{y}_n(x) = \mathbf{Y}(x)\boldsymbol{c}(x)$$

mit der Matrix und dem Vektor

$$\mathbf{Y}(x) = (\boldsymbol{y}_1(x),\ldots,\boldsymbol{y}_n(x)) \qquad \boldsymbol{c}(c) = \begin{pmatrix} c_1(x) \\ \vdots \\ c_n(x) \end{pmatrix}$$

Die Spalten von $\mathbf{Y}(x)$ sind die Fundamentallösungen $\boldsymbol{y}_1(x),\ldots,\boldsymbol{y}_n(x)$ des homogenen Systems. Für diese gilt also:

$$\boldsymbol{y}_1'(x) = \mathbf{A}\boldsymbol{y}_1(x),\ldots,\boldsymbol{y}_n'(x) = \mathbf{A}\boldsymbol{y}_n(x)$$

Für die Ableitung $\boldsymbol{y}_p'(x)$ erhält man mit der Produktregel:

$$\boldsymbol{y}_p'(x) = (\mathbf{Y}(x)\boldsymbol{c}(x))' = \mathbf{Y}'(x)\boldsymbol{c}(x) + \mathbf{Y}(x)\boldsymbol{c}'(x)$$

Für die Ableitung der Matrix $\mathbf{Y}(x)$ gilt:

$$\mathbf{Y}'(x) = (\boldsymbol{y}_1'(x),\ldots,\boldsymbol{y}_n'(x)) = (\mathbf{A}\boldsymbol{y}_1(x),\ldots,\mathbf{A}\boldsymbol{y}_n(x)) = \mathbf{A}\mathbf{Y}(x)$$

Daraus folgt für die Ableitung $\boldsymbol{y}_p'(x)$:

$$\boldsymbol{y}_p'(x) = \mathbf{A}\mathbf{Y}(x)\boldsymbol{c}(x) + \mathbf{Y}(x)\boldsymbol{c}'(x) = \mathbf{A}\boldsymbol{y}_p(x) + \mathbf{Y}(x)\boldsymbol{c}'(x)$$

Da $\boldsymbol{y}_p(x)$ eine Lösung des inhomogenen Systems ist, gilt andererseits:

$$\boldsymbol{y}_p'(x) = \mathbf{A}\boldsymbol{y}_p(x) + \boldsymbol{g}(x)$$

Daraus folgt:

$$\mathbf{Y}(x)\boldsymbol{c}'(x) = \boldsymbol{g}(x)$$

Da die Wronski-Determinante $W(x) = \det \mathbf{Y}(x)$ für alle x ungleich null ist, lässt sich $\mathbf{Y}(x)$ invertieren und die Gleichung nach $\boldsymbol{c}'(x)$ auflösen.

$$\boldsymbol{c}'(x) = \mathbf{Y}(x)^{-1}\boldsymbol{g}(x)$$

Den Vektor $\boldsymbol{c}(x)$ erhält man durch Integration dieser Gleichung:

$$\boldsymbol{c}(x) = \int \mathbf{Y}(x)^{-1}\boldsymbol{g}(x)\mathrm{d}x$$

Wie ist dieses Integral zu verstehen? Der Integrand $\mathbf{Y}(x)^{-1}\boldsymbol{g}(x)$ ist ein Vektor. Man integriert einen Vektor, indem man jede Komponente des Vektors integriert. Für die partikuläre Lösung gilt damit:

Partikuläre Lösung des inhomogenen Systems $\quad y'(x) = \mathbf{A}y(x) + g(x)$

$$y_p(x) = \mathbf{Y}(x) \int \mathbf{Y}(x)^{-1} g(x) \mathrm{d}x \tag{12.69}$$

mit $\mathbf{Y}(x) = (y_1(x), \ldots, y_n(x))$ und Fundamentallösungen $y_1(x), \ldots, y_n(x)$.

Beispiel 12.29: Partikuläre Lösung eines inhomogenen Systems

$$
\begin{aligned}
y_1'(x) &= 3y_1(x) - 2y_2(x) + 12\,\mathrm{e}^{3x} \\
y_2'(x) &= 2y_1(x) - 2y_2(x)
\end{aligned}
$$

Matrixschreibweise: $\quad y'(x) = \mathbf{A}y(x) + g(x)$

$$y(x) = \begin{pmatrix} y_1(x) \\ y_2(x) \end{pmatrix} \quad \mathbf{A} = \begin{pmatrix} 3 & -2 \\ 2 & -2 \end{pmatrix} \quad g(x) = \begin{pmatrix} 12\,\mathrm{e}^{3x} \\ 0 \end{pmatrix}$$

Das homogene System haben wir schon im Beispiel 12.24 gelöst. Die Fundamentallösungen lauten:

$$y_1(x) = \begin{pmatrix} \mathrm{e}^{-x} \\ 2\,\mathrm{e}^{-x} \end{pmatrix} \qquad y_2(x) = \begin{pmatrix} 2\,\mathrm{e}^{2x} \\ \mathrm{e}^{2x} \end{pmatrix}$$

Damit können wir die Matrix $\mathbf{Y}(x) = (y_1(x), y_2(x))$ hinschreiben und die inverse Matrix $\mathbf{Y}(x)^{-1}$ berechnen. Wir erhalten:

$$\mathbf{Y}(x) = \begin{pmatrix} \mathrm{e}^{-x} & 2\,\mathrm{e}^{2x} \\ 2\,\mathrm{e}^{-x} & \mathrm{e}^{2x} \end{pmatrix} \qquad \mathbf{Y}(x)^{-1} = \frac{1}{3} \begin{pmatrix} -\,\mathrm{e}^{x} & 2\,\mathrm{e}^{x} \\ 2\,\mathrm{e}^{-2x} & -\,\mathrm{e}^{-2x} \end{pmatrix}$$

Die Berechnung des Integranden $\mathbf{Y}(x)^{-1} g(x)$ ergibt:

$$\mathbf{Y}(x)^{-1} g(x) = \frac{1}{3} \begin{pmatrix} -\,\mathrm{e}^{x} & 2\,\mathrm{e}^{x} \\ 2\,\mathrm{e}^{-2x} & -\,\mathrm{e}^{-2x} \end{pmatrix} \begin{pmatrix} 12\,\mathrm{e}^{3x} \\ 0 \end{pmatrix} = \begin{pmatrix} -4\,\mathrm{e}^{4x} \\ 8\,\mathrm{e}^{x} \end{pmatrix}$$

Die Komponenten des Integrals dieses Vektors sind die Integrale der Komponenten des Vektors:

$$\int \mathbf{Y}(x)^{-1} g(x) \mathrm{d}x = \int \begin{pmatrix} -4\,\mathrm{e}^{4x} \\ 8\,\mathrm{e}^{x} \end{pmatrix} \mathrm{d}x = \begin{pmatrix} \int -4\,\mathrm{e}^{4x}\,\mathrm{d}x \\ \int 8\,\mathrm{e}^{x}\,\mathrm{d}x \end{pmatrix} = \begin{pmatrix} -\,\mathrm{e}^{4x} \\ 8\,\mathrm{e}^{x} \end{pmatrix}$$

Für die partikuläre Lösung erhalten wir damit:

$$y_p(x) = \mathbf{Y}(x) \int \mathbf{Y}(x)^{-1} g(x) \mathrm{d}x = \begin{pmatrix} \mathrm{e}^{-x} & 2\,\mathrm{e}^{2x} \\ 2\,\mathrm{e}^{-x} & \mathrm{e}^{2x} \end{pmatrix} \begin{pmatrix} -\,\mathrm{e}^{4x} \\ 8\,\mathrm{e}^{x} \end{pmatrix} = \begin{pmatrix} 15\,\mathrm{e}^{3x} \\ 6\,\mathrm{e}^{3x} \end{pmatrix} \qquad \blacksquare$$

12.6 Aufgaben zu Kapitel 12

12.1 Bestimmen Sie sowohl die allgemeine als auch die partikuläre Lösung zur gegebenen Anfangsbedingung sowie den Typ der Differenzialgleichung.

a) $y' = \dfrac{e^x}{y}$ $y(0) = -\sqrt{2}$

b) $y' = e^{2x} - \dfrac{y}{1+x}$ $y(0) = \frac{5}{4}$

c) $y' x \ln x + 2yx^2 \ln x = y$ $y(2) = \ln 2$

d) $xy' + y - \ln(x) = 0$ $y(1) = 0$

e) $e^{-x} y' - \sqrt{1 + y^2} = 0$ $y(\ln(\ln 2)) = \frac{3}{4}$

f) $(1 + x^2)y' - 2x \coth y = 0$ $y(0) = 0$

g) $y' \coth x - y \ln y = 0$ $y(0) = e$

h) $y' \cosh x = e^{-y}$ $y(0) = \ln(\frac{\pi}{2})$

i) $y' + 3x^2 y = 3x^5$ $y(0) = 0$

j) $(1 + x^2)y' e^y = 2x$ $y(0) = 0$

k) $\sqrt{1 + x^2}\, y' = y$ $y(0) = 1$

12.2 Bestimmen Sie die partikuläre Lösung der Differenzialgleichung

$$y' + 2y = 6$$

zur Anfangsbedingung $y(0) = 1$ auf drei verschiedene Arten:

a) Trennung der Variablen

b) Variation der Konstanten

c) Ansatz vom Typ der rechten Seite

12.3 Bestimmen Sie eine Differenzialgleichungen zu den folgenden Lösungen:

a) $y(x) = k\, e^{\frac{1}{x}}$ b) $y(x) = kx\, e^x$ c) $y(x) = \tanh(x^2 + c)$

12.4 $h(t)$ sei der zeitabhängige Anteil der Personen eines Landes, die ein bestimmtes Produkt verwenden. Der Anteil $h(0)$ zur Zeit $t = 0$ sei null: $h(0) = 0$. Zur Bestimmung von $h(t)$ wird folgendes Modell betrachtet bzw. folgende Annahme gemacht: Die Wachstumsgeschwindigkeit $\dot{h}(t)$ des Anteils $h(t)$ sei proportional zum schrumpfenden Anteil $1 - h(t)$ der Personen, die dieses Produkt noch nicht verwenden. Der Proportionalitätsfaktor sei $\frac{1}{\tau}$. Bestimmen Sie die Funktion $h(t)$.

12.5 Die Wachstumsgeschwindigkeit $\dot{h}(t)$ eines zeitabhängigen Anteils $h(t)$ sei proportional zum momentanen Wert $h(t)$ und zum schrumpfenden Anteil $1 - h(t)$, d.h. zum Produkt $h(t)(1 - h(t))$. Der Proportionalitätsfaktor sei $\frac{1}{\tau}$. Zur Zeit $t = 0$ habe der Anteil den Wert $h(0) = \frac{1}{2}$. Bestimmen Sie die Funktion $h(t)$.

12.6 Beim Fall eines Körpers der Masse m wirkt die Gewichtskraft mg und die entgegengesetzte Luftwiderstandskraft $-kv^2$. Hier ist v die Geschwindigkeit, g und k sind Konstanten. Ist die Anfangsgeschwindigkeit null, dann wird der Körper beschleunigt. Dabei ist der Betrag der Luftwiderstandskraft kleiner als die Gewichtskraft. Nach dem Grundgesetz der Mechanik von Newton gilt die Gleichung $m\dot{v} = mg - kv^2$. Bestimmen Sie die Lösung dieser Differenzialgleichung, welche die Anfangsbedingung $v(0) = 0$ erfüllt.

12.7 An eine Serienschaltung eines ohmschen Widerstandes R mit einer Spule mit der Induktivität L wird eine Spannung U angelegt. Für den Strom I gilt die Differenzialgleichung $\frac{1}{L}\dot{I} + RI = U$. Zur Zeit $t = 0$ fließe kein Strom. Bestimmen Sie die Lösung der Differenzialgleichung zu dieser Anfangsbedinung für folgende Fälle:

a) konstante Gleichspannung U

b) zeitabhängige Wechselspannung $U = U_0 \sin(\omega t)$

Bestimmen Sie die Lösung bei Teilaufgabe a) auf drei verschiedene Arten: Trennung der Variablen, Variation der Konstanten, Ansatz vom Typ der rechten Seite.

12.8 Bestimme die Differenzialgleichungen zu den folgenden allgemeinen Lösungen:

    a) $y(x) = c_1 \, e^{-3x} + c_2 \, e^{2x}$

    b) $y(x) = c_1 \, e^{3x} + c_2 x \, e^{3x}$

    c) $y(x) = e^{-x}[c_1 \cos(2x) + c_2 \sin(2x)]$

    d) $y(x) = c_1 \, e^{-x} + c_2 \, e^{2x} + 2x - x^2$

    e) $y(x) = c_1 \, e^{-2x} + c_2 \, e^{-x} + 3\cos(2x) - \sin(2x)$

12.9 Bestimmen Sie sowohl die allgemeine als auch die partikuläre Lösung zu den gegebenen Anfangsbedingungen.

    a) $y'' + 2y' - 8y = 0$ $y(0) = 4$ $y'(0) = -4$

    b) $y'' + 6y' + 9y = 0$ $y(0) = 1$ $y'(0) = 2$

    c) $y'' + 8y' + 20y = 0$ $y(0) = 1$ $y'(0) = 6$

    d) $y'' + 9y = 0$ $y(0) = 6$ $y'(0) = 6$

12.10 Bestimmen Sie die partikuläre Lösung zu den gegebenen Anfangsbedingungen.

    a) $y'' + 2y' - 8y = 5\,e^{-3x}$ $y(0) = 2$ $y'(0) = 3$

    b) $y'' + 6y' + 9y = 4\,e^{-3x}$ $y(0) = 2$ $y'(0) = 1$

    c) $y'' + 8y' + 20y = 16\cos(10x)$ $y(0) = 0$ $y'(0) = 1$

    d) $y'' + 9y = 18\cos(3x) - 6\sin(3x)$ $y(0) = 1$ $y'(0) = 7$

12.11 Bestimmen Sie die allgmeine Lösung.

  a) $y''' - y'' - 2y' = 0$

  b) $y''' + 3y'' + 3y' + y = 0$

  c) $y^{(4)} - y = 0$

  d) $y^{(6)} + 16y''' + 64y = 0$

12.12 Bestimmen Sie die allgmeine Lösung.

  a) $y''' - y'' - 2y' = 4\,e^x$

  b) $y''' + 3y'' + 3y' + y = x^2 + 4x$

  c) $y^{(4)} - y = 5\sin(2x)$

12.13 Bestimmen Sie für die folgenden homogenen Differenzialgleichungssysteme jeweils die allgemeine Lösung und stellen Sie diese als Linearkombination von Fundamentallösungen dar.

  a)
$$\begin{aligned} y_1'(x) &= y_1(x) + 2y_2(x) \\ y_2'(x) &= -y_1(x) + 4y_2(x) \end{aligned}$$

  b)
$$\begin{aligned} y_1'(x) &= y_1(x) + 2y_2(x) \\ y_2'(x) &= -2y_1(x) - 3y_2(x) \end{aligned}$$

12.14 Bestimmen Sie für das folgende inhomogene Differenzialgleichungssystem die allgemeine Lösung.

$$\begin{aligned} y_1'(x) &= 2y_1(x) + 4y_2(x) + 4\,e^{2x} \\ y_2'(x) &= y_1(x) - y_2(x) + 12\,e^x \end{aligned}$$

12.15 Bewegt sich ein geladenes Teilchen mit der Masse m und der Ladung q mit der Geschwindigkeit $\vec{v}$ in einem Magnetfeld $\vec{B}$, so wirkt die Kraft $\vec{F} = q(\vec{v} \times \vec{B})$. Nach dem Gesetz von Newton gilt die Gleichung $m\dot{\vec{v}} = q(\vec{v} \times \vec{B})$. Der Punkt bedeutet die Ableitung nach der Zeit. Für ein Elektron mit der Ladung $q = -e$ in einem homogenen Magnetfeld in z-Richtung mit Betrag B folgt daraus:

$$\begin{pmatrix} \dot{v}_x \\ \dot{v}_y \\ \dot{v}_z \end{pmatrix} = \begin{pmatrix} -\omega v_y \\ \omega v_x \\ 0 \end{pmatrix} \qquad \text{bzw.} \qquad \begin{aligned} \dot{v}_x &= -\omega v_y \\ \dot{v}_y &= \omega v_x \\ \dot{v}_z &= 0 \end{aligned} \qquad \text{mit } \omega = \frac{e}{m}B$$

v_z kommt nur in der dritten Gleichung vor. Aus dieser folgt, dass v_z konstant ist. Die beiden ersten Gleichungen lassen sich folgendermaßen formulieren:

$$\begin{pmatrix} \dot{v}_x \\ \dot{v}_y \end{pmatrix} = \begin{pmatrix} 0 & -\omega \\ \omega & 0 \end{pmatrix} \begin{pmatrix} v_x \\ v_y \end{pmatrix}$$

Lösen Sie dieses Differenzialgleichungssystem.

a) Bestimmen Sie die allgemeine Lösung und stellen Sie diese als Linearkombination von Fundamentallösungen dar.
b) Bestimmen Sie die partikuläre Lösung zu den Anfangsbedinungen $v_x(0) = v_0$, $v_y(0) = 0$.

13 Integraltransformationen

Übersicht

Da bei vielen Anwendungen der Integraltransformationen die Variable die Bedeutung der Zeit hat, bezeichnen wir in diesem Kapitel die Variable mit t. Die Ableitung nach der Variablen t wird mit einem Strich (und nicht mit einem Punkt) gekennzeichnet, da dies in diesem Zusammenhang üblich ist.

13.1   Fouriertransformation

13.1.1   Einführung

Im Abschnitt 7.4 haben wir festgestellt, dass sich eine periodische Funktion bzw. ein periodisches Signal $f(t)$ als Summe harmonischer Schwingungen darstellen lässt (wenn bestimmte Voraussetzungen erfüllt sind). In diesem Kapitel werden wir sehen, dass sich (unter bestimmten Bedingungen) auch eine nichtperiodische Funktion als Überlagerung harmonischer Schwingungen darstellen lässt. Statt diskreter Frequenzen wie bei einer Fourierreihe, hat man jedoch ein Frequenzkontinuum. Wie bei Fourier-reihen spielt auch die Fouriertransformation eine wichtige Rolle bei der Analyse und Bearbeitung von Signalen. Wie betrachten zunächst eine periodische Funktion $f(t)$ mit der Schwingungsdauer T, die sich als Fourierreihe darstellen lässt:

$$f(t) = \frac{a_0}{2} + \sum_{n=1}^{\infty} a_n \cos(n\omega t) + \sum_{n=1}^{\infty} b_n \sin(n\omega t) \qquad \text{mit } \omega = \frac{2\pi}{T} \qquad (13.1)$$

Für die Fourierkoeffizienten gilt:

$$a_n = \frac{2}{T} \int\limits_{-\frac{T}{2}}^{\frac{T}{2}} f(t)\cos(n\omega t)\mathrm{d}t \qquad n = 0,1,2,\dots \qquad (13.2)$$

$$b_n = \frac{2}{T} \int\limits_{-\frac{T}{2}}^{\frac{T}{2}} f(t)\sin(n\omega t)\mathrm{d}t \qquad n = 1,2,\dots \qquad (13.3)$$

Mithilfe der komplexen Zahlen lässt sich die Fourierreihe (13.1) auf eine kompaktere Form bringen: Setzt man die Beziehungen

$$\cos(n\omega t) = \tfrac{1}{2}\big(\mathrm{e}^{\mathrm{i}\,n\omega t} + \mathrm{e}^{-\mathrm{i}\,n\omega t}\big)$$

$$\sin(n\omega t) = -\tfrac{\mathrm{i}}{2}\big(\mathrm{e}^{\mathrm{i}\,n\omega t} - \mathrm{e}^{-\mathrm{i}\,n\omega t}\big)$$

in die Fourierreihe (13.1) ein, so erhält man:

$$f(t) = \frac{a_0}{2} + \sum_{n=1}^{\infty} a_n \tfrac{1}{2}\big(\mathrm{e}^{\mathrm{i}\,n\omega t} + \mathrm{e}^{-\mathrm{i}\,n\omega t}\big) - \mathrm{i}\sum_{n=1}^{\infty} b_n \tfrac{1}{2}\big(\mathrm{e}^{\mathrm{i}\,n\omega t} - \mathrm{e}^{-\mathrm{i}\,n\omega t}\big)$$

$$= \frac{a_0}{2} + \sum_{n=1}^{\infty} \tfrac{1}{2}(a_n - \mathrm{i}\,b_n)\,\mathrm{e}^{\mathrm{i}\,n\omega t} + \sum_{n=1}^{\infty} \tfrac{1}{2}(a_n + \mathrm{i}\,b_n)\,\mathrm{e}^{-\mathrm{i}\,n\omega t}$$

Mit den Bezeichnungen $c_0 = \frac{a_0}{2}$, $c_n = \frac{1}{2}(a_n - \mathrm{i}\,b_n)$ und $c_{-n} = \frac{1}{2}(a_n + \mathrm{i}\,b_n)$ lassen sich die Reihen folgendermaßen zusammenfassen:

$$f(t) = c_0 + \sum_{n=1}^{\infty} c_n\,\mathrm{e}^{\mathrm{i}\,n\omega t} + \sum_{n=1}^{\infty} c_{-n}\,\mathrm{e}^{-\mathrm{i}\,n\omega t}$$

$$= c_0 + \sum_{n=1}^{\infty} c_n\,\mathrm{e}^{\mathrm{i}\,n\omega t} + \sum_{n=-1}^{-\infty} c_n\,\mathrm{e}^{\mathrm{i}\,n\omega t}$$

$$= \sum_{n=-\infty}^{\infty} c_n\,\mathrm{e}^{\mathrm{i}\,n\omega t}$$

Für die Koeffizienten c_n gilt:

$$c_n = \begin{cases} \frac{1}{2}(a_n - \mathrm{i}\,b_n) & \text{für } n > 0 \\[1mm] \frac{a_0}{2} & \text{für } n = 0 \\[1mm] \frac{1}{2}(a_{-n} + \mathrm{i}\,b_{-n}) & \text{für } n < 0 \end{cases}$$

Für $n > 0$ erhält man:

$$c_n = \frac{1}{2}\left(\frac{2}{T}\int\limits_{-\frac{T}{2}}^{\frac{T}{2}} f(t)\cos(n\omega t)\mathrm{d}t - \mathrm{i}\,\frac{2}{T}\int\limits_{-\frac{T}{2}}^{\frac{T}{2}} f(t)\sin(n\omega t)\mathrm{d}t\right)$$

$$= \frac{1}{T}\int\limits_{-\frac{T}{2}}^{\frac{T}{2}} f(t)[\cos(n\omega t) - \mathrm{i}\sin(n\omega t)]\mathrm{d}t$$

$$= \frac{1}{T}\int\limits_{-\frac{T}{2}}^{\frac{T}{2}} f(t)[\cos(-n\omega t) + \mathrm{i}\sin(-n\omega t)]\mathrm{d}t = \frac{1}{T}\int\limits_{-\frac{T}{2}}^{\frac{T}{2}} f(t)\,\mathrm{e}^{-\mathrm{i}\,n\omega t}\,\mathrm{d}t$$

Das gleiche Ergebnis erhält man auch für $n = 0$ und für $n < 0$. Damit gilt:

$$f(t) = \sum_{n=-\infty}^{\infty} c_n\,\mathrm{e}^{\mathrm{i}\,n\omega t} \qquad \text{mit}\quad c_n = \frac{1}{T}\int\limits_{-\frac{T}{2}}^{\frac{T}{2}} f(t)\,\mathrm{e}^{-\mathrm{i}\,n\omega t}\,\mathrm{d}t \qquad (13.4)$$

(13.4) ist die komplexe Schreibweise der Fourierreihe (13.1). Diese Formel gilt natürlich auch für die Funktion mit der eingeschränkten Definitionsmenge $D_f = [-\frac{T}{2}, \frac{T}{2}]$, mit der die Funktion keine periodische mehr ist. Wir betrachten die Funktion mit dieser Definitionsmenge und schauen, was geschieht, wenn wir T gegen unendlich gehen lassen. Nach (13.4) gilt:

$$f(t) = \sum_{n=-\infty}^{\infty}\left(\frac{1}{T}\int\limits_{-\frac{T}{2}}^{\frac{T}{2}} f(t)\,\mathrm{e}^{-\mathrm{i}\,n\omega t}\,\mathrm{d}t\right)\mathrm{e}^{\mathrm{i}\,n\omega t}$$

$$= \frac{1}{2\pi}\sum_{n=-\infty}^{\infty}\left(\int\limits_{-\frac{T}{2}}^{\frac{T}{2}} f(t)\,\mathrm{e}^{-\mathrm{i}\,n\omega t}\,\mathrm{d}t\right)\mathrm{e}^{\mathrm{i}\,n\omega t}\,\frac{2\pi}{T}$$

$$= \frac{1}{2\pi}\sum_{n=-\infty}^{\infty}\left(\int\limits_{-\frac{T}{2}}^{\frac{T}{2}} f(t)\,\mathrm{e}^{-\mathrm{i}\,\omega_n t}\,\mathrm{d}t\right)\mathrm{e}^{\mathrm{i}\,\omega_n t}\,\Delta\omega_n$$

$$= \frac{1}{2\pi}\sum_{n=-\infty}^{\infty} F(\omega_n)\,\mathrm{e}^{\mathrm{i}\,\omega_n t}\,\Delta\omega_n \qquad (13.5)$$

$$\text{mit}\qquad \omega_n = n\omega = n\frac{2\pi}{T} \qquad \Delta\omega_n = \omega_n - \omega_{n-1} = \frac{2\pi}{T}$$

$$\text{und}\qquad F(\omega_n) = \int\limits_{-\frac{T}{2}}^{\frac{T}{2}} f(t)\,\mathrm{e}^{-\mathrm{i}\,\omega_n t}\,\mathrm{d}t$$

Für $T \to \infty$ geht $\Delta\omega_n$ gegen null. Wegen $\Delta\omega_n \to 0$ gehen die Abstände zwischen den Zahlen $\ldots,\omega_{n-1},\omega_n,\omega_{n+1},\ldots$ gegen null und aus der Summe (13.5) wird das Integral

$$\frac{1}{2\pi} \int\limits_{-\infty}^{\infty} F(\omega)\,\mathrm{e}^{\mathrm{i}\,\omega t}\,\mathrm{d}\omega \qquad\qquad \text{mit } F(\omega) = \int\limits_{-\infty}^{\infty} f(t)\,\mathrm{e}^{-\mathrm{i}\,\omega t}\,\mathrm{d}t$$

Diese Tatsache und hinreichende (aber nicht notwendige) Voraussetzungen werden in dem folgenden Satz über die Fouriertransformation formuliert:

Fouriertransformation

Ist $f(t)$ absolut integrierbar, d.h. $\int_{-\infty}^{\infty} |f(t)|\mathrm{d}t < \infty$, und sind $f(t), f'(t)$ stückweise stetig in jedem beschränkten Intervall, dann gilt an allen Stetigkeitsstellen:

$$f(t) = \frac{1}{2\pi} \int\limits_{-\infty}^{\infty} F(\omega)\,\mathrm{e}^{\mathrm{i}\,\omega t}\,\mathrm{d}\omega \tag{13.6}$$

$$\text{mit } F(\omega) = \int\limits_{-\infty}^{\infty} f(t)\,\mathrm{e}^{-\mathrm{i}\,\omega t}\,\mathrm{d}t \tag{13.7}$$

An einer Unstetigkeitsstelle ist das Integral in (13.6) nicht der Funktionswert $f(t)$, sondern der Mittelwert von links- und rechtssteitigem Grenzwert an dieser Stelle. Ist der Funktionswert an einer Unstetigkeitsstelle gleich dem Mittelwert von links- und rechtssteitigem Grenzwert, dann gilt (13.6) auch an dieser Unstetigkeitsstelle.

Die uneigentlichen Integrale in (13.6) und (13.7) sind als Hauptwerte zu verstehen. Im Gegensatz zu einem „normalen" uneigentlichen Integral wie z.B.

$$\int\limits_{-\infty}^{\infty} f(t)\mathrm{d}t = \lim_{\lambda\to\infty} \lim_{\mu\to\infty} \int\limits_{-\mu}^{\lambda} f(t)\mathrm{d}t$$

mit zwei unabhängigen Grenzprozessen $\lambda \to \infty$ und $\mu \to \infty$ gibt es beim zugehörigen Hauptwert

$$\int\limits_{-\infty}^{\infty} f(t)\mathrm{d}t = \lim_{\lambda\to\infty} \int\limits_{-\lambda}^{\lambda} f(t)\mathrm{d}t$$

nur einen Grenzprozess $\lambda \to \infty$. Damit die uneigentlichen Integrale in (13.6) und (13.7) existieren, muss die Funktion für $t \to \pm\infty$ gegen null streben:

$$\lim_{t\to\pm\infty} f(t) = 0 \tag{13.8}$$

Durch (13.7) wird einer Funktion $f(t)$ mit einer Variablen t eine Funktion $F(\omega)$ mit der Variablen ω zugeordnet. Diese Zuordnung $f(t) \rightarrow F(\omega)$ heißt Fouriertransformation. Bei vielen (aber nicht allen) Anwendungen hat t die Bedeutung einer Zeit- und ω die Bedeutung einer Frequenzvariablen. Die Funktion $F(\omega)$ wird die **Fourier-transformierte** der Funktion $f(t)$ genannt und mit $\mathcal{F}\{f(t)\}$ bezeichnet. Gilt für die Funktion $f(t)$ für alle t die Gleichung (13.6), dann kann man mithilfe von (13.6) aus der Fouriertransformierten $F(\omega)$ die Funktion $f(t)$ bestimmen. In diesem Fall gilt $f(t) = \mathcal{F}^{-1}\{F(\omega)\}$. $f(t)$ entsteht durch die **inverse Fouriertransformation** der Funktion $F(\omega)$.

$$f(t) \xrightarrow[\text{Fouriertransformation}]{} \mathcal{F}\{f(t)\} = F(\omega) = \int\limits_{-\infty}^{\infty} f(t)\,\mathrm{e}^{-\mathrm{i}\,\omega t}\,\mathrm{d}t \qquad (13.9)$$

$$F(\omega) \xrightarrow[\text{Fouriertransformation}]{\text{inverse}} \mathcal{F}^{-1}\{F(\omega)\} = \frac{1}{2\pi} \int\limits_{-\infty}^{\infty} F(\omega)\,\mathrm{e}^{\mathrm{i}\,\omega t}\,\mathrm{d}\omega \qquad (13.10)$$

Zwei Funktionen $f_1(t)$ und $f_2(t)$, die sich nur an Unstetigkeitsstellen unterschieden, haben die gleiche Fouriertransformierte $F_1(\omega) = F_2(\omega) = F(\omega)$. Berechnet man die Funktion $f(t) = \mathcal{F}^{-1}\{F(\omega)\}$, so stimmt diese bis auf die Unstetigkeitsstellen mit den Funktionen $f_1(t)$ und $f_2(t)$ überein. An einer Unstetigkeitsstelle ist der Funktionswert von $f(t)$ jedoch der Mittelwert von links- und rechtsseitigem Grenzwert.

Beispiel 13.1: Berechnung der Fouriertransformierten einer Funktion

Wir berechnen die Fouriertransformierte der folgenden Funktion:

$$f(t) = \begin{cases} 1 & \text{für } |t| \leq 1 \\ 0 & \text{für } |t| > 1 \end{cases}$$

$$F(\omega) = \int\limits_{-\infty}^{\infty} f(t)\,\mathrm{e}^{-\mathrm{i}\,\omega t}\,\mathrm{d}t = \int\limits_{-1}^{1} \mathrm{e}^{-\mathrm{i}\,\omega t}\,\mathrm{d}t = \int\limits_{-1}^{1} [\cos(-\omega t) + \mathrm{i}\sin(-\omega t)]\mathrm{d}t$$

$$= \int\limits_{-1}^{1} [\cos(\omega t) - \mathrm{i}\sin(\omega t)]\mathrm{d}t = \int\limits_{-1}^{1} \cos(\omega t)\mathrm{d}t - \mathrm{i}\underbrace{\int\limits_{-1}^{1} \sin(\omega t)\mathrm{d}t}_{=0}$$

$$= \left[\frac{1}{\omega}\sin(\omega t)\right]_{-1}^{1} = 2\,\frac{\sin(\omega)}{\omega}$$

Da an den Unstetigkeitsstellen der Funktionswert jeweils der Mittelwert von links- und rechtsseitigem Grenzwert ist, gilt auch an den Unstetigkeitsstellen $f(t) = \mathcal{F}^{-1}\{F(\omega)\}$. Der Graph von $f(t)$ bzw. $F(\omega)$ ist in Abb. 13.1 links bzw. rechts dargestellt. ∎

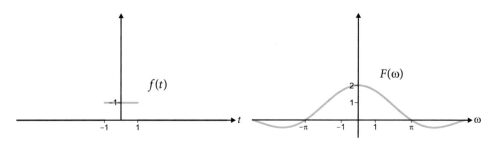

Abb. 13.1: Funktion (links) und Fouriertransformierte (rechts).

Beispiel 13.2: Berechnung der Fouriertransformierten einer Funktion

Wir bestimmen die Fouriertransformierte der folgenden Funktion, deren Graph in Abb. 13.2 dargestellt ist.

$$f(t) = \begin{cases} e^{-at} & \text{für } t \geq 0 \\ 0 & \text{für } t < 0 \end{cases}$$

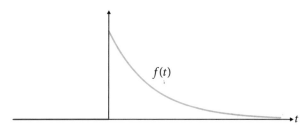

Abb. 13.2: Graph von $f(t)$.

$$F(\omega) = \int_{-\infty}^{\infty} f(t)\, e^{-i\omega t}\, dt = \int_{0}^{\infty} e^{-at}[\cos(\omega t) - i\sin(\omega t)]dt$$

$$= \int_{0}^{\infty} e^{-at}\cos(\omega t)dt - i \int_{0}^{\infty} e^{-at}\sin(\omega t)dt$$

Die beiden Integrale kann man mit partieller Integration berechnen. Man findet die Stammfunktion aber auch in gängigen Formelsammlungen. Das Ergebnis der Integration ist

$$F(\omega) = \frac{a}{a^2 + \omega^2} - i\,\frac{\omega}{a^2 + \omega^2} = \frac{1}{a + i\omega}$$

An der Unstetigkeitsstelle bei $t = 0$ ist der Funktionswert $f(0) = 1$ und nicht der Mittelwert von links- und rechtsseitigem Grenzwert. An dieser Stelle stimmt die Funktion

$f(t)$ nicht mit $\mathcal{F}^{-1}\{F(\omega)\}$ überein. Wir überzeugen uns davon, indem wir die inverse Fouriertransformierte $\mathcal{F}^{-1}\{F(\omega)\}$ an der Stelle $t=0$ berechnen:

$$\mathcal{F}^{-1}\{F(\omega)\} = \frac{1}{2\pi}\int\limits_{-\infty}^{\infty} F(\omega)\,\mathrm{e}^{\mathrm{i}\,\omega t}\,\mathrm{d}\omega = \frac{1}{2\pi}\int\limits_{-\infty}^{\infty}\left[\frac{a}{a^2+\omega^2} - \mathrm{i}\,\frac{\omega}{a^2+\omega^2}\right]\mathrm{e}^{\mathrm{i}\,\omega t}\,\mathrm{d}\omega$$

Für die Stelle $t=0$ erhalten wir:

$$\frac{1}{2\pi}\int\limits_{-\infty}^{\infty}\left[\frac{a}{a^2+\omega^2} - \mathrm{i}\,\frac{\omega}{a^2+\omega^2}\right]\mathrm{d}\omega = \frac{1}{2\pi}\int\limits_{-\infty}^{\infty}\frac{a}{a^2+\omega^2}\mathrm{d}\omega - \frac{\mathrm{i}}{2\pi}\int\limits_{-\infty}^{\infty}\frac{\omega}{a^2+\omega^2}\mathrm{d}\omega$$

$$= \frac{1}{2\pi}\lim_{\lambda\to\infty}\left[\arctan\frac{\omega}{a}\right]_{-\lambda}^{\lambda} - \frac{\mathrm{i}}{2\pi}\lim_{\lambda\to\infty}\left[\frac{1}{2}\ln\left(a^2+\omega^2\right)\right]_{-\lambda}^{\lambda}$$

$$= \frac{1}{2\pi}\lim_{\lambda\to\infty}2\arctan\frac{\lambda}{a} = \frac{1}{2\pi}2\frac{\pi}{2} = \frac{1}{2}$$

Dies ist der Mittelwert von links- und rechtsseitigem Grenwert der Funktion an der Stelle $t=0$. ∎

13.1.2 Eigenschaften der Fouriertransformation

Linearität

Aus der Linearität des Integrals folgt die Linearität der Fouriertransformation: Die Fouriertransformierte einer Linearkombination von Funktionen ist die Linearkombination der Fouriertransformierten. Dies gilt auch für die inverse Fouriertransformation.

$$\mathcal{F}\{c_1 f_1(t) + c_2 f_2(t)\} = c_1 F_1(\omega) + c_2 F_2(\omega) \tag{13.11}$$

$$\mathcal{F}^{-1}\{c_1 F_1(\omega) + c_2 F_2(\omega)\} = c_1 f_1(t) + c_2 f_2(t) \tag{13.12}$$

Skalierung

Unter einer Skalierung verstehen wir die Multiplikation der Variablen einer Funktion $f(t)$ mit einer Konstanten $a\neq 0$ oder die Divsion durch eine Konstante $a\neq 0$. Für die Fouriertransformierte der entstehenden Funktion gilt:

$$\mathcal{F}\{f(at)\} = \frac{1}{|a|}F\left(\frac{\omega}{a}\right) \tag{13.13}$$

$$\mathcal{F}\{f(\tfrac{t}{a})\} = |a|F(a\omega) \tag{13.14}$$

Ersetzt man bei einer Funktion $f(t)$ die Variable t durch $\frac{t}{a}$, so bewirkt dies für $a>1$ eine horizontale Dehnung des Graphen der Funktion. Die rechte Seite von (13.14) bedeutet, dass der Graph der Fouriertransformierten dabei horizontal gestaucht und vertikal gedehnt wird. Allgemein gilt: Bei einer horizontalen Dehnung bzw. Stauchung des Graphen der Funktion wird der Graph der Fouriertransformierten horizontal gestaucht bzw. gedehnt und vertikal gedehnt bzw. gestaucht.

Beispiel 13.3: Skalierung

Wir betrachten folgende Funktion und ihre Fouriertransformierte (s. Bsp. 13.1):

$$f(t) = \begin{cases} 1 & \text{für } |t| \leq 1 \\ 0 & \text{für } |t| > 1 \end{cases} \qquad F(\omega) = 2\,\frac{\sin \omega}{\omega}$$

Die Funktion $f(\frac{t}{a})$ mit $a > 0$ lautet:

$$f(\tfrac{t}{a}) = \begin{cases} 1 & \text{für } |t| \leq a \\ 0 & \text{für } |t| > a \end{cases}$$

Für die Fouriertransformierte von $f(\frac{t}{a})$ erhalten wir:

$$\mathcal{F}\{f(\tfrac{t}{a})\} = aF(a\omega) = a\,2\,\frac{\sin(a\omega)}{a\omega} = 2\,\frac{\sin(a\omega)}{\omega}$$

In der Abb. 13.3 sind (für $a > 1$) oben die Funktionen $f(t)$ und $f(\frac{t}{a})$ und unten die Fouriertransformierten dargestellt.   ∎

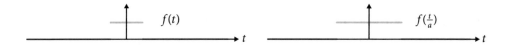

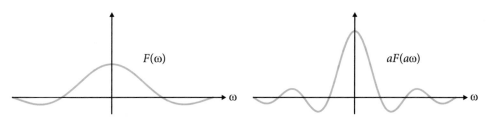

Abb. 13.3: Skalierung und Fouriertransformation.

Zeitverschiebung

Ist $F(\omega)$ die Fouriertransformierte von $f(t)$, dann gilt für die Fouriertransformierte der verschobenen Funktion $f(t - t_0)$:

$$\mathcal{F}\{f(t - t_0)\} = \int\limits_{-\infty}^{\infty} f(t - t_0)\, \mathrm{e}^{-\mathrm{i}\omega t}\, \mathrm{d}t \overset{\text{Substitution}}{\underset{t - t_0 = \tau}{=}} \int\limits_{-\infty}^{\infty} f(\tau)\, \mathrm{e}^{-\mathrm{i}\omega(\tau + t_0)}\, \mathrm{d}\tau$$

$$= \mathrm{e}^{-\mathrm{i}\omega t_0} \int\limits_{-\infty}^{\infty} f(\tau)\, \mathrm{e}^{-\mathrm{i}\omega\tau}\, \mathrm{d}\tau = \mathrm{e}^{-\mathrm{i}\omega t_0}\, F(\omega)$$

$$\mathcal{F}\{f(t - t_0)\} = \mathrm{e}^{-\mathrm{i}\omega t_0}\, F(\omega) \tag{13.15}$$

Frequenzverschiebung

Ist $F(\omega)$ die Fouriertransformierte von $f(t)$, dann gilt für die Fouriertransformierte der Funktion $\mathrm{e}^{\mathrm{i}\omega_0 t}\, f(t)$:

$$\mathcal{F}\{\mathrm{e}^{\mathrm{i}\omega_0 t}\, f(t)\} = F(\omega - \omega_0) \tag{13.16}$$

Modulation

Mit den Beziehungen

$$\cos(\omega_0 t) = \tfrac{1}{2}\left(\mathrm{e}^{\mathrm{i}\omega_0 t} + \mathrm{e}^{-\mathrm{i}\omega_0 t}\right) \qquad \sin(\omega_0 t) = \tfrac{1}{2\mathrm{i}}\left(\mathrm{e}^{\mathrm{i}\omega_0 t} - \mathrm{e}^{-\mathrm{i}\omega_0 t}\right)$$

und der Linearität (13.11) folgt aus (13.16):

$$\mathcal{F}\{\cos(\omega_0 t) f(t)\} = \tfrac{1}{2}\left[F(\omega - \omega_0) + F(\omega + \omega_0)\right] \tag{13.17}$$

$$\mathcal{F}\{\sin(\omega_0 t) f(t)\} = \tfrac{1}{2\mathrm{i}}\left[F(\omega - \omega_0) - F(\omega + \omega_0)\right] \tag{13.18}$$

Fouriertransformierte einer Ableitung

Wir betrachten eine Funktion $f(t)$ mit folgenden Eigenschaften: $f(t)$ ist differenzierbar. $f(t)$ und $f'(t)$ sind fouriertransformierbar. Mit partieller Integration erhält man:

$$\mathcal{F}\{f'(t)\} = \lim_{\lambda \to \infty} \int\limits_{-\lambda}^{\lambda} f'(t)\, \mathrm{e}^{-\mathrm{i}\omega t}\, \mathrm{d}t$$

$$= \lim_{\lambda \to \infty} \left(\left[f(t)\, \mathrm{e}^{-\mathrm{i}\omega t}\right]_{-\lambda}^{\lambda} - \int\limits_{-\lambda}^{\lambda} f(t)\left(\mathrm{e}^{-\mathrm{i}\omega t}\right)'\mathrm{d}t \right)$$

$$\mathcal{F}\{f'(t)\} = \lim_{\lambda \to \infty} \left[f(\lambda)\,e^{-i\omega\lambda} - f(-\lambda)\,e^{i\omega\lambda} \right] - \lim_{\lambda \to \infty} \int_{-\lambda}^{\lambda} f(t)(-i\omega)\,e^{-i\omega t}\,dt$$

Da nach (13.8) $f(\lambda)$ für $\lambda \to \pm\infty$ gegen null geht, gilt:

$$\mathcal{F}\{f'(t)\} = -\lim_{\lambda \to \infty} \int_{-\lambda}^{\lambda} f(t)(-i\omega)\,e^{-i\omega t}\,dt = i\omega \int_{-\infty}^{\infty} f(t)\,e^{-i\omega t}\,dt = i\omega F(\omega)$$

Unter den genannten Voraussetzungen gilt also:

$$\mathcal{F}\{f'(t)\} = i\omega F(\omega) \tag{13.19}$$

Entsprechend folgt für die zweite Ableitung:

$$\mathcal{F}\{f''(t)\} = i\omega \mathcal{F}\{f'(t)\} = (i\omega)^2 \mathcal{F}\{f(t)\} = (i\omega)^2 F(\omega)$$

Allgemein gilt für die n-te Ableitung (unter entsprechenden Voraussetzungen):

$$\mathcal{F}\{f^{(n)}(t)\} = (i\omega)^n F(\omega) \tag{13.20}$$

Fouriertransformierte der Faltung zweier Funktionen

Nach (13.11) ist die Fouriertransformierte einer Summe zweier Funktion die Summe der zwei Fouriertransformierten. Die Fouriertransformierte eines Produktes zweier Funktion ist aber nicht das Produkt der zwei Fouriertransformierten. Stattdessen gilt:

$$\mathcal{F}\{(f_1 * f_2)(t)\} = F_1(\omega)F_2(\omega) \tag{13.21}$$

$$\text{mit } (f_1 * f_2)(t) = \int_{-\infty}^{\infty} f_1(\tau)f_2(t-\tau)d\tau \tag{13.22}$$

Die durch (13.22) definierte Funktion $(f_1 * f_2)(t)$ heißt **Faltungsprodukt** oder einfach nur **Faltung** der zwei Funktionen $f_1(t)$ und $f_2(t)$. Die Fouriertransformierte einer Faltung zweier Funktionen ist das Produkt der zwei Fouriertransformierten. Das Faltungsprodukt ist kommutativ, d.h. es gilt:

$$(f_1 * f_2)(t) = \int_{-\infty}^{\infty} f_1(\tau)f_2(t-\tau)d\tau = (f_2 * f_1)(t) = \int_{-\infty}^{\infty} f_2(\tau)f_1(t-\tau)d\tau \tag{13.23}$$

Im folgenden Beispiel berechnen wir das Faltungsprodukt zweier Funktionen.

Beispiel 13.4: Faltung zweier Funktionen

Wir falten die Funktionen

$$f_1(t) = \begin{cases} 1 & \text{für } t \in [0; t_0] \\ 0 & \text{für } t \notin [0; t_0] \end{cases} \qquad f_2(t) = \begin{cases} e^{-at} & \text{für } t \geq 0 \\ 0 & \text{für } t < 0 \end{cases}$$

Die beiden Funktionen sind in Abb. 13.4 dargestellt.

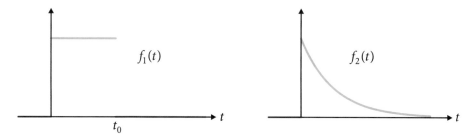

Abb. 13.4: Die Funktionen $f_1(t)$ (links) und $f_2(t)$ (rechts).

Für die Faltung erhalten wir:

$$(f_1 * f_2)(t) = \int_{-\infty}^{\infty} f_1(\tau) f_2(t - \tau) d\tau$$

$$= \int_0^{t_0} f_2(t - \tau) d\tau \overset{\substack{\text{Substitution} \\ t - \tau = s}}{=} - \int_t^{t-t_0} f_2(s) ds = \int_{t-t_0}^{t} f_2(s) ds$$

Für $t \leq 0$ sind die Integrationsgrenzen negativ. Der Integrand ist im Integrationsintervall null. Es gilt deshalb:

$$(f_1 * f_2)(t) = \int_{t-t_0}^{t} f_2(s) ds = 0$$

Für $0 < t \leq t_0$ ist $t - t_0 \leq 0$ und $t > 0$. In diesem Fall erhält man:

$$(f_1 * f_2)(t) = \int_{t-t_0}^{t} f_2(s) ds = \underbrace{\int_{t-t_0}^{0} f_2(s) ds}_{=0} + \int_0^t f_2(s) ds = \int_0^t f_2(s) ds$$

$$= \int_0^t e^{-as} ds = \left[-\frac{1}{a} e^{-as} \right]_0^t = \frac{1}{a}(1 - e^{-at})$$

Für $t > t_0$ sind die Integrationsgrenzen positiv, und es gilt:

$$(f_1 * f_2)(t) = \int\limits_{t-t_0}^{t} f_2(s)\mathrm{d}s = \int\limits_{t-t_0}^{t} \mathrm{e}^{-as}\,\mathrm{d}s = \left[-\frac{1}{a}\,\mathrm{e}^{-as}\right]_{t-t_0}^{t}$$

$$= -\frac{1}{a}\,\mathrm{e}^{-at} + \frac{1}{a}\,\mathrm{e}^{-a(t-t_0)} = \frac{1}{a}\left(\mathrm{e}^{at_0}-1\right)\mathrm{e}^{-at}$$

Als Ergebnis der Faltung erhalten wir:

$$(f_1 * f_2)(t) = \begin{cases} 0 & \text{für } t \leq 0 \\ \frac{1}{a}\left(1 - \mathrm{e}^{-at}\right) & \text{für } 0 < t \leq t_0 \\ \frac{1}{a}\left(\mathrm{e}^{at_0}-1\right)\mathrm{e}^{-at} & \text{für } t > t_0 \end{cases}$$

Der Graph der Funktion $(f_1 * f_2)(t)$ ist in Abb.13.5 dargestellt.   ■

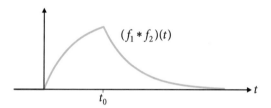

Abb. 13.5: Faltungsprodukt $(f_1 * f_2)(t)$ der Funktionen $f_1(t)$ und $f_2(t)$.

13.1.3 Die Deltafunktion $\delta(t)$

Wir betrachten noch einmal eine Rechtecksfunktion, die wir mit $\delta_\epsilon(t)$ bezeichnen:

$$\delta_\epsilon(t) = \tfrac{1}{2\epsilon}g(t) \qquad \text{mit } g(t) = \begin{cases} 1 & \text{für } |t| \leq \epsilon \\ 0 & \text{für } |t| > \epsilon \end{cases}$$

Die Funktion $\delta_\epsilon(t)$ hat im Intervall $[-\epsilon,\epsilon]$ den Funktionswert $\frac{1}{2\epsilon}$ und außerhalb dieses Intervalls den Funktionswert 0. Für die Fouriertransformierte erhält man (s. Bsp. 13.3):

$$\mathcal{F}\{\delta_\epsilon(t)\} = \mathcal{F}\{\tfrac{1}{2\epsilon}g(t)\} = \tfrac{1}{2\epsilon}\mathcal{F}\{g(t)\} = \frac{1}{2\epsilon}2\,\frac{\sin(\epsilon\omega)}{\omega} = \frac{\sin(\epsilon\omega)}{\epsilon\omega}$$

Lässt man ϵ immer kleiner werden, so wird die Rechtecksfunktion immer schmäler und höher. Für $\epsilon \to 0$ strebt die Breite des Rechtecks gegen null und die Höhe gegen unendlich (s. Abb. 13.6, links). Die Fouriertransformierte strebt gegen 1.

$$\lim_{\epsilon \to 0} \mathcal{F}\{\delta_\epsilon(t)\} = \lim_{\epsilon \to 0} \frac{\sin(\epsilon\omega)}{\epsilon\omega} = 1 \qquad\qquad (13.24)$$

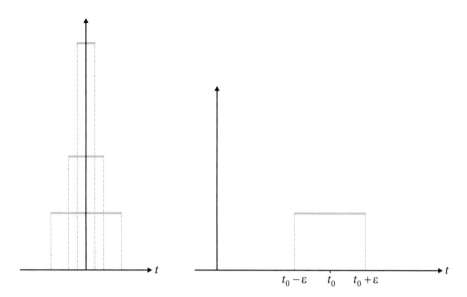

Abb. 13.6: Links: $\delta_\epsilon(t)$ für verschiedene ϵ. Rechts: $\delta_\epsilon(t - t_0)$.

Wir betrachten nun die um t_0 verschobene Funktion $\delta_\epsilon(t - t_0)$ (s. Abb. 13.6, rechts). Die Funktion $\delta_\epsilon(t - t_0)$ hat im Intervall $[t_0 - \epsilon, t_0 + \epsilon]$ den Funktionswert $\frac{1}{2\epsilon}$ und außerhalb dieses Intervalls den Funktionswert 0. Wir berechnen das folgende Integral mit einer an der Stelle t_0 stetigen Funktion $f(t)$:

$$\int\limits_{-\infty}^{\infty} f(t)\delta_\epsilon(t - t_0)\mathrm{d}t = \int\limits_{t_0-\epsilon}^{t_0+\epsilon} f(t)\frac{1}{2\epsilon}\mathrm{d}t = \frac{1}{2\epsilon}\int\limits_{t_0-\epsilon}^{t_0+\epsilon} f(t)\mathrm{d}t$$

Nach dem Mittelwertsatz (4.5) der Integralrechnung ist das Integral einer Funktion $f(t)$ über das Intervall $[t_0 - \epsilon, t_0 + \epsilon]$ gleich der Intervallbreite 2ϵ mal dem Funktionswert $f(\hat{t})$ an einer Stelle $\hat{t} \in [t_0 - \epsilon, t_0 + \epsilon]$.

$$\int\limits_{-\infty}^{\infty} f(t)\delta_\epsilon(t - t_0)\mathrm{d}t = \frac{1}{2\epsilon}\int\limits_{t_0-\epsilon}^{t_0+\epsilon} f(t)\mathrm{d}t = \frac{1}{2\epsilon} 2\,\epsilon f(\hat{t}) = f(\hat{t})$$

Für $\epsilon \to 0$ strebt $\hat{t}$ gegen t_0. Daraus folgt:

$$\lim_{\epsilon\to 0} \int\limits_{-\infty}^{\infty} f(t)\delta_\epsilon(t - t_0)\mathrm{d}t = \lim_{\epsilon\to 0} f(\hat{t}) = f(t_0)$$

Bei derartigen Rechnungen verwendet man folgende Schreibweisen:

$$\lim_{\epsilon \to 0} \delta_\epsilon(t) = \delta(t) \qquad\qquad \lim_{\epsilon \to 0} \delta_\epsilon(t - t_0) = \delta(t - t_0) \tag{13.25}$$

$$\lim_{\epsilon \to 0} \mathcal{F}\{\delta_\epsilon(t)\} = \mathcal{F}\{\delta(t)\}$$

$$\lim_{\epsilon \to 0} \int_{-\infty}^{\infty} f(t)\delta_\epsilon(t - t_0)\mathrm{d}t = \int_{-\infty}^{\infty} f(t)\delta(t - t_0)\mathrm{d}t \tag{13.26}$$

Natürlich existieren die Grenzwerte und Funktionen in (13.25) nicht. Trotzdem spricht man lax von einer Deltafunktion $\delta(t)$. Der Grenzwert und das Integral auf der linken Seite von (13.26) existieren jedoch schon. Die Deltafunktion (in Kombination mit stetigen Funktionen) ergibt nur in Integralen bzw. nach Integration ein Ergebnis, das im üblichen Sinn mathematisch definiert, d.h. endlich ist. Ein Beispiel hierfür ist die rechte Seite von (13.26), mit der die linke Seite gemeint ist. Diese ist wohldefiniert und ergibt $f(t_0)$. Damit hat man für die Deltafunktion die folgende wichtige Rechenregel bzw. „Formel":

$$\int_{-\infty}^{\infty} f(t)\delta(t - t_0)\mathrm{d}t = f(t_0) \tag{13.27}$$

Für $t_0 \in \,]a;b[$ gilt auch:

$$\int_{a}^{b} f(t)\delta(t - t_0)\mathrm{d}t = f(t_0)$$

Man kann sich die Funktion $\delta(t - t_0)$ vorstellen als eine Funktion, die an der Stelle t_0 den Funktionswert ∞ und an allen anderen Stellen den Funktionswert 0 hat. In der sog. Distributionentheorie wird präzisiert, wie Ausdrücke mit der Deltafunktion zu verstehen sind und welche Rechenregeln es für die Deltafunktion gibt. Aus (13.27) folgt im Einklang mit (13.24):

$$\mathcal{F}\{\delta(t)\} = \int_{-\infty}^{\infty} \delta(t)\,\mathrm{e}^{-\,\mathrm{i}\,\omega t}\,\mathrm{d}t = \mathrm{e}^{-\,\mathrm{i}\,\omega \cdot 0} = 1$$

Mit der Deltafunktion kann man auch „Ableitungen" von Funktionen mit Sprungstellen darstellen. Dazu betrachten wir die sog. **Heaviside-Funktion**

$$\sigma_c(t) = \begin{cases} 1 & \text{für } t > 0 \\ c & \text{für } t = 0 \qquad\qquad c \in \mathbb{R} \\ 0 & \text{für } t < 0 \end{cases} \tag{13.28}$$

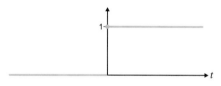

Abb. 13.7: Heaviside-Funktion $\sigma_1(t)$.

Die Funktion $\sigma_c(t)$ springt an der Selle $t = 0$ vom Funktionswert 0 auf den Funktionswert 1. Wir werten formal (und in sehr legerer Schreibweise) das folgende Integral mithilfe partieller Integration aus, und erhalten unabhängig von c:

$$\int_{-\infty}^{\infty} f(t)\sigma_c'(t)\mathrm{d}t = [f(t)\sigma_c(t)]_{-\infty}^{\infty} - \int_{-\infty}^{\infty} f'(t)\sigma_c(t)\mathrm{d}t$$

$$= f(\infty)\underbrace{\sigma_c(\infty)}_{=1} - f(-\infty)\underbrace{\sigma_c(-\infty)}_{=0} - \int_{0}^{\infty} f'(t)\mathrm{d}t = f(\infty) - f(\infty) + f(0) = f(0)$$

Das gleiche Ergebnis erhält man, wenn im Integral statt $\sigma_c'(t)$ die Funktion $\delta(t)$ steht. Dies soll die folgende Formel plausibel machen:

$$\sigma_c'(t) = \delta(t) \tag{13.29}$$

Die „Steigung" der Funktion $\sigma_c(t)$ an der Stelle $t = 0$ ist „unendlich groß".

Beispiel 13.5: Fouriertransformation der Ableitung einer Funktion mit Sprungstelle

Wir untersuchen die Fouriertransformation der Ableitung der folgenden Funktion, die wir bereits in Beispiel 13.2 betrachtet haben:

$$f(t) = \begin{cases} \mathrm{e}^{-at} & \text{für } t \geq 0 \\ 0 & \text{für } t < 0 \end{cases}$$

Für $t \neq 0$ gilt $f'(t) = -af(t)$. Die Fouriertransformierte hiervon ist (s. Bsp. 13.2)

$$\mathcal{F}\{-af(t)\} = -a\mathcal{F}\{f(t)\} = -aF(\omega) = -\frac{a}{a + \mathrm{i}\,\omega} \neq \mathrm{i}\,\omega F(\omega)$$

Wir berechnen die Fouriertransformierte von $f'(t)$ mithilfe der Heaviside- und Deltafunktion. Für die Funktion $f(t)$ gilt:

$$f(t) = \mathrm{e}^{-at}\,\sigma_1(t)$$

Damit erhalten wir mit der Produktregel für Ableitungen:

$$f'(t) = -a\,\mathrm{e}^{-at}\,\sigma_1(t) + \mathrm{e}^{-at}\,\sigma_1'(t) = -af(t) + \mathrm{e}^{-at}\,\delta(t)$$

$$\mathcal{F}\{f'(t)\} = -a\mathcal{F}\{f(t)\} + \int\limits_{-\infty}^{\infty} \mathrm{e}^{-at}\,\delta(t)\,\mathrm{e}^{-\mathrm{i}\,\omega t}\,\mathrm{d}t$$

$$= -a\frac{1}{a+\mathrm{i}\,\omega} + 1 = -\frac{a}{a+\mathrm{i}\,\omega} + \frac{a+\mathrm{i}\,\omega}{a+\mathrm{i}\,\omega} = \frac{\mathrm{i}\,\omega}{a+\mathrm{i}\,\omega} = \mathrm{i}\,\omega F(\omega)$$

Obwohl die Voraussetzungen der Beziehung (13.19) nicht erfüllt sind, erweist sie sich auch für eine Funktion mit Sprungstelle als gültig, wenn man mit der Deltafunktion rechnet.   ∎

13.1.4 Anwendungen

Wir können hier nicht auf alle wichtigen Anwendungen der Fouriertransformation eingehen, zumal einige (z.B. in der Quantenphysik) nicht im Fokus eines Mathematikbuches für angewandte Wissenschaften liegen. Aus dem Fourierintegral (13.1) folgt, dass man $f(t)$ als Überlagerung „harmonischer Schwingungen" mit den Frequenzen ω interpretieren kann. Im Gegensatz zu einer Fourierreihe mit diskreten Frequenzen $\omega_n = n\omega = n\frac{2\pi}{T}$ hat man hier ein Frequenzkontinuum. $|F(\omega)|$ beschreibt die Amplituden der harmonischen Schwingungen in Abhängigkeit von der Frequenz ω. Die Kenntnis von $F(\omega)$ gibt Auskunft darüber, mit welchen Amplituden die Schwingungen in das Signal $f(t)$ eingehen. Die Fouriertransformation spielt deshalb eine wichtige Rolle bei der Signalanalyse. Ein Anwendungsbeispiel aus dem Bereich ingenieurtechnischer Problemstellungen sind Signalübertragungssysteme, auf die wir hier eingehen wollen. Unter einem Signalübertragungssystem verstehen wir ein System, das ein Eingangssignal $x(t)$ in ein Ausgangssignal $y(t)$ transformiert. Ein solches System kann folgendermaßen symbolisch dargestellt werden: Ein Beispiel hierfür ist die folgende

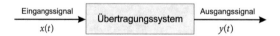

Abb. 13.8: Übertragungssystem mit Eingangssignal $x(t)$ und Ausgangssignal $y(t)$.

Schaltung mit einem ohmschen Widerstand R und einem Kondensator mit Kapazität C.

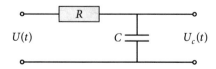

Abb. 13.9: R-C-Schaltung als Übertragungssystem.

Das Eingangssignal ist die angelegte Spannung $U(t)$, das Ausgangssignal ist die Spannung $U_c(t)$ am Kondensator. Für die Kondensatorspannung gilt folgende Differenzialgleichung:

$$RC\,U_c'(t) + U_c(t) = U(t)$$

Dies ist eine lineare, inhomogene Differenzialgleichung mit konstanten Koeffizienten. Viele Signalübertragungssysteme werden durch lineare Differenzialgleichungen mit konstanten Koeffizienten beschrieben. Gilt für das Eingangssignal $x(t)$ und das Ausgangssignal $y(t)$ die Differenzialgleichung

$$ay'(t) + by(t) = x(t)$$

so folgt (wenn die jeweiligen Voraussetzungen erfüllt sind) aus (13.11) und (13.19):

$$\mathcal{F}\{ay'(t) + by(t)\} = a\mathcal{F}\{y'(t)\} + \mathcal{F}\{y(t)\} = \mathcal{F}\{x(t)\}$$

$$\Rightarrow a\,\mathrm{i}\,\omega\,Y(\omega) + b\,Y(\omega) = X(\omega) \quad \Rightarrow \quad (a\,\mathrm{i}\,\omega + b)Y(\omega) = X(\omega)$$

$$\Rightarrow \frac{Y(\omega)}{X(\omega)} = \frac{1}{a\,\mathrm{i}\,\omega + b} = H(\omega)$$

Der Quotient $H(\omega) = \frac{Y(\omega)}{X(\omega)}$ der Fouriertransformierten von Ausgangs- und Eingangssignal heißt **Frequenzgang** und spielt eine wichtige Rolle bei der Behandlung von Signalübertragungssystemen. Es gilt:

$$H(\omega) = \frac{Y(\omega)}{X(\omega)} \tag{13.30}$$

$$Y(\omega) = H(\omega)X(\omega) \tag{13.31}$$

Einerseits ist $Y(\omega)$ die Fouriertransformierte von $y(t)$, andererseits ist $H(\omega)X(\omega)$ und damit $Y(\omega)$ nach dem Faltungssatz (13.21) die Fouriertransformierte von $(h*x)(t)$ mit $\mathcal{F}\{h(t)\} = H(\omega)$. Daraus folgt:

$$y(t) = \mathcal{F}^{-1}\{Y(\omega)\} = \mathcal{F}^{-1}\{H(\omega)X(\omega)\} = (h*x)(t)$$

Damit gilt für $y(t)$:

$$y(t) = (h*x)(t) = \int\limits_{-\infty}^{\infty} h(\tau)x(t-\tau)\mathrm{d}\tau = \int\limits_{-\infty}^{\infty} x(\tau)h(t-\tau)\mathrm{d}\tau \tag{13.32}$$

Hat man $H(\omega)$, so kann man (13.32) $y(t)$ bestimmen. Dazu berechnet man zunächst $h(t) = \mathcal{F}^{-1}\{H(\omega)\}$ und dann damit $y(t) = (h*x)(t)$. Wir betrachten nun ein besonderes Eingangssignal (das sich natürlich nur näherungsweise realisieren lässt), nämlich die Deltafunktion.

Setzt man in (13.32) als Eingangssignal die Deltafunktion $\delta(t)$ ein, so erhält man als Ausgangssignal mit (13.27):

$$y(t) = \int\limits_{-\infty}^{\infty} h(\tau)\delta(t-\tau)\mathrm{d}\tau = h(t)$$

Ist das Eingangssignal die Deltafunktion $\delta(t)$, so ist das Ausgangssignal $h(t)$. Da die Fouriertransformierte der Deltafunktion eins ist, besteht die Deltafunktion aus Schwingungen, die alle die gleiche Amplitude haben. Die Fouriertransformierte $H(\omega)$ gibt also Auskunft über die Amplituden der Schwingungen, aus denen das Ausgangssignal besteht, wenn das Eingangssignal aus Schwingungen besteht, die alle die gleiche Amplitude haben. Daher der Name Frequenzgang. Für das periodische (komplexe) Eingangssignal

$$x(t) = x_0\,\mathrm{e}^{\mathrm{i}\,\omega t}$$

erhält man wieder ein periodisches Ausgangssignal mit der gleichen Frequenz:

$$y(t) = \int\limits_{-\infty}^{\infty} h(\tau)x(t-\tau)\mathrm{d}\tau = (h*x)(t) = \int\limits_{-\infty}^{\infty} h(\tau)x_0\,\mathrm{e}^{\mathrm{i}\,\omega(t-\tau)}\,\mathrm{d}\tau$$

$$= x_0\,\mathrm{e}^{\mathrm{i}\,\omega t}\int\limits_{-\infty}^{\infty} h(\tau)\,\mathrm{e}^{-\mathrm{i}\,\omega\tau}\,\mathrm{d}\tau = x_0\,\mathrm{e}^{\mathrm{i}\,\omega t}\,H(\omega)$$

Daraus folgt:

$$\frac{y(t)}{x(t)} = \frac{x_0\,\mathrm{e}^{\mathrm{i}\,\omega t}\,H(\omega)}{x_0\,\mathrm{e}^{\mathrm{i}\,\omega t}} = H(\omega)$$

Es gilt also:

$$H(\omega) = \frac{y(t)}{x(t)} \qquad \text{wenn}\ \ x(t) = x_0\,\mathrm{e}^{\mathrm{i}\,\omega t} \tag{13.33}$$

Ist das Signalübertragungssystem durch eine inhomogene, lineare Differenzialgleichung mit konstanten Koeffizienten charakterisiert, so kann man $H(\omega)$ durch Fouriertransformation der Differenzialgleichung leicht bestimmen (s. oben). Für ein System, das aus einer Schaltung mit ohmschen Widerständen, Kondensatoren und Spulen besteht, kann man $H(\omega)$ jedoch auch mithilfe der Beziehung (13.33) und der komplexen Wechselstromrechnung (s. Abschnitt 8.5) bestimmen, auch wenn die Differenzialgleichung nicht gegeben ist.

Beispiel 13.6: R-C-**Tiefpass**

Wir betrachten den in Abb. 13.10 dargestellten R-C-Tiefpass.

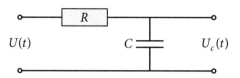

Abb. 13.10: R-C-Tiefpass.

Für dieses System gilt die Differenzialgleichung

$$RC\, U_c'(t) + U_c(t) = U(t)$$

Das Eingangssignal ist die angelegte Spannung $U(t)$, das Ausgangssignal ist die Kondensatorspannung $U_c(t)$. Wir legen folgende Spannung an (s. Abb. 13.11, links):

$$U(t) = U_0 f(t) \qquad \text{mit } f(t) = \begin{cases} 1 & \text{für } 0 \leq t \leq t_0 \\ 0 & \text{sonst} \end{cases}$$

Mit dem Eingangssignal $x(t) = U_0 f(t)$ und dem Ausgangssignal $y(t) = U_c(t)$ lautet die Differenzialgleichung

$$RC\, y'(t) + y(t) = x(t)$$

Durch Fouriertransformation erhält man:

$$\mathcal{F}\{RC\, y'(t) + y(t)\} = \mathcal{F}\{x(t)\}$$
$$RC\mathcal{F}\{y'(t)\} + \mathcal{F}\{y(t)\} = \mathcal{F}\{x(t)\} = \mathcal{F}\{U_0 f(t)\} = U_0 \mathcal{F}\{f(t)\}$$
$$RC\,\mathrm{i}\,\omega Y(\omega) + Y(\omega) = X(\omega) = U_0 F(\omega)$$
$$(RC\,\mathrm{i}\,\omega + 1)Y(\omega) = X(\omega) = U_0 F(\omega)$$
$$Y(\omega) = \frac{1}{RC\,\mathrm{i}\,\omega + 1} X(\omega) = \underbrace{\frac{1}{RC\,\mathrm{i}\,\omega + 1}}_{H(\omega)} \underbrace{U_0 F(\omega)}_{X(\omega)} = H(\omega)X(\omega)$$

Der Frequenzgang lautet:

$$H(\omega) = \frac{1}{RC\,\mathrm{i}\,\omega + 1} = \frac{1}{RC} \cdot \frac{1}{\mathrm{i}\,\omega + \frac{1}{RC}}$$

Durch inverse Fouriertransformation erhält man $h(t)$:

$$h(t) = \mathcal{F}^{-1}\{H(\omega)\} = \mathcal{F}^{-1}\left\{\frac{1}{RC} \cdot \frac{1}{\mathrm{i}\,\omega + \frac{1}{RC}}\right\} = \frac{1}{RC}\,\mathcal{F}^{-1}\left\{\frac{1}{\mathrm{i}\,\omega + \frac{1}{RC}}\right\}$$

Aus Beispiel 13.2 folgt:

$$\mathcal{F}^{-1}\left\{\frac{1}{\mathrm{i}\,\omega + \frac{1}{RC}}\right\} = g(t) = \begin{cases} \mathrm{e}^{-\frac{1}{RC}t} & \text{für } t > 0 \\ 0 & \text{für } t < 0 \\ \frac{1}{2} & \text{für } t = 0 \end{cases}$$

Für $h(t)$ und $y(t)$ gilt:

$$h(t) = \frac{1}{RC} \, \mathcal{F}^{-1} \left\{ \frac{1}{\mathrm{i}\,\omega + \frac{1}{RC}} \right\} = \frac{1}{RC} \, g(t)$$

$$y(t) = (h * x)(t) = \left(\frac{1}{RC} \, g(t) * U_0 f \right)(t) = \frac{U_0}{RC} \, (g * f)(t)$$

Die Faltung von $g(t)$ und $f(t)$ ergibt (s. Bsp. 13.4):

$$(g * f)(t) = \begin{cases} 0 & \text{für } t \le 0 \\ RC \left(1 - \mathrm{e}^{-\frac{1}{RC}t} \right) & \text{für } 0 < t \le t_0 \\ RC \left(\mathrm{e}^{\frac{1}{RC}t_0} - 1 \right) \mathrm{e}^{-\frac{1}{RC}t} & \text{für } t > t_0 \end{cases}$$

Damit erhält man:

$$y(t) = \frac{U_0}{RC} \, (g * f)(t) = \begin{cases} 0 & \text{für } t \le 0 \\ U_0 \left(1 - \mathrm{e}^{-\frac{1}{RC}t} \right) & \text{für } 0 < t \le t_0 \\ U_0 \left(\mathrm{e}^{\frac{1}{RC}t_0} - 1 \right) \mathrm{e}^{-\frac{1}{RC}t} & \text{für } t > t_0 \end{cases}$$

Der Graph von $y(t)$ ist in Abb. 13.11 rechts dargestellt.

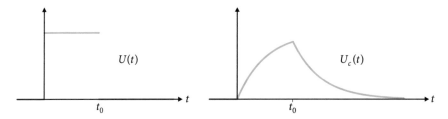

Abb. 13.11: Eingangssignal $U(t)$ (links) und Ausgangssignal $U_c(t)$ (rechts).

Wir bestimmen den Frequenzgang noch einmal auf eine andere Weise. Dazu rechnen wir mit komplexen Wechselspannungen $U(t), U_c(t)$ und einem komplexen Wechselstrom $I(t)$ durch den R-C-Kreis gemäß der komplexen Wechselstromrechnung in Abschnitt 8.5.

$$U(t) = U_0 \, \mathrm{e}^{\mathrm{i}\,\omega t}$$

Für den komplexen Gesamtwiderstand Z der Reihenschaltung des ohmschen Widerstandes mit dem Kondensator gilt:

$$Z = R + \frac{1}{\mathrm{i}\,\omega C}$$

Für die Spannung $U(t)$ und den Strom $I(t)$ gilt:

$$U(t) = ZI(t) = \left(R + \frac{1}{\mathrm{i}\,\omega C} \right) I(t) \qquad I(t) = \frac{1}{R + \frac{1}{\mathrm{i}\,\omega C}} \, U(t)$$

Für die Spannung $U_c(t)$ am Kondensator gilt:

$$U_c(t) = Z_c I(t) = \frac{1}{\mathrm{i}\,\omega C}\,I(t) = \frac{\frac{1}{\mathrm{i}\,\omega C}}{R + \frac{1}{\mathrm{i}\,\omega C}}\,U(t) = \frac{1}{RC\,\mathrm{i}\,\omega + 1}\,U(t)$$

Nach (13.33) erhalten wir für den Frequenzgang:

$$H(\omega) = \frac{y(t)}{x(t)} = \frac{U_c(t)}{U(t)} = \frac{1}{RC\,\mathrm{i}\,\omega + 1}$$

Für diese Rechnung wurde die Differenzialgleichung nicht benötigt.   ■

Die Berechnung von $H(\omega)$ mit der komplexen Wechselstromrechnung ist auch bei komplizierteren Schaltungen bzw. Systemen möglich.

Beispiel 13.7: Berechnung des Frequenzgangs

Wie betrachten die folgende Schaltung

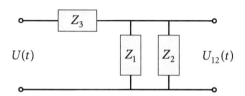

Abb. 13.12: Übertragungssystem.

Die drei Bauteilsymbole symbolisieren jeweils die Impedanzen Z_1, Z_2, Z_3 dreier beliebiger Schaltungen mit ohmschen Widerständen, Kondensatoren und Spulen. $U(t)$ bzw. $U_{12}(t)$ ist das Eingangs- bzw. Ausgangssignal. Wir rechnen mit dem komplexen Eingangssignal

$$U(t) = U_0\,\mathrm{e}^{\mathrm{i}\,\omega t}$$

Für die Impedanz Z_{12} der Parallelschaltung von Z_1 und Z_2 gilt:

$$\frac{1}{Z_{12}} = \frac{1}{Z_1} + \frac{1}{Z_2} \qquad\qquad Z_{12} = \frac{Z_1 Z_2}{Z_1 + Z_2}$$

Der komplexe Gesamtwiderstand ist

$$Z = Z_3 + Z_{12} = Z_3 + \frac{Z_1 Z_2}{Z_1 + Z_2}$$

Für die Spannungen $U(t), U_{12}(t)$ und den Strom $I(t)$ gilt:

$$U(t) = Z I(t) = (Z_3 + Z_{12})I(t) \qquad\qquad I(t) = \frac{1}{Z_3 + Z_{12}}\,U(t)$$

$$U_{12}(t) = Z_{12} I(t) = \frac{Z_{12}}{Z_3 + Z_{12}}\,U(t) = \frac{\frac{Z_1 Z_2}{Z_1 + Z_2}}{Z_3 + \frac{Z_1 Z_2}{Z_1 + Z_2}}\,U(t)$$

$$= \frac{Z_1 Z_2}{Z_3(Z_1 + Z_2) + Z_1 Z_2}\,U(t)$$

Nach (13.33) erhalten wir für den Frequenzgang:

$$H(\omega) = \frac{y(t)}{x(t)} = \frac{U_{12}(t)}{U(t)} = \frac{Z_1 Z_2}{Z_3(Z_1 + Z_2) + Z_1 Z_2}$$

Sind die drei Schaltungen gegeben, so kann man $H(\omega)$ berechnen, ohne eine Differenzialgleichung zu verwenden.   ∎

13.2 Laplacetransformation

Bei Signalübertragungssystemen hat man es häufig mit Signalen bzw. Funktionen zu tun, welche die Voraussetzungen für die Fouriertransformationen nicht erfüllen. Legt man z.B. an eine Schaltung zur Zeit $t = 0$ eine konstante Spannung U_0 an, so hat man das Eingangssignal

$$U(t) = U_0 f(t) \qquad \text{mit } f(t) = \begin{cases} 1 & \text{für } t \geq 0 \\ 0 & \text{für } t < 0 \end{cases}$$

Wegen $\int_{-\infty}^{\infty} f(t)\mathrm{d}t \not< \infty$ ist die Voraussetzung für die Fouriertransformation nicht erfüllt. Wie bei diesem Signal gibt es auch in vielen anderen Fällen Signale, die null sind für $t < 0$. Eine Integraltransformation, die auf Signale bzw. Funktionen mit diesen Eigenschaften zugeschnitten ist, ist die Laplacetransformation.

13.2.1 Einführung

Bei der Laplacetransformation einer Funktion $f(t)$ nehmen wir grundsätzlich an, dass $f(t) = 0$ für $t < 0$.

Definition 13.1: Laplacetransformierte einer Funktion

Die **Laplacetransformierte** einer Funktion $f(t)$ mit $f(t) = 0$ für $t < 0$ ist folgendermaßen definiert:

$$\mathcal{L}\{f(t)\} = F(s) = \int_0^{\infty} f(t)\,\mathrm{e}^{-st}\,\mathrm{d}t \tag{13.34}$$

Existiert das Integral in (13.34), so wird durch (13.34) einer Originalfunktion $f(t)$ mit einer Variablen t eine Bildfunktion $F(s)$ mit einer Variablen s zugeordnet. Diese Zuordnung $f(t) \rightarrow F(s)$ heißt **Laplacetransformation**. Wie bei der Fouriertransformation kann man unter bestimmten Voraussetzungen aus der Bildfunktion $F(s)$ eine Funktion

$\mathcal{L}^{-1}\{F(s)\}$ berechnen, die (abgesehen von Unstetigkeitsstellen) mit der Originalfunktion $f(t)$ übereinstimmt. Man spricht von der **inversen Laplacetransformation**.

$$f(t) \xrightarrow[\text{Laplacetransformation}]{} \mathcal{L}\{f(t)\} = F(s) = \int_0^\infty f(t)\,e^{-st}\,dt \tag{13.35}$$

$$F(s) \xrightarrow[\text{Laplacetransformation}]{\text{inverse}} \mathcal{L}^{-1}\{F(s)\} = \frac{1}{2\pi i}\int_C F(s)\,e^{st}\,ds \tag{13.36}$$

Bei dem Integral in (13.36) handelt es sich um ein Integral mit einer komplexen Integrationsvariablen und einem Integrationsweg C in der komplexen Zahlenebene. Die Behandlung solcher Integrale würde ein eigenes Kapitel erfordern und den Rahmen dieses Buches sprengen. In der Praxis benötigt man die Formel (13.36) jedoch kaum. Stattdessen verwendet man Tabellen, in denen man zu einer Bildfunktion $F(s)$ eine Originalfunktion findet, deren Laplacetransformierte $F(s)$ ist. Zwei Funktionen $f_1(t)$ und $f_2(t)$, die sich nur an Unstetigkeitsstellen unterschieden, haben die gleiche Laplacetransformierte $F_1(s) = F_2(s) = F(s)$. Die Funktion $\mathcal{L}^{-1}\{F(s)\}$ stimmt an den Stetigkeitsstellen mit den Funktionen $f_1(t)$ und $f_2(t)$ überein. An einer Unstetigkeitsstelle von $f(t)$ ist $\mathcal{L}^{-1}\{F(s)\}$ der Mittelwert von links- und rechtsseitigem Grenzwert von $f(t)$ an dieser Stelle. Wir wollen diese Tatsachen und hinreichende (aber nicht notwendige) Voraussetzungen mit dem folgenden Satz über die Laplacetransformation zusammenfassen:

Laplacetransformation

$f(t)$ sei eine Funktion mit folgenden Eigenschaften:

- $f(t) = 0$ für $t < 0$
- Es gibt Konstanten A, a mit $|f(t)| \leq A\,e^{at}$ für $t \geq 0$
- $f(t)$ und $f'(t)$ sind stückweise stetig in jedem beschränkten Intervall

Dann existiert die Laplacetransformierte

$$\mathcal{L}\{f(t)\} = F(s) = \int_0^\infty f(t)\,e^{-st}\,dt \tag{13.37}$$

und an allen Stetigkeitsstellen von $f(t)$ gilt:

$$f(t) = \mathcal{L}^{-1}\{F(s)\} \tag{13.38}$$

An einer Unstetigkeitsstelle von $f(t)$ ist $\mathcal{L}^{-1}\{F(s)\}$ der Mittelwert von links- und rechtsseitigem Grenzwert von $f(t)$ an dieser Stelle.

Beispiel 13.8: Berechnung der Laplacetransformierten

Wir berechnen die Laplacetransformierte der folgenden Funktion:

$$f(t) = \begin{cases} 1 & \text{für } t \geq 0 \\ 0 & \text{für } t < 0 \end{cases}$$

Für die Laplacetransformierte erhalten wir:

$$\mathcal{L}\{f(t)\} = F(s) = \int\limits_0^\infty f(t)\,\mathrm{e}^{-st}\,\mathrm{d}t = \int\limits_0^\infty \mathrm{e}^{-st}\,\mathrm{d}t = \lim_{\lambda \to \infty} \int\limits_0^\lambda \mathrm{e}^{-st}\,\mathrm{d}t$$

$$= \lim_{\lambda \to \infty} \left[-\frac{1}{s}\,\mathrm{e}^{-st} \right]_0^\lambda = \frac{1}{s} \qquad \text{für } s > 0$$

Wenn man die inverse Laplacetransformierte davon berechnet, so erhält man:

$$\mathcal{L}^{-1}\{F(s)\} = \begin{cases} 1 & \text{für } t > 0 \\ \frac{1}{2} & \text{für } t = 0 \\ 0 & \text{für } t < 0 \end{cases}$$

Bis auf die Unstetigkeitsstelle bei $t = 0$ stimmt dies mit $f(t)$ überein. ∎

Beispiel 13.9: Berechnung der Laplacetransformierten

Wir berechnen die Laplacetransformierte der folgenden Funktion:

$$f(t) = \begin{cases} \mathrm{e}^{-at} & \text{für } t \geq 0 \\ 0 & \text{für } t < 0 \end{cases}$$

Für die Laplacetransformierte erhalten wir:

$$\mathcal{L}\{f(t)\} = F(s) = \int\limits_0^\infty \mathrm{e}^{-at}\,\mathrm{e}^{-st}\,\mathrm{d}t = \int\limits_0^\infty \mathrm{e}^{-(s+a)t}\,\mathrm{d}t = \lim_{\lambda \to \infty} \int\limits_0^\lambda \mathrm{e}^{-(s+a)t}\,\mathrm{d}t$$

$$= \lim_{\lambda \to \infty} \left[-\frac{1}{s+a}\,\mathrm{e}^{-(s+a)t} \right]_0^\lambda = \frac{1}{s+a} \qquad \text{für } s > -a$$ ∎

13.2.2 Eigenschaften

Aufgrund der mathematischen Ähnlichkeit der Laplacetransformation mit der Fourier-transformation hat man bei der Laplacetransformation auch ähnliche Eigenschaften und Formeln wie bei der Fouriertransformation.

Linearität

Die Laplacetransformierte einer Linearkombination ist die Linearkombination der Laplacetransformierten. Dies gilt auch für die inverse Laplacetransformation.

$$\mathcal{L}\{c_1 f_1(t) + c_2 f_2(t)\} = c_1 F_1(s) + c_2 F_2(s) \tag{13.39}$$

$$\mathcal{L}^{-1}\{c_1 F_1(s) + c_2 F_2(s)\} = c_1 f_1(t) + c_2 f_2(t) \tag{13.40}$$

Skalierung

$$\mathcal{L}\{f(at)\} = \frac{1}{a} F\left(\frac{\omega}{a}\right) \qquad \text{für } a > 0 \tag{13.41}$$

$$\mathcal{L}\{f(\tfrac{t}{a})\} = a\, F(a\omega) \qquad \text{für } a > 0 \tag{13.42}$$

Zeitverschiebung

$$\mathcal{L}\{f(t - t_0)\} = \mathrm{e}^{-s t_0}\, F(s) \qquad \text{für } t_0 > 0 \tag{13.43}$$

Dämpfung

$$\mathcal{L}\{\mathrm{e}^{-at}\, f(t)\} = F(s + a) \tag{13.44}$$

Beispiel 13.10: Dämpfung

$$f(t) = \begin{cases} 1 & \text{für } t \geq 0 \\ 0 & \text{für } t < 0 \end{cases} \qquad \mathcal{L}\{f(t)\} = F(s) = \frac{1}{s}$$

$$\mathrm{e}^{-at}\, f(t) = \begin{cases} \mathrm{e}^{-at} & \text{für } t \geq 0 \\ 0 & \text{für } t < 0 \end{cases} \qquad \mathcal{L}\{f(t)\} = F(s + a) = \frac{1}{s + a}$$

Dieses Ergebnis haben wir schon im Beispiel (13.9) erhalten. ∎

Laplacetransformierte einer Ableitung

Wir betrachten eine Funktion $f(t)$ mit folgenden Eigenschaften: $f(t)$ ist differenzierbar in dem Intervall $]0,\infty[$. $f(t)$ und $f'(t)$ sind laplacetransformierbar. Es gibt Konstanten A, a mit $|f(t)| \leq A\, \mathrm{e}^{at}$ für $t \geq 0$. Für die Laplacetransformierte der auf dem Intervall $]0,\infty[$ definierten Ableitung $f'(t)$ gilt dann ($\epsilon > 0$):

$$\mathcal{L}\{f'(t)\} = \lim_{\epsilon \to 0} \lim_{\lambda \to \infty} \int_{\epsilon}^{\lambda} f'(t)\, \mathrm{e}^{-st}\, \mathrm{d}t$$

$$= \lim_{\epsilon \to 0} \lim_{\lambda \to \infty} \left(\left[f(t)\, \mathrm{e}^{-st} \right]_{\epsilon}^{\lambda} - \int_{\epsilon}^{\lambda} f(t) \left(\mathrm{e}^{-st} \right)' \mathrm{d}t \right)$$

$$= \lim_{\epsilon \to 0} \lim_{\lambda \to \infty} \left(f(\lambda)\, \mathrm{e}^{-s\lambda} - f(\epsilon)\, \mathrm{e}^{-s\epsilon} - \int_{\epsilon}^{\lambda} f(t)(-s)\, \mathrm{e}^{-st}\, \mathrm{d}t \right)$$

$$= \lim_{\epsilon \to 0} \lim_{\lambda \to \infty} \left(f(\lambda)\, \mathrm{e}^{-s\lambda} - f(\epsilon)\, \mathrm{e}^{-s\epsilon} + s \int_{\epsilon}^{\lambda} f(t)\, \mathrm{e}^{-st}\, \mathrm{d}t \right)$$

$$= \lim_{\lambda \to \infty} f(\lambda)\, \mathrm{e}^{-s\lambda} - \lim_{\epsilon \to 0} f(\epsilon)\, \mathrm{e}^{-s\epsilon} + s\mathcal{L}\{f(t)\}$$

Wegen $|f(t)| \leq A\, \mathrm{e}^{at}$ gilt:

$$|f(\lambda)\, \mathrm{e}^{-s\lambda}| = |f(\lambda)|\, \mathrm{e}^{-s\lambda} \leq A\, \mathrm{e}^{a\lambda}\, \mathrm{e}^{-s\lambda} = A\, \mathrm{e}^{-(s-a)\lambda}$$

Ist $s > a$, so strebt $|f(\lambda)\, \mathrm{e}^{-s\lambda}|$ gegen null für $\lambda \to \infty$. Daraus folgt:

$$\mathcal{L}\{f'(t)\} = s\mathcal{L}\{f(t)\} - \lim_{\epsilon \to 0} f(\epsilon) = sF(s) - f(0+)$$

$f(0+)$ ist der rechtsseitige Grenzwert von $f(t)$ an der Stelle $t = 0$. Unter den genannten Voraussetzungen gilt für die auf dem Intervall $]0,\infty[$ definierte Ableitung $f'(t)$:

$$\mathcal{L}\{f'(t)\} = s\,\mathcal{L}\{f(t)\} - f(0+) = s\,F(s) - f(0+) \tag{13.45}$$

Für die Laplacetransformierte der zweiten Ableitung $f''(t)$ erhält man unter entsprechenden Voraussetzungen:

$$\mathcal{L}\{f''(t)\} = s\,\mathcal{L}\{f'(t)\} - f'(0+) = s\big(s\,\mathcal{L}\{f(t)\} - f(0+)\big) - f'(0+)$$
$$= s^2\mathcal{L}\{f(t)\} - sf(0+) - f'(0+) = s^2F(s) - sf(0+) - f'(0+)$$

Für die n-te Ableitung $f^{(n)}(t)$ gilt entsprechend:

$$\mathcal{L}\{f^{(n)}(t)\} = s^n F(s) - s^{n-1}f(0+) - s^{n-2}f'(0+) - \ldots - f^{(n-1)}(0+) \tag{13.46}$$

Laplacetransformation einer Faltung zweier Funktionen

Wir bei der Fouriertransformation gibt es auch bei der Laplacetransformation eine wichtige Formel für die Faltung zweier Funktionen:

$$\mathcal{L}\{(f_1 * f_2)(t)\} = F_1(s)F_2(s) \tag{13.47}$$

$$\text{mit } (f_1 * f_2)(t) = \int\limits_0^t f_1(\tau)f_2(t-\tau)\mathrm{d}\tau \tag{13.48}$$

Auch hier in (13.48) heißt die Funktion $(f_1 * f_2)(t)$ **Faltungsprodukt** oder einfach nur **Faltung** der zwei Funktionen $f_1(t)$ und $f_2(t)$. Man beachte jedoch, dass in (13.48) die Integrationsgrenzen andere sind als bei dem Faltungsprodukt in (13.22). Das Faltungsprodukt (13.48) ist kommutativ, d. h., es gilt:

$$(f_1 * f_2)(t) = \int\limits_0^t f_1(\tau)f_2(t-\tau)\mathrm{d}\tau = (f_2 * f_1)(t) = \int\limits_0^t f_2(\tau)f_1(t-\tau)\mathrm{d}\tau \tag{13.49}$$

Beispiel 13.11: Originalfunktion eines Produktes $F_1(s)F_2(s)$

Wir suchen eine Funktion $f(t)$, deren Laplacetransformierte $\mathcal{L}\{f(t)\}$ die Bildfunktion $F(s) = \frac{1}{s(s+a)}$ ist. $F(s)$ lässt sich als Produkt darstellen:

$$F(s) = \frac{1}{s} \cdot \frac{1}{s+a} = F_1(s)F_2(s) \qquad \text{mit } F_1(s) = \frac{1}{s} \text{ und } F_2(s) = \frac{1}{s+a}$$

$F_1(s)$ und $F_2(s)$ sind die Laplacetransformierten der folgenden Funktionen $f_1(t)$ und $f_2(t)$ (s. Bsp. 13.8, Bsp. 13.9 und Bsp. 13.10):

$$f_1(t) = \begin{cases} 1 & \text{für } t \geq 0 \\ 0 & \text{für } t < 0 \end{cases}$$

$$f_2(t) = \begin{cases} \mathrm{e}^{-at} & \text{für } t \geq 0 \\ 0 & \text{für } t < 0 \end{cases}$$

Mit diesen Funktionen gilt nach (13.47):

$$\mathcal{L}\{(f_1 * f_2)(t)\} = F_1(s)F_2(s)$$

Die gesuchte Funktion $f(t)$ ist also das Faltungsprodukt $(f_1 * f_2)(t)$.

$$f(t) = (f_1 * f_2)(t) = \int\limits_0^t f_1(\tau)f_2(t-\tau)\mathrm{d}\tau = \int\limits_0^t f_2(t-\tau)\mathrm{d}\tau = \int\limits_0^t \mathrm{e}^{-a(t-\tau)}\,\mathrm{d}\tau$$

$$= \mathrm{e}^{-at}\int\limits_0^t \mathrm{e}^{a\tau}\,\mathrm{d}\tau = \mathrm{e}^{-at}\left[\frac{1}{a}\mathrm{e}^{a\tau}\right]_0^t = \mathrm{e}^{-at}\left(\frac{1}{a}\mathrm{e}^{at} - \frac{1}{a}\right) = \frac{1}{a}\left(1 - \mathrm{e}^{-at}\right) \qquad \blacksquare$$

13.2.3   Anwendungen

Die Hauptanwendung der Laplacetransformation ist die Lösung von linearen Differenzialgleichungen mit konstanten Koeffizienten und Anfangsbedingungen. Da wir die Laplacetransformation für Funktionen eingeführt haben, die null sind für $t < 0$, betrachten wir die Differenzialgleichung zunächst nur für $t > 0$. Durch die Laplacetransformation der Differenzialgleichung für die gesuchte Funktion $y(t)$ erhält man eine Gleichung für die Laplacetransformierte $Y(s)$. Diese Gleichung ist keine Differenzialgleichung mehr und kann nach $Y(s)$ aufgelöst werden. Hat man $Y(s)$ bestimmt, so bestimmt man durch inverse Laplacetransformation oder mithilfe von Tabellen eine Funktion $y(t)$, deren Laplacetransformierte $Y(s)$ ist. Diese Funktion $y(t)$ ist für $t > 0$ die Lösung der Differenzialgleichung. Das folgende Schema zeigt neben der direkten Lösung (links) den Lösungsweg über die Laplacetransformation.

Zur Erläuterung der Vorgehensweise betrachten wir eine lineare Differenzialgleichung 2. Ordnung mit konstanten Koeffizienten und einer stetigen Funktion $g(t)$:

$$y''(t) + ay'(t) + by(t) = g(t)$$

Gesucht ist eine Lösung der Differenzialgleichung, welche die Anfangsbedingungen

$$y(0+) = y(0) = \gamma_0$$
$$y'(0+) = y'(0) = \gamma_1$$

erfüllt. Durch Laplacetransformation der Differenzialgleichung erhält man:

$$\mathcal{L}\{y''(t) + ay'(t) + by(t)\} = \mathcal{L}\{g(t)\}$$
$$\mathcal{L}\{y''(t)\} + a\mathcal{L}\{y'(t)\} + b\mathcal{L}\{y(t)\} = \mathcal{L}\{g(t)\}$$

Aus den Ableitungsregeln (13.45) und (13.46) folgt:

$$s^2 Y(s) - sy(0) - y'(0) + a\big(s\,Y(s) - y(0)\big) + bY(s) = G(s)$$
$$(s^2 + as + b)Y(s) - (s + a)y(0) - y'(0) = G(s)$$

$$\Rightarrow Y(s) = \frac{G(s) + (s + a)y(0) + y'(0)}{s^2 + as + b}$$

Aufgrund der Anfangsbedingungen gilt:

$$Y(s) = \frac{G(s) + (s+a)\gamma_0 + \gamma_1}{s^2 + as + b}$$

Durch Rück- bzw. inverse Laplacetransformation erhält man eine Originalfunktion $y(t)$, die für $t > 0$ eine Lösung der Differenzialgleichung ist und die Anfangsbedingungen erfüllt.

$$y(t) = \mathcal{L}^{-1}\left\{\frac{G(s) + (s+a)\gamma_0 + \gamma_1}{s^2 + as + b}\right\}$$

Bei den meisten Anwendungen ist $G(s)$ und damit auch $Y(s)$ eine gebrochen rationale Funktion. Die Rücktransformation erfolgt i.d.R. mithilfe von Tabellen. Findet man dort die Funktion $Y(s)$ nicht, so zerlegt man sie durch Partialbruchzerlegung (s. Abschnitt 2.3.3) in Brüche, die man in den Tabellen findet.

Beispiel 13.12: Lösung eines Anfangswertproblems

Wir betrachten für $t > 0$ die Differenzialgleichung

$$y''(t) + 5y'(t) + 6y(t) = 4\,e^{-4t}$$

Wir suchen für $t > 0$ eine Lösung, welche die Anfangsbedingungen

$$\begin{aligned} y(0+) &= y(0) = -1 \\ y'(0+) &= y'(0) = -3 \end{aligned}$$

erfüllt. Die Laplacetransformierte von $g(t) = 4\,e^{-4t}$ ist (s. Bsp. 13.9)

$$G(s) = 4\,\frac{1}{s+4}$$

Nach den obigen Erläuterungen gilt:

$$Y(s) = \frac{4\frac{1}{s+4} + (s+5)(-1) - 3}{s^2 + 5s + 6} = \frac{\frac{4}{s+4} - s - 8}{(s+3)(s+2)}$$

$$= \frac{4}{(s+4)(s+3)(s+2)} - \frac{s}{(s+3)(s+2)} - \frac{8}{(s+3)(s+2)}$$

Falls man diese Brüche in Tabellen nicht findet, zerlegt man sie durch Partialbruchzerlegung in Partialbrüche. Als Summe der Partialbrüche erhält man:

$$Y(s) = -\frac{4}{s+2} + \frac{1}{s+3} + \frac{2}{s+4}$$

Die Rück- bzw. inverse Laplacetransformation ergibt für $t > 0$ (s. Bsp. 13.9):

$$
\begin{aligned}
y(t) = \mathcal{L}^{-1}\{Y(s)\} &= \mathcal{L}^{-1}\left\{-\frac{4}{s+2}+\frac{1}{s+3}+\frac{2}{s+4}\right\} \\
&= -4\,\mathcal{L}^{-1}\left\{\frac{1}{s+2}\right\}+\mathcal{L}^{-1}\left\{\frac{1}{s+3}\right\}+2\,\mathcal{L}^{-1}\left\{\frac{1}{s+4}\right\} \\
&= -4\,\mathrm{e}^{-2t}+\mathrm{e}^{-3t}+2\,\mathrm{e}^{-4t}
\end{aligned}
$$

Man kann leicht nachprüfen, dass dies nicht nur für $t > 0$, sondern für alle t eine Lösung der Differenzialgleichung ist, welche die Anfangsbedingungen $y(0) = -1$ und $y'(0) = -3$ erfüllt.   ∎

Da man in der Praxis die dargestellte Methode häufig anwendet, ohne die Voraussetzungen genau zu klären, muss man am Ende prüfen, ob das Ergebnis wirklich eine Lösung ist. Zum Schluss betrachten wir noch eine lineare Differenzialgleichung n-ter Ordnung mit konstanten Koeffizienten. Die homogene Differenzialgleichung lautet:

$$
y^{(n)}(t) + a_{n-1}y^{(n-1)}(t) + \ldots + a_2 y''(t) + a_1 y'(t) + a_0 y(t) = 0
$$

Wir betrachten eine Lösung für die Anfangsbedingungen

$$
\begin{aligned}
y(0+) &= & y(0) &= 0 \\
y'(0+) &= & y'(0) &= 0 \\
y''(0+) &= & y''(0) &= 0 \\
&\vdots & \vdots & \\
y^{(n-2)}(0+) &= & y^{(n-2)}(0) &= 0 \\
y^{(n-1)}(0+) &= & y^{(n-1)}(0) &= 1
\end{aligned}
$$

Die Laplacetransformation der Differenzialgleichung ergibt dann nach (13.46):

$$
s^n Y(s) - 1 + a_{n-1}s^{n-1}Y(s) + \ldots + a_2 s^2 Y(s) + a_1 s Y(s) + a_0 Y(s) = 0
$$

Daraus folgt:

$$
Y(s)(s^n + a_{n-1}s^{n-1} + \ldots + a_2 s^2 + a_1 s + a_0) = 1
$$

$$
Y(s) = \frac{1}{s^n + a_{n-1}s^{n-1} + \ldots + a_2 s^2 + a_1 s + a_0} = F(s)
$$

Die zu dieser Bildfunktion $F(s)$ gehörige Originalfunktion $f(t)$ ist eine Lösung der homogenen Differenzialgleichung zu den obigen Anfangsbedingungen. Wir betrachten nun die inhomogene Differenzialgleichung mit einer stetigen Funktion $g(t)$

$$
y^{(n)}(t) + a_{n-1}y^{(n-1)}(t) + \ldots + a_2 y''(t) + a_1 y'(t) + a_0 y(t) = g(t)
$$

und eine Lösung für die Anfangsbedingungen

$$
\begin{aligned}
y(0+) &= & y(0) &= 0 \\
y'(0+) &= & y'(0) &= 0 \\
y''(0+) &= & y''(0) &= 0 \\
&\vdots & \vdots & \\
y^{(n-2)}(0+) &= y^{(n-2)}(0) &= 0 \\
y^{(n-1)}(0+) &= y^{(n-1)}(0) &= 0
\end{aligned}
$$

Die Laplacetransformation der Differenzialgleichung ergibt nach (13.46):

$$
s^n Y(s) + a_{n-1}s^{n-1}Y(s) + \ldots + a_2 s^2 Y(s) + a_1 s Y(s) + a_0 Y(s) = G(s)
$$

Daraus folgt:

$$
Y(s)(s^n + a_{n-1}s^{n-1} + \ldots + a_2 s^2 + a_1 s + a_0) = G(s)
$$

$$
Y(s) = \frac{1}{s^n + a_{n-1}s^{n-1} + \ldots + a_2 s^2 + a_1 s + a_0} \cdot G(s) = F(s)G(s)
$$

Die zur Bildfunktion $F(s)G(s)$ gehörige Originalfunktion $(f * g)(t)$ ist eine Lösung der inhomogenen Differenzialgleichung zu den obigen Anfangsbedingungen. Damit haben wir folgende partikuläre Lösung der inhomogenen Differenzialgleichung:

$$
y_p(t) = (f * g)(t) = \int_0^t f(\tau)g(t-\tau)\mathrm{d}\tau = \int_0^t f(t-\tau)g(\tau)\mathrm{d}\tau \tag{13.50}
$$

Diese Lösung haben wir mit der Formel (12.49) bereits in Abschnitt 12.4.2 angegeben. Dort haben wir auch ein Beispiel gerechnet.

13.3   Aufgaben zu Kapitel 13

13.1 Berechnen Sie die Fouriertransformierte $F(\omega)$ folgender Funktionen:

a) $f(t) = \begin{cases} 1 - |t| & \text{für } |t| \le 1 \\ 0 & \text{für } |t| > 1 \end{cases}$ \qquad b) $f(t) = \begin{cases} \cos^2 t & \text{für } |t| \le \frac{\pi}{2} \\ 0 & \text{für } |t| > \frac{\pi}{2} \end{cases}$

13.2 Berechnen Sie die Fouriertransformierte $F(\omega)$ folgender Funktionen:

a) $f(t) = \begin{cases} 1 - \left|\frac{t-2}{2}\right| & \text{für } t \in [0,4] \\ 0 & \text{für } t \notin [0,4] \end{cases}$

b) $f(t) = \begin{cases} \cos^2\left(\frac{\pi}{2}\left(t - \frac{1}{2}\right)\right) & \text{für } t \in [-\frac{1}{2}, \frac{3}{2}] \\ 0 & \text{für } t \notin [-\frac{1}{2}, \frac{3}{2}] \end{cases}$

Verwenden Sie dabei die Ergebnisse von Aufgabe 13.1.

13.3 Berechnen Sie die Fouriertransformierte $F(\omega)$ der Funktion

$$f(t) = \begin{cases} -1 & \text{für } -2 \le t \le -1 \\ 1 & \text{für } 1 \le t \le 2 \\ 0 & \text{sonst} \end{cases}$$

13.4 Berechnen Sie:

a) $\mathcal{F}\{f(t)\}$ \qquad mit $f(t) = \delta(t - a)$

b) $\mathcal{F}^{-1}\{F(\omega)\}$ \quad mit $F(\omega) = \delta(\omega - a)$

c) $\mathcal{F}^{-1}\{F(\omega)\}$ \quad mit $F(\omega) = \pi[\delta(\omega + a) + \delta(\omega - a)]$

13.5 Die Funktion

$$f(t) = \begin{cases} 1 & \text{für } |t| \le 1 \\ 0 & \text{für } |t| > 1 \end{cases}$$

hat die Fouriertransformierte (s. Bsp. 13.1)

$$F(\omega) = 2\,\frac{\sin(\omega)}{\omega}$$

a) Stellen Sie $f(t)$ als Differenz zweier verschobener HEAVISIDE-Funktionen dar.

b) Bestimmen Sie die Ableitung $f'(t)$ mithilfe der Deltafunktion.

c) Berechnen Sie die Fouriertransformierte der Ableitung $f'(t)$ und bestätigen Sie damit die Formel 13.19

13.6 Betrachten Sie die folgende Schaltung:

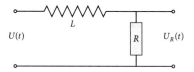

Das Eingangssignal ist die angelegte Wechselspannung $U(t) = U_0 \sin(\tilde{\omega}t)$. Das Ausgangssignal ist die Spannung $U_R(t)$ am Widerstand. Berechnen Sie $U_R(t)$ wie im Beispiel 13.6. Berechnen Sie den Strom $I(t) = \frac{1}{R}U_R(t)$ und vergleichen Sie das Ergebnis mit dem Ergebnis von Aufgabe 12.7 b).

13.7 Lösen Sie die folgenden Differenzialgleichung zu den gegebenen Anfangsbedingungen mithilfe der Laplacetransformation:

a) $y'' + 2y' - 8y = 5\,\mathrm{e}^{-3t}$ $\qquad$ $y(0) = 2$ $\qquad$ $y'(0) = 3$

b) $y'' + 8y' + 20y = 16\cos(10t)$ $\qquad$ $y(0) = 0$ $\qquad$ $y'(0) = 1$

14 Wahrscheinlichkeitsrechnung

Übersicht

14.1 Zufallsexperimente, Ereignisse und Wahrscheinlichkeit

Bei vielen Vorgängen stellt man fest: Der Vorgang führt zu einem Ergebnis. Es sind verschiedene Ergebnisse möglich. Es kann jedoch nicht vorausgesagt werden, zu welchem Ergebnis der Vorgang führt. Ein eingetretenes Ergebnis erscheint als Zufallsergebnis. Wir sprechen von einem Zufallsexperiment.

Definition 14.1: Zufallsexperiment, Ergebnis

Ein **Zufallsexperiment** ist ein Vorgang mit folgenden Eigenschaften:

a) Der Vorgang lässt sich unter den gleichen Bedingungen wiederholen.
b) Der Vorgang führt zu einem **Ergebnis**.
c) Es sind verschiedene, sich gegenseitig ausschließende Ergebnisse möglich.
d) Das Ergebnis lässt sich nicht vorhersagen.

Definition 14.2: Ergebnismenge, Ereignis

Die Menge Ω aller möglichen Ergebnisse heißt **Ergebnismenge**.

Ein Ergebnis $\omega \in \Omega$ ist ein Element der Ergebnismenge Ω.

Eine Teilmenge $A \subset \Omega$ der Ergebnismenge heißt **Ereignis**.

Ein Ereignis A ist dann eingetreten, wenn ein $\omega \in A$ das Ergebnis war.

Damit stellen Ereignisse immer Mengen dar. Die folgende Tabelle zeigt Beispiele für Zufallsexperimente, Ergebnismengen und Ereignisse.

Tab. 14.1: Beispiele für Zufallsexperimente, Ergebnismengen und Ereignisse

Zufallsexperiment	Ergebnismenge	Beispiel für Ereignis
Würfeln mit einem Würfel, Feststellung der gewürfelten Zahl	$\{1,2,3,4,5,6\}$	ungerade Zahl: $A = \{1,3,5\}$
Würfeln mit zwei Würfeln, Feststellung der Summe der beiden gewürfelten Zahlen	$\{2,3,4,5,6,7,8,9,10,11,12\}$	Summe gleich 5: $A = \{5\}$
Würfeln mit zwei Würfeln, Feststellung der beiden gewürfelten Zahlen	$\left\{\begin{array}{l}(1,1)\,(1,2)\,(1,3)\,(1,4)\,(1,5)\,(1,6)\\(2,1)\,(2,2)\,(2,3)\,(2,4)\,(2,5)\,(2,6)\\(3,1)\,(3,2)\,(3,3)\,(3,4)\,(3,5)\,(3,6)\\(4,1)\,(4,2)\,(4,3)\,(4,4)\,(4,5)\,(4,6)\\(5,1)\,(5,2)\,(5,3)\,(5,4)\,(5,5)\,(5,6)\\(6,1)\,(6,2)\,(6,3)\,(6,4)\,(6,5)\,(6,6)\end{array}\right\}$	Summe gleich 5: $A=\{(1,4)\,(2,3)\,(3,2)\,(4,1)\}$

Nach der Definition 14.2 für Ereignisse als Mengen ergeben sich für die folgenden Mengen bzw. Mengenoperationen folgende Bedeutungen (die Mengen A und B stellen Ereignisse dar):

Tab. 14.2: Mengen und deren Bedeutung als Ereignisse

Menge bzw. Ereignis	Bedeutung
$A \cup B$	A oder B tritt ein
$A \cap B$	A und B tritt ein
$\overline{A}$	A tritt nicht ein
Ω	Sicheres Ereignis, das immer eintritt
$\{\,\}$	Unmögliches Ereignis, das nie eintritt

Hier ist $\{\,\}$ die leere Menge und $\overline{A} = \{\omega \in \Omega | \omega \notin A\}$ ist das sog. Komplement von A. Ist $A \cap B = \{\,\}$, dann sind A und B **unvereinbar** und schließen sich gegenseitig aus. Mit dem Begriff Wahrscheinlichkeit verbindet man intiutiv die zwei folgenden Begriffe, mit deren Hilfe man erläutern kann, was man unter Wahrscheinlichkeit versteht:

Häufigkeiten: Ein Ereignis mit hoher Wahrscheinlichkeit wird häufiger eintreten als ein Ereignis mit geringer Wahrscheinlichkeit.

Möglichkeiten: Ein Ereignis, für das es viele Möglichkeiten gibt, die zum Eintreten des Ereignisses führen, wird mit einer höheren Wahrscheinlichkeit eintreten, als ein Ereignis, für das es nur wenige Möglichkeiten gibt (sofern alle Möglichkeiten gleich wahrscheinlich sind).

Mithilfe der (relativen) Häufigkeit eines Ereignisses wird die sog. **statistische Wahrscheinlichkeit** eingeführt: Ein Zufallsexperiment, bei dem ein Ereignis A eintreten kann, wird n-mal unabhängig voneinander durchgeführt. Bei den n Durchführungen tritt das Ereignis n_A-mal ein. Dividiert man die **Häufigkeit** n_A des Ereignisses durch die Anzahl n der Durchführungen, so erhält man die **relative Häufigkeit** h_A des Ereignisses:

$$h_A = \frac{n_A}{n}$$

Man kann feststellen, dass sich die relative Häufigkeit mit wachsender Anzahl n der Durchführungen immer mehr einem Wert annähert. Diesen Wert betrachtet man als Wahrscheinlichkeit $P(A)$ des Ereignisses A:

$$h_A = \frac{n_A}{n} \quad \xrightarrow{n \to \infty} \quad P(A) \tag{14.1}$$

Wir werden die Eigenschaft (14.1) im Abschnitt 14.7 etwas genauer betrachten. Die Annäherung der relativen Häufigkeit $\frac{n_A}{n}$ an die Wahrscheinlichkeit $P(A)$ erfolgt nicht im Sinne eines mathematischen Grenzwertes (s. Definition 2.7 in Abschnitt 2.2). Bei einem Grenzwert gäbe es zu einem beliebig kleinen $\varepsilon > 0$ ein n_0, sodass $\left|\frac{n_A}{n} - P(A)\right| < \varepsilon$ für alle $n \geq n_0$. Das muss hier nicht der Fall sein.

Beispiel 14.1: Relative Häufigkeit für ein Ereignis beim Würfeln

Das Zufallsexperiment ist das Würfeln mit einem Würfel. Als Ereignis A wird das Werfen einer ungeraden Zahl betrachtet. Das Zufallsexperiment wurde $n = 100$ Mal durchgeführt. Die folgenden Zahlen zeigen die Ergebnisse:

```
2 4 3 1 5 5 1 6 4 4 6 5 5 6 1 5 2 2 6 6 4 2 4 4 1
5 3 4 5 1 5 2 2 2 3 5 6 5 6 5 3 5 5 4 3 5 3 6 1 5
5 6 2 2 4 5 2 6 2 4 6 5 4 4 5 5 4 5 4 1 4 1 3 5 5
6 2 3 3 3 5 4 4 2 3 5 6 2 1 6 6 4 5 4 6 6 1 1 5 1
```

Die Abb. 14.1 zeigt, dass sich die relative Häufigkeit für das Ereignis A mit zunehmendem n immer mehr dem Wert $\frac{1}{2}$ annähert:

$$h_A = \frac{n_A}{n} \quad \xrightarrow{n \to \infty} \quad \frac{1}{2}$$

Die Wahrscheinlichkeit, eine ungerade Zahl zu würfeln, ist $P(A) = \frac{1}{2}$. ∎

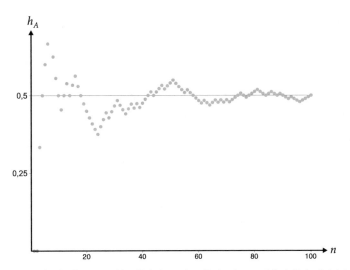

Abb. 14.1: Relative Häufigkeiten des Ereignisses A bei Beispiel 14.1.

Es wurde versucht, basierend auf dem Begriff der relativen Häufigkeit eine Wahrscheinlichkeitstheorie zu entwickeln. Ungeachtet der mathematischen Problemstellungen bzw. Details dieses Versuchs bzw. dieser Theorie stellt sich die Frage, wie man Wahrscheinlichkeiten bestimmen soll, die gemäß (14.1) durch relative Häufigkeiten definiert sind. Man kann ja ein Zufallsexperiment nicht unendlich oft durchführen. Deshalb wollen wir uns nun dem Begriff der Möglichkeiten zuwenden, der zur sog. klassischen Wahrscheinlichkeit führt. Je mehr Möglichkeiten (gleich wahrscheinliche Ergebnisse) es gibt, die zum Eintreten eines Ereignisses führen, desto größer ist die Wahrscheinlichkeit des Ereignisses. Folgende Definition ist daher naheliegend:

$$P(A) = \frac{\text{Anzahl der möglichen Ergebnisse, die zu dem Ereignis } A \text{ führen}}{\text{Anzahl der möglichen Ergebnisse insgesamt}} \qquad (14.2)$$

Gibt es insgesamt unendlich viele Möglichkeiten bzw. Ergebnisse, so ist diese Definition unbrauchbar. Es gibt aber noch weitere Einschränkungen: Wendet man diese Definition z.B. auf das Zufallsexperiment in der zweiten Zeile von Tabelle 14.1 an, so erhält man für das Ereignis A (Summe der zwei gewürfelten Zahlen ist 5) die Wahrscheinlichkeit $P(A) = \frac{1}{11}$. Wendet man sie auf das Zufallsexperiment in der dritten Zeile von Tabelle 14.1 an, so erhält man für das Ereignis A (Summe der zwei gewürfelten Zahlen ist 5) die Wahrscheinlichkeit $P(A) = \frac{4}{36} = \frac{1}{9}$. Folgt daraus, dass die Definition (14.2) unbrauchbar ist? Nein, sie gilt jedoch nur für sog. **Laplace-Experimente**. Darunter versteht man Zufallsexperimente mit einer endlichen Anzahl gleich wahrscheinlicher Ergebnisse. Das Zufallsexperiment in der dritten Zeile von Tabelle 14.1 ist ein Laplace-Experiment. Das Zufallsexperiment in der zweiten Zeile von Tabelle 14.1

ist kein Laplace-Experiment. Stellt die Menge A ein Ereignis dar, so ist die Anzahl der möglichen Ergebnisse, die zu dem Ereignis führen, gleich der Anzahl der Elemente der Menge A. Die Anzahl der möglichen Ergebnisse insgesamt ist die Anzahl der Elemente der Ergebnismenge Ω.

Definition 14.3: Klassische Wahrscheinlichkeit für ein Laplace-Experiment

Bei einem Zufallsexperiment mit einer endlichen Anzahl gleich wahrscheinlicher Ergebnisse ist die Wahrscheinlichkeit $P(A)$ für ein Ereignis A gegeben durch:

$$P(A) = \frac{|A|}{|\Omega|} \tag{14.3}$$

$|A|$ die Anzahl der Elemente der Menge A, welche das Ereignis darstellt.
$|\Omega|$ ist die Anzahl der Elemente der Ergebnismenge.

Beispiel 14.2: Würfeln mit einem Würfel

Es wird folgendes Ereignis betrachtet: Die gewürfelte Zahl ist ungerade. Das Zufallsexperiment ist ein LAPLACE-Experiment. Es gilt

$$\Omega = \{1,2,3,4,5,6\} \qquad |\Omega| = 6$$
$$A = \{1,3,5\} \qquad |A| = 3$$

$$P(A) = \frac{|A|}{|\Omega|} = \frac{3}{6} = \frac{1}{2} \qquad \blacksquare$$

Beispiel 14.3: Würfeln mit zwei Würfel

Es werden die zwei gewürfelten Zahlen bestimmt. Wir betrachten folgendes Ereignis: Die Summe der zwei gewürfelten Zahlen ist 5. Mit der folgenden Ergebnismenge ist das Zufallsexperiment ein Laplace-Experiment:

$$\Omega = \begin{Bmatrix} (1,1)\,(1,2)\,(1,3)\,(1,4)\,(1,5)\,(1,6) \\ (2,1)\,(2,2)\,(2,3)\,(2,4)\,(2,5)\,(2,6) \\ (3,1)\,(3,2)\,(3,3)\,(3,4)\,(3,5)\,(3,6) \\ (4,1)\,(4,2)\,(4,3)\,(4,4)\,(4,5)\,(4,6) \\ (5,1)\,(5,2)\,(5,3)\,(5,4)\,(5,5)\,(5,6) \\ (6,1)\,(6,2)\,(6,3)\,(6,4)\,(6,5)\,(6,6) \end{Bmatrix} \qquad |\Omega| = 36$$

$$A = \{(1,4)\,(2,3)\,(3,2)\,(4,1)\} \qquad |A| = 4$$

$$P(A) = \frac{|A|}{|\Omega|} = \frac{4}{36} = \frac{1}{9}$$

Dass die klassische Wahrscheinlichkeit mithilfe der Formulierung „gleich wahrscheinlich" definiert wird, ist unbefiedigend. Darüber hinaus bleibt die Frage, wie Wahrscheinlichkeiten für Zufallsexperimente bestimmt werden können, bei denen es unendlich viele mögliche Ergebnisse gibt. Für bestimmte Fälle wird diese Frage in Abschnitt
14.4 geklärt werden. Vorher wollen wir anhand der klassischen Wahrscheinlichkeit für
Laplace-Experiment wichtige Eigenschaften und Rechenregeln finden bzw. begründen.

14.2   Eigenschaften und elementare Rechenregeln

Um Eigenschaften von Wahrscheinlichkeiten und Rechenregeln für Wahrscheinlichkeiten zu finden bzw. zu begründen, betrachten wir Laplace-Experimente. Für das sichere
Ereignis Ω und das unmögliche Ereignis $\{\,\}$ gilt:

$$P(\Omega) = \frac{|\Omega|}{|\Omega|} = 1 \qquad P(\{\,\}) = \frac{|\{\,\}|}{|\Omega|} = 0$$

Im Folgenden bezeichnen wir die Anzahl $|A|$ der Elemente einer Menge A (Ereignis)
mit n_A. Die Anzahl $|\Omega|$ der Elemente der Ergebnismenge bezeichnen wir mit n. Au-
ßerdem werden wir die betrachteten Mengen bzw. Ereignisse durch Mengendiagramme
veranschaulichen.

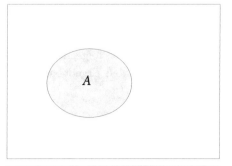

Für ein Ereignis A gilt:

$$0 \le n_A \le n$$
$$\Rightarrow \quad 0 \le \tfrac{n_A}{n} \le 1$$
$$\Rightarrow \quad 0 \le P(A) \le 1$$

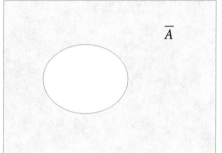

Für das Gegenereignis $\overline{A}$ gilt:

$$P(\overline{A}) = \frac{n_{\overline{A}}}{n} = \frac{n - n_A}{n} = 1 - \frac{n_A}{n}$$
$$= 1 - P(A)$$

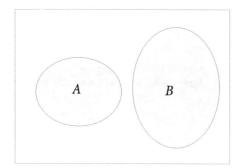

Für zwei unvereinbare Ereignisse
A und B gilt:

$$P(A \cap B) = \frac{n_{A \cap B}}{n} = \frac{0}{n} = 0$$

$$P(A \cup B) = \frac{n_{A \cup B}}{n} = \frac{n_A + n_B}{n}$$

$$= \frac{n_A}{n} + \frac{n_B}{n}$$

$$= P(A) + P(B)$$

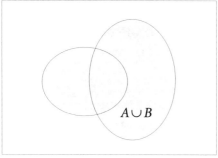

Für zwei nicht unvereinbare
Ereignisse A und B gilt:

$$P(A \cup B) = \frac{n_{A \cup B}}{n} = \frac{n_A + n_B - n_{A \cap B}}{n}$$

$$= \frac{n_A}{n} + \frac{n_B}{n} - \frac{n_{A \cap B}}{n}$$

$$= P(A) + P(B) - P(A \cap B)$$

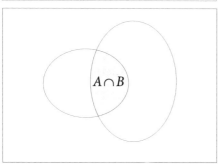

Für zwei nicht unvereinbare
Ereignisse A und B gilt ferner:

$$P(A \cap B) = \frac{n_{A \cap B}}{n}$$

$$= \frac{n_A}{n} \cdot \frac{n_{A \cap B}}{n_A} = P(A)P(B|A)$$

$$= \frac{n_B}{n} \cdot \frac{n_{A \cap B}}{n_B} = P(B)P(A|B)$$

Die letzten beiden Zeilen sind erklärungsbedürftig. Dort haben wir z.B. den Quotienten $\frac{n_{A \cap B}}{n_A}$ mit $P(B|A)$ bezeichnet. Wir wollen den Ausdruck

$$P(B|A) = \frac{n_{A \cap B}}{n_A}$$

interpretieren: Reduziert man die Ergebnismenge Ω auf die Menge $\widetilde{\Omega} = A$, sodass nur noch die Elemente von A als Ergebnis möglich sind, so bleibt von B nur noch $\widetilde{B} = A \cap B$ übrig. *Unter dieser Bedingung* erhält man für das Ereignis B die Wahrscheinlichkeit

$$\frac{n_{\widetilde{B}}}{n_{\widetilde{\Omega}}} = \frac{n_{A \cap B}}{n_A}$$

Man spricht von einer **bedingten Wahrscheinlichkeit**. $P(B|A)$ ist die Wahrscheinlichkeit von B unter der Bedingung, dass als Ergebnisse nur die Elemente von A möglich sind. Man sagt auch kurz: $P(B|A)$ ist die Wahrscheinlichkeit von B unter der

Bedingung A. Entsprechendes gilt für $P(A|B)$. Wir wollen dies an einem einfachen Beispiel erläutern.

Beispiel 14.4: Bedingte Wahrscheinlichkeit

In einem Behälter befinden sich fünf Kugeln, von denen zwei schwarz und die übrigen drei weiß sind.

Es werden nacheinander zwei Kugeln zufällig gezogen. Wir betrachten die Ereignisse

  A : Bei der ersten Ziehung wird eine schwarze Kugel gezogen.

  B : Bei der zweiten Ziehung wird eine weiße Kugel gezogen.

und berechnen jeweils für die zwei Fälle

  a) Die erste Kugel wird nach der Ziehung nicht zurückgelegt.

  b) Die erste Kugel wird nach der Ziehung wieder zurückgelegt.

die Wahrscheinlichkeiten $P(A)$, $P(B)$, $P(B|A)$ und $P(A \cap B)$.

a) Die erste Kugel wird nach der Ziehung nicht zurückgelegt.

Mit den in Abb. 14.2 gezeigten Ergebnissen ist das Zufallsexperiment ein Laplace-Experiment.

    ❶❷   ❶③   ❶④   ❶⑤

❷❶   ❷③   ❷④   ❷⑤

③❶   ③❷   ③④   ③⑤

④❶   ④❷   ④③   ④⑤

⑤❶   ⑤❷   ⑤③   ⑤④

Abb. 14.2: Mögliche Ergebnisse bei Ziehung ohne Zurücklegen.

In Abb. 14.3 sind noch die Mengen A, B und $A \cap B$ dargestellt.
Damit erhalten wir folgende Wahrscheinlichkeiten:

$$P(A) = \frac{n_A}{n} = \frac{8}{20} = \frac{2}{5}$$

$$P(B) = \frac{n_B}{n} = \frac{12}{20} = \frac{3}{5}$$

$$P(B|A) = \frac{n_{A\cap B}}{n_A} = \frac{6}{8} = \frac{3}{4} \neq P(B)$$

$$P(A \cap B) = \frac{n_{A\cap B}}{n} = \frac{6}{20} = \frac{3}{10} = P(A)P(B|A)$$

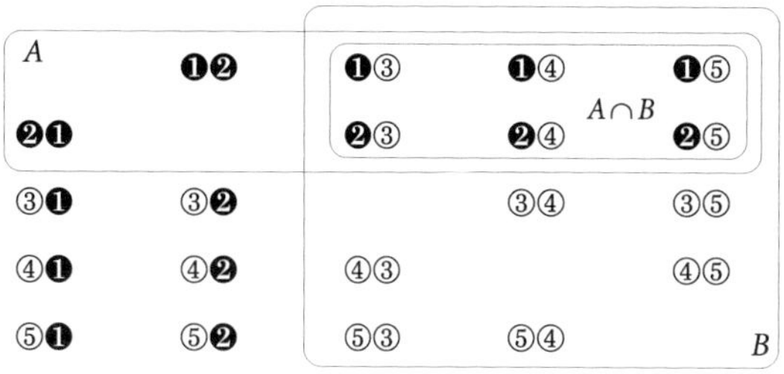

A	❶❷	❶③	❶④	❶⑤
❷❶		❷③	❷④ $A \cap B$	❷⑤
③❶	③❷		③④	③⑤
④❶	④❷	④③		④⑤
⑤❶	⑤❷	⑤③	⑤④	B

Abb. 14.3: Die Mengen A, B und $A \cap B$.

Wird bei der ersten Ziehung eine schwarze Kugel gezogen, dann befinden sich in dem Behälter noch vier Kugeln, von denen drei weiß sind. Die Wahrscheinlichkeit, unter dieser Bedingung eine weiße Kugel zu ziehen, ist natürlich $P(B|A) = \frac{3}{4}$. Die Wahrscheinlichkeit, dass bei der zweiten Ziehung eine weiße Kugel gezogen wird, hängt davon ab, ob bei der ersten Ziehung eine schwarze Kugel gezogen wird. Man nennt die zwei Ereignisse A und B deshalb abhängig.

b) Die erste Kugel wird nach der Ziehung wieder zurückgelegt.

Mit den in Abb. 14.4 gezeigten Ergebnissen ist das Zufallsexperiment ein Laplace-Experiment.

❶❶	❶❷	❶③	❶④	❶⑤
❷❶	❷❷	❷③	❷④	❷⑤
③❶	③❷	③③	③④	③⑤
④❶	④❷	④③	④④	④⑤
⑤❶	⑤❷	⑤③	⑤④	⑤⑤

Abb. 14.4: Mögliche Ergebnisse bei Ziehung mit Zurücklegen.

In Abb. 14.5 sind noch die Mengen A, B und $A \cap B$ dargestellt.

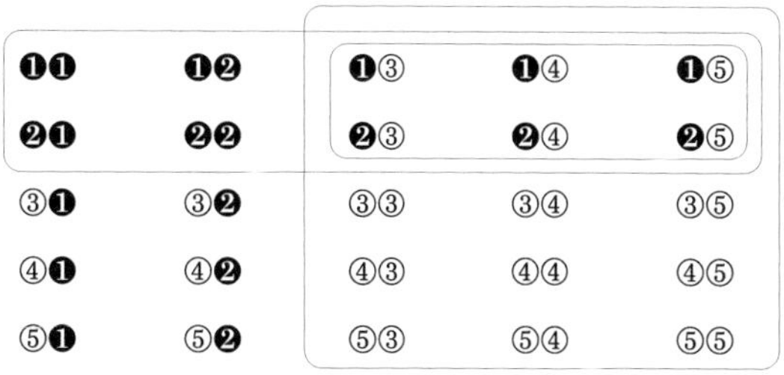

❶❶	❶❷	❶③	❶④	❶⑤
❷❶	❷❷	❷③	❷④	❷⑤
③❶	③❷	③③	③④	③⑤
④❶	④❷	④③	④④	④⑤
⑤❶	⑤❷	⑤③	⑤④	⑤⑤

Abb. 14.5: Die Mengen A, B und $A \cap B$.

Damit erhalten wir folgende Wahrscheinlichkeiten:

$$P(A) = \frac{n_A}{n} = \frac{10}{25} = \frac{2}{5}$$

$$P(B) = \frac{n_B}{n} = \frac{15}{25} = \frac{3}{5}$$

$$P(B|A) = \frac{n_{A \cap B}}{n_A} = \frac{6}{10} = \frac{3}{5} = P(B)$$

$$P(A \cap B) = \frac{n_{A \cap B}}{n} = \frac{6}{25} = P(A)P(B)$$

Da die erste Kugel wieder zurückgelegt wird, hängt die Wahrscheinlichkeit, dass bei der zweiten Ziehung eine weiße Kugel gezogen wird, nicht davon ab, ob bei der ersten Ziehung eine schwarze Kugel gezogen wird. Die Wahrscheinlichkeit $P(B)$, dass bei der zweiten Ziehung eine weiße Kugel gezogen wird, ist genauso groß wie die Wahrscheinlichkeit $P(B|A)$, dass bei der zweiten Ziehung eine weiße Kugel gezogen wird, unter der Bedingung, dass bei der ersten Ziehung eine schwarze Kugel gezogen wird. Man nennt die zwei Ereignisse A und B deshalb unabhängig.   ∎

Sind die Wahrschleinlichkeiten $P(A)$ und $P(B)$ ungleich null, dann gilt:

$$P(A \cap B) = P(A)P(B|A) = P(B)P(A|B)$$

$$P(B|A) \quad = \frac{P(A \cap B)}{P(A)}$$

$$P(A|B) \quad = \frac{P(A \cap B)}{P(B)}$$

Zwei Ereignisse mit $P(A) \neq 0$ und $P(B) \neq 0$ heißen stochastisch **unabhängig** (oder einfach nur unabhängig), wenn

$$P(B|A) = P(B)$$

In diesem Fall gelten auch

$$P(A|B) = P(A)$$

und der Multiplikationssatz

$$P(A \cap B) = P(A)P(B)$$

Wir haben für Wahrscheinlichkeiten bei Laplace-Experimenten eine Reihe von Eigenschaften und Rechenregeln gefunden bzw. begründet. Sie sind in der Zusammenfassung auf der Seite 521 aufgelistet. Diese Beziehungen gelten nicht nur für Laplace-Experimente, sondern allgemein. In der Wahrscheinlichkeitstheorie geht man bei der Einführung von Wahrscheinlichkeiten anders vor. Die Beziehungen (14.4), (14.6) und (14.14) werden als grundlegende Axiome eingeführt. Der Multiplikationssatz (14.10) stellt die Definition bedingter Wahrscheinlichkeiten dar. Die Beziehung (14.9) definiert die Unabhängigkeit von Ereignissen. Alle anderen Beziehungen können dann (nicht nur für Laplace-Experimente) daraus abgeleitet werden.

Wahrscheinlichkeiten: Eigenschaften und elementare Rechenregeln

Sicheres Ereignis Ω $\qquad$ $P(\Omega) = 1$ $\qquad\qquad\qquad\qquad\qquad$ (14.4)

Unmögliches Ereignis $\{\,\}$ $\qquad$ $P(\{\,\}) = 0$ $\qquad\qquad\qquad\qquad$ (14.5)

Beliebiges Ereignis A $\qquad$ $0 \leq P(A) \leq 1$ $\qquad\qquad\qquad\qquad$ (14.6)

Gegenereignis $\overline{A}$ $\qquad$ $P(\overline{A}) = 1 - P(A)$ $\qquad\qquad\qquad$ (14.7)

Unvereinbare
Ereignisse A,B $\qquad$ $P(A \cap B) = 0$ $\qquad\qquad\qquad\qquad$ (14.8)

Unabhängige
Ereignisse A,B $\qquad$ $\begin{aligned} P(A|B) &= P(A) \\ P(B|A) &= P(B) \end{aligned}$ $\qquad\qquad\qquad$ (14.9)

Multiplikationssatz
für beliebige
Ereignisse A,B $\qquad$ $P(A \cap B) = P(A)P(B|A) = P(B)P(A|B)$ $\qquad$ (14.10)

Multiplikationssatz
für unabhängige
(vereinbare)
Ereignisse A,B $\qquad$ $P(A \cap B) = P(A)P(B)$ $\qquad\qquad\qquad$ (14.11)

Additionssatz
für beliebige
Ereignisse A,B $\qquad$ $P(A \cup B) = P(A) + P(B) - P(A \cap B)$ $\qquad$ (14.12)

Additionssatz
für unabhängige
(vereinbare)
Ereignisse A,B $\qquad$ $P(A \cup B) = P(A) + P(B) - P(A)P(B)$ $\qquad$ (14.13)

Additionssatz
für unvereinbare
Ereignisse A,B $\qquad$ $P(A \cup B) = P(A) + P(B)$ $\qquad\qquad\qquad$ (14.14)

Der Multiplikationssatz (14.11) und der Additionssatz (14.14) lassen sich auch auf mehrere Ereignisse verallgemeinern. Sind die Ereignisse $A_1, \ldots, A_n$ jeweils paarweise unabhängig voneinander, dann gilt:

$$P(A_1 \cap \ldots \cap A_n) = P(A_1) \cdot \ldots \cdot P(A_n) \qquad\qquad (14.15)$$

Sind die Ereignisse $A_1, \ldots, A_n$ paarweise unvereinbar, dann gilt:

$$P(A_1 \cup \ldots \cup A_n) = P(A_1) + \ldots + P(A_n) \qquad\qquad (14.16)$$

In dem folgenden Beispiel werden wir einige dieser Rechenregeln zur Berechnung einer Wahrscheinlichkeit anwenden.

Beispiel 14.5: Anwendung von Rechenregeln für Wahrscheinlichkeiten

In einem Werk werden Flachbaugruppen produziert. Auf einer fertigen Flachbaugruppe befinden sich 150 Bauteile und 400 Löststellen. Die Wahrscheinlichkeit, dass ein Bauteil defekt ist, beträgt für jedes Bauteil 0,00008. Die Wahrscheinlichkeit, dass eine Lötstelle defekt ist, beträgt für jede Lötstelle 0,00006. Ob ein Bauteil oder eine Lötstelle defekt ist, hänge nicht davon ab, ob ein anderes Bauteil oder eine andere Lötstelle defekt ist. Wie groß ist die Wahrscheinlichkeit, dass die Flachbaugruppe defekt ist, wenn als Ursache nur defekte Bauteile oder Lötstellen infrage kommen? Zur Beantwortung dieser Frage betrachten wir folgende Ereignisse:

$A:$ Die Flachbaugruppe ist defekt.

$B_1:$ Das erste Bauteil ist defekt.

$B_2:$ Das zweite Bauteil ist defekt.

$\vdots$ $\vdots$

$B_{150}:$ Das 150. Bauteil ist defekt.

$L_1:$ Die erste Lötstelle ist defekt.

$L_2:$ Die zweite Lötstelle ist defekt.

$\vdots$ $\vdots$

$L_{400}:$ Die 400. Lötstelle ist defekt.

Die Ereignisse $B_1,\ldots,B_{150},L_1,\ldots,L_{400}$ sind jeweils unabhängig, und es gilt:

$$P(B_1) = P(B_2) = \ldots = P(B_{150}) = 0{,}00008 = p_B$$
$$P(L_1) = P(L_2) = \ldots = P(L_{400}) = 0{,}00006 = p_L$$

Für das Ereignis A (Flachbaugruppe defekt) gibt sehr viele Möglichkeiten (z.B. erstes Bauteil defekt oder drittes Bauteil und vierte Lötstelle defekt usw.). In einem solchen Fall kann es wesentlich einfacher sein, die Wahrscheinlichkeit $P(\overline{A})$ für das Gegenereignis $\overline{A}$ und dann damit gemäß (14.7) die Wahrscheinlichkeit $P(A) = 1 - P(\overline{A})$ zu berechnen. Wir wollen das tun.

$$P(A) = 1 - P(\overline{A}) = 1 - P(\overline{B_1} \cap \overline{B_2} \cap \ldots \cap \overline{B_{150}} \cap \overline{L_1} \cap \overline{L_2} \cap \ldots \cap \overline{L_{400}})$$

$$= 1 - P(\overline{B_1})P(\overline{B_2}) \cdot \ldots \cdot P(\overline{B_{150}})P(\overline{L_1})P(\overline{L_2}) \cdot \ldots \cdot P(\overline{L_{400}})$$

$$= 1 - \underbrace{(1-p_B)(1-p_B) \cdot \ldots \cdot (1-p_B)}_{150\text{-mal}} \underbrace{(1-p_L)(1-p_L) \cdot \ldots \cdot (1-p_L)}_{400\text{-mal}}$$

$$= 1 - (1-p_B)^{150}(1-p_L)^{400} = 1 - (1-0{,}00008)^{150}(1-0{,}00006)^{400}$$

$$\approx 0{,}035 \qquad\qquad\qquad\qquad\qquad\qquad\qquad\qquad\qquad\qquad\qquad\blacksquare$$

Wir wollen noch zwei weitere wichtige bzw. nützliche Formeln herleiten. Dazu betrachten wir eine Zerlegung von Ω in paarweise unvereinbare Ereignisse $A_1, \ldots, A_n$ mit $A_1 \cup \ldots \cup A_n = \Omega$ (s. Abb. 14.6).

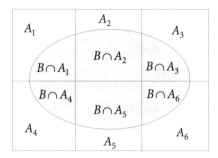

Abb. 14.6: Ereignis B (blau) und Zerlegung von Ω.

Für ein beliebiges Ereignis B sind dann auch die Ereignisse $B \cap A_1, \ldots, B \cap A_n$ paarweise unvereinbar und es gilt:

$$B = (B \cap A_1) \cup \ldots \cup (B \cap A_n)$$

Nach (14.16) erhält man für die Wahrscheinlichkeit $P(B)$:

$$\begin{aligned} P(B) &= P\big((B \cap A_1) \cup \ldots \cup (B \cap A_n)\big) \\ &= P(B \cap A_1) + \ldots + P(B \cap A_n) \end{aligned}$$

Mit (14.10) folgt daraus der

Satz von der totalen Wahrscheinlichkeit

Für paarweise unvereinbare Ereignisse $A_1, \ldots, A_n$ mit $A_1 \cup \ldots \cup A_n = \Omega$ gilt:

$$P(B) = P(A_1)P(B|A_1) + \ldots + P(A_n)P(B|A_n) \tag{14.17}$$

Für die bedingte Wahrscheinlichkeit

$$P(A_i|B) = \frac{P(A_i \cap B)}{P(B)} = \frac{P(A_i)P(B|A_i)}{P(B)}$$

folgt mit (14.17) die

Formel von Bayes

Für paarweise unvereinbare Ereignisse $A_1, \ldots, A_n$ mit $A_1 \cup \ldots \cup A_n = \Omega$ gilt:

$$P(A_i|B) = \frac{P(A_i)P(B|A_i)}{P(A_1)P(B|A_1) + \ldots + P(A_n)P(B|A_n)} \tag{14.18}$$

Häufig stellt man die in Abb. 14.6 symbolisierten Ereignisse in einem Baumdiagramm dar:

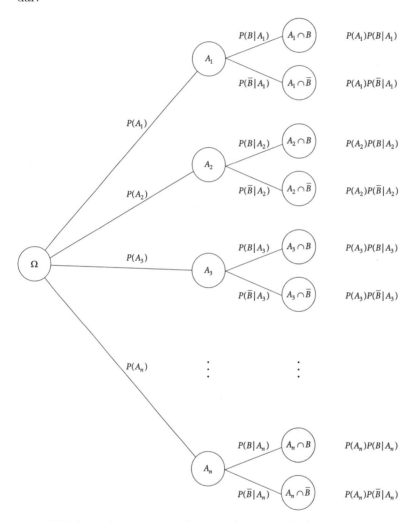

Abb. 14.7: Baumdiagramm zum Satz von der totalen Wahrscheinlichkeit.

Ω wird zerlegt in die Ereigniss $A_1, \ldots, A_n$. Die Ereignisse A_i werden zerlegt in die Ereignisse $A_i \cap B$ und $A_i \cap \overline{B}$. Die Ereignisse rechts sind jeweils paarweise unvereinbar. Zusammen, d.h. vereinigt, bilden sie Ω. Die Summe aller Ereignisse rechts ist 1. Die Wahrscheinlichkeit eines Ereignisses rechts ist das Produkt der Wahrscheinlichkeiten entlang des „Pfades" zu diesem Ereignis. Die Wahrscheinlichkeiten für die Ereignisse $A_1 \cap B, \ldots, A_n \cap B$ sind gegeben durch $P(A_1)P(B|A_1), \ldots, P(A_1)P(B|A_1)$. Die Wahrscheinlichkeit $P(B)$ ist die Summe dieser Wahrscheinlichkeiten.

Beispiel 14.6: Satz von der totalen Wahrscheinlichkeit und Formel von Bayes

In einem Werk werden Teile auf drei verschiedenen Maschinen M_1, M_2, M_3 hergestellt. Die folgende Tabelle gibt für jede Maschine den Anteil an der Gesamtproduktion und den Ausschussanteil an.

Maschine	Anteil an der Gesamtproduktion	Ausschussanteil
M_1	50 %	2 %
M_2	20 %	1 %
M_3	30 %	4 %

Aus der Gesamtproduktion wird zufällig ein Teil entnommen und auf Fehlerfreiheit geprüft. Es werden folgende Ereignisse betrachtet:

B : Das gezogene Teil ist defekt.

A_1 : Das gezogene Teil wurde auf der Maschine M_1 gefertigt.

A_2 : Das gezogene Teil wurde auf der Maschine M_2 gefertigt.

A_3 : Das gezogene Teil wurde auf der Maschine M_3 gefertigt.

Wir wollen die Wahrscheinlichkeit $P(B)$ für das Ereignis B bestimmen. Die Wahrscheinlichkeiten $P(A_1), P(A_2), P(A_3)$ können der Tabelle entnommen werden. Ebenso die Wahrscheinlichkeiten $P(B|A_1), P(B|A_2), P(B|A_3)$. Es gilt:

$$P(A_1) = 0{,}5 \qquad P(B|A_1) = 0{,}02$$
$$P(A_2) = 0{,}2 \qquad P(B|A_2) = 0{,}01$$
$$P(A_3) = 0{,}3 \qquad P(B|A_3) = 0{,}04$$

Die Ereignisse A_1, A_2, A_3 sind unvereinbar und $A_1 \cup A_2 \cup A_3$ ist das sichere Ereignis. Nach dem Satz (14.17) für totale Wahrscheinlichkeiten gilt:

$$P(B) = P(A_1)P(B|A_1) + P(A_2)P(B|A_2) + P(A_3)P(B|A_3)$$
$$= 0{,}5 \cdot 0{,}02 + 0{,}2 \cdot 0{,}01 + 0{,}3 \cdot 0{,}04 = 0{,}024$$

Wie groß ist die Wahrscheinlichkeit $P(A_2|B)$, dass das gezogene Teil auf der Maschine M_2 gefertigt wurde, für den Fall, dass es defekt ist (d.h. unter der Bedingung, dass das gezogene Teil defekt ist)? Die Beantwortung dieser Frage ist ein Beispiel für die Anwendung der Formel von Bayes.

$$P(A_2|B) = \frac{P(A_2 \cap B)}{P(B)} = \frac{P(A_2)P(B|A_2)}{P(B)}$$

$$= \frac{P(A_2)P(B|A_2)}{P(A_1)P(B|A_1) + P(A_2)P(B|A_2) + P(A_3)P(B|A_3)}$$

$$= \frac{0{,}2 \cdot 0{,}01}{0{,}5 \cdot 0{,}02 + 0{,}2 \cdot 0{,}01 + 0{,}3 \cdot 0{,}04} = \frac{0{,}002}{0{,}024} \approx 0{,}083 \qquad \blacksquare$$

14.3   Hilfsmittel aus der Kombinatorik

Für die Berechnung der Wahrscheinlichkeit eines Ereignisses A bei einem Laplace-Experiment benötigt man die Anzahl der möglichen Ergebnisse, die zu dem Ereignis führen, bzw. die Anzahl der Möglichkeiten insgesamt. Die Kombinatorik stellt Formeln bereit, mit deren Hilfe man in vielen Fällen diese Anzahl bestimmen kann. Diesen Formeln liegen bestimmte Fragestellungen zugrunde. Wir wollen hier die wichtigsten Fragestellungen darstellen und die entsprechende Formeln begründen.

14.3.1   Permutationen

Ein Anordnung von n Elementen heißt **Permutation**. Die erste Fragestellung lautet: Wie viele unterscheidbare Permutationen von n Elementen gibt es?
Bei der Beantwortung dieser Frage werden die folgenden zwei Fälle unterschieden:

a) Alle n Elemente sind unterschiedbar: **Permutationen ohne Wiederholung**.
b) Nicht alle n Elemente sind unterschiedbar: **Permutationen mit Wiederholung**.

Permutationen ohne Wiederholung

n verschiedene Elemente können durch n nummerierte Kugeln symbolisiert werden:

①②③④⑤⑥⑦⑧⑨⑩ $\cdots$ ⓝ

Eine Anordnung wird erzeugt, indem man n Anordnungsplätze mit jeweils einer Kugel besetzt:

Für den ersten Anordungsplatz gibt es n Möglichkeiten. Zu jeder dieser Möglichkeiten gibt es für den zweiten Anordnungsplatz $n-1$ Möglichkeiten. Zu jeder Möglichkeit für die ersten beiden Plätze gibt es für den dritten Platz $n-2$ Möglichkeiten usw. Die Anzahl der Besetzungsmöglichkeiten der n Anordnungsplätze, d.h. die Anzahl m der Permutationen ohne Wiederholung ist also:

$$m = n(n-1)(n-2) \cdot \ldots \cdot 3 \cdot 2 \cdot 1 = n! \tag{14.19}$$

Beispiel 14.7: Permutationen ohne Wiederholung

Für drei verschiedene Elemente gibt es also $3! = 6$ Anordnungsmöglichkeiten bzw. Permutationen (s. Abb. 14.8). ∎

Abb. 14.8: 6 Permutationen ohne Wiederholung mit 3 Elementen.

Permutationen mit Wiederholung

Wir betrachten nun n Elemente, die nicht mehr alle unterscheidbar sind. Es soll jedoch Folgendes gelten: Die Elemente lassen sich in k Klassen einteilen. Die Elemente einer Klasse sind nicht unterscheidbar. Zwei Elemente aus verschiedenen Klassen sind unterscheidbar. Die Anzahl der Elemente der i-ten Klasse sei n_i. Die Frage ist wieder: Wie viele unterscheidbare Anordnungen der n Elemente gibt es? Diese Anordnungen nennt man **Permutationen mit Wiederholung**. Wir betrachten eine bestimmte Anordnung der n Elemente. Die Elemente der ersten Klasse lassen sich vertauschen und auf $n_1!$ Arten anordnen. Entsprechendes gilt für die übrigen Klassen. Zu jeder speziellen Anordnung der n Elemente gibt es also insgesamt $n_1!n_2! \cdot \ldots \cdot n_k!$ Anordnungen, die nicht unterscheidbar sind. Die Anzahl der Anordnungen insgesamt ist also gleich der Anzahl m der unterscheidbaren Anordnungen multipliziert mit $n_1!n_2! \cdot \ldots \cdot n_k!$:

$$n! = m \cdot n_1!n_2! \cdot \ldots \cdot n_k!$$

Für die Anzahl m der Permutationen mit Wiederholung gilt damit:

$$m = \frac{n!}{n_1!n_2! \cdot \ldots \cdot n_k!} \tag{14.20}$$

Bei zwei Klassen mit $n_1 = k$ und $n_2 = n - k$ erhält man:

$$m = \frac{n!}{k!(n - k)!} = \binom{n}{k} \tag{14.21}$$

Beispiel 14.8: Permutationen mit Wiederholung

Fünf Kugeln, von denen zwei weiß und drei schwarz sind, lassen sich auf $\binom{5}{2} = 10$ verschiedene Arten anordnen (s. Abb. 14.9). ∎

Abb. 14.9: 10 Permutationen mit Wiederholung mit 5 Elementen und 2 Klassen.

14.3.2 Variationen

Wir betrachten n verschiedene Elemente, die wir z.B. durch nummerierte Kugeln symbolisieren können. Aus den n Elementen werden nacheinander k Elemente ausgewählt. Die ausgewählten Elemente werden in der Reihenfolge der Auswahl angeordnet. Eine solche Auswahl, bei der die Reihenfolge eine Rolle spielt, heißt **Variation**. Wir wollen wieder die Anzahl der möglichen Variationen bestimmten und unterscheiden dazu die folgenden zwei Fälle:

a) Das ausgewählte Element wird nach der Auswahl nicht wieder zu den n Elementen zurückgelegt: **Variation ohne Wiederholung**.
b) Das ausgewählte Element wird nach der Auswahl wieder zu den n Elementen zurückgelegt: **Variation mit Wiederholung**.

Variationen ohne Wiederholung

Wenn die Auswahl ohne Zurücklegen erfolgt, kann in der Anordnung der k ausgewählten Elemente jedes Element nur einmal vorkommen. Für den ersten Anordnungsplatz gibt es n Möglichkeiten. Zu jedem dieser Möglichkeiten gibt es für den zweiten Anordnungsplatz $n-1$ Möglichkeiten usw.

$$\underbrace{\rule{0pt}{12pt}}_{n} \quad \underbrace{\rule{0pt}{12pt}}_{n-1} \quad \cdots \quad \underbrace{\rule{0pt}{12pt}}_{n-k+2} \quad \underbrace{\rule{0pt}{12pt}}_{n-k+1}$$

Die Anzahl m der Anordnungen bzw. Variationen ohne Wiederholung ist also:

$$m = n(n-1)\cdot\ldots\cdot(n-k+2)(n-k+1) = \frac{n!}{(n-k)!} \tag{14.22}$$

Beispiel 14.9: Variationen ohne Wiederholung

Es gibt $\frac{4!}{2!} = 12$ Variationen ohne Wiederholung bei der Auswahl von zwei Elementen aus den vier Elementen ①②③④ (s. Abb. 14.10). ∎

①② ②① ③① ④①
①③ ②③ ③② ④②
①④ ②④ ③④ ④③

Abb. 14.10: 12 Variationen ohne Wiederholung mit 2 aus 4 Elementen.

Variationen mit Wiederholung

Wenn die Auswahl mit Zurücklegen erfolgt, können Elemente wiederholt ausgewählt werden und in der Anordnung der ausgewählten Elemente mehrfach vorkommen. Man spricht von **Variationen mit Wiederholung**.

Für jeden Anordungsplatz gibt es nun n Möglichkeiten:

Die Anzahl m der Anordnungen bzw. Variationen mit Wiederholung ist also:

$$m = n^k \tag{14.23}$$

Beispiel 14.10: Variationen mit Wiederholung

Es gibt $4^2 = 16$ Variationen mit Wiederholung bei der Auswahl von zwei Elementen aus den vier Elementen ①②③④ (s. Abb. 14.11). ■

①①	②①	③①	④①
①②	②②	③②	④②
①③	②③	③③	④③
①④	②④	③④	④④

Abb. 14.11: 16 Variationen mit Wiederholung mit 2 aus 4 Elementen.

14.3.3 Kombinationen

Wir betrachten wieder n verschiedene Elemente, aus denen k Elemente ausgewählt werden. Als Ergebnis werden nur die ausgewählten Elemente, aber nicht die Reihenfolge der Auswahl festgestellt. Die Reihenfolge der Auswahl spielt keine Rolle. Das Ergebnis einer solchen Auswahl heißt **Kombination**. Wir wollen wieder die Anzahl der möglichen Kombinationen bestimmten und unterschieden dazu wieder die folgenden zwei Fälle:

a) Das ausgewählte Element wird nach der Auswahl nicht wieder zu den n Elementen zurückgelegt: **Kombinationen ohne Wiederholung**.
b) Das ausgewählte Element wird nach der Auswahl wieder zu den n Elementen zurückgelegt: **Kombinationen mit Wiederholung**.

Kombinationen ohne Wiederholung

Wenn die Auswahl ohne Zurücklegen erfolgt, kann bei einer Kombination jedes Element nur einmal vorkommen. Betrachtet man eine bestimmte Anordnung der ausgewählten Elemente, so kann man durch Vertauschungen andere Anordnungen erzeugen. Insgesamt lassen sich die k Elemente auf $k!$ Arten anordnen. Diese $k!$ Anordnungen sind Variationen ohne Wiederholung. Zu einer Kombination ohne Wiederholung gibt es $k!$

Variationen ohne Wiederholung. Die Anzahl der Variationen ohne Wiederholung ist also die Anzahl m der Kombinationen ohne Wiederholung multipliziert mit $k!$:

$$\frac{n!}{(n-k)!} = m \cdot k!$$

Daraus folgt für die Anzahl m der Kombinationen ohne Wiederholung:

$$m = \frac{n!}{k!(n-k)!} = \binom{n}{k} \tag{14.24}$$

Beispiel 14.11: Kombinationen ohne Wiederholung

Es gibt $\binom{4}{2} = 6$ Kombinationen ohne Wiederholung bei der Auswahl von zwei Elementen aus den vier Elementen ①②③④ (s. Abb. 14.12). ∎

①②   ①③   ①④
②③   ②④   ③④

Abb. 14.12: 6 Kombinbationen ohne Wiederholung mit 2 aus 4 Elementen.

Kombinationen mit Wiederholung

Es wird k-mal ein Element aus n verschiedenen Elementen ausgewält. Da die Auswahl mit Zurücklegen erfolgt, können Elemente wiederholt ausgewählt werden und in einer Kombination mehrfach vorkommen. Man spricht von Kombinationen mit Wiederholung. Die Anzahl m der Kombinationen mit Wiederholung lässt sich aus folgender Überlegung gewinnen: Jeder Kombination lässt sich eindeutig und umkehrbar eine Anordnung von n schwarzen und k weißen Kugeln zuordnen. Die n schwarzen Kugeln stehen für die n verschiedenen Elemente. Die erste schwarze Kugel steht für das erste Element, die zweite für das zweite usw. Die Anzahl der weißen Kugeln rechts neben einer schwarzen Kugel gibt an, wie oft das Element ausgewählt wurde (s. Abb. 14.13).

Beispiel 14.12: Kombinationen mit Wiederholung

In Abb. 14.13 sind Beispiele für Kombinationen mit Wiederholung zu sehen, wenn siebenmal ein Element aus den fünf Elementen ①②③④⑤ ausgewählt wird. ∎

①①②③③④⑤ ↔ ●○○○●○●○○●○●○
②②②②②②② ↔ ●●○○○○○○○○●●●
①②②③③③⑤ ↔ ●○●○○○●○○○●●○
①①①⑤⑤⑤⑤ ↔ ●○○○●●●○○○○

Abb. 14.13: Beispiele für Kombinationen mit Wiederholung und die Zuordnung.

Bei den Anordnungen der insgesamt $n + k$ Kugeln ist die erste Kugel immer schwarz. Für die restlichen $n+k-1$ Kugeln ist jede beliebige Anordnung möglich. Die Anzahl m der Permutationen mit Wiederholung ist also die Anzahl der möglichen Anordnungen von $n+k-1$ Kugeln, von denen k weiß und die übrigen schwarz sind. Nach der Formel (14.21) gilt für die Anzahl der Permutationen mit Wiederholung:

$$m = \binom{n + k - 1}{k} \tag{14.25}$$

Beispiel 14.13: Kombinationen mit Wiederholung

Es gibt $\binom{5}{2} = 10$ Kombinationen mit Wiederholung, wenn zweimal ein Element aus den vier Elementen ①②③④ ausgewählt wird (s. Abb. 14.14). ∎

①② ①③ ①④ ①① ②②
②③ ②④ ③④ ③③ ④④

Abb. 14.14: 10 Kombinationen mit Wiederholung mit 2 Ziehungen aus 4 Elementen.

14.3.4 Zusammenfassung

Tab. 14.3: Zusammenfassung der Formeln dieses Abschnittes

	ohne Wiederholung	mit Wiederholung
Permutationen	$n!$	$\dfrac{n!}{n_1! \cdot \ldots \cdot n_k!}$ bzw. $\binom{n}{k}$
Variationen	$\dfrac{n!}{(n - k)!}$	n^k
Kombinationen	$\binom{n}{k}$	$\binom{n + k - 1}{k}$

Beispiel 14.14: Berechnung einer Wahrscheinlichkeit

Eine Münze wird fünfmal geworfen. Wir nehmen an, dass beide Seiten gleich wahrscheinlich sind. Zeigt bei einer Münze die Seite 1 noch oben, so wird dies durch ① symbolisiert. Zeigt die andere Seite (Seite 2) nach oben, so wird dies durch ② symbolisiert. Ein mögliches Ergebnis bei den fünf Würfen wäre z.B. ②①②②①. Alle möglichen Ergebnisse stellen Variationen mit Wiederholung dar (fünfmal wird ein Element aus den zwei Elementen ①② ausgewählt). Die Anzahl dieser Variationen ist $2^5 = 32$. Wir wollen die Wahrscheinlichkeit für das folgende Ereignis A bestimmen: Die Seite 1 zeigt dreimal nach oben. Die Ergebnisse, bei denen dreimal die ① und zweimal die ② vorkommt, sind Permutationen mit Wiederholung mit fünf Elementen und zwei Klassen, wobei eine Klasse drei Elemente hat und die andere zwei. Die Anzahl dieser Permutationen ist $\binom{5}{3} = 10$. Für die gesuchte Wahrscheinlichkeit erhält man

$$P(A) = \frac{\binom{5}{3}}{2^5} = \frac{10}{32} = 0{,}3125 \qquad\blacksquare$$

14.4   Zufallsvariablen und Wahrscheinlichkeitsverteilungen

Häufig interessiert man sich bei einem Zufallsexperiment nicht für das Eregbnis selbst, sondern für eine Zahl, die aus dem Ergebnis folgt. Wählt man aus einer Menge von Personen zufällig eine Person aus, so kann man sich z.B. für das Gewicht der Person interessieren. Das Ergebnis des Zufallsexperimentes ist eine Person. Man interessiert sich jedoch für eine Zahl (Gewicht), die dem Ergebnis (Person) zugeordnet wird. Wirft man fünfmal eine Münze mit den zwei Seiten ① und ② (s. Bsp. 14.14), so wäre ②①②②① ein mögliches Ergebnis. Man könnte sich jedoch dafür interessieren, wie oft die Seite ② nach oben zeigt. Dem Ergebnis ②①②②① würde dann die Zahl 3 zuordnen werden.

Definition 14.4: Zufallsvariable

Eine Abbildung X, die jedem Ergebnis $\omega \in \Omega$ genau eine Zahl $X(\omega) \in \mathbb{R}$ zuordnet, heißt **Zufallsvariable** oder Zufallsgröße.

Nach der Definition 14.4 handelt es sich bei einer Zufallsvariablen um eine Abbildung bzw. Funktion. Der Name Variable ist daher nicht ganz passend, da man unter Variable eher das Argument einer Funktion versteht. Führt das Zufallsexperiment zu einem Ergebnis ω, so wird die Zahl $X(\omega)$ festgestellt, die dem Ergebnis zugeordnet ist. Es kann sein, dass mehreren verschiedenen Ergebnissen die gleiche Zahl zugeordnet ist. Das Ereignis, dass eine Zahl x festgestellt wird, ist:

$$\{\omega | X(\omega) = x\} \tag{14.26}$$

Die Wahrscheinlichkeit, dass eine Zahl x festgestellt wird, ist:

$$P(\{\omega | X(\omega) = x\}) \tag{14.27}$$

Häufig schreibt man für das Ereignis (14.26) einfach $X = x$ und für die Wahrscheinlichkeit (14.27) kurz $P(X = x)$. Das großgeschriebene X steht für eine Größe, deren Wert bei einem Zufallsexperiment festgestellt werden muss. Das kleingeschriebene x

steht für einen möglichen Wert, den die Größe annehmen kann. Entsprechendes gilt für andere Ausdrücke, z.B. für den Ausdruck $P(X \leq x)$, der eine Abkürzung für

$$P(\{\omega | X(\omega) \leq x\}) \tag{14.28}$$

ist. Wird bei einem Zufallsexperiment ein bestimmter Wert festgestellt, so nennt man diesen Wert eine **Realisierung** der Zufallsvariablen. Die Menge W aller möglichen Werte bzw. Realisierungen nennen wir die **Wertemenge** der Zufallsvariablen:

$$W = \{x | x = X(\omega), \omega \in \Omega\} \tag{14.29}$$

Ordnet man jedem x die Wahrscheinlichkeit $P(X \leq x)$, d.h. die Wahrscheinlichkeit (14.28) zu, so ist damit eine Funktion definiert. Diese Funktion spielt eine wichtige Rolle in der Wahrscheinlichkeitsrechnung mit Zufallsvariablen.

Definition 14.5: Verteilungsfunktion

$$F(x) = P(X \leq x) \tag{14.30}$$

Für $a < b$ gilt:

$$F(b) = P(X \leq b) = P(X \leq a \text{ oder } a < x \leq b) = P(X \leq a) + P(a < x \leq b)$$
$$= F(a) + P(a < x \leq b)$$

Daraus folgt:

$$P(a < x \leq b) = F(b) - F(a) \tag{14.31}$$

Wegen $P(a < x \leq b) \geq 0$ ist $F(b) \geq F(a)$ für $b > a$. Die Funktion $F(x)$ ist monoton steigend. Da $F(x)$ die Bedeutung einer Wahrscheinlichkeit hat, liegen die Funktionswerte im Intervall $[0; 1]$. Im Folgenden unterscheiden wir diskrete und stetige Zufallsvariablen. Diese werden mathematisch unterschiedlich behandelt.

14.4.1 Diskrete Zufallsvariablen

Definition 14.6: Diskrete Zufallsvariable

Eine Zufallsvariable X heißt **diskret**, wenn sie eine endliche oder abzählbare Wertemenge $W = \{x_1, x_2, \ldots\}$ besitzt.

Ordnet man bei einer diskreten Zufallsvariablen jedem $x \in W$ die Wahrscheinlichkeit $P(X = x)$ und jedem $x \notin W$ die Wahrscheinlichkeit 0 zu, so ist damit eine Funktion mit der Definitionsmenge $\mathbb{R}$ definiert. Dies Funktion heißt **Wahrscheinlichkeitsfunktion**.

Definition 14.7: Wahrscheinlichkeitsfunktion

$$f(x) = \begin{cases} P(X = x) & \text{für } x \in W \\ 0 & \text{für } x \notin W \end{cases} \tag{14.32}$$

Da es sicher ist, dass eine der möglichen Realisierung $x_1, x_2, x_3, \dots$ beim Zufallsexperiment festgestellt wird, gilt:

$$P(X = x_1 \text{ oder } X = x_2 \text{ oder } \dots) = P(X = x_1) + P(X = x_2) + \dots = 1$$

Es gilt also:

$$\sum_i f(x_i) = f(x_1) + f(x_2) + \dots = 1 \tag{14.33}$$

Wir nehmen an, dass die Werte $x_1, x_2, x_3, \dots$ der Größe nach geordnet sind, d.h., dass $x_1 < x_2 < x_3 < \dots$ gilt. Sind die Zahlen $x_1, x_2, \dots, x_k$ genau die Realisierungen, die kleinergleich x sind, dann ist das Ereignis $X \leq x$ gleichbedeutend mit dem Ereignis

$$X = x_1 \text{ oder } X = x_2 \text{ oder } \dots \text{ oder } X = x_k$$

und es gilt:

$$P(X \leq x) = P(X = x_1) + P(X = x_2) + \dots + P(X = x_k)$$
$$F(x) = f(x_1) + f(x_2) + \dots + f(x_k) \tag{14.34}$$

Ist $x_k \leq x < x_{k+1}$, dann sind die Zahlen $x_1, x_2, \dots, x_k$ genau die Realisierungen, die kleinergleich x sind, und es gilt (14.34). Das bedeutet, dass die Funktionswerte von $F(x)$ für alle x mit $x_k \leq x < x_{k+1}$ gleich sind. Die Funktion ist im Intervall $[x_k, x_{k+1}[$ konstant. Für eine Zufallsvariable mit der Wertemenge $W = \{0,1,2,3,4,5\}$ gilt z.B.:

$$F(3) \quad = f(1) + f(2) + f(3)$$
$$F(3,7) = f(1) + f(2) + f(3)$$
$$F(4) \quad = f(1) + f(2) + f(3) + f(4)$$

Für eine diskrete Zufallsvariable mit den Realisierungen $x_1 < x_2 < x_3 < \dots$ gilt:

$$F(x) = f(x_1) + \dots + f(x_k) \qquad \text{für } x_k \leq x < x_{k+1} \tag{14.35}$$

$F(x)$ ist eine Treppenfunktion, die an den Stellen $x_1, x_2, x_3, \ldots$ Sprünge mit den Sprunghöhen $f(x_1), f(x_2), f(x_3), \ldots$ macht.

Beispiel 14.15: Diskrete Zufallsvariable

Es werden fünf identische Münzen geworfen. Wir nehmen an, dass bei jeder Münze beide Seiten gleich wahrscheinlich sind. Zeigt bei einer Münze die Seite 1 nach oben, so wird dies durch ① symbolisiert. Zeigt die andere Seite (Seite 2) nach oben, so wird dies durch ② symbolisiert. Ein mögliches Ergebnis ist z.B. ②①②②①. Alle möglichen Ergebnisse stellen Variationen mit Wiederholung dar (fünfmal wird ein Element aus den zwei Elementen ①② ausgewählt). Die Anzahl dieser Variationen ist $2^5 = 32$. Die Zufallsvariable X sei die Anzahl der Münzen, bei denen die Seite 1 oben liegt. Für diese Zufallsvariable hat man die Wertemenge:

$$W = \{0,1,2,3,4,5\}$$

Die Ergebnisse, bei denen x-mal die ① vorkommt, sind Permutationen mit Wiederholung mit fünf Elementen und zwei Klassen, wobei eine Klasse x Elemente hat. Die Anzahl dieser Permutationen ist $\binom{5}{x}$. Damit erhält man für $x \in W$:

$$f(x) = P(X = x) = \frac{\binom{5}{x}}{2^5} = \frac{1}{32} \binom{5}{x}$$

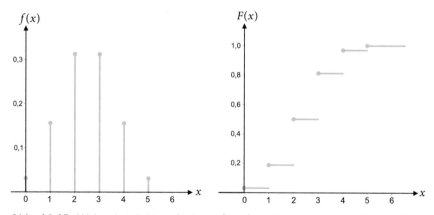

Abb. 14.15: Wahrscheinlichkeitsfunktion (links) und Verteilungsfunktion (rechts).

Der Graph der Wahrscheinlichkeitsfunktion $f(x)$ bzw. der Verteilungsfunktion $F(x)$ ist in der Abb. 14.15 links bzw. rechts dargestellt. ∎

14.4.2   Stetige Zufallsvariablen

Bei einer diskreten Zufallsvariable ändert die Verteilungsfunktion den Funktionswert nur an diskreten Stellen. Kann die Zufallsvariable jeden Wert in einem Intervall annehmen, dann ändert sich die Verteilungsfunktion an jeder Stelle, d.h. kontinuierlich. Sie ist keine Treppenfunktion, sondern eine stetige Funktion. Für $a < b$ gilt (14.31):

$$P(a < X \leq b) = F(b) - F(a)$$

Ist $F(x)$ eine differenzierbare Funktion, so lässt sich $F(b) - F(a)$ als Integral darstellen:

$$F(b) - F(a) = \int_a^b F'(x)\mathrm{d}x = \int_a^b f(x)\mathrm{d}x \qquad \text{mit } f(x) = F'(x)$$

Für diskrete Zufallsvariablen ist dies nicht möglich, da $F(x)$ nicht differenzierbar ist.

Definition 14.8: Stetige Zufallsvariable

Eine Zufallsvariable X heißt **stetig**, wenn es eine Funktion $f(x)$ gibt mit:

$$P(a < X \leq b) = \int_a^b f(x)\mathrm{d}x \qquad \text{für alle } a,b \text{ mit } a < b \tag{14.36}$$

Die Funktion $f(x)$ heißt **Wahrscheinlichkeitsdichte** der Zufallsvariablen. Die Wahrscheinlichkeit $P(a < X \leq b)$ ist der Flächeninhalt der Fläche zwischen dem Graphen der Wahrscheinlichkeitsdichte und der x-Achse zwischen den Stelle a und b:

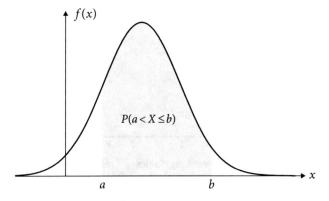

Abb. 14.16: Graph einer Wahrscheinlichkeitsdichte.

Wegen $P(-\infty < X < \infty) = 1$ gilt:

$$\int_{-\infty}^{\infty} f(x)\mathrm{d}x = 1 \tag{14.37}$$

Für die Verteilungsfunktion $F(x) = P(X \leq x) = P(-\infty < X \leq x)$ folgt aus (14.36):

$$F(x) = \int_{-\infty}^{x} f(y) \mathrm{d}y \tag{14.38}$$

Für die Wahrscheinlichkeit $P(X = x)$ gilt:

$$P(X = x) \leq P(X = x) + P(x - \Delta x < X < x) = P(x - \Delta x < X \leq x)$$

$$= F(x) - F(x - \Delta x) = \int_{x - \Delta x}^{x} f(y) \mathrm{d}y$$

Für $\Delta x \to 0$ geht dies gegen null. Daraus folgt:

$$P(X = x) = 0 \tag{14.39}$$

Dies scheint paradox: Irgendeinen Wert a nimmt die Zufallsvariable bei dem Zufallsexperiment an. Die Wahrscheinlichkeit $P(X = a)$, dass dieser Wert angenommen wird, ist jedoch null. Aufgrund von 14.39 gilt bei stetigen Zufallsvariablen:

$$P(x \leq a) = P(x < a) \tag{14.40}$$

$$P(x \geq a) = P(x > a) \tag{14.41}$$

$$P(a \leq X \leq b) = P(a \leq X < b) = P(a < X \leq b) = P(a < X < b) \tag{14.42}$$

Eine Zahl x_p mit der Eigenschaft $F(x_p) = p$ heißt p-**Quantil** oder Quantil zur Wahrscheinlichkeit p. Für ein p-Quantil gilt also (s. Abb. 14.17):

$$F(x_p) = P(X \leq x_p) = \int_{-\infty}^{x_p} f(x) \mathrm{d}x = p \tag{14.43}$$

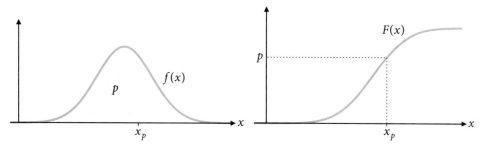

Abb. 14.17: Wahrscheinlichkeitsdichte (links) und Verteilungsfunktion (rechts) mit Quantil x_p.

14.4.3   Parameter einer Wahrscheinlichkeitsverteilung

Die Wahrscheinlichkeitsfunktion oder Wahrscheinlichkeitsdichte einer Zufallsvariablen beschreibt eine sog. Wahrscheinlichkeitsverteilung. Für Wahrscheinlichkeitsverteilungen gibt es sog. Parameter, die etwas über die Verteilung aussagen. Ein Lageparameter sagt etwas über die Lage einer Wahrscheinlichkeitsverteilung aus. Ein solcher Lageparameter μ sollte folgende Eigenschaft haben: μ sollte „in der Mitte" der Verteilung liegen. Verschiebt man die Verteilung um a, so sollte der Lageparameter auch entsprechend um a verschoben werden (s. Abb. 14.18).

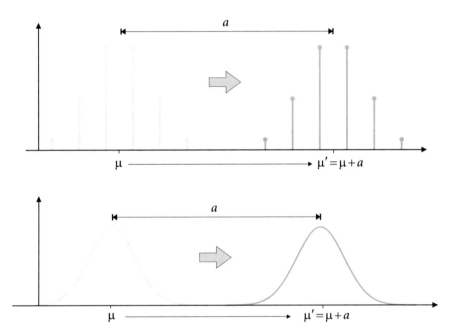

Abb. 14.18: „Verschiebung" von Wahrscheinlichkeitsverteilungen.

Eine Maßzahl mit dieser Eigenschaft ist der **Erwartungswert**, den wir mit $E(X)$ oder mit μ bezeichnen. Er ist folgeldermaßen definiert:

Definition 14.9: Erwartungswert einer Zufallsvariablen X

X diskret: $\displaystyle E(X) = \mu = \sum_i x_i f(x_i)$ (14.44)

X stetig: $\displaystyle E(X) = \mu = \int\limits_{-\infty}^{\infty} x f(x)\mathrm{d}x$ (14.45)

Für den Erwartungswert gilt:

$$E(bX + a) = b\,E(X) + a \tag{14.46}$$

Für $b = 1$ bedeutet dies, dass bei einer Verschiebung der Wahrscheinlichkeitsverteilung um a auch der Erwartungswert entsprechend um a verschoben wird. Betrachtet man die Wahrscheinlichkeitsverteilung als Massenverteilung, so ist der Erwartungswert der Schwerpunkt der Verteilung. Wir zeigen dies zunächst für eine diskrete Zufallsvariable: Hat man auf der x-Achse an den Stellen x_i die Massen m_i, so ist der Schwerpunkt x_{SP} folgendermaßen definiert:

$$x_{\mathrm{SP}} = \frac{\sum\limits_i x_i m_i}{\sum\limits_i m_i}$$

Nimmt man für die Massen die Werte $m_i = f(x_i)$, so erhält man für den Schwerpunkt den Erwartungswert:

$$x_{\mathrm{SP}} = \frac{\sum\limits_i x_i f(x_i)}{\sum\limits_i f(x_i)} = \sum_i x_i f(x_i) = \mu$$

Entsprechendes gilt für eine stetige Zufallsvariable: Hat man auf der x-Achse eine kontinuierliche Massenverteilung mit der Massendichte $\rho(x)$, so ist der Schwerpunkt x_{SP} folgendermaßen definiert:

$$x_{\mathrm{SP}} = \frac{\int\limits_{-\infty}^{\infty} x\rho(x)\mathrm{d}x}{\int\limits_{-\infty}^{\infty} \rho(x)\mathrm{d}x}$$

Nimmt man für die Massendichte die Wahrscheinlichkeitsdichte $f(x)$, so erhält man für den Schwerpunkt den Erwartungswert:

$$x_{\mathrm{SP}} = \frac{\int\limits_{-\infty}^{\infty} x f(x)\mathrm{d}x}{\int\limits_{-\infty}^{\infty} f(x)\mathrm{d}x} = \int_{-\infty}^{\infty} x f(x)\mathrm{d}x = \mu$$

Im Abschnitt 14.7 werden wir noch eine andere Eigenschaft des Erwartungswertes finden, die wir hier schon nennen wollen: Führt man ein Zufallsexperiment, bei dem eine Realisierung einer Zufallsvariablen X festgestellt wird, n-mal unabhängig voneinander durch, so erhält man n Zahlen $x_1, \ldots, x_n$ (Realisierungen von X). Der (arithmetische) Mittelwert strebt für $n \to \infty$ gegen den Erwartungswert der Zufallsvariablen:

$$\bar{x} = \tfrac{1}{n}(x_1 + \ldots + x_n) \xrightarrow{n \to \infty} \mu \tag{14.47}$$

Ein Streuungsparameter sagt etwas über die Streuung der Wahrscheinlichkeiten bzw. die Streuung der Realisierungen der Zufallsvariablen aus. Ein solche Maßzahl σ sollte folgende Eigenschaft haben: Verschiebt man die Verteilung um a (ohne sonstige Änderungen, s. Abb. 14.18), so sollte sich der Streuungsparameter nicht ändern. Bei einer horizontalen Dehnung bzw. Stauchung sollte der Streuungsparameter größer bzw. kleiner werden (s. Abb. 14.19, oben und Mitte).

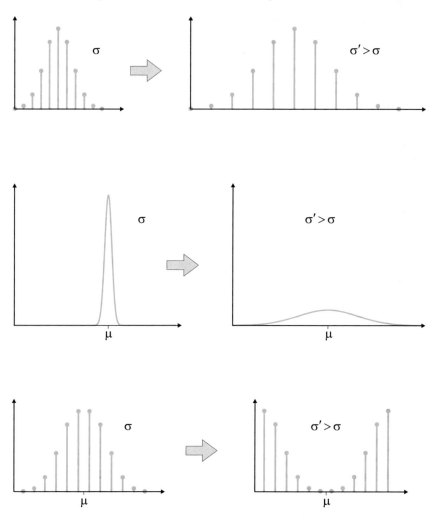

Abb. 14.19: Änderungen von Wahrscheinlichkeitsverteilungen und Auswirkung auf die Streuungsmaßzahl.

Führt man ein Zufallsexperiment, bei dem der Wert einer Zufallsvariablen festgestellt wird, n-mal durch, so erhält man n Zahlen, die um den Erwartungswert streuen. Je größer $f(x)$ an Stellen ist, die weiter weg vom Erwartungswert sind, desto höher ist die Wahrscheinlichkeit, dass man eine große Streuung hat, d.h. dass viele Zahlen weiter weg vom Erwartungswert liegen. Der Streuungsparameter sollte deshalb folgende Eigenschaft besitzen: Erhöht man die Werte von $f(x)$ weiter weg vom Erwartungswert und verringert die die Werte von $f(x)$ nahe am Erwartungswert (s. Abb. 14.19, Mitte und unten), dann sollte die Maßzahl größer werden. Eine Maßzahl mit dieser Eigenschaft ist die Varianz. Wir bezeichnen Sie mit $V(X)$ oder σ^2.

Definition 14.10: Varianz einer Zufallsvariablen X

X diskret: $\quad V(X) = \sigma^2 = \sum_i (x_i - \mu)^2 f(x_i)$ \hfill (14.48)

X stetig: $\quad V(X) = \sigma^2 = \int\limits_{-\infty}^{\infty} (x - \mu)^2 f(x) \mathrm{d}x$ \hfill (14.49)

Für eine dimensionsbehaftete Größe X hat die Varianz $\sigma^2 = V(X)$ eine andere Einheit als X. Eine Maßzahl mit der gleichen Einheit wie X ist die Standardabweichung.

Definition 14.11: Standardabweichung einer Zufallsvariablen X

$\quad \sigma = \sqrt{V(X)}$ \hfill (14.50)

Für die Varianz gilt:

$$V(bX + a) = b^2 V(X) \tag{14.51}$$

Für $b = 1$ bedeutet dies, dass bei einer reinen Verschiebung der Wahrscheinlichkeitsverteilung (s. Abb. 14.18) die Varianz unverändert bleibt.

Beispiel 14.16: Maßzahlen einer diskreten Zufallsvariablen

Es werden fünf identische Münzen geworfen. Die Zufallsvariable X sei die Anzahl der Münzen, bei denen die Seite 1 oben liegt. Sind bei jeder Münze beide Seiten gleich wahrscheinlich, dann gilt (s. Bsp. 14.15):

$$f(x) = \begin{cases} \dfrac{1}{32} \dbinom{5}{x} & \text{für } x \in W = \{0, 1, 2, 3, 4, 5\} \\ \\ 0 & \text{sonst} \end{cases}$$

Für den Erwartunsgwert erhält man:

$$E(X) = \mu = \sum_i x_i f(x_i)$$

$$= 0 \cdot f(0) + 1 \cdot f(1) + 2 \cdot f(2) + 3 \cdot f(3) + 4 \cdot f(4) + 5 \cdot f(5)$$

$$= 0 \cdot \tfrac{1}{32} + 1 \cdot \tfrac{5}{32} + 2 \cdot \tfrac{10}{32} + 3 \cdot \tfrac{10}{32} + 4 \cdot \tfrac{5}{32} + 5 \cdot \tfrac{1}{32} = \tfrac{5}{2} = 2{,}5$$

Für die Varianz erhält man:

$$V(X) = \sigma^2 = \sum_i (x_i - \mu)^2 f(x_i)$$

$$= \left(0 - \tfrac{5}{2}\right)^2 f(0) + \left(1 - \tfrac{5}{2}\right)^2 f(1) + \left(2 - \tfrac{5}{2}\right)^2 f(2)$$

$$+ \left(3 - \tfrac{5}{2}\right)^2 f(3) + \left(4 - \tfrac{5}{2}\right)^2 f(4) + \left(5 - \tfrac{5}{2}\right)^2 f(5)$$

$$= \left(0 - \tfrac{5}{2}\right)^2 \tfrac{1}{32} + \left(1 - \tfrac{5}{2}\right)^2 \tfrac{5}{32} + \left(2 - \tfrac{5}{2}\right)^2 \tfrac{10}{32}$$

$$+ \left(3 - \tfrac{5}{2}\right)^2 \tfrac{10}{32} + \left(4 - \tfrac{5}{2}\right)^2 \tfrac{5}{32} + \left(5 - \tfrac{5}{2}\right)^2 \tfrac{1}{32} = \tfrac{5}{4} = 1{,}25 \qquad \blacksquare$$

Beispiel 14.17: Maßzahlen einer stetigen Zufallsvariablen

Wir betrachten eine stetige Zufallsvariable mit folgender Wahrscheinlichkeitdichte:

$$f(x) = \begin{cases} 2\,\mathrm{e}^{-2x} & \text{für } x \geq 0 \\[2mm] 0 & \text{sonst} \end{cases}$$

Für den Erwartunsgwert erhält man:

$$E(X) = \mu = \int\limits_{-\infty}^{\infty} x f(x)\mathrm{d}x = \int\limits_{0}^{\infty} x\,2\,\mathrm{e}^{-2x}\,\mathrm{d}x = \frac{1}{2}$$

Für die Varianz erhält man:

$$V(X) = \sigma^2 = \int\limits_{-\infty}^{\infty} (x - \mu)^2 f(x)\mathrm{d}x = \int\limits_{0}^{\infty} \left(x - \tfrac{1}{2}\right)^2 2\,\mathrm{e}^{-2x}\,\mathrm{d}x = \frac{1}{4}$$

Die Integrale findet man in Formelsammlungen. Man kann sie jedoch mithilfe partieller Integration leicht selbst berechnen. $\qquad \blacksquare$

14.4.4   Mehrere Zufallsvariablen

Häufig interessiert man sich für mehrere Zufallsvariablen bzw. für Zufallsvariablen, die aus mehreren Zufallsvariablen gebildet werden können.

Beispiel 14.18: Würfeln mit zwei Würfeln

Es wird mit zwei Würfeln gewürfelt. Bei beiden Würfeln sei jede Seite bzw. Zahl gleich wahrscheinlich. Die Zahl beim Würfel 1 bzw. beim Würfel 2 ist eine diskrete Zufallsvariable X_1 bzw. X_2. Bei manchen Spielen interessiert man sich für die Summe der zwei Zahlen. Diese ist eine diskrete Zufallsvariable X mit

$$X = X_1 + X_2$$

Welche Zahl bei einem Würfel gewürfelt wird, hängt nicht davon ab, welche Zahl beim anderen Würfel gewürfelt wird. Man nennt die Zufallsvariablen X_1 bzw. X_2 unabhängig. $\qquad \blacksquare$

Beispiel 14.19: Summe von Lebensdauern

Eine Komponente besteht aus einem Bauteil und einem Ersatzbauteil, das sofort nach dem Ausfall des Bauteils in Betrieb geht. Die Lebensdauer des Bauteils bzw. des Ersatzbauteils ist eine stetige Zufallsvariable X_1 bzw. X_2. Die gesamte Lebensdauer der Komponente ist eine stetige Zufallsvariable X mit

$$X = X_1 + X_2$$

Hängt die Lebensdauer eines Bauteils nicht von der Lebensdauer des anderen Bauteils ab, so nennt man die Zufallsvariablen X_1 und X_2 unabhängig. ∎

Wir präzisieren, was wir unter Unabhängigkeit von zwei Zufallsvariablen verstehen.

Definition 14.12: Unabhängigkeit von zwei Zufallsvariablen

Zwei Zufallsvariablen X und Y heißen **unabhängig**, wenn für alle x,y gilt:

$$P(X \leq x \wedge Y \leq y) = P(X \leq x) \cdot P(Y \leq y) \tag{14.52}$$

d.h. wenn die Ereignisse $X \leq x$ und $Y \leq y$ unabhängig sind.

Wenn wir es mit mehreren Zufallsvariablen zu tun haben, bezeichnen wir den Erwartungswert einer Zufallsvariablen X mit μ_X und die Varianz von X mit σ_X^2. Wir wollen einige wichtige Beziehungen für Erwartungswerte und Varianzen angeben:

Für die Zufallsvariable $X = c_1 X_1 + \ldots + c_n X_n$ mit $c_1, \ldots, c_n \in \mathbb{R}$ gilt:

$$\mu_X = E(c_1 X_1 + \ldots + c_n X_n) = c_1 E(X_1) + \ldots + c_n E(X_n) \tag{14.53}$$

Für $c_1 = c_2 = \ldots = c_n = 1$ folgt die Summenregel:

$$E(X_1 + \ldots + X_n) = E(X_1) + \ldots + E(X_n) = \mu_{X_1} + \ldots + \mu_{X_n} \tag{14.54}$$

Der Erwartungswert einer Summe ist die Summe der Erwartungswerte.

Beispiel 14.20: Würfeln mit zwei Würfeln

Es wird mit zwei Würfeln gewürfelt. Bei beiden Würfeln sei jede Seite bzw. Zahl gleich wahrscheinlich. Die Zahl beim Würfel 1 bzw. Würfel 2 ist die Zufallsvariable X_1 bzw. X_2. Die Summe der zwei Zahlen ist die Zufallsvariable $X = X_1 + X_2$. Für den Erwartungswert von X_1 erhält man:

$$E(X_1) = \mu_{X_1} = 1 \cdot f(1) + 2 \cdot f(2) + 3 \cdot f(3) + 4 \cdot f(4) + 5 \cdot f(5) + 6 \cdot f(6)$$

$$= 1 \cdot \frac{1}{6} + 2 \cdot \frac{1}{6} + 3 \cdot \frac{1}{6} + 4 \cdot \frac{1}{6} + 5 \cdot \frac{1}{6} + 6 \cdot \frac{1}{6} = 3,5$$

Die Rechnung für X_2 ist identisch und ergibt $E(X_2) = \mu_{X_2} = 3{,}5$. Die Abb. 14.20 zeigt alle möglichen Ergebnisse beim Würfeln mit zwei Würfeln sowie die Ereignisse $X = 9$, $X_1 \leq 2$ und $X \leq 5$.

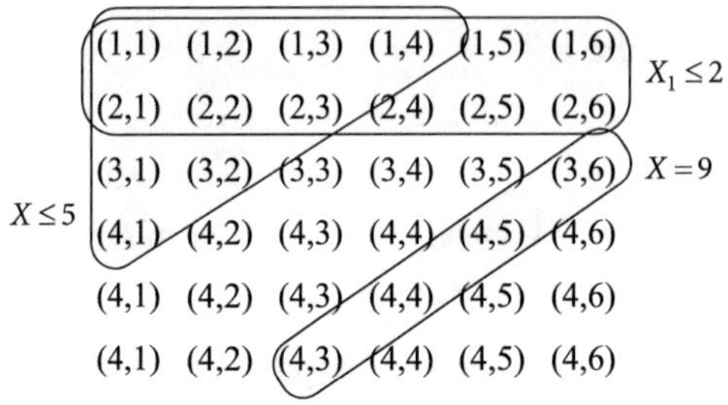

Abb. 14.20: Alle Ergebnisse und drei Ereignisse.

Mit diesen Ergebnissen ist das Würfeln mit zwei Würfeln ein Laplace-Experiment. $f(x)$ sei die Wahrscheinlichkeitsfunktion der Zufallsvariablen X. Man erhält z.B.:

$$f(9) = P(X = 9) = \frac{4}{36}$$

Auf die gleiche Art und Weise kann man andere Funktionswerte von $f(x)$ berechnen. Für den Erwartungswert von X erhält man damit:

$$\begin{aligned}
E(X) = \mu_X &= 2 \cdot f(2) + 3 \cdot f(3) + 4 \cdot f(4) + 5 \cdot f(5) + 6 \cdot f(6) + 7 \cdot f(7) \\
&\quad + 8 \cdot f(8) + 9 \cdot f(9) + 10 \cdot f(10) + 11 \cdot f(11) + 12 \cdot f(12) \\
&= 2 \cdot \frac{1}{36} + 3 \cdot \frac{2}{36} + 4 \cdot \frac{3}{36} + 5 \cdot \frac{4}{36} + 6 \cdot \frac{5}{36} + 7 \cdot \frac{6}{36} \\
&\quad + 8 \cdot \frac{5}{36} + 9 \cdot \frac{4}{36} + 10 \cdot \frac{3}{36} + 11 \cdot \frac{2}{36} + 12 \cdot \frac{1}{36} = 7
\end{aligned}$$

Damit ist die Beziehung $E(X_1 + X_2) = E(X_1) + E(X_2)$ bestätigt. Wir berechnen noch folgende Wahrscheinlichkeiten:

$$P(X \leq 5) = \frac{10}{36} \approx 0{,}28$$

$$P(X_1 \leq 2) = \frac{12}{36} \approx 0{,}33$$

$$P(X \leq 5 \wedge X_1 \leq 2) = \frac{7}{36} \approx 0{,}19 \neq P(X \leq 5)P(X_1 \leq 2)$$

$$P(X \leq 5 | X_1 \leq 2) = \frac{7}{12} \approx 0{,}58 \neq P(X \leq 5)$$

Daraus folgt, dass die Zufallsvariablen X und X_1 nicht unabhängig sind, was natürlich unmittelbar einleuchtend ist.   ∎

Eine weitere wichtige Aussage betrifft die Varianz einer Linearkombination von Zufallsvariablen:

Sind die Zufallsvariablen $X_1, \ldots, X_n$ *paarweise unabhängig*, so gilt für die Varianz der Zufallsvariablen $X = c_1 X_1 + \ldots + c_n X_n$:

$$\sigma_X^2 = V(c_1 X_1 + \ldots + c_n X_n) = c_1^2 V(X_1) + \ldots + c_n^2 V(X_n) \tag{14.55}$$

Daraus folgt für *paarweise unabhängige* Zufallsvariablen $X_1, \ldots, X_n$:

$$V(\pm X_1 \pm \ldots \pm X_n) = \sigma_{X_1}^2 + \ldots + \sigma_{X_n}^2 \tag{14.56}$$

Egal ob die Zufallsvariablen addiert oder subtrahiert werden, müssen die Varianzen addiert werden. Die Varianz der Differenz zweier unabhängiger Zufallsvariablen ist nicht die Differenz, sondern die Summe der Varianzen der beiden Zufallsvariablen. Aus (14.56) folgt für die Standardabweichung:

Sind die Zufallsvariablen $X_1, \ldots, X_n$ *paarweise unabhängig*, so gilt für die Standardabweichung der Zufallsvariablen $X = \pm X_1 \pm \ldots \pm X_n$:

$$\sigma_X = \sqrt{\sigma_{X_1}^2 + \ldots + \sigma_{X_n}^2} \tag{14.57}$$

Wählt man aus einer Menge von Personen zufällig eine Person aus und stellt die Körperlänge und das Gewicht der Person fest, so kann man die festgestellte Körperlänge x bzw. das festgestellte Gewicht y als Realisierung einer Zufallsvariablen X bzw. Y betrachten. Es ist intuitiv einleuchtend, dass die Zufallsvariablen X und Y nicht unabhängig sind. Zwar kann man bei einer Wiederholung dieses Zufallsexperimentes eine Person mit einer größeren Länge und einem kleinerem Gewicht erhalten, viel häufiger wird jedoch eine größere Länge auch mit einem höheren Gewicht einhergehen. Man nennt die Zufallsvariablen positiv korreliert (wäre es genau umgekehrt, würde man von negativer Korrelation sprechen). Eine Maßzahl, welche die Art der Korrelation angibt, ist die Kovarianz:

Definition 14.13: Kovarianz zweier Zufallsvariablen X und Y

X,Y diskret:
$$\text{Cov}(X,Y) = \sigma_{XY} = \sum_{i,j} (x_i - \mu_X)(y_j - \mu_Y) f(x_i, y_j) \tag{14.58}$$

X,Y stetig:
$$\text{Cov}(X,Y) = \sigma_{XY} = \iint_{\mathbb{R}^2} (x - \mu_X)(y - \mu_Y) f(x,y) \, \mathrm{d}A \tag{14.59}$$

Im diskreten Fall (14.58) sind x_i bzw. y_j die möglichen Realisierungen der Zufallsvariablen X bzw. Y. Die Bedeutung von $f(x_i, y_j)$ ist:

$$f(x_i, y_j) = P(X = x_i \wedge Y = y_j) \tag{14.60}$$

Im Fall stetiger Zufallsvariablen X,Y hat man in (14.59) ein Bereichsintegral einer Funktion $f(x,y)$ von zwei Variablen über dem gesamten $\mathbb{R}^2$ (s. Kap. 11, Abschnitt 11.1). Die Funktion $f(x,y)$ ist die sog. gemeinsame Wahrscheinlichkeitdichte und hat folgende Bedeutung: Die Wahrscheinlichkeit, Realisierungen x,y zu erhalten mit der Eigenschaft, dass (x,y) in einem Bereich $B \subset \mathbb{R}^2$ liegt, ist gegeben durch:

$$\iint\limits_B f(x,y)\mathrm{d}A \tag{14.61}$$

Wir betrachten diskrete Zufallsvariablen X und Y und nehmen Folgendes an: Die Wahrscheinlichkeit, dass man für X und Y große Werte (jeweils größer als der Erwartungswert) erhält, ist relativ groß. Auch die Wahrscheinlichkeit, dass man für X und Y kleine Werte (jeweils kleiner als der Erwartungswert) erhält, sei relativ groß. Die Wahrscheinlichkeit, dass man für X kleine (kleiner als der Erwartungswert) und für Y große Werte (größer als der Erwartungswert) erhält oder umgekehrt, sei dagegen relativ klein. In diesem Fall haben also in (14.58) die Summanden mit $(x_i - \mu_X)(y_j - \mu_Y) > 0$ einen großen und die Summanden mit $(x_i - \mu_X)(y_j - \mu_Y) < 0$ einen kleinen Betrag. Deshalb ist die Summe (14.58) und damit σ_{XY} positiv. Man spricht von positiver Korrelation. Ist σ_{XY} negativ, dann spricht man von negativer Korrelation. Die Definition 14.13 durch (14.58) bzw. (14.59) bedeutet, dass die Kovarianz der Erwartungswert der Zufallsvariablen $(X - \mu_X)(Y - \mu_Y)$ ist. Es gilt:

$$\sigma_{XY} = E[(X - \mu_X)(Y - \mu_Y)] = E(XY) - \mu_X\mu_Y \tag{14.62}$$

$$E(XY) = \mu_X\mu_Y \tag{14.63}$$
$$\quad\text{wenn } X,Y \text{ unabhängig sind}$$
$$\sigma_{XY} = 0 \tag{14.64}$$

Dividiert man die Kovarianz durch die Standardabweichungen der beiden Zufallsvariablen, so erhält man eine Maßzahl, deren Werte im Intervall $[-1;1]$ liegen.

Definition 14.14: Korrelationskoeffizient

Der **Korrelationskoeffizient** ρ_{XY} ist definiert durch:

$$\rho_{XY} = \frac{\sigma_{XY}}{\sigma_X\sigma_Y} \tag{14.65}$$

Ist $\rho_{XY} = 0$, so nennt man die Zufallsvariablen X und Y **unkorreliert**.

Bei positiver bzw. negativer Korrelation ist $\rho_{XY} > 0$ bzw. $\rho_{XY} < 0$. Liegt $|\rho_{XY}|$ nahe bei 1, so hat man eine starke Korrelation. Bei einer schwachen Korrelation ist $|\rho_{XY}|$ klein. Aus (14.64) folgt die intuitiv einleuchtende Aussage:

$$X,Y \text{ unabhängig} \quad \Rightarrow \quad X,Y \text{ unkorreliert} \tag{14.66}$$

Die Umkehrung dieser Aussage gilt nicht allgemein. Sind $x_1,\ldots,x_k$ bzw. $y_1,\ldots,y_m$ die möglichen Realisierungen zweier diskreter Zufallsvariablen X bzw Y, so fasst man Wahrscheinlichkeiten häufig in einer sog. Mehrfeldtabelle zusammen:

	y_1	$\cdots$	y_m	
x_1	p_{11}	$\cdots$	p_{1m}	$p_{1\bullet}$
$\vdots$	$\vdots$		$\vdots$	$\vdots$
x_k	p_{k1}	$\cdots$	p_{km}	$p_{k\bullet}$
	$p_{\bullet 1}$	$\cdots$	$p_{\bullet m}$	

Die Einträge in dieser Tabelle haben folgende Bedeutung:

$$p_{i\bullet} = P(X = x_i) = f_X(x_i)$$
$$p_{\bullet j} = P(Y = y_j) = f_Y(y_j)$$
$$p_{ij} = P(X = x_i \wedge Y = y_j) = f(x_i, y_j)$$

$f_X(x)$ bzw. $f_Y(y)$ ist die Wahrscheinlichkeitsfunktion von X bzw. Y.

Beispiel 14.21: Zwei diskrete Zufallsvariablen

Ein Modul besteht aus zwei Komponenten vom Typ A und zwei Komponenten vom Typ B. X bzw. Y sei die Anzahl der Komponenten vom Typ A bzw. B, die nach Ablauf einer bestimmten Zeit defekt sind. Es sei folgende Mehrfeldtabelle gegeben:

	0	1	2	
0	0,5	0,06	0,04	0,6
1	0,07	0,1	0,03	0,2
2	0,03	0,09	0,08	0,2
	0,6	0,25	0,15	

Mit diesen Wahrscheinlichkeiten berechnen wir folgende Maßzahlen:

$$
\begin{aligned}
E(X) &= 0{,}6 \cdot 0 + 0{,}2 \cdot 1 + 0{,}2 \cdot 2 = 0{,}6 \\
E(Y) &= 0{,}6 \cdot 0 + 0{,}25 \cdot 1 + 0{,}15 \cdot 2 = 0{,}55 \\
E(XY) &= 0{,}5 \cdot 0 + 0{,}06 \cdot 0 + 0{,}04 \cdot 0 \\
&\quad + 0{,}07 \cdot 0 + 0{,}1 \cdot 1 + 0{,}03 \cdot 2 \\
&\quad + 0{,}03 \cdot 0 + 0{,}09 \cdot 2 + 0{,}08 \cdot 4 = 0{,}66 \\
V(X) &= 0{,}6 \cdot (0 - 0{,}6)^2 + 0{,}2 \cdot (1 - 0{,}6)^2 + 0{,}2 \cdot (2 - 0{,}6)^2 = 0{,}64 \\
V(Y) &= 0{,}6 \cdot (0 - 0{,}55)^2 + 0{,}25 \cdot (1 - 0{,}55)^2 + 0{,}15 \cdot (2 - 0{,}55)^2 = 0{,}5475
\end{aligned}
$$

$$\sigma_{XY} = E(XY) - \mu_X \mu_Y = 0{,}66 - 0{,}6 \cdot 0{,}55 = 0{,}33$$

$$\rho_{XY} = \frac{\sigma_{XY}}{\sigma_X \sigma_Y} = \frac{0{,}33}{\sqrt{0{,}64}\sqrt{0{,}5475}} \approx 0{,}56 \qquad \blacksquare$$

14.5   Spezielle diskrete Verteilungen

14.5.1   Die Binomialverteilung

Häufig hat man folgende Situation bzw. Fragestellung: Ein Zufallsexperiment, bei dem ein Ereignis A mit der Wahrscheinlichkeit p eintreten kann, werde n-mal unabhängig voneinander durchgeführt. Wie groß ist die Wahrscheinlichkeit, dass das Ereignis bei den n Durchführungen x-mal eintritt? Die Anzahl bzw. Häufigkeit des Eintretens von A bei den n Versuchen ist eine Zufallsvariable, die wir mit X bezeichnen. Gesucht ist also die Wahrscheinlichkeit $P(X = x) = f(x)$. Wir symbolisieren das Ergebnis der n Durchführungen durch n Kugeln.

○○●○●●○○○●

Ist die k-te Kugel weiß, so ist A bei der k-ten Durchführung eingetreten, ist sie schwarz, dann nicht. Eine bestimmte Anordnung mit x weißen und $n-x$ schwarzen Kugeln stellt ein Ergebnis dar, bei dem A insgesamt x-mal eingetreten ist. Die Wahrscheinlichkeit für solch ein Ergebnis ist nach den Rechenregeln für Wahrscheinlichkeiten (s. S. 521):

$$p^x (1 - p)^{n-x}$$

Es gibt jedoch nicht nur eine Anordnung, sondern viele verschiedene Anordnungen mit x weißen Kugeln bzw. viele verschiedene Ergebnisse, bei denen A insgesamt x-mal eintritt. Wir bezeichnen diese Ergebnisse mit $E_1, \ldots, E_m$. Sie haben alle die gleiche Wahrscheinlichkeit $p^x (1 - p)^{n-x}$. Die Wahrscheinlichkeit für das Ereignis $X = x$ ist:

$$\begin{aligned}
P(X = x) &= P(E_1 \text{ oder } E_2 \text{ oder } \ldots \text{ oder } E_m) \\
&= P(E_1) + P(E_2) + \ldots + P(E_m) \\
&= p^x (1 - p)^{n-x} + p^x (1 - p)^{n-x} + \ldots + p^x (1 - p)^{n-x} \\
&= m p^x (1 - p)^{n-x}
\end{aligned}$$

m ist die Anzahl der verschiedenen Ergebnisse, bei denen A insgesamt x-mal eintritt, d.h. die Anzahl der verschiedenen Anordnungen mit x weißen und $n - x$ schwarzen Kugel. Nach (14.21) gilt:

$$m = \binom{n}{x}$$

Damit erhalten wir:

$$P(X = x) = f(x) = \binom{n}{x} p^x (1 - p)^{n-x}$$

Eine Zufallsvariable mit dieser Wahrscheinlichkeitsfunktion heißt binomialverteilt.

Definition 14.15: Binomialverteilung

Eine diskrete Zufallsvariable mit der Wahrscheinlichkeitsfunktion

$$f(x) = \binom{n}{x} p^x (1 - p)^{n-x} \quad \text{für } x \in W \tag{14.67}$$

mit $0 < p < 1$ und $W = \{0, 1, \ldots, n\}$ heißt **binomialverteilt** mit den Parametern n, p oder $B(n,p)$-verteilt.

Für den Erwartungswert und die Varianz einer binomialverteilten Zufallsvariable gilt:

$$E(X) = np \tag{14.68}$$
$$V(X) = np(1 - p) \tag{14.69}$$

Die Zufallsvariable in Beispiel 14.15 ist binomialverteilt mit $n = 5$ und $p = \frac{1}{2}$. Die Abb. 14.21 zeigt die Wahrscheinlichkeitsfunktion einer Binomialverteilung mit $n = 10$ und $p = 0{,}6$.

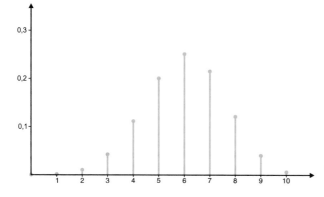

Abb. 14.21: Binomialverteilung mit $n = 10$ und $p = 0{,}6$.

Mit einer Binomialverteilung hat man es auch bei einer Stichprobe *mit Zurücklegen* zu tun: In einem Behälter befinden sich N Teile, von denen M eine bestimmte Eigenschaft haben und die restlichen $N - M$ nicht. Wir symbolisieren die Teile mit bzw. ohne die Eigenschaft durch weiße bzw. schwarze Kugeln.

Der Anteil der weißen Kugeln ist $p = \frac{M}{N}$. Die Wahrscheinlichkeit, bei einer zufälligen Ziehung einer Kugel eine weiße Kugel zu ziehen ist p. Bei einer Stichprobe mit Zurücklegen zieht man n-mal zufällig eine Kugel und legt sie wieder zurück. Die Anzahl x der gezogenen weißen Kugeln ist die Realisierung einer Zufallsvariablen X, die $B(n;p)$-verteilt ist.

14.5.2   Die hypergeometrische Verteilung

Wir betrachten nun eine Stichprobe *ohne Zurücklegen*: In einem Behälter befinden sich N Teile, von denen M eine bestimmte Eigenschaft haben und die restlichen $N - M$ nicht. Wir symbolisieren die Teile mit bzw. ohne die Eigenschaft durch weiße bzw. schwarze Kugeln und nummerieren die Kugeln. Für $N = 10$ und $M = 6$ hat man z.B.

Es wird n-mal eine Kugel (d.h. es werden n Kugeln) zufällig ausgewählt und aus dem Behälter genommen, ohne sie wieder zurückzulegen. Wie groß ist die Wahrscheinlichkeit, dass von den n gezogenen Kugeln x Kugeln weiß sind? Die Anzahl x der gezogenen weißen Kugeln ist die Realisierung einer Zufallsvariablen X. Gesucht ist die Wahrscheinlichkeit $P(X = x) = f(x)$. Bei der ersten Ziehung erhalten wir eine der N Kugeln. Die Wahrscheinlichkeit, genau diese Kugel zu ziehen ist $\frac{1}{N}$. Bei der zweiten Ziehung erhalten wir eine der restlichen $N - 1$ Kugeln. Die Wahrscheinlichkeit, genau diese Kugel zu ziehen ist $\frac{1}{N-1}$ usw. Wir legen die n gezogenen Kugeln in der Reihenfolge der Ziehung nebeneinander hin und erhalten eine Anordnung von n nummerierten Kugeln. Diese Anordnung ist ein Ergebnis der n Ziehungen. Nach (14.22) gibt es ingesamt

$$\frac{N!}{(N - n)!}$$

solche Anordnungen bzw. Ergebnisse. Jedes Ergebnis hat die Wahrscheinlichkeit

$$\frac{1}{N} \cdot \frac{1}{N - 1} \cdot \dots \cdot \frac{1}{N - (n - 1)}$$

Die Ergebnisse sind also alle gleich wahrscheinlich. Wie viele Ergebnisse gibt es mit x weißen Kugeln? Wenn die Reihenfolge keine Rolle spielt, gibt es nach (14.24) insgesamt $\binom{M}{x}$ Möglichkeiten, aus den M weißen Kugeln x Kugeln aus zuwählen. Zu jeder dieser

Möglichkeiten gibt es $\binom{N-M}{n-x}$ Möglichkeiten, aus den $N-M$ schwarzen Kugeln $n-x$ Kugeln auszuwählen. Insgesamt gibt es also

$$\binom{M}{x}\binom{N-M}{n-x}$$

Möglichkeiten, x weiße und $n-x$ schwarze Kugeln auszuwählen. Die n Kugeln einer solchen Auswahl lassen sich auf $n!$ Arten anordnen. Zu jeder Auswahl von x weißen und $n-x$ schwarzen Kugeln gibt es also $n!$ Anordnungen, d.h. Ergebnisse mit x weißen und $n-x$ schwarzen Kugeln. Insgesamt gibt es also

$$\binom{M}{x}\binom{N-M}{n-x}n!$$

Anordnungen, d.h. Ergebnisse mit x weißen und $n-x$ schwarzen Kugeln. Da alle Ergebnisse gleich wahrscheinlich sind, können wir die Wahrscheinlichkeit für x weiße (und $n-x$ schwarze) Kugeln nach Laplace berechnen:

$$P(X=x)=f(x)=\frac{\binom{M}{x}\binom{N-M}{n-x}n!}{\frac{N!}{(N-n)!}}=\frac{\binom{M}{x}\binom{N-M}{n-x}}{\frac{N!}{n!(N-n)!}}$$

$$=\frac{\binom{M}{x}\binom{N-M}{n-x}}{\binom{N}{n}}$$

Eine Zufallsvariable mit dieser Wahrscheinlichkeitsfunktion heißt hypergeometrisch verteilt.

Definition 14.16: Hypergeometrische Verteilung

N,M,n seien natürliche Zahlen mit $N>0$, $0\le M\le N$ und $0<n\le N$. Eine diskrete Zufallsvariable mit Wahrscheinlichkeitsfunktion

$$f(x)=\frac{\binom{M}{x}\binom{N-M}{n-x}}{\binom{N}{n}}\qquad\text{für }x\in W \tag{14.70}$$

mit $W=\{x|x\in\mathbb{N}_0, 0\le x\le M, 0\le n-x\le N-M\}$ heißt **hypergeometrisch** verteilt mit den Parametern N,M,n.

Für den Erwartungswert und die Varianz einer hypergeometrisch verteilten Zufallsvariable gilt:

$$E(X) = n\frac{M}{N} \tag{14.71}$$

$$V(X) = n\frac{M}{N}\left(1 - \frac{M}{N}\right)\frac{N-n}{N-1} \tag{14.72}$$

Die Abb. 14.22 zeigt die Wahrscheinlichkeitsfunktion einer hypergeometrischen Verteilung mit $N = 50$, $M = 30$ und $n = 10$.

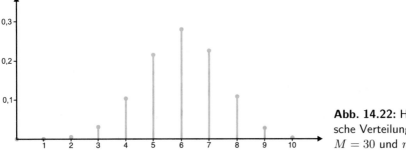

Abb. 14.22: Hypergeometrische Verteilung mit $N = 50$, $M = 30$ und $n = 10$.

Ist die Anzahl der Teile in dem Behälter viel größer als die Anzahl der Ziehungen, dann ist bei jeder Ziehung die Wahrscheinlichkeit, ein Teil mit der betrachteten Eigenschaft bzw. eine weiße Kugel zu ziehen, nahezu gleich und so groß wie bei Ziehungen mit Zurücklegen. In diesem Fall kann man statt der hypergeometrischen Verteilung näherungsweise eine Binomialverteilung mit $p = \frac{M}{N}$ verwenden. Für $N \geq 20n$ und $0{,}1 < \frac{M}{N} < 0{,}9$ erhält man i.d.R. eine brauchbare Genauigkeit dieser Näherung:

$$\frac{\binom{M}{x}\binom{N-M}{n-x}}{\binom{N}{n}} \approx \binom{n}{x}p^x(1-p)^{n-x} \quad \text{für} \quad \begin{array}{l} N \geq 20 \\ 0{,}1 < \frac{M}{N} < 0{,}9 \end{array} \tag{14.73}$$

Es lässt sich in der Tat zeigen, dass im Grenzprozess $N \to \infty, M \to \infty$ mit $\frac{M}{N} = p$ die hypergeometrische Verteilung in eine Binomialverteilung mit $p = \frac{M}{N}$ übergeht:

$$\frac{\binom{M}{x}\binom{N-M}{n-x}}{\binom{N}{n}} \xrightarrow[\frac{M}{N}=p]{N\to\infty, M\to\infty} \binom{n}{x}p^x(1-p)^{n-x} \tag{14.74}$$

Beispiel 14.22: Lotto 6 aus 49

Sechs von den 49 Zahlen $1,2,\ldots,48,49$ haben eine bestimmte Eigenschaft: Sie wurden von einem Lottospieler auf dem Lottoschein angekreuzt. Bei der Lottoziehung werden aus den 49 Zahlen sechs Zahlen (ohne Zurücklegen) gezogen. Wie groß ist die Wahrscheinlichkeit, dass von den sechs gezogenen Zahlen x Zahlen die Eigenschaft haben? Die Anzahl x der gezogenen Zahlen mit der genannten Eigenschaft ist die Realisierung einer Zufallsvariablen X. Diese ist hypergeometrisch verteilt mit $N = 49$, $M = 6$ und $n = 6$. Die Wahrscheinlichkeit für x „Richtige" ist

$$P(X = x) = f(x) = \frac{\binom{6}{x}\binom{43}{6-x}}{\binom{49}{6}}$$

∎

14.5.3 Die Poisson-Verteilung

Im Grenzprozess $n \to \infty, p \to 0$ mit $np = \mu$ geht die Wahrscheinlichkeitsfunktion der Binomialverteilung mit den Parametern n,p über in eine Verteilung, die Poisson-Verteilung heißt:

$$\binom{n}{x} p^x (1-p)^{n-x} \quad \xrightarrow[np=\mu]{n\to\infty,p\to 0} \quad \frac{\mu^x}{x!} \, \mathrm{e}^{-\mu} \tag{14.75}$$

Definition 14.17: Poisson-Verteilung

Eine diskrete Zufallsvariable mit der Wahrscheinlichkeitsfunktion

$$f(x) = \frac{\mu^x}{x!} \, \mathrm{e}^{-\mu} \quad \text{für } x \in W \tag{14.76}$$

mit $W = \mathbb{N}_0$ und $\mu > 0$ heißt **poissonverteilt** mit dem Parameter μ.

Die Abb. 14.23 zeigt die Wahrscheinlichkeitsfunktion einer Poisson-Verteilung.

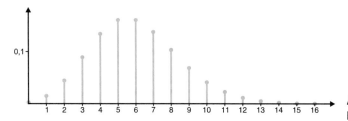

Abb. 14.23: Poisson-Verteilung mit $\mu = 6$.

Der Parameter μ ist sowohl der Erwartungswert als auch die Varianz:

$$E(X) = V(X) = \mu \tag{14.77}$$

Für große n und kleine p kann eine Binomialverteilung näherungsweise durch eine Poisson-Verteilung ersetzt werden. Ist $p \leq 0,1$ und $n \geq 1500\,p$, so erhält man in der Regel eine brauchbare Genauigkeit dieser Näherung. In diesem Fall gilt:

$$\binom{n}{x} p^x (1-p)^{n-x} \approx \frac{\mu^x}{x!}\,\mathrm{e}^{-\mu} \quad \text{für} \quad \begin{matrix} p \leq 0,1 \\ n \geq 1500\,p \end{matrix} \quad \text{mit} \quad \mu = np \tag{14.78}$$

Die Verwendung dieser Näherung hat den Vorteil, dass die Poisson-Verteilung rechnerisch einfacher zu handhaben ist als die Binomialverteilung.

Wir betrachten folgende Situation: Die Wahrscheinlichkeit, dass ein bestimmtes Ereignis im Zeitintervall der Länge Δt eintritt, ist abhängig von Δt, aber unabhängig von der Lage des Intervalls auf der Zeitachse. Sind I_1 und I_2 Zeitintervalle mit $I_1 \cap I_2 = \{\}$, dann sind die Anzahl X_1 der Ereignisse im Intervall I_1 und die Anzahl X_2 der Ereignisse im Intervall I_2 unabhängige Zufallsvariablen. Die Wahrscheinlichkeit, dass zwei oder mehr Ereignisse zur gleichen Zeit auftreten, ist null. Bei dieser Situation spricht man von einem Poisson-Prozess. Bei einem Poisson-Prozess ist die Anzahl X der Ereignisse in einem bestimmten Zeitintervall poissonverteilt.

14.6 Spezielle stetige Verteilungen

14.6.1 Die Normalverteilung

Die Verteilung vieler Größen, die als stetige Zufallsvariablen betrachtet werden können, lässt sich (zumindest näherungsweise) mit der Wahrscheinlichkeitsdichte einer Normalverteilung beschreiben. Warum dies so ist, werden wir später erläutern. Dabei wird klarer werden, weshalb die Normalverteilung eine besonders wichtige Rolle in der Wahrscheinlichkeitsrechnung spielt.

Definition 14.18: Normalverteilung

Eine stetige Zufallsvariable mit Wahrscheinlichkeitsdichte

$$f(x) = \frac{1}{\sqrt{2\pi}\,\sigma}\,\mathrm{e}^{-\frac{1}{2}\left(\frac{x-\mu}{\sigma}\right)^2} \tag{14.79}$$

mit $\mu \in \mathbb{R}$ und $\sigma > 0$ heißt **normalverteilt** mit den Parametern μ und σ.

Eine Normalverteilung mit μ und σ bezeichnen wir als $N(\mu,\sigma^2)$-Verteilung. Für eine $N(\mu,\sigma^2)$-verteilte Zufallsvariable X gilt:

$$E(X) = \mu \tag{14.80}$$

$$V(X) = \sigma^2 \tag{14.81}$$

Die Abb. 14.24 zeigt die Wahrscheinlichkeitsdichten von Normalverteilungen mit verschiedenen Werten der Parameter μ und σ.

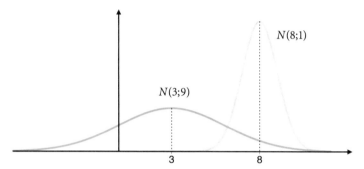

Abb. 14.24: Wahrscheinlichkeitsdichten von Normalverteilungen.

$f(x)$ hat ein Maximum bei $x = \mu$. Der Graph ist achsensymmetrisch zur Geraden $x = \mu$. Je größer σ ist, umso „breiter" und niedriger ist der Graph. Für die Verteilungsfunktion einer $N(\mu,\sigma^2)$-verteilten Zufallsvariable X gilt:

$$P(X \leq x) = F(x) = \int\limits_{-\infty}^{x} f(y)\mathrm{d}y = \frac{1}{\sqrt{2\pi}\,\sigma} \int\limits_{-\infty}^{x} \mathrm{e}^{-\frac{1}{2}\left(\frac{y-\mu}{\sigma}\right)^2}\,\mathrm{d}y$$

Dieses Integral lässt sich nicht elementar auswerten, d.h., die Stammfunktion des Integranden lässt sich nicht in geschlossener Form durch elementare Funktionen darstellen. Nun gilt einerseits:

$$P(X \leq x) = P\Big(\underbrace{\frac{X-\mu}{\sigma}}_{U} \leq \underbrace{\frac{x-\mu}{\sigma}}_{u}\Big) = P(U \leq u) = \Phi(u) = \int\limits_{-\infty}^{u} \varphi(v)\mathrm{d}v$$

Hier ist $\Phi(u)$ die Verteilungsfunktion und $\varphi(u)$ die Wahrscheinlichkeitsdichte der Zufallsvariablen $U = \frac{X-\mu}{\sigma}$. Andererseits erhält man mit einer Variablensubstitution:

$$P(X \leq x) = \frac{1}{\sqrt{2\pi}\,\sigma} \int\limits_{-\infty}^{x} \mathrm{e}^{-\frac{1}{2}\left(\frac{y-\mu}{\sigma}\right)^2}\,\mathrm{d}y \overset{\substack{\text{Substitution} \\ = \\ \frac{y-\mu}{\sigma}=v}}{=} \frac{1}{\sqrt{2\pi}} \int\limits_{-\infty}^{\frac{x-\mu}{\sigma}} \mathrm{e}^{-\frac{1}{2}v^2}\,\mathrm{d}v$$

$$= \int\limits_{-\infty}^{u} \varphi(v)\mathrm{d}v \qquad \text{mit } \varphi(u) = \frac{1}{\sqrt{2\pi}}\,\mathrm{e}^{-\frac{1}{2}u^2} \qquad \text{und } u = \frac{x-\mu}{\sigma}$$

Die Wahrscheinlichkeitsdichte der Zufallsvariablen $U = \frac{X-\mu}{\sigma}$ ist also die Funktion $\varphi(u) = \frac{1}{\sqrt{2\pi}}\,e^{-\frac{1}{2}u^2}$. Sie heißt Wahrscheinlichkeitsdichte der Standardnormalverteilung.

Definition 14.19: Standardnormalverteilung

Eine Zufallsvariable U mit der Wahrscheinlichkeitsdichte

$$\varphi(u) = \frac{1}{\sqrt{2\pi}}\,e^{-\frac{1}{2}u^2} \tag{14.82}$$

heißt **standardnormalverteilt**. Die Funktion $\varphi(u)$ heißt Wahrscheinlichkeitsdichte einer **Standardnormalverteilung**.

$$X \text{ ist } N(\mu,\sigma^2)\text{-verteilt} \iff \frac{X-\mu}{\sigma} \text{ ist standardnormalverteilt} \tag{14.83}$$

Die Standardnormalverteilung ist eine Normalverteilung mit $\mu = 0$ und $\sigma = 1$, d.h. eine $N(0;1)$-Verteilung. Das Maximum von $\varphi(u)$ befindet sich bei $u = 0$, der Graph ist achsensymmetrisch zur Ordinate. Auch bei der Verteilungsfunktion

$$\Phi(u) = \int_{-\infty}^{u} \varphi(v)\mathrm{d}v = \frac{1}{\sqrt{2\pi}}\int_{-\infty}^{u} e^{-\frac{1}{2}v^2}\,\mathrm{d}v$$

der Standardnormalverteilung ist das Integral bzw. die Stammfunktion nicht elementar auswertbar bzw. darstellbar. Funktionswerte der Funktion $\Phi(u)$ müssen mit numerischen Verfahren berechnet werden. Aufgrund der Symmetrie von $\varphi(u)$ gilt (s. Abb. 14.25):

$$\Phi(-u) = \int_{-\infty}^{-u} \varphi(v)\mathrm{d}v = \int_{u}^{\infty} \varphi(v)\mathrm{d}v$$

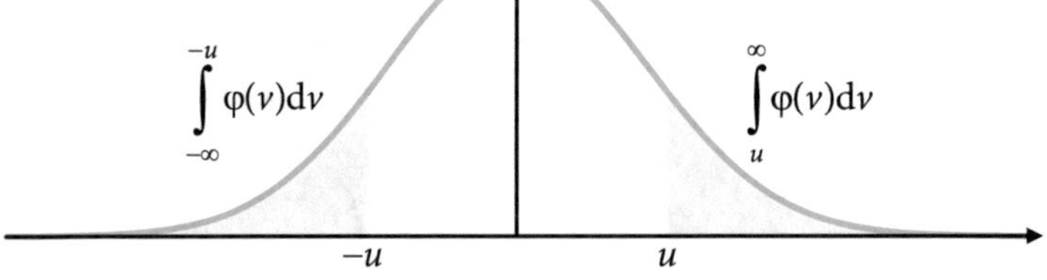

Abb. 14.25: Standardnormalverteilung.

Außerdem gilt nach (14.37):

$$\int\limits_{-\infty}^{\infty} \varphi(v)\mathrm{d}v = \int\limits_{-\infty}^{u} \varphi(v)\mathrm{d}v + \int\limits_{u}^{\infty} \varphi(v)\mathrm{d}v = 1$$

Daraus folgt:

$$\Phi(-u) = \int\limits_{-\infty}^{-u} \varphi(v)\mathrm{d}v = \int\limits_{u}^{\infty} \varphi(v)\mathrm{d}v = 1 - \int\limits_{-\infty}^{u} \varphi(v)\mathrm{d}v = 1 - \Phi(u)$$

Wir fassen wichtige Ergebnisse zusammen:

Berechnung von Wahrscheinlichkeiten für normalverteilte Größen

$$P(X \leq x) = F(x) = \Phi(u) \qquad \text{mit} \ \ u = \frac{x - \mu}{\sigma} \tag{14.84}$$

$$\Phi(-u) = 1 - \Phi(u) \tag{14.85}$$

Diese Formeln sind die wichtigsten Rechenregeln für die Berechnung von Wahrscheinlichkeiten für normalverteilte Größen. Zur Berechnung solcher Wahrscheinlichkeiten muss man Funktionswerte der Verteilungsfunktion $\Phi(u)$ bestimmen. Für die rechnerunterstützte numerische Berechnung gibt es Programme. Es gibt auch Taschenrechner mit dieser Funktion. Darüber hinaus stehen Tabellen zur Verfügung, in denen für $u \geq 0$ die Funktionswerte $\Phi(u)$ aufgelistet sind. Bei der Tabelle B.2 im Anhang B.1.2 (S. 706) befinden sich in der linken Randspalte Werte von u mit einer Nachkommastelle. Die möglichen Werte für die zweite Nachkommastelle stehen in der oberen Randzeile. Den Wert $\Phi(1{,}25)$ findet man z.B. in der Zeile und Spalte, in der links 1,2 und oben 5 steht. Dort steht der Wert 0,8944. Es gilt also $\Phi(1{,}25) = 0{,}8944$.

Beispiel 14.23: Rechnen mit einer Normalverteilung

Wir berechnen für eine $N(5; 16)$-verteilte Größe X (d.h. $\mu = 5$ und $\sigma = 4$) die folgende Wahrscheinlichkeit:

$$P(2 < X \leq 10) = F(10) - F(2) = \Phi\left(\frac{10 - 5}{4}\right) - \Phi\left(\frac{2 - 5}{4}\right)$$

$$= \Phi(1{,}25) - \Phi(-0{,}75) = \Phi(1{,}25) - (1 - \Phi(0{,}75))$$

$$= \Phi(1{,}25) + \Phi(0{,}75) - 1 = 0{,}8944 + 0{,}7734 - 1 = 0{,}6678$$

Zur Bestimmung von $\Phi(-0{,}75)$ haben wir die Formel (14.85) benutzt. ∎

Im Beispiel 14.23 wurde für gegebene Werte von μ, σ, x_1, x_2 die Wahrscheinlichkeit $P(x_1 < X \leq x_2)$ berechnet. Es sind auch andere Aufgabenstellungen möglich: Ist z.B. $\mu, \sigma, x_2, P(x_1 < X \leq x_2)$ gegeben, so kann man x_1 berechnen.

Beispiel 14.24: Rechnen mit einer Normalverteilung

Für eine normalverteilte Größe X mit $\mu = 5$ und $\sigma = 4$ ist die Wahrscheinlichkeit $P(x_1 < X \leq x_2) = 0{,}5859$ gegeben mit $x_2 = 10$. Welchen Wert hat x_1?

$$P(x_1 < X \leq 10) = F(10) - F(x_1) = \Phi\left(\frac{10-5}{4}\right) - \Phi\left(\frac{x_1-5}{4}\right)$$

$$= \Phi(1{,}25) - \Phi\left(\frac{x_1-5}{4}\right) = 0{,}8944 - \Phi\left(\frac{x_1-5}{4}\right) = 0{,}5859$$

$$\Rightarrow \Phi\left(\frac{x_1-5}{4}\right) = 0{,}8944 - 0{,}5859 = 0{,}3085$$

Nun muss man zu dem Funktionswert $\Phi(u) = 0{,}3085$ den zugehörigen Variablenwert u bestimmen. In der Tabelle sind aber nur Funktionswerte aufgelistet, die größer als $0{,}5$ sind. Deshalb gehen wir folgendermaßen vor:

$$\Phi\left(-\frac{x_1-5}{4}\right) = 1 - \Phi\left(\frac{x_1-5}{4}\right) = 1 - 0{,}3085 = 0{,}6915$$

In der Tabelle sehen wir: Der zu dem Funktionswert $\Phi(u) = 0{,}6915$ gehörige Variablenwert ist $u = 0{,}5$. Damit erhalten wir:

$$-\frac{x_1-5}{4} = 0{,}5 \Rightarrow x_1 = -0{,}5 \cdot 4 + 5 = 3 \qquad \blacksquare$$

Bei der Standardnormalverteilung gilt für das Quantil u_p zur Wahrscheinlichkeit p

$$\Phi(u_p) = p$$

Nach (14.85) gilt ferner:

$$\Phi(-u_p) = 1 - \Phi(u_p) = 1 - p$$

Daraus folgt, dass $-u_p$ das Quantil zur Wahrscheinlichkeit $1 - p$ ist.

$$\Phi(u_p) = p \tag{14.86}$$

$$u_{1-p} = -u_p$$
$$u_p = -u_{1-p} \tag{14.87}$$

Benötigt man das Quantil u_p zur einer Wahrscheinlichkeit $p < 0{,}5$, so kann man aus der Tabelle das Quantil u_{1-p} mit $1 - p > 0{,}5$ bestimmen und damit dann $u_p = -u_{1-p}$ angeben.

Wir betrachten eine normalverteilte Zufallsvariable X und ein zum Erwartungswert μ symmetrisches Intervall $[x_1, x_2] = [\mu - d, \mu + d]$ mit $P(x_1 \leq X \leq x_2) = \gamma$. Ein solches Intervall heißt **Zufallsstreubereich** zur Wahrscheinlichkeit γ.

$$P(x_1 \leq X \leq x_2) = F(x_2) - F(x_1) = \Phi\left(\frac{x_2 - \mu}{\sigma}\right) - \Phi\left(\frac{x_1 - \mu}{\sigma}\right)$$

$$= \Phi\left(\frac{\mu + d - \mu}{\sigma}\right) - \Phi\left(\frac{\mu - d - \mu}{\sigma}\right) = \Phi\left(\frac{d}{\sigma}\right) - \Phi\left(\frac{-d}{\sigma}\right)$$

$$= \Phi\left(\frac{d}{\sigma}\right) - \left[1 - \Phi\left(\frac{d}{\sigma}\right)\right] = 2\Phi\left(\frac{d}{\sigma}\right) - 1 = \gamma = 1 - \alpha$$

mit $\alpha = 1 - \gamma$. Daraus folgt:

$$\Phi\left(\frac{d}{\sigma}\right) = 1 - \frac{\alpha}{2} \Rightarrow \frac{d}{\sigma} = u_{1-\frac{\alpha}{2}} \Rightarrow d = u_{1-\frac{\alpha}{2}}\,\sigma$$

Für die Grenzen des Zufallsstreubereiches gilt damit:

Zufallsstreubereich einer Normalverteilung zur Wahrscheinlichkeit γ

$$[x_1,x_2] = [\mu - u_{1-\frac{\alpha}{2}}\,\sigma, \mu + u_{1-\frac{\alpha}{2}}\,\sigma] \qquad \text{mit } \alpha = 1 - \gamma \tag{14.88}$$

Für den Zufallsstreubereich $[x_1,x_2] = [\mu - 3\sigma, \mu + 3\sigma]$ erhalten wir:

$$\gamma = P(x_1 \leq X \leq x_2) = \Phi\left(\frac{x_2 - \mu}{\sigma}\right) - \Phi\left(\frac{x_1 - \mu}{\sigma}\right) = \Phi(3) - \Phi(-3)$$

$$= \Phi(3) - [1 - \Phi(3)] = 2\Phi(3) - 1 \approx 2 \cdot 0{,}9986 - 1 = 0{,}9972$$

Die Wahrscheinlichkeit, dass der Wert einer $N(\mu,\sigma^2)$-verteilten Größe in dem Intervall $[x_1,x_2] = [\mu - 3\sigma, \mu + 3\sigma]$ liegt, beträgt 0,9772. Im Abschnitt 14.4.4 haben wir festgestellt, dass der Erwartungswert einer Linearkombination von Zufallsvariablen gleich der Linearkombination der Erwartungswerte ist. Doch wie ist eine Linearkombination verteilt? Dies wollen wir für normalverteilte Zufallsvariablen klären:

Linearkombination normalverteilter Zufallsvariablen

Sind die Zufallsvariablen $X_1,\ldots,X_n$ paarweise unabhängig voneinander und normalverteilt mit $E(X_i) = \mu_i$ und $V(X_i) = \sigma_i^2$, dann gilt:

$$X = c_1 X_1 + \ldots + c_n X_n \text{ ist } N(\mu,\sigma^2)\text{-verteilt} \tag{14.89}$$

Aus (14.53) und (14.55) folgt für μ und σ:

$$\mu = c_1\mu_1 + \ldots + c_n\mu_n \tag{14.90}$$

$$\sigma^2 = c_1^2\sigma_1^2 + \ldots + c_n^2\sigma_n^2 \tag{14.91}$$

Beispiel 14.25: Differenz zweier normalverteilter Größen

Bei der Produktion von Zylindern und Kolben sei der Innendurchmesser X_1 der Zylinder $N(\mu_1, \sigma_1^2)$-verteilt und der Außendurchmesser X_2 der Kolben $N(\mu_2, \sigma_2^2)$-verteilt. Zylinder und Kolben werden der Produktion entnommen und zusammengefügt. Die Differenz zwischen Innen- und Außendurchmesser muss zwischen 0 mm und 1,2 mm liegen, damit die Teile verarbeitbar sind. Wie groß ist die Wahrscheinlichkeit, dass dies der Fall ist? Die Zufallsvariable $X = X_1 - X_2$ ist $N(\mu, \sigma^2)$-verteilt mit $\mu = \mu_1 - \mu_2$ und $\sigma^2 = \sigma_1^2 + \sigma_2^2$. Die Wahrscheinlichkeit, dass die Teile verarbeitet werden können, ist $P(0 \text{ mm} \leq X \leq 1{,}2 \text{ mm})$. Wir berechnen diese Wahrscheinlichkeit für die Werte

$$\mu_1 = 100 \text{ mm} \qquad \sigma_1^2 = 0{,}003 \text{ mm}^2$$
$$\mu_2 = 99 \text{ mm} \qquad \sigma_2^2 = 0{,}007 \text{ mm}^2$$

Damit erhalten wir:

$$\mu = \mu_1 - \mu_2 = 1 \text{ mm} \qquad \sigma^2 = \sigma_1^2 + \sigma_2^2 = 0{,}01 \text{ mm}^2 \qquad \sigma = 0{,}1 \text{ mm}$$

$$P(0 \text{ mm} \leq X \leq 1{,}2 \text{ mm}) = F(1{,}2 \text{ mm}) - F(0 \text{ mm})$$

$$= \Phi\left(\frac{1{,}2 \text{ mm} - 1 \text{ mm}}{0{,}1 \text{ mm}}\right) - \Phi\left(\frac{0 \text{ mm} - 1 \text{ mm}}{0{,}1 \text{ mm}}\right) = \Phi(2) - \Phi(-10) \approx 0{,}9772$$

Die Wahrscheinlichkeit, dass die Teile zusammenpassen, ist 0,9772.   ∎

Wir betrachten nun die Aussagen (14.89) bis (14.91) für den Spezialfall, dass die voneinander unabhängigen Zufallsvariablen $X_1, \ldots, X_n$ alle gleichverteilt sind, d.h. normalverteilt mit dem Erwartungswert μ und der Varianz σ^2. Aus (14.54) und (14.56) folgt:

Summen normalverteilter Zufallsvariablen

Sind die Zufallsvariablen $X_1, \ldots, X_n$ unabhängig voneinander und normalverteilt mit dem Erwartungswert μ und der Varianz σ^2, dann gilt:

$$X = X_1 + \ldots + X_n \quad \text{ist } N(\tilde{\mu}, \tilde{\sigma}^2)\text{-verteilt} \quad \text{mit} \quad \begin{array}{l} \tilde{\mu} = n\mu \\ \tilde{\sigma}^2 = n\sigma^2 \end{array} \qquad (14.92)$$

Nach (14.83) ist in diesem Fall die Zufallsvariable

$$\frac{X - \tilde{\mu}}{\tilde{\sigma}} = \frac{X_1 + \ldots + X_n - n\mu}{\sqrt{n}\,\sigma} = \frac{\frac{1}{n}(X_1 + \ldots + X_n) - \mu}{\frac{\sigma}{\sqrt{n}}}$$

standardnormalverteilt. Daraus folgt, dass die Zufallsvariable $\overline{X} = \frac{1}{n}(X_1 + \ldots + X_n)$ normalverteilt ist mit dem Erwartungswert μ und der Standardabweichung $\tilde{\sigma} = \frac{\sigma}{\sqrt{n}}$.

Mittelwert normalverteilter Zufallsvariablen

Sind die Zufallsvariablen $X_1, \ldots, X_n$ unabhängig voneinander und normalverteilt mit dem Erwartungswert μ und der Varianz σ^2, dann gilt:

$$\overline{X} = \frac{1}{n}(X_1 + \ldots + X_n) \quad \text{ist } N(\mu, \tilde{\sigma}^2)\text{-verteilt} \quad \text{mit} \quad \tilde{\sigma} = \frac{\sigma}{\sqrt{n}} \qquad (14.93)$$

Führt man ein Zufallsexperimnent, bei dem der Wert einer Größe X bestimmt wird, n-mal unabhängig voneinander durch, so erhält man n Zahlen $x_1, \ldots, x_n$, die als Realisierungen von n unabhängigen und gleichverteilten Zufallsvariablen $X_1, \ldots, X_n$ betrachtet werden können. Bei der i-ten Durchführung wird der Wert der Größe X_i bestimmt. Nach den n Durchführungen kann man den Mittelwert $\frac{1}{n}(x_1 + \ldots + x_n)$ bilden. Dieser ist die Realisierung der Zufallsvariablen $\frac{1}{n}(X_1 + \ldots + X_n)$. Bei einer normalverteilten Größe X sind die Zufallsvariablen $X_1, \ldots, X_n$ alle normalverteilt mit dem gleichen Erwartungswert μ und der gleichen Varianz σ^2. Für den Mittelwert $\overline{X}$ gilt (14.93). Wegen $\tilde{\sigma} = \frac{\sigma}{\sqrt{n}}$ ist die Verteilung von $\overline{X}$ schmäler als die Verteilung von X. Dies ist einleuchtend. Die Streuung der Mittelwerte ist kleiner als die Streuung der Werte selbst. Die Aussage (14.93) spielt eine wichtige Rolle in der schließenden Statistik. Wir werden im Kapitel 16 auf sie zurückkommen und sie verwenden.

14.6.2 Die Exponentialverteilung

Die Dauer T bis zum Eintreten eines Ereignisses hänge vom Zufall ab und sei eine stetige Zufallsvariable, die nur nichtnegative Werte annehmen kann. Wir nennen diese Zufallsvariable kurz Lebensdauer. Das Ereignis nennen wir Ausfall. Die Wahrscheinlichkeit, dass die Lebensdauer größer als t ist, bezeichnen wir mit $S(t)$:

$$S(t) = P(T > t) = 1 - P(T \leq t) = 1 - F(t)$$

$F(t)$ ist die Verteilungsfunktion. Die Wahrscheinlichkeit, dass die Lebensdauer nicht größer als $t + \Delta t$ ist, unter der Bedingung, dass der Ausfall bis zur Zeit t nicht eingetreten ist, lautet:

$$P(T \leq t + \Delta t | T > t) = \frac{P(t < T \leq t + \Delta t)}{P(T > t)} = \frac{F(t + \Delta t) - F(t)}{S(t)}$$
$$= -\frac{S(t + \Delta t) - S(t)}{S(t)}$$

Die sog. Ausfallrate ist folgendermaßen definiert:

$$\lambda(t) = \lim_{\Delta t \to 0} \frac{P(T \leq t + \Delta t | T > t)}{\Delta t}$$

Für die Ausfallrate gilt:

$$\lambda(t) = \lim_{\Delta t \to 0} -\frac{S(t + \Delta t) - S(t)}{S(t)\Delta t} = -\frac{S'(t)}{S(t)}$$

$$S'(t) + \lambda(t)S(t) = 0$$

Für eine konstante Ausfallrate λ hat man eine homogene, lineare Differenzialgleichung erster Ordnung mit konstanten Koeffizienten:

$$S'(t) + \lambda S(t) = 0$$

Die Lösung lautet (s. Abschnitt 12.2.2):

$$S(t) = k\,e^{-\lambda t}$$

Für die Konstante k gilt:

$$k = S(0) = P(T > 0) = 1 - P(T \leq 0) = 1 - P(T < 0) = 1$$

Damit folgt für $t \geq 0$:

$$S(t) = e^{-\lambda t} \Rightarrow F(t) = 1 - S(t) = 1 - e^{-\lambda t} \Rightarrow f(t) = F'(t) = \lambda\,e^{-\lambda t}$$

Eine Zufallsvariable T mit dieser Verteilungsfunktion $F(t)$ bzw. Wahrscheinlichkeitsdichte $f(t)$ heißt **exponentialverteilt**. Die Exponentialverteilung spielt vor allem bei Zufallsvariablen eine Rolle, welche die Bedeutung einer Zeitdauer bis zum Eintreten eines Ereignisses haben. Deshalb haben wir die Zufallsvariable auch mit T und nicht mit X bezeichnet.

Definition 14.20: Exponentialverteilung

Eine Zufallsvariable T mit der Wahrscheinlichkeitsdichte

$$f(t) = \begin{cases} \lambda\,e^{-\lambda t} & \text{für } t \geq 0 \\ 0 & \text{für } t < 0 \end{cases} \qquad \lambda > 0 \qquad\qquad (14.94)$$

heißt **exponentialverteilt**. $f(t)$ ist die Dichte einer **Exponentialverteilung** mit Parameter λ.

Für den Erwartungswert einer Exponentialverteilung mit Parameter λ gilt:

$$E(T) = \frac{1}{\lambda} \qquad\qquad (14.95)$$

$$V(T) = \frac{1}{\lambda^2} \qquad\qquad (14.96)$$

Die Abb. 14.26 zeigt den Graphen der Wahrscheinlichkeitsdichte einer Exponentialverteilung.

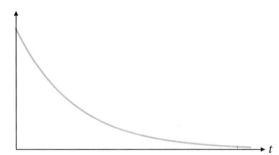

Abb. 14.26: Exponentialverteilung.

14.6.3 Die t-Verteilung und die Chi-Quadrat-Verteilung

Führt man ein Zufallsexperiment, bei dem der Wert einer Größe X bestimmt wird, n-mal unabhängig voneinander durch, so erhält man n Zahlen $x_1, \ldots, x_n$, die als Realisierungen von n unabhängigen und gleichverteilten Zufallsvariablen $X_1, \ldots, X_n$ betrachtet werden können. Bei der i-ten Durchführung wird der Wert der Größe X_i bestimmt. Eine Maßzahl für die „Lage" (auf der Zahlengeraden) bzw. Streuung der n Zahlen $x_1, \ldots, x_n$ ist der (arithmetische) Mittelwert $\bar{x}$ bzw. die empirische Varianz s^2 oder die empirische Standardabweichung s (s. Abschnitt 15.2):

$$\bar{x} = \frac{1}{n}\left(x_1 + \ldots + x_n\right)$$

$$s^2 = \frac{1}{n-1}\left[(x_1 - \bar{x})^2 + \ldots + (x_n - \bar{x})^2\right]$$

$$s = \sqrt{\frac{1}{n-1}\left[(x_1 - \bar{x})^2 + \ldots + (x_n - \bar{x})^2\right]}$$

Die Werte von $\bar{x}, s^2, s$ können als Realisierungen der folgenden Zufallsvariablen betrachtet werden:

$$\overline{X} = \frac{1}{n}\left(X_1 + \ldots + X_n\right)$$

$$S^2 = \frac{1}{n-1}\left[\left(X_1 - \overline{X}\right)^2 + \ldots + \left(X_n - \overline{X}\right)^2\right]$$

$$S = \sqrt{\frac{1}{n-1}\left[\left(X_1 - \overline{X}\right)^2 + \ldots + \left(X_n - \overline{X}\right)^2\right]}$$

Sind die Zufallsvariablen $X_1, \ldots, X_n$ alle $N(\mu, \sigma^2)$-verteilt und unabhängig voneinander, dann gilt nach (14.93): Die Zufallsvariable $\overline{X}$ ist $N(\mu, \tilde{\sigma}^2)$-verteilt mit $\tilde{\sigma} = \frac{\sigma}{\sqrt{n}}$. Die Zufallsvariable

$$\frac{\overline{X} - \mu}{\tilde{\sigma}} = \sqrt{n}\,\frac{\overline{X} - \mu}{\sigma}$$

ist dann $N(0; 1)$-verteilt.

Ersetzt man hier die Standardabweichung σ durch die empirische Standardabweichung S, dann erhält man die Zufallsvariable

$$\sqrt{n}\,\frac{\overline{X}-\mu}{S}$$

Die Verteilung dieser Zufallsvariable ist eine sog. t-Verteilung:

Definition 14.21: t-Verteilung

Die Funktion

$$f(t) = \frac{1}{\sqrt{n\pi}} \cdot \frac{\Gamma\left(\frac{n+1}{2}\right)}{\Gamma\left(\frac{n}{2}\right)} \cdot \frac{1}{\left(1+\frac{t^2}{n}\right)^{\frac{n+1}{2}}} \qquad n \in \mathbb{N} \qquad (14.97)$$

heißt Wahrscheinlichkeitsdichte einer **t-Verteilung** mit dem Freiheitsgrad n.

$\Gamma(x)$ ist die Gammafunktion (s. Abschnitt 4.6). $f(t)$ ist eine gerade Funktion. Der Graph ist achsensymmetrisch zur Ordinate und ähnelt für große n dem Graphen der Standardnormalverteilung. Für $n \to \infty$ geht die t-Verteilung in die $N(0;1)$-Verteilung über. Die Abb. 14.27 zeigt Graphen der t-Verteilung für verschiedene Freiheitsgrade.

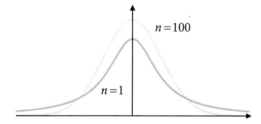

$n=100$

$n=1$

Abb. 14.27: t-Verteilung für verschiedene n.

Die t-Verteilung spielt eine wichtige Rolle bei Schätz- und Testverfahren in der schließenden Statistik. Wir werden auf sie in Kapitel 16 zurückkommen. Das gilt auch für die folgende Verteilung:

Definition 14.22: Chi-Quadrat-Verteilung

Eine **Chi-Quadrat-Verteilung** mit dem Freiheitsgrad n hat die Wahrscheinlichkeitsdichte

$$f(z) = \frac{1}{2^{\frac{n}{2}}\Gamma\left(\frac{n}{2}\right)} \cdot \mathrm{e}^{-\frac{1}{2}z}\, z^{\frac{n}{2}-1} \qquad \text{für } z>0 \qquad n \in \mathbb{N} \qquad (14.98)$$

und $f(z) = 0$ für $z \le 0$.

Die Abb. 14.28 zeigt Graphen der Chi-Quadrat-Verteilung für verschiedene Freiheitsgrade.

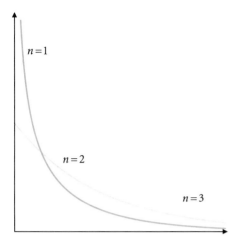

Abb. 14.28: Chi-Quadrat-Verteilung für verschiedene n.

Der Grund für die Bedeutung dieser Verteilungen in der schließenden Statistik ist folgende Tatsache:

Bedeutung der t-Verteilung und der Chi-Quadrat-Verteilung

Sind die Zufallsvariablen $X_1, \ldots, X_n$ alle $N(\mu, \sigma^2)$-verteilt und unabhängig voneinander, dann gilt:

$$\sqrt{n}\,\frac{\overline{X} - \mu}{S} \quad \text{ist t-verteilt mit } n-1 \text{ Freiheitsgraden} \tag{14.99}$$

$$\frac{(n-1)S^2}{\sigma^2} \quad \text{ist Chi-Quadrat-verteilt mit } n-1 \text{ Freiheitsgraden} \tag{14.100}$$

$$\text{mit} \qquad \overline{X} = \frac{1}{n}\left(X_1 + \ldots + X_n\right) \tag{14.101}$$

$$\text{und} \qquad S^2 = \frac{1}{n-1}\left[\left(X_1 - \overline{X}\right)^2 + \ldots + \left(X_n - \overline{X}\right)^2\right] \tag{14.102}$$

14.7 Grenzwertsätze

Im Abschnitt 14.6.1 haben wir festgestellt: Sind die n Zufallsvariablen $X_1, \ldots, X_n$ unabhängig voneinander und normalverteilt mit $E(X_i) = \mu_i$ und $V(X_i) = \sigma_i^2$, dann ist die Summe $X = X_1 + \ldots + X_n$ normalverteilt mit dem Erwartungswert $\mu = \mu_1 + \ldots + \mu_n$ und der Varianz $\sigma^2 = \sigma_1^2 + \ldots + \sigma_n^2$. Die Zufallsvariable

$$\frac{X_1 + \ldots + X_n - \mu}{\sigma}$$

ist dann $N(0;1)$-verteilt. Es ist erstaunlich, dass dies für große n näherungsweise auch dann gilt, wenn die Zufallsvariablen $X_1, \ldots, X_n$ nicht normal-, sondern irgendwie verteilt sind. Für $n \to \infty$ gilt es sogar exakt. Unter bestimmten (nicht stark einschränkenden) Voraussetzungen gilt die folgende Aussage:

Zentraler Grenzwertsatz (14.103)

Sind die n Zufallsvariablen $X_1, \ldots, X_n$ mit $E(X_i) = \mu_i$ und $V(X_i) = \sigma_i^2$ unabhängig voneinander, dann ist die Verteilungsfunktion der Zufallsvariablen

$$\frac{X_1 + \ldots + X_n - \mu}{\sigma} \qquad \text{mit} \qquad \begin{array}{l} \mu = \mu_1 + \ldots + \mu_n \\ \sigma^2 = \sigma_1^2 + \ldots + \sigma_n^2 \end{array}$$

für große n näherungsweise und für $n \to \infty$ exakt die Verteilungsfunktion der Standardnormalverteilung.

Egal wie die Zufallsvariablen $X_1, \ldots, X_n$ verteilt sind, die Summe $X_1 + \ldots + X_n$ ist zumindest für große n näherungsweise normalverteilt. Bei einer additiven Überlagerung vieler Zufallseinflüsse ist die resultierende Größe näherungsweise normalverteilt. Dies ist der Grund für die besondere („zentrale") Bedeutung der Normalverteilung in der Wahrscheinlichkeitsrechnung. Aus (14.103) folgt:

Grenzwertsatz (14.104)

Sind die n Zufallsvariablen $X_1, \ldots, X_n$ unabhängig voneinander und gleichverteilt mit Erwartungswert μ und Varianz σ^2, dann ist die Verteilungsfunktion der Zufallsvariablen

$$\frac{X_1 + \ldots + X_n - n\mu}{\sqrt{n}\,\sigma} = \frac{\frac{1}{n}(X_1 + \ldots + X_n) - \mu}{\frac{\sigma}{\sqrt{n}}}$$

für große n näherungsweise und für $n \to \infty$ exakt die Verteilungsfunktion der Standardnormalverteilung.

Wir wollen dies noch einmal anders formulieren:

Verteilung von Mittelwerten (14.105)

Sind die n Zufallsvariablen $X_1, \ldots, X_n$ unabhängig voneinander und gleichverteilt mit Erwartungswert μ und Varianz σ^2, dann ist die Verteilungsfunktion des arithmetischen Mittelwertes

$$\overline{X} = \frac{1}{n}(X_1 + \ldots + X_n)$$

für große n näherungsweise die Verteilungsfunktion einer $N(\mu, \tilde{\sigma}^2)$-Verteilung mit

$$\tilde{\sigma} = \frac{\sigma}{\sqrt{n}}$$

Wir verzichten darauf, genau zu klären, wie groß der Fehler ist, wenn man diese Näherung verwendet. Als grobe Faustregel kann man sagen, dass man für $n \geq 30$ eine Genauigkeit hat, die in vielen Fällen ausreichend ist.

Beispiel 14.26: Wahrscheinlichkeit für Mittelwert

Die Lebensdauer T von bestimmten Bauteilen sei exponentialverteilt mit dem Parameter $\lambda = \frac{1}{4\tau}$ und einer Zeiteinheit τ. Bei $n = 100$ Bauteilen wird jeweils die Lebensdauer bestimmt. Wie groß ist die Wahrscheinlichkeit, dass die mittlere Lebendauer dieser 100 Bauteile nicht größer als 3,5 Zeiteinheiten ist? Obwohl die Lebendauer T exponentialverteilt ist, ist die mittlere Lebensdauer $\overline{T}$ für große n näherunsweise normalverteilt. Wir nehmen an, dass $n = 100$ groß genug ist, um näherungsweise mit der Normalverteilung rechnen zu können (da wir nicht wissen, wie der Mittelwert von exponentialverteilten Zufallsvariablen exakt verteilt ist, bleibt uns auch nichts anderes übrig). Für den Erwartungswert bzw. die Standardabweichung von T gilt $\mu = \frac{1}{\lambda} = 4\tau$ bzw. $\sigma = \frac{1}{\lambda} = 4\tau$ (s. Abschnitt 14.6.2). Nach (14.105) ist $\overline{T}$ näherungsweise $N(\mu,\tilde{\sigma}^2)$-verteilt mit $\tilde{\sigma} = \frac{\sigma}{\sqrt{n}}$. Damit erhält man:

$$P(\overline{T} \leq 3{,}5\,\tau) = F(3{,}5\,\tau) \approx \Phi\left(\frac{3{,}5\,\tau - \mu}{\tilde{\sigma}}\right) = \Phi\left(\frac{3{,}5\,\tau - \mu}{\frac{\sigma}{\sqrt{n}}}\right)$$

$$= \Phi\left(\sqrt{n}\,\frac{3{,}5\,\tau - \mu}{\sigma}\right) = \Phi\left(\sqrt{100}\,\frac{3{,}5\,\tau - 4\tau}{4\tau}\right)$$

$$= \Phi(-1{,}25) = 1 - \Phi(1{,}25) = 1 - 0{,}8944 = 0{,}1056$$

Eine Berechnung mit der exakten Verteilung ergibt den Wert 0,10159. ∎

Einen besonders interessanten und wichtige Spezialfall von (14.104) erhält man für folgende Situation bzw. Zufallsvariablen: Ein Zufallsexperiment, bei dem ein Ereignis A mit der Wahrscheinlichkeit p eintreten kann, wird n-mal unabhängig voneinander durchgeführt. Die Zufallsvariable X_i ist die Anzahl bzw. Häufigkeit des Eintretens von A bei der i-ten Durchführung. X_i ist $B(1,p)$-verteilt mit dem Erwartungswert $\mu = E(X_i) = p$ und der Standardabweichung $\sigma = \sqrt{V(X_i)} = \sqrt{p(1-p)}$ (s. Abschnitt 14.5.1). Die Summe

$$X = X_1 + \ldots + X_n$$

ist die Anzahl bzw. Häufigkeit des Eintretens von A bei den n Durchführungen. X ist $B(n,p)$-verteilt (s. Abschnitt 14.5.1). Nach (14.104) ist die Zufallsvariable

$$\frac{X_1 + \ldots + X_n - n\mu}{\sqrt{n}\,\sigma} = \frac{X - np}{\sqrt{np(1-p)}}$$

für große n näherungsweise $N(0;1)$-verteilt.

Grenzwertsatz von Moivre-Laplace $\hspace{6cm}$ (14.106)

Ist X $B(n,p)$-verteilt, dann ist die Verteilungsfunktion der Zufallsvariablen

$$\frac{X - np}{\sqrt{np(1-p)}}$$

für große n näherungsweise und für $n \to \infty$ exakt die Verteilungsfunktion der Standardnormalverteilung.

Wir wollen auch hier nicht den Fehler angeben, den man bei der Verwendung dieser Näherung macht. Als Faustregel kann man aber sagen, dass man für $np(1-p) \geq 9$ eine Genauigkeit hat, die in der Regel ausreichend ist. Ist X die Häufigkeit des Eintretens von A bei den n Durchführungen, so ist $H = \frac{X}{n}$ die relative Häufigkeit des Eintretens von A bei den n Durchführungen. Es gilt:

$$\frac{X - np}{\sqrt{np(1-p)}} = \frac{\frac{X}{n} - p}{\sqrt{\frac{p(1-p)}{n}}} = \frac{H - p}{\sqrt{\frac{p(1-p)}{n}}}$$

Aus dem Satz (14.106) folgt:

Näherung durch Normalverteilung $\hspace{5cm}$ (14.107)

Ist X $B(n,p)$-verteilt, dann gilt für $np(1 - p) \geq 9$:

- X ist näherungsweise $N(\mu,\sigma^2)$-verteilt mit $\mu = np$ und $\sigma = \sqrt{np(1-p)}$.

- $H = \frac{X}{n}$ ist näherungsweise $N(\mu,\sigma^2)$-verteilt mit $\mu = p$ und $\sigma = \sqrt{\frac{p(1-p)}{n}}$.

Die Tatsache, dass die Verteilung einer diskreten Zufallsvariable näherungsweise eine Normalverteilung ist, bedeutet, dass die Verteilungsfunktion der diskreten Zufallsvariablen (Treppenfunktion) durch die stetige Verteilungsfunktion einer Normalverteilung angenähert werden kann (s. Abb. 14.30).

Beispiel 14.27: Näherung durch Normalverteilung

Die Wirkungswahrscheinlichkeit eines neuen Medikamentes bei Patienten mit einer bestimmten Krankheit sei p. Das Medikament wird an $n = 500$ Patienten mit dieser Krankheit getestet. Wirkt es bei mehr als $60\,\%$ der Patienten, d.h. bei mehr als 300 Patienten, erfolgen weitere Tests, andernfalls wird die Einführung des neuen Medikamentes verworfen. Wie groß ist die Wahrscheinlichkeit, dass das Medikament nicht eingeführt wird, wenn die Wirkungswahrscheinlichkeit $p = 0{,}62$ ist? Die Anzahl X der Patienten, bei denen das Medikament wirkt, ist $B(n,p)$-verteilt. Bei einer exakten Rechnung müsste man folgende Summe mit 301 Summanden berechnen:

$$P(X \le 300) = F(300) = f(0) + f(1) + f(2) + \ldots + f(300)$$

$$\text{mit} \quad f(x) = \binom{n}{x} p^x (1-p)^{n-x} = \binom{500}{x} 0{,}62^{\,x} \cdot 0{,}38^{\,500-x}$$

Dies ist sehr aufwändig. Wegen $np(1-p) = 117{,}8 \ge 9$ ist X näherungsweise $N(\mu,\sigma^2)$-verteilt mit $\mu = np = 310$ und $\sigma = \sqrt{np(1-p)} = \sqrt{117{,}8}$. Damit erhält man:

$$P(X \le 300) = F(300) \approx \Phi\left(\frac{300-310}{\sqrt{117{,}8}}\right) = \Phi(-0{,}921) = 1 - \Phi(0{,}921)$$

$$\approx 1 - 0{,}8212 = 0{,}1788$$

Eine Berechnung mit der exakten Verteilung ergibt den Wert 0,19048. ∎

Für eine $B(n,p)$-verteilte Größe X gilt:

$$P(x_1 < X \le x_2) = f(x_1 + 1) + \ldots + f(x_2)$$

Hier ist $f(x)$ die Wahrscheinlichkeitsfunktion der $B(n,p)$-Verteilung. Die Summanden $f(x_1+1), \ldots, f(x_2)$ sind die Flächeninhalte von Balken mit der Breite 1 und den Höhen $f(x_1 + 1), \ldots, f(x_2)$ (blaue Balken in Abb. 14.29).

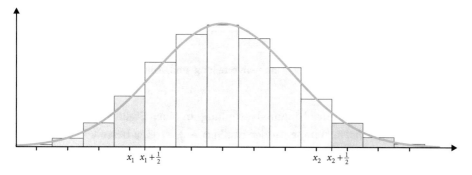

Abb. 14.29: Annäherung einer Binomialverteilung durch eine Normalverteilung.

Die Wahrscheinlichkeit $P(x_1 < X \le x_2)$ ist die Summe der Flächeninhalte dieser Balken. Bei der näherungsweisen Berechnung dieser Wahrscheinlichkeit verwendet man statt der korrekten Verteilungsfunktion die Verteilungsfunktion $F(x)$ einer Normalverteilung:

$$P(x_1 < X \le x_2) \approx F(x_2) - F(x_1) = \int_{x_1}^{x_2} f(x) \mathrm{d}x$$

Hier ist $F(x)$ bzw. $f(x)$ die Verteilungsfunktion bzw. Wahrscheinlichkeitsdichte der Normalverteilung. Ersetzt man die blauen Balkenflächen durch die Fläche unter der Dichte, so muss man nicht von x_1 bis x_2, sondern von $x_1 + \frac{1}{2}$ bis $x_2 + \frac{1}{2}$ integrieren:

$$P(x_1 < X \leq x_2) \approx \int_{x_1+\frac{1}{2}}^{x_2+\frac{1}{2}} f(x)\mathrm{d}x = F(x_2 + \tfrac{1}{2}) - F(x_1 + \tfrac{1}{2})$$

In der Abb. 14.30 sind die Verteilungsfunktionen einer $B(n,p)$-Verteilung und einer $N(\mu,\sigma^2)$-Verteilung mit $\mu = np$ und $\sigma = \sqrt{np(1-p)}$ dargestellt.

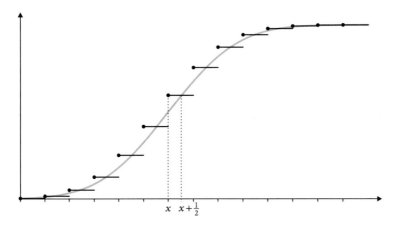

Abb. 14.30: Verteilungsfunktion einer Binomialverteilung und Annäherung durch die Verteilungsfunktion einer Normalverteilung.

Für die Verteilungsfunktion der Binomialverteilung an einer Stelle x gilt: Die Verteilungsfunktion der Normalverteilung an der Stelle $x + \frac{1}{2}$ ist eine bessere Näherung als die Verteilungsfunktion der Normalverteilung an der Stelle x.

Näherung für die Binomialverteilung mit „Stetigkeitskorrktur"

Ist X $B(n,p)$-verteilt und $np(1-p) \geq 9$, dann gilt für $x \in W$:

$$P(X \leq x) \approx F(x + \tfrac{1}{2}) \tag{14.108}$$

Hier ist $F(x)$ die Verteilungsfunktion einer $N(\mu,\sigma^2)$-Verteilung mit

$$\mu = np \tag{14.109}$$

$$\sigma = \sqrt{np(1-p)} \tag{14.110}$$

Beispiel 14.28: Näherung mit und ohne Stetigkeitskorrektur

X sei $B(n,p)$-verteilt mit $n = 500$ und $p = 0{,}62$. Wir berechnen die Wahrscheinlichkeit $P(X \leq 300)$. Die Berechnung mit der korrekten Verteilungsfunktion ergibt:

$$P(X \leq 300) = 0{,}19048$$

Bei der Näherungsrechnung ohne Stetigkeitskorrektur (s. Bsp. 14.27) erhält man:

$$P(X \leq 300) = 0{,}1788$$

Die Näherung mit Stetigkeitskorrektur nach (14.108), (14.109) und (14.110) ergibt:

$$P(X \leq 300) \approx F\left(300 + \tfrac{1}{2}\right) = \Phi\left(\frac{300 + \frac{1}{2} - 310}{\sqrt{117{,}8}}\right) \approx \Phi(-0{,}875)$$
$$= 1 - \Phi(0{,}875) \approx 1 - 0{,}8092 = 0{,}1908$$

Mit Korrektur erhält man also einen genaueren Wert. ∎

Wir kommen noch einmal auf den Grenzwertsatz (14.104) und (14.105) zurück. Eine Größe X, deren Wert bei einem Zufallsexperiment bestimmt wird, sei eine Zufallsvariable mit dem Erwartungswert μ und der Standardabweichung σ. Führt man das Zufallsexperiment n-mal unabhängig voneinander durch, so erhält man n Zahlen $x_1, \ldots, x_n$, die als Realisierungen von n unabhängigen Zufallsvariablen $X_1, \ldots, X_n$ betrachtet werden können. Bei der i-ten Durchführung wird der Wert der Größe X_i bestimmt. Die Zufallsvariablen sind alle gleichverteilt mit dem Erwartunsgwert μ und der Standardabweichung σ. Der Mittelwert $\bar{x} = \frac{1}{n}(x_1 + \ldots + x_n)$ ist die Realisierung der Zufallsvariablen $\overline{X} = \frac{1}{n}(X_1 + \ldots + X_n)$. Nach (14.104) und (14.105) ist $\overline{X}$ näherungsweise $N(\mu, \tilde{\sigma}^2)$-verteilt mit $\tilde{\sigma} = \frac{\sigma}{\sqrt{n}}$. Die Zufallsvariable $U = \frac{\overline{X} - \mu}{\tilde{\sigma}}$ ist für große n näherungsweise und für $n \to \infty$ exakt $N(0;1)$-verteilt. Wir betrachten die Wahrscheinlichkeit, dass die „Abweichung" $|\overline{X} - \mu|$ des Mittelwertes vom Erwartungswert kleiner als eine Zahl $\varepsilon > 0$ ist:

$$P(|\overline{X} - \mu| < \varepsilon) = P(-\varepsilon < \overline{X} - \mu < \varepsilon) = P\left(-\frac{\varepsilon}{\tilde{\sigma}} < \frac{\overline{X} - \mu}{\tilde{\sigma}} < \frac{\varepsilon}{\tilde{\sigma}}\right)$$
$$= P\left(-\sqrt{n}\,\frac{\varepsilon}{\sigma} < U < \sqrt{n}\,\frac{\varepsilon}{\sigma}\right)$$

Für $n \to \infty$ erhält man die Wahrscheinlichkeit

$$P(-\infty < U < \infty)$$

mit einer $N(0;1)$-verteilten Zufallsvariablen U. Diese Wahrscheinlichkeit ist 1.

Gesetz der großen Zahlen: Mittelwert für $n \to \infty$

Bestimmt man n-mal unabhängig voneinander den Wert einer Zufallsvariablen X mit dem Erwartungswert μ und damit den Wert der Zufallsvariablen $\overline{X}$, so gilt:

$$\lim_{n \to \infty} P(|\overline{X} - \mu| < \varepsilon) = 1 \qquad (14.111)$$

Dies gilt für beliebige, d.h. auch für beliebig kleine $\varepsilon > 0$. Die Wahrscheinlichkeit, dass die „Abweichung" des Mittelwertes vom Erwartungswert kleiner als eine beliebig kleine Zahl $\varepsilon > 0$ ist, ist 1 für $n \to \infty$. Der Mittelwert strebt für $n \to \infty$ gegen den Erwartungswert:

$$\bar{x} = \tfrac{1}{n}(x_1 + \ldots + x_n) \quad \xrightarrow{n \to \infty} \quad E(X) \qquad (14.112)$$

Einen besonders interessanten und wichtige Spezialfall von (14.111) erhält man wieder für folgende Situation bzw. Zufallsvariablen: Ein Zufallsexperiment, bei dem ein Ereignis A mit der Wahrscheinlichkeit $p = P(A)$ eintreten kann, wird n-mal unabhängig voneinander durchgeführt. Die Zufallsvariable X_i ist die Anzahl bzw. Häufigkeit des Eintretens von A bei der i-ten Durchführung. X_i ist $B(1,p)$-verteilt mit dem Erwartungswert $\mu = E(X_i) = p$ (s. Abschnitt 14.5.1). Hat man n Realisierungen $x_1, \ldots, x_n$, so ist die Summe $x = x_1 + \ldots + x_n$ die Häufigkeit des Eintretens von A bei den n Durchführungen. Der Mittelwert $\frac{1}{n}(x_1 + \ldots + x_n) = \frac{x}{n} = h_A$ ist die relative Häufigkeit des Eintretens von A bei den n Durchführungen. Er ist die Realisierung der Zufallsvariablen

$$H_A = \overline{X} = \frac{1}{n}(X_1 + \ldots + X_n)$$

Aus (14.111) folgt:

Gesetz der großen Zahlen: Relative Häufigkeit für $n \to \infty$

Ein Zufallsexperiment, bei dem ein Ereignis A mit der Wahrscheinlichkeit $P(A)$ eintreten kann, wird n-mal unabhängig voneinander durchgeführt. Die relative Häufigkeit h_A des Eintretens von A bei den n Durchführungen ist die Realisierung der Zufallsvariablen H_A. Für diese gilt:

$$\lim_{n \to \infty} P(|H_A - P(A)| < \varepsilon) = 1 \qquad (14.113)$$

Die Wahrscheinlichkeit, dass die „Abweichung" der relativen Häufigkeit von der Wahrscheinlichkeit eines Ereignisses kleiner als eine beleibig kleine Zahl $\varepsilon > 0$ ist, ist 1 für $n \to \infty$. Die relative Häufigkeit eines Ereignisses strebt für $n \to \infty$ gegen die Wahrscheinlichkeit des Ereignisses. Damit schließt sich der Kreis, und wir gelangen zu der Aussage, die wir schon am Anfang des Kapitels angegeben haben:

$$h_A \quad \xrightarrow{n \to \infty} \quad P(A) \qquad (14.114)$$

14.8 Aufgaben zu Kapitel 14

14.1 Bei einer Fußballwette können Tipps für die Ergebnisse von zehn Fußballspielen abgegeben werden. Wie viele Tippmöglichkeiten gibt es?

14.2 Bei einem Pferderennen mit 12 Pferden können Tipps abgegeben werden. Bei einem Tipp müssen der erste, zweite und dritte Sieger angegeben werden. Wie viele Tippmöglichkeiten gibt es?

14.3 Bei der Vereinsmeisterschaft eines Judovereins muss jeder Kämpfer einer Gewichtsklasse gegen jeden anderen der gleichen Gewichtsklasse genau einmal antreten. Wie viele Kämpfe gibt es in einer Gewichtsklasse mit 10 Judoka?

14.4 Beim Pokern werden aus 52 Karten 5 ausgewählt („Pokerblatt").

a) Wie viele Pokerblätter gibt es?

b) Wie viele Pokerblätter mit zwei Assen gibt es?

14.5 Jemand hat eine Geheimnummer (PIN) vergessen, sich jedoch Folgendes gemerkt: Die PIN besteht aus vier Zahlen. Es kommen nur die Zahlen 2,5 und 7 vor. Eine dieser Zahlen kommt zweimal vor. Wie viele Zahlen kommen für die PIN infrage?

14.6 N Kugeln sollen auf n Behälter verteilt werden (es muss nicht jeder Behäler eine Kugel bekommen). Wie viele Möglichkeiten gibt es dafür?

14.7 Ein runder Tisch hat n Plätze. Eine „Besetzung" entsteht, indem jeder Platz von einer Person besetzt wird. Wenn bei einer Besetzung jede Person jeweils rechts und links die gleichen Nachbarn hat, wie bei einer anderen Besetzung, dann stellen die beiden Besetzungen die gleiche „Tischordnung" dar. Wie viele verschiedene Tischordnungen gibt es?

14.8 Es werden zwei Würfel geworfen. Das Ergebnis sind zwei Zahlen. Berechnen Sie die Wahrscheinlichkeit folgender Ereignisse:

a) Die Zahl bei Würfel 1 ist größer als bei Würfel 2.

b) Die Summe der beiden Zahlen ist gerade.

c) Das Produkt der beiden Zahlen ist kleiner als 10.

14.9 Beim Reifenwechsel im Herbst werden die Winterreifen des letzten Jahres montiert. Wie groß ist die Wahrscheinlichkeit, dass

a) kein   b) genau ein   c) genau zwei   d) alle   e) mindestens ein

Reifen wieder an die gleiche Stelle kommt/kommen wie letztes Jahr?

14.10 Gegeben sind folgende Wahrscheinlichkeiten:

$$P(A) = 0{,}4 \qquad p(B) = 0{,}2 \qquad P(A \cup B) = 0{,}5$$

Berechnen Sie folgende Wahrscheinlichkeiten:

a) $P(A \cap B)$ b) $P(A \cap \overline{B})$ c) $P(\overline{A} \cap B)$

d) $P(\overline{A} \cap \overline{B})$ e) $P(A \cup \overline{B})$ f) $P(\overline{A} \cup B)$

g) $P(\overline{A} \cup \overline{B})$ h) $P(B|A)$ i) $P(\overline{A}|\overline{B})$

14.11 A,B,C seien Ereignisse mit der Eigenschaft $A \cup B \cup C = \Omega$. Welche der folgenden Fälle sind nicht möglich?

a) $P(A) = 0{,}25$ $\qquad$ $P(B) = 0{,}25$ $\qquad$ $P(C) = 0{,}5$

b) $P(A) = 0{,}5$ $\qquad$ $P(B) = 0{,}5$ $\qquad$ $P(C) = 0{,}5$

c) $P(A) = 0{,}25$ $\qquad$ $P(C) = 0{,}25$ $\qquad$ $P(A \cap B) = 0{,}5$

d) $P(A) = 0{,}25$ $\qquad$ $P(C) = 0{,}25$ $\qquad$ $P(A \cup B) = 0{,}5$

14.12 Wie groß ist die Wahrscheinlichkeit, sechs verschiedene Zahlen zu erhalten, wenn man sechs Mal würfelt?

14.13 Wie groß ist die Wahrscheinlichkeit, dass von n zufällig ausgewählten Personen mindestens zwei am gleichen Tag Geburtstag haben? Es sollen folgende Annahmen gemacht werden: Jedes Jahr hat 365 Tage. Die Wahrscheinlichkeit, dass eine zufällig ausgewählte Person an einem bestimmten Tag Geburtstag hat, sei für alle 365 Tage gleich groß.

14.14 Die folgende elektrische Schaltung besteht aus vier Bauteilen B_1, B_2, B_3, B_4.

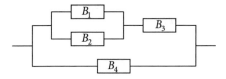

Die Bauteile sind genau dann nichtleitend, wenn sie defekt sind. A_i sei das Ereignis, dass das Bauteil B_i defekt ist. Die Ereignisse A_1, A_2, A_3, A_4 seien paarweise unabhängig. Es gelte:

$$P(A_1) = 0{,}2 \qquad P(A_2) = 0{,}25 \qquad P(A_3) = 0{,}05 \qquad P(A_4) = 0{,}1$$

Wie groß ist die Wahrscheinlichkeit, dass die Schaltung nicht leitet?

14.15 Die Wahrscheinlichkeit, bei einer Geburt einen Jungen zu bekommen, sei 0,51. Eine Ehepaar möchte mindestens ein Mädchen und stellt sich folgende Fragen: Wie groß ist die Wahrscheinlichkeit, dass man mindestens ein Mädchen hat, wenn man n Kinder bekommt? Wie groß muss n sein, damit diese Wahrscheinlichkeit mindestens 90 % beträgt? Beantworten Sie diese Fragen.

14.16 In einer Schachtel befinden sich 20 Lose. Auf zwei Losen steht der Gewinn 1. Auf zwei Losen steht der Gewinn 2. Auf zwei Losen stehen der Gewinn 1 und der Gewinn 2. Es werden zwei Lose gezogen. X bzw. Y sei die Anzahl der gezogenen Lose mit Gewinn 1 bzw. Gewinn 2. Erstellen Sie eine Mehrfeldtabelle wie auf S. 547.

14.17 Eine Gerät enthalte 25 Bauelemente. Ist eines der Bauelemente defekt, so ist das Gerät funktionsunfähig. Die Wahrscheinlichkeit, dass ein Bauelement defekt ist, sei für alle Bauelemente gleich 0,001 (und unabhängig davon, ob ein anderes Bauelement defekt ist). Wie groß ist die Wahrscheinlichkeit, dass das Gerät funktionsunfähig ist, wenn die Funktionsunfähigkeit nur durch defekte Bauelemente verursacht werden kann.

14.18 Eine Gerät enthalte 100 Bauelemente und 300 Lötstellen. Ist eines der Bauelemente oder eine der Lötstellen defekt, so ist das Gerät funktionsunfähig. Die Wahrscheinlichkeit, dass eine Lötstelle defekt ist, sei für alle Lötstellen gleich 0,00002. Die Wahrscheinlichkeit, dass ein Bauelement bzw. eine Lötstelle defekt ist, sei nicht davon abhängig, ob ein anderes Bauelement oder eine andere Lötstelle defekt ist. Die Wahrscheinlichkeit, dass das Gerät defekt ist, sei 0,007. Wie groß ist die Wahrscheinlichkeit, dass ein Bauelement defekt ist. Nehmen Sie an, dass die Funktionsunfähigkeit des Gerätes nur durch defekte Bauelemente oder defekte Lötstellen verursacht werden kann.

14.19 Es werden Teile auf fünf verschiedenen Maschinen hergestellt.

Maschine	Anteil an der Gesamtproduktion	Ausschussanteil
M_1	5 %	5 %
M_2	10 %	4 %
M_3	20 %	1 %
M_4	25 %	2 %
M_5	40 %	2 %

Aus der Gesamtproduktion wird zufällig ein Teil gezogen und auf Fehlerfreiheit geprüft.

a) Mit welcher Wahrscheinlichkeit erhält man ein defektes Teil?

b) Wie groß ist die Wahrscheinlichkeit, dass das Teil von Maschine M_3 kommt, wenn es defekt ist?

14.20 Vier Behälter enthalten jeweils weiße und schwarze Kugeln:

Ein Zufallsexperiment bestehe aus zwei Schritten:

1. Zufällige Auswahl eines Behälters

2. Zufällige Auswahl einer Kugel aus dem gewählten Behälter

a) Wie groß ist die Wahrscheinlichkeit, dass eine weiße Kugel gezogen wird?

b) Wie groß ist die Wahrscheinlichkeit, dass die gezogen Kugel aus dem ersten Behälter kommt, wenn eine weiße Kugel gezogen wird?

14.21 Betrachten Sie den Fall a) von Beispiel 14.4 und berechnen Sie die Wahrscheinlichkeit $P(B)$ mithilfe des Satzes von der totalen Wahrscheinlichkeit.

14.22 An einer (zufällig ausgewählten) Person wird ein Test durchgeführt, der eine bestimmte Krankheit diagnostizieren soll. Die Wahrscheinlichkeit, dass die Person die

Krankheit hat, sei 0,005 (0,5 % aller Personen haben die Krankheit). Die Wahrscheinlichkeit, dass der Test positiv ist, falls die Person die Krankheit hat, sei 0,99. Die Wahrscheinlichkeit, dass der Test negativ ist, falls die Person die Krankheit nicht hat, sei 0,95. Wie groß ist die Wahrscheinlichkeit, dass die Person die Krankheit hat, falls der Test positiv ist?

Zufallsvariablen und Wahrscheinlichkeitsverteilungen

14.23 Welche der folgenden Funktionen kann eine Verteilungsfunktion oder eine Wahrscheinlichkeitsdichte sein?

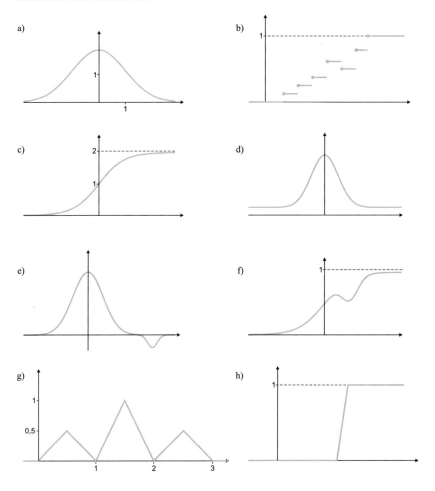

14.24 In einem Behälter befinden sich n Kondensatoren. Aus dem Behälter wird zufällig ein Kondensator ausgewählt. Die Kapazität des ausgewählten Kondensators ist die Realisierung einer Zufallsvariablen X. Ist die Zufallsvariable stetig oder diskret?

14.25 Eine Zufallsvariable hat folgende Wahrscheinlichkeitsdichte:

$$f(x) = \frac{c}{1 + x^2}$$

a) Welchen Wert muss die Kontante c haben?
b) Existiert der Erwartungswert $E(X)$?
c) Existiert die Varianz $V(X)$?
d) Bestimmen Sie die Verteilungsfunktion $F(x)$.
e) Berechnen Sie die Wahrscheinlichkeit $P(-1 \leq X \leq 1)$.

14.26 Eine Zufallsvariable hat folgende Wahrscheinlichkeitsdichte:

$$f(x) = \frac{c}{\cosh^2 x}$$

a) Welchen Wert muss die Kontante c haben?
b) Existiert der Erwartungswert $E(X)$? Hinweis: s. Aufgaben 4.10 d) und 3.13 k)
c) Bestimmen Sie die Verteilungsfunktion $F(x)$.
d) Berechnen Sie die Wahrscheinlichkeit $P(1 \leq X \leq 2)$.

14.27 Eine Zufallsvariable hat folgende Wahrscheinlichkeitsdichte:

$$f(x) = \begin{cases} cx\,e^{-x^2} & \text{für } x \geq 0 \\ 0 & \text{für } x < 0 \end{cases}$$

a) Welchen Wert muss die Kontante c haben?
b) Bestimmen Sie die Verteilungsfunktion $F(x)$.
c) Berechnen Sie die Wahrscheinlichkeit $P(0 \leq X \leq 1)$.

14.28 Beim Pokern werden aus 52 Karten fünf ausgegeben („Pokerblatt"). Vier der 52 Karten sind Asse. Wie groß ist die Wahrscheinlichkeit, ein Pokerblatt mit k Assen zu erhalten ($0 \leq k \leq 4$)?

14.29 Ein Versuch, bei dem ein Erfolg mit der Wahrscheinlichkeit p und ein Misserfolg mit der Wahrscheinlichkeit $q = 1 - p$ eintreten kann, wird so oft wiederholt, bis zum ersten mal ein Erfolgt eintritt. X sei die Anzahl der Misserfolge bis zum ersten Erfolg. Die Wahrscheinlichkeit, dass der erste Erfolg nach k Misserfolgen eintritt, ist gegeben durch:

$$P(X = k) = f(k) = q^k p$$

a) Geben Sie die Wertemenge der Zufallsvariablen X an.
b) Bestimmen Sie die Verteilungsfunktion $F(x)$.
c) Bestimmen Sie den Erwartungswert $E(X)$. Hinweis: s. Aufgaben 1.7 g) und 3.13 l).

14.30 Die Wahrscheinlichkeit, bei einer Geburt einen Jungen zu bekommen, sei 0,51. Eine Ehepaar möchte mindestens ein Mädchen und nimmt sich vor, so lange Kinder zu bekommen, bis zum ersten mal ein Mädchen kommt.

a) Wie groß ist die Wahrscheinlichkeit, dass das Ehepaar mehr als fünf Kinder bekommt?

b) Wie groß wäre die durchschnittliche Anzahl der Kinder, wenn alle Ehepaare so vorgehen würden?

14.31 In der folgenden Mehrfeldtabelle fehlen einige Wahrscheinlichkeiten:

	0	1	2	3	
0		0,05		0,05	0,3
1	0,15			0,05	0,4
2		0,1	0,05		
	0,3	0,3	0,2		

Ergänzen Sie die fehlenden Wahrscheinlichkeiten und berechnen Sie die Maßzahlen $E(X),E(Y),E(XY),V(X),V(Y),\mathrm{Cov}(X,Y),\rho_{XY}$.

14.32 In einer Schachtel befinden sich 10000 Lose, von denen 500 einen Gewinn aufweisen. Es werden 100 Lose gezogen. Wie groß ist die Wahrscheinlichkeit, mehr als 5 Gewinne zu ziehen? Falls Näherungen möglich sind, können Sie diese verwenden.

14.33 Berechnen Sie die Maßzahlen $E(X),E(Y),E(XY),V(X),V(Y),\mathrm{Cov}(X,Y),\rho_{XY}$ für die Zufallsvariablen von Aufgabe 14.16.

14.34 X sei binomialverteilt mit $n = 10$ und $p = 0{,}6$. Berechnen Sie:

   a) $P(X > 3)$ b) $P(X \leq 7)$ c) $P(|X - E(X)| \leq 1)$ d) $P(X > 4|X \leq 7)$

14.35 X sei hypergeometr. verteilt mit $N = 10$, $M = 6$ und $n = 8$. Bestimmen Sie:

   a) $P(X > 6)$ b) $P(X \leq 8)$ c) $P(|X - E(X)| \leq 1)$ d) $P(X > 2|X < 5)$

14.36 X sei poissonverteilt mit $\mu = 6$. Berechnen Sie:

   a) $P(X > 2)$ b) $P(X \leq 6)$ c) $P(|X - E(X)| \leq 2)$ d) $P(X > 4|X \leq 6)$

14.37 X sei normalverteilt mit $\mu = 100$ und $\sigma = 16$. Berechnen Sie:

   a) $P(X > 105)$ b) $P(90 < X < 120)$

   c) $P(X \leq 85)$ d) $P(X \geq 100|X \leq 112)$

14.38 X sei normalverteilt mit $\mu = 100$ und $\sigma = 16$. Berechnen Sie x_0 bzw. d.

   a) $P(X > x_0) = 0{,}4$ b) $P(|X - 100| < d) = 0{,}55$

14.39 X sei normalverteilt. Berechnen Sie den nicht gegebenen Parameter.

   a) $P(X > 100) = 0{,}8$ $\sigma = 4$

   b) $P(|X - 200| < 10) = 0{,}8$ $\mu = 200$

14.40 Ein ohmscher Widerstand R_1 sei $N(1000\,\Omega, 156\,\Omega^2)$-verteilt. Ein anderer ohmscher Widerstand R_2 sei $N(500\,\Omega, 100\,\Omega^2)$-verteilt. Der ohmsche Widerstand einer Serienschaltung beider Widerstände soll im Intervall $[1460\,\Omega, 1540\,\Omega]$ liegen. Wie groß ist die Wahrscheinlichkeit, dass dies nicht der Fall ist?

14.41 Eine Zufallsvariable X heißt lognormalverteilt, wenn $Z = \ln X$ normalverteilt ist. X sei lognormalverteilt, $\ln X$ sei $N(2; 0{,}25)$-verteilt. Berechnen Sie die Wahrscheinlichkeit $P(10 \leq X \leq 20)$.

14.42 X sei exponentialverteilt mit $\lambda = \frac{1}{2}$. Berechnen Sie

$$\text{a) } P(1 \leq X \leq 3) \quad \text{b) } P(X \geq 2 | X \leq 3) \quad \text{c) } \lim_{\Delta t \to 0} \frac{P(X \geq 2 - \Delta t | X \leq 2)}{\Delta t}$$

14.43 X sei die Anzahl der eingehenden Anrufe pro Minute bei einer Telefonhotline. Nehmen Sie an, dass es sich bei diesen Anrufen um einen Poissonprozess handelt. Pro Stunde gehen durchschnittlich 480 Anrufe ein. Berechnen Sie:

$$\text{a) } P(X < 7) \quad \text{b) } P(X \geq 5)$$

14.44 Ein Autohaus besitzt drei Leihwagen für den Verleih bei Reparaturen. X sei die Anzahl der Reparaturen pro Tag. Nehmen Sie an, dass X poissonverteilt ist. Pro Tag hat das Autohaus durchschnittlich 2 Reparaturen.

a) Wie groß ist die Wahrscheinlichkeit, dass an einem Tag die Anzahl der Reparaturen größer ist als die Anzahl der Leihwagen?

b) Wie viele Leihwagen müssten vorhanden sein, damit mit einer Wahrscheinlichkeit von mindestens 0,95 bei jeder Reparatur ein Leihwagen zur Verfügung gestellt werden kann?

14.45 Die Wirksamkeit (Wahrscheinlichkeit der Wirkung) eines neuen Medikamentes für eine bestimmte Krankheit sei p. Das neue Medikament wird an n Patienten getestet. Wenn es bei dem Test nicht bei mehr als 70 % der Patienten wirkt, wird die Einführung des Medikamentes verworfen.

a) Wie groß ist für $n = 10$ die Wahrscheinlichkeit, dass die Einführung verworfen wird, wenn $p = 0{,}75$ ist?

b) Welchen Wert müsste p für $n = 10$ mindestens haben, damit die Einführung mit einer Wahrscheinlichkeit von mindestens 0,7 nicht verworfen wird?

c) Die Wahrscheinlichkeit, dass die Einführung nicht verworfen wird, soll für den Fall $p = 0{,}72$ mindestens 0,95 sein. Wie groß muss n sein? Hinweis: Verwenden Sie eine Näherung.

14.46 Bei einer Umfrage sollen n Personen befragt werden. In der Grundgesamtheit, die als sehr groß angenommen werden darf, seien 40 % der Personen weiblich. Die Umfrage soll repräsentativ in dem Sinn sein, dass der Anteil der weiblichen Personen bei der Umfrage nicht stark von dem entsprechenden Anteil in der Grundgesamtheit abweicht. Genauer: Mit einer Wahrscheinlichkeit von mindestens 0,9 soll der Anteil der weiblichen Personen bei der Umfrage nicht stärker als 0,01 vom Wert 0,4 in der

Grundgesamtheit abweichen. Wie groß muss die Anzahl n der Personen mindestens sein, damit diese Forderung erfüllt ist?

14.47 Bei einem Fertigungsprozess werden Teile mit einem $N(\mu,\sigma^2)$-verteilten Merkmal X hergestellt. Für das Merkmal gibt es einen Toleranzbereich $[x_1,x_2]$. Vor Serienanlauf ist der Fertigungsprozess so eingestellt, dass Folgendes gilt: $\mu = \mu_0 = 150$, $x_1 = 144$, $\sigma = 4$. Der Ausschussanteil beträgt 7,3 %.

a) Berechnen Sie den Wert der rechten Toleranzgrenze x_2.

Die Entwickler haben die Toleranzgrenzen geändert. Sie haben jetzt folgende Werte: $x_1 = 145$, $x_2 = 155$.

b) Berechnen Sie den Ausschussanteil.

Da dieser Ausschussanteil zu groß ist, muss der Prozess optimiert werden. Dazu wird die Standardabweichung auf einen Wert σ_0 verringert. Der Erwartungswert hat unverändert den Wert $\mu = \mu_0 = 150$. Der Ausschussanteil beträgt nun 4,56 %.

c) Berechnen Sie σ_0.

Zur Überprüfung des Prozesses wird regelmäßig eine Stichprobe vom Umfang $n = 4$ durchgeführt. Bei jeder Stichprobe werden dem laufenden Prozess vier Teile entnommen. Bei jedem der vier Teile wird der Wert des Merkmals gemessen. Für die Grenzen c_1 und c_2 einer Mittelwert-Qualitätsregelkarte soll Folgendes gelten: μ_0 liegt in der Mitte des Intervalls $[c_1,c_2]$. Die Wahrscheinlichkeit, dass bei einer Stichprobe der Mittelwert der vier Messwerte im Intervall $[c_1,c_2]$ liegt, beträgt 0,9544 für den Fall, dass sich der Prozess nicht geändert hat (d.h. für den Fall $\mu = \mu_0 = 150$ und $\sigma = \sigma_0$).

d) Berechnen Sie c_1 und c_2.

Liegt bei einer Stichprobe der Mittelwert nicht im Intervall $[c_1,c_2]$, so wird der Prozess gestoppt.

g) Wie groß ist die Wahrscheinlichkeit, dass bei 10 Stichproben mindestens zweimal der Prozess gestoppt wird, für den Fall, dass sich der Prozess nicht verändert hat (d.h. für den Fall $\mu = \mu_0 = 150$ und $\sigma = \sigma_0$)?

15 Beschreibende Statistik

15.1   Einführung und Grundbegriffe

Aufgabe der Statistik ist die **Aufbereitung**, **Darstellung** bzw. **Beschreibung** und **Auswertung von Daten**. Da die Möglichkeiten und Methoden hierfür davon abhängen, welche Daten wie gewonnen werden, gehören auch Überlegungen zur **Gewinnung von Daten** zu den Aufgaben der Statistik. Wir wollen zunächst einige Begriffe einführen und erläutern. Häufig interessiert man sich für bestimmte Eigenschaften bestimmter Objekte. Die Menge aller Objekte, für die man sich interessiert, heißt **Grundgesamtheit**. Die Elemente der Grundgesamtheit heißen **statistische Einheiten**. Es kann sein, dass eine Grundgesamtheit real bzw. physikalisch nicht existiert oder unendlich viele Elemente hat. Betrachtet man z.B. einen Fertigungsprozess, bei dem Teile hergestellt werden, so kann man sich für die Produktion eines Tages interessieren. Die Teile liegen dann real vor, und die Grundgesamtheit ist endlich. Interessiert man sich für den Prozess selbst, so müsste man sich für alle Teile interessieren, die sich mit dem Prozess theoretisch herstellen lassen. Diese theoretische Grundgesamtheit liegt nicht real vor und hat unendlich viele Elemente. In der Regel untersucht man nicht alle Elemente der Grundgesamtheit, sondern wählt n statistische Einheiten aus der Grundgesamtheit aus und untersucht die Eigenschaften dieser n Objekte. Man spricht dann von einer **Stichprobe** mit dem **Stichprobenumfang** n. Betrachtet man nur ein Merkmal, dann spricht man von **univariater Statistik**. Bei der **bivariaten** bzw. **multivariaten Statistik** betrachtet man zwei bzw. mehrere Merkmale. Eine bestimmte Eigenschaft einer statistischen Einheit lässt sich angeben durch den Wert einer Größe, die man **Merkmal** nennt. Die verschiedenen Werte, die man für ein bestimmtes Merkmal erhalten kann, heißen **Ausprägungen** des Merkmals. Bei einer Stichprobe vom Umfang n mit einem Merkmal erhält man n Merkmalswerte

$$x_1, \ldots, x_n$$

Bei zwei Merkmalen erhält man n Wertepaare

$$(x_1, y_1), \ldots, (x_n, y_n)$$

Die Werte bei m Merkmalen lassen sich in einer Matrix bzw. Tabelle zusammenfassen:

$$
\begin{matrix}
x_{11} & x_{12} & \cdots & x_{1m} \\
x_{21} & x_{22} & \cdots & x_{2m} \\
\vdots & \vdots & & \vdots \\
x_{n1} & x_{n2} & \cdots & x_{nm}
\end{matrix}
$$

Hier ist x_{ik} der Wert des k-ten Merkmals bei der i-ten statistischen Einheit. Aufgabe der **beschreibenden Statistik** ist die Beschreibung von Daten durch eine geeignete, aussagekräftige Darstellung von Eigenschaften dieser Daten. Stammen die Daten von einer Stichprobe, so möchte man häufig aus dem Ergebnis der Stichprobe, d.h. aus den Daten, Aussagen über die Grundgesamtheit ableiten. Da man nicht alle Elemente der Grundgesamtheit untersucht hat, können solche Aussagen natürlich keine sicheren Aussagen sein. Sie sind mit einer „Unsicherheit" bzw. Irrtumswahrscheinlichkeit behaftet. Rückschlüsse von einer Stichprobe auf die Grundgesamtheit unter Kontrolle der Unsicherheit bzw. Irrtumswahrscheinlichkeit ist Gegenstand der **schließenden Statistik**, mit der sich das nächste Kapitel beschäftigen wird.
Es gibt verschiedene Merkmalsarten. Die Tabellen 15.1 bis 15.3 zeigen verschiedene Möglichkeiten, Merkmale zu klassifizieren.

Tab. 15.1: Einteilung nach Skalenniveau

Merkmalsart	Eigenschaft	Beispiele
nominal skaliertes Merkmal	Merkmal, bei dem nur die Gleichheit oder Verschiedenheit der möglichen Ausprägungen festgestellt werden kann	Geschlecht einer Person
ordinal skaliertes Merkmal	Es gibt eine Reihenfolge der möglichen Ausprägungen	Note bei einer Prüfung
metrisches Merkmal	Die Merkmalsausprägungen sind (evtl. mit einer Maßeinheit versehene) Zahlenwerte. Differenzen quantifizieren Unterschiede	Länge eines Teils

Die Note bei einer Prüfung ist kein metrisches Merkmal. Hat ein Student die Note 4 und ein anderer die Note 5, so kann der Unterschied der Fähigkeiten bzw. der Punktzahl bei der Prüfung bei diesen Studenten sehr gering sein. Bei zwei anderen Studenten mit der gleichen Notendifferenz kann der Unterschied groß sein. Statt den Noten $1, 2, 3, 4, 5$ könnte man genauso gut die Noten A, B, C, D, E vergeben. Dann könnten Differenzen nicht gebildet werden. Die Prüfungsnote ist ein ordinal skaliertes Merkmal.

Tab. 15.2: Einteilung in quantitative und qualitative Merkmale

Merkmalsart	Eigenschaft	Beispiele
quantitatives Merkmal	Die Merkmalsausprägungen sind (evtl. mit einer Maßeinheit versehene) Zahlenwerte	Länge eines Teils
qualitatives Merkmal	Das Merkmal ist nicht quantitativ	Geschlecht einer Person

Diese Klassifizierung ist nicht so informativ, wie die Einteilung nach Skalenniveau. Weiß man nur, dass ein Merkmal qualitativ bzw. quantitativ ist, dann weiß man nicht, ob es eine Reihenfolge gibt bzw. ob Differenzen eine Bedeutung haben. Eine weitere Klassifizierung zeigt Tabelle 15.3.

Tab. 15.3: Einteilung in diskrete und stetige Merkmale

Merkmalsart	Eigenschaft	Beispiele
diskretes Merkmal	Die Menge der möglichen Ausprägungen ist endlich oder abzählbar (d.h. die möglichen Ausprägungen sind durchnummerierbar)	Anzahl defekter Bauteile in einer Lieferung
stetiges Merkmal	Die Merkmalsausprägungen sind (evtl. mit einer Maßeinheit versehene) Zahlenwerte, wobei jede Zahl eines Intervalls möglich ist	Lebensdauer eines Bauteils

Wählt man aus einer Grundgesamtheit ein Element zufällig aus und bestimmt bei diesem Element den Wert eines quantitativen Merkmals, so kann man das Merkmal als Zufallsvariable betrachten. Ein diskretes bzw. stetiges quantitatives Merkmal, dessen Wert bei einem Zufallsexperiment bestimmt wird, stellt eine diskrete bzw. stetige Zufallsvariable dar (s. Kap. 14 , Abschnitt 14.4). Man kann also Aussagen der Wahrscheinlichkeitsrechnung anwenden. Dies wird in der schließenden Statistik eine wichtige Rolle spielen. Wir werden aber auch in diesem Kapitel zur beschreibenden Statistik Bezüge zur Wahrscheinlichkeitsrechnung herstellen.

Für die Beschreibung von Daten durch eine aussagekräftige Darstellung von Eigenschaften dieser Daten gibt es verschiedene Möglichkeiten. Bestehen die Daten aus Merkmalswerten, so sind die **Häufigkeiten** der Ausprägungen eines Merkmals eine wichtige Eigenschaft. Für diese gibt es **grafische Darstellungen**. Darüber hinaus gibt es Eigenschaften, die man jeweils mit einer Zahl angeben kann. Man spricht in diesem Fall von **Maßzahlen**. Im Folgenden werden wir diese beiden Möglichkeiten darstellen.

15.2   Univariate beschreibende Statistik

15.2.1   Häufigkeiten und grafische Darstellungen

Gegenstand der univariaten beschreibenden Statistik sind Daten, die aus n Werten

$$x_1, \ldots, x_n \tag{15.1}$$

bestehen, die nicht alle verschieden sein müssen. Die n Werte in (15.1) können Ausprägungen eines Merkmals und das Ergebnis einer Stichprobe sein. Wir bezeichnen die *verschiedenen* Werte bzw. Ausprägungen in (15.1) mit

$$a_1, \ldots, a_k \tag{15.2}$$

Die **Häufigkeit** n_i des Wertes a_i gibt an, wie oft der Wert a_i in (15.1) vorkommt. Für die Häufigkeiten gilt:

$$n_1 + \ldots + n_k = n \tag{15.3}$$

Die **relative Häufigkeit** h_i des Wertes a_i ist definiert durch:

$$h_i = \frac{n_i}{n} \tag{15.4}$$

Für die relativen Häufigkeiten gilt:

$$h_1 + \ldots + h_k = 1 \tag{15.5}$$

Bei qualitativen oder nominal skalierten Merkmalen kann man die Häufigkeiten oder relativen Häufigkeiten durch Balken- oder Tortendiagramme darstellen.

Beispiel 15.1: Qualitatives bzw. nominal skaliertes Merkmal

Von einem bestimmten Produkt gibt es die vier Varianten A, B, C und D. Bei einer Umfrage wurden 250 Personen gefragt, welche Variante bevorzugt wird. Das qualitative bzw. nominal skalierte Merkmal *Variante* hat vier Ausprägungen. Die folgende Tabelle zeigt die Häufigkeiten und relativen Häufigkeiten dieser Ausprägungen bei der Stichprobe (Umfrage).

i	Ausprägung a_i	Häufigkeit n_i	relative Häufigkeit h_i
1	A	25	0,1
2	B	70	0,28
3	C	40	0,16
4	D	115	0,46

Die Abb. 15.1 zeigt zwei Diagramme, in denen jeweils die Häufigkeiten bzw. relativen Häufigkeiten grafisch dargestellt werden.   ∎

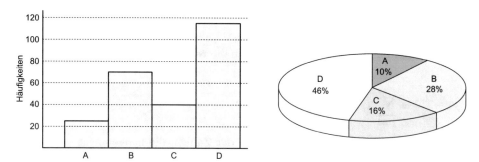

Abb. 15.1: Balken- und Tortendiagramm zur Darstellung von Häufigkeiten.

Von nun an nehmen wir an, dass die auszuwertenden Daten aus n *Zahlen*

$$x_1, \ldots, x_n \tag{15.6}$$

bestehen, die nicht alle verschieden sein müssen. Sie können Ausprägungen eines quantitativen Merkmals und das Ergebnis einer Stichprobe sein. Wir bezeichnen die k *verschiedenen* Zahlen in (15.6) mit

$$a_1, \ldots, a_k \tag{15.7}$$

und nehmen an, dass die Zahlen in (15.7) der Größe nach geordnet sind:

$$a_1 < \ldots < a_k \tag{15.8}$$

Die **Häufigkeit** n_i der Zahl a_i gibt an, wie oft der Zahl a_i in (15.7) vorkommt. Für die Häufigkeiten gilt:

$$n_1 + \ldots + n_k = n \tag{15.9}$$

Die **relative Häufigkeit** h_i der Zahl a_i ist definiert durch:

$$h_i = \frac{n_i}{n} \tag{15.10}$$

Für die relativen Häufigkeiten gilt:

$$h_1 + \ldots + h_k = 1 \tag{15.11}$$

Die Summe der ersten i Häufigkeiten $n_1, \ldots, n_i$ ist die **Summenhäufigkeit** G_i:

$$G_i = \sum_{j=1}^{i} n_j = n_1 + \ldots + n_i \tag{15.12}$$

G_i ist die Anzahl der Zahlen, die kleinergleich a_i sind. Für ein x mit $a_i \leq x < a_{i+1}$ gilt: Die Anzahl der Zahlen, die kleinergleich x sind, ist gegeben durch G_i. Dividiert man die Summenhäufigkeiten G_i durch n, so erhält man die **relativen Summenhäufigkeiten** F_i:

$$F_i = \frac{G_i}{n} = \sum_{j=1}^{i} h_j = h_1 + \ldots + h_i \tag{15.13}$$

Für ein x mit $a_i \leq x < a_{i+1}$ gilt: Der Anteil der Zahlen, die kleinergleich x sind, ist gegeben durch F_i. Mit den relativen Häufigkeiten definiert man folgende Funktion:

Definition 15.1: Relative Häufigkeitsfunktion

$$\hat{f}(x) = \begin{cases} h_i & \text{für } x = a_i \\ 0 & \text{sonst} \end{cases} \tag{15.14}$$

Die relative Häufigkeitsfunktion hat folgende Bedeutung:

$\hat{f}(x)$ ist der Anteil der Zahlen (von den insgesamt n Zahlen), die den Wert x haben.

Mit den relativen Summenhäufigkeiten definiert man die **empirische Verteilungsfunktion**:

Definition 15.2: Empirische Verteilungsfunktion

$$\widehat{F}(x) = \begin{cases} 0 & \text{für } x < a_1 \\ F_i & \text{für } a_i \leq x < a_{i+1} \\ 1 & \text{für } x \geq a_k \end{cases} \tag{15.15}$$

$a_1, \ldots, a_k$ sind die *verschiedenen* Werte, die bei den Zahlen $x_1, \ldots, x_n$ vorkommen. Sie sind der Größe nach geordnet, d.h. es gilt $a_1 < \ldots < a_k$. Die empirische Verteilungsfunktion hat folgende Bedeutung:

$\widehat{F}(x)$ ist der Anteil der Zahlen (von den insgesamt n Zahlen), deren Wert kleiner oder gleich x ist.

Für $x = a_i$ gilt nach (15.15):

$$\widehat{F}(a_i) = F_i = h_1 + \ldots + h_i$$

Nach (15.15) gilt aber für alle x mit $a_i \leq x < a_{i+1}$:

$$\widehat{F}(x) = F_i = h_1 + \ldots + h_i = \widehat{F}(a_i)$$

Die Funktionswerte von $\widehat{F}(x)$ sind im Intervall $[a_i, a_{i+1}[$ konstant. Für $x = a_{i+1}$ gilt:

$$\widehat{F}(a_{i+1}) = F_{i+1} = h_1 + \ldots + h_i + h_{i+1} = F(a_i) + h_{i+1}$$

Die Funktion $\widehat{F}(x)$ ist eine Treppenfunktion. Im Intervall $[a_i, a_{i+1}[$ ist sie konstant. An der Stelle a_{i+1} macht sie einen Sprung um h_{i+1} (relative Häufigkeit des Wertes a_{i+1}).

Beispiel 15.2: Auswertung einer Stichprobe

Das Ergebnis einer Stichprobe vom Umfang $n = 100$ seien folgende Zahlen:

```
 3  3  5  5  5  5  5  5  5  5  5  7  7  7  7  7  7  8  8  8
 8  8  8  8  8  8  8  8  8  8  8  8  8  8  8  8  8  8  8  9
 9  9  9  9  9  9  9  9  9  9  9  9  9  9  9  9  9  9  9  9
 9  9  9  9  9  9  9  9  9  9  9 10 10 10 10 10 10 10 10 10
10 10 10 10 10 10 10 10 10 10 12 12 12 12 12 12 12 12 12 12
```

In der folgenden Häufigkeitstabelle sind die Werte von a_i, n_i, h_i, G_i und F_i aufgelistet:

i	a_i	n_i	h_i	G_i	F_i
1	3	2	0,02	2	0,02
2	5	9	0,09	11	0,11
3	7	6	0,06	17	0,17
4	8	22	0,22	39	0,39
5	9	32	0,32	71	0,71
6	10	19	0,19	90	0,90
7	12	10	0,10	100	1,00

Die Abb. 15.2 zeigt die Graphen der Funktionen $\hat{f}(x)$ und $\widehat{F}(x)$. ∎

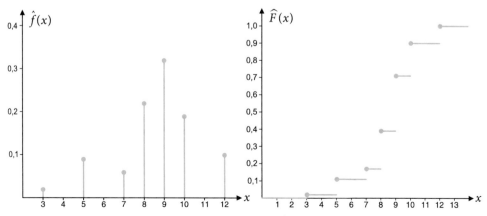

Abb. 15.2: Graphen der Funktionen $\hat{f}(x)$ (links) und $\widehat{F}(x)$ (rechts).

Der Graph der Funktion $\hat{f}(x)$ sieht aus wie ein Stabdiagramm: An den Stellen $x = a_i$ befinden sich Stäbe mit den Höhen $\hat{f}(a_i) = h_i$. Er ist die grafische Darstellung einer (relativen) Häufigkeitsverteilung. Damit kann man Eigenschaften der Daten anschaulich erkennen, die man mit einem Blick auf die Daten (n Zahlen) nur schwer feststellen kann (Verteilung der Zahlen auf der Zahlengeraden, Häufigkeiten der verschiedenen Werte). Auf den ersten Blick scheint der Graph von $\widehat{F}(x)$ anschaulich nicht so aussagekräftig zu sein wie der Graph von $\hat{f}(x)$. Man kann jedoch die gleichen Eigenschaften der Daten ablesen (Verteilung der Zahlen auf der Zahlengeraden, Häufigkeiten der verschiedenen Werte): Die verschiedenen Werte, die bei den n Zahlen vorkommen, sind die Sprungstellen. Die relativen Häufigkeiten dieser Werte sind Sprunghöhen. Ein große Höhendifferenz an einer Sprungstelle bzw. ein steiler Verlauf in einem bestimmten Bereich bedeutet eine große Häufigkeit des entsprechenden Wertes bzw. viele Zahlen in dem Bereich. Hat man die Funktionen $\hat{f}(x)$ und $\widehat{F}(x)$, so kann man damit alle möglichen Anteile bestimmen. Wir bezeichnen den Anteil der Zahlen (von den insgesamt n Zahlen), die eine bestimmte Bedingung B erfüllen, mit $A(B)$. Sind die n Zahlen jeweils Ausprägungen eines quantitativen Merkmals X, dann ist z.B. $A(X > x_0)$ der Anteil der Zahlen, deren Wert größer als x_0 ist. Mit dieser Bezeichnungsweise gilt:

$$A(X = x_0) \qquad = \hat{f}(x_0) \tag{15.16}$$

$$A(X \le x_0) \qquad = \widehat{F}(x_0) \tag{15.17}$$

$$A(x_1 < X \le x_2) \; = \widehat{F}(x_2) - \widehat{F}(x_1) \tag{15.18}$$

$$A(X > x_0) \qquad = 1 - \widehat{F}(x_0) \tag{15.19}$$

$$A(X < x_0) \qquad = \widehat{F}(x_0) - \hat{f}(x_0) \tag{15.20}$$

$$A(X \ge x_0) \qquad = 1 - \widehat{F}(x_0) + \hat{f}(x_0) \tag{15.21}$$

$$A(x_1 \le X \le x_2) = \widehat{F}(x_2) - \widehat{F}(x_1) + \hat{f}(x_1) \tag{15.22}$$

$$A(x_1 < X < x_2) \; = \widehat{F}(x_2) - \widehat{F}(x_1) - \hat{f}(x_2) \tag{15.23}$$

$$A(x_1 \le X < x_2) = \widehat{F}(x_2) - \widehat{F}(x_1) + \hat{f}(x_1) - \hat{f}(x_2) \tag{15.24}$$

Beispiel 15.3: Bestimmung eines Anteils

Wir betrachten die Stichprobe im Beispiel 15.2 und wollen den Anteil der Zahlen bestimmen, die im Intervall $]6{,}5;\,10{,}5]$ liegen:

$$A(X \in \,]6{,}5;\,10{,}5]) = A(6{,}5 < X \le 10{,}5) = \widehat{F}(10{,}5) - \widehat{F}(6{,}5)$$
$$= 0{,}9 - 0{,}11 = 0{,}79$$

79 % der Zahlen liegen im Intervall $]6{,}5;\,10{,}5]$.   ∎

Wird der Wert eines Merkmals X durch ein Zufallsexperiment (s. Abschnitt 14.1) bestimmt, dann kann man das Merkmal als Zufallsvariable (s. Abschnitt 14.4) betrachten. Sind die n Zahlen $x_1, \ldots, x_n$ Realisierungen von n Zufallsvariablen $X_1, \ldots, X_n$, dann spricht man von einer **Zufallsstichprobe**. Wir betrachten folgende Stichprobe:

Definition 15.3: Einfache Zufallsstichprobe

Die n Zahlen $x_1, \ldots, x_n$ einer **einfachen Zufallsstichprobe** sind Realisierungen von n Zufallsvariablen $X_1, \ldots, X_n$, die alle *gleich verteilt* und *unabhängig voneinander* sind.

Die folgende Stichprobe ist eine einfache Zufallsstichprobe:

Einfache Zufallsstichprobe (15.25)

Ein Zufallsexperiment, bei dem der Wert eines Merkmals X (Zufallsvariable) festgestellt wird, wird n-mal unabhängig voneinander durchgeführt. Als Ergebnis erhält man n Zahlen $x_1, \ldots, x_n$.

Entstehen die Zahlen $x_1, \ldots, x_n$ durch die Zufallsstichprobe (15.25), dann ist der Anteil $A(X \leq x)$ der Zahlen, deren Wert kleinergleich x ist, gleich der relativen Häufigkeit des Ereignisses $X \leq x$. Nach (14.114) strebt die relative Häufigkeit dieses Ereignisses für $n \to \infty$ gegen die Wahrscheinlichkeit $P(X \leq x)$ des Ereignisses. Diese ist gegeben durch die Verteilungssfunktion $F(x)$:

$$A(X \leq x) = \widehat{F}(x) \quad \xrightarrow{n \to \infty} \quad P(X \leq x) = F(x)$$

Es gilt also:

$$A(X \leq x) \quad \xrightarrow{n \to \infty} \quad P(X \leq x) \tag{15.26}$$

$$\widehat{F}(x) \quad \xrightarrow{n \to \infty} \quad F(x) \tag{15.27}$$

Entstehen die Daten durch die Zufallsstichprobe (15.25), dann strebt die empirische Verteilungsfunktion für $n \to \infty$ gegen die Verteilungsfunktion der Zufallsvariablen X. Der Anteil $A(X = x)$ der Zahlen, die den Wert x haben, ist gleich der relativen Häufigkeit des Ereignisses $X = x$. Nach (14.114) strebt die relative Häufigkeit dieses Ereignisses für $n \to \infty$ gegen die Wahrscheinlichkeit $P(X = x)$ des Ereignisses. Für eine diskrete Zufallsvariable ist diese Wahrscheinlichkeit gegeben durch die Wahrscheinlichkeitsfunktion $f(x)$:

$$A(X = x) = \hat{f}(x) \quad \xrightarrow{n \to \infty} \quad P(X = x) = f(x)$$

Ist X diskret, dann gilt also:

$$A(X = x) \quad \xrightarrow{n \to \infty} \quad P(X = x) \tag{15.28}$$

$$\hat{f}(x) \quad \xrightarrow{n \to \infty} \quad f(x) \tag{15.29}$$

Die relative Häufigkeitsfunktion strebt unter den genannten Voraussetzung gegen die Wahrscheinlichkeitsfunktion.

Beispiel 15.4: Relative Häufigkeitsfunktion bei zunehmendem Stichprobenumfang

Die n Zahlen $x_1, \ldots, x_n$ werden bestimmt, indem man n-mal mit einem Würfel würfelt. Dies ist eine einfache Zufallsstichprobe vom Typ (15.25). Die Zufallsvariable X ist die Zahl, die man bei einem Wurf erhält. Die Abb. 15.3 zeigt $\hat{f}(x)$ für drei Zufallsstichproben mit verschiedenen Werten von n sowie die Funktion $f(x)$.

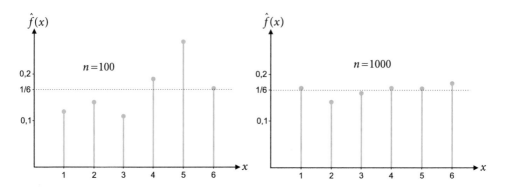

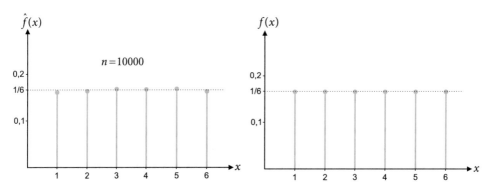

Abb. 15.3: $\hat{f}(x)$ strebt für $n \to \infty$ gegen $f(x)$.

Man erkennt, dass sich die relative Häufigkeitsfunktion mit zunehmendem n immer mehr der Wahrscheinlichkeitsfunktion von X annähert.   ■

Werden die Werte eines stetigen Merkmals durch eine physikalische Messung bestimmt, so kann man erwarten, dass sich alle Werte unterscheiden, wenn man genau genug misst. Bei genauer Messung werden die Häufigkeiten der Ausprägungen jeweils 1 oder zumindest klein sein. Die relative Häufigkeitsfunktion erscheint in diesem Fall weniger geeignet zur Veranschaulichung der Zahlenverteilung (s. Bsp. 15.5).

Beispiel 15.5: Stichprobe mit stetigem Merkmal

Das Ergebnis einer Stichprobe vom Umfang $n = 50$ seien folgende Zahlen:

25,1	27,7	33,1	35,5	38,9	39,7	40,5	42,4	43,1	43,5
44,2	44,7	45,5	46,6	47,3	48,1	49,2	49,9	50,2	51,3
52,6	53,5	54,7	54,8	55,4	55,5	55,9	56,3	56,4	57,5
58,1	59,2	59,7	60,1	60,9	62,2	64,3	64,9	65,4	66,8
68,4	69,2	72,6	74,9	75,4	77,7	79,3	83,3	85,8	88,1

Die Abb. 15.4 zeigt die relative Häufigkeitsfunktion für diese Zahlen.

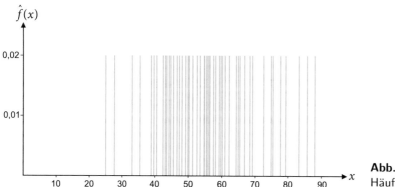

Abb. 15.4: Relative Häufigkeitsfunktion.

Dieser Graph ist zur Veranschaulichung Daten weniger geeignet. ∎

Ist die Anzahl der verschiedenen Werte groß, so ist zur anschaulichen Auswertung eine Klassenbildung sinnvoll: Ein Intervall I, in dem alle Zahlen liegen, wird in k Teilintervalle (Klassen) $I_1, \ldots, I_k$ mit den Intervallgrenzen $x'_0, \ldots, x'_k$ und den Intervallbreiten $\Delta x_1, \ldots, \Delta x_k$ eingeteilt.

Die Intervallbreite des Gesamtintervalls I sollte i.d.R. nicht wesentlich größer als die Differenz $x_{\max} - x_{\min}$ zwischen der größten Zahl $x_{\max}$ und der kleinsten Zahl $x_{\min}$ sein. Für die Anzahl k der Klassen gibt es verschiedene grobe Faustregeln, z. B.:

$$k \approx 2 \ln n \qquad n \geq 50$$

Liegt eine Zahl genau auf einer Klassengrenze, so muss festgelegt werden, zu welcher Klasse sie gehören soll. Wir legen fest, dass sie in diesem Fall zur linken Klassen gehören soll. Die k Klassen sind damit die halboffenen Intervalle $]x'_0; x'_1],]x'_1; x'_2], \ldots,]x'_{k-1}; x'_k]$. Für die gewählten Klassen kann man folgende Größen bilden:

Klassenhäufigkeit	$\tilde{n}_i$	Anzahl der Zahlen, die in der i-ten Klasse liegen
relative Klassenhäufigkeit	$\tilde{h}_i = \dfrac{\tilde{n}_i}{n}$	Anteil der Zahlen, die in der i-ten Klasse liegen
Klassenhäufigkeitsdichte	$\tilde{f}_i = \dfrac{\tilde{h}_i}{\Delta x_i}$	
Klassensummenhäufigkeit	$\widetilde{G}_i = \sum\limits_{j=1}^{i} \tilde{n}_j$	Anzahl der Zahlen, die in den ersten i Klassen liegen
rel. Klassensummenhäufigkeit	$\widetilde{F}_i = \dfrac{\widetilde{G}_i}{n}$	Anteil der Zahlen, die in den ersten i Klassen liegen

In einem **Histogramm** werden über den Klassen Balken dargestellt. Die Höhe des i-ten Balkens ist die Klassenhäufigkeitsdichte $\tilde{f}_i$ der i-ten Klasse. Damit ist der Flächeninhalt A_i des i-ten Balkens die relative Klassenhäufigkeit $\tilde{h}_i$ der i-ten Klasse:

$$A_i = \tilde{f}_i \Delta x_i = \frac{\tilde{h}_i}{\Delta x_i}\, \Delta x_i = \tilde{h}_i$$

Die Summe der Balkenflächen ist 1:

$$A_1 + \ldots + A_k = \tilde{h}_1 + \ldots + \tilde{h}_k = \frac{\tilde{n}_1}{n} + \ldots + \frac{\tilde{n}_k}{n} = \frac{\tilde{n}_1 + \ldots + \tilde{n}_k}{n} = \frac{n}{n} = 1$$

Die empirische Verteilungsfunktion $\widehat{F}(x_i')$ an der rechten Intervallgrenze x_i' des i-ten Intervalls ist der Anteil der Zahlen, die kleinergleich x_i' sind, d.h. der Anteil der Zahlen, die in den ersten i Klassen liegen. Dieser Anteil ist $\widetilde{F}_i$. An der rechten Intervallgrenze des i-ten Intervalls hat die empirische Verteilungsfunktion also den Wert $\widetilde{F}_i$. Trägt man in einem Graphen an diesen Stellen diese Funktionswerte ein und verbindet die Punkte mit geraden Linien, so erhält man den Graphen einer Funktion $\widetilde{F}(x)$. Diese ist eine Näherungsfunktion für die empirische Verteilungsfunktion $\widehat{F}(x)$ und stimmt an den Intervallgrenzen mit $\widehat{F}(x)$ überein.

Beispiel 15.6: Auswertung mit Klassenbildung

Wir betrachten die gleichen 50 Zahlen, wie in Beispiel 15.5:

25,1	27,7	33,1	35,5	38,9	39,7	40,5	42,4	43,1	43,5
44,2	44,7	45,5	46,6	47,3	48,1	49,2	49,9	50,2	51,3
52,6	53,5	54,7	54,8	55,4	55,5	55,9	56,3	56,4	57,5
58,1	59,2	59,7	60,1	60,9	62,2	64,3	64,9	65,4	66,8
68,4	69,2	72,6	74,9	75,4	77,7	79,3	83,3	85,8	88,1

Wir berechnen die Größen $\tilde{n}_i, \tilde{h}_i, \tilde{f}_i, \tilde{G}_i, \tilde{F}_i$ und tragen sie in eine Häufigkeitstabelle ein.

i	I_i	$\tilde{n}_i$	$\tilde{h}_i$	$\tilde{f}_i$	$\tilde{G}_i$	$\tilde{F}_i$
1	]20;30]	2	0,04	0,004	2	0,04
2	]30;40]	4	0,08	0,008	6	0,12
3	]40;50]	12	0,24	0,024	18	0,36
4	]50;60]	15	0,30	0,030	33	0,66
5	]60;70]	9	0,18	0,018	42	0,84
6	]70;80]	5	0,10	0,010	47	0,94
7	]80;90]	3	0,06	0,006	50	1,00

Die Abb. 15.5 zeigt links das Histogramm und rechts die Graphen der empirischen Verteilungsfunktion $\widehat{F}(x)$ und der Näherungsfunktion $\widetilde{F}(x)$.

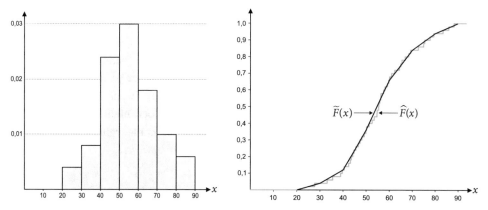

Abb. 15.5: Histogramm (links) und Verteilungsfunktion mit Näherungsfunktion.

Beim Histogramm erkennt man die Art der Verteilung der n Zahlen besser als beim Graphen der relativen Häufigkeitsfunktion (s. Abb. 15.4). ∎

Warum werden beim Histogramm für die Höhen der Balken die Klassenhäufigkeitsdichten $\tilde{f}_i$ und nicht die relativen Klassenhäufigkeiten $\tilde{h}_i$ verwendet? Haben alle Klassen die gleiche Breite Δx, so ist $\tilde{h}_i = \tilde{f}_i \Delta x$. Würde man in diesem Fall $\tilde{h}_i$ statt $\tilde{f}_i$ verwenden, so würden sich alle Balkenhöhen um den gleichen Faktor ändern. Bei unterschiedlichen Klassenbreiten kann die Verwendung von $\tilde{h}_i$ zu Verzerrungen führen. Würde man im Bsp. 15.6 die Klasse]50; 60], in der die meisten Zahlen liegen, in die zwei Klassen]50; 55] und]55; 60] aufteilen, die halb so breit sind, so befänden sich in diesen beiden Klassen jeweils wesentlich weniger Zahlen, als in der ursprünglichen Klasse]50; 60]. Würde man die relativen Klassenhäufigkeiten $\tilde{h}_i$ als Balkenhöhen verwenden, so hätte man in dem Bereich mit den meisten Zahlen statt einem hohen zwei niedrige Balken. Diese Verfälschung wird durch die Verwendung der Klassenhäufigkeitsdichten $\tilde{f}_i$ kompensiert. Diese werden gebildet indem man die relativen Klassenhäufigkeiten durch die Klassenbreiten dividiert. Die relativen Klassenhäufigkeiten der beiden schmalen Klassen werden durch 5 dividiert, die der übrigen Klassen durch 10.

15.2.2 Maßzahlen

Bestehen die Daten aus n Zahlen $x_1, \ldots, x_n$, so kann man wichtige bzw. interessante Eigenschaften dieser Daten (z.B. Lage, Breite und Symmetrie der Zahlenverteilung) durch die relative Häufigkeitsfunktion und empirische Verteilungsfunktion grafisch anschaulich darstellen. Man will solche Eigenschaften aber auch quantitativ erfassen und angeben. Dies geschieht mithilfe von Maßzahlen.

Lagemaßzahlen

Eine Lagemaßzahl charakterisiert die „Lage" einer Verteilung von n Zahlen auf der Zahlengeraden. Die n Zahlen streuen um die Lagemaßzahl herum, die sich zwischen der kleinsten und der größten Zahl befindet. Es gibt verschiedene Lagemaßzahlen. Manche werden als „Mittelwerte" bezeichnet. Der bekannteste Mittelwert ist der arithmetische Mittelwert. Wir geben ihn (und auch die anderen Mittelwerte) jeweils auf zwei verschiedene Arten an. Dabei sind $x_1, \ldots, x_n$ die n Zahlen, die jedoch nicht alle verschieden sein müssen, und $a_1, \ldots, a_m$ die *verschiedenen* Werte in der Zahlenreihe $x_1, \ldots, x_n$. Die Häufigkeit bzw. relative Häufigkeit eines Wertes a_i sei n_i bzw. h_i.

$$\bar{x} = \frac{1}{n} \sum_{i=1}^{n} x_i \tag{15.30}$$

Arithmetischer Mittelwert

$$\bar{x} = \sum_{i=1}^{m} h_i a_i \tag{15.31}$$

Man kann leicht zeigen, dass (15.30) und (15.31) äquivalent sind und den gleichen Wert haben. Der arithmetische Mittelwert kann als Schwerpunkt einer Massenverteilung interpretiert werden: Befinden sich auf der Zahlengeraden an den Stellen a_i Massen M_i mit $M_i = n_i$, dann stimmt der Schwerpunkt dieser Massenverteilung mit dem arithmetischen Mittelwert der Zahlenverteilung überein. Eine weitere Eigenschaft ist erwähnenswert: Die Summe

$$\sum_{i=1}^{n} (x_i - c)^2$$

der quadrierten Abweichungen der Zahlen x_i von einer Zahl c ist minimal für $c = \bar{x}$. Nicht immer ist es der arithmetische Mittelwert, der von Interesse ist. Sind die Zahlen $x_1, \ldots, x_n$ alle positiv, so kann man den geometrischen Mittelwert bilden.

$$\bar{x}_g = \sqrt[n]{x_1 \cdot x_2 \cdot \ldots \cdot x_n} \tag{15.32}$$

Geometrischer Mittelwert

$$\bar{x}_g = a_1^{h_1} \cdot a_2^{h_2} \cdot \ldots \cdot a_m^{h_m} \tag{15.33}$$

Beispiel 15.7: Mittlerer Aufzinsfaktor

Bei der Verzinsung eines Guthabens wächst dieses nach einer Zinsperiode vom Anfangswert K_0 auf einen Wert $K_1 = q_1 K_0$ mit $q_1 > 1$. Nach einer weiteren Zinsperiode wächst das Guthaben vom Wert K_1 auf einen Wert $K_2 = q_2 K_1 = q_2 q_1 K_0$ mit $q_2 > 1$. Nach n Zinsperioden hat das Guthaben den Wert $K_n = q_n \cdot \ldots \cdot q_1 K_0$. Die Zahlen $q_1, \ldots, q_n$ sind die sog. Aufzinsfakoren der n Zinsperioden. Unter dem mittleren Aufzinsfaktor versteht man einen Aufzinsfaktor mit folgender Eigenschaft: Er hat in jeder Zinsperiode den gleichen Wert q und führt zum gleichen Guthaben K_n. Damit gilt:

$$q \cdot \ldots \cdot q K_0 = q_n \cdot \ldots \cdot q_1 K_0 \Rightarrow q^n = q_1 \cdot \ldots \cdot q_n \Rightarrow q = \sqrt[n]{q_1 \cdot \ldots \cdot q_n} = \bar{q}_g$$

Der mittlere Aufzinsfaktor ist das geometrische Mittel der n Aufzinsfaktoren. ∎

Es gibt noch einen weiteren Mittelwert: Der harmonische Mittelwert von n Zahlen ist der Kehrwert des arithmetischen Mittelwertes der Kehrwerte der n Zahlen.

$$\bar{x}_h = \frac{1}{\frac{1}{n}\left(\frac{1}{x_1} + \ldots + \frac{1}{x_n}\right)} \tag{15.34}$$

Harmonischer Mittelwert

$$\bar{x}_h = \frac{1}{\frac{h_1}{a_1} + \ldots + \frac{h_m}{a_m}} \tag{15.35}$$

Damit der Nenner nicht null werden kann, wird vorausgesetzt, dass $x_1, \ldots, x_n$ alle positiv oder alle negativ sind.

Beispiel 15.8: Mittlere Geschwindigkeit

Eine Gesamtstrecke bestehe aus n gleichlangen Teilstrecken, die jeweils die Länge s haben. Die Teilstrecken werden mit verschiedenen Geschwindigkeiten zurückgelegt, weshalb auch die Zeiten für die Teilstrecken verschieden sind. Die Geschwindigkeit bzw. benötigte Zeit für die i-te Teilstrecke sei v_i bzw. t_i. Die Geschwindigkeiten sind jeweils die Quotienten von zurückgelegter Strecke und benötigter Zeit:

$$v_i = \frac{s}{t_i}$$

Unter der mittleren Geschwindigkeit für die Gesamtstrecke versteht man den Quotienten von zurückgelegter Gesamtstrecke und benötigter Gesamtzeit:

$$\frac{s_{\text{ges}}}{t_{\text{ges}}} = \frac{ns}{t_1 + \ldots + t_n} = \frac{1}{\frac{1}{n}\left(\frac{t_1}{s} + \ldots + \frac{t_n}{s}\right)} = \frac{1}{\frac{1}{n}\left(\frac{1}{v_1} + \ldots + \frac{1}{v_n}\right)} = \bar{v}_h$$

Dies ist der harmonische Mittelwert der n Geschwindigkeiten. ∎

Für die Mittelwerte von n positiven Zahlen $x_1, \ldots, x_n$ gilt:

$$\bar{x}_h \leq \bar{x}_g \leq \bar{x} \tag{15.36}$$

Sind die n positiven Zahlen $x_1, \ldots, x_n$ nicht alle gleich, dann gilt:

$$\bar{x}_h < \bar{x}_g < \bar{x} \tag{15.37}$$

Wir teilen die Liste $x_1, \ldots, x_n$ in k Teillisten auf. Jede Zahl soll in genau einer der Teilliste enthalten sein. n_i sei die Anzahl, $\bar{x}_i$ der arithmetische, $\bar{x}_{i,g}$ der geometrische und $\bar{x}_{i,h}$ der harmonische Mittelwert der Elemente der i-ten Teilliste. Für die Mittelwerte der n Zahlen $x_1, \ldots, x_n$ gilt dann:

$$\bar{x} = \frac{1}{n}\left(n_1 \bar{x}_1 + \ldots + n_k \bar{x}_k\right) \tag{15.38}$$

$$\bar{x}_g = \sqrt[n]{\bar{x}_{1,g}^{n_1} \cdot \ldots \cdot \bar{x}_{k,g}^{n_k}} \tag{15.39}$$

$$\bar{x}_h = \frac{1}{\frac{1}{n}\left(\frac{n_1}{\bar{x}_{1,h}} + \ldots + \frac{n_k}{\bar{x}_{k,h}}\right)} \tag{15.40}$$

Das bedeutet: Wären bei jeder Teilliste alle Zahlen der Teilliste gleich dem Mittelwert der Elemente der Teilliste, dann würde man bei der Berechnung des Mittelwertes das richtige Ergebnis erhalten.

Eine wichtige weitere Maßzahl ist der Median. Er lässt sich auch für ordinal skalierte Merkmale bilden. Wir definieren ihn für quantitative Merkmale. Sind die n Zahlen $x_1, \ldots, x_n$ der Größe nach geordnet (d.h. $x_1 \leq \ldots \leq x_n$) und n ungerade, dann ist der Median die Zahl in der Mitte der geordneten Zahlenreihe $x_1, x_2, \ldots, x_{n-1}, x_n$. Ist n gerade, dann gibt es keine Zahl in der Mitte dieser Zahlenreihe. In diesem Fall ist der Median der arithmetische Mittelwert der beiden Zahlen in der Mitte der Reihe.

Median

$$\tilde{x} = x_{\frac{n+1}{2}} \qquad \text{für ungerades } n \tag{15.41}$$

$$\bar{x} = \tfrac{1}{2}\left(x_{\frac{n}{2}} + x_{\frac{n}{2}+1}\right) \qquad \text{für gerades } n \tag{15.42}$$

Verschiebt man die Zahl x_n auf der Zahlengeraden weit nach rechts, so wandert dabei zwar auch der arithmetische Mittelwert („Schwerpunkt") nach rechts, der Median bleibt aber unverändert. Der Median ist unempfindlich gegenüber „Ausreißern". Für den Median gilt:

- Mindestens die Hälfte der n Zahlen sind kleinergleich und mindestens die Hälfte sind größergleich dem Median.
- Höchstens die Hälfte der n Zahlen sind kleiner und höchstens die Hälfte sind größer als der Median.

Sind alle n Zahlen verschieden, und ist n gerade, dann kann man bei diesen beiden Sätzen die Wörter „mindestens" und „höchstens" weglassen. Ist dies z.B. beim
Einkommen von n Personen der Fall, dann gilt für den Median: 50 % der Personen
verdienen mehr und 50 % weniger als dieser Betrag. Es kann sein, dass man sich eher
für einen solchen Wert interessiert als für den arithmetischen Mittelwert, der bei einem
„Ausreißer" (extrem hohes Einkommen einer einzelnen Person) näher am Ausreißer
liegt. Es gibt andere Gründe für die Verwendung des Medians: Will man z.B. die mittlere Lebensdauer von n Bauteilen bestimmen, so muss man warten, bis alle Bauteile
ausgefallen sind, was sehr lange dauern kann. Nimmt man alle Bauteile zur gleichen
Zeit in Betrieb, dann kann man den Median bestimmen, sobald mehr als die Hälfte
der Bauteile ausgefallen sind.

Den Median kann man an der empirischen Verteilungsfunktion ablesen: Falls der Funktionswert 0,5 vorkommt, ist der Median die Mitte des Intervalls mit diesem Funktionswert. Andernfalls ist der Median die Sprungstelle von einem Funktionswert kleiner 0,5
auf einen Funktionswert größer 0,5. Die Abb. 15.6 zeigt für diese beiden Fälle jeweils
ein Beispiel mit $n = 10$ Zahlen.

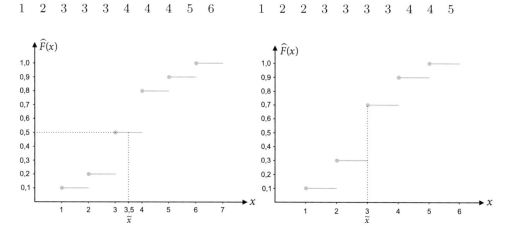

Abb. 15.6: Bestimmung des Medians.

Als letzte Lagemaßzahl soll der Modus oder Modalwert erwähnt sein. Er ist der Wert
mit der größten Häufigkeit (falls ein solcher Wert eindeutig existiert) und kann daher
auch für nominal skalierte Merkmale definiert werden.

Modus $\qquad x_{\mathrm{mod}} =$ Wert mit der größten Häufigkeit $\hfill (15.43)$

Auch der Modus ist unempfindlich gegenüber Ausreißern (s. Abb. 15.7).

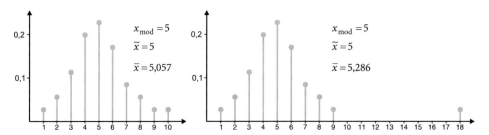

Abb. 15.7: Verteilung ohne (links) und mit (rechts) Ausreißern.

Wir addieren zu allen n Zahlen $x_1, \ldots, x_n$ die gleiche Zahl a und gehen von den Zahlen x_i zu den Zahlen x_i' über:

$$x_i \rightarrow x_i' = x_i + a$$

Dadurch werden alle Zahlen auf der Zahlengeraden um den gleichen Betrag verschoben. Auch der Graph der relativen Häufigkeitsfunktion wird dabei um den gleichen Betrag verschoben (s. Abb. 15.8). Von einer Lagemaßzahl würde man erwarten, dass auch sie um den gleichen Betrag verschoben wird. Dies ist jedoch nur für den aritmetischen Mittelwert, den Median und den Modus der Fall (s. Abb. 15.8). Für den geometrischen und harmonischen Mittelwert stimmt dies nicht exakt.

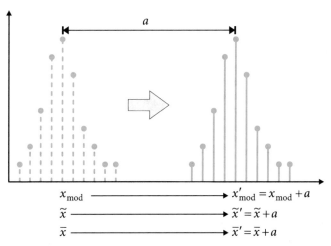

Abb. 15.8: Verschiebung von Verteilung und Lagemaßzahlen.

Es gilt:

$$\bar{x}' = \bar{x} + a \qquad \tilde{x}' = \tilde{x} + a \qquad x_{\text{mod}}' = x_{\text{mod}} + a$$

Die Verschiebung ist ein Spezialfall einer linearen Transformation:

$$x_i \rightarrow x_i' = b\,x_i + a \tag{15.44}$$

Für eine lineare Transformation gilt:

$$\bar{x}' \quad = b\,\bar{x} + a \tag{15.45}$$

$$\tilde{x}' \quad = b\,\tilde{x} + a \tag{15.46}$$

$$x'_{\text{mod}} = b\,x_{\text{mod}} + a \tag{15.47}$$

Streuungsmaßzahlen

Streuungsmaßzahlen quantifizieren die „Streuung" von n Zahlen. Es gibt verschiedene Möglichkeiten, Streuung und Streuungsmaßzahlen zu definieren. Sind die Abstände der Zahlen voneinander klein, so wird man dies als kleine Streuung betrachten. Es ist naheliegend, den maximalen Abstand als Streuungsmaßzahl zu verwenden. Sind die n Zahlen $x_1,\ldots,x_n$ der Größe nach geordnet, dann ist $x_{\min} = x_1$ und $x_{\max} = x_n$. Der maximale Abstand ist dann $x_{\max} - x_{\min} = x_n - x_1$. Dieser Wert heißt Spannweite.

Spannweite $\qquad R = x_{\max} - x_{\min}$ $\hfill (15.48)$

Mit dieser Maßzahl für die Streuung hätten alle Verteilungen mit dem gleichen $x_{\min}$ und dem gleichen $x_{\max}$ die gleiche Streuung, unabhängig davon, wie die übrigen Zahlen verteilt sind. Das ist dann doch etwas zu simpel. Darüber hinaus ist die Spannweite extrem empfindlich gegenüber Ausreißern. Eine andere Möglichkeit besteht darin, die Abstände der n Zahlen von der „Mitte" x_M zu betrachten. Dabei kommen für die „Mitte" die Lagemaßzahlen infrage. Der mittlere Abstand von der „Mitte" ist

$$\frac{1}{n}\sum_{i=1}^{n}|x_i - x_M|$$

Man kann zeigen, dass dieser Wert am kleinsten ist, wenn man für die „Mitte" x_M den Median $\tilde{x}$ verwendet. Grundsätzlich ist der Betrag $|x| = \sqrt{x^2}$ einer Zahl x mathematisch schwieriger zu behandeln als das Quadrat x^2. U.a. aus diesem Grund werden in der mathematischen Statistik sehr häufig Quadrate statt Beträge verwendet. Dies führt zu einfacheren Formeln. Auch viele Zusammenhänge und Beziehungen lassen sich einfacher formulieren. Deshalb betrachten wir die Größe

$$\frac{1}{n}\sum_{i=1}^{n}(x_i - x_M)^2$$

Man kann zeigen, dass dieser Wert am kleinsten ist, wenn man für die „Mitte" x_M den Mittelwert $\bar{x}$ verwendet.

Für $x_M = \bar{x}$ hat man:

$$\frac{1}{n}\sum_{i=1}^{n}(x_i - \bar{x})^2$$

Dieser Mittelwert der quadrierten Abstände vom Mittelwert heißt Stichprobenvarianz oder empirische Varianz. Häufig wird statt $\frac{1}{n}$ der Quotient $\frac{1}{n-1}$ verwendet. Dies hat folgenden Grund: Entstehen die n Zahlen $x_1,\ldots,x_n$ durch eine einfache Zufallsstichprobe (15.25), dann ist die Stichprobenvarianz ein Schätzwert für die Varianz der Zufallsvariablen X. In einem gewissen Sinn erhält man mit dem Quotienten $\frac{1}{n-1}$ „bessere" Schätzungen, als mit dem Quotienten $\frac{1}{n}$. Die Defnition der Stichprobevarianz in der Literatur ist leider uneinheitlich. Wir unterscheiden die beiden Möglichkeiten durch verschiedene Bezeichnungen. Wie bei den Mittelwerten kann man bei Verwendung des Qutienten $\frac{1}{n}$ die Stichprobenvarianz auf verschiedene Arten formulieren (mit den n Zahlen x_i oder den m verschiedenen Werten a_i).

$$s^2 = \frac{1}{n-1}\sum_{i=1}^{n}(x_i - \bar{x})^2 \tag{15.49}$$

Stichprobenvarianz $\qquad \tilde{s}^2 = \frac{1}{n}\sum_{i=1}^{n}(x_i - \bar{x})^2 \tag{15.50}$

$$\tilde{s}^2 = \sum_{i=1}^{m}h_i(a_i - \bar{x})^2 \tag{15.51}$$

Die Summe der quadrierten Abweichungen vom Mittelwert in (15.49) bzw. (15.50) lässt sich folgendermaßen umformen:

$$\sum_{i=1}^{n}(x_i - \bar{x})^2 = \sum_{i=1}^{n}x_i^2 - n\bar{x}^2$$

Damit gelten die Formeln:

$$s^2 = \frac{1}{n-1}\left(\sum_{i=1}^{n}x_i^2 - n\bar{x}^2\right) \tag{15.52}$$

$$\tilde{s}^2 = \frac{1}{n}\left(\sum_{i=1}^{n}x_i^2 - n\bar{x}^2\right) = \frac{1}{n}\sum_{i=1}^{n}x_i^2 - \bar{x}^2 = \overline{x^2} - \bar{x}^2 \tag{15.53}$$

$$\tilde{s}^2 = \sum_{i=1}^{m}h_i a_i^2 - \bar{x}^2 \tag{15.54}$$

Sind die Zahlen $x_1,\ldots,x_n$ mit Maßeinheiten versehen, so haben s^2 und $\tilde{s}^2$ eine andere Dimension bzw. Maßeinheit als die Zahlen selbst. Will man eine Größe mit der gleichen Dimension bzw. Einheit, so zieht man die Wurzel aus s^2 bzw. $\tilde{s}^2$. Die entstehende Größe wird Standardabweichung genannt.

$$s = \sqrt{s^2} \tag{15.55}$$

Standardabweichung

$$\tilde{s} = \sqrt{\tilde{s}^2} \tag{15.56}$$

Beispiel 15.9: Berechnung von Maßzahlen

Wir berechnen Maßzahlen für die folgenden 10 Zahlen:

x_1	x_2	x_3	x_4	x_5	x_6	x_7	x_8	x_9	x_{10}
1	1	2	2	4	6	8	12	12	12

Man hat 6 verschiedene Werte mit folgenden relativen Häufigkeiten:

a_1	a_2	a_3	a_4	a_5	a_6
1	2	4	6	8	12
h_1	h_2	h_3	h_4	h_5	h_6
0,2	0,2	0,1	0,1	0,1	0,3

Wir berechnen folgende Mittelwerte:

$$\begin{aligned}
\bar{x} &= \tfrac{1}{10}(1 + 1 + 2 + 2 + 4 + 6 + 8 + 12 + 12 + 12) \\
&= 0{,}2 \cdot 1 + 0{,}2 \cdot 2 + 0{,}1 \cdot 4 + 0{,}1 \cdot 6 + 0{,}1 \cdot 8 + 0{,}3 \cdot 12 = 6
\end{aligned}$$

$$\begin{aligned}
\bar{x}_g &= \sqrt[10]{1 \cdot 1 \cdot 2 \cdot 2 \cdot 4 \cdot 6 \cdot 8 \cdot 12 \cdot 12 \cdot 12} \\
&= 1^{0,2} \cdot 2^{0,2} \cdot 4^{0,1} \cdot 6^{0,1} \cdot 8^{0,1} \cdot 12^{0,3} = 4{,}095
\end{aligned}$$

$$\begin{aligned}
\bar{x}_h &= \frac{1}{\tfrac{1}{10}\left(\tfrac{1}{1} + \tfrac{1}{1} + \tfrac{1}{2} + \tfrac{1}{2} + \tfrac{1}{4} + \tfrac{1}{6} + \tfrac{1}{8} + \tfrac{1}{12} + \tfrac{1}{11} + \tfrac{1}{12}\right)} \\
&= \frac{1}{\tfrac{0,2}{1} + \tfrac{0,2}{2} + \tfrac{0,1}{4} + \tfrac{0,1}{6} + \tfrac{0,1}{8} + \tfrac{0,3}{12}} = 2{,}637
\end{aligned}$$

Für den Median und den Modus erhalten wir:

$$\tilde{x} = \tfrac{1}{2}(4 + 6) = 5$$

$$x_{\mathrm{mod}} = 12$$

Wäre $x_{10} = 102$ (Ausreißer), so hätte man den gleichen Median. Der arithmetische Mittelwert wäre aber $\bar{x} = 15$. Wir berechnen noch die Stichprobenvarianz gemäß (15.49) und (15.54):

$$\begin{aligned}
s^2 &= \tfrac{1}{9}[(1 - 6)^2 + (1 - 6)^2 + (2 - 6)^2 + (2 - 6)^2 + (4 - 6)^2 \\
&\quad + (6 - 6)^2 + (8 - 6)^2 + (12 - 6)^2 + (12 - 6)^2 + (12 - 6)^2] = 22 \\
\tilde{s}^2 &= 0{,}2 \cdot 1^2 + 0{,}2 \cdot 2^2 + 0{,}1 \cdot 4^2 + 0{,}1 \cdot 6^2 + 0{,}1 \cdot 8^2 + 0{,}3 \cdot 12^2 - 6^2 = 19{,}8
\end{aligned}$$

Daraus folgt die Standardabweichung $s = \sqrt{22} \approx 4{,}69$ bzw. $\tilde{s} = \sqrt{19{,}8} \approx 4{,}45$. ∎

Die zwei Verteilungen in Abb. 15.9 haben die gleiche Spannweite. Bei der Verteilung links haben wenige Zahlen einen großen und viele einen kleinen Abstand vom Mittelwert. Bei der Verteilung rechts ist es umgekehrt: Viele Zahlen haben einen großen und wenige einen kleinen Abstand vom Mittelwert, was als größere Streuung betrachtet werden kann. Die Spannweite bringt dies nicht zum Ausdruck, die Varianz bzw. Standardabweichung dagegen schon.

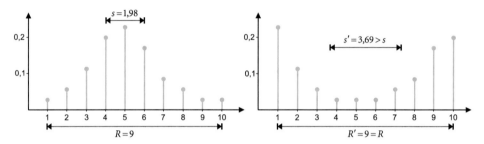

Abb. 15.9: Verschiedene Verteilungen mit gleicher Spannweite.

Bei einer reinen Translation (Verschiebung)

$$x_i \rightarrow x_i' = x_i + a$$

aller Zahlen ändern sich die Abstände der Zahlen nicht (s. Abb. 15.10). Die Varianz bleibt gleich:

$$s^{2\prime} = s^2 \qquad \tilde{s}^{2\prime} = \tilde{s}^2$$

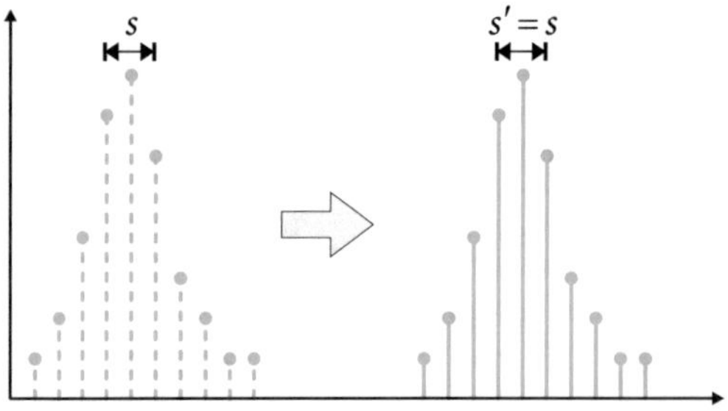

Abb. 15.10: Translation der Zahlen bzw. Verteilung.

Bei einer Skalierung

$$x_i \rightarrow x_i' = b\, x_i$$

mit $b > 0$ und $b \neq 1$ ändern sich die Abstände der Zahlen. Für die Varianz der skalierten Zahlen gilt:

$$s^{2\prime} = b^2 s^2 \qquad \tilde{s}^{2\prime} = b^2 \tilde{s}^2$$

Translation und Skalierung sind Spezialfälle der linearen Transformation

$$x_i \rightarrow x_i' = b\, x_i + a \qquad (15.57)$$

Für die Varianz der transformierten Zahlen gilt:

$$s^{2\prime} = b^2 s^2 \qquad \tilde{s}^{2\prime} = b^2 \tilde{s}^2 \qquad (15.58)$$

Die Abb. 15.11 zeigt die lineare Transformation $x_i \rightarrow x_i' = 2\, x_i - 7$.

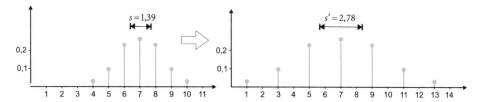

Abb. 15.11: Lineare Transformation.

Der Übergang von der Celsius-Temperaturskala zu der Fahrenheit-Temperaturskala stellt z.B. eine lineare Transformation dar. Geht man von der Längeneinheit Meter zur der Einheit Millimeter über, so hat man es mit einer Skalierung (Spezialfall einer linearen Transformation) zu tun. Bei der Herstellung von Holzbrettern mit einem Mittelwert der Länge von 10 m kann man eine Standardabweichung der Länge von 1 mm als sehr gering betrachten. Bei der Herstellung von Münzen mit einem Mittelwert der Dicke von 1 mm wäre dagegen eine Standardabweichung der Dicke von 1 mm sehr groß. Häufig ist nicht die Standardabweichung selbst interessant bzw. aussagekräftig, sondern das Verhältnis von Standardabweichung zum Mittelwert. Für Zahlen, die alle nur positiv oder alle nur negativ sein können, definiert man:

Variationskoeffizient $\qquad v = \dfrac{\tilde{s}}{|\bar{x}|} \qquad\qquad (15.59)$

Bei einer Skalierung, d.h. bei einer linearen Transformation (15.57) mit $a = 0$ und $b \neq 0$ ändert sich der Variationskoeffizient nicht.

Maßzahl für Schiefe

Eine weitere Eigenschaft einer Verteilung ist die Symmetrie oder Schiefe der Verteilung. Ist der Graph der relativen Häufigkeitsfunktion achsensymmetrisch zu einer vertikalen Achse, dann ist die Verteilung symmetrisch. Eine Abweichung von der Symmetrie heißt Schiefe. Da es verschieden starke Abweichungen von der Symmetrie geben kann, will man die Schiefe mit einer Maßzahl messen.

Wir geben eine Maßzahl für Schiefe wieder auf zwei Arten an (mit den n Zahlen x_i oder den m verschiedenen Werten a_i).

Maßzahl für Schiefe

$$g = \frac{\frac{1}{n}\sum_{i=1}^{n}(x_i - \bar{x})^3}{\tilde{s}^3} \qquad (15.60)$$

$$g = \frac{\sum_{i=1}^{m} h_i(a_i - \bar{x})^3}{\tilde{s}^3} \qquad (15.61)$$

Hier ist $\tilde{s}$ die Standardabweichung (15.56). Bei einer symmetrischen Verteilung ist $g = 0$ und $\bar{x} = \tilde{x} = x_{\mathrm{mod}}$ (falls der Modus eindeutig existiert). Ist $g > 0$ und $\bar{x} > \tilde{x} > x_{\mathrm{mod}}$, so handelt es sich um eine „linkssteile" Verteilung. Ist $g < 0$ und $\bar{x} < \tilde{x} < x_{\mathrm{mod}}$, dann ist die Verteilung „rechtssteil" (s. Abb. 15.12).

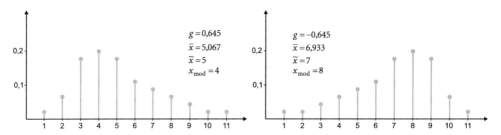

Abb. 15.12: Linkssteile (links) und rechtssteile (rechts) Veteilung.

Es gibt aber auch Verteilungen mit $g > 0$, bei denen die Ungleichung $\bar{x} > \tilde{x} > x_{\mathrm{mod}}$ nicht erfüllt ist (s. Bsp. 15.10) oder sogar $\bar{x} < \tilde{x} < x_{\mathrm{mod}}$ gilt. Auch unsymmetrische Verteilungen mit $g = 0$ oder $\bar{x} = \tilde{x} = x_{\mathrm{mod}}$ sind möglich. Es sei deshalb erwähnt, dass es noch andere Möglichkeiten gibt, Schiefe, Rechts- und Linkssteilheit zu definieren bzw. zu messen.

Beispiel 15.10: Berechnung der Maßzahl für Schiefe

Wir betrachten die Zahlen von Beispiel 15.9. Für diese Zahlen gilt:

$$\bar{x} = 6 \quad \tilde{x} = 5 \quad x_{\mathrm{mod}} = 12 \quad \tilde{s} = \sqrt{19{,}8}$$

Wir berechnen die Maßzahl für Schiefe:

$$\frac{1}{n}\sum_{i=1}^{n}(x_i - \bar{x})^3 = \frac{1}{10}[(1-6)^3 + (1-6)^3 + (2-6)^3 + (2-6)^3 + (4-6)^3$$
$$+ (6-6)^3 + (8-6)^3 + (12-6)^3 + (12-6)^3 + (12-6)^3] = 27$$

$$g = \frac{27}{\sqrt{19{,}8}^3} = 0{,}306$$

Die Verteilung ist nicht symmetrisch.   ∎

15.3 Bivariate beschreibende Statistik

Bei der bivariaten beschreibenden Statistik bestehen die auszuwertenden Daten aus n Wertepaaren:

$$(x_1, y_1), \ldots, (x_n, y_n) \tag{15.62}$$

In der Regel entstehen diese Paare dadurch, dass man bei n statistischen Einheiten jeweils die Ausprägung eines Merkmals X und eines Merkmals Y bestimmt. x_i bzw. y_i ist die Ausprägung von X bzw. Y bei der i-ten statistsichen Einheit. Wir bezeichnen die *verschiedenen* Werte, die in der Liste $x_1, \ldots, x_n$ vorkommen, mit

$$a_1, \ldots, a_k \tag{15.63}$$

und die *verschiedenen* Werte in der Liste $y_1, \ldots, y_n$ mit

$$b_1, \ldots, b_m \tag{15.64}$$

15.3.1 Häufigkeiten und grafische Darstellungen

Die Häufigkeiten der Ausprägungen und Kombinationen der Ausprägungen der beiden Merkmale fasst man in einer **Häufigkeitstabelle** zusammen:

Tab. 15.4: Häufigkeitstabelle mit absoluten Häufigkeiten

	b_1	$\cdots$	b_m	
a_1	n_{11}	$\cdots$	n_{1m}	$n_{1\bullet}$
$\vdots$	$\vdots$		$\vdots$	$\vdots$
a_k	n_{k1}	$\cdots$	n_{km}	$n_{k\bullet}$
	$n_{\bullet 1}$	$\cdots$	$n_{\bullet m}$	

Die Häufigkeit n_{ij} gibt an, wie häufig bei den n Wertepaaren $(x_1, y_1), \ldots, (x_n, y_n)$ das Paar (a_i, b_j) vorkommt. Die Häufigkeit $n_{i\bullet}$ gibt an, wie häufig in der Liste $x_1, \ldots, x_n$ die Ausprägung a_i vorkommt. Die Häufigkeit $n_{\bullet j}$ gibt an, wie häufig in der Liste $y_1, \ldots, y_n$ die Ausprägung b_j vorkommt. Anders formuliert:

Bei n_{ij} Einheiten hat X den Wert a_i und Y den Wert b_j.

Bei $n_{i\bullet}$ Einheiten hat X den Wert a_i.

Bei $n_{\bullet j}$ Einheiten hat Y den Wert b_j.

Die Häufigkeiten $n_{i\bullet}$ und $n_{\bullet j}$ heißen **Randhäufigkeiten**. Es gilt:

$$n_{i1} + \ldots + n_{im} = n_{i\bullet} \qquad n_{1j} + \ldots + n_{kj} = n_{\bullet j} \qquad (15.65)$$

$$n_{1\bullet} + \ldots + n_{k\bullet} = n \qquad n_{\bullet 1} + \ldots + n_{\bullet m} = n \qquad (15.66)$$

Dividiert man die Häufigkeiten durch n, so erhält man die relativen Häufigkeiten

$$h_{ij} = \frac{n_{ij}}{n} \qquad h_{i\bullet} = \frac{n_{i\bullet}}{n} \qquad h_{\bullet j} = \frac{n_{\bullet j}}{n} \qquad (15.67)$$

Auch die relativen Häufigkeiten stellt man in einer Häufigkeitstabelle dar:

Tab. 15.5: Häufigkeitstabelle mit relativen Häufigkeiten

	b_1	$\cdots$	b_m	
a_1	h_{11}	$\cdots$	h_{1m}	$h_{1\bullet}$
$\vdots$	$\vdots$		$\vdots$	$\vdots$
a_k	h_{k1}	$\cdots$	h_{km}	$h_{k\bullet}$
	$h_{\bullet 1}$	$\cdots$	$h_{\bullet m}$	

Für die relativen Häufigkeiten und relativen Randhäufigkeiten gilt:

$$h_{i1} + \ldots + h_{im} = h_{i\bullet} \qquad h_{1j} + \ldots + h_{kj} = h_{\bullet j} \qquad (15.68)$$

$$h_{1\bullet} + \ldots + h_{k\bullet} = 1 \qquad h_{\bullet 1} + \ldots + h_{\bullet m} = 1 \qquad (15.69)$$

Die Häufigkeiten können mit einem **Balkendiagramm** dargestellt werden. Bei nominal oder ordinal skalierten Merkmalen werden entweder die Häufigkeiten n_{ij} oder die relativen Häufigkeiten h_{ij} als Balkenhöhen verwendet.

Beispiel 15.11: Häufigkeitstabellen

Ein Produkt wird in drei Varianten (V1, V2, V3) angeboten. Bei einer Umfrage wurden 100 erwachsene Personen befragt, welche Variante sie bevorzugen. 60 Personen waren Frauen (F), 40 waren Männer (M). Die folgenden Häufigkeitstabellen zeigen die Häufigkeiten (links) und relativen Häufigkeiten (rechts):

	V1	V2	V3	
F	40	15	5	60
M	10	10	20	40
	50	25	25	

	V1	V2	V3	
F	0,40	0,15	0,05	0,60
M	0,10	0,10	0,20	0,40
	0,50	0,25	0,25	

Die Abb. 15.13 zeigt die grafische Darstellung der Häufigkeiten mit einem Balkendiagramm. ∎

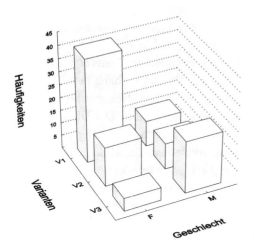

Abb. 15.13: Balkendiagramm für Häufigkeiten.

Sind X und Y stetige Merkmale, deren Werte mit hoher Genauigkeit bestimmt werden, dann kann man erwarten, dass jeder Merkmalswert nur einmal vorkommt. Die Randhäufigkeiten wären in diesem Fall alle jeweils 1. Von den Häufigkeiten n_{ij} hätten n den Wert 1 und die übrigen den Wert 0. Beim dem Balkendiagramm für die Häufigkeiten hätte man n Balken mit der Höhe 1. Weder die Häufigkeitstabelle noch das Balkendiagramm ist in einem solchen Fall eine vorteilhafte Darstellung der Daten. Übersichtlicher ist ein **Streudiagramm**: In einem kartesischen x,y-Koordinatensystem werden Punkte mit den Koordinaten (x_i,y_i) eingetragen.

Beispiel 15.12: Streudiagramm

Die Abb. 15.14 zeigt das Streudiagramm für die folgenden zehn Zahlenpaare:

$(10;8),(2;4),(6;8),(3;2),(8;8),(4;6),(5;8),(7;6),(9;10),(11;12)$ ∎

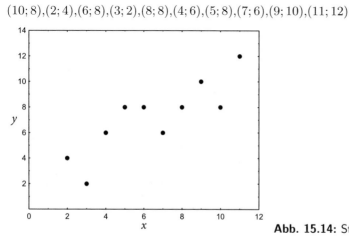

Abb. 15.14: Streudiagramm.

Ist n groß, so kann man eine Klassenbildung vornehmen und ein **Histogramm** erstellen: Ein Intervall auf der x-Achse, das alle Zahlen $x_1, \ldots, x_n$ enthält und nicht viel größer als die Spannweite dieser Zahlen sein sollte, wird in k Teilintervalle aufgeteilt. Entsprechendes geschieht auf der y-Achse, auf der man m Teilintervalle bildet. Dadurch wird in der x,y-Ebene ein Rechteck, das alle Punkte enthält, in $k \cdot m$ Klassen (Rechtecke) aufgeteilt. Für diese Klassen bildet man die absoluten und relativen Klassenhäufigkeiten. Über diesen Klassen stellt man Balken dar. Die Überlegungen zur Klassenbildung für den univariaten Fall gelten hier in entsprechender Weise. Die Volumina der Balken sind die relativen Klassenhäufigkeiten. Die Höhen sind jeweils die relativen Klassenhäufigkeiten dividiert durch die Flächeninhalte der Klassen. Sind diese alle gleich, so kann man für die Höhen auch die absoluten oder relativen Klassenhäufigkeiten verwenden. Die Abb. 15.15 und 15.16 zeigen ein Streudiagramm und ein Histogramm für die gleichen 1000 Zahlenpaare.

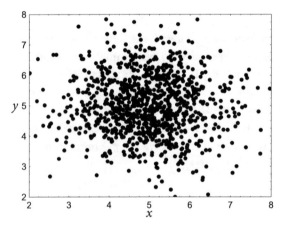

Abb. 15.15: Streudiagramm.

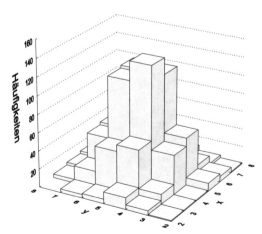

Abb. 15.16: Histogramm.

15.3.2 Maßzahlen

Wir fragen uns, welche interessanten Eigenschaften von bivariaten Daten es gibt, die man durch Maßzahlen quantifizieren könnte.

Maßzahlen für den linearen Zusammenhang metrischer Merkmale

Hat man n Zahlenpaare $(x_1,y_1),\ldots,(x_n,y_n)$, so kann man natürlich sowohl für die Zahlen $x_1,\ldots,x_n$ als auch für die Zahlen $y_1,\ldots,y_n$ die wichtigsten Maßzahlen berechnen:

$$\bar{x} = \frac{1}{n}\sum_{i=1}^{n} x_i = \sum_{i=1}^{k} h_{i\bullet}a_i \tag{15.70}$$

$$\bar{y} = \frac{1}{n}\sum_{i=1}^{n} y_i = \sum_{i=1}^{m} h_{\bullet i}b_i \tag{15.71}$$

$$s_X^2 = \frac{1}{n-1}\sum_{i=1}^{n}(x_i - \bar{x})^2 \qquad s_X = \sqrt{s_X^2} \tag{15.72}$$

$$\tilde{s}_X^2 = \frac{1}{n}\sum_{i=1}^{n}(x_i - \bar{x})^2 = \sum_{i=1}^{k} h_{i\bullet}(a_i - \bar{x})^2 \qquad \tilde{s}_X = \sqrt{\tilde{s}_X^2} \tag{15.73}$$

$$s_Y^2 = \frac{1}{n-1}\sum_{i=1}^{n}(y_i - \bar{y})^2 \qquad s_Y = \sqrt{s_Y^2} \tag{15.74}$$

$$\tilde{s}_Y^2 = \frac{1}{n}\sum_{i=1}^{n}(y_i - \bar{y})^2 = \sum_{i=1}^{m} h_{\bullet i}(b_i - \bar{y})^2 \qquad \tilde{s}_Y = \sqrt{\tilde{s}_Y^2} \tag{15.75}$$

Diese Maßzahlen beziehen sich entweder auf die Zahlen $x_1,\ldots,x_n$ oder auf die Zahlen $y_1,\ldots,y_n$. Gibt es interessante Eigenschaften von Zahlenpaaren, die man bei Zahlenlisten nicht hat? Kann man solche Eigenschaften mit Maßzahlen angeben?
Bestimmt man bei 100 erwachsenen Personen die Körperlänge und das Gewicht, so wird man feststellen, dass eine größere Person meistens auch schwerer ist als eine kleinere. Natürlich kann es Ausnahmen geben. Eine kleinere Person mit Übergewicht kann schwerer sein, als ein eine schlanke große Person. Erstellt man ein Streudiagramm, so kann man einen tendenziellen Zusammenhang von Körperlänge und Gewicht feststellen: Die Punkte streuen um den Graphen einer monoton wachsenden Funktion. Bei einem tendenziellen Zusammenhang streuen die Punkte im Streudiagramm um eine Kurve. Häufig ist diese Kurve eine Gerade. Deshalb wollen wir uns auf diesen Fall beschränken. Man spricht dann von einem tendenziellen linearen Zusammenhang. Die Streuung um die Gerade kann stark oder schwach sein. Im Extremfall liegen alle Punkte auf der Geraden. Wie kann man die Stärke des linearen Zusammenhangs messen?

Wir unterscheiden im Streudiagramm vier Fälle bzw. Bereiche (s. Abb. 15.17):

I: $x_i > \bar{x}, y_i > \bar{y}$ $(x_i - \bar{x})(y_i - \bar{y}) > 0$

II: $x_i < \bar{x}, y_i > \bar{y}$ $(x_i - \bar{x})(y_i - \bar{y}) < 0$

III: $x_i < \bar{x}, y_i < \bar{y}$ $(x_i - \bar{x})(y_i - \bar{y}) > 0$

IV: $x_i > \bar{x}, y_i < \bar{y}$ $(x_i - \bar{x})(y_i - \bar{y}) < 0$

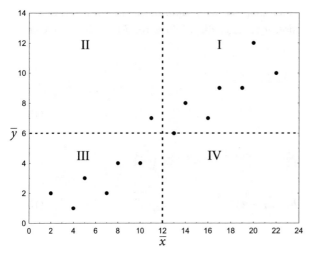

Abb. 15.17: Streudiagramm mit vier Bereichen.

Streuen die Punkte um eine Gerade mit positiver Steigung, so liegen viele Punkte in den Bereichen I und III. In diesem Fall sind viele Summanden der Summe

$$\sum_{i=1}^{n}(x_i - \bar{x})(y_i - \bar{y}) \tag{15.76}$$

positiv, und die Summe hat einen großen positiven Wert. Bei einer Streuung um eine Gerade mit negativer Steigung hat man viele negative Summanden. Sind die Punkte gleichmäßig auf die vier Bereiche verteilt (d.h. keine Streuung um eine Gerade), dann hat die Summe (15.76) einen kleinen Betrag, da sich positive und negative Summanden gegenseitig aufheben. Wir verwenden deshalb die Summe (15.76), um eine Maßzahl für einen linearen Zusammenhang zu konstruieren und führen die empirische Kovarianz ein. Wie bei der Stichprobenvarianz wird sie in der Literatur unterschiedlich definiert. Wir geben beide Möglichkeiten an:

$$s_{XY} = \frac{1}{n-1}\sum_{i=1}^{n}(x_i - \bar{x})(y_i - \bar{y}) \tag{15.77}$$

Empirische Kovarianz

$$\tilde{s}_{XY} = \frac{1}{n}\sum_{i=1}^{n}(x_i - \bar{x})(y_i - \bar{y}) \tag{15.78}$$

Man kann leicht zeigen, dass für die Kovarianz auch folgende Formeln gelten:

$$s_{XY} = \frac{1}{n-1}\left(\sum_{i=1}^{n} x_i y_i - n\,\bar{x}\bar{y}\right) \tag{15.79}$$

$$\tilde{s}_{XY} = \frac{1}{n}\left(\sum_{i=1}^{n} x_i y_i - n\,\bar{x}\bar{y}\right) = \frac{1}{n}\sum_{i=1}^{n} x_i y_i - \bar{x}\bar{y} = \overline{xy} - \bar{x}\bar{y} \tag{15.80}$$

Bei linearen Transformationen

$$x_i \rightarrow x_i' = c_1 x_i + c_2 \tag{15.81}$$

$$y_i \rightarrow y_i' = d_1 y_i + d_2 \tag{15.82}$$

gilt für die Kovarianz:

$$s_{XY} \rightarrow s_{XY}' = c_1 d_1 s_{XY} \qquad \tilde{s}_{XY} \rightarrow \tilde{s}_{XY}' = c_1 d_1 \tilde{s}_{XY} \tag{15.83}$$

Bei reinen Translationen mit $c_1 = 1$ und $d_1 = 1$ ändert die Kovarianz ihren Wert nicht. Sind die Zahlen x_i und y_i jeweils mit einer Maßeinheit versehen, so hängt die Kovarianz davon ab, welche Einheiten verwendet werden. Liegen alle Punkte auf einer Geraden, dann gilt:

$$y_i = ax_i + b$$

In diesem Fall gilt für die Kovarianz:

$$s_{XY} = as_X^2 \qquad \tilde{s}_{XY} = a\tilde{s}_X^2$$

Die Stichprobenvarianz s_X^2 bzw. $\tilde{s}_X^2$ und damit auch die Kovarianz können beliebig groß werden. Werte der Kovarianz sind nicht geeignet, um die Stärke von linearen Zusammenhängen zu vergleichen. Dividiert man die Kovarianz durch die beiden Stichprobenstandardabweichungen, so erhält man den empirischen Korrelationskoeffizienten nach Bravais-Pearson.

Empirischer Korrelationskoeffizient $\qquad r_{XY} = \dfrac{s_{XY}}{s_X s_Y} = \dfrac{\tilde{s}_{XY}}{\tilde{s}_X \tilde{s}_Y}$ $\qquad$ (15.84)

Für den Korrelationskoeffizienten gelten folgende Formeln:

$$r_{XY} = \frac{\sum\limits_{i=1}^{n}(x_i - \bar{x})(y_i - \bar{y})}{\sqrt{\sum\limits_{i=1}^{n}(x_i - \bar{x})^2 \cdot \sum\limits_{i=1}^{n}(y_i - \bar{y})^2}} \tag{15.85}$$

$$= \frac{\sum\limits_{i=1}^{n} x_i y_i - n\,\bar{x}\bar{y}}{\sqrt{\left(\sum\limits_{i=1}^{n} x_i^2 - n\,\bar{x}^2\right)\left(\sum\limits_{i=1}^{n} y_i^2 - n\,\bar{y}^2\right)}} \tag{15.86}$$

Bei den linearen Transformationen (15.81) und (15.82) ändert der Korrelationskoeffizient höchstens das Vorzeichen:

$$r_{XY} \to r'_{XY} = \frac{c_1 d_1}{|c_1||d_1|}\, r_{XY} = \pm r_{XY} \tag{15.87}$$

Bei Maßstabsänderungen (lineare Transformationen mit $c_1, d_1 > 0$ und $c_2 = d_2 = 0$) ändert sich der Korrelationskoeffizient nicht. Ist $\boldsymbol{u}$ ein Vektor mit den Komponenten $u_i = x_i - \bar{x}$ und $\boldsymbol{v}$ ein Vektor mit den Komponenten $v_i = y_i - \bar{y}$, dann kann man den Korrelationskoeffizienten folendermaßen schreiben:

$$r_{XY} = \frac{\boldsymbol{u} \cdot \boldsymbol{v}}{|\boldsymbol{u}||\boldsymbol{v}|}$$

Im Abschnitt 5.2 haben wir gezeigt, dass für beliebige n-dimensionale Vektoren $\boldsymbol{u}$ und $\boldsymbol{v}$ folgende Ungleichung gilt:

$$-1 \le \frac{\boldsymbol{u} \cdot \boldsymbol{v}}{|\boldsymbol{u}||\boldsymbol{v}|} \le 1$$

Daraus folgt, dass der Korrelationskoeffizient zwischen -1 und 1 liegt:

$$-1 \le r_{XY} \le 1 \tag{15.88}$$

Der lineare Zusammenhang ist am stärksten ausgeprägt, wenn alle Punkte auf der Geraden liegen. In diesem Fall gilt:

$$y_i = a x_i + b \qquad \tilde{s}_Y = |a|\, \tilde{s}_X \qquad \tilde{s}_{XY} = a\, \tilde{s}_X^2$$

Für den Korrelationskoeffizienten folgt in diesem Fall:

$$r_{XY} = \frac{\tilde{s}_{XY}}{\tilde{s}_X \tilde{s}_Y} = \frac{a\, \tilde{s}_X^2}{|a|\, \tilde{s}_X^2} = \frac{a}{|a|} = \begin{cases} 1 & \text{für } a > 0 \\ -1 & \text{für } a < 0 \end{cases}$$

Mit dem Korrelationskoeffizienten haben wir eine Maßzahl für die Stärke eines tendenziellen linearen Zusammenhangs. Es gilt

Streuung um eine Gerade mit positiver Steigung:	$0 < r_{XY} < 1$
Streuung um eine Gerade mit negativer Steigung:	$-1 < r_{XY} < 0$
Alle Punkte auf einer Geraden mit positiver Steigung:	$r_{XY} = 1$
Alle Punkte auf einer Geraden mit negativer Steigung:	$r_{XY} = -1$

Wird ein tendenzieller linearer Zusammenhang festgestellt, so bezieht sich dieser auf die Daten. Ob es zwischen den beiden Merkmalen tatsächlich einen Zusammenhang gibt, kann daraus nicht mit Sicherheit geschlossen werden. Man spricht auch von einem empirischen Zusammenhang. Für diesen gilt:

$$r_{XY} = 0 \quad \Rightarrow \quad \text{kein tendenzieller linearer Zusammenhang}$$

$$|r_{XY}| = 1 \quad \Rightarrow \quad \text{perfekter tendenzieller linearer Zusammenhang}$$

Zur groben Beurteilung der Stärke eines linearen Zusammenhangs gibt es folgende Faustregel:

$$|r_{XY}| < 0{,}5 \quad \Rightarrow \quad \text{schwacher tendenzieller linearer Zusammenhang}$$
$$|r_{XY}| > 0{,}8 \quad \Rightarrow \quad \text{starker tendenzieller linearer Zusammenhang}$$

Natürlich gibt es keine scharfen Grenzen zwischen einem schwachen, mittleren und starken Zusammenhang. Die Übergänge sind fließend. Je größer $|r_{XY}|$, desto stärker der Zusammenhang.

Beispiel 15.13: Empirische Kovarianz und Korrelationskoeffizient

Wir berechnen den Korrelationskoeffizienten für die Daten von Beispiel 15.12:

$$(10; 8), (2; 4), (6; 8), (3; 2), (8; 8), (4; 6), (5; 8), (7; 6), (9; 10), (11; 12)$$

Zur Berechnung gemäß Formel (15.86) verwenden wir folgende Tabelle:

i	x_i	y_i	x_i^2	y_i^2	$x_i y_i$
1	10	8	100	64	80
2	2	4	4	16	8
3	6	8	36	64	48
4	3	2	9	4	6
5	8	8	64	64	64
6	4	6	16	36	24
7	5	8	25	64	40
8	7	6	49	36	42
9	9	10	81	100	90
10	11	12	121	144	132
Summen:	65	72	505	592	534

Der Tabelle kann man folgende Werte entnehmen:

$$\bar{x} = 6{,}5 \quad \bar{y} = 7{,}2 \quad \sum_{i=1}^{n} x_i^2 = 505 \quad \sum_{i=1}^{n} y_i^2 = 592 \quad \sum_{i=1}^{n} x_i y_i = 534$$

Damit erhält man:

$$r_{XY} = \frac{534 - 10 \cdot 6{,}5 \cdot 7{,}2}{\sqrt{(505 - 10 \cdot 6{,}5^2)(592 - 10 \cdot 7{,}2^2)}} = 0{,}847$$

Man kann einen starken tendenziellen linearen Zusammenhang feststellen. ■

Hängen die y-Werte tendenziell linear von den x-Werten ab, dann streuen die Punkte um eine Gerade. Bei einer Geraden mit positiver Steigung nehmen die y-Werte tendenziell zu, wenn die x-Werte größer werden. Bei einer Geraden mit negativer Steigung ist es umgekehrt. Wie stark ist die tendenzielle Änderung der y-Werte, wenn sich die x-Werte ändern? Um diese Frage zu beantworten, benötigt man die Steigung der Geraden. Doch wie bestimmt man diese? Nach Augenmaß kann man verschiedene Geraden durch die Punkte legen. Welche ist die „richtige"? Eine Gerade ist der Graph einer linearen Funktion mit der Funktionsgleichung

$$y = g(x) = a\,x + b$$

Folgende Überlegung ist naheliegend: Die Gerade wird so gewählt, dass die Summe der vertikalen Abstände $d_i = |y_i - g(x_i)|$ der Punkte von der Geraden (s. Abb. 15.18) möglichst klein ist.

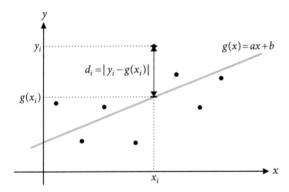

Abb. 15.18: Regressionsgerade.

Wie bereits erwähnt werden in der Statistik u.a. aufgrund mathematischer Einfachheit häufig Quadrate anstelle von Beträgen verwendet. Deshalb wird die Gerade so gewählt, dass Summe der quadrierten vertikalen Abstände $d_i^2 = [y_i - f(x_i)]^2$ der Punkte von der Geraden möglichst klein ist. Man spricht von der **Methode der kleinsten Quadrate**. Gesucht ist also das Minimum der folgenden Funktion $f(a,b)$:

$$f(a,b) = \sum_{i=1}^{n}(y_i - ax_i - b)^2$$

Im Abschnitt 10.4 (S. 374 f) haben wir dieses Minimum bereits bestimmt und erhielten für a das Ergebnis (10.35):

$$a = \frac{n\sum\limits_{i=1}^{n}x_iy_i - \left(\sum\limits_{i=1}^{n}x_i\right)\left(\sum\limits_{i=1}^{n}y_i\right)}{n\sum\limits_{i=1}^{n}x_i^2 - \left(\sum\limits_{i=1}^{n}x_i\right)^2} = \frac{\sum\limits_{i=1}^{n}x_iy_i - n\,\bar{x}\bar{y}}{\sum\limits_{i=1}^{n}x_i^2 - n\,\bar{x}^2}$$

Für a und b gilt ferner die Gleichung (10.34):

$$a \sum_{i=1}^{n} x_i + n\, b = \sum_{i=1}^{n} y_i$$

Dividiert man diese Gleichung durch n, dann folgt:

$$\bar{y} = a\bar{x} + b \tag{15.89}$$

Ist a berechnet, so kann man damit b berechnen.

Regressionskoeffizienten

$$a = \frac{\displaystyle\sum_{i=1}^{n} x_i y_i \; - n\,\bar{x}\bar{y}}{\displaystyle\sum_{i=1}^{n} x_i^2 \; - n\,\bar{x}^2} = \frac{\tilde{s}_{XY}}{\tilde{s}_X^2} = r_{XY}\frac{\tilde{s}_Y}{\tilde{s}_X} \tag{15.90}$$

$$b = \bar{y} - a\bar{x} \tag{15.91}$$

Die Gleichung (15.89) bedeutet, dass der Punkt $(\bar{x},\bar{y})$ auf der Geraden liegt. Diese heißt **Regressionsgerade**. Mit der Regressionsgeraden werden für die gegebenen x_i die y_i „am besten erklärt", d.h. die „besten" y-Werte berechnet. Man könnte auch eine tendenzielle lineare Abhängigkeit der x-Werte von den y-Werten betrachten. Statt den vertikalen müsste man dann die horizontalen Abstände der Punkte für die Berechnung der Geraden verwenden. Diese Gerade würde dann für die gegebenen y_i die x_i „am besten erklären".

Beispiel 15.14: Regressionskoeffizienten

Wir berechnen die Regressionskoeffizienten für die Daten von Bsp. 15.12:

$(10;8),(2;4),(6;8),(3;2),(8;8),(4;6),(5;8),(7;6),(9;10),(11;12)$

Für diese Daten gilt (s. Bsp. 15.13):

$$\bar{x} = 6{,}5 \qquad \bar{y} = 7{,}2 \qquad \sum_{i=1}^{n} x_i^2 = 505 \qquad \sum_{i=1}^{n} x_i y_i = 534$$

Damit erhält man:

$$a = \frac{534 - 10 \cdot 6{,}5 \cdot 7{,}2}{505 - 10 \cdot 6{,}5^{\,2}} = 0{,}8$$

$$b = 7{,}2 - 0{,}8 \cdot 6{,}5 = 2$$

Die Abb. 15.19 zeigt das Streudiagramm mit der Regressionsgeraden. ∎

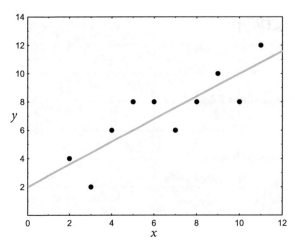

Abb. 15.19: Streudiagramm mit Regressionsgeraden.

Maßzahl für Abhängigkeit nichtmetrischer Merkmale

Die Überlegungen zur Abhängigkeit nichtmetrischer Maßzahlen sollen an einem Beispiel erläutert werden: 100 Personen werden daraufhin untersucht, ob ein Eisenmagel (EM) vorliegt oder nicht. Die Ernährung von 50 Personen beinhaltet Fleischkonsum (F), die übrigen ernähren sich fleichlos. Wir nehmen zunächst an, dass man die folgenden absoluten (links) und relativen (rechts) Häufigkeigen hat:

	F	$\overline{\text{F}}$	
EM	10	30	40
$\overline{\text{EM}}$	40	20	60
	50	50	

	F	$\overline{\text{F}}$	
EM	0,10	0,30	0,40
$\overline{\text{EM}}$	0,40	0,20	0,60
	0,50	0,50	

10 von 50, d.h. 20 % der Personen mit Fleischkonsum haben Eisenmangel.
30 von 50, d.h. 60 % der Personen ohne Fleischkonsum haben Eisenmangel.

Das Vorhandensein eines Eisenmangels scheint davon abzuhängen, ob man sich mit oder ohne Fleisch ernährt. Wie kann man eine solche Abhängigkeit quantifizieren? Die Anteile

$$20\,\% \quad \text{bzw.} \quad \frac{10}{50} = \frac{n_{11}}{n_{\bullet 1}}$$

$$60\,\% \quad \text{bzw.} \quad \frac{30}{50} = \frac{n_{12}}{n_{\bullet 2}}$$

sind Beispiele für bedingte Häufigkeiten.

$$h_{i\underline{j}} = \frac{n_{ij}}{n_{\bullet j}} \tag{15.92}$$

Bedingte Häufigkeiten

$$h_{\underline{i}j} = \frac{n_{ij}}{n_{i\bullet}} \tag{15.93}$$

$h_{i\underline{j}} = $ Anteil der Einheiten mit dem Wert $X = a_i$

von den Einheiten mit dem Wert $Y = b_j$

$h_{\underline{i}j} = $ Anteil der Einheiten mit dem Wert $Y = b_j$

von den Einheiten mit dem Wert $X = a_i$

Haben X und Y jeweils zwei Ausprägungen, dann hat man eine **Vierfeldtabelle**:

	b_1	b_2			b_1	b_2	
a_1	n_{11}	n_{12}	$n_{1\bullet}$	a_1	h_{11}	h_{12}	$h_{1\bullet}$
a_2	n_{21}	n_{22}	$n_{2\bullet}$	a_2	h_{21}	h_{22}	$h_{2\bullet}$
	$n_{\bullet 1}$	$n_{\bullet 2}$			$h_{\bullet 1}$	$h_{\bullet 2}$	

Wir kommen zurück auf das Beispiel mit dem Eisenmangel und der Ernährungsweise:

	F	$\overline{\mathrm{F}}$			F	$\overline{\mathrm{F}}$	
EM	10	30	40	EM	0,10	0,30	0,40
$\overline{\mathrm{EM}}$	40	20	60	$\overline{\mathrm{EM}}$	0,40	0,20	0,60
	50	50			0,50	0,50	

Wie zeigen die bedingten Häufigkeiten $h_{i\underline{j}}$ und ihre Berechnung:

	F	$\overline{\mathrm{F}}$
EM	0,20	0,60
$\overline{\mathrm{EM}}$	0,80	0,40

$$h_{1\underline{1}} = \frac{n_{11}}{n_{\bullet 1}} = \frac{10}{50} = 0,20 \qquad h_{1\underline{2}} = \frac{n_{12}}{n_{\bullet 2}} = \frac{30}{50} = 0,60$$

$$h_{2\underline{1}} = \frac{n_{21}}{n_{\bullet 1}} = \frac{40}{50} = 0,80 \qquad h_{2\underline{2}} = \frac{n_{22}}{n_{\bullet 2}} = \frac{20}{50} = 0,40$$

10 von 50, d.h. 20 % der Personen mit Fleischkonsum haben Eisemangel.

30 von 50, d.h. 60 % der Personen ohne Fleischkonsum haben Eisemangel.

Folgendes ist einleuchtend: Wenn die Anteile h_{11} und h_{12} gleich wären, dann würde man sagen, Eisenmangel hängt nicht davon ab, ob man Fleisch isst. Das Gleiche gilt für den Fall $h_{21} = h_{22}$. Wir nehmen an, dass dies der Fall wäre. Dann folgt z.B.:

$$\frac{n_{11}}{n_{\bullet 1}} = \frac{n_{12}}{n_{\bullet 2}} \Rightarrow n_{11}n_{\bullet 2} = n_{12}n_{\bullet 1} = n_{12}(n - n_{\bullet 2}) = n_{12}n - n_{12}n_{\bullet 2}$$

$$\Rightarrow n_{11}n_{\bullet 2} + n_{12}n_{\bullet 2} = n_{12}n \Rightarrow (n_{11} + n_{12})n_{\bullet 2} = n_{1\bullet}n_{\bullet 2} = n_{12}n$$

$$\Rightarrow \frac{n_{12}}{n} = \frac{n_{1\bullet}}{n}\frac{n_{\bullet 2}}{n} \Rightarrow h_{12} = h_{1\bullet}h_{\bullet 2}$$

Auf die gleiche Art und Weise lässt sich zeigen, dass unter der gemachten Annahme jede relative Häufigkeit das Produkt der zugehörigen relativen Randhäufigkeiten ist:

$$h_{11} = h_{1\bullet}h_{\bullet 1} \qquad h_{12} = h_{1\bullet}h_{\bullet 2}$$
$$h_{21} = h_{2\bullet}h_{\bullet 1} \qquad h_{22} = h_{2\bullet}h_{\bullet 2}$$

Ist dies für alle relativen Häufigkeiten der Fall, dann nennt man die beiden Merkmale empirisch unabhängig.

Empirische Unabhängigkeit	$h_{ij} = h_{i\bullet}h_{\bullet j}$ für alle i,j	(15.94)

Bei unserem Beispiel mit Eisenmangel und Ernährungsweise ist dies nicht der Fall. Die Zahlen

$$\tilde{h}_{ij} = h_{i\bullet}h_{\bullet j} \tag{15.95}$$

sind die hypothetischen relativen Häufigkeiten, bei denen man Unabhängigkeit feststellen würde. Die folgenden Tabellen zeigen für unser Beispiel links die tatsächlichen relativen Häufigkeiten h_{ij} und rechts die hypothetischen $\tilde{h}_{ij}$.

	F	$\overline{\text{F}}$				F	$\overline{\text{F}}$	
EM	0,10	0,30	0,40		EM	0,20	0,20	0,40
$\overline{\text{EM}}$	0,40	0,20	0,60		$\overline{\text{EM}}$	0,30	0,30	0,60
	0,50	0,50				0,50	0,50	

Durch Multiplikation der hypothetischen Häufigkeiten $\tilde{h}_{ij}$ mit n erhält man die hypothetischen Häufigkeiten $\tilde{n}_{ij}$, bei denen man Unabhängigkeit feststellen würde:

$$\tilde{n}_{ij} = n\tilde{h}_{ij} = n\, h_{i\bullet}h_{\bullet j} = \frac{n_{i\bullet}n_{\bullet j}}{n} \tag{15.96}$$

Diese Zahlen müssen nicht ganzzahlig sein. Die folgenden Tabellen zeigen für unser Beispiel links die tatsächlichen Häufigkeiten n_{ij} und rechts die hypothetischen $\tilde{n}_{ij}$.

	F	$\overline{\text{F}}$	
EM	10	30	40
$\overline{\text{EM}}$	40	20	60
	50	50	

	F	$\overline{\text{F}}$	
EM	20	20	40
$\overline{\text{EM}}$	30	30	60
	50	50	

Zur Messung der Stärke der Abhängigkeit wäre es naheliegend, die Summe der Abweichungen $|n_{ij} - \tilde{n}_{ij}|$ zwischen den tatsächlichen und den hypothetischen Häufigkeiten zu verwenden. Diese wäre null bei Unabhängigkeit. Wie mehrfach erläutert werden jedoch auch hier nicht Beträge sondern Quadrate verwendet. Aus bestimmten Gründen (z.B. im Hinblick auf die Verwendung in der schließenden Statistik) ist es außerdem vorteilhaft, nicht die Quadrate $(n_{ij} - \tilde{n}_{ij})^2$, sondern die Größen $(n_{ij} - \tilde{n}_{ij})^2/\tilde{n}_{ij}$ zu summieren. Diese Summe wird mit χ^2 bezeichnet:

$$\chi^2 = \sum_{j=1}^{m} \sum_{i=1}^{k} \frac{(n_{ij} - \tilde{n}_{ij})^2}{\tilde{n}_{ij}} = n \sum_{j=1}^{m} \sum_{i=1}^{k} \frac{(h_{ij} - \tilde{h}_{ij})^2}{\tilde{h}_{ij}} \tag{15.97}$$

Bei einer Vierfeldtabelle lässt sich dies umformen zu:

$$\chi^2 = n \frac{(n_{11}n_{22} - n_{21}n_{12})^2}{n_{1\bullet}n_{2\bullet}n_{\bullet 1}n_{\bullet 2}} = n \frac{(h_{11}h_{22} - h_{21}h_{12})^2}{h_{1\bullet}h_{2\bullet}h_{\bullet 1}h_{\bullet 2}} \tag{15.98}$$

Bei empirischer Unabhängigkeit ist $\chi^2 = 0$. Für feste Werte von n,k und l gilt: χ^2 ist umso größer, je stärker die Abweichung von der Unabhängigkeit ist. χ^2 hängt aber von n,k und l ab und ist proportional zu n. Verdoppelt man z.B. in einer Häufigkeitstabelle alle Häufigkeiten und damit auch n, so bleiben die relativen Häufigkeiten gleich, χ^2 verdoppelt sich aber. Selbstverständlich würde man dies nicht als doppelt so starke Abhängigkeit interpretieren. Deshalb muss χ^2 noch geeignet normiert werden. Man kann zeigen, dass der maximale Wert, den χ^2 annehmen kann, gegeben ist durch:

$$\chi^2_{\max} = n \cdot (l - 1) \qquad \text{mit } l = \min\{k; m\}$$

Dividiert man χ^2 durch $\chi^2_{\max}$, so erhält man eine Größe, deren größtmöglicher Wert 1 ist. Dies gilt auch für die Wurzel aus diesem Quotienten. Als Maßzahl für Abhängigkeit wird deshalb folgende Größe verwendet:

Kontingenzkoeffizient $\qquad V = \sqrt{\dfrac{\chi^2}{n(l-1)}} \qquad \text{mit } l = \min\{k; m\} \tag{15.99}$

Der Kontingenzkoeffizient (15.99) heißt auch Kontingenzkoeffizient nach Cramér. Er liegt zwischen 0 und 1:

$$0 \leq V \leq 1$$

Je größer V, umso stärker die Abhängigkeit. Die größtmögliche Abhängigkeit hat man für $V = 1$. Für $V = 0$ sind die beiden Merkmale empirisch unabhängig. Es gibt noch andere Definitionen für einen Kontigenzkoeffizienten als Maßzahl für Abhängigkeit. Häufig wird auch der folgende normierte (oder „korrigierte") Kontingenzkoeffizient nach Pearson verwendet:

$$K = \sqrt{\frac{l}{l-1}} \sqrt{\frac{\chi^2}{n+\chi^2}} \qquad \text{mit } l = \min\{k; m\}$$

Beispiel 15.15: Berechnung des Kontingenzkoeffizienten

Wir berechnen den Kontingenzkoeffizienten nach Cramér für das Beispiel 15.11. Die folgenden Tabellen zeigen die tatsächlichen (links) und hypothetischen (rechts) Häufigkeiten:

	V1	V2	V3	
F	40	15	5	60
M	10	10	20	40
	50	25	25	

	V1	V2	V3	
F	30	15	15	60
M	20	10	10	40
	50	25	25	

$$\chi^2 = \frac{(40-30)^2}{30} + \frac{(15-15)^2}{15} + \frac{(5-15)^2}{15}$$

$$+ \frac{(10-20)^2}{20} + \frac{(10-10)^2}{10} + \frac{(20-10)^2}{10} = 25$$

$$n = 100 \quad k = 2 \quad m = 3 \quad l = \min\{2; 3\} = 2$$

$$V = \sqrt{\frac{\chi^2}{n \cdot (l-1)}} = \sqrt{\frac{25}{100 \cdot 1}} = \sqrt{\frac{1}{4}} = 0{,}5$$

Es besteht eine deutliche empirische Abhängigkeit zwischen bevorzugter Variante und Geschlecht. ∎

Beispiel 15.16: Prüfung auf Abhängigkeit zweier Merkmale

Wie betrachten noch einmal unser Beispiel mit der Ernährungsweise und Eisenmangel. Die folgenden Tabellen zeigen die tatsächlichen (links) und hypothetischen (rechts) Häufigkeiten:

	F	$\overline{F}$	
EM	10	30	40
$\overline{EM}$	40	20	60
	50	50	

	F	$\overline{F}$	
EM	20	20	40
$\overline{EM}$	30	30	60
	50	50	

$$n = 100 \quad k = 2 \quad m = 2 \quad l = \min\{2;2\} = 2$$

$$\chi^2 = \frac{(10-20)^2}{20} + \frac{(30-20)^2}{20} + \frac{(40-30)^2}{30} + \frac{(20-30)^2}{30} = \frac{50}{3}$$

$$\chi^2 = n \frac{(n_{11}n_{22} - n_{21}n_{12})^2}{n_{1\bullet}n_{2\bullet}n_{\bullet1}n_{\bullet}1} = 100 \frac{(10 \cdot 20 - 40 \cdot 30)^2}{40 \cdot 60 \cdot 50 \cdot 50} = \frac{50}{3}$$

$$V = \sqrt{\frac{\chi^2}{n \cdot (l-1)}} = \sqrt{\frac{\frac{50}{3}}{100 \cdot 1}} = \sqrt{\frac{1}{6}} \approx 0{,}41$$

Es besteht eine deutliche empirische Abhängigkeit zwischen den Ernährungsweisen (mit und ohne Fleisch) und dem Vorhandensein von Eisenmangel. ■

Will man prüfen, ob es bei n Schülern einen Zusammenhang zwischen der Mathematiknote X und der Englischnote Y gibt, so könnte man mit den n Zahlenpaaren $(x_1,y_1),\ldots,(x_n,y_n)$ den Korrelationskoeffizienten (15.84) nach Bravais-Pearson berechnen. Für diesen werden jedoch metrische Merkmale vorausgesetzt. Prüfungsnoten sind aber nicht metrisch, sondern ordinal skaliert. Statt den Noten $1,2,3,4,5$ könnte man auch die Bezeichnungen A, B, C, D, E verwenden. Dann wäre (15.84) nicht anwendbar. Man könnte aber den Kontingenzkoeffizienten berechnen. Eine andere Möglichkeit beruht auf sog. **Rangzahlen**. Die Rangzahlen von Werten eines ordinal skalierten Merkmals bestimmt man folgendermaßen: Man ordnet die Werte gemäß der natürlichen Reihenfolge, die es bei einer Ordinalskala gibt. Dann vergibt man Rangzahlen: Der erste Wert in der geordneten Werteliste bekommt die Rangzahl 1, der zweite die Nummer 2, usw. Sind mehrere Werte in der geordneten Liste gleich (sog. „Bindungen"), so bildet man die durchschnittliche Rangzahl dieser Werte und ordnet diesen Werten diese durchschnittliche Rangzahl zu. Auf diese Weise wird jedem Wert x_i eine Ranzahl u_i zugeordnet. Hat man n Paare $(x_1,y_1),\ldots,(x_n,y_n)$ mit Werten von ordinal skalierten Merkmalen X und Y, so bestimmt man für jeden Wert x_i die Rangzahl u_i und für jeden Wert y_i die Rangzahl v_i. Damit bildet man für die Paare $(u_1,v_1),\ldots,(u_n,v_n)$ den Korrelationskoeffizienten (15.84) nach Bravais-Pearson.

Rangkorrelationskoeffizient $\qquad \tilde{r}_{XY} =$ Korrelationskoeffizient für die Rangzahlenpaare $(u_1,v_1),\ldots,(u_n,v_n)$

Für den Rangkorrelationskoeffizienten gelten folgende Formeln:

$$\tilde{r}_{XY} = \frac{\sum\limits_{i=1}^{n}(u_i - \bar{u})(v_i - \bar{v})}{\sqrt{\sum\limits_{i=1}^{n}(u_i - \bar{u})^2 \cdot \sum\limits_{i=1}^{n}(v_i - \bar{v})^2}} \tag{15.100}$$

$$= \frac{\sum\limits_{i=1}^{n}u_i v_i - n\,\bar{u}\bar{v}}{\sqrt{\left(\sum\limits_{i=1}^{n}u_i^2 - n\,\bar{u}^2\right)\left(\sum\limits_{i=1}^{n}v_i^2 - n\,\bar{v}^2\right)}} \tag{15.101}$$

Beispiel 15.17: Berechnung des Rangkorrelationskoeffizienten

Am Ende eines Kurses mit 10 Teilnehmern wird eine Prüfung geschrieben. Nach der Prüfung lässt der Dozent den Kurs von den Teilnehmern bewerten. Sowohl bei der Prüfung als auch bei der Kursbewertung sind als Ergebnis jeweils 5 Werte von A (sehr gut) bis E (ungenügend/sehr schlecht) möglich. Die folgenden Wertepaare zeigen die Ergebnisse:

(D,E),(C,B),(B,C),(A,A),(A,B),(C,B),(B,A),(C,D),(E,E),(E,E)

Der erste Wert ist jeweils das Ergebnis der Prüfung, der zweite das Ergebnis der Kursbewertung. Wir stellen die Ergebnisse noch einmal tabellarisch dar:

x_1	x_2	x_3	x_4	x_5	x_6	x_7	x_8	x_9	x_{10}
D	C	B	A	A	C	B	C	E	E
y_1	y_2	y_3	y_4	y_5	y_6	y_7	y_8	y_9	y_{10}
E	B	C	A	B	B	A	D	E	E

Wir ordnen die Werte und bestimmen die Rangzahlen:

x_4	x_5	x_3	x_7	x_2	x_6	x_8	x_1	x_9	x_{10}
A	A	B	B	C	C	C	D	E	E
u_4	u_5	u_3	u_7	u_2	u_6	u_8	u_1	u_9	u_{10}
1,5	1,5	3,5	3,5	6	6	6	8	9,5	9,5
y_4	y_7	y_2	y_5	y_6	y_3	y_8	y_1	y_9	y_{10}
A	A	B	B	B	C	D	E	E	E
v_4	v_7	v_2	v_5	v_6	v_3	v_8	v_1	v_9	v_{10}
1,5	1,5	4	4	4	6	7	9	9	9

Damit haben wir also folgende Rangzahlen bestimmt:

u_1	u_2	u_3	u_4	u_5	u_6	u_7	u_8	u_9	u_{10}
8	6	3,5	1,5	1,5	6	3,5	6	9,5	9,6

v_1	v_2	v_3	v_4	v_5	v_6	v_7	v_8	v_9	v_{10}
9	4	6	1,5	4	4	1,5	7	9	9

Für diese Rangzahlen erhält man:

$$\bar{u} = 5{,}5 \quad \bar{v} = 5{,}5 \quad \sum_{i=1}^{n} u_i v_i = 367{,}5 \quad \sum_{i=1}^{n} u_i^2 = 381{,}5 \quad \sum_{i=1}^{n} v_i^2 = 380{,}5$$

$$\tilde{r}_{XY} = \frac{\displaystyle\sum_{i=1}^{n} u_i v_i - n\,\bar{u}\bar{v}}{\sqrt{\left(\displaystyle\sum_{i=1}^{n} u_i^2 - n\,\bar{u}^2\right)\left(\displaystyle\sum_{i=1}^{n} v_i^2 - n\,\bar{v}^2\right)}}$$

$$= \frac{367{,}5 - 10 \cdot 5{,}5 \cdot 5{,}5}{\sqrt{(381{,}5 - 10 \cdot 5{,}5^2)(380{,}5 - 10 \cdot 5{,}5^2)}} = 0{,}828$$

Es besteht ein starker empirischer Zusammenhang zwischen den Prüfungsnoten und den Ergebnissen der Kursbeurteilung. ∎

15.4   Aufgaben zu Kapitel 15

15.1 In einem Krankenhaus wurde an 100 Tagen jeweils gezählt, wie viele Patienten in die Notaufnahmen kommen. Die folgenden 100 Zahlen zeigen das Ergebnis:

4	8	6	6	5	5	1	10	4	5	8	8	7	4	9	5	4	7	5	5
10	2	7	6	9	6	8	9	6	6	7	8	4	2	4	10	7	5	5	1
10	4	6	6	4	3	6	4	5	3	8	8	6	5	6	3	8	3	5	8
9	6	5	5	6	6	2	5	3	6	3	4	6	6	6	5	3	7	8	9
3	4	5	3	5	5	7	6	7	6	8	8	6	9	6	7	8	6	6	7

a) Zeichnen Sie die relative Häufigkeitsfunktion.

b) Zeichnen Sie die empirische Verteilungsfunktion.

c) Bestimmen Sie den Median $\tilde{x}$.

d) Berechnen Sie den arithmetischen Mittelwert $\bar{x}$.

e) Berechnen Sie die Standardabweichung s.

15.2 Bei einem Fertigungsprozess werden elektrische Widerstände mit dem Sollwert von $75\,\text{k}\Omega \pm 6\,\%$ gefertigt. Mit einer Stichprobe vom Umfang $n = 100$ wurden dem laufenden Fertigungsprozess 100 Widerstände entnommen. Die folgenden 100 Zahlen zeigen die Werte der entnommenen Widerstände (in $\text{k}\Omega$):

71,81	74,32	73,23	75,24	73,65	74,46	77,17	78,18	71,69	74,58
73,27	73,66	78,15	72,94	76,13	74,72	76,21	76,32	78,93	74,14
75,85	76,96	73,57	74,78	79,19	77,19	74,88	72,57	74,16	77,45
77,74	74,73	76,62	73,11	75,22	73,63	75,14	75,95	73,46	72,87
75,58	77,69	74,81	76,12	76,53	71,84	78,45	74,96	74,57	75,38
74,29	75,68	75,67	74,96	72,65	76,44	76,83	75,12	72,91	73,91
72,72	72,63	75,74	74,85	74,86	77,47	75,98	75,99	77,61	71,52
70,73	76,34	74,25	75,76	78,97	75,68	75,49	73,78	77,17	76,46
76,35	79,84	75,43	73,32	73,91	78,72	76,23	74,24	75,55	73,46
74,97	73,38	72,49	72,21	72,52	73,43	71,48	74,53	74,63	73,79

a) Zeichnen Sie ein Histogramm.

b) Zeichnen Sie die Näherung $\widetilde{F}(x)$ für die empirische Verteilungsfunktion $F(x)$.

15.3 Betrachten Sie die Summe

$$\sum_{i=1}^{n}(x_i - c)^2$$

mit n gegebenen Zahlen $x_1, \ldots, x_n$. Zeigen Sie, dass diese Summe den kleinsten Wert hat, wenn $c = \bar{x}$ ist.

15.4 Bei einer Stichprobe traten nur die zwei Werte a_1 und a_2 auf. Es wurden der Mittelwert $\bar{x}$ und die Varianz s^2 berechnet. Die Häufigkeiten n_1 und n_2 der beiden Werte a_1 und a_2 sind nicht mehr bekannt. Kann man diese Häufigkeiten nachträglich berechnen, wenn nur noch die Werte von $a_1, a_2, \bar{x}, s^2$ bekannt sind?

15.5 Welche der folgenden Funktionen kann eine empirische Verteilungsfunktion sein?

a)
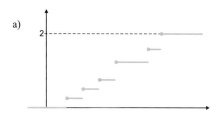

b)
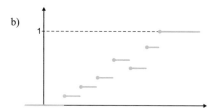

c)
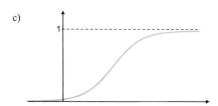

d)

e)
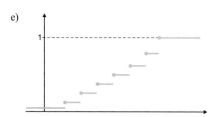

15.6 Bei einer Stichprobe vom Umfang n sind sechs verschiedene Ausprägungen $a_1, \ldots, a_6$ mit den relativen Häufigkeiten $h_1, \ldots, h_6$ aufgetreten. Folgende Werte wurden notiert:

$$a_1 = 3 \qquad a_2 = 4 \qquad a_3 = 5 \qquad a_4 = 6 \qquad a_5 = 7 \qquad a_6 = 8$$
$$h_1 = 0{,}1 \qquad h_2 = 0{,}2 \qquad\qquad\quad h_4 = 0{,}25 \quad h_5 = 0{,}15$$

Die relativen Häufigkeiten h_3 und h_6 der Ausprägungen a_3 und a_6 wurden versehentlich nicht notiert. Man weiß aber noch den Wert des Medians: $\tilde{x} = 5{,}5$. Bestimmen Sie die fehlenden relativen Häufigkeiten und berechnen Sie den Mittelwert $\bar{x}$.

15.7 Bei einer Stichprobe vom Umfang n sind nicht mehr alle n Zahlen $x_1, \ldots, x_n$ bekannt, sondern nur noch die ersten m Zahlen $x_1, \ldots, x_m$ $(m < n)$. Es werden der Mittelwert $\bar{x}'$ und die Varianz s'^2 dieser m Zahlen berechnet. Später tauchen die restlichen Zahlen $x_{m+1}, \ldots, x_n$ auf. Kann man den Mittelwert $\bar{x}$ und die Varianz s^2 aller n Zahlen berechnen, wenn man die ersten m Zahlen $x_1, \ldots, x_m$ nicht mehr hat, sondern nur noch $n, m, \bar{x}', s'^2$ und die Zahlen $x_{m+1}, \ldots, x_n$ weiß? Wenn ja, wie?

15.8 Zur Auswertung einer Stichprobe wurde der Graph der empirischen Verteilungsfunktion erstellt:

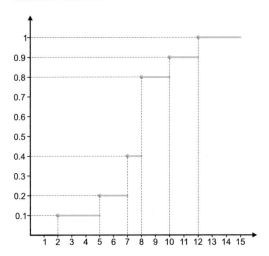

a) Bestimmen Sie den Median $\tilde{x}$.

b) Bestimmen Sie den Modus x_{mod}.

c) Bestimmen Sie den arithmetischen Mittelwert $\bar{x}$.

d) Berechnen Sie den geometrischen Mittelwert $\bar{x}_g$.

e) Berechnen Sie den harmonischen Mittelwert $\bar{x}_h$.

f) Berechnen Sie die Standardabweichung $\tilde{s}$.

g) Berechnen Sie die Schiefe-Maßzahl g.

h) Wie groß muss der Stichprobenumfang n bei dieser Stichprobe mindestens sein?

15.9 Betrachten Sie die Stichprobe bzw. die empirische Verteilungsfunktion von Aufgabe 15.8 und bestimmen Sie folgende Anteile:

a) $A(X = 4)$ b) $A(X < 5)$ c) $A(2 < X < 5)$ d) $A(X > 4)$

e) $A(X > \bar{x})$ f) $A(4 \leq X < 8)$ g) $A(X \leq \tilde{x})$ h) $A(\tilde{x} \leq X \leq x_{\mathrm{mod}})$

15.10 Die folgenden Zahlen zeigen, wie viel eine Frau in den letzten 6 Monaten für Mode oder Schmuck ausgegeben hat (Beträge in €).

100   85   70   3500   95   50

In einem Monat hat sich die Frau ein teures Kleid und teuren Schmuck gegönnt. Ihr sparsamer Mann möchte von seiner Frau eine Kennzahl für ihre monatlichen Ausgaben für Mode, d.h. eine Lagemaßzahl der 6 Beträge. Welche Lagemaßzahl empfehlen Sie?

15.11 Bei 20 Personen, die arbeitslos geworden sind, wird die Dauer bis zur Wiederaufnahme einer Erwerbstätigkeit bestimmt. Ziel ist die Bestimmung einer Kennzahl für die Dauer der Arbeitslosigkeit der 20 Personen. Nach zwei Jahren sind 12 Personen wieder erwerbstätig.

Die folgenden Zahlen geben an, wie viele Tage die 12 Personen arbeitslos waren:

23   44   72   86   107   135   226   275   394   464   674   702

Da die restlichen acht Personen immer noch arbeitslos sind, fehlen acht Zahlen. Kann man trotzdem eine Kennzahl (Lagemaßzahl der 20 Zahlen) bestimmen? Wenn ja, geben Sie diese an und bestimmen Sie den Wert dieser Kennzahl.

15.12 In der folgenden Häufigkeitstabelle fehlen einige relativen Häufigkeiten:

	b_1	b_2	b_3	b_4	
a_1		0,05		0,05	0,3
a_2	0,15			0,05	0,4
a_3		0,1	0,05		
	0,3	0,3	0,2		

Ergänzen Sie die fehlenden Werte und berechnen Sie den Kontingenzkoeffizienten K nach Pearson.

15.13 In der folgenden Häufigkeitstabelle fehlen einige relativen Häufigkeiten:

	b_1	b_2	b_3	
a_1	0,2			
a_2		0,2		
			0,4	

Es gilt außerdem $h_{13} = h_{\underline{1}3} = 0{,}25$. Ergänzen Sie die fehlenden Werte und berechnen Sie den Kontingenzkoeffizienten V nach Cramér.

15.14 100 Pesonen werden nach dem Geschlecht und der Ernährungsweise gefragt. Dabei werden drei Ernährungsweisen unterschieden:

A: mit Fleisch

B: mit tierischen Produkten (z.B. Milchprodukte), jedoch ohne Fleisch

C: vegan, d.h. ohne tierische Produkte

Die folgende Häufigkeitstabelle zeigt das Ergebnis der Befragung:

	A	B	C	
Frauen	20	25	15	60
Männer	30	5	5	40
	50	30	20	

Berechnen Sie den Kontingenzkoeffizienten V nach Cramér und interpretieren sie ihn.

15.15 Um zu prüfen, ob die Konzentration Y eines Hormons von der Konzentration X des Wirkstoffs eines Medikamentes abhängt, wurden beide Konzentrationen im Blut von 20 Personen gemessen. Die folgenden 20 Zahlenpaare (x_i, y_i) zeigen die gemessenen Konzentrationen (in μg/ml):

(0,8; 5,7)	(2,7; 5,0)	(1,2; 5,8)	(1,5; 5,5)	(2,0; 5,2)
(2,4; 4,8)	(2,5; 5,0)	(3,4; 4,4)	(3,5; 4,0)	(3,8; 4,2)
(4,0; 3,8)	(5,0; 4,2)	(4,4; 3,5)	(4,5; 3,2)	(4,8; 3,4)
(5,0; 2,8)	(5,2; 3,2)	(5,5; 3,0)	(5,8; 2,5)	(6,0; 2,8)

a) Erstellen Sie ein Streudiagramm.

b) Berechnen Sie die empirische Kovarianz $\tilde{s}_{XY}$.

c) Berechnen Sie den Korrelationskoeffizienten r_{XY}.

d) Was kann man aus dem Wert von r_{XY} schließen?

e) Berechnen Sie die Regressionskoeffizienten a und b.

f) Wie und um wie viele Einheiten ändert sich tendenziell die Hormonkonzentration, wenn die Wirkstoffkonzentration um eine Einheit erhöht wird?

g) Geben Sie einen Schätzwert für die mittlere Hormonkonzentration ohne Medikament an.

h) Wie ändert sich der (Zahlen-)Wert der empirischen Kovarianz $\tilde{s}_{XY}$, wenn man statt der Einheit μg/ml die Einheit mg/ml verwendet?

i) Wie ändert sich der (Zahlen-)Wert des Korrelationskoeffizienten r_{XY}, wenn man statt der Einheit μg/ml die Einheit mg/ml verwendet?

16 Schließende Statistik

Übersicht

16.1   Einführung und Grundbegriffe

Wie bereits zu Beginn von Kapitel 15 geschildert, hat man häufig folgende Situation: Man interessiert sich für bestimmte Eigenschaften bestimmter Objekte. Die Menge aller Objekte, für die man sich interessiert, heißt **Grundgesamtheit**. Die Elemente der Grundgesamtheit heißen **statistische Einheiten**. Es kann sein, dass eine Grundgesamtheit real bzw. physikalisch nicht existiert oder unendlich viele Elemente hat. Betrachtet man z.B. einen Fertigungsprozess, bei dem Teile hergestellt werden, so kann man sich für die Produktion eines Tages interessieren. Die Teile liegen dann real vor und die Grundgesamtheit ist endlich. Interessiert man sich für den Prozess selbst, so müsste man sich für alle Teile interessieren, die sich mit dem Prozess theoretisch herstellen lassen. Diese theoretische Grundgesamtheit liegt nicht real vor und hat unendlich viele Elemente. In der Regel untersucht man nicht alle Elemente der Grundgesamtheit, sondern wählt n statistische Einheiten aus der Grundgesamtheit aus und untersucht die Eigenschaften dieser n Objekte. Man spricht dann von einer **Stichprobe** mit dem **Stichprobenumfang** n. Eine bestimmte Eigenschaft einer statistischen Einheit lässt sich angeben durch den Wert einer Größe, die man **Merkmal** nennt. Bestimmt man bei den n Einheiten der Stichprobe jeweils den Wert eines Merkmals X, so erhält man als Ergebnis n Werte $x_1, \ldots, x_n$. Die Beschreibung und Darstellung von interessanten Eigenschaften dieser Daten ist Aufgabe der beschreibenden Statistik. Darüber hinaus kann man aus dem Ergebnis der Stichprobe, d.h. aus den Daten, Aussagen über die Grundgesamtheit ableiten. Da man nicht alle Elemente der Grundgesamtheit untersucht hat, können solche Aussagen natürlich keine sicheren Aussagen sein. Sie sind mit einer Irrtumswahrscheinlichkeit behaftet. Rückschlüsse von einer Stichprobe auf die Grundgesamtheit unter Kontrolle der Unsicherheit bzw. Irrtumswahrscheinlichkeit ist Gegenstand der **schließenden Statistik**. Häufig interessiert man sich dafür, wie die Merkmalswerte in der Grundgesamtheit verteilt sind. Bei einer endlichen, real existierenden Grundgesamtheit will man wissen: Welche Merkmalswerte kommen in der Grundgesamtheit vor und wie hoch sind die Anteile bzw. relativen Häufigkeiten dieser Merkmalswerte in der Grundgesamtheit. Bei einem quantitativen Merkmal X stecken diese Informationen in der Verteilungsfunktion $F(x)$. Sie hat folgende Bedeutung: $F(x)$ ist der Anteil bzw. die relative Häufigkeit der statistischen Einheiten in der Grundgesamtheit mit einem Merkmalswert kleinergleich x. Wählt man aus der Grundgesamtheit ein Element zufällig aus und bestimmt den Wert x des Merkmals, so ist x die Realisierung einer Zufallsvariablen X. Das Merkmal kann als **Zufallsvariable** betrachtet werden. Haben alle Elemente die gleiche Wahrscheinlichkeit, ausgewählt zu werden, dann gilt: Die Wahrscheinlichkeit, ein Element mit einem Merkmalswert kleinergleich x zu erhalten, ist gleich dem Anteil der statistischen Einheiten in der Grundgesamtheit mit einem Merkmalswert kleinergleich x.

$$P(X \leq x) = F(x)$$

Die Verteilungsfunktion $F(x)$, welche die Verteilung der Merkmalswerte in der Grundgesamtheit beschreibt, ist die Verteilungsfunktion der Zufallsvariablen X. Spricht man bei einer real nicht existierenden Grundgesamtheit mit unendlich vielen Elementen (s. oben) von einer Verteilung der Merkmalswerte in der Grundgesamtheit, so ist damit die Verteilung der Zufallsvariablen X gemeint.

In der schließenden Statistik möchte man aus dem Ergebnis einer Stichprobe Aussagen über die Grundgesamtheit ableiten. Häufig sind dies Aussagen über die Verteilung von Merkmalen bzw. Zufallsvariablen. Aussagen über die Verteilung einer Zufallsvariablen können Parameter der Verteilung betreffen. Werden Parameter geschätzt, so spricht man von **Parameterschätzungen**. Bei einer **Punktschätzung** erhält man einen Schätzwert für einen Parameter. Bei **Intervallschätzungen** ist das Ergebnis ein Intervall. Bei **Parametertests** prüft man Hypothesen über Parameter. Es sind aber auch andere Hypothesen möglich. Allgemein spricht man von **Hypothesentests**. Je nach dem Ergebnis der Stichprobe wird eine Hypothese verworfen oder nicht.

Bei einer Stichprobe vom Umfang n werden n Elemente aus der Grundgesamtheit ausgewählt. Wird bei jedem der n Elemente der Wert eines quantitativen Merkmals X bestimmt, so erhält man n Zahlen

$$x_1, \ldots, x_n$$

Stellt die Auswahl eines Elementes ein Zufallsexperiment dar, dann kann man den Merkmalswert als Realisierung einer Zufallsvariablen betrachten. Trifft dies auf alle n Elemente zu, dann hat man n Zufallsvariablen $X_1, \ldots, X_n$ und spricht von einer **Zufallsstichprobe**. Die Stichprobe heißt einfach, wenn diese Zufallsvariablen unabhängig voneinander und gleich verteilt sind.

Definition 16.1: Einfache Zufallsstichprobe

Die n Zahlen $x_1, \ldots, x_n$ sind Realisierungen von n Zufallsvariablen $X_1, \ldots, X_n$, die alle gleich verteilt und unabhängig voneinander sind.

Bei der folgenden Stichprobe handelt es sich um eine einfache Zufallsstichprobe:

Einfache Zufallsstichprobe (16.1)

Ein Zufallsexperiment, bei dem der Wert eines Merkmals X (Zufallsvariable) festgestellt wird, wird n-mal unter den gleichen Bedingungen und unabhängig voneinander durchgeführt. Als Ergebnis erhält man n Zahlen $x_1, \ldots, x_n$.

Um bestimmte Aussagen und Ergebnisse der Wahrscheinlichkeitsrechnung verwenden zu können, wird bei vielen Methoden der schließenden Statistik vorausgesetzt, dass man es mit einfachen Zufallsstichproben zu tun hat, oder dass dies zumindest näherungsweise der Fall ist.

Beispiel 16.1: Einfache Zufallsstichprobe bei dichotomer Grundgesamtheit

Bei der folgenden Situation spricht man von einem **dichotomen Merkmal** bzw. von einer **dichotomen Grundgesamtheit**: Einige Elemente der Grundgesamtheit haben eine bestimmte Eigenschaft. Der Anteil der Elemente mit dieser Eigenschaft in der Grundgesamtheit sei p. Das Merkmal X kann nur die Werte 1 oder 0 annehmen: Hat ein Element die Eigenschaft, so ist der Merkmalswert 1, andernfalls 0. Es wird n-mal zufällig und unabhängig voneinander ein Element aus der Grundgesamtheit ausgewählt (Ziehung mit Zurücklegen) und der Wert des Merkmals bestimmt. Dadurch erhält man n Zahlen $x_1, \ldots, x_n$. Für den Merkmalswert x_i des i-ten ausgewählten Elementes gilt:

$$x_i = \begin{cases} 1 & \text{wenn die Eigenschaft vorhanden ist} \\ 0 & \text{sonst} \end{cases}$$

Die n Zahlen $x_1, \ldots, x_n$ sind Realisierungen von n unabhängigen Zufallsvariablen $X_1, \ldots, X_n$, die alle $B(1,p)$-verteilt, d.h. gleich verteilt sind. Es handelt sich um eine einfache Zufallsstichprobe. Der Anteil p der Elemente in der Grundgesamtheit mit dem Merkmalswert 1 ist ein Parameter (Erwartungswert) einer $B(1,p)$-Verteilung. Kennt man diesen Parameter, so kennt man sogar die Verteilungsfunktion von X (was natürlich i. Allg. nicht der Fall ist). Es stellt sich die Frage, wie man aus dem Stichprobenergebnis $x_1, \ldots, x_n$ diesen Parameter bzw. Anteil schätzen kann. ∎

16.2 Parameterschätzungen

16.2.1 Punktschätzungen

Schätzfunktionen und Eigenschaften

Ist das Ergebnis einer Schätzung ein Schätzwert, dann spricht man von einer **Punktschätzung**. Schätzwerte für Parameter kennzeichnen wir durch ein „Dach" über dem Symbol für den Parameter: Ist θ ein Parameter einer Verteilung, so wird der Schätzwert mit $\hat{\theta}$ bezeichnet. Erhält man bei einer Stichprobe die n Zahlen $x_1, \ldots, x_n$, so wird der Schätzwert aus diesen Zahlen berechnet. Der Schätzwert $\hat{\theta}$ hängt vom Ergebnis der Stichprobe ab und kann als Funktionswert einer Funktion g von n Variablen betrachtet werden:

$$\hat{\theta} = g(x_1, \ldots, x_n) \tag{16.2}$$

Bei einer Zufallsstichprobe sind die Zahlen $x_1, \ldots, x_n$ die Realisierungen der Zufallsvariablen $X_1, \ldots, X_n$. Der Schätzwert $\hat{\theta}$ ist die Realisierung der Zufallsvariablen:

$$\Theta = g(X_1, \ldots, X_n) \tag{16.3}$$

Diese heißt **Schätzfunktion** für den Parameter θ. Bei wiederholten Schätzungen kann man verschiedene Schätzwerte erhalten, die natürlich vom wahren Wert θ abweichen können. Es ist jedoch vernünftig, folgende Anforderungen zu stellen:

1. Strebt der Stichprobenumfang n gegen unendlich, so sollte der Schätzwert gegen den wahren Wert streben:

$$\hat{\theta} \xrightarrow{\ n \to \infty\ } \theta$$

2. Strebt die Anzahl N unabhängiger Schätzungen gegen unendlich, so sollte der Mittelwert der Schätzwerte gegen den wahren Wert streben:

$$\tfrac{1}{N}(\hat{\theta}_1 + \ldots + \hat{\theta}_N) \xrightarrow{\ N \to \infty\ } \theta$$

Ist die erste bzw. zweite Anforderung erfüllt, so spricht man von Konsistenz bzw. Erwartungstreue. Etwas präziser formuliert man Konsistenz folgendermaßen:

Konsistenz $\qquad \lim\limits_{n \to \infty} P(|\Theta - \theta| < \varepsilon) = 1 \quad$ für alle $\varepsilon > 0$ $\qquad$ (16.4)

Konsistenz bedeutet: Die Wahrscheinlichkeit, dass die Abweichung des Schätzwertes vom wahren Wert kleiner als eine beliebig kleine Zahl ε ist, ist 1 für $n \to \infty$.
Da nach (14.112) der Mittelwert gegen den Erwartungswert strebt, ist die folgende präzise Definition der Erwartungstreue einleuchtend:

Erwartungstreue $\qquad E(\Theta) = \theta$ $\hfill$ (16.5)

Bei einer einfachen Zufallsstichprobe ist der Mittelwert $\overline{X} = \frac{1}{n}(X_1 + \ldots + X_n)$ nach (14.111) eine konsistente Schätzungfunktion für den Erwartungswert $\mu = E(X)$. Sie ist auch erwartungstreu, denn es gilt:

$$E(\overline{X}) = E\left(\tfrac{1}{n}(X_1 + \ldots + X_n)\right) = \tfrac{1}{n}\left(E(X_1) + \ldots + E(X_n)\right)$$
$$= \tfrac{1}{n}(\mu + \ldots + \mu) = \tfrac{1}{n}\, n\,\mu = \mu$$

Interessant und wichtig sind die Spezialfälle in den Beispielen 16.2 und 16.3.

Beispiel 16.2: Stichprobe bei realer dichotomer Grundgesamtheit

Wir betrachten noch einmal die Situation von Beispiel 16.1: Einige Elemente der Grundgesamtheit haben eine bestimmte Eigenschaft. Der Anteil der Elemente mit dieser Eigenschaft in der Grundgesamtheit sei p. Es wird n-mal zufällig und unabhängig voneinander ein Element aus der Grundgesamtheit ausgewählt (Ziehung mit Zurücklegen). Für den Merkmalswert x_i des i-ten ausgewählten Elementes gilt:

$$x_i = \begin{cases} 1 & \text{wenn die Eigenschaft vorhanden ist} \\ 0 & \text{sonst} \end{cases}$$

Die n Zahlen $x_1, \ldots, x_n$ sind Realisierungen von n unabhängigen Zufallsvariablen $X_1, \ldots, X_n$, die alle $B(1,p)$-verteilt. Der Anteil p ist ein Parameter (Erwartungswert) einer $B(1,p)$-Verteilung. Die Summe $k = x_1 + \ldots + x_n$ ist die Anzahl der Elemente mit der Eigenschaft bei den n Ziehungen. Sie ist die Realisierung einer $B(n,p)$-verteilten Zufallsvariablen K (s. Abschnitt 14.5.1). Der Mittelwert $\bar{x} = \frac{1}{n}(x_1 + \ldots + x_n) = \frac{k}{n} = h$ ist der Anteil der Elemente mit der betrachteten Eigenschaft bei den n Ziehungen. Es ist naheliegend, den Anteil h bei der Stichprobe als Schätzwert für den Anteil p in der Grundgesamtheit zu verwenden. In diesem Fall ist der Mittelwert $\bar{x}$ der Schätzwert für den Erwartungswert $E(X) = p$. Man hat Konsistenz und Erwartungstreue. $\qquad\blacksquare$

Beispiel 16.3: Stichprobe bei theoretischer dichotomer Grundgesamtheit

Es wird n mal unabhängig voneinander und unter den gleichen Bedingungen ein Zufallsexperiment durchgeführt, bei dem ein Ereignis A mit der Wahrscheinlichkeit p eintreten kann. Für die Anzahl des Eintretens von A bei der i-ten Durchführung gilt:

$$x_i = \begin{cases} 1 & \text{wenn } A \text{ eintritt} \\ 0 & \text{sonst} \end{cases}$$

Die n Zahlen $x_1, \ldots, x_n$ sind Realisierungen von n unabhängigen Zufallsvariablen $X_1, \ldots, X_n$, die alle $B(1,p)$-verteilt sind. Die Wahrscheinlichkeit p ist ein Parameter (Erwartungswert) einer $B(1,p)$-Verteilung. Will man die Zahlen $x_1, \ldots, x_n$ als Ergebnis einer „Stichprobe" aus einer Grundgesamtheit mit einem $B(1,p)$-verteilten „Merkmal" betrachten, so wäre dies eine theoretische Grundgesamtheit, die real nicht vorliegt. Die Summe $k = x_1 + \ldots + x_n$ ist die Häufigkeit des Eintretens von A bei den n Durchführungen. Sie ist die Realisierung einer $B(n,p)$-verteilten Zufallsvariablen K (s. Abschnitt 14.5.1). Die relative Häufigkeit des Eintretens von A bei den n Durchführungen ist $h = \frac{k}{n} = \frac{1}{n}(x_1 + \ldots + x_n) = \bar{x}$. Sie strebt für $n \to \infty$ gegen die Wahrscheinlichkeit p. Es ist deshalb naheliegend, die relative Häufigkeit h als Schätzwert für die Wahrscheinlichkeit p zu verwenden. In diesem Fall ist der Mittelwert $\bar{x}$ der Schätzwert für den Erwartungswert $E(X) = p$. Man hat Konsistenz und Erwartungstreue. ∎

Sind a_i die möglichen Realisierungen einer diskreten Zufallsvariablen X und h_i die Häufigkeiten dieser Realisierungen bei einer einfachen Zufallsstichprobe, dann gilt für die Stichprobenvarianz nach (15.51):

$$\tilde{s}^2 = \sum_i h_i (a_i - \bar{x})^2$$

Für $n \to \infty$ strebt h_i gegen die Wahrscheinlichkeit $P(X = a_i) = f(a_i)$ und $\bar{x}$ gegen den Erwartungswert $E(X) = \mu$. Es gilt also:

$$\tilde{s}^2 = \sum_i h_i (a_i - \bar{x})^2 \xrightarrow{n \to \infty} \sum_i f(a_i)(a_i - \mu)^2 = \sigma^2$$

Dies ist zwar kein strenger Beweis von Konsistenz. Man kann aber tatsächlich zeigen: Schätzt man die Varianz σ^2 durch die Stichprobenvarianz $\tilde{s}^2$, so hat man eine konsistente Schätzfunktion. Für die Stichprobenvarianz (15.49) gilt:

$$s^2 = \frac{n}{n-1}\tilde{s}^2$$

Schätzt man die Varianz σ^2 durch die Stichprobenvarianz s^2, so hat man wegen $s^2 \xrightarrow{n \to \infty} \tilde{s}^2$ ebenfalls Konsistenz. Man kann ferner zeigen: Bei der Schätzung der Varianz σ^2 durch die Stichprobenvarianz s^2 hat man Erwartungstreue. Bei der Schätzung durch $\tilde{s}^2$ ist dies nicht der Fall. Im Abschnitt 15.2.2 auf S. 600 war die Frage, warum man bei s^2 in (15.49) den Quotienten $\frac{1}{n-1}$ statt dem Quotienten $\frac{1}{n}$ hat. Der Grund ist, dass s^2 die Realisierung einer erwartungstreuen Schätzfunktion ist. Bei der Verwendung von $\tilde{s}^2 < s^2$ wird die Varianz bei vielen Schätzungen im Mittel unterschätzt. Für einfache Stichproben nach Definition 16.1 bzw. gemäß (16.1) sowie für die Stichproben in den Beispielen 16.2 und 16.3 sind die folgenden Schätzwerte Realisierungen von konsistenten und erwartungstreuen Schätzfunktionen:

Tab. 16.1: Konsistente und erwartungstreue Schätzungen

Parameter	Schätzwert
Erwartungswert μ	Mittelwert $\bar{x} = \frac{1}{n}(x_1 + \ldots + x_n)$
Varianz σ^2	Stichprobenvarianz $s^2 = \frac{1}{n-1} \sum\limits_{i=1}^{n} (x_i - \bar{x})^2$
Anteil p	Anteil h
Wahrscheinlichkeit p	relative Häufigkeit h

Maximum-Likelihood-Schätzungen

Für die in Tabelle 16.1 aufgeführten Parameter weiß man also, wie man Schätzwerte berechnen kann. Darüber hinaus stellt sich die Frage, wie man allgemein den Schätzwert irgendeines Parameters berechnen kann bzw. wie man eine Schätzfunktion für diesen findet. Eine Möglichkeit hierzu ist die Maximum-Likelihood-Methode. Sie lässt sich am besten für ein diskretes Merkmal bzw. eine diskrete Zufallsvariable X erläutern: Ist θ ein Parameter einer diskreten Zufallsvariablen mit der Wahrscheinlichkeitsfunktion $f(x)$, so hängt die Wahrscheinlichkeit $P(X = x) = f(x)$ für eine bestimmte Realisierung x von θ ab. Deshalb schreiben wir für diese Wahrscheinlichkeit $f(x,\theta)$. Die Wahrscheinlichkeit, bei einer einfachen Zufallsstichprobe (16.1) die Zahlen $x_1, \ldots, x_n$ zu erhalten, ist gegeben durch:

$$f(x_1,\theta) \cdot f(x_2,\theta) \cdot \ldots \cdot f(x_n,\theta)$$

Bei gegebenen Zahlen $x_1, \ldots, x_n$ kann man diese Wahrscheinlichkeit als Funktion der Variablen θ betrachten:

$$L(\theta) = f(x_1,\theta) \cdot f(x_2,\theta) \cdot \ldots \cdot f(x_n,\theta) \tag{16.6}$$

Diese Funktion $L(\theta)$ heißt **Likelihood-Funktion**. Man geht nun davon aus, dass man bei der Stichprobe nicht ein Ergebnis erhalten hat, das sehr unwahrscheinlich ist (da sehr unwahrscheinliche Ergebnisse selten auftreten). Deshalb nimmt man an, dass man eine Grundgesamtheit mit einer möglichst großen Wahrscheinlichkeit für das Stichprobenergebnis hat. Man nimmt also an, dass der Parameter einen Wert hat, für den $L(\theta)$ maximal ist. Diesen Wert nimmt man als Schätzwert für θ. Man spricht von einem **Maximum-Likelihood-Schätzwert**. Ist der tatsächliche Wert des Parameters ein ganz anderer und das Stichprobenergebnis wirklich ein sehr unwahrscheinliches, so hätte man ein Ergebnis mit einer schlechten Schätzung, das aber sehr selten eintreten würde. Zu Bestimmung des Maximums von $L(\theta)$ muss man $L(\theta)$ ableiten. Wegen

$$(\ln L(\theta))' = \frac{1}{L(\theta)} L'(\theta)$$

hat $(\ln L(\theta))'$ die gleichen Nullstellen wie $L'(\theta)$. Der Logarithmus macht aus dem Produkt (16.6) eine Summe:

$$
\begin{aligned}
\ln L(\theta) &= \ln[f(x_1,\theta) \cdot f(x_2,\theta) \cdot \ldots \cdot f(x_n,\theta)] \\
&= \ln f(x_1,\theta) + \ln f(x_2,\theta) + \ldots + \ln f(x_n,\theta)
\end{aligned}
$$

Da eine Summe leichter abzuleiten ist als ein Produkt, bestimmt man das Maximum aus der Gleichung:

$$(\ln L(\theta))' = 0 \tag{16.7}$$

Wir demonstrieren die Methode am Beispiel einer Poisson-Verteilung.

Beispiel 16.4: Maximum-Likelihood-Schätzung bei einer Poisson-Verteilung

Die Wahrscheinlichkeitsfunktion

$$f(x,\mu) = \frac{\mu^x}{x!} \, e^{-\mu}$$

hat einen Parameter μ. Die Likelihood-Funktion lautet:

$$
\begin{aligned}
L(\mu) &= f(x_1,\mu) \cdot f(x_2,\mu) \cdot \ldots \cdot f(x_n,\mu) = \frac{\mu^{x_1}}{x_1!} \, e^{-\mu} \cdot \frac{\mu^{x_2}}{x_2!} \, e^{-\mu} \cdot \ldots \cdot \frac{\mu^{x_n}}{x_n!} \, e^{-\mu} \\
&= \frac{\mu^{(x_1+x_2+\ldots+x_n)}}{x_1! \cdot x_2! \cdot \ldots \cdot x_n!} \, e^{-n\mu}
\end{aligned}
$$

Der Logarithmus davon ist:

$$\ln L(\mu) = -\ln(x_1! \cdot x_2! \cdot \ldots \cdot x_n!) + (x_1 + x_2 + \ldots + x_n) \ln \mu - n\mu$$

Für die Ableitung erhält man:

$$(\ln L(\mu))' = (x_1 + x_2 + \ldots + x_n) \frac{1}{\mu} - n$$

Aus $(\ln L(\theta))' = 0$ folgt:

$$(x_1 + x_2 + \ldots + x_n) \frac{1}{\mu} - n = 0 \Rightarrow \mu = \frac{1}{n}(x_1 + x_2 + \ldots + x_n) = \bar{x}$$

Der Maximum Likelihood-Schätzwert für den Parameter μ ist $\hat{\mu} = \bar{x}$. Dies ist nicht überraschend, da bei einer Poisson-Verteilung μ der Erwartungswert ist.

Erhält man z.B. bei einer einfachen Stichprobe vom Umfang $n = 4$ die vier Werte $x_1 = 1$, $x_2 = 2$, $x_3 = 4$, $x_4 = 5$, so ist $\hat{\mu} = 3$. Dies ist der Parameterwert mit der größten Wahrscheinlichkeit für die gegebene Stichprobe. Beträgt der wahre Wert z.B. $\mu = 10$, so ist die gegebene Stichprobe eine sehr unwahrscheinliche und die Schätzung schlecht. Für $\mu = 10$ wird ein solches Ergebnis mit einer schlechten Schätzung jedoch selten auftreten. Die Abb. 16.1 zeigt Poisson-Verteilungen mit $\mu = 3$ und $\mu = 10$.

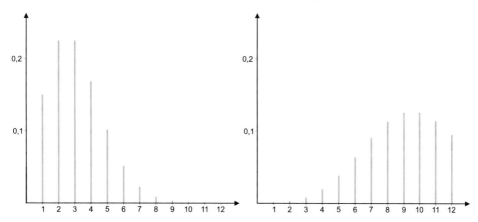

Abb. 16.1: Poisson-Verteilung mit $\mu = 3$ (links) und $\mu = 10$ (rechts).

Zwar hat die gegebene Stichprobe mit $x_1 = 1$, $x_2 = 2$, $x_3 = 4$, $x_4 = 5$ die größte Wahrscheinlichkeit, wenn $\mu = 3$ ist. Sie ist aber für $\mu = 3$ nicht die wahrscheinlichste Stichprobe, die es gibt. Eine Stichprobe mit $x_1 = 1$, $x_2 = 2$, $x_3 = 3$, $x_4 = 4$ hätte eine größere Wahrscheinlichkeit. ∎

Die Maximum-Likelihood-Methode lässt sich auf Verteilungen mit mehreren Parametern und stetige Verteilungen verallgemeinern:

Maximum-Likelihood-Methode für eine einfache Zufallsstichprobe

$f(x, \theta_1, \ldots, \theta_m)$ sei die Wahrscheinlichkeitsfunktion bzw. Dichte einer diskreten bzw. stetigen Verteilung mit m Parametern $\theta_1, \ldots, \theta_m$. Ist die **Likelihood-Funktion**

$$L(\theta_1, \ldots, \theta_m) = f(x_1, \theta_1, \ldots, \theta_m) \cdot \ldots \cdot f(x_n, \theta_1, \ldots, \theta_m) \tag{16.8}$$

differenzierbar, so erhält man die Maximum-Likelihood-Schätzwerte $\hat{\theta}_1, \ldots, \hat{\theta}_m$ für die Parameter $\theta_1, \ldots, \theta_m$ aus dem Gleichungssystem

$$\mathbf{grad} \ln L(\theta_1, \ldots, \theta_m) = \mathbf{0} \tag{16.9}$$

D.h. alle partiellen Ableitungen von $\ln L(\theta_1, \ldots, \theta_m)$ müssen null sein.

(16.9) ist allerdings nicht immer anwendbar, da sich nicht jedes Maximum aus der Nullstelle einer Ableitung bzw. eines Gradienten bestimmen lässt.

16.2.2   Intervallschätzungen

Bei einer einfachen Zufallsstichprobe ist der Schätzwert einer Punktschätzung die Realisierung einer Zufallsvariablen, d.h. ein zufälliger Wert. Bei mehreren, wiederholten Schätzungen wird man verschiedene Schätzwerte erhalten, die mehr oder weniger stark vom wahren (unbekannten) Wert des Parameters abweichen. Bei solchen Schätzungen hat man keine Angaben zur „Genauigkeit" und „Vertrauenswürdigkeit" einer Schätzung. Bei **Intervallschätzungen** hat man dagegen solche Angaben. Dies ist der Sinn von Intervallschätzungen. Wie der Name schon sagt, ist das Ergebnis einer Intervallschätzung ein Intervall $[c_1, c_2]$. Ein solches Intervall heißt **Konfidenzintervall** und hat folgende Eigenschaft: Mit einer quantifizierbaren „Vertrauenswürdigkeit" kann man darauf vertrauen, dass der wahre Wert des Parameters in diesem Intervall liegt. Damit hat man mit der Intervallbreite auch ein Maß für die „Genauigkeit" der Schätzung. Bei einer Zufallsstichprobe vom Umfang n erhält man n Zahlen $x_1, \ldots, x_n$. Die Intervallgrenzen c_1 und c_2 werden aus den Werten $x_1, \ldots, x_n$ berechnet und können also als Funktionswerte von Funktionen von n Variablen betrachtet werden:

$$c_1 = g_1(x_1, \ldots, x_n)$$
$$c_2 = g_2(x_1, \ldots, x_n)$$

Sie sind Realisierungen der Zufallsvariablen

$$C_1 = g_1(X_1, \ldots, X_n)$$
$$C_2 = g_2(X_1, \ldots, X_n)$$

Die Intervallgrenzen sind also Realisierungen von Zufallsvariablen. Bei mehreren, wiederholten Stichproben wird man also verschiedene Intervalle erhalten (s. Abb. 16.2)

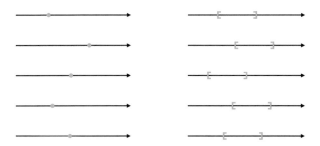

Abb. 16.2: Punktschätzungen (links) und Intervallschätzungen (rechts).

Bei einer Intervallschätzung für einen Parameter θ hat man folgende Anforderungen: Die Vertrauenswürdigkeit der Schätzung soll groß sein. Das bedeutet: Die Wahrscheinlichkeit, bei einer Stichprobe ein Intervall zu erhalten, das den wahren Parameterwert enthält, soll groß sein. Ferner möchte man die Vertrauenswürdigkeit quantifizieren können. Genauer: Man möchte diese Wahrscheinlichkeit „einstellen", d.h. wählen können. Es soll also gelten:

$$P(\theta \in [C_1,C_2]) = P(C_1 \le \theta \le C_2) = \gamma \qquad (16.10)$$

mit einer großen (gewählten) Wahrscheinlichkeit γ. Diese Wahrscheinlichkeit γ heißt **Konfidenzniveau**. Sie wird nicht berechnet, sondern gewählt bzw. vorgegeben. Führt man z.B. unabhängig voneinander und unter den gleichen Bedingungen sehr viele Intervallschätzungen mit $\gamma = 0{,}95$ durch, so wird in 95 % der Schätzungen das Intervall den Parameterwert enthalten. Die Wahrscheinlichkeit, ein Intervall zu erhalten, das den wahren Parameterwert enthält, ist zwar groß, trotzdem weiß man bei einer einzelnen Intervallschätzung nicht, ob das Intervall den Parameterwert enthält oder nicht. Vertraut man darauf, dass es den Parameterwert enthält, dann kann man sich also irren. Ein Irrtum liegt vor, wenn das Intervall den Parameterwert nicht enthält. Für die **Irtumswahrscheinlichkeit** α gilt:

$$\alpha = P(\theta \notin [C_1,C_2]) = 1 - P(\theta \in [C_1,C_2]) = 1 - \gamma \qquad (16.11)$$

$$\alpha = P(\theta \notin [C_1,C_2]) = P(\theta < C_1 \text{ oder } \theta > C_2)$$
$$= \underbrace{P(C_1 > \theta)}_{\alpha_1} + \underbrace{P(C_2 < \theta)}_{\alpha_2} = \alpha_1 + \alpha_2$$

Ein Konfidenzintervall heißt **symmetrisch**, wenn $\alpha_1 = \alpha_2 = \frac{\alpha}{2}$ ist.

Manchmal hört oder liest man Formulierungen wie diese: Der wahre Parameterwert liegt mit hoher Wahrscheinlichkeit im Konfidenzintervall. Für ein konkretes Konfidenzintervall ist diese Aussage jedoch unsinnig. Es ist nicht so, dass mit einer bestimmten Wahrscheinlichkeit der Parameterwert in einem bestimmten Intervall liegt. Der Parameter ist keine Zufallsvariable, der Parameterwert ist kein Zufallsergebnis. Richtig ist: Das Konfidenzintervall ist ein Zufallsergebnis, die Grenzen sind Zufallsvariablen. Die Wahrscheinlichkeit, ein Intervall zu erhalten, das den wahren Parameterwert enthält, ist groß (nämlich γ).

Wie kommt man vom Stichprobenergebnis zum Konfidenzintervall? Wir erläutern dies für den folgenden Fall: Ein Merkmal bzw. eine Zufallsvariable X sei normalverteilt. Mit einer einfachen Stichprobe vom Umfang n soll ein Konfidenzintervall für den Erwartungswert μ bestimmt werden. Der Wert der Varianz σ^2 sei bekannt. Mit dem Stichprobenergebnis $x_1,\ldots,x_n$ kann man den Schätzwert $\hat{\mu} = \bar{x}$ für den Erwartungswert berechnen (Punktschätzung). Dieser liegt im Schätzintervall (Konfidenzintervall).

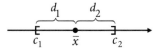

Ist d_1 bzw. d_2 der Abstand der linken bzw. rechten Intervallgrenze vom Schätzwert $\bar{x}$, dann gilt:

$$
\begin{aligned}
c_1 &= \bar{x} - d_1 & c_2 &= \bar{x} + d_2 \\
C_1 &= \overline{X} - d_1 & C_2 &= \overline{X} + d_2
\end{aligned}
$$

Für das Konfidenzintervall muss gelten:

$$
\begin{aligned}
P(\mu \in [C_1, C_2]) &= P(\overline{X} - d_1 \leq \mu \leq \overline{X} + d_2) = \gamma \\
P(\mu \notin [C_1, C_2]) &= P(\mu < \overline{X} - d_1 \text{ oder } \mu > \overline{X} + d_2) \\
&= P(\mu < \overline{X} - d_1) + P(\mu > \overline{X} + d_2) = \alpha
\end{aligned}
$$

Soll das Konfidenzintervall symmetrisch sein, dann gilt außerdem:

$$
P(\mu < \overline{X} - d_1) = \frac{\alpha}{2} \qquad P(\mu > \overline{X} + d_2) = \frac{\alpha}{2}
$$

Daraus folgt:

$$
\begin{aligned}
P(\overline{X} - d_1 > \mu) &= \frac{\alpha}{2} \Rightarrow P(\overline{X} - d_1 \leq \mu) = 1 - P(\overline{X} - d_1 > \mu) = 1 - \frac{\alpha}{2} \\
P(\overline{X} \leq \mu + d_1) &= F(\mu + d_1) = 1 - \frac{\alpha}{2}
\end{aligned}
$$

Hier ist $F(x)$ die Verteilungsfunktion von $\overline{X}$. Nach (14.93) ist $\overline{X}$ normalverteilt mit dem Erwartungswert μ und der Standardabweichung $\tilde{\sigma} = \frac{\sigma}{\sqrt{n}}$. Durch den Übergang zur Standardnormalverteilung gemäß (14.84) erhalten wir:

$$
F(\mu + d_1) = \Phi\left(\frac{\mu + d_1 - \mu}{\tilde{\sigma}}\right) = \Phi\left(\frac{d_1}{\tilde{\sigma}}\right) = \Phi\left(\sqrt{n}\,\frac{d_1}{\sigma}\right) = 1 - \frac{\alpha}{2}
$$

Daraus folgt, dass $\sqrt{n}\,\frac{d_1}{\sigma}$ das Quantil der Standardnormalverteilung zur Wahrscheinlichkeit $1 - \frac{\alpha}{2}$ ist. Dieses bezeichnen wir mit $u_{1-\frac{\alpha}{2}}$:

$$
\sqrt{n}\,\frac{d_1}{\sigma} = u_{1-\frac{\alpha}{2}} \quad \Rightarrow \quad d_1 = u_{1-\frac{\alpha}{2}}\,\frac{\sigma}{\sqrt{n}}
$$

Auf die gleiche Art und Weise kann man d_2 berechnen und erhält das gleiche Ergebnis. Für die Grenzen des Konfidenzintervalls gilt also:

$$
\begin{aligned}
c_1 &= \bar{x} - u_{1-\frac{\alpha}{2}}\,\frac{\sigma}{\sqrt{n}} & c_2 &= \bar{x} + u_{1-\frac{\alpha}{2}}\,\frac{\sigma}{\sqrt{n}} \\
C_1 &= \overline{X} - u_{1-\frac{\alpha}{2}}\,\frac{\sigma}{\sqrt{n}} & C_2 &= \overline{X} + u_{1-\frac{\alpha}{2}}\,\frac{\sigma}{\sqrt{n}}
\end{aligned}
$$

Wir hätten das Konfidenzintervall auch folgendermaßen bestimmen können: Die Zufallsvariable

$$
U = \sqrt{n}\,\frac{\overline{X} - \mu}{\sigma}
$$

enthält den zu schätzenden Parameter μ, aber keine weiteren Parameter, deren Werte nicht bekannt sind (wir haben ja angenommen, dass σ bekannt ist). Die Verteilung von U ist bekannt, es ist die Standardnormalverteilung. Wir können also zwei Zahlen z_1 und z_2 bestimmen, für die gilt:

$$P(U \in [z_1, z_2]) = P(z_1 \le U \le z_2) = \gamma$$
$$P(U \notin [z_1, z_2]) = P(U < z_1 \text{ oder } U > z_2)$$
$$= P(U < z_1) + P(U > z_2) = 1 - \gamma = \alpha$$

Sollen die beiden Wahrscheinlichkeiten in der letzten Zeile gleich sein, dann gilt:

$$P(U < z_1) = \frac{\alpha}{2} \qquad P(U > z_2) = \frac{\alpha}{2}$$

Daraus folgt mit (14.87):

$$P(U < z_1) = P(U \le z_1) = \Phi(z_1) = \frac{\alpha}{2}$$
$$\Rightarrow z_1 = u_{\frac{\alpha}{2}} = -u_{1-\frac{\alpha}{2}}$$
$$P(U > z_2) = 1 - P(U \le z_2) = \frac{\alpha}{2} \Rightarrow P(U \le z_2) = \Phi(z_2) = 1 - \frac{\alpha}{2}$$
$$\Rightarrow z_2 = u_{1-\frac{\alpha}{2}}$$

Mit diesen Zahlen z_1 und z_2 gilt:

$$P(z_1 \le U \le z_2) = P(-u_{1-\frac{\alpha}{2}} \le U \le u_{1-\frac{\alpha}{2}}) = \gamma$$

Die beiden folgenden Ungleichungen sind äquivalent zueinander und können ineinander umgeformt werden:

$$\overline{X} - u_{1-\frac{\alpha}{2}} \frac{\sigma}{\sqrt{n}} \quad \le \quad \mu \quad \le \quad \overline{X} + u_{1-\frac{\alpha}{2}} \frac{\sigma}{\sqrt{n}}$$
$$-u_{1-\frac{\alpha}{2}} \quad \le \quad \sqrt{n} \frac{\overline{X} - \mu}{\sigma} \quad \le \quad u_{1-\frac{\alpha}{2}}$$

Deshalb gilt:

$$P(-u_{1-\frac{\alpha}{2}} \le U \le u_{1-\frac{\alpha}{2}}) = P(\underbrace{\overline{X} - u_{1-\frac{\alpha}{2}} \frac{\sigma}{\sqrt{n}}}_{C_1} \le \mu \le \underbrace{\overline{X} + u_{1-\frac{\alpha}{2}} \frac{\sigma}{\sqrt{n}}}_{C_2}) = \gamma$$

Das bedeutet, dass man ein Konfindenzintervall für μ mit folgenden Grenzen hat:

$$C_1 = \overline{X} - u_{1-\frac{\alpha}{2}} \frac{\sigma}{\sqrt{n}} \qquad C_2 = \overline{X} + u_{1-\frac{\alpha}{2}} \frac{\sigma}{\sqrt{n}}$$

Diese Vorgehensweise ist auch in anderen Fällen möglich: Man sucht eine Zufallsvariable Z, deren Verteilung bekannt ist, und in welcher der zu schätzende Parameter θ vorkommt. Andere Parameter, deren Werte nicht bekannt sind, dürfen nicht vorkommen. Da die Verteilung bekannt ist, kann man zwei Zahlen z_1 und z_2 bestimmen mit der Eigenschaft:

$$P(Z \in [z_1,z_2]) = P(z_1 \leq Z \leq z_2) = \gamma$$
$$P(Z \notin [z_1,z_2]) = P(Z < z_1 \text{ oder } Z > z_2)$$
$$= P(Z < z_1) + P(Z > z_2) = 1 - \gamma = \alpha$$

In der Regel tut man dies „symmetrisch", sodass gilt:

$$P(Z < z_1) = \frac{\alpha}{2} \qquad P(Z > z_2) = \frac{\alpha}{2}$$

Dann ist z_1 bzw. z_2 das Quantil der Verteilung zur Wahrscheinlichkeit $\frac{\alpha}{2}$ bzw. $1 - \frac{\alpha}{2}$. Lässt sich die Ungleichung

$$z_1 \leq Z \leq z_2$$

umformen zur äquivalenten Ungleichung

$$C_1 \leq \theta \leq C_2$$

dann sind C_1 und C_2 die Grenzen eines Konfidenzintervalls für θ. Will man ein Konfidenzintervall für den Erwartungswert μ einer Normalverteilung, bei welcher der Wert von σ nicht bekannt ist, so verwendet man die Zufallsvariable

$$Z = \sqrt{n} \frac{\overline{X} - \mu}{S}$$

Diese ist nach (14.99) t-verteilt mit $n - 1$ Freiheitsgraden. Das Ergebnis ist das Konfidenzintervall (16.13). Bei einer beliebig verteilten Größe mit dem Erwartungswert μ und der Varianz σ^2 ist für große n die Zufallsvariable

$$Z = \sqrt{n} \frac{\overline{X} - \mu}{\sigma}$$

näherungsweise $N(0;1)$-verteilt. Ist σ bekannt, so kann man wieder das Konfidenzintervall (16.12) für μ herleiten, das dann aber nur näherungsweise gilt. Ist σ nicht bekannt, so kann man σ durch s schätzen. Für großes n kann man erwarten, dass die Schätzung nicht schlecht ist. Ferner ist für großes n die t-Verteilung mit $n - 1$ Freiheitsgraden näherungsweise eine $N(0;1)$-Verteilung. Deshalb kann man in diesem Fall näherungsweise das Konfidenzintervall (16.13) für μ verwenden. Will man ein Konfidenzintervall für die Varianz σ^2 einer Normalverteilung, so verwendet man die Zufallsvariable

$$Z = \frac{(n - 1)S^2}{\sigma^2}$$

Diese ist nach (14.100) Chi-Quadrat-verteilt mit $n-1$ Freiheitsgraden. Das Ergebnis ist das Konfidenzintervall (16.14). Hat man eine Situation wie in Beispiel 16.2 oder 16.3, so stellt sich die Frage nach einem Konfidenzintervall für den Anteil p bzw. die Wahrscheinlichkeit p. Zur Herleitung kann man die Zufallsvariable

$$Z = \sqrt{n}\,\frac{H - p}{\sqrt{p(1-p)}}$$

verwenden, die nach (14.106) und (14.107) standardnormalverteilt ist. Die Realisierung h der Zufallsvariablen H ist der Anteil bzw. die relative Häufigkeit bei der Stichprobe in Beispiel 16.2 bzw. 16.3. Das Ergebnis der Herleitung ist das Konfidenzintervall (16.16), das aber nur näherungsweise gilt. Macht man bei der Herleitung eine weitere Vereinfachung bzw. Näherung, so bekommt man als Konfidenzintervall das Intervall (16.17), das in der Regel eine schlechtere Näherung ist. Wir fassen die Ergebnisse zusammen: Für einfache Zufallsstichproben vom Umfang n nach Definition 16.1 bzw. gemäß (16.1) sowie für die Stichproben in den Beispielen 16.2 und 16.3 gelten folgende Formeln für Konfidenzintervalle zum Konfidenzniveau $\gamma = 1 - \alpha$:

Konfidenzintervall für den Erwartungswert μ einer $N(\mu,\sigma^2)$-Verteilung

Ist der Wert von σ bekannt, dann gilt:

$$c_1 = \bar{x} - u_{1-\frac{\alpha}{2}}\frac{\sigma}{\sqrt{n}} \qquad\qquad c_2 = \bar{x} + u_{1-\frac{\alpha}{2}}\frac{\sigma}{\sqrt{n}} \qquad\qquad (16.12)$$

Ist der Wert von σ unbekannt, dann gilt:

$$c_1 = \bar{x} - t_{n-1;1-\frac{\alpha}{2}}\frac{s}{\sqrt{n}} \qquad\qquad c_2 = \bar{x} + t_{n-1;1-\frac{\alpha}{2}}\frac{s}{\sqrt{n}} \qquad\qquad (16.13)$$

Konfidenzintervall für den Erwartungswert μ einer beliebigen Verteilung

Die Formeln (16.12) bzw. (16.13) gelten jeweils näherungsweise.
Voraussetzung: n ist groß genug. Faustregel: $n \geq 30$

Konfidenzintervall für σ^2 bzw. σ einer $N(\mu,\sigma^2)$-Verteilung

Für σ^2 gilt:

$$c_1 = \frac{(n-1)s^2}{\chi^2_{n-1;1-\frac{\alpha}{2}}} \qquad\qquad c_2 = \frac{(n-1)s^2}{\chi^2_{n-1;\frac{\alpha}{2}}} \qquad\qquad (16.14)$$

Für σ gilt:

$$c_1 = \sqrt{\frac{(n-1)s^2}{\chi^2_{n-1;1-\frac{\alpha}{2}}}} \qquad\qquad c_2 = \sqrt{\frac{(n-1)s^2}{\chi^2_{n-1;\frac{\alpha}{2}}}} \qquad\qquad (16.15)$$

Konfidenzintervall für einen Anteil bzw. eine Wahrscheinlichkeit p

$$c_1 \approx \frac{n}{n+u^2} \left(h + \frac{u^2}{2n} - u \sqrt{\frac{h(1-h)}{n} + \frac{u^2}{4n^2}} \right)$$
$$\text{mit } u = u_{1-\frac{\alpha}{2}} \qquad (16.16)$$
$$c_2 \approx \frac{n}{n+u^2} \left(h + \frac{u^2}{2n} + u \sqrt{\frac{h(1-h)}{n} + \frac{u^2}{4n^2}} \right)$$

Voraussetzung: n ist groß genug. Faustregel: $nh(1-h) \geq 9$. Für $n \gg u^2$ gilt:

$$c_1 \approx h - u \sqrt{\frac{h(1-h)}{n}} \qquad c_2 \approx h + u \sqrt{\frac{h(1-h)}{n}} \qquad (16.17)$$

In den Formeln (16.16) und (16.17) ist $h = \frac{k}{n}$ der in Beispiel 16.2 erläuterte Anteil bzw. die in Beispiel 16.3 erläuterte relative Häufigkeit und k die entsprechende Anzahl bzw. Häufigkeit. k ist die Realisierung einer Zufallsvariablen K, die $B(n,p)$-verteilt ist. Die Auswahl eines Elementes aus der Grundgesamtheit in Beispiel 16.2 ist eine „Ziehung mit Zurücklegen". Hätte man eine „Ziehung ohne Zurücklegen", so wäre K hypergeometrisch verteilt. Ist die Anzahl der Elemente der Grundgesamtheit viel größer als der Stichprobenumfang, so wäre K nach (14.73) bei einer „Ziehung ohne Zurücklegen" zumindest näherungsweise $B(n,p)$-verteilt. In diesem Fall können die Formeln (16.16) und (16.17) näherungsweise angewandt werden. Die Bedeutung der Quantile in den Formeln (16.12) bis (16.17) kann man der Tabelle 16.2 entnehmen.

Tab. 16.2: Quantile für Konfidenzintervalle

Quantil	Bedeutung
$u_{1-\frac{\alpha}{2}}$	Quantil der Standardnormalverteilung zur Wahrscheinlichkeit $1 - \frac{\alpha}{2}$
$t_{n-1;1-\frac{\alpha}{2}}$	Quantil der t-Verteilung mit $n-1$ Freiheitsgraden zur Wahrscheinlichkeit $1 - \frac{\alpha}{2}$
$\chi^2_{n-1;\frac{\alpha}{2}}$	Quantil der Chi-Quadrat-Verteilung mit $n-1$ Freiheitsgraden zur Wahrscheinlichkeit $\frac{\alpha}{2}$
$\chi^2_{n-1;1-\frac{\alpha}{2}}$	Quantil der Chi-Quadrat-Verteilung mit $n-1$ Freiheitsgraden zur Wahrscheinlichkeit $1 - \frac{\alpha}{2}$

Beispiel 16.5: Konfidenzintervall für Erwartungswert und Standardabweichung

Bei einem Fertigungsprozess werden Teile hergestellt. Wird der laufenden Produktion zufällig ein Teil entnommen und der Wert x einer bestimmten Größe gemessen, so kann x als Relisierung einer Zufallsvariablen X betrachtet werden. Es soll angenommen werden, dass X normalverteilt ist. Mit einer Stichprobe vom Umfang $n = 16$ wurden der laufenden Produktion zufällig 16 Teile entnommen. Bei den 16 Teilen wurde jeweils der Wert der Größe gemessen. Dabei erhielt man folgende Messwerte:

126,24	123,08	123,73	129,24	128,43	126,25	128,86	118,57
129,94	124,81	116,12	122,36	123,48	124,49	119,25	127,15

Mit diesen Werten soll für den Erwartungswert μ und die Standardabweichung σ jeweils ein Konfidenzintervall mit Konfidenzniveau $\gamma = 0{,}98$ berechnet werden. Für den Mittelwert $\bar{x}$ und die Stichprobenstandardabweichung s erhält man:

$$\bar{x} = 124{,}5 \qquad s = 4{,}0$$

Die benötigten Quantile können dem Anhang entnommen werden:

$$t_{n-1;1-\frac{\alpha}{2}} = t_{15;0,99} = 2{,}602$$
$$\chi^2_{n-1;\frac{\alpha}{2}} = \chi^2_{15;0,01} = 5{,}229 \qquad \chi^2_{n-1;1-\frac{\alpha}{2}} = \chi^2_{15;0,99} = 30{,}58$$

Die Berechnung des Konfidenzintervalls für μ gemäß (16.13) ergibt:

$$c_1 = 121{,}9 \qquad c_2 = 127{,}1 \qquad I_\mu = [121{,}9; 127{,}1]$$

Für das Konfidenzintervall gemäß (16.15) für σ erhält: man

$$c_1 = 2{,}81 \qquad c_2 = 6{,}79 \qquad I_\sigma = [2{,}81; 6{,}79] \qquad \blacksquare$$

Beispiel 16.6: Konfidenzintervall für Anteil p

Um den Anteil p der Vegetarier unter den Studierenden zu schätzen, hat der Betreiber der Mensa einer Hochschule eine Befragung durchgeführt. Dazu wurde $n = 50$-mal unabhängig voneinander aus der Gesamtheit aller Studierenden der Hochschule eine Person zufällig ausgewählt und befragt. Bei dieser Befragung waren $k = 22$ Personen Vegetarier. Es soll ein Konfidenzintervall für p mit dem Konfidenzniveau $\gamma = 0{,}99$ berechnet werden. Mit $h = \frac{k}{n} = 0{,}44$ gilt:

$$nh(1 - h) = 12{,}32 \geq 9$$

Die Voraussetzung für die Formeln (16.16) oder (16.17) ist also erfüllt. Für die Berechnung benötigt man das Quantil $u = u_{1-\frac{\alpha}{2}}$, das man dem Anhang entnehmen kann:

$$u = u_{1-\frac{\alpha}{2}} = u_{0,995} = 2{,}576$$

Nach der Formel (16.16) erhält man:

$$c_1 = 0{,}277 \qquad c_2 = 0{,}617 \qquad I_p = [0{,}277; 0{,}617]$$

Bei dieser Stichprobe ist die Auswahl einer Person eine Ziehung mit „Zurücklegen". Hätte man dagegen eine Ziehung ohne „Zurücklegen", so könnte man das Konfidenzintervall auf die gleiche Art und Weise bestimmen, wenn die Grundgesamtheit (alle Studierenden der Hochschule) viel größer als der Stichprobenumfang ist. Bei einer Hochschule mit 5000 Studierenden wäre dies z.B. der Fall. $\blacksquare$

Vertraut man im Beispiel 16.6 darauf, dass der wahre Wert des Anteils der Vegetarier zwischen 27,7 % und 61,7 % liegt, so ist dies einer weiter Bereich, der evtl. nicht sehr hilfreich ist. Wünschenswert wäre ein schmaler Bereich. Die Breite B eines Konfidenzintervalls („Genauigkeit" der Schätzung) ist die Differenz $c_2 - c_1$ zwischen rechter und linker Intervallgrenze. Die Konfidenzintervalle für die Parameter μ, σ^2 und p haben folgende Breiten:

Parameter, Konfidenzintervall		Breite B des Konfidenzintervalls
μ	(16.12) σ bekannt	$2u_{1-\frac{\alpha}{2}}\dfrac{\sigma}{\sqrt{n}}$
	(16.13) σ unbekannt	$2t_{n-1;1-\frac{\alpha}{2}}\dfrac{s}{\sqrt{n}}$
σ^2	(16.14)	$\left(\dfrac{n-1}{\chi^2_{n-1;\frac{\alpha}{2}}} - \dfrac{n-1}{\chi^2_{n-1;\frac{\alpha}{2}}}\right)s^2$
p	(16.16)	$\dfrac{2nu}{n+u^2}\sqrt{\dfrac{h(1-h)}{n} + \dfrac{u^2}{4n^2}}$ mit $u = u_{1-\frac{\alpha}{2}}$
	(16.17)	$2u\sqrt{\dfrac{h(1-h)}{n}}$

Beim Konfidenzintervall für μ mit bekanntem σ hat die Breite des Konfidenzintervalls für einen festen Stichprobenumfang n einen festen Wert. Bei verschiedenen Stichproben mit gleichem Stichprobenumfang erhält man immer die gleiche Breite. Da s und h Realisierungen von Zufallsvariablen sind, ist dies bei den übrigen Konfidenzintervallen nicht der Fall. Bei verschiedenen Stichproben mit gleichem Stichprobenumfang kann man verschiedene Breiten erhalten. Da s beliebig groß werden kann, kann auch die Breite bei den Konfidenzintervallen (16.13) und (16.14) beliebig groß werden. Bei den Konfidenzintervallen (16.16) und (16.17) für p kann h alle Werte im Intervall $[0; 1]$ annehmen. Da die Funktion $f(x) = x(1-x)$ ein Maximum bei $x = \frac{1}{2}$ hat, ist $h(1-h)$ und damit auch die Breite des Konfidenzintervals maximal für $h = \frac{1}{2}$. Durch Einsetzen von $h = \frac{1}{2}$ in die beiden Formeln für die Breite erhält man die maximale Breite $B_{\max}$. Für die Konfidenzintervalle (16.12), (16.16) und (16.17) gilt:

Parameter, Konfidenzintervall		(max.) Breite des Konfidenzintervalls
μ	(16.12)	$B = 2u_{1-\frac{\alpha}{2}}\dfrac{\sigma}{\sqrt{n}}$
p	(16.16)	$B_{\max} = \dfrac{u}{\sqrt{n+u^2}}$ mit $u = u_{1-\frac{\alpha}{2}}$
	(16.17)	$B_{\max} = \dfrac{u}{\sqrt{n}}$

Will man, dass die Breite nicht größer als ein Wert b ist, so fordert man $B \leq b$ bzw. $B_{\max} \leq b$. Durch Auflösen dieser Ungleichungen nach n erhält man den Mindeststichprobenumfang, den man benötigt, damit die Forderung erfüllt ist:

Mindeststichprobenumfang

Fordert man, dass die Breite des Konfidenzintervalls nicht größer als b ist, dann gilt:

$$\text{Konfidenzintervall (16.12) für } \mu \qquad n \geq \left(2u_{1-\frac{\alpha}{2}}\frac{\sigma}{b}\right)^2 \qquad\qquad (16.18)$$

$$\text{Konfidenzintervall (16.16) für } p \qquad n \geq u_{1-\frac{\alpha}{2}}^2\left(\frac{1}{b^2}-1\right) \qquad\qquad (16.19)$$

$$\text{Konfidenzintervall (16.17) für } p \qquad n \geq \left(\frac{u_{1-\frac{\alpha}{2}}}{b}\right)^2 \qquad\qquad (16.20)$$

Beispiel 16.7: Mindeststichprobenumfang

Wir betrachten noch einmal die in Beispiel 16.6 geschilderte Situation: Mit einer Stichprobe vom Umfang n soll ein Konfidenzintervall mit Konfidenzniveau $\gamma = 0{,}99$ für den Anteil p der Vegetarier unter den Studierenden einer Hochschule berechnet werden. Will man, dass die Breite des Konfidenzintervalls nicht größer als $b = 0{,}1$ ist, dann erhält man aus (16.19) für den Mindeststichprobenumfang:

$$n \geq u_{1-\frac{\alpha}{2}}^2\left(\frac{1}{b^2}-1\right) = 2{,}576^2\left(\frac{1}{0{,}1^2}-1\right) = 656{,}9$$

Um sicherzustellen, dass die Breite nicht größer als 0,1 ist, benötigt man einen Stichprobenumfang von $n = 657$. ∎

Ein Schätzwert oder ein Konfidenzintervall betrifft den Parameter einer Verteilung, welche die Grundgesamtheit beschreibt. Mit Schätzungen schließt man also von einer Stichprobe auf die Grundgesamtheit. Eine andere Möglichkeit, aus einem Stichprobenergebnis auf die Grundgesamtheit zu schließen, sind Hypothesentests.

16.3   Hypothesentests

Bei **Hypothesentests** prüft man Hypothesen über Verteilungen, die Grundgesamtheiten beschreiben. Je nach Stichprobenergebnis wird eine Hypothese verworfen oder nicht verworfen. Bei einem **Einstichprobentest** zieht man nur *eine* Stichprobe. Interessiert man sich bei den Elementen der Grundgesamtheit für zwei Merkmale X und Y, so bestimmt man bei jeder statistischen Einheit der Stichprobe den Wert der beiden Merkmale. Für die Durchführung entsprechend (16.1) verallgemeinert man (16.1) zu einer Zufallsstichprobe mit zwei Merkmalen. Das Ergebnis der Stichprobe sind Wertepaare $(x_1,y_1),\ldots,(x_n,y_n)$. Betrachtet man die Werte $x_1,\ldots,x_n$ und $y_1,\ldots,y_n$ getrennt, so könnte man sie auch als Ergebnis zweier Stichproben betrachten. Diese nennt man dann **verbundene Stichproben**. Bei einem **Zweistichprobentest** zieht man unabhängig voneinander *zwei* Stichproben (z.B. aus zwei verschiedenen Grundgesamtheiten). Bei beiden Stichproben bestimmt man jeweils bei jeder statistischen Einheit den Wert eines Merkmals. Solche Stichproben heißen **unverbundene Stichproben**. Bei einem **Parametertest** betrifft die Hypothese einen Parameter einer Verteilung. Tests mit anderen Hypothesen sind **nichtparametrische Tests**.

Die Hypothese, die geprüft und je nach Stichprobenergebnis verworfen oder nicht verworfen wird, heißt **Nullhypothese** und wird mit H_0 bezeichnet. Verwirft man die Nullhypothese, so nimmt man an, dass eine andere Hypothese H_1 richtig ist. Diese heißt **Alternativhypothese** und ist i. Allg. das Gegenteil der Nullhypothese.

Beispiel 16.8: Parametertest: Hypothese für den Ewartungswert

Bei einem Fertigungsprozess werden Teile mit einem normalverteilten Merkmal X hergestellt. Zu Beginn hat der Erwartungswert den Sollwert μ_0 und die Varianz den Sollwert σ_0^2. Aus Erfahrung weiß man, dass sich der Wert der Varianz nicht ändert. Eine Änderung des Erwartungswertes ist jedoch möglich. Nach einer gewissen Zeit möchte man prüfen, ob sich der Erwartungswert geändert hat, d.h., ob man die Nullhypothese $\mu = \mu_0$ verwerfen muss oder nicht. Dazu wird eine Stichprobe durchgeführt und der laufenden Produktion zufällig n Teile entnommen. Bei jedem der n Teile wird der Wert des Merkmals gemessen. Der Mittelwert $\bar{x}$ der n Messwerte ist ein Schätzwert für den Erwartungswert μ. Ist der Schätzwert $\bar{x}$ weit entfernt von μ_0, so wird man die Nullhypothese $\mu = \mu_0$ verwerfen und den Prozess stoppen. Dies kann jedoch (auch wenn es unwahrscheinlich ist) geschehen, wenn tatsächlich $\mu = \mu_0$ ist. Dann hätte man eine Fehlentscheidung getroffen. Liegt der Schätzwert $\bar{x}$ nahe bei μ_0, so wird man die Nullhypothese $\mu = \mu_0$ nicht verwerfen und den Prozess laufen lassen. Ist tatsächlich $\mu \neq \mu_0$, aber zumindest $\mu \approx \mu_0$, dann wäre die Nichtablehnung der Nullhypothese $\mu = \mu_0$ ein Fehler, der allerdings gar nicht so unwahrscheinlich ist. ∎

Das Beispiel 16.8 zeigt: Egal welche Entscheidung getroffen wird, Ablehnung oder Nichtablehnung der Nullhypothese, sie kann falsch sein. Wird die Nullhypothese verworfen, obwohl sie richtig ist, so spricht man von einem **Fehler 1. Art**. Einen **Fehler 2. Art** hat man, wenn die Nullhypothese nicht verworfen wird, obwohl sie falsch ist. Bei einem Hypothesentest gibt es immer folgende Möglichkeiten:

Tab. 16.3: Möglichkeiten bei einem Hypothesentest

	H_0 wird verworfen	H_0 wird nicht verworfen
H_0 stimmt	Fehler 1. Art	kein Fehler
H_0 stimmt nicht	kein Fehler	Fehler 2. Art

Rückschlüsse von einer Stichprobe auf die Grundgesamtheit unter Kontrolle der Irrtumswahrscheinlichkeit sind Aufgabe der schließenden Statistik. Bei Hypothesentests gibt es zwei verschiedene Irrtümer mit verschiedenen Wahrscheinlichkeiten. Wir werden sehen, dass nicht beide Irrtumswahrscheinlichkeiten kontrolliert werden können.

Bei Hypothesentests wird die Wahrscheinlichkeit für einen Fehler 1. Art kontrolliert: Sie werden so konstruiert, dass die Wahrscheinlichkeit für einen Fehler 1. Art nicht größer als ein vorgegebener Wert α ist. Dieser Wert α heißt **Signifikanzniveau**. Er wird nicht berechnet, sondern gewählt, und darf beliebig klein sein.

16.3.1 Parametertests

Wir wollen Überlegungen und Begriffe bzw. Konzepte für das Testen von Hypothesen anhand eines einfachen Parametertests erläutern bzw. entwickeln: Eine Grundgesamtheit sei $N(\mu,\sigma^2)$-verteilt, d.h., die Verteilung der Werte eines Merkmals X der Elemente der Grundgesamtheit werde durch eine Normalverteilung mit dem Erwartungswert μ und der Standardabweichung σ beschrieben. Der Wert der Standardabweichung sei bekannt. Man möchte wissen, ob die Hypothese, dass der Erwartungswert einen bstimmten Wert μ_0 hat, abgelehnt werden muss oder nicht. Man hat also folgende Null- und Alternativhypothese:

$$H_0 : \mu = \mu_0 \tag{16.21}$$
$$H_1 : \mu \neq \mu_0 \tag{16.22}$$

Es wird eine einfache Zufallsstichprobe (16.1) durchgeführt. Das Ergebnis sind n Zahlen $x_1,\ldots,x_2$. Der Mittelwert $\bar{x} = \frac{1}{n}(x_1 + \ldots + x_2)$ ist ein Schätzwert für den Erwartungswert μ. Folgende Überlegung ist naheliegend: Ist dieser Schätzwert weit entfernt von μ_0, d.h außerhalb eines gewissen Intervalls $[c_1,c_2]$, dann wird die Nullhypothese abgelehnt. Liegt der Schätzwert nahe bei μ_0, d.h. in dem Intervall $[c_1,c_2]$, dann wird die Nullhypotehese nicht abgelehnt.

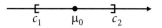

Damit hat man folgende Testentscheidung:

$$\bar{x} \notin [c_1,c_2] \;\Rightarrow\; H_0 \text{ wird abgelehnt}$$
$$\bar{x} \in [c_1,c_2] \;\Rightarrow\; H_0 \text{ wird nicht abgelehnt}$$

α sei die Wahrscheinlichkeit, die Nullhypothese abzulehnen, obwohl sie richtig ist.

$$\alpha = P(\overline{X} \notin [c_1,c_2])_{\mu=\mu_0}$$

Das tiefgestellte $\mu = \mu_0$ bedeutet „für den Fall $\mu = \mu_0$". Die Wahrscheinlichkeit α wird nicht berechnet, sondern vorgegeben. Dabei wird für α ein kleiner Wert gewählt z.B. $\alpha = 0{,}01$. Berechnet werden die Intervallgrenzen c_1 und c_2:

$$\alpha = P(\overline{X} \notin [c_1, c_2])_{\mu = \mu_0} = P(\overline{X} < c_1 \text{ oder } \overline{X} > c_2)_{\mu = \mu_0}$$

$$= \underbrace{P(\overline{X} < c_1)_{\mu = \mu_0}}_{\alpha_1} + \underbrace{P(\overline{X} > c_2)_{\mu = \mu_0}}_{\alpha_2} = \alpha_1 + \alpha_2$$

In der Regel erfolgt die Berechnung „symmetrisch", d.h. mit $\alpha_1 = \alpha_2 = \frac{\alpha}{2}$. Für den Fall $\mu = \mu_0$ ist $\overline{X}$ normalverteilt mit dem Erwartungswert μ_0 und der Standardabweichung $\tilde{\sigma} = \frac{\sigma}{\sqrt{n}}$. Wir bezeichnen die Verteilungsfunktion von $\overline{X}$ für den Fall $\mu = \mu_0$ mit $F(x)$ und berechnen c_1 und c_2:

$$P(\overline{X} < c_1)_{\mu = \mu_0} = F(c_1) = \Phi\left(\frac{c_1 - \mu_0}{\tilde{\sigma}}\right) = \Phi\left(\sqrt{n}\,\frac{c_1 - \mu_0}{\sigma}\right) = \frac{\alpha}{2}$$

$$\Rightarrow \sqrt{n}\,\frac{c_1 - \mu_0}{\sigma} = u_{\frac{\alpha}{2}} = -u_{1-\frac{\alpha}{2}} \Rightarrow c_1 = \mu_0 - u_{1-\frac{\alpha}{2}}\frac{\sigma}{\sqrt{n}}$$

$$P(\overline{X} > c_2)_{\mu = \mu_0} = 1 - P(\overline{X} \le c_2)_{\mu = \mu_0} = \frac{\alpha}{2} \Rightarrow P(\overline{X} \le c_2)_{\mu = \mu_0} = 1 - \frac{\alpha}{2}$$

$$P(\overline{X} \le c_2)_{\mu = \mu_0} = F(c_2) = \Phi\left(\frac{c_2 - \mu_0}{\tilde{\sigma}}\right) = \Phi\left(\sqrt{n}\,\frac{c_2 - \mu_0}{\sigma}\right) = 1 - \frac{\alpha}{2}$$

$$\Rightarrow \sqrt{n}\,\frac{c_2 - \mu_0}{\sigma} = u_{1-\frac{\alpha}{2}} \Rightarrow c_2 = \mu_0 + u_{1-\frac{\alpha}{2}}\frac{\sigma}{\sqrt{n}}$$

Damit hat man folgende Entscheidungsregel:

$$\bar{x} \notin I = [\mu_0 - u_{1-\frac{\alpha}{2}}\frac{\sigma}{\sqrt{n}}, \mu_0 + u_{1-\frac{\alpha}{2}}\frac{\sigma}{\sqrt{n}}] \;\Rightarrow\; H_0 \text{ wird abgelehnt}$$

$$\bar{x} \in I = [\mu_0 - u_{1-\frac{\alpha}{2}}\frac{\sigma}{\sqrt{n}}, \mu_0 + u_{1-\frac{\alpha}{2}}\frac{\sigma}{\sqrt{n}}] \;\Rightarrow\; H_0 \text{ wird nicht abgelehnt}$$

Da α vor Durchführung des Tests festgelegt wird, hat man die Irrtumswahrscheinlichkeit für einen Fehler 1. Art unter Kontrolle. Wie steht es um die Wahrscheinlichkeit für einen Fehler 2. Art? In der Abb. 16.3 ist links die Wahrscheinlichkeitsdichte von $\overline{X}$ für den Fall $\mu = \mu_0$ und für ein $\mu \ne \mu_0$ dargestellt.

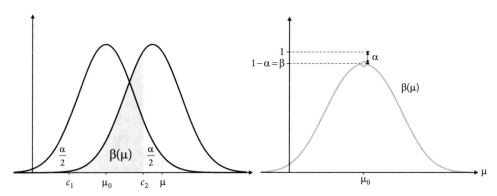

Abb. 16.3: Wahrscheinlichkeiten für Fehler 1. und 2. Art.

Die beiden hellen Flächen stellen zusammen die Wahrscheinlichkeit für einen Fehler 1. Art dar. Die dunklere Fläche stellt für den angenommenen Wert von μ die Wahrscheinlichkeit für einen Fehler 2. Art dar. Der Wert von μ ist aber nicht bekannt. Variiert man μ, so ändert sich die dunklere Fläche. Je näher μ bei μ_0 liegt, desto größer wird der Inhalt der dunkleren Fläche. Für $\mu \to \mu_0$ strebt der Inhalt der dunkleren Fläche gegen $1 - \alpha$. Je weiter μ von μ_0 entfernt ist, desto kleiner wird der Inhalt der dunkleren Fläche. Wir bezeichnen die von μ abhängige Wahrscheinlichkeit für einen Fehler 2. Art mit $\beta(\mu)$. Der Graph der Funktion $\beta(\mu)$ ist rechts in Abb. 16.3 zu sehen. Stellt man sich vor, wie sich die dunklere Fläche links in Abb. 16.3 ändert, wenn man μ variiert, dann ist der Graph $\beta(\mu)$ einleuchtend. Für $\mu \to \mu_0$ strebt die Wahrscheinlichkeit $\beta(\mu)$ für einen Fehler 2. Art (dunklere Fläche in Abb. 16.3) gegen einen Wert, den wir β nennen:

$$\beta(\mu) = P(\overline{X} \in [c_1, c_2])_{\mu \neq \mu_0} \xrightarrow{\mu \to \mu_0} P(\overline{X} \in [c_1, c_2])_{\mu = \mu_0} = \beta$$

Für β gilt

$$\beta = P(\overline{X} \in [c_1, c_2])_{\mu = \mu_0} = 1 - \underbrace{P(\overline{X} \notin [c_1, c_2])_{\mu = \mu_0}}_{\alpha}$$
$$\beta = 1 - \alpha \tag{16.23}$$

Je näher μ bei μ_0 liegt, desto größer ist $\beta(\mu)$ und umso näher liegt $\beta(\mu)$ bei β. Ist α sehr klein, so ist β sehr groß. Ist μ nahe bei μ_0, dann ist auch die Wahrscheinlichkeit $\beta(\mu)$ für einen Fehler 2. Art groß. Da man den Wert von μ jedoch nicht kennt, kann man die Wahrscheinlichkeit für einen Fehler 2. Art grundsätzlich nicht angeben. Die Abb. 16.3 zeigt links Wahrscheinlichkeitsdichten von $\overline{X}$ für einen bestimmten Wert von n. Mit zunehmendem n werden $\tilde{\sigma} = \frac{\sigma}{\sqrt{n}}$ kleiner und die Wahrscheinlichkeitsdichten schmäler. Gleichzeitig rücken c_1 und c_2 näher an μ_0 heran. Die dunklere Fläche wird dabei kleiner. Die Abb. 16.4 zeigt $\beta(\mu)$ für verschiedene Werte von n.

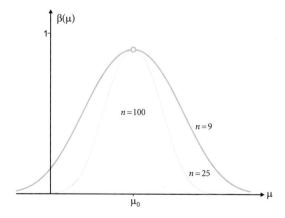

Abb. 16.4: $\beta(\mu)$ für verschiedene n.

Das ist einleuchtend: Je größer der Stichprobenumfang, umso kleiner die Wahrscheinlichkeit für einen Fehler 2. Art. Durch Erhöhung des Stichprobenumfangs kann man die Wahrscheinlichkeit $\beta(\mu)$ für einen Fehler 2. Art verringern. Wie groß diese Wahrscheinlichkeit ist, kann man trotzdem nicht sagen.

Die folgenden Bedingungen sind äquivalent zueinander und können ineinander umgeformt werden:

$$\mu_0 - u_{1-\frac{\alpha}{2}}\frac{\sigma}{\sqrt{n}} \;\leq\; \bar{x} \;\leq\; \mu_0 + u_{1-\frac{\alpha}{2}}\frac{\sigma}{\sqrt{n}}$$

$$\bar{x} - u_{1-\frac{\alpha}{2}}\frac{\sigma}{\sqrt{n}} \;\leq\; \mu_0 \;\leq\; \bar{x} + u_{1-\frac{\alpha}{2}}\frac{\sigma}{\sqrt{n}}$$

$$-u_{1-\frac{\alpha}{2}} \;\leq\; \sqrt{n}\,\frac{\bar{x} - \mu_0}{\sigma} \;\leq\; u_{1-\frac{\alpha}{2}}$$

$$\left| \sqrt{n}\,\frac{\bar{x} - \mu_0}{\sigma} \right| \;\leq\; u_{1-\frac{\alpha}{2}}$$

Die Nullhypothese wird nicht abgelehnt, wenn diese Bedingungen erfüllt sind. Die zweite Version bedeutet: Die Nullhypothese wird nicht abgelehnt, wenn der Wert μ_0 im Konfidenzintervall für μ zum Konfidenzniveau $\gamma = 1 - \alpha$ liegt. Entsprechend gibt es vier äquivalente Formulierungen der Bedingung für die Ablehnung der Nullhypothese:

$$\bar{x} \;\notin\; [\mu_0 - u_{1-\frac{\alpha}{2}}\frac{\sigma}{\sqrt{n}}, \mu_0 + u_{1-\frac{\alpha}{2}}\frac{\sigma}{\sqrt{n}}]$$

$$\mu_0 \;\notin\; [\bar{x} - u_{1-\frac{\alpha}{2}}\frac{\sigma}{\sqrt{n}}, \bar{x} + u_{1-\frac{\alpha}{2}}\frac{\sigma}{\sqrt{n}}]$$

$$\sqrt{n}\,\frac{\bar{x} - \mu_0}{\sigma} \;\notin\; [-u_{1-\frac{\alpha}{2}}, u_{1-\frac{\alpha}{2}}]$$

$$\left| \sqrt{n}\,\frac{\bar{x} - \mu_0}{\sigma} \right| \;>\; u_{1-\frac{\alpha}{2}}$$

Die erste Version ist eine Bedingung für die Realisierung $\bar{x}$ der Größe $\overline{X}$. Die dritte bzw. vierte Version ist eine Bedingung für die Realisierung der Größe

$$\sqrt{n}\,\frac{\overline{X} - \mu_0}{\sigma}$$

Wenn die Nullhypothese stimmt, ist diese Größe standardnormalverteilt. Meistens wird die vierte Version als Kriterium für die Ablehung der Nullhypothese genannt. Die μ-Werte, für welche die Alternativhypothese gilt, befinden sich „auf beiden Seiten" von μ_0. Ein Parametertest mit einer Nullhypothese vom Typ 16.21 heißt deshalb **zweiseitiger Test**. Wir betrachten jetzt einen Test mit folgenden Hypothesen:

$$H_0 : \mu \leq \mu_0 \tag{16.24}$$

$$H_1 : \mu > \mu_0 \tag{16.25}$$

Folgende Überlegung ist naheliegend: Ist der Schätzwert $\bar{x}$ für μ deutlich größer als μ_0, d.h größer als eine gewisse Zahl c, dann wird die Nullhypothese abgelehnt. Damit hat man folgende Testentscheidung:

$$\bar{x} > c \;\Rightarrow\; H_0 \text{ wird abgelehnt}$$

$$\bar{x} \leq c \;\Rightarrow\; H_0 \text{ wird nicht abgelehnt}$$

In der Abb. 16.5 ist die Wahrscheinlichkeitsdichte von $\overline{X}$ für den Fall $\mu = \mu_0$ und für ein $\mu < \mu_0$ dargestellt.

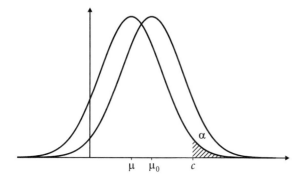

Abb. 16.5: Wahrscheinlichkeit für Fehler 1. Art und Signifikanzniveau.

Die schraffierte Fläche stellt für den angenommenen Wert von μ die Wahrscheinlichkeit für einen Fehler 1. Art dar. Der Wert von μ ist aber nicht bekannt. Variiert man μ, so ändert sich die Fläche. Die Wahrscheinlichkeit für einen Fehler 1. Art hängt von μ ab. Wir bezeichnen sie deshalb mit $\alpha(\mu)$. Je näher μ bei μ_0 liegt, desto größer wird der Inhalt der Fläche. Die größtmögliche Wahrscheinlichkeit für einen Fehler 1. Art hat man für den Fall $\mu = \mu_0$ (blaue Fläche). Diese Wahrscheinlichkeit bezeichnen wir mit α. Es gilt also $\alpha(\mu) \leq \alpha$ mit $\alpha = \alpha(\mu_0)$. Die Wahrscheinlichkeit α ist das Signifikanzniveau. Sie wird nicht berechnet, sondern vorgegeben. Dabei wird für α ein kleiner Wert gewählt, z.B. $\alpha = 0{,}01$. Berechnet wird die Zahl c. Für den Fall $\mu = \mu_0$ ist $\overline{X}$ normalverteilt mit dem Erwartungswert μ_0 und der Standardabweichung $\tilde{\sigma} = \frac{\sigma}{\sqrt{n}}$. Wir bezeichnen die Verteilungsfunktion von $\overline{X}$ für den Fall $\mu = \mu_0$ mit $F(x)$ und berechnen c:

$$\alpha = P(\overline{X} > c)_{\mu=\mu_0} = 1 - P(\overline{X} \leq c)_{\mu=\mu_0} \Rightarrow P(\overline{X} \leq c)_{\mu=\mu_0} = 1 - \alpha$$

$$P(\overline{X} \leq c)_{\mu=\mu_0} = F(c) = \Phi\left(\frac{c - \mu_0}{\tilde{\sigma}}\right) = \Phi\left(\sqrt{n}\,\frac{c - \mu_0}{\sigma}\right) = 1 - \alpha$$

$$\Rightarrow \sqrt{n}\,\frac{c - \mu_0}{\sigma} = u_{1-\alpha} \Rightarrow c = \mu_0 + u_{1-\alpha}\frac{\sigma}{\sqrt{n}}$$

Damit hat man folgende Entscheidungsregel:

$$\bar{x} > \mu_0 + u_{1-\alpha}\frac{\sigma}{\sqrt{n}} \;\Rightarrow\; H_0 \text{ wird abgelehnt}$$

$$\bar{x} \leq \mu_0 + u_{1-\alpha}\frac{\sigma}{\sqrt{n}} \;\Rightarrow\; H_0 \text{ wird nicht abgelehnt}$$

In der Abb. 16.6 ist links die Wahrscheinlichkeitsdichte von $\overline{X}$ für den Fall $\mu = \mu_0$ und für ein $\mu > \mu_0$ dargestellt. Die helle Fläche stellt das Signifikanzniveau dar. Die dunklere Fläche stellt für den angenommenen Wert von μ die Wahrscheinlichkeit für einen Fehler 2. Art dar.

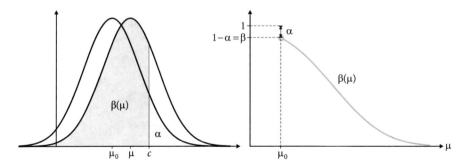

Abb. 16.6: Wahrscheinlichkeiten für Fehler 1. und 2. Art.

Der Wert von μ ist nicht bekannt. Variiert man μ, so ändert sich die dunklere Fläche. Je näher μ bei μ_0 liegt, desto größer wird der Inhalt der dunkleren Fläche. Für $\mu \rightarrow \mu_0$ strebt der Inhalt der dunkleren Fläche gegen $1 - \alpha$. Je weiter μ von μ_0 entfernt ist, desto kleiner wird der Inhalt der dunkleren Fläche. Wir bezeichnen die von μ abhängige Wahrscheinlichkeit für einen Fehler 2. Art mit $\beta(\mu)$. Der Graph der Funktion $\beta(\mu)$ ist rechts in Abb. 16.6 zu sehen. Stellt man sich vor, wie sich die dunklere Fläche links in Abb. 16.6 ändert, wenn man μ variiert, dann ist der Graph $\beta(\mu)$ einleuchtend. Für $\mu \rightarrow \mu_0$ strebt die Wahrscheinlichkeit $\beta(\mu)$ für einen Fehler 2. Art (dunklere Fläche in Abb. 16.6) gegen einen Wert, den wir β nennen:

$$\beta(\mu) = P(\overline{X} \leq c)_{\mu > \mu_0} \xrightarrow{\mu \rightarrow \mu_0} P(\overline{X} \leq c)_{\mu = \mu_0} = \beta$$

Für β gilt:

$$\beta = P(\overline{X} \leq c)_{\mu = \mu_0} = 1 - \underbrace{P(\overline{X} > c)_{\mu = \mu_0}}_{\alpha}$$

$$\beta = 1 - \alpha \tag{16.26}$$

Für $\mu > \mu_0$ gilt: Je näher μ bei μ_0 liegt, desto größer ist $\beta(\mu)$ und umso näher liegt $\beta(\mu)$ bei β. Ist α sehr klein, so ist β sehr groß. Ist μ nahe bei μ_0, dann ist auch die Wahrscheinlichkeit $\beta(\mu)$ für einen Fehler 2. Art groß. Da man den Wert von μ jedoch nicht kennt, kann man die Wahrscheinlichkeit für einen Fehler 2. Art grundsätzlich nicht angeben. Die Abb. 16.6 zeigt links Wahrscheinlichkeitsdichten von $\overline{X}$ für einen bestimmten Wert von n. Mit zunehmendem n wird die Standardabweichung $\tilde{\sigma} = \frac{\sigma}{\sqrt{n}}$ kleiner und die Wahrscheinlichkeitdichten schmäler. Gleichzeitig rückt c näher an μ_0 heran. Die dunklere Fläche wird dabei kleiner. Die Abb. 16.7 zeigt $\beta(\mu)$ für verschiedene Werte von n. Je größer der Stichprobenumfang, umso kleiner die Wahrscheinlichkeit für einen Fehler 2. Art. Durch Erhöhung des Stichprobenumfangs kann man die Wahrscheinlichkeit $\beta(\mu)$ für einen Fehler 2. Art verringern. Wie groß diese Wahrscheinlichkeit ist, kann man trotzdem nicht sagen.

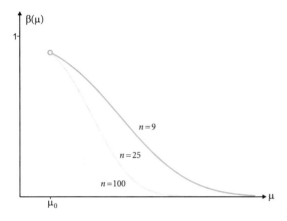

Abb. 16.7: $\beta(\mu)$ für verschiedene n.

Die folgenden Bedingungen sind äquivalent zueinander und können ineinander umgeformt werden:

$$\bar{x} \;\le\; \mu_0 + u_{1-\alpha}\frac{\sigma}{\sqrt{n}}$$

$$\sqrt{n}\,\frac{\bar{x} - \mu_0}{\sigma} \;\le\; u_{1-\alpha}$$

Die Nullhypothese wird nicht abgelehnt, wenn diese Bedingungen erfüllt sind. Entsprechend gibt es zwei äquivalente Formulierungen der Bedingung für die Ablehnung der Nullhypothese:

$$\bar{x} \;>\; \mu_0 + u_{1-\alpha}\frac{\sigma}{\sqrt{n}}$$

$$\sqrt{n}\,\frac{\bar{x} - \mu_0}{\sigma} \;>\; u_{1-\alpha}$$

Die erste Version ist eine Bedingung für die Realisierung $\bar{x}$ der Größe $\overline{X}$. Die zweite Version ist eine Bedingung für die Realisierung der Größe

$$\sqrt{n}\,\frac{\overline{X} - \mu_0}{\sigma}$$

die für $\mu = \mu_0$ standardnormalverteilt ist. Meistens wird die zweite Version als Kriterium für die Ablehung der Nullhypothese genannt. Die μ-Werte, für welche die Alternativhypothese gilt, befinden sich „auf einer Seite" von μ_0. Ein Parametertest mit einer Nullhypothese vom Typ 16.24 heißt deshalb **einseitiger Test**. Wir könnten nun noch den einseitigen Test mit der Nullhypothese $H_0 : \mu \ge \mu_0$ betrachten bzw. behandeln. Dabei würden wir auf die gleiche Art und Weise vorgehen, wie beim Test mit der Nullhypothese $H_0 : \mu \le \mu_0$. Deshalb verzichten wir darauf.

Die Vorgehensweise bei den dargestellten Parametertests kann man auch folgendermaßen formulieren: Mit einer geeigneten Zufallsvariable Z (hier $\overline{X}$ bzw. $\sqrt{n}\,\frac{\overline{X}-\mu_0}{\sigma}$) kann man ein Intervall mit folgender Eigenschaft bestimmen: Unter der Annahme, dass die

Nullhypothese stimmt, ist die Wahrscheinlichkeit, einen Wert z der Zufallsvariablen Z zu erhalten, der außerhalb des Intervalls liegt, gleich α oder zumindest nicht größer als α. Dabei wird α gewählt und ist klein. Liegt z doch außerhalb des Intervalls, so geht man nicht davon aus, dass man ein sehr unwahrscheinliches Ergebnis erhalten hat. Stattdessen verwirft man die Annahme, dass die Nullhypothese stimmt. Diese Vorgehensweise kann man auf andere Hypothesentests übertragen. Wir geben die Formeln für die wichtigsten Einstichprobentests an. Für einfache Zufallsstichproben vom Umfang n nach Definition 16.1 bzw. gemäß (16.1) sowie für die Stichproben in den Beispielen 16.2 und 16.3 gelten folgende Formeln für Tests mit Signifikanzniveau α:

Test für den Erwartungswert einer Normalverteilung bei bekannter Varianz

Der Wert z wird folgendermaßen berechnet:

$$z = \sqrt{n}\,\frac{\bar{x} - \mu_0}{\sigma} \tag{16.27}$$

Die Bedingungen zur Ablehnung der Nullhypothese lauten:

Nullhypothese H_0	Ablehnung von H_0, wenn	
$\mu = \mu_0$	$\lvert z \rvert > u_{1-\frac{\alpha}{2}}$	(16.28)
$\mu \leq \mu_0$	$z > u_{1-\alpha}$	(16.29)
$\mu \geq \mu_0$	$z < -u_{1-\alpha}$	(16.30)

Test für den Erwartungswert einer Normalverteilung bei unbekannter Varianz

Der Wert z wird folgendermaßen berechnet:

$$z = \sqrt{n}\,\frac{\bar{x} - \mu_0}{s} \tag{16.31}$$

Die Bedingungen zur Ablehnung der Nullhypothese lauten:

Nullhypothese H_0	Ablehnung von H_0, wenn	
$\mu = \mu_0$	$\lvert z \rvert > t_{n-1;1-\frac{\alpha}{2}}$	(16.32)
$\mu \leq \mu_0$	$z > t_{n-1;1-\alpha}$	(16.33)
$\mu \geq \mu_0$	$z < -t_{n-1;1-\alpha}$	(16.34)

Test für den Erwartungswert nicht normalverteilter Größen

Der Test kann durchgeführt werden, wie bei einer Normalverteilung.
Voraussetzung: n ist groß genug. Faustregel: $n \geq 30$
Die Formeln beruhen in diesem Fall auf Näherungen.

Test für die Standardabweichung einer Normalverteilung

Der Wert z wird folgendermaßen berechnet:

$$z = \frac{(n-1)s^2}{\sigma_0^2} \tag{16.35}$$

Die Bedingungen zur Ablehnung der Nullhypothese lauten:

Nullhypothese H_0	Ablehnung von H_0, wenn	
$\sigma = \sigma_0$	$z \notin [\chi^2_{n-1;\frac{\alpha}{2}}, \chi^2_{n-1;1-\frac{\alpha}{2}}]$	(16.36)
$\sigma \leq \sigma_0$	$z > \chi^2_{n-1;1-\alpha}$	(16.37)
$\sigma \geq \sigma_0$	$z < \chi^2_{n-1;\alpha}$	(16.38)

Test für einen Anteil bzw. eine Wahrscheinlichkeit p

Der Wert z wird folgendermaßen berechnet:

$$z = \sqrt{n}\,\frac{h - p_0}{\sqrt{p_0(1-p_0)}} \tag{16.39}$$

Die Bedingungen zur Ablehnung der Nullhypothese lauten:

Nullhypothese H_0	Ablehnung von H_0, wenn	
$p = p_0$	$|z| > u_{1-\frac{\alpha}{2}}$	(16.40)
$p \leq p_0$	$z > u_{1-\alpha}$	(16.41)
$p \geq p_0$	$z < -u_{1-\alpha}$	(16.42)

Voraussetzung: n ist groß genug. Faustregel: $np_0(1-p_0) \geq 9$.

Die Bedeutung der Quantile entspricht der Bedeutung in Tabelle 16.2.

Beispiel 16.9: Test für Erwartungswert und Standardabweichung

Bei einem Fertigungsprozess werden Teile mit einem normalverteilten Merkmal hergestellt. Wird der laufenden Produktion zufällig ein Teil entnommen und der Wert x des Merkmals gemessen, so kann x als Realisierung einer normalverteilten Zufallsvariablen X betrachtet werden. Es soll ein Test für den Erwartungswert mit $H_0 : \mu = 122$ und $\alpha = 0{,}05$ bzw. für die Standardabweichung mit $H_0 : \sigma \geq 6$ und $\alpha = 0{,}05$ durchgeführt werden. Dazu wurden der laufenden Produktion zufällig 16 Teile entnommen. Bei den 16 Teilen wurde jeweils der Wert des Merkmals gemessen. Dabei erhielt man folgende Messwerte:

126,24	123,08	123,73	129,24	128,43	126,25	128,86	118,57
129,94	124,81	116,12	122,36	123,48	124,49	119,25	127,15

Die Berechnung des Mittelwertes und der Stichprobenstandardabweichung ergibt:

$$\bar{x} = 124{,}5 \qquad s = 4{,}0$$

Bei einem Test mit $H_0 : \mu = 122$ und $\alpha = 0{,}05$ erhält man:

$$z = \sqrt{n}\,\frac{\bar{x} - \mu_0}{s} = \sqrt{16}\,\frac{124{,}5 - 122}{4{,}0} = 2{,}5 \qquad u_{1-\frac{\alpha}{2}} = u_{0{,}975} = 1{,}96$$

$$|z| > u_{1-\frac{\alpha}{2}} \Rightarrow H_0 \text{ wird abgelehnt}$$

Bei einem Test mit $H_0 : \sigma \geq 6$ und $\alpha = 0{,}05$ erhält man:

$$z = \frac{(n-1)s^2}{\sigma_0^2} = \frac{15 \cdot 5^2}{6^2} \approx 6{,}67 \qquad \chi_{n-1;\alpha}^2 = \chi_{15;0{,}05}^2 = 7{,}261$$

$$z < \chi_{n-1;\alpha}^2 \Rightarrow H_0 \text{ wird abgelehnt} \qquad\qquad \blacksquare$$

Beispiel 16.10: Test für einen Anteil p

Der Betreiber der Mensa einer Hochschule möchte mit einem Test prüfen, ob der Anteil p der Vegetarier unter den Studierenden größer als 0,3 ist. Sollte der Test zum Ergebnis kommen, dass dies der Fall ist, so soll dies eine Aussage mit großer „Sicherheit" sein. Der Betreiber wählt deshalb die Nullhypothese $H_0 : p \leq 0{,}3$ und $\alpha = 0{,}025$. Für den Test wurde $n = 50$ Mal unabhängig voneinandner aus der Gesamtheit aller Studierenden der Hochschule eine Person zufällig ausgewählt und befragt. Bei dieser Befragung waren $k = 22$ Personen Vegetarier. Es gilt:

$$p_0 = 0{,}3 \qquad np_0(1 - p_0) = 10{,}5 \geq 9$$

Die Voraussetzung für (16.42) ist erfüllt. Mit $h = \frac{k}{n} = 0{,}44$ erhält man:

$$z = \sqrt{n}\,\frac{h - p_0}{\sqrt{p_0(1 - p_0)}} = \sqrt{50}\,\frac{0{,}44 - 0{,}3}{\sqrt{0{,}3 \cdot 0{,}7}} = 2{,}16 \qquad u_{1-\alpha} = u_{0{,}975} = 1{,}96$$

$$z > u_{1-\alpha} \Rightarrow H_0 \text{ wird abgelehnt}$$

Bei dieser Stichprobe ist die Auswahl einer Person eine Ziehung mit „Zurücklegen". Hätte man dagegen eine Ziehung ohne „Zurücklegen", so könnte man den Test auf die gleiche Art und Weise durchführen, wenn die Grundgesamtheit (alle Studierenden der Hochschule) viel größer als der Stichprobenumfang ist. Bei einer Hochschule mit 5000 Studierenden wäre dies z.B. der Fall. $\qquad\qquad \blacksquare$

Die Wahrscheinlichkeit, dass die Nullhypothese abgelehnt wird, hängt bei einem Parametertest natürlich vom Wert des Parameters ab. Sie kann als Funktion des Parameters betrachtet werden. Diese Funktion heißt **Gütefunktion**. Die Wahrscheinlichkeit, dass die Nullhypothese nicht abgelehnt wird, heißt **Operationscharakteristik**. Auch sie ist eine Funktion des Parameters. Bei einem Test für den Erwartungswert μ sind die

Gütefunktion $g(\mu)$ und die Operationscharakteristik $L(\mu) = 1 - g(\mu)$ Funktionen des Parameters μ. Bei einem Test für den Erwartungswert einer Normalverteilung bei bekannter Varianz mit der Nullhypothese $H_0 : \mu \leq \mu_0$ gilt:

$$g(\mu) = P(Z > u_{1-\alpha}) \qquad \text{mit } Z = \sqrt{n}\,\frac{\overline{X} - \mu_0}{\sigma}$$

$$\qquad = P(\overline{X} > c) \qquad \text{mit } c = \mu_0 + u_{1-\alpha}\frac{\sigma}{\sqrt{n}}$$

$$\qquad = 1 - P(\overline{X} \leq c) = 1 - \Phi\left(\sqrt{n}\,\frac{c - \mu}{\sigma}\right)$$

$$L(\mu) = 1 - g(\mu) = \Phi\left(\sqrt{n}\,\frac{c - \mu}{\sigma}\right)$$

Für die Wahrscheinlichkeiten $\alpha(\mu)$ bzw. $\beta(\mu)$ für einen Fehler 1. bzw. 2. Art gilt:

$$\alpha(\mu) = P(Z > u_{1-\alpha})_{\mu \leq \mu_0} = P(\overline{X} > c)_{\mu \leq \mu_0}$$

$$\beta(\mu) = P(Z \leq u_{1-\alpha})_{\mu > \mu_0} = P(\overline{X} \leq c)_{\mu > \mu_0}$$

$$\qquad = 1 - P(Z > u_{1-\alpha})_{\mu > \mu_0} = 1 - P(\overline{X} > c)_{\mu > \mu_0}$$

Die Wahrscheinlichkeiten $\alpha(\mu)$ und $\beta(\mu)$ lassen sich durch die Funktionen $g(\mu)$ und $L(\mu)$ darstellen:

$$\text{Für } \mu \leq \mu_0 \text{ gilt:} \qquad \alpha(\mu) = g(\mu) = 1 - L(\mu)$$

$$\text{Für } \mu > \mu_0 \text{ gilt:} \qquad \beta(\mu) = 1 - g(\mu) = L(\mu)$$

Für $\mu > \mu_0$ ist die Operationscharakteristik $L(\mu) = \beta(\mu)$ rechts in Abb. 16.6 zu sehen. In Abb. 16.7 sieht man diese Funktion für verschiedene Werte von n. Entsprechende Ergebnisse und Aussagen hat man bei anderen Nullhypothesen.

Beispiel 16.11: Operationscharakteristik, Wahrscheinlichkeit für Fehler 2. Art

Wir betrachten den in Beispiel 16.10 beschriebenen Test: Der Betreiber der Mensa einer Hochschule möchte mit einem Test prüfen, ob der Anteil p der Vegetarier unter den Studierenden größer als 0,3 ist. Sollte der Test zum Eregbnis kommen, dass dies der Fall ist, so soll dies eine Aussage mit großer „Sicheheit" sein. Der Betreiber wählt deshalb die Nullhypothese $H_0 : p \leq p_0$ mit $p_0 = 0{,}3$ und $\alpha = 0{,}025$. Für den Test wird $n = 50$ Mal unabhängig voneinander aus der Gesamtheit aller Studierenden der Hochschule eine Person zufällig ausgewählt und befragt. Der Anteil der Vegetarier bei dieser Befragung sei h. Er ist die Realisierung einer Zufallsvariablen H. Wird die Nullhypothese abgelehnt, dann geht der Betreiber davon aus, dass $p > 0{,}3$ ist und bietet vegetarische Gerichte an. Der Betreiber fragt sich nun, wie groß die Wahrscheinlichkeit ist, dass keine vegetarischen Gerichte angeboten werden, für den Fall, dass in Wirklichkeit 40 % der Studierenden Vegetarier sind. Gesucht ist also die Wahrscheinlichkeit $\beta(p)$ für einen Fehler 2. Art für den Fall $p = 0{,}4$. Für $p > p_0$ gilt:

$$\beta(p) = L(p) = P(Z \leq u_{1-\alpha}) \qquad \text{mit } Z = \sqrt{n}\,\frac{H - p_0}{\sqrt{p_0(1 - p_0)}}$$

$$= P(H \leq c) \qquad \text{mit } c = p_0 + u_{1-\alpha}\sqrt{\frac{p_0(1 - p_0)}{n}}$$

Nach (14.107) ist H näherungsweise normalverteilt mit $\mu = p$ und $\sigma = \sqrt{\frac{p(1-p)}{n}}$:

$$\beta(p) = L(p) = P(H \leq c) = \Phi\left(\frac{c - \mu}{\sigma}\right) = \Phi\left(\sqrt{n}\,\frac{c - p}{\sqrt{p(1 - p)}}\right)$$

$$\text{mit } c = p_0 + u_{1-\alpha}\sqrt{\frac{p_0(1 - p_0)}{n}}$$

Mit $u_{1-\alpha} = u_{0{,}975} = 1{,}96$ erhält man für die gesuchte Wahrscheinlichkeit $\beta(0{,}4)$:

$$c = 0{,}3 + 1{,}96\sqrt{\frac{0{,}3 \cdot 0{,}7}{50}} = 0{,}427$$

$$\beta(0{,}4) = \Phi\left(\sqrt{50}\,\frac{0{,}427 - 0{,}4}{\sqrt{04 \cdot 0{,}6}}\right) = \Phi(0{,}39) = 0{,}6517$$

Für den Fall $p = 0{,}4$ beträgt die Wahrscheinlichkeit für einen Fehler 2. Art 0,6517. Der Betreiber möchte vegetarische Gerichte anbieten, wenn der Anteil der Vegetarier größer als 30 % ist. Die Wahrscheinlichkeit für die Fehlentscheidung, dass aufgrund des Tests keine vegetarischen Gerichte angeboten werden, wenn 40 % der Studierenden Vegetarier sind, ist 0,6517. Ist dem Betreiber diese Irrtumswahrscheinlichkeit zu hoch, so muss er den Stichprobenumfang n erhöhen. ∎

Das Beispiel 16.11 führt zur folgenden Problemstellung: Für einen angenommen Wert des Parameters soll die Wahrscheinlichkeit für einen Fehler 2. Art einen bestimmten Wert β haben. Wie groß muss der Stichprobenumfang sein, damit dies der Fall ist? Wir lösen dieses Problem am Beispiel eines Tests für einen Anteil p mit der Nullhypothese $H_0 : p \leq p_0$. Die Wahrscheinlichkeit für einen Fehler 2. Art ist (s. Bsp. 16.11):

$$\Phi\left(\sqrt{n}\,\frac{c - p}{\sqrt{p(1 - p)}}\right) \qquad \text{mit } c = p_0 + u_{1-\alpha}\sqrt{\frac{p_0(1 - p_0)}{n}}$$

Soll diese Wahrscheinlichkeit einen bestimmten Wert β haben, dann gilt:

$$\Phi\left(\sqrt{n}\,\frac{c - p}{\sqrt{p(1 - p)}}\right) = \beta$$

Daraus folgt:

$$\sqrt{n}\,\frac{c-p}{\sqrt{p(1-p)}} = u_\beta \quad\Rightarrow\quad c = p + u_\beta \sqrt{\frac{p(1-p)}{n}}$$

$$\Rightarrow\quad p_0 + u_{1-\alpha}\sqrt{\frac{p_0(1-p_0)}{n}} = p + u_\beta\sqrt{\frac{p(1-p)}{n}}$$

Die Auflösung dieser Gleichung nach n ergibt:

$$n = \left(\frac{u_{1-\alpha}\sqrt{p_0(1-p_0)} - u_\beta\sqrt{p(1-p)}}{p - p_0}\right)^2$$

$$= \left(\frac{u_{1-\alpha}\sqrt{p_0(1-p_0)} + u_{1-\beta}\sqrt{p(1-p)}}{p - p_0}\right)^2$$

Bei dieser Formel bekommt man i.d.R keinen ganzzahligen Wert für n. Nimmt man für n die nächstgrößere ganze Zahl, so ist die Wahrscheinlichkeit für einen Fehler 2. Art etwas kleiner als β. Für die Nullhypothese $H_0 : p \leq p_0$ hat man also folgende Formel für einen **Mindeststichprobenumfang**:

$$n \geq \left(\frac{u_{1-\alpha}\sqrt{p_0(1-p_0)} + u_{1-\beta}\sqrt{p(1-p)}}{p - p_0}\right)^2 \tag{16.43}$$

Ist diese Bedingung für einen bestimmten Wert p mit $p > p_0$ erfüllt, dann ist gewährleistet, dass für diesen Wert von p die Wahrscheinlichkeit für einen Fehler 2. Art nicht größer als β ist. Entsprechende Formeln gibt es auch für andere Nullhypothesen bzw. Tests.

Beispiel 16.12: Mindeststichprobenumfang

Wir kommen noch einmal zurück auf das Beispiel 16.11 und fragen: Wie groß müsste der Stichprobenumfang mindestens sein, damit für $p = 0{,}4$ die Wahrscheinlichkeit für einen Fehler 2. Art nicht größer als $\beta = 0{,}05$ ist? Es gilt:

$$p_0 = 0{,}3 \qquad p = 0{,}4$$
$$\alpha = 0{,}025 \qquad u_{1-\alpha} = u_{0{,}975} = 1{,}96$$
$$\beta = 0{,}05 \qquad u_{1-\beta} = u_{0{,}95} = 1{,}645$$

Die Anwendung der Formel (16.43) ergibt:

$$n \geq \left(\frac{1{,}96\sqrt{0{,}3\cdot 0{,}7} + 1{,}645\sqrt{0{,}4\cdot 0{,}6}}{0{,}4 - 0{,}3}\right)^2 = 290{,}38$$

Ist $n = 291$, dann gilt: Die Wahrscheinlichkeit für die Fehlentscheidung, dass aufgrund des Tests keine vegetarischen Gerichte angeboten werden, wenn 40 % der Studierenden Vegetarier sind, ist nicht größer als 0,05. ∎

Bei Hypothesentests wird die Nullhypothese abgelehnt, wenn der Wert z außerhalb eines Intervalls liegt. Die Intervallgrenzen hängen vom Signifikanzniveau α ab. Bei einem einseitigen Test hat das Intervall nur eine Intervallgrenze. Man kann das Signifikanzniveau so ändern, dass die Grenze mit z übereinstimmt. Das Signifikanzniveau mit dieser Eigenschaft heißt **p-Wert**. Bei zweiseitigen Tests hat das Intervall zwei Intervallgrenzen. Auch hier kann man das Signifikanzniveau so ändern, dass eine Grenze mit z übereinstimmt. Das Signifikanzniveau mit dieser Eigenschaft ist der p-Wert. Hat man vor Durchführung des Tests das Signifikanzniveau α festgelegt und nach Durchführung des Tests den p-Wert berechnet, dann kann man die Testentscheidung auch folgendermaßen formulieren:

$$p < \alpha \;\Rightarrow\; H_0 \text{ wird abgelehnt}$$
$$p \geq \alpha \;\Rightarrow\; H_0 \text{ wird nicht abgelehnt}$$

Bei vielen Statistikprogrammen muss man weder α eingeben, noch wird z ausgegeben. Stattdessen wird als Testergebnis der p-Wert angegeben.

Beispiel 16.13: p-Wert

Wir betrachten den in Beispiel 16.10 beschriebenen Test für den Anteil der Vegetarier bei den Studierenden einer Hochschule. Bei dem Test erhielt man den Wert $z = 2{,}16$. Nach (16.41) ist die Intervallgrenze $u_{1-\alpha}$. Soll diese Grenze mit z übereinstimmen, dann gilt:

$$u_{1-\alpha} = 2{,}16 \qquad \text{d.h.} \quad \Phi(2{,}16) = 1 - \alpha$$

Die Wahrscheinlichkeit $1 - \alpha$ kann man der Tabelle für die Standardnormalverteilung im Anhang entnehmen:

$$1 - \alpha = \Phi(2{,}16) = 0{,}9846$$

Daraus folgt:

$$\alpha = 1 - 0{,}9846 = 0{,}0154$$

Mit diesem Wert für α würde die Grenze des Intervalls mit z übereinstimmen. Dieser Wert ist der p-Wert:

$$p = 0{,}0154$$

Das vor Durchführung des Tests gewählte Signifikanzniveau ist jedoch $\alpha = 0{,}025$. Wegen $p < \alpha$ muss die Nullhypothese abgelehnt werden. ∎

Am Schluss dieses Abschnittes über Parametertests wollen wir noch kurz auf Zwei-stichprobentests eingehen und betrachten dazu den folgenden Fall: Mit einer einfachen Zufallsstichprobe vom Typ (16.1) mit Stichprobenumfang n_1 bestimmt man n_1 Reali-sierungen einer Zufallsvariablen X. Mit einer zweiten unabhängigen Zufallsstichprobe vom Typ (16.1) mit Stichprobenumfang n_2 bestimmt man n_2 Realisierungen einer Zufallsvariablen Y. Die Zufallsvariablen X und Y seien unabhängig. Diesen Fall hat man z.B. bei folgender Situation: X sei ein Merkmal der Elemente einer Grundge-samtheit G_1, Y sei ein Merkmal der Elemente einer anderen Grundgesamtheit G_2. Die beiden Stichproben werden völlig unabhängig voneinander durchgeführt. Wir nehmen zunächst an, dass X und Y normalverteilt sind: X bzw. Y sei normalverteilt mit Er-wartungswert μ_X bzw. μ_Y und Standardabweichung σ_X bzw. σ_Y. Dann ist $\overline{X}$ bzw. $\overline{Y}$ normalverteilt mit Erwartungswert μ_X bzw. μ_Y und Standardabweichung $\tilde{\sigma}_X = \frac{\sigma_X}{\sqrt{n_1}}$ bzw. $\tilde{\sigma}_Y = \frac{\sigma_Y}{\sqrt{n_2}}$. Die Differenz $V = \overline{X} - \overline{Y}$ ist normalverteilt mit dem Erwartungswert $\mu = \mu_X - \mu_Y$ und der Standardabweichung $\sigma = \sqrt{\tilde{\sigma}_X^2 + \tilde{\sigma}_Y^2}$. Die Zufallsvariable

$$\frac{V - \mu}{\sigma} = \frac{\overline{X} - \overline{Y} - (\mu_X - \mu_Y)}{\sqrt{\tilde{\sigma}_X^2 + \tilde{\sigma}_Y^2}} = \frac{\overline{X} - \overline{Y} - (\mu_X - \mu_Y)}{\sqrt{\frac{\sigma_X^2}{n_1} + \frac{\sigma_Y^2}{n_2}}}$$

ist standardnormalverteilt. Die Zufallsvariable

$$Z = \frac{\overline{X} - \overline{Y} - d}{\sqrt{\frac{\sigma_X^2}{n_1} + \frac{\sigma_Y^2}{n_2}}}$$

ist standardnormalverteilt, wenn $\mu_X - \mu_Y = d$ ist. Sind die Varianzen bekannt, so kann man damit einen Test für die Differenz der Erwartungswerte konstruieren:

Test für die Differenz von Erwartungswerten

Der Wert z wird folgendermaßen berechnet:

$$z = \frac{\bar{x} - \bar{y} - d}{\sqrt{\frac{\sigma_X^2}{n_1} + \frac{\sigma_Y^2}{n_2}}} \tag{16.44}$$

Die Bedingungen zur Ablehnung der Nullhypothese lauten:

Nullhypothese H_0	Ablehnung von H_0, wenn	
$\mu_X - \mu_Y = d$	$|z| > u_{1-\frac{\alpha}{2}}$	(16.45)
$\mu_X - \mu_Y \leq d$	$z > u_{1-\alpha}$	(16.46)
$\mu_X - \mu_Y \geq d$	$z < -u_{1-\alpha}$	(16.47)

Voraussetzungen: X und Y sind unabhängig und jeweils normalverteilt. Die Varian-zen σ_X^2 bzw. σ_Y^2 sind bekannt.

Die Nullhypothesen $H_0 : \mu_X = \mu_Y$ bzw. $H_0 : \mu_X \leq \mu_Y$ bzw. $H_0 : \mu_X \geq \mu_Y$ kann man prüfen, indem man den Test mit $d = 0$ durchführt. Sind X und Y nicht normalverteilt so gelten die obigen Überlegungen und Aussagen näherungsweise, wenn n_1 und n_2 groß sind. Sind die Varianzen σ_X^2 bzw. σ_Y^2 nicht bekannt, so kann man sie durch die Stichprobenvarianzen s_X^2 bzw. s_Y^2 schätzen. Sind n_1 und n_2 groß, so kann man in (16.44) σ_X^2 bzw. σ_Y^2 näherungsweise durch s_X^2 bzw. s_Y^2 ersetzen.

Test für die Differenz von Erwartungswerten

Der Wert z wird folgendermaßen berechnet:

$$z = \frac{\bar{x} - \bar{y} - d}{\sqrt{\frac{s_X^2}{n_1} + \frac{s_Y^2}{n_2}}} \tag{16.48}$$

Die Bedingungen zur Ablehnung der Nullhypothese lauten:

Nullhypothese H_0	Ablehnung von H_0, wenn	
$\mu_X - \mu_Y = d$	$\lvert z \rvert > u_{1-\frac{\alpha}{2}}$	(16.49)
$\mu_X - \mu_Y \leq d$	$z > u_{1-\alpha}$	(16.50)
$\mu_X - \mu_Y \geq d$	$z < -u_{1-\alpha}$	(16.51)

Voraussetzungen: X und Y sind unabhängig. n_1 und n_2 sind groß.
Faustregel: $n_1, n_2 \geq 30$.

Die Konstruktion eines Tests für die Differenz zweier Erwartungswerte bei unbekannten Varianzen wird in der Literatur als „Behrens-Fisher-Problem" bezeichnet. Häufig wird ein Test vorgeschlagen, bei dem anstelle von Quantilen der Standardnormalverteilung Quantile einer t-Verteilung verwendet werden, wobei der Freiheitsgrad vom Stichprobenergebnis abhängt und damit die Realisierung einer Zufallsvariablen ist. Wir wollen darauf nicht eingehen, sondern nur darauf hinweisen, dass für große n_1 und n_2 der Freiheitsgrad so groß ist, dass die t-Verteilung durch eine Standardnormalverteilung angenähert werden kann.

Für Stichproben gemäß Beispiel 16.2 oder 16.3 gilt:

$$\mu_X = p_1 \qquad \sigma_X^2 = p_1(1 - p_1) \qquad \overline{X} = H_1 \qquad \bar{x} = h_1 = \frac{k_1}{n_1}$$

$$\mu_Y = p_2 \qquad \sigma_Y^2 = p_2(1 - p_2) \qquad \overline{Y} = H_2 \qquad \bar{y} = h_2 = \frac{k_2}{n_2}$$

Die Zufallsvariable

$$\frac{\overline{X} - \overline{Y} - (\mu_X - \mu_Y)}{\sqrt{\frac{\sigma_X^2}{n_1} + \frac{\sigma_Y^2}{n_2}}} = \frac{H_1 - H_2 - (p_1 - p_2)}{\sqrt{\frac{p_1(1-p_1)}{n_1} + \frac{p_2(1-p_2)}{n_2}}}$$

ist näherungsweise standardnormalverteilt. Für $p_1 = p_2 = p$ ist

$$Z = \frac{H_1 - H_2}{\sqrt{\frac{p(1-p)}{n_1} + \frac{p(1-p)}{n_2}}} = \frac{H_1 - H_2}{\sqrt{p(1-p)\left(\frac{1}{n_1} + \frac{1}{n_2}\right)}}$$

näherungsweise standardnormalverteilt. Will man damit einen Test für zwei Anteile bzw. Wahrscheinlichkeiten p_1, p_2 konstruieren, so muss man im Nenner den Anteil p näherungsweise durch den Schätzwert $h = \frac{k}{n}$ ersetzen mit $k = k_1 + k_2$ und $n = n_1 + n_2$. Das ermöglicht folgenden Test:

Test für zwei Anteile bzw. Wahrscheinlichkeiten

Der Wert z wird folgendermaßen berechnet:

$$z = \frac{h_1 - h_2}{\sqrt{h(1-h)\left(\frac{1}{n_1} + \frac{1}{n_2}\right)}} \quad h_1 = \frac{k_1}{n_1} \quad h_2 = \frac{k_2}{n_2} \quad h = \frac{k_1 + k_2}{n_1 + n_2} \quad (16.52)$$

Die Bedingungen zur Ablehnung der Nullhypothese lauten:

Nullhypothese H_0	Ablehnung von H_0, wenn	
$p_1 = p_2$	$\|z\| > u_{1-\frac{\alpha}{2}}$	(16.53)
$p_1 \leq p_2$	$z > u_{1-\alpha}$	(16.54)
$p_1 \geq p_2$	$z < -u_{1-\alpha}$	(16.55)

Voraussetzungen: n_1, n_2 sind groß genug.
Faustregel: $n_1 h_1 (1 - h_1) > 9$, $n_2 h_2 (1 - h_2) > 9$.

Bei Stichproben gemäß Beispiel 16.2 ist k_1 bzw. k_2 die Anzahl der Elemente in der Stichprobe 1 bzw. Stichprobe 2, welche eine Eigenschaft E haben. Bei Stichproben gemäß Beispiel 16.3 ist k_1 bzw. k_2 die Häufigkeit des Eintretens eines Ereignisses E in der Stichprobe 1 bzw. Stichprobe 2. Man kann folgende Häufigkeitstabelle erstellen:

	E	$\overline{E}$	
G_1	k_1	m_1	n_1
G_2	k_2	m_2	n_2
	k	m	

G_1 und G_2 sind die zwei Grundgesamtheiten, aus denen eine Stichprobe gezogen wurde. Ferner gilt $m_1 = n_1 - k_1$ und $m_2 = n_2 - k_2$. Bei Stichproben gemäß Beispiel 16.2 ist m_1 bzw. m_2 die Anzahl der Elemente in der Stichprobe 1 bzw. Stichprobe 2, welche eine Eigenschaft E nicht haben. Mit ein bisschen „Rechnerei" kann man zeigen, dass für die Größe z in (16.52) gilt:

$$z^2 = n\frac{(k_1 m_2 - k_2 m_1)^2}{k\,m\,n_1 n_2} \qquad \text{mit } n = n_1 + n_2$$

z ist die Realisierung einer Zufallsvariablen Z, die für $p_1 = p_2$ näherungsweise standardnormalverteilt ist. Das Quadrat einer standardnormalverteilten Zufallsvariable ist Chi-Quadrat-veteilt mit *einem* Freiheitsgrad. z^2 ist also die Realisierung einer Zufallsvariablen, die für $p_1 = p_2$ näherungsweise Chi-Quadrat-veteilt ist mit *einem* Freiheitsgrad. Für eine $N(0;1)$-verteilte Zufallsvariable Z gilt:

$$P(Z \notin [-u_{1-\frac{\alpha}{2}}, u_{1-\frac{\alpha}{2}}]) = P(Z^2 > \chi^2_{1;1-\alpha}) = \alpha$$

Deshalb kann man den Test mit der Nullhypothese $H_0 : p_1 = p_2$ auch folgendermaßen formulieren:

Test für zwei Anteile bzw. Wahrscheinlichkeiten

Der Wert χ^2 wird folgendermaßen berechnet:

$$\chi^2 = n\frac{(k_1 m_2 - k_2 m_1)^2}{k\,m\,n_1 n_2} \qquad \text{mit } n = n_1 + n_2 \tag{16.56}$$

Nullhypothese H_0	Ablehnung von H_0, wenn
$p_1 = p_2$	$\chi^2 > \chi^2_{1;1-\alpha}$

$$\tag{16.57}$$

Voraussetzungen: n_1, n_2 sind groß genug.
Faustregel: $n_1 h_1(1 - h_1) > 9$, $n_2 h_2(1 - h_2) > 9$.

Beispiel 16.14: Test für 2 Anteile

Es soll mit Signifikanzniveau $\alpha = 0{,}05$ getestet werden, ob der Anteil der Vegetarier bei den weiblichen und männlichen Studierenden einer Hochschule gleich ist. Dazu wurde bei den männlichen (Grundgesamtheit M) und weiblichen (Grundgesamtheit W) Studierenden jeweils eine Stichprobe gemäß Beispiel 16.2 genommen. Bei beiden Stichproben wurde jeweils die Anzahl der Vegetarier (V) und Nichtvegetarier ($\overline{V}$) bestimmt. Die folgende Tabelle zeigt das Ergebnis:

	V	$\overline{V}$	
M	20	80	100
W	60	90	150
	80	170	

Mit diesen Zahlen erhält man:

$$h_1 = \frac{20}{100} = 0{,}2 \quad h_2 = \frac{60}{150} = 0{,}4 \quad h = \frac{80}{250} = 0{,}32 \quad 1 - h = 0{,}68$$

$$z = \frac{0{,}2 - 0{,}4}{\sqrt{0{,}32 \cdot 0{,}68 \left(\frac{1}{100} + \frac{1}{150}\right)}} = -3{,}321$$

$$\chi^2 = 250 \frac{(20 \cdot 90 - 60 \cdot 80)^2}{80 \cdot 170 \cdot 100 \cdot 150} = 11{,}029 = z^2$$

Für die Quantile gilt:

$$u_{1-\frac{\alpha}{2}} = u_{0{,}975} = 1{,}96$$
$$\chi^2_{1;1-\alpha} = \chi^2_{1;0{,}95} = 3{,}841 = u^2_{0{,}975}$$

Mit (16.52) und (16.53) kommt man zu folgender Entscheidung:

$$|z| > u_{1-\frac{\alpha}{2}} \quad \Rightarrow \quad H_0 \text{ ablehnen}$$

Natürlich kommt man mit (16.56) und (16.57) zur gleichen Entscheidung:

$$\chi^2 > \chi^2_{1;1-\alpha} \quad \Rightarrow \quad H_0 \text{ ablehnen}$$

Der Anteil der Vegetarier bei den männlichen Studierenden unterscheidet sich signifikant vom Anteil bei den weiblichen Studierenden. ∎

16.3.2 Nichtparametrische Tests

Wir bleiben beim Testproblem von Beispiel 16.14: Es soll getestet werden, ob der Anteil p_1 der Vegetarier bei den männlichen Studierenden gleich dem Anteil p_2 der der Vegetarier bei den weiblichen Studierenden ist. Im Beispiel 16.14 hatten wir zwei unverbundene Stichproben. Jetzt betrachten wir *eine* Stichprobe bzw. *verbundene* Stichproben: Es wird n-mal unabhängig voneinander eine Person aus der Menge der Studierenden zufällig ausgewählt. Bei jeder ausgewählten Person wird das Geschlecht X und die Ernährungsweise Y festgestellt. Das Ergebnis kann man in einer Häufigkeitstabelle zusammenfassen:

	V	$\overline{V}$	
M	n_{11}	n_{12}	$n_{1\bullet}$
W	n_{21}	n_{22}	$n_{2\bullet}$
	$n_{\bullet 1}$	$n_{\bullet 2}$	

Man hat bei der Stichprobe also

n_{11} männliche Vegetarier n_{12} männliche Nichtvegetarier

n_{21} weibliche Vegetarier n_{22} weibliche Nichtvegetarier

$n_{1\bullet}$ Männer $n_{2\bullet}$ Frauen

$n_{\bullet 1}$ Vegetarier $n_{\bullet 2}$ Nichtvegetarier

Ist $p_1 = p_2$, dann sind die Merkmale X und Y unabhängig. Erhält man die Zahlen in der Häufigkeitstabelle durch zwei unverbundene Stichproben aus den Grundgesamtheiten M und W mit dem Stichprobenumfängen $n_{1\bullet}$ und $n_{2\bullet}$, so lehnt man nach (16.56) und (16.57) die Nullhypothese ab, wenn die Größe

$$\chi^2 = n \frac{(n_{11}n_{22} - n_{21}n_{12})^2}{n_{\bullet 1}n_{\bullet 2}n_{1\bullet}n_{2\bullet}} \tag{16.58}$$

größer als das Quantil $\chi^2_{1;1-\alpha}$ ist. Erhält man die gleichen Zahlen durch *eine* Stichprobe (verbundene Stichproben), so entscheidet man genauso wie bei zwei unverbundenen Stichproben. Damit hat man einen Test für die Unabhängigkeit zweier dichotomer Merkmale. Der Test lässt sich auch auf den Fall verallgemeinern, dass die Anzahl der möglichen Realisierungen größer als zwei ist. Für eine Häufigkeitstabelle mit k Zeilen und m Spalten gilt nach (15.97) und (15.96):

$$\chi^2 = \sum_{j=1}^{m} \sum_{i=1}^{k} \frac{(n_{ij} - \tilde{n}_{ij})^2}{\tilde{n}_{ij}} \qquad \text{mit} \quad \tilde{n}_{ij} = \frac{n_{i\bullet}n_{\bullet j}}{n}$$

Damit kann man folgenden Test formulieren:

Unabhängigkeitstest für diskrete Merkmale X und Y

Mit den Zahlen der Häufigkeitstabelle wird folgender Wert berechnet:

$$\chi^2 = \sum_{j=1}^{m} \sum_{i=1}^{k} \frac{(n_{ij} - \tilde{n}_{ij})^2}{\tilde{n}_{ij}} \qquad \text{mit} \quad \tilde{n}_{ij} = \frac{n_{i\bullet}n_{\bullet j}}{n} \tag{16.59}$$

Nullhypothese H_0 Ablehnung von H_0, wenn

X,Y sind unabhängig $\chi^2 > \chi^2_{(k-1)(m-1);1-\alpha}$ (16.60)

Voraussetzungen: Die Häufigkeiten n_{ij} sind groß genug. Faustregel: $n_{ij} \geq 5$.

Die Stichprobe erfolgt gemäß der Verallgemeinerung von (16.1) auf zwei Variablen (verbundene Stichproben).

Beispiel 16.15: Unabhängigkeitstest

Ein Produkt wird in drei Varianten (V1, V2, V3) angeboten. Aus einer Grundgesamtheit von erwachsenen Personen wird 100-mal eine Person zufällig ausgewählt und
befragt, welche Variante sie bevorzugt. Zusätzlich wird das Geschlecht der befragten
Person festgestellt. Man bestimmt also bei jeder Person den Wert eines Merkmals X
(Geschlecht) und eines Merkmals Y (bevorzugte Variante). Mit der Umfrage soll geprüft werden, ob die Variantenwahl unabhängig vom Geschlecht ist. Das Ergebnis der
Umfrage bzw. Stichprobe ist in der folgenden Häufigkeitstabelle zu sehen.

	V1	V2	V3	
F	40	15	5	60
M	10	10	20	40
	50	25	25	

Sie hat $k = 2$ Zeilen und $m = 3$ Spalten. Wir prüfen die Nullhypothese

$$H_0 : \ X \text{ und } Y \text{ sind unabhängig voneinander}$$

mit $\alpha = 0{,}01$. Für die Häufigkeitstabelle erhält man (s. Bsp. 15.15):

$$\chi^2 = 25$$

Dem Anhang entnimmt man:

$$\chi^2_{(k-1)(m-1);1-\alpha} = \chi^2_{2;0,99} = 9{,}21$$

Damit kommt man zu folgender Entscheidung:

$$\chi^2 > \chi^2_{(k-1)(m-1);1-\alpha} \ \Rightarrow \ H_0 \text{ wird abgelehnt}$$

Die Variantenwahl hängt signifikant vom Geschlecht ab. ∎

Hat man ein Merkmal X mit den möglichen Ausprägungen $a_1,\ldots,a_k$ und ein Merkmal Y mit den möglichen Ausprägungen $b_1,\ldots,b_m$, so kann man die Verteilung der
Merkmalswerte in der Grundgesamtheit durch eine Tabelle darstellen:

	b_1	$\cdots$	b_m	
a_1	p_{11}	$\cdots$	p_{1m}	$p_{1\bullet}$
$\vdots$	$\vdots$		$\vdots$	$\vdots$
a_k	p_{k1}	$\cdots$	p_{km}	$p_{k\bullet}$
	$p_{\bullet 1}$	$\cdots$	$p_{\bullet m}$	

Die Zahlen haben folgende Bedeutung:

p_{ij} ist der Anteil der Elemente mit $X = a_i$ und $Y = b_j$.

$p_{i\bullet}$ ist der Anteil der Elemente mit $X = a_i$.

$p_{\bullet j}$ ist der Anteil der Elemente mit $Y = b_j$.

Wird ein Element zufällig aus der Grundgesamtheit ausgewählt und bei diesem der Wert von X und Y bestimmt, dann gilt:

$$p_{ij} = P(X = a_i \text{ und } Y = b_j)$$
$$p_{i\bullet} = P(X = a_i)$$
$$p_{\bullet j} = P(Y = b_j)$$

Wenn die Nullhypothese stimmt und X und Y unabhängig sind, dann gilt:

$$p_{ij} = p_{i\bullet} p_{\bullet j}$$

A_{ij} sei das Ereignis: $X = a_i$ und $Y = b_j$. Dann kann man die Nullhypothese auch folgendermaßen formulieren:

$$H_0 : P(A_{ij}) = p_{ij} \qquad\qquad \text{mit } p_{ij} = p_{i\bullet} p_{\bullet j}$$

n_{ij} ist die Häufigkeit des Ereignisses A_{ij}. Die relativen Randhäufigkeiten $h_{i\bullet}, h_{\bullet j}$ sind Schätzwerte für die Anteile $p_{i\bullet}, p_{\bullet j}$. Das Produkt $\tilde{h}_{ij} = h_{i\bullet} h_{\bullet j}$ ist ein Schätzwert für $p_{i\bullet} p_{\bullet j}$, d.h. ein Schätzwert für $p_{ij} = P(A_{ij})$ für den Fall, dass die Nullhypothese stimmt. Die Nullhypothese wird abgelehnt, wenn

$$\sum_{j=1}^{m} \sum_{i=1}^{k} \frac{(n_{ij} - n\tilde{h}_{ij})^2}{n\tilde{h}_{ij}} > \chi^2_{(k-1)(m-1);1-\alpha}$$

Diese Vorgehensweise lässt sich verallgemeinern: Ein Zufallsexperiment, bei dem der Wert eines Merkmals X bestimmt wird, werde n-mal unabhänig voneinander durchgeführt. Man betrachtet k paarweise unvereinbare Ereignisse $A_1, \ldots, A_k$ mit der Eigenschaft, dass eines von diesen sicher eintritt. n_i sei die Häufigkeit des Eintretens von A_i bei den n Durchführungen. Die Nullhypothese ist eine Annahme über die Verteilung von X. Zur Durchführung des Tests berechnet man die Größe

$$\chi^2 = \sum_{i=1}^{k} \frac{(n_i - np_i)^2}{np_i}$$

Hier sind p_i die Wahrscheinlichkeiten für die Ereignisse A_i für den Fall, dass die Nullhypothese stimmt. Sind diese Wahrscheinlichkeiten nicht bekannt, so ersetzt man sie durch die Schätzwerte $\hat{p}_i$.

Chi-Quadrat-Anpassungstest

Ein Zufallsexperiment, bei dem der Wert eines Merkmals X bestimmt wird, werde n-mal unabhänig voneinander durchgefürt. Man betrachtet k paarweise unvereinbare Ereignisse $A_1, \ldots, A_k$ mit der Eigenschaft, dass eines von diesen sicher eintritt. n_i sei die Häufigkeit des Eintretens von A_i bei den n Durchführungen. $p_i = P(A_i)$ sei die Wahrscheinlichkeit des Ereignisses A_i. Man kann zwei Fälle unterscheiden:

1. Fall: Die Nullhypothese ist eine konkrete Aussage über die Verteilung von X. Man bestimmt die Wahrscheinlichkeiten p_i für den Fall, dass die Nullhypothese stimmt. Die Nullhypothese wird abgelehnt, wenn

$$\chi^2 = \sum_{i=1}^{k} \frac{(n_i - np_i)^2}{np_i} > \chi^2_{k-1;1-\alpha} \tag{16.61}$$

2. Fall: Die Nullhypothese ist eine Annahme über die Verteilungsart von X, d.h. die Nullhypothese macht keine Aussagen über Parameter der Verteilung, die angenommen wird. Die Wahrscheinlichkeiten p_i für den Fall, dass die Nullhypothese stimmt, werden geschätzt, indem man bei der Berechnung dieser Wahrscheinlichkeiten, die (Maximum-Likelihood-) Schätzwerte der unbekannten Parameter verwendet. Dadurch erhält man Schätzwerte $\hat{p}_i$. Die Nullhypothese wird abgelehnt, wenn

$$\chi^2 = \sum_{i=1}^{k} \frac{(n_i - n\hat{p}_i)^2}{n\hat{p}_i} > \chi^2_{k-m-1;1-\alpha} \tag{16.62}$$

Dabei ist m die Anzahl der geschätzten Parameter.

Voraussetzungen: $k > 2$, $np_i > 1$ bzw. $n\hat{p}_i > 1$ für alle i, höchstens $20\,\%$ der Werte np_i bzw. $n\hat{p}_i$ sind kleiner als 5.

np_i bzw. $n\hat{p}_i$ sind die hypothetischen, d.h. zu erwartenden Häufigkeiten der Ereignisse A_i für den Fall, dass die Nullhypothese stimmt bzw. Schätzwerte hierfür. Wenn diese hypothetischen Häufigkeiten stark von den tatsächlichen Häufigkeiten n_i abweichen, dann erhält man einen großen Wert für χ^2 und lehnt die Nullhypothese ab.

Der Unabhängigkeitstest gemäß (16.59) und (16.60) ist ein Spezialfall des Chi-Quadrat-Anpassungstests: Bei einer Tabelle mit k Zeilen und m Spalten hat man $k \cdot m$ Ereignisse A_{ij}. Wegen $p_{1\bullet} + \ldots + p_{k\bullet} = 1$ müssen von den k Anteilen $p_{1\bullet}, \ldots, p_{k\bullet}$ nur $k-1$ Anteile geschätzt werden. Entsprechend müssen von den m Anteilen $p_{\bullet 1}, \ldots, p_{\bullet m}$ nur $m-1$ Anteile geschätzt werden. Die Anzahl der zu schätzenden Parameter ist demnach $k+m-2$. Für den Freiheitsgrad des Quantils beim Chi-Quadrat-Anpassungstests erhält man damit:

$$k \cdot m - (k + m - 2) - 1 = (k - 1)(m - 1)$$

Beispiel 16.16: Chi-Quadrat-Anpassungstest für eine diskrete Größe

Es soll geprüft werden, ob es sich bei einem Würfel um einen „fairen" Würfel handelt, bei dem jede Zahl mit der gleichen Wahrscheinlichkeit auftritt. X ist eine diskrete Zufallsvariable, die beim Würfeln (Zufallsexperiment) folgende Werte annehmen kann: $x_1 = 1$, $x_2 = 2$, $x_3 = 3$, $x_4 = 4$, $x_5 = 5$, $x_6 = 6$. Die Nullhypothese lautet, dass es sich um einen fairen Würfel handelt. Mit der Wahrscheinlichkeitsfunktion $f(x)$ von X kann man die Nullhypothese folgendermaßen formulieren:

$$H_0 : f(x_i) = \frac{1}{6}$$

Bei dem Zufallsexperiment (Würfeln) können folgende Ereignisse A_i eintreten: $X = x_i$. Das Zufallsexperiment wird 120-mal durchgeführt, d.h., es wird 120-mal gewürfelt. Der Test soll mit dem Signifikanzniveau $\alpha = 0{,}05$ durchgeführt werden. Die folgende Tabelle zeigt die Häufigkeiten der Ereignisse und die Berechnung von χ^2.

A_i	n_i	p_i	np_i	$\dfrac{(n_i - np_i)^2}{np_i}$
$X = 1$	15	$\frac{1}{6}$	20	$\frac{25}{20}$
$X = 2$	25	$\frac{1}{6}$	20	$\frac{25}{20}$
$X = 3$	31	$\frac{1}{6}$	20	$\frac{121}{20}$
$X = 4$	16	$\frac{1}{6}$	20	$\frac{16}{20}$
$X = 5$	12	$\frac{1}{6}$	20	$\frac{64}{20}$
$X = 6$	21	$\frac{1}{6}$	20	$\frac{1}{20}$
Summen:	120	1	120	12,6

Man erhält also $\chi^2 = 12{,}6$. Die Anzahl der betrachteten Ereignisse ist $k = 6$. Dem Anhang entnimmt man

$$\chi^2_{k-1;1-\alpha} = \chi^2_{5;0,95} = 11{,}07$$

Damit kommt man zu folgender Entscheidung:

$$\chi^2 > \chi^2_{k-1;1-\alpha} \ \Rightarrow \ H_0 \text{ wird abgelehnt}$$

Die Annahme, dass es sich um einen fairen Würfel handelt, kann signifikant ausgeschlossen werden (mit Signifikanzniveau $\alpha = 0{,}05$). ∎

Beispiel 16.17: Chi-Quadrat-Anpassungstest für eine stetige Größe

Es soll geprüft werden, ob die Lebensdauer X bestimmter Bauteile exponentialverteilt ist. Der Test mit der Nullhypothese

$$H_0 : X \text{ ist exponentialverteilt}$$

soll mit dem Signifikanzniveau $\alpha = 0{,}05$ durchgeführt werden. Dazu wurden 100 Bauteile zufällig ausgewählt. Bei jedem Bauteil wurde die Lebensdauer X bestimmt. Zur Auswertung der Stichprobe wurde eine Klassenbildung vorgenommen. Die folgende Tabelle zeigt die Klassen und die Klassenhäufigkeiten:

Klassen:	$]0; 10]$	$]10; 20]$	$]20; 30]$	$]30; 40]$	$]40; 50]$
Klassenhäufigkeiten:	45	25	15	10	5

Mit der Stichprobe wurde 100-mal folgendes Zufallsexperiment durchgeführt: Zufällige Auswahl eines Bauteils und Bestimmung der Lebensdauer X. Dabei kann man folgende Ereignisse A_i mit den Wahrscheinlichkeiten $P(A_i)$ betrachten:

A_i	$P(A_i)$
$X \in [0; 10]$	$F(10) - F(0)$
$X \in\,]10; 20]$	$F(20) - F(10)$
$X \in\,]20; 30]$	$F(30) - F(20)$
$X \in\,]30; 40]$	$F(40) - F(30)$
$X \in\,]40; \infty[$	$1 - F(40)$

Hier ist $F(x)$ die Verteilungsfunktion von X. Die Klassen der Stichprobe wurden so modifiziert, dass eines der Ereignisse sicher eintritt. Für den Test benötigt man die Wahrscheinlichkeiten $p_i = P(A_i)$ für den Fall, dass die Nullhypothese stimmt, oder Schätzwerte $\hat{p}_i$ für diese Wahrscheinlichkeiten. Wenn die Nullhypothese stimmt und X exponentialverteilt ist, dann gilt:

$$F(x) = 1 - \mathrm{e}^{-\lambda x}$$

Der Parameter λ ist jedoch unbekannt. Der (Maximum-Likelihood-)Schätzwert $\hat{\lambda}$ für den Parameter λ einer Exponentialverteilung ist

$$\hat{\lambda} = \frac{1}{\bar{x}}$$

mit dem Mittelwert $\bar{x}$ der n Realisierungen $x_1, \ldots, x_n$. Kennt man von der Stichprobe nur die Klassen und die Klassenhäufigkeiten, so nimmt man bei der Berechnung von $\bar{x}$ an, dass alle Werte einer Klasse in der Mitte der Klasse liegen. Damit erhalten wir folgenden Mittelwert $\bar{x}$ bzw. Schätzwert $\hat{\lambda}$:

$$\bar{x} = \tfrac{1}{100}(45 \cdot 5 + 25 \cdot 15 + 15 \cdot 25 + 10 \cdot 35 + 5 \cdot 45) = 15{,}5$$
$$\hat{\lambda} = \frac{1}{\bar{x}} = \frac{1}{15{,}5} = 0{,}0645$$

Bei der Berechnung der Wahrscheinlichkeiten nimmt man diesen Wert für λ. Als Beispiel berechnen wir die Wahrscheinlichkeit für das Ereignis $X \in]10; 20]$ für den Fall, dass die Nullhypothese stimmt:

$$P(X \in]10; 20]) = P(10 < X \leq 20) = F(20) - F(10) = 1 - e^{-\hat{\lambda}20} - (1 - e^{-\hat{\lambda}10})$$

$$= e^{-\hat{\lambda}10} - e^{-\hat{\lambda}20} = e^{-0{,}0645 \cdot 10} - e^{-0{,}0645 \cdot 20} = 0{,}249396$$

Auf die gleiche Art und Weise berechnet man die Wahrscheinlichkeiten für die anderen Ereignisse. Die folgende Tabelle zeigt die Ergebnisse der Rechnungen für den Test.

A_i	n_i	$\hat{p}_i$	$n\hat{p}_i$	$\dfrac{(n_i - n\hat{p}_i)^2}{n\hat{p}_i}$
$X \in [0; 10]$	45	0,475422	47,5422	0,135939
$X \in]10; 20]$	25	0,249396	24,9396	0,000146
$X \in]20; 30]$	15	0,130828	13,0828	0,280966
$X \in]30; 40]$	10	0,068629	6,8629	1,433969
$X \in]40; \infty[$	5	0,075725	7,5725	0,873927
Summen:	100	1,000000	100,0000	2,724947

Man erkennt, dass die Voraussetzungen erfüllt sind und erhält $\chi^2 = 2{,}724947$. Die Anzahl der betrachteten Ereignisse ist $k = 5$. Die Anzahl der geschätzten Parameter ist $m = 1$. Dem Anhang entnimmt man:

$$\chi^2_{k-m-1; 1-\alpha} = \chi^2_{3; 0{,}95} = 7{,}815$$

Damit kommt man zu folgender Entscheidung:

$$\chi^2 < \chi^2_{k-m-1; 1-\alpha} \Rightarrow H_0 \text{ kann nicht abgelehnt werden}$$

Die Annahme, dass die Lebensdauer X exponentialverteilt ist, kann nicht signifikant verworfen werden.   ∎

16.4 Aufgaben zu Kapitel 16

16.1 Bei einer einfachen Zufallsstichprobe erhält man die Realisierungen $x_1, \ldots, x_5$ der Zufallsvariablen $X_1, \ldots, X_5$. Zeigen Sie, dass die folgenden Zufallsvariablen erwartungstreue Schätzfunktionen für den Erwartungswert $\mu = E(X_i)$ sind.

$$Z_1 = \frac{1}{5}(X_1 + X_2 + X_3 + X_4 + X_5)$$

$$Z_2 = \frac{1}{4}(X_1 + X_2) + \frac{1}{6}(X_3 + X_4 + X_5)$$

$$Z_3 = \frac{1}{3}(X_1 + X_3 + X_5)$$

Welche der drei Schätzfunktionen hat die kleinste, welche die größte Varianz?

16.2 Bei einer einfachen Zufallsstichprobe erhält man die Realisierungen $x_1, \ldots, x_n$ der Zufallsvariablen $X_1, \ldots, X_n$.

a) Welche Bedingung müssen die Zahlen $c_1, \ldots, c_n$ erfüllen, damit die Zufallsvariable

$$Z = c_1 X_1 + \ldots + c_n X_n = \sum_{i=1}^{n} c_i X_i$$

eine erwartungstreue Schätzfunktion für den Erwartungswert $\mu = E(X_i)$ ist?

b) Für welche $c_1, \ldots, c_n$, die die Bedingung erfüllen, hat die erwartungstreue Schätzfunktion Z die kleinste Varianz?

16.3 Eine stetige Zufallsvariable X mit der Wahrscheinlichkeitsdichte

$$f(x) = \begin{cases} \frac{1}{2\theta}\,x & \text{für } 0 \leq x \leq 2\sqrt{\theta} \\ 0 & \text{sonst} \end{cases}$$

und einem Parameter $\theta > 0$ hat den Erwartungswert $\mu = E(X) = \frac{4}{3}\sqrt{\theta}$ (es wird empfohlen, das zu nachzuprüfen).

a) Bei einer einfachen Zufallsstichprobe vom Umfang $n = 2$ erhält man die Realisierungen x_1, x_2 der Zufallsvariablen X_1, X_2. Zeigen Sie, dass $\frac{9}{16}X_1 X_2$ eine erwartungstreue Schätzfunktion für den Parameter θ ist.

b) Bei einer einfachen Zufallsstichprobe erhält man die Realisierungen $x_1, \ldots, x_n$ der Zufallsvariablen $X_1, \ldots, X_n$. Bestimmen Sie den Maximum-Likelihood-Schätzwert für den Parameter θ.

16.4 Ein Unternehmen hat in einer Stadt zwei Produktionsstandorte. An beiden Standorten befindet sich jeweils eine Kantine. Die beiden Kantinen werden von einer Catering-Firma beliefert. Die Anzahl der Mitarbeiter am Standort 1 bzw. 2 sei N_1 bzw. N_2. Der Anteil der Vegetarier am Standort 1 bzw. 2 sei p_1 bzw. p_2. Der Anteil der Vegetarier an beiden Standorten insgesamt sei p. Die Catering-Firma möchte den Anteil p der Vegetarier schätzen. Dazu nimmt sie an beiden Standorten jeweils eine Stichprobe gemäß Beispiel 16.2. Der Anteil der Vegetarier bei der Stichprobe am

Standort 1 bzw. 2 sei h_1 bzw. h_2. Die Werte h_1 bzw. h_2 sind Realisierungen von Zufallsvariablen H_1 bzw. H_2. Wie müssen die Zahlen c_1 und c_2 gewählt werden, damit $c_1 H_1 + c_2 H_2$ eine erwartungstreue Schätzfunktion für den Anteil p ist?

16.5 Es wird n-mal unabhängig voneinander und unter den gleichen Bedingungen ein Zufallsexperiment durchgeführt, bei dem ein Ereignis A mit der Wahrscheinlichkeit p eintreten kann. Die Anzahl/Häufigkeit des Eintretens von A bei den n Durchführungen sei x. Bestimme einen Maximum-Likelihood-Schätzwert für die Wahrscheinlichkeit p.

16.6 Die Wahrscheinlichkeit, dass bei der Produktion bestimmter Teile ein fehlerhaftes Teil gefertig wird, sei p. Aus der laufenden Produktion werden 50 Teile gezogen und auf Fehlerfreiheit geprüft. Von den 50 Teilen sind 48 fehlerfrei. Bestimmen Sie einen Maximum-Likelihood-Schätzwert für die Wahrscheinlichkeit p.

16.7 Berechnen Sie Maximum-Likelihood-Schätzwerte für den Erwartungswert μ und die Varianz σ^2 einer $N(\mu,\sigma^2)$-Verteilung aus dem Ergebnis $x_1,\ldots,x_n$ einer einfachen Stichprobe gemäß (16.1).

16.8 In einem Krankenhaus wurde an 100 Tagen jeweils gezählt, wie viele Patienten in die Notaufnahmen kommen. Die folgenden 100 Zahlen zeigen das Ergebnis:

4	8	6	6	5	5	1	10	4	5	8	8	7	4	9	5	4	7	5	5
10	2	7	6	9	6	8	9	6	6	7	8	4	2	4	10	7	5	5	1
10	4	6	6	4	3	6	4	5	3	8	8	6	5	6	3	8	3	5	8
9	6	5	5	6	6	2	5	3	6	3	4	6	6	6	5	3	7	8	9
3	4	5	3	5	5	7	6	7	6	8	8	6	9	6	7	8	6	6	7

Nehmen Sie an, dass es sich dabei um eine einfache Zufallsstichprobe gemäß (16.1) mit einer Zufallsvariablen X (Anzahl der Notaufnahmen pro Tag) handelt.

a) Berechnen Sie eine Punktschätzung für $E(X)$.

b) Bestimmen Sie ein Konfidenzintervall für $E(X)$ mit Konfidenzniveau $\gamma = 0{,}95$.

16.9 Bei einem Fertigungsprozess werden elektrische Widerstände mit dem Sollwert von $75\,\text{k}\Omega \pm 6\,\%$ gefertigt. Mit einer Stichprobe vom Umfang $n = 100$ wurden dem laufenden Fertigungsprozess 100 Widerstände entnommen. Die folgenden 100 Zahlen zeigen die Werte der entnommenen Widerstände (in kΩ):

71,81	74,32	73,23	75,24	73,65	74,46	77,17	78,18	71,69	74,58
73,27	73,66	78,15	72,94	76,13	74,72	76,21	76,32	78,93	74,14
75,85	76,96	73,57	74,78	79,19	77,19	74,88	72,57	74,16	77,45
77,74	74,73	76,62	73,11	75,22	73,63	75,14	75,95	73,46	72,87
75,58	77,69	74,81	76,12	76,53	71,84	78,45	74,96	74,57	75,38
74,29	75,68	75,67	74,96	72,65	76,44	76,83	75,12	72,91	73,91
72,72	72,63	75,74	74,85	74,86	77,47	75,98	75,99	77,61	71,52
70,73	76,34	74,25	75,76	78,97	75,68	75,49	73,78	77,17	76,46
76,35	79,84	75,43	73,32	73,91	78,72	76,23	74,24	75,55	73,46
74,97	73,38	72,49	72,21	72,52	73,43	71,48	74,53	74,63	73,79

Nehmen Sie an, dass es sich um eine einfache Zufallsstichprobe gemäß (16.1) mit einer normalverteilten Zufallsvariablen X (Widerstandswert) handelt.

a) Berechnen Sie eine Punktschätzung für $E(X)$.

b) Berechnen Sie eine Punktschätzung für $V(X)$ mit einer erwartungstreuen Schätzfunktion.

c) Bestimmen Sie ein Konfidenzintervall für $E(X)$ mit Konfidenzniveau $\gamma = 0{,}95$.

d) Bestimmen Sie ein Konfidenzintervall für $V(X)$ mit Konfidenzniveau $\gamma = 0{,}95$.

16.10 Eine einfache Zufallsstichprobe vom Umfang $n = 4$ liefert folgende Maximum-Likelihood-Schätzwerte für den Erwartungswert μ und die Varianz σ^2 einer Normalverteilung: $\hat{\mu} = 225$, $\widehat{\sigma^2} = 25$.

a) Berechnen Sie ein Konfidenzintervall für μ mit Konfidenzniveau $\gamma = 0{,}98$.

b) Berechnen Sie ein Konfidenzintervall für σ mit Konfidenzniveau $\gamma = 0{,}98$.

Hinweis: Beachten Sie die Lösung von Aufgabe 16.7.

16.11 Die Varianz einer Normalverteilung sei bekannt: $\sigma^2 = 25$. Mit einer einfachen Zufallsstichprobe soll ein Konfidenzintervall für den Erwartungswert μ mit Konfidenzniveau $\gamma = 0{,}97$ bestimmt werden. Wie groß muss der Stichprobenumfang n mindestens sein, damit die Breite des Konfidenzintervalls nicht größer als 2 ist?

16.12 Die Varianz einer Normalverteilung sei bekannt: $\sigma^2 = 6{,}25$. Mit einer einfachen Zufallsstichprobe vom Umfang $n = 100$ soll ein Konfidenzintervall für den Erwartungswert μ bestimmt werden. Wie groß darf das Konfidenzniveau γ höchstens sein, damit die Breite des Konfidenzintervalls nicht größer als 1 ist?

16.13 X sei die Wartezeit (in Minuten) bei einer Telefon-Hotline. Es gelte:

$$P(X \leq x) = \begin{cases} 1 - e^{-\lambda x^2} & \text{für } x \geq 0 \\ 0 & \text{sonst} \end{cases}$$

a) Wie berechnet man aus den n Werten $x_1, \ldots, x_n$ einer Stichprobe vom Umfang n den Maximum-Likelihood-Schätzwert $\hat{\lambda}$ für den Parameter λ?

Bei einer Stichprobe vom Umfang $n = 6$ erhielt man folgende sechs Wartezeiten:

0,5	1,0	1,5	0,5	2,0	1,5

b) Berechnen Sie den Maximum-Likelihood-Schätzwert $\hat{\lambda}$ für den Parameter λ.

Der Anbieter der Hotline verspricht jedem Anrufer, der länger als 4 Minuten warten muss, 100 €.

c) Welche Kosten entstünden dadurch pro Jahr, wenn es pro Jahr 1.000.000 Anrufe gäbe und der wahre Wert von λ mit dem Maximum-Likelihood-Schätzwert $\hat{\lambda}$ übereinstimmen würde?

16.14 Eine Größe X sei normalverteilt mit $\sigma = 4$. Eine einfache Zufallsstichprobe vom Umfang $n = 16$ ergab folgende Werte:

45,18	38,47	38,41	36,30	42,25	46,28	35,17	45,27
34,75	39,86	37,47	37,70	39,81	48,84	41,42	32,82

a) Berechnen Sie ein Konfidenzintervall für μ zum Konfidenzniveau $\gamma = 0{,}99$.

b) Zu welchem Ergebnis kommt ein Test mit der Nullhypothese $H_0 : \mu = 37{,}5$ und dem Signifikanzniveau $\alpha = 0{,}01$? Geben Sie auch den p-Wert an.

16.15 Eine Größe X sei normalverteilt. Eine einfache Zufallsstichprobe vom Umfang $n = 4$ ergab folgende Werte:

$$726{,}4 \qquad 689{,}9 \qquad 769{,}2 \qquad 756{,}5$$

a) Berechnen Sie ein Konfidenzintervall für μ zum Konfidenzniveau $\gamma = 0{,}95$.
b) Berechnen Sie ein Konfidenzintervall für σ zum Konfidenzniveau $\gamma = 0{,}95$.
c) Zu welchem Ergebnis kommt ein Test mit der Nullhypothese $H_0 : \mu \leq 700$ und dem Signifikanzniveau $\alpha = 0{,}05$?
d) Zu welchem Ergebnis kommt ein Test mit der Nullhypothese $H_0 : \sigma = 17{,}5$ und dem Signifikanzniveau $\alpha = 0{,}05$?

16.16 Eine Größe X sei normalverteilt. Es wird eine einfache Zufallsstichprobe vom Umfang $n = 16$ durchgeführt. Mit dem Stichprobenergebnis wird ein Konfidenzintervall für den Erwartungswert mit dem Konfidenzniveau $\gamma = 0{,}98$ berechnet. Man erhält das Intervall $[286{,}99; 313{,}01]$. Welches Intervall würde man erhalten, wenn man aus dem Stichprobenergebnis ein Konfidenzintervall für die Standardabweichung mit dem Konfidenzniveau $\gamma = 0{,}98$ berechnen würde?

16.17 Eine Größe X sei normalverteilt. Es wird eine einfache Zufallsstichprobe vom Umfang $n = 16$ durchgeführt. Mit dem Stichprobenergebnis wird ein Konfidenzintervall für die Varianz mit dem Konfidenzniveau $\gamma = 0{,}98$ berechnet. Man erhält das Intervall $[70{,}63; 413{,}08]$. Als Mittelwert erhält man $\bar{x} = 525$. Welches Intervall würde man erhalten, wenn man aus dem Stichprobenergebnis ein Konfidenzintervall für den Erwartungswert mit dem Konfidenzniveau $\gamma = 0{,}98$ berechnen würde?

16.18 Eine Zufallsvariable X heißt lognormalverteilt, wenn $Z = \ln X$ normalverteilt ist. X sei lognormalverteilt, $\ln X$ sei $N(\mu,\sigma^2)$-verteilt. Bei einer einfachen Zufallsstichprobe vom Umfang n erhält man die Zahlen $x_1, \ldots, x_n$.

a) Zeigen Sie, dass der Logarithmus des geometrischen Mittels $\overline{X}_g$ eine erwartungstreue Schätzfunktion für μ ist.
b) Geben Sie an, wie man aus den Zahlen $x_1, \ldots, x_n$ ein Konfidenzniveau für μ mit Konfidenzniveau γ berechnen kann, wenn σ bekannt ist.

16.19 Es ist geplant, ein neues Medikament für eine bestimmte Krankheit auf den Markt zu bringen. Die Wahrscheinlichkeit, dass es bei einem Patienten mit dieser Krankheit wirkt, sei p. Mit einem Hypothesentest für p soll geprüft werden, ob p größer als $0{,}65$ ist. Sollte der Test zu dem Ergebnis $p > 0{,}65$ kommen, so soll dies eine Aussage einer geringen Irrtumswahrscheinlichkeit sein.

a) Formulieren Sie die Nullhypothese H_0.

Da sich zunächst nur 10 Patienten zur Verfügung stellen, wird das neue Medikament nur an $n = 10$ Patienten getestet. Die Nullhypothese wird verworfen, wenn das Medikament bei mindestens neun Patienten wirkt.

b) Wie groß kann die Wahrscheinlichkeit für einen Fehler 1. Art höchstens sein?

c) Die Wahrscheinlichkeit für einen Fehler 2. Art kann einen bestimmten Wert nicht überschreiten, diesem Wert aber beliebig nahe sein. Geben Sie diesen Wert an.

Das Medikament soll noch einmal getestet werden. Zusätzlich zu dem Hypothesentest für p mit der obigen Nullhypothese H_0 und dem Signifikanzniveau $\alpha = 0{,}025$ soll ein Konfidenzintervall für p mit dem Konfidenzniveau $\gamma = 0{,}975$ bestimmt werden.

d) Für den Fall, dass $p = 0{,}7$ ist, soll die Wahrscheinlichkeit, dass der Hypothesentest zum Ergebnis $p > 0{,}65$ kommt, mindestens $0{,}95$ sein. Wie viele Patienten werden mindestens benötigt, damit dies der Fall ist?

e) Wie viele Patienten werden mindestens benötigt, damit das Konfidenzintervall nicht breiter als $0{,}1$ ist?

Es standen 500 Patienten zur Verfügung. Bei 350 von ihnen wirkte das Medikament.

f) Zu welchem Ergebnis kommt der Hypothesentest?

g) Bestimmen Sie das Konfidenzintervall für p.

16.20 Ein Merkmal X von Teilen, die bei einem Fertigungsprozess hergestellt werden, sei $N(\mu, \sigma^2)$-verteilt. Bei Produktionsbeginn ist der Fertigungsprozess so eingestellt, dass der Erwartungswert den Wert $\mu_0 = 420$ und die Standardabweichung den Wert $\sigma_0 = 1$ hat. Nach dem Produktionsbeginn wird täglich eine Stichprobe vom Umfang $n = 20$ durchgeführt.

Bei der ersten Stichprobe erhielt man für den Mittelwert und die Stichprobenstandardabweichung die Werte $\bar{x} = 418{,}5$ und $s = 1{,}2$.

a) Bestimmen Sie ein Konfidenzintervall für μ mit Konfidenzniveau $\gamma = 0{,}95$.

b) Bestimmen Sie ein Konfidenzintervall für σ^2 mit Konfidenzniveau $\gamma = 0{,}95$.

c) Zu welchem Ergebnis kommt ein Test mit der Nullhypothese $H_0 : \mu = \mu_0$ und dem Signifikanzniveau $\alpha = 0{,}05$?

d) Zu welchem Ergebnis kommt ein Test mit der Nullhypothese $H_0 : \sigma^2 = \sigma_0^2$ und dem Signifikanzniveau $\alpha = 0{,}05$?

Bei der zweiten Stichprobe erhielt man für den Erwartungswert das Konfidenzintervall $[421; 422]$ (Konfidenzniveau $\gamma = 0{,}95$).

e) Bestimmen Sie das Konfidenzintervall für σ^2 mit Konfidenzniveau $\gamma = 0{,}95$.

f) Zu welchem Ergebnis kommt ein Test mit der Nullhypothese $H_0 : \mu = \mu_0$ und dem Signifikanzniveau $\alpha = 0{,}05$?

g) Zu welchem Ergebnis kommt ein Test mit der Nullhypothese $H_0 : \sigma^2 = \sigma_0^2$ und dem Signifikanzniveau $\alpha = 0{,}05$?

Nach einer gewissen Zeit geht man davon aus, dass sich die Varianz nicht ändert und den Wert σ_0^2 beibehält. Es wird jetzt täglich nur noch ein Test für den Erwartungswert mit der Nullhypothese $H_0 : \mu = \mu_0$ durchgeführt (dabei wird angenommen, dass die Varianz bekannt ist und den Wert σ_0^2 hat). Der Stichprobenumfang beträgt $n = 20$, das Signifikanzniveau ist $\alpha = 0{,}05$. Nehmen Sie an, der Erwartungswert hat sich verändert und hat nun den Wert $\mu = 420{,}3$.

h) Wie groß ist die Wahrscheinlichkeit, beim Test für den Erwartungswert mit der Nullhypothese $H_0 : \mu = \mu_0$ die Veränderung des Erwartungswertes zu erkennen (d.h. die Nullhypothese abzulehnen)?

16.21 Eine Krankenkasse plant eine Umfrage zum Rauchverhalten der bei ihr versicherten Personen. Die Umfrage soll folgendermaßen durchgeführt werden: Es wird n-mal unabhängig voneinander zufällig eine Person aus der Gesamtheit der bei ihr versicherten Personen ausgewählt und gefragt, ob sie raucht. Der Anteil der Raucher in der Gesamtheit der Versicherten sei p.

Nehmen Sie Folgendes an: Es werden $n = 10$ Personen ausgewählt und befragt. Wenn von den zehn befragten Personen mehr als drei rauchen, dann wird von der Krankenkasse eine Nichtraucherkampagne gestartet. Betrachten Sie die Umfrage als einen Test mit der Nullhypothese $H_0 : p \leq 0{,}3$. Die Nullhypothese wird verworfen, wenn die Nichtraucherkampagne gestartet wird.

a) Wie groß ist die Wahrscheinlichkeit für einen Fehler 2. Art, wenn 30 % der Versicherten Nichtraucher sind?

b) Wie groß ist die Wahrscheinlichkeit für einen Fehler 1. Art, wenn 10 % der Versicherten Raucher sind?

c) Wie groß kann die Wahrscheinlichkeit für einen Fehler 1. Art höchstens sein?

d) Die Wahrscheinlichkeit für einen Fehler 2. Art kann einen bestimmten Wert nicht überschreiten, diesem Wert aber beliebig nahe sein. Geben Sie diesen Wert an.

Nehmen Sie nun Folgendes an: Es werden $n = 100$ Personen ausgewählt und befragt. Basierend auf der Umfrage soll ein Test für den Anteil p mit der Nullhypothese $H_0 : p \leq 0{,}3$ und dem Signifikanzniveau $\alpha = 0{,}025$ durchgeführt werden.

e) Wie groß ist die Wahrscheinlichkeit für einen Fehler 2. Art, wenn $p = 0{,}35$ ist?

f) Wie groß ist die Wahrscheinlichkeit für einen Fehler 1. Art, wenn $p = 0{,}26$ ist?

g) Zu welchem Ergebnis kommt der Test, wenn 35 von den 100 befragten Personen Raucher sind? Geben Sie auch den p-Wert des Tests an.

16.22 Ein Merkmal X von Teilen, die bei einem Fertigungsprozess hergestellt werden, sei $N(\mu,\sigma^2)$-verteilt. Zu Beginn hat der Erwartungswert den Wert $\mu_0 = 150$ und die Standardabweichung den Wert $\sigma_0 = 5$. Zur Optimierung des Prozesses haben die Prozesstechniker dann zunächst versucht, den Erwartungswert zu erhöhen. Mit einer Stichprobe vom Umfang $n = 16$ wollen sie prüfen, ob dies gelungen, d.h. ob $\mu > \mu_0$ ist. Es kann angenommen werden, dass sich die Varianz nicht geändert hat und $\sigma = \sigma_0$ ist. Falls eine Erhöhung des Erwartungswertes bei dem Test festgestellt wird, so soll dies ein Ergebnis mit geringer Irrtumswahrscheinlichkeit sein. Das Signifikanzniveau soll $\alpha = 0{,}05$ sein.

a) Wie groß ist die Wahrscheinlichkeit, bei dem Test keine Erhöhung des Erwartungswertes festzustellen, obwohl der Erwartungswert auf den Wert $\mu = 156$ erhöht wurde?

b) Bei der Stichprobe erhielt man den Mittelwert $\bar{x} = 153$. Zu welchem Ergebnis kommt der Test? Geben Sie auch den p-Wert an.

Bei weiteren Arbeiten haben die Prozesstechniker versucht, die Varianz zu verringern. Mit einer weiteren Stichprobe vom Umfang $n = 16$ wollen sie prüfen, ob dies gelungen, d.h. ob $\sigma < \sigma_0$ ist. Falls eine Verringerung der Varianz bei dem Test festgestellt wird, so soll dies ein Ergebnis mit geringer Irrtumswahrscheinlichkeit sein. Das Signifikanzniveau soll $\alpha = 0{,}05$ sein.

c) Bei der Stichprobe erhielt man die (Stichproben-)Standardabweichung $s = 3{,}25$. Zu welchem Ergebnis kommt der Test?

d) Nehmen Sie an, den Prozesstechnikern ist es gelungen, die Varianz auf einen Wert $\sigma < \sigma_0$ zu verringern. Die Wahrscheinlichkeit, diese Verringerung bei dem Test festzustellen, beträgt aber nur 0,1. Welchen Wert hat σ?

16.23 Die Lebensdauer X bestimmter Bauteile sei exponentialverteilt mit dem Parameter λ. Mit einer Stichprobe vom Umfang $n = 36$ wurde die Lebensdauer von 36 Bauteilen gemessen. Der (arithmetische) Mittelwert der 36 Lebensdauern beträgt $\bar{x} = 50$, die (Stichproben-)Standardabweichung der 36 Lebensdauern beträgt $s = 30$ (Zeiteinheiten werden weggelassen).

a) Berechnen Sie ein (Näherungs-) Konfidenzintervall für den Erwartungswert von X mit dem Konfidenzniveau $\gamma = 0{,}99$. Hinweis: Sie können eine (Standard-)Formel verwenden, die näherungsweise gilt.

b) Berechnen Sie ein exaktes Konfidenzintervall für den Erwartungswert von X mit dem Konfidenzniveau $\gamma = 0{,}99$. Hinweise: Für den Erwartungswert μ einer Exponentialverteilung gilt $\mu = \frac{1}{\lambda}$. Sind die Größen $X_1, \ldots, X_n$ paarweise unabhängig voneinander und jeweils exponentialverteilt mit Parameter λ, dann ist die Größe $2n\lambda\overline{X}$ Chi-Quadrat-verteilt mit dem Freiheitsgrad $2n$. Hier ist $\overline{X}$ das arithmetische Mittel $\frac{1}{n}(X_1 + \ldots + X_n)$. Gehen Sie vor wie auf S. 642.

16.24 Bei einem Fertigungsprozess werden Teile mit einem $N(\mu, \sigma^2)$-verteilten Merkmal X hergestellt. Vor Serienanlauf ist der Fertigungsprozess ist so eingestellt, dass Folgendes gilt: Der Erwartungswert hat den Wert $\mu_0 = 200$, die Standardabweichung hat den Wert $\sigma_0 = 4$. Man weiß, dass bei dem Prozess die Standardabweichung konstant bleibt, der Erwartungswert sich aber im Laufe der Zeit ändern kann. Deshalb soll zur Überprüfung des Prozesses regelmäßig eine Stichprobe vom Umfang $n = 4$ durchgeführt werden. Bei jeder Stichprobe werden dem laufenden Prozess vier Teile entnommen. Bei jedem der vier Teile wird der Wert des Merkmals gemessen. Für die Warngrenzen c_1 und c_2 einer „Urwert-Qualitätsregelkarte" soll Folgendes gelten: μ_0 liegt in der Mitte des Intervalls $[c_1, c_2]$. Die Wahrscheinlichkeit, dass bei einer Stichprobe alle vier Messwerte im Intervall $[c_1, c_2]$ liegen, beträgt 0,9723 für den Fall, dass sich der Prozess nicht geändert hat und $\mu = \mu_0$ ist.

a) Berechnen Sie c_1 und c_2.

Liegen bei einer Stichprobe nicht alle vier Messwerte im Intervall $[c_1, c_2]$, so wird der Prozess gestoppt. Dies wird als Test mit der Nullhypothese $H_0 : \mu = \mu_0$ betrachtet. Die Nullhypothese wird verworfen, wenn der Prozess gestoppt wird.

b) Wie groß ist die Wahrscheinlichkeit für einen Fehler 1. Art bei diesem Test?

c) Wie groß ist die Wahrscheinlichkeit für einen Fehler 2. Art, wenn $\mu = 210{,}8$ ist?

16.25 Mit einer Stichprobe wurde 250-mal unabhängig voneinander der Wert einer Zufallsvariablen X (Wartezeit) bestimmt. 232 der 250 Wartezeiten waren nicht größer als 0,5 (Zeiteinheit werden weggelassen). Für den Mittelwert und die (Stichproben-) Standardabweichung der 250 Wartezeiten erhielt man die Werte $\bar{x} = 0{,}2$ und $s = 0{,}21$. p sei die Wahrscheinlichkeit, dass die Wartezeit nicht größer als 0,5 ist.

a) Bestimmen Sie einen Schätzwert $\hat{\mu}$ für den Erwartungswert μ und einen Schätzwert $\widehat{\sigma^2}$ für die Varianz σ^2 der Zufallsvariablen X.

Nehmen Sie an, dass die Wartezeit X exponentialverteilt ist mit Parameter λ.

b) Bestimmen Sie mit der Maximum-Likelihood-Methode einen Schätzwert $\hat{\lambda}$ für den Parameter λ.

c) Wie hätte man ohne die Maximum-Likelihood-Methode einen Schätzwert $\hat{\lambda}$ für den Parameter λ bestimmen können?

d) Bestimmen Sie auf zwei verschiedene Arten einen Schätzwert $\hat{p}$ für die Wahrscheinlichkeit p.

e) Berechnen Sie ein Konfidenzintervall für p mit Konfidenzniveau $\gamma = 0{,}97$. Verwenden Sie eine (Standard-)Formel (die auf einer Näherung beruht).

f) Wie groß müsste der Stichprobenumfang mindestens sein, damit das Konfidenzintervall für p mit $\gamma = 0{,}97$ nicht breiter als 0,05 ist?

g) Berechnen Sie für λ und μ jeweils ein exaktes Konfidenzintervall mit Konfidenzniveau $\gamma = 0{,}95$. Beachten Sie die Hinweise von Aufgabe 16.21.

h) Berechnen Sie ein Konfidenzintervall für μ mit Konfidenzniveau $\gamma = 0{,}95$. Verwenden Sie dazu eine (Standard-)Formel (die auf einer Näherung beruht).

Mit einem Test soll geprüft werden, ob p größer als 0,9 ist. Falls der Test zu dem Ergebnis $p > 0{,}9$ kommt, so soll dies eine Aussage mit geringer Irrtumswahrscheinlichkeit sein.

i) Formulieren Sie die Nullhypothese.

j) Zu welchem Ergebnis kommt der Test mit einem Signifikanzniveau von $\alpha = 0{,}05$ bei der obigen Stichprobe?

k) Nehmen Sie an, dass $p = 0{,}91$ und damit $p > 0{,}9$ ist. Wie groß ist die Wahrscheinlichkeit, dies bei dem Test mit $n = 250$ und $\alpha = 0{,}05$ festzustellen? Wie groß ist die Wahrscheinlichkeit für einen Fehler 2. Art, wenn $p = 0{,}91$ ist?

16.26 Betrachten Sie folgendes Zufallsexperiment: Werfen von vier identischen Münzen und Bestimmung der Anzahl der Münzen, bei denen die Seite 1 nach oben zeigt. Diese Anzahl sei die Realisierung der diskreten Zufallsvariablen X. Das Zufallsexperiment werde 200-mal durchgeführt. Die folgende Tabelle gibt an, mit welchen Häufigkeiten n_i die Realisierungen x_i der Zufallsvariablen X auftraten.

x_i	0	1	2	3	4
n_i	10	20	80	60	30

a) Ist dieses Ergebnis vereinbar mit der Annahme (Nullhypothese), dass es sich um ideale Münzen handelt (gleiche Wahrscheinlichkeit für beide Seiten), oder muss diese Hypothese verworfen werden? Testen Sie die Nullhypothese mit dem Chi-Quadrat-Anpassungstest und dem Signifikanzniveau $\alpha = 0,05$.

b) Kann man die Nullhypothese anders bzw. einfacher testen? Falls ja, führen Sie einen alternativen Test mit Signifikanzniveau $\alpha = 0,05$ durch.

16.27 Ein Lieferant liefert an einen Kunden Bauteile, die es in zwei Qualitäten gibt. Der Lieferant ist aus bestimmten Gründen nicht in der Lage, nur die bessere Qualität zu liefern. Eine Lieferung enthält $N = 50$ Bauteile. Die Anzahl bzw. der Anteil der Bauteile mit schlechterer Qualität bei einer Lieferung sei M bzw. p. Der Kunde überprüft jede Lieferung mit einer Stichprobe (ohne Zurücklegen) vom Umfang $n = 10$. Findet er höchstens ein Bauteil mit schlechterer Qualität, so behält er die Lieferung. Andernfalls wird sie vereinbarungsgemäß zurückgeschickt. Betrachten Sie eine Stichprobe als Test mit der Nullhypothese $H_0 : p \leq 0{,}1$. Die Nullhypothese wird verworfen, wenn die Lieferung zurückgeschickt wird.

a) Wie groß ist die Wahrscheinlichkeit für einen Fehler 1. Art für den Fall $M = 3$?

b) Wie groß ist die Wahrscheinlichkeit für einen Fehler 2. Art für den Fall $M = 15$?

c) Wie groß kann die Wahrscheinlichkeit für einen Fehler 1. Art maximal sein?

d) Wie groß kann die Wahrscheinlichkeit für einen Fehler 2. Art maximal sein?

16.28 X sei die Lebensdauer bestimmter Bauteile. Mit einer Stichprobe vom Umfang n werden der laufenden Produktion n Bauteile entnommen und deren Lebensdauer bestimmt. Das Ergebnis sind n Messwerte $x_1, \ldots, x_n$. Aus diesen werden folgende Größen berechnet:

$$\bar{x} = \frac{1}{n}(x_1 + \ldots + x_n) \qquad \text{Mittelwert der Zahlen } x_1, \ldots, x_n$$

$$s^2 = \frac{1}{n-1}[(x_1 - \bar{x})^2 + \ldots + (x_n - \bar{x})^2] \qquad \text{(Stichproben-)Varianz der Zahlen } x_1, \ldots, x_n$$

$$\overline{x^3} = \frac{1}{n}(x_1^3 + \ldots + x_n^3) \qquad \text{Mittelwert der Zahlen } x_1^3, \ldots, x_n^3$$

Der Stichprobenumfang beträgt $n = 250$. Man erhält folgende Werte:

$$\bar{x} = 4,6 \qquad s^2 = 2,73 \qquad \overline{x^3} = 135,64$$

Von den 250 Werten sind 30 Werte nicht größer als 2,5.

Zur Auswertung werden Klassen gebildet und Klassenhäufigkeiten bestimmt. Die folgende Tabelle zeigt das Ergebnis:

Klassen	[0; 2]	]2; 4]	]4; 6]	]6,8]	]8,10]
Klassenhäufigkeiten	10	80	115	40	5

a) Bestimmen Sie einen Schätzwert $\hat{\mu}$ für den Erwartungswert μ und einen Schätzwert $\widehat{\sigma^2}$ für die Varianz σ^2 der Zufallsvariablen X.

Betrachten Sie folgende Verteilungsfunktion mit einem unbekannten Parameter λ.

$$F(x) = \begin{cases} 1 - e^{-\lambda x^3} & \text{für } x \geq 0 \\ 0 & \text{sonst} \end{cases}$$

b) Prüfen Sie, ob $F(x)$ die Verteilungsfunktion von X ist (Signifikanzniveau $\alpha = 0{,}05$). Nehmen Sie ab jetzt an, dass $F(x)$ die Verteilungsfunktion von X ist. Die Garantiezeit für die Bauteile beträgt $x_G = 2{,}5$. Die Wahrscheinlichkeit, dass ein Bauteil innerhalb der Garantiezeit ausfällt, sei p.

c) Berechnen Sie auf zwei verschiedene Arten einen Schätzwert für die Wahrscheinlichkeit p.

d) Berechnen Sie ein exaktes Konfidenzintervall (ohne Näherung) für λ mit Konfidenzniveau $\gamma = 0{,}95$. Hinweis: Die Größe $2\lambda n \overline{X^3}$ ist Chi-Quadrat-verteilt mit dem Freiheitsgrad $2n$.

e) Berechnen Sie auf zwei verschiedene Arten ein Konfidenzintervall für p mit Konfidenzniveau $\gamma = 0{,}95$. Hinweis: Verwenden Sie das Ergebnis von Teilaufgabe d)

f) Prüfen Sie die (Null-)Hypothese $H_0 : p \geq 0{,}18$ mit Signifikanzniveau von $\alpha = 0{,}015$.

16.29 Mit einer einfachen Stichprobe soll eine Intervallschätzung für die Varianz einer normalverteilten Grundgesamtheit mit dem Konfidenzniveau $\gamma = 0{,}95$ durchgeführt werden. Wie groß muss der Stichprobenumfang mindestens sein, damit die Abweichung der unteren Grenze des Konfidenzintervalls vom Schätzwert (der Punktschätzung) höchstens 25 % des Schätzwertes beträgt? Um wie viele Prozent weicht in diesem Fall die obere Grenze vom Schätzwert ab?

16.30 $\beta(\mu)$ sei die Wahrscheinlichkeit für einen Fehler 2. Art bei einem Test für den Erwartungswert einer Normalverteilung (mit bekannter Varianz). Die folgende Abbildung zeigt den Graphen der Funktion $\beta(\mu)$:

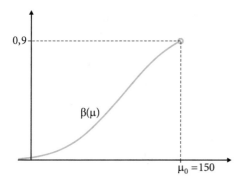

a) Formulieren Sie die Nullhypothese.

b) Geben Sie das Signifikanzniveau an.

16.31 Mit zwei (unverbundenen) Stichproben wurden aus zwei sehr großen Grundgesamtheiten zufällig 160 Frauen und 276 Männer ausgewählt und befragt, ob sie (regelmäßig oder gelegentlich) rauchen. Von den 160 Frauen gaben 140 an, nie zu rauchen. Bei den 276 Männern gab es 211 Nichtraucher.

a) Prüfen Sie mit einem Parametertest ($\alpha = 0{,}05$), ob der Anteil der Raucher bei Männern und Frauen gleich ist. Geben Sie auch den p-Wert des Tests an.

b) Prüfen Sie die gleiche Hypothese mit einem Chi-Quadrat-Test ($\alpha = 0{,}05$). Geben Sie auch hier den p-Wert des Tests an.

16.32 Aus einer großen Grundgesamtheit wurden zufällig 200 Ehepaare ausgewählt und nach ihrer Ernährungsweise gefragt. Dabei wurde nur zwischen vegetarischer und nicht vegetarischer Ernährungsweise unterschieden. Bei 10 Ehepaaren waren beide Ehepartner Vegetarier. Bei 150 Ehepaaren waren beide Ehepartner Nichtvegetarier. Bei 30 Ehepaaren waren die Frauen Vegetarier und die Männer Nichtvegetarier. Prüfen Sie die (Null-)Hypothese, dass die Ernährungsweisen von Ehepartnern voneinander unabhängig sind ($\alpha = 0{,}01$).

15.33 Aus einer großen Grundgesamtheit wurden zufällig 100 Pesonen ausgewählt und nach ihrer Ernährungsweise gefragt. Es wurden drei Ernährungsweisen unterschieden:

A: mit Fleisch

B: mit tierischen Produkten (z.B. Milchprodukte), jedoch ohne Fleisch

C: vegan, d.h. ohne tierische Produkte

Ferner wurde das Geschlecht der 100 Personen festgestellt. Die folgende Häufigkeitstabelle zeigt das Ergebnis der Befragung:

	A	B	C	
Frauen	20	25	15	60
Männer	30	5	5	40
	50	30	20	

Prüfen Sie die (Null-)Hypothese, dass die Ernährungsweise vom Geschlecht unabhängig ist ($\alpha = 0{,}01$).

16.34 Es soll die Wirksamkeit zweier Medikamente M_1 und M_2 verglichen werden. Dazu werden 200 Patienten mit M_1 und 250 Patienten mit M_2 behandelt. M_1 wirkt bei 115 Patienten, M_2 bei 185 Patienten. Prüfen Sie die (Null-)Hypothese, dass M_1 und M_2 gleich wirksam sind ($\alpha = 0{,}05$).

16.35 Für die Produktion von Teilen mit einem bestimmten Merkmal stehen zwei Produktionsanlagen P_1 und P_2 zur Verfügung. Man weiß, dass das Merkmal auf beiden Anlagen jeweils normalverteilt ist und dass die Standardabweichungen σ_1 und σ_2 auf beiden Anlagen den gleichen Wert haben: $\sigma_1 = \sigma_2 = 2$. Die Erwartungswerte μ_1 und μ_2 können jedoch verschieden sein. Um zu prüfen, ob auch die Erwartungswerte gleich sind, werden bei P_1 bzw. P_2 der laufenden Produktion $n_1 = 25$ bzw. $n_2 = 16$ Teile entnommen. Bei diesen beiden Stichproben erhält man die Mittelwerte $\bar{x}_1 = 128{,}1$ und $\bar{x}_2 = 126{,}8$. Prüfen Sie, ob die beiden Erwartungswerte gleich sind ($\alpha = 0{,}03$). Geben Sie auch den p-Wert an.

16.36 Betrachten Sie die Stichprobe von Aufgabe 16.8 und prüfen Sie die (Null-) Hypothese, dass die Anzahl der Notaufnahmen pro Tag poissonverteilt ist ($\alpha = 0{,}05$).

16.37 Betrachten Sie die Stichprobe von Aufgabe 16.9 und prüfen Sie die (Null-) Hypothese, dass man es mit einer Normalverteilung zu tun hat ($\alpha = 0{,}05$). Geben Sie (ungefähr) den p-Wert an.

Anhang A Lösung der Aufgaben

Übersicht

Es werden hier im Lösungsteil Ergebnisse von Rechnungen angegeben. Besteht eine Aufgabe darin, etwas zu zeigen, so werden Hinweise zur Rechnung gegeben. Lösungswege und Rechnungen findet man auf der Seite www.mathe-aw.de

A.1 Lösungen der Aufgaben zu Kapitel 1

1.1 Beweis mit Wahrheitstafel.

1.2 Beweis mit Wahrheitstafel.

1.3 Beweis mit Wahrheitstafel.

1.4 a) Beweis wie auf Seite 10. b) Nutze Distributivität

1.5 $(A \cup B) \cap (\overline{A} \cap \overline{B}) = (A \cup B) \cap (\overline{A \cup B}) = \{\}$.

1.6 a) $x - y$ b) $\frac{2xy}{x^2+y^2}$ c) t^5 d) $\frac{a+b}{a}$

1.7 Beweis jeweils durch vollständige Induktion. Hinweise zu Schritt 2:

a) Beide Seiten der Ungleichung mit $1 + x$ multiplizieren.

b) Zu beiden Seiten der Gleichung q^n addieren.

c) Zu beiden Seiten der Gleichung $(n + 1)^2$ addieren.

d) Zu beiden Seiten der Gleichung $(n + 1)^3$ addieren.

e) Zu beiden Seiten der Gleichung $\frac{1}{(n+1)(n+2)}$ addieren.

f) Zu beiden Seiten der Gleichung $\frac{n+1}{2^{n+1}}$ addieren.

g) Zu beiden Seiten der Gleichung $(n + 1)p^{n+1}$ addieren.

1.8 (1.41), (1.42) und (1.43) folgen unmittelbar aus (1.40). Bei Gleichung (1.44) die Binomialkoeffizienten jeweils gemäß (1.40) durch Brüche darstellen und auf gleichen Nenner bringen.

A.2 Lösungen der Aufgaben zu Kapitel 2

2.1 a) $\sqrt{\ln x}$, $D_f = [1,\infty[$ b) $\ln \sqrt{x}$, $D_f =]0,\infty[$ c) $\sqrt{\ln \frac{1}{x}} = \sqrt{-\ln x}$, $D_f =]0,1]$

d) $\ln \sqrt{\frac{1}{x}} = -\ln \sqrt{x}$, $D_f =]0,\infty[$

2.2 $3 \cdot \sqrt{1 + (\frac{1}{2}x - 4)^2} - 2$

2.3 a) vertikale Dehnung um den Faktor 4, Verschiebung um 3 nach rechts, Verschiebung um 5 nach unten

oder

Verschiebung um 6 nach rechts, horizontale Stauchung um den Faktor 2

Verschiebung um 5 nach unten

b) vertikale Dehnung/Stauchung um den Faktor $|a|$,

falls $a < 0$: Spiegelung an der x-Achse,

horizontale Verschiebung um $\left|\frac{b}{2a}\right|$, vertikale Verschiebung um $\left|c - \frac{b^2}{4a}\right|$

c) Verschiebung um 1 nach links, Verschiebung um 1 nach oben

d) horizontale Verschiebung um $|b|$, horizontale Dehnung/Stauchung um $|a|$

falls $a < 0$: Spiegelung an der y-Achse,

vertikale Dehnung/Stauchung um $|c|$, falls $c < 0$: Spiegelung an der x-Achse,

vertikale Verschiebung um $|d|$

oder

horizontale Dehnung/Stauchung um $|a|$, falls $a < 0$: Spiegelung an der y-Achse,
horizontale Verschiebung um $\left|\frac{b}{a}\right|$,
vertikale Dehnung/Stauchung um $|c|$, falls $c < 0$: Spiegelung an der x-Achse,
vertikale Verschiebung um $|d|$

2.4 a) $f(x) = \frac{2}{x-1} + \frac{1}{x+1} - \frac{1}{x^2+1}$ b) $f(x) = \frac{3}{(x-1)^2} - \frac{1}{x^2+1}$

2.5 Vertikale Dehnung um den Faktor $\ln 10$

2.6 Horizontale Stauchung um den Faktor $\ln 10$

2.7 a) $f^{-1}(x) = \sqrt{1+x} + 3$ b) $f^{-1}(x) = \sqrt[4]{x-1} - 1$ c) $f^{-1}(x) = \sqrt{-\ln x}$

d) $f^{-1}(x) = \sqrt{-\frac{1}{\ln x}}$

2.8 a) $\frac{1}{2}$ b) 1

2.9 $f(x) = \begin{cases} \frac{\ln(1+x)}{x} & \text{für } x \in \,]-1,\infty[\,\backslash\{0\} \\ 1 & \text{für } x = 0 \end{cases}$

2.10 Unstetig bei a), b), d), e) und stetig bei c), f).

2.11 Jeweils genau eine Lösung.

2.12 a) $x = \frac{\pi}{6} + k\pi$, $x = \frac{5}{6}\pi + k\pi$, $k \in \mathbb{Z}$ b) $x = \frac{\pi}{2} + k\pi$, $x = \frac{\pi}{4} + k\pi$, $k \in \mathbb{Z}$

c) $x = \frac{1}{\sqrt{2}}$ d) $x = \frac{1}{4}\ln\frac{3}{2}$ e) $x = \frac{\ln 5 + 3\ln 2}{2(\ln 5 + \ln 2)}$ f) $x = \ln(1 + \sqrt{2}) = \text{arsinh}(1)$

g) $x = \ln\left(\frac{1}{2}(1 + \sqrt{5})\right) = \text{arsinh}\frac{1}{2}$

2.13 $\frac{x^2}{x^2+2}$

2.14 $y = \ln(x + \sqrt{x^2+1})$

2.15 $420\,\text{s}$

2.16 $\frac{f(t)}{f(t+T)} = 5{,}5$

2.17 $v(s) = u\tanh\left(\text{arcosh}\left(\mathrm{e}^{\frac{s}{u\tau}}\right)\right) = u\sqrt{1 - \mathrm{e}^{-\frac{2}{u\tau}s}}$

2.18 $p = p_0\,\mathrm{e}^{-\frac{\rho_0}{p_0}gh}$

A.3 Lösungen der Aufgaben zu Kapitel 3

3.1 $f'(x) = \frac{1}{2\sqrt{x}}$

3.2 Hinweis: $g(x) = ax$ mit $a \in \mathbb{R}$

3.3 a) nicht differenzierbar an der Stelle $x = 0$

b) nicht differenzierbar an den Stellen $x = k\pi$ mit $k \in \mathbb{Z}$

3.4 a), b) nicht differenzierbar an der Stelle $x = 0$

c) nicht differenzierbar an der Stelle $x = 1$

3.5 a) $\frac{x}{\sqrt{1+x^2}}$ b) $2\sin^2 x$ c) $\cos(x^2) - 2x^2\sin(x^2)$ d) $\frac{1}{x(1+x^2)}$ e) $\frac{10^{\sqrt{x}}\ln 10}{2\sqrt{x}}$

f) $x^x(\ln x + 1)$ g) $\frac{(2x+\mathrm{e}^x)(2-\ln(x^2+\mathrm{e}^x))}{2\sqrt{x^2+\mathrm{e}^x}^3}$ h) $\frac{\mathrm{e}^x(x-1)^2}{(x^2+1)^2+\mathrm{e}^{2x}}$

3.6 a) lokales Minimum bei $x = -1$, lokales Maximum bei $x = 1$

b) lokales Maximum bei $x = -\frac{2}{3}$, lokales Minimum bei $x = 0$

3.7 differenzierbar bei $x = 0$ mit $f'(0) = 0$

3.8 a) stetig und differenzierbar bei $x = 0$, lokale Minima bei $x = \pm\frac{1}{\sqrt{e}}$, lokales Maximum bei $x = 0$, Wendepunkte bei $x = \pm\frac{1}{\sqrt{e^3}}$

b) stetig aber nicht differenzierbar bei $x = 0$, lokale Minima bei $x = \pm\frac{1}{e}$, lokales Maximum bei $x = 0$, keine Wendepunkte

c) weder stetig noch differenzierbar bei $x = 0$, lokales Maximum bei $x = \frac{1}{3}$, Wendepunkte bei $x = \frac{1}{6}$ und $x = \frac{1}{2}$

d) stetig und differenzierbar bei $x = 0$, lokale Maxima bei $x = \pm 1$, lokales Minimum bei $x = 0$, Wendepunkte bei $x = \pm\sqrt{2}$ und $x = \pm\frac{1}{\sqrt{3}}$

e) stetig und differenzierbar bei $x = 0$, lokales Maximum bei $x = -e$, lokales Minimum bei $x = e$, Wendepunkte bei $x = \pm e^2$

f) stetig und differenzierbar bei $x = 0$, lokale Minima bei $x = \pm\sqrt{e}$, lokales Maximum bei $x = 0$, keine Wendepunkte

3.9 $r = h = \sqrt{\frac{A}{3\pi}}$

3.10 $x = \frac{1}{6}\left(a + b - \sqrt{a^2 + b^2 - ab}\right)$

3.11 $x + 1$

3.12 a) $x + 1$ b) $x - 1$ c) $x - 2\pi$ d) $x + 3$

3.13 a) $\frac{1}{3}$ b) 1 c) 1 d) $\ln 2$ e) $\frac{1}{2}$ f) $e^{\frac{1}{e}}$ g) $\frac{1}{2}$ h) e i) $-\sqrt{2}$ j) $\sqrt{2}$ k) $\ln 2$ l) 0

3.14 a) $-0{,}56714$ b) $0{,}56714$ c) $0{,}77288$ d) $0{,}65292$

3.15 a) bei $x = 0$ b) bei $x = 1$ c) bei $x = 0$

d) bei $x = -\frac{1}{2}\ln 2$ e) bei $x = \sqrt{2}$ f) bei $x = \pm 1$

3.16 $0{,}0614$ $(6{,}14\%)$

3.17 $2{,}6222$ cm

3.18 a) $\frac{v_{y0}^2}{2g}$ b) $\alpha = \frac{\pi}{4} = 45°$ c) $\frac{v_0^2}{g}$ d) $0{,}9855$ $(\approx 56{,}5°)$

3.19 a) $\frac{m}{k}v_{y0} - g\left(\frac{m}{k}\right)^2\ln\left(1 + \frac{kv_{y0}}{gm}\right)$ b) $\frac{v_{y0}^2}{2g}$ c) $\frac{v_{y0}}{v_{x0}}x - \frac{g}{2v_{x0}^2}x^2$

3.20 a) $\sqrt{\frac{2kT}{m}}$ b) 0

3.21 a) 0 b) R

3.22 $p = p_0\, e^{-\frac{\rho_0}{p_0}gh}$

A.4   Lösungen der Aufgaben zu Kapitel 4

4.1 $e^b - e^a$

4.2 a) 0 b) 0

4.3 a) $-2\sin\frac{x}{2}$ b) $2\ln(2 + x^2)$ c) $3\ln(2 + \sin x)$ d) $2\arctan\frac{x}{2}$ e) $2x - 3\ln(3 + 2x)$

4.4 a) $\frac{2}{3}\sqrt{x^3}\ln x - \frac{4}{9}\sqrt{x^3}$ b) $e^x(x^3 - 3x^2 + 6x - 6)$ c) $\frac{1}{2}(\ln x)^2$ d) $\frac{x}{2} - \frac{1}{2}\sin x\cos x$

e) $\frac{1}{2}x^2[(\ln x)^2 - \ln x + \frac{1}{2}]$ f) $\frac{1}{2}e^x(\sin x - \cos x)$ g) $\frac{1}{3}x^3\left([\ln(x^2)]^2 - \frac{4}{3}\ln(x^2) + \frac{8}{9}\right)$

4.5 a) $\frac{1}{2}e^{x^2}$ b) $1 + \ln x - \ln|1 + \ln x|$ c) $2\sqrt{1 + e^x}$ d) $\frac{1}{x}e^{-\frac{1}{x}} + e^{-\frac{1}{x}}$ e) $\operatorname{arsinh}\frac{x}{2}$

4.6 a) $e^{x^2}(\frac{1}{2}x^4 - x^2 + 1)$　b) $1 - x - (1-x)\ln(1-x)$　c) $(1+x)\ln(1+x) - (1+x)$
d) $-2x - (1-x)\ln(1-x) + (1+x)\ln(1+x)$　e) $\frac{1}{2}x[\cos(\ln x) + \sin(\ln x)]$
f) $\frac{1}{4}x^2 + \frac{1}{2}\ln x$
4.7 a) $2\ln(x-1) + \ln(x+1) - \arctan x$　b) $-\frac{3}{x-1} - \arctan x$
4.8 a) $\cosh(x)\ln(\cosh(x)) - \cosh(x)$　b) $(x^2 + e^x)\ln(x^2 + e^x) - (x^2 + e^x)$　c) $\frac{1}{3}(\ln x)^3$
4.9 a) $4\ln 2$　b) $\pi - 2$　c) π
4.10 a) 2　b) $\frac{1}{2}$　c) 2　d) $\ln 2$　e) 1　f) $-\frac{1}{9}$　g) $4\ln 2 - 4$
4.11 1
4.12 a) $\frac{1}{2}\left(1 - \frac{1}{\sqrt{e}}\right)$　b) $\frac{1}{\sqrt{e}} - \frac{1}{2}$
4.13 a) $\frac{3}{2}$　b),c) $\frac{1}{2}\sqrt{5} + \frac{1}{4}\operatorname{arsinh} 2$　d) $\sqrt{5} - \sqrt{2} + \ln 2 - \ln(1 + \sqrt{5}) + \ln(1 + \sqrt{2})$
4.14 $\mu = \sigma = \frac{1}{\lambda}$
4.15 a) $\frac{1}{2}gt^2$　b) $u(t + \tau\,e^{-\frac{t}{\tau}} - \tau)$　c) $u\tau\ln(\cosh(\frac{t}{\tau}))$
4.16 $\sum\limits_{i=1}^{n} \Delta q_i = qh \sum\limits_{i=1}^{n} \frac{r_i}{\sqrt{(r_i^2 + h^2)^3}}\Delta r_i$

$\lim\limits_{\substack{n\to\infty \\ \Delta r_i \to 0}} \sum\limits_{i=1}^{n} \Delta q_i = qh \lim\limits_{\substack{n\to\infty \\ \Delta r_i \to 0}} \sum\limits_{i=1}^{n} \frac{r_i}{\sqrt{(r_i^2 + h^2)^3}}\Delta r_i = qh \int\limits_{0}^{R} \frac{r}{\sqrt{(r^2 + h^2)^3}}\,\mathrm{d}r = q\left(1 - \frac{h}{\sqrt{R^2 + h^2}}\right)$

A.5　Lösungen der Aufgaben zu Kapitel 5

5.1 $\varphi = 30°$　**5.2** $\begin{pmatrix} \frac{2}{3} \\ \frac{1}{3} \\ \frac{2}{3} \end{pmatrix}$　**5.3** a) richtig　b) falsch　c) falsch　d) richtig　**5.4** $\varphi = 60°$

5.5 a) $\vec{a} = \vec{0}$ oder $\vec{b} = \vec{0}$ oder $\varphi = 0°$　b) $\vec{a} = \vec{0}$ oder $\vec{b} = \vec{0}$ oder $\varphi = 45°$
c) $\vec{a} = \vec{0}$ oder $\vec{b} = \vec{0}$ oder $\varphi = 90°$　**5.6** $|\vec{a}|^2 |\vec{b}|^2$

5.7 ja, linear unabhängig　**5.8** $\begin{pmatrix} 2 \\ -2 \\ -2\sqrt{2} \end{pmatrix}$　**5.9** $\vec{b}_{\parallel\vec{a}} = \begin{pmatrix} -1 \\ 2 \\ -1 \end{pmatrix}$　$\vec{b}_{\perp\vec{a}} = \begin{pmatrix} 5 \\ 2 \\ -1 \end{pmatrix}$

5.10 $A = 12$　**5.11** $V = 75$　**5.12** $d = 5$　**5.13** $d = 2$　**5.14** $d = 5$
5.15 a) $\alpha = 120°$　b) $\alpha = \arccos(-\cos^2\varphi)$

5.16 a) $\vec{v} = \begin{pmatrix} -R\omega\sin(\omega t) \\ R\omega\cos(\omega t) \\ 0 \end{pmatrix}$　b) $\vec{a} = \begin{pmatrix} -R\omega^2\cos(\omega t) \\ -R\omega^2\sin(\omega t) \\ 0 \end{pmatrix}$　c) $\vec{F} = \begin{pmatrix} qBR\omega\cos(\omega t) \\ qBR\omega\sin(\omega t) \\ 0 \end{pmatrix}$

d) $k = -\frac{qB}{\omega}$　e) $m = -\frac{qB}{\omega}$

A.6   Lösungen der Aufgaben zu Kapitel 6

6.1 a) $\begin{pmatrix} 8 & -3 & 1 \\ 5 & 8 & 5 \end{pmatrix}$ b) $\begin{pmatrix} -7 & 20 & 7 \\ 3 & -6 & -9 \end{pmatrix}$

6.2 a) $\begin{pmatrix} 13 & 34 & 18 \\ 8 & 32 & 17 \\ 1 & 5 & 3 \end{pmatrix}$ b) $\begin{pmatrix} -21 & 10 & 12 \\ -4 & -9 & -6 \\ -16 & -20 & -3 \end{pmatrix}$ c) $\begin{pmatrix} -13 & 19 & 15 \\ -21 & 10 & 12 \\ -2 & 1 & 0 \end{pmatrix}$

d) $\begin{pmatrix} 8 & 32 & 17 \\ -5 & -3 & -1 \\ -12 & -13 & -8 \end{pmatrix}$ e) $\begin{pmatrix} 13 & 18 \\ 3 & 5 \end{pmatrix}$ f) $\begin{pmatrix} 4 & 10 & 12 & 29 \\ 1 & 4 & 3 & 8 \\ 0 & -4 & 0 & -2 \\ 1 & 8 & 3 & 10 \end{pmatrix}$

6.3 a) eine Nullspalte   b) Spalte 3 Vielfaches von Spalte 1   c) zwei gleiche Zeilen
d) Zeile 2 plus Zeile 4 ist Vielfaches von Zeile 3

6.4 a) 264   b) 454   c) 664   d) -72

6.5 a) $\begin{pmatrix} -1 & 0 & 2 \\ 3 & 1 & -6 \\ -2 & -1 & 5 \end{pmatrix}$ b) $\begin{pmatrix} 2 & 0 & -1 \\ -3 & 1 & 2 \\ 2 & -1 & -1 \end{pmatrix}$ c) $\begin{pmatrix} 0 & 2 & -1 \\ 0 & 1 & 0 \\ 1 & -2 & 2 \end{pmatrix}$

d) $\begin{pmatrix} -2 & 1 & 0 & 1 \\ -2 & 1 & -3 & 2 \\ 1 & 0 & 1 & -1 \\ 3 & -2 & 3 & -2 \end{pmatrix}$

6.6 $\mathbf{A}^{-1} = \begin{pmatrix} 0 & 2 & -1 \\ 0 & 1 & 0 \\ 1 & -2 & 2 \end{pmatrix}$

6.7 $\mathbf{X}_1 = \begin{pmatrix} 2 & 2 & 1 \\ 1 & 1 & 1 \\ 2 & 0 & 3 \end{pmatrix}$ $\mathbf{X}_2 = \begin{pmatrix} 0 & -2 & -1 \\ -1 & 1 & -1 \\ -2 & 0 & -1 \end{pmatrix}$

6.8 Beweis durch vollständige Induktion

6.9 a) nicht lösbar   b) eindeutig lösbar: $x = 1$, $y = 2$, $z = -3$
c) unendlich viele Lösungen: $x = 2 - t$, $y = 2 + 2t$, $z = t$
d) eindeutig lösbar: $x_1 = 2$, $x_2 = -1$, $x_3 = 3$, $x_4 = 0$
e) unendlich viele Lösungen: $x_1 = 11 - t - 5s$, $x_2 = t$, $x_3 = 3s - 7$, $x_4 = s$

6.10 eindeutig lösbar für $\lambda \notin \{-2; 1\}$: $x_1 = x_2 = x_3 = \frac{1}{\lambda+2}$
unendlich viele Lösungen für $\lambda = 1$: $x_1 = 1 - t - s$, $x_2 = s$, $x_3 = t$
nicht lösbar für $\lambda = -2$

6.11 a) eindeutig lösbar für $\mu \neq 1$: $x_1 = 1$, $x_2 = 0$, $x_3 = 0$

unendlich viele Lösungen für $\mu = 1$: $x_1 = 1 - t$, $x_2 = t$, $x_3 = t$

b) $\begin{pmatrix} x_1 \\ x_2 \\ x_3 \end{pmatrix} = \begin{pmatrix} 0 \\ 1 \\ 1 \end{pmatrix}$ $\quad$ c) $\begin{pmatrix} x_1 \\ x_2 \\ x_3 \end{pmatrix} = \begin{pmatrix} 2 - \sqrt{2} \\ \sqrt{2} - 1 \\ \sqrt{2} - 1 \end{pmatrix}$ $\quad$ d) $\begin{pmatrix} \frac{\mu - 8}{12(\mu - 1)} & \frac{\mu}{4(\mu - 1)} & \frac{\mu + 4}{12(\mu - 1)} \\ \frac{7}{12(\mu - 1)} & -\frac{1}{4(\mu - 1)} & -\frac{5}{12(\mu - 1)} \\ \frac{3\mu + 4}{12(\mu - 1)} & -\frac{\mu}{4(\mu - 1)} & \frac{3\mu - 8}{12(\mu - 1)} \end{pmatrix}$

e) $\lambda_1 = 1 \quad t \begin{pmatrix} -3 \\ 4 \\ 3 \end{pmatrix}$, $\qquad \lambda_2 = 3 \quad t \begin{pmatrix} 1 \\ -2 \\ 1 \end{pmatrix}$, $\qquad \lambda_3 = 4 \quad t \begin{pmatrix} 0 \\ 1 \\ 0 \end{pmatrix}$

6.12 a) $\lambda_1 = -1 \quad t \begin{pmatrix} 1 \\ 2 \end{pmatrix}$, $\qquad \lambda_2 = 2 \quad t \begin{pmatrix} 2 \\ 1 \end{pmatrix}$

b) $\lambda_1 = -2 \quad t \begin{pmatrix} 1 \\ -1 \\ 4 \end{pmatrix}$, $\qquad \lambda_2 = 2 \quad t \begin{pmatrix} -1 \\ 0 \\ 1 \end{pmatrix}$, $\qquad \lambda_3 = 3 \quad t \begin{pmatrix} -1 \\ 1 \\ 1 \end{pmatrix}$

c) $\lambda_1 = 1 \quad t \begin{pmatrix} 1 \\ 1 \\ 3 \end{pmatrix}$, $\qquad \lambda_2 = \lambda_3 = 2 \quad t \begin{pmatrix} -1 \\ 1 \\ 0 \end{pmatrix} + s \begin{pmatrix} 1 \\ 0 \\ 1 \end{pmatrix}$

A.7 $\quad$ Lösungen der Aufgaben zu Kapitel 7

7.1 a) $\frac{1}{\sqrt{2} - 1}$ $\quad$ b) $\frac{25}{89}$

7.2 a) konvergent $\quad$ b) konvergent $\quad$ c) konvergent $\quad$ d) divergent
e) konvergent $\quad$ f) divergent $\quad$ g) konvergent $\quad$ h) konvergent

7.3 a) $\frac{1}{4}$ $\quad$ b) 1 $\quad$ c) ∞ $\quad$ d) e $\quad$ e) 2 $\quad$ f) $\sqrt{e}$

7.4 a) $1 - 2(x - 1) + \frac{3}{2}(x - 1)^2 - \frac{4}{3}(x - 1)^3 + \frac{5}{4}(x - 1)^4$ $\quad$ b) $\frac{1}{2}x^2 - \frac{1}{12}x^4$

c) $1 - (x - \pi) + \frac{1}{2}(x - \pi)^2 - \frac{1}{8}(x - \pi)^4$

7.5 a) $\sum\limits_{k=0}^{\infty} (-1)^k (k - 1)(x - 1)^k$

$= -1 + (x - 1)^2 - 2(x - 1)^3 + 3(x - 1)^4 - 4(x - 1)^5 + \dots$ $\quad$ Konvergenz für $x \in \,]0; 2[$

b) $-\sum\limits_{k=1}^{\infty} \frac{1}{k}(x - 3)^k = -(x - 3) - \frac{1}{2}(x - 3)^2 - \frac{1}{3}(x - 3)^3 - \frac{1}{4}(x - 3)^4 - \dots$

Konvergenz für $x \in [2; 4[$

c) $\sum\limits_{k=0}^{\infty} 2^k (x - 1)^k = 1 + 2(x - 1) + 4(x - 1)^2 + 8(x - 1)^3 + 16(x - 1)^4 + \dots$

Konvergenz für $x \in \,]\frac{1}{2}, \frac{3}{2}[$

7.6 a) 1 $\quad$ b) $\frac{1}{2}$ $\quad$ c) 1

7.7 a) $x_1 = -1$, $x_2 = \frac{1}{3}$ $\quad$ b) $x = \frac{7}{3}$

7.8 $a_0 + a_1 x + a_2 x^2$

Taylorreihe ist Polynom vom Grad 2, das identisch mit $f(x)$ ist.

7.9 a) 0 b) existiert nicht, da $f'''(0)$ nicht existiert

7.10 a) 0 (alle Summanden sind null) b) nein

7.11 0,48720

7.12 $\dfrac{v_{y0}}{v_{x0}} x - \dfrac{g}{2v_{x0}^2} x^2$ **7.13** $\dfrac{s_1}{1 - \mathrm{e}^{-\delta \frac{2\pi}{\omega}}}$

7.14 a) $\dfrac{4}{\pi}\left(\sin x + \dfrac{\sin(3x)}{3} + \dfrac{\sin(5x)}{5} + \dots\right)$

b) $\dfrac{\pi}{4} + \dfrac{2}{\pi}\left(\cos x + \dfrac{\cos(3x)}{3^2} + \dfrac{\cos(5x)}{5^2} + \dots\right) + \sin x + \dfrac{\sin(2x)}{2} + \dfrac{\sin(3x)}{3} + \dots$

c) $\dfrac{\pi}{2} - \dfrac{4}{\pi}\left(\cos x + \dfrac{\cos(3x)}{3^2} + \dfrac{\cos(5x)}{5^2} + \dots\right)$

d) $\dfrac{2}{\pi} - \dfrac{4}{\pi}\left(\dfrac{\cos(2x)}{1\cdot 3} + \dfrac{\cos(4x)}{3\cdot 5} + \dfrac{\cos(6x)}{5\cdot 7} + \dots\right)$

e) $\dfrac{\pi^2}{3} - 4\left(\cos x - \dfrac{\cos(2x)}{2^2} + \dfrac{\cos(3x)}{3^2} - \dfrac{\cos(4x)}{4^2} + \dots\right)$

A.8   Lösungen der Aufgaben zu Kapitel 8

8.1 a) $4 - 20\,\mathrm{i}$ b) $-20 + 20\,\mathrm{i}$ c) $24 - 2\,\mathrm{i}$ d) $4 - 12\,\mathrm{i}$ e) $-\frac{1}{2} - \mathrm{i}$

f) $\frac{1}{5} - \frac{1}{5}\mathrm{i}$ g) $\frac{1}{2} - \frac{3}{2}\mathrm{i}$ h) $2 - \mathrm{i}$ i) $-\frac{7}{3} - \frac{5}{3}\mathrm{i}$

8.2 a) $z_1 = 2\,\mathrm{e}^{\mathrm{i}\frac{\pi}{3}}$, $z_2 = \sqrt{2}\,\mathrm{e}^{\mathrm{i}\frac{3}{4}\pi}$ b) $64\,\mathrm{e}^{\mathrm{i}\frac{13}{3}\pi} = 32 + 32\sqrt{3}\,\mathrm{i}$

8.3 a) $\{z = x + \mathrm{i}\,y \,|\, x = 0 \wedge y \geq 0\}$ b) $\{z = x + \mathrm{i}\,y \,|\, x = 1\}$ c) $\{z = x + \mathrm{i}\,y \,|\, y = \frac{1}{2}\}$

8.4 a) $w_0 = \sqrt{3} + \mathrm{i}$, $w_1 = -\sqrt{3} + \mathrm{i}$, $w_2 = -2\,\mathrm{i}$

b) $w_0 = \sqrt{3} + \mathrm{i}$, $w_1 = -1 + \sqrt{3}\,\mathrm{i}$, $w_2 = -\sqrt{3} - \mathrm{i}$, $w_3 = 1 - \sqrt{3}\,\mathrm{i}$

8.5 a) $\dfrac{z_1}{z_2} = \dfrac{\sqrt{2}}{4}(\sqrt{3} + 1) + \dfrac{\sqrt{2}}{4}(\sqrt{3} - 1)\,\mathrm{i}$ b) $\dfrac{z_1}{z_2} = \mathrm{e}^{\mathrm{i}\frac{\pi}{12}} = \mathrm{e}^{\mathrm{i}\,15°}$

c) $\Rightarrow \cos 15° = \dfrac{\sqrt{2}}{4}(\sqrt{3} + 1)$, $\sin 15° = \dfrac{\sqrt{2}}{4}(\sqrt{3} - 1)$

8.6 a) $z_1 = 3$, $z_2 = -1$, $z_3 = 1$

b) $z_1 = 0$, $z_2 = 2$, $z_3 = 1 + \mathrm{i}$, $z_4 = 1 - \mathrm{i}$

c) $z_1 = 0$, $z_2 = \mathrm{i}$, $z_3 = -\mathrm{i}$,

$z_4 = \dfrac{\sqrt{6}}{2} + \dfrac{\sqrt{2}}{2}\mathrm{i}$, $z_5 = -\dfrac{\sqrt{6}}{2} - \dfrac{\sqrt{2}}{2}\mathrm{i}$, $z_6 = -\dfrac{\sqrt{6}}{2} + \dfrac{\sqrt{2}}{2}\mathrm{i}$, $z_7 = \dfrac{\sqrt{6}}{2} - \dfrac{\sqrt{2}}{2}\mathrm{i}$

8.7 a) $\underline{Z} = (45 + 10\,\mathrm{i})\,\Omega$ b) $I_0 = 6{,}5$ A c) $\varphi = 12{,}5°$

A.9   Lösungen der Aufgaben zu Kapitel 9

9.1 a) $r_1 = 4\sqrt{2}, \varphi_1 = 45°, r_2 = 8, \varphi_2 = 150°, r_3 = 4\sqrt{6}, \varphi_3 = 225°, r_4 = 8, \varphi_4 = 300°$

b) $\vec{r}_1' = \begin{pmatrix} 2\sqrt{3} + 2 \\ 2\sqrt{3} - 2 \end{pmatrix}$, $\vec{r}_2' = \begin{pmatrix} \sqrt{3} - 1 \\ 3\sqrt{3} - 1 \end{pmatrix}$, $\vec{r}_3' = \begin{pmatrix} -2 \\ 2\sqrt{3} - 4 \end{pmatrix}$, $\vec{r}_4' = \begin{pmatrix} \sqrt{3} + 1 \\ \sqrt{3} - 5 \end{pmatrix}$

9.2 a) $r_1 = 2\sqrt{3}$, $\varphi_1 = 45°$, $z_1 = 6$, $r_2 = 2\sqrt{3}$, $\varphi_2 = 135°$, $z_2 = 6$

$r_3 = 2\sqrt{3}$, $\varphi_3 = 225°$, $z_3 = 6$, $r_4 = 2\sqrt{3}$, $\varphi_4 = 315°$, $z_4 = 6$

$r_5 = 2\sqrt{3}$, $\varphi_5 = 45°$, $z_5 = -6$, $r_6 = 2\sqrt{3}$, $\varphi_6 = 135°$, $z_6 = -6$

$r_7 = 2\sqrt{3}, \; \varphi_7 = 225°, \; z_7 = -6, \quad r_8 = 2\sqrt{3}, \; \varphi_8 = 315°, \; z_8 = -6$

b) $r_1 = 4\sqrt{3}, \; \varphi_1 = 45°, \; \vartheta_1 = 30°, \quad r_2 = 4\sqrt{3}, \; \varphi_2 = 135°, \; \vartheta_2 = 30°$

$r_3 = 4\sqrt{3}, \; \varphi_3 = 225°, \; \vartheta_3 = 30°, \quad r_4 = 4\sqrt{3}, \; \varphi_4 = 315°, \; \vartheta_4 = 30°$

$r_5 = 4\sqrt{3}, \; \varphi_5 = 45°, \; \vartheta_5 = 150°, \quad r_6 = 4\sqrt{3}, \; \varphi_6 = 135°, \; \vartheta_6 = 150°$

$r_7 = 4\sqrt{3}, \; \varphi_7 = 225°, \; \vartheta_7 = 150°, \quad r_8 = 4\sqrt{3}, \; \varphi_8 = 315°, \; \vartheta_8 = 150°$

c) Translation mit $\vec{a} = \begin{pmatrix} \sqrt{6} \\ \sqrt{6} \\ 0 \end{pmatrix}$, Drehung um die z-Achse um $\alpha = 60°$,

      Translation mit $\vec{a} = \begin{pmatrix} -\sqrt{6} \\ -\sqrt{6} \\ 0 \end{pmatrix}$

d) $\vec{r}_1' = \begin{pmatrix} -3\sqrt{2} \\ 3\sqrt{2} \\ 6 \end{pmatrix}$, $\vec{r}_2' = \begin{pmatrix} -3\sqrt{2} - \sqrt{2}\sqrt{3} \\ 0 \\ 6 \end{pmatrix}$, $\vec{r}_3' = \begin{pmatrix} -\sqrt{6} \\ -\sqrt{6} \\ 6 \end{pmatrix}$, $\vec{r}_4' = \begin{pmatrix} 0 \\ 3\sqrt{2} - \sqrt{2}\sqrt{3} \\ 6 \end{pmatrix}$

$\vec{r}_5' = \begin{pmatrix} -3\sqrt{2} \\ 3\sqrt{2} \\ -6 \end{pmatrix}$, $\vec{r}_6' = \begin{pmatrix} -3\sqrt{2} - \sqrt{2}\sqrt{3} \\ 0 \\ -6 \end{pmatrix}$, $\vec{r}_7' = \begin{pmatrix} -\sqrt{6} \\ -\sqrt{6} \\ -6 \end{pmatrix}$, $\vec{r}_8' = \begin{pmatrix} 0 \\ 3\sqrt{2} - \sqrt{2}\sqrt{3} \\ -6 \end{pmatrix}$

9.3 a) $f(x) = \sqrt{\frac{x^3}{1-x}}$ b) $f(x) = -\sqrt{\frac{x^3}{1-x}}$ c) $y^2(1-x) - x^3 = 0$ d) $r = \frac{\sin^2 \varphi}{\cos \varphi}$

9.4 a) $x - R \arccos\left(1 - \frac{y}{R}\right) + \sqrt{y(2R - y)} = 0$ b) $8R$

9.5 $\ln 4 + \frac{15}{2}$

9.6 a) $\frac{15}{4}$ b) $\kappa(t) = \frac{1}{5 \cosh^2 t}$

9.7 a) $\frac{1}{2}\sqrt{2} + \frac{1}{2}\ln(\sqrt{2} + 1)$ b) $\kappa(t) = \sqrt{\frac{t^2 + 2}{(t^2 + 1)^3}}$

A.10   Lösungen der Aufgaben zu Kapitel 10

10.1 a) eine Funktion von drei Variablen   b) eine Funktion von einer Variablen
c) eine Funktion von vier Variablen   d) eine Funktion von vier Variablen
e) eine Funktion von drei Variablen   f) drei Funktionen von jeweils drei Variablen
g) drei Funktionen von jeweils vier Variablen

10.2 a) $\{(x,y) \,|\, y \neq x \pm 1\}$ b) $\{(x,y) \,|\, x,y > 0 \lor x,y < 0\}$
c) $\{(x,y) \,|\, 1 < x^2 + y^2 < 4\}$ d) $\{(x,y) \,|\, x,y > 0\}$

10.3 Die Funktion ist an der Stelle $(0,0)$ nicht stetig.

10.4 a) $\mathbf{grad}\, f(x,y) = (2xy^3, 3x^2 y^2)$ $\mathbf{H}_f(x,y) = \begin{pmatrix} 2y^3 & 6xy^2 \\ 6xy^2 & 6x^2 y \end{pmatrix}$

b) $\mathbf{grad}\, f(x,y) = \left(\frac{1}{y^2}, -\frac{2x}{y^3}\right)$ $\mathbf{H}_f(x,y) = \begin{pmatrix} 0 & -\frac{2}{y^3} \\ -\frac{2}{y^3} & \frac{6x}{y^4} \end{pmatrix}$

c) $\mathbf{grad}\, f(x,y) = (\cos x \cos y, -\sin x \sin y)$ $\quad \mathbf{H}_f(x,y) = \begin{pmatrix} -\sin x \cos y & -\cos x \sin y \\ -\cos x \sin y & -\sin x \cos y \end{pmatrix}$

d) $\mathbf{grad}\, f(x,y) = (\frac{1}{x}, \frac{1}{y})$ $\quad \mathbf{H}_f(x,y) = \begin{pmatrix} -\frac{1}{x^2} & 0 \\ 0 & -\frac{1}{y^2} \end{pmatrix}$

e) $\mathbf{grad}\, f(x,y,z) = (-\frac{2z^3 y}{x^3}, \frac{z^3}{x^2}, \frac{3z^2 y}{x^2})$ $\quad \mathbf{H}_f(x,y,z) = \begin{pmatrix} \frac{6z^3 y}{x^4} & -\frac{2z^3}{x^3} & -\frac{6z^2 y}{x^3} \\ -\frac{2z^3}{x^3} & 0 & \frac{3z^2}{x^2} \\ -\frac{6z^2 y}{x^3} & \frac{3z^2}{x^2} & \frac{6zy}{x^2} \end{pmatrix}$

f) $\mathbf{grad}\, f(x,y,z) = (\ln y + \frac{1}{x}, \frac{x}{y}, \frac{1}{z})$ $\quad \mathbf{H}_f(x,y,z) = \begin{pmatrix} -\frac{1}{x^2} & \frac{1}{y} & 0 \\ \frac{1}{y} & -\frac{x}{y^2} & 0 \\ 0 & 0 & -\frac{1}{z^2} \end{pmatrix}$

10.5 $f_{xy}(0,0) = -1 \neq f_{yx}(0,0) = 1$

10.6 a) $z = -4 + 2x + 3y$ b) $z = 4 + 4x - 8y$
c) $z = \frac{1}{2} + \frac{1}{2}x - \frac{1}{2}y$ d) $z = -2 + x + y$

10.7 a) $f(x,y,z) \approx 2 + 4x - 8y + 3z$ b) $f(x,y,z) \approx -3 + x + y + z$

10.8 12%

10.9 a) $f(x,y) \approx 6 - 6x - 9y + x^2 + 3y^2 + 6xy$
b) $f(x,y) \approx 6 + 12x - 24y + 24y^2 - 16xy$
c) $f(x,y) \approx \frac{1}{2} - \frac{\pi^2}{16} + (\frac{1}{2} + \frac{\pi}{4})x - (\frac{1}{2} - \frac{\pi}{4})y - \frac{1}{4}x^2 - \frac{1}{4}y^2 - \frac{1}{2}xy$
d) $f(x,y) \approx -3 + 2x + 2y - \frac{1}{2}x^2 - \frac{1}{2}y^2$
e) $f(x,y,z) \approx -6x^2 - \frac{3}{2}z^2 + 16xy - 6zx + 12zy$
f) $f(x,y,z) \approx -\frac{7}{2} + x + y + 2z - \frac{1}{2}x^2 - \frac{1}{2}y^2 - \frac{1}{2}z^2 + xy$

10.10 $\vec{n} = \begin{pmatrix} f_x(x_0,y_0) \\ f_y(x_0,y_0) \\ -1 \end{pmatrix}$

10.11 a) isoliertes lokales Maximum an der Stelle $(0,1)$
isolierte lokale Minima an den Stellen $(1,0),(-1,0)$
b) isolierte lokale Maxima an den Stellen $(1,1),(-1,-1)$
c) isoliertes lokales Minimum an der Stelle $(0,0)$
nichtisolierte lokale Maxima an allen Stellen mit $x^2 + y^2 = 1$ (Einheitskreis)
d) keine lokalen Extrema
e) isoliertes lokales Minimum an der Stelle $(1,1,1)$
f) isoliertes lokales Maximum an der Stelle $(0,0,0)$
nichtisolierte lokale Minima an allen Stellen mit $x^2 + y^2 + z^2 = 1$

10.12 $x = \frac{b}{3}$, $\alpha = 60°$

10.13 a) Maxima an den Stellen $(\frac{1}{\sqrt{2}}, \frac{1}{\sqrt{2}}),(-\frac{1}{\sqrt{2}}, -\frac{1}{\sqrt{2}})$
Minima an den Stellen $(\frac{1}{\sqrt{2}}, -\frac{1}{\sqrt{2}}),(-\frac{1}{\sqrt{2}}, \frac{1}{\sqrt{2}})$
b) Maximum an der Stelle $(\frac{1}{2}, \frac{1}{2})$, Minima an den Stellen $(0,1),(1,0)$
c) Maximum an der Stelle $(1,1,1)$

d) Maximum an der Stelle $(\frac{3}{5}, \frac{4}{5}, 1)$, Minimum an der Stelle $(-\frac{3}{5}, -\frac{4}{5}, -1)$

e) Minimum an der Stelle $(2, -1, 1)$

10.14 a) Minimum an der Stelle $(-2, -1, 0)$ b),c) $d = 3\sqrt{3}$

10.15 $r = h = 2$

10.16 $x = 2$, $y = 1$

10.17 $f_{xx}(x,y,z,t) + f_{yy}(x,y,z,t) + f_{zz}(x,y,z,t)$

$= -(k_1^2 + k_2^2 + k_3^2) A \cos(k_1 x + k_2 y + k_3 z - \omega t) = -|\vec{k}|^2 A \cos(k_1 x + k_2 y + k_3 z - \omega t)$

$f_{tt}(x,y,z,t) = -\omega^2 A \cos(k_1 x + k_2 y + k_3 z - \omega t)$

$\Rightarrow f_{tt}(x,y,z,t) = c^2 [f_{xx}(x,y,z,t) + f_{yy}(x,y,z,t) + f_{zz}(x,y,z,t)]$ mit $c = \frac{\omega}{|\vec{k}|}$

10.18 a) $\vec{E} = \frac{\lambda}{2\pi\varepsilon_0} \left(\frac{x}{x^2+y^2}, \frac{y}{x^2+y^2}, 0 \right)$ b) $\rho = 0$

A.11   Lösungen der Aufgaben zu Kapitel 11

11.1 $\frac{4}{15} R^5$ **11.2** $\frac{8}{3}(e^{-4} - e^{-9})$ **11.3** $\frac{4\sqrt{2}}{3\pi} R$ **11.4** $\frac{3}{2}\pi R^4$ **11.5** $\frac{1}{10}$ **11.6** $\frac{2}{5} m R^2$

11.7 $\frac{h}{4}$ **11.8** a), b), c) $\frac{1}{2}$ **11.9** a), b) 0 **11.10** a), b) $\frac{\pi}{2}$ c) $-\frac{3}{2}\pi$

11.11 ja   **11.12** ja   **11.13** nein

A.12   Lösungen der Aufgaben zu Kapitel 12

12.1 a) $y(x) = \pm\sqrt{2 e^x + c}$, $y_p(x) = -\sqrt{2 e^x}$, nichtlinear, separabel

b) $y(x) = \frac{1}{1+x} \left(\frac{1}{4} e^{2x} + \frac{1}{2} x e^{2x} + c \right)$, $y_p(x) = \frac{1}{1+x} \left(\frac{1}{4} e^{2x} + \frac{1}{2} x e^{2x} + 1 \right)$, linear, inhomogen

c) $y(x) = k e^{-x^2} \ln x$, $y_p(x) = e^{4-x^2} \ln x$, linear, homogen

d) $y(x) = \ln x - 1 + \frac{c}{x}$, $y_p(x) = \ln x - 1 + \frac{1}{x}$, linear, inhomogen

e) $y(x) = \sinh(e^x + c)$, $y_p(x) = \sinh(e^x)$, nichtlinear, separabel

f) $y(x) = \mathrm{arcosh}(k(1 + x^2))$ mit $k > 0$, $y_p(x) = \mathrm{arcosh}(1 + x^2)$, nichtlinear, separabel

g) $y(x) = e^{k \cosh x}$, $y_p(x) = e^{\cosh x}$, nichtlinear, separabel

h) $y(x) = \ln(2 \arctan(e^x) + c)$, $c > -\pi$, $y_p(x) = \ln(2 \arctan(e^x))$, nichtlinear, separabel

i) $y(x) = x^3 - 1 + c e^{-x^3}$, $y_p(x) = x^3 - 1 + e^{-x^3}$, linear, inhomogen

j) $y(x) = \ln(\ln(1 + x^2) + c)$, $y_p(x) = \ln(\ln(1 + x^2) + 1)$, nichtlinear, separabel

k) $y(x) = k(x + \sqrt{1 + x^2})$, $y_p(x) = x + \sqrt{1 + x^2}$, linear, homogen

12.2 $y(x) = 3 - 2 e^{-2x}$

12.3 a) $y' + \frac{1}{x^2} y = 0$ b) $y' = \left(\frac{1}{x} + 1 \right) y$ c) $y' = (1 - y^2) 2x$

12.4 $h(t) = 1 - e^{-\frac{t}{\tau}}$ **12.5** $h(t) = \dfrac{1}{1 + e^{-\frac{t}{\tau}}}$

12.6 $v(t) = \sqrt{\frac{mg}{k}} \tanh\left(\sqrt{\frac{gk}{m}}\, t \right)$

12.7 a) $I(t) = \frac{U}{R} \left(1 - e^{-\frac{R}{L} t} \right)$ b) $I(t) = \frac{U_0}{R^2 + (\omega L)^2} \left[\omega L e^{-\frac{R}{L} t} + R \sin(\omega t) - \omega L \cos(\omega t) \right]$

12.8 a) $y'' + y' - 6y = 0$ b) $y'' - 6y' + 9y = 0$ c) $y'' + 2y' + 5y = 0$

d) $y'' - y' - 2y = 2x^2 - 2x - 4$ e) $y'' + 3y' + 2y = -12\cos(2x) - 16\sin(2x)$

12.9 a) $y(x) = c_1 e^{-4x} + c_2 e^{2x}$ $y_p(x) = 2 e^{-4x} + 2 e^{2x}$

b) $y(x) = e^{-3x}(c_1 + c_2 x)$ $y_p(x) = e^{-3x}(1 + 5x)$

c) $y(x) = e^{-4x}[c_1 \cos(2x) + c_2 \sin(2x)]$ $y_p(x) = e^{-4x}[\cos(2x) + 5\sin(2x)]$

d) $y(x) = c_1 \cos(3x) + c_2 \sin(3x)$ $y(x)_p = 6\cos(3x) + 2\sin(3x)$

12.10 a) $y_p(x) = e^{-4x} + 2 e^{2x} - e^{-3x}$

b) $y_p(x) = e^{-3x}(2 + 7x + 2x^2)$

c) $y_p(x) = e^{-4x}[\frac{1}{10}\cos(2x) + \frac{1}{5}\sin(2x)] - \frac{1}{10}\cos(10x) + \frac{1}{10}\sin(10x)$

d) $y(x)_p = \cos(3x) + 2\sin(3x) + x\cos(3x) + 3x\sin(3x)$

12.11 a) $y(x) = c_1 + c_2 e^{-x} + c_2 e^{2x}$

b) $y(x) = e^{-x}(c_1 + c_2 x + c_3 x^2)$

c) $y(x) = c_1 e^{-x} + c_2 e^{x} + c_3 \cos x + c_4 \sin x$

d) $y(x) = e^{-2x}(c_1 + c_2 x) + e^{x}[c_3 \cos(\sqrt{3}\,x) + c_4 \sin(\sqrt{3}\,x) + c_5 x \cos(\sqrt{3}\,x) + c_6 x \sin(\sqrt{3}\,x)]$

12.12 a) $y(x) = c_1 + c_2 e^{-x} + c_2 e^{2x} - 2 e^{x}$

b) $y(x) = e^{-x}(c_1 + c_2 x + c_3 x^2) + x^2 - 2x$

c) $y(x) = c_1 e^{-x} + c_2 e^{x} + c_3 \cos x + c_4 \sin x + \frac{1}{3}\sin(2x)$

12.13 a) $\begin{pmatrix} y_1(x) \\ y_2(x) \end{pmatrix} = c_1 \begin{pmatrix} 2 \\ 1 \end{pmatrix} e^{2x} + c_2 \begin{pmatrix} 1 \\ 1 \end{pmatrix} e^{3x} = \begin{pmatrix} 2c_1 e^{2x} + c_2 e^{3x} \\ c_1 e^{2x} + c_2 e^{3x} \end{pmatrix}$

b) $\begin{pmatrix} y_1(x) \\ y_2(x) \end{pmatrix} = c_1 \begin{pmatrix} 2x+1 \\ -2x \end{pmatrix} e^{-x} + c_2 \begin{pmatrix} 2x \\ 1-2x \end{pmatrix} e^{-x} = \begin{pmatrix} c_1(2x+1) + 2c_2 x \\ -2c_1 x + c_2(1-2x) \end{pmatrix} e^{-x}$

12.14 $\begin{pmatrix} y_1(x) \\ y_2(x) \end{pmatrix} = \begin{pmatrix} -c_1 e^{-2x} + 4c_2 e^{3x} - 8 e^{x} - 3 e^{2x} \\ c_1 e^{-2x} + c_2 e^{3x} + 2 e^{x} - e^{2x} \end{pmatrix}$

12.15 a) $\begin{pmatrix} v_x \\ v_y \end{pmatrix} = c_1 \begin{pmatrix} \cos(\omega t) \\ \sin(\omega t) \end{pmatrix} + c_2 \begin{pmatrix} \sin(\omega t) \\ -\cos(\omega t) \end{pmatrix} = \begin{pmatrix} c_1 \cos(\omega t) + c_2 \sin(\omega t) \\ c_1 \cos(\omega t) - c_2 \sin(\omega t) \end{pmatrix}$

b) $\begin{pmatrix} v_x \\ v_y \end{pmatrix} = \begin{pmatrix} v_0 \cos(\omega t) \\ v_0 \sin(\omega t) \end{pmatrix}$

A.13   Lösungen der Aufgaben zu Kapitel 13

13.1 a) $\frac{2}{\omega^2}(1 - \cos\omega)$ b) $-\frac{4\sin\left(\omega\frac{\pi}{2}\right)}{\omega(\omega^2 - 4)}$

13.2 a) $e^{-i\,2\omega} \frac{1}{\omega^2}[1 - \cos(2\omega)]$ b) $-\pi^2 e^{-i\frac{1}{2}\omega} \frac{\sin\omega}{\omega(\omega^2 - \pi^2)}$

13.3 $-4i\frac{1}{\omega}\sin(\frac{\omega}{2})\sin(\frac{3}{2}\omega)$

13.4 a) $e^{-i\,a\omega}$ b) $\frac{1}{2\pi} e^{i\,at}$ c) $\cos(at)$

13.5 a) $\sigma_1(t+1) - \sigma_0(t-1)$ b) $\delta(t+1) - \delta(t-1)$ b) $2i\sin\omega$

13.6 $U_R(t) = \frac{RU_0}{R^2 + (\tilde{\omega}L)^2}[R\sin(\tilde{\omega}t) - \tilde{\omega}L\cos(\tilde{\omega}t)]$

$I(t) = \frac{U_0}{R^2 + (\tilde{\omega}L)^2}[R\sin(\tilde{\omega}t) - \tilde{\omega}L\cos(\tilde{\omega}t)]$

13.7 a) $e^{-4t} + 2e^{2t} - e^{-3t}$

b) $\frac{1}{10} e^{-4t} \cos(2t) + \frac{1}{5} e^{-4t} \sin(2t) - \frac{1}{10} \cos(10t) + \frac{1}{10} \sin(10t)$

A.14   Lösungen der Aufgaben zu Kapitel 14

14.1 $3^{10} = 59049$ **14.2** $\frac{12!}{(12-3)!} = 1320$ **14.3** $\binom{10}{2} = 45$

14.4 a) $\binom{52}{5} = 2598960$ b) $\binom{4}{2}\binom{48}{3} = 103776$ **14.5** $\frac{3\cdot 4!}{2!1!1!} = 36$

14.6 $\binom{N+n-1}{N}$ **14.7** $(n-1)!$ **14.8** a) $\frac{5}{12}$ b) $\frac{1}{2}$ c) $\frac{17}{36}$

14.9 a) $\frac{3}{8}$ b) $\frac{1}{3}$ c) $\frac{1}{4}$ d) $\frac{1}{24}$ e) $1 - \frac{3}{8} = \frac{5}{8}$

14.10 a) $0{,}1$ b) $0{,}3$ c) $0{,}1$ d) $0{,}5$ e) $0{,}9$ f) $0{,}7$ g) $0{,}9$ h) $0{,}25$ i) $0{,}625$

14.11 c) und d)   **14.12** $\frac{6}{6} \cdot \frac{5}{6} \cdot \frac{4}{6} \cdot \frac{3}{6} \cdot \frac{2}{6} \cdot \frac{1}{6} = \frac{6!}{6^6} = 0{,}0154$

14.13 $1 - \frac{365\cdot 364\cdot 363\cdot \ldots \cdot (365-n+1)}{365^n} = 1 - \frac{\frac{365!}{(365-n)!}}{365^n} = 1 - \binom{365}{n}\frac{n!}{365^n}$

14.14 $0{,}00975$ **14.15** $1 - 0{,}51^n$ $n \geq 4$

	0	1	2	
0	$\frac{91}{190}$	$\frac{14}{95}$	$\frac{1}{190}$	$\frac{12}{19}$
14.16 1	$\frac{14}{95}$	$\frac{16}{95}$	$\frac{2}{95}$	$\frac{32}{95}$
2	$\frac{1}{190}$	$\frac{2}{95}$	$\frac{1}{190}$	$\frac{3}{95}$
	$\frac{12}{19}$	$\frac{32}{95}$	$\frac{3}{95}$	

14.17 $1 - 0{,}999^{25} = 0{,}0247$ **14.18** $1 - \sqrt[100]{\frac{0{,}993}{0{,}99998^{300}}} = 0{,}00001$

14.19 a) $0{,}0215$ b) $0{,}093$ **14.20** a) $\frac{13}{24}$ b) $\frac{4}{13}$ **14.21** $P(B) = \frac{3}{5}$ **14.22** $0{,}09$

14.23 g) Wahrscheinlichkeitsdichte   h) Verteilungsfunktion   **14.24** diskret

14.25 a) $c = \frac{1}{\pi}$ b) nein   c) nein   d) $F(x) = \frac{1}{\pi}(\arctan x + \frac{\pi}{2})$ e) $\frac{1}{2}$

14.26 a) $c = \frac{1}{2}$ b) ja   c) $F(x) = \frac{1}{2}(\tanh x + 1)$ d) $0{,}1012$

14.27 a) $c = 2$ b) $F(x) = 1 - e^{-x^2}$ c) $0{,}6321$

14.28 $\frac{\binom{4}{k}\binom{48}{5-k}}{\binom{52}{5}}$

14.29 a) $W = \mathbb{N}_0 = \{0,1,2,3,\ldots\}$ b) $F(x) = 1 - (1-p)^{x+1}$ c) $E(X) = \frac{1}{p} - 1$

14.30 a) $0{,}0345$ b) $2{,}041$

	0	1	2	3	
0	$0{,}1$	$0{,}05$	$0{,}1$	$0{,}05$	$0{,}3$
14.31 1	$0{,}15$	$0{,}15$	$0{,}05$	$0{,}05$	$0{,}4$
2	$0{,}05$	$0{,}1$	$0{,}05$	$0{,}1$	$0{,}3$
	$0{,}3$	$0{,}3$	$0{,}2$	$0{,}2$	

$E(X) = 1$ $E(Y) = 1{,}3$ $E(XY) = 1{,}4$ $V(X) = 0{,}6$ $V(Y) = 1{,}21$

$\sigma_{XY} = 0{,}1 \quad \rho_{XY} = 0{,}117$

14.32 0,384

14.33 $E(X) = \frac{2}{5} \quad E(Y) = \frac{2}{5} \quad E(XY) = \frac{26}{95} \quad V(X) = \frac{144}{475} \quad V(Y) = \frac{144}{475}$
$\sigma_{XY} = \frac{54}{475} \quad \rho_{XY} = \frac{3}{8}$

14.34 a) 0,945 b) 0,833 c) 0,666 d) 0,800

14.35 a) 0 b) 1 c) $\frac{2}{3}$ d) 1

14.36 a) 0,938 b) 0,606 c) 0,696 d) 0,5289

14.37 a) 0,377 b) 0,628 c) 0,174 d) 0,353

14.38 a) $x_0 = 104$ b) $d = 12{,}1$

14.39 a) $\mu = 103{,}4$ b) $\sigma = 7{,}8$

14.40 0,0124 **14.41** 2,493 **14.42** a) 0,383 b) 0,186 c) 0,291

14.43 a) 0,313 b) 0,900 **14.44** a) 0,143 b) mindestens fünf Leihwagen

14.45 a) 0,474 b) 0,807 c) 1364 **14.46** 6494

14.47 a) $x_2 = 160$ b) 0,2112 c) $\sigma_0 = 2{,}5$ d) $c_1 = 147{,}5 \quad c_2 = 152{,}5$ d) 0,07335

A.15 Lösungen der Aufgaben zu Kapitel 15

15.1 a) Abb. links b) Abb. rechts c) 6 d) 5,81 e) 2,05

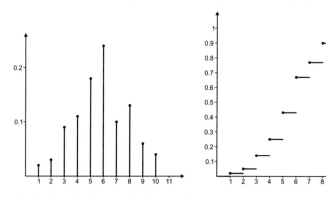

15.2 a) Abb. links b) Abb. rechts

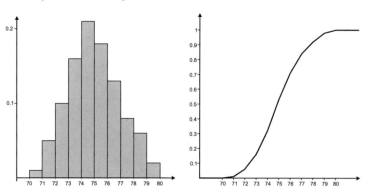

15.3 Die Funktion $f(c) = \sum_{i=1}^{n}(x_i - c)^2$ nach c ableiten und Nullstelle der Ableitung $f'(c)$ bestimmen.

15.4 Berechnung aus den zwei Gleichungen $n_1(a_1 - \bar{x}) + n_2(a_2 - \bar{x}) = 0$
und $n_1[(a_1 - \bar{x})^2 - s^2] + n_2[(a_2 - \bar{x})^2 - s^2] = -s^2$

15.5 nur d)   **15.6** $h_3 = 0{,}2$ $h_6 = 0{,}1$ $\bar{x} = 5{,}45$

15.7 $\bar{x} = \frac{1}{n}(m\bar{x}' + x_{m+1} + \ldots + x_n)$
$s^2 = \frac{1}{n-1}[(m-1)s'^2 + m\bar{x}' + x_{m+1}^2 + \ldots + x_n^2 - n\bar{x}^2]$

15.8 a), b) 8 c) 7,5 d) 6,89 e) 5,99 f) 2,54 g) $-0{,}46$ h) 10

15.9 a) 0 b) 0,1 c) 0 d) 0,9 e) 0,6 f) 0,3 g) 0,8 h) 0,4

15.10 $\bar{x} = 650$, $\tilde{x} = 90 \Rightarrow$ Median $\tilde{x}$ **15.11** $\tilde{x} = 569$

15.12

	b_1	b_2	b_3	b_4	
a_1	0,1	0,05	0,1	0,05	0,3
a_2	0,15	0,15	0,05	0,05	0,4
a_3	0,05	0,1	0,05	0,1	0,3
	0,3	0,3	0,2	0,2	

$K = 0{,}418$

15.13

	b_1	b_2	b_3	
a_1	0,2	0,1	0,1	0,4
a_2	0,1	0,2	0,3	0,6
	0,3	0,3	0,4	

$V = 0{,}363$

15.14 $V = 0{,}4125 \Rightarrow$ deutliche empirische Abhängigkeit der Ernährungsweise vom Geschlecht.

15.15 a)

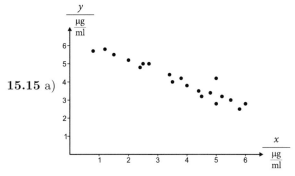

b) $-1{,}50$ c) $-0{,}96$ d) empirisch starker tendenzieller linearer Zusammenhang
e) $a = -0{,}63$, $b = 6{,}43$ f) Abnahme um 0,63 Einheiten g) $6{,}43\,\mu$g/ml
h) 10^{-6}-facher Wert i) keine Änderung

A.16   Lösungen der Aufgaben zu Kapitel 16

16.1 $E(Z_1) = E(Z_2) = E(Z_3) = \mu$ Z_1 hat kleinste Varianz, Z_3 hat größte Varianz

16.2 a) $c_1 + c_2 + \ldots + c_n = 1$ b) $c_1 = c_2 = \ldots = c_n = \frac{1}{n}$

16.3 a) $E(\frac{9}{16}X_1 X_2) = \theta$ b) $\hat{\theta} = \frac{1}{4}x_{\max}^2$ Hinweis: Das Maximum der Likelihood-Funktion $L(\theta)$ lässt sich hier nicht mit der Differenzialrechnung bestimmen.

16.4 $c_1 = \frac{N_1}{N_1 + N_2}$, $c_2 = \frac{N_2}{N_1 + N_2}$ **16.5** $\hat{p} = \frac{x}{n}$ **16.6** $\hat{p} = \frac{2}{50} = 0{,}04$

16.7 $\hat{\mu} = \bar{x}$, $\widehat{\sigma^2} = \tilde{s}^2 = \frac{1}{n}\sum_{i=1}^{n}(x_i - \bar{x})^2$

16.8 a) 5,81 b) [5,40; 6,22]   **16.9** a) 75,03 b) 3,74 c) [74,64; 75,41] d) [2,88; 5,04]

16.10 a) [211,9; 238,1] b) [2,97; 29,51]   **16.11** $n \geq 471$ **16.12** $\gamma \leq 0{,}9545$

16.13 a) $\hat{\lambda} = \frac{n}{x_1^2 + \ldots + x_n^2} = \frac{1}{\bar{x^2}}$ b) $\hat{\lambda} = 0{,}6$ c)   d) 6772,87 €

16.14 a) [37,4; 42,6] b) H_0 kann nicht abgelehnt werden, $p = 0{,}0124$

16.15 a) [679,3; 791,7] b) [20,0; 131,6] c) H_0 nicht ablehnen d) H_0 ablehnen

16.16 [14,0; 33,9]   **16.17** [517,2; 532,8]

16.18 a) $\ln \bar{x}_g = \ln \sqrt[n]{x_1 \cdot \ldots \cdot x_n} = \frac{1}{n}(\ln x_1 + \ldots + \ln x_n) = \frac{1}{n}(z_1 + \ldots + z_n) = \bar{z}$

b) $c_1 = \ln \bar{x}_g - u_{1-\frac{\alpha}{2}}\frac{\sigma}{\sqrt{n}}$, $c_2 = \ln \bar{x}_g + u_{1-\frac{\alpha}{2}}\frac{\sigma}{\sqrt{n}}$

16.19 a) $H_0 : p \leq 0{,}65$ b) 0,086 c) 0,914 d) $n \geq 1141$ e) $n \geq 498$

f) H_0 ablehnen g) [0,652; 0,744]

16.20 a) [417,9; 419,1] b) [0,83; 3,07] c) H_0 ablehnen d) H_0 nicht ablehnen

e) [0,66; 2,43] f) H_0 ablehnen g) H_0 nicht ablehnen h) 0,268

16.21 a) 0,0106 b) 0,0128 c) 0,3504 d) 0,6496 e) 0,7981 f) 0,0015

g) H_0 nicht ablehnen, p-Wert ist 0,1379

16.22 a) 0,0008 b) H_0 ablehnen, $p = 0{,}0082$ c) H_0 ablehnen d) $\sigma = 4{,}61$

16.23 a) [36,38; 63,62] b) [33,76; 80,28]

16.24 a) $c_1 = 189{,}2$, $c_2 = 210{,}8$ b) 0,0277 c) 0,062

16.25 a) $\hat{\mu} = \bar{x} = 0{,}2$, $\widehat{\sigma^2} = s^2 = 0{,}0441$ b) $\hat{\lambda} = \frac{1}{\bar{x}} = 5$ c) $\lambda = \frac{1}{\mu} \rightarrow \hat{\lambda} = \frac{1}{\hat{\mu}} = \frac{1}{\bar{x}} = 5$

d) $\hat{p} = h = \frac{232}{250} = 0{,}928$

$p = F(0{,}5) = 1 - e^{-\lambda \cdot 0{,}5} \rightarrow \hat{p} = 1 - e^{-\hat{\lambda} \cdot 0{,}5} = 1 - e^{-5 \cdot 0{,}5} = 0{,}918$

e) [0,884; 0,956] f) $n \geq 1880$

g) Konfidenzintervall für λ: [4,399; 5,639], Konfidenzintervall für μ: [0,177; 0,227]

h) [0,174; 0,226] i)   j) H_0 nicht ablehnen k) 0,121 $\beta(0{,}91) = 0{,}879$

16.26 a) H_0 ablehnen b) Test für Wahrscheinlichkeit p, H_0 ablehnen

16.27 a) 0,098 b) 0,121 c) 0,2581 d) 0,656

16.28 a) $\hat{\mu} = \bar{x} = 4{,}6$ $\widehat{\sigma^2} = s^2 = 2{,}73$ b) H_0 nicht ablehnen

c) $\hat{p} = h = \frac{30}{250} = 0{,}12$ $\hat{\lambda} = \frac{1}{\bar{x^3}} = \frac{1}{135{,}64}$ $\hat{p} = 1 - e^{-\hat{\lambda} \cdot 2{,}5^3} = 1 - e^{-\frac{2{,}5^3}{135{,}64}} = 0{,}11$

d) $[c_1, c_2] = [0{,}006487; 0{,}008314]$ e) mit Standard-Formel: [0,085; 0,166]

mit Ergebnis von d): $[1 - e^{-c_1 \cdot 2{,}5^3}; 1 - e^{-c_2 \cdot 2{,}5^3}] = [0{,}096; 0{,}122]$ f) H_0 ablehnen

16.29 a) $n \geq 81$ b) 40%

16.30 a) $H_0 : \mu \geq 150$ b) $\alpha = 0{,}1$

16.31 a) H_0 ablehnen, $p = 0{,}005$ b) H_0 ablehnen, $p = 0{,}005$

16.32 H_0 ablehnen   **16.33** H_0 ablehnen   **16.34** H_0 ablehnen

16.35 $H_0 : \mu_1 = \mu_2$ nicht ablehnen, $p = 0{,}042$

16.36 H_0 nicht ablehnen

16.37 H_0 nicht ablehnen, $p \approx 0{,}9$

Anhang B Statistik-Tabellen

Übersicht

B.1   Standardnormalverteilung

B.1.1   Quantile der Standardnormalverteilung

Die Tabelle B.1 zeigt häufig benötigte Quantile:

Tab. B.1: Quantile u_γ der Standardnormalverteilung zur Wahrscheinlichkeit γ

γ	u_γ
0,995	2,5758
0,99	2,3263
0,985	2,1701
0,98	2,0537
0,975	1,9600
0,97	1,8808
0,96	1,7507
0,95	1,6449

B.1.2   Verteilungsfunktion der Standardnormalverteilung

Tab. B.2: Werte der Verteilungsfunktion $\Phi(u)$ der Standardnormalverteilung

	0	1	2	3	4	5	6	7	8	9
0,0	0,5000	0,5040	0,5080	0,5120	0,5160	0,5199	0,5239	0,5279	0,5319	0,5359
0,1	0,5398	0,5438	0,5478	0,5517	0,5557	0,5596	0,5636	0,5675	0,5714	0,5753
0,2	0,5793	0,5832	0,5871	0,5910	0,5948	0,5987	0,6026	0,6064	0,6103	0,6141
0,3	0,6179	0,6217	0,6255	0,6293	0,6331	0,6368	0,6406	0,6443	0,6480	0,6517
0,4	0,6554	0,6591	0,6628	0,6664	0,6700	0,6736	0,6772	0,6808	0,6844	0,6879
0,5	0,6915	0,6950	0,6985	0,7019	0,7054	0,7088	0,7123	0,7157	0,7190	0,7224
0,6	0,7257	0,7291	0,7324	0,7357	0,7389	0,7422	0,7454	0,7486	0,7517	0,7549
0,7	0,7580	0,7611	0,7642	0,7673	0,7704	0,7734	0,7764	0,7794	0,7823	0,7852
0,8	0,7881	0,7910	0,7939	0,7967	0,7995	0,8023	0,8051	0,8078	0,8106	0,8133
0,9	0,8159	0,8186	0,8212	0,8238	0,8264	0,8289	0,8315	0,8340	0,8365	0,8389
1,0	0,8413	0,8438	0,8461	0,8485	0,8508	0,8531	0,8554	0,8577	0,8599	0,8621
1,1	0,8643	0,8665	0,8686	0,8708	0,8729	0,8749	0,8770	0,8790	0,8810	0,8830
1,2	0,8849	0,8869	0,8888	0,8907	0,8925	0,8944	0,8962	0,8980	0,8997	0,9015
1,3	0,9032	0,9049	0,9066	0,9082	0,9099	0,9115	0,9131	0,9147	0,9162	0,9177
1,4	0,9192	0,9207	0,9222	0,9236	0,9251	0,9265	0,9279	0,9292	0,9306	0,9319
1,5	0,9332	0,9345	0,9357	0,9370	0,9382	0,9394	0,9406	0,9418	0,9429	0,9441
1,6	0,9452	0,9463	0,9474	0,9484	0,9495	0,9505	0,9515	0,9525	0,9535	0,9545
1,7	0,9554	0,9564	0,9573	0,9582	0,9591	0,9599	0,9608	0,9616	0,9625	0,9633
1,8	0,9641	0,9649	0,9656	0,9664	0,9671	0,9678	0,9686	0,9693	0,9699	0,9706
1,9	0,9713	0,9719	0,9726	0,9732	0,9738	0,9744	0,9750	0,9756	0,9761	0,9767
2,0	0,9772	0,9778	0,9783	0,9788	0,9793	0,9798	0,9803	0,9808	0,9812	0,9817
2,1	0,9821	0,9826	0,9830	0,9834	0,9838	0,9842	0,9846	0,9850	0,9854	0,9857
2,2	0,9861	0,9864	0,9868	0,9871	0,9875	0,9878	0,9881	0,9884	0,9887	0,9890
2,3	0,9893	0,9896	0,9898	0,9901	0,9904	0,9906	0,9909	0,9911	0,9913	0,9916
2,4	0,9918	0,9920	0,9922	0,9924	0,9927	0,9929	0,9931	0,9932	0,9934	0,9936
2,5	0,9938	0,9940	0,9941	0,9943	0,9945	0,9946	0,9948	0,9949	0,9951	0,9952
2,6	0,9953	0,9955	0,9956	0,9957	0,9959	0,9960	0,9961	0,9962	0,9963	0,9964
2,7	0,9965	0,9966	0,9967	0,9968	0,9969	0,9970	0,9971	0,9972	0,9973	0,9974
2,8	0,9974	0,9975	0,9976	0,9977	0,9977	0,9978	0,9979	0,9979	0,9980	0,9981
2,9	0,9981	0,9982	0,9982	0,9983	0,9984	0,9984	0,9985	0,9985	0,9986	0,9986
3,0	0,9986	0,9987	0,9987	0,9988	0,9988	0,9989	0,9989	0,9989	0,9990	0,9990
3,1	0,9990	0,9991	0,9991	0,9991	0,9992	0,9992	0,9992	0,9992	0,9993	0,9993
3,2	0,9993	0,9993	0,9994	0,9994	0,9994	0,9994	0,9994	0,9995	0,9995	0,9995
3,3	0,9995	0,9995	0,9996	0,9996	0,9996	0,9996	0,9996	0,9996	0,9996	0,9996
3,4	0,9997	0,9997	0,9997	0,9997	0,9997	0,9997	0,9997	0,9997	0,9998	0,9998
3,5	0,9998	0,9998	0,9998	0,9998	0,9998	0,9998	0,9998	0,9998	0,9998	0,9998
3,6	0,9998	0,9998	0,9999	0,9999	0,9999	0,9999	0,9999	0,9999	0,9999	0,9999
3,7	0,9999	0,9999	0,9999	0,9999	0,9999	0,9999	0,9999	0,9999	0,9999	0,9999
3,8	0,9999	0,9999	0,9999	0,9999	0,9999	0,9999	0,9999	0,9999	0,9999	1,000
3,9	1,000	1,000	1,000	1,000	1,000	1,000	1,000	1,000	1,000	1,000

Linke Randspalte: Die ersten beiden Stellen von u
Obere Randzeile: Zweite Nachkommastelle von u

B.2   t-Verteilung

Tab. B.3: Quantile $t_{n;\gamma}$ der t-Verteilung mit Freiheitsgrad n zur Wahrscheinlichkeit γ

	0,95	0,975	0,99	0,995		0,95	0,975	0,99	0,995
1	6,314	12,71	31,82	63,66	44	1,680	2,015	2,414	2,692
2	2,920	4,303	6,965	9,925	45	1,679	2,014	2,412	2,690
3	2,353	3,182	4,541	5,841	46	1,679	2,013	2,410	2,687
4	2,132	2,776	3,747	4,604	47	1,678	2,012	2,408	2,685
5	2,015	2,571	3,365	4,032	48	1,677	2,011	2,407	2,682
6	1,943	2,447	3,143	3,707	49	1,677	2,010	2,405	2,680
7	1,895	2,365	2,998	3,499	50	1,676	2,009	2,403	2,678
8	1,860	2,306	2,896	3,355	52	1,675	2,007	2,400	2,674
9	1,833	2,262	2,821	3,250	54	1,674	2,005	2,397	2,670
10	1,812	2,228	2,764	3,169	56	1,673	2,003	2,395	2,667
11	1,796	2,201	2,718	3,106	58	1,672	2,002	2,392	2,663
12	1,782	2,179	2,681	3,055	60	1,671	2,000	2,390	2,660
13	1,771	2,160	2,650	3,012	62	1,670	1,999	2,388	2,657
14	1,761	2,145	2,624	2,977	64	1,669	1,998	2,386	2,655
15	1,753	2,131	2,602	2,947	66	1,668	1,997	2,384	2,652
16	1,746	2,120	2,583	2,921	68	1,668	1,995	2,382	2,650
17	1,740	2,110	2,567	2,898	70	1,667	1,994	2,381	2,648
18	1,734	2,101	2,552	2,878	72	1,666	1,993	2,379	2,646
19	1,729	2,093	2,539	2,861	74	1,666	1,993	2,378	2,644
20	1,725	2,086	2,528	2,845	76	1,665	1,992	2,376	2,642
21	1,721	2,080	2,518	2,831	78	1,665	1,991	2,375	2,640
22	1,717	2,074	2,508	2,819	80	1,664	1,990	2,374	2,639
23	1,714	2,069	2,500	2,807	82	1,664	1,989	2,373	2,637
24	1,711	2,064	2,492	2,797	84	1,663	1,989	2,372	2,636
25	1,708	2,060	2,485	2,787	86	1,663	1,988	2,370	2,634
26	1,706	2,056	2,479	2,779	88	1,662	1,987	2,369	2,633
27	1,703	2,052	2,473	2,771	90	1,662	1,987	2,368	2,632
28	1,701	2,048	2,467	2,763	92	1,662	1,986	2,368	2,630
29	1,699	2,045	2,462	2,756	94	1,661	1,986	2,367	2,629
30	1,697	2,042	2,457	2,750	96	1,661	1,985	2,366	2,628
31	1,696	2,040	2,453	2,744	98	1,661	1,984	2,365	2,627
32	1,694	2,037	2,449	2,738	100	1,660	1,984	2,364	2,626
33	1,692	2,035	2,445	2,733	120	1,658	1,980	2,358	2,617
34	1,691	2,032	2,441	2,728	140	1,656	1,977	2,353	2,611
35	1,690	2,030	2,438	2,724	160	1,654	1,975	2,350	2,607
36	1,688	2,028	2,434	2,719	180	1,653	1,973	2,347	2,603
37	1,687	2,026	2,431	2,715	200	1,653	1,972	2,345	2,601
38	1,686	2,024	2,429	2,712	250	1,651	1,969	2,341	2,596
39	1,685	2,023	2,426	2,708	300	1,650	1,968	2,339	2,592
40	1,684	2,021	2,423	2,704	350	1,649	1,967	2,337	2,590
41	1,683	2,020	2,421	2,701	400	1,649	1,966	2,336	2,588
42	1,682	2,018	2,418	2,698	450	1,648	1,965	2,335	2,587
43	1,681	2,017	2,416	2,695	500	1,648	1,965	2,334	2,586

Linke Randspalte: Freiheitsgrad n
Obere Randzeile: Wahrscheinlichkeit γ

B.3 Chi-Quadrat-Verteilung

Tab. B.4: Quantile $\chi^2_{n;\gamma}$ der χ^2-Verteilung mit Freiheitsgrad n zur Wahrscheinlichkeit γ

	0,995	0,99	0,975	0,95	0,9	0,1	0,05	0,025	0,01	0,005
1	7,879	6,635	5,024	3,841	2,706	0,016	0,004	0,001	0,000	0,000
2	10,60	9,210	7,378	5,991	4,605	0,211	0,103	0,051	0,020	0,010
3	12,84	11,34	9,348	7,815	6,251	0,584	0,352	0,216	0,115	0,072
4	14,86	13,28	11,14	9,488	7,779	1,064	0,711	0,484	0,297	0,207
5	16,75	15,09	12,83	11,07	9,236	1,610	1,145	0,831	0,554	0,412
6	18,55	16,81	14,45	12,59	10,64	2,204	1,635	1,237	0,872	0,676
7	20,28	18,48	16,01	14,07	12,02	2,833	2,167	1,690	1,239	0,989
8	21,95	20,09	17,53	15,51	13,36	3,490	2,733	2,180	1,646	1,344
9	23,59	21,67	19,02	16,92	14,68	4,168	3,325	2,700	2,088	1,735
10	25,19	23,21	20,48	18,31	15,99	4,865	3,940	3,247	2,558	2,156
11	26,76	24,72	21,92	19,68	17,28	5,578	4,575	3,816	3,053	2,603
12	28,30	26,22	23,34	21,03	18,55	6,304	5,226	4,404	3,571	3,074
13	29,82	27,69	24,74	22,36	19,81	7,042	5,892	5,009	4,107	3,565
14	31,32	29,14	26,12	23,68	21,06	7,790	6,571	5,629	4,660	4,075
15	32,80	30,58	27,49	25,00	22,31	8,547	7,261	6,262	5,229	4,601
16	34,27	32,00	28,85	26,30	23,54	9,312	7,962	6,908	5,812	5,142
17	35,72	33,41	30,19	27,59	24,77	10,09	8,672	7,564	6,408	5,697
18	37,16	34,81	31,53	28,87	25,99	10,86	9,390	8,231	7,015	6,265
19	38,58	36,19	32,85	30,14	27,20	11,65	10,12	8,907	7,633	6,844
20	40,00	37,57	34,17	31,41	28,41	12,44	10,85	9,591	8,260	7,434
21	41,40	38,93	35,48	32,67	29,62	13,24	11,59	10,28	8,897	8,034
22	42,80	40,29	36,78	33,92	30,81	14,04	12,34	10,98	9,542	8,643
23	44,18	41,64	38,08	35,17	32,01	14,85	13,09	11,69	10,20	9,260
24	45,56	42,98	39,36	36,42	33,20	15,66	13,85	12,40	10,86	9,886
25	46,93	44,31	40,65	37,65	34,38	16,47	14,61	13,12	11,52	10,52
26	48,29	45,64	41,92	38,89	35,56	17,29	15,38	13,84	12,20	11,16
27	49,64	46,96	43,19	40,11	36,74	18,11	16,15	14,57	12,88	11,81
28	50,99	48,28	44,46	41,34	37,92	18,94	16,93	15,31	13,56	12,46
29	52,34	49,59	45,72	42,56	39,09	19,77	17,71	16,05	14,26	13,12
30	53,67	50,89	46,98	43,77	40,26	20,60	18,49	16,79	14,95	13,79
31	55,00	52,19	48,23	44,99	41,42	21,43	19,28	17,54	15,66	14,46
32	56,33	53,49	49,48	46,19	42,58	22,27	20,07	18,29	16,36	15,13
33	57,65	54,78	50,73	47,40	43,75	23,11	20,87	19,05	17,07	15,82
34	58,96	56,06	51,97	48,60	44,90	23,95	21,66	19,81	17,79	16,50
35	60,27	57,34	53,20	49,80	46,06	24,80	22,47	20,57	18,51	17,19
36	61,58	58,62	54,44	51,00	47,21	25,64	23,27	21,34	19,23	17,89
37	62,88	59,89	55,67	52,19	48,36	26,49	24,07	22,11	19,96	18,59
38	64,18	61,16	56,90	53,38	49,51	27,34	24,88	22,88	20,69	19,29
39	65,48	62,43	58,12	54,57	50,66	28,20	25,70	23,65	21,43	20,00
40	66,77	63,69	59,34	55,76	51,81	29,05	26,51	24,43	22,16	20,71
41	68,05	64,95	60,56	56,94	52,95	29,91	27,33	25,21	22,91	21,42
42	69,34	66,21	61,78	58,12	54,09	30,77	28,14	26,00	23,65	22,14
43	70,62	67,46	62,99	59,30	55,23	31,63	28,96	26,79	24,40	22,86

Linke Randspalte: Freiheitsgrad n
Obere Randzeile: Wahrscheinlichkeit γ

Tab. B.5: Quantile $\chi^2_{n;\gamma}$ der χ^2-Verteilung mit Freiheitsgrad n zur Wahrscheinlichkeit γ

	0,995	0,99	0,975	0,95	0,9	0,1	0,05	0,025	0,01	0,005
44	71,89	68,71	64,20	60,48	56,37	32,49	29,79	27,57	25,15	23,58
45	73,17	69,96	65,41	61,66	57,51	33,35	30,61	28,37	25,90	24,31
46	74,44	71,20	66,62	62,83	58,64	34,22	31,44	29,16	26,66	25,04
47	75,70	72,44	67,82	64,00	59,77	35,08	32,27	29,96	27,42	25,77
48	76,97	73,68	69,02	65,17	60,91	35,95	33,10	30,75	28,18	26,51
49	78,23	74,92	70,22	66,34	62,04	36,82	33,93	31,55	28,94	27,25
50	79,49	76,15	71,42	67,50	63,17	37,69	34,76	32,36	29,71	27,99
52	82,00	78,62	73,81	69,83	65,42	39,43	36,44	33,97	31,25	29,48
54	84,50	81,07	76,19	72,15	67,67	41,18	38,12	35,59	32,79	30,98
56	86,99	83,51	78,57	74,47	69,92	42,94	39,80	37,21	34,35	32,49
58	89,48	85,95	80,94	76,78	72,16	44,70	41,49	38,84	35,91	34,01
60	91,95	88,38	83,30	79,08	74,40	46,46	43,19	40,48	37,48	35,53
62	94,42	90,80	85,65	81,38	76,63	48,23	44,89	42,13	39,06	37,07
64	96,88	93,22	88,00	83,68	78,86	50,00	46,59	43,78	40,65	38,61
66	99,33	95,63	90,35	85,96	81,09	51,77	48,31	45,43	42,24	40,16
68	101,8	98,03	92,69	88,25	83,31	53,55	50,02	47,09	43,84	41,71
70	104,2	100,4	95,02	90,53	85,53	55,33	51,74	48,76	45,44	43,28
72	106,6	102,8	97,35	92,81	87,74	57,11	53,46	50,43	47,05	44,84
74	109,1	105,2	99,68	95,08	89,96	58,90	55,19	52,10	48,67	46,42
76	111,5	107,6	102,0	97,35	92,17	60,69	56,92	53,78	50,29	48,00
78	113,9	110,0	104,3	99,62	94,37	62,48	58,65	55,47	51,91	49,58
80	116,3	112,3	106,6	101,9	96,58	64,28	60,39	57,15	53,54	51,17
82	118,7	114,7	108,9	104,1	98,78	66,08	62,13	58,84	55,17	52,77
84	121,1	117,1	111,2	106,4	101,0	67,88	63,88	60,54	56,81	54,37
86	123,5	119,4	113,5	108,6	103,2	69,68	65,62	62,24	58,46	55,97
88	125,9	121,8	115,8	110,9	105,4	71,48	67,37	63,94	60,10	57,58
90	128,3	124,1	118,1	113,1	107,6	73,29	69,13	65,65	61,75	59,20
92	130,7	126,5	120,4	115,4	109,8	75,10	70,88	67,36	63,41	60,81
94	133,1	128,8	122,7	117,6	111,9	76,91	72,64	69,07	65,07	62,44
96	135,4	131,1	125,0	119,9	114,1	78,73	74,40	70,78	66,73	64,06
98	137,8	133,5	127,3	122,1	116,3	80,54	76,16	72,50	68,40	65,69
100	140,2	135,8	129,6	124,3	118,5	82,36	77,93	74,22	70,06	67,33
120	163,6	159,0	152,2	146,6	140,2	100,6	95,70	91,57	86,92	83,85
140	186,8	181,8	174,6	168,6	161,8	119,0	113,7	109,1	104,0	100,7
160	209,8	204,5	196,9	190,5	183,3	137,5	131,8	126,9	121,3	117,7
180	232,6	227,1	219,0	212,3	204,7	156,2	150,0	144,7	138,8	134,9
200	255,3	249,4	241,1	234,0	226,0	174,8	168,3	162,7	156,4	152,2
250	311,3	304,9	295,7	287,9	279,1	221,8	214,4	208,1	200,9	196,2
300	366,8	359,9	349,9	341,4	331,8	269,1	260,9	253,9	246,0	240,7
350	421,9	414,5	403,7	394,6	384,3	316,6	307,6	300,1	291,4	285,6
400	476,6	468,7	457,3	447,6	436,6	364,2	354,6	346,5	337,2	330,9
450	531,0	522,7	510,7	500,5	488,8	412,0	401,8	393,1	383,2	376,5
500	585,2	576,5	563,9	553,1	540,9	459,9	449,1	439,9	429,4	422,3

Linke Randspalte: Freiheitsgrad n
Obere Randzeile: Wahrscheinlichkeit γ

Index

Printed in the United States
By Bookmasters